U0337294

天气预报技术文集

（2014·上）

国家气象中心　编

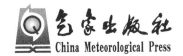

气象出版社
China Meteorological Press

内容简介

本书收录了2014年在北京召开的"2014年全国重大天气气候过程总结和预报预测技术经验交流会"上交流的文章111篇,分为"大会报告""暴雨、暴雪""台风与海洋气象""强对流天气""雾霾、高温等灾害性天气""中期预报技术方法及数值预报技术、平台开发等预报技术"六个部分。

本书可供全国气象、水文、航空气象等部门从事天气气候预报预测的业务、科研人员和管理人员参考。

图书在版编目(CIP)数据

天气预报技术文集.2014/国家气象中心编.

北京:气象出版社,2015.11

ISBN 978-7-5029-6189-3

Ⅰ.①天…　Ⅱ.①国…　Ⅲ.①天气预报-中国-2014-文集

Ⅳ.①P45-53

中国版本图书馆 CIP 数据核字(2015)第 204158 号

Tianqi Yubao Jishu Wenji(2014)

天气预报技术文集(2014)

出版发行:气象出版社

地　　址:北京市海淀区中关村南大街 46 号　　　　邮政编码:100081

总 编 室:010-68407112　　　　　　　　　　　发 行 部:010-68409198

网　　址:http://www.qxcbs.com　　　　　　　　E-mail: qxcbs@cma.gov.cn

责任编辑:张锐锐　张　媛　　　　　　　　　　　终　　审:黄润恒

封面设计:王　伟　　　　　　　　　　　　　　　责任技编:赵相宁

责任校对:华　鲁

印　　刷:北京中石油彩色印刷有限责任公司

开　　本:787 mm×1092 mm　1/16　　　　　　　印　　张:65

字　　数:1670 千字

版　　次:2015 年 11 月第 1 版　　　　　　　　　印　　次:2015 年 11 月第 1 次印刷

定　　价:280.00 元

序

    2013 年，我国气象灾害种类多，局地灾情重。区域性暴雨过程集中，四川及西北、东北等地先后出现暴雨洪涝；台风偏多偏强，造成东南沿海严重经济损失；南方出现 1951 年以来最强高温天气，引发严重伏旱；中东部雾、霾天气偏多，社会影响大；东北春季低温春涝双碰头，春耕备播受到影响；云南及西北遭遇春旱，河南、江西等地发生秋旱。全年气象灾害造成的直接经济损失、因灾死亡失踪人数和作物受灾面积，均高于 2012 年。因此，做好气象灾害监测预报预警和气象防灾减灾工作责任重大。

    随着经济社会的快速发展，社会财富的迅速增长，各级党委和政府对气象灾害监测预报预警和气象防灾减灾工作越来越重视，人民群众的要求越来越高，广大气象工作者肩负的责任也越来越重。进一步增强责任感和紧迫感，不断提高气象预测预报准确率和精细化水平，是新时期气象工作者的核心任务。加强天气预报技术经验总结，研究天气变化规律，应用新知识、新技术和新资料，是提高天气预报准确率和精细化水平的重要途径。

    一年一度的全国重大天气过程总结和预报技术经验交流会已经坚持 18 年了，成为全国天气预报员与科研人员交流与总结灾害性天气预报技术、数值产品释用、预报平台应用等方面的重要平台。正是利用这样的平台，天气预报员与科研人员认真总结分析、深入交流，促进了天气预报员能力的提高、专业化天气预报业务技术的进步，也促进了天气预报业务准确率和精细化水平的显著提高。在 2013 年度全国重大天气过程总结和预报技术经验交流会上，来自各省(区、市)气象部门、国内相关部门、大学、科研院(所)的 125 位天气预报员和科研人员参加交流，有 111 篇论文汇编到《天气预报技术文集(2014)》中。这些成果值得各级气象台站业务和管理人员以及大学、科研院(所)科研人员在业务、科研、教学和管理中参考。

    借此机会，我向参加交流的天气预报员与科研人员特别是入选《天气预报技术文集(2014)》论文的作者，以及参与文集汇编的同志们表示衷心的感谢！

中国气象局局长 郑国光

2014 年 11 月

前　言

　　2014 年 4 月 14 日至 15 日,由中国气象局预报与网络司与国家气象中心联合举办的"2014 年全国重大天气过程总结和预报技术经验交流会"在京顺利召开。

　　本次会议主要针对 2013 年重大天气事件,重点围绕暴雨(暴雪)、台风、海洋气象、强对流、雾霾、高温等灾害性天气、中期预报技术方法、数值预报产品释用、预报平台开发应用技术等多方面进行深入的交流和总结。会议得到了各气象预报业务单位预报员们和科研人员的积极响应,大会共收到来自全国各省(区、市)气象部门、相关科研院(所)以及气象部门外单位的论文 232 篇,其中各省、市、自治区气象局论文 172 篇,国家级业务单位论文 13 篇,部队 33 篇,民航部门 4 篇,院校 10 篇。内容涉及 2013 年灾害性天气及其次生灾害发生发展的成因、预报业务的技术难点、重大社会活动气象保障、数值预报技术、业务平台技术以及应用等多个方面。谨此将经过专家推荐的 111 篇论文全文纳入《天气预报技术文集(2014)》,与读者共同分享我国天气预报技术总结与发展成果。

　　本文集的出版,得到了中国气象局有关职能司、省(区、市)气象局及气象出版社的大力支持。借此机会对各单位及所有论文的作者的支持一并表示感谢。

　　由于水平有限,编辑过程中肯定存在许多不足之处,殷切希望读者指出并提出宝贵意见。

毕宝贵

2014 年 11 月

目 录

序
前言

·上册·

大会报告

第一部分　暴雨、暴雪

·下册·

第三部分　强对流天气

第四部分　雾霾、高温等灾害性天气

第五部分　中期预报技术方法及数值预报技术、平台开发等预报技术

大会报告

2013 年汛期四川盆地暴雨预报难点初步分析

张芳华[1]　徐　珺[1]　符娇兰[1]　陈　涛[1]　高　辉[2]

(1.国家气象中心，北京 100081；2.国家气候中心，北京 100081)

摘　要

利用各种观测资料、EC 数值模式预报产品、主观降水预报产品及中尺度数值模拟资料等对 2013 年 6—8 月四川盆地 6 次区域性暴雨天气过程进行了预报检验和分析。检验结果表明，EC 模式对盆地暴雨存在强度偏弱、落区偏西或偏北的预报偏差，低层动力条件预报偏差和对低空急流附近暴雨预报偏小等是导致暴雨预报偏差的主要原因。模式动力场的预报偏差可能源于复杂地形的影响：本应在盆地西部绕流的低层偏东风或东北风吹向更偏西的高原地区，导致辐合区偏西；同时由于模式地形阻挡了自西北地区东部南下的冷空气，延迟了冷空气对盆地的影响，导致暴雨落区偏北。在此基础上，归纳预报难点如下：(1)四川盆地地形对暴雨落区和强度的影响机制；(2)暖区内暴雨的触发机制；(3)极端性强降水的预报思路。最后对上述难点进行了初步分析，并指出预报员应在具体天气形势判断的基础上，重点关注模式低层动力场的预报，除地形抬升外，低空急流前沿及其左侧的辐合、地面中尺度辐合线等对暖区内暴雨的触发有重要作用；对某类天气过程的系统性分析总结以及对模式物理过程、参数化方案等的深刻认识，是做好数值预报订正的前提。

关键词：四川盆地　暴雨　检验　预报难点　地形

0　引言

西南地区地形复杂，从川西高原过渡到平原地带地形落差大，同时盆地北侧与陕西交界处横亘大巴山脉，而在华蓥山以东的川东岭谷由东北——西南走向的众多条状山体构成。特殊地理位置和地形条件使得盆地气候同时受东亚季风、印度季风和高原大气环流的影响。四川盆地暴雨具有范围集中、强度大、局地性强、夜雨频繁等特点，预报难度大，主客观预报一直都没有较好的预报技巧。

对四川盆地暴雨及其主要影响系统的研究由来已久，也取得了非常丰富的研究成果。近年来的研究重点集中在西南涡结构特征及其与暴雨落区和强度的关系[1-3]、暴雨环流形势和影响系统分析，特别是中尺度系统生消的机理研究[4-7]、青藏高原地形对盆地暴雨的影响[8-10]等方面。最近关于各模式对四川盆地暴雨预报性能检验和分析得到广泛关注，何光碧等[11]对比了西南区域气象中心运行的 GRAPES，AREM，MM5 模式及基于 WRF 模式的 RUC 系统对一次大暴雨过程的预报情况，认为各区域模式对该过程均有体现，但具体的定点预报仍存在不同程度的差异。徐琳娜等[12]对两次发生在副热带高压(简称副高)边缘的川西暴雨进行了天气学分析和预报检验，认为集合预报雨量产品对这类暴雨量级和落区的预报较全球模式具有更好的参考价值。屠妮妮等[13]对比了四川 3 次暴雨过程中分别在国家气象中心和西南区

资助项目：中国气象局预报员专项(CMAYBY2013－083)；国家重点基础研究发展计划(2012CB417205)

域气象中心运行的 GRAPES 模式的预报性能,为数值模式的下一步改进提出建议。

虽然已有研究对预报员认识四川盆地暴雨起到一定帮助,但在业务预报中,四川盆地暴雨影响系统复杂,每次过程不同的系统配置和温湿条件,都会使暴雨天气呈现出不同的特点。加之目前业务模式对暴雨的落区和强度预报效果不甚理想,对四川盆地暴雨的初期预报难度较大、落区易偏西偏北、预报员对极端性强降水的订正能力有限等。2013 年汛期四川盆地接连出现区域性暴雨,造成严重的灾害。本文选取该年四川盆地 6 次区域暴雨过程,对预报失误和难点进行检验与分析,以帮助预报员认识暴雨成因、积累预报经验,并提出值得研究的科学问题,以期改进模式,提高预报水平。

1 资料

本文分析所用资料包括高空和地面观测资料、西南地区雷达拼图资料等,预报检验采用欧洲中心细网格模式的分析场和预报场(简称 EC 模式)、预报员实时定量降水预报产品。中尺度数值模拟和诊断资料为 WRF3.1 模式输出场,初始边界和侧边界条件均采用 GFS 分辨率为 $0.5° \times 0.5°$、时间间隔为 6 h 的格点资料;两重双向嵌套水平格距依次为 18 km、6 km(下文分析采用 6 km 资料),垂直方向采用 27 层 σ 坐标系;微物理采用 WRF Single－Moment 3－class 方案,积云对流采用 Grell－Devenyi Ensemble 方案。

2 六次暴雨过程基本情况

2013 年 6 月 18 日—8 月 7 日,四川盆地接连出现了 6 次区域性暴雨过程,且前 5 次过程集中出现在 1 个月的时间里。盆地大部累积降水量达 300 mm 以上,其中盆地西北部超过 600 mm,都江堰最大 1057.1 mm,北川次之 1032.9 mm(图 1a)。上述地区累积暴雨日数一般在 2 d 以上,其中盆地西北部达 6～9 d(图 1b)。该年四川盆地暴雨过程出现次数多、影响时间和区域集中、灾害重、预报难度大,是该年我国暴雨天气的突出特点之一。

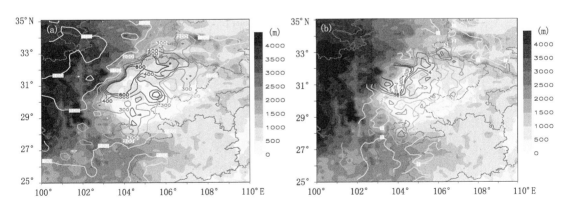

图 1 6 次暴雨过程累积降水量(a,单位:mm)和暴雨日数(b,单位:d)
填色区表示地形高度(单位:m)

这 6 次区域性暴雨过程分别出现在 6 月 18—20 日、6 月 29 日—7 月 1 日、7 月 4—5 日、7 月 7—11 日、7 月 17—19 日和 8 月 6—7 日。6 月 18—20 日,四川盆地西部出现持续性暴雨,亦为当年盆地第一场区域性暴雨;大部地区累积降水量 100 mm 以上,小时最大雨强

101.1 mm,有两站突破历史同期极值。6月29日—7月1日,受深厚的西南涡影响,四川盆地大部出现暴雨。遂宁市本站24 h降雨量为415.9 mm,突破有气象记录以来的历史极值;1 h最大雨强为95.1 mm;过程累计最大降雨623.7 mm。暴雨站数为历史同期第二,有13站日最大降水量创历史同期新高。7月7—11日,四川盆地西部出现罕见特大暴雨天气过程,强降雨区主要位于盆地西部的汶川、芦山地震灾区,部分地区累计降雨量有400～800 mm,局地达800 mm以上,都江堰幸福镇(自动站)降雨量达1151 mm,相当于都江堰年均降雨量,为百年一遇。此次过程呈现强降雨落区稳定、持续时间长,降雨总量多、强度大,灾害损失严重等特点。受持续强降雨影响,四川多地发生山洪、滑坡、泥石流等灾害,导致256人死亡或失踪,直接经济损失285.4亿元。

图2是各次过程中最强暴雨日的暴雨落区及对应的500 hPa高度场和700 hPa风场,根据暴雨落区和天气形势的配置可大致将其分为两类,即无明显冷空气影响的暖区暴雨(图2a,b,d)和有冷空气南下的锋面暴雨(图2c,e,f)。在这3次暖区暴雨过程中,自巴尔喀什湖至印度洋一带为南北贯穿的低槽区,高原东侧有短波槽东移,西太平洋副热带高压(简称西太副高)位于110°E以东,四川盆地处在高原槽前,环流形势呈"东高西低"型。暴雨区一般稳定少动,且其分布与盆地周边的地形有密切联系。当副高西伸到达105°E附近,盆地受高压控制,暴雨将明显减弱并结束。在锋面暴雨过程中,自西北地区东部有短波东移影响四川盆地,同时盆地处在高原上的大陆高压和西太副高之间的切变区,暴雨区与锋面或低层切变线对应关系好,且移动性明显。同时,暖区暴雨和锋面暴雨往往是同一次暴雨过程的不同阶段。

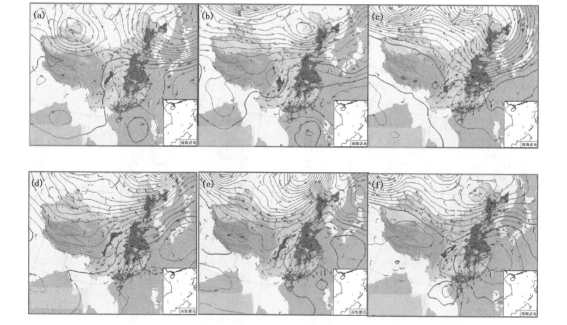

图2　6次暴雨过程最强降水日500 hPa高度场、700 hPa风场和暴雨落区

(a为6月20日,b为6月30日,c为7月4日,d为7月8日,e为7月17日,f为8月7日)

由图2、逐日天气图(图略)和表1可知,东移或南下的高原槽是这6次暴雨过程的主要影响系统之一,副高西侧稳定的偏南气流为暴雨区输送了充沛的水汽;700 hPa和850 hPa上主

要影响系统包括切变线(辐合线)、西南涡和低空急流(或大风速带),其中西南涡和低空急流并不是暴雨形成的必要条件,但在每次过程中,低层均有切变线或辐合线活动。由于盆地周边特殊的地形特点,低层较强的偏南风尤其是东南风受地形影响,或绕流形成气旋性辐合,或直接受地形辐合抬升,在盆地造成暴雨天气。暖区暴雨多出现在地面低压中心的后部,其后无明显的高压对应;而锋面暴雨虽然也出现在地面低压中心偏后的区域,但其后会有明显的高压配合,高压前部的锋区也比较清晰。另外,分析发现,西行台风对四川盆地暴雨也有直接或间接的作用,上述6次过程中有5次都受到台风的影响,或直接提供东南风水汽输送,或间接使环流形势稳定,均有利于暴雨或持续性暴雨天气的出现。

表1　2013年汛期四川盆地主要暴雨过程基本情况

序号	起止时间	过程描述 (日最大降水量/mm,对应站点)	影响系统				有无热带气旋 活动(主要作用)
			500 hPa	700 hPa	850 hPa	地面	
1	6月18—20日	盆地西部出现了暴雨或大暴雨,雨带沿地形南北向稳定维持(182,剑阁)	高原槽 副高	切变线 西南涡	切变线 西南涡	低压	贝碧嘉(使环流形势稳定、水汽输送)
2	6月29日—7月1日	盆地大部先后出现暴雨或大暴雨,局部特大暴雨;盆地中部强降水持续时间长(416,遂宁)	低涡 高原槽	西南涡 切变线 低空急流	西南涡 切变线 低空急流	低压	温比亚(使环流形势稳定)
3	7月4—5日	盆地西部和南部、东部先后出现暴雨、局地大暴雨,沿盆地周边分布(144,峨眉山)	高原槽	切变线	切变线 西南涡	低压 锋面	无
4	7月7—11日	盆地西部出现了暴雨或大雨,局地特大暴雨,雨带沿地形南北向稳定维持(292,都江堰)	高原槽	西南涡 切变线 低空急流	切变线 西南涡 低空急流	低压	苏力(对降水后期环流形势有间接影响)
5	7月17—19日	盆地北部、中东部出现暴雨或大暴雨,局地特大暴雨;经向雨带,移动性(359,旺苍)	高原槽	西南涡 切变线 低空急流	切变线 西南涡	低压 锋面	西马仑(使环流形势稳定)
6	8月6—7日	盆地西部和南部现出暴雨,局地大暴雨;移动性雨带(146,南江)	高原槽 副高	切变线 西南涡 低空急流	切变线 低空急流	低压 锋面	山竹(东南水汽输送)

3　主客观预报检验及分析

由表1可知,过程2,4和5分别代表了四川盆地的三种类型,即典型的西南涡暴雨过程、副高西侧偏南暖湿气流受盆地西部地形抬升造成的暴雨过程、冷空气南下造成的锋面暴雨过程。为了分析数值模式对四川盆地暴雨的预报性能和偏差,分别选取上述三次过程中降水最强的6月30日、7月8日和7月17日,进行暴雨预报主客观检验。

3.1　暴雨预报检验

从发现模式偏差进而改进预报的角度出发,暴雨预报检验应关注其雨带形状、位置和极值的预报。图 3～5 分别是 6 月 30 日、7 月 8 日和 7 月 17 日强降水预报和实况对比。6 月 30 日,受深厚的西南涡系统影响,盆地西北部和中部出现大范围暴雨,EC 模式对这次西南涡暴雨落区预报明显偏西,雨带形状与实况相差较大,对西南涡东侧低空急流轴上的强降水预报偏小,且 36 h 预报较 60 h 预报并无显著改进(图 3a,b);预报员的暴雨落区预报也较实况偏西,相对模式的订正作用不明显,不过 24 h 较 48 h 预报的偏差明显减小(图 3c,d)。7 月 8 日,受副高西侧偏南暖湿气流中和弱冷空气影响,四川盆地西部出现暴雨,雨带沿盆地西部地形梯度处呈准南北向带状分布。EC 模式对这类暴雨的雨带形状预报好,位置明显偏北且略偏西、强度偏弱(图 4a,b);预报员对四川盆地的暴雨、大暴雨预报效果较好(图 4c,d),相对于 EC 模式的订正作用比较明显。7 月 17 日,受南下冷空气影响,四川盆地中部地区自北向南出现暴雨到大暴雨。EC 模式对雨带形状把握较好,但对雨带中心的位置预报偏西约 2～3 个经距,且36 h 的强度预报差于 60 h(图 5a,b);预报员在 24 h 预报中对模式雨带位置向东调整,但仍存在 0.5～1 个经距的偏差,临近 24 h 时效的预报效果优于 48 h(图 5c,d)。

上述检验结果表明,EC 模式对四川盆地暴雨落区预报存在偏西、偏北的系统性误差,与符娇兰等[14]对 2012 年汛期该地区暴雨预报的检验结论基本一致。预报员对暴雨带的形状预报较准确,但具体的落区仍较大程度受到模式的影响,相对而言,预报员对稳定在盆地西部地形梯度区的暴雨较模式的订正作用较明显,对西南涡东侧暖区的暴雨和冷空气南下的锋面暴雨订正作用有限。

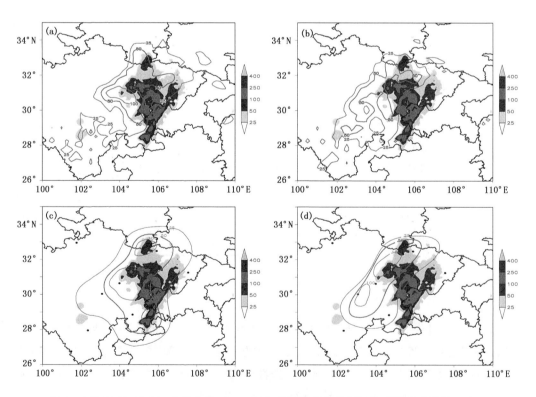

图 3   6 月 30 日 08:00—7 月 1 日 08:00 24 h 累积降水量(填色区)、EC 模式提前 36 h(a)
和 60 h(b)预报(等值线)、预报员提前 24 h(c)和 48 h(d)预报(等值线)

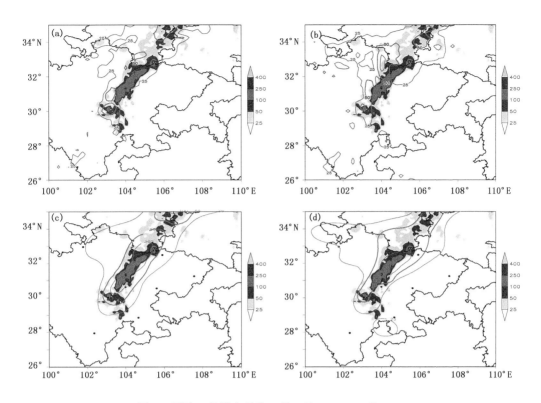

图 4　同图 3,但降水量为 7 月 8 日 08:00—9 日 08:00

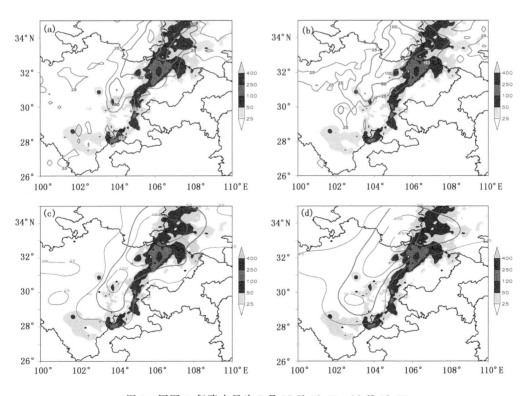

图 5　同图 3,但降水量为 7 月 17 日 08:00—18 日 08:00

上述3天的强降雨24 h和48 h预报Ts评分对比(图6)表明,随着起报时间提前和降水量级增大,主客观预报Ts评分均呈下降趋势;对大暴雨和特大暴雨,EC模式几乎没有预报能力;预报员Ts评分在各时效、各量级都优于EC模式,但对于6月30日和7月17日的大暴雨及以上量级降水,订正能力也很有限,说明主客观预报对极端性强降水的预报能力非常不足。

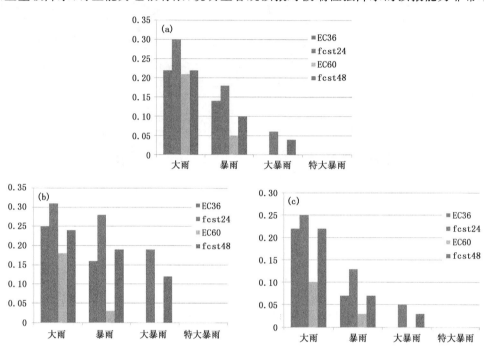

图6 24 h累积降水量预报Ts评分对比

(a为6月30日08:00—7月1日08:00,b为7月8日08:00—9日08:00,c为7月17日
08:00—18日08:00;EC36和EC60分别代表EC模式提前36 h和60 h的预报,
fcst24和fcst48分别代表预报员提前24 h和48 h的预报)

3.2 预报偏差分析

那么造成上述暴雨预报偏差的原因是什么?考虑到EC模式对对流层高层大气环流和天气系统预报较准确和稳定,加之天气学分析表明低层低涡、切变线或辐合线等是盆地暴雨的关键影响系统,因此重点检验了6月30日20:00(北京时,下同)和7月17日20:00对流层低层天气系统的预报。

对于6月30日20:00盆地中部完整的西南涡系统,EC模式850 hPa的24 h和48 h预报(图7)几乎没有报出低涡环流,动力场上的辐合中心主要由盆地东部的偏东风风速辐合及盆地西部地形辐合抬升所造成,而且模式对西南涡附近地区的风速预报整体偏弱;700 hPa上(图略)由于风向预报偏差,导致辐合中心较实况明显偏西;且对盆地南部的低空急流预报偏弱。

四川盆地夏季暴雨多发生在高温高湿的不稳定条件下,对850 hPa假相当位温、整层可降水量等要素的检验(图略)表明,模式能较好地反映盆地的热力和水汽条件。因此,四川盆地暴雨预报和检验的关键点就是低层的动力条件。

进一步检验风场和降水量的配置关系,图8a,b分别是6月30日08:00 850 hPa风场与08:00—14:00降水量的实况和预报配置。实况强降水主要由两个系统造成,一是盆地东侧东南急流遇到盆地西北部地形而产生的倒槽式切变线,二是盆地中部低空急流轴左侧。而模式对前者造成的降雨预报较好,但对后者预报明显偏小。

因此,低层辐合中心预报偏西、偏北,风速预报偏弱,是导致降水落区偏西、偏北,强度偏弱的原因之一;而模式对急流轴左侧切变涡度造成的上升区内的暴雨预报明显不足,也是造成降水预报偏差的重要原因。

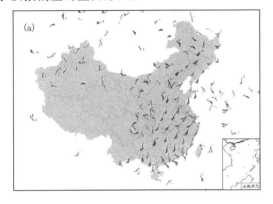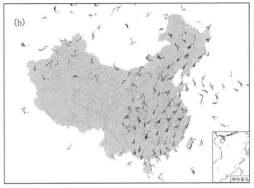

图7 6月30日20:00 850 hPa风场和预报检验

(a为24 h预报,b为48 h预报)

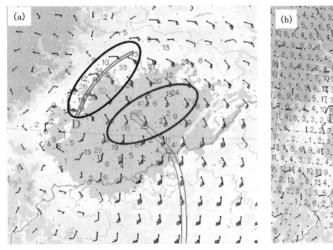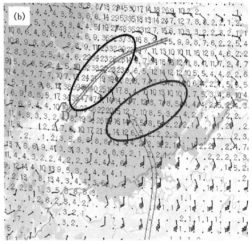

图8 6月30日08:00 850 hPa风场和08:00—14:00累积降水量(数值)

(a为实况,b为EC模式预报)

7月17日20:00,西北地区东南部南下的冷空气与西南地区东部的偏南暖湿气流在700 hPa上形成明显的切变线,由于EC模式对冷空气南下速度预报偏慢、强度偏弱(图略),造成切变线明显偏西、偏北,暴雨落区和强度随之出现偏差。2014年8月9日四川盆地又出现了一次类似天气形势下的暴雨过程,预报员根据前期检验积累的经验,判断模式仍存在类似偏差,因此对模式的暴雨落区和强度进行了订正,取得了良好的订正效果(图略),也印证了系统性的分类检验有助于预报员积累经验,提高预报准确率。

3.3 检验结论

(1)模式对强降雨落区预报易偏西、偏北,尤其是对盆地中、东部等地的强降雨落区偏西更明显;对西南涡暖区一侧的暴雨落区和强度预报偏差较大。

（2）模式对于稳定维持在盆地西部山前的强降雨落区预报较好,但强度明显偏弱;预报员主观订正作用突出。

（3）模式降雨预报误差主要来自动力场预报,尤其是对流层低层风场。

（4）对极端性强降雨强度估计不足,客观预报尤甚。

4 预报难点及分析

在上述检验和分析基础上,初步归纳出 2013 年汛期四川盆地暴雨预报的难点包括:

（1）模式对暴雨预报落区偏西、偏北的根本原因,是否与其特殊地形有关。

（2）暖区内暴雨的触发机制。

（3）极端性强降水的预报问题。

4.1 地形对暴雨落区和强度的影响分析

已有的观测分析和数值模拟表明,高原东坡的复杂地形对四川盆地西部暴雨有重要影响。郁淑华等[8]通过对突发性暴雨个例的中尺度数值试验分析得出,高原地形可影响高原附近以东地区的物理量场分布,从而影响暴雨区的位置与强度;高原地形对其以北的天气系统南伸和以南的天气系统北扩有阻碍作用。赵玉春等[10]对川西 12 次暴雨过程进行了研究,表明低层气流遇到高原东坡地形后爬坡和阻滞绕流同时存在,二者形成的气旋性切变皆有利于对流暴雨的启动和发展。

6 月 29 日 20:00 和 7 月 8 日 20:00 盆地西部强降水发生前,站点探空结构(图 9)均表现出湿层深厚、地面温度露点差小等特点,有利于降低抬升凝结高度(均低于 850 hPa),导致暴雨对抬升条件要求降低,仅地形抬升就可以触发和维持对流。此外,整层高湿降低了蒸发率,低层高湿增大了暖云厚度,有助于提高降水效率。

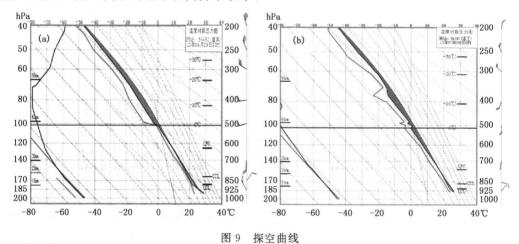

图 9 探空曲线

(a 为 6 月 29 日 20:00 宜宾,b 为 7 月 8 日 20:00 温江)

进一步利用中尺度数值 WRF3.1 对 6 月 18 日盆地西部弱强迫背景下的暴雨过程进行数值模拟,以更直观地揭示盆地地形在暴雨产生过程中的作用。

模拟结果表明,低层中尺度偏东风急流沿地形抬升至 850 hPa 左右产生凝结,风速辐合中心强度达$-5\times10^{-4}\,\mathrm{s^{-1}}$(图10a),地形区与云底接近,低云底往往对应较高的降水效率,强降水中心也位于这一区域。沿地形抬升区上升速度超过$1\,\mathrm{m\cdot s^{-1}}$(图10b),但实况降水强度两倍于该时次的模拟降水,因而在模拟温湿条件和实况一致条件下,实际上升速度应明显大于$1\,\mathrm{m\cdot s^{-1}}$,即在整层高湿环境背景下,无冷空气参与和明显的天气尺度强迫背景下,仅地形抬升就可以触发和维持强降水。而将特定范围(30.5°~32.5°N,103.0°~105.5°E)内的地形高度削减0.5倍后的敏感性试验表明,雨带明显随着地形削减而向西移,降水强度也有所减小(图11),证明了地形抬升在川西暖区暴雨中的重要作用。

综上分析,结合EC模式降水检验以及前人研究结果,得出如下初步猜想:是否由于大尺度模式对于盆地周边地形刻画得不够细致,使得在盆地西部边缘绕流的低层偏东风或东北风吹向更偏西的高原地区,导致辐合区偏西;同时本可以由盆地北部地形缺口渗透南下的冷空气受到模式地形阻挡,延迟了对盆地的影响时间,导致降水偏北。

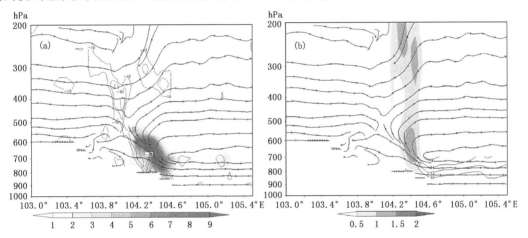

图10 6月19日07:00中尺度模拟的沿31.75°N云水含量(填色)、
流场和水平风辐合(等值线)(a);垂直速度(填色,单位:m/s)、
流场和低空急流(等值线)(b)

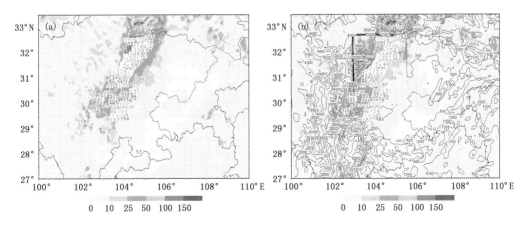

图11 6月19日20:00 24 h降水量数值模拟(填色)与观测实况(数值)对比
(a为控制实验,b为地形试验)

4.2 暖区暴雨可能的触发机制分析

暖区暴雨出现在距离锋面较远的位置,或者在低空一致的偏南气流内,虽然从天气尺度上很难找出切变线、辐合线等动力抬升条件,但由于处于高湿的大气环境中,降雨强度往往比较大,预报难度也较大。宗志平等[15]通过两次西南涡暴雨过程的对比分析和检验,指出暖区暴雨的主客观预报能力十分有限,针对对流不稳定性、低空急流动力结构的细致分析应该得到重视。

6月30日在四川盆地中部受西南涡的影响,出现了大范围暴雨,而对于西南涡东侧低空急流内的暴雨,主客观预报效果都较差。诊断分析表明,深厚西南涡系统产生的辐合区随高度向西倾斜(图略),这可能也是模式对暴雨落区预报偏西的原因,但边界层内的辐合区与暴雨落区有较好的对应关系。图12分别是暴雨过程中的地面流场、温度场和雷达拼图。29日21:00,盆地中部偏北、偏南和偏东气流形成辐合线,并伴有明显的温度锋区(图12a),为对流发展提供了较好的组织条件,有利于该地区线状强对流带形成(图12b)。30日00:00,盆地中部辐合线加强为中尺度涡旋(图12c),其后在盆地中部有新的对流云团发展(图12d),降水强度开始增大。由于大尺度环流形势非常稳定,有利于中尺度对流系统在盆地中部反复生成或稳定维持,最终造成大暴雨。

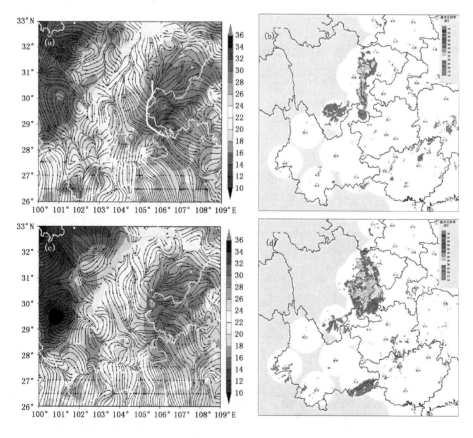

图12 6月29日21:00地面自动站流场和温度(填色)(a);29日23:00西南地区雷达基本
反射率因子拼图(b);6月30日00:00地面自动站流场和温度(填色)(c);
6月30日03:30西南地区雷达基本反射率因子拼图(d)

4.3 极端性强降水的一般性预报思路

极端性暴雨时空分布非常不均匀、降水强度异常大,多由持续的短时强降水造成,有时在雷达回波上表现为明显的列车效应,预报难度非常大。

在现有条件下,预报员应重点对大尺度环流形势的稳定性进行判断,并辅以高分辨率中尺度模式和观测资料的分析应用;目前,集合预报产品,如降水最大值、融合产品及降水极端天气指数 EFI 等也可以提供非常有益的参考依据。从长远看,建立极端性强降水历史个例库,加强定量的机理研究,有利于提高此类天气的预报准确率。

5 小结和讨论

(1)由于地处青藏高原背风坡、地形复杂,四川盆地暴雨预报难点尤为突出,主要集中在:地形对暴雨系统尤其是中尺度暴雨系统的影响过程,数值模式对地形的刻画和地形暴雨物理过程的描述,暖区内暴雨的触发机制,数值模式对不同系统预报的偏差检验和订正等。

(2)EC 模式对四川盆地暴雨预报存在落区偏西、偏北,强度偏弱的系统性偏差,主要原因是低层风场预报偏差较大,辐合中心偏西、偏北,这可能与对地形描述不够细致有关;同时,对盆地东部低空偏南急流左侧暖区内的暴雨预报偏弱也是造成上述偏差的原因之一。

(3)在预报业务中,应着眼于大尺度环流形势特点,在此基础上重点对低层风场进行订正。除地形抬升外,低空急流前沿及其左侧的辐合、地面中尺度辐合线等对暖区内暴雨的触发有重要作用。另外,高分辨率数值模式与卫星、雷达、自动站等加密观测资料和集合预报产品等的综合运用有助于提高暴雨预报准确率。

(4)预报员对数值预报长期、有效的订正应建立在深刻理解模式性能,特别是模式物理过程和参数化方案等的基础上;同时,对某些特定区域天气系统和天气过程的分类总结研究,对局地气候特征和地形等的深入了解也是做好数值预报订正的前提。

参考文献

[1] 赵玉春,王叶红. 高原涡诱生西南涡特大暴雨成因的个例研究. 高原气象,2010,**29**(4):819-831.

[2] 康岚,郝丽萍,牛俊丽. 引发暴雨的西南低涡特征分析. 高原气象,2011,**30**(6):1435-1443.

[3] 何光碧. 西南低涡研究综述. 气象,2012,**38**(2):155-163.

[4] 肖递祥,毛家勋,李庆. "09.7"四川攀西暴雨的 MCS 特征及其成因分析. 暴雨灾害,2010,**29**(1):54-58.

[5] 陈永仁,李跃清. "12.7.22"四川暴雨的 MCS 特征及对短时强降水的影响. 气象,2013,**39**(7):848-860.

[6] 杨康权,张琳,肖递祥,等. 四川盆地西部一次大暴雨过程的中尺度特征分析. 高原气象,2013,**32**(2):357-367.

[7] 胡祖恒,李国平,官昌贵,等. 中尺度对流系统影响西南低涡持续性暴雨的诊断分析. 高原气象,2014,**33**(1):116-129.

[8] 郁淑华,滕家谟,何光碧. 高原地形对四川盆地西部突发性暴雨影响的数值试验. 大气科学,1998,**22**(3):379-383.

[9] 卿清涛,钟晓平,王春国. 青藏高原对邻近地区天气系统影响的数值模拟研究. 气象,2000,**26**(1):19-24.

[10] 赵玉春,许小峰,崔春光. 川西高原东坡地形对流暴雨的研究. 气候与环境研究,2012,**17**(5):607-616.

[11] 何光碧,屠妮妮,张利红,等. 2010 年 7 月 14—18 日四川大暴雨过程区域模式预报性能分析. 高原山地

气象研究,2010,**30**(4):8-17.

［12］徐琳娜,康岚.基于两次副高边缘川西暴雨的预报思考.高原山地气象研究,2011,**31**(1):35-41.

［13］屠妮妮,蒋兴文,卢萍,等.2010年7－8月四川三次大暴雨过程区域数值模式能力评估.高原山地气象研究,2011,**31**(1):26-34.

［14］符娇兰,宗志平,代刊,等.一种定量降水预报误差检验技术及其应用.气象,2014,**40**(7):796-805

［15］宗志平,陈涛,徐珺,等.2012年初秋四川盆地两次西南涡暴雨过程的对比分析与预报检验.气象,2013,**39**(5):567-576.

1323号强台风"菲特"特点及预报难点分析

许映龙[1,2,3]　吕心艳[3]　张　玲[3]　黄奕武[3]

(1. 中国气象科学研究院,北京 100081；2. 南京信息工程大学,南京 210044；
3. 国家气象中心,北京 100081)

摘　要

利用常规气象观测资料、实时业务数值预报模式和 NCEP 再分析资料,对 1323 号台风"菲特"的特点和预报难点以及造成强风雨的成因进行了综合分析。主要结论如下："菲特"突然西折和近海强度维持是业务预报的主要难点,也是预报偏差的主要来源。东亚高空副热带西风急流迅速增强、副热带高压(简称副高)加强西伸是"菲特"路径突然西折的主要原因。同时,副热带急流入口区右侧的强辐散是"菲特"近海强度维持及其北侧强降雨和大风发生的重要动力机制。"丹娜丝"的存在为"菲特"提供了充足的水汽输送,有利于强降水发生和强度维持,并且"丹娜丝"的存在有利于副高西伸,也是"菲特"路径发生西折的一个主要原因。因此,对流层高层流场分析特别是副热带西风急流重视不够,可能是"菲特"路径、强度和风雨预报出现较大偏差的重要原因,另外,今后台风业务中也应该多关注双台风相互作用。96～120 h 长时效的数值模式没有预报出"菲特"在我国台湾以东洋面的路径西折或者发散度大,今后当集合预报路径发散度较大或不同集合预报系统出现截然不同的预报结果时,采用多模式集合预报订正技术将是提高台风路径预报准确率的有效途径之一。

关键词:台风"菲特"　预报难点　副热带急流　副热带高压　双台风

0　引言

近 20a 来,尽管随着数值预报模式、集合预报系统、综合探测体系的快速发展及其在台风业务预报中的应用,台风路径预报得到了显著提高[1-2],但台风异常路径(如南海台风北翘、台风移入近海后的路径急变、路径打转、路径回旋等突变路径)的预报在业务中仍比较困难,预报能力十分有限,如 1013 号超强台风"鲇鱼"西行进入南海后路径北翘[3]和 1323 号台风"菲特"在台湾以东洋面突然西折早期均没有预报出来。另外,与台风路径预报相比,强度预报进展却非常缓慢,台风强度业务预报仍以定性分析和预报员主观经验为主。台风在中国近海登陆之前,一般强度都趋于减弱,因此,近海台风强度维持或加强更是业务中预报难点。余晖等[4]指出对流层上部环境流场与台风外流之间的相互作用在我国近海台风强度突变过程中可能起着关键作用。官晓军[5]指出对流层高层台风南侧辐散中心趋于合并和加强,在对流高层形成强的辐散外流,有利于 0518 号台风"达维"近海加强。林毅等[6]指出 0116 台风"百合"在台湾海峡南部海面近海再次加强的主要原因是台风上层强辐散流场的叠加。于玉斌等[7]研究指出对流层高层辐散的增强是"桑美"近海急剧增强的重要原因。可见,对流层高层辐散在近海台风

资助项目:国家自然科学基金面上项目(41275066)、国家自然科学基金面上项目(41175063)、公益性行业(气象)科研专项 GYHY(QX)GYHY200906002 和 GYHY(QX)GYHY201106004 联合资助

增强过程中有着重要作用。

1323 号台风"菲特"在台湾以东洋面路径突然发生西折,登陆华东沿海,在秋季台风中实属历史罕见。"菲特"路径西折后一直维持强台风强度,并出现了罕见的 10 月东海近海增强,是 1949 年以来 10 月登陆我国大陆地区的最强秋季台风。但是,在"菲特"实际业务预报中,数值模式预报和主观综合预报前期均没有预报出"菲特"路径的西折。当"菲特"路径发生西折后,24～72 h 的路径预报虽然预报出了"菲特"将在浙江中南部到福建北部一带沿海登陆,但预报路径较实况路径仍然存在较大的偏差。而对"菲特"趋向华东近海的强度预报,在实际业务预报中,由于考虑到"菲特"移至东海西部及华东近海海面时,海表温度降低,且环境风垂直切变变大,因此,预报"菲特"在华东近海强度将有所减弱,但实际上"菲特"在华东近海仍维持强台风强度,且从雷达和自动站观测看强度还存在一定程度增强的趋势。

此外,受"菲特"影响,浙江东南部沿海及福建东北部沿海出现 12 级以上的强风,持续时间长(10 h 以上),福建和浙江的部分海岛和山区观测站出现了 15～17 级以上瞬时猛烈强风。受冷空气和 1324 号台风"丹娜丝"的双台风作用共同影响,"菲特"登陆后,其低压环流在浙闽交界地区停滞少动,浙江大部、福建东北部、上海等地区出现了长时间的强降水,造成上海、杭州等多地出现暴雨洪涝灾害。然而由于台风路径和强度业务预报的偏差,"菲特"的风雨业务预报也均比实况报的偏小,落区也出现较大偏差。

本文将利用常规气象观测资料、实时业务数值预报模式和 NCEP 再分析资料($1° \times 1°$),对 1323 号台风"菲特"的特点和预报难点以及造成强风雨的成因进行了综合分析总结,以期为今后台风业务预报提供参考。

1 "菲特"概况

1323 号强台风"菲特"(Fitow)于 2013 年 9 月 30 日 20:00(北京时)在菲律宾以东的西北太平洋洋面上生成,生成后以 5～10 km·h⁻¹ 的速度缓慢向北偏西方向移动,10 月 4 日 17:00 加强为强台风。之后转向西偏北方向移动,强度变化不大,逐渐向浙闽交界沿海地区靠近,并于 7 日 01:15 在福建省福鼎市沙埕镇沿海登陆,登陆时中心附近最大风力达 14 级(42 m·s⁻¹),中心最低气压为 955 hPa。登陆后,"菲特"强度迅速减弱,在福建省建瓯市境内减弱为热带低压后,中央气象台于 7 日 11:00 对其停止编号(图 1)。

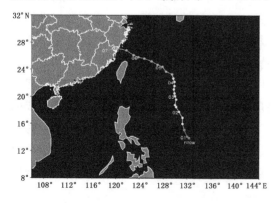

图 1 1323 号强台风"菲特"路径

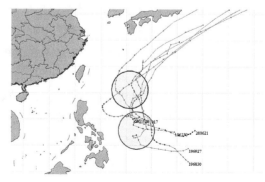

图 2 常年历史同期(9 月 15 日—10 月 31 日)
经过关键区的台风路径

受"菲特"和冷空气的共同影响,10月5日20:00—9日08:00,江苏东南部、上海、浙江北部和中东部、福建东北部等地出现大到暴雨(图4),局部特大暴雨,降雨量一般有 200～350 mm,其中浙江北部和东部部分地区达 400～600 mm,浙江安吉天荒坪累计降雨量达 1056 mm;长江口区、浙江东部和北部沿海、福建东北部沿海出现了 8～10 级大风(图3),其中浙江东南部沿海及福建东北部沿海部分地区出现了 11～14 级大风,局部海岛和山区风力达 15～17 级;6日白天到夜间,沪、浙、闽沿海出现 50～400 cm 的风暴增水,浙江鳌江实测水位最高达到 5.22 m,超历史最高潮位 0.42 m(图略),接近百年一遇,温州、瑞安高潮位分别超警戒潮位 0.92 m 和 0.84 m,温黄、东苕溪、姚江流域等一度超历史最高水位。浙江、福建、上海、江苏等4省市共有 1240 多万人受灾,因灾死亡或失踪 12 人,直接经济损失达 631.9 亿元,其中浙江省损失最为严重。

2 "菲特"特点

2.1 路径西折登陆华东,历史罕见

进入秋季以后,菲律宾以东的西北太平洋洋面上生成的台风的主要移动路径一般有两条,一条是穿越菲律宾群岛西行进入南海,影响我国华南沿海或越南一带,一条是西北行或北上至我国台湾以东洋面后转向东北方向移去(图2)。"菲特"则是在北上至我国台湾以东洋面后,路径突然发生西折,以近 90°西折,最后登陆福建北部。"菲特"在我国台湾以东洋面路径突然发生西折,登陆华东沿海,实属历史罕见。

2.2 登陆强度强

"菲特"在北上过程中,于10月4日17:00加强为强台风,之后路径突然发生西折,一直维持强台风强度,逐渐向浙闽沿海靠近,强度还有一定程度的增强,并于7日01:15登陆福建省福鼎市沙埕镇,登陆时中心附近最大风力仍达 14 级(42 m·s⁻¹),为 1949 年以来10月登陆中国沿海最强的秋季台风(除台湾和海南两大岛屿外),历史罕见。登陆强度排名第2的是 1961 年 10 月 4 日在浙江省三门县登陆的 6126 号超强台风"Tilda",登陆时强度为 13 级(40 m·s⁻¹)。

2.3 风力强、持续时间长

受"菲特"影响,10月5日夜以后,浙江东部沿海及福建东北部沿海出现了8级以上大风(图3),6日下午起风力增强到10级以上,持续时间达 15 h 左右;浙江东南部沿海及福建东北部沿海风力则达 12～14 级,且持续时间达 11 h 左右;福建和浙江部分海岛和山区观测站瞬时极大风速达 15～17 级以上,瞬时风速较大的地点有:福建福鼎星仔岛 50.7 m·s⁻¹(15 级),浙江苍南马站 63.0 m·s⁻¹(17 级)、平阳南麂岛 60.0 m·s⁻¹(17 级),平阳上头屿 55.8 m·s⁻¹(16 级)、瑞安北龙 55.6 m·s⁻¹(16 级)、苍南龙沙 53.1 m·s⁻¹(16 级),其中浙江苍南石砰山(海拔 316 m)和望洲山(海拔 468 m)瞬时风速则分别达 76.1 m·s⁻¹ 和 73.1 m·s⁻¹(均>17级),破浙江省瞬时大风历史纪录,为浙江省超百年一遇极端大风。浙江苍南石砰山 10 min 平均风速达 59.7 m·s⁻¹,破浙江省 10 min 最大风速纪录,浙江平阳上头屿 10 min 平均风速 45.7 m·s⁻¹、瑞安北龙为 44.7 m·s⁻¹、苍南龙沙为 43 m·s⁻¹。

2.4 降雨强度大、范围广

由于与 1324 号台风"丹娜丝"的双台风作用,"菲特"登陆后,其低压环流长时间滞留浙闽交界地区,而"丹娜丝"北上带来的偏东气流也将丰沛的水汽向浙江、上海一带输送,又适逢冷

空气扩散南下,"菲特"降雨呈现了秋台风降雨的特点,降雨强度大且范围广。10月5日20:00—9日08:00,江苏东南部、上海、浙江北部和东部、福建东北部等地的部分地区出现暴雨或大暴雨,局部出现特大暴雨,降雨量一般有200～350 mm,其中浙江北部和东部部分地区达400～600 mm,浙江安吉天荒坪达1056 mm(图4)。

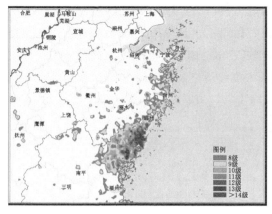
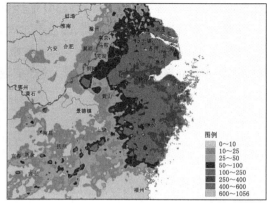

图3　1323号强台风"菲特"10月5—7日
瞬时大风实况

图4　1323号强台风"菲特"10月5日20:00—
10月9日08:00过程降雨量实况(单位:mm)

从"菲特"降雨的影响区域来看,300 mm以上降雨面积达22594 km²,其中浙江省22544 km²,占99.8%,400 mm以上降雨全部出现在浙江省,达5828 km²,其中500 mm以上1431 km²。浙江全省面雨量207 mm,为1949年以来浙江省台风过程降水量第3位,浙北14个县(市、区)过程雨量破当地台风过程雨量极值,超过或接近百年一遇(表1);7日浙江全省面雨量149 mm,为浙江省有记录以来(含梅汛期)的最大日面雨量,超历史第2位(1962年9月6日面雨量为109 mm,6214号超强台风"Amy"影响所致)40 mm,重现期为120a;浙北及沿海的奉化、余姚、上虞、慈溪、绍兴、杭州、宁波、湖州、瑞安等13个县(市、区)日雨量在200～400 mm,破当地日雨量历史纪录,其中奉化日降水量为397 mm、余姚394 mm,超百年一遇,杭州日降水量246 mm,重现期为150a;宁波市7—8日面雨量328 mm,为宁波市任意两天最大面雨量,比之前历史最大(1963年9月12—13日278 mm)多50 mm。

表1　"菲特"影响期间浙江省累计降雨量超过300 mm的站点情况

地区	县(市)	过程累计降雨量/mm		重现期/a年	日降雨量/mm	
		历史极值	"菲特"累计雨量		历史极值(出现时间)	"菲特"日雨量
宁波	宁波城区	419	433	100	236(1963年9月13日)	288
	奉化	296	517	>100	211(1977年8月22日)	397
	慈溪	331	379	>100	180(2012年6月18日)	373
	余姚	567	543	80	268(1962年9月4日)	394
	宁海	397	379	30	/	193

地区	县市	过程累计降雨量/mm		重现期/年	日降雨量/mm	
		历史极值	"菲特"累计雨量		历史极值（出现时间）	"菲特"日雨量
嘉兴	海宁	171	452	>100	/	249
	桐乡	160	341	>100	150（1997年8月13日）	171
	海盐	153	368	>100	/	206
湖州	湖州城区	279	333	>100	173（1962年9月6日）	184
	德清	175	306	>100	153（1996年6月30日）	199
杭州	杭州城区	322	326	100	191（2007年10月8日）	246
	萧山	245	335	>100	184（1990年8月31日）	262
绍兴	绍兴城区	370	394	100	215（1962年9月5日）	306
	上虞	226	451	>100	268（2013年8月19日）	373
温州	瑞安	380	428	60	251（2005年7月19日）	386
	平阳	437	331	10		373

3 预报难点及风雨成因分析

"菲特"在台湾以东洋面路径西折和近海强度维持是业务预报中的难点,也是预报服务的重点。在"菲特"业务预报中,不管是数值模式预报还是主观综合预报,前期均没有能够预报出"菲特"路径的西折,而是预报"菲特"继续北上,在朝鲜半岛南部到日本西部一带沿海登陆。当"菲特"路径发生西折后,24～72 h的路径预报虽然预报出了"菲特"将在浙江中南部到福建北部一带沿海登陆,但预报路径较实况路径仍然存在较大的偏差,且主要考虑在浙江中南部沿海登陆。而对"菲特"趋向华东近海的强度预报,在实际业务预报中,由于考虑到"菲特"移至东海西部及华东近海海面时,海表温度降低,且环境风垂直切变增大,因此预报"菲特"在华东近海强度将有所减弱,但实际上"菲特"在华东近海仍维持强台风强度,且强度还存在一定程度增强的趋势。下面着重对"菲特"路径西折和在近海的维持或加强的原因,进行一些初步的分析,以期对今后的登陆台风业务预报有所裨益。

3.1 路径预报难点分析

为了分析"菲特"路径突然发生西折的具体原因,分别做"菲特"北上阶段（9月30日20:00—10月4日20:00)和西折阶段（10月4日20:00—7日20:00)的500 hPa和700 hPa的平均流线图,以考察"菲特"西折前后的大气环流形势差异（图5)。可以看到,"菲特"西折前后,对流层中低层大气环流形势存在显著的差异。在北上阶段,"菲特"一直处于对流层中低层东西两环副热带高压的鞍型场中,引导气流较弱（图5a,b),在自身内力的作用下,"菲特"缓慢向北偏西方向移动。而从预报经验来看,如果大气环流形势不发生大的调整,"菲特"将在越过东环副高脊线以后,逐渐转向北偏东或东北方向移去。但西折阶段的环流形势却发生了根本性的改变,东环副高明显西进,西环副高则出现明显西退,且在对流层低层东西两环副高顺利打通,"菲特"北侧中低层盛行强盛的偏东气流(图5c,d),因此"菲特"路径出现西折,最后登陆福建北部。

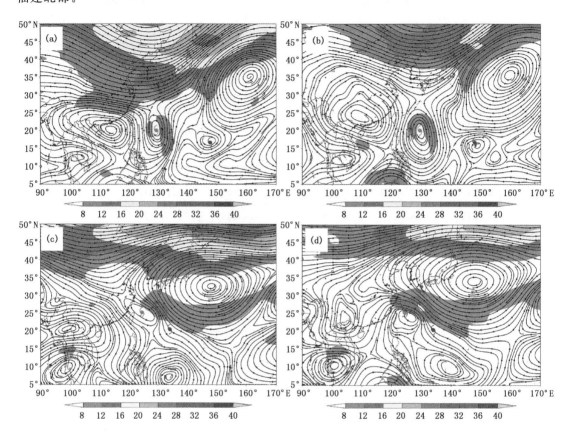

图5 "菲特"西折前后 500 hPa 和 700 hPa 平均流线图

(a,b 分别为北上阶段的 500 hPa 和 700 hPa 平均流线图;c,d 分别为西折阶段的

500 hPa 和 700 hPa 平均流线图;填色为≥8 m·s^{-1} 的等风速区)

由上述的分析可知,东环副热带高压的增强西进是对流层中低层大气环流形势调整的结果,那么是什么因素导致对流层中低层大气环流形势发生重大调整,并进而引起东环副高增强西进呢?仔细分析"菲特"北上阶段的 500 hPa 高度形势场,可以发现,"菲特"北上阶段,欧亚中高纬为两槽一脊形势,两槽分别位于西西伯利亚—中亚一线以及东西伯利亚—我国东北西部—华北北部一线,高压脊则位于贝加尔湖以西到我国新疆北部一线(图略)。随着位于西西伯利亚—中亚一线的西风槽发展加深,贝加尔湖以西到我国新疆北部的高压脊得到经向发展并东移,引导极地冷空气南下,导致在我国黑龙江北部到俄罗斯交界一带地区有切断低涡生成(图6a)。在切断低涡东移的过程中,其西侧的高压脊逐渐减弱,亚洲中高纬环流逐渐由经向型环流调整为纬向型环流,同时由于切断低涡与位于日本东南洋面的东环副热带高压相叠加,日本海南部到日本东北部洋面一带的副热带锋区变得相当密集,副热带锋区上温度水平梯度迅速增大,于是东亚副热带西风急流也随之迅速增强,在西风急流上出现了超过 80 m·s^{-1} 的急流核(图6b)。此外,随着切断低涡的进一步东移,东亚副热带西风急流核的轴向也逐渐由东北—西南向转变为准东西向。正是由于东亚副热带西风急流核的迅速增强,使得其南侧的

负涡度也迅速增加,而通过位势倾向方程可知,负涡度的迅速增加有利于其南侧中低层位势高度的增加,并由此导致东环副热带高压增强西进。由沿 200 hPa 急流核轴线的涡度垂直剖面图(图7)也可以看到150°E以西的对流层中低层均为较强的负涡度带,有利于东环副热带高压增强西进。

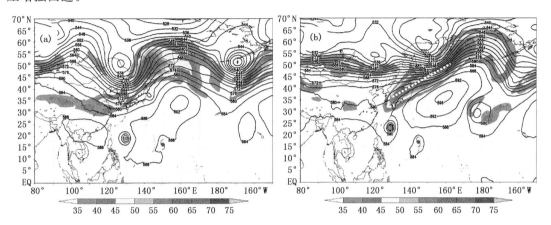

图 6 "菲特"西折前后 500 hPa 高度(等值线)与相应时刻的 200 hPa 副热带西风急流核分布图

(填色区为≥25 m·s⁻¹,白色虚线为急流核轴线)

(a 为北上阶段,10月2日20:00,b 为西折后的10月4日20:00)

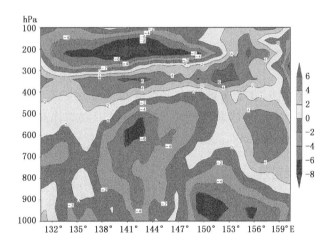

图 7 2013 年 10 月 4 日 20:00 沿 200 hPa 急流核轴线的涡度垂直剖面图

(单位:10⁻⁵s⁻¹,急流核轴线位置为图6b的白色虚线)

另外,"菲特"活动期间,其东侧还有 1324 号超强台风"丹娜丝"活动,两者最近相距不到 1300 km。"丹娜丝"北侧强劲的偏东风气流,对副热带高压的南落起着阻挡作用,有利于副热带高压进一步西伸和"菲特"西行。利用 1 km 高分辨率 ARW－WRF 中尺度数值模式(3.5.1 版本)模拟的结果也显示"丹娜丝"的存在一定程度阻挡了副热带高压的南落,并有利于副热带高压的西伸和"菲特"西行,且数值试验结果表明"丹娜丝"强度越强,副热带高压的西伸幅度越大,"菲特"路径西进更为明显,且"菲特"登陆后的路径还会出现进一步的南掉;相反,若减弱"丹娜丝"强度或滤除其环流后,则副热带高压西伸的幅度将明显减小,并出现南落,从而导致"菲特"

在华东近海北上转向。因此,"丹娜丝"的存在也是"菲特"路径西折的重要原因之一。这与李春虎[8]和任素玲等[9]得出的台风与副热带高压的相互作用可导致副热带高压西伸的研究结论是一致的。关于"丹娜丝"对"菲特"路径西折的数值试验结果的具体分析将另文阐述,这里不再赘述。

3.2 强度预报难点分析

众所周知,台风强度的变化与高空辐散流出、低层辐合、环境风垂直切变以及海温等因素密切相关。而从大尺度环境场来看,台风在眼区周围低层水平辐合形成大量的上升运动,在高层辐散流出,因此,台风上空对流层高层上有无明显的辐散气流是台风能否继续发展的重要标志,特别是近海台风加强的主要原因[4-7]。

"菲特"趋向华东近海时,当时考虑到东海西部海面及华东近海海表温度较低(图略),且环境风垂直切变在变大,因此,预报"菲特"在华东近海强度将有所减弱,但实际上"菲特"在华东近海仍维持强台风强度,且从雷达和自动站观测看还存在一定程度增强的趋势。仔细分析"菲特"进入东海到登陆我国期间的对流层高低层风场,可以发现,在对流层低层 850 hPa 上,由东环副热带高压增强西进和"丹娜丝"西北移带来的低层偏东气流汇入其低层环流(图 8a),使得"菲特"低层辐合得到加强;而在对流层高层 200 hPa 上,"菲特"进入东海后,从朝鲜半岛到日本北部一线一直维持一个近东北-西南向的高空急流区,急流核强度最强达到 80 m·s^{-1} 以上,"菲特"正好处于该高空急流入口区的右侧(图 8b),该区域高层辐散很强,高层强辐散气流导致低层上升运动加强,有利于台风环流的低层减压。而在此期间,虽然"菲特"环境水平风垂直切变有所增大,但一直维持在 5~10 m·s^{-1} 的小值区,也有利于"菲特"强度的维持或加强。综上所述可以看出,"菲特"北侧强高空急流的维持和存在是其近海维持或加强的重要原因,而"菲特"在近海维持或加强则是大尺度环境场动力强迫的结果。因此当动力强迫作用显著时,不利的海洋热力条件对台风强度变化的影响可以忽略,如 2011 年 1115 号超强台风"洛克"(Roke)在登陆日本前,在日本西南部近海海面迅速加强也是在海洋热力条件差的条件下大尺度环境场动力强迫显著作用的结果。

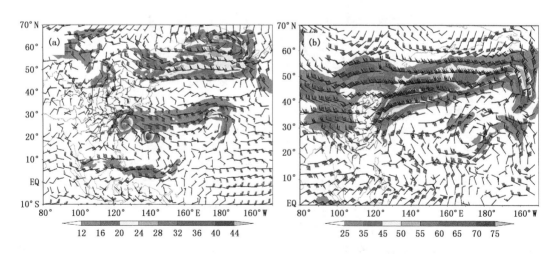

图 8   2013 年 10 月 5 日 20:00 风场

(a 为 850 hPa,b 为 200 hPa;填色为等风速区;单位:m·s^{-1})

3.3 强风成因分析

由图 3 可以看出,"菲特"产生的强风速区主要位于"菲特"中心经过的附近区域及其前进方向右侧的浙东南沿海地区及海岛,"菲特"强风主要发生在其登陆前后的 $6\sim10$ h 内,这与"菲特"在华东近海强度的维持或加强是吻合的。

由上述对"菲特"近海强度维持或加强的分析结果可以看出,"菲特"登陆福建前后,"菲特"前进方向右侧的浙东南沿海及海面位于对流层上部槽的槽前的强辐散区中,槽前伴有大于 45 m・s^{-1} 的急流区,且槽后也相伴有大于 45 m・s^{-1} 的急流区,并向东流向槽前(图 9a),导致槽前的急流区也进一步增强(图 9b)。由涡度方程分析可知,槽前的气块由南向北移动,由气旋式涡度变到反气旋式涡度,涡度减小,气块产生水平辐散;槽后的气块由北向南移动,由反气旋式涡度变到气旋式涡度,涡度增加,气块产生水平辐合。因此在"菲特"向西偏北移动登陆福建的过程中,位于其前进方向右侧的浙东南沿海及海面的高空辐散进一步加大,而高层辐散的加强则导致低层上升运动加强,于是台风环流的低层减压和气流辐合加强(图略),"菲特"前进方向一侧的地面气压梯度随之进一步加大,且低层减压也导致台风北侧与副热带高压之间的气压梯度加大,因此地面风力相应也加大。可以显见,"菲特"强风的发生同样也是大尺度环境场动力强迫的结果,2012 年 1215 号超强台风"布拉万"北上移入东北地区后产生的大风天气也是同样的情况。因此,当台风移到近海时,应重点关注高空大尺度环境场是否存在显著的动力强迫作用,如果存在这种显著的动力强迫作用,则应考虑出现强风发生的可能性。

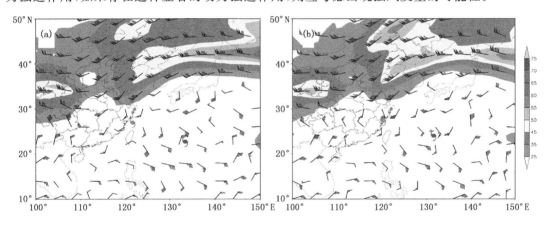

图 9　200 hPa 风场和急流区
(a 为 10 月 6 日 20:00,b 为 10 月 7 日 02:00;填色为急流区;单位:m/s)

此外,由图 3 还可以看出,"菲特"造成的强风分布呈现极不均匀分布的特点,这主要是由浙江东南沿海的复杂地形和海陆差异所造成的。

3.4 强降雨成因分析

由图 4 可以看出,"菲特"强降雨主要发生在江苏东南部、上海、浙江北部和东部、福建东北部等地,尤其是浙江北部和东部部分地区,降雨量达 $400\sim600$ mm,也即"菲特"的北侧,而其南侧降雨明显偏弱。强降雨主要发生在 10 月 6 日晚上至 8 日白天,其中 6 日晚上至 7 日上午为"菲特"本体、台风倒槽及偏东气流共同影响的强降雨阶段,7 日下午至 8 日白天为"菲特"残余环流、冷空气与偏东气流共同影响的强降雨阶段。对于"菲特"的这次强降雨过程,中央气象台早在 10 月 5 日下午在针对"菲特"的台风专题会商中就指出"菲特"登陆后,在双台风和冷空气的相互作用下,浙北地区(尤其是杭州湾附近地区)有可能出现超过 500 mm 的极端强降雨,但当时没有引起足够的重视,主要原因是包括 EC,JMA 和 NCEP 的各家业务数值模式预报的强降雨落区均偏南偏西且强度偏弱(图略),因此中央气象台 24~72 h 预报时效的 24 h 时降雨预报中的强降雨落区预报位置也偏南偏西,量级也偏小,预报偏差较大(图 10)。可见,在台风降雨预报中,台风路径预报和数值模式降雨预报结果经常会成为左右强降雨的落区预报的重要因素。

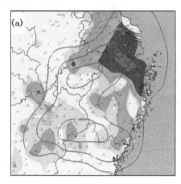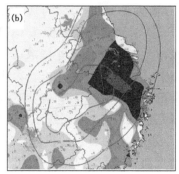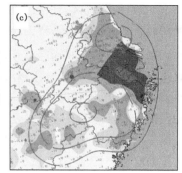

图 10 中央气象台不同时刻起报的降雨预报(等值线)与降雨实况(填色)对比

(a 为 10 月 7 日 08:00 起报的 24 h 预报时效的 24 h 降雨预报与实况对比,b 为 10 月 6 日 08:00 起报的 48 h 预报时效的 24 h 降雨预报与实况对比,c 为 10 月 5 日 08:00 起报的 72 h 预报时效的 24 h 降雨预报与实况对比)

众所周知,从天气学角度看,大范围强降雨的落区主要是由大尺度天气动力条件所决定,中小尺度因素(中小尺度对流系统、中小尺度地形等)则决定着局地强降雨的落区。对于后者,由于观测资料的不足和现有数值模式预报性能的局限,目前主观降雨预报的能力是非常有限的。而对于大范围强降雨的落区,预报员从大范围强降雨发生的三个基本条件(充足的水汽输送、较长的持续时间和强烈的上升运动)出发,通过综合分析各种观测资料,依靠数值模式的大尺度环境场和降雨预报的结果,再结合预报员的主观经验订正,则是有可能对大范围强降雨的落区做出较为准确的预报。

下面分别从"菲特"强降雨的两个阶段来具体分析强降雨发生的原因。

在强降雨发生的第一阶段(6 日晚上至 7 日上午),随着东环副热带高压的西伸,"菲特"在福建福鼎沙埕登陆,其东侧的 1324 号台风"丹娜丝"则快速向西北移,两者相距大约 1000~1100 km,双台风的相互作用使得"菲特"及其后减弱的低压环流长时间滞留浙闽交界地区。与此同时,副热带高压南侧的偏东气流与"丹娜丝"西北移带来的偏东气流则向浙江东部沿海汇合,在 850 hPa 风场上可以看到一支大于 20 m·s^{-1} 的偏东急流流向浙江东部沿海(图 11a),并将丰沛的水汽向浙江东部沿海输送,大于 0.28 g·cm^{-1}·hPa^{-1}·s^{-1} 的水汽通量大值区几乎覆盖浙江全境(图 11b)。从对流层高层 200 hPa 风场看,"菲特"登陆前后,其北侧高空有大于 50 m·s^{-1} 的西风急流,位于"菲特"北侧的浙江中东部地区处于高空急流入口区的右侧(图 11c),表明该区域高层辐散很强,高层强辐散气流导致低层上升运动加强,有利于强降雨的发生;而位于"菲特"南侧的福建大部地区高层则为辐合区(图 11d),低层为下沉运动(图略)。因此,该阶段的强降雨主要发生在浙江大部及福建东北部一带,强降雨的落区与高层辐散区和低层上升运动区存在很好的对应关系。

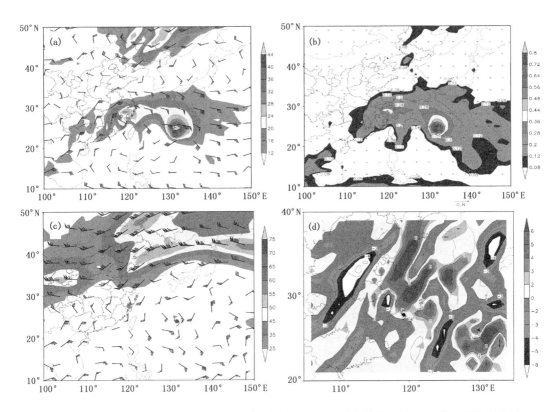

图 11 10 月 7 日 02:00 850 hPa 风场(a,填色为≥12 m·s⁻¹的等风速区);850 hPa 水汽通量场
(b,单位:g·cm⁻¹·hPa⁻¹·s⁻¹);与 200 hPa 风场(c,填色为≥25 m·s⁻¹的等风速区);
10 月 7 日 08:00 200 hPa 散度场(d,单位:g·hPa⁻¹·cm⁻²·s⁻¹)

在强降雨发生的第二阶段(7 日下午至 8 日白天),由于受地形摩擦和环境风水平垂直切变增大的影响,"菲特"减弱后的低压环流趋于填塞,而其东南侧的 1324 号台风"丹娜丝"继续快速西北移。从对流层中低层风场来看,7 日下午以后,由于"丹娜丝"的继续快速西北移和西风槽东移,东环副热带高压略有北抬且开始东退,使得副高南侧和"丹娜丝"北侧的偏东急流北抬至浙江北部到江苏东南部一带(图 12a),水汽输送带也随之北抬(图 12b)。与此同时,在对流层低层的蒙古国到我国华北一带有冷高压发展,并引导冷空气由低层扩散南下,与北抬至浙江北部到江苏东南部一带的偏东风急流在杭州湾附近交汇,在对流层低层形成中尺度辐合线(图 12c),并稳定维持在杭州湾至长江口一带。在对流层高层,西风槽东移导致副高北侧的水平温度梯度加大,西风急流随之加强,急流强度增强到 65 m·s⁻¹以上(图 12d)。江苏东南部到浙江北部一带正好处于高空急流入口区的右侧,西风急流的加强导致高层强辐散气流也随之加强,进而使得该区域低层上升运动加强,上升运动的大值区则由浙江中东部北抬至浙江北部到江苏东南部一带(图略),强降雨也随之北抬至浙江北部到江苏东南部一带。上述这种低层中尺度辐合线与高层强辐散流场的高低层环流配置,有利于低层上升运动的加剧,因此第二阶段的雨量也较第一阶段大。8 日以后,随着"丹娜丝"向东北方向移动,浙江北部到江苏东南部一带逐渐转为东北或偏北气流控制,强降雨也随之趋于结束。

由上述的分析可知,"菲特"强降雨的发生和落区的变化,与副高南侧及"丹娜丝"北侧偏东急流位置的变化及水汽输送密切相关,低层冷空气的扩散南下则是触发"菲特"第二阶段强降

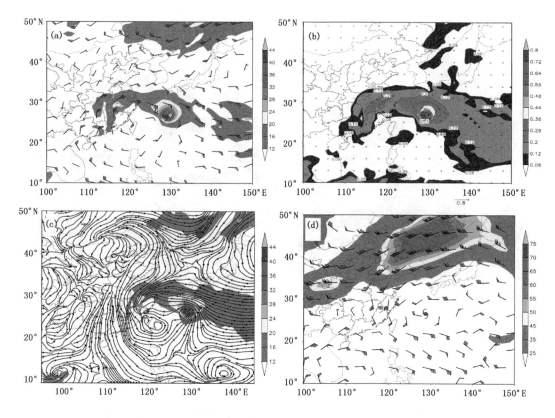

图 12　10 月 7 日 14:00 850 hPa 风场(a,填色为≥12 m·s⁻¹的等风速区);850 hPa 水汽通量场

(b,单位:g·cm⁻¹·hPa⁻¹·s⁻¹);925 hPa 风场(c,填色为≥12 m·s⁻¹的等风速区);

200 hPa 风场(d,填色为≥25 m·s⁻¹的等风速区)

雨发生及雨量加大的主要因素,对流层高层强辐散气流的抽吸作用则是"菲特"强降雨发生的主要动力机制。而在台风降雨业务预报中,对流层高层流场分析往往得不到应有的重视,则可能是"菲特"强降雨预报出现较大偏差的主要原因。

4　数值预报模式的不确定分析

上述针对"菲特"路径西折的分析结果表明,对流层中低层大气环流形势调整导致东环副热带高压增强西进是"菲特"路径西折的重要原因。那么,不同业务数值预报模式对东环副热带高压增强西进的预报又有着怎样的表现呢?图 13 为不同业务数值预报模式 9 月 30 日 20:00起报的 500 hPa 高度 120 h 预报场与 10 月 5 日 20:00 实况分析场的对比,可以看到,在"菲特"生成后的北上阶段初期,ECMWF,NCEP,T213 和 JMA 模式均没有能够预报出东环副热带高压明显地增强西进,而是预报我国东部海区将处于副热带高压西侧和西风槽前的西南或偏南气流控制之下,"菲特"未来将由我国东部海区转向东北或北偏东方向。而从不同业务数值预报模式 10 月 1 日 20:00 起报的 500 hPa 高度 96 h 预报场图上则可以看到(图略),ECMWF 和 JMA 模式虽然均预报出东环副热带高压的增强西进,但副高主体西伸的幅度仍较分析场略偏东一些,NCEP 和 T213 模式则仍然未能预报出东环副热带高压的增强西进,NCEP 模式直到 10 月 2 日 20:00 起报的 500 hPa 高度 72 h 预报场才与实况比较接近,而

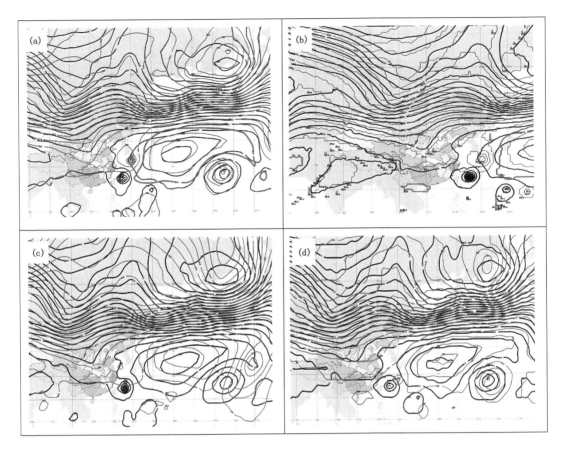

图 13　9 月 30 日 20:00 业务数值预报模式起报的 120 h 500 hPa 高度预报场与
10 月 5 日 20:00 分析场(黑线)对比
(a 为 ECMWF,b 为 NCEP,c 为 T213,d 为 JMA)

T213 模式直到 10 月 3 日 20:00 起报的 500 hPa 高度 48 h 预报场才与实况较为接近(图略)。可见,在"菲特"北上阶段,不同业务数值预报模式对大尺度环流形势(特别是副热带高压)的预报存在较大的分歧,且随着预报时效的临近不同业务数值预报模式对大尺度环流形势预报调整的速度也不尽相同,ECMWF 模式调整速度较 NCEP 模式快 1 d 左右的时间,而 T213 模式调整的速度最慢。正是由于不同业务数值预报模式对大尺度环流形势的预报存在较大的分歧,因此导致针对"菲特"北上阶段的路径预报存在着较大的不确定性。

正是由于不同业务数值预报模式对大尺度环流形势场调整的预报偏差,因此不同业务集合预报系统对"菲特"的路径预报表现也不够理想,特别是过去一直预报效果较好的 ECMWF 和 NCEP 集合预报在"菲特"生成后的北上阶段初期均预报"菲特"将继续北上,而不是在我国台湾以东洋面西折(图 14a,c,d)。其后随着模式的逐渐调整,ECMWF 集合预报 10 月 1 日 20:00 报的结果虽然出现了明显西折的趋势,但集合成员却呈现非常大的发散度,从台湾中部到日本西部均有登陆的可能(图 14b);NCEP 集合预报则是在 10 月 2 日 20:00 以后才给出类似的趋势,但集合成员也呈现出非常大的发散度,从台湾北部到朝鲜半岛西部均有登陆的可能(图略)。

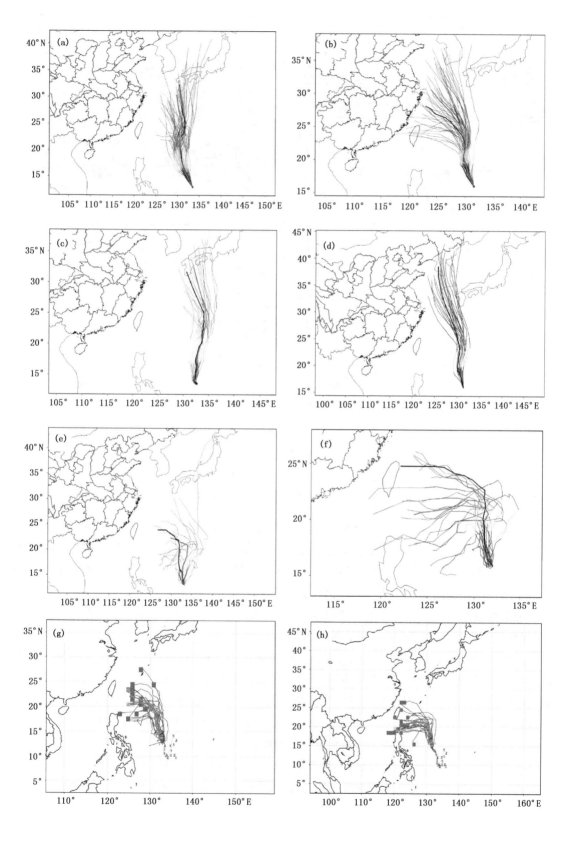

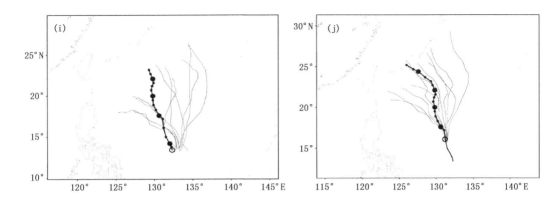

图 14　不同业务集合预报系统的"菲特"路径预报结果

(a,b:ECMWF;c,d:NCEP;e,f:加拿大 CMC;g,h:UKMO;i,j:JMA;

左列的起报时间均为 9 月 30 日 20:00,右列的起报时间均为 10 月 1 日 20:00)

　　此外,在"菲特"北上阶段初期,一些集合预报系统却呈现出与 ECMWF 和 NCEP 集合预报截然不同的预报结果,并较早地预报出"菲特"路径将出现西折的趋势,如 9 月 30 日 20:00和 10 月 1 日 20:00 起报的 CMC 和 UKMO 集合预报结果和 10 月 1 日 20:00 起报的 JMA 集合预报系统,但这些集合预报系统的集合成员路径预报却仍然呈现出非常大的发散度,从菲律宾北部到日本西南部均有登陆的可能(图 14e～j)。上述分析事实表明,在"菲特"生成后的北上阶段初期,不同集合预报系统的集合成员预报路径均表现出非常大的发散度,但考虑到过去对集合预报系统台风路径预报误差的评估结果,因此在当时业务预报中并没有及时采信CMC,UKMO 和 JMA 集合预报系统预报的"菲特"路径有西折趋势的可能结果,而是采信了ECMWF 和 NCEP 集合预报系统的预报结果预报"菲特"将以北偏西路径北上后,将沿我国华东近海海面继续北上或登陆。

　　下面具体给出不同业务数值预报模式及中日美主观综合预报对"菲特"不同预报时效的平均路径预报误差(图 15)。从不同业务数值预报模式来看,ECMWF 确定性预报的 24,48,72和 96 h 预报误差最小,分别为 43,84,156 和 324 km,但其 120 h 误差却高达 655 km,远高于120 h 英国全球模式预报(406 km)和日本集合预报(380 km),这与 ECMWF 模式未能在"菲

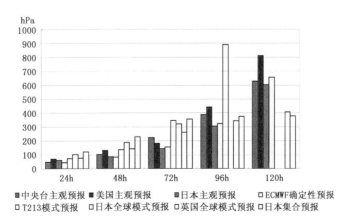

图 15　"菲特"路径数值预报模式和中日美主观综合预报误差比较

特"北上初期预报出"菲特"路径的西折有关,而日本集合预报和英国全球模式则在"菲特"北上初期预报出了"菲特"路径的西折趋势;T213模式的24 h和48 h预报误差要好于英国全球模式预报、日本全球模式预报和日本集合预报,但其72 h和96 h预报误差则总体上差于其他数值模式,尤其96 h高达893 km,误差明显高于其他数值模式,这也与T213模式未能在"菲特"北上初期预报出"菲特"路径的西折有关。而从主观综合预报来看,中央气象台24~120 h的台风路径预报误差总体水平要好于美国联合台风警报中心的误差水平,但要差于日本气象厅的误差总体水平,但中央气象台的24 h路径预报误差仅为49 km,几乎好于所有主客观路径预报,也均好于36 h的ECMWF确定性预报(66 km)和集合预报(56 km)结果。此外,还可以看到中、日、美120 h的路径预报误差均高于600 km,美国联合台风警报中心则高达811 km,这同样是在"菲特"北上初期各家主观综合预报未能把握"菲特"路径将出现西折趋势的结果。

通过上述对不同业务数值预报模式不确定性的分析以及主客观路径预报误差的分析结果,可以发现,当不同数值预报模式尤其是不同集合预报系统出现非常大的发散度或者是出现截然不同的预报结果时,在台风路径业务预报中,必须考虑台风移动路径将发生较大改变的可能性,而采用多模式集合预报订正技术将是提高台风路径预报准确率的有效途径之一。

5 小结

(1)"菲特"路径西折和近海强度维持与高空副热带西风急流的迅速增强密切相关。副热带西风急流核迅速增强,并稳定在朝鲜半岛南部一日本东北部洋面一带,是导致副热带高压加强西伸,"菲特"路径西折的主要原因。而在实际业务预报中,对副热带高压西伸考虑不足,是"菲特"路径(尤其是前期路径)预报出现偏差的主要原因。副热带西风急流核在日本海附近的迅速增强和稳定对副热带高压增强西进的预报具有指示意义,而副热带西风急流核的迅速增强是切断低涡与东环副热带高压叠加所造成的温度水平梯度迅速增加的结果。

(2)强高空西风急流的加强及其在"菲特"北侧的长时间维持所造成大尺度环境场动力强迫作用,是"菲特"近海强度维持或加强以及强风发生的主要原因。在业务预报中,主要考虑海洋的热力作用和地形的影响,是"菲特"近海强度预报出现偏弱的主要原因。因此,在台风强度业务预报中,当对流层高层存在显著的高空动力强迫作用时,可以忽略不利的海洋热力条件对台风强度变化的影响,这在今后的台风近海强度业务预报中必须给予足够的重视,也是台风近海强度预报中必须给予重点关注的预报着眼点。

(3)"菲特"强降雨发生和落区的变化,与副高南侧及"丹娜丝"北侧偏东急流位置的变化及水汽输送密切相关,低层冷空气的扩散南下是触发"菲特"第二阶段强降雨发生及雨量加大的主要因素,对流层高层强辐散气流的抽吸作用是"菲特"强降雨发生的主要动力机制。在台风降雨业务预报中,对流层高层流场分析往往得不到应有的重视,可能是"菲特"强降雨预报出现较大偏差的主要原因。

(4)96~120 h长时效的数值模式预报对"菲特"在我国台湾以东洋面的路径西折基本没有预报能力。ECMWF和NCEP等主流模式的集合预报在"菲特"北上阶段早期均没有报出"菲特"路径的西折,虽然日本、加拿大和英国的集合预报报出了"菲特"路径的西折,但发散度和不确定性太大。当集合预报路径发散度较大或不同集合预报系统出现截然不同的预报结果时,采用多模式集合预报订正技术将是提高台风路径预报准确率的有效途径之一。

参考文献

[1] 许映龙,张玲,高拴柱.我国台风预报业务的现状及思考.气象,2010,**36**(7):43-49.

[2] 钱传海,端义宏,麻素红,等.我国台风业务现状及其关键技术.气象科技进展,2012,**2**(5):36-43.

[3] 许映龙.超强台风鲇鱼路径北翘预报分析.气象,2011,**37**(7):821-826.

[4] 余晖,费亮,端义宏.8807和0008登陆前的大尺度环境特征与强度变化.气象学报,2002,**60**(增刊):78-87.

[5] 官晓军.0518号台风"达维"近海迅速加强的数值模拟研究(学位论文).杭州:浙江大学,2011.

[6] 林毅,刘爱鸣,刘铭."百合"台风近海加强成因分析.台湾海峡,2005,**24**(1):22-26.

[7] 于玉斌,陈联寿,杨昌贤.超强台风"桑美"(2006)近海急剧增强特征及机理分析.大气科学,2008,**32**(2):405-416.

[8] 李春虎,黄福均,罗哲贤.台风活动对副热带高压位置和强度的影响.高原气象,2002,**31**(6):576-582.

[9] 任素玲,刘屹岷,吴国雄.西北太平洋副热带高压和台风相互作用的数值试验研究.气象学报,2007,**65**(3):329-340.

广东 2013 年"3·20"强对流的雷达回波和风廓线探测特征

伍志方[1]　周芯玉[2]　郭春迓[1]　庞古乾[1]　张华龙[1]

(1. 广东省气象台,广州 510080;2. 广州市气象台,广州 510080)

摘　要

本文将利用广东多普勒天气雷达、风廓线雷达(网)资料,详细分析 3 月 20 日白天强对流过程的多普勒天气雷达回波结构特征和风廓线雷达(网)探测的低层风场特征。结果可见:造成东莞强对流极大风的因素比较复杂,也比较罕见。单体发展经过了单体弓形回波到超级单体,再减弱为强单体等复杂过程。在此期间,径向速度场以辐散气流为主,间中镶嵌有中气旋和龙卷涡旋特征(TVS),即在发生下击暴流的间中,产生了 F2 级龙卷,并伴有冰雹和短时强降水。广东风廓线(网)等高层风场产品可清楚地分析风场演变特征,同时对新生单体的触发和单体移动有一定指示作用。等高面物理量产品可在一定程度上反映有利于强对流发生发展的动力条件,有一定的提前量,单站垂直风切变等产品随时间的变化特征对强对流的发生具有较明显前兆信号。

关键词:下击暴流　龙卷　单体弓形回波　风廓线二次产品

0　引言

首场强对流天气过程预报一直是广东省开汛时的预报重点和难点。2013 年 3 月 19—20 日广东发生首场较大范围强对流天气过程,尤其对东莞市造成较大伤亡,引起社会广泛关注。总体而言,这次过程最明显的特点是:风力极大,降雹明显。韶关乐昌和仁化、东莞等地出现了 10～13 级的雷雨大风,其中 20 日 05:00 仁化观测站录得 41.5 m·s⁻¹(14 级)的雷雨大风。20 日 16:15 左右,东莞沙田、松山湖等镇街出现了 11～13 级的雷雨大风,特别是大岭山录得最大阵风 49.1 m·s⁻¹(15 级),又一次刷新了广东省有记录以来录得的强对流天气风速纪录。珠江三角洲中南部、粤北和粤西北部先后出现了分散冰雹和短时强降水。此外,造成东莞强对流极大风的因素比较复杂,也比较罕见,既有下击暴流,又有龙卷风,值得展开详细分析研究。

本文将利用广东多普勒天气雷达、风廓线雷达(网)资料,详细分析 3 月 20 日白天强对流过程的多普勒天气雷达回波结构特征和风廓线(网)雷达探测的低层风场特征。

1　概况和资料

2013 年 3 月 19—20 日强对流天气过程(图 1)可分为四个阶段:第一阶段,3 月 19 日 13:00—17:00 珠江三角洲南部和梅州西北部(平远和蕉岭)出现了分散冰雹和雷雨大风,冰雹直径大小约为 10～20 mm;第二阶段,3 月 20 日 04:30—07:00,粤西北的韶关和清远、肇庆北部出现了 8～10 级雷雨大风,其中韶关仁化观测站录得 41.5 m·s⁻¹,同时还伴有直径 8～10 mm 大小的冰雹;第三阶段,3 月 20 日 14:50—17:10,广东中南部的东莞、顺德、广州南沙区和惠州出现了雷雨大风、冰雹和短时强降水,其中东莞大岭山录得 49.1 m·s⁻¹ 的极大风,同时现场调查时可见有钢架被卷起,插入屋顶,根据 Fujita 龙卷等级至少可判断为 F2 级龙卷;同时东莞和惠州伴有直径在 15～25 mm 左右的冰雹；第四阶段，3 月 20 日 21：00－23：00，粤西的云浮罗定、茂名信宜出现了直径 10 mm 左右的小冰雹。本文将主要分析第二、三阶段的强对流天气过程，重点分析第三阶段东莞的强对流大风的雷达回波特征和风廓线雷达探测的低层风场特征。

广东省先后建成并投入业务使用 14 部风廓线雷达，目前已自主开发了不同高度等高面风场显示、涡度、散度、垂直速度和螺旋度等二维平面产品；应用单站风廓线资料，开发了低空急流指数、风切变和动量等时序变化产品。本文将运用广东风廓线网二次开发的等高层风场和物理量场、南沙单站风场和物理量产品对 2013 年 3 月 20 日广东首次较大范围强对流天气过程的风场特征进行初步分析；同时利用广东多普勒天气雷达拼图和广州雷达反射率和速度产品、自动站资料和常规天气图进行反射率回波演变和速度特征分析。

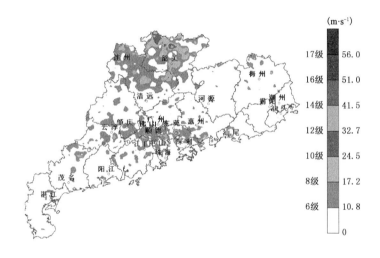

图 1   广东省 3 月 19 日 08：00－20 日 23：00 瞬时风速

2   环流背景

3 月 19－20 日 08：00（图 2），500 hPa 华南处于南支槽前，不断有短波槽分裂东移北收，槽后冷空气使粤西北部和珠江三角洲降温 2℃；20 日 08：00 850 hPa 切变线进入粤西北后，继续南下；700 hPa 和 850 hPa 在粤西北部和珠江三角洲中部出现了露点锋，易触发新生单体；500 hPa、700 hPa 和 850 hPa 西南急流 19 日 08：00 已建立，20 日 08：00 向南摆动分别到达广东中部和南部沿海，使广东大部分地区湿度增大、不稳定能量累积，500 hPa 短波槽后的弱冷空气使广东中西部层结更加不稳定，500 hPa 与 700 hPa 和 500 hPa 与 850 hPa 的垂直温度差分别超过 16℃和 24℃，超过该地区强对流发生的阈值。地面冷空气 08：00 进入广东，14：00 到达广东中部，继续减弱南下。因此 3 月 20 日早晨粤北飑线主要是由切变线和冷锋触发，并随之南下的，而午后造成包括东莞在内的广东中南部强对流天气过程的新生单体则是由低层露点锋和冷锋触发的。

3 多普勒天气雷达回波特征

3月20日早晨和午后分别在粤西北和粤中发生了两次强对流天气过程,下面将分别对这两次强对流天气过程强度回波的演变过程进行分析,重点分析东莞强对流天气过程的速度回波和垂直结构特征。

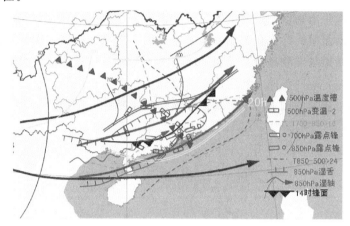

图2　2013年3月20日08:00高空和14:00地面系统配置

3.1 反射率回波演变过程

3.1.1 "3·20"早晨飑线反射率回波演变过程

3月20日04:00(北京时,下同),在桂、湘、粤交界处形成了一条短飑线,04:42伴随着冷空气和切变线的南下,飑线进入广东西北部的韶关乐昌、宜章县,65 dBZ的强回波单体位于飑线东段(图3a),在东移南下过程中,造成韶关仁化县气象站41.5 m·s^{-1}(14级)大风;同时在其西侧不断有新生单体生成发展,并入飑线中,但飑线东段的回波单体逐渐减弱,08:00形成一条西起肇庆怀集,东到河源龙川的东西向长飑线,飑线上的强单体沿飑线向偏东方向移动,并随着飑线南下;在此之前飑线继续发展南下的过程中,所经过的韶关、清远、肇庆北部等地普遍出现了8～9级雷雨大风、短时强降水和局地冰雹(仁化)。

09:00后飑线逐渐减弱,10:00仍然维持一条横跨全省(封开-花都-紫金-蕉岭)的东西向中尺度对流系统(MCS),随后继续南下减弱;12:00到达广东中部的郁南-广州市区-汕头时已减弱成分散单体的弱MCS,在此期间,MCS只造成所经之处中雷雨,阵风7级左右,局部8级。

3.1.2 "3·20"午后东莞单体弓形回波到超级单体的演变过程

11:42在茂名信宜与云浮交界处新生弱回波单体A,向东北方向移动,迅速增强到50 dBZ,追上其前方逐渐减弱的回波单体,合并增强至55 dBZ,且50 dBZ的范围明显扩大。同时(12:00)在其移动方向前方(东北方向)又新生两个单体B(云浮与阳江交界处)和C(自西向东排列)并迅速发展,形成一条西南-东北向的由分散独立强单体组成的β-中尺度对流系统MCS(如图3b)。13:10单体C逐渐减弱消失,同时原来的β-MCS也逐渐减弱消散。强单体A和B开始分裂,左移单体风暴逐渐减弱消失(15:00),右侧的强单体A1,B1继续向东北方向移动,强度略有增加,且强单体B1强度更强,14:20-14:50,强单体B1造成顺德8级左右雷雨大风,强单体 A1 尽管强度也达到了 55 dBZ,但所经之路并未产生 8 级以上雷雨大风。

14:50,强单体 A1 路径有所调整,偏东分量开始加大,但仍为东北偏东方向移动,强度增加到 65 dBZ;15:36,强单体 A1 发展成单体弓形回波 A1。15:42 单体弓形回波 A1 转向偏东方向,造成所经之处(顺德和南沙)8~9 级局部 10 级的雷雨大风。15:48 单体弓形回波 A1 进入东莞后强度由 60 dBZ 迅速增加到 68 dBZ(16:00)继续以 60 km·h^{-1} 速度向偏东方向快速移动;16:06 至大岭山附近时强度继续增强到 72 dBZ,回波顶高也增长到 18 km,强中心高度高达 8.4 km(图略)转为非典型形状的超级单体。16:24 后 A1 强度有所减弱,超级单体特征消失,又转为强单体。强单体 A1 在自西向东穿过东莞过程中,经过单体弓形回波到超级单体又转为强单体过程中,造成东莞中南部下击暴流和 F2 级龙卷以及直线性大风,并伴有冰雹、短时强降水。16:42 强单体 A1 强度有所减弱进入惠州南部,并转为东偏南方向移动,又造成惠州南部的 8~9 级雷雨大风;18:00 到达惠州与汕尾交界的沿海,因海上没有观测站点,未知实况。

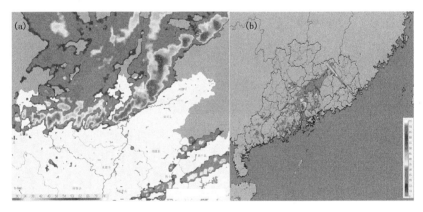

图 3　2013 年 3 月 20 日反射率回波
(a 为 06:00,b 为 16:00)

3.2　东莞单体弓状回波和超级单体的径向速度特征

如图 4a~f 所示,15:06 强单体 A1 位于佛山高明附近时,大风核就已经达到 15.5 m·s^{-1};15:36 成长为单体弓形回波时,其后侧入流高达 25 m·s^{-1} 以上,距地不到 150 m。15:48 进入东莞后,辐散气流十分明显,径向散度约为 $8×10^{-3}$ s^{-1}。16:00 仰角 0.5° 和 1.5° 风暴相对速度图上,仍以辐散气流为主,但在单体 A1 的右侧出现了中气旋,旋转速度为 20.75 m·s^{-1},核区直径约 5 km(距地高度 1.1 km,距雷达站 31.6 km),根据美国中气旋判据标准,属于中等偏强的中气旋;16:06 至大岭山附近时低层出现了龙卷涡旋特征(TVS),旋转速度仍为 20.75 m·s^{-1},但由于核区直径减小到 1 km,切变越大,表明旋转速度更大,龙卷强度更强,并向下伸展到约 500 m 高度,即将到达地面;同时 3.4° 仰角则为中气旋,旋转速度为 23.5 m·s^{-1},并且三体散射的弱速度回波清晰可见,表明可同时出现直径 2 cm 以上的大冰雹。16:18 中气旋旋转速度减弱,16:24 中气旋消失,超级单体 A1 减弱为强单体。由此可见,在 15:48—16:24 期间,径向速度场以辐散气流为主,间中镶嵌有中气旋和龙卷涡旋特征(TVS),即在发生下击暴流的间中产生了 F2 级龙卷。

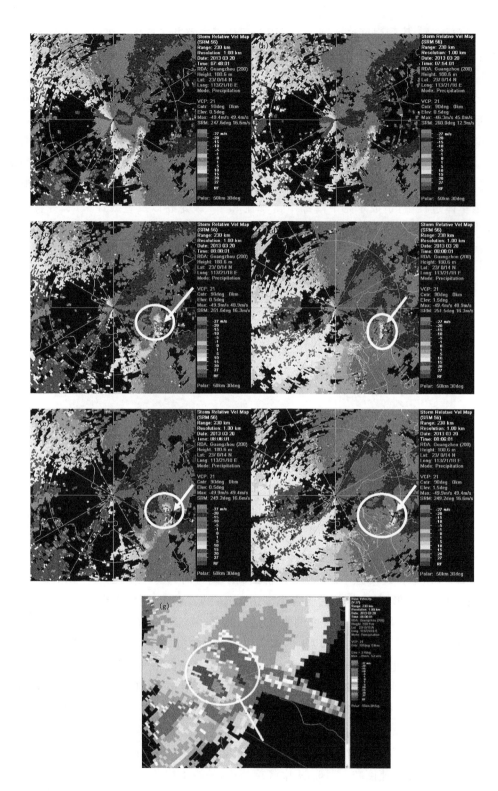

图 4　3 月 20 日相对径向速度图

(a 为 15:48,b 为 15:54,c 和 d 为 16:00,e 和 f 为 16:06;a,b,c,e 为仰角 0.5°,d,
f 为仰角 1.5°,g 为仰角 3.4°;圆圈所圈为辐散气流,箭头所指为中气旋或 TVS)

4 风廓线雷达探测的低层风场特征

利用广东省气象局自主开发的广东省风廓线雷达网等高层风场及其物理量产品,分别分析 3 月 20 日早晨粤北和午后包括东莞在内珠江三角洲中南部的强对流天气过程的风场特征,探索强对流天气预警的前兆信号提取。

4.1 等高层风场

4.1.1 等高层风场特征

从广东风廓线网 1500 m 高度风场和切变线演变(图 5)可见,06:00 左右切变线进入广东,西南急流位于切变线南侧的广东中部;09:00 前切变线和西南急流继续南下分别到达广东中部和南部沿海;09:00 之后,切变线仍然在广东中部摆动,西南急流继续南下,中部急流消失。

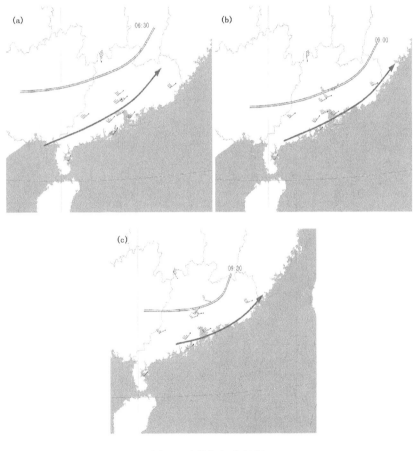

图 5　飑线期间的风场

(a 为 06:30,b 为 09:00,c 为 09:30)

12:00 及其后,500 m 和 1500 m 切变线附近新生单体 B1,A,并沿切变线南侧西南引导气流东北行;14:00 中北部和中南部有两条切变线,中北部切变线以南的从化－龙门强西南急流(26 m·s^{-1}),但却没有发生明显强天气;中南部切变线位于云浮－广州－汕头一线,结合雷达图可见,沿该切变线出现了一条飑线,飑线上的强回波单体分散分布,B1 沿北切变线逐渐减弱;切变线始终在广东中部广州南－佛山－东莞附近摆动,切变线南侧南沙－深圳始终为偏东风,在其引导下,单体 A1 在此转为偏东行。16:00－18:00 东莞、惠州强对流期间切变线仍在广东中部摆动,18:00 切变线南下到沿海,强对流天气结束(图 6)。

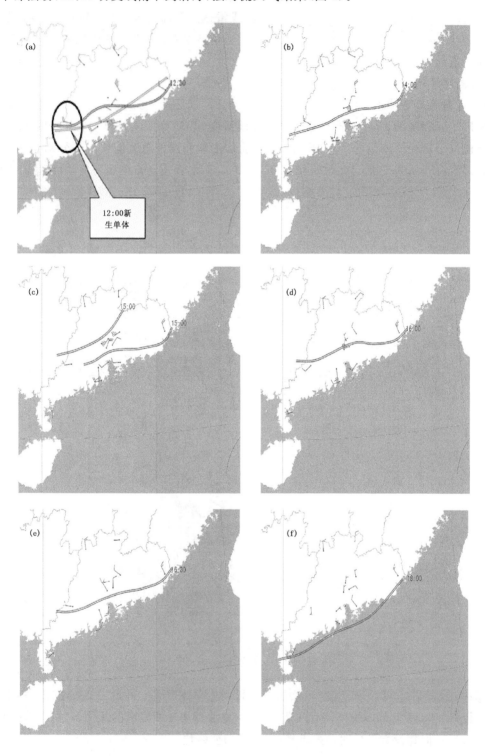

图 6　2013 年 3 月 20 日广东风廓线网 1500 m 风场

(a 为 12:30,b 为 14:00,c 为 15:00,d 为 16:00,e 为 16:30,f 为 18:00)

在风廓线(网)3000 m 高度(图略)13:30 全省大部分地区上空都受西南急流控制,其中在萝岗、南沙一线出现了一条南北向的风速辐合线,尤其是萝岗与增城间的水平风速切变为 4 m·s⁻¹,比南沙与深圳间的切变及南沙与增城间的切变 2 m·s⁻¹ 大,预示着超级单体移动到此地,移速略减弱,吸收和累积当地的不稳定能量,使强度进一步(将有所)增加 或继续维持;而增城与龙门间为辐散场,表明当强回波单体移动到此处时,回波强度将减弱。实际上,超级单体 B1 在 13:30 前后靠近辐合线附近时,强度比 A1 强,造成顺德−南沙−广州市区雷雨大风;继续向东北方向移动到达广州东部后,即靠近增城与龙门间的辐散场,强度很快减弱,随后很快消失。在此之后,当单体 A1 移动到辐合线附近时,强度也明显增加,这样有助于对回波增强或减弱的强度变化判断。

4.1.2 等高层物理量特征

相对风暴螺旋度反映了沿对流风暴低层入流方向旋转的强度,超过 150 m²·s⁻²,发展为超级单体的概率较大,由图 7 可见,1500 m 以下风暴相对螺旋度中心位于广东中部,相对风暴螺旋度 150 m²·s⁻² 以上,对流单体发展成超级单体的可能性较大。

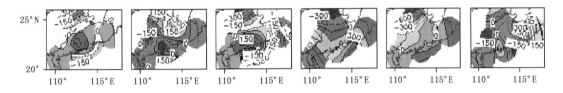

图 7 2013 年 3 月 20 日 15:30 500−3000 m 风暴相对螺旋度

(a 为 500 m,b 为 1000 m,c 为 1500 m,d 为 2000 m,e 为 2500 m,f 为 3000 m)

4.2 单站物理量特征

由图 8a 知,强对流发生前 30 min 左右三层风切变急升,下击暴流、龙卷发生时 0～3 km 急升更明显。

由图 8b 可知,两次强对流都出现了低空急流指数急升,前者出现在发生期间,后者出现在发生前 30 min。

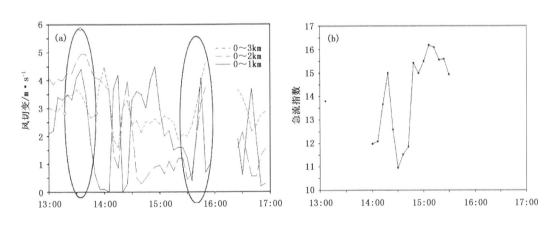

图 8 南沙风廓线计算得到的风切变和急流指数时序

5 结语

本文通过对 2013 年 3 月 20 日强对流天气过程的雷达回波和风廓线探测的风场及其物理量的分析,得到以下结果:

(1)3 月 20 日早晨粤北飑线主要是由切变线和冷锋触发,并随之南下的,而午后造成包括东莞在内的广东中南部强对流天气过程的新生单体则是由低层露点锋和冷锋触发的。

(2)造成东莞强对流极大风的因素比较复杂,也比较罕见。在自西向东穿过东莞过程中,单体发展经过了强单体发展成单体弓形回波,并继续转变为超级单体,再减弱为强单体等复杂过程。

(3)在单体弓形回波到超级单体期间,径向速度场以辐散气流为主,间中镶嵌有中气旋和龙卷涡旋特征(TVS),即在发生下击暴流的间中,产生了 F2 级龙卷,同时还有直线性大风,并伴有和冰雹、短时强降水。

(4)广东风廓线网等高层风场产品可清楚地分析风场演变特征,同时还对新生单体的触发和单体的移动有一定指示作用。

(5)等高面物理量产品可在一定程度上反映有利强对流发生发展的动力条件,有一定的提前量,单站垂直风切变等产品随时间的变化特征对强对流的发生具有较明显前兆信号。

Initiation, Maintenance, and Properties of Convection in An Extreme Rainfall Event during SCMREX: Observational Analysis

Yali Luo   Wang Hui

(State Key Laboratory of Severe Weather, Chinese Academy of Meteorological Sciences, Beijing 100081, China)

Abstract

This study investigates a long-duration mesoscale convective system (MCS) with extreme rainfall (451 mm in 16 hours) over the western coastal region of Guangdong on 10 May 2013 during the Southern China Monsoon Rainfall Experiment (SCMREX). The environmental conditions are characterized by little convective inhibition, moderate convective available potential energy, moderate precipitable water, low lifting condensation level, and lack of low-level jets from the tropical ocean. Repeated convective back-building and subsequent northeastward "echo training" of convective cells are found during the MCS's early development and mature stages. However, the earlier and later stages possess distinctive initiation/maintenance factors and organization of convection. During the earlier stage from midnight to early-morning, convection is continuously initiated when weak southeasterly and southerly flows near the surface impinge on the east sides of Mts. Longgao and Ehuangzhang (with their respective peaks of approximately 800 m and 1300 m) and moves northeastward, leading to formation of two quasi-stationary rainbands. During the mature stage from early-morning to early-afternoon, new convection is repeatedly triggered along a precipitation-induced cold outflow boundary, resulting in the formation of several rainbands that are quasi-stationary and move eastward in later times. Individual rainbands during the stages similarly consist of northeastward training of convective cells and a stratiform region to the northeast. While the MCS dissipates, a stronger squall line moves into the region from the west and passes over within about 3.5 hours, contributing about $10\% \sim 15\%$ to the total rainfall amount. It is concluded that terrain, near surface winds, and convectively generated cold outflows play important roles in initiating and maintaining the extreme-rain-producing MCS.

Key Words: extreme rainfall; convective back-building; orographic lifting; cell training and rainband training

Introduction

The early summer rainy season (April to June) is the first one in China, followed subsequently by the Meiyu season over Yangtze and Huai Rivers Valley (mid-June to mid-July) and the rainy season over north China (mid-July to August)[1]. It is also the major rainy season for South China where the annual precipitation amounts commonly exceed 2000 mm. Heavy rain during the early-summer rainy season is generally caused by interactions between the synoptic systems in the westerlies and the monsoonal flow over South China. Characteristic synoptic situations favoring the development of heavy rainfall during the early-summer season are summarized by many authors[1-3]. Of particular importance are disturbances in the planetary boundary layer (PBL) and synoptic systems in the lower troposphere, including the southwesterly low-level jets (LLJs) originating over the tropical oceans, low-level vortices developing in southwest China, and cold fronts[4]. Interactions between high θ_e airs and cold air intrusion along the northern edges of the warm moist monsoonal flows favor development of heavy rains. Extremely heavy rains in South China during the early summer season often occur in the warm sector a few hundred kilometers ahead (to the south) of a cold front, or without a cold front over/south of the Mount Nanling. Moreover, most precipitation during the early summer rainy season is of convective nature with mesoscale organizational characteristics.

The successful implementation of a 5-yr (1977—1982) research and field experiment significantly improved the understanding of the early summer heavy rainfall over South China[2], especially about the large-scale circulations and synoptic situations. The '98 Heavy Rainfall Experiment in South China during the early summer season further advanced the knowledge about physical mechanisms governing the heavy rain formation, and also promoted development and test of some algorithms to derive meteorological parameters from remote sensing observations, e. g. , to estimate three-dimensional (3D) wind fields from radar measurements[3]. Some structural features of mesoscale convective systems (MCSs) and certain mechanisms by which they form as well as possible orographic influences have been proposed, mostly based on numerical simulations.

As a Research and Development Project (RDP) of World Meteorological Organization/World Weather Research Program, Southern China Monsoon Rainfall Experiment (SCMREX) aims to further advance the understanding of processes key to the heavy rain formation and to expedite the efforts to improve simulation/prediction of the heavy rains during the early summer season in South China and vicinity. SCMREX consists of four integrated components: field campaign, data collection/processing/sharing, numerical weather prediction study, and physical mechanism study. Implementation of SCMREX includes three phases: The "spin-up phase" in 2013; the formal implementation phase in 2014—2015; the research phase from 2013 to and after 2015. Details about the motivation, scientific objectives, experimental design, international collaboration, and scientific management of the project are described in the SCMREX Implementation Plan*.

The pre-phase field experiment of SCMREX is successfully carried out during mid-April to end of May 2013. Four heavy rainfall events occurred during the Intensive Observing Periods (8—17 May and 24—28 May). This study focuses on the extremely heavy rain event oc-

---

* The SCMREX Implementation Plan may be available from the website http://scmrex. cma. gov. cn:8080

curred in west coastal Guangdong on 10 May 2013, several days before the onset of summer monsoon over the South China Sea (SCS), leading to severe flooding and inundations and causing devastating losses over the region (e. g. , a direct economic loss of more than 15 million RMB). The 19−h [i. e. , 00:00−19:00 Beijing standard time (BST), BST = UTC + 8 h] accumulated rainfall distribution (Figs. 1a, b) exhibits a narrow band (of 40 − km length and 10km width) of extreme rain that extends from the southwest (near Mountain Longgao) to the northeast (around Yangjiang city) over the coastal area. Within the upper (northeast) portion of this rainband, there are 4 rain gauges recording accumulative rainfall exceeding 300 mm with the peak amount of 451 mm (Figs. 1b, c). The lower (southwest) portion of this rainband is mostly distributed over water (Fig. 1a) where there is a lack of rain gauge observations.

This study investigates the initiation and maintenance mechanisms for this extreme rainfall event using detailed data from SCMREX. The data and analysis methods are described in section 2. Overview of rainfall, synoptic situation and environmental conditions are presented in section 3. Convective initiation and evolution of the extreme rainfall event are described in section 4, followed by analysis of the initiation and maintenance mechanisms for the extreme-rain-producing MCS in section 5. A summary and conclusions, including a conceptual model of the MCS and its associated extreme rainfall production, are presented in the final section.

1 Data and methodology

1.1 Surface network

Surface observations of rainfall amount, air temperature (2 m AGL), speed and direction of surface wind (10 m AGL) in the region of interest (110. 5°∼113. 0°E, 21. 0°∼ 23. 0°N) are utilized. In this region, there are 16 national-level automatic weather stations (AWSs), 180 regional-level AWSs, and 7 island AWSs. Moreover, 5 min accumulated rainfall amounts recorded by rain gauges at 77 hydrological stations provided by the Hydrological Bureau of Guangdong are also used in this study. Strict quality-control is performed for these observational datasets by carefully intercomparing the spatial distributions and temporal evolutions of the rainfall, meteorological parameters, and radar reflectivity to check physical consistency and reasonability.

1.2 Radar network and analysis

Doppler radars are deployed near the west coast of Guangdong during SCMREX−2013. Measurements from the operational S-band radar in Yangjiang (111. 979°E, 21. 845°N) and the research radar [Wuhan Institute of Heavy Rainfall (WHIHR)'s C-band polarimetric (C-Pol) radar] in Enping (112. 231°E,22. 2542 °N) are used in this study. Both of these radars scan simultaneously a full volume in about 6 min. The SA radar is operated and (weekly and monthly) calibrated by the Guangdong Meteorological Bureau. The C-Pol radar data quality

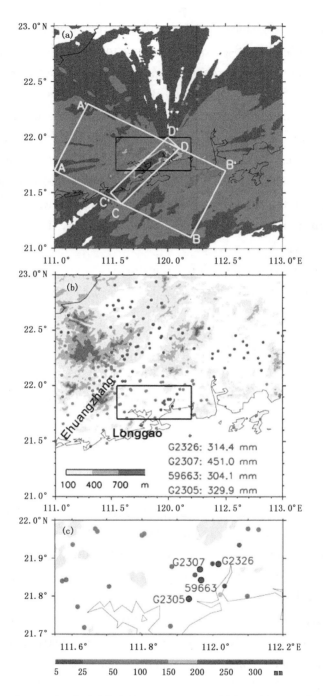

Figure 1　Distribution of accumulated rainfall during 00:00—19:00 BST 10 May 2013 based on (a) rainfall re-
trieval from radar reflectivity data and (b, c) rain gauge observations. The black rectangle box in (a) and (b)
denotes the control region; cross symbol in (a) represents location of the Yangjiang station (59663). Names of
the 4 stations receiving accumulated rain>300 mm are highlighted by black circles in (c) and the corresponding
rain amounts are labeled in (b). Gray shadings in (b) and (c) denote topography. A larger zone (AA′-BB′) and
a smaller zone (CC′-DD′) in (a) are used to plot the Hovmöller diagrams in Figures 2a and 2b. Thin black lines
represent the coastal lines. Mountains of Longgao and Ehuangzhang are labeled in (b).

control and calibration process is executed by WHIHR. After the quality control, radar volume reflectivity data from both the SA radar and the C-Pol are interpolated from the radar spherical coordinates onto 1.0 km horizontal resolution and 0.5 km vertical resolution Cartesian coordinates, using the National Center of Atmospheric Research (NCAR) REORDER software package[5] (Oye and Case 1995). A closest point weighting function with radius of 1° for azimuth angle, 2° for elevation angle, and 1 km for radar range are used in the interpolation process. The output Cartesian based radar volume covers 400 km×400 km horizontally and 20 km vertically every 6 min. The rainy storm in the present case is covered by the SA radar completely, except for the small area within the radius of the cone of silence where the radar reflectivity values derived from the C-Pol radar are used.

Rainfall amount is estimated from the radar reflectivity data at 0.5−km altitude by applying the well-known power law relationship:

$$Z = aR^b$$

where Z is radar reflectivity (mm^6 · m^{-3}), and R is rainfall rate (mm · hr^{-1}). The coefficients a and b are chosen to be constant values of 32.5 and 1.65, respectively. These values are most applicable for the convective precipitation[6].

2   Overview of rainfall and synoptic conditions

2.1   Rainfall distribution and evolution

Distribution of the accumulated rainfall during 0000−1900 BST based on the rain gauge observations largely agrees with that derived from radar reflectivity observed by the SA radar (cf. Figs. 1a, b). The heavy rainfall region is highlighted by a rectangular box (about 60 km by 30 km) in Fig. 1b, in which all of the 24 rain gauges (Fig. 1c) received rainfall exceeding 50 mm (except for one on the southern boundary) and 8 rain gauges around Yangjiang city recorded extreme rain exceeding 200 mm with the peak amount of 451 mm at station G2307. The most intense rainfall (>200 mm) extending from east of Mt. Longgao northeastward to around Yangjiang city is highly localized. As will be shown in the following sections, the extreme rain was mostly (about 90%) dropped by a quasi-stationary MCS, which was initiated/maintained by orographic lifting of moist air in the near surface southeasterly/ southerly winds during its early development stage and supported by repeated convective initiation along a boundary between a storm-generated cold pool and environmental low-level southerly flows during its mature stage.

2.2   Synoptic overview

In the lower troposphere, a northeast-southwest-oriented shear line was present over South China (near the 25°N latitude) which roughly corresponded to the $\theta_e = 340-K$ contour on 850 hPa. An anticyclonic circulation associated with a subtropical high centered over the western Pacific dominated the coastal area of South China and the northern SCS. The control region was situated about 200−300 km to the south of the low-level shear line where a weak (about 5 m $\cdot$ s^{-1}) southwesterly current with higher-θ_e air flew over. The southwest China was dominated by a high pressure system with much colder and drier airs flowing southward from its center toward the shear line. The boundary of the baroclinic zone or low-level wind shear line never approached the coasts of South China during the heavy rain event on 10 May. In the mid-troposphere, there was a trough upstream of the control region and the coastal South China and northern SCS were dominated by southwesterly winds.

Several parameters that are of relevance to convection development and rainfall generation are diagnosed based on sounding observations at Yangjiang station. The results are largely consistent with those diagnosed from the ERA-interim data. The very little CIN (13 J $\cdot$ kg^{-1}) combined with very low LCL (150 m AGL) and LFC (720 m AGL) suggests that the atmospheric conditions over the coastal South China were favorable for convective initiation with some small lifting needed. Around the control region, CAPE of the near-surface air parcels ranged from about 1000~1500 J $\cdot$ kg^{-1} and PW was about 50~55 mm. The moderate PW and CAPE were in close association with the lack of LLJs from the tropical ocean.

In summary, the torrential rainfall event occurred a few days before the monsoon onset over the SCS that was diagnosed as in the third pentad of May 2013 by the Beijing Climate Center* over the western coastal region of Guangdong. Under this background, thermodynamic environments of the rainy storm are featured by moderate CAPE, moderate moisture amount, very little CIN, low LCL, and low LFC. The lack of LLJs from the tropical ocean during this torrential rainfall event differs from other studies on heavy rains in early summer over South mainland China[4] and Taiwan[7]. Moreover, it seems that this extreme rain event is not directly influenced by the environmental cold and dry air as the extreme rain occurred about 200~300 km to the south of the northeast-southwest-oriented shear line in the lower troposphere and several hundred kilometers downstream of the trough in the mid-troposphere, where relatively warmer and moister airs dominated.

3　Initiation and evolution of the rainy storm

3.1　Initiation and early development

The time sequence of radar reflectivity at 3 km above the mean sea level (MSL) shows convective initiation and evolution during the life cycle of the rainy storm(not shown). The storm was initiated near midnight, i. e. , 23:00 BST 9 May, on the east of Mt. Longgao. During the first few hours, it was quasi-stationary and continuously dropped rain over a small coastal area to the southwest of Yangjiang city. During 06:00 — 09:00 BST 10 May, convective cells were still constantly initiated near the east of Mt. Longgao, but they intensified while moving northeastward into the control region and organized to form a northeast-

---

*　http://bcc. cma. gov. cn/influ/monsoon. php

southwest-oriented convective rainband dropping heavy rain over Yangjiang city. During the same period of time, convection cells were also continuously initiated near the east of southern Mt. Ehuangzhang and moved toward the northeast, leading to the formation of another northeast-southwest-oriented rainband that affected the western portion of the control region. Compared to this rainband, the rainband originating near the east of Mt. Longgao is relatively stronger and more persistent. Evidently, new convection developed from the rear of the rainbands and propagated over the same paths before the older convection completely disappears. This process is similar to the back-building and the so-called *echo training* of convective cells[8-9], which appears to be the major operative processes governing the early development of the MCS of interest.

3.2　Mature stage

Shortly after 09:00 BST, the repeated convective initiation not only continued at the southwestern edges of the two mountain-associated rainbands but also started to appear between the edges and $10 \sim 20$ km further to the east, leading to formation of 4 rainbands consisting of northeastward moving convective cells. Another MCS moving from the west approached Mt. Ehuangzhang and joined the locally developed rainbands at about 10:12 BST. By then, one can see 5 rainbands distributed over and to the west of the control region. During the following few hours, the locations of newly initiated convective cells, i.e., the back-building region, propagated southward to outside of the control region, lengthening the rainbands' scale. The rainband located to the most east became the longest one at about 11:00 BST due to convective initiation over the ocean several tens kilometers to the south, which was likely related to some disturbances over the ocean. The rainbands were quasi-stationary until about 11:30 BST and then started moving eastward. The rainbands affecting the central and eastern portions of the control region maintained their strong intensity until about 13:00 BST. By 13:30 BST, all the rainbands weakened considerably and mostly moved to the southeast of the control region.

3.3　Dissipating stage

While the locally developed MCS over the control region was weakening, another well-organized MCS entered Guangdong province from the west at about 13:00 BST and intensified in the following few hours. This MCS consisted of a northeast-southwest-oriented convective line and a trailing stratiform region to the northwest and west of the convective line. The upper (northern) portion of the leading convective line approached the control region at about 15:10 BST, started affecting Yangjiang city at about 16:00 BST, and moved out of the control region in another 1 hr (at 17:00 BST). This fast-moving MCS or squall line contributed about $10\% \sim 15\%$ to the total accumulative rainfall over the control region.

3.4　Brief summary

The formation and evolution of the rainbands during the life period of the extreme-rain-producing MCS can also be seen from Fig. 2a that shows a Hovmöller diagram of the radar reflectivity at 6—min intervals along the zone (between AA' and BB' shown in Fig. 1a) where the rainbands occurred and moved over. One can readily recognize the previously-mentioned rainbands, namely, the rainband limited near the east of Mt. Longgao during 00:00—06:00 BST, the rainbands originating near the east sides of Mts. Longgao and Ehuangzhang during 06:00—09:00 BST, the 4—5 parallel rainbands during 10:00—14:00 BST, and the squall line during 15:00—18:00 BST. Except for two rainbands, i. e., the one located at the westmost during 10:00—12:00 BST and the squall line, all the other rainbands were initialized and developed locally. These local rainbands were quasi-stationary before about 11:30 BST and moved toward the east-southeast at a speed of 20 km · hr^{-1} in later times, which is slower than those of the two rainbands from the west (34 km · hr^{-1} for the former and 43 km · hr^{-1} for the latter).

To better illustrate the repeated convective back-building and the subsequent echo training processes, another Hovmöller diagram of the radar reflectivity at 6—min intervals along the ridge axis of the total accumulated rainfall (extending from CC' and DD' shown in Fig. 1a) is shown in Fig. 2b. The back-building region remains at the east of Mt. Longgao during 00:00—09:00 BST, and then tends to propagate southward in the later 6 hrs. Individual convective cells along the rainbands keep propagating northeastward to affect Yangjiang city accounting for the extreme rainfall on 10 May.

4 Factors influencing the back-building

Previous studies suggest that back-building requires some initiation factors to develop convection from the backside continuously. The triggering factors include surface front, mesoscale convective vortices, orographic lifting, and outflow boundaries[10-14]. This section provides observational evidences for the factors and processes that influenced the convective back-building during the rainy storm's early development and mature stages, respectively.

4.1 Orographic lifting

Figure 3 shows the distributions of surface temperature and horizontal winds over the west coastal region of Guangdong on 10 May. At the initiation of the MCS (Fig. 3a), the areas to the north of approximately 22. 2°N latitude were dominated by relatively cold (20~23℃) and calm conditions. In contrast, the coastal areas to the south were dominated by southeasterly winds and warmer airs (24~27℃). The wind speeds were about 5 m · s^{-1}over the island stations and decrease northward. The surface southeasterly winds persisted during the early development of the MCS of interest, and seemed to be closely related to the presence of a surface low pressure system centered over the Gulf of Tonkin. On the other hand, locations and physical properties of Mt. Longgao and Ehuangzhang are important factors determining their impacts on the near surface environmental winds. Mt. Longgao is a northeast-north-to-southwest-south-oriented small mountain with a length of 10—20 km in the north-south direction and a width of several kilometers in the west-east direction. The high-

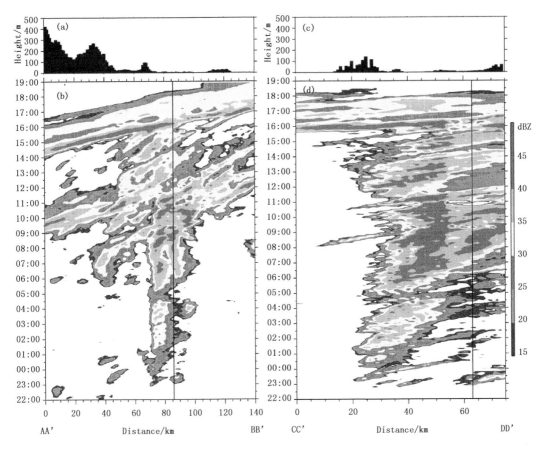

Figure 2 (a) Mean elevation (m) and (b) time-distance (i. e. , Hovmöller) diagram of the 6—min intervals radar reflectivity (dBZ) at 3—km above MSL from west to east along the zone (between AA' and BB') shown in Fig. 1a. (c) — (d) As in (a) — (b), respectively, except for from southwest to northeast along the smaller zone (between CC' and DD') shown in Fig. 1a. The location corresponding to the SA radar is marked with black line.

est peak of 839 m is in the northern portion of the mountain ridge. Mt. Longgao is located only several kilometers to the north or northwest of the coastal lines. Mt. Ehuangzhang is significantly larger than and located to the west and northwest of Mt. Longgao. Its highest peak of about 1300 m is in its northern portion, while the southern portion consisting of scattered hills is much lower, with elevations mostly below 200 m. Continuous southeasterly winds recorded over the two surface stations (located near the east of Mt. Longgao) during the early development of the MCS (not shown), indicating that the warmer and moister air over the ocean were continuously advected toward Mt. Longgao. The sounding observation at Yangjiang suggests that the southeasterly winds might extend upward to about 500 m above the mean sea level (MSL). Convection near Mt. Ehuangzhang was initiated when the surface winds at a station (located near the east of Mt. Ehuangzhang) shifted from southeast to southerly around 06:00 BST. Over there, repeated convective initiation (Figs. 2a) and the continuous southerly surface winds lasted several hours. Combined together, these ana-

lyses suggest that the repeated convective initiation during the early development stage prob-
ably results from orographic lifting of the moderately unstable air near the surface when they
impinged on the east sides of Mts. Longgao and Ehuangzhang.

4.2 Storm-generated cold pool and outflows

After the initiation of convection at the east of Mt. Longgao, air temperature over and
around Yangjiang city decreases gradually due to evaporative cooling of rain drops aloft
(Figs. 3a~d). At about 09:00 BST, a cold pool was generated by the precipitation-induced
cooling (Fig. 3d). The cold pool was centered over Yangjiang city with a minimum surface
temperature of 22℃, while temperatures in the rain-free area to the south were 27℃ and
warmer. The large thermal gradient (i. e. , about 3℃ in 10 km) generated strong northerly

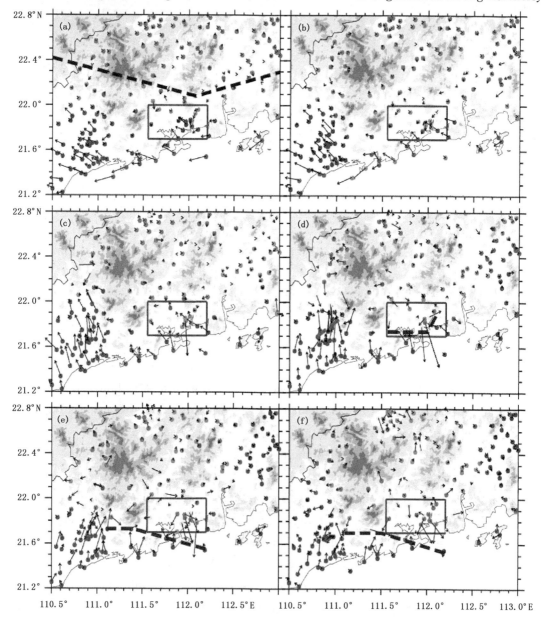

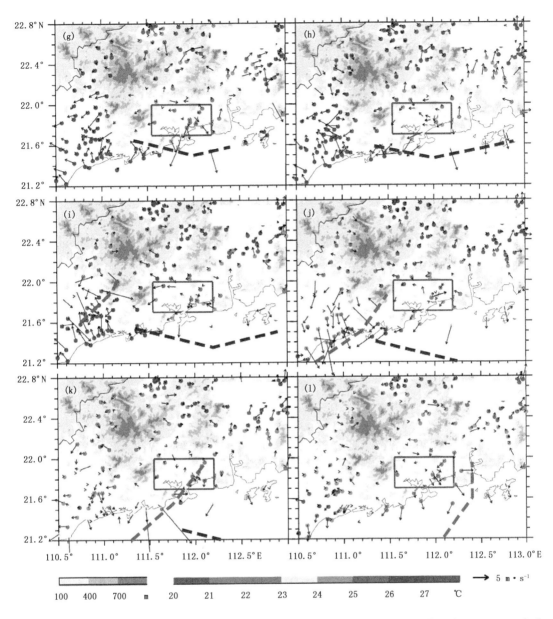

Figure 3　Surface meso-analysis at 12 selected times (a～l). The location of surface AWSs are marked with dots, with colors representing the air temperature and black arrows representing the surface wind. The thick dashed lines represent the approximate locations of the cold outflow boundary in association with the locally developed convection (dashed lines in blue) and the system moving from the west (dashed lines in red), respectively. The blue rectangle box represents the control region. Gray shadings represent topography((a)00:00;(b)04:00;(c)08:00;(d)09:00;(e)10:00;(f)11:00;(g)12:00;(h)12:00;(i) 14:00;(j)15:00;(k)16:00;(l)17:00.

cold outflows with a speed exceeding 10 m · s^{-1}. The cold dome over Yangjiang city was maintained by the continuous precipitation and heavy clouds during the daylight of 10 May (Figs. 3e～l). The depth of the cold dome can be estimated based on the sounding observations at Yangjiang station. This lower-potential temperature layer gradually deepened to approximately 500 m deep by 08:00 BST 10 May and lasted to the morning of 11 May (not shown).

The storm generated surface features during the mature stage of the MCS can be clearly seen from the surface meso-analysis (Figs. 3e~i). Large temperature gradient and wind direction contrast are well recognizable between the colder air mass affected by the MCS and the warmer environmental air mass to the south. One may note the gradual shifts in the wind direction from southeast to southerly and further to southwesterly over the coastal area to the south and southwest of the control region (Figs. 3a~f). These wind shifts are in close relation to subtle changes in the shape of the surface low pressure system centered over the Gulf of Tonkin. The southward propagation of the convectively generated cold outflow boundary (Figs. 3e~i) corresponds well to the previously mentioned southward propagation of the convective back-building region (Fig. 2b). The analyses of these multiple observations suggest that during the storm's mature stage the major mechanism supporting the repeated convective back-building and formation/maintenance of the multiple rainbands is the dynamical lifting along the cold-outflow boundary that is in close association with the precipitation-generated cold pool.

5 Summary and conclusions

During the pre-phase experiment of the Southern China Monsoon Rainfall Experiment (SCMREX), a long-lived extreme rainfall producing MCS develops over western coastal region of Guangdong and drops about a half meter of rain over Yangjiang city on 10 May 2013. This study investigates the synoptic and environmental conditions, and the initiation and evolution of the MCS, and provides evidences for factors influencing the initiation and maintenance of the long-duration heavy precipitation process. The primary conclusions are as follows.

(1) The extreme rainfall event occurred about 200~300 km to the south of a northeast-southwest-oriented shear line in the lower troposphere and several hundred kilometers downstream of a trough in the mid-troposphere, i. e. , the control region was dominated by relatively warmer and moister airs. The thermodynamic environment near the rainy storm was characterized by moderate convective available potential energy (CAPE), moderate moisture amount, very little convective inhibition (CIN), and low lifting condensation level (LCL) and level of free convection (LFC). The environmental winds were quite weak in the lower troposphere, i. e. , LLJs from the tropical ocean were not present. Nevertheless, moisture was continuously transported toward the region by the low-level southwesterly and southeasterly winds from the adjacent oceanic areas.

(2) The MCS began its development near midnight (i. e. , 23:00 BST 9 May) from the initiation of convective cells near the east of Mt. Longgao about 30 km southwest from

Yangjiang city, where higher-θ_e air, continuously fed by the southeasterly current in the lowest several hundred meters, was lifted. Convection was also initiated by orographic lifting near the east of Mt. Ehuangzhang starting near 06:00 BST. The continuous convective initiation and their organization into two northeast-southwest-oriented rainbands led to the production of a cold pool centered over Yangjiang city and northerly outflows in the early morning (i. e., about 09:00 BST 10 May). A boundary was consequently formed between the cold outflows and warmer air mass to the south. While the cold pool was maintained by persistent precipitation, the boundary propagated southward where convection was continuously triggered and subsequently propagated northeastward resulting in the formation/maintenance of 4~5 parallel rainbands inside the MCS during 10:00−14:00 BST. During the MCS dissipate stage, a squall line moved into the control region from the west and passed over in about 3 hours (15:30−18:30 BST), contributing only 10%~15% to the total accumulative rainfall over the control region.

(3) The influencing factors and convective organization taking place during the early development and the mature stages of the MCS are summarized in Fig. 4. The organization of the individual rainbands in the present case appears similar to that of the linear MCSs with parallel stratiform precipitation in the United States identified by Park and Johnson[17]. The

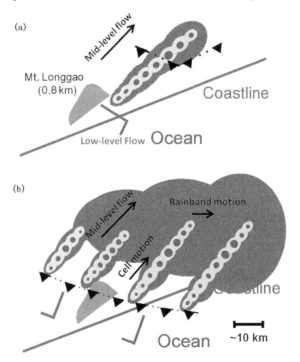

Figure 4　Schematic diagrams of the back-building, echo training, and rainband training associated with the extreme-rain-producing MCS during its (a) early development and (b) mature stages. Shadings in red, orange, and green represent roughly the radar reflectivity values of 50, 35, 20 dBZ at 3 km above MSL, respectively. See the text for more details.

present case also resembles to a certain extent the back-building/quasi-stationary pattern described by Schumacher and Johnson[16] for the extreme-rain-producing MCSs in the United States. However, the present MCS exhibits two scales of convective organization during its mature stage: One is the northeastward "echo training" of convective cells along individual rainbands, the other is the east- or southeastward "band training" of the rainbands along the MCS. The echo- and band trainings of convective elements found in this particular case differ from Park and Johnson[17] and Schumacher and Johnson[18]; but were recently noticed by Luo et al. [19] in an extreme-rain-producing MCS over central east China during a Meiyu season.

Reference

[1] Ding Y. Monsoons over China. Kluwer Acad., Dordrecht, Netherlands, 419pp.

[2] Dee D P, Co-authors. The ERA-Interim reanalysis: Configuration and performance of the data assimilation system. *Quart. J. Roy. Meteor. Soc.*, 2011, **137**: 553-597.

[3] Huang S S, Co-authors. Heavy Rainfall over Southern China in Early-Summer Rainy Season. Guangdong Science and Technology Press, 1986: 244 pp. (in Chinese)

[4] Zhou X, J Xue, Z Tao, *et al*. '98 Huanan Area Meso scale Experiment (HUAMEX). *China Meteorological Press*, 2003:220pp.

[5] Zhao S X, N F Bei, J H Sun. Mesoscale analysis of a heavy rainfall event over Hong Kong during a pre-rainy season in South China. *Adv. Atmos. Sci.*, 2007:**24**: 555-572.

[6] Oye D, M Case. REORDER: A program for gridding radar data: Installation and use manual for the UNIX version. NCAR/ATD, 1995:30 pp.

[7] Huang C, C-K Yu, J-Y Lee, *et al*. Lingking typhoon tracks and spatial rainfall patterns for improving flood lead time predictions over a mesoscale mountainous watershed. *Water Resources Res.*, 48, W09540, doi:10.1029/2011WR011508.

[8] Li J, R Yu, W Sun. Duration and seasonality of hourly extreme rainfall in the central eastern China. *Acta Meteor. Sinica*, 2013.**27**:799-807.

[9] Xu W, E J Zipser, Y-L Chen, *et al*. An orography-associated extreme rainfall event during TiMREX: Initiation, storm evolution, and maintenance. *Mon. Wea. Rev.*, 2012,**140**: 2555-2574.

[10] Doswell C A, III, H E Brooks, R A Maddox. Flash flood forecasting: An ingredients-based methodology. *Wea. Forecasting*, 1996, **11**: 560-581.

[11] Davis R S. Flash flood forecast and detection methods. Severe Convective Storms, *Meteor. Monogr.*, No. 50, Amer. Meteor. Soc., 2011:481-525.

[12] Sanders F. Frontal focusing of a flooding rainstorm. *Mon. Wea. Rev.*, 2000,**128**: 4155-4159.

[13] Raymond D J, H Jiang. A theory for long-lived mesoscale convective systems. *J. Atmos. Sci.*, 1990, **47**: 3067-3077.

[14] Pontrelli M D, G Bryan, J M Fritsch. The Madison County, Virginia, flash flood of 27 June 1995. *Wea. Forecasting*, 1999,**14**: 384-404.

[15] Schumacher, Johnson. Mesoscale processes contributing to extreme rainfall in a midlatitude warm-season flash flood. *Mon. Wea. Rev.*, 2008,**136**: 3964-3986.

[16] Schumacher, Johnson. Quasi-stationary, extreme-rain-producing convective systems associated with midlevel cyclonic circulations. *Wea. Forecasting*, 2009,**24**: 555-574.

[17] Park M D, R H Johnson. Organizational modes of midlatitude mesoscae convective systems. *Mon. Wea. Rev.*, 2000, **128**: 3413-3436.

[18] Schumacher R S, R H Johnson. Organization and environmental properties of extreme-rain-producing mesoscale convective systems. *Mon. Wea. Rev.*, 2005, **133**: 961-976.

[19] Luo Y, Y Gong, D-L Zhang. Initiation and organizational modes of an extreme-rain-producing mesoscale convective system along a Mei-Yu front in east China. *Mon. Wea. Rev.*, 2014, **142**: 203-221.

2008 年 7 月西南涡的结构特征及诱发河南暴雨机理

王新敏[1,2]　张　霞[2]　孙景兰[3]　吕林宜[2]　徐文明[2]

(1. 中国气象局农业气象保障与应用技术重点开放实验室,郑州 450003; 2. 河南省气象台,郑州 450003;

3. 河南省气象局,郑州 450003)

摘　要

对低涡暴雨的预报不仅取决于对低涡移动路径的把握,也与低涡的结构及其演变关系密切。利用 NCEP 资料对 2008 年 7 月一次西南涡结构特征和暴雨机理分析表明:西南涡的生成过程包含着高原涡的耦合诱发,西南涡的生成、发展与位涡向对流层低层扰动下传有关;中高纬冷空气与副热带高压边缘暖湿气流对峙加强了系统的斜压性,使低涡中心向上伸展的位涡柱和正涡度柱具有向西倾斜的结构;成熟的西南涡具有中尺度非对称的显著斜压结构特征;对流层中层正涡度平流是西南涡发展和引导西南涡移动的重要因素。潜热释放能促使西南低涡发展,并使降水量明显增强,凝结潜热释放是暴雨发生和雨量增幅的一种重要物理机制。

关键词:西南涡　结构　暴雨　对称不稳定

0　引言

对西南低涡的结构及发生发展研究历来是研究西南低涡的重点和热点,不同个例和同一个例的不同阶段,动力作用与热力作用对西南低涡发展的影响是不一样的[1]。解明恩等[2]通过研究边界层内的流场结构发现在整个气旋环流中有局部的反气旋环流出现,上升运动与下沉运动交替分布于其中。陈忠明等[3]个例分析表明:西南低涡是一个十分深厚的系统,其正涡度可以伸展到 100 hPa 以上,低涡中心轴线接近于垂直,是一个准圆形而非对称的中尺度系统。韦统健等[4]和王晓芳等[5]对影响长江流域暴雨的西南涡的合成分析和个例研究指出:低涡是一个显著的斜压系统,降水主要发生在低涡移动方向右侧的两个象限。温湿场和铅直流场在低涡区呈现明显的不对称分布。

关于西南低涡的形成发展机理研究,涉及到对流层中层的正涡度平流、高原涡与西南涡耦合、潜热作用,冷空气活动,干湿对比明显的能量锋系统、西南低涡与其他天气系统的相互作用[1,6-9]。关于西南低涡激发暴雨天气的动力机制与预报分析,李国平等[10]指出暴雨的发展趋势与湿位涡变率的变化趋势基本一致,湿位涡变率的负转正对预报大暴雨形成和减弱有一定作用。陈忠明等[11]对 12 次长江流域暴雨合成分析表明低层非平衡负值区对暴雨发生具有指示意义。段海霞等[12,13]对川渝暴雨的中尺度分析和凝结潜热分析表明高层强辐散与中、低层强辐合以及强上升运动和对流不稳定条件的存在可能为中尺度对流系统的发生发展提供了

资助项目:由中国气象局 2014 年气象关键技术集成项目(CMAGJ2014M31);中国气象科学研究院灾害天气国家重点实验室开放基金项目(201205);高原气象开放实验室基金课题(LPM2012014)共同资助

有利的动力和热力背景,凝结加热通过影响西南涡环境场的高低空急流、高低层辐合辐散等动力、热力条件,从而影响中尺度系统的发展以及中尺度暴雨的发生。刘裕禄等[14]研究表明对流凝结潜热是台风凤凰维持和发展的主要热力和动力因子。

西南低涡常常活跃在中纬度地区,是造成黄淮地区大范围暴雨、大暴雨的重要影响系统。统计2006—2009年6—8月西南涡东移造成河南暴雨共9例(全省大范围暴雨5例,南部、东部区域性暴雨4例)发现,由西南涡引发的大范围暴雨和大暴雨每年都有发生,主要集中在6月下旬到7月(其中7月5例,6月和8月各2例),平均每年2例。9例西南涡暴雨在主要的天气背景上有很多共同特征,表现为500 hPa西太平洋副热带高压脊线稳定在25°N附近,河南处于副高边缘,而东北地区为冷涡(或冷槽),在105°~110°E的河套西部有短波低槽(或低涡)东移;中低层700 hPa和850 hPa在副高边缘有西南低空急流和伴随西南涡的切变线存在,一支强盛的水汽通道从孟加拉湾或中南半岛经云贵、湖北到河南,随着西南涡的移动向暴雨区输送水汽;地面有四川伸向江淮的暖倒槽(或弱的气旋)配合,河南处于倒槽或气旋顶部的偏东气流里;此种配置有8例。只有1例为台风沿海北上型,中低层有东风急流配合地面为台风外围东风气流。由此也反映出西南涡暴雨的有利的环境场特征。

2008年7月21—23日,受东移西南涡影响,河南东南部(南阳、驻马店、信阳、周口、商丘)、山东等地出现2008年以来范围最大、强度最强的区域性大暴雨过程。本文继《一次西南涡路径预报偏差分析及数值模拟》[15]一文(该文着重分析了西南涡移动路径)之后,利用NCEP资料对影响本次强降水的西南涡的结构特征、发展演变特征、低涡暴雨产生的物理机制进行诊断,以加深对西南涡诱发河南暴雨的认识。

1 过程概况

2008年7月21日,在东北低涡东移扩散的东北气流、青海湖东侧发展东移的低涡携带的冷空气和西太平洋副热带高压北侧强盛的西南暖湿气流共同交汇的环流背景下(图略),在四川盆地东部生成的西南涡发展,随着高原涡的东移,冷空气入川和西南急流的共同作用下,低涡经川、渝东北上到达鄂西北;7月22日陕南低涡发展,其后部南下的冷空气和西南急流共同作用,低涡缓慢移至豫东南,与其相配合的是东北低涡东移过程中分裂的冷空气使低涡北侧的东风加大,辐合加强;随着东北低压北缩减弱,副高增强西伸,低涡前部西南气流再次加强,西南涡快速东北移于23日20:00到山东境内(图1中D1~D6)[15]。此次低涡路径曲折,其间低涡经历了21日生成发展、22日成熟停滞、23日再发展三个阶段。受低涡影响,22日05:00—23日05:00河南省1983个乡镇雨量站,有202站出现100~249 mm的强降水,其中在河南东南部驻马店、周口等地5站出现250 mm以上的特大暴雨;由于对流发展旺盛22日08:00—14:00,周口淮阳站6 h降水量达107 mm(图略)。

2 西南涡结构及暴雨特征

西南涡的结构比较复杂,对西南涡动力、热力结构及其演变的分析是认识西南涡的重要方面,也是准确预报暴雨落区的前提。为此,针对本次低涡的结构、演变及诱发的暴雨机理做以下分析。

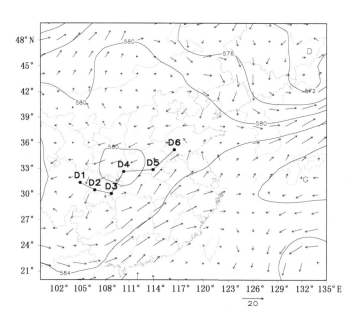

图1 7月22日20:00环流形势及西南涡移动路径

(D1～D6为21日08:00—23日20:00 12 h间隔的700 hPa西南涡中心位置，

实线为500 hPa位势高度(gpm)，箭头为700 hPa风矢量)

2.1 动力结构特征

2.1.1 位涡分析

位涡是综合热力、动力的物理量，可反映环境场的冷空气活动路径和暖湿气流活动。追踪高低空位涡的演变发现，20日08:00，300 hPa上我国西北高原地区的位涡正值中心在东移过程中向下传播至500 hPa附近，表现在20日14:00在高层位涡的东侧，500 hPa位于(34°N，99°E)附近开始出现+2.2(PVU)的位涡中心，该中心20日20:00沿34°N东移至102°E，正对应500 hPa的高原涡和低槽(图略)。21日08:00，700 hPa上(32°N，105°E)附近开始出现+1.2(PVU)的位涡中心，到21日14:00增大到1.6(PVU)并东移到川东(32°N，106°E)附近，21日20:00该位涡中心位于四川东部(31°N，106°E)(见图2a)，位涡中心与此时西南涡中心(30.5°N，106°E)近于重合，和西南涡的生成和发展时段对应[15]。位涡演变表明，西南涡的生成过程包含着高原涡的耦合诱发作用，也反映了高层干位涡具有向对流层低层扰动下传，促使低层西南涡生成的作用。

同时从21日20:00沿低涡中心(30.5°N)作纬向—垂直位涡剖面图(图2b)发现，在106°E附近正位涡柱垂直伸展到500 hPa，最大中心位于750 hPa，而500 hPa以上到200 hPa呈向西倾斜状态。显然这种动力结构特征较以往的分析有所不同。

2.1.2 涡度与涡度平流

图2分析了7月21日20:00西南涡生成初期的位涡结构，那么成熟期的低涡结构如何？图3a，b给出了22日14:00—20:00西南涡成熟期沿低涡中心的涡度—垂直剖面图。22日14:00—22日20:00，正涡度中心与西南涡中心基本重合，在河南暴雨中心113°～114°E附近仍然有向上伸展到200 hPa的正涡度柱存在且在500 hPa以上向西倾斜(图3a，b)，这说明成熟期的西南低涡仍保持着与21日低涡生成发展时的动力结构特征。显然，这种垂直结构与陈

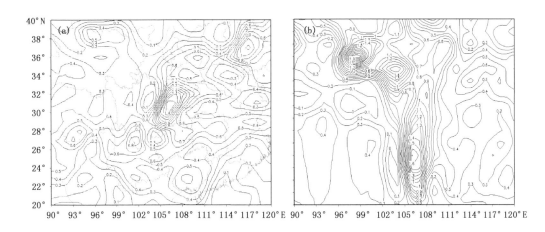

图 2　21 日 20:00 700 hPa 位涡(a);21 日 20:00 沿低涡中心(30.5°N)纬向－垂直位涡剖面(b,单位:PVU)

忠明等[3]的研究结果不完全一致。22 日 14:00 是正涡度发展最强时段,正涡度中心值达 12×10^{-5} s^{-1})位于 700 hPa;正涡度中心的上层叠加了较强的负涡度中心,负涡度达－6×10^{-5} s^{-1}),负涡度中心自上而下向东倾斜,紧邻正涡度柱。说明低层辐合上升、高层辐散下沉运动显著加强,对应河南东南部暴雨的旺盛期,暴雨发生在正涡度梯度轴附近区域[15]。22 日 20:00 后,对流层中下层正涡度值减弱,上层负涡度中心东移,指示着高层辐散减弱,中低层的辐合上升运动也趋于减弱。

为了更直观地了解低涡的动力结构及演变特征,对 21 日 08:00－23 日 20:00 沿低涡移动路径方向的涡度－垂直剖面图(图 3c,d)作进一步分析,21 日 08:00,低涡中心从近地层 1000 hPa 到高层 300 hPa 自下而上为垂直的正涡度柱,且正涡度值向上逐渐增大,从 4×10^{-5} s^{-1}到 11×10^{-5} s^{-1},正涡度中心位于 450 hPa,700 hPa 涡度值为 9×10^{-5} s^{-1},且 700 hPa 低涡中心不在正涡度中心,而是滞后于正涡度柱。21 日 20:00(图 3c),低涡生成发展初期表现为低涡中心的 500 hPa 以上转为负涡度,500 hPa 以下仍保持着正涡度柱,正涡度中心值为 16×10^{-5} s^{-1}并向下传播到 800 hPa 附近,此时 700 hPa 涡度值增大为 13×10^{-5} s^{-1},700 hPa 低涡中心位于正涡度柱的前方。22 日 08:00(图 3d),发展成熟的低涡表现为正涡度向上伸展到 200 hPa,且在 500 hPa 以上向西倾斜,正涡度值为 12×10^{-5} s^{-1},位于 800 hPa,此时低涡中心与正涡度中心重合。同时,在 700 hPa 低涡移动的前方分裂出一个次正涡度中心,说明成熟期的低涡正涡度沿 700 hPa 向下游传播,次正涡度中心位于 114°E 附近,是诱发河南周口中尺度暴雨的因素之一,在次正涡度中心的上层 300 hPa 以上有强的负涡度中心出现。次正涡度中心预示着未来低涡的移向。22 日 20:00,正涡度虽然伸展到高层 200 hPa,但强度有所减弱,在低涡中心的 800 hPa 以下转为负涡度,值为－4×10^{-5} s^{-1},700 hPa 正涡度中心较为分散,正涡度中心继续向下游并向低层传播。23 日 08:00,正涡度中心合并继续东移,值加强为 13×10^{-5} s^{-1},中心位于 900 hPa,正涡度柱向西伸展到 400 hPa,400 hPa 以上为负涡度。23 日 20:00,低层正涡度中心移至山东境内,河南省降水减弱趋于结束。由此看出,低涡在生成发展、成熟到再发展过程中水平和垂直涡度的变化特征,成熟期低涡正涡度具有明显的向上向西倾斜的结构,同时正涡度中心有向下游和向低层传播的特征,次正涡度中心能够预示着未来低涡的移向,这些特征无疑对西南低涡的发展、移动及暴雨的预报具有一定的指示意义。

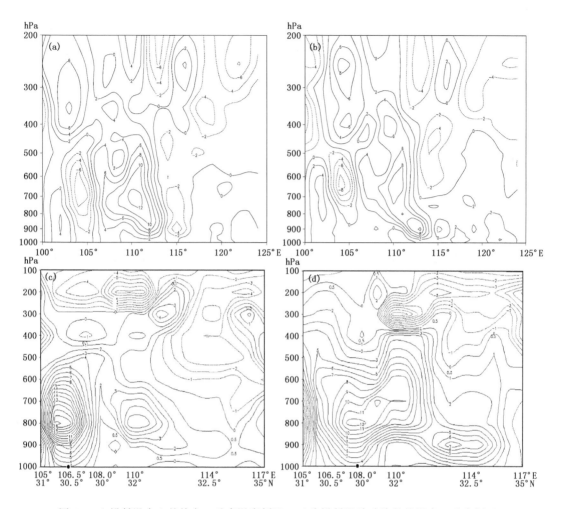

图 3　a,b 沿低涡中心的纬向—垂直涡度剖面;c,d 为沿低涡移动路径的涡度—垂直剖面

(a 为 22 日 14:00,b 为 22 日 20:00,c 为 21 日 20:00;d 为 22 日 08:00;单位 $10^{-5}\,s^{-1}$;

黑点为 700 hPa 低涡中心位置)

分析 21 日 08:00—23 日 20:00 沿西南涡活动区域 30°～35°N 700 hPa 平均涡度和对流层中层 500 hPa 平均涡度平流纬向—时间剖面(图 4a,b),考查涡度平流的作用时发现,从 21 日 08:00—23 日 20:00,自西向东由 106°～117°E 一直有正涡度和正涡度平流东传。在 21 日低涡发展阶段,500 hPa 正涡度平流增强,中心值达到 $50\times10^{-10}\,s^{-2}$,并且 500 hPa 正涡度平流中心明显领先于 700 hPa 正涡度中心,22 日低涡成熟阶段,500 hPa 正涡度平流减弱到 $20\times10^{-10}\,s^{-2}$,且东西两侧伴有负涡度平流结构,正涡度平流中心和涡度中心位置接近,23 日低涡进入再次发展阶段,500 hPa 正涡度平流再次领先于 700 hPa 正涡度中心,中心加强到 $40\times10^{-10}\,s^{-2}$,说明对流层中层正涡度平流所造成的低层减压,导致风速辐合,产生气旋性涡旋,是西南涡形成、发展和引导西南涡移动的重要因素。这与其他个例中正涡度平流的作用相同,但该个例在不同阶段也有不同的表现。

2.2　水平流场特征

分析 850～200 hPa 各层风场表明:在整个低涡区低层 700～850 hPa,构成低涡区的气流

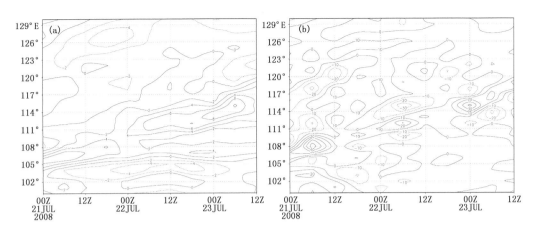

图4　21日08:00—23日20:00沿30°—35°N的平均涡度纬向-时间剖面
（a为700 hPa，单位：$10^{-5}\,s^{-1}$；b为500 hPa，单位：$10^{-10}\,s^{-2}$）

有两支：一支为在低涡左侧两象限的东北风，一直从地面伸展到500 hPa以下；另一支是从低涡右前象限流入的偏南风，850 hPa和700 hPa最强，在低涡中心前部呈气旋性旋转并汇入到左侧的东北风气流中，这支偏南气流是由副热带高压边缘始终存在的一支强盛的偏南低空急流所致，它随着低涡的东移北上将中低层来自孟加拉湾和南海的水汽源源不断的输送到低涡的右前象限（即暴雨区），为暴雨的持续提供了充足的水汽，成为河南暴雨水汽的主要来源（图5）；22日08:00在850 hPa和700 hPa上最大西南风风速均达16 m·s^{-1}，700 hPa急流位置较850 hPa更靠近西南涡区域，700 hPa低涡中心基本位于流场环流的中心，此时低空急流输送的水汽也迅速增强并向北输送到河南南部和东南部一带，水汽通量散度中心达到$-10\times10^{-7}\sim12\times10^{-7}\,g\cdot s^{-1}\cdot cm^{-2}\cdot hPa^{-1}$（图5）；在低涡的东南和西北象限分别有上升和下沉运动相伴，上升运动中心位于低空急流的左前侧，下沉运动中心位于低涡后部冷空气一侧。22日14:00低涡区前的偏南风左侧有强烈的上升运动配合，700 hPa上垂直速度达-10×10^{-3} hPa·s^{-1}。由于冷空气下沉触发，促使低层暖湿气流抬升，加大了大气的不稳定度，同时强劲的上升运动使得水汽的垂直输送得到加强，从而造成周口淮阳站6 h出现107 mm的强降水。而在低涡区高层200 hPa自始至终维持弱的偏西风，从低涡区后部流入，前部流出，流出明显大于流入，有强烈的辐散相伴。

2.3　垂直环流特征

进一步分析22日08:00—22日20:00过低涡中心的垂直速度和（U，W）/（V，W）合成风的纬向/经向—垂直环流剖面，可见低涡的垂直环流结构呈明显的不对称性，成熟期在低涡的中心以及低涡的东部和南部即低涡的右前方，随着低涡的移动从低层到高层始终维持着一支很强的上升气流，弱的下沉气流则分布在低涡的西部和北部（图6a~f）。从22日08:00至20:00低涡附近及其移动的右前方始终为大尺度的上升气流，对应副热带高压边缘始终存在的一支强盛的偏南低空急流所致，它随着低涡的东移北上将中低层和近地层来自孟加拉湾和南海的水汽源源不断的输送到低涡的右前象限（即暴雨区），上升运动不仅伸展的高度高，而且强度不断加强，强上升运动区始终与西南涡暴雨区有较好对应关系，暴雨和大暴雨区位于低涡移动路径的右前方；且最强上升运动在时间上对应着正涡度的加强（见图3），说明成熟期的低

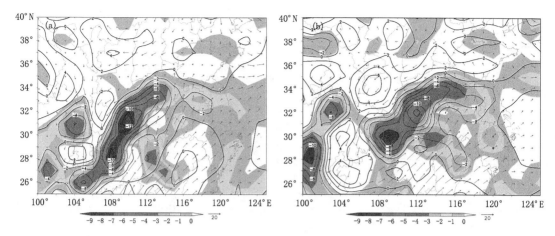

图5　700 hPa风矢量(单位:m·s⁻¹)、700 hPa垂直速度(单位:10⁻³hPa·s⁻¹)和
850 hPa水汽通量辐合区(单位:10⁻⁷g·s⁻¹·cm⁻²·hPa⁻¹)叠加
(a为22日08:00,b为22日14:00;等值线表示垂直速度,虚线<0表示上升运动,
阴影为850 hPa水汽通量散度)

涡涡度场与上升运动同相;此时也正是强降水发展时期。

　　根据ω方程,凝结潜热释放,促使低层辐合、高层辐散加强,促进上升运动增强。22日20:00以后,上升运动依然很强,但同时下沉运动也进一步加强,降水逐渐进入衰弱期。

2.4　温湿场特征

　　分析成熟期700 hPa温度场分布(图略)可知,低涡区呈现东南暖、西北冷的结构,既非冷心也非暖心结构,在其中心附近形成很强的温度梯度。低涡的右前方有一向北凸出的暖脊,在中心的后部为一从北方插入的冷区。中低层假相当位温场也有同样的结构特征,700 hPa低涡中心位于很强的温湿梯度上,低涡的右前象限为向东北伸展的暖湿舌,在中心的后部为伸向西南方向的狭窄干冷槽。

　　为清晰地了解低涡区温湿场的三维结构特征,沿低涡中心绘制了21日08:00—22日20:00相当位温的垂直剖面(图7a～f)。低涡中心位于很强的温湿梯度上,低涡的东部、南部即右前象限为向东北伸展的暖湿舌,在中心的西部、北部即低涡后部为伸向西南方向的狭窄干冷槽。

　　在低涡生成初期21日08:00,低涡中低层为比较对称的暖性结构,冷中心位于500 hPa以上,分布平缓;21日20:00低涡发展阶段,自下而上低涡西北侧干冷、东南侧暖湿,非对称结构明显,变陡峭和密集,暖湿中心位于700 hPa低涡附近及东侧,700 hPa低涡西北部有冷中心配合;低涡成熟期22日14:00,低涡中心暖湿空气被抬升,冷空气从低涡中心的东北和西北两侧侵入到低涡中心800 hPa以下;22日20:00,干冷空气从西北方向继续侵入低涡,低涡中心850 hPa以下基本都为干冷空气占据,暖湿空气被进一步抬升,700 hPa低涡中心位于锋区密集带上,其东南暖湿、西北干冷。

　　这种分布是因为河南东南部低层是高温高湿区域,西南暖湿气流源源不断地向河南南部输送;而东北冷涡后部甩下的冷空气经华北侵入到河南北部,其冷锋前沿与西南暖湿气流在河南中部形成锋区(密集带);22日14:00—22日20:00,冷空气继续向西南方向侵入,使得西南暖湿气流抬升向东北偏东方向移动,同时暖湿气流也在向东方向加强,温湿梯度进一步加大,

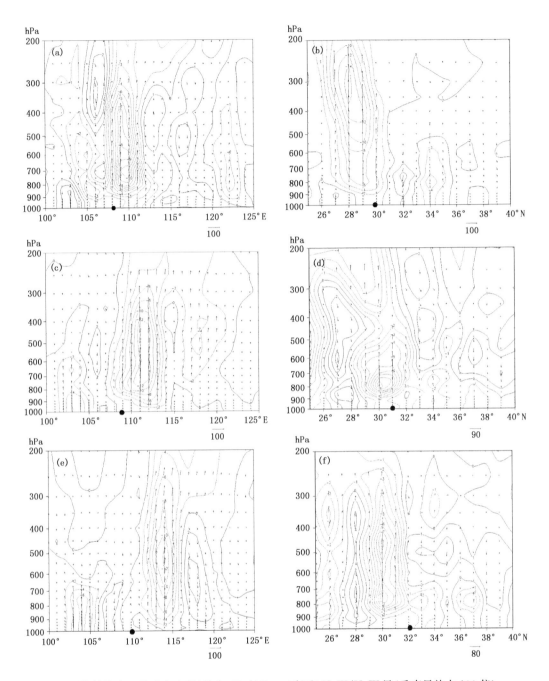

图 6 沿低涡中心的垂直速度(单位:10^{-3}hPa·s^{-1})和 U,W/V,W 风(垂直风放大 100 倍)
(a~b 为 22 日 08:00;c~d 为 22 日 14:00;e~f 为 22 日 20:00;等值线表示垂直速度,
虚线<0 表示上升运动,黑点为 700 hPa 低涡中心位置)

对应副热带高压加强促使西南低空急流风速加大,锋区(密集带)由近似东西向转为东北—西南向,西南涡沿密集带轴向向东北偏东方向移动,暴雨、大暴雨出现在锋区暖湿气团一侧。

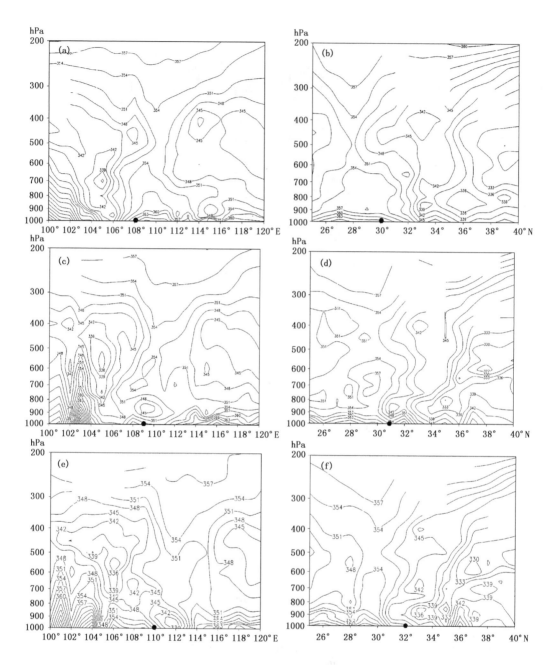

图 7　假相当位温垂直剖面(单位:K)

(a~b 为 22 日 08:00;c~d 为 22 日 14:00;e~f 为 22 日 20:00;黑点为 700 hPa 低涡中心位置)

3　西南涡中的中尺度对流活动

3.1　中尺度辐合线

由上分析可知,成熟期的低涡正涡度向低层和下游传播。分析 3 h 地面图可知,伴随着西南涡的生成、发展,在低涡中心右前方对应的地面图上,有中尺度辐合线生成和维持,沿低空偏南急流云系,在中尺度辐合线、低涡切变线附近不断有中尺度雨团的生消和合并。22 日

08:00,南阳南部有一范围较小的中尺度低压生成,至 12:00,该中尺度低压仍然存在,激发小尺度的对流云团生成,造成局地的强降水(10 mm·h⁻¹);22 日 17:00,辐合中心河南南部形成一中尺度辐合中心,22 日 11:00—14:00 中尺度辐合中心一直维持并向东向北移动到河南东南部驻马店、周口等地,该辐合中心内不断有中尺度雨团生消和移动,周口淮阳站 6 h 出现 107 mm 的强降水就发生于中尺度辐合中心内。22 日 19:00 后,中尺度辐合线南压,辐合中心也消失,降水开始明显减弱。

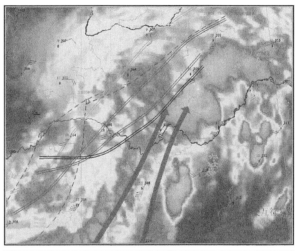

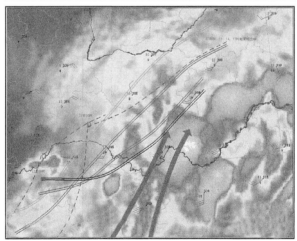

图 8 FY－2C 红外云图、700 低涡切变(虚线)和急流(箭头)、3 h 地面辐合线(双实线)

3.2 中尺度系统的不稳定发展

从此次过程暴雨的时空分布上有明显的中尺度对流性特征。距暴雨中心淮阳最近的阜阳站探空资料显示,降水开始前 21 日 20:00,对流层中层 500 hPa 以下为整层很强的对流不稳定,不稳定能量很大,降水发生后 22 日 08:00,925 hPa 以下转为对流稳定的,925～500 hPa 对流不稳定还存在,但明显减弱,不稳定能量迅速减小到低值。

计算了绝对地转角动量 M_g($M_g = u_g - fy$),并沿暴雨中心绘制了等 M_g 面和 θ_e 的经向剖面(图 7 c,d)发现,21 日 20:00,淮阳站以南 700 hPa 以下为较强的暖湿气团控制,$\frac{\partial \theta_e}{\partial p} > 0$,大气

层结为对流不稳定,此时,北方冷空已经南下,其前锋与北上的暖湿气流在 34°N 附近的 900～700 hPa 形成 θ_e 密集带。22 日 08:00,随着 θ_e 密集带进一步向近地层侵入,θ_e 面陡立密集加强,几乎与等压面垂直,淮阳站上空 700 hPa 以下的中低层 θ_e 随高度缓慢增加,表现为弱的对流稳定或层结中性。根据倾斜涡度发展理论[16-18],θ_e 面陡立时,有利于倾斜涡度发展,上升运动加强,有利于强对流天气的产生。

从 21 日 20:00—23 日 20:00,中层 700 hPa 以下等 M_g 面斜率小于 θ_e 面斜率,说明中低层对称不稳定一直存在,21 日 20:00 相对较弱,22 日 08:00 对称不稳定开始加强,并在 14:00—20:00 持续。

以上分析表明,在大气对流不稳定减弱且近地层转为对流稳定的的条件下,近地层对称不稳定的发展增强使倾斜对流发展,造成 22 日 08:00—14:00 暴雨的增幅,而且对称不稳定增强对暴雨有提前量,对暴雨预报具有指示意义。

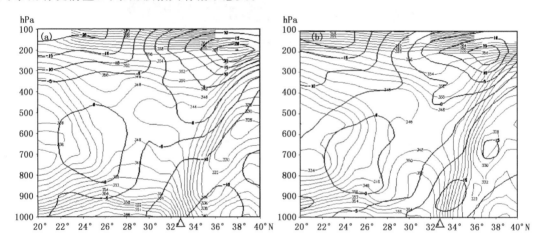

图 9　沿暴雨中心(淮阳 114°E,底部三角形指示暴雨中心)等 M_g 面和 θ_e 面的经向剖面的 θ_e 经向剖面
(a 为 21 日 20:00,b 为 22 日 08:00;粗线表示等绝对地转角动量;M_g 单位:kg·m·s^{-1},θ_e 单位:K)

4　凝结潜热分析

许多研究表明:大尺度及积云对流尺度的凝结潜热在降水过程中是一个主要因子。

采用文献[14]中郭晓岚所提出的积云对流参数化方法。凝结潜热释放可能有两种不同的途径:(1)由大尺度垂直运动产生的稳定性降水加热 Hs。(2)通过小尺度的深厚积云对流性加热 Hc。总的潜热加热 H＝Hs＋Hc。对于计算对流降水加热 Hc 的必要条件是:大气条件是不稳定的,水汽是辐合的。

分别计算 21 日 20:00、22 日 08:00、22 日 14:00、22 日 20:00 大尺度凝结潜热 H_S 和对流凝结潜热 H_C 的水平、垂直分布及随时间的变化,发现对流凝结潜热在 22 日 14:00、在中层 700 hPa 附近表现最为明显,如图 10 分别是 22 日 14:00 700 凝结潜热、大尺度凝结潜热 H_S 和对流凝结潜热 H_C(图 10a～c)和沿暴雨中心淮阳站的对流凝结潜热 H_C 随时间演变(图 10d)。结合图 3、图 5、图 8 发现凝结潜热沿暴雨区分布,大尺度凝结潜热与大尺度上升运动区有较为一致的配合,而对流凝结潜热与中尺度对流相对应。说明正涡度增强最大值、上升运动最强也正值凝结潜热释放显著增大时段。

由于西南涡前暖湿空气受较强烈抬升后凝结释放大量潜热使暖空气增暖，一来加热了中高层大气，使它与后部干冷空气相结合造成该地区锋两侧位温梯度加大，导致锋生；二来暖空气增暖使低层减压导致地面波动生成，23日05:00，地面波动生成(位置:114.8°E,31.6°N,中心气压998.2 hPa)，降水进一步加强。这与濮梅娟等[19]对夏季西南低涡形成机理的数值试验所表明的，潜热释放能触发西南低涡产生、发展，并使降水量明显增强是一致的。

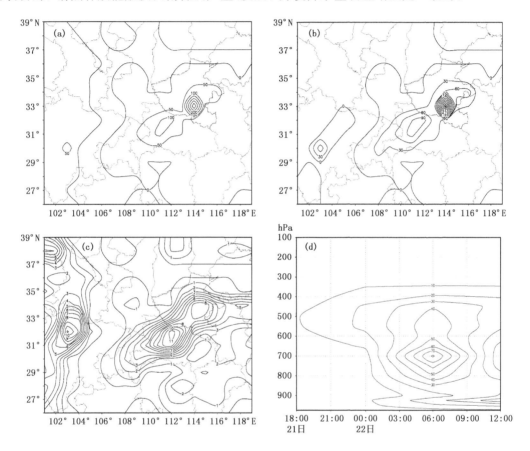

图10　7月22日14:00 700 hPa凝结潜热(a);对流凝结潜热 H_C;大尺度凝结潜热 H_S(c);
沿暴雨中心淮阳站的对流凝结潜热 H_C 随时间演变(d)(单位:10^2 m² · s⁻³)

5　结论

(1)位涡演变和天气分析表明,西南涡的生成过程包含着高原涡的耦合诱发作用,高层干位涡向对流层低层扰动下传,促使低层西南涡的生成和发展。

(2)低涡发展阶段对流层中层(500 hPa)正涡度平流增强且正涡度平流中心明显领先于低层(700 hPa)正涡度中心;低涡成熟阶段,500 hPa 正涡度平流减弱且正涡度平流中心和低层涡度中心位置接近;低涡再发展阶段,500 hPa 正涡度平流再次加强并领先于 700 hPa 正涡度中心,说明对流层中层正涡度平流东传是西南涡形成、发展和引导西南涡移动的重要因素。

(3)动力、热力结构分析表明,发展及成熟的西南涡结构具有中尺度非对称的显著斜压特征,低涡中心垂直向上伸展的位涡柱和正涡度柱在对流层上层具有明显向西倾斜的结构,这种动力结构特征较以往的研究不完全一致。成熟期的低涡涡度场与垂直运动同相,对应降水发生的旺盛期,整层强上升运动区与西南涡暴雨区有较好对应关系,暴雨和大暴雨区位于低涡移向的右前方,距低涡中心 2~4 个经度。副热带高压边缘始终存在一支强盛的低空急流,它随着低涡的东移北上将中低层和近地层来自孟加拉湾和南海的水汽源源不断的输送到低涡的右前象限(即暴雨区),为暴雨的持续提供了充足的水汽,成为河南暴雨水汽的主要来源。

(4)正涡度中心有向下游和向低层传播的特征,次正涡度中心能够预示着未来低涡的移向,这些特征对西南低涡的发展、移动及暴雨的预报具有一定的指示意义。

(5)中高纬冷空气与副热带高压边缘暖湿气流对峙加强了系统的斜压性,为暴雨提供了斜压不稳定能量。在大气对流不稳定转为弱的对流稳定或层结中性下,对称不稳定增强,是造成暴雨的重要触发机制。

(6)凝结潜热释放能促使西南低涡发展,并使降水量明显增强。大量潜热使暖空气增暖,造成锋两侧位温梯度加大,导致锋生;暖空气增暖使低层减压导致地面波动生成。

参考文献

[1] 陈忠明,闵文彬,崔春光.西南低涡研究的一些新进展.高原气象,2004,23(增刊):1-5.

[2] 解明恩,琚建华,玉康.西南低涡 Ekman 层流场特征分析.高原气象,1992,11(1):31-38.

[3] 陈忠明,缪强,闵文彬.一次强烈发展西南低涡的中尺度结构分析.应用气象学报,1998,9(3):273-282.

[4] 韦统健,薛建军.影响江淮地区的西南涡中尺度结构特征.高原气象,1996(4):457-463.

[5] 王晓芳,廖移山,闵爱荣等.影响 2005.06.25 日长江流域暴雨的西南低涡特征.高原气象,2007,26(1):197-205.

[6] 陈忠明,闵文彬,缪强.高原涡与西南低涡耦合作用的个例诊断.高原气象,2004,23(1):75-80.

[7] 陈忠明,黄福均,何光碧.热带气旋与西南低涡相互作用的个例研究.大气科学,2002,26(3):352-360.

[8] 缪强.青藏高原天气系统与背风坡浅薄天气系统耦合相互作用的特征分析.四川气象,1999,19(3):18-22.

[9] 宗志平,张小玲.2004 年 9 月 26 日川渝持续性暴雨过程初步分析.气象,2005,31(5):37-41.

[10] 李国平,刘行军.西南低涡暴雨的湿位涡诊断分析.应用气象学报,1994,5(3):354-360.

[11] 陈忠明,缪强.长江上游区域性暴雨发生前的中尺度特征.气象,2000,26(10):15-18.

[12] 段海霞,毕宝贵,陆维松.2004 年 9 月川渝暴雨的中尺度分析.气象,2006,32(5):74-79.

[13] 段海霞,陆维松,毕宝贵.凝结潜热与地表热通量对一次西南低涡暴雨影响分析.高原气象,2008,27(6):1315-1323.

[14] 刘裕禄,方祥生,金飞胜等.台风凤凰形成发展过程中对流凝结潜热和感热的作用.气象,2009,35(12):51-57.

[15] 王新敏,宋自福,张霞等.一次西南涡路径预报偏差分析及数值模拟.气象,2009,35(5):18-25.

[16] 吴国雄,刘环珠.全型垂直涡度倾向方程和倾斜涡度发展.气象学报,1999,57(1):1-14.

[17] 吴国雄,蔡雅萍,唐晓菁.湿位涡和倾斜涡度发展.气象学报,1995,53(4):387-404.

[18] 朱禾,邓北胜,吴洪.湿位涡守恒条件下西南低涡的发展.气象学报,2002,60(3):343-351.

[19] 濮梅娟,沈树勤,夏瑛等."03.7"江苏大暴雨凝结潜热的数值模拟.高原气象,2007,26(2):333-343.

第一部分

暴雨、暴雪

南海季风爆发前罕见连场暴雨的特征及成因

吴乃庚[1]　林良勋[1]　曾　沁[1]　伍志方[1]　金荣花[2]　邓文剑[1]

(1.广州中心气象台,广州 510080;2.国家气象中心,北京 100081)

摘　要

2010 年 5 月中上旬南海季风尚未爆发,广东一周内罕见地连续出现三场区域性暴雨(下称"连场暴雨")。利用常规气象观测资料和 NCEP 分析资料,从降水时间特征和环流形势对比了连场暴雨和持续性暴雨的异同,并应用局地经向环流数值模式诊断探讨其可能形成机制。结果表明,中高纬度的阻塞形势建立对广东 5 月连场暴雨和 6 月持续性暴雨发生均尤为关键,连场暴雨期间阻塞高压位于乌拉尔山附近,降水与中纬度短波槽南下密切相关;而持续性暴雨期间阻塞高压偏东位于亚洲大陆中部,降水主要受热带西南季风北推影响。尽管大尺度环流背景相似,但三场暴雨过程天气系统配置差异较大。数值诊断结果进一步表明,激发连续三场暴雨的主要物理因子为潜热加热、温度平流和西风动量输送。潜热加热是此次连场暴雨的正贡献和正反馈的最直接因子,而西风动量输送和温度平流对暴雨发生有一定触发作用和指示意义(超前 0～1.5 d)。因此,分析和预报季风爆发前的连场暴雨过程,应注意中高纬度地区西风动量输送、冷暖平流活动和相应的天气形势演变。

关键词:连场暴雨　持续性暴雨　阻塞高压　高空槽　数值诊断　冷空气

引　言

暴雨是华南地区多发且危害重大的灾害性天气,因此华南暴雨研究工作一直以来受到气象学者的高度关注,也取得了很多重要的研究成果[1-7]。20 世纪 70 年代末开始我国开展了第一次较大规模的华南前汛期暴雨实验[4],并取得了一批较完整暴雨过程资料,清晰揭示了华南暴雨所具有的暖区暴雨特征及相关环流配置特点。随后 1987,1994,1998,2008 年四次华南暴雨试验和集中攻关也取得了重要的成果,并进一步加深了对华南暴雨的认识[5-8]。

近年来,气象科研和业务人员从不同方面对华南暴雨进行了进一步分析和探索。李真光等[9]统计分析表明华南暴雨发生的大尺度环流形势,主要表现为欧亚中高纬地区为两脊一槽型和两槽一脊型,但中高纬环流型与冷空气南下活动的关系复杂,92.5%的暴雨过程与南下冷空气活动有关。鲍名[10]通过比较 2005 年和 2006 年两例典型华南持续性暴雨过程发现,副热带高压在华南地区持续西伸是两次持续性暴雨发生的共同大尺度环流背景,而热带西太平洋对流活动则通过不同物理过程影响副热带高压持续西伸。林爱兰等[11]对 2005 年 6 月华南持续性暴雨的季风环流背景研究表明,华南持续性暴雨过程开始于南海地区夏季风非活跃期,与热带季风季节内振荡向北传播到华南有关。黄忠等[12]和林良勋等[13]对 2007 和 2008 年广东持续性降水分析表明,在稳定的大尺度槽脊形势下,中低纬系统相互作用引发的局地经向环流异常与持续性暴雨密切相关。夏茹娣等[14]和张晓美等[15]通过 2005 年和 2007 年两次典型过程分析表明,中 β 对流系统(Mβcss)是华南暖区暴雨直接影响系统,Mβcss 活动与暴雨落区和强降水时间有着较好的对应。孙健等[16]利用 1998 年华南暴雨实验资料,通过数值试验表明华南地区复杂的地形对华南暴雨中尺度系统演变和暴雨的增幅均有着重要的影响。朱本璐等[17]通过对 2006 年 6 月暴雨过程模拟试验表明,小振幅的初始扰动误差非线性增长快,对华南暴雨的数值预报也将造成较大影响。张爱华等[18]和赵玉春等[19]分析发现南半球冷空气爆发转换为越赤道西南气流后,增强华南和南海北部低空急流及水汽输送,有利华南暴雨持续发生。

可以说对于华南暴雨的研究无论在分析预测还是在基础理论方面都取得很多有重要价值的成果。但由于华南暴雨具有特殊性,既受西风带系统影响,又受热带地区天气系统影响,中小尺度对流活动系统频繁,加之华南地区复杂的地形、下垫面条件及海陆热力差异等,使得其业务预报难度非常大,要全面认识华南暴雨的发生发展机理仍需做多方面的探索。

业务经验和以往的理论研究[20-22]表明,南海季风爆发前和爆发后广东降水性质并不相同,同时从近年的研究来看,华南前汛期暴雨大多集中于对 1994,1998,2005,2008 年等 5 月底至 6 月的几次罕见持续性强降水的研究[6,7,22-24](华南前汛期暴雨较集中出现在季风爆发后的 5 月下旬到 6 月中旬,有"龙舟水"之称),对季风爆发前的暴雨个例分析并不多。2010 年的 5 月中上旬(6-14 日),南海季风虽尚未爆发(2010 年 5 月 4 候爆发),但广东旱涝形势发生转折,强降水事件频繁发生,连续遭受了 3 场区域性暴雨过程,频次之高、雨量之多、强度之大为历史同期少有。此次 5 月的罕见连场暴雨与 1994,1998,2005,2008 等几次 6 月持续性暴雨过程不同,虽然时间相连,但三场暴雨节奏性明显,影响系统也不尽相同,给预报和决策带来极大的考验,增加了救灾难度。

因此,本文利用天气学分析和数值模拟诊断等方法对此次季风爆发前的 5 月中上旬连续三场暴雨过程特点和成因进行诊断,以期为今后同类华南暴雨过程的分析和预报服务提供一些参考。

1 资料说明

(1)天气分析使用的观测资料包括华南地区常规地面气象站观测和高空探测资料,降水资料还使用到广东区域 1800 个加密自动气象站逐小时雨量和华南区域遥测站日降水(08:00 到 08:00)资料。

(2)诊断分析及数值模拟的网格资料来自 NCEP 全球数据同化系统(GDAS)提供的每日 4 个时次的分析资料,空间分辨率为 $1.0° \times 1.0°$。高空资料包括:21 层的水平风场、温度场、位势高度场、湿度场和垂直速度资料;地面资料包括:水平风场、气压场、温度场、湿度场、潜热通量和感热通量资料。

2 连场暴雨的特征以及与持续性暴雨的区别

2010 年 5 月中上旬,广东省连续遭受三场区域性暴雨天气过程,分别出现在 5 月 6-7 日(以下简称"5·7 大暴雨")、9-10 日(简称"5·9 暴雨")和 14-15 日(简称"5·14 暴雨")。

第一场大暴雨过程出现在 6 日至 7 日早晨,强降水区主要集中在广东北部和珠江三角洲地区(韶关翁源新江镇 422.7 mm 为最大过程雨量)(图 1a)。特别是广州地区 7 日凌晨出现强降水,广州五山观测站 1 h(7 日 02:00)雨量 99.1 mm,刷新历史极值。第二场降水过程出现在

9日下午至10日白天,强降水区主要集中在中西部和珠江三角洲(图1b),上述地区出现了暴雨到大暴雨,但雨量相对较第一场小。14—15日广东一周内出现的第三场区域性暴雨,强降水主要分布在珠三角和粤北,各地先后出现暴雨,局部大暴雨(图1c)。连场暴雨强度大,每次均有测站出现时雨量大于50 mm的强降水。

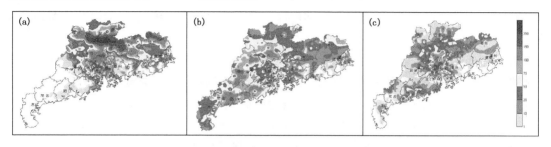

图1　2010年5月中上旬广东三场暴雨过程累积降水分布

(a为5·7大暴雨,b为5·9暴雨,c为5·14暴雨;单位:mm)

为了对比说明此次季风爆发前的5月连场暴雨和以往季风爆发后的6月持续性暴雨的区别,下面以近年广东发生的一次典型持续性暴雨(2005年6月中下旬)为例进行对比说明。图2给出了2010年5月中上旬和2005年6月中下旬广东区域(112°~116°E,22°~24.5°N)内站点平均降水的逐日变化。图中可见,2010年5月6—14日内连续三次明显降水过程,每次过程持续时间1~2 d,且过程之间基本没有降水,而2005年6月中旬起广东降水一直比较明显,19—23日更出现了持续5日的强降水过程[11]。因此,此次5月连场暴雨虽然时间相连,大尺度环流背景相似,但三场暴雨节奏性明显,影响天气系统也不尽相同(下文将进一步分析),这与1994,1998,2005,2008等几次6月持续性暴雨过程存在明显差异,其降水成因和预报着眼点值得进一步分析研究。

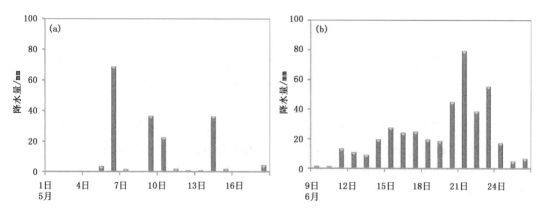

图2　区域平均(112°~116°E,22°~24.5°N)降水逐日演变

(a为2010年5月中上旬,b为2005年6月中下旬)

3　连场暴雨的成因分析

3.1　引发连场暴雨的大尺度环流背景

连场暴雨与持续性暴雨虽同是降水异常多,但节奏上有明显差异,到底它们的大气环流背

景有何异同? 丁一汇[3]曾指出,持续性暴雨出现在长波系统稳定时期,在这种情况下天气尺度和中尺度系统可以在同一地区重复出现或沿同一路径移动,以致造成很大的累积雨量。从逐日环流背景分析可知(图略),此次季风爆发前的连场暴雨也出现在较稳定的长波系统控制下,特别是乌拉尔山阻塞高压形成后连续多日稳定维持(5—15日)。为了对比连场暴雨和持续暴雨的天气形势,图3分别给出了三个暴雨过程主降水期和2005年6月持续暴雨过程的500 hPa位势高度场平均图。图中可见,连场暴雨发生在较稳定的两脊一槽环流形势下,乌拉尔山阻塞高压("乌阻")建立后,受远东地区高压阻挡,贝加尔湖的低槽移动缓慢,不断分裂短波槽从乌阻东南侧移到华南地区;同时西太平洋副高稳定控制南海,脊线位于15°N附近,副高西北侧的暖湿气流与短波槽配合为连场暴雨的发生提供了有利的动力条件(图3a)。而2005年6月持续暴雨期间,中高纬为较稳定的两槽一脊形势,75°~105°E附近的阻塞高压("中阻")建立后,东槽加深,使得西太平洋副高主体偏东(未控制南海),持续性暴雨与副高西侧的暖湿不稳定气流和槽后偏北气流辐合密切相关(图3b)。因此,稳定的大尺度长波系统,是连场暴雨和持续暴雨的共同特征,中高纬度的阻塞形势建立对暴雨发生尤为关键,连场暴雨期间阻塞高压位于乌拉尔山附近,而持续性暴雨期间阻塞高压偏东主要位于亚洲大陆中部。

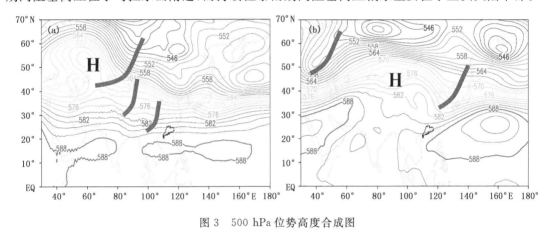

图3　500 hPa位势高度合成图

(a为2010年5月连场暴雨主降水期(6,9,14日),b为2005年6月持续性暴雨过程(19—23日);

单位:dagpm,粗短线为槽线)

另一方面,从暴雨区500 hPa的垂直运动纬度—时间演变图可以看到,连场暴雨期间(图4a),三次过程上升运动自北向南传播特征与短波槽东移南下触发密切相关。因此,三次过程呈现明显的节奏性,降水过程转换需更多地关注短波槽的活动,在稳定的有利大尺度环流形势下,每次短波槽南下将引发一次强降水过程,随着槽东移北收(减弱)过程结束。而持续性暴雨则主要与西南季风北推活动相关,17日起季风北抬至广东地区并一直维持,广东出现持续降水;25日季风再次北推,雨带北抬广东降水结束(图4b)。因此,持续性暴雨需更多地关注热带系统的北抬(季风涌)活动,练江帆等[24]和林良勋等[12]分别在分析1994年6月和2008年6月两次华南持续性暴雨时也曾得到类似结果,指出低纬度系统(西南气流)是持续性暴雨的主要触发因素。

3.2　影响连场暴雨的不同天气系统配置特征

以上分析可知,在中高纬度稳定的两脊一槽的形势下,西太平洋副高控制在南海中部,使

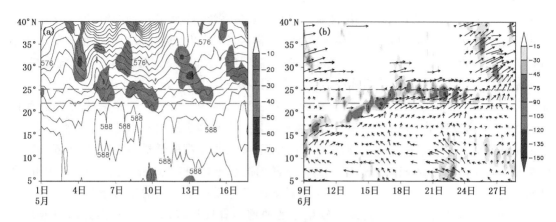

图 4　2010 年 5 月中上旬 500 hPa 位势高度场和上升运动(a)和 2005 年 6 月中下旬 850 hPa
风场和 500 hPa 上升运动中心(b)沿 112—116°E 平均的纬度—时间图
(位势高度单位:dagpm;阴影为上升运动中心,单位:10^{-2}Pa·s^{-1})

得中纬度短波槽不断南下影响华南。从逐日具体天气形势分析来看,尽管广东同是 5 月中上旬连续出现的三场暴雨,且大尺度环流背景较为相似,但各暴雨过程的天气系统配置特征仍差异明显。

图 5 给出了三场暴雨过程的天气系统配置图。图中可见,第一场(5·7 大暴雨过程)主要受 500 hPa 高空槽、850 hPa 切变线、低空急流以及地面冷锋影响,但与典型的华南前汛期暴雨形势不同,此过程广东处于 500 hPa 的高空槽后西北气流中(高空槽已移到粤东),且切变线与地面弱冷空气前锋均在南岭以北地区。按传统的技术和经验(广东前汛期暴雨发生在槽前西南气流中),此种形势下,广东地区出现强降水的概率较小[2]。但事后分析可知,一方面由于前期广东地区温度较高,低层西南风水汽输送也较强,低层暖湿不稳定能量较明显;另一方面,从探空曲线以及风廓线图可以看到(图略),广东中低层大气十分不稳定,风的垂直切变明显。在这种前倾槽形势下,低层暖湿不稳定情况下配合中层西北气流下干冷空气下传对激发不稳定能量释放可能反而起到增强作用。

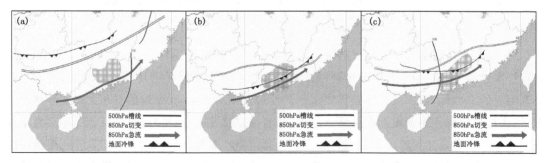

图 5　2010 年 5 月上中旬三场暴雨过程天气形势
(a 为 5·7 大暴雨,b 为 5·9 暴雨,c 为 5·14 大暴雨;阴影区为强降水区)

第二场(5·9 暴雨过程)500 hPa 上空基本处于西南气流下,高空略有小波动,但高空槽不明显。此过程主要受低层 850 hPa 的切变线、低空急流和地面冷锋影响,切变线和冷锋呈东北一西南向,基本南压到广东中部,因此该过程的降水范围最广、强降水主要集中在中部和西南部。该场暴雨的系统配置总体符合华南前汛期暴雨特征。

第三场(5·14 暴雨过程)500 hPa 上空处于高空槽前的西南气流控制下,850 hPa 切变线位于南岭附近,地面弱冷锋南压到广东中北部,这种形势较之第二次过程更为典型,符合典型的华南前汛期暴雨形势特征。因此,此种形势下,降水主要集中在切变线南侧和冷锋附近的广东中北部地区。

3.3 数值诊断连场暴雨的可能形成机制

前面分析可知,中高层稳定的大尺度形势为高空短波槽不断南下影响华南提供了有利的环流背景,三场暴雨过程中均有地面冷锋和 850 hPa 切变线南下影响,同时低纬西南暖湿水汽往北输送显著,南北冷暖系统共同作用造成广东地区暖湿水汽辐合上升,这些与华南地区的局地经向环流异常密切相关。因此,为全面诊断各物理过程在连场暴雨过程中的作用,利用局地经向环流线性诊断模式对连场暴雨过程进行了数值模拟诊断,通过找出主导作用的物理因子来揭示此次季风爆发前罕见的连场暴雨的可能形成机制。

3.3.1 模式简介

数值诊断部分使用局地经向环流线性诊断模式[25-26]进行诊断模拟,模式使用资料为 NCEP 一天四次的 $1°×1°$ 分析资料,模式共有 19 层,第 1 层为 950 hPa,第 19 层为 50 hPa,模拟区域为($107°\sim117°E,7°\sim47°N$)。为将尽可能多的物理过程包含在模式中,数学模型除了将经向运动方程简化为梯度风平衡关系外,其余方程均为球 p 坐标系的原始方程组的方程,所以模式已经包含了各种重要的热力和动力过程(因无各层资料,目前仍无法诊断云物理过程和辐射过程)。

通过运用消元法和代入法,将连续方程、运动方程的三个分量式——热力学方程、水汽守恒方程和状态方程有机结合起来,得到本研究所用的诊断华南局地纬向平均的经向环流流函数的椭圆型线性方程为:

$$\left[\frac{1}{a}\frac{\partial}{\partial\phi}\left(\bar{A}\frac{1}{a}\frac{\partial}{\partial\phi}+\bar{B}\frac{\partial}{\partial p}\right)+\frac{\partial}{\partial p}\left(\bar{B}\frac{1}{a}\frac{\partial}{\partial\phi}+\bar{C}\frac{\partial}{\partial p}\right)\right]\bar{\Psi}=F \tag{1}$$

其中,$(\overline{\quad})$ 为华南地区($107°\sim117°E$)局地纬向平均,ϕ 为纬度,系数 $\bar{A},\bar{B},\bar{C}$ 分别与静力稳定度、斜压稳定度、惯性稳定度有关,即

$$\begin{cases}\bar{A}=\dfrac{\bar{\sigma_s}}{\cos\phi},\\[2mm]\bar{B}=\dfrac{1}{a\cos\phi}\overline{\dfrac{\partial\alpha}{\partial\phi}},\\[2mm]\bar{C}=\dfrac{\overline{f_A f_B}}{\cos\phi}\end{cases} \tag{2}$$

其中,σ_s 为静力稳定度;α 为比容;$f_A=f+2\bar{u}\dfrac{\tan\phi}{a}$,$f_B=f-\dfrac{\partial(u\cos\phi)}{a\cos\phi\partial\phi}$。$\Psi$ 为经向环流流函数,它与风的经向分量 v 和垂直分量 ω 的无辐散有旋成分:$v_\psi(=v-v_\chi)$ 和 $\omega_\psi(=\omega-\varepsilon_\chi)$ 的关系为:

$$\begin{cases}v_\psi=-\dfrac{1}{\cos\phi}\dfrac{\partial\psi}{\partial p},\\[2mm]\omega_\psi=\dfrac{1}{a\cos\phi}\dfrac{\partial\psi}{\partial\phi}.\end{cases} \tag{3}$$

诊断方程(1)右边的总强迫项 F 包括以下各强迫因子:

$$F = \frac{\partial}{\partial p}\left[\overline{f_A}\left(-\frac{1}{a\cos\phi}\frac{\partial\overline{\Phi}}{\partial\lambda}+\overline{F_\lambda}-\frac{\overline{u}}{a\cos\phi}\frac{\partial\overline{u}}{\partial\lambda}+\overline{f_B v_\chi}-\overline{\omega_\chi}\frac{\partial\overline{u}}{\partial p}-\frac{\overline{u'}}{a\cos\phi}\frac{\overline{\partial u'}}{\partial\lambda}+\frac{\overline{v'}}{a}\frac{\overline{\partial u'}}{\partial\phi}-\overline{\omega_\chi}\frac{\overline{\partial u'}}{\partial p}\right)\right]$$

$$\qquad\qquad（Ⅰ）\quad（Ⅱ）\quad（Ⅲ）\quad（Ⅳ）\quad（Ⅴ）\quad（Ⅵ）\quad（Ⅶ）\quad（Ⅷ）$$

$$-\frac{1}{a}\frac{\partial}{\partial\phi}\left(\overline{\frac{RQ}{pc_p}}-\frac{\overline{u}}{a\cos\phi}\frac{\partial\overline{a}}{\partial\lambda}-\frac{\overline{v_\chi}}{a}\frac{\partial\overline{a}}{\partial\phi}+\overline{\sigma_s}\,\overline{\omega_\chi}-\frac{\overline{u'}}{a\cos\phi}\frac{\overline{\partial\alpha'}}{\partial\lambda}-\frac{\overline{v'}}{a}\frac{\overline{\partial\alpha'}}{\partial\phi}+\overline{\sigma_s\omega_\chi}\right)$$

$$\qquad\qquad（Ⅸ）\quad（Ⅹ）\quad（Ⅺ）\quad（Ⅻ）\quad（ⅩⅢ）\quad（ⅩⅣ）\quad（ⅩⅤ），\qquad\qquad(4)$$

方程中$(\ )'=(\ )-\overline{(\ )}$代表涡动量。强迫因子分为两类:动力因子和热力因子。其中,动力因子包括气压梯度力(第Ⅰ项)、摩擦力(第Ⅱ项)、西风动量的纬向输送作用(第Ⅲ,Ⅵ项)、地转偏向力与平均西风角动量的经向输送(第Ⅳ项)、涡动西风角动量的经向输送(第Ⅶ项)以及西风动量垂直输送(第Ⅴ,Ⅷ项);热力因子包括凝结潜热Q_L、地面感热通量Q_{LS}、潜热通量Q_{LF}、长短波辐射Q_R(第Ⅸ项的Q为这些因子的叠加,由于没有各层的辐射资料,本研究暂时没有考虑辐射加热的影响,潜热采用水汽比热容乘以水汽含量变化计算),水平温度平流(第Ⅹ,ⅩⅠ,ⅩⅢ和ⅩⅣ项)以及温度垂直对流项(第Ⅻ,ⅩⅤ项)。

因为方程(1)为线性方程,方程的解可叠加或分解,所以用超松弛迭代法求方程(1)的数值解,可定量探讨(4)式中任意项对应的物理因子单独激发的经向环流(v_ψ,ω_ψ)。

3.3.2 结果分析

尽管运用局地经向环流模式曾在华南地区天气气候分析中得到成功应用[27-28],为了确保模式输出结果在此次连续三场暴雨中的可信度,在利用该模式进行诊断各个物理因子贡献前对模式性能进行检验。考虑到发生强降水的必要条件之一是强烈的上升运动,而且500 hPa上的垂直运动(ω_ψ)能较好地反映经向环流上升支和下沉支的位置,因此考察500 hPa垂直运动的时间演变情况。图6给出的是模式模拟的5月1日—5月17日500 hPa垂直运动(ω_ψ)的时间演变。图中可见,模拟的经向环流无论从垂直运动中心强度、位置均与"实测"的局地经向环流吻合很好,这表明模式对这几次过程的模拟性能良好。另外,图中也可看到期间3次中心的南传与3次暴雨过程发生时间也对应较好,"5·7大暴雨过程"强度最强,但位置相对较北;"5·9暴雨"过程位置最南、范围最广;"5·14暴雨"过程则中心南传的特征最为明显,这些结果与前面的形势以及降水特征也是一致的。

为了进一步考察各动力和热力因子在几次过程中的作用贡献,这里应用线性方程解的叠加原理于局地经向环流诊断方程,将各热力和动力因子分解开来,计算各因子对总经向环流的贡献。通过计算分析可知,潜热加热激发的局地经向环流上升支作用最为显著(图6c),无论从量级大小以及时间演变均与总环流十分一致。配合850 hPa水汽输送的时间演变(图7)可知,三次暴雨过程中广东的上升运动区低空有来自南方的暖湿水汽辐合,在水汽辐合上升、冷却凝结过程释放的潜热加热进一步加强上升运动。由此可见,潜热加热在此次连场暴雨过程中不但是激发局地经向环流的主要因子,也是重要的正反馈因子。

除了潜热加热外,从时间演变看,反映西风带斜压槽活动的温度平流作用与3次暴雨过程演变也十分密切(图6d)。另一方面,图7也可看到三次暴雨过程出现的时间以及落区,与低层北方冷空气南下促使水汽辐合抬升区南移密切相关。因此,尽管潜热加热是连场暴雨的正贡献和正反馈的最直接因子,而北方冷空气南下不但通过温度平流直接激发了广东上空的垂直运动,同时使得水汽辐合抬升区南移并释放潜热,是此次广东5月连场暴雨的重要促发机制。

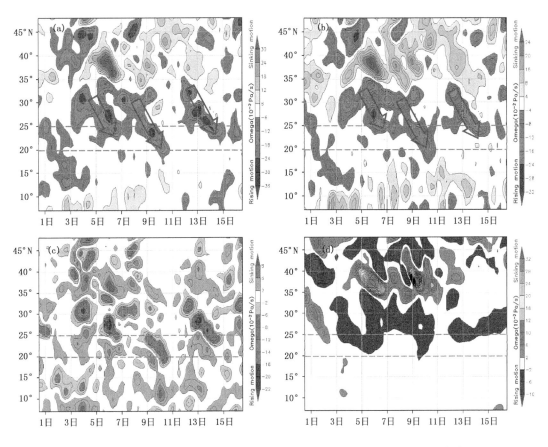

图 6 2010 年 5 月 1—17 日广东连场暴雨期间 500 hPa 垂直运动的时间演变
（a 为实测,b 为模拟,c 为潜热加热单独激发,d 为水平温度平流单独激发;单位:10^{-2}Pa·s^{-1}）

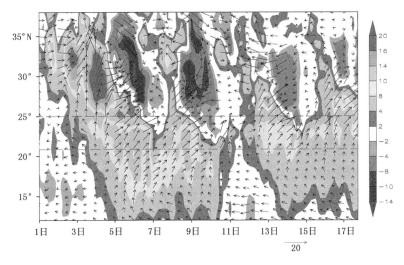

图 7 2010 年 5 月 1—17 日广东连场暴雨期间沿 113°E 的 850 hPa 水汽通量和 925 hPa 经向风的纬度—
时间演变(箭头代表水汽通量,单位:g·cm^{-1}·hPa^{-1}·s^{-1};阴影代表经向风,单位:m·s^{-1})

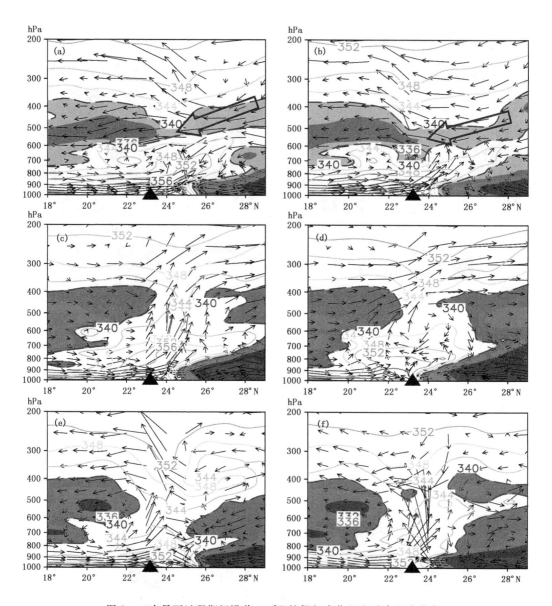

图 8　三次暴雨过程期间沿着 113°E 的假相当位温和垂直环流分布

(a 为 6 日 20:00,b 为 7 日 02:00,c 为 9 日 14:00,d 为 9 日 20:00,e 为 14 日 14:00,
f 为 14 日 20:00;黑色三角形为广州所在纬度,阴影为小于 340K 的区域,单位:K)

　　为了进一步说明冷空气南下对暴雨的影响,图 8 给出了 3 次过程沿着 113°E 的假相当位温垂直分布图。图中可见,三次过程中广东地区上空始终处在高温湿不稳定区,θ_{se} 中心甚至超过 360 K。北方中低层干冷空气南下与偏南暖湿气流在 24°N 附近形成锋区,锋区附近 θ_{se} 等值线密集且陡峭,锋区南侧中低层的高湿区为对流不稳定层(假相当位温高达 350~360 K,且 $\dfrac{\partial q_e}{\partial p} > 0$)。根据湿位涡的守恒特征[29],诱发倾斜涡度发展的过程中,θ_{se} 面的倾斜条件下,湿斜压性增加或水平风垂直切变增大将导致垂直涡度的显著发展,并且倾斜越大气旋性涡度增长越强,所以,锋区南侧的中低层是气旋性涡度最易发展区域。因此,低层干冷空气南下使得湿斜压性增加加剧了广东地区涡度发展,增强了水汽辐合(潜热释放)和进一步使大气不稳定能量增加,有利强降水维持。此外,可以看到第一个过程与后面两个过程有所不同,除低层弱冷空气越过南岭影响广东外,中高层还存在干冷空气入侵(这种中层冷空气入侵与前面分析的前倾槽槽后西北气流引导有关)使对流层中层形成一明显干层,上干下湿更为明显($\frac{\partial q_e}{\partial p}$增大)。这种高层的干冷空气倾斜状向下侵入到对流层中低层,对强对流天气的发生发展具有重要作用[30-31]。因此,广东上空中低层将为变得更为不稳定,十分有利于对流不稳定能量积聚,一旦配合北风减弱或者中小尺度系统激发,降水将会十分激烈。

此外,与温度平流类似,与西风急流等相关的西风动量输送项激发的经向环流上升运动值虽然比起潜热加热小(图略),但其变化与降水过程的演变亦十分密切。为进一步说明潜热加热、温度平流和西风动量输送等物理过程与降水发生的关系,分析降水过程的可能形成机制,并为预报着眼点提供一定参考,分别计算了几个主要物理因子与总环流在暴雨区激发的垂直运动($\omega_\psi|_{500}$)的超前滞后相关(计算时段为 5 月 1—17 日,样本数为 68)。超前滞后相关图中可见(图 9),潜热加热与总体环流相关度最高,最大值出现在同期,相关系数超过 0.8,而温度平流和西风动量水平输送、垂直输送项与总环流也存在明显正相关(相关系数均超过 0.4),显著正相关超前 0~36 h(其中提前 6~24 h 最为显著),且西风动量输送的相关系数极值比温度平流的超前时间更多一些。以上统计结果也验证了前面的分析,潜热加热是此次连场暴雨的正贡献和正反馈的最直接因子,而西风动量输送和温度平流对暴雨发生有一定促发作用和指示意义。一方面高层强大的西风急流通过动量输送和上下层质量调整,在急流入口区激发出南侧有上升运动(北侧有下沉运动)的正环流[25,32],有利于广东上空上升运动发展和提供了高层辐散条件,另一方面西风动量垂直输送与 500 hPa 高空槽共同作用,有利于弱冷空气南下,通过温度平流激发广东上空垂直运动和促使水汽辐合抬升区南移释放潜热。因此,分析和预报

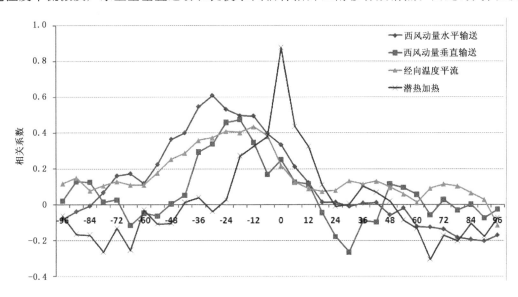

图 9　主要物理因子在暴雨区(24°N)单独激发的 $\omega_\psi|_{500}$ 与所有因子共同激发的总体 $\omega_\psi|_{500}$ 的相关系数
(绝对值大于 0.33 的相关系数通过 99% 可信度检验)

季风爆发前的连场暴雨过程,应注意中纬度地区西风动量输送、冷暖平流活动和相应的天气系统演变,对于类似"5·7"的前倾槽类暴雨过程,除了留意弱冷空气越过南岭影响外,还需特别关注槽后中层冷空气的入侵。

4　小结与讨论

针对 2010 年南海季风爆发前广东地区罕见连场暴雨过程,对比了其与持续性暴雨的差异,从大尺度环流背景、天气尺度系统等方面分析了连场暴雨过程的系统特征,并利用数值模式诊断探讨了其可能形成机制,得到以下初步结论:

(1)连场暴雨和持续暴雨的降水时间特征和环流形势差异明显:稳定的大尺度长波系统,是连场暴雨和持续暴雨的共同特征,中高纬度的阻塞形势建立对暴雨发生尤为关键。连场暴雨期间阻塞高压位于乌拉尔山附近,降水与中纬度短波槽南下密切相关;而持续性暴雨期间阻塞高压偏东位于亚洲大陆中部,降水主要受热带西南季风北推影响。

(2)尽管相似的大尺度形势背景下短时间内出现的连场暴雨,但影响三场暴雨过程的天气形势差异明显:"5·7大暴雨"发生在高空槽后,低层切变线和地面冷锋距降水区较远,属于华南地区较罕见的槽后暴雨;"5·9暴雨"相对较典型,强降水区位于低层切变线南侧和地面锋区附近,但高空短波槽并不明显;"5·14大暴雨"则属典型的华南暴雨形势,强降水区发生在高空槽前、低层切变南侧和地面锋区附近。

(3)在应用局地经向环流模式成功模拟连场暴雨基础上,定量诊断各个物理因子的单独贡献表明,激发连场暴雨主要物理因子为潜热加热、温度平流和西风动量输送。潜热加热是连场暴雨的正贡献和正反馈最直接因子,而西风动量输送和温度平流对暴雨发生有一定触发作用和指示意义(超前总体上升运动 $0 \sim 1.5$ d)。一方面高层西风急流通过动量水平输送和上下层质量调整,有利急流入口区南侧的广东上升运动发展和提供了高层辐散条件,另一方面西风动量垂直输送与高空槽共同作用,有利于弱冷空气南下,通过温度平流激发广东上升运动和促使水汽辐合提升区南移而释放潜热。因此,分析和预报季风爆发前的连场暴雨过程,应注意中高纬度地区西风动量输送、冷暖平流活动和相应的天气形势演变。

需要指出的是,本文主要通过对比和模拟诊断分析了 2010 年季风爆发前连场暴雨环流背景及天气学成因,分析结果仍较初步,同时分析未涉及中小尺度系统等影响。另外,"5·7大暴雨"过程特点罕见,本文未展开深入分析,今后将结合历史相似个例对此类暴雨进行进一步探讨。

参考文献

[1]　陶诗言.中国之暴雨.北京:科学出版社,1980.

[2]　《广东省天气预报技术手册》编写组.广东省天气预报技术手册.北京:气象出版社,2006:86-149.

[3]　丁一汇.暴雨和中尺度气象学问题.气象学报,1994,**52**(3):274-284.

[4]　《华南前汛期暴雨》编写组.华南前汛期暴雨.广州:广东科技出版社,1986.

[5]　Chen Y L. Some synoptic-scale aspects of the surface front over southern China during TAMEX. *Mon Wea Rev*, 1993,**121**(1),50-64.

[6]　薛纪善.1994 年华南夏季特大暴雨研究.北京:气象出版社,1999.

[7]　周秀骥,薛纪善,陶祖钰,等.98 华南暴雨科学试验研究.北京:气象出版社,2003:370.

[8] Zhang R H，Ni Y Q，Liu L P，*et al*．South China heavy rainfall experiments (SCHeREX)．*J Meteor Soc Japan*，2011，**89**A，153－166．

[9] 李真光，梁必骐，包澄澜．华南前汛期暴雨的成因与预报问题．华南前汛期暴雨文集，北京：气象出版社，1981．

[10] 鲍名．两次华南持续性暴雨过程中热带西太平洋对流异常作用的比较．热带气象学报，2008，**24**(1)：27-36．

[11] 林爱兰，梁建茵，李春晖，等．0506 华南持续性暴雨的季风环流背景．水科学进展，2007，**18**(3)：424-432．

[12] 黄忠，吴乃庚，冯业荣，等．2007 年 6 月粤东持续性暴雨的成因分析．气象，2008，**34**(4)：53-60．

[13] 林良勋，吴乃庚，黄忠，等．广东 2008 年罕见"龙舟水"特点及成因诊断分析．气象，2009，**35**(4)：43-50．

[14] 夏茹娣，赵思雄，孙建华．一类华南锋前暖区 β 中尺度系统环境特征的分析研究．大气科学，2006，**30**(5)：988-1007．

[15] 张晓美，蒙伟光，张艳霞，等．华南暖区暴雨中尺度对流系统的分析．热带气象学报，2009，**25**(5)：551-560．

[16] 孙健，赵平，周秀骥．一次华南暴雨的中尺度结构及复杂地形的影响．气象学报，2002，**60**(3)：333-342．

[17] 朱本璐，林万涛，张云．初始扰动对一次华南暴雨预报的影响的研究．大气科学，2009，**33**(6)：1333-1347．

[18] 张爱华，吴恒强，覃武．南半球大气环流对华南前汛期降雨影响初探．气象，2006，**32**(8)：10-15．

[19] 赵玉春，李泽椿，肖子牛．南半球冷空气爆发对华南连续性暴雨影响的个例分析．气象，2007，**33**(3)：40-47．

[20] 池艳珍，何金海，吴志伟．华南前汛期不同降水时段的特征分析．南京气象学院学报，2005，**28**(2)：163-171．

[21] 郑彬，梁建茵，林爱兰，等．华南前汛期的锋面降水和夏季风降水．大气科学，2006，**30**(6)：1207-1216．

[22] 谢炯光，古德军，纪忠萍，等．广东省 6 月长连续暴雨过程的气候特征及成因．应用气象学报，2012，**23**(2)：172-183．

[23] 何立富，周庆亮，陈涛，等．"05.6"华南暴雨中低纬度系统活动及相互作用．应用气象学报，2010，**21**(4)：385-394．

[24] 练江帆，梁必骐．"94.6"与"94.7"华南致洪暴雨的对比分析．中山大学学报(自然科学版)，1999，**38**(4)：102-106．

[25] 袁卓建，王同美．局地经向环流的诊断方程．东亚季风和中国暴雨．北京：气象出版社，1998：496-505．

[26] Yuan Z J，Wang T M，He H Y，*et al*．A comparison between numerical simulation of forced local Hadley (Anti-Hadley) circulation in east Asia and Indian monsoon regions．*Advances in Atmos Sci*，2000，**17**(4)：538-54．

[27] 陈桂兴，林良勋，冯业荣，等．数值剖析 0411 号热带气旋位置不连续变化和强度突变．气象学报，2006，**65**(4)：588-599．

[28] 温之平，吴乃庚，冯业荣，等．定量诊断华南春旱的形成机理．大气科学，2007，**31**(6)：1223-1236．

[29] 吴国雄，蔡雅萍，唐晓箐．湿位涡和倾斜涡度发展．气象学报，1995，**53**(4)：387-405．

[30] 刘会荣，李崇银．干侵入对济南"7.18"暴雨的作用．大气科学，2010，**34**(2)：374-386．

[31] 钱传海，张金艳，应冬梅，等．2003 年 4 月江西一次强对流天气过程的诊断分析．应用气象学报，2007，**18**(4)：460-467．

[32] Uccellini L W，Johnson D R．The coupling of upper and lower tropospheric jet streaks and implication for the development of severe convective storms．*Mon Wea Rev*，1979，**107**，6：682-703．

影响山东的黄淮气旋暴雨落区精细分析

阎丽凤　孙兴池　周雪松

（山东省气象局，济南 25003）

摘　要

应用常规观测资料、NCEP 再分析资料，对比分析了山东两次春季黄淮气旋暴雨落区异同点。发现春季影响山东的黄淮气旋暴雨区集中出现在气旋中心北侧的偏东风中，且主要位于东北气流中。暴雨区偏北的程度，与影响系统的后倾程度、我国东北地区是否存在高压有关。当系统明显后倾时，锋面坡度小，暖湿气流沿锋面向北爬升得更远，暴雨区更偏北；当我国东北地区存在高压时，其南侧东北气流经渤海侵入 850 hPa 低涡后部，与低涡前东南气流在风向上渐近辐合，在低涡北侧产生辐合中心，从而产生暴雨区。此外，地面东北风形成的冷垫，有利于南方暖湿气流向北爬升。实际暴雨落区预报中，需综合分析系统的空间结构、周围系统的影响及温度场的配置等。

关键词：黄淮气旋　暴雨落区　850 hPa 低涡　东北高压　系统空间结构

0　引言

平均每年有 5 个温带气旋影响山东。春、秋两季，以黄淮或江淮气旋为主，平均每年有 2～3 个影响山东，90％以上会造成全省大范围暴雨。因此，对温带气旋影响过程，暴雨有无并不是预报的难点，而暴雨的精细落区则是预报中的难点和重点。

在实际预报中，往往认为：暴雨落区位于低层低涡东南象限，有低空急流时倾向于在低空急流的左前侧；或暴雨区往往围绕气旋中心分布。但大量的个例分析表明，仅根据地面气旋及低层低涡的位置来预报暴雨落区会出现很大偏差，远不能满足精细落区预报服务需求。

在强烈发展的温带气旋中，往往有大尺度斜压不稳定和水汽凝结潜热释放两种不同尺度的相互作用[1-3]。黄彬等[4]、尹尽勇等[5]对 2007 年 3 月温带气旋强烈发展的分析，也证明了斜压性起重要作用。

以往的分析大都着眼于气旋的形成和暴雨的诊断分析，而对同一类温带气旋暴雨落区的精细分析则较为欠缺。对相关个例分析发现，典型的温带气旋各个部位都可能出现暴雨，但各部位暴雨出现的时间却因气旋发展的时段不同而有先有后。即使地面气旋和低层低涡位置相似，由于气旋的发展阶段、冷暖空气强弱及相互作用、影响系统的空间结构、周围系统的作用等不同，其暴雨落区也不尽相同，也就是说，以往根据地面气旋中心的位置来预报暴雨落区的做法并不可靠。目前还没有温带气旋暴雨落区精细的概念模型。

2013 年 5 月 26—27 日（简称 20130526 过程），受强烈发展的黄淮气旋影响，山东出现了较为罕见的强降水过程，全省平均降水量达 60.4 mm，暴雨区位于鲁南、鲁中南部和山东半岛南部。其中，鲁中南部、鲁南地区多地 24 h 降水量突破历史同期极值，大暴雨区集中出现在鲁南地区，日照降水量最大，为 204.1 mm。

本次黄淮气旋影响过程预报的难点依然是暴雨落区问题，尤其是大暴雨的落区。虽然该类温带气旋的暴雨落区一般出现在鲁南、鲁中地区,但暴雨的精细落区及大暴雨中心却因影响系统的空间结构、温度场配置、周围系统的作用等有所不同。例如,2002 年 5 月 14—15 日(简称 20020515 过程),同样受黄淮气旋影响,山东出现大范围暴雨,平均降雨量为 54.5 mm,青州最大为 135.2 mm。本次过程,850 hPa 低涡和地面气旋位置比 20130526 过程明显偏南,但暴雨落区却更偏北,大暴雨落区则位于山东半岛西部。

可见,仅根据地面气旋和低涡的位置来预报暴雨落区会出现很大偏差。因此,有必要对该类气旋暴雨过程进行细致的对比分析,以提高暴雨落区的精细化预报水平。

1 地面气旋中心与暴雨落区的关系

20130526 过程,山东降水持续时间为 24 h,雨强更强;而 20020515 过程,降水持续时间达 3 d,雨强相对较弱。

图 1 给出了两次暴雨过程地面气旋与强降水落区的关系。其中,20130526 过程,为相应时刻 6 h 降雨量≥25 mm 雨区与气旋中心的关系(图 1a,b,c),20020515 过程为 6 h 降雨量≥10 mm 雨区与气旋中心的关系(图 1d,e,f)。可见,两次过程强降水并不围绕气旋中心分布,都出现在气旋中心的北侧,即位于倒槽顶端的偏东风中,气旋中心及以南地区雨量则较小。

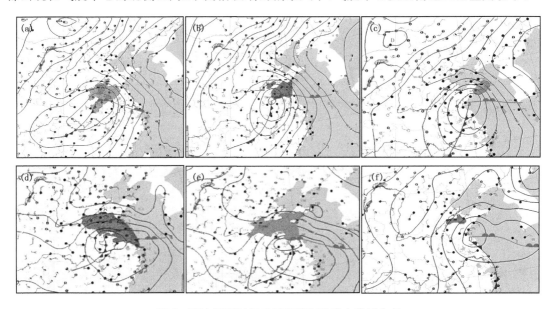

图 1　两次暴雨过程地面气旋与强降水落区分布

(a)为 2013 年 5 月 26 日 14:00,(b)为 2013 年 5 月 26 日 20:00,(c)为 2013 年 5 月 27 日 08:00,

(d)为 2002 年 5 月 14 日 14:00,(e)为 2002 年 5 月 14 日 20:00,(f)为 2002 年 5 月 15 日 14:00;

阴影区为 6 h 雨量≥25 mm 或≥10 mm 落区)

2 暴雨区位于黄淮气旋中心北侧的机制分析

2.1 地面锋区位于气旋中心北侧

春秋季温带气旋发生、发展的天气形势是 850 hPa 西南涡和 500 hPa 南支槽加强北上,高空正涡度平流对气旋发展有重要作用。该类暴雨由冷暖空气的剧烈交汇引起,动力辐合作用强,与锋面相关的上升运动对暴雨落区有重要指示作用。

在这种环流形势下,垂直方向上,通常有明显的后倾结构,即低层低涡位于高空槽东南方向,而地面气旋中心又位于低涡东南方,这样的高低空配置,在经过地面气旋中心的剖面图上,往往表现为气旋中心北侧存在自下而上向北倾斜的锋区。20130526 过程,26 日 20:00 地面气旋中心位于 33.7°N,116.7°E;20020515 过程,14 日 14:00 地面气旋中心位于 33°N,117°E。制作两次过程地面气旋中心的经向(117°E)剖面图(图 2a,b),可见,地面气旋中心的北侧均为自下而上向北倾斜的冷锋,锋面抬升造成的较强上升运动均位于锋后。

从两次暴雨过程地面流场和温度场的分布可见(图 2c,d),地面气旋中心均偏于暖区一侧,气旋中心北侧具有大的温度梯度,也说明地面锋区位于气旋中心北侧。

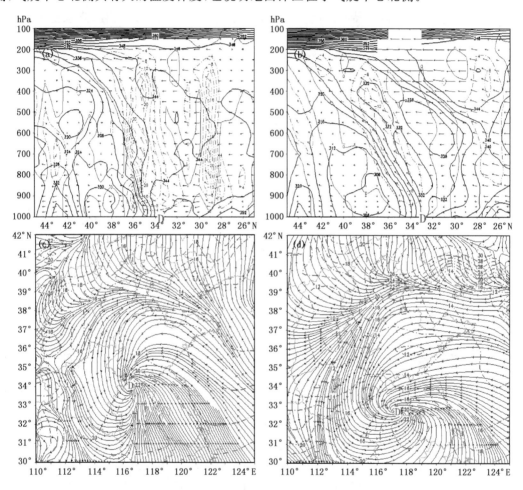

图 2　两次暴雨过程地面气旋中心 θ_e(实线,单位:K)、垂直速度(点划线,单位:10^{-3} hPa·s^{-1})、
地面流场(矢线)、温度场(点划线,单位:℃)经向剖面

(a 为 2013 年 5 月 26 日 20:00 θ_e、垂直速度,b 为 2002 年 5 月 14 日 14:00θ_e、垂直速度,

c 为 2013 年 5 月 26 日 20:00 地面流场、温度场,d 为 2002 年 5 月 14 日 14:00 地面流场、温度场)

可见,由于锋区位于地面气旋中心的北侧,而与锋面相关的上升运动区也出现在气旋中心的北侧,从而造成暴雨区位于气旋中心的北侧。

2.2 锋区空间结构与暴雨落区

从图2a,b经过地面气旋中心的经向剖面图中可见,两次暴雨过程锋区空间结构有明显差异。20130526过程冷锋更为陡峭,强上升运动位于气旋中心北侧1.5个纬距附近;而20020515过程锋面坡度稍缓,强上升运动位于气旋中心北侧2个纬距附近。因此,尽管20020515过程气旋中心位置较20130526过程更偏南(图2c,d),但因锋面坡度小,强上升运动更远离气旋中心,使得暴雨区更偏北。

可见,暴雨区偏北的程度,与系统在垂直方向上的后倾程度有关,后倾幅度越大,锋面坡度越小,强上升运动就越远离气旋中心,暴雨区就越偏北。反之,锋面较为陡峭时,暴雨区距离气旋中心则相对近些。

图3为两次过程暴雨中心潍坊青州(36.7°N,118.5°E)和日照(35.4°N,119.5°E)相当位温、风、垂直速度经向垂直剖面图。可见,20020515过程,暴雨中心附近800 hPa以下为东北风,系统后倾明显,锋面坡度小,暖湿气流向北爬升的更远,最大上升运动位于37°N,暴雨中心上空700 hPa附近。而20130526过程,暴雨中心附近900 hPa以下为东南风,900 hPa至700 hPa为偏南风,也即700 hPa以下系统基本重合,锋面陡立,最大上升运动区较20020515过程偏南,位于在35°N附近。再次表明,锋面的空间结构,决定了最大上升运动区相对于地面气旋中心的位置,也决定了暴雨区偏北的程度。

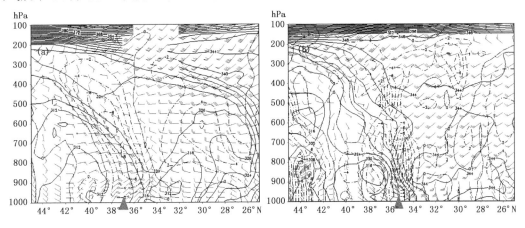

图3 两次过程暴雨中心θ_e(实线,单位:K)、垂直速度(点划线,单位:10^{-3} hPa·s^{-1})经向垂直剖面
(a为2002年5月15日08:00,b为2013年5月26日20:00)

2.3 850 hPa低涡、暖切变与暴雨落区

在实际预报中,大多数预报员往往倾向于在低涡东南象限及低空急流的左前侧寻找暴雨落区,而实况并非如此。从图4a,b可见,两次暴雨过程都伴有较强的低空急流。20130526过程中,850 hPa西南涡自西南向东北方向移动穿过山东;而20020515过程中,850 hPa西南涡从苏皖北部进入黄海,并未进入山东。可见,20130526过程中低涡路径较20020515过程路径偏北,而暴雨和大暴雨落区却较20020515过程的偏南。

图4c,d给出了强降水落区与850 hPa低涡的关系。20130526过程暴雨落区与暖切变对应,而20020515过程强降水则位于850 hPa低涡的西北侧,暖切变附近雨量较小。

对比分析两次暴雨过程850 hPa低涡、周围影响系统、温度场结构(图4a,b)等特征发现,

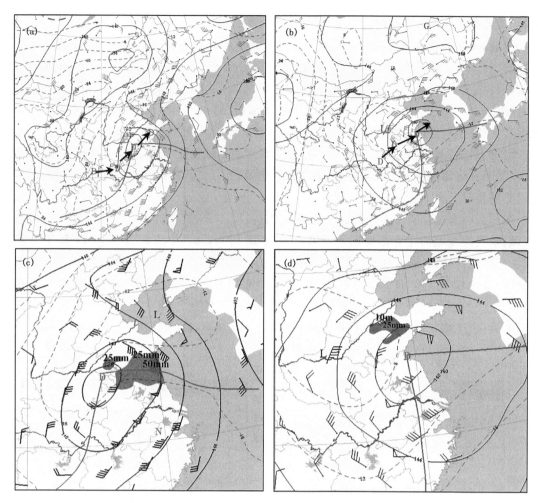

图 4　两次暴雨过程 850 hPa 形势场、低涡移向及强降水落区

(a 为 2013 年 5 月 26 日 20:00 850 hPa 形势场、低涡移向,b 为 2002 年 5 月 15 日 08:00 850 hPa
形势场、低涡移向,c 为 2013 年 5 月 26 日 20:00 850 hPa 低涡与 6 h 雨量≥25 mm 落区关系,
d 为 2002 年 5 月 15 日 08:00 850 hPa 低涡与 6 h 雨量≥10 mm 落区关系;
阴影区为 6 h 降雨量≥25 mm 或≥10 mm 落区)

两者重大区别在于我国东北地区是否有冷空气经渤海侵入低涡后部。20130526 过程中(图 4a),蒙古东部为庞大低涡,我国东北地区为低涡前西南急流影响,温度场为 16℃ 暖脊控制;而 20020515 过程,我国东北地区为高压,高压南部较强的东北风经渤海侵入低涡后部,温度场则为 <12℃ 的均匀的冷气团控制。从温度场分布情况看,20130526 过程暖切变即是冷暖空气的分界面,其北侧山东北部为冷中心,暖切变上存在南北向水平温度梯度在 2℃·(100 km)$^{-1}$ 左右的纬向锋区;而 20020515 过程冷中心位于低涡中心后部,涡前暖切变上温度分布均匀,并不是干冷和暖湿空气的交界面,辐合较弱。孙兴池等[6]在对纬向切变线暴雨落区的精细分析中,也有同样的结论。可见,只有在干冷和暖湿空气交汇在暖切变上时,暴雨区才与暖切变相对应。而当东北路径冷空气侵入低涡后部时,暖切变附件并不出现暴雨,暴雨区易出现在低涡的偏北象限。

2.4 东北路径冷空气与暴雨落区

上面分析提到,暴雨落区与我国东北地区是否有冷空气经渤海侵入低涡后部密切相关。在该类过程中,东北高压对暴雨落区预报具有重要指示作用。当东北高压南侧东北气流侵入低涡后部时,与低涡北侧的东南气流在风向上渐近辐合,特别当两者风速都较大时,其交汇处易出现暴雨区。从图5a可见,20020515过程从渤海入侵的东北风与低涡东北象限的东南气流汇合,在山东半岛西部形成了-2×10^{-7} g·cm^{-2}·hPa^{-1}·s^{-1}的水汽通量辐合中心,对应以潍坊青州市为中心的大暴雨落区。而低涡前暖切变上,为弱的水汽通量辐散,降水不明显。在20130526过程中(图5b),我国东北地区为西南气流,低涡自身的动力辐合作用为主,涡前暖切变上具有较大的水汽通量辐合,对应山东南部大范围的大暴雨。

从850 hPa比湿场分布可见,雨量中心并不在高湿舌内部,而是在比湿舌前梯度较大处,与高湿舌前部的水汽通量辐合中心相对应。这是因为在春季影响北方的温带气旋暴雨过程中,冷暖空气辐合造成的动力作用是重要因素。这与夏季经常出现的暖区暴雨有所区别,暖区暴雨出现在高湿舌内部,由潜在对流不稳定释放引起,仅需要弱的辐合[7]。

此外,地面有东北路径的弱冷空气侵入,形成冷垫,使锋面具有更小的坡度,有利于暖湿空气向北爬升,使暴雨区偏北。

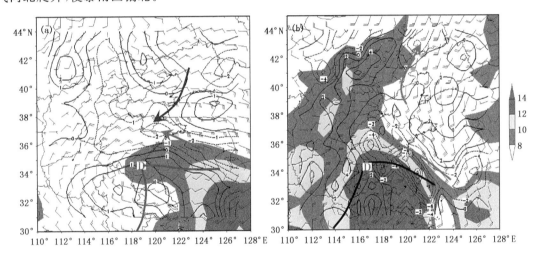

图5 两次暴雨过程850 hPa风场、比湿(单位:g·kg^{-1})和水汽通量散度
(单位:10^{-7} g·cm^{-2}·hPa^{-1}·s^{-1})分布

(a为2002年5月15日08:00,b为2013年5月26日20:00)

3 结语

通过以上分析,对春季影响山东的黄淮气旋类暴雨落区得出如下预报着眼点:

(1)暴雨区集中出现在气旋中心北侧的偏东风中,且主要位于东北气流中。主要原因在于气旋中心北侧存在随高度向北倾斜的冷锋锋区。

(2)暴雨区偏北程度,与影响系统垂直方向上的后倾程度有关。当影响系统明显后倾时,锋面坡度变小,有利于暖湿气流沿锋面向北爬升得更远,造成暴雨区更偏北。此外,地面东北风形成冷垫,也往往使锋面坡度减小,有利于南方暖湿气流向北爬升,暴雨区位置偏北。

(3)850 hPa 上，当我国东北地区存在高压时，其南侧东北风经渤海侵入 850 hPa 低涡后部，与低涡北侧的东南气流在风向上渐近辐合，在低涡北侧产生辐合中心，从而使暴雨区位于低涡的北侧。

(4)实际预报中，仅在 850 hPa 低涡东南象限预报暴雨落区是不够的，必须综合分析系统的空间结构、温度场的配置及周围系统等的影响，只有当冷暖空气交汇在低涡前的暖切变线上时，暴雨区才与其对应。

参考文献

[1]　陶诗言.中国之暴雨.北京:气象出版社,1980.
[2]　曹钢锋,张善君,朱官忠,等.山东天气分析与预报.北京:气象出版社,1998.
[3]　李修芳.影响华北地区的黄河气旋过程分析.气象,1997,**23**(1):17-22.
[4]　黄彬,钱传海,聂高臻,等.干侵入在黄河气旋爆发性发展中的应用.气象,2011,**37**(12):1534-1543.
[5]　尹尽勇,曹越南,赵伟,等.一次黄渤海入海气旋强烈发展的诊断分析.气象,2011,**37**(12):1526-1533.
[6]　孙兴池,王西磊,周雪松.纬向切变线暴雨落区的精细化分析.气象,2012,**38**(7):779-785.
[7]　孙兴池,吴炜,周雪松,等.经向切变线暴雨落区分析.气象,2013,**39**(7):832-841.

2012 年相似环流背景下山西暴雨过程对比分析

苗爱梅[1]　王洪霞[1]　李　苗[2]

(1. 山西省气象台,太原 030006;2. 山西省气象服务中心,太原 030002)

摘　要

利用常规和非常规气象观测资料,针对 2012 年山西境内出现的两次相似环流背景下的暴雨过程进行流型配置、物理量诊断、卫星、雷达、GPS/MET 资料的综合分析。发现:两次暴雨过程均发生在副高进退的环流背景下,两次暴雨过程槽、脊、涡位置接近,阻塞高压和冷涡强度相当。不同的是,"7·21"区域性暴雨过程与贝加尔湖冷涡相配合的冷中心更强,"7·27"局地暴雨过程5880 gpm 线的位置更偏北。分析结果表明:(1)副高特征线位置和热力不稳两项有利条件决定了"7·27"局地强对流的特征,但 α 中尺度对流系统的欠缺、触发对流发生的系统尺度小以及对流发生环境的动力条件差,决定了"7·27"暴雨过程的局地性。(2)深厚湿层维持时间长是"7·21"区域性暴雨过程的水汽条件特征;整个降水过程湿层浅薄是"7·27"局地暴雨过程的水汽条件特征。(3)"7·21"区域性暴雨过程,山西境内共有 14 个云顶亮温为 −53℃的 β 中尺度对流云团活动,其中 8 个 β 中尺度对流云团的生成发展与合并对造成山西北部区域性暴雨的 $M_\alpha CS$ 的形成、发展有贡献;"7·27"局地暴雨过程,山西境内主要有 5 个 β 中尺度对流云团活动,其中 4 个 β 中尺度对流云团的生成发展与合并对造成临县大暴雨的 $M_\beta CS$ 的形成、发展有贡献。(4)两次暴雨过程,α 或 β 中尺度切变线云系上均有 γ 中尺度特征,α 或 β 中尺度切变线云系在发展阶段,均有多个具有独立回波核的对流单体有组织的排列组成,各对流单体的水平尺度均为 γ 中尺度。不同的是"7·27"暴雨过程强对流单体伸展的高度更高,局地强降水的强度更强。(5)"7·21"暴雨过程,−53℃的冷云盖明显超前雷达回波>45 dBZ 的切变线云系或冷锋云系,强降水出现在 TBB≤−53℃等值线后部梯度的大值区;"7·27"暴雨过程,40 dBZ 的雷达回波覆盖区与 −53℃的云顶亮温区相重叠,强对流暴雨出现在 40 dBZ 雷达回波覆盖区与 −53℃云顶亮温区相重叠的区域。相似环流背景下,同样是强对流降水暴雨过程,500 hPa 以下温度直减率的大小决定了局地强降水的强弱。水汽锋的形成及其位置是暴雨起报和暴雨落区预报的一个很好参考指标,利用水汽锋不但能防止漏报,而且可以有效地减少空报。

关键词:相似环流　山西暴雨　对比分析

0　引言

2012 年汛期,山西境内出现了两次相似环流背景的暴雨天气过程,暴雨站数从 5 个县(市)、52 个乡(镇)到 20 个县(市)、164 个乡(镇)不等,暴雨中心及其附近,小时最大降水量从 24 mm 到 53 mm 差异很大,暴雨过程降水以持续时间长、以降水强度大为特征各不相同。为了能在暴雨发生前更好地把握在相似环流背景下何种流型配置将可能产生何种性质的降水以

资助项目:预报员专项"CMAYBY2013−009",省局领军人才课题"山西强对流天气客观化概念模型的建立与应用"

及可能产生多大范围的暴雨,暴雨发生的最大可能落区会在哪里,边界层切变线或辐合线生成后多长时间暴雨可能发生?何种雷达回波或云型可能产生何种形式的降水?降水强度有多大?从基于山西63个GPS/MET站反演的逐时气柱水汽总量空间分布演变图中能捕捉到暴雨发生、发展、消亡的何种信息?把握不同尺度系统产生的暴雨灾害天气是当前和今后很长一段时间暴雨预报的难点。有关暴雨个例分析的成果已有不少[1-14],但本研究试图利用精细化监测资料进行多尺度特征分析,揭示相似环流背景下不同流型配置暴雨发生的前期征兆,提出预报着眼点、完善暴雨短期短时预报预警模型。

1 资料来源

诊断分析所用的风场、高度场、地面气压场、物理量场以及物理量场剖面图、2次暴雨过程的流型配置图制作采用的是欧洲细网格模式输出产品($0.25°×0.25°$)的分析场资料和LAPS的10 km×10 km资料。所用降水量资料是经过山西省气象信息中心审核过的雨量资料,数据无误。精细化监测资料主要用的是山西63个GPS/MET站反演的气柱水汽总量资料、830个自动站和区域站极大风速风场资料、山西及其周边14部多普勒雷达拼图资料、山西4部多普勒雷达基数据资料、卫星云图资料以及闪电定位资料等。

2 2012年山西两次暴雨概况和环流背景

2.1 暴雨概况

表1 2012年7月山西两次暴雨概况

暴雨过程时间	20日20:00—21日20:00	26日20:00—27日20:00
暴雨站数(国家站)	20	5
暴雨站数(区域站)	164	52
大暴雨站数(国家站)	6	2
大暴雨站数(区域站)	34	5
700 hPa急流走向	西南	东南转西南
850 hPa急流走向	西南	/
700 hPa切变线类型和位置	暖切(中部)	冷切
850 hPa切变线类型和位置	冷切(北部)	暖切(中部)
24 h最大降水量(国家站)	26.4 mm(河曲)	103.0 mm(榆社)
24 h最大降水量(区域站)	143.9 mm(河曲前川)	194.4 mm(临县兔坂)
1 h最大降水量(国家站)	20.8 mm(河曲)	35.1 mm(榆社)
1 h最大降水量(区域站)	68.2 mm(闻喜南阳)	53.0 mm(临县青凉寺)
暴雨中心站点1 h最大降水量	24.0 mm(河曲前川)	49.8 mm(临县兔坂)
暴雨中心附近站1 h最大降水量	32.2 mm(保德杨家湾)	53.0 mm(临县清凉寺)
1 h降水量≥10 mm的站数	492	174
1 h降水量≥20 mm的站数	59	58
1 h降水量≥30 mm的站数	11	27
1 h降水量≥40 mm的站数	4	8
降水性质	强对流	强对流

表1为2012年7月山西2次相似环流背景下产生的暴雨过程概况。由表1可知,2次暴雨过程中,"7·21"区域性暴雨过程,700 hPa影响系统为暖式切变线,而"7·27"局地暴雨过程,700 hPa影响系统则为冷式切变线;850 hPa,"7·27"暴雨过程为暖式切变线,"7·21"暴雨过程则为冷式切变线。"7·21"区域性暴雨过程,700 hPa和850 hPa均有西南暖湿急流,"7·27"局地暴雨过程仅有700 hPa一层有急流。"7·21"区域性暴雨过程,小时降水量超过10 mm的站数达492站,"7·27"局地暴雨过程小时降水量超过10 mm的站数只有174站;"7·21"区域性暴雨过程,小时降水量超过30 mm的站数为11站,而"7·27"局地暴雨过程小时降水量超过30 mm的站数竟然高达27站;"7·21"和"7·27"两次强对流降水暴雨过程,小时降水量达到和超过40 mm的站数分别达4站和8站。说明,"7·21"暴雨过程较强降水影响的范围最大;而"7·27"局地暴雨过程对流最强烈。由民政部门提供的灾情报告指出,"7·27"局地暴雨过程造成临县8人因灾死亡。

图1为两次暴雨过程暴雨中心站点逐时降水量的演变。由2次暴雨过程暴雨中心站点逐时降水量演变发现,"7·21"区域性暴雨过程以降水强度较强、持续时间长为特征,"7·27"局地暴雨过程则以降水强度强,持续时间短为特征。"7·21"和"7·27"暴雨过程,暴雨中心站点逐时降水量演变具有多峰和双峰型演变特征。

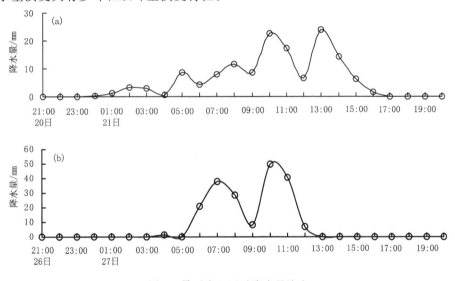

图1　暴雨中心逐时降水量演变

(a为2012年7月20日20:00—21日20:00河曲前川;b为2012年7月26日20:00—27日20:00临县兔坂)

图2为两次暴雨过程的24 h降水量空间分布图,图2a和图2b分别为2012年7月20日20:00—21日20:00和7月26日20:00—27日20:00,24 h降水量的空间分布图。"7·21"暴雨过程,暴雨主要出现在山西北部,大暴雨中心有4个,其中忻州西部大暴雨的范围最大(见图2a);"7·27"暴雨过程,暴雨主要出现在山西的中部地区,暴雨中心有3个,大暴雨主要位于吕梁地区(见图2b)。

3.2　暴雨发生的环流背景特征

由图3可知,两次暴雨过程,暴雨发生前,亚欧中高纬为两脊一槽型,冷涡的位置均位于贝加尔湖附近,冷涡的强度均达到5640 gpm;乌拉尔山阻塞高压的位置和强度相当;河套或河西

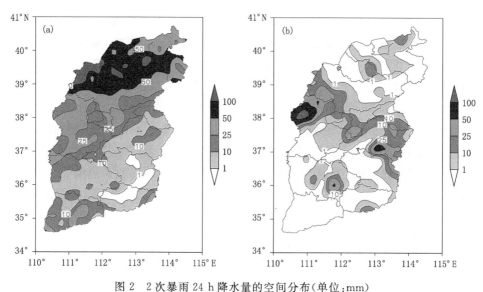

图2　2次暴雨24 h降水量的空间分布(单位:mm)

(a为7月20日20:00—21日20:00,b为7月26日20:00—27日20:00)

走廊均有短波槽影响。总之,两次暴雨过程槽、脊、涡位置接近,阻塞高压和冷涡强度相当,形势场非常相似。不同的是,20日20:00贝加尔湖冷涡的冷中心(−16℃)更强一些。

由2012年7月18—22日、7月23—27日副高特征线5880 gpm的演变可知(图略),两次暴雨过程均发生在副高进退的背景下。在110°~120°E范围内,"7·21"暴雨过程5880 gpm线已西进北抬到长江流域与黄河流域之间,"7·27"暴雨过程,5880 gpm到达的位置更北,已进入山西南部约36°~37°N的位置。从副高特征线5880 gpm的西进北抬程度,7月26—27日更有利于大范围的暴雨产生。

从地面气压场的演变可知(图略),"7·27"局地暴雨过程,地面稳定维持东高西低的形势无强冷空气(无冷锋)过境;"7·21"区域性暴雨过程,18日前,地面维持东高西低的形势,19日08时在中蒙边境锋生,之后冷锋在中蒙边境稳定维持24 h,20日08:00后缓慢东移南下影响华北大部分地区,21日08:00—21日20:00锋面气旋影响山西区域(图略),导致山西北部出现超历史极值的大暴雨天气。21日20:00之后主要影响华北东部地区。

3　流型配置与暴雨落区

由图4(图略)可知:2012年7月21日08:00,高低空系统配置最完整,地面冷锋、850 hPa、700 hPa切变线、地面中尺度切变线是7·21暴雨的触发系统;暴雨发生在低空急流的左前侧、$Si≤0℃$、850~700 hPa切变线之间,大暴雨发生在850~700 hPa切变线之间的边界层切变线附近(见图2a和图4略)。

从2012年7月26日08:00的流型配置图可看出,850 hPa切变线和地面中尺度切变线是"7·27"暴雨的触发系统,暴雨发生在700 hPa急流的前端、850 hPa切变线与5880 gpm线之间的地面中尺度切变线附近或5880 gpm线边缘地带的地面中尺度切变线附近。$Si≤−3℃$线所包围的区域与地面中尺度切变线相重叠的区域是局地暴雨发生的位置。

从高低空系统配置比较,"7·21"暴雨过程不但有700 hPa和850 hPa的α中尺度切变线

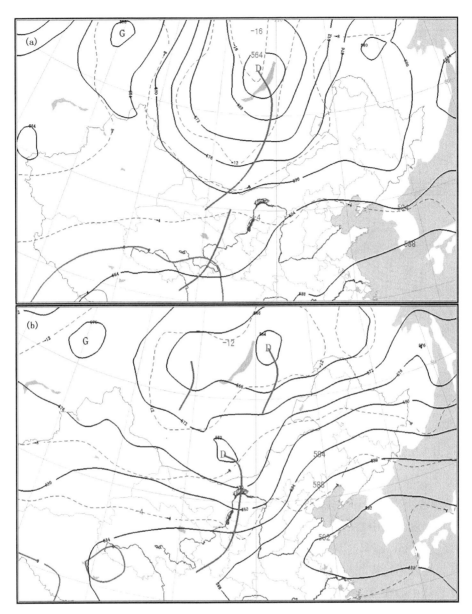

图 3　500 hPa 高度和温度场

(a 为 2012 年 7 月 20 日 20:00,b 为 2012 年 7 月 25 日 08:00)

和 α 中尺度急流相配合,地面还有 α 中尺度的冷锋相助,促使对流发生发展的次天气尺度系统远比"7·27"暴雨过程多,为暴雨产生提供的动力、能量和水汽条件远比"7·27"有利。

4　物理量诊断对比分析

4.1　动力条件对比分析

分析两次暴雨过程发现,涡度平流比涡度在降水开始前对暴雨的发生有更好的前期征兆(图略)。利用图 5 给出的两次暴雨过程降水开始前的涡度平流垂直剖面和 12 h 后涡度的垂直剖面进行对比分析。"7·21"区域性暴雨过程,降水开始前(7 月 20 日 20:00(降水开始前

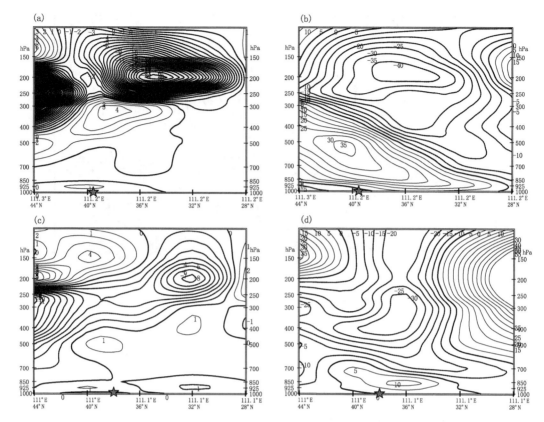

图 5　过暴雨中心的涡度平流和涡度的垂直剖面图(单位:$10^{-5}\,\mathrm{s}^{-1}$)

(a 为 7 月 20 日 20:00 降水开始前,b 为 7 月 21 日 08:00 降水期间,c 为 7 月 26 日 20:00

降水开始前,d 为 27 日 08:00 降水期间)

5 h)),暴雨中心上空 300 hPa 以下为正涡度平流,正涡度平流中心位于 400 hPa 与 300 hPa 之间的高度,正涡度平流中心的强度达 $4\times10^{-5}\,\mathrm{s}^{-1}$(见图 5a),12 h 后(降水期间)对应的低层正涡度伸展高度达 350 hPa,正涡度中心位于 600~500 hPa,强度为 $35\times10^{-5}\,\mathrm{s}^{-1}$(见图 5b);与"7·21"区域性暴雨过程相比,"7·27"局地暴雨过程,降水开始前,400 hPa 以下为正涡度平流,正涡度平流中心位于 500 hP 的高度,正涡度平流中心强度为 $1\times10^{-5}\,\mathrm{s}^{-1}$(见图 5c),较"7·21"区域性暴雨过程显著偏小("7·21"暴雨过程正涡度平流强度是"7·27"暴雨过程的 4 倍),对应 12 h 后低层的正涡度也较"7·21"区域性暴雨过程显著偏小(只有"7·21"暴雨过程的 1/3),暴雨中心上空,正涡度伸展的高度也较"7·21"区域性暴雨过程明显偏低(位于 700 hPa 高度,见图 5d)。

综上分析,相似环流背景下,暴雨中心上空,降水开始前正涡度平流伸展的高度越高,正涡度平流中心强度越强,12 h 后(降水期间),低层正涡度伸展的高度就会越高,正涡度中心强度就越强。即高低空系统配置完整、动力条件好,未来 1 小时降水量达到 10 mm 和 20 mm 的站点数也越多,即较强降水出现的范围就会越大(见表 1)。从涡度平流垂直剖面及涡度的垂直剖面分析,"7·21"暴雨过程的动力条件更好。

图 6 为两次暴雨过程降水开始前和降水期间,过暴雨中心散度的垂直剖面。图 6 表明,降水开始前,400 hPa 以下,"7·21"暴雨过程自下而上散度的垂直分布为辐散、辐合、辐散再辐

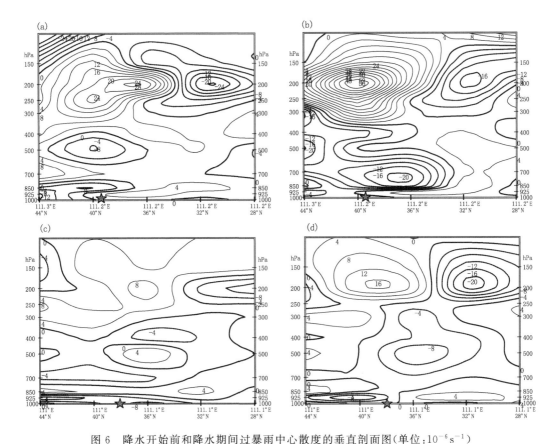

图 6 降水开始前和降水期间过暴雨中心散度的垂直剖面图(单位:$10^{-6}\,\text{s}^{-1}$)

(a 为 7 月 20 日 20:00 降水开始前,b 为 7 月 21 日 08:00 降水期间,c 为 7 月 26 日 20:00 降水开始前,

d 为 7 月 27 日 08:00 降水期间)

合的垂直结构,辐合辐散层都较浅薄;"7·27"暴雨过程自下而上散度的垂直分布则表现为辐合、辐散、辐合再辐散的垂直结构,辐合辐散层也比较浅薄。降水期间,两次暴雨过程低空的辐合层明显加厚,暴雨中心上空,"7·21"暴雨过程低层辐合强度明显高于"7·27"暴雨过程。

图 7 的 a,c 分别为:7 月 20 日 20:00、7 月 26 日 20:00,降水开始前沿暴雨中心所做的垂直速度的垂直剖面图,图 7 的 b、d 分别为:7 月 21 日 08:00、7 月 27 日 08:00,降水期间沿暴雨中心所做的垂直速度垂直剖面图。

由图 7 可知,7 月 20 日 20:00,即"7·21"暴雨过程开始前,暴雨区上空 200 hPa 以下为垂直上升运动区,垂直上升运动中心位于 400 hPa 的高度(见图 7a);7 月 26 日 20:00,即"7·27"暴雨过程发生前,150 hPa 以下为垂直上升运动区,垂直上升运动中心位于 400—300 hPa 的高度(见图 7c);7 月 21 日 08:00,即"7·21"暴雨过程的降水期间,垂直上升运动迅速增大,垂直上升运动中心位于 300~400 hPa 的高度,垂直上升运动中心强度≤-44×10^{-3} hPa·s^{-1}(见图 7b);7 月 27 日 08:00,即"7·27"暴雨过程的降水期间,垂直上升运动也有所增加,但垂直上升运动中心强度明显低于"7·21"暴雨过程(见图 7d)。

综上分析,两次暴雨过程,垂直上升运动的形成较降水开始均有 12 h 或以上的提前量;不同的是,无论是降水开始前还是降水期间,"7·21"暴雨过程垂直上升运动的中心强度均比"7·27"暴雨过程垂直上升运动的中心强度强。

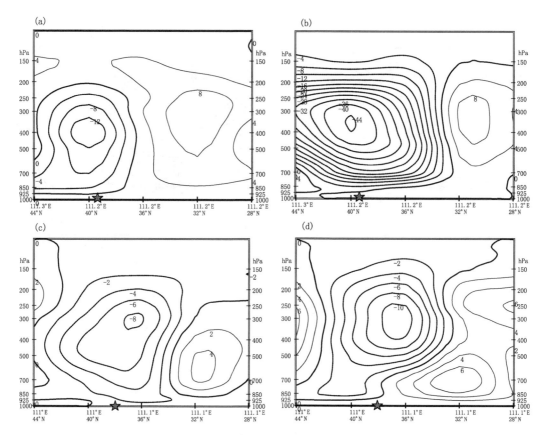

图 7　两次暴雨过程降水开始前和降水期间沿暴雨中心垂直速度的垂直剖面图(单位:10^{-3}hPa·s^{-1})

(a 为 7 月 20 日 20:00,b 为 7 月 21 日 08:00,c 为 7 月 26 日 20:00,d 为 7 月 27 日 08:00)

4.2　水汽条件对比分析

4.2.1　水汽通量散度

图 8 为 2012 年汛期山西两次暴雨过程降水开始前 12 h(a,d)和降水期间(b,c)过暴雨中心水汽通量散度的垂直剖面。图 8 表明:两次暴雨过程,降水开始前(a,d),水汽在低层都有辐合,说明水汽通量散度有 12 h 的提前量,不同的是水汽辐合的层次。"7·27"暴雨过程,水汽辐合层在 850 hPa 以下,而"7·21"暴雨过程水汽辐合层在 925~800 hPa。降水期间(b,c),两次暴雨过程,水汽辐合中心强度相差无几,但"7·21"暴雨过程水汽的辐合层更深厚,"7·27"暴雨过程水汽辐合层浅薄。两次暴雨过程,水汽的辐合均比暴雨的发生有 12 h 以上的提前量。

4.2.2　相对湿度

图 9 的 a,b 分别为:7 月 19—22 日、7 月 26 日—28 日各暴雨中心区相对湿度的高度—时间演变图。

由暴雨区上空各层相对湿度随时间的变化(图 9)可知:

"7·21"暴雨过程,7 月 20 日 20:00 以后整层湿度迅速增大,21 日 08:00,400 hPa 以下相对湿度均在 80% 以上(见图 9a),深厚的湿层(500 hPa 及其以下相对湿度≥80% 持续的时间)维持 12 h,为暴雨和大暴雨的发生提供了有利的水汽条件,21 日 20:00 相对湿度迅速下降(见图 9a),降水结束。整个降水过程伴有闪电和雷暴。增湿迅速、深厚的湿层维持时间较长

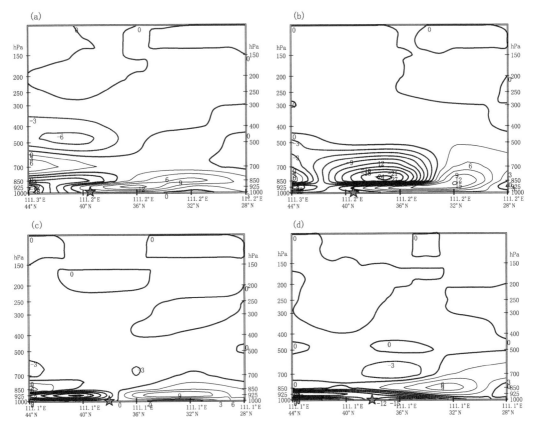

图 8　2012 年山西两次暴雨过程降水开始前 12 h 和降水期间过暴雨中心的水汽通量散度的垂直剖面

（a 为 7 月 21 日 20：00，b 为 7 月 26 日 20：00，c 为 7 月 21 日 08：00，d 为 7 月 27 日 08：00；

单位：10^{-8} g・hPa^{-1}・cm^{-1}・s^{-1}）

（12 h）是"7・21"暴雨过程的水汽条件特征。

"7・27"暴雨过程，7 月 26 日 20：00 以后从低层开始增湿，整个降水过程湿层浅薄，700 hPa 以上，相对湿度均在 60％以下（见图 9b）；相对湿度≥80％在低层维持 24 h（27 日 08：00—28 日 08：00）。整个降水过程伴有闪电和雷暴。整个降水过程湿层浅薄是"7・27"暴雨过程水汽条件的特征。

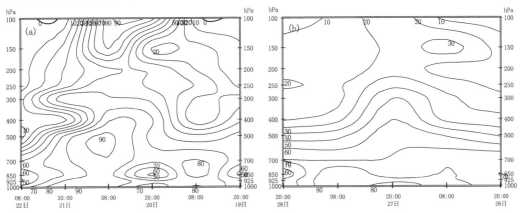

图 9　暴雨中心相对湿度的高度—时间演变图（单位：％）

4.3 热力稳定度对比分析

4.3.1 对流性稳定度对比分析

两次暴雨过程,在暴雨发生前 12～24 h,500 hPa 及其以下都具有 θ_{se} 随高度的增加而减小、500 hPa 以上都具有 θ_{se} 随高度的增加而增加的特征(见图 10,θ_{se} 随高度的演变曲线);不同的是,7 月 26 日 20:00,地面至 500 hPa 降温速度更快。表明,"7·27"暴雨过程较"7·21"暴雨过程的热力稳定度条件更好,更容易产生局地强对流天气。因此,同样是强对流降水天气过程,但在能量场垂直分布上仍然存在着细微的差异。

4.3.2 条件性稳定度对比分析

两次暴雨过程条件性稳定度均满足暴雨发生的稳定度条件,由 Si 的空间分布(见图 11)可知,"7·21"暴雨落区位于 $-2 \leqslant Si < 0℃$ 的区域(见图 11a);"7·27"暴雨落区位于 $Si < -3℃$ 的区域(见图 11b)。

对流性稳定度和条件性稳定度对比分析表明,两次暴雨过程,"7·27"暴雨过程更有利于强对流降水的发生。

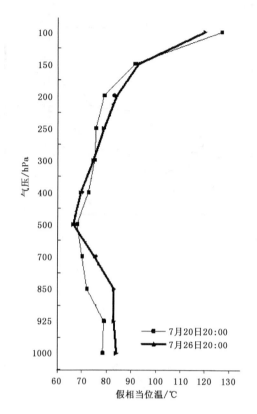

图 10 暴雨前 12 h 暴雨中心假相当位温(θ_{se})随高度的变化

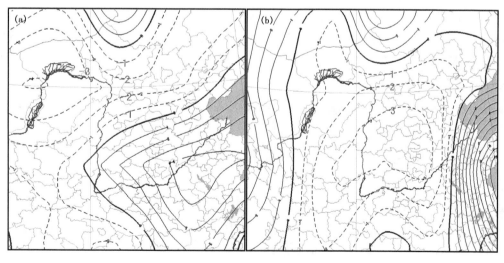

图 11 Si 的空间分布

(a 为 2012 年 7 月 20 日 08:00,b 为 2012 年 7 月 26 日 08:00;单位:℃)

4.3.3 探空资料分析

2012 年 7 月 20 日 20:00(图 12a)太原站探空表明,大气层结不稳定,K 指数为 37℃,Si 为 -0.13℃,$CAPE$ 为 802.2 J·kg^{-1},6 km 以下风的垂直切变不大;21 日 08:00(图 12b),$K=40$℃,$Si=-2.12$ ℃,$CAPE=664.5$ J·kg^{-1},条件性不稳定增大,6 km 以下风的垂直切变迅速增大,低空西南急流达16 m·s^{-1},湿层较深厚。大气层结满足强对流暴雨发生的层结条件。

25 日 08:00(图 12c),太原站 $K=38$℃,$Si=-0.31$ ℃,$CAPE=152.3$ J·kg^{-1},6 km 以下风的垂直切变很大,26 日 08:00(图 12d),不稳定能量迅猛增加,K 增大到 42℃,$Si=-2.47$ ℃,$CAPE$ 增大到 1340.1 J·kg^{-1},但 400 hPa 以下风向的垂直切变无变化,风速的垂直切变在减小。

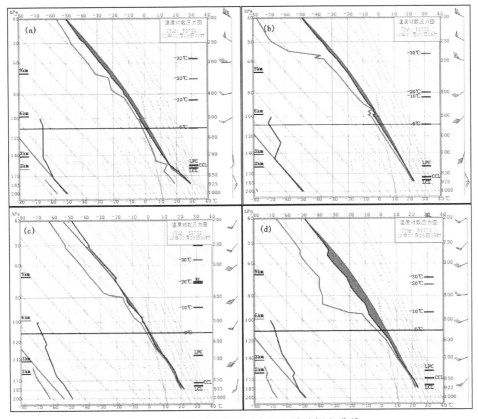

图 12 两次暴雨过程暴雨中心上游站探空曲线

(a 为 2012 年 7 月 20 日 20:00,b 为 2012 年 7 月 21 日 08:00,c 为 2012 年 7 月 25 日 08:00,

d 为 2012 年 7 月 26 日 08:00)

对比分析表明,两次暴雨过程"7·21"暴雨过程对流发生环境的动力条件优于"7·27"暴雨过程,但热力不稳定条件"7·27"暴雨过程则优于"7·21"暴雨过程。

5 暴雨系统的多尺度特征对比分析

5.1 "7.21"暴雨系统的多尺度特征

5.1.1 边界层风切变与雷达拼图

图 13 为 2012 年 7 月 21 日 00:00—01:00 的自动站极大风速风场切变线(图 13a)和 7 月

21 日 08:00 的多普勒雷达组合反射率拼图(图 13b)及 7 月 21 日 17:00 的多普勒雷达组合反射率拼图(图 13c)。图 13 表明,≥35 dBZ 的雷达回波呈东北—西南向主要位于地面冷锋与700 hPa 切变线之间(见图 13b 和图 13c),山西西北部自动站极大风速风场切变线的生成时间较雷达回波生成时间有 7 h 的提前量。由图 13c 可知,21 日 17:00 主要降水云系仍然位于地面冷锋与 700 hPa 切变线之间,说明降水云系随地面冷锋和 700 hPa 切变线的东移而东移;21日 17:00 的锋前暖区强对流云团与 21 日 05:00—06:00 的自动站极大风速风场切变线相对应

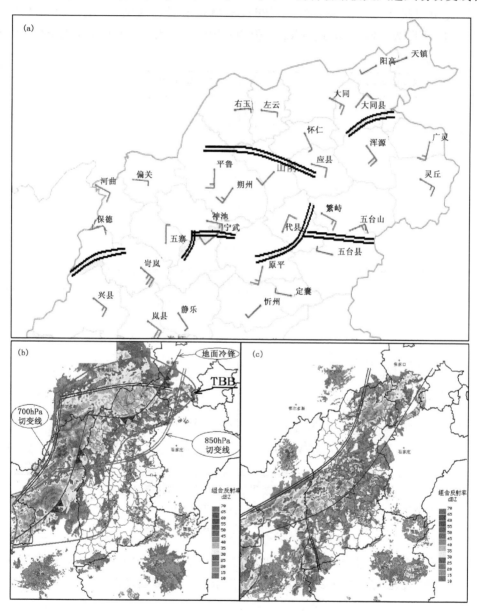

图 13　自动站极大风速风场与雷达拼图及高低空系统配置

(a 为 2012 年 7 月 21 日 00:00—01:00 自动站极大风速风场,b 为 2012 年 7 月 21 日 08:00 雷达拼图和高低空系统配置,c 为 2012 年 7 月 21 日 17:00 雷达拼图和高低空系统配置,700 hPa 切变线由 LAPS 系统 17:00的风场资料绘制,自动站极大风速切变线为 7 月 21 日 05:00—06:00 的极大风速切变线)

（见图 13c），说明锋前暖区强对流降水由地面中尺度切变线所触发；自动站极大风速风场切变线的生成时间较雷达拼图上强回波的出现时间有 11 h 的提前量。

5.1.2 MCS 发展演变与降水峰值的关系

图 14、图 15 和图 16 是对流云团的发生发展和演变。

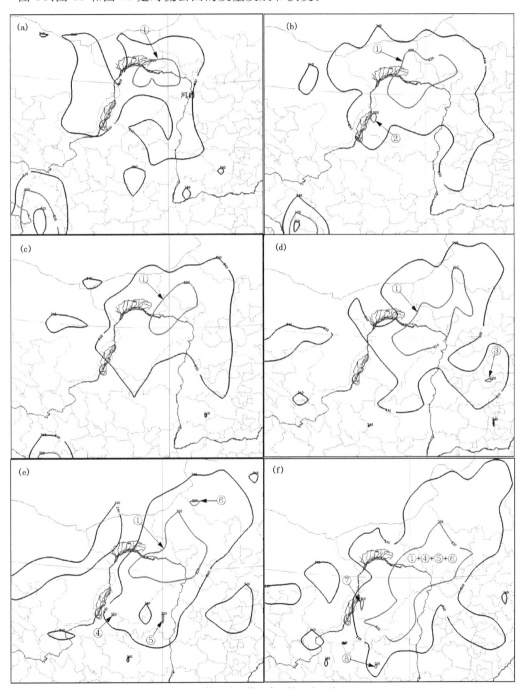

图 14　$M_{\alpha}CS$ 的形成（暴雨中心第 1 次雨峰出现）

（a 为 20 日 20:00，b 为 20 日 21:00，c 为 20 日 23:00，d 为 21 日 01:00，e 为 21 日 02:00，f 为 21 日 03:00）

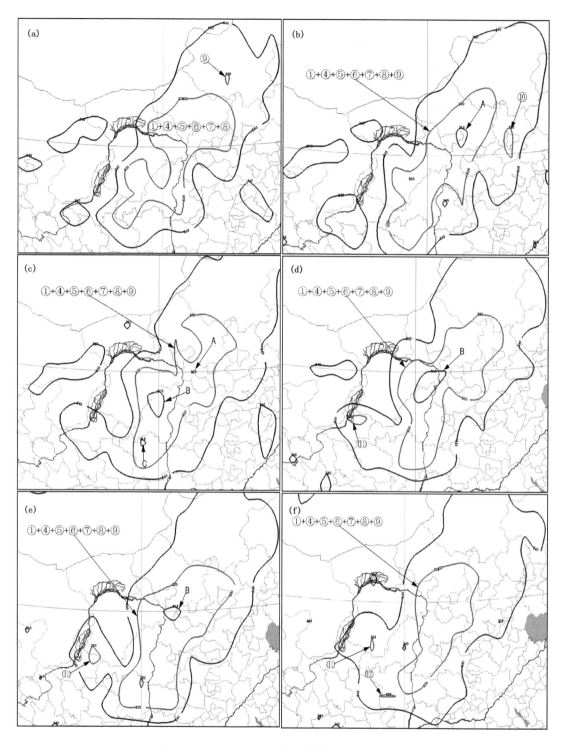

图 15　$M_\alpha CS$ 的发展与演变(暴雨中心 2～4 次雨峰)

(a 为 21 日 04:00,b 为 21 日 05:00,c 为 21 日 06:00,d 为 21 日 07:00,e 为 21 日 08:00,f 为 21 日 09:00)

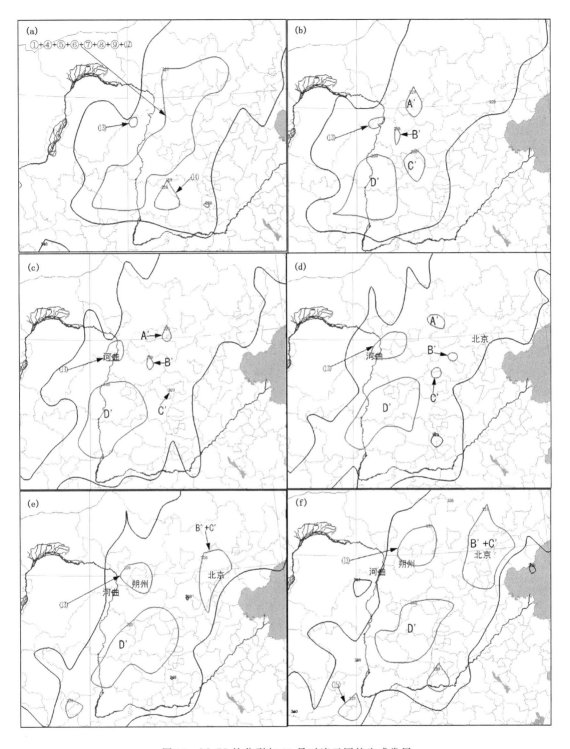

图 16 M_{α}CS 的分裂与 13 号对流云团的生成发展

(a 为 21 日 10:00,b 为 21 日 11:00,c 为 21 日 12:00,d 为 21 日 14:00,e 为 21 日 14:00,f 为 21 日 15:00)

2012年7月20日20:00,在850 hPa与700 hPa切变线之间,河套北部有云顶亮温为－53℃的①号β中尺度对流云团生成,20日21:00—21日01:00,在①号β中尺度对流云团的西南部和东南部先后有②、③、④和⑤号4个云顶亮温为－53℃的β中尺度对流云团生成;21日02:00,在①号β中尺度对流云团的北部有⑥号β中尺度对流云团生成,21日02:00—03:00,④、⑤和⑥号β中尺度对流云团与①号β中尺度对流云团合并,形成水平尺度约440 km×550 km的α中尺度对流云团,即M$_α$CS(见图14)。暴雨中心河曲县的前川出现第一次雨峰(见图17),与此同时在M$_α$CS的西南部又有⑦号和⑧号云顶亮温为－53℃的β中尺度对流云团生成(见图14)。

21日04:00,⑦号和⑧号β中尺度对流云团与M$_α$CS合并,同时在其北部又有云顶亮温为－53℃的⑨号β中尺度对流云团生成(见图15);21日05:00,⑨号对流云团与M$_α$CS合并,强度增强,强对流云核A云顶亮温达－63℃,暴雨中心河曲的前川出现第二次雨峰(见图15和图17);21日06:00,强对流云核A减弱,在河套地区又有B和C强对流云核生成;21日07:00,强对流云核C在河套地区消亡,强对流云核B向东北方向移动的同时范围明显扩大,受其影响,21日07:00—08:00暴雨中心河曲的前川出现第三次雨峰(见图15和图17),1小时降水量11.6 mm,此时,M$_α$CS的水平范围达550 km×715 km;21日08:00,强对流云核B继续向东北方向移动,母体云系的后边界随西风槽的东移缓慢东移;21日09:00,在云顶亮温达－53℃的M$_α$CS的西南部又有⑫号β中尺度对流云团生成(见图15);21日10:00,⑫号β中尺度对流云团并入M$_α$CS(见图16),21日09:00—10:00暴雨中心河曲的前川出现第四次雨峰(见图17),同时在M$_α$CS的西部又有⑬号β中尺度对流云团生成(见图16);21日11:00,⑬号β中尺度对流云团东移发展,M$_α$CS分裂成A′,B′,C′,D′4个云顶亮温为－53℃的中尺度对流云团(见图16),暴雨中心降水量明显减小;21日12:00,M$_α$CS分裂后的A′,B′,C′,D′云团东移的同时,⑬号β中尺度对流云团东移发展进入河曲境内(见图16),12:00—13:00,暴雨中心河曲的前川出现第五次雨峰,1 h降水量达24 mm(见图17);21日13:00,⑬号β中尺度对流云团继续发展,水平尺度明显增大影响晋西北地区,忻州西部、朔州出现区域性暴雨;21日14:00—15:00,随着云顶亮温－33℃的母体云系的东移,⑬号β中尺度对流云团在东移过程中持续发展,15:00水平尺度发展到209 km×176 km,⑬号β中尺度对流云团在随母体云系东移过程中给山西北部的东部县市带来第二次雨峰(见图17应县逐时降水量演变)。

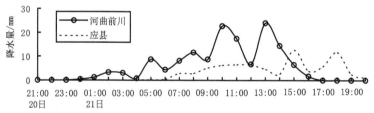

图17　2012年7月20日20:00—21日20:00河曲前川和应县逐时降水量

综上分析,"7·21"暴雨过程,山西境内共有14个云顶亮温为－53℃的β中尺度对流云团活动,其中8个β中尺度对流云团的生成发展与合并对M$_α$CS的形成、发展有贡献,M$_α$CS影响山西期间,使得暴雨中心河曲前川出现了4次雨峰,暴雨中心的第5次雨峰和山西北部的东部地区的第2次雨峰主要是⑬号β中尺度对流云团的移入、发展所致。

云顶亮温为-53℃的α中尺度对流云团造成了"7·21"山西北部区域性暴雨过程,云顶亮温为-63℃的β中尺度对流云团造成了区域性暴雨中的大暴雨。

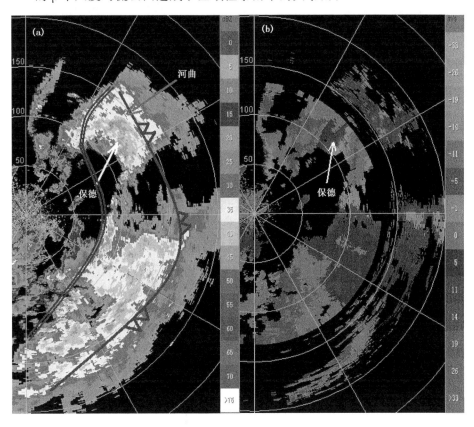

图18 2012年7月21日12:25榆林雷达1.5°仰角反射率因子(a)和径向速度(b)

5.1.3 α中尺度切变线云系上的β和γ中尺度特征

图18a是2012年7月21日12:25榆林CB多普勒雷达反射率因子图。由图18a可以看到,α中尺度切变线云系为逗点状云系,呈带状分布位于地面冷锋与700 hPa切变线之间,山西的保德和河曲正好位于该逗点云系的头部,21日12:25地面冷锋刚刚越过山西省保德站正在影响山西的河曲站,受该切变线(锋面云系)云系的影响,12:00—14:00大暴雨站保德县2 h降水量达40.7 mm,12:00—13:00,大暴雨中心河曲的前川1小时降水量达24 mm。图18b是2012年7月21日12:25榆林CB多普勒雷达的径向速度图,由图18b可以看到α中尺度切变线云系中的β中尺度特征。保德县大暴雨主要受β中尺度逆风区的影响,暴雨中心河曲县的前川则受β中尺度辐合线的影响。

为进一步了解逗点云系头部β中尺度云带内部的组织结构,沿图19a(7月21日12:25榆林多普勒雷达反射率因子)的A—B线做垂直剖面,即过暴雨中心河曲和大暴雨站保德沿强回波带做垂直剖面得到图19c。

在陕西—山西西部α中尺度逗点云系的头部(图19c),是由4个具有独立回波核(反射率≥45 dBZ)的对流单体有组织的排列组成,各对流单体的水平尺度为γ中尺度(≤10 km),45 dBZ强回波均达到4.5 km高度,回波核的位置在4~5 km的高度。

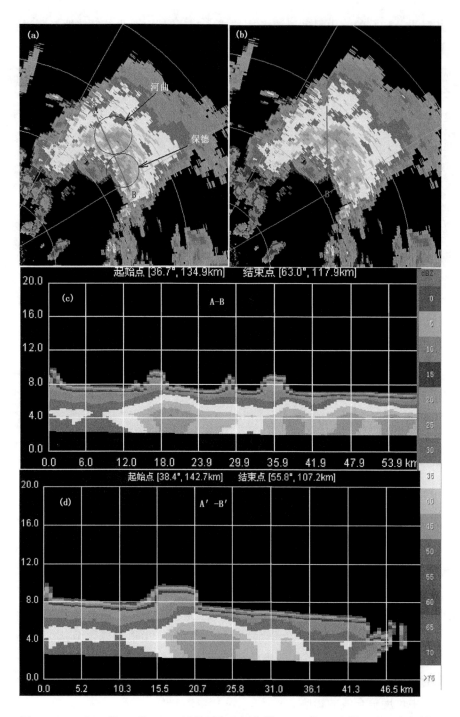

图 19　2012 年 7 月 21 日 12:25 过暴雨中心河曲沿 A—B 线(a)和沿逗点云头部低层
入流方向 A′—B′线(b)的反射率因子垂直剖面

　　为了解暴雨中心河曲回波的垂直结构特征,在逗点云系发展阶段(7 月 21 日 12:25),沿图 19b 的 A′—B′线做垂直剖面,即沿逗点云系的头部强对流降水回波的低层入流方向做垂直剖面获得图 19d。从图 19d 可看到明显的回波墙和高悬的强反射率因子。

5.1.4 冷云盖与α中尺度锋面云系的配置

由 2012 年 7 月 21 日 08:00 的 TBB 的分布和 08:00 雷达拼图叠加图可知,−53℃的冷云盖明显超前冷锋云系,强降水出现在 TBB≤−53℃等值线后部梯度的大值区及地面冷锋与 700 hPa 切变线之间的区域(见图 20)。

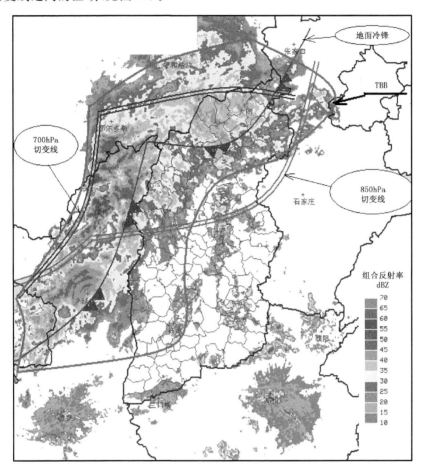

图 20 2012 年 7 月 21 日 08:00 雷达拼图与 08:00 TBB 值为−53℃的叠加

6.1.5 气柱水汽总量的空间分布与降水量的空间分布特征

图 21a,b,c 分别是 2012 年 7 月 20 日 20:00—7 月 21 日 20:00 降水量的空间分布图、2012 年 7 月 21 日 01:00 气柱水汽总量的空间分布图及 2012 年 7 月 21 日 04:00 的气柱水汽总量的空间分布图。由图 21 和图 4a(2012 年 7 月 21 日 08:00 流型配置图)对比可知,山西北部区域性暴雨位于 1 个经(纬)度范围内气柱水汽总量≥30 mm 的区域,气柱水汽总量空间分布水平梯度大值区形成较暴雨发生有 12 h 以上的提前量。

由 2012 年 7 月 21 日 08:00 流型配置图(图 4a)以及系统动态图(图略)可知,整个降水过程,北部区域性暴雨发生在地面冷锋与 700 hPa 切变线之间(大气斜压性强的区域),降水区随地面冷锋和 700 hPa 切变线的东移而东移。

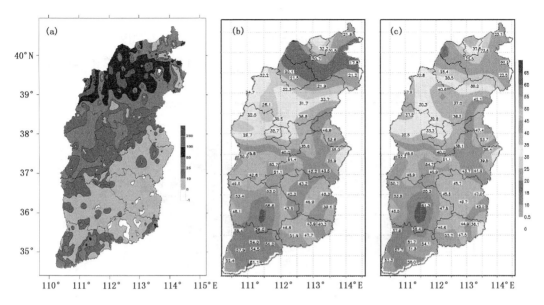

图 21 "7·21"暴雨过程 24 h 降水量

(a 为实况,b 和 c 为气柱水汽总量)

5.2 "0727"暴雨系统的多尺度特征

5.2.1 边界层风切变与雷达拼图

图 22 为 2012 年 7 月 26 日 11:00—12:00 的自动站极大风速风场切变线(a)和 7 月 27 日 07:48 的多普勒雷达组合反射率拼图(b)。图 22 表明,7 月 26 日 11:00—12:00,暴雨中心山西吕梁的临县有近似东西向的暖式 β 中尺度切变线生成,27 日 07:48,≥35 dBZ 的雷达回波呈西北—东南向位于陕—晋中北部的交界处(图 22b),云系的东边界已经覆盖山西吕梁的西北部地区,图 22a 与图 22b 比较,山西吕梁西部自动站极大风速风场切变线的生成时间较雷达强回波生成时间有 19 h 的提前量。

5.2.2 M$_β$CS 发展演变与降水峰值的关系

2012 年 7 月 27 日 02:00,在 850 hPa 切变线与 5840 gpm 线之间(河套地区)有 1 号和 2 号对流云泡生成,在副高边缘 5880 gpm 与 5840 gpm 线之间山西境内有云顶亮温为 −48℃的 3 号 β 中尺度对流云团生成(图 23a);02:30,1 号和 2 号对流云泡迅速发展成为云顶亮温达 −33℃的 β 中尺度对流云团,副高边缘山西境内又有 4 号对流云泡生成(图 23b);03:00,2 号云团东移与 1 号对流云团相接(图 23c),03:30,2 号云团与 1 号云团合并,范围增大中心强度 TBB 达 −53℃(图 23d),03:00—04:00,暴雨中心附近站兴县 1 h 降水量达 12 mm(图略);04:30,在 850 切变线前部、700 hPa 西南急流北段有 5 号对流云泡生成(图 23e),之后迅速发展;05:30,5 号对流云团与 1+2 号 β 中尺度对流云团合并(图 23f),暴雨中心临县兔坂开始出现降水,05:00—06:00,1 h 降水量达 20.9 mm(图 26);06:00,1+2+5 号 β 中尺度对流云团范围扩大,中心强度增强,云顶亮温达 −53℃的范围明显增大,云顶亮温为 −33℃的范围向四周伸展(图 24a);06:30,位于 1+2+5 号 β 中尺度对流云团东南部的 4 号云团与 1+2+5 号 β 中尺度对流云团合并(图 24b);07:00,暴雨中心临县兔坂出现第一次雨峰,1 h 降水量达 37.8 mm(图 26);07:30—08:30,1+2+5+4 号 β 中尺度对流云团稳定发展,−33℃的云顶亮

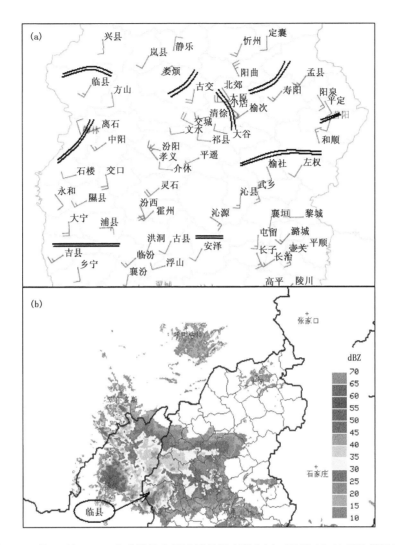

图 22　7 月 26 日 12:00 自动站极大风速风场切变线(a)与 27 日 07:48 雷达拼图(b)

温范围继续蔓延扩大(图 24d,e,f),临县、兴县多处出现暴雨,08:00,临县清凉寺云顶亮温达 −60℃(图 24e),08:00—09:00 该区域站出现小时降水量达 53.0 mm 的雨峰(图 26),09:00— 10:00,暴雨中心临县兔坂出现第二次雨峰,1 h 降水量达 49.8 mm(图 26),09:00—11:00,2 h 降水量达 90.5 mm;10:30,1+2+5+4 号 β 中尺度对流云团减弱,中心分裂为云顶亮温为 −43℃的 A′,B′和 C′3 个云核(图 25a);11:00—12:00,C′,A′和 B′云核相继消亡(图 25b,c); 13:00,临县降水停止(见图 26)。

　　另外,27 日 02:00—07:00,3 号 β 中尺度对流云团在 5880 gpm 与 5840 gpm 线控制区与 自动站极大风速风场切变线重叠的区域(山西晋中东山)维持 5 h(图 23~24c),受该对流云团 维持影响晋中东山的局部县市出现了暴雨和大暴雨天气。27 日 04:00—06:00,榆社 3 h 降水 量达 94.5 mm,26 日 23:00—27 日 07:00,榆社 9 h 降水量达 103.2 mm(图 26);27 日 02:00— 07:00,左权 6 h 降水量达 50 mm。27 日 07:30,3 号 β 中尺度对流云团减弱消亡(图 24d),榆 社和左权降水停止(图 26)。

　　综上分析,"7·27"局地暴雨过程,山西境内主要有 5 个 β 中尺度对流云团活动,其中 4 个

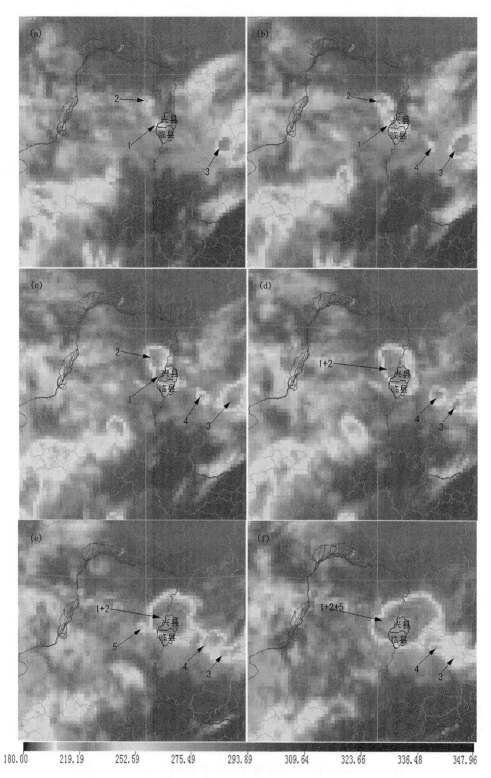

图 23 7月 27 日 02：00—05：30 1～5 号云团的演变

（a 为 02：00，b 为 02：30，c 为 03：00，d 为 03：30，e 为 04：30，f 为 05：30）

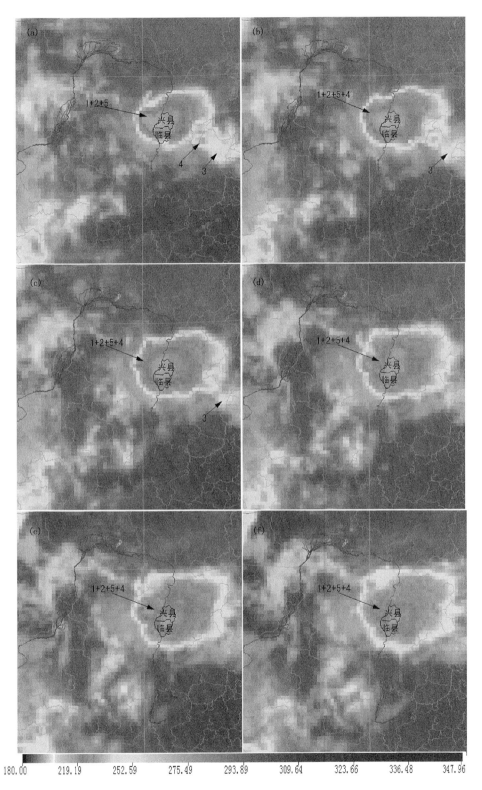

图 24　7 月 27 日 06:00－08:30MCS 的演变雨峰的出现

(a 为 06:00,b 为 06:30,c 为 07:00,d 为 07:30,e 为 08:00,f 为 08:30)

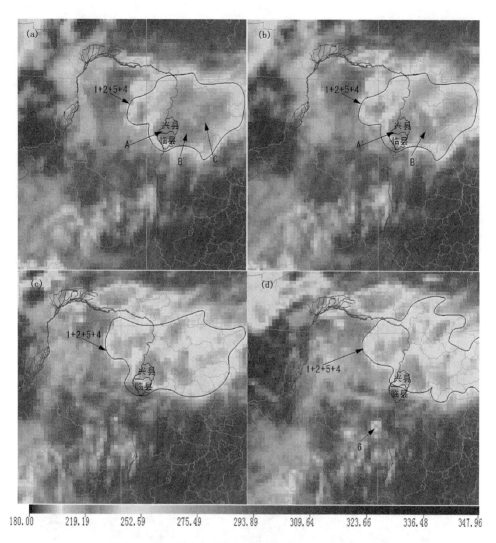

图 25　MCS 的减弱与消散

(a 为 10:30,b 为 11:00,c 为 12:00,d 为 12:30)

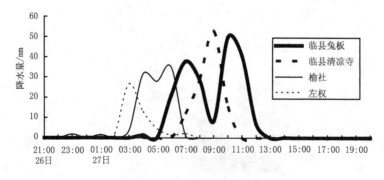

图 26　临县和晋中东山暴雨站逐时降水量演变

(1,2,5,4 号)β 中尺度对流云团的生成发展与合并对临县暴雨中心 $M_\beta CS$ 的形成、发展有贡献。而 3 号 β 中尺度对流云团主要对晋中等地的局部暴雨天气有贡献。

5.2.3　β中尺度切变线云系上的γ中尺度特征

为了解暴雨区β中尺度切变线云带内部的组织结构,沿图27a(7月27日08:00榆林多普勒雷达反射率因子图)的A—B线做垂直剖面,即过暴雨中心临县沿强回波带做垂直剖面得到图27b。沿图27a的C—D线及沿暴雨中心低层入流方向做垂直剖面得到图27c。

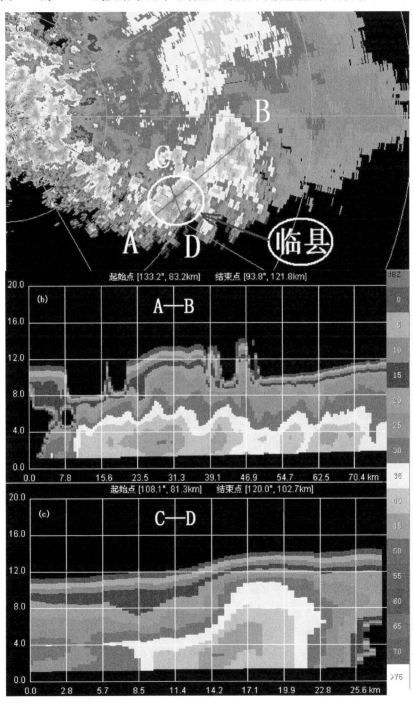

图27　7月27日08:00榆林1.5°仰角雷达反射率因子(a)和过暴雨中心临县A—B线的反射率
因子垂直剖面(b)及过暴雨中心沿低层入流方向的垂直剖面(c)

在山西西部β中尺度切变线云系发展阶段(图27b),是由4个具有独立回波核(反射率≥45 dBZ)的对流单体有组织的排列组成,各对流单体的水平尺度为γ中尺度(<15 km),40 dBZ强回波均达到5 km的高度,回波核的位置在3～4 km的高度。过暴雨中心沿低层入流方向所做的剖面图可看到明显的回波强和高悬的强反射率因子(见图27c)。≥35 dBZ的回波墙高度达11 km。

5.2.4　冷云盖与中尺度切变线云系的配置

由2012年7月27日08:00榆林单多普勒雷达反射率因子图与同一时刻的卫星云图叠加发现(见图28):40 dBZ的雷达回波覆盖区与-53℃的云顶亮温区相重叠,35 dBZ的雷达回波覆盖区与-43℃的云顶亮温区相重叠。强对流暴雨出现在40 dBZ的雷达回波覆盖区与-53℃的云顶亮温区相重叠的区域。即强降水出现在β中尺度对流云团强度最强的区域(即云顶亮温的低值中心)和雷达回波最强的区域。因此,当强回波或强对流云团出现时,强降水即可出现,与强对流云团冷云顶超前雷达强回波的个例相比,临近预报的提前量更少,预报难度也更大。

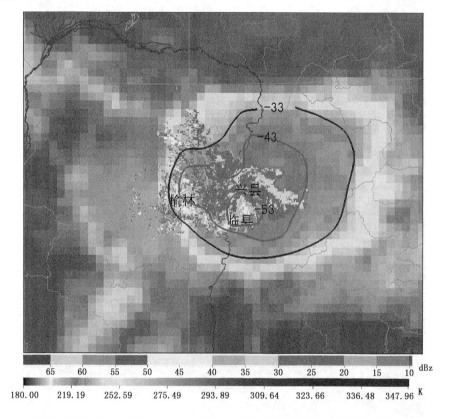

图28　2012年7月27日08:00榆林雷达发射率因子与同一时刻卫星云图叠加

5.1.5　气柱水汽总量的空间分布与降水量的空间分布特征

图29和图30分别是2012年7月25日20:00—26日20:00和26日12:00—27日12:00降水量空间分布与水汽锋的关系图。7月25日05:00和25日06:00的气柱水汽总量空间分布图(见图29b,c)表明,山西北部和山西南部气柱水汽总量的梯度值很小,因此,在26日20:00以前山西的北部和南部没有强降水天气产生,在山西的中部1个经(纬)度范围内气柱水

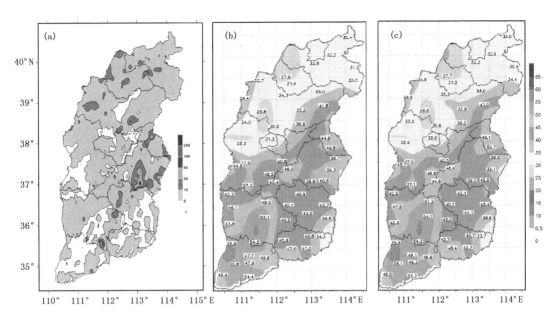

图 29　2012 年 7 月 25 日 20:00—26 日 20:00 降水量空间分布与水汽锋的关系(单位:mm)

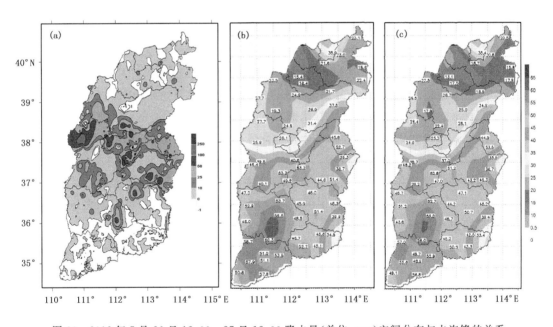

图 30　2012 年 7 月 26 日 12:00—27 日 12:00 降水量(单位:mm)空间分布与水汽锋的关系

汽总量为 15 mm,达不到 25 mm 的暴雨发生阈值条件,但在 1 个经(纬)度范围内气柱水汽总量达到 15 mm 的区域有中—大雨量级的降水出现(见图 29a)。7 月 26 日 05:00 和 06:00,山西中部 1 个经(纬)度范围内气柱水汽总量达到了 30 mm(见图 30b,c),这预示着未来 24 小时在山西中部有超过 50 mm 的强降水出现,实况:7 月 26 日 12:00—27 日 12:00,山西中部 5 个县(市)、52 个区域站出现了暴雨,2 个县市、3 个区域站出现了大暴雨,暴雨中心临县兔坂 24 h 降水量达 194.4 mm。

　　对比图 30a,b,c 可知,山西中部水汽锋的形成较暴雨的出现有 32 h 的提前量,由暴雨中心临县兔坂的逐时降水量演变图可知(见图 1 b),水汽锋的形成较降水开始(27 日 05:00 以后出现降水)有 24 h 的提前量。图 29 和图 30 表明,利用 GPS/MET 资料可有效减少 25 日暴雨的空报率和 26 日暴雨的漏报率。

6 对比分析结论

(1)2012 年汛期 2 次暴雨过程均发生在副高进退的背景下;在 110°~120°E 范围内,"7·27"暴雨过程较"7·21"暴雨过程 5880 gpm 到达的位置更北(36°~37°N 的位置)。从副高特征线 5880 gpm 的西进北抬位置,"7·27"更有利于大范围的暴雨产生。

(2)2 次暴雨过程,暴雨发生前,亚欧中高纬为两脊一槽型,冷涡的位置均位于贝加尔湖附近,冷涡的强度均达到 5640 gpm,不同的是,"7·21"较"7·27"暴雨过程贝加尔湖冷涡相配合的冷中心更强。

(3)深厚湿层维持时间长是"7·21"区域性暴雨过程的水汽条件特征;整个降水过程湿层浅薄是"7·27"局地暴雨过程的水汽条件特征;在相似环流背景下,无论是区域性暴雨还是局地性暴雨过程,水汽的辐合均比暴雨的发生有 12 h 以上的提前量,不同的是区域性暴雨较局地性暴雨水汽辐合层更深厚。

(4)相似环流背景下,暴雨中心上空,降水开始前正涡度平流伸展的高度越高,正涡度平流中心强度越强,未来 12 h,低层正涡度伸展的高度就会越高,正涡度中心强度就越强。即高低空系统配置越完整、动力条件越好,未来较强降水出现的范围就会越大。

(5)两次暴雨过程,垂直上升运动的形成较降水开始均有 12 h 或以上的提前量;不同的是,"7·21"区域性暴雨过程垂直上升运动中心的强度更强;说明,相似环流背景下,无论是降水开始前还是降水期间,区域性较局地性暴雨过程垂直上升运动中心的强度更强。

(6)高低层切变线的位置不同导致了暴雨的落区差异,流型配置不同和动力条件差异导致了暴雨范围大小的差异。

(7)副高特征线位置和热力不稳两项有利条件决定了"7·27"暴雨过程的强对流特征;但 α 中尺度对流系统的欠缺、触发对流发生的系统尺度小以及对流发生环境的动力条件差,决定了"7·27"暴雨过程的局地性。

(8)"7·21"区域性暴雨过程,山西境内共有 14 个云顶亮温为 -53℃的 β 中尺度对流云团活动,其中 8 个 β 中尺度对流云团的生成发展与合并对造成山西北部区域性暴雨的 $M_\alpha CS$ 的形成、发展有贡献;"7·27"局地暴雨过程,山西境内主要有 5 个 β 中尺度对流云团活动,其中 4 个 β 中尺度对流云团的生成发展与合并对造成临县大暴雨的 $M_\beta CS$ 的形成、发展有贡献。云顶亮温为 -53℃的 α 中尺度对流云团造成了"7·21"山西北部区域性暴雨过程,云顶亮温为 -63℃的 β 中尺度对流云核造成了区域性暴雨中的大暴雨;云顶亮温为 -53℃的 β 中尺度对流云团造成了"7·27"山西临县暴雨天气,云顶亮温为 -60℃的 β 中尺度对流云核造成了局地暴雨中的大暴雨。

(9)两次暴雨过程,多普勒雷达径向速度图上均没有中气旋产生,与暴雨区相配合的是逆风区和辐合线。

(10)两次暴雨过程,α 或 β 中尺度切变线云系上均有 γ 中尺度特征,α 或 β 中尺度切变线云系在发展阶段,均有多个具有独立回波核的对流单体有组织的排列组成,各对流单体的水平尺度均为γ中尺度。不同的是"7·27"暴雨过程强对流单体伸展的高度更高,局地强降水的强度更强。

(11)"7·21"暴雨过程,−53℃的冷云盖明显超前雷达回波＞45 dBZ 的切变线云系或冷锋云系,强降水出现在 TBB≤−53℃等值线后部梯度的大值区;"7·27"暴雨过程,40 dBZ 的雷达回波覆盖区与−53℃的云顶亮温区相重叠,强对流暴雨出现在 40 dBZ 雷达回波覆盖区与−53℃云顶亮温区相重叠的区域,与强对流云团的冷云顶超前雷达强回波的个例相比,临近预报的提前量更少,预报难度也更大。

(12)当 1 个经(纬)度的气柱水汽总量空间分布≥25 mm 时,未来 12～36 h,在水汽锋及其南北(东西)0.5～1.0 个经纬度的范围内出现暴雨及其以上降水天气的概率达 100%,当 1 个经(纬)度的气柱水汽总量空间分布≥40 mm 时,在水汽锋及其南北(东西)0.5 个经纬度的范围内出现大暴雨的概率为 63.6%。这个统计结果依然适合 2012 年山西境内出现的暴雨过程。

7　相似环流背景下暴雨的预报着眼点

(1)相似环流背景下,流型配置决定了暴雨的落区;

(2)相似环流背景下,在热力条件相当的条件下,触发对流发生发展的系统尺度大小决定了强对流天气发生的范围大小,触发对流发生的中尺度系统的多寡决定了对流发生环境的动力条件强弱。预报时可根据触发对流发生系统尺度的大小和数量的多少来推断未来的暴雨过程是局地暴雨还是区域性暴雨天气过程,以减少暴雨的空漏报;

(3)相似环流背景下,高低空系统配置越完整,垂直上升运动越强,造成的强降水的范围也越大,无论是局地暴雨过程还是区域性暴雨过程,垂直上升运动较降水开始都有 12 h 的提前量;

(4)对于相似环流背景下的暴雨天气过程预报,涡度平流较涡度有 12 h 的提前量;

(5)相似环流背景下的对流风暴过程,多普勒雷达径向速度图上若没有中气旋配合,小时最大降水量不会达到 70 mm 以上;多普勒雷达径向速度图上有逆风区或辐合线配合,小时最大降水量一般在 20～70 mm;

(6)−53℃的冷云盖超前 40 dBZ 的雷达强回波时,强降水发生在强对流云团后部梯度的大值区,−53℃的冷云盖与 40 dBZ 的雷达强回波重叠时,强降水发生在两者的重叠区。对于强对流天气的预报前者较后者有较长的提前量。

(7)相似环流背景下,同样是强对流降水暴雨过程,但在能量场垂直分布上仍然存在着细微的差异,500 hPa 以下温度直减率的大小决定了局地强降水的强弱。

(8)自动站极大风速风场切变线或辐合线生成时间较降水开始有 5～12 h 的提前量;但中切变线或中辐合线前后的风速要求≥4 m·s^{-1}。

(9)水汽锋的形成及其位置是暴雨起报和暴雨落区预报的一个很好参考指标,利用水汽锋不但可防止漏报,而且可以有效地减少空报。

参考文献

[1] Ninomiya K T, Akiyama, Ikawa M. Evolution and fine structure of long-lived meso-ascale convective system in Baiu front zone. Part I: Evolution and meso-β(Part meso-γ) characteristics. *J Meteor Soc Jpn*, 1988, **66**(6):331-371.

[2] 周海光,王玉斌.2003 年 6 月 30 日梅雨锋大暴雨中 β 和中 β 结构的双多普勒雷达反演.气象学报,2005,**63**(3):301-312.

[3] 李文莉,王宝鉴,吉惠敏,等.河西干旱区短时强降水过程的中尺度分析.干旱气象,2013,**31**(2):318-326.

[4] 苗爱梅,武捷,赵海英,等.低空急流与山西大暴雨的统计关系及流型配置.高原气象,2010,**29**(4):939-946.

[5] 秦宝国,朱刚.河北一次暴雨过程中不同时段强降水的成因.干旱气象,2013,**31**(2):327-332.

[6] 苗爱梅,董春卿,张红雨,等."0811"大暴雨过程中 MCC 与一般暴雨云团的对比分析.高原气象,2012,**31**(3):731-743.

[7] 井喜,李社宏,屠妮妮,等.2011,黄河中下游一次 MCC 和中—β 尺度强对流云团相互作用暴雨过程综合分析.高原气象,2011,**30**(4):913-928.

[8] 苗爱梅,贾利冬,郭媛媛,等.060814 山西省局地大暴雨的地闪特征分析.高原气象,2008,**27**(4):873-880.

[9] 陈涛,张芳华,宗志平.一次南方春季强对流过程中影响对流发展的环境场特征分析.高原气象,2012,**31**(4):1019-1031.

[10] 徐小红,余兴,朱延年,等.一次强飑线云结构特征的卫星反演分析.高原气象,2012,**31**(1):258-268.

[11] 慕建利,李泽椿,赵琳娜,等."07.08"陕西关中短历时强暴雨水汽条件分析.高原气象,2012,**31**(4):1042-1052.

[12] Orlanski L A. A rational subdivision of scales for atmospheric processes. *Bull Amer Meteor Soc*, 1975, **56**:527-530.

[13] 苗爱梅,郝振荣,贾利冬,等.精细化监测资料在山西暴雨预报模型改进中的应用.气象,2012,**38**(7):786-794.

[14] 苗爱梅,贾利冬,李苗,等.2009 年山西 5 次横切变暴雨的对比分析.气象,2011,**37**(8):956-967.

厦门地区 2013 年 5 月 19—22 日暴雨天气过程诊断分析

陈德花[1]　韦　晋[1]　孙琼博[1]　苏志重[1]　夏丽花[2]

(1. 厦门市气象台,厦门 361012;2. 福建省气象台,福州 350001)

摘　要

利用 NCEP 再分析资料,对 2013 年 5 月 19—22 日厦门地区一次连续性暴雨天气过程的动力热力特征进行诊断分析。结果表明:这次强降水过程是由低空暖切的南侧西南急流和南支波动相互作用下发生的。东西两路的冷平流入侵是强降水的触发机制之一。干冷空气与低涡外围强盛的西南暖湿气流相遇交汇,激发对流层中低层对流不稳定的产生,有利于倾斜位涡发展,通过锋区的强迫抬升形成斜升气流,为暴雨输送不稳定水汽与能量,造成大暴雨。季风爆发后,强盛的越赤道气流通过孟加拉湾、南海输送到福建沿海,为本次强降水提供了源源不断的水汽。强力的涡管作用是 20 日强对流发生的动力因素,导致强降水发生同时伴有冰雹、雷雨大风天气。

关键词:暴雨　冷平流　层结不稳定　水汽输送　涡管作用

0　引言

近几年国内对暴雨天气已经开展了不少研究工作。部分学者[1-6]通过对物理量的诊断分析来研究暴雨的发生发展机制。厦门岛内 2013 年 5 月累计雨量 277.1 mm,比常年偏多 61.7%。5 月 19—22 日厦门出现了持续性的强降水过程,由于本次过程短时强降水强度强,并伴有大风等强对流天气,造成了一定的内涝、地质灾害。本文对发生在厦门地区 5 月 19—22 日的强降水天气过程的动力热力特征进行探讨,力图加深对强降水天气系统结构和演变的理解和认识,对于改进强降水预报和防灾减灾工作具有重要意义。

1　过程概况及环流背景

1.1　暴雨过程概况

2013 年 5 月 19 日清晨开始到 22 日厦门地区普降暴雨到大暴雨。统计 19 日 20:00—22 日 20:00 区域自动站的过程降水量(图 1),此次过程降水量中北部山区地区大于南部沿海地区。岛外地区累积降水大多突破了 100 mm,过程雨量最大降水为 336 mm,出现在同安西北部的白交祠站。岛内普遍累积降水量在 50~80 mm,岛内最大为鼓浪屿 75.7 mm。

19 日厦门普降小到中雨,局部大雨。20 日,午后岛外对流开始发展,16:00 同安西北部山区出现了短时强降水,白交祠 1 h 最大降水量为 115 mm,2 h 的累积降水量达到了 204.5 mm。西坑 1 h 最大降水量为 108.5 mm,2 h 累积降水量为 157.5 mm。21 日的强降水范围有所扩大,共 22 个自动站出现大雨到暴雨,其中达到暴雨 5 个站。此次过程特点是强降水维持时间较长,时段较集中。强降水主要集中 20 日 17:00—19:00(图略),这个时段主要是

资助项目:福建省气象局开放式基金(2012K4 和 2013K06)共同资助

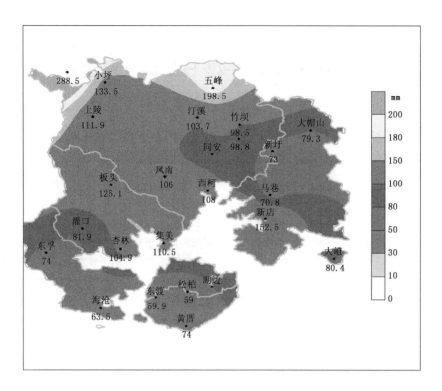

图1　5月19—22日过程雨量分布

以风暴降水为主,分布在同安北部山区,局地性强,且伴随着雷雨大风,同时在泉州西北部出现了冰雹天气。21日上午的10:00前后和18:00前后,主要以短时强降水为主,1 h雨量在30 mm左右。该降水过程具有雨势猛,时间长,降水分布不均的特点。从实况分析,20日以强对流天气为主,21日以短时强降水为主。以下诊断分析主要针对20日午后和21日短时强降水不同降水性质进行分析。

1.2　高低空环流形势和主要影响系统

从整个过程的系统动态图(图略)可见,此次降水过程高度场维持两槽一脊型。副高稳定维持在南海中北部,南支槽在孟加拉湾建立,华南上空波动频繁,低涡切变在江西南部和福建的西北部附近摆动,22日随着高空槽东移和低涡切变的南压,降水减弱,过程结束。

从200 hPa的平均高度场,福建处于南海高压脊线的北侧,强辐散中心位于福建沿海。对流层高层的配置为这次暴雨过程的发生提供了很好的辐散条件。500 hPa平均场显示,南支槽稳定建立,华南西风短波槽不断东移,持续影响华南地区。高原东部维持弱脊区,不断分裂弱冷空气从西南地区入侵到华南。东北冷涡持续维持,从东路沿海也不断渗透冷平流。来自南支槽前侧和副高东北侧的西南气流在福建西南部地区受到东西路的冷平流的激发,导致暴雨天气的发生。福建中南部维持低压倒槽。从高低空配置情况,属于福建切变低涡适中型。高低空系统相耦合为该次强降水过程的发生、发展创造了良好的环境条件。低层低涡及其切变线东移南压与高空强的辐散气流发生耦合作用,诱发强对流发生。从暴雨落区与高低空配置来看,大暴雨区发生在低涡低空急流入口区右前方,遇高空辐散气流,在适宜环境条件下,易触发强对流发生。

2　水汽条件分析

2.1　越赤道气流为本次强降水提供了源源不断的水汽

从南海季风监测的情况(图略),南海季风于5月3候爆发,较常年偏早,在5月4候附近850 hPa纬向风和假相当位温都达到进入雨季以来的最高值,说明南海季风的爆发为本次强降水过程提供了水汽条件。从5月4候的850 hPa平均水汽输送分布来看(图略),季风爆发后,一支很强的越赤道气流通过孟加拉湾、南海输送到华南沿海并在福建沿海附近汇聚。这支强盛的越赤道气流为本次强降水提供了源源不断的水汽。

2.2　暴雨区水汽通量散度垂直空间分布特征

为了分析各层水汽对暴雨区的贡献情况,沿着暴雨区的经度做了垂直剖面分析。从水汽通量散度的垂直变化(图2)来看,本次强降水水汽主要是来源于对流层中低层,20日14:00在强降水区上空及东侧出现了大于-6×10^{-7} g·hPa^{-1}·cm^{-2}·s^{-1}的水汽通量辐合中心,700 hPa附近层为弱水汽辐散区域,而在500Pa附近存在弱的水汽辐合中心。低空暖湿气流强辐合,中层配合辐散,触发强对流发生。从850 hPa的水汽通量散度的演变来看,20日14:00,水汽辐合带位于广东东北部到福建西部和南部地区,南海北部存在水汽辐散,水汽在北部湾、广东北部到福建西部及南部。到了21日08:00,南海中北部和台湾海峡的水汽通道打开,福建

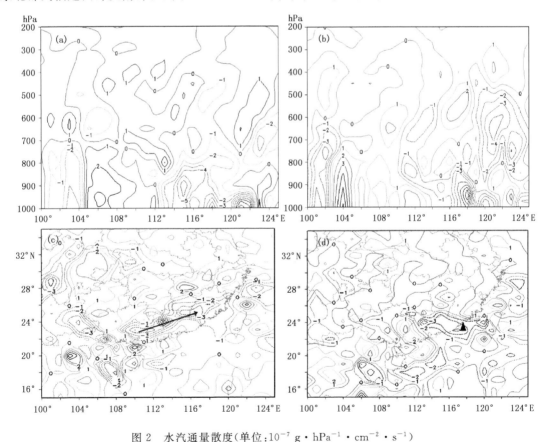

图2　水汽通量散度(单位:10^{-7} g·hPa^{-1}·cm^{-2}·s^{-1})

(a为20日14:00沿着24°N的垂直剖面,b为21日20:00沿着24°N的垂直剖面,

c为20日14:00 850 hPa,d为21日08:00 850 hPa)

南部到广东东部低空水汽辐合区明显南压到福建南部到广东东部,水汽辐合中心大于-4×10^{-7}g·hPa^{-1}·cm^{-2}·s^{-1},此时强降水区与水汽辐合区配合较好,强降水区明显比19日南压。强降水水发生期间主要是来至孟加拉湾和南海的水汽。22日14:00水汽辐合中心位于福建沿海,此刻福建中南部地区水汽输送中断,厦门地区附近强降水减弱。上述表明,孟加拉湾和南海西南暖湿气流为这次强降水提供了源源不断的水汽,水汽主要集中在700 hPa层次下,水汽辐合区和强降水落区对应较好。低空水汽强烈辐合抬升,在中高层冷却凝结潜热释放,造成本次持续性强降水。

3 动力热力诊断分析

3.1 对流不稳定能量分析

图3给出了19－22日500 hPa高度场、850 hPa风场和1000 hPaθ_{se}演变情况。从图3a上可以看出19日20:00暖舌从广东东部到福建的东北部,虽然福建沿海急流未建立,但是高温高湿为后面的暴雨提供能量。θ_{se}大值中心(364K)位于闽西和闽南大暴雨区,584 dagpm位于闽西到闽中沿海一带。20日20:00(图4b),θ_{se}大值中心依旧维持在闽西和闽南沿海一带,副高明显比19日南落,584 dagpm位于南部沿海,急流从广东沿海东传至福建沿海,高能舌位于福建中南部沿海地区,江西南部和福建东北部沿海明显存在干舌入侵,受这两支冷舌的激发,使得福建中南部沿海山区及龙岩出现了θ_{se}的密集锋区,有利于倾斜位涡发展,通过锋区的强迫抬升形成斜升气流,为暴雨输送不稳定水汽与能量,造成大暴雨。从21日08:00(图3c)上可以看出高能舌仍存在,虽然中心值有所减小,但是20日θ_{se}的分布情况并未改变,对流不稳定抬升条件依旧存在。21日急流从孟加拉湾经南海再次从广东沿海东传至福建沿海,急流的脉动再次为21日强降水提供了动力和水汽条件。θ_{se}分布情况于22日08:00(图3d)完全改变了,θ_{se}高能区明显减弱,江西南部和东部沿海的低θ_{se}中心也逐渐减弱,低涡中心压至福建沿海,广东处于低涡后侧的西北气流,急流区位于福建沿海及台湾海峡,闽西和闽南的强降水趋于减弱。本次暴雨过程结束。

3.2 强斜压作用促使对流发展

文献[7]中指出,干侵入是指从平流层低层和对流层高层下沉至低层的干空气。当干冷空气从对流层顶附近快速侵入低层强斜压区,导致强天气的产生和发展。20日02:00,在115°～180°E低空,θ_{se}高能区从地面伸展到850 hPa附近(图略),同时在厦门的东侧上空,也存在干冷空气的扩散。20日14:00厦门附近的低空出现了368K的θ_{se}暖脊强烈发展,从地面向800 hPa附近伸展,此时干冷中心恰好到达闽南山区,对流层中层受到中西两路的冷空气触发,导致该地区上下暖、中间冷的垂直不稳定结构,θ_{se}密集锋区变得更加陡立。低空运动所携带的低层暖湿空气遇到中高空的干冷空气相互作用,湿不稳定能量得以释放,促使位势不稳定层结和对流不稳定的发展,触发强对流强烈发展,导致对流层中层存在大量的潜热释放,同时有利于中层位涡的下传,导致20日的大暴雨发生,并伴随冰雹和大风。低空这种陡立密集锋区持续到21日,但是低空的暖脊和500 hPa附近的低值区都变弱了,说明热力湿对流不稳定的形势仍维持,但是对流发展的程度不如20日剧烈,所以21日再次出现暴雨,以短时强降水为主,并未出现冰雹。22日08:00,低空的暖脊消失,中高层均为干冷空气控制,随着θ_{se}锋区南压至沿海,热力湿对流不稳定的形势被破坏了,强降水过程结束。东西两路的干冷空气从对流层中层的

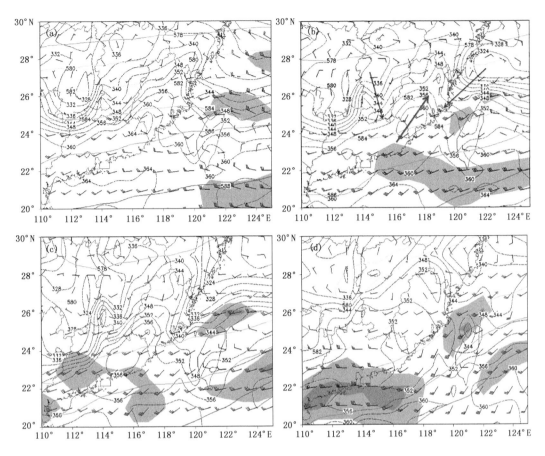

图 3 500 hPa 高度场、850 hPa 风场和 1000 百帕 θ_{se} 叠加图

(a 为 19 日 20:00,b 为 20 日 20:00,c 为 21 日 08:00,d 为 22 日 08:00

(单位:dagpm,m·s^{-1};阴影为>12 m·s^{-1}的大风)

入侵,特别是西路这支冷空气的入侵对本次大暴雨过程起了关键的触发作用。

3.3 动力诊断分析

图 4 为垂直风场和垂直速度沿着 24°N 的垂直剖面分布情况。从风场和垂直速度的演变情况来看,20 日 14:00 厦门附近上空的垂直运动最强,500～700 hPa 西南气流强盛时段对应强降水发生时刻,当 500 hPa 转偏西或西北气流时,对应降水减弱时段。20 日 14:00 在 110°E 附近上空 500 hPa 存在小槽波动,并且对流层中层急流已东传至厦门地区,上升运动非常强烈从地面一直伸展到 200 hPa 为一负值中心,值为-1.5 hPa·s^{-1},说明 20 日强对流发生时刻,气流的垂直上升运动一直到达对流层顶。21 日 08:00,110°E 附近上空 500 hPa 波动再次东移,但是对应厦门地区上空的垂直上升运动明显减弱,垂直上升运动只到达对流层中层。22 日 08:00,当 500 hPa 槽过了 110°E,厦门地区上空 500～700 hPa 转偏西气流控制,强降水减弱。从这次过程可以发现 110°E 附近上空 500 hPa 的槽波动,对于闽南地区的暴雨的触发是主要的动力作用。

3.4 强力涡管作用

为了更好地分析 20 日和 21 日的强降水的垂直动力结构,从散度和涡度的垂直剖面来看

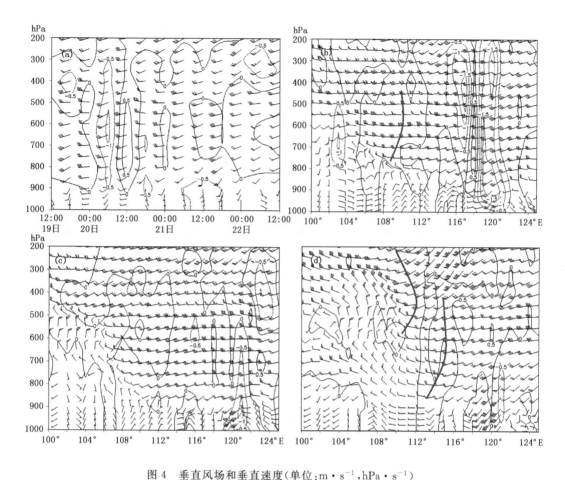

图 4　垂直风场和垂直速度(单位:m·s⁻¹,hPa·s⁻¹)

(a 为(24°N,118°E)上空 19 日 20:00—22 日 20:00 时间演变,b 为 20 日 14:00 沿着 24°N 剖面;

c 为 21 日 08:00 沿着 24°N 剖面;d 为 21 日 08:00 沿着 24°N 剖面)

(图 5),两天的垂直动力结构是有所区别的。20 日 14:00 散度和涡度在对流层中层呈现正负相间分布,水平尺度在 400 km 左右,中心轴线由低到高向西倾斜。强力的涡管作用是这次强对流发生的动力因素,由于低空急流的扰动,产生了重力波。重力波的传播过程使得大气垂直形成辐合辐散中心,有利于冰雹的发展。这种辐合辐散垂直交替分布的情况,属于强对流冰雹天气的分布类型。所以 20 日闽南山区大暴雨并伴随冰雹和雷雨大风。与 20 日有所区别的是,21 日 20:00,散度呈现单一的低空辐合高空辐散的分布,涡度的分布和散度较一致,在 400 hPa 以下为强烈辐合,200 hPa 附近辐散。这种单一的辐合辐散分布属于无伴随冰雹、雷雨大风的典型强降水的分布类型。

4　结语与讨论

(1)此次强降水过程高度场维持两槽一脊型,属于福建切变低涡适中型。低层低涡及其切变线东移南压与高空强的辐散气流发生耦合作用,诱发强对流发生。来自南支槽前侧和副高东北侧的西南气流在福建西南部地区受到东西路的冷平流的激发,导致暴雨天气的发生。

(2)季风爆发后,强盛的越赤道气流通过孟加拉湾、南海输送到福建沿海,为本次强降水提

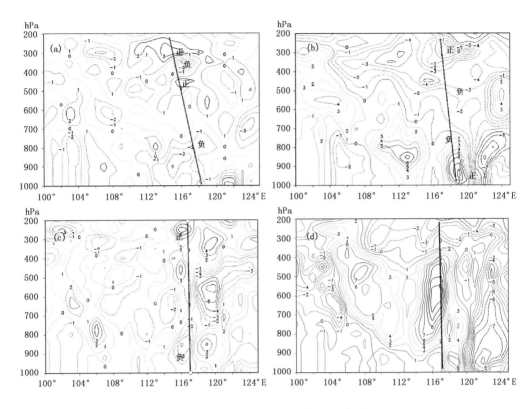

图 5 沿 24N 垂直剖面图(单位:$10^{-5}\,s^{-1}$)

(a 为 20 日 14:00 散度,b 为 20 日 14:00 涡度,c 为 21 日 20:00 散度,d 为 21 日 20:00 涡度)

供了源源不断的水汽。水汽主要集中在 700 hPa 层次下,水汽辐合区和强降水落区对应较好。

(3)20 日受到江西南部和福建东北部沿海明显存在干舌入侵使得福建中南部沿海山区及龙岩出现了 θ_{se} 的密集锋区,有利于倾斜位涡发展,通过锋区的强迫抬升形成斜升气流,为暴雨输送不稳定水汽与能量,造成大暴雨。21 日由于西南急流的脉动再次为强降水提供了动力和水汽条件。

(4)本次暴雨过程有明显的干冷空气从中西两路入侵厦门地区,与低涡切变南侧暖湿气流相遇交汇,导致大气斜压性增强,激发对流层中低层对流不稳定的产生和发展。

(5)从这次过程可以发现 110°E 附近上空 500 hPa 的槽波动,对于闽南地区的暴雨的触发是主要的动力作用。500~700 hPa 西南气流强盛时段对应强降水发生时刻,当 500 hPa 转偏西或西北气流时,对应降水减弱时段。

(6)强力的涡管作用是 20 日强对流发生的动力因素,由于低空急流的扰动,产生了重力波。重力波的传播过程使得大气垂直形成辐合辐散中心,有利于冰雹的发展。而 21 日涡度、散度呈现单一的低空辐合高空辐散的分布。这种单一的辐合辐散分布属于无伴随冰雹、雷雨大风的典型强降水的分布类型。

参考文献

[1] 尹东屏,曾明剑,吴海英,等.2003 年和 2006 年江淮流域梅雨期暴雨大尺度特征对比分析.气象,2008,**34**(8):70-76.

[2] 贝耐芳,赵思雄,高守亭.1998年"二度梅"期间武汉—黄石突发性暴雨的模拟研究.大气科学,2003,**27**(3):399-418.

[3] 王东生,康志明,杨克明.2003年淮河流域梅汛期首场大暴雨成因分析.气象,2004,**30**(1):16-21.

[4] 杨克明,许映龙,王东生.长江中下游梅雨锋暴雨的结构和特征.气象,1998,**24**(2):13-17.

[5] 郑媛媛,刘勇,朱红芳,等."973"加密观测期间合肥地区不同类型暴雨的特征分析.热带气象学报,2008,**24**(4):404-410.

[6] 尹东屏,胡洛林,曾明剑,等.梅汛期中的暴雨和大暴雨环流特征及物理量诊断分析.气象科学,2007,**27**(1):42-48.

[7] 林毅,刘铭,刘爱鸣,等,台风龙王中尺度暴雨成因分析,气象,2007,**33**(2):27-28.

2013年湖北省两次降雪(干、湿雪)过程对比分析

张萍萍　吴翠红　龙利民　祁海霞　张　宁

(武汉中心气象台,武汉 430074)

摘　要

利用多种观测资料,对2013年2月7—8日干雪过程、2月18—19日湿雪过程进行对比分析,得出如下结论:(1)干雪过程水汽输送支为700 hPa弱西南气流。湿雪过程水汽输送支为700 hPa西南急流和850 hPa东南气流,水汽更加充沛;(2)干雪过程中冷空气势力强,层结稳定。湿雪过程暖空气势力强,冷暖交汇使不稳定性增强;(3)干雪过程中弱暖湿气流沿深厚冷空气垫爬升,次级环流的形成抑制动力抬升;湿雪过程中冷空气楔入到强暖湿气流底部,迫使暖湿气流抬升,形成深厚上升运动区,次级环流的形成增强上升运动;(4)干雪过程700 hPa出现冷性逆温层,水汽密度、液态水含量、整层水汽含量较小;湿雪过程700 hPa出现暖性逆温层,水汽密度、液态水含量、整层水汽含量较大。在上述研究的基础上建立了干、湿雪形成的三维物理模型。

关键词:干雪　湿雪　次级环流　液态水含量　物理模型

0　引言

湖北地处长江中游地区,位于南北气候过渡带,冬季属于冷、暖空气交汇显著的区域,降雪的物理成因非常复杂,降雪的性质也不尽相同,有干、湿雪之分。通常用雪雨比值(积雪深度增量/雨雪量)对干、湿雪进行定义和区分[1]。不同性质的降雪过程引发的灾害不同:干雪过程中由于雪花不易融化,黏性较小,易造成地面积雪[2],影响交通,却不易造成电线积冰等灾害[3];湿雪则由于含水量高、雪压大、黏性强[4],容易形成冻雨等冰雪灾害。因此,对于干雪、湿雪两类降雪过程进行对比分析,对于及时制定防灾减灾方案具有重要意义。

关于干、湿雪的定量定义和区分,国内外研究并不多。Paterson和Goodison指出,新降干雪的平均密度约为100 kg·m^{-3},新降湿雪的平均密度约为100～200 kg·m^{-3}[5]。国内马丽娟等通过分析得出中国年平均积雪深度、雪水当量和积雪密度分别为0.49 cm,0.7 mm,0.14 g·cm^{-3}[6]。杨琨等[7]对我国不同地区的雪深增量和雨雪量比值进行了分析,指出积雪深度变化值和降雪量比值在平均值0.79 cm·mm^{-1}左右,具有明显的地域差异,北方地区比值波动较小,在1～1.15 cm·mm^{-1},以干雪为主,南方地区比值波动较大,大部小于1 cm·mm^{-1},以湿雪为主。湖北地处南北方交界地带,干、湿雪并存。综合上述研究成果以及湖北本地降雪特征,规定若雪雨比值≥1 cm·mm^{-1}则为干雪,<1 cm·mm^{-1}则为湿雪。

关于湖北降雪的机理国内不少学者进行了研究[8-13],然而这些研究多侧重于降雪的强度和落区机理研究,对于降雪性质以及引发干、湿雪的天气系统、环境场特征等目前尚未有相关研究。基于此,本文利用常规观测资料、NCEP再分析资料、微波辐射计及多普勒雷达资料等对2013年2月7—8日干雪过程(以下简称"0208过程")与2月18—19日湿雪过程(以下简称"0218过程")进行对比分析,旨在找出两类降雪过程的天气形势和环境场特征,建立相应物理

模型,提高预报员对两类降雪的机理认识,为今后更好地做好降雪天气预报服务提供参考。

1 降雪实况对比分析

"0208 过程"降雪开始于鄂北,逐渐南压至全省范围,最强降雪出现在 8 日白天,鄂东普降中到大雪,大部地区雪雨比值>1 cm·mm⁻¹,其中武汉站雪雨比值高达 3.44 cm·mm⁻¹(表 1)。这次降雪过程发生在除夕前夜,持续时间长,积雪深度大,对春节期间人们出行产生极大影响;"0218 过程"降雪开始于鄂西北,随后雪区东移南压,23:00 江汉平原至鄂东北一线出现一条雷暴带,其北侧为雪,南侧为雨,湖北省内出现罕见雪、雨、雷电共存现象。最强降雪出现在 18 日 20:00 前后,江汉平原至鄂东出现中到大雪,大部地区雪雨比值<1 cm·mm⁻¹,武汉站雪雨比值只有 0.14 cm·mm⁻¹(表 1)。这次降雪过程持续时间短,出现罕见冬雷现象以及路面结冰现象,雨雪转换预报难度大,同样对于春运交通以及人们出行带来较大影响。

表 1   武汉站雪量、雪深、雪雨比值对比

日期	雪深增量/cm	雪量/mm	雪雨比值/(cm·mm⁻¹)
2 月 8 日	3.1	0.9	3.44
2 月 18 日	1.2	8.7	0.14

2 环流形势对比分析

"0208 过程"的主要影响系统为 500 hPa 短波槽、东北冷涡以及 700 hPa 弱切变线(图略)。2 月 7 日 08:00,500 hPa 高原槽分裂短波槽东移,东北地区为庞大的东北冷涡控制,引导强冷空气南下,850 hPa 形成东风回流,低层形成深厚冷垫,地面图上湖北大部地区为东北风,北风分量较大;7 日 20:00 至 8 日白天,500 hPa 又有两个短波槽东移,700 hPa 形成弱冷式切变线,贵州至湖南中部一带为西南气流,该西南气流在深厚冷垫上爬升,为降雪形成提供有利的动力条件。该过程中,500 hPa 不断有短波槽东移,冷空气侵入较早且持续时间较长,因此降雪为稳定性降雪,持续时间长,雨雪量不大。

"0218 过程"的主要影响系统为 500 hPa 高原槽、700 hPa 切变线及西南急流、850 hPa 切变线(图略)。2 月 18 日 08:00,500 hPa 自东北至川西地区为宽广长波槽,700 hPa 鄂西有冷式切变线形成,其南侧贵州至湖北南部一带形成显著西南急流,最大风速达 20 m·s⁻¹。850 hPa 湖北南部形成暖式切变线,为降雪发展进一步提供动力条件,地面有弱冷空气扩散南下;18 日 20:00,500 hPa 西风槽进一步东移,700 hPa 切变线南侧急流出现爆发性增强,从 20 m·s⁻¹ 增强至 28 m·s⁻¹,850 hPa 东北地区槽后冷空气进一步南下迫使暖式切变线南压,湖北省内形成东风回流,冷暖空气交汇于江汉平原至鄂东一带,从而促使不稳定能量增强,出现冬雷现象。该过程中,暖湿气流出现爆发性增强,不稳定能量增强,随后冷空气南下,将暖湿气流抬升,形成降雪,雨雪量大,但持续时间短。

3 水汽条件对比分析

"0208 过程"水汽主要来源于 700 hPa 西南暖湿气流。降雪期间,700 hPa 贵州—湖南—鄂东一带受西南气流控制,水汽随着西南气流北上至鄂东地区,形成一条水汽输送带,位置略

偏南(图 1a)。850 hPa 有东风回流形成,该东风气流来源于东北冷涡后部,途经华北地区南下至湖北。从 8 日 08 时 850 hPa 水汽通量和流场图(图 1b)可看出,该东风回流为干冷回流。从武汉站微波辐射计资料可看出(图 1e)8 日武汉液态水含量、水汽密度大值区主要位于 3 km (700 hPa)附近,最大值仅为 0.3 g·m⁻³、4 g·m⁻³,大气水汽总含量约 22 mm。该过程中,水汽输送条件较弱,层次浅薄,使整层大气含量及液态水含量较少。

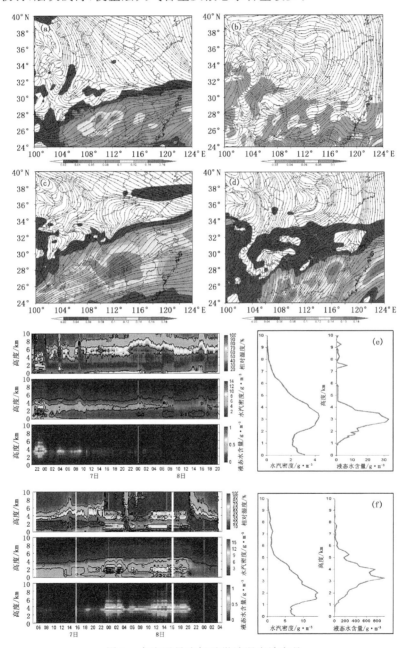

图 1 水汽通量流场及微波湿度计产品

(a 为 2013 年 2 月 8 日 08:00 700 hPa 水汽通量流场,b 为 2013 年 2 月 8 日 08:00 850 hPa 水汽通量及流场,c 为 2013 年 2 月 18 日 08:00 700 hPa 水汽通量及流场,b 为 2013 年 2 月 18 日 08:00 850 hPa 水汽通量及流场;e 为 2013 年 2 月 8 日 09:00 武汉微波湿度计产品,f 为 2013 年 2 月 18 日 09:00 武汉微波湿度计产品)

"0218 过程"水汽来源于 700 hPa 的西南气流和 850 hPa 东南气流。18 日 08:00 700 hPa 有 $\geqslant 0.16$ g·cm^{-1}·hPa^{-1}·s^{-1} 的水汽通量大值中心从贵州中部,向湖南东北部及鄂东地区输送(图 1c),强劲的西南暖湿气流是该过程水汽输送的重要来源。850 hPa 鄂东由两支东风气流汇合,北方为东北干冷回流,湖南-江西一带存在一支西南暖湿气流,携带水汽北上至鄂东地区转为东南气流(图 1d),该气流所经之处形成一条明显的水汽输送带,此东南暖湿气流与东北干冷回流交汇于江汉平原至鄂东北一带,使不稳定能量增强,导致该处出现雷电现象,700 hPa、850 hPa 两支水汽输送通道为该过程提供了充足的水汽。从武汉微波辐射计资料可看出(图 1f)18 日武汉液态水含量主要位于 2~6 km,最大值达 0.9 g·m^{-3},水汽密度大值区主要位于 0~5 km 附近,最大值达 14 g·m^{-3},大气水汽总含量最大值达 60 mm,上述数值远远大于"0208 过程"。

4 不稳定条件对比分析

图 2a 为 2 月 8 日 08:00 武汉站 T−lnP 图。可发现:整层温度低于 0℃,850 hPa 以下吹干冷东北风,700 hPa 为弱西南暖湿气流,该层附近出现冷性逆温层,但是由于南风分量较小,暖湿气流输送较弱,低层温度平流以冷平流为主(图 2c),云中相态以雪晶、冰晶等固态粒子为主,液态水含量较少。低层干冷、中低层略暖湿的垂直结构使该过程为稳定性降雪。从 8 日 08:00 湖北雷达回波拼图及垂直剖面看(图 2e),大部分雷达回波强度在 20 dBZ,分布较均匀,回波高度约 8 km,为稳定性冷云降雪过程。

图 2b 为 2 月 18 日 20:00 武汉站 T−lnP 图。与"0208 过程"相比有以下不同点:0℃层高度在 1000 hPa 附近,850 hPa 以下东北风和东南风共存,低层形成冷湿层结,水汽达到饱和,850 hPa 江汉平原一带出现冷暖平流交汇区,不稳定性增强(图 2d)。700 hPa 西南风速达 28 m·s^{-1},强西南暖湿气流使得该层温度高于 0℃,形成暖性逆温层,并使云中液态水含量增加。低层湿冷、中低层强暖湿的温湿垂直结构以及随高度顺转的垂直风切变使得该过程中具有一定不稳定能量累积,925~1000 hPa 出现弱的 CAPE 正值区,随着冷空气的进一步入侵,该能量得到释放,从而产生雷电天气。从 18 日 20:00 湖北雷达回波拼图看(图 2f),江汉平原至鄂东北西部一线出现较强回波,最大回波强度为 40 dBZ,回波分布不均匀,回波高度达 10 km 左右,表明该过程中降水强度相对较大,不稳定性强,为冷云、暖云混合型降水。

5 动力条件对比分析

图 3a 为 2 月 8 日 08:00 南北风与相对湿度沿 114.03°E 的垂直剖面图,武汉上空(黑色三角处)存在随高度向北倾斜、相对湿度 $\geqslant 80\%$ 的楔形结构高湿区。高湿区北侧 800 hPa 以下为相对湿度 <70% 的干冷空气,表明低层形成深厚干冷垫。高湿区南侧 700 hPa 有弱南风气流北上遇南下干冷空气阻挡,沿楔形结构爬升,700 hPa 附近部分干冷空气卷入到南风气流中,形成次级环流,该次级环流将部分上升气流转变为下沉气流,对上升运动起到减弱作用。图 3b 为 8 日 08:00 涡度、散度沿 114.03°E 的垂直剖面图,武汉上空出现与楔形结构相对应的正涡度柱,最强涡度为 12×10^{-5} s^{-1},位于 600 hPa 以上,700 hPa 附近次级环流形成处为辐散区,不利于上升运动增强。主要辐合区则位于 600~500 hPa 上升气流区域。综上可知,"0208 过程"主要动力机制为暖湿气流沿干冷空气垫爬升,主要上升运动区在 600 hPa 以上,次级环

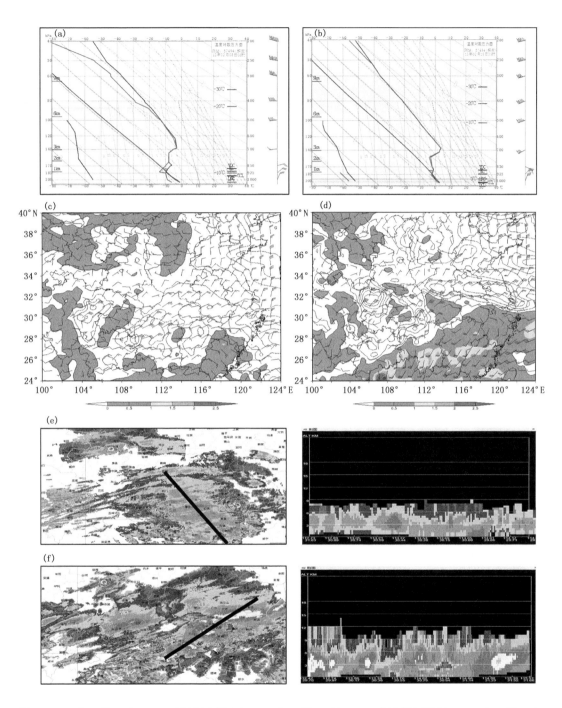

图 2 2013 年 2 月 8 日 08:00 武汉探空图(a),2013 年 2 月 18 日 20:00 武汉探空图(b),2013 年 2 月 8 日
08:00 850 hPa 温度平流(c),2013 年 2 月 18 日 20:00 850 hPa 温度平流(d),2013 年 2 月 8 日 08:00
湖北雷达回波拼图及组合反射率垂直剖面图(e),2013 年 2 月 18 日 20:00 湖北雷达回波拼图及
组合反射率垂直剖面图(f)

流的形成减弱上升运动。

图 3b 为 2 月 18 日 20:00 南北风与相对湿度沿 114.03°E 的垂直剖面图。武汉上空(黑色

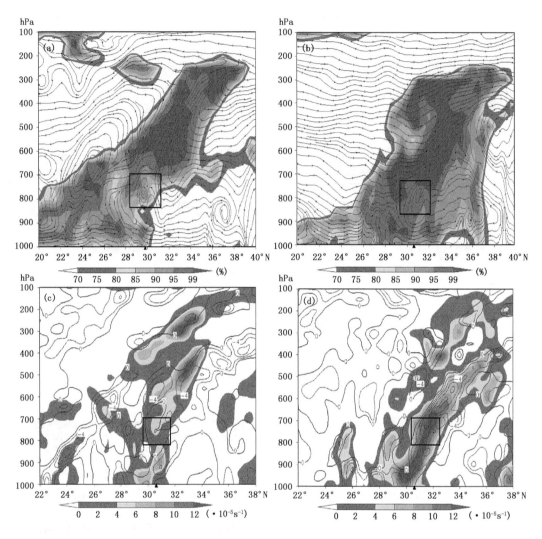

图3 2013年2月8日08:00南北风与相对湿度垂直剖面(a),2013年2月18日20:00南北风与
相对湿度垂直剖面(b),2013年2月8日08:00涡度、散度垂直剖面(c),2013年2月18日20:00
涡度、散度垂直剖面(d)(黑三角标注武汉所在纬度,黑框为次级环流所在位置)

三角处)同样存在随高度向北倾斜、相对湿度≥95%的楔形结构高湿区,倾斜度小于"0208过
程"。高湿区南侧800 hPa以上有深厚的南风气流北上,其北侧800 hPa以下有湿冷北风气流
侵入到湿区内,强迫暖湿气流抬升,同时,800~700 hPa由于湿冷空气卷入到暖湿空气中形成
次级环流,与"0208过程"不同之处在于,该次级环流的形成进一步增强上升运动。在楔形结
构冷暖交汇处,有一条从地面一直延伸至400 hPa倾斜正涡度柱(图3d),最强涡度达12×
$10^{-5} s^{-1}$,远远大于"0208过程"。与深厚正涡度柱相对应,武汉上空自下而上形成深厚散度辐
合带,次级环流形成处位于散度辐合区中,表明该次级环流对上升运动增强起到正作用。综上
可知,"0218过程"主要动力机制为冷空气楔入到强暖湿气流底部,迫使暖湿气流抬升,形成深
厚的上升运动区,次级环流的形成有对上升运动起到增强作用。

6 三维物理模型对比分析

根据以上分析,给出"0208过程"(图4a)与"0218过程"(图4b)的三维物理模型,其反映的干、湿雪发生机理如下:

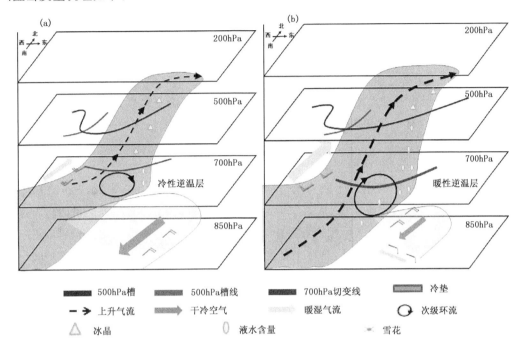

图4 干雪(a)、湿雪(b) 三维物理模型

"0208过程"中,东北冷涡引导强冷空气南下,850 hPa形成东风干冷回流,低层形成深厚冷垫,整层温度低于0℃;500 hPa短波槽东移,700 hPa形成弱暖湿气流,出现冷性逆温层;弱暖湿气流沿深厚冷空气垫爬升,为降雪发生提供动力条件。同时部分干冷气流卷入到暖湿气流中,在700 hPa附近形成次级环流,该次级环流将部分上升气流转变为下沉气流,产生辐散,对降雪发展起到减弱作用;由于冷空气势力强于暖湿空气,楔形结构倾斜度大,该降雪的云中粒子多以雪晶和冰晶为主,液态水含量很少,积雪深度大,为典型干雪过程。

"0218过程"中,500 hPa有长波槽东移,700 hPa形成明显切变线,其南侧西南急流出现爆发性增强,850 hPa出现东北干冷回流支和东南暖湿气流支两支东风气流,低层形成浅薄冷垫,西南、东南两支暖湿气流输送使中低层温度增温至0℃附近,700 hPa出现暖性逆温层;冷空气从低层楔入到强暖湿空气中,迫使暖湿气流抬升,同时部分湿冷空气卷入到暖湿气流中形成次级环流,将部分下沉气流转化为上升气流,进一步增强上升运动。由于暖湿空气势力强于冷空气,楔形结构倾斜度小,该降雪的云中粒子液态水含量较多,积雪深度小,湿度大,为典型湿雪过程。

7 结论与讨论

本文通过对2013年2月7—8日过程(结论中简称干雪过程)与2月18—19日过程(结论中简称干雪过程)进行对比分析,得出如下结论:

(1)水汽条件：干雪过程中850 hPa东风气流为干冷回流，主要水汽通道为700 hPa西南气流；湿雪过程中850 hPa东风气流为东北干冷回流与东南暖湿气流，主要水汽输送通道为700 hPa西南急流和850 hPa东南气流，因此暖湿气流更旺盛，水汽更充沛。

(2)不稳定条件：干雪过程中冷空气势力较强，700 hPa暖湿气流较弱，层结较稳定；湿雪过程中暖空气势力较强，干冷空气南下过程中与强暖湿气流交汇，不稳定性增强，出现雷电、雨、雪共存现象。不稳定性的增强有利于雨雪量加大。此外，湿雪过程中，冷空气与暖空气的相互对峙对于雨雪转换预报至关重要。

(3)动力条件：干雪过程中弱暖湿气流沿深厚冷空气垫爬升，主要动力辐合区在700 hPa以上，次级环流的形成对动力增强起到负作用；湿雪过程中干冷空气楔入到强暖湿气流底部，迫使暖湿气流抬升，自地面到高层形成深厚的上升运动区，次级环流的形成进一步增强上升运动。

(4)温湿层结：干雪过程的整层温度低于0℃，700 hPa出现冷性逆温层，水汽密度、液态水含量、整层水汽含量较小，以纯雪形式降落；湿雪过程中低层温度在0℃附近，700 hPa温度高于0℃，出现暖性逆温层，水汽密度、液态水含量、整层水汽含量较大，一般经历由雨转雪过程。

通过以上分析，在今后的实际预报业务中，可根据不同性质的降雪过程，分析相应的预报着眼点，制定相应的防灾减灾方案，具有十分重要的意义。

参考文献

[1] Huang, Qiang, John Hanesiak, Sergiy Savelyev, *et al*. Visibility during Blowing Snow Events over Arctic Sea Ice. *Wea. Forecasting*, 2008, **23**, 741-751.

[2] Wakahama G, Kuroiwa D. Snow accretion on electric wires and its prevention. *Glaciol*, 1977, **19**(81)：479-487.

[3] Makkonen, Lozowski E P. Numerical modeling of icing on power network equipment. *Atmospheric Icing of Power Networks*. New York：Springer, 2008：83-117.

[4] Admirat, Sakamoto Y. Wet snow on overhead lines：State-of-art. *Proceedings of the 4th International Workshop on Atmospheric Icing of Structures*, 1988：8-13.

[5] Paterson W S B. The Physics of Glaciers. New York：Pergamon Press, 1981：3-13.

[6] 马丽娟, 秦大河. 1957—2009年中国台站观测的关键积雪参数时空变化特征. 冰川冻土, 2012, **34**(1)：1-11.

[7] 杨琨, 薛建军. 使用加密降雪资料分析降雪量和积雪深度关系. 应用气象学报, 2013, **23**(3)：349-355.

[8] 徐双柱, 王晓玲, 王平, 等. 湖北省冬季大雪成因分析与预报方法研究. 暴雨灾害, 2009, **28**(2)：333-338.

[9] 刘志勇, 陈剑云, 徐元顺, 等. 一次区域性暴雪天气过程的诊断分析. 暴雨灾害, 2008, **27**(3)：248-253.

[10] Goodison B E. *Handbook of Snow*. Toronto：Bergamon Press, 1981：220-235.

[10] 范元月, 汤剑平, 徐双柱, 等. 一次湖北暴雪天气的诊断与模拟. 气象科学, 2010, **30**(1)：111-115.

[11] 龙利民, 黄治勇, 苏磊, 等. 2008年初湖北省低温雨雪冰冻天气温度平流配置分析. 大气科学学报, 2010, **33**(6)：745-750.

[12] 郭锐, 张琳娜, 李靖, 等. 2010年冬季北京初雪预报难点分析. 气象, 2012, **38**(7)：858-867.

[13] 沈玉伟, 孙琦昱. 2010年冬季浙江两次强降雪过程的对比分析. 气象, 2013, **39**(2)：218-225.

"9·21"山东半岛南部沿海局地持续性强降水分析

杨晓霞[1] 王金东[2] 姜 鹏[1] 吴 君[2]

(1. 山东省气象台,济南 250031;2. 山东临沂市气象局,临沂 276000)

摘 要

应用常规观测资料、各种加密观测资料和 NCEP/NCAR 1°×1°再分析资料,对 2012 年 9 月 21 日山东半岛南部沿海局地持续性强降水进行分析,结果表明:强降水期间,500 hPa 由槽后的偏西风转为槽前的偏南风,850 hPa 以下为较强的偏南向岸风。强降水产生在低层南-北向能量锋区的西部高能区一侧。950 hPa 以下的近海面层的偏南暖湿气流,持续地向沿海输送水汽和能量,造成水汽辐合、湿度增大、对流有效位能升高。低层向岸风的侧向辐合产生中尺度涡旋和辐合上升运动,与暖平流产生的上升运动相叠加,海岸的地形抬升作用使得上升运动增强。近地面层的上升运动触发对流不稳定能量释放,产生中小尺度的对流云团,另一方面上升运动向对流云团补给能量和水汽,使得对流云团持续不衰,造成局地持续性强降水。降水强度与低层暖平流强度、高层冷平流强度、近地面层向岸风的风速、地面上小尺度的风向气旋性辐合等成正比。在雷达回波中,小尺度的对流单体沿海岸线向西南方向发展,后期形成弓状回波,向东南海区移动,有中尺度涡旋生成。

关键词:沿海局地持续性强降水 影响系统 向岸风 温湿条件 触发机制

0 引言

山东北接渤海、东临黄海,山东半岛突出于渤海与黄海之间,大气中的水汽充沛,由于近地面层海陆的热力差异和地形抬升作用,非常有利于强降水的产生。半岛沿海地区经常出现突发性的强降水天气,给工农业生产和人民生命财产带来严重危害。近年来,在山东半岛南部沿海接连出现局地性极端强降水,造成严重灾害。2011 年 7 月 25 日山东半岛南部乳山出现突发性强降水,18:00—21:00 3 h 雨量达 249.5 mm。对"7·25"乳山强降水的分析和研究[1,2]表明,强降水产生在高温高湿具有较高的对流不稳定能量的大气中,在 500 hPa 西风槽前,低层 850 hPa 中尺度切变线是强降水的影响系统,低层向岸的偏南风急流对强降水起了重要作用。2012 年 9 月 21 日山东半岛南部沿海的胶南和日照又出现强降水,胶南的强降水持续了 10 h,日雨量达 392.7 mm,突破历史极值。持续性的强降水导致农作物受灾,城区严重积水,大量车辆和物资被淹,造成大范围停电。强降水造成胶南直接经济损失 1.1 亿元(其中农业损失0.28 亿元,城市损失 0.83 亿元)。由于强降水的范围小、局地性和突发性强,再加上地处沿海,观测资料稀少,给预报带来较大的难度。本文应用常规观测资料、自动站加密观测资料、GPS/MET 水汽监测资料、NCEP/NCAR 1°×1°再分析资料、多普勒天气雷达观测资料等,对这次局地性强降水进行分析研究,与"7·25"乳山强降水进行对比,揭示沿海地区局地性强降

资助项目:中国气象局 2013 年预报员专项(CMAYBY-2013-040);山东省气象局 2013 年科研项目(2013sdqx01)

水的形成机理,为这类强降水的预报预警提供客观依据。

1 强降水特征分析

2012 年 9 月 21 日 09:00—21:00 山东半岛南部沿海的胶南和日照出现局地性持续强降水,强降水从 21 日 10:00 开始,到 21 日 21:00 结束。21 日 09:00—19:00 胶南累积雨量 391.8 mm,创历史日雨量极值,其中 11:00—13:00 1 h 雨量分别为 70.9 mm 和 93.1 mm,2 h 雨量 164.0 mm。19:00 在胶南的西南部沿海,日照又出现强降水,19:00—20:00 1 h 雨量 97.4 mm,18:00—21:00 3 h 雨量 118.1 mm。21 日 08:00—22:00 胶南和日照的逐小时雨量见图 1a。与 2011 年 7 月 25 日强降水相比,都是产生在山东半岛的南部沿海,范围小,降水强度大,总降水量大。不同点是:"9·21"强降水持续时间长,范围大,沿海岸线向西南发展。

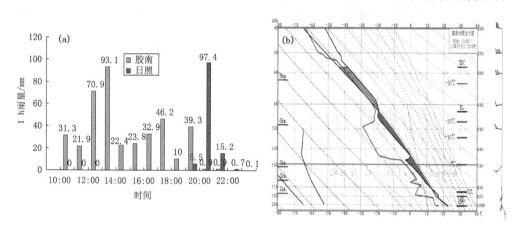

图 1 9 月 21 日 10:00—23:00 胶南和日照逐小时雨量分布(a),21 日 08:00 青岛探空站 T—lnP 图(b)

2 环流特征和影响系统

2012 年 9 月 21 日 08:00 500 hPa 上强降水区为第一个短波槽后的偏西气流控制,700 hPa 及以下为槽前的西南气流,850 hPa 以下华东沿海为较强的高压脊,从长江口到青岛为一致的偏南风,925 hPa 上的偏南风较强。在近地面层,胶南和日照有向岸的偏南风的辐合。强降水产生在高层偏西风与低层偏南风的交叉区(图 2a)。21 日 20:00 500 hPa 河套地区的西风槽发展东移,到达河北上空,槽前西南气流影响半岛,在长江中游 850 hPa 上形成气旋性低涡环流,在低涡中心的东部,华东沿海的偏南气流加强,沿海岸线向北移,其前部到达山东半岛的南部沿海,即日照附近。受这股偏南气流的影响,日照产生强降水。21 日 20:00 之后,随着中支槽和长江流域低涡环流的东移,强降水区逐渐转为 500 hPa 槽后的西北气流,低层高压脊也减弱东北移,低层的偏南风明显减弱,强降水结束。华东沿海的偏南风对这次强降水起了重要作用。

3 产生强降水的温湿条件

3.1 强降水产生在近地面层暖湿的不稳定大气中

分析青岛上空探空资料的温湿特征(图 1b)可见,21 日 08:00,700 hPa 以下大气暖湿,温度露点差较小,在 10℃以下,700～500 hPa 大气有一干层,温度露点差在 20℃以上。大气上干下湿,有对流不稳定能量储存,$CAPE$ 为 468.4 J·kg^{-1},K 指数不高,只有 28℃。近地面层水汽含量较高,1000 hPa 比湿为 10.7 g·kg^{-1},而 850 hPa 水汽含量较小,比湿只有 6.4 g·kg^{-1}。21 日 20 时近地面层的比湿升高到 13.7 g·kg^{-1},$CAPE$ 增大到 880.4 J·kg^{-1}(表 1),而 K 指数减小到 24℃。虽然在此期间产生了强降水,但是沿海低层的大气温度、湿度和不稳定能量仍在升高,说明强降水期间低层有源源不断的水汽和能量的补充。在 GPS/MET 地面水汽监测中,强降水期间整层大气的可降水量不大,在 35～40 mm,小于"7·25"乳山强降水中的大气可降水量(50～53 mm)。

表 1 青岛探空站上空物理量参数的变化

	20 日 08:00	20 日 20:00	21 日 08:00	21 日 20:00	22 日 08:00
K 指数	26	27	28	24	34
$CAPE$/(J·kg^{-1})	185.0	444.0	468.4	880.4	967.0
1000 hPa 比湿/(g·kg^{-1})	10.0	13.0	10.7	13.0	13.8
850 hPa 比湿/(g·kg^{-1})	5.6	6.0	6.4	5.1	9.7

3.2 强降水产生在低层能量锋区的高值区一侧

分析强降水期间代表大气温湿特征的 θ_{se} 的分布和变化可见,强降水期间,850 hPa 以下的低层,在山东的东南部和江苏北部为高值中心,高能舌从南向北伸展,黄海中部为 θ_{se} 的低值区,山东半岛的西部为等值线的密集区即南—北向的能量锋区(图 2a),强降水产生在能量锋区西部的高值区一侧,大气湿斜压性较强。从强降水区上空 θ_{se} 的时间—空间剖面图(图 2b)中可以看出,强降水期间 21 日 08:00—20:00,925 hPa 以下的近地面层 θ_{se} 随时间逐渐升高,21 日 20:00 达到最高,在中层 800 hPa 附近 θ_{se} 随着时间而降低,在 21 日 20:00 达到最低,说明强降水期间,近地面层的偏南风把海上的暖湿空气持续地向沿海输送,使得能量升高,而中层 θ_{se} 降低,沿海低层大气一直维持对流性不稳定。由于强降水释放的能量小于低层大气能量的补充,强降水一方面在胶南维持,另一方面向西部沿海 θ_{se} 的高值舌区发展。与"7·25"乳山强降水比较可见,"7·25"强降水产生在低层 θ_{se} 的高值舌区,强降水沿着槽前西南气流向东北的高值舌区移动。700 hPa 槽前西南气流携带的 θ_{se} 的低值舌叠加在低层的高值舌之上,二者虽然移动方向不同,但是,都是趋向于低层 θ_{se} 的高值区,即高温高湿区。

3.3 近地面层暖平流、高层冷平流

分析温度平流的分布和变化可见,在强降水区上空,21 日 08:00 950 hPa 以下的近地面层暖平流达到最强,高空 600～500 hPa 的冷平流也达到最强(图略),高空冷平流低层暖平流,大气向不稳定层结发展。21 日 08:00 以后强降水开始,11:00—13:00 胶南的降水强度达到最强。21 日 14:00 低层转为冷平流,500 hPa 附近冷平流减弱消失,大气向稳定性层结发展,14:00 降水强度明显减弱。21 日 20:00,850 hPa 以下的暖平流明显加强,高层 400 hPa 附近的冷平流加强,20:00—21:00 胶南的强降水结束,而在其西部沿海的日照产生 1 h 97.4 mm 的强降水。22 日 02:00 低层的暖平流和高层的冷平流都明显减弱,沿海的强降水结束。由此可见,强降水期间,低层有明显的暖平流,高层有明显的冷平流,低层暖平流增强或高层冷平流增强时,降水强度也明显增强。

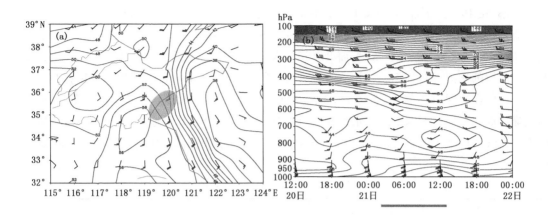

图 2　21 日 08:00 925 hPa θ_{se} 和风场(U,V)的分布(a,等值线间隔为 2℃),20 日 20:00—22 日 08:00
强降水上空(36°N,120°E)(U,V)风和 θ_{se} 的空间－时间演变(b)
(时间坐标从左向右增大),图下粗实线为强降水的时间)

3.4　近地面层有较强的水汽输送和辐合

　　分析强降水期间的水汽通量和水汽通量散度可见,21 日 08:00—20:00,在低层 850 hPa
以下,青岛以西的南部沿海有较强的水汽通量,在近地面层 950 hPa 以下有水汽通量的辐合
(图 3a)。在山东半岛南部的海区,近海面的低层 950 hPa 以下有较强的偏南气流向北输送大
量的水汽,水汽通量大于 10 g·cm^{-1}·hPa·s^{-1} 的中心位于黄海中部(图 3b),山东半岛南部
沿海的强降水区位于高值舌的左前方,有较强的水汽辐合,在 1000 hPa 水汽通量辐合大于
2 g·cm^{-2}·hPa^{-1}·s^{-1} 的中心一直在青岛以西的沿海维持。胶南和日照的强降水在水汽辐
合中心维持和发展。由此可见,强降水的水汽来源于低层近海面的水汽输送和辐合。与
"7·25"乳山强降水的水汽来源相似,主要来源于南部的近海面层。

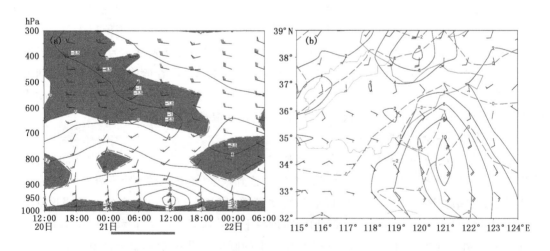

图 3　20 日 20:00—22 日 14:00 强降水上空(36°N,120°E)水汽通量(实线)和水汽通量散度(虚线)及
风场(U,V)的空间－时间演变(a),21 日 08:00 1000 hPa 水汽通量和水汽通量散度(b)
(时间坐标从左向右增大),图下粗实线为强降水的时间)

4 强降水的动力触发机制

4.1 近地面层向岸的偏南风辐合

分析强降水的动力触发机制可见,在强降水开始前 21 日 08:00,江苏东部沿海至山东半岛南部,925 hPa 以下有一股超低空偏南风急流,在超低空急流的左前方,也就是在青岛至日照沿海,低层有辐合和气旋性涡度发展,产生上升运动,海岸线对向岸的偏南风阻挡,产生辐合和地形抬升,使得上升运动增强。由 3.3 分析可知,低层这股偏南风气流中有较强的暖平流,也有利于上升运动的发展。在青岛至日照的沿海地区有较强上升运动发展(图 4a),上升运动在 800 hPa 附近达到最强。低层的这股上升气流触发对流不稳定能量释放,产生对流,由于沿海地区水汽充沛,造成强降水。21 日 14:00,近地面层正涡度增大,向高层发展到 800 hPa(图 4b),说明低层有中尺度涡旋发展,强降水维持。高层 500 hPa 以上西风槽东移,强降水区逐渐转为槽前的正涡度平流区,正涡度增强,上升运动增大,对低层产生抽吸作用,有利于对流的维持。21 日 20:00 低层的正涡度和高层的正涡度都减小,而在中层 600 hPa 附近的正涡度增大、辐合增大,在 950~600 hPa 转为下沉运动。由于低层海上的偏南风气流维持,在青岛至日照的沿海,近地面层仍然维持正涡度中心、辐合中心和上升运动。强降水产生在 950 hPa 以下和 600 hPa 以上为上升运动、950~600 hPa 中层为下沉运动的大气中。强降水期间,950 hPa 以下的低层一直维持正涡度、辐合和上升运动。说明强降水是由 950 hPa 以下近地面层的气旋性辐合产生的上升运动触发对流不稳定能量释放产生的,近地面层的暖平流和海岸线的地形作用,增强了低层的上升运动。在"7·25"乳山强降水中,上升运动也是在 850 hPa 以下的低层,中层 600 hPa 附近也为下沉运动。由此可见,沿海的中小尺度的强降水主要是由近地面层偏南气流中的暖平流、气旋性辐合和海岸线地形抬升作用产生的上升运动触发对流不稳定能量释放产生的中小尺度的对流云团而产生。因此,对这类强降水的预报,应特别关注近地面层的温湿条件和向岸风。

4.2 地面小尺度风辐合线

分析 2012 年 9 月 21 日 08:00—22:00 强降水期间地面加密观测站的 1 h 极大风速和风向分布可见,08:00—09:00 在青岛附近为一股较强的偏南风,在西部胶南强降水区有风速的侧向辐合。21 日 10:00 在胶南的北部形成偏南风与东南风的小尺度辐合线(图略),在辐合线的南部,胶南开始出现强降水。09:00—10:00 1 h 雨量 31.3 mm,11:00 胶南转为西南风,极大风速增大到 10 m·s^{-1},其东部青岛附近的东南风也明显增大,西南风与东南风之间形成明显的辐合,有利于辐合上升。12:00—13:00 辐合线维持少动,两侧的风速增大,辐合增强。在辐合线附近辐合增强的同时,11:00—12:00 1 h 降水量增大到 70.9 mm,12:00—13:00 1 h 雨量达到 93.1 mm。14:00 切变线两侧的风速减小,辐合减小,13:00—14:00 降水强度也明显地减小,1 h 雨量减小到 22.4 mm。15:00 胶南及南部沿海转为偏南风,16:00 偏南风增大,在南部沿海形成辐合线,16:00—17:00 胶南 1 h 雨量增大到 46.2 mm。17:00 辐合线移到胶南的北部,18:00 胶南南部的偏南向岸风转为了东北风,17:00—18:00 胶南 1 h 降水量减小到 10 mm,19:00 胶南的西南风与东部的东南风之间又形成辐合,18:00—19:00 胶南 1 h 雨量增大到 39.3 mm。19:00 以后胶南由西南风转为东南风,青岛附近的东南风转为偏南风,风的辐合和向岸的分量减小,胶南的强降水结束。21 日 12:00 开始,日照沿海由偏南风转成向岸的

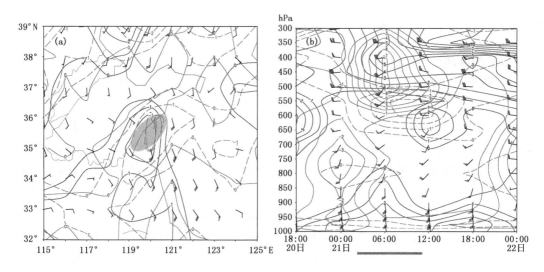

图 4　强降水期间正涡度(蓝色实线)、负散度(绿色虚线)、上升速度(红色点线)和风(u,v)分布

(a 为 21 日 08:00 1000 hPa,b 为 21 日 02:00—22 日 08:00 时间—空间演变(等值线间隔 1);

阴影区为强降水区,图下横跨线为降水跨度)

东南风,18:00 在日照的西北部出现西北风,形成西北风与东南风之间的对头风辐合,18:00—19:00 在日照开始出现降水,19 时辐合线北部的西北风转为东北风,气旋性辐合增大,降水强度增强,19:00—20:00 日照 1 h 雨量达 97.4 mm。20:00 向岸的东南风减小,辐合线减弱北推,20:00 后降水强度明显减小,20:00—21:00 1 h 降水量减小到 15.2 mm。21 h 以后强降水结束。

由此可见,在高空环流形势稳定的情况下,胶南和日照的强降水与近地面层的向岸风和沿海的风向风速辐合密切有关,向岸风越强、风的辐合越大,降水强度越大。向岸风与沿海陆地上的风形成气旋性辐合时,产生上升运动,把低层高能量的暖湿气流向高层输送,给对流云团补给能量和水汽,使得降水强度增大。沿海辐合线较稳定,且长时间维持,胶南的强降水也持续 10 h 之久。日照的向岸风比强降水早出现 6 h。

5　雷达回波特征

5.1　综合回波(CR)特征

分析青岛雷达站的雷达回波可见,9 月 21 日 08:00 时在胶南的东南部沿海生成小尺度的对流单体,沿海岸线向东北方向移动,虽然尺度小,但是回波强度很强,08:00—09:00 最大回波强度在 56~60 dBZ,最高回波顶高度在 7~11 km。回波强度进一步发展,21 日 09:00—10:00(图 5),最大回波强度发展到 57~64 dBZ,最高回波顶高度在 7.3~9.4 km,此时胶南 1 h 雨量 31.3 mm。10:00 以后,在胶南的西南部沿海有多个小尺度的对流单体生成、发展向北移动,在胶南附近汇聚,胶南附近的对流云团发展加强,最强回波强度达到 64 dBZ,最高回波顶高度达到 11.3 km。到 11:10,胶南至南部的沿海及海区,形成南北向呈条状的对流云带,南北长度 40 km 左右,横跨海岸线,南部在海区,北部在陆地,影响胶南,最强回波强度 64 dBZ,最高回波顶高度 10.4 km,11:00—12:00 胶南的降水强度增大,1 h 雨量达到 70.9 mm。条状的对流云带维持时间不长,12:02 回波增强,北部的对流单体位于胶南上空,最大回波强度 60 dBZ,南部海区的对流单体发展北移,13:00 开始影响胶南,强度增大到 65 dBZ,此对流单体在胶南及其南部的沿海维持,强度在 60~65 dBZ,直到 15:26 减弱消失。此对流单体在 12:00—13:00 造成胶南 1 h 93.1 mm 的极强降水,之后胶南位于对流单体的北部边缘,14:00—16:00 1 h 雨量减小到 22~24 mm。15:32 开始在胶南的西南部沿海的陆地,又有对流云团发展,向东北方向移动,汇聚到胶南南部的对流云团中,16:01,在胶南和其西南部的沿海陆地,形成东北—西南向的中尺度对流云带,由 5 个小对流单体组成,长度 50 km 左右,最大回波强度 66 dBZ。此时在日照附近有对流单体发展,沿海岸线向东北方向移动,17:06 与东部的对流云带合并,沿海对流云带的长度增长,15:00—17:00 胶南的 1 h 雨量在 32.9~46.2 mm。之后,在日照的沿海不断有小对流单体生成,沿海岸线向东北方向移动,并入东北部的对流云带中,18:04,在沿海的对流云带从青岛一直延伸到日照,18:45,在日照北部的对流单体中监测到中气旋,19:08 开始,在胶南附近的对流云团开始减弱,日照附近的对流云团发展,最大回波强度达到 65 dBZ,最高回波顶高度 9.4~11.6 km。18:00—19:00 日照 1 h 雨量达到 97.4 mm。19:00 以后,沿海的对流云带在日照附近发展成弓形回波带,缓慢向东南方向移动,离开海岸,移向海区。23:00 以后,在海区减弱消失。

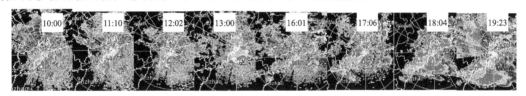

图 5 2012 年 9 月 21 日 10:00—19:32 青岛雷达站综合回波(CR)的演变

5.2 径向速度图特征

从径向速度(图 6a)中可以看到,在强降水期间,08:00—15:00,青岛至胶南的沿海低层一直维持一股偏南风气流,与西北—东南向的海岸线相垂直,09:00 开始在胶南附近的沿海有西南气流发展,西南气流与东南气流在胶南至青岛附近辐合,11:00 胶南至青岛沿海的西南风增强,在胶南沿海形成气旋性辐合的速度对,说明已有中尺度涡旋形成,12:00—13:00 胶南位于较强的中尺度气旋性辐合的气流中(图 6a)。13:00 以后,中尺度的气旋性环流辐合区沿海岸向西南移动,胶南强降水减弱,但是仍维持 1 h 20~30 mm 的雨量。西南部沿海没有观测站,没有降水记录。

5.3 雷达风廓线特征

从青岛雷达风廓线图上可以看到,在雷达站附近 08:00—09:00,0.6 km 以下为东南风,0.9~1.8 km 为南风,5.5 km 附近为西北风,5.8~8.8 km 为偏西风。低层风随高度的增加顺时针旋转,有暖平流,5 km 以上风随高度的增加逆时针旋转,有冷平流,说明中高层有弱冷空气影响。09:00—11:00 1.8~2.7 km 的南到西南气流增强,5.5~7.3 km 也转为西南风,中高层的西南气流增强,说明高空冷空气的影响减弱消失。低层的东南风与东北—西南向的海岸线垂直,有利于东南气流在沿海辐合和抬升。近一步证实了向岸风在强降水中的作用。12:00—13:00 近地面层的东南气流加强(图 6b),低层入流的暖湿气流增强,高层的西北气流减弱,降水强度进一步增大,1 h 雨量达到 91.3 mm。13:00—14:00 中层的西南气流减弱,降水强度明显减弱,1 h 雨量减小到 22.4 mm。15:00—18:00 高空的西北气流增强,说明高空有

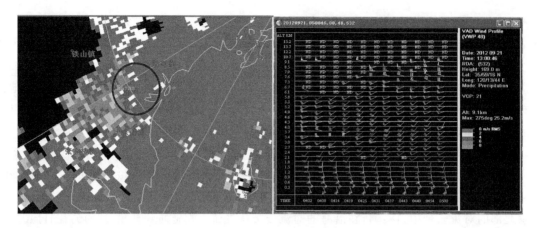

图6 青岛雷达站图

(a为21日12:02 0.5°仰角的径向速度图,圆圈为胶南附近的速度对;b为12:00—13:00的VWP产品)

冷空气影响。这次高空冷空气的侵入,使得对流加强,造成了日照的强降水。

6 小结

(1)强降水期间,500 hPa由槽后的偏西风转为槽前的偏南风,850 hPa以下为较强的偏南向岸风。

(2)强降水产生在低层南—北向能量锋区的西部高能区一侧。950 hPa以下的近海面层的偏南暖湿气流,持续地向沿海输送水汽和能量,造成水汽辐合、湿度增大、对流有效位能升高。

(3)低层向岸风的侧向辐合产生中尺度涡旋和辐合上升运动,与暖平流产生的上升运动相叠加,海岸的地形抬升作用使得上升运动增强。

(4)近地面层的上升运动触发对流不稳定能量释放,产生中小尺度的对流云团,另一方面上升运动向对流云团补给能量和水汽,使得对流云团持续不衰,造成局地持续性强降水。

(5)降水强度与低层暖平流强度、高层冷平流强度、近地面层向岸风的风速、地面上小尺度的风向气旋性辐合等成正比。

(6)在雷达回波中,小尺度的对流单体沿海岸线向西南方向发展,后期形成弓状回波,向东南海区移动,有中尺度涡旋生成。

参考文献

[1] 杨晓霞,刁秀广,高留喜,等.2011年7月25日山东乳山强降水分析//2011年灾害性天气预报技术论文集.北京:气象出版社,2012:386-395.

[2] 杨晓霞,吴炜,姜鹏,等.2013.山东省三次暖切变线极强降水的对比分析.气象,2013,**39**(12):1550-1560.

"131008"上海特大暴雨综合分析

曹晓岗　王　慧　漆梁波

(上海中心气象台,上海 200030)

摘　要

利用常规天气资料、物理量场资料、风廓线雷达资料、云图资料以及主要业务模式预报资料等,对 2013 年 10 月 7 日 20:00 到 8 日 20:00 上海地区特大暴雨进行了分析。分析表明这是一次双台风作用与北方扩散南下冷空气共同影响产生在上海及周边地区的特大暴雨过程。登陆减弱的 23 号台风"菲特"低压云系与 24 号"丹娜丝"北侧外围的强东风急流为强降水区提供了源源不断的水汽和能量;北方扩散南下冷空气与台风低压环流云系及"丹娜丝"北侧外围的强东风急流三者结合使得切变辐合抬升得到加强,物理量诊断也证明了这些结论;风廓线雷达资料分析发现低空切变在上海上空长时间维持是上海产生特大暴雨的主要原因;长时间切变的维持在卫星云图反映是 5 个对流云团的产生、合并造成强降水。各业务模式的检验表明,由于无法精确描述各台风的位置、强度和结构,大部分业务模式无论是降水落区、强度及最强降水时段均存在较大的误差。在模式有误差的情况下,预报人员如何进行订正是做好短期预报、短时预警报的关键。在短时预报中要重视非实时资料应用,在本次过程中组网的风廓线雷达不同高度的资料,对低空风切变就有很好地反映,可为大暴雨短时预警提供积极的参考。

关键词:多台风　大暴雨　环流背景　风廓线雷达　水汽热力条件　动力条件　模式预报分析

0　引言

2013 年 10 月 6—8 日受"菲特"台风环流影响上海出现了强降水,"菲特"对上海的影响主要分为两个阶段:6 日夜里受"菲特"环流外围云系影响、7 日早晨强台风在福建北部登陆迅速减弱,受减弱的热带气旋环流云系影响,6 日夜里到 7 日白天上海产生了暴雨,为"菲特"直接影响阶段(第 1 阶段);第 2 阶段为 7 日夜里到 8 日上午受"菲特"减弱的低压环流云系与北方扩散南下的冷空气以及"丹娜丝"外围东风急流共同影响出现了的特大暴雨。另外,10 月 7 日正是农历 9 月初三大潮汛,形成台风、暴雨、天文大潮和上游洪水"四碰头",上海西部地区水位破历史最高纪录,其中 8 日 15:55 松江米市渡实测潮位达 4.61 m,超警戒线 3.50 m 的 1.11 m,超历史最高的 4.38 m 的 0.23 m。暴雨造成上海中心城区 97 条马路积水,900 多个小区进水。造成城郊松江、青浦、金山、闵行等地河水漫溢,上海有 12.4 万人受灾,农作物受灾 27 960 hm²,直接经济损失 8.9 亿元。

对热带气旋影响上海产生大暴雨分析已经有较多的研究,姚祖庆[1]对上海"0185"特大暴

资助项目:中国气象局预报员专项"近海北上热带气旋对华东沿海地区影响分析"(CMAYBY2013-022)和行业专项"GYHY201306010"

雨过程天气形势分析、曹晓岗[2]对"0185"特大暴雨的诊断分析、陈永林等[3]的上海"0185"特大暴雨的中尺度强对流系统的活动特征及其环流背景的分析研究[3]、曹晓岗等[4]的"080825"上海大暴雨综合分析、曹晓岗等[5]的上海"0185"特大暴雨与"080825"大暴雨对比分析等。上海2001年8月5日大暴雨是热带低压经过上海直接产生的强降水,降水是由3个时段组成,徐家汇1h最强降水量75.4 mm。2008年8月25日的上海强暴雨是由高空低槽、中低层低涡、切变线及0812号台风"鹦鹉"登陆减弱后的低压外围水汽输送共同影响产生的。傅洁等[6]的多台风活动背景下"10·9"上海局地强降水过程分析、漆梁波等[7]的双台风形势下上海地区一次暴雨过程的预报分析和对比,分析的暴雨过程是由于其中一个台风左后侧的偏北气流与另一个台风的倒槽东南气流相结合所致。而本次过程与上述暴雨过程有明显的差异。第1阶段的暴雨预报关键是预报好"菲特"路径及登陆地点,上海中心气象台预报比较成功,预报的降水量与实况接近。7日夜里到8日中午出现的特大暴雨,对于其强度、落区以及降水集中的时段估计不足,其预报有多方面的难点。本文通过对这次过程第2阶段特大暴雨形成的天气形势分析、物理条件的诊断、卫星云图、雷达、风廓线等资料的分析,数值模式预报的检验,针对预报难点进行研究,试图从中得到一些启示,为今后上海大暴雨预报服务提供一些参考。

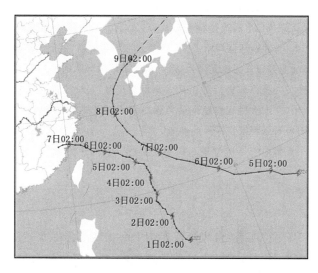

图 1   1323 号台风"菲特"和 1324 号台风"丹娜丝"路径

1   台风影响及业务预报情况

1.1   台风路径

2013 年 9 月 30 日 1323 号台风"菲特"在菲律宾以东洋面上生成后朝西北偏北方向移动,10 月 3 日 05:00 加强为台风,3 日 17:00 进一步升级为强台风,4 日 20:00 其路径折向西北偏西移动,于 7 日凌晨 01:15 在福建省福鼎市沙埕镇沿海登陆,登陆时中心附近最大风力 14 级,中心最低气压 955 hPa(图 1)。在这期间 1324 号台风"丹娜丝"10 月 4 日 14:00 在关岛附近的太平洋上生成,向西北偏西方向移动强度逐渐加强,于 7 日转向偏北方向移动,加强为超强台风,8 日早晨在 127°E 附近经过上海同纬度,之后转向东北方向。受双台风影响江苏、浙江、上海、福建北部产生了强降水。

1.2 6－8日上海降水

在台风"菲特"登陆前后,10月6日夜里到7日白天上海受其外围影响,普遍出现了暴雨,局部大暴雨(图略);7日夜里到8日上午受"菲特"减弱的低压环流云系与北方扩散南下的冷空气以及"丹娜丝"外围东风急流共同影响出现了特大暴雨,7日20:00－8日20:00普遍出现了大暴雨,局部特大暴雨(图略),上海11个气候站24 h平均雨量159.95 mm,打破1961年以来全市平均日降水量历史纪录,自动站以闵行旗中村24 h雨量260.7 mm为最大(该过程以下简称"131008"上海特大暴雨)。

统计7日20:00到8日20:00上海各雨量站中每小时最大降水量,可以看到,较强的小时降水量出现在8日04:00－11:00(图2)。上海8日03:00－12:00逐小时降水分布图看到强降水是自西北向东南移动的,最强小时雨量达76.9 mm出现在8日08:00－09:00的横沙岛(图3)。

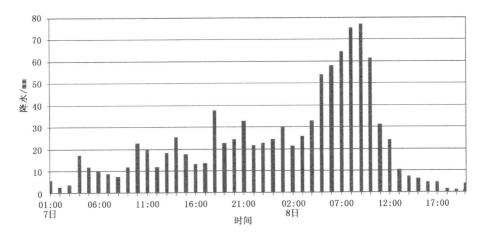

图 2　2014年10月7日01:00到8日20:00上海雨量站最大1 h降水量分布

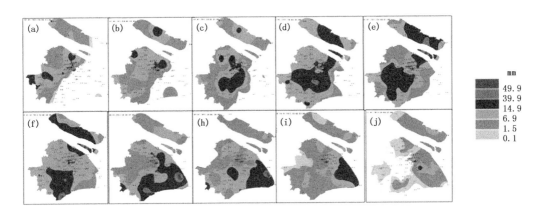

图 3　2013年10月8日03:00－12:00逐小时降水分布图(单位:mm)

1.3 业务预报情况

上海中心气象台于6日早晨发布了6日夜里到7日有大雨到暴雨;6日11:00－17:00发布6日夜里到7日有暴雨;7日早晨和中午的预报仅预报了当天有大雨到暴雨;7日17:00预

报 7 日夜里到 8 日有大雨到暴雨;7 日 20:00 发布暴雨蓝色预警,夜里到明天下午 12 h 累积降水量达 50 mm 以上,7 日 21:52 更新为暴雨黄色预警。8 日 02:00—05:00 的 3 h 中全市普遍出现了 40~60 mm 的降水,最大降水站点和平公园已经出现 93 mm,到 8 日 05:00 才发布当天有暴雨局部大暴雨,8 日 05:36 更新为暴雨橙色预警,3 h 累积降水量可达 50 mm 以上。8 日 07:38 更新为暴雨红色预警,预计未来 3 h 内中心城区、松江、闵行、崇明和青浦等地累积降水量达 100 mm。对"菲特"台风 7 日凌晨登陆减弱影响的产生的上海暴雨预报比较准确。对 7 日夜里到 8 日上午受"菲特"减弱的低压环流云系与北方扩散南下的冷空气以及"丹娜丝"外围东风急流共同影响出现的特大暴雨,其短期预报误差较大,短时预报了大暴雨,但特大暴雨还是漏报,在临近预报环节中,也基本是跟着实况在更新预警级别。

预报难点主要在确定台风低压环流云系与北方扩散南下冷空气及"丹娜丝"北侧外围的强东风急流三者结合位置,该位置决定了强降水主要落区。另外强降水稳定长时间维持与"丹娜丝"强台风恰好在东海转向北上有关,"丹娜丝"外围的强东风急流阻挡了冷空气的继续东移南下,同时为强降水区提供了源源不断的水汽补充。各数值模式预报 7 日夜里到 8 日的降水明显偏小,落区也有误差,预报员难以参考预报出上海的大暴雨,对此在后面将详细分析。

2 环流背景分析

2.1 台风及冷空气的相作用

2013 年 10 月 7 日凌晨强台风"菲特"在福建省福鼎市登陆,这是自 1949 年以来在 10 月份登陆我国陆地(除台湾和海南两大岛屿以外)的最强台风。登陆后于 7 日 09:00 在福建省建瓯市境内迅速减弱为热带低压。在其北侧有一倒槽,其东侧有两支来自东部洋面上的急流(图 4),一支是减弱为热带低压外围的东南风急流,另外一支是超强台风"丹娜丝"外围与副热带高压之间形成的强东风急流,两支急流汇合在浙江、上海、江苏南部,为暴雨区提供了源源不断的水汽和能量。500 hPa 低槽位于河套地区,低空低槽由东北地区南伸到山东、安徽,低槽后的东北气流南下到江苏西部和浙江地区,带来了北方冷空气,与两支偏东急流汇合在台风倒槽中。冷暖空气交汇,中低纬度不同气团的相互作用,使得大气层结变得不稳定,加强了上升运动,是形成强降水的重要原因。

2.2 高空急流

高空急流在这次特大暴雨中同样起了重要作用,7 日 08:00 250 hPa 图(图略)可以看到高空急流由安徽、江苏北部伸向我国东北地区,高空急流核位于山东附近,其东南部为副热带高压控制,这种形势持续到 8 日早晨(图略)。江苏中部及长江下游地区处在高空急流入口区南侧的强高空辐散区中,高空的抽吸作用维持并加强了低空的辐合抬升,使得强降水得以维持。

2.3 低空切变在上海维持

24 号台风"丹娜丝"于 7 日进入东海后,转向偏北方向移动,8 日上午过上海同纬度,在其北侧维持了非常强的偏东急流。23 号台风 7 日凌晨登陆,北侧的倒槽切变在偏东急流作用下,向西移动,7 日傍晚切变已经移到上海的西部地区。上半夜随着北方冷空气南下,低空北到东北风加大,切变不再向西移动,半夜以后缓慢东移,并维持在上海中东部地区。

图 5a 是上海 8 个风廓线雷达测得的 800~900 m 风的资料,分别是 7 日 20:00、23:00 和 8 日 03:00,7 日 20:00、23:00 切变线位于上海西部的青浦附近,8 日 03:00 切变东移到上海中

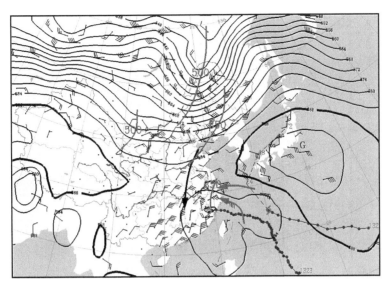

图 4 2013 年 10 月 7 日 08:00 500 hPa 位势高度、低槽与 850 hPa 的风、
低涡和切变线、"菲特"和"丹娜丝"路径

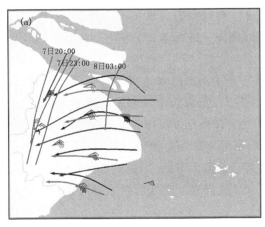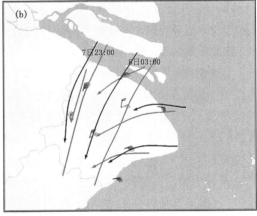

图 5 上海 8 个风廓线雷达测得的 800～900 m 风的资料(a);上海 8 个风廓线雷达
测得的 500～600 m 风的资料(b)

东部地区,500～600 m 风的切变有同样的特征。这与 8 日 03:00－12:00 逐小时降水分布图上强降水区东移是一致的。由位于上海中北部的浦东凌桥站风廓线雷达资料分析可以看到(图 5b),在 8 日 01:00 以后首先由近地面低层转为偏北风,之后逐渐向高层扩展(图 6),即冷空气是底层插入,强迫作用使暖空气抬升对降水非常有利。直到 24 号台风"丹娜丝"过了上海同纬度,东风急流减弱,在冷空气作用下低空切变东移南压过上海,8 日中午以后到东部海上,上海强降水明显减弱(图略)。低空切变在上海上空维持超过 18 h,是上海产生特大暴雨主要原因。

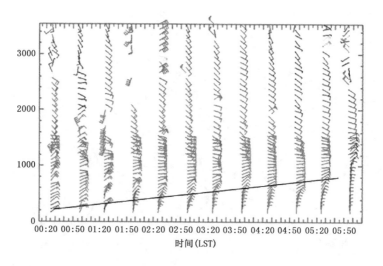

图 6　2013 年 10 月 8 日 02:00—06:00 上海浦东凌桥风廓线雷达图

3 "131008"特大暴雨的诊断分析

诊断分析用了实况探测计算的物理量资料、EC 细网格模式输出的物理量(经纬度格距 0.25×0.25)以及 T639 细网格模式输出的物理量(经纬度格距 0.281250×0.281250)。

3.1 特大暴雨的热力条件分析

7 日凌晨 23 号台风"菲特"在福建北部登陆,华东中南部沿海地区受台风倒槽影响,形成了高能区,高能舌顶部位于江苏南部和上海地区(图 7),上海位于≥68℃的高能舌区内;上海在高能平流区中,对流不稳定发展,这种能量分布特征持续到上海特大暴雨开始。7 日 08:00、7 日 20:00、8 日 08 时上海 925 hPa 与 700 hPa θ_{se} 的差值分别为:9℃、2℃、−4℃。可见,从 7 日 08:00—20:00 大气处持续对流不稳定中,8 日凌晨强降水开始,不稳定能量得到释放,大气层结逐渐转为稳定。另外,温度平流分析可看到 8 日凌晨有冷空气从西北方低空插入抬升了暖湿气流(图略),使得降水得到加强。

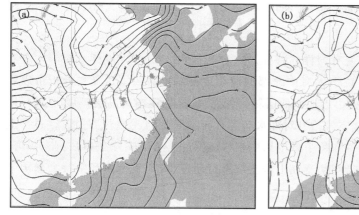
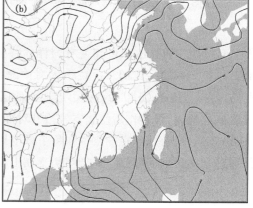

图 7　2013 年 10 月 7 日 08:00 925 hPa θ_{se}(a)和 850 hPa θ_{se}(b)

3.2 特大暴雨的水汽条件分析

10月7日凌晨台风"菲特"登陆前后,水汽向长江下游到福建北部后辐合,7日08:00这些地区的大气可降水量达56 mm以上(图8a),随24号台风"丹娜丝"在东海北上,其北侧的偏东急流水汽输送加强,7日20:00长江下游部分地区上空的大气可降水量增加到60 mm以上(图8b)。多年统计可知当大气可降水量达到55 mm时上海将产生强对流天气[8],大气可降水量在60 mm时会产生短时强降水,这次过程同样在60 mm以上。

图8　2013年10月7日08:00(a),20:00(b)大气可降水量(单位:mm),
2013年10月8日08:00 925 hPa水汽通量散度(c)和850 hPa水汽通量散度(d)
(单位:10^{-7} g·cm^{-2}·hPa^{-1}·s^{-1})

仅靠本地上空的水汽全部落下是远远不够的,还需要大量的水汽辐合。分析7日20:00 925 hPa、850 hPa和700水汽通量图(图略),可以看到水汽通量的大值区分别为22 g·cm^{-1}·hPa^{-1}·s^{-1}、20 g·cm^{-1}·hPa^{-1}·s^{-1}、16 g·cm^{-1}·hPa^{-1}·s^{-1},其大值中心线由东部洋面指向了长江下游,低空急流与中心线配合,形成源源不断的水汽输送。分析7日20:00低空水汽通量散度图可以看到辐合中心在长江下游地区,上海降水最强的时段8日早晨到上午,低空上海位于大的水汽辐合区中(图8c,d),850 hPa上的水汽通量散度强辐合中心、-24×10^{-7} g·cm^{-2}·hPa^{-1}·s^{-1}位于上海东部地区中低层水汽通量散度,在上海附近存在强的水汽辐合中心。

8日08:00上海上空中低层的相对湿度达到90%以上(图略),湿层的厚度从地面到达500 hPa以上。一般当湿层的厚度达到700 hPa时,就有利于暴雨的发生,造成暴雨区的水汽集中[5]。良好的水汽输送和辐合,厚湿度气层的形成,为特大暴雨的发生提供了足够的水汽条件。

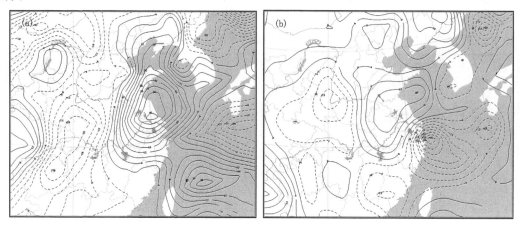

图9　2013年10月7日20:00 200 hPa散度(a)和2013年10月8日08:00 925 hPa散度(b)

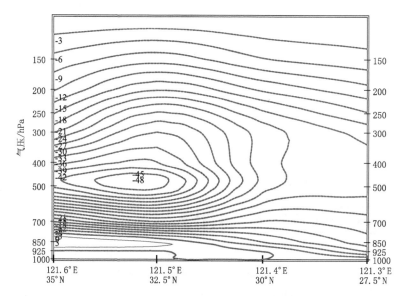

图10　2013年10月8日08:00垂直速度过上海的经向剖面(单位:10^{-2}hPa·s^{-1})

3.3　特大暴雨的动力条件分析

10月7日高空图上高空急流由安徽、江苏北部伸向我国东北地区,高空急流核位于山东附近,其东南部为副热带高压控制(图略),江苏中部及长江下游地区处在高空急流入口区的南侧,副热带高压边缘的强高空辐散区中,7日20:00辐散中心值达$40 \times 10^{-5} s^{-1}$(图9a)。低空长江下游到福建北部受台风减弱的低压倒槽影响,为小于$-10 \times 10^{-5} s^{-1}$辐合区(图略),这种低层辐合,高层强辐散非常有利于上升运动。高空的抽吸作用加强了低空的辐合,8日08:00低空辐合中心移到上海东部海上,中心值达-32×10^{-5},上海东部地区处小于-16×10^{-5} s^{-1}辐合区中(图9b),此时正是上海东部上升运动最强的时段。从8日08:00过上海的垂直上升经向剖面图(图 10)可以看到,上海处最大上升中心附近,最大上升中心在 500 hPa 高空,达 -46×10^{-2} hPa·s^{-1},8 日 50:00—10:00 上海最大小时降水强度均在 50 mm 以上。

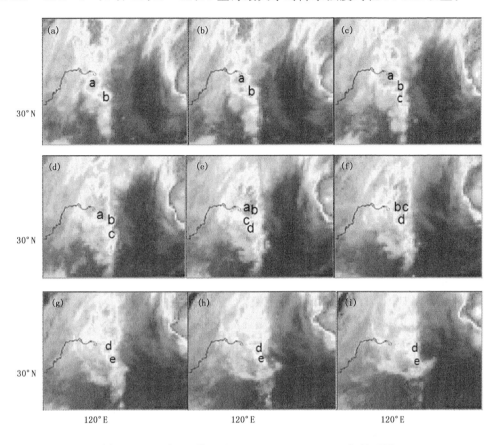

图 11 2013 年 10 月 8 日 03:00—11:00FY－2C 红外云图

4 卫星云图特征

10 月 8 日 03:00(图 11),云图上明显反映出上海西部和南部地区分别有对流云团 a 和云团 b,云顶温度同样小于－45℃。之后 05:00 对流云团 a,b 在上海北部崇明上空合并,合并之后对流云团云顶温度在－45～－55℃,在南侧新生对流云团 c,在 07:00 对流云团 c 又合并到对流云团 a,b 中,对流云团的云顶温度维持在－45℃～－55℃,其南侧又有对流云团 d 生成,08:00 对流云团 d 向北移与对流云团 c 合并,此时合并之后对流云团云顶最低气温达到－60℃,之后其南侧又有对流云团 e 生成发展,与对流云团 d 合并东移。于 12:00 东移到海上,上海的强降水结束。由台风"菲特"减弱地低压带来的水汽和强台风"丹娜丝"西北侧东风急流作用输送的东海水汽,使得对流云团不断生成、合并发展,但对流云团云顶温度在－45～－60℃,具有暖云降水效率高的特点,且移动缓慢,是造成上海产生大暴雨、特大暴雨的主要原因。同样,在多普勒雷达回波中可以看到 8 日凌晨以后以稳定性降水回波为主(图略),降水的效率特别高,位于浙江东部有气旋性涡旋(切变)向北顶,其北侧的辐合加强,不断产生新的降水云团向北移动,与云图上看到的较一致,使得上海的东部的降水不断加大。

5 业务数值模式的预报结果分析

如前文所述,本次暴雨的短期不成功和临近预报跟着实况走。随着数值预报模式分辨率和准确率的不断提高,现代天气预报越来越依赖数值预报模式的输出结果。由于10月7日前后在华东沿海有两个台风活动,北方还有冷空气南下影响,在这种异常复杂的天气形势下,当日各业务数值模式也未能成功地预报出上海地区的大暴雨,对当时的主观综合预报支持不足。缺乏数值模式产品的支持,要成功地预报大暴雨是困难的。以下简要分析一下当日各业务数值模式的表现,以便更多地了解多台风形势对模式预报性能的影响,试图发现一些今后可以借鉴的应用经验。

5.1 ECMWF 的全球高分辨数值模式

从使用经验看,该高分辨率模式的预报性能要好于其他全球模式。图12是高分辨率模式10月7日08:00起报的7日20:00到8日20:00的降水预报、7日08:00起报的850 hPa 24 h预报风场和8日08时850 hPa实况风场,及台风实况路径和ECMWF高分辨数值模式台风预报路径。可以看出,ECMWF高分辨数值模式对台风"丹娜丝"路径预报非常接近实况台风路径,850 hPa的24 h风场预报与实况风场相比,大部地区比较接近,但是在上海及其附近杭州湾风向风速都有误差,上海西部预报的风向为偏东风,实况为东北风,上海东部为东到东南风,实况倒槽切变位于上海上空,预报的最大切变辐合位于上海到太湖之间,因此预报的较强降水区主要在江苏南部南通、太湖地区到浙江中西部,预报最大降水中心位于杭州西部为100 mm,太湖有一个80 mm的大中心;实况7日20:00到8日20:00大于100 mm的降水区位于太湖以东的长江下游地区,最大降水为249 mm,预报的降水比实况降水位置明显偏西,且量级偏小。

究其原因,主要还是模式冷空气强度预报偏弱,使得台风"丹娜丝"北侧的偏东与其结合的位置偏西,造成了水汽辐合最大区在南通、太湖地区到浙江中西部,这样降水落区预报也就偏西了。故而对上海地区特大暴雨过程做出更为准确的预报。很显然,目前阶段预报员应用模式预报的经验和订正技能仍是的薄弱环节。

5.2 上海区域中尺度数值模式

上海市气象局新一代区域中尺度数值模式系统,分辨率分别是3 km、9 km和15 km。其中3 km分辨率模式使用快速更新循环技术(Rapid Update Cycle),主要用于支持0~6 h的短时预报;9 km分辨率模式采用美国俄克拉荷马大学开发的ADAS同化系统,预报时效72 h,预报区域覆盖华东区域及其沿海,主要用于支持短期预报(以下简称WRF9);15 km分辨率模式预报时效120 h,主要用于集合预报系统的支持。以下主要介绍9 km分辨率模式的预报结果,关于该模式的具体介绍,请参看文献[9]。

图13是WRF9模式2013年10月7日08:00起报的10月7日20:00—10月8日20:00的降水预报和8日08:00地面风预报。从图中可以看出,模式预报了东北—西南向的雨带,降水强度也在100 mm以上,降水强度预报较全球模式有所改善,但强降水区仍比实况要偏西80 km到100 km,其对上海地区的强降水过程未能反映(图12a)。原因还是对台风"丹娜丝"的预报位置误差,模式预报台风"丹娜丝"8日08:00位于上海以东的125.5°E左右,8日08:00实况位置是127.1°E,31.2°N,预报比实际位置偏西超过100 km(靠上海较全球模式更近),台

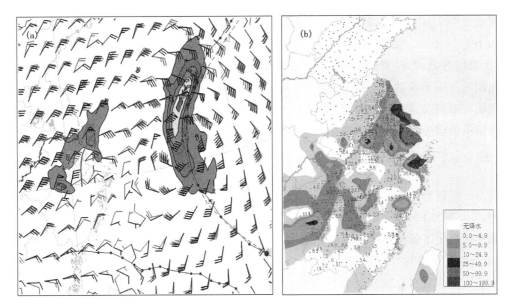

图 12　2013 年 10 月 7 日 08:00 ECMWF 的全球高分辨数值模式预报的 7 日 20:00—
8 日 20:00 大于 50 mm 雨量(阴影区)、预报的 8 日 08:00 850 hPa 风(红色)和
8 日 08:00 850 hPa 实况风(黑色)(a)7 日 20:00 到 8 日 20:00 降水分布(b)

风的位置预报出现偏差(图 13b),这样的形势组合导致台风北侧吹向华东沿海地区偏东急流
与北方南下的冷空气最强辐合位置偏西,模式预报的强降水落区位于太湖而不在上海地区。

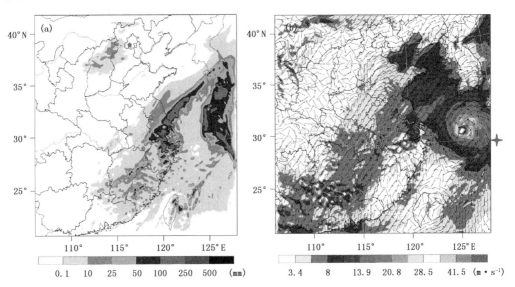

图 13　2013 年 10 月 7 日 20:00—8 日 20:00 的 24 h 雨量(a)和 8 日 08:00 的地面风预报(b)
(WRF9 模式 10 月 7 日 08:00 起报,其中圆点线为台风实况路径,小十字为模式预报台风位置)

　　模式对这类暴雨的形成过程是可以预报的,由于对双台风位置和结构描述的偏差,导致暴雨
出现的位置有偏差;进而影响降水落区。这在实际的模式预报产品解释应用中,都需要特别注意。
　　除了对上述常用的数值模式结果进行分析和检验外,其他业务模式如日本气象厅全球模
式、美国 GFS 全球模式、上海台风模式等预报的降水明显偏小,降水中心也离上海较远;T639

全球模式预报 7 日 08：00 到 8 日 08：00 大于 50 mm 的降水在江苏中部的苏北地区，8 日 08：00 后降水小于 50 mm。无论是降水落区、强度及最强降水时段这些模式预报均存在较大的误差，由于篇幅有限，不再赘述。当出现多台风时，部分对模式暴雨落区有所反映，但对双台风、冷空气相互作用导致的暴雨落区无法很好地预报。模式必须对各台风的位置和结构、冷空气影响强弱等都精确地描述，才有可能对上述暴雨落区进行成功预报。不同模式预报差异，及模式本身预报的误差导致模式无法给预报员提供足够的支持。

6 小结与讨论

这是一次双台风作用下与北方扩散南下冷空气共同影响产生在上海及周边地区的特大暴雨过程，登陆减弱的 23 号台风"菲特"低压云系与 24 号台风"丹娜丝"北侧外围的强东风急流为强降水区提供了源源不断的水汽和能量，北方扩散南下冷空气与台风低压环流云系及"丹娜丝"北侧外围的强东风急流三者结合使得切变辐合抬升得到加强，物理量诊断也证明了这些结论。风廓线雷达资料分析发现低空切变在上海上空长时间维持是上海产生特大暴雨主要原因。长时间切变的维持在卫星云图反映是 5 个对流云团的产生合并，最终造成强降水。

业务模式对本次特大暴雨过程其短期（24 h）预报不尽人意，大部分业务模式无论是降水落区、强度及最强降水时段均存在较大的误差，其主要原因可能是多台风作用下，再加上冷空气影响，模式首先要预报好台风位置、强度、结构等，以及预报准冷空气的强弱，预报准它们之间的结合位置等等。在模式有误差的情况下，预报人员如何进行订正是做好短期预报、短时预警报的关键。首先是根据台风实况路径与集合预报的台风路径对模式的台风路径进行订正，多模式比较，确定可以参考的预报信息，大致确定暴雨落区，做好短期预报。在短时预报中要重视非实时资料的应用，在本次过程中组网的风廓线雷达不同高度的资料，对低空风切变就有很好的反映，结合卫星云图、多普勒雷达及地面自动气象站风场等资料，可为大暴雨短时预警提供积极的参考。

参考文献

[1] 姚祖庆.对上海 0185 特大暴雨过程天气形势分析.气象，2002，**28**(1)：26-29.

[2] 曹晓岗."0185"特大暴雨的诊断分析.气象，2002，**28**(1)：21-25.

[3] 陈永林，杨引明，曹晓岗，等.上海"0185"特大暴雨的中尺度强对流系统的活动特征及其环流背景的分析研究.应用气象学报，2007，**18**(1)：29-35.

[4] 曹晓岗，张吉，王慧，等."080825"上海大暴雨综合分析".气象，2009，**35**(4)：51-58.

[5] 曹晓岗，王慧，邹兰军，等.上海"0185"特大暴雨与"080825"大暴雨对比分析.高原气象，2011，**30**(3)：739-748.

[6] 傅洁，曹晓岗.多台风活动背景下"10.9"上海局地强降水过程分析.暴雨灾害，2012，**31**(2)：161-16.

[7] 漆梁波，曹晓岗.双台风形势下上海地区一次暴雨过程的预报分析和对比.热带气象学报，2013，**29**(2)：177-188.

[8] 叶其欣，杨露华，丁金才，等.Gps/pwv 资料在强对流天气系统中的特征分析.暴雨灾害，2008，**27**(2)：142-148.

[9] 王晓峰，陈葆得，杨玉华，等.世博精细化数值预报业务体系介绍∥第七届全国优秀青年气象科技工作者学术研讨会论文集.宜昌：中国气象学会，2010：197-202.

淮河上游持续暴雨的机理分析及水汽输送特征

张　霞　吕林宜　王新敏　张　宁

（河南省气象台，郑州 450003）

摘　要

采用 $1°×1°$ NCEP 再分析资料及地面、高空实况观测资料，分析了 2000 年以来发生在淮河上游河南境内的四次持续性暴雨过程的大尺度环流背景、暴雨持续机制及水汽输送特征，结果表明：淮河上游持续性暴雨有纬向型和经向型两类，以纬向型居多。两类暴雨的持续与副热带高压及长波槽脊的稳定维持密切相关，两类暴雨均发生在亚欧环流为两槽两脊的大尺度环流背景下（槽、脊位置不同），北方南下的冷空气与副热带高压外围的暖湿气流长时间交汇于淮河上游上空，致使该地区暴雨持续；南亚高压东进和北抬伴随有负涡度东移，使得副热带高压西伸北抬或沿海高脊发展增强，副高的移动与南亚高压移动呈相向移动特征；高层高位涡中心扰动下传，在促使低层辐合上升运动加强的同时，引导冷空气南下与对流层低层的暖湿气流交汇于暴雨区，导致降水增强和持续；四次持续暴雨过程的水汽来自于南海、孟加拉湾或东部海面，主要的水汽辐合发生在 850 hPa 及其以下边界层，东边界和南边界是水汽的主要流入层。

关键词：持续暴雨　南亚高压　副热带高压　位涡　水汽收支

0　引言

暴雨是中国的主要灾害性天气，持续性暴雨最容易造成大范围严重洪涝，危及人民生命财产安全。多年来，对于持续性暴雨有较多研究并取得了大量的研究成果。早在 20 世纪 80 年代，陶诗言等[1]提出持续暴雨有经向型和纬向型两种类型，指出发生持续性暴雨需要有一定的大尺度环流条件，这些有利于暴雨形成的条件维持，暴雨就会持续。许多研究[2-4]指出，江淮流域梅雨降水状况与影响东亚地区的几支季风气流有着密切的关系。鲍媛媛等[5]分析了 2003 年 6—7 月淮河流域特大暴雨期间西南季风和东亚季风以及热带低纬地区环流的异常特征及其对梅雨暴雨的贡献，指出印度尼西亚地区低层气流辐合异常偏强有利于副高的稳定和加强，进而使中国东南部地区长时间维持强异常偏强的东南气流，从而为淮河流域的持续暴雨提供了源源不断的来自南海和西北太平洋的暖湿气流。鲍名[6]对近 50a 中国持续性暴雨作了统计分析和分型，并研究了不同类型持续暴雨大尺度环流特征。桂海林等[7]对 2007 年淮河流域暴雨期间大气环流特征进行分析，指出鄂霍茨克海阻高与乌拉尔山阻高这种双阻高形势为淮河流域的持续降水提供了很好的条件。充足的水汽供应是产生暴雨的重要条件之一，对于暴雨的水汽输送特征，也有许多研究成果[8-13]，康志明[14]对 2003 年淮河流域 6，7 月份持续性暴雨的水汽特征分析表明，水汽经南海北部经副高西侧向北及从孟加拉湾越过中南半岛到长

———————

资助项目：中国气象局成都高原气象研究所高原气象开放实验室基金项目（LPM2012014）；中国气象局预报员专项（CMAYBY2013－042）共同资助

江中下游两条通道向淮河流域输送,主要水汽辐合发生在 850 hPa 及其以下层。江虹[15]分析了 2003 年淮河流域发生持续性暴雨期间的水汽输送情况,发现输送至暴雨区的大量经向异常水汽通量距平主要来源于暴雨区南侧紧邻的中国南部沿海地区,其主要原因是西北太平洋副热带高压的异常西伸,强度偏强且长期稳定少动。

河南省的中东部和东南部所包括的广大区域地处淮河上游,是河南省年降水量最大、暴雨日数最多、暴雨强度最大的区域。这一地带的降水都汇入淮河干流,分流较少,集中在这些地区的强降水将使淮河干流附近面临巨大的洪涝风险。2000 年和 2003 年 6 月下旬至 7 月上旬、2007 年的 7 月上旬,淮河流域出现了罕见的大洪水,淮河上游河南段出现持续性的暴雨过程 4 次,(含 16 个区域暴雨日),持续的强降水,使沿淮各省出现了大范围的洪涝灾害,经济损失严重。对于淮河上游的暴雨,省内气象工作者做过一些典型的个例诊断分析,但对于持续性暴雨过程的成因及其共性特征缺少提炼,本文选取 2000 年以来发生在淮河上游河南境内的 4 次持续性暴雨过程,研究其大气环流特征和水汽输送特点,为做好淮河流域的洪涝预报提供科技支撑。

1 持续性暴雨过程的定义

陶诗言等[1]定义连续三天或三天以上的暴雨过程,总量大于 200 mm,也有定义五天或五天以上的暴雨过程为一次连续性暴雨过程。参照河南省业务规定和预报员手册的相关标准,本文中淮河上游持续暴雨标准定义如下:河南省淮河上游范围内有 10 站(含 10 站)以上国家一般气象观测站连片 24 h 降水量≥25 mm,其中 5 站以上 24 h 降水量≥50 mm 作为一个暴雨日,淮河上游出现连续三天及以上暴雨日,定义为一次连续性暴雨过程。由于河南省出现连续三天以上的持续暴雨日数相对较少,但考虑到暴雨持续时间越长影响越大,则定义连续五天及以上的持续暴雨允许中间有一天间歇。文中的淮河上游指河南省境内淮河流域区域范围(图1)。

图 1 河南省境内淮河上游范围

根据上述标准,河南省自 2000 年以来,淮河上游出现连续三天以上的持续性暴雨过程有四次,分别为:2000 年 6 月 24—28 日、2000 年 7 月 3—7 日、2003 年 6 月 30 日—7 月 4 日、2007 年 7 月 2—9 日,这四次持续性暴雨过程共含有 16 个暴雨日。

2 持续性暴雨的机理分析

2.1 过程实况及主要影响系统

如图 2 所示,四次持续性暴雨过程中,有三次的雨带呈东西走向(纬向型),仅一次为近于南—北走向分布(经向型),过程累计降水量 4 次过程均有多站达 200 mm 以上,2000 年 6 月下旬的持续暴雨过程,累计降水量达 200 mm 以上的站点分布在驻马店、漯河、周口一带,最大降水为周口的项城站 337 mm(图 2a);同年 7 月上旬,雨带近南北向分布,200 mm 以上降水分布在淮河和海河两个流域,淮河上游的最大降水为许昌的长葛 402 mm(图 2b);2003 年 6 月末至 7 月上旬的持续暴雨,最大降水出现在驻马店平舆 329 mm;2007 年的暴雨过程持续时间最长,200 mm 以上雨带主要在淮河以南地区,信阳站累计雨量最大为 463 mm。

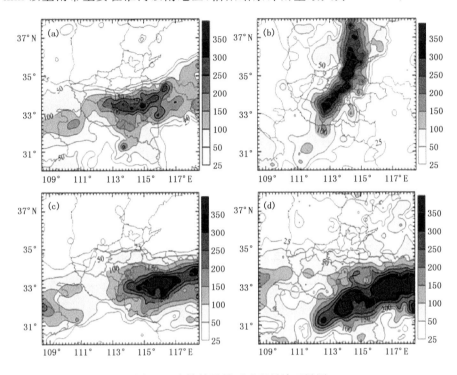

图 2 4 次持续性暴雨过程累计雨量图

(a 为 2000 年 6 月 24—28 日,b 为 2000 年 7 月 3—7 日,c 为 2003 年 6 月 30 日—
7 月 4 日,d 为 2007 年 7 月 2—9 日;单位:mm)

分析四次持续暴雨过程的主要影响系统发现,三次纬向型暴雨过程 500 hPa 平均高度图上(图 3a,3b,3d),欧亚地区大尺度环流为两槽两脊型,副热带高压呈东西带状分布,其平均脊线位于 23°N、西脊点伸至我国内陆 114°E 附近,控制华南和东南沿海广大地区,两个长波槽分别位于乌拉尔山附近和鄂霍茨克海地区,两个长波脊(或阻塞高压)则位于巴尔喀什湖和日本海附近,我国中纬度地区为平直环流区,由于长波槽脊稳定维持,平直环流带上不断有小波动东移,引导冷空气在河套地区南下与副高西南侧北上的暖湿气流交汇于淮河流域,致使该地区持续出现强降水。

经向型暴雨持续期间,副热带高压呈块状主体位于海上,欧亚地区大尺度环流仍为两槽两脊型,西槽仍位于乌拉尔山附近地区,位置与另三次过程相同,而东槽位于日本海附近,两脊分别位于贝加尔湖和鄂霍茨克海地区,由于贝湖高脊发展强大,日本海附近大槽深厚,我国中东部地区环流经向度加大,河套地区有浅槽或低涡生成,其后不断有冷平流入侵致使河套低槽(低涡)加深,由于稳定维持的鄂霍茨克海高脊阻挡,河套低涡移动缓慢,引导冷空气与沿急流北上的暖湿气流交汇于淮河和海河流域,造成持续性的经向型暴雨。

4 次过程的对流层低层影响系统主要有低空切变线、低空急流和低槽等影响系统,副高稳定维持期间,由于有西伸或东撤、北抬或南退的小幅度变动,致使低层影响系统随之缓慢移动,而高空冷空气的不断入侵,利于低空低槽(低涡)的加深发展,这些系统较为稳定,持续影响淮河流域,从而造成持续性的暴雨天气。

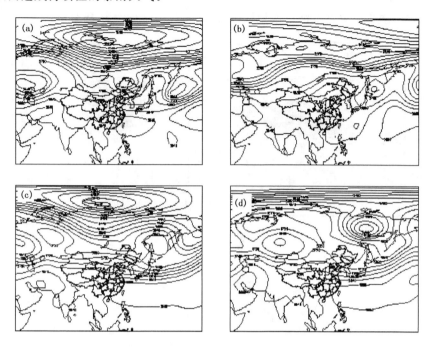

图3　4次持续性暴雨过程期间500 hPa高度场平均
(a为2000年6月24—28日,b为2000年7月3—7日,c为2003年6月30日—
7月4日,d为2007年7月2—9日;单位:dagpm)

2.2　南亚高压与西太平洋副热带高压演变分析

陶诗言等[1]对南亚高压的东西振荡与对流层中层西北太平洋副高的进退关系做过研究,指出二者是相向而行的关系。研究这四次持续暴雨期间南亚高压的位置变动和副高的演变发现,200 hPa南亚高压增强东进,所伴随的负涡度区东扩,与副热带高压的西伸北抬密切相关,南亚高压减弱西退,副高同时南落东退,二者进退是反向过程,与陶诗言的研究结果相一致。以2003年6月29日—7月4日的持续暴雨过程为例加以说明。图4是2003年6月29日—7月4日200 hPa和500 hPa高度场和负涡度分布。6月29日,南亚高压相对较弱,此时尚无12560 gpm中心,但12520 gpm线控制范围位于青藏高原上,且伴随有负涡度区,对应的500 hPa上,西太平洋副热带高压主体大部在海上,其西脊点在我国东南沿海福建境内,此后,南亚高压逐渐增强东进,30日20:00,12560 gpm闭合线控制高原东部地区,其负涡度中心随之东移,对应的副热带高压5880 gpm线有明显西伸和北抬,负涡度区西移;7月3日,是南亚高压增至最强、范围最大的一天,其东脊点已到达120°E附近,此时,副高也加强西伸并北抬,5880 gpm的西脊点深入内陆一度到达105°E附近,与大陆高压打通控制我国长江中下游以及青藏高原等广大地区,由于副高强大,水汽输送被切断,3日降水减弱;4日,南亚高压减弱西退,副高也南落东退。2000年6月下旬至7月上旬及2007年7月上旬的两次持续暴雨过程与2003年类似,同样有南亚高压的东进与副高的西伸北抬相关联。

2000年7月上旬的持续暴雨过程,大尺度环流与其他三次的纬向型不同,这次为经向型

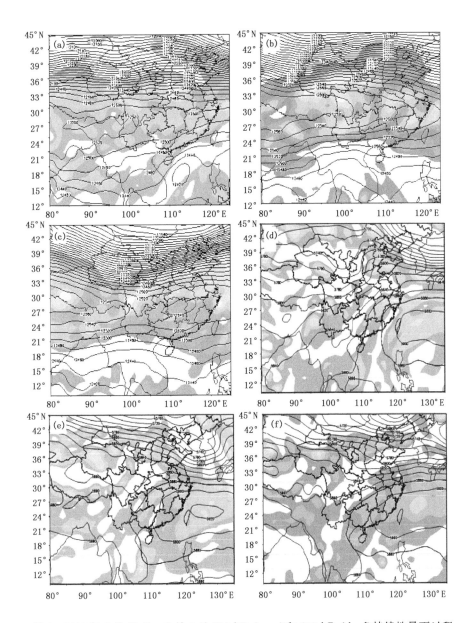

图 4 2003 年 6 月 29 日－7 月 4 日 200 hPa(a~c)和 500 hPa(d~f)持续性暴雨过程
期间高度场(实线,单位:dagpm)和负涡度分布图(阴影,单位:$10^{-5}\,\mathrm{s}^{-1}$)

(a,d 为 6 月 29 日 00:00;b,e 为 7 月 2 日 18:00;c,f 为 7 月 4 日 00:00)

暴雨,整个暴雨持续期间,南亚高压脊线位置较偏北,中蒙交界处有冷空气发展南下,南亚高压
东侧正涡度发展(图略),对应的 500 hPa 上,中蒙交界处有低涡生成并逐渐加强,随着 200 hPa
上南亚高压东侧正涡度向南发展,500 hPa 上低涡逐渐南压至河套地区,而贝湖附近的高压脊
也由于南亚高压主体北抬过程中负涡度增强而获发展,环流经向度因此加大。以上分析表明,
南亚高压的变动不仅与副热带高压的进退有关,同样也影响到我国中东部低值系统的生成和
发展。

那么,是什么原因导致南亚高压的变动与副高演变呈相向而行的变化趋势呢?我国中东

部地区低涡的发展与南亚高压变动是否有直接联系？

由公式(1)可知,在南亚高压内 200 hPa 若有负涡度平流,则对应其下有下沉运动,利于中低空辐散和负涡度增强。伴随着南亚高压东进产生的高空负涡度区的东移,有负的涡度平流产生,通过下沉运动,产生绝热加热引起对流层中层等压面升高,因而西太平洋副高加强西伸。同理,高脊也获发展。而当有正涡度平流产生时,则有上升运动加强引起其下层对流层中层等压面降低,低值系统获得发展。

$$\omega \propto \frac{1}{f}\frac{\partial}{\partial z}(-v \cdot \nabla\zeta) - \frac{\beta}{f}\frac{\partial v}{\partial z} \tag{1}$$

2.3 冷空气对暴雨的触发作用分析

位涡是综合热力、动力的物理量,可反映环境场的冷空气活动路径和暖湿气流活动。位涡

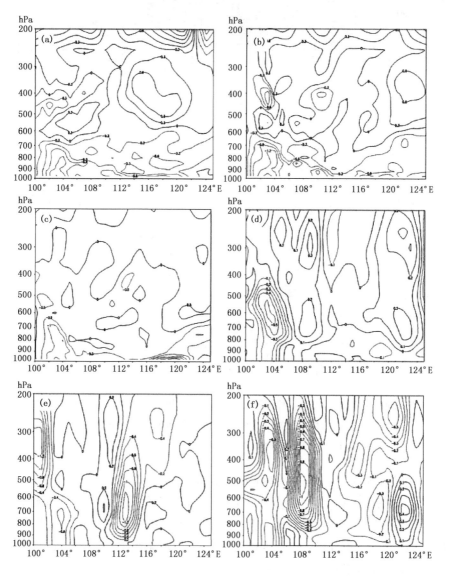

图 5　过 33°N 位涡(a~c,单位 PVU)和垂直速度(d~f,单位 Pa・s⁻¹)的经向—垂直剖面

(a,d 为 6 月 24 日 00:00;b,e 为 6 月 24 日 12:00;c,f 为 6 月 26 日 06:00)

具有守恒性,对于暴雨过程中位涡的演变特征有过不少研究成果[16-19],盛华[20]对"81.7"大暴雨进行了位涡分析,表明位涡中心与暴雨区的移动基本一致,较大的相当位涡局地变化是中小尺度系统的能源,对局地强对流天气的发生有重要的指示作用。陆尔等[21]的研究指出,1991年5-7月从北方或东北方南下的高位涡冷空气与暖空气相互作用,维持梅雨锋,形成了江淮地区的持续性暴雨。

分析四次持续暴雨过程期间的位涡演变特征,发现:4次持续暴雨过程是均存在高层的高位涡向低层扰动下传的现象,且每次位涡由高层下传至低层后,使低层辐合增强,对应于每次的强降水时段,以下以2000年6月29日-7月4日的持续暴雨过程为例具体说明。这次暴雨过程自6月24日08:00起雨强增大,24日08:00至26日08:00,出现了两个大范围区域暴雨日,这期6 h雨量均较大,沿暴雨中心33°N做位涡的垂直剖面,可以看到,24日08:00,在淮河上游112°~118°E区域300 hPa上空东西两侧,分别有两个位涡的大值区,而在500~600 hPa上,分别有0.3PVU和0.5PVU的两上正中心存在,700 hPa以下的对流层低层和边界层则为负位涡区,高层位涡已分别下传至500 hPa附近,有冷空气南下至500 hPa附近上空,此时降水已开始,14:00,高位涡继续下传,冷空气进一步向下层入侵,20:00,东、西两条路径的位涡已下传至800 hPa,冷空气已下传至对流层低层,两股冷空气在800 hPa附近淮河上游区域融合,与该处的暖湿气流交汇,降水增强。过暴雨区同时刻的垂直速度剖面图显示,随着高位涡的扰动下传,雨区上空的上升运动增强,这为暴雨的增强提供了良好的动力条件。

26日14:00,高层300 hPa以上已无明显的高位涡中心,雨区低空亦无明显的负位涡中心,此时,无新的冷空气补充影响,而雨区上空低层的暖湿气流也明显减弱,从垂直速度图上看到,此时淮河上游区域整层由辐合上升转为下沉运动,不利于降水的持续和增强,因而降水呈现明显减弱趋势。

3 水汽条件分析

3.1 水汽收支的计算方法

水汽条件的计算使用的资料包括:美国NCEP/NCAR的再分析资料(选用水平分辨率为1°×1°间隔6 h的逐日资料)。水汽输送的整层积分是从1000 hPa到500 hPa(共13层:1000,975,950,925,900,850,800,750,700,650,600,550,500 hPa)。选取四次持续暴雨过程淮河上游的暴雨区域(31°~34°N,113°~116°E),以其4个边界作为研究区域的边界,计算各边界逐时次的水汽输送通量和水汽通量散度,以及各层的各边界水汽通量来考察每次过程的水汽收支情况,水汽通量、整层积分及水汽收支的计算方法参照文献[10]提供的方法。

3.2 水汽源地和输送通道

分析四次暴雨过程整层积分的平均水汽通量演变图(图6),发现:2000年6月24日-28日(个例1)的过程,其水汽主要源地有两个,一个源自80°~105°E的孟加拉湾,一个源自110°~120°E的南海海面,水汽由孟加拉湾经我国云贵高原向东北方向输送与来自南海的沿副高边缘向北输送至我国的另一支水汽在华南地区北部交汇增强并输送到江淮地区,为淮河持续暴雨提供充足的水汽输送。2000年7月3-7日(个例2)的持续暴雨,水汽主要来自南海和东海,南海的水汽沿台风低压外围向东输送至东海与东海水汽汇合后,再向西经福建、江苏输送至我国江淮地区。2003年6月29日-7月4日(个例3)暴雨持续期间,水汽源地与个例

1类似,分别来自孟湾和南海,两个源地水汽在我国华南地区汇合后经长江流域输送至淮河上游。2007年7月上旬(个例4)的暴雨过程,水汽源地同个例1和2,孟湾水汽向东输送至南海北部,在海南与来自南海的水汽汇合后加强向北经江西、湖北输送至河南省淮河上游地区。

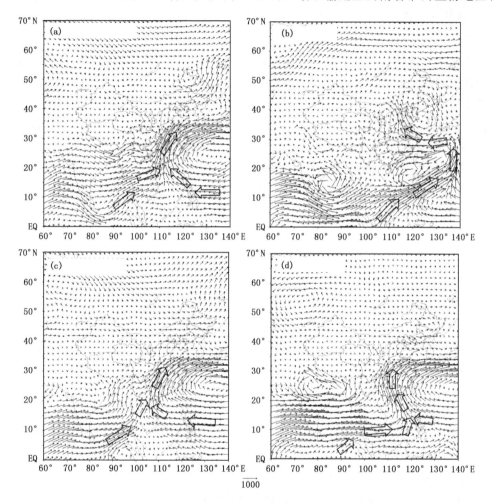

图6 淮河上游四次持续暴雨过程1000～500 hPa水汽通量积分平均

(a为2000年6月24—28日,b为2000年7月3—7日,c为2003年6月30日—7月4日,

d为2007年7月2—9日;单位:g•cm^{-1}•hPa^{-1}•s^{-1})

总体而言,淮河上游持续暴雨的水汽源地一般来自孟加拉湾和南海,孟湾水汽经云贵向东北方向输送或经中南半岛向东输送至南海北部至我国华南地区与来自副热带高压南侧南海海面向北输送的另一支水汽汇合,加强并继续向东北或北输送至淮河流域,这类源地的水汽输送一般发生在副热带高压呈东西带状且西伸增强的暴雨过程中,造成纬向型持续暴雨,强降水中心的位置与副高脊线和西脊点位置密切相关(个例1,3,4)。当副高主体在海上呈块状位置偏北,且有台风西行至菲律宾以西洋面时,水汽则通常源自南海和东海。

3.3 水汽收支

淮河上游(31°～34°N、113°～116°E)各边界不同层上水汽的平均收支情况如表1所示。可以看出,四次过程中自1000～500 hPa,南边界和东边界是淮河上游暴雨水汽输入的主要来源,各层上,南边界和东边界的水汽输入大小各不相同。1000 hPa 上南边界的水汽输入要远远大于东边界的水汽输入,而 850 hPa 上,则是东边界水汽输入大于南边界,700 hPa 和 500 hPa 上南边界的水汽输入占主要地位,从 1000～500 hPa 上,南边界水汽流入总体上要远远大于北边界或东边界的水汽流出。整层而言,四次过程中整层的水汽收支达到了 34～66。可见,充足的源源不断的水汽输送是暴雨产生和持续的重要条件。

表 1　四次持续性暴雨过程不同层各边界的平均收支

2000 年 6 月 24 日 08:00—27 日 08:00						2000 年 7 月 3 日 08:00—7 月 08:00				
	东边界	西边界	南边界	北边界	合计		东边界	西边界	南边界	北边界	合计
1000 hPa	9.38	−2.98	18.77	3.01	28.18	1000 hPa	−8.53	−5.91	4.91	8.25	−1.28
850 hPa	16.09	−0.00002	0.97	10.72	27.78	850 hPa	−1.88	0.000002	−1.73	5.83	2.22
700 hPa	−0.00001	−0.00003	16.64	4.61	21.25	700 hPa	−3E−06	0.00002	−2.83	0.21	−2.62
500 hPa	12.86	−0.42	16.94	3.45	32.83	500 hPa	−7.19	−6.87	3.59	8.43	−2.04
整层	29.48	4.76	12.19	−11.95	34.48	整层	−0.78	7.7	16.4	18.67	41.99

2003 年 6 月 29 日 08:00—7 月 4 日 08:00						2007 年 7 月 1 日 08:00—9 日 08:00				
	东边界	西边界	南边界	北边界	合计		东边界	西边界	南边界	北边界	合计
100 hPa	6.92	−0.68	11.45	1.19	18.88	1000 hPa	6.97	0.16	11.96	−0.5	18.59
850 hPa	18.24	−5E−06	−1.97	3.21	19.48	850 hPa	17.4	−3E−06	−0.18	3.8	21.02
700 hPa	−0.00002	−8E−06	15.53	3.17	18.70	700 hPa	−0.00002	−0.00001	15.19	2.76	17.95
500 hPa	9.48	−0.26	11.74	1.75	22.71	500 hPa	9.83	0.59	11.32	−0.66	21.08
整层	12.78	3.38	30.44	7.71	54.31	整层	41.25	14.3	18.75	−7.91	66.39

4　小结

(1)淮河上游持续暴雨通常有纬向型和经向型两类,纬向型暴雨居多。纬向型暴雨发生时,亚欧环流维持两槽两脊型,巴尔喀什湖尔和日本海地区为高压脊区,两个长波槽分别位于乌拉尔山附近和鄂霍茨克海地区,暴雨过程期间有强大的副热带高压呈东西带状维持,其平均脊线位于 23°N、西脊点伸至我国内陆 114°E 附近,控制华南和东南沿海广大地区,我国中纬度地区为平直环流区,暖湿气流经由副高西南侧北上与经河套地区南下的冷空气交汇于淮河流域,在冷暖气流的共同不断作用下,该地区持续出现强降水。

(2)经向型暴雨持续期间,副热带高压呈块状主体位于海上,欧亚地区大尺度环流为两槽两脊型,西槽仍位于乌拉尔山附近地区,东槽位于日本海附近,两脊分别位于贝加尔湖和鄂霍茨克海地区,河套地区有浅槽或低涡生成发展,移动缓慢,引导冷空气与沿急流北上的暖湿气流交汇于淮河和海河流域,造成持续性的经向型暴雨。

(3)持续暴雨期间南亚高压的位置变动和副高的演变具有反向而行的特点。当南亚高压东进北抬时,其东侧负涡度东移,有负涡度平流,上升运动增强,致使 500 hPa 等压升高,导致副高西伸增强。南亚高压的变动不仅与副高的进退有关,南亚高压位置偏北时,其东进和北抬常引起贝湖高脊的发展,而其前侧正涡度平流常导致河套低槽生成或加深,形成经向型暴雨。

（4）高位涡的扰动下传常造成低层辐合加强，上升运动增强；同时，高位涡下传引导冷空气南下，与雨区上空低层的暖湿气流交汇产生强降水。

（5）淮河上游持续暴雨的水汽源地一般来自孟加拉湾和南海，孟湾水汽经云贵向东北方向输送或经中南半岛向东输送至我国华南地区与来自副热带高压西南侧南海海面的另一支水汽汇合，向北输送至淮河流域，造成纬向型暴雨。当副高主体在海上呈块状位置偏北，且有台风西行至菲律宾以西洋面时，水汽则通常源自南海和东海。水汽收支情况表明，东边界和南边界是淮河上游暴雨的主要水汽输入层。

参考文献

[1] 陶诗言等. 中国之暴雨. 北京：科学出版社，1980：1-225.

[2] Tao, S Y, L X Chen. A review of recent research on the East Asian summer monsoon in China. *Monsoon Meteorology*, Edited by C. P. Chang and T. N. Krishnamurt i, Oxford U niversit y Press，1987：60-92.

[3] Lau K M. Seasonal and intra-seasonal climatology of summer monsoon rainfall over East Asia. *Mon Wea Rev*，1998，**120**：1924-1938.

[4] 徐予红，陶诗言. 东亚夏季风的年际变化与江淮流域梅雨期旱涝 // 黄荣辉. 灾害性气候过程及诊断. 北京：气象出版社，1996：31-39.

[5] 鲍媛媛，李锋，矫梅燕. 2003年淮河流域特大暴雨期间低纬环流分析. 气象，2004，**30**（2）：25-29.

[6] 鲍名. 近50年我国持续性暴雨的统计分析及其大尺度环流背景. 大气科学，2007，**31**（5）：779-792.

[7] 桂海林，周兵，金荣花. 2007年淮河流域暴雨期间大气环流特征分析. 气象，2010，**36**（8）：8-18.

[8] 胡国权，丁一汇. 1991年江淮暴雨时期的能量和水汽循环研究. 气象学报，2003，**61**（2）：146-163.

[9] 徐祥德，陈联寿，王秀荣，等. 长江流域梅雨带水汽输送源－汇结构. 科学通报，2003，**48**（21）：2288-2294.

[10] 王霄，巩远发，岑思弦. 夏半年青藏高原"湿池"的水汽分布及水汽输送特征. 地理学报，2009，**64**（5）：601-608.

[11] 孔海江，王霄，王蕊，等. 河南中南部持续性暴雨的水汽输送特征分型. 水文，2012，**32**（4）：37-43.

[12] 谢齐强. 1991年江淮流域持续性特大暴雨的水汽输送. 气象，1993，19（10）：16-20.

[13] 谢安，毛江玉，宋焱云. 长江中下游地区水汽输送的气候特征. 应用气象学报，2002，**13**（1）：67-77.

[14] 康志明. 2003年淮河流域持续性大暴雨的水汽输送分析. 气象，2004，**30**（2）：21-24.

[15] 江虹. 2003年淮河暴雨期大气水汽输送特征及成因分析. 暴雨灾害，2007，**26**（2）：119-124.

[16] 赵宇，张兴强，杨晓霞. 山东春季一次罕见暴雨天气的湿位涡分析. 南京气象学院学报，2004，**24**（6）：836-843.

[17] 高守亭，雷霆，周玉淑. 强暴雨系统中湿位涡异常的诊断分析. 应用气象学报，2002，**13**（6）：662-670.

[18] 李耀辉，寿绍文. 一次江淮暴雨的MPV及对称不稳定研究. 气象科学，2000，**20**（2）：171-178.

[19] 吴国雄，蔡雅萍，唐晓菁. 湿位涡和倾斜涡度发展. 气象学报，1995，**53**（4）：378-405.

[20] 盛华. "81.7"大暴雨位涡与相当位涡的诊断分析. 高原气象，1984，**3**（3）：10-18.

[21] 陆尔，丁一汇，李月洪. 1991年江淮特大暴雨的位涡分析与冷空气活动. 应用气象学报，1994，**3**（8）：266-274.

湖南冬季降水相态预报技术研究与应用

欧小锋[1]　姚　蓉[2]　唐　杰[2]

(1. 湖南省怀化市气象局,怀化 418000; 2. 湖南省气象局,长沙 410118)

摘　要

利用 1980—2009 年冬季湖南探空和地面观测资料,对湖南冬季降水相态时空分布、中低层气温及各层厚度统计分布特征进行了统计分析,并通过研究提炼了湖南冬季降水相态预报技术指标,开发了湖南冬季降水相态预报系统平台。冬季降水相态预报系统投入业务运行后,在 2014 年 2 月 3 次雨雪冰冻过程中预报效果较好,为湖南冬季降水相态预报和服务提供了技术支撑。

关键词:降水相态　统计分析　预报指标

0　引言

降水相态预报是冬季天气预报的主要工作之一。漆梁波[1-2]在中国东部地区冬季降水相态的识别判据研究一文中,提出了用温度因子和厚度因子作为判据条件和阈值,识别冬季雨、雨夹雪、雪及冻雨(冰粒),他研究了我国冬季冻雨和冰粒天气的形成机制及预报着眼点,通过云顶高度、暖层强度和厚度、地面气温来区分江南区域冻雨和冰粒天气。2008 年冬季的雨雪冰冻过程给我国南方地区的交通运输、电力电讯、工农业生产造成了严重损失,由此带来了严重的社会影响[3-4],国内学者对此次过程开展了大量的分析研究工作[5-12]。然而,针对湖南冬季降水相态预报技术指标的研究较少,故开展其相关研究,对湖南冬季降水相态预报和服务有一定的参考作用。

1　湖南冬季降水相态分型

本文使用 1980 年 1 月 1 日—2009 年 2 月 28 日冬季(12 月、1 月、2 月)湖南长沙、郴州 2 个探空站观测资料及全省 97 县市地面观测资料,以地面观测资料为基础,同时考虑地域的南北差异,以长沙探空资料代表湘北、以郴州探空资料代表湘南,将湖南冬季有降水日分为雨、冻雨、雪及混合型(雨夹雪)四种相态类型,考虑到冻雨和冰粒的气象条件仍有一定差异,故本文在冬季降水相态分型时,将冰粒划分为雨夹雪一类,不包含在冻雨中。

通过分析上述时段全省出现的 5315 个降水日,发现其中有 4364 站次出现纯雪型固体降水,共 443 个纯雪日(占冬季降水日的 8.33%);共 115308 站次出现纯雨型液态降水,共 2383 个纯雨日(占冬季降水日的 44.84%);共 8292 站次出现冻雨,共 1463 个冻雨日(占冬季降水日的 27.53%);共 14064 站次出现混合型降水,共 1026 个混合型降水日(占冬季降水日的 19.30%)。

资助项目:气象关键技术集成与应用项目[CMAGJ2014M37]——集成预报技术在中期天气预报中的应用;湖南省气象局科研课题:"湖南冬季降水相态预报系统推广应用"共同资助

1.1 纯雪型特征

1.1.1 温度特征

统计分析长沙、郴州站出现纯雪时不同气层温度箱线图发现(图1):长沙的 500 hPa 温度在 10%~90%分位覆盖范围从-19.3~-9.2℃,中位数为-14.1℃,700 hPa 温度在 10%~90%分位覆盖范围从-6.5~-0.7℃,中位数为-3.6℃,850 hPa 温度在 10%~90%分位覆盖范围从-8.1~-1.7℃,中位数为-6.2℃,1000 hPa 温度在 10%~90%分位覆盖范围为-2.5~0.8℃,中位数为-0.4℃;郴州的 500 hPa 温度在 10%~90%分位覆盖范围从-13.9~-8.5℃,中位数为-11.7℃,700 hPa 温度在 10%~90%分位覆盖范围从-3.5~2.4℃,中位数为-2℃,850 hPa 温度在 10%~90%分位覆盖范围从-5.9~2.7℃,中位数为-4.7℃,1000 hPa 温度在 10%~90%分位覆盖范围为-1.9~1.9℃,中位数为-0.2℃。上述统计数据表明,湘北出现纯雪时 700 hPa、850 hPa 温度基本在 0℃以下,且 850 hPa 温度整体偏低;湘南出现纯雪时 700 hPa、850 hPa 温度基本在 3℃以下。

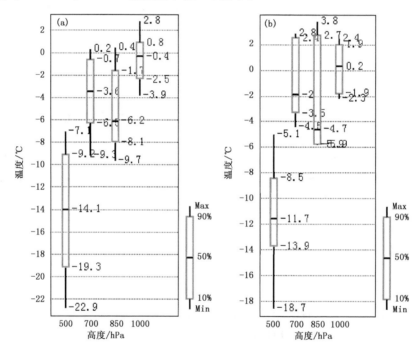

图 1　单站纯雪型不同气层温度箱线图

(a 为长沙站,b 为郴州站)

1.1.2 厚度特征

统计分析长沙、郴州站出现纯雪时中低层厚度箱线图发现(图略):长沙的 700 hPa 与 850 hPa 厚度在 10%~90%分位覆盖范围从 1512~1547 gpm,中位数为 1530.5 gpm,850 hPa 与 1000 hPa 厚度在 10%~90%分位覆盖范围从 1273~1293 gpm,中位数为 1285.5 gpm;郴州的 700 hPa 与 850 hPa 厚度在 10%~90%分位覆盖范围从 1538~1575 gpm,中位数为 1554 gpm,850 hPa 与 1000 hPa 厚度在 10%~90%分位覆盖范围从 1278~1295 gpm,中位数为 1285 gpm。上述统计数据表明,湘北出现纯雪时 700 hPa 与 850 hPa 厚度要比湘南略薄 2 gpm,850 hPa 与 1000 hPa 厚度两者差异不大。

1.2 冻雨型特征

1.2.1 温度特征

统计分析长沙、郴州站出现冻雨时不同气层温度箱线图发现(图2)：长沙的500 hPa温度在10%~90%分位覆盖范围从－16.5~－9.7℃，中位数为－12.5℃，700 hPa温度在10%~90%分位覆盖范围从－2.7~1.4℃，中位数为－0.7℃，850 hPa温度在10%~90%分位覆盖范围从－8.1~－2.1℃，中位数为－6.3℃，1000 hPa温度在10%~90%分位覆盖范围为－4.1~－0.9℃，中位数为－2.5℃；郴州的500 hPa温度在10%~90%分位覆盖范围从－14.7~－5.5℃，中位数为－11.1℃，700 hPa温度在10%~90%分位覆盖范围从－2.1~3.6℃，中位数为0℃，850 hPa温度在10%~90%分位覆盖范围从－8.7~4.8℃，中位数为－2.8℃，1000 hPa温度在10%~90%分位覆盖范围为－2.3~0.2℃，中位数为－0.9℃。上述统计数据表明，湘北出现冻雨时，700 hPa基本在－2.7℃以上、850 hPa温度基本在－2℃以下，融雪层基本在850 hPa以上，1000 hPa基本在－0.9℃以下；湘南出现冻雨时850 hPa、700 hPa温度略高，融雪层分布范围较广，且1000 hPa温度基本在0.2℃以下。

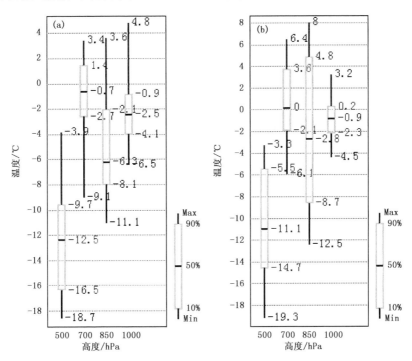

图2 单站冻雨型不同气层温度箱线图
(a为长沙站，b为郴州站)

1.2.2 厚度特征

统计分析长沙、郴州站纯雪型中低层厚度箱线图发现(图略)：长沙的700 hPa与850 hPa厚度在10%~90%分位覆盖范围从1529~1564 gpm，中位数为1534.8 gpm，850 hPa与1000 hPa厚度在10%~90%分位覆盖范围从1283~1305 gpm，中位数为1293 gpm；郴州的700 hPa与850 hPa厚度在10%~90%分位覆盖范围从1540~1566 gpm，中位数为1552 gpm，850 hPa与1000 hPa厚度在10%~90%分位覆盖范围从1281~1302 gpm，中位数为 1292 gpm。上述统计数据表明，出现纯雪时，湘北 700 hPa 与 850 hPa 厚度要比湘南略薄 2 gpm，850 hPa 与 1000 hPa 厚度差异不大。

1.3 混合型特征

1.3.1 温度特征

统计分析长沙、郴州站出现混合型降水时不同气层温度箱线图发现（图 3）：长沙的 500 hPa 温度在 10%～90% 分位覆盖范围从 −18.7～−12.1℃，中位数为 −15.5℃，700 hPa 温度在 10%～90% 分位覆盖范围从 −4.5～0.4℃，中位数为 −1.3℃，850 hPa 温度在 10%～ 90% 分位覆盖范围从 −6.0～−0.6℃，中位数为 −3.3℃，1000 hPa 温度在 10%～90% 分位覆盖范围为 −1.0～3.2℃，中位数为 −0.7℃；郴州的 500 hPa 温度在 10%～90% 分位覆盖范围从 −16.1～−7.5℃，中位数为 −12.7℃，700 hPa 温度在 10%～90% 分位覆盖范围从 −2.5～ 1.3℃，中位数为 −0.3℃，850 hPa 温度在 10%～90% 分位覆盖范围从 −7.0～0.1℃，中位数为 −4.7℃，1000 hPa 温度在 10%～90% 分位覆盖范围为 −0.1～3.6℃，中位数为 1.2℃。上述统计数据表明，湘北出现混合型降水时，850 hPa、700 hPa 温度基本在 0℃ 以下；出现混合型降水时 850 hPa、700 hPa 温度略高，1000 hPa 温度基本在 0℃ 以上。

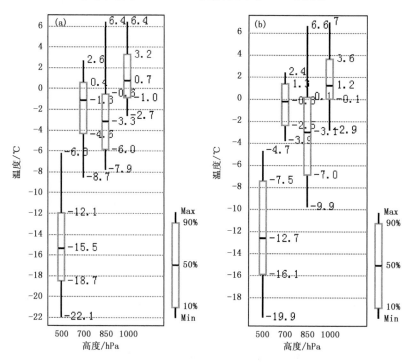

图 3　单站混合型不同气层温度箱线图

（a 为长沙站，b 为郴州站）

1.3.2 厚度特征

统计分析长沙、郴州站出现混合型降水时中低层厚度箱线图发现（图略）：长沙的 700 hPa 与 850 hPa 厚度在 10%～90% 分位覆盖范围从 1529～1564 gpm，中位数为 1534.8 gpm，850 hPa 与 1000 hPa 厚度在 10%～90% 分位覆盖范围从 1283～1305 gpm，中位数为 1293 gpm；郴州的 700 hPa 与 850 hPa 厚度在 10%～90% 分位覆盖范围从 1540～1566 gpm，中位数为 1552 gpm，850 hPa 与 1000 hPa 厚度在 10％～90％分位覆盖范围从 1281～1302 gpm，中位数为 1292 gpm。上述统计数据表明，湘北出现混合型降水时 700 hPa 与 850 hPa 厚度、850 hPa 与 1000 hPa 厚度和湘南差异不大。

2 湖南冬季降水相态预报技术指标

根据静力学原理和对湖南冬季降水相关要素的统计结果，初步确定湖南冬季降水相态预报的预报因子及其取值范围，通过对影响湖南的冬季降水历史个例的分析、研究和回报检验，我们发现温度、厚度及其二者组合因子冬季降水识别判据条件中，使用温度、厚度的厚度判据因子优于单一因子判据，参考国外最新预报方法，结合对典型个例模拟调整相关参数，提炼出湖南冬季降水相态判据和阈值(见表1)。

表 1 湖南冬季降水相态判据和阈值

区域	降水相态	判定条件 温度(℃)、厚度(gpm) 其中 $H_1 = H_{700} - H_{850}$ $H_2 = H_{850} - H_{1000}$ ｜表示逻辑或，&表示逻辑并
湘北	混合型	$((T_{1000} \leq 0 \& T_{850} > 0)\ \vert\ (T_{850} \leq 0\ \& T_{1000} \geq 0 \& T_{1000} \leq 4)) \& 1530 < H_1 < 1560\ \& 1280 \leq H_2 \leq 1300$
		$(T_{925} \leq 0\ \&\ T_{1000} \leq 0 \& 1280 \leq H_2 \leq 1300)$
	雪	$T_{1000} \leq 0 \& T_{850} > 0 \& H_1 \leq 1540 \& H_2 \leq 1280$
		$T_{1000} \leq 0 \& H_1 \leq 1540$
	冻雨	$T_{700} \geq 0 \& T_{850} \leq -2 \& T_{1000} \leq 0 \& 1570 > H_1 > 1520 \& H_2 \leq 1290$
		$1570 > H_1 > 1520 \& T_{1000} \leq 0$
湘北	混合型	$((T_{1000} \leq 0 \& T_{850} > 0)\ \vert\ (T_{850} \leq 0\ \& T_{1000} \geq 0 \& T_{1000} \leq 4)) \& 1540 < H_1 < 1570\ \& 1280 \leq H_2 \leq 1300$
		$(T_{925} \leq 0\ \&\ T_{1000} \leq 0 \& 1280 \leq H_2 \leq 1300)$
	雪	$T_{1000} \leq 0 \& T_{850} > 0 \& H_1 \leq 1560 \& H_2 \leq 1290$
		$T_{1000} \leq 0 \& H_1 \leq 1560$
	冻雨	$T_{700} \geq 0 \& T_{850} \leq -2 \& T_{1000} \leq 0 \& 1590 > H_1 > 1520 \& H_2 \leq 1290$
		$1590 > H_1 > 1520 \& T_{1000} \leq 0$

2.1 湖南冬季降水相态预报系统设计及应用

以数值预报模式产品为基础，根据湖南冬季降水相态预报指标，湖南省台研发了湖南冬季降水相态预报系统，并已投入到湖南冬季降水相态预报业务应用中。检验2014年2月上中旬三次雨雪过程预报效果，结果表明该降水相态预报技术指标对湖南冬季降水相态预报有较好的参考价值，为湖南冬季降水相态预报提供了强大的技术支撑。

2.1.1 应用实例

2014年2月8-9日湖南出现了大范围雨雪冰冻天气过程(图4)，本次过程存在多种降水相态转换,预报难度大。根据欧洲中心细网格数值预报模式客观预报释用结果表明(图4a),湘东南为液态降水,其他地区以雪为主,湘西有冻雨,实况表明(图4b),湘东南为液态降水,其他地区以雪为主,但冻雨范围比预报范围略大。整体来说,说明湖南冬季降水相态判据具有较好的参考价值,为更好地开展湖南冬季降水相态预报提供了一定的技术支撑。

图4 2014年2月9日雨雪预报与实况对比

3　小结

根据1981—2009年湖南冬季降水相态统计数据分析,掌握湖南冬季各种相态降水发生时的高低空配置及其特征,建立不同区域降水相态的温度、厚度判据,给出相应阈值,在湖南冬季降水相态预报业务应用中能发挥较好的作用,为湖南冬季降水相态预报能力和服务水平提供技术支撑和保障。

参考文献

[1] 漆梁波.中国东部地区冬季降水相态的识别判据研究.气象,2012,**38**(1):96-102.

[2] 漆梁波.我国冬季冻雨和冰粒天气的形成机制及预报着眼点.气象,2012,**38**(7):769-778.

[3] 马宗晋.2008年华南雪雨冰冻巨灾的反思.自然灾害学报,2009,**18**(2):1-3.

[4] 胡爱军.论气象灾害综合风险防范模式——2008年中国南方低温雨雪冰冻灾害的反思.地理科学进展,2010,**29**(2):159-165.

[5] 姚蓉,黎祖贤,戴泽军,等.2008年初持续雨雪灾害过程分析.气象科学,2009,**29**(6):838-843.

[6] 叶成志,吴贤云,黄小玉.湖南省历史罕见的一次低温雨雪冰冻灾害天气分析.气象学报,2009,**67**(3):488-499.

[7] 丁小剑,杨军,唐明晖,等.湖南2次典型的冰冻灾害天气特征及成因分析.干旱气象,2010,**28**(1):87-80.

[8] 纳丽,郑广芬,杨建玲.2008年1月宁夏持续连阴雪低温极端天气气候背景及影响因子.干旱气象,2010,**28**(2):202-211.

[9] 王兴菊,白慧,陈贞宏.2008年和2010年年初贵州低温雨凇分析.干旱气象,2012,**30**(2):237-243.

[10] 葛非,肖天贵,金荣花,等.2008年低温雨雪天气扰动能量的积累和传播.气象,2008,**34**(12):11-20.

[11] 邹海波,刘熙明,吴俊杰,等.定量诊断 2008 年初南方罕见冰冻雨雪天气.热带气象学报,2011,**27**(3):345-356.

[12] 王东海,柳崇健,刘英,等.2008 年 1 月中国南方低温雨雪冰冻天气特征及其天气动力学成因的初步分析.气象学报,2008,**66**(3):405-422.

影响山东切变线天气特征和垂直结构分析

刘　畅[1]　张少林[1]　杨成芳[1]　张洪生[2]

(1 山东省气象台;2 山东省人民政府人工影响天气办公室,济南 250031)

摘　要

本文利用常规气象观测资料和 NCEP/NCAR 1°×1°再分析资料,统计分析了 2001—2010 年影响山东的切变线的天气气候、环流形势、降水分布的特征和各类典型切变线的空间结构。结果表明:影响山东的切变线天气系统按其热力性质可分为冷切变线和暖切变线,冷切变线按其风场结构可分为经向切变线和纬向切变线。一年当中 7、8 月份是切变线高发期。山东雨季典型切变线的发生与副高关系密切,经、纬向切变线分别发生在副高强大呈块状、带状分布时,西风槽东移受阻,蜕变为切变线。经(纬、暖)切变线在空间剖面图上与向西(北)倾斜的正涡度柱配合,且切变线上正涡度最大;切变线均上有 θ_{se} 能量锋区配合,冷切变线位置偏向于相对暖气团一侧,暖切变线位置位于锋区中间;切变线的上升运动区主要位于切变线上和暖气团一侧;构成切变线的相对暖气团均具有对流不稳定性;冷切变线的水汽辐合区主要位于切变线上和切变线附近的冷气团一侧,而暖切变线的水汽辐合区则主要位于切变线上。500 hPa 槽是切变线降水区的后边界,冷切变线降水区出现在地面静止锋后部的偏北风里,暖切变线降水落区位于地面准东西向倒槽的偏东风里;相对较大的降水出现在 700 hPa 和 850 hPa 切变线在地面的投影之间的区域;切变线暖气团或相对暖气团中在合适的触发条件下还可能出现分散性的短历时强降水。

关键词:冷切变线　暖切变线　环流形势　垂直结构

0　引言

切变线被定义为低空(700 hPa 或 850 hPa 等压面上)风场具有气旋式切变的不连续线[1],是降水天气尺度系统中重要的一类,影响我国的切变线按其出现地域可划分为华北切变线、江淮切变线、华南切变线及高原切变线。目前关于切变线的研究多集中于两类比较有特色的切变线,即江淮切变线(梅雨锋)和高原切变线[2-13],对于华北地区的切变线也有一些有意义的探讨,王志超[14]等分析了一次华北中部切变线暴雨过程中的锋生函数特征,指出锋生函数表明了冷暖空气的聚集程度,对于诊断强降雨发生的时段和落区有一定指示意义;关于山东地区的切变线暴雨天气过程已有一些分析和探讨[15-16],杨成芳等[17]利用雷达风廓线等新探测资料研究了青岛一次冷式切变线暴雨过程的动力结构特征,其分析指出切变线在 850 hPa 以下层次明显,强降雨主要分布在 925 hPa 切变线附近,降雨区分布在 925 hPa 东北风和 850 hPa 西南风叠置区域;吴君等[18]以位涡理论为基础讨论了山东中部地区一次切变线造成的区域性暴雨过程,指出切变线暴雨落区与湿位涡的时空演变有很好的联系;苗爱梅等[19]分析了山西 2009 年汛期 5 次横切变暴雨天气过程,归纳了其出现时环流形势的共同特点为 500 hPa 副高

资助项目:国家自然科学基金(41475038)和山东省气象局重点课题(2010sdqxz10)共同资助

均为纬向型并伴有低空急流和大陆小高压,二者的具体位置对暴雨的具体落区至关重要。可见,已有的对于切变线及其降水的探讨多倾向于一次切变线暴雨或大暴雨过程数值模拟和物理量诊断,而切变线按其形成的环流形势可分多种[1],对于各类切变线本身的动力、热力和水汽分布的结构特征分析和对比分析,以及降水落区与结构特征关系的研究还较为少见,本文在普查历史天气图基础上,利用 NCEP/NCAR1°×1°的再分析资料,拟针对各类影响山东的切变线天气系统,选取典型个例,分析其结构和降水落区特征,以期获得对于影响山东的切变线天气系统的一般性认识,为切变线降水预报提供参考。

1 切变线的气候特征

普查 2001—2010 年天气图发现:10 年间影响山东的切变线天气系统按其热力性质可分为冷切变线(冷暖气团对峙)和暖切变线(发生在暖气团和更暖气团之间),风场结构方面,冷切变线通常为东北风与西南风之间的风向不连续线,而暖切变线则为东南风与西南风之间的风向不连续线。冷切变线按其走向,可划分为两种:当冷切变线与纬圈夹角大于 45°时,称之为经向切变线;当冷切变线与纬圈夹角小于 45°时,称之为纬向切变线。

10 年间影响山东的切变线共发生 109 次,三种类型切变线发生的频次有所不同(图略),暖切变线发生的频次最高,占切变线总发生次数的 62%,平均每年发生 6.7 次。纬向切变线次之,为 21%,平均每年发生 2.3 次,经向切变线发生的频次最低,占切变线发生次数的 17%,平均每年发生 1.9 次。三类切变线总发生次数的月分布也表现出了明显特征(图略),暖切变线一年四季都可发生,多集中发生于 4—9 月份,而纬向切变线和经向切变线则爆发于 7—9 月份。由此可见:一年当中 7、8 月是冷、暖切变线的高发期,而此期间正值山东雨季,可见切变线天气系统的发生及降水的预报是雨季天气预报工作的重要部分,有必要归纳总结出一般情况下不同切变线天气系统的大气环流特征、切变线的结构特征及降水落区特征。

2 雨季影响山东的切变线天气系统典型个例分析

2.1 经向切变线

2.1.1 环流特征

影响山东的经向切变线主要出现在夏季副高位置稳定的环流形势下。当副高强大、稳定、位置偏北且呈块状时,易形成经向切变线。它产生的环流背景如图 1a 所示:副高 588 等位势什米线控制日本海,当副高和西风带高压脊叠加,在日本列岛附近形成稳定的暖性经向高压坝,同时贝加尔湖附近也为高压脊控制,形成两高对峙的形势,使得自巴尔喀什湖槽区分裂的小槽东移到 110°~115°E 附近时与"两高"间的低槽同位相叠加。小槽发展、加深并停滞,逐渐形成为稳定的经向切变线,表现在对流层中低层 700、850 hPa 等压面上西风带小高压和副高之间的切变线,如图 1b 所示。典型的、高低空系统配置完整的经向切变线生成同时伴随着地面冷锋逐渐转变成准静止锋(或缓行冷锋),图略。从气团角度分析经向切变线的形成可理解为,自巴尔喀什湖分裂东移的大陆干冷气团,沿西风带环流东移过程中受阻于日本岛附近的海洋暖湿气团和贝加尔湖附近的大陆暖干气团之间,从而在我国东部地区形成变性的大陆干冷气团和来自低纬热带海洋暖湿气团的交绥。

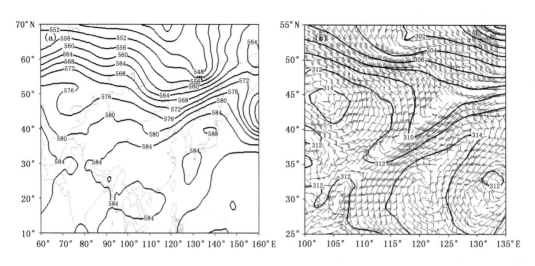

图 1　2005 年 8 月 17 日 08：00 500 hPa(a)，700 hPa(b)形势场

2.1.2　结构特征

　　为了清楚地了解经向切变线热力、动力及水汽结构的空间特征，针对 2005 年 8 月 17 日天气过程，沿 38°N 制作几种常用物理量场的经向垂直剖面图(图 2)，并采用经向风 $v = 0$ 等值线作为经向切变线的标识。

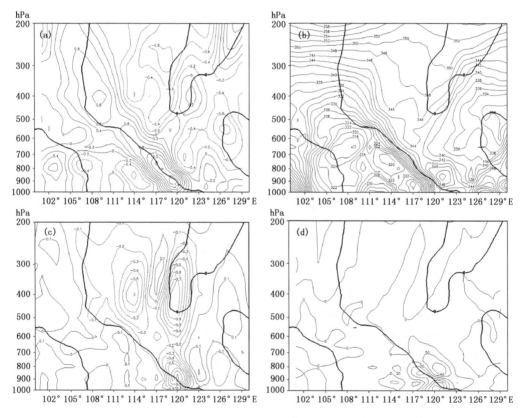

图 2　2005 年 8 月 17 日 08：00 水平涡度(a，$10^{-5}\,\mathrm{s}^{-1}$)、假相当位温(b，K)、垂直上升速度场(c，$\mathrm{Pa \cdot s^{-1}}$)和
水汽通量散度(d，$\mathrm{g \cdot cm^{-2} \cdot hPa^{-1} \cdot s^{-1}}$，下同)沿 38°N 的经度—高度剖面图

由图 2(a)可见：经向切变线轴与存在于 $1000\sim600$ hPa 的正涡度柱相对应，且切变线轴穿越正涡度柱的涡核，二者同时向西倾斜。这表明：同一等压面上切变线上的水平涡度正值最大，即风场的气旋性旋转最强；垂直方向上高层切变线位置偏向于低层切变线的西侧。另外，由涡度值的垂直分布情况可见，经向切变线主要位于 600 hPa 以下的对流层中低层，其中 $900\sim700$ hPa 之间切变线表现最为明显，正涡度值大于 $1\times10^{-5}\,\text{s}^{-1}$。

分析经向切变线的热力结构采用了假相当位温 θ_{se} 沿 $38°\text{N}$ 的经度－高度剖面图，如图 2(b)所示：同一等压面上，经向切变线上存在 θ_{se} 能量锋区，锋区随高度升高向西倾斜，切变线的具体位置靠近暖空气一侧，经向切变线西侧为变性的大陆干冷气团，冷干气团呈"楔状"东移南下，其东侧为具有对流不稳定性的海洋暖湿气团（$\partial\theta_{se}/\partial z<0$）。表明空间中的切变线实际上是一个"切变面"，即两种湿热性质差别极大的气团的交界面。

考察了经向切变线天气系统的气流上升运动情况，由图 2(c)可知：与经向切变线相对应的垂直上升运动区主要位于 700 hPa 以下的气层，其中 800 hPa 以下切变线附近的变性干冷空气中也存在上升运动，为切变线气旋性辐合上升运动所致，经向切变线上和其东侧的暖湿气团中上升运动较强。上升运动主要来自于切变线上的辐合、暖湿气团沿变性干冷气团的爬升以及干冷气团的抬升，当有对流性降水发生时上升运动还包含暖湿空气受触发被抬升时，位势不稳定能量释放而产生的上升运动。

由经向切变线引起的水汽辐合发生在 850 hPa 以下的边界层，经向切变线上及其左右的冷暖气团中均存在水汽的辐合，其中强辐合区出现在冷空气一侧。

2.1.3　降水分布特征

为了分析雨季影响山东的经向切变线降水落区的分布特征，做了 2005 年 8 月 17 日 08:00 高、低空及地面影响系统和降水落区的综合形势示意图，如图 3 所示，经向切变线的降水区分布表现出了明显的特征，主要表现在以下几个方面：(1)降水落区呈东北—西南向带状分布，且与切变线走向平行；(2)降水的落区基本位于 500 hPa 高空槽前和地面准静止锋之间，降水发

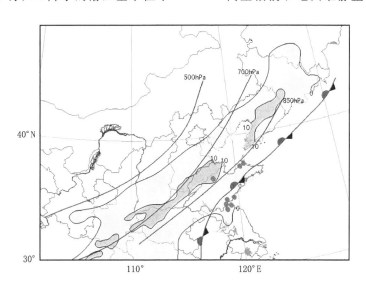

图 3　2005 年 8 月 17 日 08:00 经向切变线天气系统综合形势图

（实线:切变线,阴影区:6 小时降水区(下同),圆点:6 小时降水大于 20 mm 站点）

生地面偏北风气流中；(3)850 hPa 和 700 hPa 切变线在地面的投影之间的区域是降水相对较大的区域；(4)地面静止锋附近有对流性降水的发生(6 小时降水量:临沭 55 mm、龙口 44 mm)。发生机制为呈"楔状"侵入的冷空气对具有对流(位势)不稳定层结的暖湿空气的触发,位势不稳定能量转化为动能,造成暖湿气团中的强烈上升运动,产生短时强降水。

2.2 纬向切变线

2.2.1 环流形势

纬向切变线出现的环流形势如图 4a 所示,500 hPa 副高稳定呈带状分布,黄淮地区受副高北侧的偏西气流控制,西风带在乌拉尔山地区为长波脊,其下游为宽槽区,处于槽底的东亚中纬度地区为平直的西风环流。当巴尔喀什湖附近有小槽携带小股冷空气东移时,受副高阻挡,造成北快南慢,低槽逐渐顺转,同时在 700 和 850 hPa 河西走廊有闭合小高压随低槽东移,如图 4b,在黄淮地区之间逐渐顺转为纬向切变线,地面有东西向准静止锋配合,如图 4c。

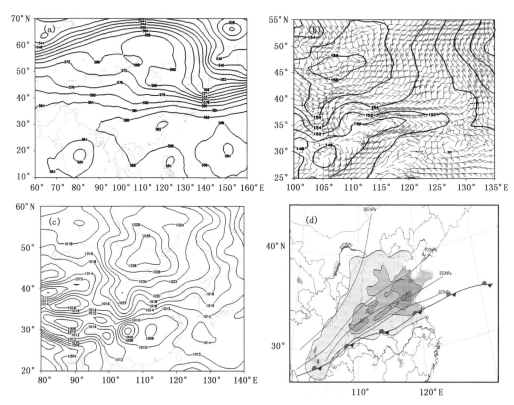

图 4　2005 年 9 月 20 日 20:00 500 hPa(a)、850 hPa(b)、海平面气压(c)
形势场及降水落区与天气系统综合配置图(d)

2.2.2 结构特征

采用了与研究经向切变线类似的方法,做了几种常用诊断物理量沿 118°E 的纬度－高度剖面,并以 $u=0$ 作为纬向切变线的标识以考察纬向切变线的空间结构特征(图略)。结果表明,纬向切变线主要出现在 600 hPa 以下的对流层中低层,700 hPa 附近表现最为明显,在纬度－高度剖面图上,纬向切变线轴对应向北倾斜的正涡度柱,表明随着高度的升高,相对高层切变线的位置逐渐偏于相对低层切变线的北侧。纬向切变线在空间中亦是两种湿热性质差别极大的气团的交界面,表现为切变线上较强的 θ_{se} 能量锋区,且切变线的位置偏于暖空气一侧。与纬向切变线相应的水汽辐合集中出现在切变线上和切变线北侧的冷空团中;而上升运动主要发生在切变线上和切变线南部的暖湿气团中。

2.2.3 降水分布特征

2005 年 9 月 20 日 20:00 高、低空及地面影响系统和和降水落区的综合形势如图 4d 所示,纬向切变线的降水区分布特征主要表现在以下几个方面:(1)降水落区呈准东西向带状分布,且与切变线走向平行;(2)降水的落区基本位于 500 hPa 高空槽前和地面准静止锋之间,降水发生地面偏北风气流中;(3)850 hPa(或 925 hPa)和 700 hPa 切变线在地面的投影之间的区域是降水相对较大的区域 。由此可见,纬向切变线与经向切变线同属于冷式切变线,二者在天气系统物理属性和降水落区方面表现出了相似性,二者不同点在于,切变线的走向不同,从而决定了降水落区形态不同。

2.3 暖切变线

2.3.1 环流形势

暖切变线出现在副高较强盛的形势下,如图 5a 所示,500 hPa 副高 588 dagpm 线控制华东沿海,西风带天气系统主要在 50°N 以北。低层 700 hPa 和 850 hPa,如图 5b 华北有西风带小高压东移,当小高压并入副高,副高加强北抬,同时使得小高压后部东南风与副高西侧西南风之间形成切变,随着海上副高加强北抬,切变线北抬影响影响山东。与低层暖切变相配合的地面天气系统为东西向伸展的低压槽(低压槽北侧没有明显的冷空气堆)(图略),为其上空暖平流强烈减压作用所致。

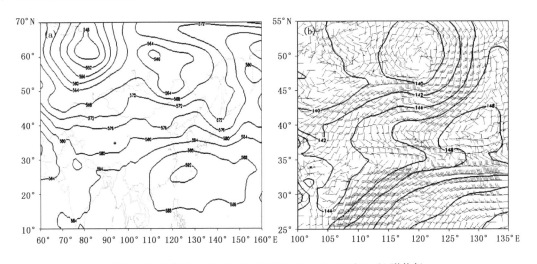

图 5 2003 年 7 月 12 日 08:00 500 hPa(a)、850 hPa(b)形势场

2.3.2 结构特征

采用与研究经、纬向切变线结构特征相类似的方法研究了暖切变线结构特征,选择沿 118°E 的经向剖面(图略),结果发现:切变线出现在 600 hPa 以下的对流层中低层,在纬度一高度剖面图上,切变线轴对应向北倾斜的正涡度柱,表明随着高度的升高,相对高层的切变线的位置逐渐偏向于相对低层暖切变线的北侧。上升运动主要发生在切变线上和切变线南部的暖湿气团中,气流呈几乎直立上升状态。暖切变线上亦存在较强的 θ_{se} 能量锋区,剖面图上锋区

随高度升高向北倾斜,且切变线的位置基本位于θ_{se}能量锋区中间,值得注意的是切变线南部存在一条θ_{se}高能舌沿切变线轴线向上向北伸展至650 hPa附近,这表明了暖切变线南部暖湿空气较为强盛,相比之下,北部相对冷的空气团势力较弱,在气团的相对运动中切变线南部暖湿空气团占据了相对主动地位,因此暖切变线具有暖锋特征。进一步分析θ_{se}能量锋区形成的原因发现,暖切变线南北两侧气团湿度的较大差别,而温度差别较小,700 hPa等压面上36°~38°N纬度带的暖切变线上温度的水平梯度(1.3℃/100 km)明显小于露点温度的水平梯度(4.9℃/100 km)(图略),由此可知,暖切变上θ_{se}锋区主要是由于两侧气团湿度的显著差别造成的,类似于"露点锋"。暖切变线天气系统的水汽辐合主要集中于切变线上,如图6(a)所示。

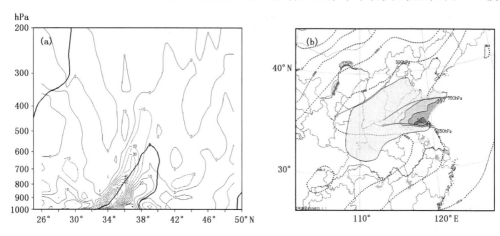

图6　2003年7月12日08:00水汽通量散度沿118°E的纬度－高度剖面图(a)、
降水落区与天气系统综合形势图(b)
(点线为海平面气压等值线)

2.3.3　降水分布特征

如图6(b)所示,2003年7月12日08:00高、低空影响系统和降水落区的综合形势,暖切变线降水区特征主要表现在以下几个方面:(1)降水落区呈准东西向带状分布,且与切变线走向平行;(2)降水区出现在准东西向伸展的地面低压倒槽的北侧,500 hPa高空槽线在地面的投影为暖切变降水区的后边界;(3)850 hPa和700 hPa暖切变线在地面的投影附近和投影之间的区域是降水相对较大的区域。

3　切变线降水落区与结构特征关系分析

天气系统的本质是具有不同湿热性质的空气团及其之间的相互作用在等压面图上的表现形式,在天气分析过程中常强调天气系统上下层配置,目的是为了清楚而全面地了解天气系统的空间结构特征,掌握不同气团之间相互作用的形式和阶段,从而得出较为准确的预报结论,因此天气系统的空间结构对天气现象出现的区域具有决定性作用。

对于影响山东的各种类型切变线,虽然空间结构有差别,但系统结构与降水落区之间的关联有共性。经(纬、暖)切变线轴和与之配合的正涡度柱在剖面图上表现出了向西(向北)倾斜的特征,正涡度相对大值区在地面的投影即为降水相对明显的区域,通常700～800 hPa之间正涡度最大,较强降水发生在850 hPa和700 hPa切变线在地面投影之间的区域。

降水区与 θ_{se} 的空间分布特征也存在紧密的关系,由于切变线上及其附近存在 θ_{se} 能量锋区,根据湿位涡守恒理论[20],剖面图上 θ_{se} 等值线变陡立密集过程中(即湿等熵面的倾斜越大,湿斜压性加强),能量锋区上垂直涡度将得到发展,上升运动增强,有利于强降水在 θ_{se} 密集区发生,而与经(纬、暖)切变线相配合 θ_{se} 能量锋区在空间中随高度升高呈向西(北)倾斜状态,遂使得降水发生在切变线的西(北)侧。经(纬、暖)切变线东(南)侧的气团具有位势不稳定性,在适宜的抬升力作用下,可产生对流性降水。

4 结语

针对影响山东的三类切变线天气系统(经向切变线、纬向切变线和暖切变线),普查了近10年(2001—2010年)历史天气图,统计分析了三类切变线出现的时间和频次特征;7、8月份是三类切变线的高发期,其中,暖向切变线发生频次最高,平均每年发生6.7次,经向切变线次之,平均每年发生2.3次,纬向切变线发生的频次最低,平均每年发生1.9次。针对山东雨季选取典型切变线个例从环流形势、结构特征和降水落区特征三方面进行了总结。

1.归纳了三类切变线出现的环流形势。经向切变线多出现在夏季海上副高强大且呈块状形态时,西风槽东移受阻、停滞,在对流层低层逐渐形成经向切变线,地面有准南北向的静止锋向配合;纬向切变线多出现在夏季副高呈带状形态时,西风槽东移过程中,北快南慢,逐渐顺转成纬向切变线,地面有准东西向的静止锋相配合;暖切变线则出现在西风带高压脊和海上副高叠加,副高加强北抬时,地面有低压槽配合。

2.分析了三类切变线的空间结构特征。主要表现在以下几个方面:均出现在600 hPa对流层中下层,其中 $900\sim700$ hPa表现最为明显;相对高层经向切变线位置偏向于相对低层切变线的西侧,而相对高层纬向切变线和暖切变线的位置偏向于相对低层切变线的北侧;切变线均上有 θ_{se} 能量锋区配合,冷切变线位置偏向于相对暖气团一侧,暖切变线位于锋区中间;切变线的上升运动主要位于切变线上和暖气团一侧;切变线的暖气团均具有对流不稳定性;冷(经、纬向)切变线的水汽辐合区主要位于切变线上和切变线附近的冷气团一侧,而暖切变线的水汽辐合区则主要位于切变上,其原因可能缘于冷、暖切变线热力性质的差别。

3.总结了三类切变线降水落区特征,主要表现为:500 hPa槽是切变线降水区的后边界,冷(经、纬向)切变线降水区出现在地面静止锋后部的偏北风里,暖切变线降水落区位于地面准东西向倒槽的偏东风里;相对较大的降水出现在700 hPa和850 hPa切变线在地面的投影之间的区域;冷(经、纬向)切变线暖气团里及暖切变线的相对暖气团里在合适的触发条件下还可能出现分散性的短历时强降水。

参考文献

[1] 朱乾根,林锦瑞,寿绍文,等. 天气学原理和方法(第四版).北京:气象出版社,2000.

[2] 隆霄,程麟生."99·6"梅雨锋暴雨低涡切变线的数值模拟和分析.大气科学,2004,**28**(3):342-356.

[3] 寿绍文,励申申,张诚忠,等.梅雨锋中尺度切变线雨带的动力结构分析.气象学报,2001,**59**(4):405-413.

[4] 丁治英,罗静,沈新勇.2008年6月20—21日一次β中尺度切变线低涡降水机制研究.大气科学学报,2010,**33**(006):657-666.

[5] 方宗义,项续康,方翔,等.2003年7月3日梅雨锋切变线上的β-中尺度暴雨云团分析.应用气象学

报，2005，**16**(5):569-575.

[6] 郁淑华. 一次高空槽在青藏高原上诱发切变线的 Q 矢量分析[J]. 应用气象学报,1994, **5**(1):109-113.

[7] 周玉淑,李柏. 2003 年 7 月 8－9 日江淮流域暴雨过程中涡旋的结构特征分析. 大气科学,2010,**34**(003):629-639.

[8] 何光碧,高文良,屠妮妮. 2000—2007 年夏季青藏高原低涡切变线观测事实分析. 高原气象,2009,**28**(3):549-555.

[9] 何光碧,师锐. 夏季青藏高原不同类型切变线的动力,热力特征分析. 高原气象,2011,**30**(3):568-575.

[10] 张小玲,程麟生. "96.1"暴雪期中尺度切变线发生发展的动力诊断：Ⅰ：涡度和涡度变率诊断. 高原气象,2000,**19**(3):285-294.

[11] 张小玲,程麟生. "96.1"暴雪期中尺度切变线发生发展的动力诊断：Ⅱ：散度和散度变率诊断. 高原气象,2000,**19**(4):459-466.

[12] 郑钢,张铭. 一次切变线暴雨过程的诊断研究和数值试验. 气象科学,2004,**24**(3):294-302.

[13] 张端禹,徐明,李武阶,等. 湖北一次梅雨大暴雨分析. 气象科技,2012,**40**(3):428-435.

[14] 王志超,王咏青,马鸿青,等. 华北中部一次切变线暴雨诊断分析. 干旱气象,2010,**28**(4):422-429.

[15] 张少林,王俊,周雪松,等. 山东"7.18"致灾暴雨成因分析. 气象科技,2009,**37**(5):527-532.

[16] 张洪英,王英,赵敏芬,等. 低空冷式切变线引发区域性大暴雨成因分析. 气象科技,2010,38 卷增刊:29-34.

[17] 杨成芳,阎丽凤,周雪松. 利用加密探测资料分析冷式切变线类大暴雨的动力结构. 气象,2012,**38**(007):819-827.

[18] 吴君,汤剑平,邰庆国,等. 切变线暴雨过程中湿位涡的中尺度时空特征. 气象,2007,**33**(10):45-51.

[19] 苗爱梅,贾利冬,李苗,等. 2009 年山西 5 次横切变暴雨的对比分析. 气象,2011,**37**(8):956-967.

[20] 吴国雄,蔡雅萍,唐晓菁. 湿位涡和倾斜涡度发展. 气象学报,1995,**53**(4):387-404.

黑龙江省近两年三次大暴雪过程对比分析

钟幼军[1]　马国忠[1]　赵广娜[1]　刘　刚[2]　刘松涛[1]　关　铭[1]

(1. 黑龙江省气象台,哈尔滨 150030; 2. 鹤岗市气象台,鹤岗 150030)

摘　要

2012 年 11 月 11 日、2013 年 11 月 18 日和 2013 年 11 月 25 日黑龙江省近两年发生了三次典型大暴雪天气过程,部分站点降雪量突破历史极值。本文从中高层冷暖空气、中尺度分析、地面低压系统的演变及特征物理量场四个方面对三次强降雪过程进行对比分析,分析三次强降雪过程的异同点,探究暴雪、大暴雪落区的预报指标;同时,尝试分析极端降雪的成因。分析表明:前两次暴雪过程存在阻塞形势,地面低压位置偏南,水汽输送强,降雪时间长,影响范围广;后一次过程则主要是系统强度大,地面为爆发性气旋,水汽直接来源于日本海,降雪时间短但强度大。进一步通过分析三次过程的高空地面形势以及比湿场的标准化距平找出三次强降雪过程的共同点是:①至少有一个相关影响系统较历年同期异常偏强 2σ;②850 hPa 异常偏强 2σ 左右。

关键词:大暴雪　东北冷涡　低空急流　比湿　标准化距平

0　引言

暴雪天气是冬季影响东北地区的主要灾害性天气,给国民经济和人民财产安全造成巨大损失。对于暴雪天气的成因,前人已经做了很多研究。刘松涛等[1]在分析黑龙江省 2002 年与 2006 年的两次暴雪过程时发现,低涡在上游形成后移到黑龙江省之前,东北高空有稳定的西南风,为产生强降水提供充足的暖湿气流,易发生大暴雪天气。马福全[2]通过对辽宁一次暴雪过程分析中得到,锋区上的高空槽在东移中发展,并与沿海高压后部的东南急流相互作用,致使地面气旋加深,是产生暴雪天气的直接原因。刘宁徽[3]研究认为高低空急流的配合有利于低涡内上升运动的加强,上升气流区始终位于高空急流和低空急流重叠区域内。高玉中等[4]在天气尺度上研究了温压场结构配置与暴雪落区的关系。本文利用预报员日常使用的资料对黑龙江省近两年三次大暴雪过程进行对比分析,探究暴雪成因的同时,期望能找到预报暴雪、大暴雪中尺度落区的方法,另外对极端性降雪天气成因做初步探讨。

1　三次降雪实况与当时预报的对比

2012 年 11 月 11—14 日,黑龙江省出现了历史罕见的持续性降雪天气。全省大部分市县降水量在 10 mm 以上,其中松嫩平原西南部、三江平原西北部降水量在 25~64 mm,只有个别市县降水量在 10 mm 以下;鹤岗市降雪最大,出现特大暴雪(图 1a),是自鹤岗有气象记录以来最大降雪。11—14 日鹤岗市区累计降雪量达到了 64.5 mm,其中 11 日夜间的 12 h 降雪量达到了 32.7 mm,24 h 累计降雪量突破历史极值(历史极值过程降雪量 45.8 mm,1957 年)。12 日夜间的 12 h 降雪量也达 14 mm,最大积雪深度为 53.3 cm。此次降雪的最大特点是:持续时间长,雨雪转换情况复杂,雨雪范围广、雨雪量大。

2013 年 11 月 16 日 08：00—21 日 08：00，全省平均降水量 20.2 mm，为 1961 年以来历史同期（11 月）最大降雪过程。尚志、双鸭山、五常、延寿、牡丹江等 5 个县（市）降水合量在 50 mm 以上，最大的尚志 65.5 mm，双鸭山 64 mm，27 个县（市）降水合量在 25 mm 以上（图 1c）。17 日 08：00—18 日 08：00，尚志、绥芬河、牡丹江分别降雪 36 mm、36 mm、35 mm，为此次过程最大日降水量。降雪特点是：降雪强度大、总量大、范围广、持续时间长。

2013 年 11 月 24 日夜间至 26 日，黑龙江省中东部地区再次出现区域性强降雪天气。11 月 24 日 23：00—26 日 08：00，全省平均降水量 13.1 mm。19 个县（市）超过 25 mm，最大的双鸭山降雪量达 60.1 mm。25 日 08：00—26 日 08：00，双鸭山降雪量达 57.4 mm，集贤 43 mm（图 1e）。降雪特点是：降雪时间短，但降雪强度更大，强降雪区域广；东部两次暴雪叠加，影响更重。

三次过程暴雪落区主要位于黑龙江省东部地区，三个过程均有站点出现降雪极值，最大降雪量均超过 60 mm，除 2013 年 11 月 18 日暴雪落区预报西部偏大，东部偏小之外，其他两次过程预报与实况基本一致。

2 三次大暴雪过程的环流形势的对比分析

对比分析以上三次大暴雪过程我们发现，这三次过程的天气尺度影响系统相似，但高低空系统配置、地面低压位置以及各物理量的差异使得三次降雪的持续时间、量级及落区不尽相同。

2.1 三次大暴雪过程成因的异同点分析

2.1.1 中高层冷暖空气特点

2012 年 11 月 12 日 08：00 500 hPa（如图 2a）冷涡中心位于黑龙江省东南部，低涡中心强度为 523 dagpm，冷中心强度达到 −28℃，鄂霍茨克海有阻塞高压，而此时黑龙江省东部地区中低层仍处于暖空气的控制下，冷暖空气交绥，在 500 hPa 前部暖区一侧产生强降雪。

2013 年 11 月 18 日 08：00 500 hPa（图 2b），冷涡位于东北地区东南部，中心强度为 519 dagpm，冷空气中心强度为 −36℃，鄂霍茨克海有阻塞高压。黑龙江省东南部冷空气与暖湿空气交汇明显，并处在高空急流左侧辐合区内。从低层到高层黑龙江省中东部被深厚暖空气控制，西部被深厚冷空气控制，在东南部地区西北—东南向有明显的冷暖空气交界面，冷暖空气势力相当并且持续时间长，造成了黑龙江省东南部地区的强降雪天气。

2013 年 11 月 25 日 08：00 500 hPa 高空南北两支槽加深，黑龙江省西部地区有强冷空气侵入，500 hPa 冷中心位于黑龙江省北部境外，强度达到 −44℃（图 2c）。25 日 08：00 500 hPa 低涡主体在贝加尔湖西北部，黑龙江省大部处在低涡前部气旋性环流中，冷暖空气在东部地区交绥 850 hPa 偏南急流输送水汽，形成暴雪天气。

三次大暴雪过程的高空影响系统都是深厚的具有斜压性的东北冷涡系统，强降雪发生的过程中系统仍在继续发展，强降雪区域均为冷涡前部暖区一侧。不同的是，2012 年 11 月 11 日大暴雪与 2013 年 11 月 18 日大暴雪是由于在黑龙江省西南部东北冷涡主体被其北部的偏东暖湿气流切断，形成切断低涡，且鄂霍茨克海上空存在阻塞高压，使得冷涡长时间维持少动，为强降雪的发生和发展提供了持续的暖湿空气，并使中低层水汽积累，强降雪落区位于冷涡中心北部或东北部。然而，2013 年 11 月 25 日大暴雪过程中的冷涡位置较前两次过程偏北，冷

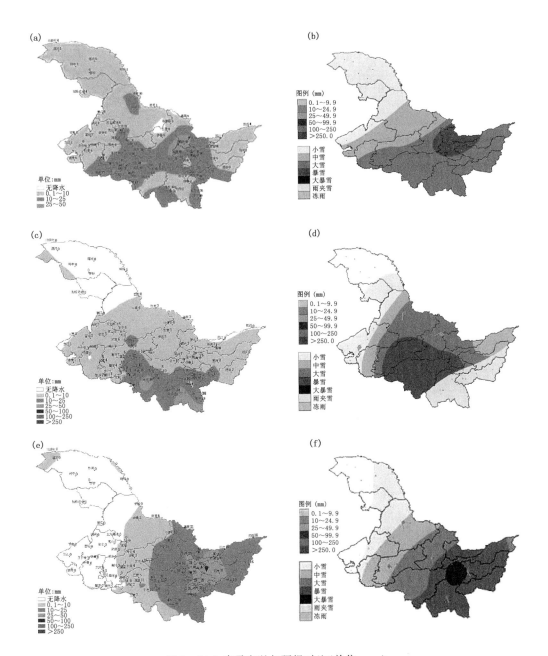

图1　24 h降雪实况与预报对比(单位:mm)

(a 为 2012 年 11 月 11 日,b 为 2012 年 11 月 11 日,c 为 2013 年 11 月 18 日,d 为 2013 年 11 月 18 日,
e 为 2013 年 11 月 25 日,f 为 2013 年 11 月 25 日;a,c,e 为降雪实况,b,d,f 为降水预报)

涡中心位于黑龙江省上空,不存在阻塞形势,系统影响时间较之前两次过程短,但系统发展的更加强烈,强中心值达 508 dagpm,冷中心强度达 −48℃。

2.1.2　中尺度分析

2012 年 11 月 11 日大暴雪过程中黑龙江东部中低层有东南风急流和东北风急流,将日本海水汽和暖湿能量向暴雪区输送(图 3a),在黑龙江省东南部地区形成偏东风与西南风的暖式切变,切变线处有辐合抬升作用,从而在切变附件产生持续的暴雪。在低空急流出口区右侧与

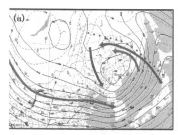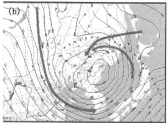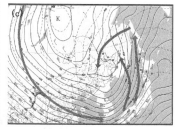

图 2　500 hPa 形势场及风场与 850 hPa 温度场的叠加

(a 为 2012 年 11 月 12 日 08:00,b 为 2013 年 11 月 18 日 08:00,c 为 2013 年 11 月 25 日 20:00)

切变线之间,500 hPa 以下 $t-t_d<2℃$ 的区域,即可预报暴雪落区。

2013 年 11 月 18 日大暴雪过程中,低层 850 hPa 和 925 hPa 有偏东风急流,同时有湿舌 ($t-t_d<2℃$)从日本海伸向东部地区(图 3b),假相当位温高值区位于东部地区,为整个南部地区提供了充足的水汽和能量,切变线和地面辐合线为降雪提供了动力抬升及触发条件,暴雪即发生在低空急流出口区左侧、切变线、地面辐合线之间。

2013 年 11 月 25 日大暴雪过程中,黑龙江东部地区有偏南急流,850 hPa 偏南急流的中心风速达到 30 m·s^{-1},低空急流直接将日本海水汽输送至降雪区(图 3c),水汽通量散度场的正负梯度大值区位于东南部地区,同时伴有低空辐合线,水汽输送和水汽辐合在低空急流头部达到最强,有利于暴雪出现。东部地区低层处在暖区中,东部大部 850 hPa 假相当位温>16℃,东南部大部超过 20℃。低空急流出口、低层辐合线、切变线、500 hPa 以下 $t-t_d<2℃$ 的所围合的区域即可预报暴雪。

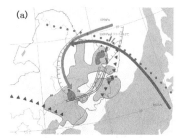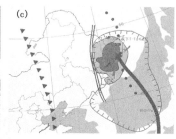

图 3　850 hPa 水汽通量散度、假相当位温与中尺度分析

(a 为 2012 年 11 月 12 日 08:00,b 为 2013 年 11 月 18 日 08:00,c 为 2013 年 11 月 25 日 08:00)

三次大暴雪过程的强降雪落区均出现在低层 850 hPa 的切变线或辐合线附近,均伴有低空急流,500 hPa 或 700 hPa 以下 $t-t_d<2℃$。切变线提供动力辐合抬升条件,低空急流提供水汽输送条件,同时湿层厚度厚,有利于产生暴雪。强降雪区域位于中低层暖脊的左侧。低空急流出口、低层辐合线、切变线、500 hPa 以下 $t-t_d<2℃$ 的所围的区域即可预报暴雪。

2.1.3　地面低压系统的演变

2012 年 11 月 11 日大暴雪过程的地面图上是华北低压先南落再北上影响黑龙江省(图略),低压倒槽刚一进入黑龙江即产生降水,低压在东北上过程中不断加强,11 月 12 日 05:00 在黑龙江省牡丹江市附近发展至最强中心强度为 992.5 hPa,低压北部或东北部偏东风气流中产生暴雪。

2013 年 11 月 18 日的地面图上表现为江淮气旋东移北上进入日本海后加强,黑龙江省处在低压偏北侧,低压西南部为锋后冷空气控制,东北部为暖空气控制,冷暖空气交界处在地面形成锢囚锋线,黑龙江东南部受锢囚锋区附近影响,在哈尔滨东部山区及牡丹江出现强降雪。

2013 年 11 月 25 日的地面图上可以看出,造成黑龙江省东部地区大暴雪天气的地面低压为爆发性江淮气旋迅速北上,低压中心路径自黄渤海经朝鲜半岛过日本海北上至黑龙江省东南部境外,在 11 月 25 日 14:00 低压发展至最强,中心强度为 980.2 hPa。低压北侧有暖锋,黑龙江省东部地区处于地面锋线附近产生强降雪,降雪同时低压西北侧由于气压梯度大,中东部大部市县出现了暴风雪天气。

综上对比分析三次大暴雪过程的地面形势特点,三次过程均为南来低压且低压中心经过海上并加强发展。不同的是 2012 年 11 月 11 日为华北低压,后两次过程为江淮气旋;前两次过程中地面低压移速慢,维持时间长造成一定区域内的持续性降雪。而 2013 年 11 月 25 日过程中低压移速快,中心强度强,为爆发性气旋,最强中心为 980.2 hPa。另外,2013 年的两次过程中气压梯度大,使得地面风力较大,形成了暴风雪。

2.1.4　暴雪区域内平均垂直速度及平均水汽条件

三次过程在降雪量最大的 24 h 时段内制作强降雪区域内的垂直速度平均场的剖面(图略),可以看出 2012 年 11 月 11 日大暴雪存在中等强度上升运动,上升运动位于 500 hPa 附近,中心强度为 -1.2 Pa·s^{-1},2013 年 11 月 18 日 500 hPa 以下以长时间稳定维持的上升运动为主,强度为 -0.4 Pa·s^{-1},2013 年 11 月 25 日垂直上升运动强烈,在 25 日 14:00 上升运动达最强,在 500~700 hPa 上升运动中心达 -2 Pa·s^{-1},对应该时次降雪强度也达最强。

分析平均相对湿度及比湿场,2012 年 11 月 11 日大暴雪过程中,11 日 08:00—12 日 02:00 300 hPa 以下相对湿度均在 90% 以上,700 hPa 以下比湿在 3 g·kg^{-1} 以上,11 日 11:00—17:00,925 hPa 以下达到 4 g·kg^{-1},是三次暴雪中比湿最大值。另外两次过程 300 hPa 以下相对湿度均在 90% 以上,湿层厚度厚,为暴雪提供充足的水汽条件。

3　三次大暴雪过程极端性的成因分析

3.1　500 hPa/地面形势及标准化距平分析

通过三次暴雪过程的 500 hPa 形势场和地面形势场及其标准化距平分析强降雪异常的原因。可以看出,2012 年 11 月 11 日鹤岗大暴雪过程的高空冷涡异常偏强,中心强度偏强 2~3σ,同时,鄂霍茨克海阻塞高压也异常偏强 2σ;地面低压中心强度偏强 3~4σ。2013 年 11 月 18 日过程的高空冷涡位于黑龙江省南部,中心强度偏强 2σ;鄂霍茨克海阻塞高压异常偏强 2σ;低压中心影响黑龙江省南部地区,中心强度偏强 1σ 且持续时间长。2013 年 11 月 25 日过程中高空冷涡南部高空槽强度偏强 1σ;控制黑龙江省的地面低压中心强度偏强 3σ。

综上可以看出,当异常强降雪天气发生时,500 hPa 或者地面低压两者之中至少有一个相关系统会异常偏强 2σ。

3.2　地形作用浅析

鹤岗市位于黑龙江省小兴安岭山脉的东侧,64.5 mm 特大暴雪发生过程中,一直处在冷涡北部、中低层强的偏东风气流中;尚志市位于黑龙江省张广才岭的西侧、张广才岭余脉大青山的东南部山区中,65.5 mm 特大暴雪发生过程中,多数时间处在冷涡北部、中低层强的东南风气流中;双鸭山市位于黑龙江省完达山山脉东北部边缘山区,60.1 mm 特大暴雪发生过程中,多数时间处在冷涡北部、中低层强的偏东风气流中(图略)。如此分析,地形迎风坡的抬升作用也是极端特大暴雪产生的主要原因。

4　小结

2012 年 11 月 11 日、2013 年 11 月 18 日和 2013 年 11 月 25 日是黑龙江省近两年发生的三次大暴雪天气过程,部分站点降雪量突破历史极值。本文在中高层冷暖空气特点、中低层环流形势特点、地面低压系统的演变及特征物理量场四个方面对三次强降雪过程进行对比分析,找出三次强降雪过程的异同点。并且通过标准化距平的计算找到这三次大暴雪过程的异常原因。得出以下结论:

(1)从中高层冷暖空气分析,三次过程均是具有深厚的斜压性东北冷涡系统,强降雪发生的过程中系统仍在继续发展。均存在高空急流,高空急流引导西北或偏北冷空气侵入。不同的是前两次过程都存在阻塞高压,使得冷涡长时间维持少动,强降雪落区位于冷涡中心北部或东北部。2013 年 11 月 25 日过程中的冷涡位置偏北,不存在阻塞形势,影响时间短但强度强。

(2)从中尺度分析上看,强降雪落区均为低层 850 hPa 的切变线或辐合线附近。强降雪区域位于中低层暖脊的左侧。低空急流出口、低层辐合线、切变线、500 hPa 以下 $t-t_d<2℃$ 的所围合的区域即可预报暴雪。

(3)从地面低压形势上分析,三次过程均为南来低压,低压中心经过海上并加强发展。不同的是 2012 年 11 月 11 日为华北低压,后两次过程为江淮气旋。前两次过程低压移速慢,维持时间长,2013 年 11 月 25 日低压移速快且中心强度强,为爆发性气旋,最强中心 980.2 hPa。2013 年的两次过程地面风力较大,形成暴风雪。

(4)从暴雪区域内平均垂直速度及平均水汽条件上分析,三次过程降雪区域内有稳定的上升运动。三次过程的水汽源地均为日本海,300 hPa 以下相对湿度均在 90% 以上,湿层厚度厚,为暴雪提供充足的水汽条件。

(5)极端性的成因初探,500 hPa 形势场和地面形势场异常偏强是极端特大暴雪产生的原因。当异常强降雪天气发生时,500 hPa 或者地面低压两者之中至少有一个相关系统会异常偏强 2σ;地形迎风坡的抬升作用也是极端特大暴雪产生的主要原因。

参考文献

[1]　高玉中,周海龙,苍蕴琦,等.黑龙江省暴雪天气分析和预报技术.自然灾害学报,2007,**16**(6):25-30.
[2]　刘松涛,赵广娜,钟幼军,等.黑龙江省 2 次暴雪天气过程对比分析.黑龙江气象,2007,(3):17-19.
[3]　马福全,隋东.2003 年 3 月 2 日辽宁暴雪天气分析.辽宁气象,2004,(1):10-11.
[4]　刘宁微,齐琳琳,韩江文.北上低涡引发辽宁历史罕见暴雪天气过程的分析.大气科学,2009,**33**(2):275-284.

2012 年特殊地形下致洪暴雨过程对比分析

李银娥　王晓玲　王艳杰　王珊珊　柳　草

(武汉中心气象台,武汉 430074)

摘　要

利用各种实况观测资料和 GFS 0.5×0.5 再分析资料对 2012 年 7 月 12 日红安、7 月 13 日黄陂和 8 月 5 日十堰山区特大暴雨进行诊断分析。结果表明,三次过程均在东北冷涡和低空急流的影响下形成,动力特征既有相同点:正差动涡度平流和中低层暖平流形成动力、热力作用导致垂直上升运动发展,低层辐合、高层辐散的配置有利于暴雨的发生发展;又有显著不同:7 月 12 红安暴雨在冷空气渗透和地形阻挡下形成的对流性降水,7 月 13 日黄陂暴雨是锋生强迫引起强降水,8 月 5 日十堰暴雨是低层偏东急流受地形的阻挡风速辐合抬升而形成的局地持续性强降水。

关键词:东北冷涡　低空急流　地形抬升

0　引言

2012 年 6 月开始,湖北省进入集中降水期,暴雨频发,尤其是 7 月 12,13 日受东北冷涡和西风带低槽影响,先后在红安、黄陂出现致洪暴雨;8 月 5 日受东北冷涡和台风低压倒槽共同影响在十堰山区出现特大暴雨天气过程,造成了山洪、山体滑坡等严重灾害。在这些过程发生之前,尽管做出了比较准确及时的预报,但是强降雨中心落区及其量级与实况之间仍然存在一定误差,特别是局地性的致洪暴雨,准确预报仍有难度。

赵玉春等[1]认为,大别山区中尺度地形对暴雨强度和分布有明显的影响。本文将通过深入分析、研究此类灾害性暴雨天气的中尺度系统,诊断分析其影响系统发生发展演变规律,分析特殊地形对极端强降水的影响,找出其异同点。

1　雨量特征

2012 年 7 月 11 日 20:00－12 日 20:00,湖北东北部出现特大暴雨,主要发生在 12 日 02:00－14:00,降水 12 日 02:00 开始自大悟发展,至 08:00 达到最强,降水中心移到红安附近,11:00 开始减弱并呈快速南压趋势。从 24 h 雨量图分布可以看出(图 1a),强降水呈团状分布,暴雨范围小,强度大,降水集中,降水中心位于红安高桥河,累计雨量 539 mm,1 h 最大雨强达 100 mm。强降雨导致山洪暴发,河水陡涨,县城城区被淹,城区积水最深处达 0.5 m。

2012 年 7 月 12 日 20:00－13 日 20:00,在江汉平原和鄂东北一带出现暴雨到大暴雨,局部特大暴雨的强降水过程,强降水主要发生在 13 日 06:00－18:00。从 24 h 雨量累加图分布可以看出(图 1b),强降水成带状分布,范围大,持续时间较长,主要降水中心位于武汉黄陂,24 h 雨量达 285.2 mm,最强降水主要发生 13 日 08:00 前后,15 h 以后减弱。

2012 年 8 月 4 日 08:00 至 6 日 08:00,湖北西部出现大到暴雨,部分地区大暴雨,其中鄂西北局地特大暴雨,雨量超过 400 mm,最大的丹江口黄草坡雨量达 560 mm(图 1c)。此次降水过程具有局地性强、降水持续时间长的显著特点。湖北省鄂西北地区主要以 1500 m 以下的山地地形为主,三面环山,呈喇叭口地势分布。2012 年 8 月 4 日 08:00 至 6 日 08:00,200 mm 以上的累计降水多分布在山脉的迎风坡且接近山顶高度附近,地形对强降水影响明显。

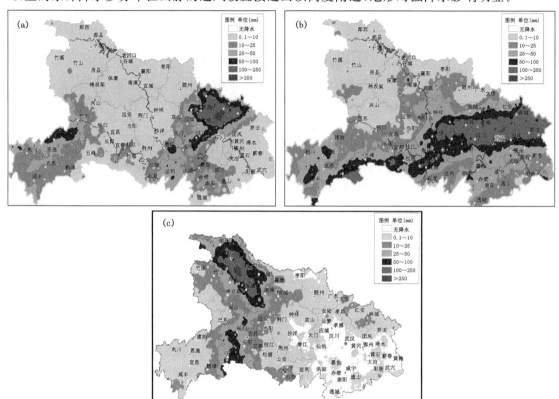

图 1　不同时间段雨量实况

(a 为 2012 年 7 月 11 日 20:00 至 12 日 20:00,b 为 2012 年 7 月 12 日 20:00 至 13 日 20:00,

c 为 2012 年 8 月 5 日 05:00 至 6 日 05:00)

2　大尺度环流背景

2012 年 7 月 11—13 日暴雨发生过程中,东北有冷涡稳定转动,冷涡后部偏北气流加强,500 hPa 南支槽加深并缓慢东移,槽前偏西风转为西南风,最大风速增至 16 m·s^{-1},副热带高压脊线维持在 20°N 左右。对应 200 hPa 为南亚高压西北侧西北气流控制,形成明显的分流区,有利于高层辐散的发展。东北冷涡与副热带高压之间相互作用,使对流层中上层的气压梯度力加强,导致江淮以南地区的西南低空急流形成[2]。12 日 08:00,低层西南急流明显加强发展,与北部冷空气在湖北交汇加强,地面为暖低压控制,随着北方冷空气的侵入,在高温高湿的鄂东北出现了局地的短时强降水。12 日 20:00,随着高空短波东移,中低层气流西风分量加大,降雨有短暂的间歇。13 日凌晨,副高稳定维持,随着低槽东移,西南急流再度加强,同时地面冷锋南压,北方冷空气与副热带高压外围暖湿气流交汇引起锋面性强降水。

2012 年 8 月 4 日,苏拉台风中心位于湖南省中部,其外围云系开始影响湖北省,副热带高压脊线位于 36°N 附近,受其南侧东南气流的引导,苏拉向西北方向移动。此时中纬度地区为两槽一脊,新疆北部至蒙古国西部为一长波槽,蒙古国东部为高压脊,与副高形成东西对峙,迫使台风低压中心南移,鄂西北处于台风外围低压环流中。东北冷涡底部冷槽带动槽后弱冷空气沿大陆高压和副高之间扩散南下,对应低层风场上,有偏东急流向西伸入,持续发展,在鄂西北山区辐合抬升,形成了鄂西北山区的局地持续性强降水。

3 雷达回波特征

7月11—12日雷达回波特征:降水开始,在鄂东北主要为零散的小的回波,12日04:00加强形成了西南—东北走向的一条短带回波。与短带回波对应的位置,1.5°仰角的径向速度场上,零速度线呈90°折角,表明这一带存在明显的锋区,造成1 h 72 mm的强降水。12日06:00以后(图2a),径向速度场的结构发生了变化,西南—东北走向的锋线开始向南弯曲,表明北部

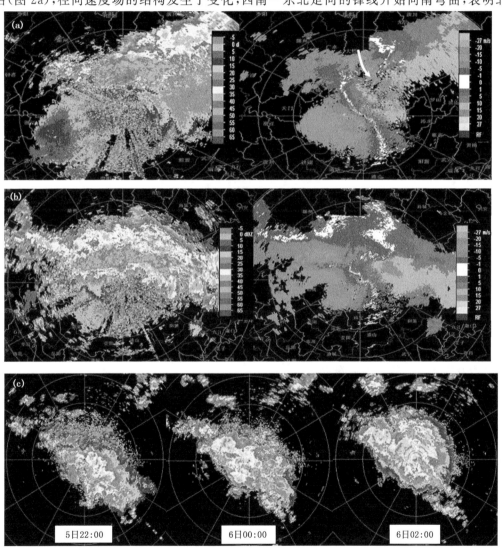

图2 2012年7月12日06:45组合反射率和1.5°仰角径向速度图(a,白色箭头气流方向),
2012年7月13日08:01组合反射率和1.5°仰角径向速度图(b),2012年8月5日22:00、
6日00:00和6日02:00组合反射率(c)

有偏北气流入侵至红安,同时伴有大风核,形成强烈的辐合上升运动,组合反射率拼图上,回波前沿梯度变大,回波强度增强,造成 1 h 100 mm 的强降水。

7月13日雷达回波特征:受中低层稳定少动的东西向切变线影响,13日05:00,江汉平原东部到鄂东北开始形成一条东西走向的混合性降水回波带,回波带的走向和回波的移向一致。08:00(图2b),混合性降水回波带宽度变宽,强回波范围增强,强回波中心集中在回波带前沿,1.5°仰角的径向速度图上,底层零速度线为"S"型,表明底层有暖平流。随后冷空气开始南压,降水回波带转为东北—西南向,并向东北方向移动。

8月5—6日雷达回波特征:8月5日20:00—6日08:00(图2c),在鄂西北有东南—西北向带状回波发展,回波带由东南向西北方向移动,与走向一致,产生列车效应,造成了短时强降水。5日22:00后,回波发展增强,强回波在向西北移动的同时,在其东南侧后方不断的有新的强回波生成,并与前方回波合并,使回波强度持续稳定,降雨强度增大,造成5日23:00至6日03:00连续 1 h 大于 60 mm 的强降水。

4 物理量特征

4.1 动力特征

4.1.1 相同特征

垂直运动主要由动力强迫和热力强迫组成,地转涡度平流的垂直差异、动力强迫作用而引起垂直运动,热力强迫与温度平流的变化有关[3],暖平流产生上升运动,冷平流产生下沉运动。三次过程在500 hPa与850 hPa的差动涡度平流、温度平流和散度的特征一致,这一般是暴雨发生的共同特征。三次过程在暴雨区上空均有正差动涡度平流中心,差动涡度平流破坏准地转平衡,动力强迫作用导致垂直上升运动发展。

7月12日02:00,在红安的西南有 $10 \times 10^{-9} s^{-2}$ 差动涡度平流中心,12日08:00该中心强度减弱。这与红安强降水有很好的对应关系,红安 1 h 大于 40 mm 的降水主要发生在04:00—07:00,08:00开始降水强度明显减弱。

7月13日08:00,在黄陂的西南有 $24 \times 10^{-9} s^{-2}$ 差动涡度平流中心向东北向移动,江汉平原及鄂东北地区维持着正的差动涡度平流,明显的动力强迫作用导致垂直上升运动发展,导致江汉平原及鄂东北一带出现强降水。

8月5—6日,受副高底部东南气流和台风倒槽的共同影响,在湖北西北部出现明显的西北—东南向的正的带状差动涡度平流,在降水最强的 6 日 02:00,500 hPa 与 850 hPa 的差动涡度平流达到 $10 \times 10^{-9} s^{-2}$。差动涡度平流形成的动力强迫作用导致垂直上升运动发展,在差动涡度平流梯度大值区出现了持续的强降水。

三次过程温度平流的垂直剖面上(图略),强降水发生前到发生时,暴雨区上空700 hPa以下维持暖平流,低层暖平流的发展既有利于暴雨区附近的垂直上升运动的加强,也有利于加强大气层结的不稳定性。

分析三次过程散度的垂直剖面,7月12日,强降水发生前到发生时,暴雨区上空低层为散度小于 $-6 \times 10^{-5} s^{-1}$ 辐合中心,高层对应散度大于 $4 \times 10^{-5} s^{-1}$ 辐散中心,低层辐合、高层辐散的有力配置有利于暴雨的发生发展。7月13日,强降水发生前,暴雨区上空600 hPa以下为散度小于 $-10 \times 10^{-5} s^{-1}$ 辐合中心,中低层强烈辐合。高层 300 hPa 附近对应散度大于

$10 \times 10^{-5}\,\mathrm{s}^{-1}$ 辐散中心,存在明显的"抽吸作用",强烈的低层辐合、高层辐散是暴雨发生的主要动力条件之一。8月5日02:00—6日08:00,低层850 hPa以下维持散度小于$-4 \times 10^{-5}\,\mathrm{s}^{-1}$,对应的在5日08:00和6日02:00两个强降水时期,散度增强到$-8 \times 10^{-5} \sim -12 \times 10^{-5}\,\mathrm{s}^{-1}$,这主要是低层低空急流的发展加强,形成明显的辐合。

4.1.2 不同特征

7月12日,对流层低层西南气流发展更旺盛,边界层风场随高度顺时针旋转,强降水发生前后低层有明显暖平流维持,暖平流强度与对流系统发展一致,12日08:00左右,暖平流达到最强,中心值为$2 \times 10^{-5}\,\mathrm{s}^{-2}$,相应的对流系统也发展到最旺盛时段。强降水区主要位于大别山迎风坡,低层气流西南受地形阻挡,在暴雨区上空低层有明显的辐合,在山脉的迎风坡,近地面散度中心达到$-7 \times 10^{-5}\,\mathrm{s}^{-1}$(图3a),计算其地形抬升速度[4],在大悟至罗田一线,地形抬升速度达到30 cm·s^{-1},其强度已经接近整个系统的上升速度,表明西南气流受到山脉的阻挡,产生辐合上升运动,可见地形阻挡对强降水过程起了重要作用。

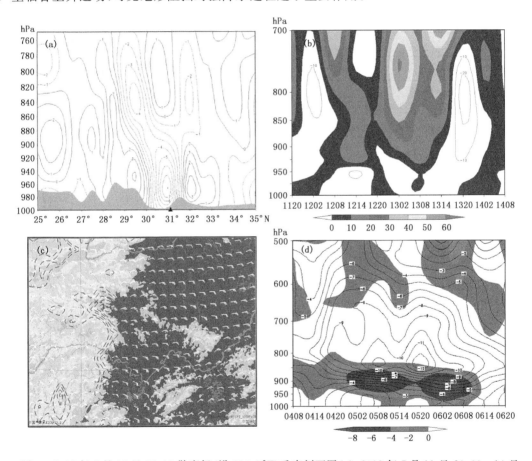

图3　2012年7月12日02:00散度场(沿114.5°E)垂直剖面图(a),2012年7月11日20:00—14日08:00 114.5°E,31°N锋生函数时序剖面图(b),2012年8月6日02:00 925 hPa风场、850 hPa垂直速度(红色虚线)与地形(c),2012年8月4—6日111°E,32.5°N u风速(黑线)和散度(色斑)时序图(d)

7月13日,东北冷涡稳定转动,冷涡后部偏北气流加强,与加深东移南支槽结合,在低层形成切变线,北方干冷空气与南方暖气气流交汇,形成锋面性强降水。从锋生函数时序图(图

3b),可以看出,暴雨区锋生主要发生在850~700 hPa,13 日 02:00－08:00 锋生最强,而 13 日 05:00－08:00 也是强降水发展时期,到 08:00 降水达到最强,说明锋生强迫是引起的降水另一个主要原因。

8 月 5－6 日,低层在鄂西北东部有偏东急流吹向西部山区,受地形的阻挡风速辐合,产生上升运动,850 hPa 垂直速度中心位于山区的迎风坡,到 6 日 02:00,中心值达到了 -12 Pa·s^{-1}(图 3c)。计算暴雨区上空的 u 风速和散度时序图(图 3d),偏东急流主要出现在 5 日 08:00 和 6 日 02:00 两个时段前后,边界层对应着两个明显的散度辐合中心,这与逐小时强降水也是一一对应。从暴雨区上空 1000~925 hPa 的地形抬升速度可见,随着偏东急流的发展,地形抬升速度增大,6 日 02:00 925 hPa 地形抬升速达到了 2.2 m·s^{-1},地形中尺度抬升明显,1 h 雨量超过了 80 mm,触发了鄂西北山地的局地特大暴雨过程。

111°E,32.5°N 地形抬升速度 单位:m·s^{-1}

	5 日 08:00	5 日 14:00	5 日 20:00	6 日 02:00	6 日 08:00
925 hPa	0.7	1.3	2.0	2.2	2.2
950 hPa	0.3	1.0	1.4	1.4	1.3
1000 hPa	0.2	0.9	1.1	1.0	1.1

4.2 水汽特征

从整层可降水量来看,暴雨发生前和发生时,暴雨区附近整层可降水量 7 月 12－13 日均大于 70 mm,强降水中心与整层可降水量大值中心有很好的对应关系;8 月 5－6 日在 60 mm 左右,强降水带位于整层可降水量大值中心前端。

从露点温度和水汽通量散度垂直剖面可以看出(图略),7 月 12 和 8 月 5－6 日水汽辐合主要发生在边界层,水汽通量散度负值中心小于 $-12×10^{-8}$ g·cm^{-2}·hPa^{-1}·s^{-1};7 月 13 日,小于 $-12×10^{-8}$ g·cm^{-2}·hPa^{-1}·s^{-1} 的水汽通量散度负值中心伸展到 700 hPa,水汽通量散度负值中心均发生在露点温度大值区(湿舌)附近,说明有充足的水汽向暴雨区输送,在暴雨区上空辐合,为强降水的发生发展提供充足的水汽条件。

4.3 不稳定特征

利用 GFS 模式再分析场计算的探空图和主要参数显示:

7 月 11 日 20:00,暴雨区附近对流有效位能 CAPE 在 3000 以上,有大的不稳定能量,随着降水的发生,CAPE 下降,而表征热力和水汽的 K 指数明显增大到 42,Si 指数也增大到 -3.9,大气层结相当不稳定。暴雨区 700 hPa 假相当位温平流维持正值,而 500 hPa 为负的假相当位温平流,意味着低层暖湿空气平流而高层为干冷空气平流,加剧了层结向对流性不稳定发展。

7 月 12 日 20:00,暴雨区附近对流有效位能 CAPE 在 2000 以上,最大上升速度 WCAPE 达到 60 以上,有较大的不稳定能量,K 指数大于 38,Si 指数大于 -1,大气层结不稳定,降水发生后不稳定能量快速释放,但 K 指数仍然较大。850 hPa 为暖湿空气平流而 700 hPa 为干冷空气平流,中低层对流性不稳定层结发展。

8 月 5－6 日暴雨区附近对流有效位能 CAPE 基本稳定维持在 1000 左右,有一定的不稳定能量,K 指数大于 37,Si 指数、抬升指数均为负值,表明大气层结不稳定。925 hPa 暴雨区的东北侧有正的假相当位温平流中心,意味着台风外围偏东急流为边界层输送暖湿空气平流,边界层对流性不稳定层结维持。

5　小结

(1)2012 年 7 月 12 日,东北冷涡后部不断有低槽分裂南下并逐渐东移影响,700 hPa 上冷涡后部高压与副高之间形成东北—西南向切变线,冷空气渗透到低层暖区,触发了不稳定能量释放,强烈的上升运动造成了红安地区的特大暴雨。7 月 13 日,东北冷涡稳定转动,冷涡后部偏北气流加强,与加深东移的南支槽结合,在低层形成切变线,北方干冷空气与南方暖气气流交汇,形成锋面性强降水。8 月 5—6 日,500 hPa 副热带高压底部与台风倒槽共同影响,东北地区有短波冷槽引导弱冷空气扩散南下,低层偏东急流向西发展加强。在地形作用下触发了局地特大暴雨发生。

(2)触发三次暴雨过程的动力机制既有相同之处,又各有显著不同。

相同点:正差动涡度平流形成动力强迫作用导致垂直上升运动发展。中低层暖平流,加强了暴雨区附近的垂直上升运动。低层辐合、高层辐散的配置有利于暴雨的发生发展。

不同点:7 月 12 日红安特大暴雨过程主要是冷空气渗透触发不稳定能量释放,低空气流西南受地形阻挡,产生辐合上升运动,地形抬升速度(30 cm·s^{-1})强度接近整个系统上升速度,有利于强降水的发展加强。7 月 13 日黄陂特大暴雨,显著动力特征是锋生触发,锋生强迫是引起强降水的主要原因。8 月 5 日十堰特大暴雨,显著动力特征是中尺度地形抬升。低层偏东急流受地形的阻挡风速辐合,产生上升运动,地形抬升速度达到了 2.2 m·s^{-1},地形中尺度抬升明显。

参考文献

[1]　赵玉春,许小锋,崔春光.中尺度地形对梅雨锋暴雨影响的个例研究.高原气象,2012,31(5):1268-1282.
[2]　王丽娟,何金海,司东,等.东北冷涡过程对江淮梅雨期降水的影响机制.大气科学学报.2010,33(1):89-97.
[3]　刘还珠,王维国,邵明轩,等.西太平洋副热带高压影响下北京区域性暴雨的个例分析.大气科学,2007,31(4):727-734.
[4]　孟英杰,李丽平,王珊珊,等.中尺度暴雨过程中地形抬升作用分析,安徽农业科学,2010,38(12):6333-6336.

京津冀三次暴雨过程的综合对比分析

赵玉广　　裴宇杰　　王福霞　　李宗涛　　杨晓亮

(河北省气象台,石家庄 050021)

摘　要

利用常规气象探测资料、地面自动站资料、多普勒雷达资料和 NCEP 再分析资料,对京津冀三次暴雨过程的高空天气形势、物理量场和多普勒雷达回波特征进行了综合对比分析。结果表明,三次暴雨天气过程是在高温高湿、大气不稳定等相似的天气背景下,由 200 hPa 高空急流(强辐散)、500 hPa 和 700 hPa 西风槽、副热带高压、850 hPa 低涡切变、低空急流以及地面冷锋、地面辐合线等相似的天气系统相互作用形成了京津冀地区典型的暴雨天气形势;雷达反射率特征表现为明显的列车效应以及热带降水型,长时间高效率的降水导致暴雨形成;另外,太行山和燕山的地形影响对暴雨的产生起到了促进作用。由于天气系统位置、强度的差别以及湿度条件、热力条件、不稳定条件等的差异,造成三次暴雨过程在强度、落区等方面有很大的差异。

关键词:暴雨　天气形势　物理量　对比分析

0　引言

2011 年 7 月 24 日 08:00 到 25 日 08:00、2012 年 7 月 21 日 08:00 到 22 日 08:00 和 2012 年 9 月 1 日 08:00—2 日 20:00,京津冀地区分别出现了大暴雨、特大暴雨和暴雨天气,尤其是"7·21"特大暴雨天气过程,具有累积雨量大、雨势强、范围广等特点。24 h 降雨量廊坊固安县达到 364.4 mm,保定涞源县杨家庄 384.4 mm,北京坨里镇 387.1 mm,固安县 6 h 降雨量达到 350.5 mm,廊坊的马庄 1 h 雨强为 112 mm,多个市县突破日降雨量历史极值。河北 100 mm 以上降雨区覆盖约 6 万 km²,保定西北部地区平均降雨量达 215 mm,北京西南部、保定西北部出现了自 1996 年 8 月以来最大的洪涝灾害,造成了重大人员伤亡和严重的财产损失。三次暴雨天气过程具有天气背景和天气系统非常相似、暴雨落区和暴雨强度有所差别的特点,本文从高空、地面天气形势、影响系统和物理量等方面分析三次天气过程的异同点,总结此类暴雨过程的天气概念模型和预报着眼点以及预报指标,以期提高此类暴雨天气的预报准确率。

1　天气形势对比分析

1.1　500 hPa 高度场对比分析

分别选取 2011 年 7 月 24 日 14:00、2012 年 7 月 21 日 14:00 和 2012 年 9 月 1 日 14:00 的 500 hPa 高度场和高度合成场进行对比(图 1)。可以看出,在三次暴雨过程中,500 hPa 贝加尔湖附近有一低涡,从蒙古中部到陕西地区有一西风槽,副高在我国大陆东部到日本海一带,并与东北地区的弱高压脊叠加,形成明显的东部阻挡形势。西风槽与副高外围的西南暖湿气流相互作用形成河北省典型的暴雨天气形势。"7·24"过程副高最弱,阻挡形势偏弱,副高与西风槽在河北东部地区相互作用,暴雨区偏东。"9·1"过程中副高中心分别位于日本北部和我国华东地区,致使西风槽偏西偏北,因此暴雨区位于西部北部地区。在"7·21"过程中副高最为强盛,位于东海到日本,低涡低槽也最为深厚,两者相互作用造成河北中北部地区暴雨到特大暴雨。

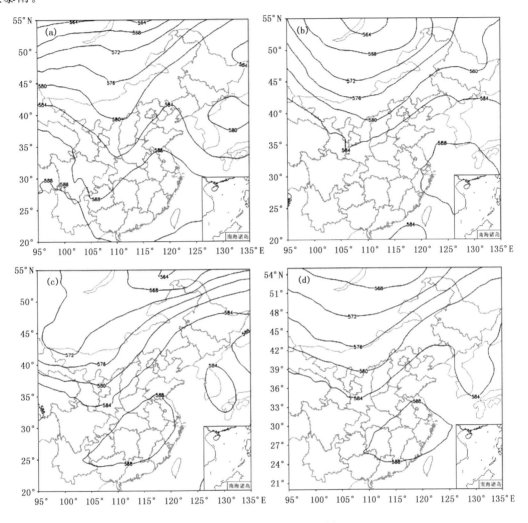

图 1　500 hPa 高度场对比分析

(a 为"7·24"过程,b 为"7·21"过程,c 为"9·1"过程,d 为高度场合成)

1.2　850 hPa 风场对比分析

从三次暴雨过程 14:00 850 hPa 风场(图略)可以看出,"7·24"过程中在蒙古中部到山西存在南北向切变线,气旋性涡旋较弱,但从山西北部到河北中部有一横切变,偏南风急流位置偏东,在河北中东部地区,风速为 8 m·s^{-1},因此造成暴雨区位置偏东。而在"7·21"和"9·1"过程中在山西北部有一低涡中心,从低涡中心到河北中部为一横切变线,"9·1"过程中的低涡切变略偏西,偏南风风速为 6 m·s^{-1},因此造成暴雨区位置偏西,雨量以暴雨为主,个别点大暴雨。而"7·21"过程中低涡切变位置正好影响京津地区和河北省中部地区,偏南风风速达到了 14 m·s^{-1},因此"7·21"中低涡切变和低空急流最强,造成的低空辐合和水汽输送也最强盛,更有利于大暴雨到特大暴雨天气的发生。

图2为三次过程500 hPa高度场和850 hPa风场的合成图。可以看出,500 hPa西风槽、副高和850 hPa低涡切变、低空急流等天气系统相互作用,构成了京津冀地区典型的暴雨天气形势。

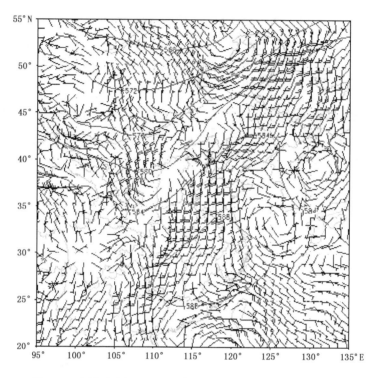

图2　三次暴雨过程500 hPa高度场和850 hPa风场的合成图

2　物理量场对比分析

2.1　比湿场对比分析

分别对三次暴雨过程20:00比湿场沿114°E,36°N到118°E,44°N做剖面进行分析(图3),可以看出,三次暴雨过程中比湿都比较大,700 hPa以下都达到了10 g·kg^{-1}以上。在"7·24"过程中京津冀地区比湿分布比较均匀,700 hPa为10 g·kg^{-1},925 hPa为15 g·kg^{-1}。"9·1"过程中比湿分布整层都是呈西南高东北低的走势,西部、南部地区700 hPa为10 g·kg^{-1},925 hPa 17 g·kg^{-1},而东北部地区较小,这也是东北部地区降水量小的原因之一。在"7·21"过程中京津地区比湿分布也比较均匀,但比湿值显著增强,700 hPa为12 g·kg^{-1},925 hPa达到了18 g·kg^{-1},为特大暴雨的产生提供了充沛的水汽。

2.2　大气可降水量对比分析

从三次过程中整层大气可降水量分布情况(图略)可以看出,三次暴雨过程中整层大气可降水量都比较大,达到了暴雨阈值。"7·24"过程中大气可降水量大值中心在廊坊—天津一带,中心值为64 mm;"9·1"过程中降水量大值中心在河北中部,中心值也为64 mm;"7·21"过程中降水量大值中心也在河北中部,中心值为74 mm,因此"7·21"过程中整层大气可降水量最大。

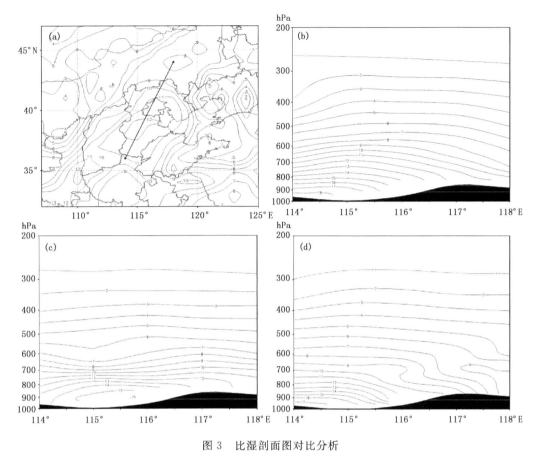

图 3　比湿剖面图对比分析

(a,b 为"7·21"过程,c 为"7·24 过程",d 为"9·1"过程)

2.3　假相当位温对比分析

分别对三次暴雨过程 20:00 假相当位温场沿 114°E,36°N 到 118°E,44°N 做剖面进行分析(图略),可以看出,三次暴雨过程中假相当位温都比较大,暴雨都是在高温高湿的有利环境下发生的。在"7·24"过程中 115°E 附近虽然 900 hPa(低层)为一高值中心(354K),但其上空600 hPa(中层)为一低值中心(340K),假相当位温随高度升高而迅速减小,大气处于对流不稳定状态,因此天气系统虽然在中北部,但邢台也出现了暴雨。"9·1"过程中假相当位温高值中心在河北南部,高能舌由河北中部伸向北京地区,而东北部地区假相当位温较小,因此暴雨区主要集中在西北部地区,东北部地区雨量较小。在"7·21"过程中假相当位温明显增强,最大值中心位于河北南部地区为 360K,京津冀地区假相当位温随高度升高而减小或不变,大气处于高温高湿的对流不稳定状态或中性状态,受到天气系统触发极易产生强对流天气。

2.4　散度场对比分析

分别对三次暴雨过程 20:00 散度场沿 114°E,36°N 到 118°E,44°N 做剖面进行分析(图略),可以看出,三次暴雨过程中高低空散度场垂直剖面差异较大。"7·24"过程中京津冀地区115°E 以西整层辐合辐散非常弱,115.5°E 以东 500 hPa 以下为弱辐合,以上为中等强度的辐散,这也是暴雨区主要集中在北京及其以东地区的原因之一。"9·1"过程中 116.5°E 以西600 hPa 以上辐合辐散非常弱,850 hPa 以下辐合较强,但 700 hPa 附近为中等强度的辐散,不利于对流的垂直发展,在117°E附近600 hPa以下为弱辐合,600~400 hPa为弱辐散,因此从散度场的垂直分布来看暴雨区主要集中在北京及其以西地区,雨量并不很大,量级以暴雨为主。在"7·21"过程中,从河北西南部到东北部辐合层顶逐渐抬高,在117°E附近500 hPa以上为强辐散,辐散中心在300 hPa附近,500 hPa以下为强辐合,辐合中心在700 hPa,因此从散度场的垂直分布来看非常有利于北京及其周围地区强对流的发生发展,形成特大暴雨。

2.5 垂直速度场对比分析

分别对三次暴雨过程20:00垂直速度场沿114°E,36°N到118°E,44°N做剖面进行分析(图4),可以看出,三次暴雨过程中垂直速度场与散度场相一致,差异较大。"7·24"过程中京津冀地区整层都处于上升运动区,但115.5°E以西垂直上升运动非常弱,115.5°~117.5°E上升运动相对明显一些,最大上升运动在116.5°~117°E 600 hPa附近,达到-1.2×10^{-3} hPa·s^{-1},因此暴雨区主要集中在北京及其以东地区。"9·1"过程中垂直上升运动相比"7·24"过程更弱,相对明显的上升运动区在116°E附近,700 hPa以下为弱辐合区,700~600 hPa为弱辐散区,在600~300 hPa又为弱辐合区,因此从速度场的垂直分布来看暴雨区主要集中在北京及其以西地区,雨量并不很大,量级以暴雨为主。在"7·21"过程中,在115°E以东为整层强烈上升运动,最大上升运动在116°~116.5°E附近,在700 hPa和400 hPa有两个上升运动中心,分别达到-3.4×10^{-3} hPa·s^{-1}和-2.8×10^{-3} hPa·s^{-1},因此从速度场的垂直分布来看非常有利于北京及其周围地区强对流的发生发展,形成特大暴雨。

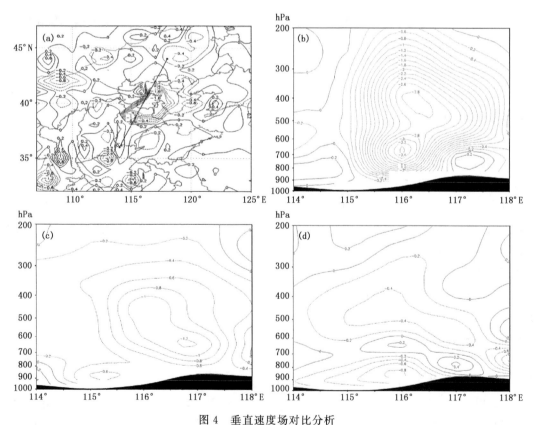

图4 垂直速度场对比分析

(a,b为"7·21"过程,c为"7·24过程",d为"9·1"过程)

3 雷达反射率分析

3.1 列车效应

在石家庄、北京多普勒雷达图上(图略),三次暴雨过程表现为相似的回波演变特征。首先在石家庄西部到保定西北部的太行山东麓出现降雨回波。平流方向为西南－东北走向,在主体回波右侧不断有新生回波点自南向北传播,平流和传播方向基本一致,回波不断合并,强度和范围都逐渐加强。受高空 500 hPa 较强西南气流的引导,回波以平流为主,自西南向东北方向移动,不断经过保定西北部－廊坊－北京一带,即列车效应,持续影响上述地区产生强降雨。随着地面冷锋的东移,回波缓慢自西向东移动,造成京津冀地区长时间降水,形成暴雨天气过程。

3.2 降雨效率高

三次暴雨过程中,强降雨回波中心≥50 dBZ,大部分时段均为≥40 dBZ,并属于低质心,高度在 6 km 以下(图略),从反射率因子剖面图可以确定其为热带降水型回波,降雨效率高。对应于热带降水型回波反射率因子为 45 dBZ 时,1 h 雨量可达 50 mm。尤其是对照"7·21"最强降雨时段 21 日 18:00－22 日 04:00,1 h 雨强基本都在 90 mm 以上,22 日 01:00－02:00 廊坊的马庄 1 h 达到了 112 mm,降雨效率高也是特大暴雨形成的一个重要方面。

4 地形效应

京津冀地区北有燕山山脉,西有太行山脉,东南部为华北平原和渤海。京津冀地区处于低压带中,从黄海、渤海吹的东南风,在燕山、太行山前遇到山脉阻挡,风向发生气旋性弯曲,形成了由东南风和偏北风形成的中尺度地形辐合线,大气在地形辐合线上辐合抬升,促使暴雨的发生和加强。

5 综合分析

综合以上分析可知,这三次暴雨天气过程是在高温高湿、大气不稳定等相似的天气背景下,由 200 hPa 高空急流(强辐散)、500 hPa 和 700 hPa 西风槽、副高、850 hPa 低涡切变、低空急流以及地面冷锋、地面辐合线等相似的天气系统相互作用,构成了京津冀地区典型的暴雨天气形势(图略)。但是由于天气系统位置、强度的差别以及湿度条件、热力条件、不稳定条件等的差异(表 1),造成三次暴雨过程在强度、落区等方面有很大的差异。200 hPa"7·21"和"9·1"过程中均处于高空急流的右侧的强辐散区,"7.24"过程中虽然高空急流不明显,但处于高压脊中的强辐散区。在 500 hPa 和 700 hPa 均处于西风槽前,西风槽与东部副高相互作用。850 hPa 在山西北部到河北省中部均有明显的低涡切变和西南风低空急流,在"7·21"和"9·1"过程中 925 hPa 还有明显的东南风急流。由于"9·1"中 850 hPa 低涡切变偏西,"7·24"中低空急流偏东,导致三次过程暴雨落区有差别。三次过程中都处于高温高湿和对流不稳定环境中,但比湿、水汽通量散度、假相当位温、不稳定能量等物理量场综合比较,"7·21"过程最有利,"9·1"过程相对较弱,因此"7·21"过程为特大暴雨,"7·24"为大暴雨过程,"9·1"过程以暴雨为主。

表1　三次暴雨天气过程综合对比表

| | 天气形势 | | | | 物理量 | | | | | | 雷达分析 | | 地形效应 |
| | | | | | 水汽条件 | | 热力(能量)条件 | | | | | | |
	200 hPa	500 hPa	850 hPa	地面	比湿	水汽通量散度	露点温度	假相当位温	动力条件	不稳定条件	列车效应	回波强度和质心高度	
7·21 特大暴雨	高空急流,高压脊,强辐散区6s^{-1}	西风槽,副高东部阻挡,西南风20 m/s	低涡,切变线,西南风急流12 m/s	冷锋,辐合线,低压带,低压中心	850 hPa 14 g/kg,925 hPa 17 g/kg	850 hPa −23.5×10^{-2} 925 hPa −92.1×10^{-2}	地面24~26℃ 850 hPa 13~20℃	(北京)850 hPa 68.7℃ 925 hPa 79.4℃	850 hPa 垂直速度 −20×10^{-4}	北京CAPE值 1075.9 J/kg	明显	50~55 dBZ 4 km	太行山 燕山
7·24 大暴雨	高压脊,强辐散区,7s^{-1}	西风槽,副高东部阻挡,西南风20 m/s	低涡,切变线,西南风急流12 m/s	冷锋,辐合线,低压带,低压中心	850 hPa 15 g/kg,925 hPa 16 g/kg	850 hPa −18.6×10^{-2} 925 hPa −47.8×10^{-2}	地面24~27℃ 850 hPa 12~18℃	(北京)850 hPa 77.8℃ 925 hPa 77.1℃	850 hPa 垂直速度 −20.6×10^{-4}	北京CAPE值 2308 J/kg	明显	50~55 dBZ 4.5 km	燕山
9·1 暴雨	高空急流,高压脊,强辐散区,7s^{-1}	西风槽,副高东部阻挡,西南风18 m/s	低涡,切变线,西南风急流14 m/s	冷锋,辐合线,低压带,低压中心	850 hPa 11 g/kg,925 hPa 15 g/kg	850 hPa −26×10^{-2} 925 hPa −24×10^{-2}	地面22~24℃ 850 hPa 14~16℃	(北京)850 hPa 61.8℃ 925 hPa 76℃	850 hPa 垂直速度 −14×10^{-4}	北京CAPE值 394 J/kg	明显	40~45 dBZ 3 km	太行山

一次弱强迫背景下川西暖区暴雨中尺度研究

徐 珺 张芳华

(国家气象中心,北京 100081)

摘 要

2013 年 6 月 18—21 日四川盆地西部出现一次典型的无明显高空槽、低空急流和低涡切变伴随的持续性暖区暴雨过程,具有对流性特征明显、持续时间长、强降水范围集中于地形区的特点。本文利用常规和非常规观测资料以及数值实验的方法对该次暖区暴雨过程的研究结果表明:高湿环境背景下,即使无明显天气系统强迫,低层偏东风沿地形抬升至自由对流高度即可触发和维持对流;地形触发和维持的对流相对地形具有极低的云底,暖云层厚度较大,使得降水具有较高的降水效率。整层高湿也有利于降低蒸发率使得出流相对较弱,暖区强降水产生的弱冷垫有利于增强抬升,使得新生对流易在原对流系统附近发展,造成局地暴雨。

关键词:暖区暴雨 地形作用 中尺度对流系统 弱强迫背景

0 引言

四川盆地位于我国 110°E 以西地区,西邻青藏高原,特殊地理位置和地形条件使得盆地气候同时受东亚季风、季度季风和高原大气环流的影响,山地迎风面是暴雨的高频中心,暴雨范围小、局地性强、夜雨频繁[1]。而四川盆地西部(简称"川西")暴雨因其受地形影响明显、突发性和局地性强、影响系统多和降水成因复杂成为预报和研究中的难点和热点。已有研究表明川西存在着一个空间范围不大但降水强度可与长江下游地区媲美的降水中心,强降水主要集中在 7,8 月份,位于川西的雅安以"天漏"而闻名,被称之为"雨城"[2-3]。围绕雅安天漏现象所进行的观测分析和数值模拟表明,高原东坡的复杂地形边界层是天漏的重要因子[3-5],同时对流复合体的活动也对四川盆地降水有显著影响[6]。川西暴雨是开展地形降水研究、检验数值模式地形处理技术的理想对象,如通过数值模拟和削减川西地形高度证明地形对降水的落区和强度有重要影响[7];通过数值实验证明了初始水汽条件对暴雨的江都和最大降水产生时间均有影响等[3]。

目前西南暖区暴雨主客观预报常存在起报时间晚、落区和量级预报效果差的问题,预报员也缺乏对川西暴雨降水特点和成因的认识,在预报业务中对川西暴雨的初期预报仍难度较大,且相对于低空急流、低涡切变、高空槽和高空急流系统明显的强强迫背景下的川西暴雨,弱强迫背景下的川西暴雨预报难度更大,西南暖区暴雨常具有持续性、降水强度大、易致灾的特点,全面深入研究西南暖区暴雨降水特点和成因,对提高预报准确率和防灾减灾具有重要的意义。2013 年 6 月 18—21 日四川盆地西部出现的持续性暴雨过程即是这种典型的弱强迫背景下的暖区暴雨,本文利用常规和非常规观测资料通过天气学分析和中尺度数值实验的方法对暴雨

资助项目:中国气象局预报员专项(CMAYBY2014—085)资助

的中尺度成因进行研究,为预报提供着眼点。

1 资料与方法

本文使用的资料:分辨率为 0.5°×0.5°间隔为 6 h 的 GFS (Global Forecast System)分析场数据、分辨率为 0.25°×0.25°间隔为 1 h 的 FY2E TBB 资料,四川省自动站以及常规观测资料。采用诊断分析和天气动力学理论相结合的方法及数值模拟进行研究,在对此次极端降水的特点和环流背景的实况分析研究基础上,利用高分辨率的中尺度数值模式对此次过程进行数值模拟,在模拟的极端降水的主要特点与实况相似、动力学理论上合理的情况下,对模拟结果进行有针对性的诊断分析并进行地形削减实验,弥补观测资料中未能揭示的极端降水的中尺度动力成因。

2 降水特点

2013 年 6 月 18—21 日川西乐山至广元一带出现持续性暴雨局地大暴雨,其中最大过程雨量站剑阁达 279.4 mm,最大日降水量达 182 mm(图 1),最大小时雨量为 101.1 mm。强降水落区稳定于川西平原－高原过渡区,18—19 日为副高边缘降水,20—21 日转为副高内部降水。

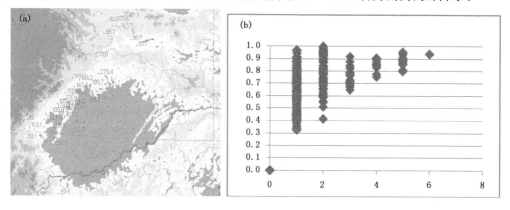

图 1　18 日 08:00—21 日 08:00 累积雨量(a)暴雨自动站小时雨量统计(b)横轴为大于 20 mm·h⁻¹ 的
降水出现的时间、纵轴为大于 20 mm·h⁻¹ 的降水对所占该站总雨量的百分比

该过程为弱强迫背景且发生于地形区,为分析降水性质统计暴雨自动站三天小时雨量(图 1)发现:川西副高边缘暴雨大部分站伴随短时强降水,主要由 4 h 内大于 10 mm·h⁻¹ 的降水或 2 h 内超过 20 mm·h⁻¹ 的短时强降水造成,降水效率较高;副高内部降水效率则明显下降,只有部分暴雨站伴随短时强降水。

根据中尺度对流系统活动和小时雨量演变,降水可分为四个阶段,分别为 18 日 18:00—19 日 02:00、19 日 03:00—11:00、19 日 22:00—20 日 17:00 和 20 日 20:00—21 日 13:00,其中前三阶段为副高边缘降水,第四阶段为副高内部降水,第三阶段持续时间最长、强度最大。

将 TBB 和小时雨量叠加(图略)发现大于 10 mm·h⁻¹ 的降水主要出现在－52℃ 的 TBB 区,大于 20 mm·h⁻¹ 的降水主要集中在－72℃ 的 TBB 区,且伴随雷电活动(图略),从 TBB 分析对流组织性不强。可见,虽然该次暴雨过程为弱强迫背景,仍以较为零散的对流性降水为主,中尺度特征明显,具有较高的降水效率。

3 中尺度对流系统的环境场特点

此次暴雨过程无高空急流、低空急流、明显高空槽和低层切变相伴随,并不符合典型的川西暴雨天气形势。但高层辐散、副热带高压、东移高原涡和低层西南及近地层东南的暖湿气流等天气系统的适当空间配置仍为强降水的发生提供了有利的天气背景(图2a)。

3.1 高湿环境场和高降水效率

从水汽和不稳定等环境条件上看,副高外围低层西南风水汽持续输送,使18—21日川西整层可降水量均超过50 mm,850 hPa假相当位温都达到360K,18日20时强降水中心附近温江探空低层露点温度超过22℃、抬升凝结高度(LCL)在1 km左右,自由对流高度(LFC)接近2 km,0℃层高度接近6 km,自地面抬升的CAPE达到2312 J·kg^{-1}(图2b),至21日强降水附近的探空都表现出这种低层高湿、整层高湿、较大的暖云层厚度的特征,该特征有利于高降水效率的出现[8-9]。

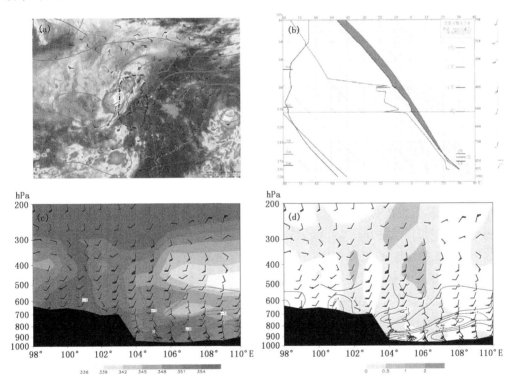

图2 18日20:00 500 hPa高度、700 hPa风场、FY2E红外云图(a),温江探空(b),过31°N水平风散度(等值线)假相当位温(填色,单位K,下同)风场(c)水平风散度(等值线,单位:10^{-5}s^{-1},下同)垂直速度(填色,单位:Pa·s^{-1})风场(d)

3.2 抬升条件

18—20日584 dagpm位于105°E附近,位置较为稳定。500 hPa上从青藏高原先后有一个短波槽和一个高原涡经过四川盆地,其中19日夜间至20日白天的东移高原涡较明显,维持时间较长,对应川西MCS集中爆发期,也是降水最强时段。

700 hPa低层为偏南气流,最大风速为8~10 m·s^{-1}左右,850 hPa盆地内东南气流,最大风速为 6～8 m·s^{-1} 左右,虽无低空急流,但与地形相互作用下,18—20 日 700 hPa 和 850 hPa 风速辐合中心低于 -2×10^{-5} s^{-1},并且 700 hPa 风速辐合区位置与强降水落区较为一致(图 2c,d)。

22 日副高西进,仅低层东南气流与地形相互作用带来的风速辐合维持较弱对流,降水趋于减弱结束。

4 数值模拟研究

4.1 模拟方案设计

为揭示弱强迫背景下川西暴雨的中尺度热力和动力学特征以及地形在暖区暴雨中的作用,选取 18 日 08:00—19 日 20:00 的降水使用 WRF V3.1 模式进行数值模拟。模式的初始边界和侧边界条件均采用 GFS 分辨率为 0.5°×0.5°间隔为 6 h 的格点资料。模式网格设计为两重双向嵌套,中心点(30.5°N,105°E),各区域的格点数分别为 100×100、160×160,水平格距依次为 18 km、6 km,垂直方向采用 27 层 σ 坐标系。微物理采用 WRF Single-Moment 3-class 方案,积云对流采用 Grell-Devenyi Ensemble 方案。

4.2 模拟结果检验

本次过程降水量的模拟结果显示,模拟的暴雨和大暴雨落区及其量级和实况基本一致,第一和第二阶段降水的逐小时中尺度雨团位置演变和实况也基本一致。对 500 hPa 高度场、低层风速的模拟和实况也与探空一致。由于川西地形复杂,采用高分辨率极易导致模拟计算溢出,使用 6 km 分辨率模拟出的最大小时雨量为 27 mm·h^{-1},而实况超过 60 mm·h^{-1}。综上,鉴于模拟结果对降水和天气系统的较好把握,模拟结果适用于中尺度分析研究。

4.3 地形在弱强迫背景下川西暖区暴雨中的作用

模拟结果表明,强降水时段 850 hPa 四川盆地存在 1～2 个中尺度气旋性环流,中心位于四川盆地中部或西部,直径在 50～100 km 不等(图略)。与探空特征对应,低层偏东风在充沛的水汽和不稳定条件下沿地形抬升至 850 hPa 左右即发生凝结,风速辐合中心强度 -5×10^{-4} s^{-1}(图 3a),在地形区云底贴近地面,云低往往对应较高的降水效率,强降水中心也位于这一区域。

沿地形抬升区上升速度超过 1 m·s^{-1}(图 3b),但实况降水强度两倍于该时次的模拟降水,因而在模拟温湿条件和实况一致条件下,实际上升速度应明显大于 1 m·s^{-1},即在整层高湿环境背景下,无冷空气参与和明显的天气尺度强迫背景下,仅地形抬升就可以触发和维持强降水,这点在预报中应引起重视。

另外,在本次模拟中暖区降水造成的沿地形的弱冷垫(图 3c,d),也有利于强降水在地形处维持。由于暖区暴雨的高湿环境,降水的蒸发率较小,强降水出流较弱,新生对流系统往往在原对流系统附近发展[10],弱冷垫另一方面也起到了一定的抬升作用。

为验证地形在川西暖区暴雨中的作用,根据强降水分布综合考虑地形分布后将特定范围(30.5°～32.5°N,103°～105.5°E)内的地形高度削减 0.5 倍后做数值实验(图 4)。与之前的控制实验对比结果表明,雨带明显随着地形削减而向西移,累积雨量和控制实验基本一致。控制实验和实况的强降水中心位于地形 1～1.5 km 的区域附近,地形削减后虽然雨带西移,但仍位于 1～1.5 km 的区域附近,该高度与探空和控制实验的抬升凝结高度基本一致,从理论和实验上都证明了地形抬升在川西暖区暴雨中的重要作用。

另外,地形实验中最大小时雨量模拟到 50 mm·h^{-1} 以上,与实况接近,此时刻最大上升

速度超过 $5\ m\cdot s^{-1}$,对比控制实验和实况雨量该上升速度可能贴近实际。

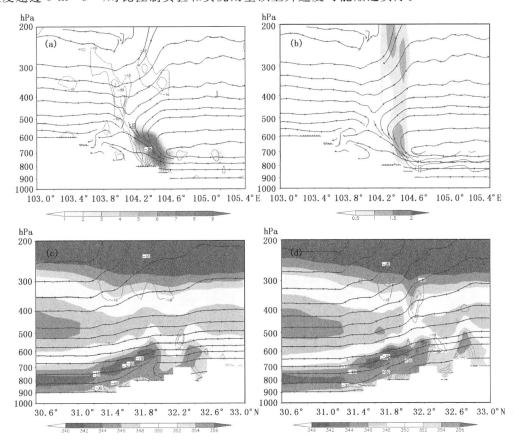

图 3 (a)19 日 07:00 云水含量(填色)水平风辐合(等值线)风场(流线);(b)19 日 07:00 垂直速度
(填色,单位:m·s^{-1})低空急流(等值线)风场(流线);(c)19 日 06:00 假相当位温(填色)水平风辐合
(等值线)风场(流线)(d)19 日 07:00 假相当位温(填色)水平风辐合(等值线)风场(流线)

5 结 论

本文利用常规和非常规观测资料通过天气学分析和数值实验的方法对一次无高空急流、
低空急流、明显高空槽和低层切变相伴随的川西暖区暴雨的中尺度成因进行研究,结果表明:

(1)弱强迫背景下的川西暖区暴雨以较为零散的对流性降水为主,中尺度特征明显,具有
较高的降水效率。

(2)整层高湿、低层高湿背景下,沿地形的抬升即可维持和触发强降水。高湿环境对应较
低的 LCL 和 LFC,在无明显强迫天气系统条件下,低层偏东风沿地形抬升至 LCL 和 LFC 即
可触发和维持对流。相对地形,川西地形触发和维持的对流具有极低的云底,配合较高的零度
层高度,增大了暖云层厚度,使得降水具有较高的降水效率。

(3)整层高湿也有利于降低蒸发率,对流出流相对较弱,暖区强降水产生的弱冷垫有利于
增强抬升,使得新生对流易在原对流系统附近发展,造成局地暴雨。

(4)鉴于暖区暴雨的中尺度降水特点和成因以及明显的地形作用,预报业务中应注意中尺
度模式的应用。

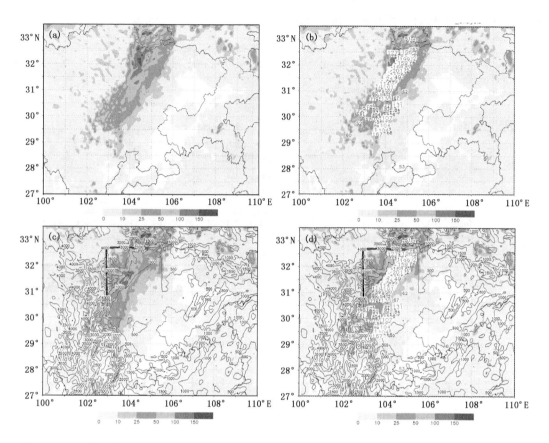

图4 36 h时效6月19日20:00 24 h雨量控制实验(a)控制实验(填色)实况(标识)(b)地形实验(c)
地形实验(填色)实况(标识)(d)

参考文献

[1] 薛羽君,白爱娟,李典. 四川盆地降水日变化特征分析和个例模拟.地球科学进展,2012,**27**(8):885-894.

[2] 彭贵康,柴复新,曾庆存,等.雅安天漏研究I:天气分析部分.大气科学,1994,**18**:466-475.

[3] 卢萍,宇如聪,周天军. 四川盆地西部暴雨对初始水汽条件敏感性的模拟研究.大气科学,2009,**33**(2):241-250.

[4] 宇如聪,曾庆存,彭贵康,等.雅安天漏研究II:数值预报试验.大气科学,1994,**18**:536-551.

[5] 曾庆存,宇如聪,彭贵康,等."雅安天漏"研究III:特征、物理量结构及其形成机制.大气科学,1994,**18**(6):649-659.

[6] 宗志平,陈涛,徐珺,等.2012年初秋四川盆地两次西南涡暴雨过程的对比分析与预报检验.气象,2013,**39**(5):567-576.

[7] 葛晶晶,钟玮,杜楠,等.地形影响下四川暴雨的数值模拟分析.气象科学,2008,**28**(2):176-183.

[8] 俞小鼎. 短时强降水临近预报的思路与方法.暴雨灾害,2013,**32**(3),202-209.

[9] 俞小鼎.基于构成要素的预报方法——配料法.气象,2011,**37**(8),913-918.

[10] Doswell C A, Brooks H E, Robert A. Maddox. Flash Flood Forecasting: An Ingredients-Based Methodology. *Wea Forecasting*, 1996,**11**, 560-581.

卫星资料在西藏暴雪天气中的应用

德　庆　代华光

（西藏气象台,拉萨 850000）

摘　要

本文利用 500 hPa 环流场、6 h 降水量以及风云 2E 气象卫星资料,对西藏西南部地区四次灾害性暴雪天气过程的 500 hPa 环流做了对比分析,着重结合卫星反演资料,对 TBB、OLR、云导风和降水估计做了较为详细的分析和描述,以探索卫星反演资料在西藏暴雪天气过程中的指示意义,为更好地预报暴雪天气寻找有利的预报依据。

四次暴雪过程 500 hPa 环流相似,两高较强,高原西侧的南支槽很深,560 线位置均在 35°N 以南。通过红外云图发现暴雪过程有南北两个系统,从云导风能判断其冷暖空气的移动路径,北部云导风表现为咸里海地区东移南下的西北风,另一路是源自阿拉伯海经印度半岛移至西藏西南部的西南风,与降水时段对比,南边云系起关键作用。

TBB 过程初期都在较高的位置,随着降水临近,TBB 迅速下降,到了强降水集中时段,TBB 持续保持低值状态,聂拉木从 250 K 以上下降到 215 K,普兰从 230 K 左右降到 210 K,当过程结束时 TBB 上升到 260 K 附近。OLR 在四次过程中波动明显,各站情况不一,OLR 低值区的移动情况和降雪量最强落区的变化情况较为一致。在暴雪过程中降水量≤8 mm 时,TBB 和降雪量有正比关系,降水量在 8~16 mm 时,TBB 保持最低值少波动,降水量≥16 mm 后,TBB 和降雪量有反比关系,但不会超过 230 K。就 OLR 而言,降雪量≥2 mm 时,聂拉木 OLR 值在 130~215 W·m⁻²,普兰在 110~160 W·m⁻²。整体而言,降雪量越大,OLR 在呈下降趋势。普兰的 OLR 和 TBB 在这四次过程中明显低于聂拉木,TBB 低于聂拉木 30 K 左右,OLR 低于 60 W·m⁻² 左右。卫星降水估计中,空报漏报,偏多偏少以及和实况基本一致的情况都存在,其中偏多偏少的情况居多,偏少都在 4 mm 以上,最大偏少 31 mm,偏多在 2 mm 以上,但大多数时只偏多 5 mm 左右,只有一次是偏多 12 mm,所以在预报应用中还要结合其他降水模式预报或物理量等情况来综合考虑。

关键词:西藏　卫星　暴雪　TBB　OLR　降水估计

0　引言

近年来随着我国航天技术的飞速发展,气象卫星取得了举世瞩目的发展和应用,卫星资料具有直观、时空分辨率高、受地形影响小等特点,同时大大弥补了高原大地测站稀少,大片的无人区没有资料可参考的预报上的缺陷,可以说卫星资料在西藏天气预报中的作用远远超过了其他的许多预报工具。

西藏高原地形复杂,天气系统多变,数值模式的稳定性相对较差,雷达的应用局限性很大,如何正确、有效地把大量的卫星资料应用到西藏天气预报分析中是当前面临的重要问题,目前我区对卫星的应用主要是看云图了解云系分布和移动发展情况,基本上局限于单一应用,不能发挥卫星反演资料的优势,不仅浪费了宝贵的大量卫星资料,也无法了解和反映这些资料在西藏地区的应用情况。随着数值预报水平的不断发展,西藏强降水预报准确率有了明显提高。

强降水的发生、发展、移动和强度变化均可在云图中得到体现,因此在数值预报的基础上,如果能充分利用卫星反演资料,对更好地把握测站稀少的西藏地区的灾害性天气落区和强度有至关重要的意义,而暴雪是西藏最主要的灾害性天气,暴雪给当地的农牧业和人民生活带来了严重的影响和极大的财产损失,据此,本文应用卫星资料,结合西藏西南部地区的四次暴雪天气过程,探索卫星资料在西藏暴雪天气过程中的指示意义。

1 资料及方法

1.1 说明

西藏西南部地区包括阿里地区南部和日喀则地区的西南部地区,涉及多个县,虽然范围广,但缺少观测站点,自动站又无法记录固态降水,有人值守的观测站只有普兰和聂拉木,所以只能通过两个站的 6 h 人工观测的降水强度作为一个切入点来探讨。本身西藏西南部地区范围较大,而云团在每时每刻发展变化,西南部地区一种面和极其复杂的动态的关系变成一种定时定点的关系来描述,结果可能会存在某种误差或缺陷,但作为在这方面的初步尝试,也许能起到些思考或是建议。

选用四次过程时段(2012 年 2 月 7 日 08:00 至 9 日 08:00;2013 年 1 月 17 日 08:00 至 20 日 08:00;2013 年 2 月 4 日 08:00 至 8 日 08:00;2013 年 2 月 15 日 08:00 至 18 日 08:00)国家气象局下发的 FY2E 的 TBB、OLR、云导风和降水估计,用双线性二次插值方法插值得到聂拉木和普兰的站点值。降水量采用地面人工观测的 08:00、14:00、20:00、02:00 6 h 降水量。TBB 6 h 六张图,在 6 h 内云的发展情况很复杂,一些云增强或减弱,亮温有很大变化,为了更好地描述[1],6 h 内最低 TBB 值选作和 6 h 降水量对应时次的 TBB 值;OLR 6 h 两张图,和 6 h 降水量对应时同样选较低的 OLR 值;云导风和降水估计是 6 h 一张图,和 6 h 降水量有对应关系。

1.2 插值方法与原理

按照双线性二次插值方法,在纬向上进行插值之后再经向插值。

如图 1 所示,$x1, x2$ 为纬度,$y1, y2$ 为经度;待插值站点的纬度、经度分别为 x, y;$R(x1, y1)$、$R(x2, y1)$、$R(x1, y2)$、$R(x2, y2)$ 为对应网格点上的降水值。先在 $x1$ 和 $x2$ 纬度上进行

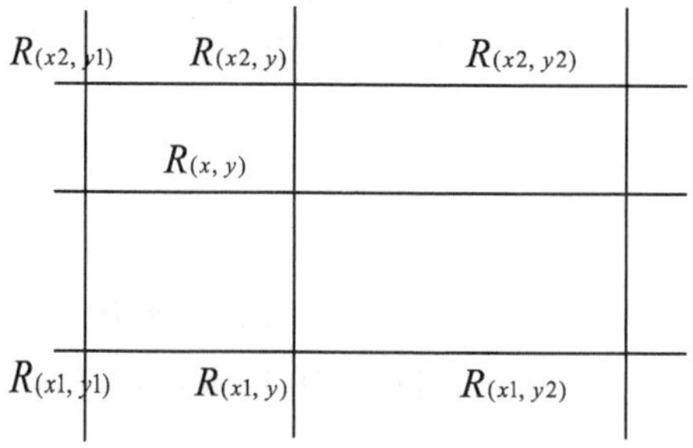

图 1 插值点示意图

插值得到 y 经度上的两个值:

$$R(x1, y) = \frac{(y - y2)}{(y1 - y2)} R(x1, y1) + \frac{(y - y1)}{(y2 - y1)} R(x1, y2)$$

$$R(x2,y) = \frac{(y-y2)}{(y1-y2)}R(x2,y1) + \frac{(y-y1)}{(y2-y1)}R(x2,y2)$$

再在 y 经度上进行一次插值:

$$R(x,y) = \frac{(x-x1)}{(x2-x1)}R(x2,y) + \frac{(x-x2)}{(x1-x2)}R(x1,y)$$

即得到 x 纬度、y 经度上的降水量插值 $R(x,y)$。

2 实况及灾情

2013 年 1 月 17 日—2 月 17 日期间出现的三次过程降水总量聂拉木和普兰分别为 222 mm 和 96 mm,1970—2010 年的同期平均值分别为 51 mm 和 11 mm,远远超出同期平均值,同时普兰 2013 年 1 月 18 日的 38 mm 和聂拉木 2012 年 2 月 8 日的 92 mm 突破了日降水量历史极值。

这几次的暴风雪天气造成普兰至聂拉木一带严重雪灾,给交通、牧业生产、城市供电、通信网络等造成了严重的影响。其中 2013 年的三次强降雪造成阿里、日喀则地区 15 个县 78 个乡(镇)、335 个村、24007 户 96978 人不同程度受灾;死亡牲畜 104694 头(只、匹);造成阿里、日喀则、山南、林芝和拉萨等地部分国省干线公路和农村公路持续遭灾反复断通,累计受灾里程 5679 km(其中国道 2078 km、省道 893 km、农村公路 2708 km),造成 12 个县、35 个乡(镇)、75 个行政村交通中断。

3 暴雪天气 500 hPa 环流背景

2012 年 2 月 8 日中高纬地区经向度大,乌拉尔山地区为高压脊,贝加尔湖至鄂霍茨克海为一宽广的低值区,里海附近有一深厚的低压环流,里海附近的低压分裂冷空气影响,高原西侧长波槽东移南压上高原,西藏大部受西南气流控制;2013 年 1 月 18 日乌山地区受弱脊控制,整个西伯利亚为低值区;2012 年 2 月 5 日乌山以东西伯利亚为长波脊区,贝湖附近是深厚的低值区;2013 年 2 月 17 日乌山为长波脊区,东西伯利亚至贝湖地区受低值区控制。

这几次过程整体上相似度很高,尤其是高原上的环流可以说非常一致,据此这几次过程做了环流平均发现:乌山以东地区为长波脊区,贝加尔湖至鄂霍茨克海为一宽广的低值区,两高较强,伊高有利于引导冷空气南下高原,副高有利于南支槽的加深和维持,高原西侧的南支槽很深,在东移过程中上高原,高原大部受强大的西南气流控制,非常有利于南部水汽输送至西藏西南部。由于高原上存在南支槽是直接的影响系统,本文把 560 线作为南支槽特征线做了对比,此类过程中高度场 560 线位置在 35°N 以南,2012 年 2 月 8 日 560 线位置最偏南,降水强度最强,超过了历史同期极值。

4 暴雪天气云图和影响系统

气象卫星主要是利用不同大气粒子对不同波段辐射吸收特性的不同而进行检测,就数据产品而言,可分为云图产品及导出产品。云图产品如红外云图、可见光云图、水汽图等,它主要是利用云对各种光谱段反射、辐射和散射特性的不同而形成。红外云图就是利用高云温度低、多冰晶结构、对红外波段吸收大的特点形成。通过红外云图可以分析强降水形成的影响系统、监视、追踪和预报强降水的发生、发展和移动[2][7]。

四次暴雪过程从红外云图上分析,阿里地区西北部云系明显,过程开始前高原主体和孟湾地区基本为晴空区,值得注意的是,虽然可以明显看到高原西北部的强云系在东移过程中不断影响高原,但四次过程主要影响云系是从阿拉伯海经印度半岛移至西藏西南部。随着过程的开始从阿拉伯海不断有云系移至聂拉木地区,此时西北的云系也已进入高原主体,南北两支云系大概都在西藏西南部的普兰一带开始汇合,我区自普兰开始出现降雪。在 90°E 以西两支云系完全汇合在一起,聂拉木就属于两支云系完全汇合后形成的云系的最强影响落区,汇合后的云系开始往东北方向移动,降水落区也从西南部向东北方向转移。很明显:四次过程有南北两个系统配合,先是有北边系统影响高原,然后赶上南边的系统即阿拉伯海云系,与降水时段对比可知,南边影响系统起关键作用。

5 暴雪天气卫星反演产品分析

卫星云图导出产品是指对气象卫星遥感探测的数据进行反演计算得到的各种产品,如云导风、射出长波辐射、降水估计、相当黑体温度等等。

5.1 TBB

卫星辐射亮度温度是利用红外波段内云顶和无云或少云区的辐射很少被大气吸收的特性,通过应用普朗克函数处理转换成辐射亮度温度。它是形成云图的原始基础资料,利用TBB 等值线的分布及梯度特征,可以诊断预报可能伴随的天气现象和落区,在短期和短时临近预报中有重要的应用前景[3][8]。

在这四次暴雪过程中聂拉木和普兰的 TBB 变化情况如图 2、图 3、图 4:聂拉木在过程初期TBB 均在 250 K 以上,过程开始 12～18 h 时,TBB 在 250～225 K,在过程开始 18～40 h 内,TBB 持续保持最低状态,其值在 230～215 K,但最低不会超过 215 K,过程开始 48 h 后 TBB明显开始上升,当过程结束时 TBB 值为 260 K。普兰整体变化情况和聂拉木相似,但普兰过程开始前 TBB 明显比聂拉木低,TBB 均在 240 K 以下,在强降水集中时段 TBB 最低值能达到210 K,这个值也比聂拉木低。

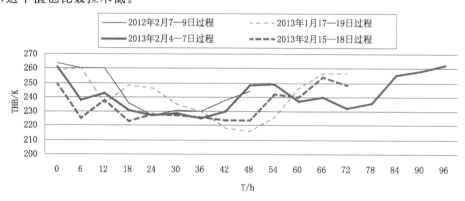

图 2　聂拉木在暴雪过程中 TBB 变化情况

总体而言,过程初期 TBB 都在较高的位置,随着降水临近 TBB 迅速下降,到了强降水集中时段,TBB 开始持续保持低值状态,当过程结束时 TBB 开始上升,其中聂拉木过程初期TBB 值在 250 K 以上,而普兰在 230 K 左右,在强降水时段,聂拉木最低值不超过 215 K,普兰能达到 210 K。

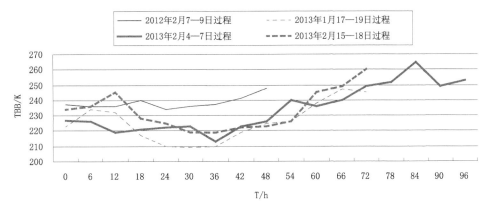

图3 普兰在暴雪过程中 TBB 变化情况

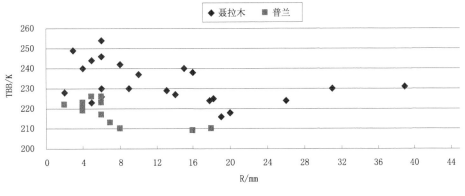

图4 TBB 与 6 h 降雪量关系

从四次过程中挑选了降水量≥2 mm 的所有时次作为样本,得到如下关系:随着降水量增大,TBB 值呈逐步下降趋势。聂拉木降水量≤8 mm 时,TBB 大多落在 240～255 K,降水量≥8 mm 时,TBB 开始回落,当降水量为 20 mm 左右时,TBB 为最低值 215 K,随后降水量逐渐上升,但 TBB 不会超过 215 K,反而有一次回升,当降水量为 40 mm 时,TBB 在 230 K 左右。普兰降水量≤8 mm 时,TBB 大多落在 210～225 K,降水量≥8 mm 后 TBB 保持在 210 K 左右,但也有一个略为回升的趋势。

在暴雪过程中,降水量≤8 mm 时,TBB 和降雪量有正比关系,降水量在 8～16 mm 时,TBB 保持最低状态,降水量≥16 mm 后,TBB 和降雪量有反比关系,但 TBB 不会超过 230 K。

5.2 OLR

OLR 是指地球大气系统在大气层顶向外空辐射出去的所有波长的电磁波能量密度,其大小主要由下垫面发射的温度决定。它含有丰富的海洋和大气信息,在中短期天气预报中有着重要作用,它实际上反映了地球下垫面的天气,气候状况,在温暖的下垫面,OLR 值越高,在高纬度冬季或云覆盖区,OLR 值低,云顶越高 OLR 值越低。

四次暴雪过程的 OLR 变化情况看(图略):每次过程的变化情况不太一致,在过程中 OLR 波动明显,两站在过程开始 18～36 h 有达到最低值的情况存在,另外从 OLR 低值区的移动情况来看,降雪最强落区的变化情况较为一致,既然 OLR 低值区能反映云系移动方向,云系移动方向就是降雪落区的转移方向[4][6]。

四次过程中挑选了降水量≥2 mm的所有时次作为样本,得到如下关系:

降雪量≥2 mm时,聂拉木OLR值在130~215 W·m^{-2},普兰在110~160 W·m^{-2},降雪量大小和OLR值有一定的正比关系,即整体而言,降雪量越大,OLR在呈下降趋势。聂拉木降雪量≥8 mm时,OLR基本在160 W·m^{-2}以下,普兰降雪量≥8 mm时,OLR接近100 W·m^{-2}(图5)。

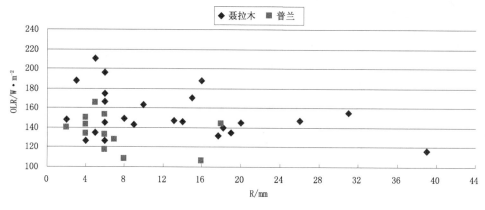

图5　OLR与6 h降雪量关系

很明显普兰的OLR在这四次过程中远远低于聂拉木,这种现象在TBB变化情况中也存在,TBB低于聂拉木30 K左右,OLR低于60 W·m^{-2}左右,由此也联想到系统的发展变化,普兰在四次过程中是冷暖空气交汇的初始地点,从云图上分析北边的云系大范围影响到普兰,普兰上空的云明显比聂拉木强,在地形抬升作用下,对流开始强烈发展,随着暴雪系统逐步成熟和稳定,落区开始东移南压到了聂拉木一带,所以较强的降水出现在聂拉木而TBB和OLR普兰更低。

5.3　云导风

云导风是指用连续几幅静止气象卫星图像追踪图像块(示踪云)的位移,并计算示踪云所代表的云或水汽特征所在高度的层次,以获得这些层次上风的估算值,云导风产品在很大程度上增加了测站稀少地区探空资料的密度,尤其是很大程度上填补了海洋、沙漠和高寒山区探空资料的空缺[4-5],它对云系形成的环流系统表现较为直观。

以下给出四次降雪过程500 hPa风场和云导风的叠加图,云导风描述有高低空风场和中高空,结合西藏实际本文分析了中高空云导风。很明显,云导风在高原上大大增加了风场的密度,填补了许多范围内无风场资料可参考的局限性,而且有云覆盖地区的风场和当时风场基本是吻合的,在没有测站地区,完全可以通过云导风来预测和判断其降水形式和发展趋势等。

四次过程而言,从云导风明显看到其冷暖空气的移动路径,北部云导风表现为咸、里海地区东移南下的西北风,另一路是源自阿拉伯海经印度半岛移至西藏西南部地区的西南风,两中系统的发展变化可以从云导风的情况来推断,由于高空风一天只观测两次,尤其是在短临预报中,云导风在西藏测站稀少的地区有着不可低估的应用前景。

5.4　降水估计

卫星降水估计一天下发4个时次。在此选取的20次样本中,漏报1次,空报2次,有7次预报比实际降雪偏少,偏少都在4 mm以上,最大偏少31 mm,有8次预报比实际偏多,偏多在

2 mm 以上,但大多数时只偏多 5 mm 左右,只有一次是偏多 12 mm,还有 3 次过程是和实况吻合,误差接近零。

卫星降水估计中,空报漏报,偏多偏少以及和实况基本一致的情况都存在,其中偏多偏少的情况居多,而偏少的幅度大于偏多的幅度,所以在预报应用中还要结合其他降水模式预报或物理量等情况来综合考虑(图 6)。

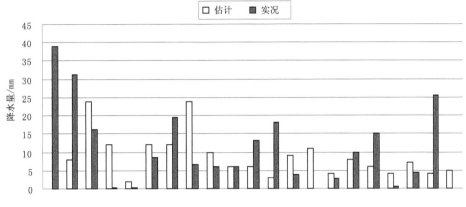

图 6　6 h 卫星降水估计和降水实况对比

6　讨　论

(1)500 hPa 环流上乌拉尔山以东地区为长波脊区,贝加尔湖至鄂霍茨克海为一宽广的低值区,两高较强,伊高有利于引导冷空气南下高原,副高有利于南支槽的加深和维持,高原西侧的南支槽很深,560 线位置均在 35°N 以南。

(2)暴雪过程有南北两个系统配合,先是有北边系统影响高原,即有充足的冷空气上高原,然后赶上南边的系统,即阿拉伯海水汽沿着槽前西南气流能够输送到高原;从红外云图上很清晰地看到阿拉伯海的云系起关键作用。

(3)过程初期 TBB 都在较高的位置,聂拉木初期 TBB 值在 250 K 以上,普兰 230 K 左右,随着降水临近,TBB 迅速下降,到了强降水集中时段,TBB 开始持续保持低值状态,聂拉木最低值不超过 215 K,普兰达到 210 K。当过程结束时 TBB 开始上升到 260 K 附近。OLR 在四次过程中波动明显,各站情况不一,两站在过程开始 18～36 h 有达到最低值的情况存在,另外从 OLR 低值区的移动情况来看,降雪最强落区的变化情况较为一致。

(4)两个站在暴雪过程中降水量≤8 mm 时,TBB 和降雪量有正比关系,降水量在 8～16 mm 时,TBB 保持最低状态,降水量≥16 mm 后,TBB 和降雪量有反比关系,但不会超过 230 K。就 OLR 而言,降雪量≥2 mm 时,聂拉木 OLR 值在 130～215 W·m^{-2},普兰在 110～160 W·m^{-2},聂拉木降雪量≥8 mm 时,OLR 基本在 160 W·m^{-2} 以下,普兰降雪量≥8 mm 时,OLR 接近 100 W·m^{-2}。降雪量大小和 OLR 值有一定的正比关系,即整体而言,降雪量越大,OLR 在呈下降趋势。普兰的 OLR 和 TBB 在这四次过程中都明显低于聂拉木,TBB 低于聂拉木 30K 左右,OLR 低于 60 W·m^{-2} 左右。

(5)在没有测站地区,完全可以通过云导风来预测和判断其降水形式和发展趋势,从云导风明显看到其冷暖空气的移动路径,北部云导风表现为咸、里海地区东移南下的西北风,另一路是源自阿拉伯海经印度半岛移至西藏西南部地区的西南风,两种系统的发展变化可以从云导风的情况来推断,由于高空风一天只观测两次,在短临预报中,云导风在西藏测站稀少的地区有着不可低估的应用前景。

(6)卫星降水估计中,空报漏报,偏多偏少以及和实况基本一致的情况都存在,其中偏多偏少的情况居多,而偏少的幅度大于偏多的幅度,偏少都在 4 mm 以上,最大偏少 31 mm,偏多在 2 mm 以上,但大多数时只偏多 5 mm 左右,只有一次是偏多 12 mm,所以在预报应用中还要结合其他降水模式预报或物理量等情况来综合考虑。

参考文献

[1] 王华容,朱小祥,徐会明,等.基于 FY-2C 卫星资料估算四川地面降水方法研究.气象,2008,**34**(8): 29-30.

[2] 杨本湘,潘志均.FY-2C 卫星云图导出产品在天气分析中的应用.四川气象,2005,**25**(4):34-36.

[3] 江吉喜,范梅珠.我国南方持续性暴雨成因的 TBB 场分析.气象,1998,**24**(11):26-28.

[4] 海现莲,巨克英,祁得兰.卫星资料在青海东北部短时强降水预报中的应用.青海科技,2010,**2**:58-61.

[5] 毕宝贵,林建.气象卫星资料在天气预报分析业务中的应用.气象,2004,**30**(11):19-23.

[6] 殷雪莲,郭建华,董安祥.沿祁连山两次典型强降水天气个例对比分析.高原气象,2008,**27**(1):184-192.

[7] 吴英,张杰,吴琼.黑龙江省春末两次罕见降水天气对比分析.黑龙江气象,2008(4):17-19.

[8] 保广裕,戴升,马林,等.2002 年高原春秋两次暴雪天气过程分析.青海环境,2004(1):5-7,11.

利用加密探测资料对天津特大暴雨过程中小尺度天气分析

徐灵芝　吕江津　许长义

（天津滨海新区气象局，天津 300456）

摘　要

利用风廓线雷达资料、微波辐射计观测的液水总量和水汽资料、高分辨率的地面自动站资料、FY 卫星加密观测的亮温（TBB）资料、多普勒天气雷达资料，并结合常规地面高空探测资料，对 2012 年 7 月 25—26 日天津一次特大暴雨过程进行分析和研究。结果表明：（1）中尺度对流系统是造成暴雨的主要影响系统，多个单体更迭并移经同一区域，形成"列车效应"而产生区域性大暴雨。（2）低空急流和边界层急流均是在强降水发生前显著增强，强降水开始后边界层急流却相对较弱，急流的作用一方面提供水汽输送，另一方面是造成低层强的暖湿空气的平流，加强大气层结不稳定度，触发不稳定能量的释放。（3）降水的动力机制在低空表现为一系列的 $\gamma-$ 中尺度扰动，这些扰动既可在急流传播的方向上诱发，也可由冷空气入侵引起，边界层内的扰动仅与急流中心相对应，生命史短，产生的降水较小。（4）暴雨区伴随着多个中尺度对流云团的强烈发展，发展成熟的对流云团冷中心强度达 $-63\,℃$，云团后部的等值线梯度大，对流旺盛。（5）雷达径向速度图中逆风区和不同高度低空急流、边界层急流的强弱对强降水预报有一定的指示意义。

关键词：大暴雨　中尺度辐合　边界层急流　扰动特征

0　引　言

对于暴雨过程中的中尺度系统发生发展机理的研究成果，不仅涉及中尺度天气系统的特征和机理研究[1]，也有对地形[2]、边界层和急流[3]等的作用探讨。直接造成出现暴雨的中尺度天气系统，尤其 $\beta-$ 中尺度系统，更是中尺度动力学最关注的问题。随着新一代天气雷达网的建设，大气监测和遥感技术得到广泛应用，中尺度暴雨研究迅速发展，俞小鼎等[4]等研究了强对流天气的多普勒天气雷达识别和预警技术，以及新一代天气雷达对强对流风暴预警水平的改进；周海光等[5]分别对一次局地大暴雨三维风场和一次梅雨锋大暴雨中尺度结构进行了双多普勒雷达反演研究；郑媛媛等[6]对比分析了发生在副高边缘槽前类的雷雨大风和在东北冷涡形势下的强对流天气产生的物理机制，并利用近几年多普勒雷达资料以及自动气象站雨量资料进行降水估测。新型探测技术的不断发展，尤其是用于风场探测的风廓线仪和垂直方向温湿探测的微波辐射计等为研究暴雨的中小尺度系统发生发展的物理机制提供可能。美国国家海洋大气局曾对布设的风廓线雷达网做出评估结论[7]认为，风廓线雷达的时间和空间分辨能力超过任何一种高空风测量系统。王欣等[8]对风廓线仪探测资料与同步探空仪资料进行对比，表明风廓线仪对水平风的垂直结构有较强的探测能力，能实时监测中尺度降水期间风的垂直切变和对流特征。风廓线雷达尤其适用于研究中尺度天气现象，6 min 间隔的资料可以显示出短波波动等天气系统连续的变化过程，因而为研究暴雨中低空急流的中小尺度的脉动与降水的关系提供了宝贵的中尺度信息。刘淑媛等[9]认为用风廓线雷达资料风场可以揭示出边界层中与暴雨相联系的中尺度现象,清楚地表明低空急流的脉动及向地面扩展程度与暴雨之间存在密切关系。本文利用这些加密探测资料捕捉到暴雨落区附近近地面和边界层的扰动动力变化,对天津地区特大暴雨过程形成机理进行分析,以期为暴雨预报提供有益线索。

1 降水实况和环流背景

2012 年 7 月 25 日下午至 26 日白天,天津市普降大暴雨,平均降水量 111.0 mm,全市 13 个区县中有 2 个区县出现特大暴雨,为大港区和津南区,降水量分别为 255.8 mm、253.3 mm,均突破最大一日降水量历史记录,另有 6 个区县出现大暴雨,2 个区县出现暴雨。区域自动站中有 10 个站出现了 250 mm 以上的特大暴雨,125 个站出现了 100 mm 以上的大暴雨,有 24 站出现暴雨,最大雨量出现在西青区的大寺,为 344.9 mm(图 1a)。这次降水具有持续时间长、降雨强度大的特点,降水主要集中在 25 日夜间至 26 日上午,暴雨和大暴雨分布有明显的中尺度特征,大港区有 5 个时次雨强超过 25 mm·h^{-1},津南区有 4 个时次雨强超过 25 mm·h^{-1},其中 1 h 降水量最大达到 64.5 mm。

这是一次弱冷锋前的中尺度对流降水,降水发生在高空槽前、副高边缘偏南气流的暖湿空气中,天津上空 700 hPa 到 850 hPa 配合有闭合低涡、切变线,26 日 08:00(北京时,下同)850 hPa 在华北东部有西南急流达到 16 m·s^{-1}。水汽通量散度场(图略)表明强西南风急流提供了降水所需的充沛水汽条件。

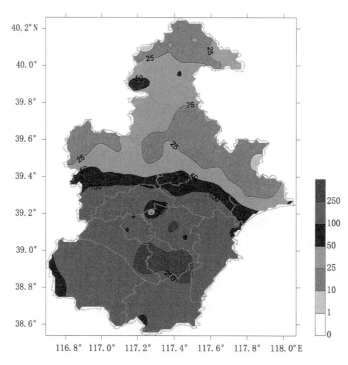

图 1　2012 年 7 月 25 日 14:00－26 日 14:00 天津暴雨过程雨量分布图(单位:mm)

2 暴雨回波结构分析

2.1 降水回波呈高质心结构特征

此次降水过程雷达回波表现为高质心结构特征,降水回波自西南向东北方向移动,最大回波强度为 $50\sim55$ dBZ,移动速度较慢,反射率因子剖面图上(图 2a)对流发展比较深厚,$50\sim55$ dBZ 强回波伸展高度超过 0℃层,达到 6.5 km,$45\sim50$ dBZ 的回波也伸展到 7.0 km,并且在高悬的强回波下有弱回波区,VIL 在强降水发生之前迅速增大,从 43 kg·m^{-2} 增加到 48 kg·m^{-2},但强降水过程中呈减小的趋势。此外降水减弱时,质心呈下降趋势,强度也迅速减弱,这是高质心结构的另一特征。

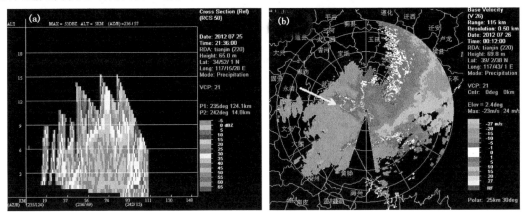

图 2　2012 年 7 月 26 日 05:36(北京时)雷达反射率因子剖面图(a)和
08:12(北京时)2.4°仰角雷达径向速度图(b)

2.2 逆风区和列车效应导致降雨强度大、累积雨量大

造成特大暴雨的重要原因是强回波长时间影响的结果,因此探寻强回波因何能长时间存在并且维持一定强度,是强降水预报预警的关键,一旦这样的条件打破,就可以找到降水减弱甚至结束的信号。雷达径向速度场(图 2b)中中小尺度气旋式辐合的稳定维持是强降水回波持续的主要原因。逆风区从 1.5°仰角、2.4°仰角直至 9.9°仰角上均有表现(图中箭头),逆风区的范围随高度减小,边缘更清晰,持续时间近 3 h,且仰角越低,观测到的时间越早。气旋式辐合是对流中上升气流和后侧下沉气流紧密相连的涡旋,对流有一定组织性,预示强降水回波不会减弱,强降水将持续发展,因此逆风区常作为暴雨判据。

暴雨过程中强降水主要集中在两个阶段,其直接原因是系统移动缓慢及回波有组织地排列形成的"列车效应(Train Effect)"。在 25 日 20:00 以后出现的强降雨中,降水回波带呈东北—西南向(图 3a),对流云团不断从雷达站西部 100 km 处生成,强度 $45\sim55$ dBZ,向东北方向移动,新单体逐渐代替其前部的旧单体,此消彼长,造成了最大累计降水。天津中南部大范围的强降水集中在 26 日凌晨开始至上午,雷达基本反射率因子图上呈现出两个列车效应(图 3b 中 A 和 B),强度维持在 $45\sim50$ dBZ,最大 53 dBZ,1 h 后两条回波带合并,范围布满雷达站的西南方向,强度维持不再加强。

地面中尺度辐合系统是产生列车效应的主要原因,此次强降雨过程地面中尺度辐合线维持时间长达 6 h(图 3c),26 日 04:00 强降水开始之前,风场上主要表现为东北风与西南风的辐

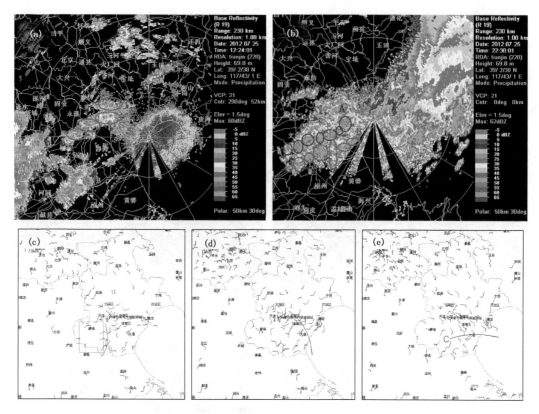

图3 多普勒雷达1.5°仰角基本反射率因子图(a,b,单位:dBZ)及相应的
地面加密自动站风场(c,d,e,单位:m·s⁻¹)

(a为25日20:24,b为26日06:30,c为26日04:00,d为26日06:00,e为26日08:00;
曲线为风场辐合线;方框为风向由西南风转为东北风的区域;C为辐合中心)

合,自动站西南风风速达到了8 m·s⁻¹。到06:00(图3d),中尺度辐合线仍然存在,向东移动约20 km,呈北西北—南东南走向,风速仍维持8 m·s⁻¹。地面中尺度辐合线与强降水中心紧密相关,08:00(图3e)在天津南部继续出现风场辐合,此时风速虽然没有加大,但出现风场辐合中心。地面中尺度辐合线通过提供辐合上升运动起到组织积云对流的作用,使降水回波沿辐合线发展、加强,回波有组织地排列,从而形成"列车效应"。地面存在中尺度辐合中心或辐合线是大暴雨产生的启动机制,辐合线增加了该地区的水汽和能量积聚,大暴雨的分布与地面辐合线的走向基本相对应,这与张少林等[10]的研究是一致的。

3 持续强降水机制探讨

3.1 低空急流的形成与加强

风廓线资料可以详细分析出暴雨过程与低空急流、边界层急流脉动密切相关。25日08:00以后,在1500~3500 m高度先后出现6个超过16 m·s⁻¹的风速中心,急流的到达先于强降水的发生,并且强度也是在强降水发生前达到最强,这一点与短时强降水有所不同,短时强降水是在降水开始时急流开始自低而高有所加强[11]。15:06在近地面层存在偏东气流和低空南风急流这两支水汽输送带。另外从两部风廓线雷达(图4)的对比可以看出,高空风的切变发生在 22:00,3500 m 高度以上塘沽地区仍然维持西南风,但在宝坻已经开始转为西北风,表明弱冷空气从中层侵入。

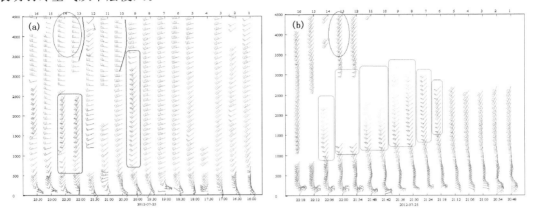

图 4　2012 年 7 月 25 日 16:00—23:30 宝坻站(a) 和塘沽站(b) 风廓线图
(方框为风速 $\geqslant 16$ m·s^{-1}时段;曲线为扰动的传播;椭圆为宝坻站西北风与
塘沽站西南风风向辐合时段)

强降水第二个阶段集中在 26 日凌晨开始持续到中午,中低空急流始终存在。从 01:24 开始超低空急流加强并向下传播(图 5a)从而触发边界层内扰动,表现在 1200 m 处风速增大到 16.1 m·s^{-1},急流带不断向下,0.5 h 后传播到边界层内诱发扰动。扰动过后,边界层顶以上风速迅速增大,均大于 16.0 m·s^{-1},整层大气西南急流加剧,其中大于 20.0 m·s^{-1}的风速带位于 2300~4000 m 高度。这种状态维持了 2 h,到 04:00 厚度达 3 km 的 20 m·s^{-1}风速带有所减弱,但风速仍维持在 14~16 m·s^{-1}的急流水平。

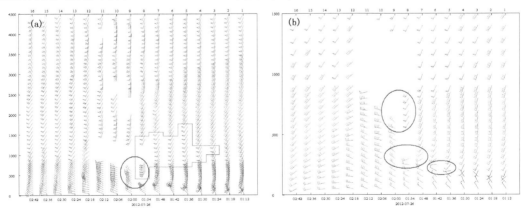

图 5　2012 年 7 月 26 日 01:12—02:42 4500 m 高度(a)和 1500 m 高度(b)风廓线仪连续观测图
(方框为边界层顶风速 $\geqslant 16$ m·s^{-1}时段;椭圆为扰动的传播)

3.2　边界层和中低空扰动动力分析

风廓线资料中 900 m 高度以下的数据间隔为 50 m,这为边界层的精细分析提供了更高分辨率的资料。将(图 5a)边界层内的扰动情况放大即(图 5b),26 日 01:12 350 m 高度已达 12.0 m·s^{-1}的急流强度,0.5 h 后 900 m 高度处风速迅速增大到 16.1 m·s^{-1}。随着急流向下传播,边界层内有 3 次扰动发生(图 5b),最先出现在低空 250 m 高度,随后扰动增强并向上层发展,300~400 m 高度出现第二次扰动,到 02:00 扰动发展到 600~800 m 高度,强度增大到 19.1 m·s⁻¹。但这个扰动仅止于边界层内,并没有向对流层传播,它带来的结果是地面产生了 9.4 mm 降水。

主体降水产生在 05:00—11:00,风廓线资料捕捉到了强降水发生时低空一系列的 γ—中尺度扰动信息。04:42 开始出现扰动(图 6a),是由低空急流迅速加强而导致,此前位于 2000 m 高度的西南风风速加大,由 14.4 m·s⁻¹ 跃增到 19.5 m·s⁻¹,急流区向上发展,A 扰动就发生在风速加大的高度,这与 02:00 边界层内的扰动也是因急流增强而产生是一致的,不同的是 02:00 边界层顶风速加大的方向向下传播,因而扰动发生在边界层内,可见扰动正是发生在急流传播的方向上。05:00 B 扰动发生,时间尺度小,距离 A 扰动的发生不足 20 min。接连的扰动辐合导致地面降水,大港区 04:00—05:00 1 h 降水量 32.3 mm。C 扰动的发生与前两次不同,前两次是在暖区中主要由风速辐合诱发,而这一次则是由于中低空弱冷空气侵入,05:24 2800 m 高度由西南风转为西北风,伴随着冷空气向下扩散,扰动也向下传播,05:48 1900 m 高度附近产生 D 扰动。受其影响,大港的气温从 25.2℃ 下降到 22.1℃,1 h 内雨量 51.2 mm。08:00 随着冷空气势力再次有所加强,并分别向上、下扩散(图 6b,灰色阴影),新一轮扰动再度被激发(图 6b,棕色椭圆),扰动从 A 开始一直传播到 N 扰动(图 6c)。这一系列接连不断的扰动在时间上几近是一个无缝隙的过程,发生发展非常迅速,共持续约 2 h,期间造成地面降水大

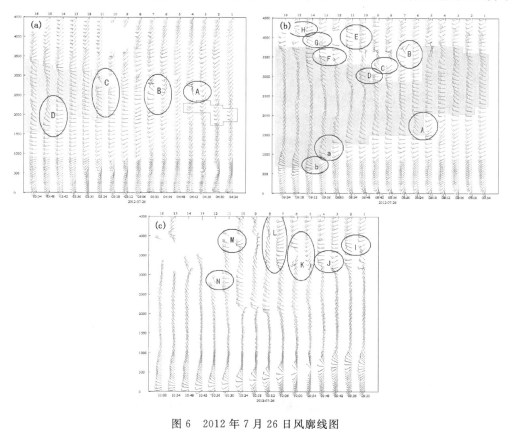

图 6　2012 年 7 月 26 日风廓线图

(a 为 04:24—05:54,b 为 07:54—09:24,c 为 09:30—11:00;方框为风速≥16 m·s⁻¹ 时段;

椭圆为扰动的传播;阴影为风向转为西北风时段)

港 52.4 mm。从扰动的强度来看,从 A 扰动到 N 扰动,呈弱—强—弱—强间隔排列的特点。

3.3 γ—中尺度辐合是大暴雨形成的主要动力过程

风廓线雷达资料详细地捕捉到了对流层低层和边界层内急流的脉动、推进与加强的过程以及由其诱发的扰动过程。这些扰动的诱发分为三种情况:一是与急流相对应,低空急流迅速发展,诱发扰动,且扰动发生在急流传播的方向上,26 日 04:00—05:00 产生了 51.2 mm·h^{-1} 的强降雨;二是由冷空气入侵引起,08:00—09:00 在冷空气向高层扩展时诱发的扰动中产生了 48.2 mm·h^{-1} 强降水,同时在冷空气向下扩展时也有扰动发生,这表明西北风向下扩展的同时,可能存在动量下传,引起低空扰动加强,因而导致特大暴雨发生;三是由低空急流加强和冷空气入侵共同作用,25 日 22:00 对流层低层到边界层顶西南急流加强,与 3500 m 上空的冷空气相遇,引发的辐合扰动产生了 46.2 mm·h^{-1} 强降水。同时我们也注意到低空急流到达测站上空的时间不是强降水发生的时间,而是先于强降水到达,边界层急流也是在强降水前显著增强,低空急流、边界层急流的增强一方面提供水汽输送,更重要的是造成低层强的暖湿空气的平流,加强了层结不稳定度,触发不稳定能量的释放,从而使强降水加强和维持。

4 云和降水随时间的演变特征分析

4.1 对流云团的发展演变

FY 卫星逐时的云顶亮温 TBB 资料可及时追踪中尺度对流云团的发生、发展和变化特征。在长生命史、稳定少动的低空急流形成的暴雨区内,产生降水的主云团有多个,图 7 给出了对

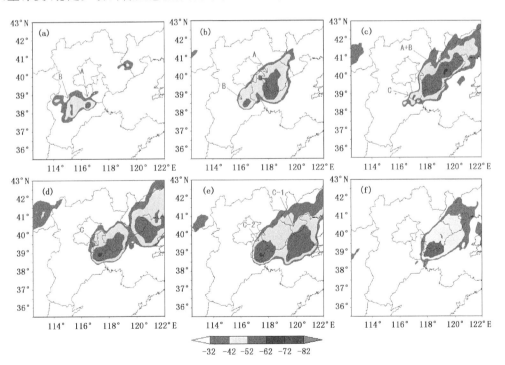

图 7 FY 卫星观测的 2012 年 7 月 25 日 20:00—26 日 11:00(北京时)TBB 演变(单位:℃)

(a 为 7 月 25 日 20:00,b 为 7 月 25 日 23:00,c 为 7 月 26 日 02:00,d 为 7 月 26 日 05:00,

e 为 7 月 26 日 08:00,f 为 7 月 26 日 11:00;A,B 和 C 分别代表不同的对流云团)

流云团体连续演变情况。对流云团在河北省南部生成,20:00移近天津,有两个冷中心A和B,强度分别为−57℃和−53℃,进入天津后A云团呈加强趋势,面积迅速增大,到22:00 A云团面积已经覆盖整个天津市,冷中心加强到−61℃。23:00随着A云团向东北方向移出天津,B云团迅速发展起来,强度由−51℃加强到−56℃,此后的3h天津中南部地区均由B云团控制。02:00 A,B云团合并,出现−63℃冷中心,但主体已经移出,在整个云区西南部开始有C云团发展,强度为−53℃,起初面积较小,但发展很快,此后天津一直受C云团发展、加强的影响。05:00 C云团发展强盛,冷中心达−63℃,冷云砧扩大,发展最为成熟,在云团后部的等值线梯度较大,说明云体边缘陡直,对流非常旺盛,这是引发区域强降水的关键。此后C云团−62℃的冷中心向东北移出,但−52℃冷云始终控制天津中南部地区。08:00 C云团分裂断为两环C−1和C−2,影响天津的C−2云团再次加强,冷中心强度再度达到−62℃,造成大暴雨天气。

由以上分析可知,引起暴雨的主要是多个中尺度对流云团,每个对流云团在暴雨区形成一个相对集中的强降雨时段,在每个强降雨时段内又存在着多个短时强降水峰值,表现出明显的中尺度特征,其中C云团从生成、加强、分裂、再加强,强度强移动慢,对形成强降水的贡献最大。

4.2 云中液态水含量和地面降水量随时间的演变

对流云团发展合并、新对流单体在暴雨区不断发展和更迭是强降水发生的主要原因,对流云团中的液水分布不均匀,云团合并时常先有云体上部(云顶)的合并[12],一旦云中不均匀的液水合并,整层液态水含量(liquid water content,LWC)跃增,地面将会出现强降水。图8给出了这次降水过程中云液态水含量与地面逐小时雨量随时间的变化。对于东南部大暴雨中心,雨量集中出现在C时段:05:00−12:00,共产生降水246.7 mm,对比这一时段的液态水含量,除了在06:00−07:00前后略有波动外,多处于含水量高峰阶段,最大值为4.28 kg·m^{-2}。在主体降水开始前,液态水含量有两个明显增加的时段,即A和B,A时段为第一次液水含量增加阶段,23:08增大到1.64 kg·m^{-2},3 h后第二次液态水含量增加即B时段,02:02增大到3.66 kg·m^{-2},对应地面降水量较小,仅为2.1 mm,继续3 h后,第三次增大即C阶段,液态

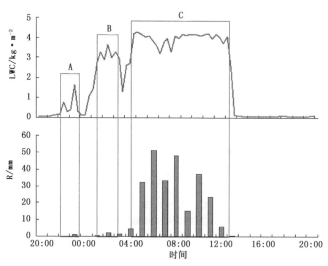

图8 2012年7月25日20:00−26日20:00微波辐射计所测的云中液态水含量(单位:kg·m^{-2})和
地面降雨量(单位:mm)随时间的演变

水含量维持较高水平,强降水亦随之开始,云液态水含量与地面降水量呈一致性。同样 13∶00 以后降水结束与液态水含量迅速减小也非常一致。需要说明的是,这与前述雷达反演的垂直积分液态水含量 VIL 值有一定差异,VIL 值是在强降水发生之前迅速增大,到降水过程中却呈减小的趋势,这有待进一步研究。

5 结论与讨论

(1)此次大暴雨过程雷达回波有三个基本特征,一是回波表现为高质心结构,50～55 dBZ 强回波伸展高度超过 0℃层高度,降水减弱时质心下降;二是雷达径向速度多个仰角出现逆风区,对流有一定的组织性,是强降水的预报指标;三是地面中尺度辐合造成降水回波存在列车效应,辐合线增加了该地区的水汽和能量积聚。

(2)风廓线雷达资料捕捉到了强降水发生时低空一系列的 γ － 中尺度扰动信息,分为三种情况:一是在急流传播的方向上诱发扰动;二是由冷空气入侵引起,其特点是持续时间长,扰动发生的高度位置与冷空气向上层发展的高度相一致,在 3000～4300 m 附近;三是由低空急流加强和冷空气入侵共同作用诱发扰动。

(3)低空急流、边界层急流的增强对强降水有一定的指示意义。低空急流到达测站上空的时间不是强降水发生的时间,而是先于强降水到达,边界层急流也是在强降水前显著增强。

(4)微波辐射计探测的云液态水含量与多普勒雷达反演的垂直积分液态水含量 VIL 有一定差异,前者表明强降水与液态水含量呈一致性,液态水含量最大时强降水发生并且高液态水含量贯穿强降水始终,但后者观测发现,垂直积分液态水含量在强降水发生之前迅速增大,而强降水过程中呈减小的趋势,约减小 50%,有待进一步讨论。

参考文献

[1] 孙淑清,周玉淑.近年来我国暴雨中尺度动力分析研究进展.大气科学,2007,31(6):1171-1188.

[2] 矫梅燕,毕宝贵.夏季北京地区强地形雨中尺度结构分析.气象,2005,31(6):9-14.

[3] 孙继松,王华,王令,等.城市边界层过程在北京 2004 年 7 月 10 日局地暴雨过程中的作用.大气科学,2006,30(2):221-234.

[4] 俞小鼎,王迎春,陈明轩,等.新一代天气雷达与强对流天气预警.高原气象,2005,24(3):456-464.

[5] 周海光,王玉彬.2003 年 6 月 30 日梅雨锋大暴雨 β 和 γ 中尺度结构的双多普勒雷达反演.气象学报,2005,63(3):301-312.

[6] 郑媛媛,姚晨,郝莹,等.不同类型大尺度环流背景下强对流天气的短时临近预报预警研究.气象,2011,37(7):795-801.

[7] 刘红亚,薛纪善,沈桐立,等.探空气球漂移及其对数值预报影响的研究.应用气象学报,2005,16(4):518-526.

[8] 王欣,卞林根,彭浩,等.风廓线仪系统探测试验与应用.应用气象学报,2005,16(5):693-698.

[9] 刘淑媛,郑永光,陶祖钰.利用风廓线雷达资料分析低空急流的脉动与暴雨关系.热带气象学报,2003,19(3):285-290.

[10] 张少林,王俊,周雪松,等."7.18"致灾暴雨成因分析.气象科技,2009,37(5):527-532.

[11] 郝莹,姚叶青,郑媛媛,等.短时强降水的多尺度分析及临近预警.气象,2012,38(8):903-912.

[12] 蔡淼,周毓荃,朱彬.一次对流云团合并的卫星等综合观测分析.大气科学学报,2011,34(2):170-179.

江淮大暴雨的卫星水汽图像解译与预报技术

赵 亮[1] 曹丽霞[1] 吴晓京[2]

(1.61741 部队,北京 100094;2. 国家卫星气象中心,北京 100081)

摘 要

采用位涡分析方法对 FY2C 水汽图像进行了动力解译,获取了 2007 年 7 月 9—10 日江淮大暴雨不同时段水汽图像的典型特征及其对应的物理涵义,总结了适用于江淮区域性暴雨的水汽图像位涡解译技术,提炼出 4 个对预报江淮暴雨有指示意义的水汽图像指标:包括风切变陡增引起的"干三角"结构、干冷空气大规模南下引起的大尺度"漏斗"状水汽结构、冷空气干侵入引起的斜压叶状云、新的急流核生成(气旋生)引起的白色狭长带状云线等。在卫星水汽图像上及早发现它们,对区域性暴雨的业务预报有重要参考价值,也为暴雨的预报提供了一种可能的新途径。

关键词:水汽图像 风云 2C 卫星(FY2C) 暴雨 位涡解译

0 引言

自从卫星云图出现以来,对卫星云图的解释和使用,立即成为天气预报工作不可分割的组成部分[1]。卫星图像能够为天气分析和预报提供细致的信息,尤其在受常规观测资料时空条件限制时,卫星资料更有参考价值[2]。由于水汽是大气运动的示踪物,因而水汽图像能有效地显示出对流层中上部的气流。因此,卫星水汽图像代表着对流层中上层的大气动力热力特征,对天气过程的演变有重要的参考意义。

不过,缺乏动力场时,水汽图像很难解释它[1],所以,结合动力场对水汽图像特征进行解译,将对业务预报产生积极影响。我国学者借助卫星资料,将其与常规动力场结合起来联合分析和预报高影响天气过程,已探索和总结了许多解译技术和云图特征,取得了良好效果[2-7]。

另一方面,位势涡度(位涡)与卫星水汽图像有着天然的联系,并且位涡对解译卫星水汽图像有着独特的优势。这主要表现在以下四个方面:

第一,由于高纬的平流层底部常常是高位涡源区[8],因此,位涡(尤其干位涡)对描述热带地区以外的对流层中高层以上的天气形势也有着先天优势[9],这与水汽图像所反映的信息高度有天然的一致性。

第二,有研究表明,位涡对表征中高纬的冷空气活动有良好的示踪效果[8,10],因此,高位涡区常常对应水汽图像中干冷的暗区,这是位涡与水汽图像的又一天然联系。尽管这种对应关系有一定的适用条件,比如,在高空急流附近(尤其向极一侧)这种对应关系非常有效[11]。

第三,位涡场可以比常规动力场更快速和直接地捕获中高层大气动力特征。与常规的动力场相比,位涡与水汽图像的匹配关系更为直观,较容易提取关键信息,对对流层高层大气的监测更为迅速[12]。

第四,位涡自身具有守恒性、可反演性、空间分布的不连续性和"位涡物质"的不可穿越性等特性,其相应理论也日臻完善,目前它已解释了许多重要天气现象的发生机制,因此,借助位涡工具,将有利于从动力学角度解译水汽图像信息。

因此,基于位涡场的水汽图像解译技术,显然将帮助我们获得更多的大尺度天气过程的有用信息。目前,位涡与水汽图像的联合使用,已经被应用到业务预报中,尤其在中高纬地区[13],它已逐渐成为解译卫星云图的重要方法之一[14]。但是,适用于我国的位涡与卫星云图联合解译技术,目前还亟待研究,尤其针对重大灾害性天气过程,这方面技术的研究和应用将可能产生重要的积极影响。

为了充分发挥水汽图像信息在区域性暴雨预报中的重要作用,发展相应的卫星水汽图像解译技术,本文针对一次典型的中国梅雨季暴雨事件,利用 FY 卫星水汽图像和 NCEP FNL 业务化全球分析数据(Operational Global Analysis data,1°×1°,6 h 一次),检验和解释暴雨发生前和期间水汽图像与大气环流场和位涡场的配置关系,总结水汽图像明暗变化的规律性特征,捕捉在暴雨发生前水汽图像中的先兆信号。

1 暴雨实况

2007 年 7 月 9 日 14:00－10 日 14:00(北京时,下同),沿长江地区至贵州中北部和四川东南部出现了区域性大到暴雨(图 1 略),最大降雨区出现在安徽南部,其中安徽九华山(323 mm)和太平(322 mm)为特大暴雨,8 日 20:00 至 10 日 07:00 四川隆昌县城降雨量达 378 mm,造成该地区严重内涝。此外,内蒙古东部和东北地区西部出现了中到大雨、局部暴雨。

2 水汽图像实况

2007 年 7 月 8 日 00:00 到 11 日 06:00 的风云 2C 水汽图像(图 2a)提供了许多关于此次暴雨的重要云图信息。7 月 8 日 00:00,存在许多分散的暗区,其中一些呈狭缝状,例如图 2a 中"C"的箭头所指区域和"D"处圆弧状暗区,它们与下沉运动、急流和位涡异常有关,此时还不能明确分辨哪些是活跃的动力异常点。8 日 18:00,圆弧状暗区变成锐角,"干三角"结构形成("D"所示),同时北侧暗区加深扩张与南侧暗区合并,同时暗区周围出现大面积亮带(蓝色线条外侧),明暗对比显著加强,从而形成大尺度的近似"漏斗"状的结构(蓝色线条标出),在蒙古国上空贝加尔湖南侧开口最窄,底部向南延伸至华中地区,暗区东侧螺旋状水汽结构也开始形成。9 日 06:00,"漏斗"中部出现暗区明显加深("E"处),"漏斗"底部叶状云生成("L"处)。9 日 18:00,"漏斗"开口明显缩窄,暗区更暗,其南侧形成细长的亮带,螺旋状水汽结构基本形成,此时,暴雨开始进入盛期。10 日 06:00,暗区迅速南移,叶状云凹处边界异常分明。10 日 18:00,暗区东移,细长亮带消失。11 日 06:00,漏斗状水汽型遭破坏,暗区移出我国上空。

3 基于位涡分析的水汽图像解译

对于江淮地区梅雨季的暴雨而言,梅雨锋与其外围不同性质云系之间的相互作用是导致梅雨锋云系强烈发展,继而产生暴雨天气的重要原因之一[15],其云系的演变特征有一定的自身规律。

3.1 暴雨发生前到发生时

3.1.1 常规动力场解译

从常规的 300 hPa 位势高度和高空急流的演变(图 2b)来分析和解译这次天气过程。总体上看,参与这次过程的急流有两支,与低位势高度相对应的北支急流曲率发生快速改变(形成北风与西南风的强切变)后,这个对流层顶高度异常区迅速与南支急流发生相互作用,是此次暴雨过程前的重要动力特征。具体来看,暴雨发生前可分为两个阶段:

第一阶段——高空急流带曲率变化:

8日18:00,贝加尔湖附近上空开始出现急流带曲率变化,这种变化发生在高空槽南侧,水汽图像上最明显的特征是出现如Weldon等[16]提出的"干三角"结构,并由钝角变为锐角。可见,"干三角"结构是中高纬高空急流的"标志",其变为锐角可能标志着高空急流带曲率的陡变。同时,大尺度"漏斗"状水汽明暗结构形成,从常规动力场可以看出,这种结构对应高空槽加深。

第二阶段——急流与对流层顶动力异常相互作用:

9日06:00,北支急流出现"干三角"结构并变为锐角后,动力异常区("D"处)南移,南支急流转竖(暗区"E"处),两者迅速靠近,18时开始相互作用,使暗区风速明显增大,等高线更密集。这种相互作用在水汽图像的特征表现在:漏斗状结构的开口收窄;动力异常区(D)及其西南侧和急流附近,变得更暗;尤为典型的是这种相互作用使新的急流核形成("J"处),即在最暗区南侧(最大风速轴附近),宁夏至山西南部形成一条白色狭长带状云线。这些结果表明对流层顶异常与急流的相互作用能够促进高空涡旋发展。

3.1.2 位涡场解译

在热带以外的气旋性环流场中,位涡场和卫星水汽图像之间有着很好的对应关系,这种对应关系使得图像解释变得相对容易[14]。结合位涡场(图2c)分析这次暴雨过程,总体上看,在250 hPa等压面上,高位涡区基本对应暗区,而这些暗区往往比较活跃,常与高纬活跃的冷空气有密切关系,对于暴雨而言,这些暗区常常具有重要的天气学意义。

8日18:00,高空急流带曲率陡变和相应的"干三角"结构出现时,贝加尔湖附近250 hPa高位涡明显南伸形成较细长的"高位涡舌",反映了冷空气来自高纬对流层顶和平流层底,并已经开始侵入中高纬的对流层高层。9日06:00,随着暗区和高位涡舌的向南扩展,高位涡舌(暗区)与其东侧的亮结构明暗对比明显,并且槽前和位涡舌南侧的叶状云系开始出现明显波浪状起伏,呈现出典型的"S"状。箭头所指为叶状云L的北边界,红和蓝色箭头标出其凸区和凹区。叶状云的形成往往与后期气旋的发展有一定联系[14]。水汽图像有助于较早地发现这种云型。9日18:00,漏斗状水汽型开口进一步收紧,两个高位涡区正式贯通,狭长的带状云线出现在高位涡前沿,表明新的急流核生成。这对应着江淮地区的降雨开始进入鼎盛时期。

沿图2a中8日18:00的A-B连线做垂直剖面可以对此次干闯入过程和叶状云下部的动力热力结构进行分析(图3)。从图3中可以发现,从暴雨发生前到发生时,一直有干冷高位涡空气的侵入,它来自云系北侧的暗区,可追溯到中高纬的对流层顶,期间的动力对流层顶一直处于倾斜状态。暴雨后期,干冷空气与高层主体分离,动力对流层顶变得平直。可以看出,此次过程中干冷的高位涡异常对低层气旋的发展可能起到重要的促进作用,加强了暖湿空气的上升运动,使其东南侧30°N附近200 hPa高层出现>90%的高湿度区,叶状云就出现在这一区域,这种干侵入过程大大加快了降水条件的形成。可见,此次叶状云的形成与干侵入有关。需要注意的是,高位涡区并非一定对应干区,尤其在对流层中低层,湿区也常有高位涡出现,但在中高层,这种对应关系常常是有效的(图3)。

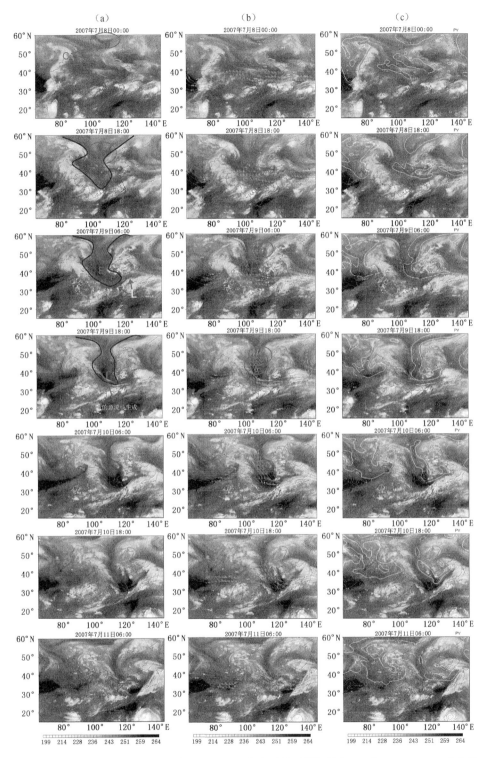

图 2　FY2C 水汽图像亮温(a,单位:K),FY2C 水汽图像(阴影,单位:K)与 NCEP FNL 业务化

全球分析数据叠加图:叠加 300 hPa 位势高度(等值线,单位:dgpm)和风矢量

(只显示>25 m·s^{-1}矢羽)(b),叠加 250 hPa 位涡(c,单位:PVU)

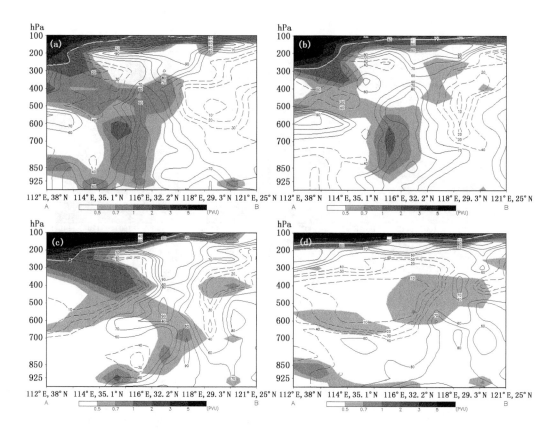

图3 沿图2a中8日18:00的A—B连线做位涡(阴影,单位:PVU)和相对湿度(等值线,单位:%,10,20,30,40 / 60,70,80,90 分别使用虚/实线)垂直剖面(白色实线为2PVU线,代表动力对流层顶)(a 为 2007 年 7 月 8 日 18:00,b 为 2007 年 7 月 9 日 06:00,c 为 2007 年 7 月 10 日 00:00,d 为 2007 年 7 月 10 日 18:00)

3.2 暴雨中后期

从图2可以看出,10日06:00,水汽图像上大尺度漏斗状水汽型的开口(贝加尔湖东南侧)显著收窄,同期高位涡舌与高纬主体断开,说明高纬高层的冷空气已经不再注入;暗区明显南移加深并扩大,对应南北支急流合并,反映冷空气已南下至较低纬度(30°N附近),并开始起主导作用,随着暗区的加深和扩展,斜压叶的凹区边界更加分明。11日06:00,暗区减弱并移出中国大陆,漏斗状水汽型已被破坏,急流和高位涡区都减弱并变得平直。

4 特征指标讨论和总结

通过将卫星水汽图像和代表环流特征的相关动力场(如位涡、风场、位势高度等)联合分析,可以较好地解释重要天气过程的发生和演变原理,分析在天气系统关键区域图像特征(如干区)与动力场的匹配关系,从中提炼定性的和可定量化的云图特征指标,并辨别和归纳其适用条件。对2007年7月9—10日的暴雨过程进行云图—动力场解译,我们发现和提炼了江淮暴雨发生前可能的水汽图像信息和指标(表1)。

这些通过动力场解译得到的云图指标与以往的一般预报指标相比,有很大区别和优势:

首先,通过动力场解译得到的云图指标赋有明确的物理涵义,这在此次暴雨分析中已经有详细说明。

其次,一些云图指标和动力场指标可以实现定量化。如"干三角"的出现反映急流断裂引起的风切变陡增,"干三角"成锐角时,容易导致冷空气南下,所以,"干三角"的角度可以作为定量化指标;又如,急流轴附近的白色狭长云线的长度、干侵入的位涡值大小、经向位涡梯度的大小、动力异常区及其周围的亮温对比值等,未来都可以尝试作为定量化的预报指标。

再次,对各指标的出现时间先后、出现地点及其与天气系统的配置关系更加明确,甚至也可以定量化。如这次暴雨过程,"干三角"结构出现在暴雨盛期的前 24 h 左右、斜压叶状云出现在前 12 h、白色狭长云线出现在前 6 h 左右。

表1　2007 年 7 月 9—10 日江淮暴雨水汽图像解译和指标提炼总结

水汽图像	水汽图像特征和指标	动力场特征和指标	动力场解译	发生时间	发生地区
	"干三角"结构出现并呈锐角(如图 2a,8 日 18:00"D"区)	风切变陡增;250 hPa>2PVU 的位涡"舌"出现	北支急流带曲率陡变;干侵入,冷空气开始南下	暴雨发生前 24 h	贝加尔湖附近(对流层顶附近位涡"舌"南侧)
	大尺度"漏斗状"明暗结构(如图 2a,8 日 18:00 — 10 日 18:00)	高纬和中纬地区两个高位涡区,且北侧位涡区加强南伸;北、南两支急流(分别对应"漏斗"口部和底部)	高空槽加深,干冷空气南下呈扇状铺开	暴雨发生前 24 h	西伯利亚和华北西北地区
	斜压叶状云生成("S"状)(如图 2a,9 日 06:00"L"处);动力异常区附近暗区明显加深(如图 2a,9 日 06:00"E"处)	叶状云区强上升运动;其前沿有强的经向位涡梯度	干侵入促进地面气旋发展,叶状云形成	暴雨发生前 12 h	江淮地区和黄海海区(强的经向位涡梯度南侧)
	在最暗区南侧(最大风速轴附近),形成一条横向(斜向)白色狭长带状云线(如图 2a,9 日 18:00"J"处)	北侧有位涡高值区南下并与南侧高值区打通;南北支急流迅速靠近;急流相互作用	急流相互作用形成新的最大风速轴	暴雨发生前 6 h 至暴雨发生时	宁夏至山西南部(最大风速轴附近)

水汽图像	水汽图像特征和指标	动力场特征和指标	动力场解译	发生时间	发生地区
	漏斗状结构显著收窄（暗区闭合）；暗区南移明显；斜压叶的凹区边界更加分明（如图2a，10日06:00）	位涡"舌"区与极区主体分离，南下东移；风切变减弱	冷空气不再有后援，天气系统衰减	暴雨发生后12 h内	江淮地区及北侧
	狭长带状云线消失，漏斗状结构被破坏，暗区减弱移出中国大陆	北风减弱，高空槽变浅；急流和高位涡区减弱并趋于平直	锋面过境，天气系统衰减	暴雨发生后24 h	江淮地区及其北侧和东侧

另外，各指标可以联合发挥作用，如果一次天气过程出现了4个指标中的3个甚至4个，那么后期暴雨发生的概率很可能就较高，同时这样也可使其检测联合指标的预报准确率。

5 结论

对大气三度空间结构、天气系统行为、背景环流作用的深入理解和仔细分析，可以帮助预报员识别各种不同的形势和过程，减少预报中的不确定性[1]。基于这样的理念，本文通过分析一次江淮暴雨的水汽图像与常规动力场和位涡场的匹配关系，初步解译了暴雨过程的不同时段水汽图像的典型特征及其对应的物理涵义，探索了适用于我国的云图解译技术，从中总结和提炼了多种具有预报意义的云图指标：高空急流带曲率变化和风切变陡增引起的"干三角"结构及其变化、干冷空气大规模南下引起的大尺度漏斗状明暗结构、冷空气锲入引起的斜压叶状云、新的急流核生成（气旋生）引起的白色狭长带状云线等。这些通过动力场解译得到的典型云图特征和指标与以往的指标相比，具有诸多优势，具有明确的物理意义。今后需对更多的梅雨锋暴雨个例和其他区域的暴雨个例进行云图解译分析，进一步检验这些指标的可靠性及其与天气系统的配置关系，并尝试实现云图指标的应用。

参考文献

[1] 许健民,方宗义.《卫星水汽图像和位势涡度场在天气分析和预报中的应用》导读.气象,2008,**34**(5):3-8.

[2] 方宗义,覃丹宇.暴雨云团的卫星监测和研究进展.应用气象学报,2006,**17**(5):583-593.

[3] 卢乃锰,吴蓉璋.1997.强对流降水云团的云图特征分析.应用气象学报,1997,**8**(3):269-275.

[3] 寿亦萱,许健民."05.6"东北暴雨中尺度对流系统研究Ⅰ:常规资料和卫星资料分析.气象学报,2007,**65**(2):160-171.

[4] 胡波,杜惠良,滕卫平,等.基于云团特征的短时临近强降水预报技术.气象,2009,**35**(9):104-111.

［5］ 许爱华,马中元,叶小峰.江西8种强对流天气形势与云型特征分析.气象,2011,**37**(10):1185-1195.

［6］ 吴蓁,俞小鼎,席世平,等.基于配料法的"08.6.3"河南强对流天气分析和短时预报.气象,2011,**37**(1):48-58.

［7］ 王令,王国荣,孙秀忠,等.应用多种探测资料对比分析两次突发性局地强降水.气象,2012,**38**(3):281-290.

［8］ 赵亮,丁一汇.东亚夏季风时期冷空气活动的位涡分析.大气科学,2009,**33**(2):359-374.

［9］ Hoskins B J,McIntyre M E,Robertson A W. On the use and significance of isentropic potential vorticity maps. *Quart J Roy Meteor Soc.*,1985,**111**(470):877-946.

［10］ 陶祖钰,郑永光.位温、等熵位涡与锋和对流层顶的分析方法.气象,2012,**38**(1):17-27.

［11］ Santurette P,Georgiev C G. 2005. *Weather analysis and forcasting：applying satellite water vapor imagery and potential vorticity analysis.* Academic Press(Elsevier),200.卫星水汽图像和位势涡度场在天气分析和预报中的应用.方翔等译,许健民校.北京:科学出版社,2008,156.

［12］ 曹丽霞,赵亮,徐怀刚,等.2007年7月9－10日江淮大暴雨的水汽云图解译研究.气象,2013,**39**(5):677-684.

［13］ Mansfield D A. The use of potential vorticity as an operational forecast tool. *Meteorol Appl*,1996,**3**:195-210.

［14］ 方翔等译.帕特里克桑原著.卫星水汽图像和位势涡度场在天气分析和预报中的应用.北京:气象出版社,2008.

［15］ 覃丹宇,方宗义,江吉喜.典型梅雨暴雨系统的云系及其相互作用.大气科学,2006,**30**(4):578-586.

［16］ Weldon R B,Holmes S J. Water vapor imagery：interpretation and application to weather analysis and forecasting,*NOAA Technical Report*. NESDIS 57,US Department of Commerce,Washington D. C. ,1991:213.

高原低值系统影响下一次极端强降水天气诊断分析

杨康权　　肖递祥

(四川省气象台,成都 610072)

摘　要

采用常规观测资料、地面加密观测资料、逐时云顶亮温 TBB 资料和 1°×1° NCEP/NCAR 再分析资料,对 2013 年 7 月 8—11 日四川盆地持续性暴雨天气过程的中尺度对流系统活动及其发生发展的物理机制进行了分析。结果表明:(1)此次极端降水过程由具有中尺度特征的暖区强降水和相对稳定的锋面降水组成。(2)暴雨过程发生在对流层中层中高纬度两槽一脊稳定维持的环流背景下,由活跃的高原低值系统以及异常稳定的副高西侧偏南气流配合低层冷空气作用造成。(3)偏南气流的建立源源不断向盆地输送充足的水汽和能量,为中尺度对流云团的发生发展提供了高能高湿条件。(4)500 hPa 高原低槽前的正涡度平流诱发盆地西部低层气旋性涡度增加、低涡生成和发展,致使暖湿气流持续在盆地西部形成辐合上升,为暴雨的维持提供了很好的动力条件。(5)青藏高原东侧的地形作用强迫气流在盆地西部强烈辐合上升,使得暖湿水汽更加有效率地形成降水,是此次极端强降水天气出现的一个重要动力因素。

关键词:极端暴雨　中尺度对流系统　涡度平流　地形作用

0　引言

四川位于青藏高原东麓,地形复杂多变,其暴雨突发性强、时空分布不均匀,如何准确做好暴雨落区预报,尤其是地形影响下的暴雨落区预报一直是相关科技工作者长期探索的科学难题[1-6]。为此,气象工作者做了不懈的努力,在四川盆地暴雨的发生发展机理、数值模拟、预报方法等方面都取得了一些可喜的成果。罗四维等[7]指出,青藏高原低槽东移及其东侧地形将会诱发低层气旋涡度增大和强迫气流辐合抬升,促进对流层低层气旋发展和对流运动加强。何光碧等[8]、李川等[9]指出,青藏高原东侧陡峭地形结果将引起低层偏东气流的强烈垂直上升运动,另外,何光碧等[8]通过数值实验指出复杂陡峭的地形扰动有利中尺度涡旋的形成。陈静等[10]数值模拟指出,受高原地形影响下中尺度对流系统具有独特的动力和热力结构;此外,副热带高压也是影响西南地区降水的重要系统,蒋兴文等[11]指出,当西太平洋副热带高压偏北偏西时,其外侧东南风可以把南海水汽带到盆地西部,并在西部有异常水汽辐合。目前对四川盆地暴雨特点、发展机理等研究有诸多丰富成熟的结论,但对一些发生在该地区的极端强降水事件研究仍较少。

2013 年 7 月 8—11 日四川盆地出现了一次极端降水天气过程。降水区集中在盆地西部一带,具有雨强大、范围广、持续时间长的特点,过程总雨量普遍超过 200 mm,都江堰幸福镇降水量达 1153.8 mm,同时多个县市日降水量达到极端气候事件标准,都江堰日降水量达

资助项目:国家重点基础发展计划项目(2012CB417202);中国气象局预报员专项项目(CMAYBY2014—062)资助

415.9 mm;持续性的强降水引发了多处山洪泥石流,造成了严重的经济损失。在此次持续性暴雨过程期间,高原低槽活跃,副高异常偏强和稳定,同时伴有低空急流和冷空气活动等诸多有利条件。本文将利用多种常规和非常规观测资料对此次极端过程的降水特点、中尺度对流系统的环境场条件及中尺度对流系统发生发展过程等方面进行诊断分析,以加深对极端降水特征规律的认识,提高此类极端暴雨天气过程的预报能力。

1 暴雨概况与环流背景

1.1 过程概况

图1a为2013年7月8—11日持续性暴雨过程的总降雨量,可以看出暴雨有如下分布特点:(1)强降雨主要分布在盆地西部,特别是沿山一带;(2)降雨强度大,总降雨量普遍超过200 mm;(3)降雨范围广,造成影响和损失惨重。此次持续性暴雨过程中心出现在龙门沿线的都江堰市,其中都江堰幸福镇(区域站)累计雨量达1153.8 mm,都江堰(国家站)累计雨量达415.9 mm,图1b为都江堰逐时降雨量变化情况,由图可见,降雨主要出现在两个时段,分别是8日20:00—9日14:00和9日23:00—11日03:00。第一个降水时段小时雨强几乎都大于20 mm·h^{-1},历时18 h,其中最大雨强出现在9日03:00,为50.3 mm·h^{-1};而第二个降水时段小时雨强在10 mm·h^{-1}左右,历时27 h。

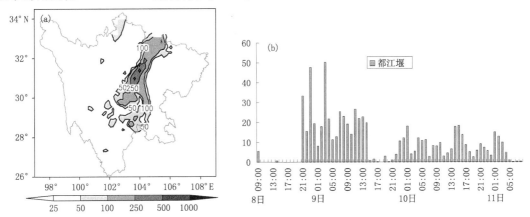

图1 2013年7月8日08:00—11日08:00累积降水量(a,单位:mm)和强降水中心(都江堰站)
逐小时雨量分布(b,单位:mm)

1.2 大尺度环流形势特征

从2013年7月8—11日500 hPa环流平均场及距平场(图2a)可见,此次持续性暴雨过程期间,亚洲中高纬地区为稳定的两槽一脊形势,中低纬西太平洋副热带高压(简称副高,下同)西脊点位于(110°E,26°N)附近,并稳定维持,青藏高原上不断有低槽东移,从而诱发对流云团不断在盆地西部生成、发展、维持;青藏高原东侧的位势高度较历史同期偏低2~4 dagpm,即低值系统发展活跃,而此时的副高偏强偏北且稳定,从而阻挡高原低值系统不能东移,使得其在盆地维持发展,有利副高西侧的水汽源源不断向盆地西部输送。

从8日20:00(图2b)和9日20:00(图2c)的环流形势及系统配置综合图可见,在此次过程的两个不同性质降水时段,其共同点都是500 hPa形势稳定,有高原低槽东移影响盆地,中低层700 hPa和850 hPa云贵至四川盆地分别有一支西南气流和东南气流,高层200 hPa南亚高压脊线位于 30°N 附近；不同之处在于，9 日 20：00 盆地西北部 850 hPa 转为东北气流，表明冷空气已进入四川盆地，此后由于冷暖空气的长时间交缓使得降水维持。

上述分析表明，这次暴雨过程发生在 500 hPa 亚洲中高纬地区为稳定的两槽一脊环流背景下，暴雨过程期间副高和高原槽均较常年同期偏强，不断东移的高原低值系统、副高西侧的偏南低空急流配合冷空气的共同作用，诱发对流云团不断生成发展而造成的持续性暴雨的出现。下面利用时间和空间分辨率较高的卫星观测资料详细分析在高原低值系统活跃情况下中尺度对流云团是如何发生、发展的。

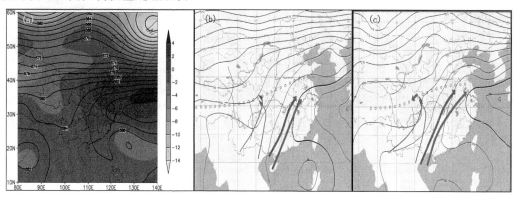

图 2　2013 年 7 月 8—11 日 500 hPa 平均高度场及其与多年平均距平场（阴影）(a，单位：dagpm)
和 8 日 20：00(b)、9 日 20：00(c)形势综合配置图

2　中尺度影响系统分析

从 FY-2E 卫星 TBB 资料(图 3)可以清晰地看到中尺度对流云团的发生、发展过程。8 日 16：00 在川西高原东侧便有 3 个中-β 尺度对流云团(A，B，C)生成，并在此后的十多小时内这 3 个中尺度对流云团进行了加强—合并—发展—减弱一系列过程。8 日 18：00，这 3 个中尺度云团迅速加强合并成一条长宽比约为 5：1 的中尺度对流云带，之后这条对流云带不断发展、维持影响盆地西部地区。8 日 20：00，中尺度云团 A 并入云团 B，范围和强度较之前变大变强，为 50 km×60 km 的椭圆，中心强度达到 -60℃，此时强降水随之开始，且小时雨强大于 20 mm。在此后 4~5 h 内云团稳定在(104°E，31°N)附近，造成了都江堰及其周围地区出现了超过 100 mm 的强降水，其中 1 h 最大降雨量可达 60 mm。9 日 02 时，云团 C 向北移动与云团 B 合并，合并后的云团 C 强度增大，中心强度达到 -72℃，且维持时间长。正是云团 C 长时间稳定维持，都江堰在此后 10 h 内的小时雨强几乎都大于 20 mm。9 日 14：00 以后，由于大量不稳定能量释放，强降水区附近上空大气逐渐转为稳定层结状态，导致云团 C 迅速分裂减弱(图略)，至此中尺度对流云团对都江堰及其周围地区降水的影响趋于减弱。随后在 9 日 20：00 左右，在都江堰附近重新有云团生成，但云团的发展强度明显比第一阶段偏弱，中心强度只有 -32~-52℃，但稳定少动，一直持续到 11 日凌晨。

综上分析可知，中尺度对流云团形成列车效应，在移过都江堰附近时不断发展加强并维持导致此次极端强降水过程发生，也是这次盆地西部持续性暴雨天气过程的直接影响系统。

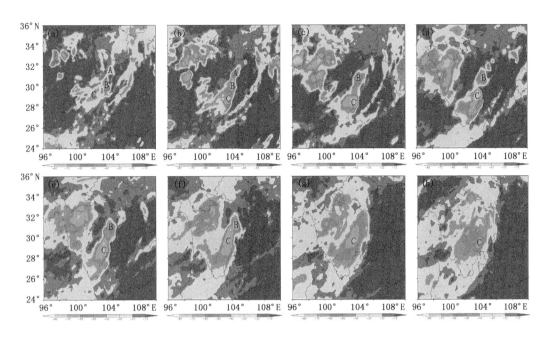

图3 2013年7月8日16:00—9日06:00 FY—2E卫星TBB资料

(a为8日16:00,b为8日18:00,c为8日20:00,d为8日22:00,e为9日00:00,f为9日02:00,

g为9日04:00,h为9日06:00;单位:℃)

3 暴雨维持的物理机制

3.1 水汽条件

水汽在极端强降水中的重要作用是毋庸置疑的,本次过程也不例外。从图4a中都江堰站(56188)的露点和气温的变化看,露点温度较大,从8日08:00开始一直维持在21℃以上,且温度露点差小于2℃,表明近地面层水汽含量高且达到饱和状态。分析都江堰附近单点大气可降水量时间演变看来(图4b),在过程前2 d,大气可降水量有一个突增的过程,从强降水开始到结束,可降水量均超过60 mm,表明该区域水汽特别充沛。

水汽通量散度反映一个地区水汽的集中程度,其与暴雨等天气现象有密切关系,尤其是大气低层水汽通量的辐合是形成暴雨和对流活动的重要条件之一。图4c,d为暴雨期间850 hPa水汽通量散度与风场叠加图。由图可见,在暴雨开始时(图4c,8日20:00),在盆地西部有两个水汽辐合中心,分别位于雅安和绵阳附近,中心值为-4×10^{-7}g·hPa^{-1}·s^{-1}·cm^{-2}和-8×10^{-7}g·hPa^{-1}·s^{-1}·cm^{-2};此时盆地内为较强的东南气流,在盆地西部沿山地形阻挡作用下,有利于水汽在盆地西部进一步辐合上升,加强对流活动,产生强降水。9日08:00(图略),盆地西部全部转为水汽通量辐合带控制,两个水汽辐合中心值分别为-4×10^{-7}g·hPa^{-1}·s^{-1}·cm^{-2}和-6×10^{-7}g·hPa^{-1}·s^{-1}·cm^{-2},盆地西部强降水维持。9日20:00,由于大量不稳定能量释放,对流活动有所减弱,但从风场分布图看有偏北气流进入盆地西部,同时偏南气流有所加强,此时盆地西部两个水汽辐合中心的强度值分别达-4×10^{-7}g·hPa^{-1}·s^{-1}·cm^{-2}和-8×10^{-7}g·hPa^{-1}·s^{-1}·cm^{-2},可见在南北气流交汇下,有利于水汽辐合上升,降水持续但强度较之前时段要弱。在强的水汽通量辐合作用下,降水一直维持到11日

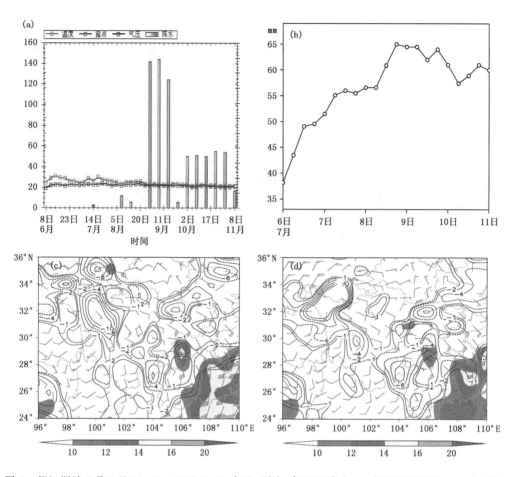

图 4 都江堰站 7 月 6 日 08：00—11 日 08：00 气温、露点、气压和降水 3 h 间隔时间变化(a)，大气可
降水量随时间的演变(b)，850 hPa 水汽通量与风场叠加(c,d)(c 为 8 日 20：00，d 为 9 日 20：00；虚线
为水汽通量散度，单位：$10^{-7} g \cdot hPa^{-1} \cdot s^{-1} \cdot cm^{-2}$；填色为风速，单位：$m \cdot s^{-1}$)

08：00，之后西南急流东移北上，向盆地内的水汽输送减弱，随之水汽通量辐合也减弱，降水趋
于结束。

　　综上可见，由于偏南风急流的建立和维持，水汽源源不断地向四川盆地上空输送，并在暴
雨区辐合，为此次极端强降水发生提供了充足的水汽条件，暴雨中心水汽含量非常大；同时当
其产生的水汽通量辐合中心位于暴雨区上空附近时，降水发生并维持，随着辐合中心的移出，
暴雨区的降水也趋于减弱结束。

3.2　热力和不稳定条件

　　假相当位温是一个重要的暖湿特征参数，它既与空气质块温度有关，又与质块的湿度有
关，它能很好地反映一个地区的热力学性质。分析以上两个降水阶段开始时 8 日 20：00 和 9
日 20：00 的假相当位温与经向风沿云团移动路径的垂直剖面叠加图发现，8 日 20：00(图 5a)
暴雨区中低层大气为强不稳定状态，强对流不稳定层达到 500 hPa，这种状态有利于强对流系
统的发生、发展。与此同时，由经向风分布图看出，暴雨区中低层 700 hPa 以下被偏南风气流

控制,这表明向暴雨区输送暖湿水汽的水汽通道已建立,正是这支南风气流给暴雨区带来大量的不稳定能量和水汽,使得暴雨区中低层长时间处于高能高湿不稳定状态,强对流系统得以维持发展(图3f,g)。9日20:00(图5b),暴雨区低层由于北方冷空气的入侵(4 m·s^{-1}偏北风),假相当位温较8日20:00明显下降,大气层结趋于稳定。

分析成都T—lnP(图5c、d)和表征对流条件的物理量(表1)也可以发现,8日20:00 K指数高达40℃,Si指数为−0.82℃,850 hPa的θ_{se}(假相当位温)为91℃,500与850 hPa的θ_{se}差值为−11℃,$\partial\theta_{se}/\partial z<0$,CAPE(对流有效位能)为1635.2 J·kg^{-1},反映大气高能且为对流不稳定;同时探空图上看成都附近地区环境大气具有较高的环境大气相对湿度,湿层较厚,抬升凝结高度(LCL)比较低等特点,层结条件和水汽条件表明成都附近地区大气处于非常有利于产生强降水的状态。9日20:00 K指数为31℃,Si指数为−0.82℃,500 hPa与850 hPa的θ_{se}差值为8℃,表明由于冷空气的入侵,大气转为稳定性的层结状态,将抑制对流的发展,对应这一地区的降水也转为以稳定性为主的状态,但由于湿层很厚,并且具有持续的水汽输送,因此降水持续时间较长。

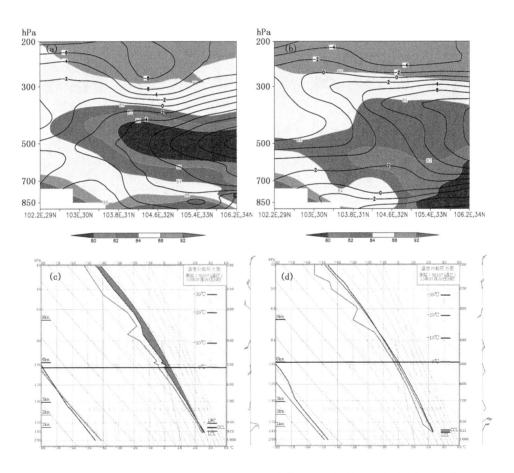

图5　假相当位温(阴影,单位:℃)与经向风(单位:m·s^{-1})沿云团移动路径的垂直
剖面图(a,b)和成都探空图(c,d)
(a,c为8日20:00;b,d为9日20:00)

表1 8日20:00和9日20:00成都对流条件参数

物理量	850 hPa θ_{se}/℃	(500−850)hPa θ_{se}/℃	K指数/ ℃	Si指数/℃	CAPE/ J·kg^{-1}	CIN/ J·kg^{-1}
8日20时	91	−11	40	−0.82	1635.2	12.3
9日20时	74	8	31	4.69	0	0

3.3 动力条件

强降水的发生发展,除了需要有源源不断的水汽输送以及水汽、不稳定能量在暴雨区大量聚集外,还要有动力抬升这一重要条件。从以上两个降水时段的 500 hPa 涡度平流演变情况(图6a,b)来看,从 8 日 20:00 开始,盆地一直为正涡度平流区控制,强度超过 $5\times10^{-10}\,s^{-2}$,甚至达到 $10\times10^{-10}\,s^{-2}$;9 日 20:00 以后,情况也是如此,盆地仍为强度 $5\times10^{-10}\,s^{-2}$ 的正涡度平流区控制。这次持续性暴雨过程中高原上不断有低槽东移,槽前有明显的正涡度向东输送,引起盆地西部的局地涡度增大,从而诱发低层低涡发展。从强降水中心都江堰的涡度时间一垂

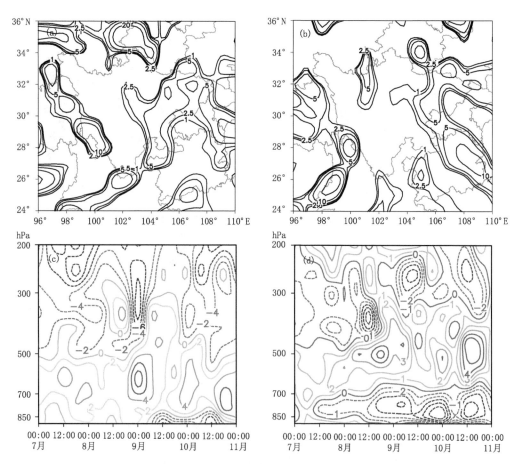

图 6 500 hPa 涡度平流分布(单位:$10^{-10}\,s^{-2}$)(a,b)及强降水中心涡度(c)和散度(d)的时间
垂直剖面图(单位:$10^{-5}\,s^{-1}$)

(a 为 8 日 20:00;b 为 9 日 20:00)

直剖面(图6c)也可看出,在整个暴雨过程中暴雨区中低层为正涡度控制,并且在8日20:00到9日08:00涡度有一个明显增大的过程,涡度中心强度达$8×10^{-5}s^{-1}$,位于600 hPa附近;9日20:00以后中低层仍为较强的正涡度区控制。在低层低涡发展涡度增大的同时,配合盆地东南侧的低空急流,气流在盆地内也进一步辐合加强,从散度的时间垂直剖面(图6d)看到,暴雨区低层为较强的辐合区控制,最强达到$-6×10^{-5}s^{-1}$,另外盆地西部位于200 hPa南亚高压脊附近,给暴雨区上空提供了很好的高空辐散条件。低层正涡度辐合、高层负涡度辐散的耦合形势有利于暴雨区垂直上升运动和对流的发展,对暴雨的发展和持续起到了重要的作用。

4 地形对暴雨的增幅作用

地形与降水有密切关系,在同样的天气形势下,迎风坡由于动力强迫抬升、局地辐合辐散降水微物理作用,降水强度要比其他地区偏大。此次持续性的暴雨过程的降水中心都江堰位于龙门山前,龙门山脉呈东北—西南走向,平均海拔2000~3000 m,对低层东风有明显的抬升作用,为分析此次暴雨过程中地形的作用,图7给出了暴雨期间沿(105.4°E,27°N)到(103.4°E,32°N)路径(与盆地西部沿山相垂直)的垂直环流和合成风速分布图,由图可见:在此次持续性暴雨过程的两个降水时段,在对流层低层,与暴雨中心垂直的路径上(即(105.4°E,27°N)到(103.4°E,32°N)),均存在一支东南风气流,东南气流与地形相遇,受到地形强迫抬升及本文第3小节分析的有利动力条件,在暴雨区上空形成了垂直环流圈的上升支。对比9日08:00和10日08:00东南风大小可见,9日08:00暴雨区东南侧最大达到12 m·s^{-1}以上,10日08:00却有所减弱,最大为8 m·s^{-1}左右,对应降水实况为,第1个强降水时段雨强明显强于第2阶段,表明暴雨区东南侧的风速强弱与降雨强度有一定关系,这也从另一个侧面反映出地形对东南风气流的抬升作用对垂直上升运动有一定影响,即东南风越强,越有利于气流在山前堆积,从而形成更强的抬升作用。可见,低层偏东气流在盆地西部受地形强迫抬升,作用是造成此次极端暴雨过程的一个非常重要的因素。

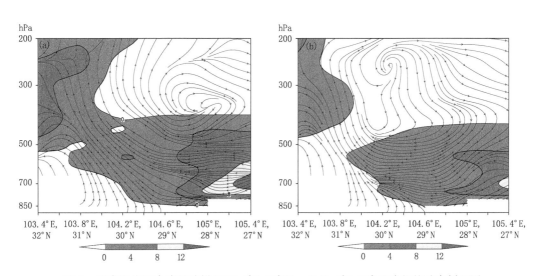

图7 垂直环流和合成风速沿(105.4°E,27°N)-(103.4°E,32°N)路径的垂直剖面图

(a为9日08:00,b为10日08:00)

5 总结

通过对 2013 年 7 月 8—11 日四川盆地西部区域性大暴雨过程的天气和诊断分析,得出如下主要结论:

(1)此次极端降水雨强大、范围广、持续时间长,主要是由具有中尺度特征的暖区强降水和相对稳定的锋面降水组成。

(2)此次过程是典型的四川盆地西部暴雨,是发生在对流层中层中高纬度两槽一脊稳定维持的环流背景下,由活跃的高原低值系统以及"异常"副高西侧的偏南气流配合低层冷空气作用造成的。

(3)偏南气流的建立源源不断地向盆地输送充足的水汽和能量,为中尺度对流云团的发生发展提供了高能高湿条件。

(4)500 hPa 高原低槽前的正涡度平流诱发盆地西部低层气旋性涡度增加、低涡生成和发展,致使暖湿气流持续在盆地西部形成辐合上升,为暴雨的维持提供了很好的动力条件。

(5)青藏高原东侧的地形作用强迫气流在盆地西部强烈辐合上升,使得暖湿水汽更加有效地形成降水,是此次极端降水天气出现的一个重要动力因素。

参考文献

[1] 陶诗言.中国之暴雨.北京:科学出版社,1979:1-225.

[2] 钱正安,顾弘道,颜宏,等.四川"81·7"特大暴雨数值模拟.气象学报,1990,**48**(4):415-423.

[3] 陈忠明,闵文彬,缪强,等.高原涡与西南低涡耦合作用的个例诊断.高原气象,2004,**23**(1):75-80.

[4] 陈忠明,闵文彬.西南低涡活动的统计研究//青藏高原气象学研究文集.北京:气象出版社,2004:162-170.

[5] 宗志平,张小玲.2004 年 9 月 2—6 日川渝持续性暴雨过程初步分析.气象,2005,**31**(5):37-41.

[6] 王晓芳,廖移山,闵爱荣,等.影响"05.06.25"长江流域暴雨的西南低涡特征.高原气象,2007,**26**(1):197-205.

[7] 罗四维.青藏高原及其邻近地区几类天气系统的研究.北京:气象出版社,1992.

[8] 何光碧.高原东侧陡峭地形对一次盆地中尺度涡旋及暴雨的数值试验.高原气象,2006,**25**(3):430-441.

[9] 李川,陈静,何光碧.青藏高原东侧陡峭地形对一次极端降水过程的影响.高原气象,2006,**25**(3):442-450.

[10] 陈静,李川,谌贵珣.低空急流在四川"9.18"大暴雨中的触发作用.气象,2002,**28**(8):24-29.

[11] 蒋兴文,李跃清,李春,等.四川盆地夏季水汽输送特征及其对旱涝的影响.高原气象,2007,**26**(3):476-484.

2013 年辽东半岛 2 次切变线暴雨的特征分析

梁　军[1]　张胜军[2]　刘晓初[1]　蒋晓薇[1]

(1. 大连市气象台,大连 116001;2. 中国气象科学研究院灾害天气国家重点实验室 北京 100081)

摘　要

本文利用自动站、卫星、常规气象观测资料及 NCEP/NCAR 再分析资料,对辽东半岛地区 2013 年 7 月 28 日和 30 日的 2 次切变线暴雨过程进行了对比分析,研究了半岛地区暴雨发生的环流特征和触发机制。结果表明:(1)在有利的大尺度背景下,低空切变线上生成的 β 或 γ 中尺度雨团发展的中尺度对流复合体(MCC)或中尺度云团是造成降水的直接系统。切变线与其北侧高空槽的位置不同,辽东半岛地区的中尺度对流云团持续时间不同。切变线位于北支槽前,有利于中尺度云团发展为 MCC,强降水范围广。(2)低空急流为辽东半岛强降水提供了水汽和能量供应。(3)暴雨发生前暴雨区域对流层低层的增温、增湿,加剧了暴雨区域上空低层大气的对流不稳定,暴雨区域内水汽的辐合及暴雨前抬升凝结高度的明显降低,有利于中尺度对流系统 MCS 的对流发展。(4)大连以北干空气的侵入或超低空急流的形成是触发暴雨的关键因素。强降水出现在切变线前方低空急流上的风速脉动区或风向切变区。

关键词:暴雨　高空槽　切变线　中尺度特征　触发机制

0　引　言

2013 年 7 月辽东半岛南部的大连地区(38.7°~40.2°N,121.1°~123.5°E)出现了 7 次强降水,全市月平均降水量为 412.3 mm,较常年同期(152.3 mm)多 260 mm(多 1.71 倍),为 1971 年以来历史同期之最。其中大连市区(38.9°N,121.6°E)最多,月降水量为 520 mm(常年同期为 130 mm)。这 7 次强降水有 5 次是副热带高压(简称副高,下同)外围的暖湿气团与西风带弱冷空气共同作用引起的。产生此类强降水的直接影响系统是切变线。2013 年 7 月 27 日夜间至 28 日上午,副高北侧切变线上由 β 和 γ 中尺度雨团发展合并形成的中尺度对流复合体(MCC)影响大连地区,全市 33 个自动站雨量超过 50 mm,4 个超过 100 mm,最大小时降水量和最大雨量均出现在大连市区内(图 1a),分别为 47 mm 和 119 mm。30 日凌晨至上午,副高北侧切变线上生成的 γ 中尺度雨团发展加强,再次引发了大连地区的强降水,全市 25 个自动站雨量超过 50 mm,最大小时降水量和最大雨量仍然出现在大连市区内(图 1b),分别为 39 mm 和 93 mm。两次降水过程均伴有雷电、雷雨大风和短时强降水。

仅时隔一天,由切变线触发的中尺度对流系统 MCS 就造成大连地区 2 次强降水。产生这类暴雨的切变线虽然都处于副高的北侧,但由于副高的位置、切变线与其北侧西风槽相互作用的过程不同,降水的强度和落区也不尽相同。切变线暴雨的研究虽已取得一些有意义的成果[1-4],但由于暴雨个例的多样性,对此类暴雨的天气形势及暴雨系统的结构分析和认识还需加强。

本文利用 NCEP/NCAR 再分析资料、常规观测资料、卫星资料、GTS1 型数字式探空仪探测资料和大连地区逐时自动气象站降雨量资料,以大连站为例,对天气形势不尽相同的 2 次切变线强降水过程进行对比分析,试图探求辽东半岛切变线暴雨的特征及触发条件,为此类暴雨的预报和服务提供参考。

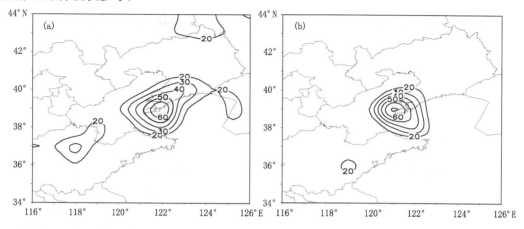

图 1　2013 年 7 月 27 日 20:00—28 日 08:00(a)和 29 日 20:00—30 日 08:00(b)降水量(单位:mm)

1　降水的天气尺度特征

27 日 20:00(图 2a),5880 gpm 等值线北侧在山东和江苏交界处,西脊点在 105°E 附近。自贝加尔湖东南下的弱冷空气到达内蒙古西部地区,形成北支槽;新疆冷空气东移至河套上游地区,与副高西北侧的暖湿气流形成南支槽。850 hPa 与南支槽相对应的是河套下游地区的切变线(图略)。此时,在切变线东侧,低空西南急流已经建立,并向东北伸展至辽东半岛南部,在黄河入海口附近形成水汽辐合中心(图 2b)。强降水期间(28 日 01:00—05:00),切变线处于高空北支槽前,辽东半岛南部的水汽通量由不足 15 g·s^{-1}·hPa^{-1}·cm^{-1} 增至 24 g·s^{-1}·hPa^{-1}·cm^{-1} 以上,大连南部地区维持 -4×10^{-7} g·s^{-1}·hPa^{-1}·cm^{-2} 的水汽辐合中心(图略)。沿着切变线不断生成的对流单体发展、加强、合并形成 MCC,MCC 引发了辽东半岛南部的强降水(图 1a)。中尺度云团(TBB≤-32℃)在辽东半岛维持了 8 h,对流云团(TBB≤-52℃)在辽东半岛南部维持近 4 h。

29 日 20:00(图 2c),5880 gpm 等值线南掉至长江下游地区,西脊点东退至 110°E 附近。自贝加尔湖东移的弱冷空气在东北地区西侧形成北支槽;贝加尔湖南部的弱冷空气沿着青藏高压东北侧的西北气流继续东南移至长江中游地区,在副高西北侧形成南支槽。同样,南支槽低层对应的是河套下游地区的切变线(图略)。切变线东侧的西南低空急流将水汽不断向东北输送,并在辽东半岛南部形成水汽辐合中心(图 2d)。强降水期间(30 日 03:00—07:00),辽东半岛的水汽通量增至 15 g·s^{-1}·hPa^{-1}·cm^{-1},由于切变线逐渐转入高空北支槽后,北支槽后低层回流的弱冷空气加大了辽东半岛低层的辐合,-4×10^{-7} g·s^{-1}·hPa^{-1}·cm^{-2} 的水汽辐合中心在半岛南部地区维持了近 12 h。沿着切变线生成的对流单体发展、加强,造成辽东半岛南部和东北部地区的强降水(图 1b)。辽东半岛的中尺度云团维持了近 8 h,但对流云团仅维持 2 h。

上述分析表明,西风带弱冷空气与副高外围低空西南急流形成的切变线[5],触发了 MCS 的生成、发展,是辽东半岛地区短时强降水的主要影响系统。切变线与其北侧高空槽的位置不同,辽东半岛地区的中尺度对流云团持续时间不同。

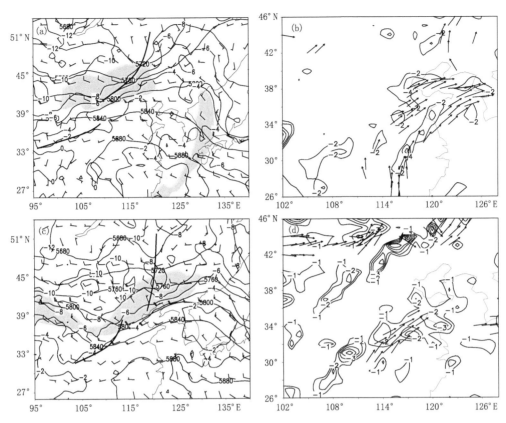

图2 500 hPa 天气图(a,c,单位:gpm,阴影为 200 hPa 水平全风速不小于 35 m·s⁻¹的大风区)、850 hPa 水汽通量散度(等值线,单位:10^{-7} g·s⁻¹·hPa⁻¹·cm⁻²)和不低于 8 m·s⁻¹的风矢量(b,d)(a,b 为 2013 年 7 月 27 日 20:00;b,d 为 2013 年 7 月 29 日 20:00)

2 降水的中尺度特征

辽东半岛 2 次切变线暴雨的形成,均与南支槽前(图2a,c)对应的切变线北端不断生成发展的 MCS 密切相关。因此,采用 Shuman—Shapiro 九点滤波算子(平滑系数取 0.5),对常规物理量场进行 3 次平滑,提取最大波长约为 500 km 的中尺度场,以此来研究暴雨过程的中尺度系统特征。根据 β 中尺度对流云团的定义[6-7],TBB 图中只给出−32℃以下的云顶亮温。

27 日 21:00 开始,黄河入海口附近(38°N,119°E)至华北南部有多个零散的对流单体,沿切变线自西南向东北伸展,云体内云顶亮温约为−52～−32℃(图略)。辐合带东北移与北支槽后经辽宁西部南下的冷空气相互作用,中尺度气旋性涡旋系统发展加强(图3b)。零散的云体合并增大,出现了 3 个云顶亮温低于−60℃、尺度相对较大的中尺度对流云团。云团沿切变线向东北扩展形成 MCC,于 28 日 00:00 开始覆盖到大连南部地区。低于−52℃的对流云团在大连南部和东北部地区维持了近 4 h,短时强降水的小时降水量在 20～40 mm。暴雨发生在 01:00−05:00 MCC 发展维持过程中。强降水出现在切变线(图3a 实线)前侧偏南急流达到极值的区域[1]。

30 日降水前期,辽东半岛和华北地区为反气旋式环流,表明其已转入北支槽后冷气团内;副高西侧暖湿气流与南支槽后的弱冷空气在河套下游地区形成明显的气旋式环流,与切变线相对应(图略)。30 日 02:00,气旋式环流东北移,北支槽后的弱冷空气继续向西南扩散,辽东半岛南部的东南气流加强(图 3c),气旋辐合中心附近出现 1 个云顶亮温低于−52℃、约几十千米的块状对流单体(图略)。中尺度对流云团沿切变线东北移靠近反气旋环流后逐渐减弱(图 3d),没有发展为 MCC。强降水出现在低空急流前方的暖式切变线区域内。

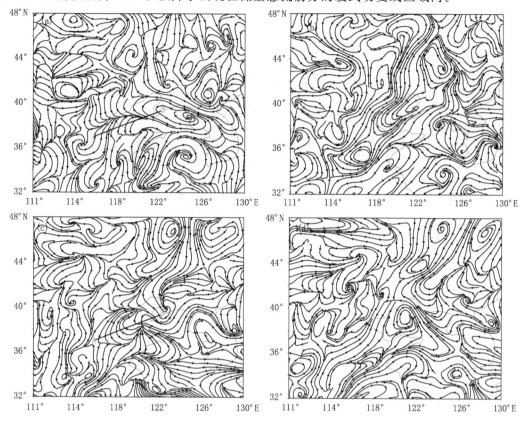

图 3   2013 年 7 月 27 日 20:00(a)、28 日 08:00(b)、30 日 02:00(c)和 30 日 08:00(d)850 hPa 中尺度流场

3   中尺度低涡与切变线

前面的分析表明,沿切变线生成、发展和东北移的中尺度低涡造成了辽东半岛南部地区的暴雨。中尺度低涡的生成和发展既要具备有利于对流不稳定发展的环境条件,还要有触发不稳定发展的动力和热力因素[8−9]。

两次暴雨期间大连 GTS1 型数字式探空仪探测的资料表明(图略),7 月 27 日 20:00−28 日 08:00,边界层由东南风转为西南风,其上部的气流由偏西风转为西南风,低层的风速由 6～9 m·s⁻¹增至 19～23 m·s⁻¹,相对湿度为 90% 的湿层向上伸展至 700 hPa 附近;降水期间,大连地区 850 hPa 以下温度升高 0.1～2℃,表明其处于北支槽前。29 日 20:00−30 日 08:00,边界层由西南风转为东南风,风速由 5～8 m·s⁻¹增至 8～12 m·s⁻¹,其上部的大气均转为西南气流,水汽辐合加强,边界层的相对湿度由 30%～50% 增至 80%～90%;降水期间,大连地区 850 hPa 以下温度下降 3～6℃,表明北支槽后冷空气已向南侵入。整层的温度和露点曲线表明,850 hPa 以下暖湿,700 hPa 附近相对干冷。说明暴雨前大连地区低层水汽已饱和,抬升凝结高度的降低,有利于低层积聚的不稳定能量抬升至对流自由高度以上,可能产生强对流[10−11]。

7月27日20:00(图4a),切变线东北部的辽东半岛南部地区(图4a中三角形区域)低空暖湿层对应着正涡度区,边界层以下为辐合层(图4a中阴影),但辽东半岛上空的上升运动不明显(图略),0.012 g·kg^{-1}等值线高度仅维持在边界层附近(图4c);而切变线西南部850 hPa以下的辐合加强,-0.4 Pa·s^{-1}的上升运动中心伸展至650 hPa,水汽抬升加强,水汽大值区内的$\frac{\partial \theta_e}{\partial p}>0$,说明低层为明显的对流不稳定区(图4c),该区域2 h后生成2个云顶亮温低于$-70℃$的对流单体,MCS沿着切变线合并,2 h后发展为MCC。至28日02:00(图略),切变线西南侧低层的正涡度中心由不足$2.0×10^{-5}$s^{-1}增至$10.0×10^{-5}$s^{-1}以上,南、北支槽前的正涡度向低空加强延伸,并沿切变线在850 hPa以下形成正涡度带。正涡度带上有2个辐合中心,分别对应着明显的上升运动,但切变线西南侧的上升运动中心下降,而东北侧辽东半岛南部地区的上升运动中心抬升至650 hPa,0.012 g·kg^{-1}等值线高度抬升至700 hPa,水汽大值区内由稳定层结转为明显的对流不稳定。这种分布表明,28日02:00后,切变线东北侧的涡度会进一步加强(图4b)。

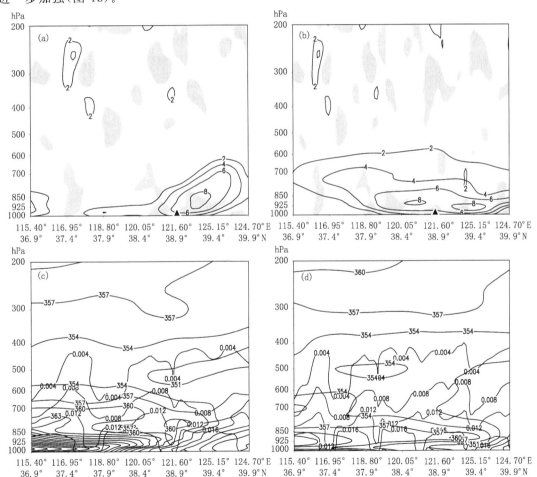

图4　2013年7月27日20:00(a,c)和28日08:00(b,d)过图4a中AB线段的垂直剖面
(a,b为正涡度(实线,单位:10^{-5}s^{-1})和散度(虚线为正,阴影为负,单位:10^{-5}s^{-1});c,d为相当
位温(实线,单位:K)和比湿(虚线,单位:g·kg^{-1});三角形表示暴雨区)

29 日 20：00（图略），切变线西南侧弱的干冷空气自中层向下侵入，叠置在其下的暖湿气流上，加大了该区域的对流不稳定，低层已出现辐合中心，高层辐散中心对应的正涡度区由边界层发展至 850 hPa 以上。切变线东北侧，北支槽后弱冷空气自东北向西南楔形侵入边界层，冷垫进一步加剧了不稳定环境场中的对流运动。30 日 02：00（图略），切变线东北侧由于高空急流东北流出的加强，700 hPa 以下出现辐合中心，自中层有正涡度向下、向西南延伸。而切变线西南侧的上升运动也由低层发展到 300 hPa，正涡度由中层向下、向东北延伸至 120°E 附近，该区域的低层为暖湿能量中心，整层组织性的垂直运动已上升至 200 hPa，该区域已生成 1 个云顶亮温低于 −60℃、约几十千米的块状对流单体。30 日 03：00－08：00，对流单体东北移至辽东半岛西南侧，已发展为宽度近 200 km 的中尺度云团。但此时辽东半岛上空的冷空气层加厚（图略），对流不稳定减弱，整层的上升运动出现断裂，说明对流单体移至辽东半岛时强度逐渐减弱，中尺度对流云团引发的短时强降水在半岛南部地区持续了 2 h。

分析 2 次暴雨发生前 1～2 h 大连地区逐时自动气象站的风场资料可以看出（图略），28 日降水前均为偏南风，30 日大连北部地区已为北到东北风。28 日触发对流发展的是沿切变线由黄河入海口到达辽东半岛的西南气流的增强，大连上空 925 hPa 的西南风由 3 m·s⁻¹ 增至 12 m·s⁻¹ 以上（图略），700 hPa 以上为偏西气流，上升运动加强，把低层辐合的水汽向上抬升，28 日强降水期间（01：00－05：00）对流层整层达到饱和，对流有效位能达到最大值，移至对流不稳定区域的 MCC 强度维持，降水之后，对流有效位能迅速减小。30 日触发对流发展的是大连北部地区自 700 hPa 以下向南、向下延伸的干空气（图略）；强降水期间（30 日 03：00－07：00），对流层低层的干空气延伸至大连地区，与切变线北端的湿气团汇合，辐合加强，低于 −32℃ 的中尺度云团加强为对流云团，强降水同样发生在对流有效位能的释放过程中（图略）。

4 小结和讨论

综上所述，可得如下结论：

（1）降水期间副高稳定在长江口附近，其西北侧西南暖湿气流与偏北气流辐合形成的切变线是初始对流的诱发系统，超低空急流的形成或北支槽后弱冷空气的低层侵入，有利于切变线上辐合中心处中尺度低涡的发展，是造成暴雨的直接触发因子。

（2）西南风低空急流为辽东半岛强降水提供了水汽和能量。

（3）切变线与其北侧高空槽的位置不同，辽东半岛地区的中尺度对流云团持续时间不同。切变线位于北支槽前，有利于中尺度云团发展为 MCC，强降水范围广。

（4）大连以北地区干冷空气自低层向下、向南的侵入和超低空急流的形成加剧了暴雨区域上空低层大气的对流不稳定，暴雨区域内水汽的辐合及暴雨前抬升凝结高度的明显降低，有利于 MCS 的对流发展。切变线上强的辐合上升运动为 MCS 的形成提供了有利的中尺度环境场。

（5）强降水出现在切变线前方低空急流上风速辐合或风向切变的区域。

预报中发现，此类暴雨发生时往往无明显的天气系统，但要警惕高温、高湿及对流不稳定的环境场，特别要关注切变线北端低层冷空气的镶入和切变线右侧超低空急流的生成。

2013 年 7 月 7—13 日盆地西部区域性暴雨过程诊断分析

徐志升　张入财　杨代恒　杨晓利

(78083 部队,成都,610011)

摘　要

利用常规气象资料对 7 月 7—13 日发生在四川盆地西部的一次暴雨天气过程进行了环流形势分析和物理量诊断,得出了产生此次暴雨过程的环流特点,并利用假相当位温、水汽通量散度和对流指数的演变分析了暴雨的落区、强度和持续时间。

关键词:暴雨　湿 Q 矢量　散度　诊断分析

0　引言

2013 年 7 月 7 日—13 日 08:00,四川盆地西部出现了今年以来第四场区域性暴雨天气过程,按全省 156 个县级站日雨量资料统计,全省共计有 43 个站出现了暴雨,其中大暴雨 15 站,特大暴雨 1 站。都江堰下了百年一遇的特大暴雨,过程雨量创下了全省有气象记录以来历次暴雨过程的新纪录。大邑过程降雨量突破该站建站以来的历史极值。全省共有 26 个站达到一般洪涝标准。强降雨集中分布在汶川、芦山地震灾区,多地出现滑坡、泥石流等地质灾害,涪江、沱江、青衣江、岷江等河流洪水泛滥,沿江(河)多个城镇进水,大量农田被淹,交通、通信、供电中断,桥梁受损或垮塌,宝成铁路部分列车晚点绕行,双流机场多次关闭、航班取消或延迟,造成重大人员伤亡和经济财产损失。

本文运用常规观(探)测资料对此次暴雨发生的环流形势及各种诊断物理量进行分析,从短临预报角度讨论了其与暴雨的发生、发展之间的关系,以期通过对这些物理量的了解和应用,为今后四川盆地区域性暴雨的预报预警提供一些思路。

1　暴雨实况

7 月 7 日晚至 13 日,四川出现了今年第四次区域性暴雨天气过程。此次暴雨过程发生在盆地西部的成都、乐山、眉山、雅安等 12 个市(州)。表 1 为四川单站逐日(08:00 至次日 08:00)暴雨统计,强降雨主要集中在 8—10 日,分别有 24,20 和 10 个站达到了暴雨或以上级别的降雨。

本次区域性暴雨过程具有如下特点:一是强降雨落区稳定、持续时间长。强降雨区域稳定少动,从 7 日晚到 11 日,一直集中在广元西部、绵阳、德阳、成都、雅安、乐山、眉山等地震重灾区,有 8 个站暴雨日数长达 3 d 之久。成都市 13 个站全部降了暴雨,其中 9 站降了大暴雨,都江堰降了特大暴雨,是本次暴雨过程的中心,崇州、温江、都江堰、彭州、郫县、大邑、新都等 7 站有 3 个暴雨日。二是降雨总量多,强度大。过程降雨量普遍有 200～400 mm,其中大邑达521.1 mm,都江堰达 746.4 mm,两站均突破过程雨量历史极值,都江堰创下全省过程雨量的新高。日最大降水量大邑达 279.2 mm(10 日)、都江堰达 415.9 mm(9 日),均创有气象记录以来日降雨量极值,其中都江堰日降水量位列全省历史第二位,属百年一遇。

表1 7月7～13日四川单站逐日暴雨统计 单位:mm

时　段	站数	站名及降雨量
7 日 08:00—8 日 08:00	3	芦山(126.8)、名山(100)、海螺沟(90.4)
8 日 08:00—9 日 08:00	24	都江堰(292.1)、大邑(143.5)、名山(136.9)、什邡(128.1)、青川(123.3)、彭州(115.8)、北川(108.7)、新都(106.8)、青神(99.4)、蒲江(96.2)、崇州(91)、绵竹(90.4)、安县(90.4)、荥经(89.3)、夹江(84.6)、平武(79.8)、郫县(74.7)、峨眉(73.9)、沐川(68.8)、丹棱(59.8)、洪雅(56.9)、温江(56)、芦山(54.6)、宝兴(51.4)
9 日 08:00—10 日 08:00	20	大邑(244.8)、都江堰(230.2)、崇州(149.9)、邛崃(147.2)、荥县(116.5)、彭州(108.9)、绵竹(99.6)、宜宾县(98)、温江(97.1)、彭山(87)、荥经(81.1)、双流(72.2)、洪雅(71.9)、郫县(67.4)、什邡(58.1)、雅安(56.9)、宜宾(56.9)、北川(56)、新津(53.9)、新都(51.3)
10 日 08:00—11 日 08:00	10	都江堰(174.7)、温江(169.7)、郫县(160.3)、大邑(126.8)、双流(125.6)、新都(84.9)、彭州(83.1)、龙泉驿(79.4)、威远(66.3)、崇州(51.6)
11 日 08:00—12 日 08:00	6	北川(130.2)、广汉(108.4)、新都(77.9)、平武(70.3)、金堂(54.8)、什邡(54.1)
12 日 08:00—13 日 08:00	2	汉源(69.6)、绵竹(51.2)

2 环流形势特征

此次暴雨过程是发生在相对稳定的大尺度环流背景之下。500 hPa 图上,7 日 08:00 欧亚西风带呈典型的"两脊一槽"型,乌拉尔山和日本海附近为高压脊,西伯利亚至巴尔喀什湖附近为宽广的长波槽,至 8 日 08:00,其演变为"两槽一脊"型,贝加尔湖至蒙古国中部为一高压脊,乌拉尔山以东的西西伯利亚和亚洲东岸为低槽,并一直维持至 11 日 08:00,之后又转变为"两脊一槽"型,并持续到本次过程结束。西太平洋副热带高压 588 线西伸至 110°～120°E 摆动,脊线缓慢北抬,高原东侧维持一个低值系统。

从 500 hPa 距平场来看,7 月第二候,亚洲中高纬呈现"＋－＋"的经向型分布,有利于北方冷空气向南输送,与维持在高原北部和盆地西北部的暖湿气流交汇,有利于出现短时强降水和雷暴天气;西太平洋副热带高压脊线维持在 28°～30°N,盆地处于副高西侧外围西南气流控制,有利于将热量、能量和暖湿气流源源不断沿着副高边缘向盆地西部输送,促进了西南涡的生成与维持。

从 7 日 20:00 开始,700 hPa 自孟加拉湾经云贵高原至四川盆地为一支稳定的西南气流,并逐渐加强为西南急流,850 hPa 四川盆地为一支稳定的东南气流,并逐渐加强为东南急流,

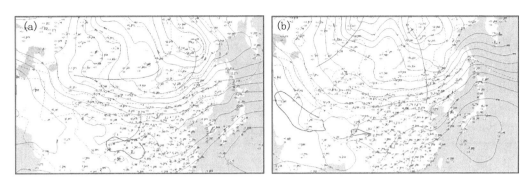

图 1 2013 年 7 月 7 日 08:00(a)、8 日 08:00(b)500 hPa 天气图

并在盆地西部辐合。这两支气流分别将孟加拉湾和南海的暖湿空气向四川盆地输送,为暴雨提供源源不断的水汽条件,直至 11 日 08:00 才有所减弱。

3 稳定度分析

鉴于对流指数较好地反映了强对流天气过程中大气低层的温湿状况和不稳定度,而其大值区与强对流天气易发生区又有较为密切的关系,因此,在区域集中、密度高、强度大的降水过程中,局地对流指数的分布和演变规律可以作为强对流天气发生、发展的潜势预报分析依据之一[1]。

从图 2 可以看出,7 日 08:00 四川盆地沙氏指数基本为负值或 0 值附近,7 日 20:00 开始明显下降到 −2 以下。

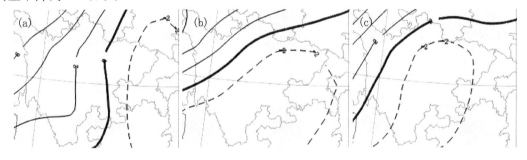

图 2 7 日 08:00(a)、7 日 20:00(b)、8 日 08:00(c)沙氏指数分布

图 3 为暴雨初期 K 指数分布,可以看出四川盆地处于 K 指数大值区,特别是 7 日 20:00 强降雨前夕,四川盆地西部 K 指数达到了 44℃ 以上。

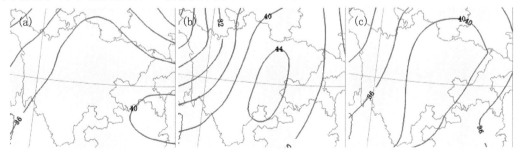

图 3 7 日 08:00(a)、7 日 20:00(b)、8 日 08:00(c)K 指数分布

利用温江探空站观测资料计算此次雷雨过程期间各种对流指数(表2),分析其演变得知,暴雨前期(7—9日08:00),温江站沙氏指数维持在0℃附近,并以负值为主,K指数则高达39～40℃,对流有效位能(CAPE)也较高,表明此时成都地区上空也具有发生强雷雨的条件,只要有适当的触发机制,该地区将会出现一次明显的强对流天气过程。随着强雷雨的发生,对流有效位能得到释放,成都地区上空的大气层结也迅速向稳定性层结转变。

表2 2013年7月7—13日温江站(56187)基本对流指数

	7日		8日		9日		10日		11日		12日		13日
	08:00	20:00	08:00	20:00	08:00	20:00	08:00	20:00	08:00	20:00	08:00	20:00	08:00
SI/℃	−0.41	−0.23	0.12	−0.82	−0.12	4.69	2.22	4.63	3.63	2.22	−1.12	−3.17	−0.82
K/℃	39	40	39	40	39	31	36	31	33	35	40	42	39
$CAPE$/J·kg^{-1}	980.6	2163.2	747.1	1609.5	125.1	0	0	5.5	0	83	59.4	449.6	0.9
CIN/J·kg^{-1}	140.7	146.5	177.6	103.8	269.2	0	0	40.3	0	44.3	476.6	370.2	569

4 热力条件分析

θ_{se}是表征大气温度、压力、湿度的综合特征量,其分布反映了大气中能量的分布,θ_{se}随高度分布能反映大气层结的对流性不稳定。通过对暴雨发生前700 hPa(图4)、850 hPa(图5)假相当位温场的分析发现,暴雨发生前四川盆地为高能区。850 hPa和700 hPa的θ_{se}差值基本为正值,大气呈现对流性不稳定,特别是在7日20:00达到了正最大值,说明低层能量已明显高于中高层,这种强烈的对流不稳定有利于强降水的发生。同时,在暴雨发生前期,盆地西部850 hPa上空为θ_{se}等值线密集带,存在能量锋区。从表2也可以看出,在7日白天降水开始前,温江站对流有效位能(CAPE)有一个快速集聚的过程,从08:00的980.6 J·kg^{-1}上升到20:00的2163.2 J·kg^{-1},而对流抑制指数(CIN)却变化不大,大量不稳定能量的集聚有利于强对流天气的发生和维持。

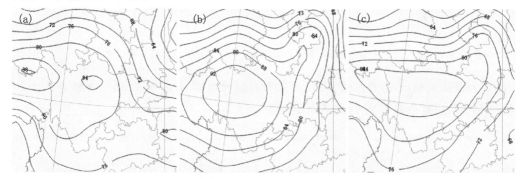

图4 7日08:00(a)、7日20:00(b)、8日08:00(c)700 hPa θ_{se}分布

5 水汽通量散度场分析

水汽通量散度是表示输送水汽集中程度的物理量,>0表示水汽通量是辐散的(水汽减少),<0表示水汽通量是辐合的(水汽增加)。它可以作为强对流的一个预报因子,有助于预

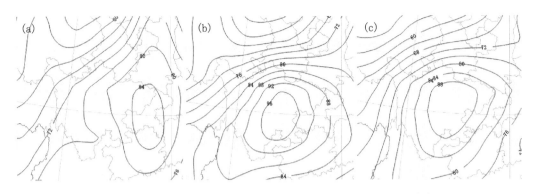

图 5　7 日 08:00(a)、7 日 20:00(b)、8 日 08:00(c)850 hPa θ_{se} 分布

报员识别强雷暴可能出现的地区,有助于识别雷暴发展之前的低层强迫地区。表 3 列出了 7 月 7—13 日 104°E,32°N 高空各层水汽通量散度,可以看出,水汽的增加主要集中在对流层中低层,以 700 hPa、850 hPa 为中心,向高层和低层逐渐减小,且 08:00 水汽聚集中心一般位于 850 hPa,而 20:00 位于 700 hPa。随着暴雨的临近,水汽通量的辐合逐渐增大,在暴雨增幅期 (强降水期)达到最大。水汽通量辐合的增大,既提供了强降水所需的水汽,同时使湿静力能量增加,从而使高位势不稳定能量不断增强。由前面的分析可知,这主要是由逐渐加强的偏南低空急流与气流辐合共同作用的结果。

　　另外,从表中还可以看出,8—9 日中低层辐合最强,辐合中心水汽通量散度达到了 -20×10^{-7} g·cm^{-2}·hPa^{-1}·s^{-1} 以下,可以对应 8 日、9 日都江堰的特大暴雨以及盆地的 24,20 个站出现暴雨以上级别降雨。10—12 日各层最大水汽通量散度上升到了 -10×10^{-7} g·cm^{-2}·hPa^{-1}·s^{-1} 左右,盆地暴雨以上级别站点数及单站日最大降雨量均有所减少。13 日随着暴雨的结束,水汽通量辐合迅速减小。可见,水汽通量散度清楚地反映了暴雨期间大气中的水汽时空变化情况。低层水汽水平辐合是暴雨水汽的主要来源,辐合最大值在暴雨增幅期的 850~700 hPa 高度。

表 3　2013 年 7 月 7—13 日 104°E,32°N 高空各层水汽通量散度(单位:10^{-7} g·cm^{-2}·hPa·s^{-1})

	7 日		8 日		9 日		10 日		11 日		12 日
	08:00	20:00	08:00	20:00	08:00	20:00	08:00	20:00	08:00	20:00	08:00
100 hPa	0	0	0	0	0	0	0	0	0	0	0
150 hPa	0	0	0	0	0	0	0	0	0	0	0
200 hPa	−0.1	−0.1	0.1	0.1	0.1	−0.1	0	0	−0.1	0	0
250 hPa	−0.2	−0.3	−0.2	0.1	−0.2	−0.2	0.1	−0.1	−0.3	0.3	0
300 hPa	0	−0.9	−0.7	−1.5	−0.5	−0.6	0.6	−0.1	−0.3	−0.1	0.2
400 hPa	−0.5	−4.2	−3	−3.5	−1.1	−1	0.9	3	2.7	−2	0.6
500 hPa	−0.1	−2.5	−5.5	2.8	−1.9	−0.3	−5.2	4.3	−2.3	0.5	−4.5
700 hPa	1.6	−10.2	−6.3	−21.7	−9.6	−24.5	−3.8	−16.2	−1.4	−8.5	−11
850 hPa	−3.6	−1	−22.7	−3.4	−26.4	−3.3	−10.6	0.7	−6.1	−7.9	−6.1
925 hPa	−7.7	6.5	−20.5	−10	−8.7	−1.6	−4.1	1.5	−1.8	3	−4.7
1000 hPa	0	10.3	−3.3	−12.3	−1.1	−8.1	3.9	−6	−3.2	7.1	1.7

6 小结

通过上面的分析,得出以下结论:

(1)副高阻挡下的高空槽线和中低层西南涡是这次暴雨的主要影响系统;低层偏南低空急流不断地输送暖湿空气,使高位势不稳定能量不断增强,并且使四川盆地西部处于急流左侧辐合区;南下弱冷空气触发了暖湿空气中不稳定能量的释放,形成了暴雨。

(2)暴雨前期,大气处于不稳定层结状态,K 指数较高,沙氏指数维持为负值或 0 值附近,对流有效位能($CAPE$ 值)较大,集聚的不稳定能量一触即发。

(3)暴雨出现在高能区边缘 850 hPa θ_{se} 等值线密集带(能量锋区),此处 θ_{se} 面陡立,梯度较大。

(4)在暴雨过程中,水汽的供应主要集中在 850 hPa 和 700 hPa 高度,在暴雨增幅期水汽辐合最强。

参考文献

[1] 朱乾根,林锦瑞,寿绍文.天气学原理和方法.北京:气象出版社.1983.

"4·19"山西中部暴雪天气过程分析

闫　慧　赵桂香

(山西省气象台 太原 030006)

摘　要

文章利用气象常规观测资料和 NCEP 全球再分析资料,对 2013 年 4 月 18—20 日出现在山西中部的一次暴雪天气过程进行了综合分析。结果表明:高原槽、低空低涡切变线以及地面回流与河套气旋等的共同存在为暴雪天气提供了有利的流场配置;700 hPa 西南急流、850 hPa 偏东南急流和 925 hPa 偏东急流为此次暴雪天气提供了强的水汽输送和补充;500 hPa 偏西北急流和 850 hPa 偏东北强气流耦合加强,且高层正涡度输送以及低层辐合、高层辐散的倾斜垂直结构使得上升运动加强,触发低层不稳定能量释放,导致暴雪天气的发生。低层和近地层温度变化、零度层高度下降、逆温层增厚以及垂直风切变加大是判断此次降水过程相态变化和降雪强度增强的重要指标。降雪量和积雪深度不仅与系统强弱有关,还与地理位置存在一定关系。

关键词:暴雪　流场配置　诊断分析　降水相态

0　引言

暴雪是山西省冬半年的主要灾害性天气之一。赵桂香[1-8]等对 1981—2008 年山西大雪天气进行了较为系统的分析,概括了其主要影响系统和环流结构特征,得出了概念模型;根据卫星云图特征,对 2002—2012 年山西降雪天气进行了云系分型,分析了云系发展的原因;并对山西多个典型暴雪个例进行了分析,得出的结论为暴雪预报提供了一些参考。然而,业务中,对春季降雪过程中降水相态、降雪强度及积雪深度的预报仍存在一定难度。2013 年 4 月 18—20 日山西省出现了大范围的降水天气过程,降水相态复杂,北中部由于降雪量大、气温低,造成严重的积雪,给交通运输、农业生产、电力设施等造成很大影响。文章利用实测资料和 NCEP 再分析资料,对此次过程进行综合分析,探讨其成因,总结预报经验,旨在为今后类似天气的预报提供参考。

1　实况概述和环流形势特点

1.1　实况概述

2013 年 4 月 18 日 20:00 到 20 日 08:00,山西出现一次全省性的降水过程,历时 36 h,降水性质为雨—霰(或冰粒)—雨夹雪—雪。强降水主要出现在 19 日白天,暴雪区主要位于山西中部地区(图 1b)。18 日夜间山西省西北地区开始出现降水,随着冷空气东移南压,19 日 02:00 山西西部、北部的一些县市开始降水,19 日 05:00 忻州及其以北的大部分地区出现降雪,太原、阳泉出现冰粒和霰,南部为降雨,19 日 08:00 山西中部逐渐转为降雪,19 日 17:00 除运城、晋城外大部分地区均为降雪,19 日 20:00 晋城北部的一些县市出现雨转雪(图 1b),北中部降雪减弱,南部降水持续,19 日 23:00,南部降水减弱,20 日 08:00,降水过程结束。全省过程降水量在 0.2～41.2 mm,其中有 9 个县市超过 25 mm,125 个县市在 10～25 mm,其余在 10 mm 以下;积雪深度为 0～23 cm。

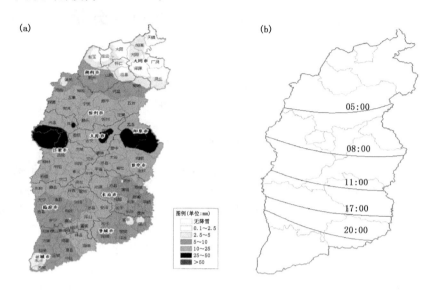

图 1　2013 年 4 月 18 日 20:00—19 日 20:00 24 h 降水量(a)和雨雪分界线(b)

此次强降水过程主要是高层西北冷空气扩散南下,低层东路冷空气入侵,地面气旋发展所造成,呈现出降温幅度大,降雪范围广,强降雪时间比较集中的特点,这次过程有效缓解了山西省前期降水偏少、部分地区土壤墒情偏差的状况,但短时集中强降雪天气造成积雪、道路结冰和能见度降低等。

1.2　环流形势特点及系统配置

4 月 18—20 日,500 hPa 上,亚欧中高纬呈现"两槽一脊"的环流形势,东北冷涡稳定维持并缓慢东移,同时,贝加尔湖西南侧存在短波槽,冷空气不断补充南下。18 日 08:00 到 19 日 08:00,随着短波槽东移,从内蒙古到山西北部形成偏西北急流,而青藏高原以东高原槽不断发展加深,山西受高原槽前不断加强的西南气流控制,冷暖空气持续交汇。

对应 700 hPa 和 850 hPa 上,18 日 08:00,内蒙古中东部受东北冷涡后部的西北气流控制,有明显的冷平流影响山西北部,导致降水前期温度明显下降。18 日 20:00,低层西北涡形成,并伴随冷暖切变线,700 hPa 上冷切变线前形成西南急流,急流头位于山西中部;850 hPa 上,冷切变线前形成偏东南急流,另外,有一支强东北气流沿渤海向山西地区输送冷空气,同时,925 hPa 上,偏东急流位于渤海到山西南部与河南交界。以上 5 支强气流在山西中南部耦合加强,形成强的冷暖空气交汇,造成山西大范围明显降水,强降水区主要出现在 700 hPa 和 850 hPa 的 3 支强气流的交汇处。19 日 08:00,500 hPa 高原槽东移,西北急流加强,低层低涡北上,同时切变线东移,700 hPa 西南急流和 850 hPa 偏东急流加强,山西中部仍位于急流交汇区,降水出现明显增幅。19 日 20:00 到 20 日 08:00,500 hPa 高原槽、低空低涡切变线逐步移出山西,山西转受西北气流控制,降水过程逐步减弱,趋于结束。

对应地面图上,18 日 08:00 开始,稳定维持在蒙古国的大陆高压受高空引导气流影响不断东移南压,冷空气不断扩散南下,沿渤海湾向华北地区输送,形成回流形势,同时,河套气旋稳定北上,于 18 日 23:00—19 日 02:00 达到最强,山西受回流形势和河套气旋共同影响,这是山西冬半年暴雪天气的典型地面形势。

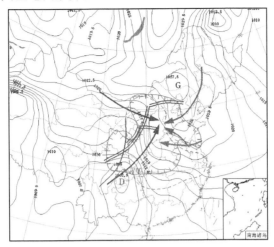

图2　2013年4月19日08：00高低空流型配置

综上所述(图2)，此次暴雪过程500 hPa上高原槽东移发展加深、内蒙古到山西北部存在偏西北急流，700 hPa和850 hPa上低涡切变线稳定维持，切变线前西南和东南急流不断加强，同时850 hPa上存在强偏东北气流、925 hPa上存在偏东急流，地面为回流和河套气旋共同发展，强降水主要集中在19日白天到夜间，且具有爆发性增幅特点，暴雪位于低层3支强气流的交汇处。

2　暴雪天气诊断分析

2.1　强烈的水汽输送和辐合

利用实况资料，分析降雪期间的水汽变化特征。

水汽通量及其散度的变化：18日20：00，500 hPa上，随着高原槽前西南气流的加强，在河套地区出现一条西南—东北向的水汽输送带，水汽通量中心强度达4 g·s^{-1}·cm^{-1}·hPa^{-1}，山西位于水汽通量轴的东南侧；19日08：00，随着系统的东移加强，水汽输送带也东移南压，中心强度加强到6 g·s^{-1}·cm^{-1}·hPa^{-1}。700 hPa上，18日20：00，与低涡切变线相对应，河套地区出现一条强的水汽输送带，水汽通量轴线呈"人"字形结构，山西中南部位于"人"字形东南侧，中心强度达11 g·s^{-1}·cm^{-1}·hPa^{-1}，对应水汽通量散度，在山西西北侧出现强的水汽辐合中心，中心强度达-12×10^{-7}g·cm^{-2}·s^{-1}·hPa^{-1}；19日08：00，随着低层低涡切变东移北上，水汽通量轴也东移，并呈东北—西南向，山西中南部水汽通量值大于7 g·s^{-1}·cm^{-1}·hPa^{-1}，同时，水汽通量辐合中心东移，山西位于辐合中心南侧，水汽通量散度值均小于-2×10^{-7}g·cm^{-2}·s^{-1}·hPa^{-1}。850 hPa上，18日20：00到19日08：00，与偏东南急流相对应，水汽通量轴呈东南—西北走向，随着西北涡北上，山西中南部出现明显的水汽辐合，水汽通量散度小于-2×10^{-7}g·cm^{-2}·s^{-1}·hPa^{-1}。

可见，强降雪发生前，500 hPa以下存在明显的向山西地区的水汽输送，暴雪发生期间，低空存在强烈的水汽输送和辐合，强降雪期间，湿层厚度增加，辐合加强，19日20：00，随着水汽输送的减弱，湿层厚度减小，水汽辐合消失，降水趋于结束。水汽通量及其散度的演变与降雪强度和落区密切相关,暴雪出现在水汽通量轴线东南侧,水汽通量强辐合区。

$T-T_d$ 的变化特征:18 日 20:00,500 hPa 高原槽前存在高湿区,河套地区 $T-T_d \leqslant 2℃$,700 hPa 上沿着西南急流水汽输送带,从河套到山西的 $T-T_d \leqslant 2℃$,850 hPa 受偏东南急流的影响,山西境内的 $T-T_d \leqslant 12℃$;19 日 08:00(图 2),随着高原槽和切变线的东移,山西境内湿度迅速增大,500 hPa 以下 12 h 内($T-T_d$)减小 0~36℃,其中山西中部 $T-T_d$ 500 hPa 上 $\leqslant 3℃$,850 hPa 上 $\leqslant 2℃$,700 hPa 上 $\leqslant 2℃$,对应风场上,出现明显的风向和风速的辐合,19 日白天山西中部出现强降雪;19 日 20:00,虽然整层转受偏西北气流控制,但 500 hPa 以下 $T-T_d$ 仍然 $\leqslant 2℃$,850 hPa 存在明显风向辐合,19 日夜间降雪持续,降雪强度减小。可见,在整个降雪期间,500 hPa 以下空气趋于饱和,强降雪的增幅主要出现在空气饱和且低层存在风辐合的时段。

2.2 有组织的辐合抬升运动及不稳定能量

2.2.1 500 hPa 正涡度输送

利用实况资料分析高空涡度场的变化,发现降雪前到降雪期间,500 hPa 上持续存在向山西地区的正涡度输送,加强了低层辐合上升运动,有利于低空低涡和地面气旋的发展加深。

500 hPa 涡度场上,18 日 20:00,受高原槽后西北气流的影响,正涡度带呈西北向从新疆东部输送到内蒙古西部,中心强度最大达 $32 \times 10^{-5} \mathrm{s}^{-1}$;19 日 08:00,随着冷空气东移南压,正涡度带转呈南北走向,分别在蒙古国与内蒙古交界处及四川北部形成两个正涡度中心(分别标记为中心 1 和中心 2),中心强度均大于 $20 \times 10^{-5} \mathrm{s}^{-1}$,同时,在中心 1 附近存在指向山西的偏西北急流,风速 $\geqslant 20 \mathrm{~m} \cdot \mathrm{s}^{-1}$,中心 2 东侧存在指向山西的强西南风,风速 $\geqslant 16 \mathrm{~m} \cdot \mathrm{s}^{-1}$;19 日 20:00,随着高原槽进一步东移,正涡度带东移,进入到山西境内,其值大于 $20 \times 10^{-5} \mathrm{s}^{-1}$;20 日 08:00,正涡度带继续东移,山西北部为弱的正涡度场控制,中南部转为负涡度区,降水基本结束。可见,降雪开始前,存在向山西地区明显的正涡度输送,强降雪出现在较大正涡度控制的时段内。

对应涡度平流场,18 日 20:00,500 hPa 上,在山西西北侧存在一正值中心,强度为 $18 \times 10^{-5} \mathrm{s}^{-2}$,山西上空的涡度平流值大于 $6 \times 10^{-5} \mathrm{s}^{-2}$,700 hPa 全省受弱的正的涡度平流控制,中心位于山西西南部地区,强度为 $2 \times 10^{-5} \mathrm{s}^{-2}$,850 hPa 山西区域为弱的负涡度平流,强度小于 $-2 \times 10^{-5} \mathrm{s}^{-2}$,19 日 08 时,500 hPa 正涡度平流中心东移,山西上空存在正的涡度输送,700 hPa 正涡度平流中心东移增强,低层仍为弱的负涡度平流,19 日 20:00,500 hPa、700 hPa 正涡度平流场基本移出山西,低层逐渐转为弱的正涡度平流,降水过程趋于结束。

沿山西中部的吕梁作涡度平流的时间剖面图(图略),可以看出,19 日 08:00—20:00,暴雪区上空,高、低空各存在一个较强的正、负涡度平流中心,正涡度平流中心位于 200 hPa 左右,最大中心强度为 $14 \times 10^{-5} \mathrm{s}^{-2}$,负涡度平流中心位于 700~500 hPa,强度为 $6 \times 10^{-5} \mathrm{s}^{-2}$,正涡度平流场强于负涡度平流场。

高层正涡度平流、低层负涡度平流的结构有利于高层反气旋性涡旋环流、低层气旋性涡旋环流的增强,从而有利于上升运动的增强发展,导致降雪出现显著增强。正涡度输送的增强出现在强降雪出现前 12 h,对强降雪预报具有指示意义,强降雪位于正涡度带东侧、较大正涡度平流输送的区域。

2.2.2 高层辐散、低层辐合的倾斜垂直结构

利用 NCEP 全球再分析资料,沿暴雪区 111°E 作散度垂直剖面图,分析其垂直结构。

强降雪发生前,18 日 20:00,36°～40°N 上空已经出现低层辐合、高层辐散的结构,19 日 02:00(图 3a),辐合、辐散中心明显增强,39°N 附近上空 700 hPa 左右存在最大辐合中心,强度达 $-7\times10^{-5}\,\mathrm{s}^{-1}$,40°N 附近上空 500 hPa 左右最大存在辐散中心,强度达 $4\times10^{-5}\,\mathrm{s}^{-1}$,辐合中心强度明显大于辐散中心强度,呈西南—东北走向的倾斜结构,降水集中在山西北部地区。

在强降水发展阶段(图 3b),暴雪区上空仍然维持低层辐合、高层辐散的结构,辐合、辐散中心均南压到山西中部地区,最大辐散中心抬高,位于 400 hPa 左右,强度增强到 $7\times10^{-5}\,\mathrm{s}^{-1}$。同时,在暴雪区两侧存在正反两个环流圈,同样呈西南—东北走向的倾斜结构,反环流圈强于正环流圈,此种垂直结构更有利于低层辐合上升运动的加强,使得低层暖湿气流沿冷空气垫倾斜爬升,在斜升过程中,水汽不断凝结,导致强降水增幅并持续。

19 日 20:00,低层转为辐散,高层转为辐合,有利结构受到破坏,降水减弱。

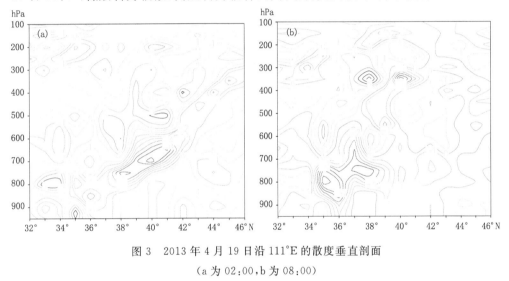

图 3　2013 年 4 月 19 日沿 111°E 的散度垂直剖面

(a 为 02:00,b 为 08:00)

该倾斜结构明显出现在强降雪发生前 6 h,暴雪区位于倾斜结构南侧,对于强降雪的预报有很好的指示意义。

2.2.3　垂直速度场和不稳定能量

从垂直速度分布场可看出,18 日 20:00,500 hPa 和 700 hPa 在青藏高原地区均存在一个垂直速度的负值中心,最大速度可达 $-35\,\mathrm{m\cdot s^{-1}}$ 和 $-20\,\mathrm{m\cdot s^{-1}}$,山西北部和西部上空垂直速度为负,19 日 08:00,随着冷空气东移南下,山西上空垂直上升运动加强,强降雪发生在垂直上升运动加强期间。

分析流场和假相当位温,降雪前期和强降雪发生期,随着低层西南和东南暖湿气流的输送,θ_{se} 场呈"Ω"型分布,山西一直位于大值中心东北侧梯度大值区,大气湿斜压性持续增强。"Ω"流型形成于暴雪增幅前 12 h,暴雪区位于风速辐合和"Ω"流型东侧 θ_{se} 梯度大值区。

计算 500 hPa 和 700 hPa、700 hPa 和 850 hPa θ_{se} 的差值,暴雪发生前 12 h,暴雪区上空 $\theta_{se500}-\theta_{se700}<-2℃$,$\theta_{se700}-\theta_{se850}>27℃$,中心强度分别达 $-6℃$ 和 $33℃$,表明低层存在强烈的对流不稳定。暴雪发生期间,暴雪区上空低层仍然维持强的不稳定。

可见,强烈的垂直上升运动触发低层强不稳定能量释放,导致强降雪,低层强的对流不稳定使得降雪出现爆发性增幅。

2.3 5 支强气流的作用

此次暴雪天气过程中,高低空存在 5 支强气流,即 500 hPa 偏西北急流、700 hPa 西南急流、850 hPa 偏东南急流和偏东北强气流以及 925 hPa 偏东急流,叠加相对湿度场分析,5 支强气流性质不同,作用不同。

18 日 20:00 到 19 日 08:00,500 hPa 西北气流不断增强,达到急流标准,对应相对湿度小于 30%。随着 500 hPa 冷涡后部冷空气强烈下沉向南扩散,850 hPa 偏东北气流沿渤海湾南下,形成从渤海到山西东部偏东北强气流,对应相对湿度小于 40%。

700 hPa 西北涡前部川、陕直至山西存在 ≥12 m·s⁻¹ 西南急流,不断向山西输送水汽,山西上空相对湿度大于 90%,850 hPa 受经苏、皖到河南、山西的偏东南急流的影响,山西上空相对湿度大于 70%,925 hPa 从渤海到山西河南交界存在 ≥12 m·s⁻¹ 的超低空偏东风急流,19 日 08:00,700 hPa 北上的西南急流东移并进一步加强,850 hPa 的偏东南急流也加强,925 hPa 偏东风急流维持,3 支急流共同向山西地区输送和补充水汽,整层湿度较大。

可见,500 hPa 偏西北急流、850 hPa 偏东北强流为干冷性质,两支强气流从 18 日 20:00 开始耦合加强,于 19 日 08:00 达到最强,其作用不仅使各层温度持续下降,而且触发低层不稳定能量释放。700 hPa 西南急流、850 hPa 偏东南急流以及 925 hPa 偏东急流为暖湿性质,不仅为强降水提供水汽和能量的输送和补充,而且加强了中尺度辐合抬升运动,触发不稳定能量释放。

3 降水相态和积雪深度变化特征

3.1 降水相态演变与近地层温度变化分析

从地面观测记录可以看出,19 日凌晨,山西出现冰粒、霰、雨或雪,山西北部地区为雪,中部为冰粒和霰,南部为雨;08:00 后,北中部大部分地区逐步转为雪,南部海拔较高地区转为雨夹雪,南部其余地区仍为雨;20:00,除临汾、晋城的部分地区及运城降雨外其余地区均为降雪。

分析近地层温度场变化,18 日 20:00,850 hPa 上山西区域温度为 0~4℃,925 hPa 温度为 6~10℃,地面温度为 1~13℃(五台山 -6℃);19 日 08:00,随着偏东北强气流南下,冷舌向西南方向伸展,山西区域温度迅速下降,850 hPa 下降到 -4~0℃,925 hPa 上下降到 -1~3℃,地面温度下降到 -4~8℃(五台山 -10℃)。结合雨雪分界线,当 850 hPa 小于 -3.5℃、925 hPa 小于 0.5℃、地面温度小于 3℃时,降水相态为雪;当 850 hPa 为 -3.5~-3℃、925 hPa 为 0~0.5℃、地面为 0~3℃时,降水相态为雨夹雪;当 850 hPa 大于 -3℃、925 hPa 大于 0.5℃、地面大于 3℃时,降水相态为雨。霰与冰粒出现在降雪之前,与低层强对流不稳定有关。此次降水相态复杂,中南部有雨、雨夹雪、雪,由于湿雪含水量大,某种程度上使得降水量增大。

3.2 零度层高度变化与降水相态

由太原站的探空曲线图可以看出,18 日 20:00,零度层位于 850 hPa 附近,在 800~700 hPa 有明显的逆温层,850 hPa 以下低层风向随高度顺转,风速增大,存在明显的暖平流。19 日 08:00,零度层下降到 925 hPa,逆温层加厚,700 hPa 以下风垂直切变加大,500 hPa 以上风随高度逆转为冷平流,各层温度显著下降。19 日 20:00,零度层仍在 925 hPa,逆温层减弱,整层风速减小,低层由偏东风转为偏北风。

可见,降雪前期,低层存在明显逆温,有明显的暖平流;强降雪即将开始,零度层下降,逆温层加厚,风垂直切变加大;随着逆温层减弱,风速减小,降雪趋于结束。

3.3 积雪深度与地理位置

分析降雪量和积雪深度与地理位置的关系,发现降水大值区主要集中在山西中部地区,最大的积雪深度除与降雪量有关外,还与经度和海拔高度有关。分别计算降雪量、积雪深度与经度、纬度、海拔的关系,发现:降雪量与经度、纬度和海拔高度均呈负相关关系,与海拔高度的相关性最好,纬度次之,经度最差;积雪深度与经度呈正相关,与纬度和海拔高度呈负相关,与经度相关性最好,海拔高度次之,纬度最差。

由图4可看出,降雪量和积雪深度均在37.56°N时达到最大,在<37.56°N呈单调增加,>37.56°N呈单调减小,二者随经度的变化特征不明显,在>113°E有一个上升的趋势,随海拔高度的有整体减小的趋势。

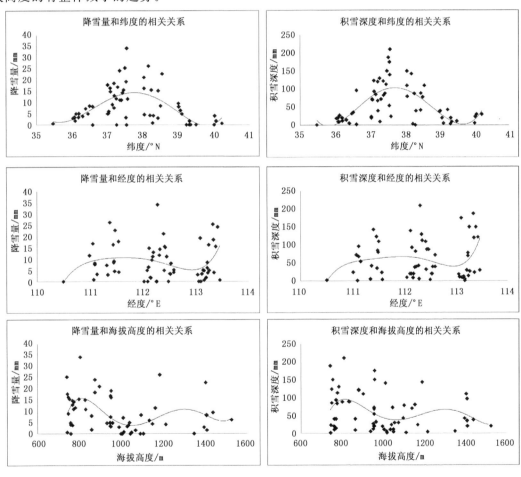

图4 降雪量和积雪深度与经、纬度、海拔高度的关系

这与文献[5]得出的结论基本一致。

4 结论与预报关注重点

4.1 结论

(1)500 hPa高原槽、低空低涡切变线、地面回流和河套气旋的共同存在为此次暴雪过程

提供了有利的流型配置。此次降雪过程中,存在 5 支强气流,其性质不同,作用也不同,700 hPa西南急流、850 hPa 偏东南急流和超低空偏东风急流,为强降雪提供了充足的能量和水汽,500 hPa 偏西北急流和 850 hPa 偏东北强气流耦合加强,不仅使大气温度迅速下降,使降水相态发生变化,而且触发低层强不稳定能量释放。低层强对流不稳定的存在和地面河套气旋是降雪出现爆发性增幅的重要因素。

(2)物理量诊断揭示,降雪前,低层出现两条指向山西地区的强水汽输送带、山西上空低层大气逐步趋于饱和、湿层厚度不断加大,高空存在强的正涡度输送,低层辐合、高层辐散的倾斜垂直结构,低层具有强的对流不稳定,为此次暴雪提供了水汽、能量和动力抬升条件。强的水汽辐合和补充、辐合抬升运动加强、不稳定能量释放是降雪增幅的信号。

(3)此次降雪过程,降雪存在霰、冰粒、雨、雨夹雪、雪等多种相态及相态的转换,霰与冰粒出现在降雪前,与低层强对流不稳定有关。近地层温度的变化与雨雪相态关系密切,零度层高度下降、逆温层加厚以及风的垂直切变增大是降雪加强的先兆信号。

(4)降雪量除与系统强弱有关外,还与地理位置存在一定关系;积雪深度不仅与降雪量有关,而且与经度和海拔高度关系密切。

5.2 预报关注重点

(1)高低空形势的综合分析以及系统的发展演变细节非常重要。由于早间会商时当日08:00 实况资料还没有,预报员习惯于分析数值预报产品,而忽略了实况图的细致分析,往往实况上已经出现了明显系统,却未引起高度重视,比如往往只关注西南或偏东南急流,而忽视了干冷空气的作用。

(2)物理量特征的变化对预报强降雪出现时间、强度以及落区都有指示意义,但在应用上具有一定技巧,不同天气过程应分别对待。另外,对于春季降水预报不仅要考虑量级大小而且要考虑降水相态的变化和积雪深度,探空曲线的分析具有参考作用。

(3)此次暴雪天气过程中,水汽输送有 700 hPa 西南急流、850 hPa 偏东南急流和 925 hPa 的偏东急流,此时,降雪量要比其他情况下偏大。在实际业务分析时,将水汽通量叠加风场,能更好地反映水汽的输送和辐合。

(4)此次暴雪天气过程中,强降雪区上空存在西南—东北向倾斜的垂直动力结构,这种倾斜结构配合低层有强对流不稳定,更易使低层辐合上升运动加强,暖湿气流在爬升过程中,不断凝结,使降雪持续。降雪预报要比其他情况下偏大。

(5)地面气旋与强对流不稳定的存在,使降雪出现爆发性增幅,降雪量级比倒槽和稳定层结下要偏大。

(6)山西地形复杂,海拔高度差悬殊,降雪量和积雪深度的预报要考虑地理位置和地形的影响。另外,降水相态变化的预报要综合考虑近地层温度变化、零度层高度变化以及地形影响。

参考文献

[1] 赵桂香,杜莉,范卫东,等.山西省大雪天气的分析预报.高原气象,2011,30(3):727-738.

[2] 赵桂香,许东蓓.山西两类暴雪预报的比较.高原气象,2008,27(5):1140-1148.

[3] 赵桂香,杜莉,范卫东,等.一次冷锋倒槽暴风雪过程特征及其成因分析.高原气象,2011,30(6):

1516-1525.

[4] 赵桂香,程麒生,李新生."04.12"华北大到暴雪过程切变线的动力诊断.高原气象,2007,**26**(3)：615-623.

[5] 赵桂香,李韬光,范卫东,等.山西省大雪以上天气气候特征分析研究∥第27届中国气象学会年会应对气候变化分会场——人类发展的永恒主题论文集.2010.中国气象学会.

[6] 赵桂香,杜莉,郝孝智,等.3次回流倒槽作用下山西大(暴)雪天气比较分析.中国农学通报,2013,**29**(32):337-349.

[7] 赵桂香.一次回流与倒槽共同作用产生的暴雪天气分析.气象,2007,**33**(3):41-48.

[8] 赵桂香,张运鹏,张朝明.山西省降雪天气的云系分型及其发展原因∥2013年全国卫星应用技术交流会.2014,北京:气象出版社.

2013 年吉林省一场持续性致洪大暴雨成因及其云图特征

王 宁 王秀娟 张 硕 云 天 冯 旭

(吉林省气象台,吉林 长春 130062)

0 引言

东北地区属于东亚季风气候区,降水主要集中在夏季,峰值出现在 7—8 月,与南方暴雨有很大的不同,东北暴雨具有地区分布不均、突发性强、雨强大、降水时间集中等特点。近年来随着气候的变化、经济和城市化的发展,极端降水事件(包括持续性大暴雨)也呈多发趋势。如1995 年松辽流域洪水、1998 年松嫩流域特大洪水及 2010 年 7 月下旬至 8 月上旬吉林东南部罕见的洪涝灾害更是造成了重大的社会经济损失,直接经济损失达数千亿元。因此,暴雨问题一直以来为许多气象学者研究和关注的焦点。郑秀雅利用 1956—1989 年的资料,对东北暴雨进行了较为系统的统计分析和天气分型,强调了西风带、副热带和热带环流系统的相互作用对东北夏季大范围暴雨形成的重要作用,归纳总结了台风、气旋、冷涡和切变四种形式暴雨的成因和环流特征[1];孙力、刘景涛等重点分析了 1998 年夏季嫩江和松花江流域东北冷涡暴雨的大尺度环流背景,指出亚洲季风各系统(南亚季风,副热带季风等)间持续的水汽输送是大范围强降水频繁出现的主要原因[2,3]。陈力强,姜学恭等利用 MM5 中尺度模式进行敏感性试验,揭示了东北冷涡暴雨的中尺度形成机制及垂直结构特征[4,5]。王东海指出:过去的工作大多是围绕着东北暴雨的大尺度气候统计特征及天气个例分析进行的,而对中尺度对流系统的动力热力过程研究较少,与当今社会对暴雨定时、定点、定量预报的要求相差很远,因此还需要做很多工作[6]。

2013 年 8 月 14—17 日,嫩江、洮儿河流域相继出现严重汛情,多数测站及各主要江河流域降雨量均突破历史极值,吉林省遭受了继 1998 年以来最严重的洪水侵袭。这次降水具有如下特点:范围广、降雨强度大、强对流特征明显,出现了雷雨大风、短时强降水、冰雹等灾害,持续时间长且落区重复,致灾严重,人口受灾达 100 多万,并有 14 人死亡,直接经济损失约 50 亿元。如此强降水的产生,各系统之间是如何相互作用的?大暴雨长时间维持的物理机制是什么?卫星云图是如何演变的?中尺度结构特征如何?本文利用常规地面及探空资料、自动站资料、卫星观测资料、1°×1°NCEP FNL 分析资料,围绕上面几个问题展开讨论,分析持续性暴雨的天气动力学成因及其物理机制,为提高此类暴雨预报确率提供有效的参考依据。

1 降水过程及特点简介

受副高后部高空槽影响,8 月 14 日 14 时—17 日 20 时吉林省出现罕见的暴雨、大暴雨天气(过程雨量见图 1a)。其中降雨量在 25～49.9 mm 有 231 站,占 22%,50～99.9 mm 有 278站,占 26%,在 100～249.9 mm 有 248 站,占 23%,≥250 mm 有 5 站,最大降水量在集安阳岔村,达 301.2 mm。

该降水过程可分为两个阶段,第一阶段:14 日 14:00—15 日 14:00 由"前倾槽"配合地面冷锋过境,引发中部地区出现对流性强降水,降水过程中伴随着雷雨大风、冰雹等强对流天气;第二阶段:16 日 02:00 至 17 日 08:00,由高空槽配合地面华北气旋东移,诱发中南部地区产生混合性强降水,持续时间更长、降水总量更大,部分地方出现了雷电天气,又可分为气旋暖锋降水和冷锋降水两个阶段。

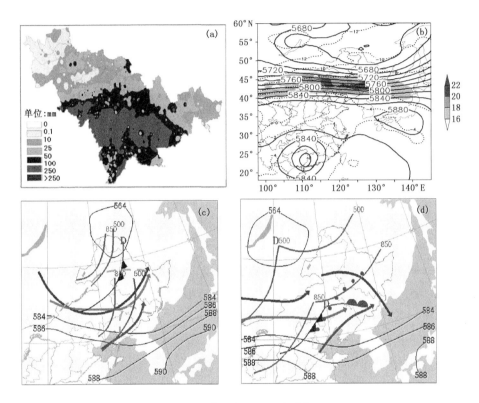

图 1　降雨实况及环流形势

(a.2013 年 8 月 14 日 14 时至 17 日 20 时过程降水量(单位:mm);b.2013 年 14—17 日 500 hPa 平均气压场(实线,单位:dagpm)、温度场(虚线,单位:℃)及风速≥16m/s 的中空急流(阴影区);c.2013 年 8 月 14 日 20 时中分析;d.2013 年 8 月 16 日 08 时中分析)

2　异常稳定的大尺度环境背景

持续性大范围强降雨过程一般发生在稳定的环流形势下,是由西风带、副热带、热带"三带"环流系统相互作用的结果[7]。分析 14—17 日 500 hPa 平均温压场(图 1b),可以看出:降水期间,东亚地区"三带"系统由低纬到高纬呈现出"低—高—低"的分布态势。首先热带地区为低值区,表明台风活动频繁,致使副热带高压位置比较偏北,584 线位于 40°N 附近,脊线位于 35°N,副高呈带状分布,中心强度较强,为 588 dagpm,中纬度地区盛行纬向环流,贝加尔湖东侧到我国东北地区为宽广的低槽区,锋区近似呈东西向,位于 41~44°N 之间,并与风速≥16 m·s^{-1} 的西风急流带相伴,大尺度环流形势异常稳定。锋区上先后有两次高空槽东移,重复影响东北地区,造成持续性暴雨的产生。

分析逐日环流形势,可以看到:12 日 08:00 500 hPa 图上,在贝湖东部低涡已经形成,在低涡后部冷平流的作用下,致使低涡东移中强度有所加强。14 日 20:00(图 1c),副高缓慢东移至日本岛附近,强度较强,中心强度达 590 dagpm,位置比较偏北,588 线北端达 40°N,低涡中心位于 54°N、124°E,从低涡底部伸出一高空槽移至吉林省中部,500 hPa 急流(最大风速 20~22 m·s⁻¹)和 200 hPa 急流(最大风速 44~46 m·s⁻¹)位置基本重合,呈东西走向位于 45°N 附近;对应 850 hPa,低空西南急流伸向吉林省东南部地区,中心最大风速达 18~22 m·s⁻¹,500 hPa 槽线明显偏东于 850 hPa,呈现"前倾槽"结构,吉林省中西部处于 $T_{500} - T_{850} \geqslant 25℃$ 的位势不稳定区域内,随着地面偏北低压冷锋的东移,导致第一阶段降水开始加强。强降水位于低空急流出口区左侧、中高空急流出口区右侧、500 hPa 槽线附近的不稳定区域内。15 日 20:00,随着低涡的减弱东移,吉林省上空转为西北或偏西气流控制,降水明显减小。

16 日 08:00 500 hPa 图上(图 1d),在贝湖附近又生成一个新的低值系统,并与一"人"字形低槽相伴,500 hPa 急流位于 44°N 附近,出口区风速逐渐减小,指向吉林省中部地区,200 hPa 急流有所增强,最大风速达 50~54 m·s⁻¹,位于吉林省北部,850 hPa "人"字形低槽配合地面华北气旋东移影响,造成吉林省第二阶段强降水的产生。强降水位于高空急流南侧、中低空急流出口区附近,以混合性降水为主,持续时间较长。

3 成因分析

3.1 持续不断的水汽供应

对于持续时间比较长的暴雨(几小时到 24 h)来说,需要有天气尺度系统将水汽源源不断地输送到暴雨区,以补充暴雨发生所造成的气柱内水汽损耗[7]。

计算大气整层水汽通量纬向分量 Q_x 和经向分量 Q_y 公式如下:

$$Q_x = \frac{1}{g} \int_{p_t}^{p_s} qu \, dp, \quad Q_y = \frac{1}{g} \int_{p_t}^{p_s} qv \, dp$$

其中 p_t 表示积分顶层气压 100 hPa,p_s 表示积分底层气压(取地面气压),g 为重力加速度,q 为比湿,u、v 为纬向风和经向风。水汽输送通量单位为 $kg(m \cdot s)^{-1}$。

通过计算大气整层水汽通量,可以看出:暴雨期间 14 日 20:00(图 2a),共有三条水汽通道汇集吉林省中东部地区。首先为西南路径水汽输送:低空西南急流将渤海湾的水汽输送至暴雨区,这是一条主要的水汽来源;其次为偏南路径水汽输送:台风外围及东南沿海部分水汽沿副热带高压西侧或西南侧的偏南气流向北输送,这是一条远距离的水汽输送;第三为偏西路径水汽输送:中纬度地区西风急流将水汽自西向东输送进入吉林省,3 条水汽通道交汇于吉林省中东部地区,为暴雨区提供了丰沛的水汽供应。15 日 08:00,3 条水汽通道仍然维持,吉林省上空整层水汽通量值有所增加,此时在太平洋西侧又有新的热带气旋生成。16 日 08:00(图 2b),热带地区双台风结构明显,从而加强了其外围水汽及东南沿海水汽的向北输送,同时西南及偏西路径的水汽输送也有所加强,导致吉林省中南部大气整层水汽通量进一步加大,中心最大值达 11000 kg·(m·s)⁻¹,并一直持续到 16 日 20:00,造成降水的再一次加强,17 日 02:00,整层水汽通量大值中心东移,强度有所减弱。

3.2 冷空气侵入与中低层暖湿空气的相互作用

沿 124°E 分析温度平流与 θ_{se} 的垂直剖面,可以看到:14 日 08:00 在 44°N 附近,中高层有

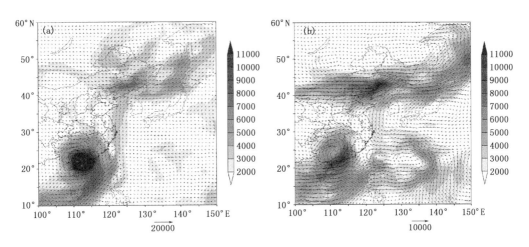

图 2 2013 年 8 月 14 日 20:00(a)和 8 月 16 日 08:00(b)大气整层水汽通量

冷空气不断入侵，-10×10^{-6} K·s^{-1} 的冷中心位于 650 hPa 附近，700 hPa 以下为暖平流，中心 25×10^{-6} K·s^{-1} 的暖中心位于 850 hPa 附近，形成了上冷下暖的位势不稳定层结，极有利于强对流天气的产生；16 日 08:00，随着华北气旋的东移，其暖锋段伸至吉林中部，中低层暖空气势力明显增强，一直向上伸展至 500 hPa 附近，促使对流不稳定减小，强降水主要发生在气旋的暖锋附近；16 日 20:00 华北气旋冷锋移至吉林东南部，冷空气从高空 48°N 附近一直插到近地面层 42°N，雨带也随之南移，导致吉林南部强降水的维持。

3.3 假相当位温(θ_{se})垂直结构特征

分析相应时次 θ_{se} 的垂直剖面，相同之处表现在：(1)暴雨区(黑色三角处)上空，中低层 θ_{se} 值随高度递减，中高层 θ_{se} 值随高递增，表明中低层大气层结不稳定，这种热力不稳定是触发强对流天气的重要条件之一；(2)θ_{se} 锋区由 46°N 缓慢南移至 43°N 附近，与雨带由中部向南部推进是一致的，暴雨区始终处于 θ_{se} 锋区的南侧。不同之处在于：(1)14 日 20:00 至 16 日 08:00 至 16 日 20:00，>0 的不稳定层结高度逐渐下降，由 550 hPa 迅速下降至 850 hPa，再下降至 800 hPa 附近，强降水性质也由对流性转为混合性；(2)第一阶段强降水发生时，中低层 θ_{se} 锋区随高度向南倾斜并向上伸展到 600 hPa 附近，体现出"前倾槽"结构特征，表明中低层大气层结极不稳定，强降水具有突发性且持续时间较短；而第二阶段强降水发生时，θ_{se} 锋区随高度略向北倾斜并向上伸展到 300 hPa，强降水转为混合性，但持续时间较长。

3.4 探空站资料分析

持续性强降水的产生必然与不稳定能量"释放—快速重建"机制密切相关。分析此次强降水期间 CAPE 值变化(表 1)，可以看到：14 日 08:00—20:00，CAPE 由 1017 J·kg^{-1} 迅速增至 2194.2 J·kg^{-1}，15 日 08 时再迅速减小至 288.6 J·kg^{-1}，完成了一次不稳定能量的积聚与释放，导致了第一阶段强降水的发生，16 日 08:00 CAPE 值又出现了第二个峰值，为 681.1 J·kg^{-1}，16 日 20:00 CAPE 值再次下降至 203.1 J·kg^{-1}，又一次完成了不稳定能量的积聚与释放，导致了第二阶段强降水的发生。两段强降水发生期间，对流抑制能量均为 0，第一阶段的 CAPE 值及 $w-$CAPE 值明显高于第二阶段，动力热力条件更占优势；分析相对湿度≥80% 的垂直厚度，第一阶段强降水期间达 600 hPa，第二阶段达 250 hPa，整层均为湿层，水汽条件明显好于第一阶段。

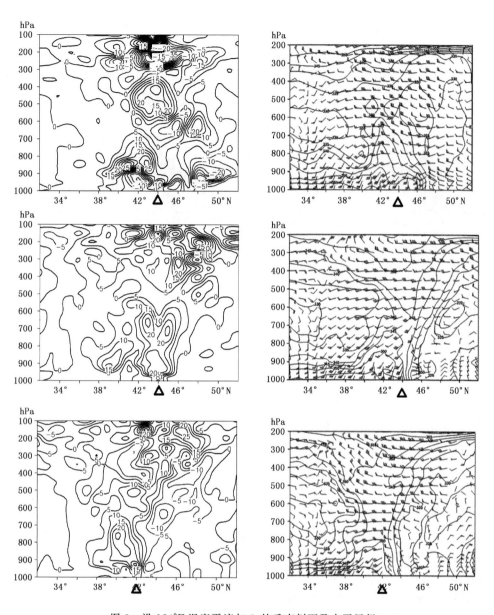

图 3　沿 124°E 温度平流与 θ_{se} 的垂直剖面及水平风场

表 1　长春站探空资料分析

长春	14 日 08:00	14 日 20:00	15 日 08:00	15 日 20:00	16 日 08:00	16 日 20:00
$CAPE/(J \cdot kg^{-1})$	1017.0	2194.2	288.6	455.7	681.1	203.1
CIN	108.9	0.0	0.0	164.6	0.0	0.0
$w-CAPE/(J \cdot kg^{-1})$	45.1	66.2	24.0	30.2	36.9	20.2
相对湿度≥80%厚度	850 hPa	600 hPa	850 hPa	300−400 hPa	250 hPa	600 hPa
K 指数/℃	34	39	39	−15	38	34
Si 指数/℃	−3.40	−3.80	−4.37	5.54	0.04	1.16
12 h 暴雨以上站数/站	0	38	33	22	43	82
12 h 大雨以上比例/%	0	12	15	9	10	29

分析两段强降水期间 K 和 Si 指数,结果表明:第一阶段强降水中 K 指数较高,可达 39℃,$Si<0$;第二阶段暖区强降水中 K 指数为38℃,冷锋强降水中 K 指数减小至34℃,$Si>0$,表明第一阶段强降水中大气不稳定度高于第二阶段,降水对流性质更强。

4 降水各阶段云图特征

分析 FY-2E 逐小时卫星云图资料并结合 TBB 值,可知:此次强降水发生期间,有若干个 α,β,γ-中尺度云团合并发展加强,先后形成 3 个 MCC,分三个阶段影响吉林省。

第一阶段:冷锋尾部东侧形成 MCC1

14 日 18:00(图 4a)在冷锋尾部东侧的区域,由于冷暖空气交汇产生强烈扰动,导致若干个中小尺度对流云团不断合并发展,形成 3 个 α-中尺度对流云团 A1、B1 和 C1,此时 A1 已达到 MCC1 标准(TBB$\leqslant-52$℃的面积$\geqslant5\times10^4$ km²),14 日 20:00(图 4b),A1 和 B1 合并致使 TBB$\leqslant-52$℃的面积不断增大,21 时(图 4c)云团发展最强,椭圆特征明显,边界光滑,TBB$\leqslant-52$℃的面积达 9.2×10^4 km²,TBB 最小值为-62℃,暴雨区出现在 TBB 梯度大值附近,该云团持续 5 h 后,TBB$\leqslant-52$℃的面积开始减小,雨强也随之减弱,之后还有一些 β-中尺度或 γ-中尺度云团东移中合并加强,致使降水持续至 15 日 14:00。

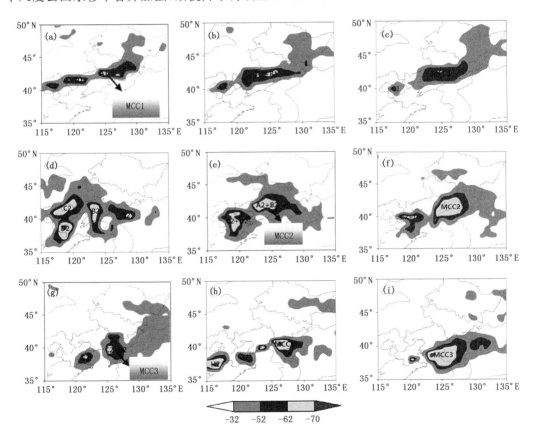

图4 FY-2E 卫星云图及 TBB 值

(a 为 14 日 18:00,b 为 14 日 20:00,c 为 14 日 21:00,d 为 16 日 04:00,e 为 16 日 08:00,

f 为 16 日 11:00,g 为 16 日 16:00,h 为 16 日 20:00,i 为 17 日 04:00)

第二阶段:暖锋段上形成 MCC2

受华北气旋东移影响,16 日 04:00(图 4d),在其暖锋段上形成新的中尺度对流云团 A2 和 B2,16 日 08:00(图 4e),A2 和 B2 合并发展生成 MCC2,TBB≤−52℃的面积迅速增至 13.5×10^4 km^2,TBB 最小值为−62℃,且≤−62℃的面积明显大于第一阶段强降水的面积,表明云团在垂直方向上发展旺盛,云顶较高,16 日 11:00(图 4f)云团发展最强,外形近似圆形,TBB≤−52℃的面积增大至 14.9×10^4 km^2,TBB 最小值仍维持在−62℃,且≤−62℃的面积进一步扩大,该云团共持续 6 h,暴雨区出现在 TBB 极小值中心附近,16 日 14 时,云团强度略有减弱,TBB≤−52℃的面积开始减小,MCC2 减弱为 α-中尺度对流云团。

第三阶段:冷锋附近形成 MCC3

16 日 16:00(图 4e),随着华北气旋冷锋的缓慢东移,其前部的 α-中尺度对流云团 C2、D2 合并发展,形成 MCC3 移入东南部地区,在渤海湾附近还有 α-中尺度对流云团 E2 生成,16 日 20 时,E2 与 MCC3 合并,TBB 最小值由−62℃加强至−70℃,在 MCC3 后部还有若干个 α、β、γ-中尺度对流云团 F2、G2、H2,呈东北—西南向排列,并不断合并到 MCC3 中,致使 MCC3 强度一直较强,17 日 04 时(图 4i)云团发展最强,TBB≤−52℃的面积增大至 18.4×10^4 km^2,但位置比较偏南,该云团持续时间达 15 h 之久,暴雨区出现在 TBB 梯度大值附近,至 17 日 07 时以后,云系快速减弱东移,降水减小。

14 日 20 时、16 日 08 时及 16 日 20 时,三个 MCC 均处于发展阶段,通过计算强降水区域平均涡度、散度及垂直速度的垂直分布可知:环境场均具有低层正涡度、负散度,高层负涡度、正散度的垂直结构,且整层上升速度明显,这种结构特征可能是 MCC 发展维持的重要因素。第一阶段强降水发生时,600 hPa 正涡度一直较强,且出现双峰值,最大值为 6.0×10^{-5} s^{-1},致使槽前上升运动较强,最大上升速度达−1.6 Pa·s^{-1};第二阶段暖锋降水发生时,高层强辐散明显大于低层辐合,"抽吸"作用明显,云团垂直方向发展旺盛,最大上升速度达 300 hPa,为−1.2 Pa·s^{-1};当转为冷锋降水时,随着高低层散度差的减小,"抽吸"作用减弱,最大上升速度高度降至 700 hPa 且强度明显减小。

综上分析,第一阶段强降水发生时,动力条件优势明显,上升速度更强;而第二阶段强降水发生时,MCC 面积更大、云顶发展更高、持续时间更长,因此降水总量也大于第一阶段,处于暖锋段上的 MCC,强降水落区位于其 TBB 小值中心附近,而冷锋前部的 MCC,强降水落区主要位于其 TBB 梯度大值附近。

5 结论与讨论

(1)这是一次由副高后部高空槽引发的吉林省连续 4 天的暴雨、大暴雨过程,由于地面系统的不同,降水可分为两个时段。第一阶段由"前倾槽"结构配合地面冷锋过境引发吉林中部地区的对流性强降水;第二阶段由高空槽配合地面气旋引发吉林中南部地区的混合性强降水,持续时间更长、降水总量更大。

(2)异常强盛的西南急流(风速≥20 m·s^{-1})为暴雨区提供了丰沛的水汽供应,水汽主要来源于渤海湾,以西南路径水汽输送为主,同时还有偏南和偏西两条水汽通道提供水汽的补充。

(3)在异常稳定的环流形势背景下,锋区上先后有两次高空槽沿同一路径东移,重复影响吉林地区是造成持续性暴雨产生的重要原因,同时持续性强降水的产生与不稳定能量"释放—快速重建"机制密切相关。

（4）探空资料分析表明,第一阶段降水的动力条件及不稳定条件明显高于第二阶段,而第二阶段降水期间的水汽条件更占优势。

（5）此次强降水发生期间,在切变线附近,由若干个 α,β,γ-中尺度云团合并发展加强,先后形成 3 个 MCC 影响吉林省,第二阶段降水期间,MCC 面积更大,云顶温度更低,TBB≤−63℃,持续时间更长。

（6）MCC 发展阶段,具有低层正涡度、负散度,高层负涡度、正散度的垂直结构,且上升速度明显,这种结构特征可能是 MCC 发展维持的重要因素,亦是产生强降雨的机制之一。

（7）综合比较各家数值预报模式,JP、GR 降雨量级预报偏小,T639、WRF 相对稍好,100 mm 以上强降水预报 WRF 模式优势更为明显。

参考文献

[1] 郑秀雅.东北暴雨.北京:气象出版社,1992.

[2] 孙力,安刚,高枞亭,等.1998 年夏季嫩江和松花江流域东北冷涡暴雨的成因分析.应用气象学报,2002,**13**(2):156-162.

[3] 刘景涛,孟亚里,康玲,等.1998 年嫩江松花江流域大暴雨成因分析.气象,2000,**26**(2):20-24.

[4] 陈力强,陈受钧,周小珊,等.东北冷涡诱发的一次 MCS 结构特征数值模拟.气象学报,2005,**63**(2):173-183.

[5] 姜学恭,孙永刚,沈建国.98.8 松嫩流域一次东北冷涡暴雨的数值模拟初步分析.应用气象学报,2001,**12**(2):176-187.

[6] 王东海,钟水新,刘英,等.东北暴雨的研究.地球科学进展,2007,**22**(6):549-560.

[7] 陶诗言等.中国之暴雨.北京:科学出版社,1980:25-50.

[8] 马学款,符娇兰,曹殿斌.海南 2008 年秋季持续性暴雨过程的物理机制分析.气象,2012,**38**(7):795-803.

"8·16"辽宁暴雨过程的数值预报研究[*]

李得勤　　周晓珊

(中国气象局沈阳大气环境研究所,沈阳 110166)

摘　要

利用中尺度 WRF 模式和 ADAS 同化系统,检验 T639 和 NCEP 两种背景场,以及同化雷达资料对 2013 年 8 月 15—16 日先后发生在辽宁省锦州和抚顺地区的特大暴雨预报效果进行分析。结果表明:(1)两种背景场同化雷达资料前均未预报出锦州地区的强降水,同化后均能很好地预报出锦州的强降水,使用 NCEP 背景场略好,而同化雷达资料对位于抚顺的强降水几乎没有改进,T639 资料作为背景场对抚顺地区降水中心的把握较 NCEP 资料更好。(2)分析发现,同化雷达资料后模式初始湿度场变化较大,预报过程中在辽宁锦州和阜新一带生成了强度较大且深厚的水汽,配合大气底层的西南暖湿气流与高层的西北干冷空气在锦州地区交汇,是导致锦州黑山强降水爆发的主要原因。

关键词:WRF 模式　ADAS　云分析　多普勒雷达资料同化

0　引言

中尺度天气具有局地性强,维持时间短和危害性大的特点,中尺度天气模式也由于初始场的不准确并不能很好地刻画出局地性强降水事件。资料同化可以将不同源的观测资料和模式预报场融合,提高了模式的预报效果。

美国雷暴分析和预报研究中心最早开展使用雷达资料云反演的研究,ARPS 模式中的同化系统 ADAS 中使用复杂云分析,借助于雷达和卫星资料进行云分析更新模式中的云水,雨水和水汽含量[1,2]。国内,盛春岩等[3]使用中尺度模式 ARPS 和 ADAS 同化系统研究同化雷达资料和提高模式分辨率对短时预报的影响,发现同化雷达资料更有效。王叶红等[4]发现 LAPS 同化了地面、探空资料以后对长江中下游地区的一次梅雨锋特大暴雨降水有一定的改进。徐广阔等[5]等人使用 ARPS 和 ADAS 系统对 2003 年梅雨期淮河流域两次典型致洪暴雨过程进行了模拟实验,发现 ADAS 同化雷达资料对暴雨的模拟能力有很大的改善。

2013 年 8 月 15 日到 16 日先后在辽宁省锦州和抚顺地区均出现特大暴雨,东北区域中尺度数值天气预报业务系统成功的预报出了辽宁省东北部地区的强降水,但是锦州黑山地区的特大暴雨由于局地性强,范围小,模式漏报了这次过程。本文试图借助于 WRF 模式和 ADAS 同化系统来研究使用 T639 和 NCEP 资料作背景场和同化雷达资料对这次暴雨天气预报效果的影响。

1　模式和天气过程介绍

1.1　模式介绍

使用 WRFV3.1.1,采用双层嵌套网格,水平分辨率分别为 27 km 和 9 km,模式区域中心设置为(116.0°E，42.0°N)，垂直分层为35层，顶层气压为50 hPa。参数化方案包括：长波辐射方案选用RRTM方案；短波方案用Dudhia方案；行星边界层方案使用了YSU方案，陆面过程方案使用了Noah方案，积云参数化方案选用Grell3d方案。

ADAS为美国中尺度模式ARPS的同化系统，该系统在处理雷达资料时，首先对观测资料进行质量控制，进而利用观测数据对初始场在三维空间上进行风场、湿度场调整和复杂云分析，得到一个热力和动力上平衡的初始场[6]。

1.2 "8.16"辽宁省暴雨天气过程

受蒙古气旋与华北倒槽共同影响，8月15—17日辽宁省出现了暴雨到大暴雨局部特大暴雨天气。"8.16"辽宁省暴雨强降水过程主要分为两个时段，第一个时段为8月15日20:00到16日08:00，降水中心位于锦州市黑山县，12 h降水量达到264 mm，其中主要的降水时段为15日22:00到16日04:00，降水范围小，强度大。第二个时段为8月16日08:00－20:00，降水主要发生在16日12:00－20:00，该时段降水范围覆盖辽宁东北部地区，最大降水量出现在抚顺市清源县，12 h降水量达到264 mm。

2 试验设计

考虑到主要降水时段在8月15日20:00到17日00:00，且业务模式漏报发生在锦州黑山县的强降水，这里主要关注锦州黑山的特大暴雨，起报时间选取2013年8月15日20:00，验证使用ADAS同化系统同化15日20:00的雷达资料的影响。背景场资料使用T639和NCEP资料。考虑到实际业务背景场资料可供的下载时次和时效，T639资料每天有00:00和12:00两个时次，选择了8月15日00:00的资料，NCEP资料每天有00:00，06:00，12:00，18:00共四个时次的产品可供下载，选择最近的8月15日06:00的资料。

这里只同化了位于华北和东北地区的SA波段的雷达资料，共9部雷达的实时资料可供同化。共开展了4组预报试验，试验方案为：Exp1：使用T639资料的控制实验；Exp2：使用NCEP资料的控制实验；Exp3：使用T639资料和ADAS同化系统同化雷达资料的预报试验；Exp4：使用NCEP资料和ADAS同化系统同化雷达资料的预报试验。四组试验来分析背景场资料和使用ADAS同化雷达资料对模式预报效果的影响。

3 结果分析

在控制试验(Exp1和Exp2)初始场中并不含有云水和雨水，模式中云水，雨水是在积分过程中通过云物理过程的调整逐渐生成。ADAS同化雷达资料的过程中，通过云分析可以诊断出云水和雨水量，更新模式初始场。图1给出使用T639(上)和NCEP(下)资料作背景场得到的云水(左)，雨水(中)和水汽增量(右)在41°N上同化前后差值的剖面图。可以看出模式120°～122°E的位置上诊断出了很强的云水和雨水量，可以看出两种背景场生成的云水，雨水和水汽增量的强度和位置差别并不大。

图2给出了4种预报方案对应的12 h降水量和观测降水量的对比。从图2a中实况降水可以看出8月15日20:00到16日08:00期间辽宁的降水主要发生在辽宁省东北部地区，强降水中心主要在辽宁省锦州黑山县。使用T639(图2b)和NCEP(图2d)资料作背景场均未能预报出锦州黑山地区的强降水，NCEP资料作背景场预报在辽宁省东北部地区有降水，但强度

较实际观测偏弱。同时，NCEP 资料作为背景场也较 T639 资料更好的预报出了位于北京和天津地区的降水过程。图 2c 和图 2e 分别为使用 ADAS 同化系统同化 9 部雷达资料后的预报 12 h 降水量，可以看出，同化雷达资料以后使用两种背景场资料均在锦州和阜新附近预报出了一个强降水中心，但是 T639 作为背景场的强降水中心位置略偏北，而 NCEP 资料作为背景场的强降水中心更接近于实况。从强度上来看，两种背景场资料的预报场均能很好地把握这次降水的强度。此外，两组同化试验对位于河北南部，北京和天津地区的降水带也有很好的预报能力，与实况吻合较好。

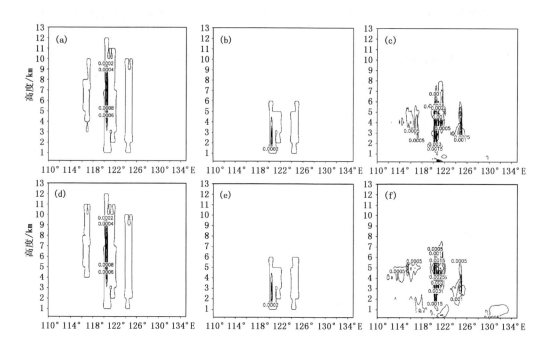

图 1　T639（上）和 NCEP（下）资料作为背景场同化雷达资料前后在 41°N 上的云水（a,d），雨水（b,e）和水汽增量（c,f）垂直剖面

16 日 08：00 随着横槽后部冷空气的南下，16 日 08：00 到 16 日 20：00 辽宁省东北部地区达到大暴雨的量级，其中抚顺清源县的降水达到特大暴雨量级。对比两种背景场资料的控制试验和同化试验后发现（图 3），两种背景场资料的控制试验对辽宁东北地区的强降水有较好的预报能力，相比之下，T639 资料对这次强降水中心的把握较 NCEP 资料更好。两种背景场资料同化雷达资料后对 12～24 h 预报效果的改善并不明显，这与杨毅等[7]的结论同化雷达资料对 12 h 后降水的改进有限相吻合。

从上面结果看出，同化雷达资料改善了模式对 0～12 h 的短时降水的预报能力，也为分析这次降水过程发生机制提供了依据。图 4 给了 15 日 21：00，22：00 和 23：00 位于 41.5°E，925～300 hPa 高度之间的预报回波和 v—w 矢量风场剖面叠加图。从四组试验中风场的垂直分布来看，四个试验预报结果均显示位于 500 hPa 以下均有偏南气流的分量，而在 500 hPa 以上受偏北气流的控制，与低空受西南风控制，高空受西北风控制相对应。从两种背景场资料的控制试验结果来看，虽然两种背景场资料均在 123°E 附近有南北气流的堆积和交汇，但是水汽条件不足。而从两组同化试验的结果来看，由于同化雷达资料以后在 121°E 附近有很强的回

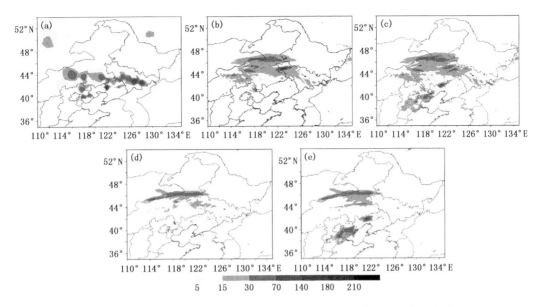

图 2　同化雷达资料前后四组试验预报得到的 0～12 h 降水量和实况的对比

（a 为实况，b 为 Exp1，c 为 Exp3，d 为 Exp2，e 为 Exp4）

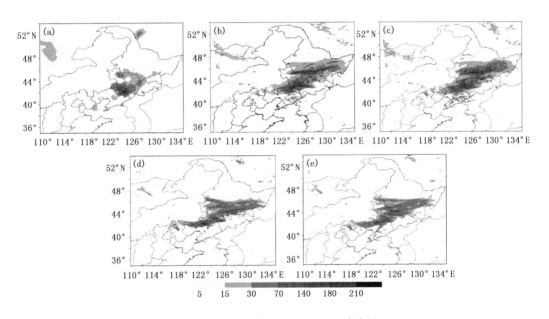

图 3　类似图 2，但是为 12～24 h 降水量

波，对应较强的水汽含量，且一直延伸到 300 hPa 的高度上，导致底层西南风受水汽的阻挡在底层产生强烈的辐合（图 4d 和 4j），而在 500 hPa 高度上西北风的偏北分量同时受水汽的影响在 121°E 右侧产生辐散。由于在整个深厚的水汽柱左右两侧的辐合和辐散气流的交汇在该地产生强度较大的降水，这是锦州黑山发生强降水的主因。

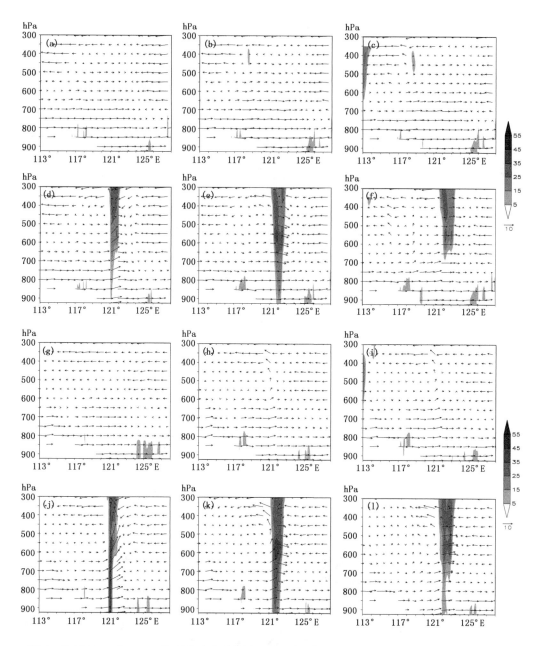

图 4　使用 T639 和 NCEP 资料作为背景场同化雷达资料前后预报得到 41.5°N 上的 v—w 风场和
回波的垂直剖面叠加图

(第一行和第二行对应为 T639 同化前和后的结果,第三行和第四行对应为 NCEP 同化前和后的
结果,(a,d,g,j)15 日 21:00;(b,e,h,k) 15 日 22:00;(c,f,i,l) 15 日 23:00)

4　结论和讨论

　　使用 T639 和 NCEP 两种背景场资料,同化系统选择 ADAS 同化系统,通过同化位于辽宁
和华北地区 9 部雷达资料来检验同化雷达资料对辽宁省"8·16"特大暴雨天气过程的预报效
果,主要结论:

(1)使用 T639 和 NCEP 资料作为背景场的控制试验均没能预报出锦州地区的强降水,同化雷达资料以后,均在锦州一带预报出了一个强降水中心,NCEP 资料对降水位置和强度更接近于实况。

(2)通过分析同化雷达资料前后湿度场发现,ADAS 的云分析系统更新了模式初始场中的云水,雨水和水汽场,这些水汽信息的增加是模式在短时间内预报出锦州强降水的主要原因。

(3)对比同化前后模式预报风场和回波后发现,同化雷达资料以后在辽宁锦州和阜新一带出现强度较强的回波,并且该回波一直延伸到高空,使得底层西南风和高层的西北风在水汽柱区域分别产生辐合和辐散而触发了强烈的上升和下沉气流,这种强烈的对流运动是锦州黑山发生特大暴雨的主要机制。

(4)对比还发现 T639 作背景场对抚顺清源的特大暴雨的降水中心和强度的把握要好于NCEP 资料的结果。

参考文献

[1] Weygandt S S, Shapiro A, Droegemeier K K. Retrieval of initial forecast fields from single-Doppler observations of a supercell thunderstorm. Part I: Single-Doppler velocity retrieval. *Mon Wea Rev*, 2002, **130**(3): 433-453.

[2] Weygandt S S, Shapiro A, Droegemeier K K. Retrieval of initial forecast fields from single-Doppler observations of a supercell thunderstorm. Part II: Thermodynamic retrieval and numerical prediction. *Mon Wea Rev*, 2002, **130**(3): 454-476.

[3] 盛春岩,薛德强,雷霆,等. 雷达资料同化与提高模式水平分辨率对短时预报影响的数值对比试验. 气象学报,2006,**64**(3): 293-307.

[4] 王叶红,赖安伟,赵玉春. 降水资料同化在梅雨锋特大暴雨个例模拟中的应用研究. 气象学报,2012, **70**(3):402-417.

[5] 徐广阔,孙建华,雷霆,等. 多普勒天气雷达资料同化对暴雨模拟的影响. 应用气象学报,2009,**20**(1): 36-46.

[6] Xue M, Wang D, Gao J, *et al*. The Advanced Regional Prediction System (ARPS), storm-scale numerical weather prediction and data assimilation. *Meteorol Atmos Phys*, 2003,**82**: 139-170.

[7] 杨毅,邱崇践,龚建东,等.三维变分和物理初始化方法相结合同化多普勒雷达资料的试验研究. 气象学报,2008,**66**(4): 479-488.

2013 年夏季内蒙古干旱－半干旱区两次极端降水事件对比

宋桂英[1]　孙永刚[1]　李孝泽[2]　江　靖[1]　刘烨焜[3]　张　戈[4]　荀学义[1]

(1. 内蒙古自治区气象台,呼和浩特 010051；2. 中国科学院沙漠与沙漠化重点实验室/寒区旱区环境与工程研究所,兰州 730000；3. 乌兰察布市气象台,集宁 325000；4. 内蒙古自治区大气探测技术保障中心,呼和浩特 010051)

摘　要

2013 年夏季,内蒙古中西部干旱－半干旱区出现多次极端降水,引发气象灾害。为探寻其特征及成因,对"6·30"、"7·14"两次典型极端降水事件,从大气环流背景、中尺度对流系统、不稳定重建机制等方面进行对比分析,得到以下结论:(1)"6·30"暴雨是华北小高压前的切变线产生。"7·14"暴雨是"北槽南涡"与台风北上共同作用的结果。两次暴雨都突发在午后,具有夜雨特点。(2)两次暴雨都是中尺度对流复合体(MCS)发展的结果。"6·30"暴雨局地性强,"7·14"暴雨具有列车效应,持续时间更长。(3)两次暴雨过程低层均超常增湿,但水汽来源不尽相同:"6·30"暴雨是南海水汽北送的结果;"7·14"暴雨是"北槽南涡"背景下建立了水汽通道,而台风北上带来超强水汽是其根本原因。(4)不稳定能量重建、促发机制:"6·30"暴雨是高压切变线西侧较干、东侧受副高外围影响增温增湿显著,在陡立的锋区附近产生上升运动促发不稳定能量释放;高空"干侵入"是"7·14"暴雨的主导因素,西南涡、台风系统使低层不稳定能量和湿度增加,弱垂直上升运动促发暴雨。

关键词:干旱－半干旱区　极端降水　西南涡　台风　MCS切变线

0　引言

极端降水事件是对全球气候变暖的敏感响应[1]。IPCC 第四次评估报告提出,随着全球变暖,大部分陆地强降水比例在增加[2]。近 50a,我国降水强度普遍趋于增加,极端降水与总降水量变化的正相关关系密切[3]。伴随全球变暖的水循环加快使得年极端降水指数都呈增加趋势,其中年极端降水频数 20 世纪 90 年代增加最明显。在空间上,年极端降水分布与地理位置、海拔密切相关,也与影响本地的天气系统有关[4]。

中纬度内陆半干旱地带出现极端降水事件是气象学面临的新问题。内蒙古干旱－半干旱带属温带内陆季风末端区,气候变率大,在全球变暖大背景下,内蒙古大多数站点年均气温普遍上升、年降水量呈现增加趋势。同时,内蒙古地区的极端气温和降水事件的出现频率和灾害损失程度均呈上升趋势[5-6],特别是汛期极端降水事件发生的频次在河套区表现为较明显的增长趋势[7]。2012 年夏季内蒙古中西部地区多次出现暴雨天气,降水量达到或超过历史极值记录,出现极端降水事件[8]。

2013 年夏季,内蒙古地区降水量再次持续偏多,往年干旱少雨的中西部干旱地区产生了多次暴雨过程,极端降水事件与 2012 年相比有增无减。据监测,2013 年 6 月下旬、7 月和 8 月中下旬,内蒙古鄂尔多斯市、包头市、巴彦淖尔市、呼和浩特市、乌兰察布市和呼伦贝尔市等六个盟市共出现了 26 站次极端降水事件[9]。其中,6 月 30 日前后内蒙古河套地区产生的区域性暴雨过程中,包头市固阳站、呼和浩特市托克托县站 7 月 1 日的日降水量超过极端阈值。在 6 月 29 日—7 月 1 日连续 3 日的累计降水量中,包头市固阳站(80.5 mm),呼和浩特市清水河站(111.9 mm)、托克托县站(78.1 mm),乌兰察布市凉城站(98.6 mm),鄂尔多斯市伊克乌素站(64.8 mm) 超过极端 3 日合计降水量阈值,出现极端降水事件。7 月 14 日中西部的鄂尔多斯市乌审召站(76.1 mm)、呼和浩特市托克托县站(95.6 mm)、和林县(96.1 mm)、乌兰察布市凉城(90.8 mm)、卓资(69.7 mm)日降水量超过极端阈值,出现极端降水事件。7 月 22 日,包头市达茂旗站(80.0 mm)、希拉穆仁站(56.3 mm)日降水量超过极端阈值,出现极端降水事件。8 月 10 日巴彦淖尔市乌拉特前旗站日降水量(62.1 mm)超过极端日降水量阈值,出现极端降水事件。8 月 21 日鄂尔多斯市伊金霍洛旗站日降水量 72.3 mm,超过极端日降水量阈值,21—23 日该站降水量累计 98.7 mm,超过极端 3 日降水量阈值,出现极端降水事件。由于极端降水频繁、强降雨集中,引发城市内涝、农田受淹、人员伤亡。对干旱—半旱区出现的极端性降水的研究还很欠缺[9],对其极端性特点及成因认识也不够。上述极端降水事件中,"6·30"、"7·14"这两次暴雨范围大、突发性强、影响深,能在一定程度上代表内蒙古中西部的极端降水,因此,本文通过对比分析这两次暴雨过程的特征及天气学成因,进一步探寻内蒙古中西部地区极端降水的形成规律,为该区天气预报和灾害预警研究提供参考。

1 内蒙古中部"6·30"和"7·14"极端降水事件

2013 年 6 月 30 日 14:00—7 月 1 日 08:00 左右,内蒙古河套周边出现入夏以来的新一轮强降水天气。本次降水集中在河套周边的鄂尔多斯市、包头市、呼和浩特市及乌兰察布市南部,24 h 雨量以 25 mm 以上大雨为主,鄂尔多斯市东北部、包头市和乌兰察布市南部出现 50 mm 以上暴雨。根据内蒙古极端天气气候事件监测系统监测显示,包头市固阳站、呼和浩特市托县站 30 日 24 h 降水量达到或超过极端日降水量阈值,出现极端降水事件。东胜市 24 h 降水量 72 mm,引发城市内涝,有 19 人在此次暴雨灾害中死亡。包头市固阳站,呼和浩特市清水河站、托县站,乌兰察布市凉城站,鄂尔多斯市伊克乌素站 6 月 30 日—7 月 2 日连续 3 日降水量超过极端 3 日降水量阈值,出现极端降水事件。7 月 14 日,内蒙古全区大部迎来一场史上罕见的强降雨过程。除阿拉善盟和巴彦淖尔市,内蒙古境内的大部分地区几乎都出现了分散的、50 mm 以上的降雨。其中,14 日 08:00—15 日 08:00,强降水出现在内蒙古中部河套周边,降水量以大雨或暴雨为主,15 日,暴雨区东移至内蒙古中东部。根据内蒙古极端天气气候事件监测系统监测显示,7 月 14 日 08:00—7 月 15 日 08:00 鄂尔多斯市乌审召、呼和浩特市托县、和林县、乌兰察布市凉城、卓资日降水量超过极端日降水量阈值,出现极端降水事件。

2 资料来源及方法

文中采用的资料包括高空和地面常规观测资料、精细化监测资料及 NCEP 再分析资料。常规观测资料包括位势高度、风、气温,降水量等。精细化监测资料主要为内蒙古地面自动站和区域自动站监测的资料、FY2C—2D 监测的卫星云图资料。NCEP 再分析资料采用 NCEP/NCAR 提供的全球逐 6 h 再分析资料,包括 1000～100 hPa 各层的位势高度、气温、风、相对湿度等,水平网格距为 1°×1°。分析时段为 6 月 29 日 20:00—30 日 20:00、7 月 14 日 08:00—15 日 08:00。

3 天气学特征

3.1 短时强降水特征

对该区大于 10 mm·h^{-1} 的降雨强度就可能造成洪涝灾害。将"6·30"、"7·14"暴雨过程中出现极端降水的台站及雨强大于 10 mm·h^{-1} 的时间做了统计(表 1,2),以此对比分析两次极端降水强降雨分布的范围和时间。

由表 1 和表 2 分析出两次强降水的异同点为:极端降水均出现在中西部的河套周边,强降雨时段集中在当日 14:00 至次日 08:00。短时强降水历时都超过 1 h 以上。特别是夜间 20:00 前后,更是两次暴雨短时强降水集中的时段,说明 2013 年夏季,内蒙古中西部暴雨多在夜间出现,夜雨特征显著。"7·14"过程暴雨持续时间更长,加之后期雨区东移后在内蒙古东部地区的降水更加明显。相对而言,"6·30"暴雨只是在河套产生的区域性强降水。

表 1 2013 年 6 月 30 日强降水要素统计(* 为出现极端降水事件台站)

站名	降水集中时段	累计雨量/mm	降水最强时段	雨强/(mm·h^{-1})
东胜	30 日 15:00—19:00	72.0	30 日 15:00—16:00	36.6
			30 日 16:00—17:00	24.9
* 伊克乌素	30 日 23:00—1 日 15:00	64.8	30 日 23:00—1 日 00:00	15.1
			1 日 01:00—02:00	14.9
			1 日 09:00—10:00	10.7
* 固阳	30 日 20:00—1 日 15:00	69.0	1 日 02:00—03:00	16.3
			1 日 03:00—04:00	17.6
* 托克托	30 日 18:00—1 日 17:00	72.0	30 日 17:00—18:00	12.3
			1 日 06:00—07:00	13.4
* 凉城	30 日 08:00—1 日 17:00	90.0	30 日 13:00—14:00	18.5
			30 日 18:00～19:00	10.6
			30 日 19:00～20:00	10.1
			30 日 20:00—21:00	10.4
* 清水河	30 日 01:00—1 日 18:00	101.0	1 日 10:00—11:00	10.1
			1 日 11:00—12:00	14.1
			1 日 13:00—14:00	12.9
			1 日 14:00—15:00	17.5

表 2 2013 年 7 月 14 日强降水要素统计(∗ 表示出现极端降水事件台站)

站名	降水集中时段	降水累积量/mm	降水最强时段	雨强/(mm·h⁻¹)
			14 日 18:00～19:00	13.8
∗乌审召	14 日 14:00—15 日 03:00	76.1	14 日 21:00～22:00	22.5
			15 日 22:00～23:00	34.8
∗托克托	14 日 16:00—15 日 03:00	95.6	15 日 00:00～01:00	24.7
			15 日 01:00～02:00	29.6
			14 日 18:00～19:00	12.7
			14 日 20:00～21:00	15.3
∗和林格尔	14 日 17:00—15 日 05:00	96.1	14 日 21:00～22:00	11.5
			14 日 22:00～23:00	10.1
			15 日 03:00～04:00	10.3
			14 日 22:00～23:00	13.8
∗凉城	14 日 18:00—15 日 07:00	90.8	14 日 23:00～15 日 00:00	10.5
			15 日 00:00～01:00	11.3
			14 日 19:00～20:00	10.6
∗卓资	14 日 18:00—15 日 06:00	69.7	15 日 01:00～02:00	13.5
			15 日 04:00～05:00	11.6

3.2 两次暴雨过程的天气系统对比分析

3.2.1 天气尺度影响系统分析

暴雨是一定天气尺度背景下产生的降水[10],6 月 29 日 20:00,500 hPa 欧亚大陆为一槽一脊形势,鄂霍茨克海(以下简称鄂海)以北存在一个高压脊,在西西伯利亚地区存在一个大型低涡,在西西伯利亚低涡前宽广的西风带上,贝加尔湖(以下简称贝湖)以南至蒙古国西部有一个闭合的低涡。低纬地区高原槽东移至四川盆地一带。此时,副热带高压(以下简称副高)脊线西伸北挺,584 线到达 36°N 附近。30 日 08:00,受弱冷空气影响,位于蒙古的低涡东移南压,短波槽到达河套地区(图 1a),槽后西北风明显加强。在 700 hPa 上内蒙古河套西部形成小高压(图 1b),低纬地区的高原槽在四川盆地加深。

此时,河套西部小高压前东北风加强,由盆地吹来的南风也较前一时刻加强,风速达 8 m·s⁻¹。小高压前部的东北风与南来的西南风形成一条东北—西南向的切变线。这是河套暴雨的典型天气系统。14:00 后,内蒙古河套地区的强降水开始。切变线上及附近的巴彦淖尔市东南部、鄂尔多斯市东部、包头市,对流性强降水更加明显。其中,鄂尔多斯市东胜区 14:00—15:00 小时雨量超过 30 mm·h⁻¹。

"7·14"暴雨(表 2)与"6·30"暴雨的环流背景不同。7 月 14 日 08:00,500 hPa 欧亚大陆为两槽两脊形势,西西伯利亚地区为强盛的高压脊,贝湖以东至鄂海为宽广的高压脊,鄂海高压脊稳定维持,形成高压坝。贝湖低涡位于两脊之间,低涡底部的槽区位于内蒙古河套以西地区。台风"苏力"登陆福建后北上,中心位于副高脊线外围附近。

14 日 20:00,西西伯利亚高压脊向北伸展,受下游鄂海高压坝阻挡,贝湖低涡向南发展,河

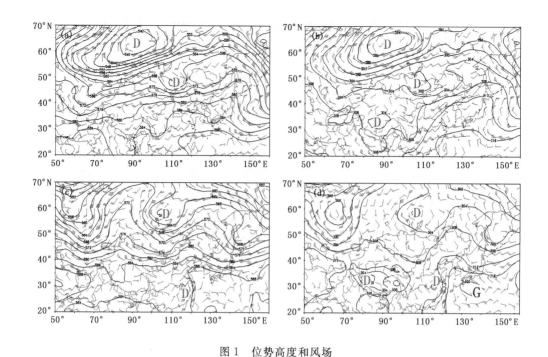

图 1 位势高度和风场

(a 为 6 月 30 日 08:00 500 hPa，b 为 6 月 30 日 08:00 700 hPa，c 为 7 月 14 日 20:00 500 hPa，

d 为 7 月 14 日 20:00 700 hPa)

套西部的槽亦加深(图 1c)。此时，台风"苏力"沿副高脊线(588 线)继续北上，在长江流域下游减弱为热带低压。加之 700 hPa 上四川盆地存在闭合的西南涡(图 1d)，内蒙古河套地区形成"北槽南涡"的天气形势，从而促发内蒙古中西部地区的暴雨。而且，西南涡前西南风、热带低压前东南风，向山西南部、河北南部、内蒙古河套地区吹送超常暖湿气流，形成河套极端降水事件。河套地区的两次暴雨过程，地面形势都是低压倒槽内有一条弱冷锋。

3.2.2 中尺度对流系统分析

暴雨的短时强降水与中尺度对流系统 MCS 的发展、成熟密不可分，暴雨是多种尺度天气系统相互作用的结果。暴雨与 α 中尺度对流系统密不可分，其内部对流旺盛的 β 中尺度对流系统常常是暴雨的直接制造者[11-12]。短时强降雨通常由 MCS 中的深对流特征造成，MCS 增长初期，大气不稳定能量高，存在风垂直切变，在低层冷暖平流交汇明显且温度梯度大的区域，有利于激发 MCS 生成[13]。

由 6 月 30 日卫星云图可见；13:00 左右，在乌兰察布市凉城县，有一个中尺度对流云团发展，对流核①的 TBB 值达 −39℃，13:30 此对流云团处于最强烈的的发展阶段(图 2a)，14:00 发展为直径几十千米的中尺度对流复合体 MCS，之后，迅速东移出内蒙古。此间，在凉城产生 18.4 mm·h^{-1}雨强。

14:30，在鄂尔多斯市东胜区又有一个更强的中尺度对流云团发展，发展初期，对流核②的 TBB 值就达 −41℃(图 2b)，1 h 后，此对流核区覆盖东胜区、伊金霍洛旗，TBB 值加强为 −50℃以上(图 2c)，到 16:00，此核区的 TBB 值仍然维持在 −48℃左右(图 2d)，东胜区产生暴雨、冰雹，小时雨量为 36.6 mm，在北方城区少见。此对流云团维持时间较长，16:00—17:00 在东胜区又产生了 24.9 mm 的强降水。

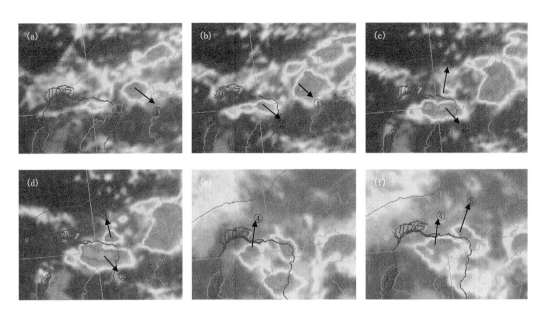

图 2 6 月 30 日—7 月 1 日 FY—2D 卫星云图

(a 为 6 月 30 日 13：30，b 为 6 月 30 日 14：30，c 为 6 月 30 日 15：30，d 为 6 月 30 日 16：00，
e 为 6 月 30 日 24：00，f 为 7 月 1 日 01：00；图中①、②、③、④、⑤为中尺度对流核编号)

15：00 左右，呼和浩特市托克托县有一个新的中尺度对流云团 MCS 发展，但对流核③发展远不如对流核①②强，维持时间也较短(图 2d)，只产生小雨天气。

23：00 左右，在鄂尔多斯市的伊克乌素附近有一个中尺度对流复合体 MCS 发展成熟，对流核④的核心 TBB 值为－43℃(图 2e 和 2f)，短时间内发展成熟的对流核④在伊克乌素产生了 15 mm·h^{-1} 左右的雨强，并且维持了 2 h 以上。

1 日 02：00 左右，在包头市固阳县有新中尺度对流云团发展成熟，对流核④的核心 TBB 值为－38℃，03：00 对流核区发展直径为几十千米，在固阳产生 17 mm·h^{-1} 左右的雨强，此对流系统维持了 2 h 以上。

总之，"6·30"暴雨，几乎都是中尺度对流复合体 MCS 发展成熟的结果，强降水主要出现在对流核心区域，对流维持时间与强降水维持时间一致。致灾性暴雨在强对流、短时间状态下突发产生。

"7·14"暴雨同样是中尺度对流系统强烈发展的结果。14 日 15：00 左右，一个中尺度对流云团移入呼和浩特市中部地区，16：00 发展为直径超过 200 km 的中尺度对流复合体 MCS，复合体中心对流核①TBB 值达－43℃(图 3a)，17：00，此对流复合体迅速东移至乌兰察布市东南部(图 3b)。期间，这个强烈发展的对流云团在呼和浩特市周边及托克托县、和林县产生大于 10 mm·h^{-1} 的强降雨。

19：00 前后，受前一个 MCS 移入乌兰察布市东南部及局地对流激发的共同作用，在乌兰察布市东南部又形成第二个直径超过百千米的中尺度对流复合体 MCS，中心对流核②的 TBB 值已达－43℃(图 3c)，到 20：00 时前后，这个中尺度对流复合体 MCS 在乌兰察布市东南部的凉城、卓资产生大于 10 mm·h^{-1} 的强降雨(图 3d)。同时，22：00 左右在鄂尔多斯市西北部，第三个中尺度对流系统发展，范围更小，强度更强，对流核③TBB 值达－53℃(图 3e 和 3f)，在

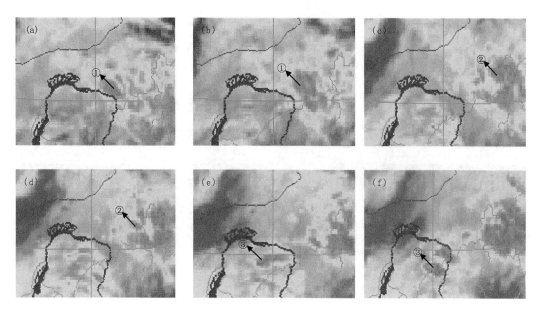

图 3 7 月 14 日 FY—2D 卫星云图

(a 为 16:00,b 为 17:00,c 为 19:00,d 为 20:00,e 为 21:00,f 为 22:00;①、②、③为中尺度对流核编号)

22:00—23:00,此对流系统在鄂尔多斯市的乌审召、伊金霍洛旗产生 34.8 mm·h^{-1}、44.0 mm·h^{-1}的雨强。这个中尺度对流系统是两次暴雨过程中对流发展最强、强降水历时最短、雨强最强的一个系统。

可见,"6·30"、"7·14"暴雨的中尺度特点几乎相同,短时强降水与中尺度对流系统或 MCS 密切联系,相对而言,"6·30"暴雨局地性较强、"7·14"暴雨具有列车效应。中尺度对流系统发展、成熟阶段是雨强最大时期,消亡时期雨强减弱。

4 暴雨成因异同探讨

该区深处内陆,南部和东部海上水汽较难到达,干旱少雨,因此,研究暴雨的水汽来源很有价值。

有学者[14-15]指出暴雨来源于热带和副热带的暖湿空气,热带风暴北部的偏东南气流沿副高外围与孟加拉湾的西南气流合并后经华南、华中输送至暴雨区上空。暴雨的主要触发系统是副热带高压和台风外围持续强劲的东南风低空急流,持续的东南风低空急流为暴雨区输送了源源不断的水汽和不稳定能量。"6·30"、"7·14"暴雨天气的低层水汽输送与一般北方暴雨有相似之处,又不尽相同,两者之间也有差异,因此,主要从水汽输送、垂直运动及不稳定能量等方面进行对比分析。

6.1 水汽空间分布异同点

"6·30"暴雨增湿特征显著。29 日 20:00 暴雨前期,110°E 以东 700 hPa 以下比湿为 8～13 g·kg^{-1}。108°E 以西比湿为 5 g·kg^{-1}左右,等比湿线稀疏,相对较干(图略)。到 30 日 14:00,110°E 附近及以东地区 700 hPa 以下比湿增为 10～17 g·kg^{-1},108°E 以西增湿不显著(图 4a)。如此看来,"6·30"暴雨河套区域内干湿对流,也是河套强对流性暴雨的一个重要原因。30 日 20:00 暴雨时期,110°E 附近及以东地区 700 hPa 以下比湿增为 10～21 g·kg^{-1}(图 4c)。

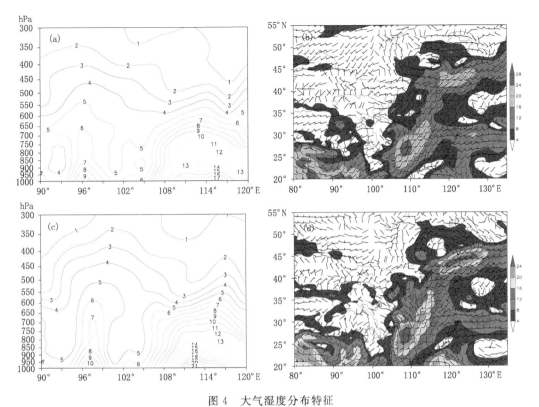

图 4　大气湿度分布特征

(a 为 6 月 30 日 14:00 比湿剖面(沿 41.5°N),b 为 6 月 30 日 14:00 850 hPa 水汽通量和 uv 风,

c 为 6 月 30 日 20:00 比湿剖面(沿 41.5°N),d 为 6 月 30 日 20:00 850 hPa 水汽通量和 uv 风

相对"6·30"暴雨,"7·14"暴雨的湿区明显较大。14 日 08:00 暴雨前,700 hPa 以下 100°E附近及以东地区的比湿就相当可观,达 10~16 g·kg^{-1}(图 5a),暴雨前这样大的比湿在内蒙古夏季几乎不多见。20:00,100°E 以东中低层 700 hPa 以下比湿增为 10~18 g·kg^{-1},整个内蒙古中东部地区 99°~120°E 等比湿线很密集(图 5c)。一般北方暴雨,比湿在 4 g·kg^{-1}以上就有可能发生。如此大的比湿,对河套地区产生暴雨极为有利。

分析其原因,除"北槽南涡"的系统配置使河套地区增湿,还有一条重要的原因是台风"苏力"北上将东南方向的水汽大量输送到 41°N 附近,远距离台风对暴雨有重要影响[16-17]。

由此,"6·30"暴雨是在一个狭窄的区域内增湿显著,干湿对流产生强降水。"7·14"暴雨是大范围增湿,外加台风影响,大湿度形成暴雨。

再来分析两次暴雨的水汽输送异同。分别取两次暴雨对流最强时段分析其水汽来源、输送途径。

"6·30"暴雨虽然是小高压前激发的强对流产生,但暴雨的发生还应该有充足的水汽输送。由 30 日 14:00 850 hPa 风场与水汽通量叠加图可看到,"6·30"暴雨的水汽主要来源于我国西南地区和南海海域(图 4b)。此时,西南涡东侧的南风将南海和孟加拉湾的水汽汇集到云贵高原南侧,再随副高西侧的南风北上,经山西、陕西到达内蒙古河套地区。此外,北部蒙古低涡内西南风与四川盆地到河套的偏南风风向一致,对北上南风也有抽吸作用,利于四川盆地到内蒙古中部的水汽通道的建立,在长江中游、云贵高原形成两个"水汽汇"(图 4b 深色闭合区域)。之后,30 日 20:00,副高脊线略西伸、北挺,其外围南风加强,风向由西南转为偏南,几乎垂直吹向河套地区。长江中游、云贵高原两个水汽输送中心范围进一步扩大,到达河套地区的水汽通量进一步增加(图 4d)。

同时,水汽经过长距离输送,沿途有所损失,但在内蒙古河套南部的鄂尔多斯市仍然形成了一个弱的"水汽汇"。因此,河套西部小高压配合副高外围的南来水汽,产生河套区域性暴雨,个别台站降雨量突破历史阈值(极值),出现极端降水事件。

"7·14"暴雨的水汽输送路径是台风对内蒙古河套暴雨影响的典型个例。首先,盆地西侧的西南涡是此次暴雨过程的一个水汽源地。本文之前指出:河套地区"北槽南涡"结合,形成一条四川盆地—陕西—内蒙古河套的水汽通道(图 5b),但此次暴雨过程盆地对河套的水汽输送较弱。分析 14 日 20:00 850 hPa 的水汽通量与风场叠加图看到此通道内水汽的输送较08:00加强(图 5d),在盆地东侧存在一个大于 8 g·cm^{-1}·hPa^{-1}·s^{-1} 的水汽通量场,与它叠加的是 8 m·s^{-1} 左右的西南风,这支南风经长江流域中游北上,到达内蒙古河套地区。

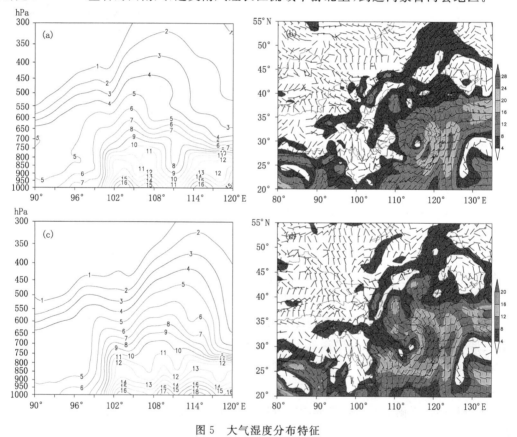

图 5 大气湿度分布特征

(a 为 7 月 14 日 14:00 比湿剖面(沿 41.5°N),b 为 7 月 14 日 14:00 时 850 hPa 水汽通量和 uv 风,

c 为 7 月 14 日 20:00 比湿剖面(沿 41.5°N),d 为 7 月 14 日 20:00 850 hPa 水汽通量和 uv 风

另一个更重要的方面是远距离台风对暴雨的重要影响,"苏力"在 14 日 14:00 北上至长江下游,并减弱为热带低压。由此时 850 hPa 的风场看,由此热带低压东侧向内蒙古河套地区吹送的东南风非常强劲,低压东侧的东南风达 8~10 m·s^{-1},到河北、山西南部时减小为 6 m·s^{-1} 左右,再到内蒙古河套南部时,减弱为 2~4 m·s^{-1}。而此时热带低压是个含水量非

常丰沛的"水汽汇",水汽汇中心的水汽通量达 28 g·cm^{-1}·hPa^{-1}·s^{-1}(图 5b 深色闭合区域),到达内蒙古河套地区时水汽通量大于 8 g·cm^{-1}·hPa^{-1}·s^{-1}。20:00,受北部高压坝阻挡,热带低压北上受阻,中心仍稳定在长江流域下游。长江下游"水汽汇"范围明显扩大,台风强风区内的东南风将南海、东海大范围的水汽沿副高脊线向北输送,超强水汽通量直达内蒙古河套地区(图 5d)。台风影响内蒙古中部地区的降水,是本次暴雨过程一个鲜明的特点。值得一提的是,此热带低压在 14 日 20:00 之后,先北上再减弱东移,为内蒙古中东部带来持续性暴雨,有多个内蒙古东部台站出现极端降水事件。台风对内蒙古内陆降雨的影响,应该继续作深入的研究。

4.2 垂直运动与不稳定能量重建机制

"6·30"暴雨主要由小高压切变线激发局地对流产生,热对流活动明显。由 6 月 30 日 08:00 穿过暴雨区的位温与垂直速度的剖面图可看到(图 6a):暴雨前,108°～117°E 850 hPa 低层至地面为一个扁平的高能高湿区域,且越接近地面能量湿度越大,地面附近位温最大值达 356 K。位温到达 340K 即可在北方产生暴雨,如此大的湿度能量,为暴雨提供了良好的不稳定机制。而此区域以西,一个范围较大的干区已经爬升到前述高能湿区上部,干区前沿已经抵达 110°E,并形成闭合干中心,中心值 332K。在 110°E 即内蒙古河套地区附近,产生了陡立的能量锋区(图 6a 双实线),此锋区位置很低并接近地面,类似于极锋锋区,锋前是低层到地面的高能高湿气团,锋后是极干的气团。此时,锋前低层已经产生了上升运动,上升运动在 112°E 最强,中心速度 0.8 Pa·s^{-1}左右(图 6a 向上箭头),锋后亦激发出上升运动,只是比锋前略小,锋面附近产生强迫下沉运动(图 6a 向下箭头)。20:00,四川盆地气旋性风场、副高外围西南风共同向河套吹送暖湿水汽,使 108°E 附近的锋面更加狭窄、陡立。高能湿区范围增大、能量激增,其增湿高度伸展到 650 hPa,地面位温中心值激增到 372K,低层的上升运动发展到高空 400 hPa 以上,中心值达－1.2 Pa·s^{-1}。锋后的上升运动也达到 500 hPa 附近,中心值－0.8 Pa·s^{-1}(图 6b 红色向上箭头)。强烈的上升运动、狭窄的锋面、高能高湿区内能量湿度激增,是"6·30"暴雨的特点。

进一步分析"7·14"暴雨的垂直温湿结构可以了解其不稳定能量的促发机制。14 日 08:00,冷空气侵入河套地区,台风远在长江流域以南。此时 750 hPa 以下、108°E 以东,有一股较强的干冷空气由东向西侵入 110°E 河套地区(图 6c),冷空气前沿已经到达 107°E,中心 113°E 附近,强度达 328K。在其下方,750 hPa 以下,105°～120°E 存在一个宽广的高能高湿区,湿区内等位温线相对密集,位温值随高度降低增加,地面附近位温值 356K。105°E 以西也有一股干冷空气向东逼近,形成弱能量锋区。河套地区由于低层暖、高层冷、低层产生大范围的垂直上升运动,上升速度最大达－1.2 Pa·s^{-1}(图 6c 红色向上箭头)。20:00,中层干冷空气控制区域略升到 700 hPa 以上,冷空气势力明显减弱,中心已达到 110°E(图 6d)。与此同时,台风"苏力"已经北上减弱,东南风越过山西、河北向内蒙古河套地区吹送暖湿空气。在能量分布上,700 hPa 以下等位温线变得密集,低层能量湿度进一步增大,垂直上升速度仍然维持－0.2 Pa·s^{-1}(图 6d 向上箭头),不稳定能量极易促发。

总之,两次暴雨的不稳定能量蓄积、重建、促发机制不同,但南来水汽的增温、增湿作用显著是共同点。

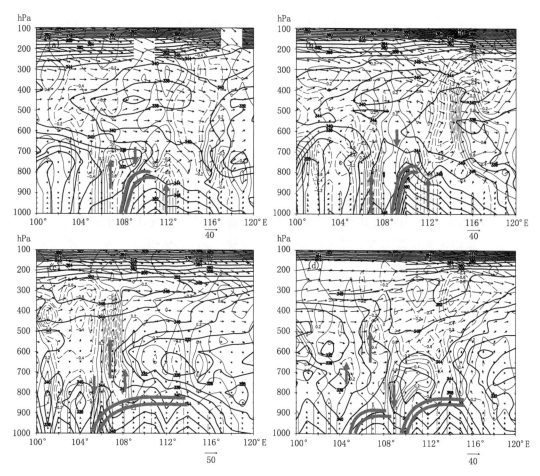

图 6　位温(实线)、垂直速度(虚线)与风矢叠加垂直剖面图沿 40.5°N

(a 为 6 月 30 日 08:00,b 为 6 月 30 日 20:00,c 为 7 月 14 日 08:00,d 为 7 月 14 日 20:00)

5　结　论

从大气环流、中尺度对流系统、不稳定促发机制等方面对 2013 年夏季内蒙古中西部两次典型极端降水事件对比分析可见:

(1)两次极端降水的大气环流背景与影响系统不同。"6·30"暴雨是内蒙古西部小高压与副高外围、四川盆地东侧的偏南风系形成切变线产生。高压切变线暴雨的特点是对流强、降雨分布极不均匀,出现极端降水事件的台站也没有明显的时间、空间分布特征。"7·14"暴雨的影响系统是"北槽南涡",但台风北上是极端降水的重要原因。"7·14"暴雨具有时空分布较均匀的特点,无论从暴雨持续的时间还是暴雨的空间分布上,都相对较均匀。

(2)"6·30"暴雨与"7·14"暴雨几乎都是出现在当日 14:00 后,在 20:00 左右最强,具有"夜雨"的特点。两次暴雨过程的短时强降水历时较长,特别是"7·14"暴雨,降水总量是几小时短时强降水的结果。

(3)两次暴雨均与中尺度对流系统发展密不可分,但又略有不同。"6·30"暴雨区域性强,分布不均匀,几乎每个强降水区域都对应中尺度对流复合体 MCS。相对而言,"7·14"暴雨范围更大一些,特别是与北上台风结合后,暴雨范围更大。但其对流特征也很明显,每个强降水区域都对应一个 MCS 系统,且边界范围更大、持续时间更长,这也是"7·14"暴雨短时强降水持续时间长的原因。

(4)两次暴雨过程都与大气低层超常的增湿密切相关,但两次暴雨过程的水汽来源不尽相同:"6·30"暴雨主要是西部小高压前切变线造成,副高外围南风将南海和四川盆地的水汽向北输送是其水汽来源。"7·14"暴雨的影响系统是"北槽南涡",但台风北上形成超常的水汽输送是其重要原因。台风对内蒙古西部暴雨的影响机制,还有待深入探讨。

(5)不稳定能量重建、促发机制不同。"6·30"暴雨是高压切变线一侧较干、副高外围至内蒙古河套地区一侧增温增湿作用显著,形成陡立的极锋锋区,锋区附近垂直上升运动促发不稳定能量释放。"7·14"暴雨中,高空"干侵入"为主体因素,700 hPa 以下低层高能高湿,大气不稳定。由于西南涡、台风系统向北输送大量暖湿空气,河套区域大范围的能量湿度增加,弱垂直上升运动即可促发暴雨。

参考文献

[1] 江志红,丁裕国,陈威林,等. 21 世纪中国极端降水事件预估. 气候变化研究进展,2007,**3**(4):202-207.

[2] IPCC. Summary of Policymakers of Climate Change 2007:*The Physical Science Basis*. Contribution of Working Group I to the Fourth Assessment. Report of the Intergovernmental Panel on Climate Change. Cambridge,UK and NewYork,USA:Cambridge University Press,2007.

[3] 翟盘茂,王翠翠,李威. 极端降水事件变化的观测研究. 气候变化研究进展. 2007,**3**(3):144-148.

[4] 李玲萍,李岩瑛,钱莉. 1961—2005 年河西走廊东部极端降水事件变化研究. 冰川冻土,2010,**32**(3):497-504.

[5] 乌云娜,裴浩,白美兰. 内蒙古土地沙漠化与气候变化和人类活动. 中国沙漠,2002,**22**(3):292-297.

[6] 裴浩,郝璐,韩经纬. 近 40 年内蒙古候降水变化趋势. 应用气象学报,2012,**23**(5):543-550.

[7] 杨金虎. 中国极端强降水事件特征研究及其成因分析(学位论文). 南京:南京信息工程大学,2007.

[8] 宋桂英,李孝泽,孙永刚等. 内蒙古干旱—半干旱带 2012 年"7·20"极端暴雨事件的特征及成因. 冰川冻土,2013,**35**(4):883-889

[9] 内蒙古气候中心. 重要气候信息. 2013 年,**83**(24).

[10] 谌芸,孙军,徐羹,等. 北京 7.21 特大暴雨极端性分析及思考(一)观测分析及思考. 气象,2012,**38**(10):1255-1266.

[11] 朱乾根,林锦瑞,寿绍文,等. 天气学原理和方法. 北京:气象出版社,2007.

[12] 丁一汇. 高等天气学. 北京:气象出版社,2005.

[13] 陈永仁,李跃清. "12.7.22"四川暴雨的 MCS 特征及对短时强降雨的影响. 气象,2013.**39**(7):848-860.

[14] 袁美英,李泽椿,张小玲. 东北地区一次短时大暴雨 β 中尺度对流系统分析. 气象学报,2012,**68**(1):125-136.

[15] 梁生俊,马晓华. 西北地区东部两次典型大暴雨个例对比分析. 气象,2012,**38**(7):804-813.

[16] 顾清源,肖递祥,黄楚惠,等. 低空急流在副高西北侧连续性暴雨中的触发作用. 气象,2009,**35**(4):59-67.

[17] 陈联寿. 登陆热带气旋暴雨的研究和预报 // 第 14 届热带气旋论文摘要文集. 上海:中国气象学会. 2007:327.

[18] 侯建忠,张弘,李明娟,等. 台风活动队陕西重大洪灾时间影响的综合分析. 气象,2010,**36**(9):94-99.

2013 年初西藏南部四次特大暴风雪极端天气的对比分析

旦增卓嘎

(西藏自治区气象台,拉萨 850000)

摘 要

本文利用常规观测资料、物理量产品以及数值预报的检验,对 2013 年 1—2 月西藏南部四次特大暴风雪极端天气进行了对比分析,结果表明:(1)亚欧地区的中高纬均为经向环流型,鄂霍茨克海至整个东亚地区是低压槽区,南支主槽在 70°E 附近,西太平洋副热带高压西伸很明显强度很强,伊朗高压东伸,强度较强。西太平洋副热带高压的位置和强度有利于南支槽的加强和维持缓慢东移来影响高原西南部,即南支槽为此次高原西南部的暴风雪天气提供了稳定的环流背景,同时不能忽视高原大地形的影响。(2)四次暴雪的水汽都是由阿拉伯海的偏西气流提供,水汽通量散度强辐合中心的位置和 500 hPa 低空急流的中心强度以及急流轴的位置都有所不同。带来的降水强度和落区不同。(3)正涡度发展的高度也不同,所带来的降水强度也不同,高层强烈辐散配置导致强垂直上升运动。

关键词:西藏暴雪 四次对比分析 环境条件 物理量场

0 引言

暴雪是我区春冬季主要灾害性天气,特别是牧区危害极为严重的气象灾害之一,一直为气象学者的关注和研究。发生这种灾害时常常能见度低,辨不清方向,牲畜因受惊吓收拢不住,顺风奔跑而造成摔伤、冻伤。同时积雪厚,持续低温使冰雪覆盖草场,难以融化,牲畜无法采食,成批牲畜受饥寒所迫致使死亡,损失严重。2013 年初四次特大暴雪过程的特点是降雪强度大、间隔时间短,风力强、大风把地势高处和迎风处的雪吹到地势低处和背风处,使得积雪深,积雪时间长,属于极端高影响的灾害性天气。对 2013 年初的四次特大暴雪过程进行了对比分析,以期为我区南部暴雪预报提供一定的参考。

1 天气实况的对比

2013 年 1—2 月四次特大暴雪天气主要发生区域基本相同,强度大,间隔时间短(图 1)。过程降水总量,聂拉木、普兰、错那、帕里和狮泉河分别为 251,95,35,22,8 mm;2013 年 1 月 1 日—2 月 28 日,普兰和聂拉木总降水量比历史同期平均值分别偏多 3.4 倍和 1.6 倍;普兰降雪量为建站以来历史同期的最多,而聂拉木的降雪量为建站以来的第二高值。1 月 18 日普兰 24 h 降水量 37.9 mm,超历史同期极值(1985 年 1 月 1 日 17.3 mm);2 月 16 日,聂拉木站当日降雪量达到 72.3 mm,超过该站历史同期极值 51.6 mm(2007 年 2 月 14 日)。雪后都有不同强度的降温天气,阿里地区和日喀则地区西南部出现了 10℃以上降温。日最低气温帕羊 1 月下旬达到−44℃;狮泉河 2 月 9 日最低气温−36.7℃超历史同期极值(1979 年 2 月 9 日最低气温为−33.4℃)。与历史同期相比,2013 年 1 月 1 日−2 月 28 日阿里地区西南部和日喀则地区西南部平均气温偏低 0.5～6℃,其中狮泉河偏低 5.6℃,普兰偏低 3℃。

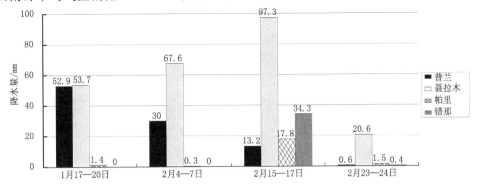

图 1 2013 年四次暴雪过程比较

截至 2 月 28 日 08:00,聂拉木、普兰、错那、帕里和狮泉河的积雪深度分别为 72,42,23,22,9 cm,连续积雪日数分别为 41,42,12,12,41 d。

1.1 四次暴雪天气的不同之处

(1)降雪的范围不同,2013 年 1 月 16—19 日除沿雅鲁藏布江和那曲西部没有降雪外其余地区都出现了降雪。2 月 4—7 日的降雪范围不大,除了日喀则地区南部和阿里地区外,其余地区都没有出现降水。2 月 15—17 日的降雪范围很大,我区除泽当站和浪卡子站以外全区都出现了降雪天气,2 月 23—24 日的降雪强度明显减小,而且沿雅鲁藏布江东段、昌都地区和林芝地区都没有出现降雪。

(2)大风出现的区域和强度不同,2013 年 1 月 16—19 日阿里地区、那曲地区和日喀则地区都出现了大范围的 9～10 级大风。2 月 4—7 日日喀则地区西南部、那曲地区和山南地区的泽当、浪卡子和加查出现了 8～11 级大风。2 月 15—17 日阿里地区、日喀则地区南部、那曲地区和山南地区的部分地方出现了 7～11 级大风。2 月 23—24 日我区大风不明显。

(3)气温变化情况不同,2013 年 1 月 16—19 日降温不明显,1 月 19 日阿里地区的普兰、改则和帕里有 11～14℃的降温外,其余地区降温不明显。2 月 4—7 日降温强度较大,8 日阿里地区、日喀则地区和那曲地区中西部有 5～20℃的降温,其中,聂拉木、定日和狮泉河有 11～20℃的降温,狮泉河降了 20℃。2 月 15—17 日降温强度和范围明显,18 日全区都有降温,降温最明显的是山南地区、阿里地区、日喀则地区南部和那曲地区。其中,错那、帕里、普兰、改则、狮泉河、当雄、尼木、定日和隆子降温幅度达 11～22℃。错那降了 22℃。2 月 23—24 日降温不明显。

1.2 灾情

1 月 17—19 日,造成 219 国道马攸木路段及札达县部分县乡道路中断。2 月 4—5 日,强降雪导致 318 国道聂拉木至樟木路段发生雪崩,交通受阻,有两辆车子被困。2 月 16—18 日,日喀则地区昂仁县强降雪导致切热乡、桑桑镇牲畜死亡共 164 只(匹),山南地区措美县造成草场全部被覆盖,牲畜不能正常放牧。措美镇雪热村 21 头(只)牲畜死亡,造成经济损失达 15000 元。日喀则地区帕里县亚东至帕里路段道路封闭,帕里电站供电中断。

2 环流形势对比

环流方面通过对 500 hPa 形势场的平均场(图 2)和 560 线的位置变化、400 hPa 形势、西太平洋副热带高压的变化和南支槽位置移速(系统影响的关键区)等进行分析。

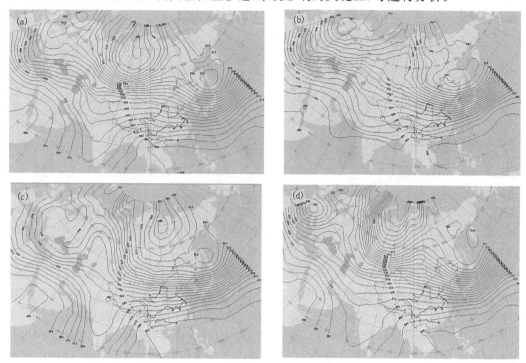

图 2　2013 年 500 hPa 平均场

(a 为 1 月 16—19 日,b 为 2 月 4—8 日,c 为 2 月 15—17 日,d 为 2 月 22—25 日)

2.1　500 hPa 形势场上四次过程的相同点

(1)亚欧地区的中高纬均为经向环流型。

(2)鄂霍茨克海至整个东亚地区是低压槽区。

(3)南支主槽在 70°E 附近。

(4)西太平洋副热带高压西伸很明显,伊朗高压东伸,强度较强。

(5)2 月 500 hPa 平均高度场上,西太平洋副热带高压较常年同期显著西伸,强度强脊线位置偏南。

2.2　500 hPa 形势场上四次过程的不同点

(1)在中高纬乌拉尔山至贝加尔湖附近的环流场很不相同。

元月 16—19 日 20:00 和 2 月 22—25 日 20:00 是较强的低压槽区,但是 2 月 4—8 日 20:00 和 2 月 15—17 日 20:00 是高压脊区。

(2)南支槽的移动速度和强度不同,导致降水强度和落区不同

元月 16—19 日时和 2 月 4—8 日时南支槽的移动速度很慢,停留了 4 天后才移出高原,而且强度较强,有很好的温度槽配置,2 月 5 日 20:00 500 hPa 上南支主槽附近有—24℃的冷中心配置,并且在 400 hPa 上也有很明显的南支槽和温度槽,说明系统很深厚,因此降水主要出现在普兰至聂拉木一线。2 月 15—17 日时南支槽的移动速度较快,停留了 3 d 后移出高原,南支槽的位置稍偏东一些在 75°E 附近,并且有 556 的低压中心,温度槽很深。2 月 16 日 20:00 400 hPa 上,南支主槽的位置有 712 dagpm 的较强的低压中心,说明系统非常的深厚,因此,在

聂拉木过程降水量出现了97.3 mm的历史同期极值。2月22－25日时南支槽的移动速度很快,停留了2 d后移出高原,南支主槽位置也偏东一些在75°E附近,但没有低压中心,冷中心值只有－20℃,没有元月16－19日时那么强,2月23日20:00,400 hPa上南支主槽的位置有728 dagpm的低压中心,低压强度没有2月15－17日时那么强,因此,系统深度不太厚是较浅薄的系统,降水也在聂拉木出现了20.6 mm外其他都不大。

(3)西太平洋副热带高压西伸脊点和强度不同,导致降水的强度和落区不同

元月16－19日和2月4－8日时西太平洋副热带高压的584线的西脊点在印度半岛和阿拉伯海附近上,西伸非常明显,由于西太平洋副热带高压西伸很明显,因此南支主槽在我区停留了4 d后才移出高原,并且2月4－8日时西太平洋副热带高压的强度很强,整个印度半岛被588线控制,而且在印度半岛南部有592 dagpm的高压单体,因此2月4－8日时降水主要出现在聂拉木以及90°E以西地区。而2月15－17日和2月22－25日时西太平洋副热带高压的584线的西脊点在中南半岛附近,强度不强,因此南支主槽在我区停留的时间较短。2月15－17日时降水出现的范围较大,但除南部外强度不大。2月22－25日时出现降水较弱。

2.3 EC560线、南支和副高584线的影响情况

在四次过程中,从500 hPa上560线的变化来看,元月16－18日20:00和2月15－17日20:00的过程中受560线南压的影响非常大,560线基本都在20°N附近,并且2月15－17日20:00的过程中,560线南压在15°N附近,在印度西北部有一个低压中心。而2月4－6日20:00和2月22－24日20:00过程中560线基本都在33°N附近,位置比较偏北,但是2月4－6日20:00西太平洋副热带高压西伸非常明显,而且强度很强,南支主槽在我区停留了4 d后才移出高原。

3 数值预报检验的比较

2013年1月15—18日对于西藏以西的高空槽,T639模式24 h预报与零场基本一致,48 h和72 h预报较零场偏强偏西;EC模式各时效预报对槽的位置和强度与零场较为一致。对于贝湖以西的低涡低槽,两家模式各时效预报与零场基本一致。

2013年2月4日—7日对于西藏以西的高空槽,T639模式24 h预报与零场基本一致,48 h和72 h预报较零场偏强偏西;EC模式各时效预报对槽的位置和强度与零场较为一致。对于副高的预报EC更为稳定。

2013年2月15—17日T639模式与EC模式,500 hPa环流场各时效预报在东南部出现明显空报,其中60 h和84 h空报范围较大,EC模式36 h预报在林芝地区空报。

2013年2月21—28日对500 hPa高度场的检验,对影响西藏的阿拉伯半岛北部低槽,T639模式24 h预报较零场略偏强,其他各时效预报较零场移动偏慢;EC模式各时效预报较零场略偏强。

4 水汽条件对比

水汽通量散度和低空西南风急流。

水汽通量散度是强天气的触发因子,低空西南风急流与强降水密切相关,它具有输送和积累水汽的作用,二者是相互促进的。

在四次暴雪过程中,水汽通量散度强辐合中心的位置和 500 hPa 低空急流的中心强度以及急流轴的位置都有所不同。2013 年 1 月 17 日 08:00 水汽通量散度的强辐合中心在强降雪区上空阿里地区的普兰附近,最大中心值为 $-2.2\ kg\cdot hPa^{-1}\cdot m^{-2}\cdot s^{-1}$,在 500 hPa 的低空急流为东北—西南走向,在阿拉伯海的东北侧存在一个中心强度达 40 m·s^{-1} 的西南风风速中心。2 月 4 日 08:00 的水汽通量散度的强辐合中心在日喀则西南侧的聂拉木附近,最大中心值为 $-3.4\ kg\cdot hPa^{-1}\cdot m^{-2}\cdot s^{-1}$,也是在强降雪区的上空,在 500 hPa 的低空急流也是东北—西南走向,但急流轴位置偏东偏北一些,中心强度为 38 m·s^{-1} 的西南风风速中心。2 月 15 日 08 时的水汽通量散度的强辐合中心在印度半岛的中东部附近,最大中心值为 $-8.6\ kg\cdot hPa^{-1}\cdot m^{-2}\cdot s^{-1}$,但聂拉木南侧的水汽通量散度值为 $-2.1\ kg\cdot hPa^{-1}\cdot m^{-2}\cdot s^{-1}$,在 500 hPa 的低空急流也是东北—西南走向,但急流轴位置偏东偏南,中心强度达 34 m·s^{-1} 的西南风风速中心。2 月 23 日 08:00 的水汽通量散度的强辐合中心在聂拉木南侧,最大中心值为 $-2.0\ kg\cdot hPa^{-1}\cdot m^{-2}\cdot s^{-1}$,在 500 hPa 的低空急流也是东北—西南走向,但急流轴位置偏南,中心强度为 24 m·s^{-1}。低空急流中心强度的不同产生的降水强度也不同,这支低空西南风急流有利于在强暴雪区低空形成高湿区,并且强暴雪上空水汽通量的强辐合与阿拉伯海东北侧的水汽流入有密切关系。

5 动力学条件对比

5.1 涡度的分布情况

这四次过程最大正涡度中心在阿拉伯海附近,但出现的层次不同,正涡度发展的高度也不同,所带来的降水强度也不同。1 月 17 日和 2 月 4 日 08:00 阿拉伯海附近 200 hPa 的正涡度中心值比 500 hPa 大很多,而 2 月 16 日 08:00 阿拉伯海附近 200 hPa 的正涡度中心值比 500 hPa 小,说明高层的高压很明显,强度也比 1 月 17 日和 2 月 4 日强很多,2 月 15—17 日聂拉木出现了 97.3 mm 的历史同期极值。普兰至聂拉木一线,1 月 17 日 08:00 最大正涡度中心在 500~400 hPa,200 hPa 以上转为负涡度,正涡度的层次比较深厚。普兰和聂拉木都出现了 53 mm 的大暴雪。2 月 4 日 08 时和 2 月 16 日 08:00 最大正涡度中心在 500 hPa,到 400 hPa 时都转为负涡度,但 2 月 4 日 08:00,聂拉木附近 200 hPa 上的中心值为 $-52\times10^5\ s^{-1}$,在高层存在一个很强的高压,聂拉木出现了 67.2 mm 的大暴雪。2 月 16 日 08:00 萨嘎附近 200 hPa 上的中心值为 $-10\times10^5\ s^{-1}$,高层的高压也比较强。2 月 23 日 08:00,普兰至聂拉木一线 500~200 hPa 都是正涡度中心。

5.2 散度的分布情况

2 月 4 日 08:00 和 2 月 16 日 08:00,500 hPa 以下都是辐合区,以上都是辐散区,越到高层辐散越强,这种低层辐合,高层辐散的垂直分布,有利于产生强的上升运动,导致产生强降雪。但 2 月 16 日 08:00 低层的辐合大于 2 月 4 日 08:00 的辐合中心($-10\times10^6\ s^{-1}$),主要在对流层以下。1 月 17 日 08:00 和 2 月 23 日 08:00,散度的辐合区都不明显,500~200 hPa 都是辐散区。

6 小结

(1)四次特大暴雪的 500 hPa 环流形势上有相同点,也有不同点。亚欧地区的中高纬均为经向环流型,鄂霍茨克海至整个东亚地区是低压槽区,南支主槽在 70°E 附近,西太平洋副热带高压西伸很明显,伊朗高压东伸,强度较强。2 月 500 hPa 平均高度场上,西太平洋副热带高压较常年同期显著西伸,强度强脊线位置偏南。但是,首先在中高纬乌拉尔山至贝加尔湖附近的环流场很不相同,其次南支槽的移动速度和强度不同,再次西太平洋副热带高压西伸脊点和强度不同,导致降水强度和落区不同。

(2)从 500 hPa 上 560 线的变化来看,560 线南压的影响非常大,560 线基本都在 15°～20°N附近时并且有低压中心配合时,我区西南部出现特大暴雪,如果 560 线的位置比较偏北,但是西太平洋副热带高压西伸非常明显,而且强度很强时,南支主槽很难移出高原,导致产生很强的降雪。

(3)从模式检验而言,EC 的形势场相对较为准确,从降水预报看,德国较日本的降水预报场有更好的参考价值,虽然和实况比较报偏强,但基本上都能把握住几次过程的降水落区和强度。

(4)这四次暴雪的水汽来源都是阿拉伯海东北侧的偏西气流。低空急流中心强度的不同产生的降水强度也不同,这支低空西南风急流有利于在强暴雪区低空形成高湿区,并且强暴雪上空水汽通量的强辐合与阿拉伯海东北侧的水汽流入有密切关系。

(5)这四次过程最大正涡度中心在阿拉伯海附近,但出现的层次不同,正涡度发展的高度也不同,所带来的降水强度也不同。从散度分布的情况来看,当 500 hPa 以下都是辐合区,以上都是辐散区,越到高层辐散越强时产生强的上升运动,导致产生强降雪。

(6)聂拉木县和普兰县特殊的地理地形对降水过程有重要作用。

第二部分

台风与海洋气象

"菲特"登陆减弱时浙江致洪大暴雨过程冷空气和偏东气流的作用

钱燕珍[1]　周　福[2]　朱宪春[1]　杜　坤[3]　金　靓[4]

(1. 宁波市气象台,宁波 315012;2. 宁波市气象局,宁波 315012;3. 宁波市气象网络与装备保障中心,宁波 315012;4. 浙江象山县气象局,象山 315700)

摘　要

本文利用常规和加密观测、本地陆基资料及 NCEP 再分析等资料,诊断了湿位涡 MPV_1、假相当位温 θ_{se} 和水汽等物理量,分析了 1323 号"菲特"台风登陆减弱后浙江异常强暴雨事件,得到本次大暴雨过程是"菲特"减弱后,由于北侧的弱冷空气从近地层渗透流入,暴雨区低层 MPV_1 由负值转变为正值,导致垂直涡度加强,上升气流增强,低层能量锋区堆积,诱生中小尺度系统而产生的;由于东侧"丹娜丝"的活动,使得浙江北部地区有持续强盛的偏东气流,提供了充沛的水汽和能量,近地层偏东气流和东北气流的辐合是强降雨形成的动力机制。呈喇叭口状西高南高的杭州湾地形有迎风坡作用和地形辐合,对偏东、东北气流参与造成的降雨有增幅作用。

关键词:"菲特"台风　冷空气　偏东气流　地形

0　引言

台风暴雨,除了其自身原因,往往与其他天气系统有关。陶祖钰等[1]研究表明,与中纬度槽相互结合的台风暴雨多出现在台风中心北方,距其中心较远;刘晓波等[2]分析了台风"罗莎"引发上海大暴雨的成因,认为第一阶段暴雨是台风外围云系发展成中小尺度的云团产生,第二阶段是冷空气与台风稳定降水;何立富等[3]研究指出中纬度冷空气从 850 hPa 以下低层不断侵入台风低压的北部,增强了其北侧的东北气流,与来自东部海面的东风气流在台风低压北部形成汇合,造成大暴雨。低空急流携带的水汽输送有助于台风雨带中的强对流活动,使降雨量增大[4];许映龙等[5]研究指出西南气流的水汽输送对台风降水至关重要;郑庆林等[6]通过数值模拟试验得出,暴雨增幅与明显超地转性质的东南风低空急流有关,地形阻挡及喇叭口地形辐合效应对暴雨的增幅也有明显作用。这些研究从不同侧面加深了人们对台风暴雨形成机理的认识,有助于提高台风暴雨的业务预报水平。但这些个例大多是盛夏季节的台风,且没有对杭州湾地区台风减弱后强暴雨的针对性研究。

1323 号台风"菲特"登陆福建福鼎沙埕镇,虽然登陆时强度达到强台风级别,但减弱速度特别快,8 h 后就减弱成热带低压,10 h 后停止编报。影响最严重的是浙江省,且暴雨主要出现在"菲特"登陆之后的减弱过程中。对于台风在福建登陆且迅速减弱的过程中,浙江雨量预报存在明显偏小的偏差,给防洪防涝造成了被动。本文利用多种观测资料,采用天气学分析和动力诊断方法对 2013 年"菲特"台风减弱后,出现在它北方浙江的大暴雨过程进行分析,以期进一步揭示这类异常强暴雨给浙江北部地区致洪的原因,为今后类似过程的预报提供参考。

1 环流背景

500 hPa 大尺度环流背景分析表明(图略),2013 年 10 月 6 日 20:00"菲特"登陆前强度最强,这一阶段它位于副热带高压(简称副高)的西南侧,受副高南侧气流引导朝西北移动;此时 24 号强台风"丹娜丝"也在迅速加强且受副高南侧东南气流引导,向西北方向快速移动。7 日 08:00,两个台风相距 1200 km,相距最近。"丹娜丝"的存在,使得副高无法直接南落而位置偏北,之后随着"丹娜丝"往西北方向移动,副高东退再逐渐南落,此时"菲特"附近的引导气流弱,致使其少动,并且和"丹娜丝"共同形成一个大范围的低压区。北侧的高空槽位置偏北,在 35°N 以北,槽区较宽,但是槽前西南气流强盛,特别是 200 hPa 高空上,我国东北部沿海地区从西南到东北,在 30°~45°N 以北有 1000 km 以上的急流带,浙江省正好处在这个急流带起源的南侧,有强烈的风速辐散,高空强的风速辐散,强出流,对于上升气流和低层低值系统的发展或长时间维持有很大的作用。

2 冷空气

2.1 冷空气从近地层侵入

"菲特"减弱之后,虽然高空槽冷空气主体位置偏北,但是从 925 hPa 以下一直到 1000 hPa (图略)都有冷平流从浙江北部地区进入。如图 1 所示,7 日 20:00 925 hPa 图上 24 h 负变温区域刚接触到浙江北部,负变温中心位于上海附近,最低值低于 -2℃。到 8 日 02:00,负变温区域已覆盖整个浙江地区,在浙江西北部出现了 -2.5℃的负变温,可见这一时段确实有冷平流从近地层侵入到浙江北部地区。

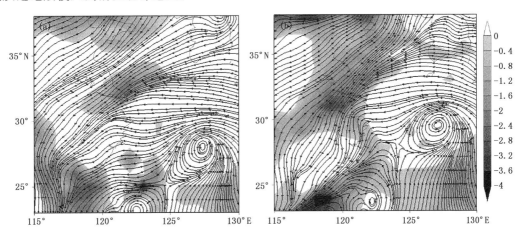

图 1 925 hPa 上 24 h 变温和流场分布

(a 为 7 日 20:00,b 为 8 日 02:00;阴影表示 24 h 变温,单位:℃)

2.2 强降雨区动力热力条件变化表明低层冷空气的作用

Bennetts 和 Hoskins[7]研究指出,湿位涡(MPV)小于 0 是大气发生条件性对称不稳定的充分必要条件。在 p 坐标中,忽略 ω 的水平变化,湿位涡表达式为:

$$MPV = MPV_1 + MPV_2 = -g(\zeta + f)\frac{\partial \theta_e}{\partial p} + g\left(\frac{\partial v}{\partial p}\frac{\partial \theta_e}{\partial x} - \frac{\partial u}{\partial p}\frac{\partial \theta_e}{\partial y}\right) \quad (1)$$

其中，θ_e 为相当位温，ζ 为绝对涡度矢量，f 为科氏参数，其余为气象上常用符号。第一项（MPV_1）表示惯性稳定性（$\zeta+f$）和对流稳定性 $-g\dfrac{\partial\theta_e}{\partial p}$ 的作用，在北半球绝对涡度一般为正值，故当大气对流不稳定时，有 $MPV_1<0$；反之则 $MPV_1>0$。第二项（MPV_2）包含了湿斜压性 $\nabla_p\theta_e$ 和水平风垂直切变的贡献。

沿着强降水中心所在经度（121°E）作湿位涡经向垂直剖面（图 2），7 日 02:00，27°~31°N 浙江省大部分 700 hPa 以上的中高层区域 MPV_1 为正值，且值比较大，说明区域上空大气层结对流稳定，但 26°~28°N 低层有负值中心，最大值达 -1.2 PVU，表明低层对流不稳定强，一旦有辐合扰动，气团将获得向上的加速度，产生强烈对流。7 日 20:00 弱冷空气从低层侵入，8 日 02:00 MPV_1 在低层由负转正，表明暴雨区的低层的热力结构改变了，$-g\dfrac{\partial\theta_e}{\partial p}$ 由负变正，受湿位涡守恒制约，此时垂直涡度将显著增大，导致上升运动加强和水汽向上输送，有利于降水加强[8]。由此可见，低层冷空气的侵入对降水增幅起了很大作用。

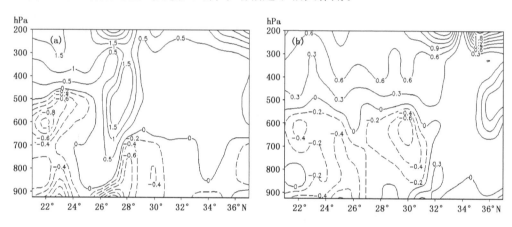

图 2　强降水中心所在经度的湿位涡经向垂直剖面

（a 为 7 日 02:00，b 为 8 日 02:00，单位：PVU①）

2.3　冷空气触发了中尺度对流系统

从 925 hPa 环流分析（图 1），冷空气南下的东北气流与偏东气流交汇在杭州湾附近形成中尺度辐合线，这条中尺度辐合线稳定维持在杭州湾附近，为浙北特大暴雨的发生提供了动力触发条件。由自动站资料分析所得的地面流场（图 3a）可见，在台风低压进入消亡期后，7 日 24:00，地面上 29°N 以北，121°E 附近出现了一条约大于 200 km 的中尺度辐合线，在宁波的余姚附近形成了 β 尺度低压，该低压一直维持到 8 日 05:00，之后减弱向东北方向移出去。

从 10 月 7 日 20:00 925 hPa 上假相当位温 θ_{se} 水平分布来看（图 3b），浙江省是一个高值区，北部地区有东北－西南走向的锋区。由于海上不断有能量向大陆输送，使得高能舌在暴雨过程中维持。θ_{se} 浙江境内 340 K 以上的值从 6 日 02:00 开始一直到 8 日 20:00（图略），表明这一阶段有能量积聚。7 日 20:00 开始，随着冷空气的不断南移，浙江北部的锋区形成，且不断加强，一方面促使低层暖湿空气向上抬升，另一方面使低层大气由对流不稳定变为稳定，导致

---

① $PVU=10^{-6}\,m^2\cdot K\cdot s^{-1}\cdot kg^{-1}$。

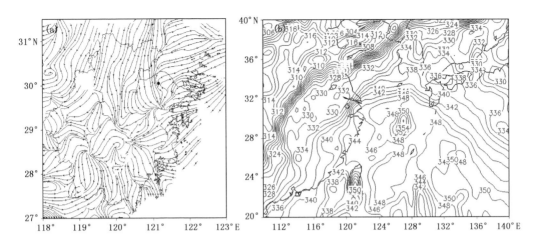

图 3　7 日 24:00 自动站资料地面流场(a,黑点是余姚站)和 7 日 20:00 925 hPa θ_{se}(b,单位:K)

垂直涡度增长,触发中小尺度对流系统,增强上升运动,并出现强降雨。

3　偏东气流

从图 1 可以看到,低层有较强的偏东气流。从图 3a 可以看到,121°E 以东,29°N 以北,中尺度地面站上有强劲的偏东气流。这一带的气流先是东北风向,然后在 7 日 14:00 前后逐渐转成偏东方向,到 8 日 05:00 减弱,维持了 15 h 以上。

3.1　偏东气流带来的充沛水汽

取第二阶段强降雨的主要区域:29°~31°N,119°~122°E,计算四个方向截面的水汽收支。计算该时次该区域四个方向截面(1000 hPa 和 100 hPa)的水汽收支。计算公式如下(东、南、西、北四个方向的水汽通量分别用 F_e,F_s,F_w,F_n 表示,总的用 F 表示):

$$F_e = -\frac{1}{g}\int_{\varphi_1}^{\varphi_2}\int_{P_s}^{P_0} q\,u\,\mathrm{d}p\,\mathrm{d}\varphi \tag{2}$$

$$F_s = \frac{1}{g}\int_{\lambda_1}^{\lambda_2}\int_{P_s}^{P_0} q\,v\,\mathrm{d}p\,\mathrm{d}\lambda \tag{3}$$

$$F_w = \frac{1}{g}\int_{\varphi_1}^{\varphi_2}\int_{P_s}^{P_0} q\,u\,\mathrm{d}p\,\mathrm{d}\varphi \tag{4}$$

$$F_n = -\frac{1}{g}\int_{\lambda_1}^{\lambda_2}\int_{P_s}^{P_0} q\,v\,\mathrm{d}p\,\mathrm{d}\lambda \tag{5}$$

其中 P_s 为表面气压,P_0 为 100 hPa,λ 为经度,φ 为纬度;总的水汽通量公式为:

$$F = F_e + F_s + F_w + F_n \tag{6}$$

正值表示水汽流入所选区域,负值表示水汽从该区域流出。图 4 中各线是区域四个边界水汽水平通量及其总和。从水汽流入流出的总量来看,呈双锋型,7 日 02:00 最多,20:00 次多,7 日 20:00 之后,水汽输入明显减少,8 日 20:00 之后,没有明显水汽输入。水汽收入主要来自东面和北面,西面水汽进出比较少,南面有一些流出。北面的水汽流入一直比较稳定,8 日14:00 之后开始减少。水汽来源最多的是东面,东面最多时接近 100×10^4 g·cm^{-1}·hPa^{-1}·s^{-1},出现在 7 日 02:00,7 日 20:00 之前东面水汽的输送都是比较多的,之后输入减少。从水汽主要输入方向看,偏东气流确实起到了很大作用。另外东北气流的作用也非常大。

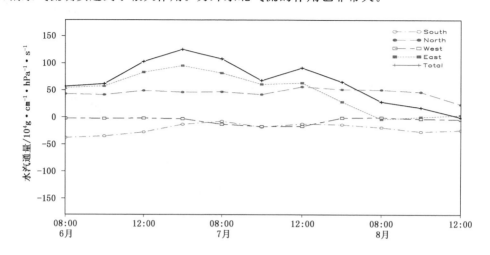

图 4　6 日 08:00—8 日 20:00 强降雨区域四个边界面水汽水平通量及其总和

3.2　偏东气流使得地形对降雨的增幅作用更加显现

地形对降水的增幅作用包括地形摩擦辐合与抬升作用。陈瑞闪[9]研究指出地形引起降水增幅主要取决于两个因素,一是低层风速,风速愈大增幅愈强,二是气流的暖湿程度,气流愈暖愈湿,地形对降水的增幅愈大。我们选取杭州湾里 5 个自动气象站的最大风速变化序列(图略),得到杭州湾里偏东风时,由于其特殊地形,湾里各站有时候风速偏大,气流的迎风坡爬升作用,喇叭口地形的风速增强,地形收缩辐合导致气流产生抬升作用,造成了浙北西北至东南走向的强雨带。

4　结论与讨论

利用常规观测和自动站资料、雷达站资料、凉帽山高塔资料以及 NCEP 再分析资料,针对 1323 号"菲特"台风登陆减弱后,残留环流引发的异常强暴雨事件进行了诊断分析,得到如下主要结果:

(1)本次大暴雨过程是由于"菲特"减弱后,北侧的弱冷空气从近地层的渗透流入,暴雨区低层 MPV_1 由负值转变为正值,导致垂直涡度加大,上升气流增强,高层辐散维持的情况下,低层能量锋区堆积,辐合加强,诱生中小尺度系统而产生的。

(2)由于东侧"丹娜丝"的活动,使得浙江北部地区有持续强盛的偏东气流,为强降雨提供了充沛的水汽和能量,近地层东北气流和偏东气流的强辐合是暴雨的动力机制。

(3)强降水主要分布在杭州湾的西北侧和南侧的四明山区,呈喇叭口状的杭州湾,及西高、南高、北低的该区域地形,对偏东气流有迎风坡作用和地形辐合,这一带的地形对偏东气流造成的降雨有增幅作用。

另外,预报实践过程中,秋台风即使迅速减弱,但容易有冷空气的加入而造成强降雨持续;盛行偏东风时,杭州湾海域风力会明显偏大,容易造成周围区域的降雨增幅;用当地多源和边界层的观测资料做暴雨预报的局地性、临近修正有很好的指示意义。

参考文献

［1］ 陶祖钰,田伯军,黄伟.9216 号台风登陆后的不对称结构和暴雨.热带气象学报,1994,**10**(1):69-77.

［2］ 刘晓波,皱兰军,夏立.台风罗莎引发上海暴雨大风的特点及成因.气象,2008,**34**(12):72-78.

［3］ 何立富,许爱华,陈涛."泰利"台风低压大暴雨过程冷空气与地形的作用.气象科技,2009,**37**(4):385-392.

［4］ 李英,陈联寿,徐祥德.水汽输送影响登陆热带气旋维持和降水的数值试验.大气科学,2005,**29**(1):91-98.

［5］ 许映龙,韩桂荣,麻素红,等.1109 号超强台风"梅花"预报误差分析及思考.气象,2011,**37**(10):1196-1205.

［6］ 郑庆林,吴军.地形对 9216 号台风暴雨增幅影响的数值研究.南京气象学院学报,1996,**19**(1):8-17.

［7］ Bennetts D A, Hoskins B J. Conditional symmetric instability—a possible explanation for frontal rainbands. *Quarterly Journal of the Royal Meteorological Society*, 1979,**105**:945-962.

［8］ 张清华,吴建成,刘蕾,等.热带风暴莲花外围特大暴雨的成因分析.气象,2012,**38**(5):543-551.

［9］ 陈瑞闪.台风.福州:福建科学技术出版社,2002:324-329.

光流法在 2013 年台风"菲特"路径预报中的应用研究

朱智慧 黄宁立 刘 飞

（上海海洋气象台,上海 201306）

摘 要

利用光流法,对 2013 年"菲特"期间 EC 和 T639 两个数值模式的 500 hPa 位势高度场预报进行了检验,并利用检验结果进行了"菲特"路径的订正。结果表明:从 10 月 5 日 20:00 光流检验场上可以看到,对西太平洋副热带高压西伸部分的预报 EC 和 T639 存在较大的差异,是造成了这一时次两个模式对"菲特"的路径预报出现了较大差异的原因。从 4 日 08:00—6 日 20:00 EC 的 24 h 预报强度、位移误差都比 T639 稳定,但在角度误差方面 T639 模式的稳定性更好,因此 T639 模式的"菲特"路径预报可参考性更大。利用光流检验的量化分析结果进行"菲特"路径订正,需要将预报路径南调 25～45 km,这与实况的 30～43 km 十分接近。

关键词:光流法 "菲特" 路径预报 订正

0 引 言

光流是计算机视觉领域的重要概念,在 20 世纪 50 年代 Gibson[1] 首次提出,应用光流法可以实现对目标的检测和跟踪[2-3]。在数值模式检验领域,传统的 TS 评分等方法只是点对点的检验,没有考虑空间场的误差信息[4],提供的信息不完整。Hoffman 等[5] 的研究第一次引入了基于光流概念的数值模式检验技术,将模式的预报误差分解为位移、振幅和剩余误差。此后,很多研究[6-9] 将这项技术进行了推广,结果表明,在数值模式检验方面,光流法能很好地评估模式的空间场预报误差。

在 2013 年超强台风"菲特"的路径预报中,各大机构给出的登陆范围在浙江温岭到福建霞浦一带沿海,比较准确,但范围过大,尤其是 10 月 6 日,在"菲特"登陆前 24 h,许多机构还倾向于"菲特"在浙江南部登陆,而实况是"菲特"在福建北部登陆,比预计的位置更偏南。数值模式对台风路径的预报能力在逐年提高,但是仍有较大的误差,如果一个模式的预报误差相对比较稳定,那么它的预报结果就有较高的参考价值,有效分析和利用这些误差也是提高台风路径预报的一个重要手段,因此,本文利用光流法分析了"菲特"期间 EC 和 T639 的预报误差,并利用这些量化的误差进行了数值预报的订正,很好地改进了"菲特"路径预报结果。

1 资料与方法

1.1 资料

本文使用的资料为:

(1) 中国气象局 Micaps 中 EC 和 T639 的 500 hPa 位势高度 24 h 预报场和对应时次的分

资助项目:中国气象局预报员专项项目(CMAYBY2013-023),上海市气象局面上项目(MS201211、MS201409)

析场,时间为 2013 年 10 月 4 日 08:00—10 月 6 日 20:00,间隔 12 h。其中 EC 和 T639 资料空间分辨率分别为 0.25°×0.25° 和 1°×1°。

(2)中央气象台"菲特"定位报文资料,时间为 2013 年 10 月 4 日 08:00—10 月 6 日 20:00。

1.2 LK 方法计算光流场

光流场的计算方法主要为 LK 方法[10]。

考虑一个图像上的像素点 (x,y),在 t 时刻的强度为 $I(x,y)$,经过时间 dt,该点在图像平面上的位置移动到了 $(x+dx,y+dy,t+dt)$。假定它的强度不变,则:

$$I(x,y,t) \simeq I(x+dx,y+dy,t+dt)$$

对数值模式检验而言,用 I_o 和 I_f 代表同一时次的气象要素 I 的观测场和预报场,则方程变为:

$$I_o(x,y) \simeq I_f(x+dx,y+dy)$$

如果场强不为常数,LK 方程改进为:

$$I_o(x,y) \simeq I_f(x+dx,y+dy) + A(x,y)$$

其中 $A(x,y)$ 代表预报场相对观测场的强度误差。将上式进行泰勒展开并省略二阶及以上的偏导数项,则方程变为:

$$I_o(x,y) \simeq A(x,y) + I_f(x,y) + \frac{\partial I_f}{\partial x}dx + \frac{\partial I_f}{\partial y}dy$$

令 $u=dx,v=dy$,则上式写为:

$$I_x u + I_y v + A = dI$$

其中,I_x 和 I_y 分别代表 I_f 在 x 和 y 方向的梯度,$dI=I_o-I_f$ 代表观测场与预报场的差值。需要求解的参数为 u,v,A。(u,v) 称为光流,将 u,v 转化为极坐标系表示:

$$u = r\cos\theta$$
$$v = r\sin\theta$$

其中的极径 r 和角度 θ 就分别代表位移误差和角度误差。这样,对某一气象要素 I,利用光流法就求得了数值模式预报场相对于观测场的光流检验场和三种误差场:强度、位移和角度误差场。

2 光流法模拟示例

作为应用光流法进行模式检验的示例,首先利用两个圆的方程:

$$I_{oi,j} = x_{i,j}^2 + y_{i,j}^2$$
$$I_{fi,j} = (x_{i,j}+a)^2 + (y_{i,j}+b)^2$$

其中 $x\in[-20,20],y\in[-10,10],a=2+0.01(i-1),b=2+0.01(j-1)$ 进行模拟,构造了两个 201×101 格点数的二维空间场,I_o 代表观测场,I_f 代表预报场。在这样的模拟下,利用光流法进行误差分析,我们预期的结果为:

(1)在强度误差方面,由于 $x\in[-20,20],y\in[-10,10]$,越靠近 x 和 y 数值集合的两端,I_f 相对于 I_o 的误差越大。

(2)在位移误差方面,I_f 和 I_o 结构相似,只是 I_f 相对 I_o 向左下方发生偏移,并且偏移的

距离随 i,j 的增大逐渐增大,位移误差为$\left[\sqrt{a_{\min}^2+b_{\min}^2},\sqrt{a_{\max}^2+b_{\max}^2}\right]$,即位于$[2,5]$。

(3)在角度误差方面,因为在 x 和 y 方向的偏移距离分别为 a 和 b,偏移的角度可以用下式求得

$$\theta = k\pi + \arctan\frac{b}{a}(k=0,1,2)$$

$a\in[2,4]$,$b\in[2,3]$,因此$\frac{b}{a}\in\left[\frac{1}{2},\frac{3}{2}\right]$,$I_f$ 相对于 I_o 都是向左下方偏移,这样偏移角度 $\theta\in$ $\left[180+\arctan\left(\frac{1}{2}\right),180+\arctan\left(\frac{3}{2}\right)\right]$,数值在 200~260。图 1 是观测场(深色曲线)和预报场(灰色曲线)的模拟结果、观测场和预报场之间的光流检验场(箭头场)以及利用光流法计算的强度、位移、角度三种误差场,同时也给出了强度、位移、角度三种误差场的误差统计直方图。从图 1a 中看到,光流法很好的表现了预报场相对于观测场的预报误差。从图 1b 和图 1e 看到,正如所预期的那样,越靠近 x 和 y 数值集合的两端,强度误差越大,误差统计显示强度误差以负偏差为主(即预报比观测偏强),数值主要分布在 -200~100。从图 1c 和图 1f 看到,位移误差随着 i,j 的增加在逐步增大,最大的值出现在场的右上部,误差统计显示偏移数值主要分布在 2~5。图 1d 和图 1g 也准确表现了预报场相对于观测场的偏移方向,数值在 200~260,即偏向西南向。

3 两个模式一次 24 h 预报的光流检验对比分析

从图 2 中可以看到,对 10 月 5 日 20:00 的 500 hPa 位势高度场预报而言,在强度误差方面,EC 对台风"菲特"和西风槽的强度预报偏差不大,对西太平洋副热带高压的预报则略偏强,T639 对台风"菲特"和西风槽预报偏弱,对副高预报偏强。在位移误差方面,EC 对台风"菲特"和西风槽的预报位移误差为 0.5 个经纬距左右,对西太平洋副热带高压的预报位移偏差为 0.5~1.0 个经纬距,而 T639 对台风"菲特"的预报位移误差为 0.5 个经纬度左右,对副高为 0.5~1.5 个经纬距,对西风槽的预报误差为 0~0.5 个经纬距。在角度预报误差方面,这一时次 EC 和 T639 对"菲特"的预报具有较大的差异,EC 偏西南,而 T639 偏东北,从光流检验场上可以看到,对西太平洋副热带高压西伸部分的预报 EC 和 T639 存在较大的差异,EC 预报偏南和西南,而 T639 预报偏东北,对西太平洋副热带高压的预报偏差造成了这一时次两个模式对"菲特"的路径预报出现了较大的差异。

4 "菲特"影响期间 EC 和 T639 模式 24 h 预报光流检验对比

取台风中心附近四个格点的误差平均代表模式对台风区域的预报误差,计算 4 日 08:00—6 日 20:00 EC 和 T639 模式的 24 h 预报强度、位移和角度误差,如图 4。

从图 3 看到,在预报强度和位移误差方面,对大多数时次,EC 模式的预报误差要小于 T639,并且表现更稳定;在预报角度误差方面,两个模式也存在较大的差别,T639 模式表现出较明显的特征,在 5 日 20:00 之前,以偏西南到东南向为主,5 日 20:00 之后,开始稳定的偏向东北向,EC 模式的角度误差变化较大,依次出现偏东北、偏西北、偏东南、偏东北、偏西南、偏东北的角度误差,从这一点上讲,正因为 T639 模式在角度误差方面表现较好的稳定性,该模式的路径预报可参考性更好。基于以上的分析,如果利用 T639 模式的预报进行"菲特"路径

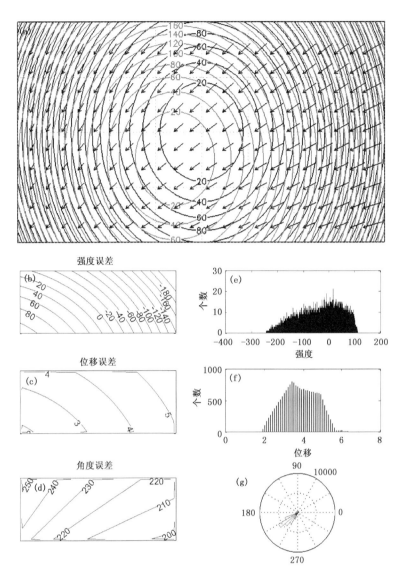

图 1　模拟场的光流检验场(a,箭头表示光流场,灰色线代表预报场,黑色线代表观测场);强度误差(b,单位:dagpm),位移误差(c,单位:经纬距),角度误差(d,单位:°)的空间分布;强度误差(e),位移误差(f),角度误差(g)的统计直方图

的订正预报,可以取得更好的路径预报结果。

5　基于光流检验的"菲特"路径预报订正

　　利用光流检验技术,实现了对数值模式预报误差的量化,那么利用这些量化的预报误差就可以对台风路径进行订正。从前面的分析看到,T639 模式在后面几个时次的角度误差方面表现更稳定,可参考性更高,因此本文采用 T639 模式预报对"菲特"路径进行订正。

　　引入直接坐标系,设在 y 方向(即南北向)调整的距离为 dy,则对"菲特"路径的订正可以用下面的示意图 4 表示:

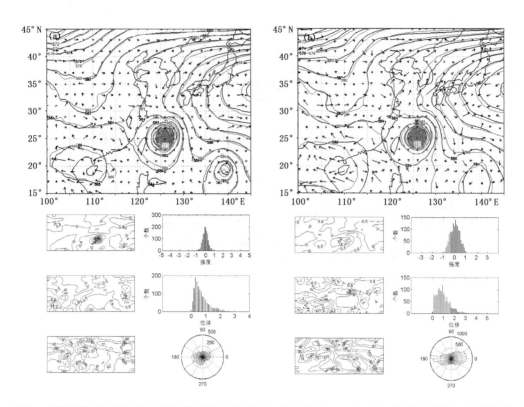

图 2　与图 1 类似,EC(a)和 T639 模式(b)2013 年 10 月 5 日 20:00 500 hPa 位势高度场 24 h 预报检验

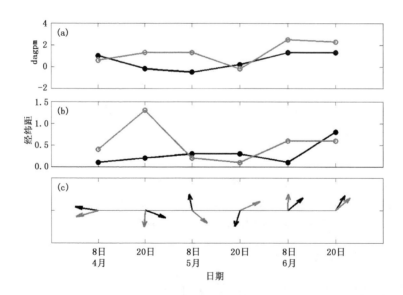

图 3　EC 和 T639 对台风"菲特"中心预报的三种误差随时间变化

(a 为强度误差,b 为位移误差,c 为角度误差;黑色代表 EC,灰色代表 T639)

　　其中:

$$\frac{BB'}{CC'} = \frac{OB}{OC} = \frac{3}{4}$$

根据角度误差的分析,基于 T639 模式,"菲特"预报偏移的角度两种可能性较大:(1)偏北;(2)

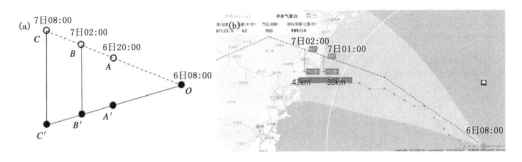

图 4 "菲特"路径示意图(a)和预报路径与实况路径对比图(b)(10月6日08:00后)

偏东北,利用位移误差的定量检验结果,$CC'=0.6$,这样对"菲特"路径的订正就可以求得:

(1)预报偏北

$$\mathrm{d}y = BB' = 0.45$$

(2)预报偏东北

$$\mathrm{d}y = BB'\sin(33°) = 0.45\sin(33°) = 0.25$$

最终,利用 T639 模式 5 日 20:00 和 6 日 08:00 的光流检验结果进行估算,可以判断,登陆时,台风"菲特"路径向南调整的距离为:$0.25\sim0.45$ 经纬距,即 $25\sim45$ km(1 经纬距等于 100 km)。图 4b 给出了 6 日 08:00 起报的"菲特"预报路径和实况路径,以及 7 日 01:00 和 02:00 台风中心预报与实况的测距(单位:km),可以看到,7 日 01:00$-$02:00,"菲特"的预报路径和实况路径在南北方向上的偏差为 $30\sim43$ km,这与前面的订正结果十分接近,说明基于光流检验的定量分析,可以对台风路径起到很好的订正效果,基于这样的分析,预报"菲特"在福建北部登陆更准确。

6 结论

本文利用光流技术对 2013 年台风"菲特"期间 EC 和 T639 模式的 500 hPa 位势高度场预报进行了检验和释用,主要得出以下几点结论:

(1)利用光流法,可以很好地表征预报场相对于观测场的预报误差,并将误差分解为强度、位移、角度三种误差场,在反映不同模式对一次天气过程的预报效果和特点方面具有较高的实用价值。

(2)从 5 日 20:00 光流检验场上可以看到,对西太平洋副热带高压西伸部分的预报 EC 和 T639 存在较大的差异,是造成了这一时次两个模式对"菲特"的路径预报出现了较大差异的原因。

(3)从 4 日 08:00$-$6 日 20:00 EC 的 24 h 预报强度、位移误差都比 T639 要稳定,但角度误差方面 T639 模式的稳定性更好,因此 T639 模式的"菲特"路径预报可参考性更大。利用光流检验结果进行"菲特"路径订正,需要将预报路径南调 $25\sim45$ km,这与实况的 $30\sim43$ km 十分接近。

参考文献

[1] Gibson J J. Optical motion and transformation as stimuli for visual perceptions. *Psychological Review*,

1957,**64**(5):288-295.

[2] Barron J L,Fleet D J,Beauchemin S S. Performance of optical flow technique. *International Journal of Computer Vision*,1994,**12**(1):43-77.

[3] Camus T. Real-time quantized optical flow. *Real-Time Imaging*,1997,**3**:71-86.

[4] Jolliffe L T,Stephenson D B. *Forecast verification: a practitioner's guide in atmospheric science*. Chichester,UK:John Wiley and Sons,2003,120-136.

[5] Hoffman R N,Liu Z,Louis J F,*et al*. Distortion representation of forecast errors. *Mon Wea Rev*,1995,**123**:2758-2770.

[6] Du J S,Mullen L,Sanders F. Removal of distortion error from an ensemble forecast. *Mon Wea Rev*,2000,**128**:3347-3351.

[7] Marzban C，Sandgathe S. Optical flow for verification. *Wea Forecasting*,2010,**25**:1479-1494.

[8] 韩雷,王洪庆,林隐静. 光流法在强对流天气临近预报中的应用. 北京大学学报(自然科学版),2008,**44**(5):751-755.

[9] 朱智慧,黄宁立,浦佳伟. 光流法对 2011 年"梅花"台风期间 500 hPa 高度场预报的检验释用. 气象科技进展,2013,**3**(5):41-47.

[10] Hom B K P,Schunck B G. Determining optical flow. *Artificial Intelligence*. 1981,**17**:185-203.

强台风"菲特"对苏州风雨影响分析

陈纾杨[1]　陈　飞[1]　孙　伟[2]

(1.南京大学大气科学院,南京 210093;2.南京信息工程大学大气物理学院,南京 210044)

摘　要

强台风"菲特"是影响苏州的一次秋季台风过程,降水影响时段主要集中在 10 月 6 日夜里到 8 日上午,其中 6 日白天全市普降中到大雨,7 日和 8 日均出现暴雨到大暴雨。"菲特"台风给苏州的农业、工业交通业、水利工程等都带来了严重的损失,成为 10 月份影响苏州最严重的台风,属特别严重级别。"菲特"台风影响期间,降水影响远大于大风的影响,并呈现持续时间长、降水强度大、阶段性强降雨特点明显。强台风"菲特"造成长时间强降水,主要原因不仅有"菲特"本身强大的结构造成的降水,同时还有有利环境背景场配合、动力热力条件、双台风"丹娜丝"、东移低槽等原因。通过对历史相似对比分析发现,与夏季台风相比,秋季台风呈现出降水时间长、影响系统复杂的特点。

关键词:台风"菲特"　双台风"丹娜丝"　阶段性强降雨　秋季台风

0　引言

2013 年第 23 号热带风暴"菲特"于 9 月 30 日 20:00 在菲律宾以东洋面生成(图 1)。生成时中心位于 13.9°N、132.5°E,中心附近最大风力 8 级(18 m·s^{-1}),中心最低气压 1000 hPa。在西太平洋上向西北偏北方向移动时强度逐渐加强,于 10 月 4 日 17:00 加强为强台风,并于 7 日 01:15 在福建省福鼎市沙埕镇沿海登陆,登陆时中心附近最大风力有 14 级(42 m·s^{-1}),中心最低气压为 955 hPa,为强台风级别。登陆后"菲特"减弱西行,03:00 减弱为台风,04:00 减弱为强热带风暴,06:00 减弱为热带风暴,09:00 在福建建瓯市境内减弱为低气压后逐渐消散。中央气象台于 10 月 7 日 11:00 对其停止编号。但其残余云系仍将给江苏、安徽、上海、浙江、江西、福建等地造成强降雨。

"菲特"对苏州的降水影响时段主要集中在 6 日夜里到 8 日上午是"菲特"的主要影响时段,其中 6 日白天全市普降中到大雨,7 日和 8 日均出现暴雨到大暴雨。由表 1 可知,过程降雨量最大为 303.9 mm(昆山),最大日降雨量为 160.4 mm(昆山)。自动站过程最大降雨量 335.4 mm(吴江桃源站),小时最大降雨量 74.8 mm(苏州实验小学站)。全市普遍出现 6~8 级东北大风,最大风力 20.4 m·s^{-1}(太湖小雷山,8 级)。

表 1　"菲特"影响苏州各地风雨实况

	苏州	常熟	张家港	昆山	东山	吴江	太仓	自动站最大
过程累计雨量/mm	242.2	207.6	162.0	303.9	234.5	252.2	242.2	335.4(吴江桃源)
日最大降雨量/mm	138.9	104.4	90.3	160.4	128.0	116.7	131.3	206.5(吴江桃源)
最大阵风风速/(m·s^{-1})	18.1	14.4	13.0	13.6	18.3	16.3	16.9	20.4(太湖小雷山)

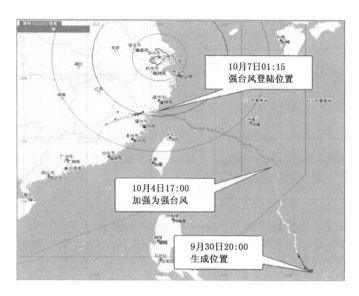

图 1　强台风"菲特"路径及强度变化

　　"菲特"对苏州市的农业生产、城市运行、交通运输、电力供应和居民生活等造成了较大影响。据市防汛指挥部、民政和农委等部门的统计,截止到 10 月 10 日,全市受灾人口 6.77 万人,紧急转移 0.37 万人,直接经济损失约 2.02 亿元,其中:农业直接经济损失 0.88 亿元,工业交通业直接经济损失 0.39 亿元,水利工程水毁直接经济损失 0.23 亿元,其他方面经济损失 0.52 亿元。

　　通过对 1949 年以来气象台站记录的影响苏州的台风风雨影响程度进行统计排名(表 2),得出"菲特"属特别严重级别,过程最大降雨量位居 1949 年以来影响苏州台风降水的第 3 位,是 10 月份影响苏州最严重的台风。

表 2　1949 年以来严重影响苏州热带气旋历史排名(按过程最大总降雨量排名)

排名	台风编号	影响时间	过程最大总雨量/mm	暴雨天数/d	日最大雨量/mm	大风持续天数/d	极大风速/(m·s⁻¹)
1	6214	9 月 6—7 日	414	2	242.8	3	20.0
2	6007	8 月 2—3 日	347.2	1	303.9	1	20.0
3	1323	10 月 6—8 日	303.9	2	160.4	1	18.3
4	8506	7 月 31 日—8 月 1 日	259.7	1	188.8	1	21.0
5	9015	8 月 31 日—9 月 1 日	231.1	1	210.6	2	23.0
6	1211	8 月 6—9 日	208.6	1	179.7	2	29.7

1　降水特征

　　"菲特"台风影响期间,对苏州所造成的风雨影响中,降水影响远大于大风的影响(图 2)。此次暴雨过程呈现持续时间长、阶段性特点明显、降水强度大。整个过程中,全市普降大暴雨,暴雨日和大暴雨日各有 1 d。6 日早晨开始出现降水,持续到 8 日下午。其中 7 日 08:00—8 日 08:00 日雨强最强,除张家港出现暴雨外,其余各站均达大暴雨,最强出现在昆山(241.9 mm)。

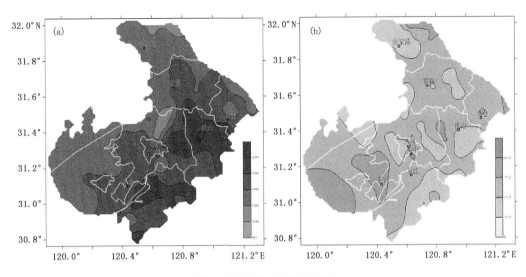

图 2 "菲特"对苏州风雨影响
（a 为过程降水量，b 为极大风速）

另外本次台风强降水的原因不仅有"菲特"本身强大的结构造成的降水，同时还有西太平洋的另一个强台风"丹娜丝"以及西风带中弱冷空气的影响，故降水还呈现明显的阶段性。

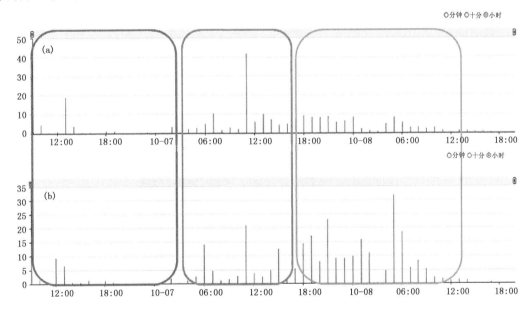

图 3 小时降水量变化及阶段划分
（a 为吴中站，b 为昆山站）

根据暴雨的主要影响系统的不同，本文将整个暴雨过程分为三个阶段，分别为外围阶段（6日 06:00—7 日 01:00 台风外围螺旋雨带）、维持阶段（7 日 02:00—16:00 "菲特"倒槽和台风"丹娜丝"的共同作用）以及冷空气阶段（7 日 17:00—8 日 20:00 弱冷空气、"菲特"残留低压以及"丹娜丝"的共同作用），以下对上述三阶段进行具体分析：

1.1 第一阶段—外围阶段

外围阶段为苏州地区出现降水开始,直至台风登陆为止。此阶段中,"菲特"仍然位于海面上,并在副高南侧的引导气流中,向西北方向移动,从风场上来看,此时我市上空的低空东风急流已有明显的加强,从相对湿度场上来看(图4),我市上空的湿度也有大幅的增加,降水也随之开始。降水主要集中在 09:00—15:00,从雷达回波(图5)以及卫星云图都可以看出,此阶段降水主要是台风外围螺旋雨带造成,最强降水强度在 $10\sim20$ mm·h^{-1}。15:00 后到 7 日04:00,降水强度有所减弱,主要以阵性为主,南部地区比较明显。

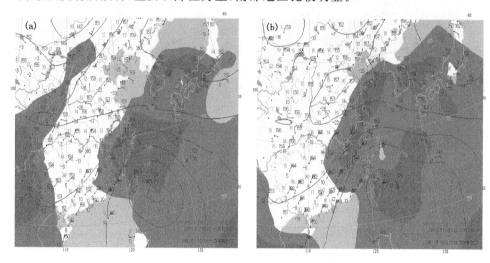

图4 10月6日850 hPa形势场和相对湿度

(a 为 6 日 08:00,b 为 6 日 20:00)

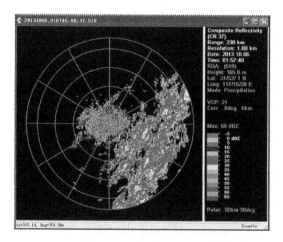

图5 10月6日10:00雷达回波

1.2 第二阶段—维持阶段

维持阶段开始于"菲特"登陆"菲特"登陆后,至冷空气影响结束。"菲特"登陆后强度迅速减弱,减弱后在我国东南沿海以热带低压的形式维持,其北侧的低压倒槽也长时间维持,并有相当强的湿度中心配合。再加上较强的东风急流下,造成明显的雨量加大。加之,此时台风"丹娜丝"是离"菲特"距离最近的一段时间,为其带来源源不断的水汽条件,也是 7 日降水持续的一个重要条件。

另外,从中尺度分析来看,降水集中在中尺度地面辐合线附近,最强降水强度在 30～40 mm·h^{-1}。可以看到低空东风急流向地面辐合线附近输送大量水汽,水汽在此处有较强停留和增加,也加强了辐合线附近的对流不稳定性;从上海探空来看,此时上下层风向不一致,也使辐合线稳定少动,在原地长时间维持。而苏州市正处于地面辐合线影响下,所以造成了明显的局地性,即 7 日白天苏州市出现极端的强降水,而位于苏州以东不远的上海,降水量则小很多。从雷达回波图中可以看到,在大片降水回波中有一条东北－西南走向的较强回波带,中心强度达到 50 dBZ,且此时有雷电出现,也说明此时的降水具有一定的对流不稳定性。

1.3 第三阶段—冷空气阶段

冷空气阶段开始于 7 日傍晚,即冷空气影响开始,直至降水结束为止。7 日傍晚开始,随着西风槽东移,底层冷平流逐渐影响我市北部地区,苏州市开始受冷空气和台风的共同作用。从 700 hPa 的风场上可以看到,在渤海—东南沿海一线有一条维持时间较长的切变线,切变线可以看作是冷暖空气的交汇,切变线影响区域中,降水出现增强,后期随着切变线东移南压,降水逐渐结束。

整个冷空气阶段可以前段和后端,前段为 7 日 18:00－23:00,降水有加强,最大雨强为 20 mm·h^{-1}左右,此段时间可以看成是冷暖空气僵持的阶段,此时雷达回波移动缓慢,后段则是 8 日 05:00－09:00,由于此次冷空气南下路径偏东,所以东部地区雨强加大更为明显,达 30～40 mm·h^{-1}。冷空气的影响使降水的不稳定性明显增强,另外此时不断有对流降水回波不断影响苏南地区,呈现"列车效应"的特点。

2 降水特征原因分析

一般的台风降水持续时间仅 24 h 左右,但本次"菲特"的降水过程却持续了 3 d,且其中两天的降水量达到了暴雨或大暴雨级别,以下具体分析降水时间延长的原因以及降水强度较强的原因:

2.1 环境场

从背景场来看(图 6),整个环境形势总体上是副热带高压、西风槽、双台风多系统相互作用,导致降水系统停滞时间长,并呈现阶段性特点:副热带高压稳定西伸有利于台风西行登陆;另外热带辐合带活跃,西太平洋上出现"双台风效应",提供充足水汽,造成影响区域对流不稳定;西风槽东移,引导冷空气南下,与残留云系结合。另外,副热带高压的存在使低槽东移的速度有一定的减缓,也从另一个方面使冷空气影响时间延长,降水也随之延长。

2.2 水汽显著辐合、低空东风急流加强

对苏州上空(取点 119°E,32°N 表示,下同)水汽通量散度做时间垂直剖面图(图 7),可以看到在"菲特"降水期间,低层 850 hPa 以下长时间维持一个非常显著的水汽辐合中心,开始于 6 日夜里,一直维持到 8 日白天,水汽聚集明显,维持时间长,为长时间的强降雨提供了非常有利的水汽条件。另外,同样图中还给出了苏州上空的风向风速随时间随高度的变化,从中可以看出,在 6 日夜里苏州市上空的东风急流有了明显的加强,并有长时间的维持,而后随着冷空气的南下,整层逐渐转为偏北风,风力减弱,降水也就逐渐停止。

在水汽输送方面,必须考虑的一个重要原因即是西太平洋上的另一个强台风"丹娜丝"。

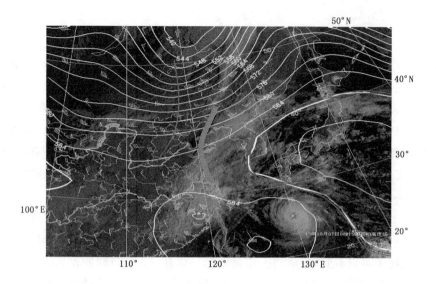

图 6　10 月 7 日 08:00 500 hPa 高空形势和可见光云图(箭头表示冷空气)

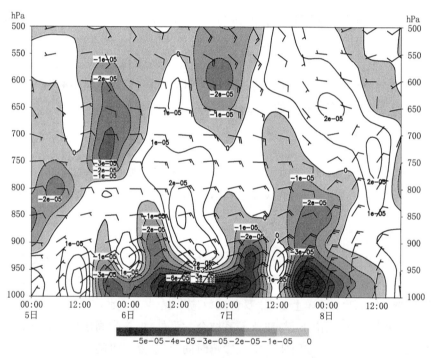

图 7　119°E,32°N 水汽通量散度时间垂直剖面

从 850 hPa 的水汽通量图(图 8)来看,"菲特"本体的水汽供应已基本不足考虑,长三角地区的水汽供应主要来自于"丹娜丝"台风的输送,并且这样的水汽输送一直维持了 7 日一整天。由此可见,"丹娜丝"的存在不仅影响"菲特"移动路径,即"藤原效应",其强大的水汽输送使主要降水区域集中在"菲特"北侧,并长时间维持,这也是为什么"菲特"的降水并没有在其登陆地点福建附近造成明显的影响,而是在其北侧的长三角地区造成极大降水的一个重要原因。

2.3　高层散度中心的长时间维持

从苏州上空散度的垂直剖面图(图 9)可以看到,从 6 日夜里起,有一个非常强的辐散中心长

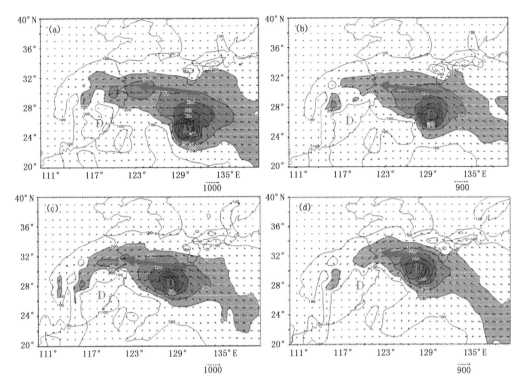

图 8　10 月 7 日 08:00—8 日 02:00 850 hPa 水汽通量
（a 为 7 日 08:00，b 为 7 日 14:00，c 为 7 日 20:00，d 为 8 日 02:00）

时间维持在 300 hPa 的高度上，该辐散中心长时间强大地维持为垂直上升运动提供了有利的动力条件，而这样的上升运动又使"菲特"的残留云系较长时间的维持。同时从图中也能看到，散度中心中最强的部分正好出现在 7 日白天，这也与降水最强的时间段表现出较好的一致性。

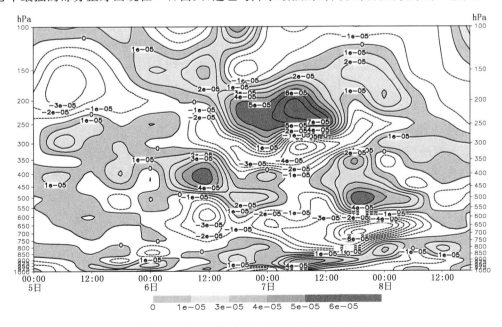

图 9　119°E，32°N 散度、风场时间垂直剖面图

3.4 槽前正涡度平流的输送

西风槽前是有正涡度平流输送的,随着低槽的东移,不仅有冷空气引导南下,槽前正涡度平流也在不断地输送到台风"菲特"残留云系中,正的涡度平流的输送有利于辐合上升运动的维持和加强,从而有利于降水的维持和发展。而由于副高的阻碍使低槽移动缓慢,也使正涡度平流的输送有更长时间的作用(图10)。

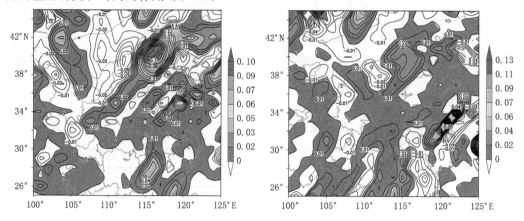

图10　10月8日00:00高空涡度平流

(a 为 500 hPa,b 为 700 hPa)

3　大风分析

"菲特"影响期间,全市普遍出现 6～8 级大风,最大风力出现在太湖小雷山自动站(20.4 m·s⁻¹,8 级),陆地上 7 级风持续了 20 h,但主要大风出现的时间段集中在 7 日傍晚到 8 日上午,也就是冷空气影响的时段。

"菲特"台风距离苏州最近的时段在 7 日凌晨,即登陆后的 4 h,这段时间地面气压梯度有一定的增强,但是由于 7 级大风圈最北位置到达浙北,这段时间苏州市并没有出现明显的大风。直到后期,随着冷高压东移南下,以及台风"丹娜丝"的北上,西高东低的形势使华东沿海地区的气压梯度进一步加大,此时苏州市的风力才出现最为明显的加大。

4　数值预报检验

本文主要以预报业务中运用最多的欧洲细网格预报产品进行检验,分别对 4 日 20:00 和 5 日 20:00 起报的预报检验来看,对于台风登陆地点、登陆时强度、降水起止时间以及降水主要影响系统预报都较为准确,并随着预报时效的临近,预报也在向准确的方向调整。而本次台风过程预报的主要失误在于降水量的预报,这也在数值预报上得到了印证。4 日 20:00 起报的降水量 6 日、7 日、8 日分别为小雨、中雨、大雨的级别,报低了两到三个量级,而 5 日 20:00 对上述三天的降水量做了明显的调整,三天的降水分别为中雨、暴雨、大雨,虽然相比降水实况仍然报低了一到两个量级,但这样对雨量向大的方向的调整,总体对降水量的预报有提示作用。

5　历史相似台风

通过对台风生成季节、登陆地点、路径等关键字进行统计搜索,以 6214 号台风"Amy"和

0716号台风"罗莎"两个秋季台风进行一定的总结(图11)。

表3 历史相似台风概况

	6214 "Amy"	0716 "罗莎"
起止时间	1962年9月5日20:00—10日20:00	2007年10月7日15:30—10日08:00
强度等级	超强台风(Super TY)	超强台风(SuperTY)
登陆地点	台湾,福建长乐到福鼎	福建省福州市福鼎市沙埕镇
登陆风力、强度	17级(65.0 m·s^{-1}),943 hPa	16级(55.0 m·s^{-1}),935 hPa
站点最大降雨量/mm	229.3	126.4
影响程度	特别严重	严重—特别严重

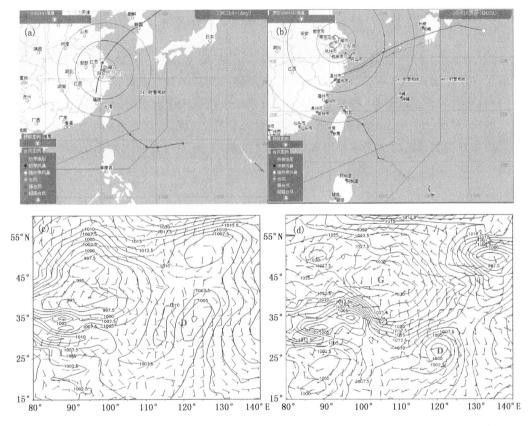

图11 历史相似个例台风路径及地面形势
(a,c为6214台风;b,d为0716台风)

由此可见6214号台风、0716号台风与"菲特"相似处有以下特征:同属秋季台风,登陆位置都在福建北部,台风主体直接影响位置偏南,苏州主要受到外围或残留云系及其与其他系统的相互作用。冷空气的影响起到非常重要的作用:弱冷空气影响,使台风外围的不稳定度加强,增强对流性降水;冷高压的南下,加大与台风低压间的气压梯度力,增大风力;冷暖空气的交汇与僵持,使降水时间维持时间较长;西风槽前有正涡度平流的输送,使台风结构维持时间延长。

6　总　结

(1)强台风"菲特"对苏州的风雨影响程度属特别严重级别,是 10 月份影响苏州最严重的台风。

(2)强台风"菲特"生成于秋季,其降水呈现持续时间长,阶段性特点明显,降水强度强的特点,预报难点如下:

①强台风"丹娜丝"对"菲特"的影响:不仅在"菲特"移动路径方面起到"藤原效应"的作用,同时也为降水区域带来源源不断的水汽输送,使一般维持仅 24 h 左右的台风倒槽降水持续时间大幅度延长,所以"丹娜丝"的影响成为"菲特"台风预报难点之一。

②弱冷空气对"菲特"残留云系的影响:"菲特"属于秋台风,西风槽引导冷空气南下,增大了"菲特"残留云系的不稳定性,使 7 日夜里的降水明显增强,冷空气的影响则成为"菲特"台风预报难点之二。

(3)对于本次"菲特"台风降水的数值预报检验可见,降水量明显报低,这也说明数值预报对极端天气预报能力远远不够,需要预报员依靠经验和判断进行主观订正。

(4)秋季台风预报着眼点:和夏季台风相比,秋季台风呈现出降水时间长、影响系统复杂的特点。因此,对于秋季台风的风雨预报,除考虑台风路径、强度、台风本体降水外,更需要特别关注其他系统和台风的相互作用所导致的降水持续时间,重点考虑水汽输送的维持和北方冷空气的影响。

参考文献

[1] 陶祖钰,田伯军,黄伟.9216 号台风登陆后的不对称结构和暴雨.热带气象学报,1994,**10**(1):69-77.

[2] 陈联寿,孟智勇.我国热带气旋研究十年进展.大气科学,2001,**25**(3):420-432.

[3] 陆佳麟,郭品文.入侵冷空气强度对台风变性过程的影响.气象科学,2012,**32**(4):355-364.

[4] 魏应植,吴陈锋,林长城,孙旭光.冷空气侵入台风"珍珠"的多普勒雷达回波特征.热带气象学报,2008,**24**(6):599-608.

[5] 钮学新,杜惠良,滕代高,等.影响登陆台风降水量的主要因素分析.暴雨灾害,2010,**29**(1):76-80.

[6] 狄利华,姚学祥,解以扬,等.冷空气入侵对 0509 号台风"麦莎"变性的作用.南京气象学院学报,2008,**31**(1):18-25.

[7] 张程明.一次秋季台风暴雨的机制研究.兰州:兰州大学,2010.

2013 年 10 月 6—12 日宁波罕见城市积涝成因分析

夏秋萍　　沈志刚

（宁波 92919 部队气象台，宁波 315020）

摘　要

本文针对 2013 年 10 月 6—12 日宁波地区出现罕见的特大暴雨和城市积涝等灾情，利用卫星云图、雷达回波图、雨量图等气象监测资料，分析强台风"菲特"导致特大灾情的原因，反思气象保障服务中存在的不足，以便为今后防灾减灾提供更好的气象保障。

关键词：暴雨　积涝　云图　台风

1　概述

2013 年 10 月 7 日 01：15 今年第 23 号强台风"菲特"在福建省福鼎沙埕镇登陆（图 1），登陆后迅速减弱向西南西方向移动，03：00 减弱为台风，04：00 减弱为强热带风暴，05：00 减弱为热带风暴，09：00 减弱为热带低压，11：00 中央气象台停止编报。从表 1 可见，受"菲特"及其残余云系影响，宁波降雨量为浙江省之最，导致多城区长时间积水内涝，姚江水位最高达 5.33 m，超警戒水位 1.56 m，1 h、3 h、6 h、24 h 降雨量和姚江水位均创当地新中国成立以来最高纪录，三天的雨量占全年雨量的 1/4。受灾最严重的是余姚市，全市过程雨量 450 mm，其中最大张公岭站 809 mm，罕见的雨情水情，致使余姚主城区 70％以上地区受淹，交通瘫痪，全线

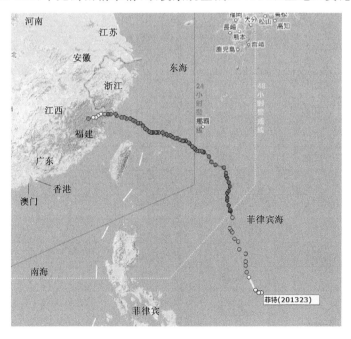

图 1　"菲特"台风路径

停水、停电,山区公路交通、通信等全部中断,山区溪道、电站、灌溉等设施受损严重,平原河网的姚东浦塘全线漫堤。驻宁波江北区的部队机场、仓库、营院等均被水淹。部队官兵紧急出动、积极投入抗洪抢险。据统计[1],截至10月11日19:00,宁波有11个县(市、区)148个乡镇不同程度受灾,受灾人口2482534人,倒塌房屋27480间,转移受灾人口45.1796万人,造成宁波市2人死亡、直接经济损失高达333.6亿元的严重灾情。

表1　浙江省"菲特"台风过程降水量　　　　　　　　　　　　　　　　单位:mm

县(区)	平均雨量	城区雨量	县(区)	平均雨量	城区雨量
宁波余姚	450	545	磐安	196	160
宁波奉化	434	517	长兴	186	218
绍兴上虞	410	452	温州	178	234
宁波鄞州	391	434	定海	167	192
宁波慈溪	350	379	玉环	167	144
安吉	350	291	椒江	166	231
湖州	333	333	诸暨	166	154
宁波宁海	327	379	桐庐	162	201
萧山	327	334	缙云	161	164
上城	326	326	云和	159	140
三门	325	401	泰顺	158	113
海盐	320	368	永康	146	112
瑞安	309	428	武义	142	112
绍兴	300	395	东阳	140	140
德清	300	306	临安	135	217
宁波象山	296	282	浦江	116	93
桐乡	291	341	义乌	116	91
新昌	284	203	洞头	114	225
天台	283	258	金华	114	70
临海	280	289	莲都	90	107
海宁	272	452	遂昌	88	70
平阳	259	331	龙泉	82	53
宁波镇海	256	294	岱山	80	106
温岭	254	324	建德	80	84
嘉兴	251	246	龙游	78	80
嘉善	233	214	庆元	78	46
青田	227	248	衢江	73	64

县（区）	平均雨量	城区雨量	县（区）	平均雨量	城区雨量
富阳	221	229	普陀	71	98
平湖	216	254	普陀	71	34
仙居	213	128	兰溪	70	80
嵊州	209	164	淳安	47	40
文成	205	137	嵊泗	40	45
乐清	204	124	江山	34	36
宁波北仑	202	309	常山	29	32
永嘉	196	198	开化	23	18

2 宁波暴雨洪灾的成因分析

下面利用卫星云图、雷达回波图、雨量图等气象监测资料，对"菲特"台风导致的特大暴雨洪灾进行分析，试图找出宁波城区积涝的原因，为今后防灾减灾提供帮助。

2.1 "菲特"台风登陆过程带来的特大暴雨

"菲特"于 2013 年 9 月 30 日 20：00 生成，为"秋台风"。从 FY－2C 卫星云图可见"菲特"云型变化，开始为较松散的"9"字型云团，然后不断加强向西西北移动，螺旋云带明显，2 日 08：00 可见完整的"9"字型，台风眼出现，4 日 17：00 台风眼清晰，南部螺旋云带渐渐变少，为非对称结构了，5 日 08：00"菲特"与南部热带辐合云系断开为近"6"字型（图略），6 日北方有高空槽云系发展东移，"菲特"台风眼区密闭云团范围变小，但仍维持为强台风，7 日 01：15 强台风"菲特"在福建省福鼎沙埕镇登陆，登陆后由于地形摩擦作用和冷空气的并入使其迅速减弱为热带低压，11：00 就停止编报。

从雷达回波图（图 2）上可以看到："菲特"台风整体呈非对称结构，强降水云带主要在台风的西北方向，而东南方向降水回波较弱，降水具有明显的不对称特征，"菲特"台风临近登陆直接导致了宁波出现特大暴雨。5 日开始，宁波受"菲特"台风外围云系影响出现了降水，6 日 08：00 起宁波地区一直处在 30～40 dBZ 区内，余姚、慈城、奉化、上虞回波强度达 50 dBZ，出现了较强降雨。从浙江省 10 月 5 日 08：00 到 7 日 08：00 在 48 h 降水量分布图（图略）可见，宁波地区的面雨量已达 208.46 mm，其中宁波黄泥桥、土村分别达到 647.9 mm 和 414.6 mm，而 6 日 08：00 到 7 日 08：00 在 24 h 内宁波地区的面雨量达 193.68 mm，其中宁波黄泥桥、土村分别达到 595.9 mm 和 395.5 mm。

2.2 冷空气并入热带低压带来的强降雨

从图 3 上可以看到，7 日 08：00 的 500 hPa 槽后冷平流明显，高空槽并入热带低压，北方冷空气的加入有利"菲特"残留螺旋云带的对流加强发展，水汽输送充沛，浓白的强降水云系呈东北—西南向，浙北地区、上海、苏南等地都处强降水云系中，而南部地区则降水云系逐渐减少。在宁波达篷山单站雷达图（图略）上可见，强回波区主要在达篷山的西北部，余姚、上虞、湖州、杭州、上海、苏州等处在强回波区内，与雨量图对应得很好，7 日 08：00 到 8 日 08：00 的 24 h

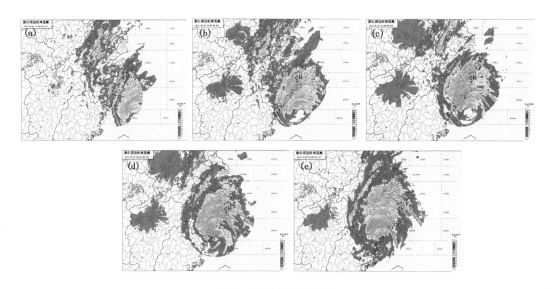

图 2   浙江省雷达拼图

(a 为 6 日 16:00,b 为 6 日 19:00,c 为 6 日 21:00,d 为 7 日 00:00,e 为 7 日 03:00)

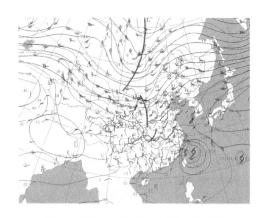

图 3   7 日 08:00 的 500 hPa 天气图

雨量在 100～200 mm;8 日 02:00—10:00 余姚的回波强度都在 71 dBZ,8 日 02:00 到 08:00 的 6 h 降雨量 50～100 mm,8 日 08:00 到 9 日 08:00 的 24 h 雨量就降低为 25 mm 以内。

2.3 双台风的挤压作用

1324 号热带风暴"丹娜丝"于 4 日 14:00 在西太平洋生成,然后不断强度加强向西北移动,5 日 14:00 加强为强热带风暴,6 日 02:00 加强为台风,6 日 14:00 为强台风,7 日 08:00 已加强为超强台风,7 日 23:00 减弱为强台风,位东海北部,并在 30°N 附近转向北上,8 日 11:00 减弱为台风,以 30～35 km·h^{-1} 的速度向东北方向移动,8 日 17:00 减弱为强热带风暴,9 日 14:00 减弱为热带风暴,10 日 02:00 停止编报。从 10 月 6 日 20:11 美国 NOAA 极轨卫星云图(图 4)上可以清楚地看到,两个强台风同时在海上,23 号强台风"菲特"即将登陆,台风眼基本填塞,其眼壁云系仍非常完整清晰,螺旋云带主要在西北方向,与南部辐合云系断裂;"丹娜丝"台风眼非常明显,眼壁云带浓密。由于"丹娜丝"长时间在东海,与"菲特"产生了"双台风效应",导致"菲特"登陆后形成的低压倒槽长时间地维持,低层偏东流场、水汽充沛,同时使高空槽云系被挤压东移缓慢,冷暖空气交汇产生的强降水云系持续稳定少动,宁波北到西北部一直在强降水云系中,因此宁波市的海曙区、余姚、奉化、鄞州、江北、江东等区县7—8日仍出现大暴雨。

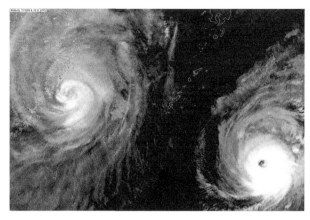

图4 6日20:11美国NOAA极轨卫星云图

2.4 特殊的地理位置和地形

宁波地形为"簸箕"状,东北开口,其他为山地,宁波境内有姚江、奉化江和甬江。余姚境内的四明山有利于对流降水云系的抬生加强,使得余姚成为此次降水过程的最强点,宁波、奉化、余姚、上虞等地3 h降水量在100 mm左右,7日08:00 1 h降雨量就达50 mm左右,暴雨集中在6日08:00到8日08:00这48 h之内。

从8日宁波水库的水位占比分布图(图略)可见:大多水库的水位已超库容量,其中镇海姣口水库、余姚梁辉水库、余姚四明湖水库和奉化横山水库占比分别达到162.3%、141.5%、136.9%和131.5%;余姚处于姚江流域,其上游上虞地区也处在强降水区内,通过姚江流域不断来水,下游甬江流域的奉化江也处于强降水区内,来水多,造成宁波三江口洪水叠加,同时正值天文大潮,处高水位,导致余姚处于上压下顶,积水无处走;宁波、余姚、奉化等城区都处于平原地势低,各地来水都往低处流,江河水倒灌,故形成宁波、余姚、奉化等多城区长时间的积涝,余姚尤为严重。

从9日15:00起随着高空冷槽东移南下,"菲特"残留云系被带走,宁波雨止转阴到多云,10日04:00转晴好天气;同时海上潮位也慢慢降低,这些都有利于城区积水的退去,到14日宁波全区积水基本消除,清除垃圾、卫生防疫、城区生活工作已恢复正常。

3 小 结

通过上述分析,对2013年10月6—12日宁波出现罕见城市积涝的主要原因和反思有以下几点:

(1)1323号强台风"菲特"为较罕见在我国登陆的秋台风,其为非对称结构的台风,强风雨圈主要在台风眼的西北方向,而台风中心东南方向降水回波较弱;同时北方南下冷空气的加入、"菲特"与"双台风效应"导致了降雨总量大、强降水持续时间长、范围广,浙江、上海、江苏南部等地出现特大暴雨,四明山的地形辐合抬升作用使得宁波、余姚、奉化为最强降水点,甬江面雨量达到440 mm,为宁波有水文记录以来之最,且主要暴雨集中在2 d之内,这是导致宁波出现罕见城市积涝最重要的原因。

（2）宁波境内姚江流域和奉化江流域同时出现历史罕见的大暴雨，造成宁波三江口洪水叠加，城区受淹，而余姚城区特殊的地理位置使其成为此次受灾最重的地方。

（3）正值农历天文大潮，风、雨、潮三碰头，高潮位持续不退，沿江闸门的排水效率大大减弱，导致积水无处走，江河水倒灌城区，城区积涝时间长。

（4）反思"菲特"台风气象预报服务应吸取的教训：气象预报保障中不仅要加强对台风登陆前的预警，对登陆后台风残留云系的影响也不能低估，应充分考虑其他天气系统对其的作用，努力提高暴雨、大风等灾害天气落区的预报水平，为防灾、减灾、救灾提供科学准确的决策依据；同时要注重城市地下排水管网系统的合理布局及升级改造，提升城市应对类似极端恶劣天气的能力，更有效地保障国家人民生命财产的安全。

参考文献

[1]　边城雨."菲特"造成我市直接经济损失333.6亿元.宁波晚报,2013－10－13(A03).

登陆台风结构非对称演变引发局地强风过程的个例研究
I:观测分析

滕代高　黄　娟　黄新晴

(浙江省气象台,杭州 310000)

摘　要

由于下垫面突变、地形作用、冷空气入侵等因素的影响,台风结构在登陆过程中往往发生结构非对称演变,在台风环流区域内的局部地区引起强风过程,造成大风灾害。为了逐步阐明这类台风环流域内局地强风过程发生发展的物理过程,本研究从两部分进行分析。首先利用现有观测资料,选取典型台风个例,从不同尺度系统及其相互作用的角度深入分析台风登陆期间,台风环流域内局地强风过程发生发展的观测事实。其次,利用数值敏感性试验,从一般意义上讨论台风登陆过程中局地强风过程发生发展的物理机制。本文的研究结果表明,在强度变化上,局地强风过程在登陆前表现为 1 个半波的波动式变化,即先增加后减小再增加的变化趋势,而台风强度在登陆前 6 h 为持续减小,二者变化不同步;在空间分布上,局地强风过程方位角在登陆前从第二象限顺时针旋转至第一象限偏北方向,并在登陆时顺时针旋转至第四象限偏南方向,登陆后在第一和第四象限之间摆动。中心距离在台风登陆前呈波动变化特征,但均小于 175 km,登陆后呈持续增加趋势,整个登陆过程中心距离均小于 500 km;在影响局地强风过程的主要物理因子中,风矢量的水平平流和对流层中低层涡旋结构变化最为重要,对流层弱冷空气的影响只限于台风登陆前,而气压梯度的影响最小。

关键词:登陆台风　结构非对称演变　局地强风过程

0　引言

台风(热带气旋)是风灾中引起损失最大的天气系统[1],中国有绵长的海岸线,是世界上受台风影响最集中的地区之一[2-3]。因此,对台风风场结构,尤其是非对称结构的研究一直以来是台风研究的重点之一[4]。

1967 年,Miller[5]根据把台风视为轴对称的圆形涡旋,得到台风涡旋切向风场的基本分布,即存在一个最大风速半径 r_m,从台风中心至 r_m,台风切向风速逐渐增大至最大风速。从最大风速半径开始至台风边缘,台风切向风速逐渐减小。如公式(1)所示:

$$V(r) = \begin{cases} V_m \dfrac{r}{r_m}, & 0 \leqslant r < r_m \\ V_m \left(\dfrac{r}{r_m}\right)^x, & r_m \leqslant r < \infty \end{cases} \tag{1}$$

Chan 和 Willams[6]在讨论台风运动时考虑了台风风场分布的非均匀分布,提出了一个新的台风风场分布结构,如公式(2)所示:

$$V(r) = V_m(r/r_m)\exp\{(1/b)[1-(r/r_m)^b]\} \tag{2}$$

王玉清[7]根据 Holland 的台风风场理论模型和实际观测的台风结构特点,考虑了台风环流顶

部辐散层的特点,给出了台风风场的三维结构模型分布,如公式(3)所示:

$$V_M(r,\sigma) = \begin{cases} V_m(\dfrac{r}{r_m})\exp(1.0-(\dfrac{r}{r_m}))\sin(\dfrac{\pi}{2}\dfrac{\sigma+0.2}{1.2}), & r \leqslant r_c \\ 0, & r > r_c \end{cases} \tag{3}$$

上述台风模型均为圆形轴对称台风模型,没有考虑台风风速在不同位相上的差异,即没有考虑台风风场的非对称结构。丘坤中[8]根据梯度风的关系,分别导出了海面圆形和椭圆形台风风场计算模型。陈孔沫[9]进一步发展了海面台风风场计算模型,即分别考虑了静止台风和移动台风的海面风风场模型。并于1994年又提出了一个优于Rankine涡旋的比较切合实际的台风风场分布模式[10]。

对8816号台风风场进行个例分析[11]表明,8816号台风的风速分布不对称,气旋性最大切向风位于台风右前象限。这一现象在对0418号台风“艾利”的雷达监测图像中进一步得到证实[12]。李洪海和欧进萍[13]利用10 min实测风数据,研究了台风风力分布对建筑物的风效应。为台风防灾减灾工作做了有益的工作。而对于雷达反演的台风风场,T-TREC方法比传统的TREC方法得到的风场更接近于实测风场[14]。降雨影响下考虑卫星资料反演台风风场时,张亮等[4]提出的的地球物理模型函数(简称GMF+RAIN)与二维变分结合多解方案模糊去除方法(简称2DVAR+MSS)使台风风场反演效果得到有效提高。

对于近岸区域台风风场的研究,谢红琴等[15]通过动力使用方法对全球模式的客观分析场进行优化,得到具有较好实用性的台风近岸及河口区的海面风场,并在多个台风个例中进行分析试验,得到了比较合理的并符合实际观测的台风海面风场资料。朱首贤等[16]针对近岸台风风场不对称性非常明显的特征,建立了基于特征等压线的不对称型气压场和风场模型。

在区域性影响的台风风场研究中,蒋国荣等[17]利用对称型台风风场模型和基于特征线的非对称型台风风场,同时采用背景风场与台风模型风场的合成的方法,研究了影响湛江的台风气压场和风场的数值模拟。研究结果表明:(1)当台风气压场的不对称特征明显时,采用非对称型台风风场模型模拟的结果明显优于对称型台风风场模型的结果;(2)利用背景风场与台风模型风场的合成要比单独使用台风模型风场更好。就浙江省而言,张传雄等[18]从气候角度出发,研究了温州本地的最大风速分布及变化,结果表明,温州各地区的年最大风速不稳定,受台风影响较大;近地面台风风场的平均风速最大值随着平均时距的减小而大幅增加。

从以上的叙述可以看出,对于台风风场研究而言,一是在多种假设条件下的理论或半理论模型研究,这类研究对于分析台风的动力结构和强度变化趋势有着长远的应用基础,但对于台风登陆过程中风场非对称分布的演变而言,不具体,实用性不强。另一方面,以往研究在总结台风风场的非对称分布特征时,往往把注意力集中在台风环流区域内最大风速区的变化或演变上,对于台风登陆过程中某一局地强风的形成(而非最大风速区)往往缺乏应有的讨论。第三,以往研究在讨论台风风场分布特征时,无论是理论上的模型研究还是实际的观测研究,主要是在台风环流范围内讨论问题,忽视了环境因子与台风环流相互作用引起局地环流发生变化,激发局地性强风形成的可能情况的讨论。就浙江省而言,对于台风登陆过程中风场非对称分布引发局地强风过程的研究尚不多见。

因此,选择多个典型台风个例,利用多种监测资料深入细致地对影响浙江的台风登陆过程中非对称风场的演变进行研究,同时讨论下垫面地形、冷空气、水汽条件等外部因子影响下的台风风场非对称分布演变情况,有助于清楚的认识和了解由于登陆台风风场非对称分布的演变以及外部因子作用下引起的局地强风过程的物理图像。这对于做好浙江省的台风大风预报和防灾减灾工作将大有裨益。

1 资料、个例说明与局地强风的定义

本文使用的资料为台风登陆期间浙江省全省自动气象站数据、NCEP/NCAR 再分析格点资料(0.5°×0.5°)、雷达回波和速度图像资料以及 FY2E TBB 数据。所选研究台风个例为2012 年第 12 号台风"海葵"。

2012 年第 11 号热带风暴"海葵"于 8 月 3 日 08:00(北京时,下同)在日本冲绳县东偏南方向约 1360 km 的西北太平洋洋面上生成,随后快速向西北偏西方向移动,5 日 17:00 发展为强热带风暴,移速减慢,6 日 17:00 发展为台风,7 日 14:00 发展为强台风,8 日 03:20 在浙江省象山县鹤浦镇沿海登陆,登陆时强度为强台风,中心气压 965 hPa,近中心最大风速42 m·s⁻¹(14 级);"海葵"登陆后强度缓慢减弱,并先后穿过浙江省宁波、绍兴及杭州北部和湖州南部等地,于 8 日 20:00 离开浙江省进入安徽省境内,之后在皖南一带停滞少动,强度继续减弱,9 日 23:00 对其停止编报(图 1)。

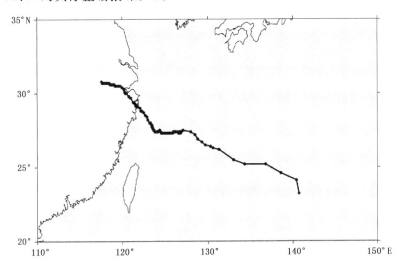

图 1　台风"海葵"移动路径

图 2 为 1211 号台风"海葵"强度随时间的演变曲线。在可以看出,8 月 5 日 14:00 之前,海葵台风的强度变化呈分段阶梯式增强。从 8 月 5 日 14:00 至 8 月 7 日 08:00,海葵台风风强度增强的频率加快,幅度增加。8 月 7 日 08:00—8 月 7 日 20:00,海葵台风移到我国近海,强度迅速增加,12 h 内从台风强度从 33 m·s⁻¹(台风强度)增加到 48 m·s⁻¹(远远大于强台风强度),即在 12 h 内风速迅速增加了 12 m·s⁻¹,属于近海迅速增强台风。对此类台风由于其在近海发展快,预警有一定难度,因此对浙江省沿海农业和渔业生产造成了严重的损失。同时,其局地强风过程与长时间降雨相结合,引起宁波地区局地水库大坝受损,台风过后受损水坝决堤,使得城镇受淹。

局地强风过程是一个狭义的概念,没有统一的定义方法,在本项目研究中,为了统一中尺度自动观测站与再分析格点资料对局地强风过程的定义,均采用台风环流区域内(取半径为 8

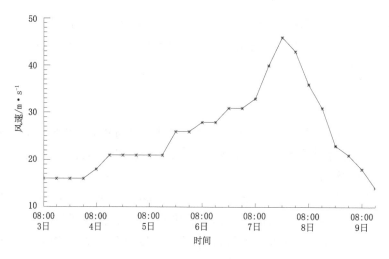

图 2   台风"海葵"强度随时间的演变

个纬距)最大风定义为局地强风。但是具体的计算方法存在差别。在中尺度自动观测站中,最大风定义为 10 min 滑动平均风的最大值。在再分析格点场中,最大风定义为计算半径内全风速的最大值。局地强风区的定义是一个相对的概念。在本项目中,定义大于最大风 50% 以上的风速大值中心为局地强风区。因此,台风强度不同,相应的局地强风区的绝对值也会存在差异。同时,为了更加方便地描述台风登陆过程中局地强风过程相对于台风中心位置的分布情况,在本项目中,定义正东(北、西、南)方向为局地强风过程相对于台风中心方位角的 0°(90°、180° 和 270°)角。在此基础上,定义局地强风所在位置与台风中心的连线与 0° 角(正东方向)的夹角为局地强风过程方位角(以下简称"方位角")。

2   台风登陆过程中台风环流区域内局地强风过程的演变

图 3 给出了 1211 号台风"海葵"登陆过程[①]中局地强风随时间的演变过程(实线为极大风,虚线为最大风)。可以看出:

首先,最大风和极大风的演变趋势一致,均为登陆前先增加后减小再增加的变化趋势,登陆后台风强度持续减弱,其中登陆时至登陆后 6 h 减弱较为缓慢,之后迅速减弱。

其次,在台风登陆过程中,7 日 20:00 以后,台风强度迅速减小,而台风环流域内观测站上的局地强风则表现出阶段性的波动演变特征,即从 7 日 20:00 开始至 8 日 20:00,局地强风呈现出先增加再减小的 3 波振动变化。特别在 8 日 02:00 至 8 日 08:00 6 h 里,台风强度减小 10 m·s^{-1} 左右,而台风环流域内观测站上的局地强风则呈反向变化,最大风和极大风分别从 23 m·s^{-1}、31 m·s^{-1} 增加到 35 m·s^{-1}、40 m·s^{-1}。这表明台风环流域内的局地强风过程会随不响系统和地理位置的不同而存在差异,并且与台风强度的变化不同步。

图 4 给出了 1211 号台风"海葵"登陆过程中局地强风出现的位置相对于台风中心的方位角(以下简称"方位角")演变特征。可见,台风登陆前 12 h(8 月 7 日 20:00),台风环流区域内的强风区位于 150° 附近,即台风环流第二象限偏西位置。6 h 以后(8 月 8 日 02:00),局地强风

---

①   本文中定义台风登陆前后 24 h 为登陆过程。

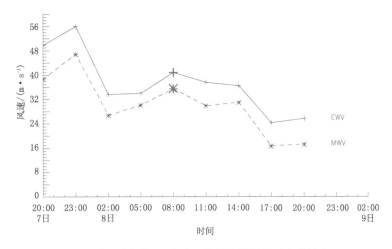

图 3 台风"海葵"登陆过程中局地强风随时间的演变

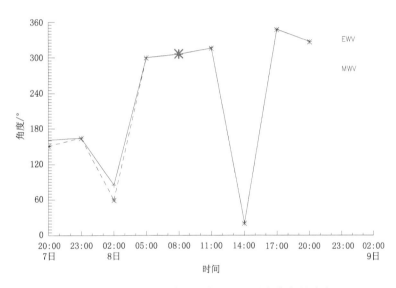

图 4 台风"海葵"登陆过程中局地强风方位角的演变

方位角迅速减小到 60°左右,即从第二象限顺时针旋转至第一象限偏北方向。台风登陆时,(8月 8 日 08:00),局地强风方位角迅速增加到 300°附近,即从第一象限偏北方向继续顺时针旋转至第四象限,之后在正东方向附近的第一和第四象限之间来回摆动。

　　总体来看,1211 号台风"海葵"登陆过程中,台风环流区域内的方位角变化在台风登陆前从第二象限开始,经第一象限顺时针旋转至第四象限。登陆后在台风环流正东方向附近的第一和第四象限来回波动。

　　图 5 为 1211 号台风"海葵"登陆过程中台风环流区域内局地强风出现的位置相对于台风中心的距离(以下简称"中心距离")变化。可见:(1)台风登陆前 12 h,中心距离的变化表现为明显的波动式减小特征,为 2 波型的先减小再增加的变化趋势。(2)台风登陆前 12 h,局地强风中心距离均小于 175 km,最小值出现在台风登陆前 3 h,为 50 km 左右。(3)台风登陆后,局地强风中心距离呈单调变化趋势。

　　可以看出,在台风登陆过程中,登陆前局地强风出现的位置距台风中心在 175 km 以内变化,登陆后随着台风强度的迅速减小而单调增加。这表明在台风登陆前,由于下垫面的变化、地形作用,以及海陆风等因素影响,使得局地强风在台风中心附近摆动,登陆后由于台风强度迅速减弱,中心气压迅速上升,台风中心附近强度的衰减速度比外围区域快,因此局地强风逐渐远离台风中心。

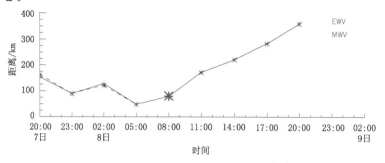

图 5　台风"海葵"登陆过程中局地强风中心距离的演变

为了更为清晰了描述 1211 号台风"海葵"登陆过程中,台风环流区域内局地强风方位角和中心距离的变化情况,本文给出了地图极坐标中的演变情况(图 6)。可见:

(1)台风登陆过程中,方位角变化从第二象限偏西位置开始,登陆前 12 h 至登陆前 6 h 顺时针旋转至第一象限偏北位置;登陆前 6 h 至登陆时,顺时针从第一象限偏北位置旋转至第四象限偏南位置。登陆后先逆时针从第四象限回旋至第一象限,再从第一象限顺时针旋转至第四象限。

(2)局地强风中心距离的变化为登陆前先增加后减小,登陆后单调增加。整个登陆过程中中心距离均小于 500 km。

(3)从地理位置来看,局地强风出现的空间位置首先在台州中部沿海,登陆前六小时向北移动到舟山群岛,登陆时向南移动到台州中部沿海,登陆后 6 h 向北移动到杭州湾北部地区,登陆后 12 h 向南移动到台州中部沿海,即以台风中部沿海为起点,向北来回进行摆动 2 个波形。

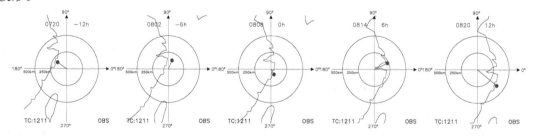

图 6　移动地图极坐标系中局地强风位置的时间变化

(1102:表示北京时 11 日 02:00,−12 表示登陆前 12 h,其余以此类推)

为了进一步研究台风登陆过程中台风环流区域内局地强风的分布状况,选取 2005 年至 2012 年登陆浙江的 8 个台风个例进行分析(图 7),结果表明:在台风登陆期间,所有局地强风过程只出现在第一、二和第四象限,第三象限为空白;台风登陆期间,局地强风过程出现在第一象限的频率最高,其次是第二象限和第四象限;几乎所有时次(仅有 3 个例外)的局地强风过程半径均小于 500 km。而超过一半的台风局地强风过程在距台风中心 250 km 的范围内。

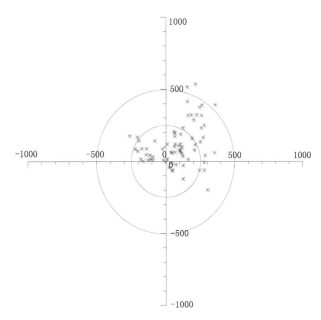

图 7 2005－2012 年 8 个登陆浙江台风个例局地强风过程相对于台风中心位置分布
（正值表示北（东），负值表示南（西），单位:km）

3 台风登陆过程中雷达速度图像演变特征

中尺度观测站可以获取台风近地层强风风场的分布值，是台风近地层风场估计的主要资料来源，然而其散点分布获取的风速精度不足，因此可以借助高分辨率多普勒雷达速度图作为补充进行分析。图 8 为海葵台风登陆过程中的雷达速度图演变特征，可见:

8 月 8 日 03:20 在浙江省象山县鹤浦镇沿海登陆，登陆时强度为强台风，中心气压 965 hPa，近中心最大风速 42 m·s^{-1}（14 级）。选择宁波雷达站 V27（仰角为 0.5°，范围为 220 km）。

8 月 8 日 01:06，台风中心距离宁波雷达站约 230 km，台风内圈最大风区没有探测到，监测到台风外围环流的径向速度。台风的西北象限对应正速度极值，台风的东北象限对应负速度极值，正负速度均发生模糊，值为 44 m·s^{-1}（高度为 3.0 km 左右）。

8 月 8 日 03:19，可见台风眼，台风前进方向左侧的正速度极值 44 m·s^{-1}（高度约 1 km）位于宁波奉化处，其距离雷达站约 50 km，且在该附近发现逆风区。台风前进方向右侧负速度极值 44 m·s^{-1}（高度约 2～3 km）位于舟山沿海附近，其距离雷达站 100～150 km。

台风登陆时间 8 月 8 日 02:19，零度线左右两侧分别对应正负速度极值，这符合台风一般的水平流场，如零度线左侧，正风速先由小变大，达到一个极值，再逐渐变小，即台风外围风速向内增大，中圈为一个围绕台风眼的最大风速区，内圈风速向中心迅速减小。强风中心位于眼壁处，台风前进方向的左前侧和后前侧，正速度极值为 34 m·s^{-1}，负速度极值为 39 m·s^{-1}。

8 月 8 日 11:59，台风前进方向右侧的速度逐渐减小，速度模糊逐渐消失，宁波东部及沿海负风速为 20 m·s^{-1}，台风前进方向左侧，海宁、海盐一带仍出现速度模糊，正速度为 34 m·s^{-1}。

8 月 8 日 14:01，台风中心逐渐偏离雷达站，相距有 100 km 左右，V27 产品中主要探测到台风的右前侧和右后侧的风速。台风的右前方正速度发生速度模糊，最大风速为 $34\ \mathrm{m\cdot s^{-1}}$，台风的右后方对应最大负速度为 $20\ \mathrm{m\cdot s^{-1}}$。

由此可见，在雷达速度图上，台风登陆后，台风的右前方的风速比左前方的风速大，且速度极值的范围也比左前方大，可能原因是左侧受地形摩擦等原因，风速迅速变小，强风中心主要位于台风眼壁处。

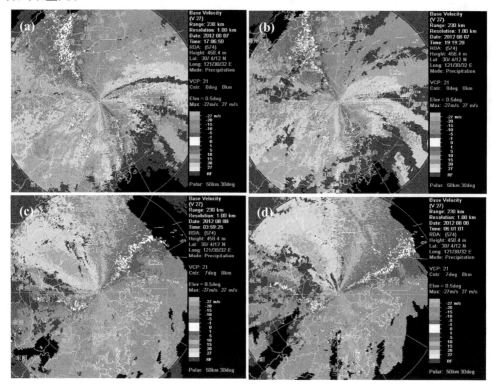

图 8　宁波雷达探测的台风"海葵"速度图

(a 为 8 日 01:06,b 为 8 日 03:19,c 为 8 日 11:59,d 为 8 日 14:01)

4　台风登陆过程中局地强风非对称分布的影响因子

由大气运动方程[19]可知，

$$\frac{\partial \boldsymbol{V}}{\partial t} = -(\boldsymbol{V}\cdot\nabla)\overrightarrow{v} - 2\Omega\times\boldsymbol{V} - \frac{1}{\rho}\nabla P + \nabla\Phi + \boldsymbol{F}_r \tag{2}$$

$$\frac{\partial \rho}{\partial t} = -\nabla\cdot(\rho\overrightarrow{v}) \tag{3}$$

$$P = \rho RT \tag{4}$$

台风登陆过程中局地强风的影响因子主要包括：(1)局地平流项，即台风环流区域内风矢量的平流作用；(2)气压梯度力项；(3)与浮力(温度平流)相关的重力位势项；(4)下垫面摩擦力项。下面本文将分析 1211 号台风海葵登陆过程中以上各项影响因子的演变特征。

4.1　平流项对局地强风的影响

图 9 给出了 1211 号台风"海葵"登陆过程中 10 m 局地强风矢量(由 NCEP/NCAR 6 h 间隔 0.5°×0.5°再分析资料获得)演变特征。可以看出：台风登陆前 12 h,除了第三象限之外，台

风环流区域内第一、第二和第四象限局地风场均较大,其中最大值出现在第二象限;登陆前6 h,台风环流区域内的局地强风区顺时针旋转,主要大值区位于第一和第四象限,其中最大值中心出现在第一象限;台风登陆时,台风环流区域内整体风场迅速减弱,主要强风区位于第四和第一象限,最大值出现在第四象限;台风登陆后6 h,台风环流风场强度受地形摩擦影响继续减小,相对强风区位于第一和第四象限,并且开始明显远离台风中心,其中最大值逆时针旋转至第一象限偏东位置;台风登陆后12 h,局地强风区进一步远离台风中心,主要位于台风环流区域偏东位置附近,最大值位于第四象限偏东位置。

由此可见,台风环流区域内的风场平流项的演变与局地强风的时间演变(图3)具有较好的一致性,表明1211号台风"海葵"登陆过程中的局地强风过程主要受台风环流风矢量的平流作用影响。

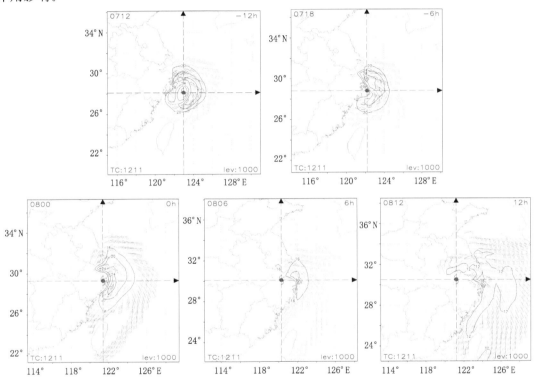

图9 台风"海葵"(1211)登陆过程中10 m风矢量场的演变(单位:m·s^{-1})

4.2 气压梯度的作用

登陆前12 h(−12 h),在台风环流四周均分布有环状气压梯度大值区,强中心区域主要分布在第一、第二和第四象限,最强中心数值在50以上。

登陆前6 h(−6 h),气压梯度大值区强度和范围有所减弱,但仍然维持环状分布结构,最强中心出现在第一和第二象限偏北位置,最强中心数值仍然维持50以上,但范围明显缩小。气压梯度大值区绕台风中心逆时针旋转。

台风登陆时(0 h),气压梯度大值区强度和范围进一步减弱,环状分布结构仍然维持,最强中心位于台风中心以北地区,最强中心数值大于40,强气压梯度大值区主要影响第一和第二象限。气压梯度大值区绕台风中心做小角度逆时针旋转。

登陆后 6 h(＋6 h),气压梯度大值区强度和范围继续减小,环状分布结构在第四象限断裂,气压梯度大值区主要影响第一和第二象限,以及第三象限部分地区。最强中心数值大于35,分布在台风中心以北。气压梯度大值区沿逆时针方向有所旋转。

登陆后 12 h,气压梯度大值区进一步减小,主要位于第二象限和第一象限偏北位置。并有绕台风中心逆时针旋转的趋势。

可见,1211 号台风"海葵"登陆期间,海平面气压梯度的最强中心主要分布在第一和第二象限,台风登陆前和登陆时一致维持环状分布结构,登陆后环状分布结构破坏,气压梯度大值区逐渐缩小到第二象限。其与台风强度变化具有较好的一致性,在台风登陆前对局地强风的形成有一定贡献,但不明显,登陆后其影响主要集中在第二象限和第一象限偏北位置,对局地强风的形成无影响。

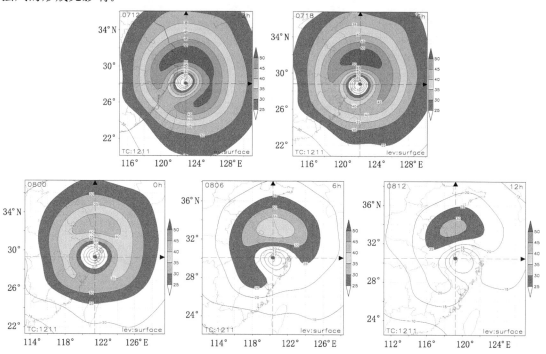

图 10 台风"海葵"登陆过程中台风环流区域内气压梯度的的演变(单位:hPa)

4.3 对流层中层温度平流的影响

对流层中层弱冷空气的入侵,能够引起位势不稳定能量的增加和释放,进而引起近地面层局地风场的增加,为了分析对流层中层弱冷空气在 1211 号台风海葵登陆过程中的作用,本文给出了台风登陆过程中台风环流区域内 500 hPa 温度平流的演变情况(图11),由图可见:

登陆前 12 h(－12 h),负温度平流相对大值区分布在台风中心周围,在所有象限内都有分布,负温度平流相对大值区主体分别位于第一象限和第三象限。

登陆前 6 h(－6 h),环绕在台风中心周围的负温度平流相对大值区发展增强,并沿逆时针方向绕台风中心旋转,使得之前位于第一和第三象限的负温度平流相对大值区主体逐渐连接在一起,主要分布在第一象限偏北位置、第二象限和第三象限内。

台风登陆时(0 h),位于台风中心北侧的负温度平流相对大值区主体开始减弱,并从台风中心正北位置逆时针旋转至台风中心西北方,呈东北—西南走向。而位于第三象限的负温度平流相对大值区主体强度也开始减弱,从第三象限逆时针旋转至台风中心正南位置并进入第四象限内。

登陆后 6 h(6 h),台风中心西北侧负温度平流相对大值区减弱消失,台风中心南侧的负温度平流相对大值区再继续沿逆时针方向旋转至台风中心以东(位于第一和第四象限),强度明显减小,范围由准圆型主体向弧形演变。

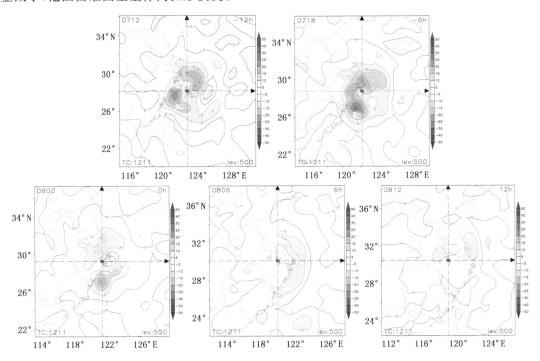

图 11　台风"海葵"登陆过程中台风环流区域内 500 hPa 上水平温度平流的演变(单位:K·s⁻¹)

登陆后 12 h(+12 h),位于台风中心以东的弧形负温度平流相对大值区继续逆时针旋转至台风中心偏北部,并分解为两块区域,分别位于第一象限和第二象限。

可见,1211 号台风登陆过程中,台风环流区域内 500 hPa 上温度平流演变具有以下特点,在空间分布上,负温度平流相对大值区围绕台风中心作逆时针旋转。在时间变化上,整个台风登陆期间负温度平流相对大值区强度和范围单调减小。表明在台风登陆前,500 hPa 冷空气平流对局地强风的变化有较大作用,而台风登陆后其影响迅速减弱。

4.4　台风登陆过程中涡旋结构的演变特征

台风登陆前 12 h(−12 h),各层次涡旋中心强度分布从大到小依次为 850,500,1000 和 250 hPa;低层 1000 hPa 和高层 250 hPa 上涡旋中心位于地面台风中心西南部(第三象限),中低层 850 hPa 和中层 500 hPa 涡旋中心位于地面台风中心偏西方向。

台风登陆前 6 h(−6 h),1000 hPa 和 250 hPa 涡旋中心强度有所减弱,850 hPa 和 500 hPa 涡旋中心强度增强,各层涡旋中心强度分布与 6 h 前一致;1000 和 250 hPa 上涡旋中心从第三象限顺时针旋转至地面台风中心偏西方向,850 hPa 和 500 hPa 涡旋中心位置保持不变,仍然位于地面台风中心偏西方向。整层台风涡旋中心相对于台风中心位置一致,均位于地面台风中心偏西位置,台风涡旋结构为准正压结构。

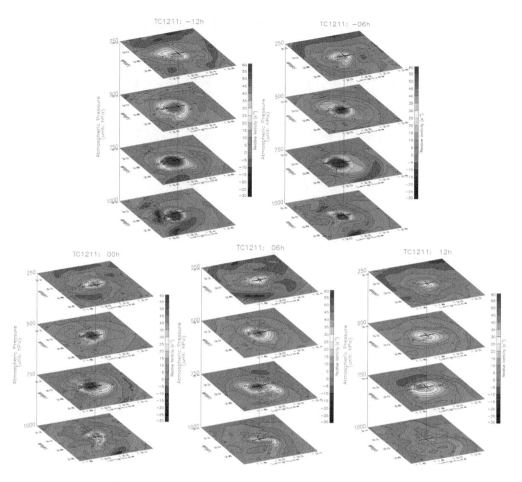

图12　台风"海葵"登陆过程中台风涡旋结构的演变(单位:$10^{-5} \cdot s^{-1}$)

台风登陆时(0 h),台风涡旋强度减弱,尤其低层1000 hPa涡旋中心强度减弱最为明显,各层涡旋中心强度分布与台风登陆前12 h一致;低层1000 hPa上涡旋中心位于地面台风中心第一象限,850 hPa和500 hPa涡旋中心位于地面台风中心第二象限,250 hPa涡旋中心位于地面台风中心偏北方向。

台风登陆后6 h(+6 h),台风涡旋强度整体减弱,1000 hPa减弱最为明显,各层次涡旋中心强度分布从大到小依次为500,850,250和1000 hPa;整层台风涡旋中心与地面台风中心重合,台风涡旋结构为相当正压结构。

台风登陆后12 h(+12 h),台风涡旋强度进一步减弱,各层涡旋中心强度分布与6 h前一致;1000,500和250 hPa涡旋中心与地面台风中心重合,850 hPa涡旋中心位于地面台风中心第二象限。

通过以上的分析可以看到,1211号台风"海葵"登陆过程中,台风涡旋结构的演变具有以下特点:在空间分布上,登陆前12 h至登陆时,各层次涡旋中心强度分布从大到小依次为500,850,1000和250 hPa,登陆后6 h至登陆后12 h,由于低层1000 hPa减弱速度加快,250 hPa涡旋中心强度大于1000 hPa,各层涡旋中心强度分布由大到小依次为850,500,1000和250 hPa;在时间变化上,登陆前12 h至登陆前6 h,1000和250 hPa涡旋中心强度减弱,850 hPa

和 500 hPa 涡旋中心强度增强,登陆前 6 h 至登陆后 12 h,整层台风涡旋强度呈单调减小趋势,其中,1000 hPa 减小最快,250 hPa 次之,第三位 500 hPa,850 hPa 涡旋中心强度减弱最慢。对比局地强风的演变特征(图 3)来看,对流层中低层 850 hPa 和 500 hPa 的涡旋结构变化能够较好地反映台风登陆前 6 h 局地强风的增强特征。

通过以上对影响 1211 号台风"海葵"登陆过程中局地强风过程影响因子的分析可以看出,局地强风的形成主要受台风环流区域内风矢量场的平流作用和中低层涡旋结构的变化影响,冷空气的作用主要表现在台风登陆前,登陆后迅速减弱。气压梯度的演变与台风强度变化具有较好的一致性,对局地强风过程的影响较弱。台风登陆前 6 小时局地强风过程的增强作用主要是对流层中低层涡旋结构变化的结果。

5 结论和讨论

本文从观测资料(中尺度观测站风速与雷达速度图)和 NCEP/NCAR 0.5°×0.5°再分析格点数据详细分析了 1211 号台风海葵登陆过程中,局地强风过程的分布及演变特征,并从运动方程出发,定性地讨论了影响局地强风过程四类主要因子在此次台风过程中的作用。得到如下初步结果:

(1)在强度变化上,局地强风过程在登陆前表现为 1 个半波的波动式变化,即先增加后减小再增加的变化趋势,而台风强度在登陆前 6 h 为持续减小,二者变化不同步;登陆后局地强风持续减弱,其中登陆时至登陆后 6 h 减弱得较为缓慢,之后迅速减弱。

(2)在空间分布上,局地强风过程方位角在登陆前从第二象限顺时针旋转至第一象限偏北方向,并在登陆时顺时针旋转至第四象限偏南方向,登陆后在第一和第四象限之间摆动。中心距离在台风登陆前呈波动变化特征,但均小于 175 km,登陆后呈持续增加趋势,整个登陆过程中心距离均小于 500 km。

(3)在影响局地强风过程的主要物理因子中,风矢量的水平平流和对流层中低层涡旋结构变化最为重要,对流层弱冷空气的影响只限于台风登陆前,而气压梯度的影响最小。

本文基于实测数据和再分析资料详细分析了 1211 号台风"海葵"登陆过程中局地强风发生发展及其分布的主要特征,增加了对台风登陆过程中其风场的非对称演变与局地强风过程相互关系的认识,有助于登陆台风局地强风的风场预报。另一方面,由于是个例研究,所得结论是初步的,需要进一步在更多个例中验证所得结论。在分析台风登陆过程中局地风场形成的主要影响因子时,主要从定性的角度出发,在与本文相关的第二部分(数值试验)中将在数值敏感性试验中对各个主要影响因子做进一步的讨论。

参考文献

[1] 欧进萍,段忠东,常亮.中国东南沿海重点城市台风危险性分析.自然灾害学报,2002,**11**(4):9-17.

[2] 陈联寿,丁一汇.西太平洋台风概论.北京:科学出版社,1979.

[3] 陈联寿,徐祥德,罗哲贤,等.热带气旋动力学引论.北京:气象出版社,2002.

[4] 张亮,黄思训,钟剑,等.基于降雨率的 GMF+RAIN 模型构建及在台风风场反演中的应用.物理学报,2010,**59**(1):7478-7490.

[5] Miller B L. Characteristics of Hurricanes. *Science*,1967,**157**:1389-1399.

[6] Chan J C L, Williams R T. Analytical and numerical studies of the beta-effect in tropical cyclone motion.

Part I: zero mean flaw. *J Atmos Sci*, 1987, **44**: 1257-1265.

[7] Wang Y, Holland G J. The beta drift of baroclinic vortices. Part I: Adiabatic vortices. *J Atmos Sci*, 1996, **53**: 411-427.

[8] 丘坤中. 台风风场模式. 海洋科技资料, 1978, **7**: 17-18.

[9] 陈孔沫. 海上台风风场模式. 海洋学报, 1982, **4**(6): 771-777.

[10] 陈孔沫. 一种计算台风风场的方法. 热带海洋, 1994, **13**(2): 41-48.

[11] 吴迪生. 8816号台风风场非对称研究. 大气科学, 1991, **15**(5): 98-105.

[12] 魏应植, 汤达章, 许健民, 等. 多普勒雷达探测"艾利"台风风场不对称结构. 应用气象学报, 2007, **18**(3): 285-294.

[13] 李洪海, 欧进萍. 基于实测数据的台风风场特性分析. 防灾, 2008, **12**(1): 54-58.

[14] 王明筠, 赵坤, 吴丹. T-TREC方法反演登陆中国台风风场结构. 气象学报, 2010, **68**(1): 114-124.

[15] 谢红琴, 高山红, 盛立芳, 等. 近岸区域及河口区台风风场动力诊断模型. 青岛海洋大学学报, 2001, **31**(5): 653-658.

[16] 朱首贤, 沙文钰, 平兴, 等. 近岸非对称型台风风场模型. 华东师范大学学报, 2002, **3**: 66-71.

[17] 蒋国荣, 吴永明, 朱首贤, 等. 影响湛江的台风风场数值模拟. 海洋预报, 2003, **20**(2): 41-48.

[18] 张传雄, 史文海. 温州地区近地边界层风速的统计特征分析. 中国水运, 2012, **12**(7): 54-56.

[19] 小仓义光. 黄荣华, 译. 大气动力学原理. 北京: 科学出版社, 1986.

1330 号台风"海燕"强度预报难点和强度发展成因初探

张 玲 许映龙 黄奕武

(国家气象中心，北京 100081)

摘 要

本文运用 NCEP 再分析资料和各种常规观测资料对 2013 年全球最强台风"海燕"的 强度发展机制进行天气学和动力学诊断及研究,发掘预报着眼点,以切实提高中央气象台对类似台风的强度预报能力。本文主要研究结论为:(1)"海燕"在强度发展、移速和造成的灾害方面都具有极端性。(2)"海燕"登陆菲律宾前一天的强度持续增长是其强度预报的难点所在,天气分析的结果显示,"海燕"在登陆菲律宾之前的持续加强与副热带西风急流和低纬东风急流的同时加强、副热带高压位置和强度的变化、高空出流条件的改善、越赤道气流的活动以及台风东侧西太平洋高压脊和赤道高压的加强有关。(3)"海燕"的水平风速分布存在明显不对称,呈现台风中心北侧东风大于南侧西风、台风中心东侧南风大于西侧北风的特点。由此导致的切变正涡度的增加可能是台风强度持续增强的重要原因之一。(4)对流层低层辐合的快速增强和台风中心南北两侧垂直环流圈的加强和建立也是"海燕"强度持续加强的重要因素之一。(5)台风"海燕"内核区的对流层低层水平辐合、涡度、比湿的快速增长是其强度发展的主要动力机制,高层辐散所起的作用不显著。(6)在台风业务预报过程中,如遇到在台风北侧存在带状副高压情况下需要关注副高北侧副热带西风急流的变化和副高南侧东风强度的变化,充分考虑其对台风路径和强度的可能影响。

关键词: 超强台风"海燕" 强度强 移速快 天气分析 动力学诊断分析

0 引言

中国是环西北太平洋地区受台风影响最严重的国家,平均每年有 7~8 个台风在中国沿海登陆,给我国造成较大损失[1]。据民政部核灾数据显示,2012 年年平均因台风造成的直接经济损失达 432.4 亿元,2013 年因台风造成的直接经济损失占全部自然灾害损失的 21.7%。近年来随着数值预报技术的不断发展,我国台风路径预报水平取得明显进展[1],2012 年台风 24 h 路径预报误差首次低于 100 km,2013 年进一步减小到 82 km,但对于一些快速移动和路径突变的台风,路径预报误差仍然较大;同时对于一些快速加强或减弱的台风的预报能力也较薄弱。而快速移动和快速加强(尤其是在近海)的台风通常会给其途经海域和陆地造成较大的灾害损失,如 9615 号强台风"Sally"进入南海后就出现了快速增强、移速显著加快的现象,两广因灾死亡人数为 284 人,经济损失高达 218.63 亿元[2]。2013 年 1330 号超强台风"海燕"在菲律宾东部快速增强、移速增快,菲律宾因灾死亡 6009 人,失踪 1779 人,并对我国海南三亚造成了较严重的风雨影响。尽管中央气象台对"海燕"路径和强度变化趋势均做出了较好的预报,但业务预报中仍存在不足,主要体现为最大强度低估和移速预报偏慢。由于"海燕"强度和灾害的极端性,因此对其强度变化原因开展分析总结研究显得十分必要。在过去的研究中,一般认为台风的强度变化主要取决于环境气流、台风结构和海洋状况等三方面因素[3],而其中台风外流与对流层环境气流的相互作用是最受关注的一个因素,它可直接影响台风强度的变化[4],这种影响一般与西风急流增强引起的高空辐散和质量输送相联系。台风外流与对流层环境气流的这种相互作用往往与对流层上部高空槽脊的强度和位置相联系,但高空槽如何影响和在何种程度上影响台风强度变化的机制仍然不明[5],尚有待进一步研究。在我国台风业务预报实践中对由于台风外流增加导致的台风强度增强越来越重视,已有了多次成功的预报实践,近 3a 来中央气象台的台风强度预报准确率明显提高。对于台风的快速移动,前人的研究认为这与西北太平洋副热带高压南侧东风气流的加强有关,黄忠和林良勋[6]、陈见等[7-8]分别对快速西行进入南海的台风和影响广西的快速台风进行了统计特征分析的结果也证实了这一观点,但对东风气流加强的具体原因分析的文献并不多见。而对于在台风快速移动中强度显著增强的原因方面以往开展的研究工作并不多,而"海燕"就是这样一个典型的例子。本文运用 NCEP 再分析资料和各种常规观测资料对 2013 年全球最强台风"海燕"的强度发展机制进行天气学和动力学诊断及研究,发掘预报着眼点,以切实提高中央气象台对类似台风的强度预报能力。

1 "海燕"活动概况及路径强度特点

1330 号台风"海燕"于 2013 年 11 月 4 日 08:00 在西北太平洋上生成后,以 25 km·h⁻¹ 左右的速度向西偏北方向移动,强度逐渐加强,5 日 14:00 加强为台风,此后,移速逐渐加快至 30 km·h⁻¹,6 日 08:00 发展成超强台风级,强度并继续加强,7 日 17:00 强度增至极大值,中心附近最大风力达 17 级以上(75 m·s⁻¹),然后"海燕"以此强度向菲律宾中部沿海靠近,且移速进而加快为 35～40 km·h⁻¹,并于 8 日 07:00 在菲律宾中部莱特岛北部沿海登陆,登陆时中心附近最大风力仍为 75 m·s⁻¹,中心最低气压达 890 hPa。而后"海燕"横穿菲律宾中部地区,强度明显减弱,8 日 14:00 减弱为强台风级,8 日夜间移入南海东南部海域。9 日上午开始"海燕"以 35～40 km·h⁻¹ 快速转向西北行,逐渐向我国海南岛以南海域靠近,9 日 16:00 前后掠过海南岛西南部近海后,随即移入北部湾南部海面,当天晚上 9 时在北部湾南部减弱为台风级,11 日 05:00 在越南北部广宁省沿海再次登陆,登陆时中心附近最大风力为 13 级(38 m·s⁻¹),以后于当天 09:00 移入中国广西境内,晚上 20:00 在南宁市减弱为热带低压,23:00 中央气象台对其停止编号。

"海燕"也是 1981 年以来最强的台风之一,它与 1983 年第 10 号台风 Forrest 和 1990 年第 25 号台风 Mike 齐名第一。不仅如此,"海燕"另一突出特点是移速快。通常自东向西行进的台风移动速度一般是 20 km·h⁻¹ 左右,而"海燕"登陆和穿过菲律宾时的移速快达 35～40 km·h⁻¹,也极为少见。由于"海燕"强度极强、移速飞快,其携带狂风暴雨和风暴潮袭击了菲律宾,酿成巨灾。据菲律宾国家减灾委 12 月 13 日上午发布的最新遇难人数为 6009 人,1779 人失踪,27022 人受伤,菲律宾 44 个省份累计 1600 多万人受灾,114 万栋房屋受损,其中 55 万栋房屋完全被毁,约 393 万人无家可归;估计"海燕"造成的财产损失已达 355 亿比索(约合 8 亿美元),其中,基础设施损失 182 亿比索,农业损失 173 亿比索。另外尽管"海燕"没有在我国登陆,但是在其从海南岛南侧掠过和进入北部湾趋向越南沿海的过程中仍然具有较高的强度,加之移速飞快,我国华南部分海域和地区还是遭受较严重的风雨影响,10 日 08:00 至 12 日 08:00,广西南部和海南东南部的部分地区累计降雨达 300～470 mm,海南保亭局地

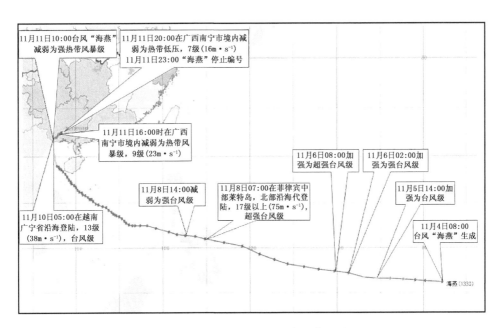

图1 1330号台风"海燕"实况路径图

545 mm、琼中 473 mm、广西博白局地 515 mm；期间，广西沿海、广东沿海、海南岛及周边海域出现 7～9 级大风，局地阵风达 11～13 级。受"海燕"影响，海南、广西等地部分市县停电，多条高速公路和省道中断，部分海运或空运航班取消或停航；海南东方市出现严重城市内涝。

"海燕"在距菲律宾东部约 1700 km 的洋面上即已加强为超强台风，尤其是在菲律宾中部沿海登陆前后中心最大风速高达到 75 m·s^{-1}。历史相似路径检索显示，通常中心风速达到或超过 70 m·s^{-1} 的超强台风 9 月和 10 月发生较多，8 月和 11 月次之，从路径上来看绝大多数为在台湾和菲律宾以东或附近转向的台风，而能像"海燕"一样，在 11 月登陆菲律宾后能够继续西行或西北行深入南海的非常罕见。

另外，对 1949－2011 年 10 月 16 日－11 月 30 日台风最大强度在台风级以上、且与"海燕"中心 6 日 08:00－9 日 02:00 最强时段路径相似的台风进行检索，结果显示有 10 个台风与之相似，其中有 4 个台风在菲律宾以东洋面上的最大强度达到超强台风级，它们是 1952 年台风 Trix（中心最大强度 55 m·s^{-1}，平均移速 15 km·h^{-1}）、1964 年 Louise（中心最大强度 80 m·s^{-1}，平均移速 13.5 km·h^{-1}）、1967 年 Emma（中心最大强度 65 m·s^{-1}，平均移速 21.5 km·h^{-1}）和 1990 年 Mike（中心最大强度 75 m·s^{-1}，平均移速 20 km·h^{-1}），"海燕"最大强度同 Mike 相当，路径也最为相似。但这 4 个台风的移速均不快，而"海燕"的平均移速达 30 km·h^{-1} 以上，属于快速移动台风。

同时又对上述时间内平均移速达 30 km·h^{-1} 及以上的台风进行检索，结果显示：绝大多数快速移动台风是在菲律宾附近地区及其以东洋面转向偏北到东北方向移动的台风，而在西太平洋上生成后移入南海再继续西行或西北行的快速移动台风仅一个，即 1972 年台风 Pamela，平均移速达到 37 km·h^{-1}，其最大强度仅为强台风级，中心附近最大风速为 50 m·s^{-1}（15 级），较之"海燕"强度要弱得多。

相似个例检索结果表明，新中国成立以来在深秋没有出现过与台风"海燕"路径、强度和移速同时相似的台风，可见，"海燕"登陆菲律宾以前的最大强度和快速移动的特点是非常罕见的,具有历史极端性,很有必要开展对它的相关的研究工作。

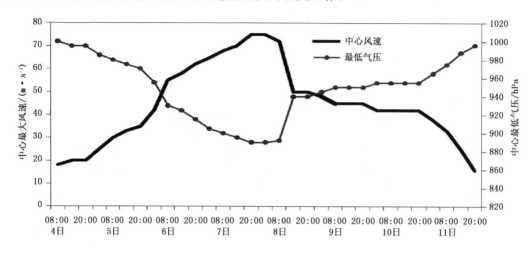

图2　1330号台风"海燕"中心最大风速和中心最低气压时间演变

2　云图结构变化特征分析和"海燕"定强的合理性分析

如图2所示,"海燕"从生成到在菲律宾中部沿海登陆期间(11月5日14:00—8日08:00)经历了3个强度发展阶段:快速发展阶段(11月5日14:00—6日08:00)、持续加强阶段(11月6日08:00—7日17:00)和高强度维持阶段(11月7日17:00—8日05:00),中心附近最大风速从35 m·s^{-1}增大到75 m·s^{-1},与此同时中心最低气压从970 hPa下降为890 hPa。从云型水平结构来看(图3),在其快速增强阶段(图3a,b,c),云型结构变化明显,中心密闭云区由不对称分布逐渐趋于对称分布,且密闭云区直径由350 km逐渐扩大到500 km左右,台风眼区逐渐清晰,但眼区边界形状不规则;在其持续增强阶段(图3d,e,f),云型结构与快速增强后期大致相同,"海燕"密闭云区的直径变化不大,维持在500～520 km左右,台风眼区逐渐变为正圆形,直径在30 km左右,眼壁光滑;在其高强度维持阶段(图3g,h),中心密闭云区直径进一步增大,8日02:00直径增至620 km左右,环绕台风中心的深对流环亮温均匀,都在−81℃以下,台风眼区温度升高,7日20:00达18.65℃,8日02:00更是达到20.02℃,并且在挨着台风密闭云区的北侧有一条近东西向的弧状深对流云带发展,对流发展非常旺盛,亮温值也在−81℃以下。图3i为"海燕"8日08:00(登陆菲律宾后1 h)的卫星图像,与高强度维持的图3 h相比变化不明显,眼区和密闭云区依旧完整,只是眼区亮温降低到−17.33℃,北侧的东西向深对流云带有所减弱,这表明"海燕"登陆时仍然维持很高的强度。总之,"海燕"在菲律宾以东的加强阶段(包括快速加强和持续加强)和高强度维持阶段的主要云型结构特征为:云型逐渐趋于对称,中心密闭云区面积增大的同时亮温不断降低,眼区由不规则形状转变为小圆眼,除高强度维持阶段在台风北侧存在一条近东西向的深对流云带外没有明显的台风外围螺旋云带特征。

现在国际上对于远海台风的定强普遍参考 Dvorak 台风定强技术得到的 CI 强度指数[9,10],指数越高代表强度越强,CI 强度指数的理论最大值为8.5。"海燕"期间 CI 强度指数在7日20时和8日02:00达到最大,高达8.0,中央气象台的官方定强也是在上述两个时次达到最强,均为 75 m·s⁻¹,美国的官方定强在上述两个时次分别为 165 海里/小时(相当于 84.8 m·s⁻¹)和 170 海里/小时(相当于 87.4 m·s⁻¹),中美官方定强和 Dvorak 定强结果在 "海燕"的最强阶段的趋势一致性较好,但是绝对数值上尚存一定差异,这主要是由于两国的观测风速平均时段不同造成的,中国是 2 分钟平均,而美国为 1 分钟平均,理论上 1 分钟平均风速大于 2 分钟平均风速。

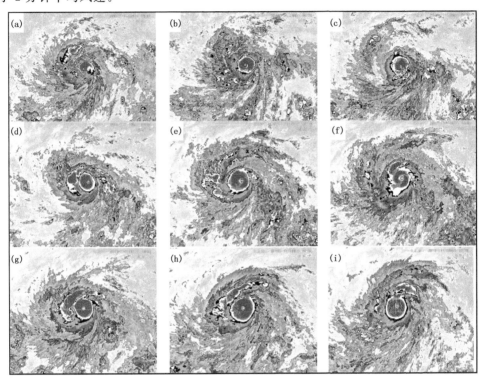

图 3　BD 增强红外图像

(a 为 5 日 19:30,b 为 6 日 01:30,c 为 6 日 07:30,d 为 6 日 19:30,e 为 7 日 07:30,
f 为 7 日 13:30,g 为 7 日 19:30,h 为 8 日 01:30,i 为 8 日 07:30)

　　我们将"海燕"的云型结构与 2010 年台风"鲇鱼"做个对比。1013 台风"鲇鱼"(超强台风级)是 2013 年以前自 1987 年美国海军停止对西北太平洋台风飞机观测以来在西北太平洋海域由飞机观测到的风速最大的台风,中央气象台对"鲇鱼"的最大强度确定为 72 m·s⁻¹(17 级以上)。如图 4 所示,4a 和 4b 分别为"鲇鱼"最强时和"海燕"最强时的 BD 图像对比,图中为 2°×2°的经纬度网格,很显然,"海燕"的中心密闭云区范围比"鲇鱼"的大得多,且"海燕"的台风眼墙内有最小宽度达 140 km 的冷黑灰色调环带,而"鲇鱼"的眼墙内冷黑灰色调的区域面积小,且未环成环,另外"鲇鱼"的眼区温度为 14.7℃,而"海燕"的眼区温度高达 20.02℃,再有"海燕"具有明显的云带特征(banding feature),而"鲇鱼"则没有。在 Dvorak 台风定强技术中对眼型台风主要考虑 3 大因素,眼区的形状和眼内的最高亮温、环绕眼区的冷云带的亮温和宽度以及是否具有云带特征。如图 4 可见,以上 3 个方面"海燕"都比"鲇鱼"还要强。所以基于 Dvorak 定强分析、与历史台风的对比及与其他台风业务中心定强结果的对比分析,这说明中央气象台对台风"海燕"的强度确定是合理的,"海燕"强度的极端性不容质疑。

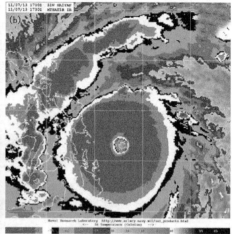

图 4 "鲇鱼"和"海燕"BD 图像对比

（a 为 2010 年 10 月 17 日 19：30"鲇鱼"BD 图像，b 为 2013 年 11 月 8 日 01：30"海燕"BD 图像）

3 "海燕"强度预报难点及其强度持续增强的原因初探

到目前为止人们对台风强度变化机制的认识还不够深入，台风强度预报至今仍成为台风业务预报中心的难点。尽管过去的研究表明，影响台风强度变化的 3 个主要因素（大尺度环流、台风内部结构和下垫面与台风环流的相互作用）的相对重要性在不同台风上表现不同[3]，但是对于生命史较长、强度较强的台风而言大尺度环流对其强度发展演变所起的作用总是至关重要的。下面我们试图从天气分析的角度对"海燕"强度发展的原因进行分析和探讨。

由中央气象台针对台风"海燕"的强度预报检验（图略）可见，中央台对其强度预报的偏差主要有两方面，一是对快速增强阶段的强度低估，二是对持续增强阶段的强度低估，这两个阶段均是"海燕"的强度预报难点所在。特别是持续增强阶段，"海燕"在已达到超强台风级的情况下持续增强，并达到较极端的强度，以下本文将主要就"海燕"强度持续增强的原因进行分析研究。

台风"海燕"生成初期对流层中层亚欧中高纬环流平直，以纬向环流为主，副热带高压呈东西带状分布，东西跨度很大，达上万千米之多。台风"海燕"生成后始终位于副热带高压带的南侧，强度逐渐加强，5 日 14：00 加强为台风强度。如图 5a 所示，6 日 02：00 对流层中层 500 hPa 亚欧中纬度呈两槽两脊型，我国东部地区为长波槽区，另外中高纬度在贝加尔湖以东有从极涡分裂的高空短波槽快速东移，"海燕"在副高南侧强劲的的偏东风气流引导下移速逐渐加快，同时强度快速增强，于 6 日 08：00 加强为超强台风级台风。对流层高层 200 hPa（图 5c）的环流形势则是以中纬度 35°N 附近一支强劲的副热带西风急流和低纬 15°N 以南宽广的东风气流为主要特征，即 6 日 02：00 对流层高层 200 hPa 从内蒙古东部到河套东部为高空槽，槽前有一条东东北—西西南走向的副热带西风急流，急流核位于朝鲜半岛南部到日本一带，强度达 60～64 m·s^{-1}，低纬地区"海燕"处于副高南侧宽广的东风气流中，除台风中心北侧本体的大风风速达 16～32 m·s^{-1}外，台风北侧外围的偏东风风速也达 8～16 m·s^{-1}。另外我们从图 5c 还可以看出台风的高层出流状况，6 日 02：00 高层出流主要为向偏西方向的流出，高层辐散

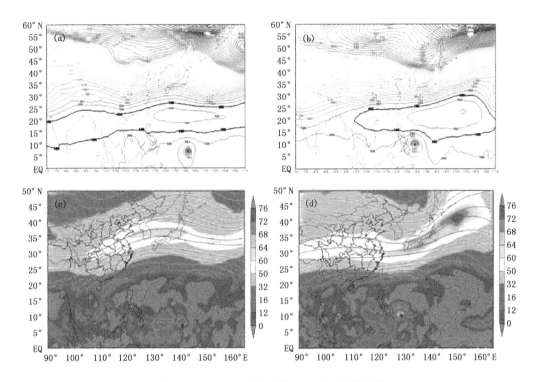

图 5　500 hPa 高度场分析、200 hPa 流场分析

(a 为 6 日 02:00 500 hPa 高度场;b 为 7 日 20:00 500 hPa 高度场;c 为 6 日 02:00 200 hPa 流线和
等风速填色;d 为 7 日 20:00 200 hPa 流线和等风速填色)

条件不是很好。在 500 hPa 南北两支西风槽东移过程中,北支槽移动快,南支槽移动慢,北支
槽有逐渐接近南支槽的趋势,且北支槽南北经向度逐渐加大,强度逐渐加深(图略),表明有从
极涡不断分裂的冷空气向槽中补充,7 日 02:00 前后 500 hPa 北支槽赶上南支槽(图略),两者
在朝鲜半岛以东到东海东部一带南北向合并,合并后的槽北段东移快、南段东移慢,槽线呈东
北－西南走向,7 日 20:00 该槽移至日本东部到日本以南洋面一带(图 5b),130°E 附近的
588 dagpm 线较 6 日 02:00 明显南压。在南北两支槽东移合并南压的过程中,其南侧的副热
带高压仍呈带状分布,只是 590 dagpm 以上区域向东收缩至"海燕"的东北方,并在中心区内
出现了一个 592 dagpm 的闭合线,同时 588 dagpm 线的南北宽度也较 6 日 02:00 明显宽了,这
些都表明随着副高北侧高空槽的东南移,副高强度不仅没减小,反而出现了一定程度上的增
强。另外我们还可以看到,受东移高空槽携带的冷空气向东南方向扩散的影响,位于副热带高
压北侧的 130°E 附近中纬度锋区内等高线的密集度明显加大(图 5b)。7 日 20:00 200 hPa 的
流场则是以中纬度副热带西风急流和低纬度东风急流的同时加强为主要特征(图 5d),并且
"海燕"强度的增强与上述急流的增强是基本同步的,即 200 hPa 槽前的副热带西风急流在东
移的过程中强度逐渐加强并南压,7 日 08:00 急流强度达到最大值,急流核达 72～76 m·s^{-1}
(图略),以后急流核以最高强度一直维持到 7 日 20:00(图 5d),7 日 20:00 急流轴南压至 30°N
附近,以后该西风急流才开始逐渐减弱。在中纬度副热带西风急流加强的同时,低纬的东风带
也明显加强,7 日 20:00 台风北侧外围的偏东风风速增大到 16～32 m·s^{-1},台风中心北侧本
体的东风更是加强到急流强度,急流核达 32～50 m·s^{-1},"海燕"于 7 日 17:00 达到强度最大

值 75 m·s^{-1},并且将该强度保持到在菲律宾中部沿海登陆。同时我们注意到伴随着 200 hPa 副热带西风急流和低纬东风急流的加强,在副高中心东西两侧均出现经向风加强的情况,首先 7 日 20:00 前后在 200 hPa 上 20°N 以南、135°~145°E 出现一条东西跨度达 800~1000 km 的 8~16 m·s^{-1} 的偏北风带;其次从图 5d 和 5c 的对比我们还发现,7 日 20:00"海燕"的高层流出除了向偏西方向外,向南北两侧的流出明显增加,向偏南方向的流出达 16~32 m·s^{-1},经吕宋岛和南海东部向偏北方向的流出也增加至 8~16 m·s^{-1},且偏南风气流的东西方向宽度达 10 个经距左右。这样一来 7 日 20:00 围绕副高中心就形成一个几乎连成环的宽广的大风速环,这是副高强度增强的体现,该大风速环一直持续到"海燕"在菲律宾中部登陆以后,副高强度的增强导致"海燕"的环境引导气流也增强,受其影响,7 日 17:00 以后"海燕"的移速加快至每小时 40 km 左右。另外从 7 日 20:00"海燕"向南北两侧的高层流出增加可以推断在其靠近菲律宾中部并登陆的过程中其高层辐散条件是较 6 日(图 5c)有所改善的,这可能是其强度持续增强的重要动力因子之一。综上所述,"海燕"在菲律宾登陆前的持续加强与副热带西风急流和低纬东风急流的同时加强、副热带高压位置和强度的变化以及高空出流条件的改善密切相关。

同时我们发现由于"海燕"在菲律宾以东洋面时所处纬度较低,在其生成和强度发展过程中其中心以南的赤道附近的各层越赤道经向风的活动一直很活跃(图 6a),其中 300 hPa 及以下的越赤道南风是"海燕"中心东侧偏南风的主要组成部分,而 250 hPa 以上的越赤道北风的变化则部分反映了"海燕"高层出流的变化。对流层低层 600~900 hPa 和对流层中高层 300~400 hPa 附近的越赤道南风气流较大,达 8~12 m·s^{-1}。特别是 7 日 02:00 北支槽与南支槽合并后,随着该槽的继续东南移,副高中心区向偏东方向收缩,副热带高压的南边界也逐步南落,7 日 20:00 对流层中层 400 hPa 在"海燕"东侧可见近南北向的高压脊(图 6c),该脊西侧的东南气流是"海燕"东侧经向风的另一来源,另外 7 日 20:00 对流层低层 850 hPa 上在"海燕"东侧有明显的赤道高压存在,赤道高压脊西侧的东南气流也是"海燕"中心东侧经向风的重要来源之一。另外从高层越赤道北风的变化来看(图 6a 和 6b),7 日 20:00 台风达到最大强度时大于 12 m·s^{-1} 的北风的范围和强度明显比 7 日 08:00 强,表明在持续加强阶段"海燕"向南的高层出流是增加的。这与图 5d 反映的部分情况是一致的。另外从各层越赤道南风气流的时间演变来看(图 6e 和 6f),400 hPa 和 850 hPa 的越赤道南风气流一直较清晰,但强度呈波动性质,强弱相间,400 hPa 的越赤道南风最大值为 10~12 m·s^{-1},而 850 hPa 的南风最大值略小,为 8~10 m·s^{-1}。从图 6e 可见,400 hPa 上偏北风从 7 日 08:00 开始明显加强,8 日 08:00 前左右达到极大值,850 hPa 上偏北风明显增大的时间比 400 hPa 上的要早 12 h,7 日 20:00 前后达到极大值,并且上述两个层次偏北风增大并达到极大值的节奏与"海燕"登陆菲律宾之前的强度持续增强阶段基本吻合,这说明,"海燕"登陆菲律宾之前的强度持续增强与越赤道气流的活动以及台风东侧西太平洋高压脊和赤道高压的加强也有关。

总之,天气分析的结果显示,"海燕"在登陆菲律宾之前的持续加强与副热带西风急流和低纬东风急流的同时加强、副热带高压位置和强度的变化、高空出流条件的改善、越赤道气流的活动以及台风东侧西太平洋高压脊和赤道高压的加强有关。

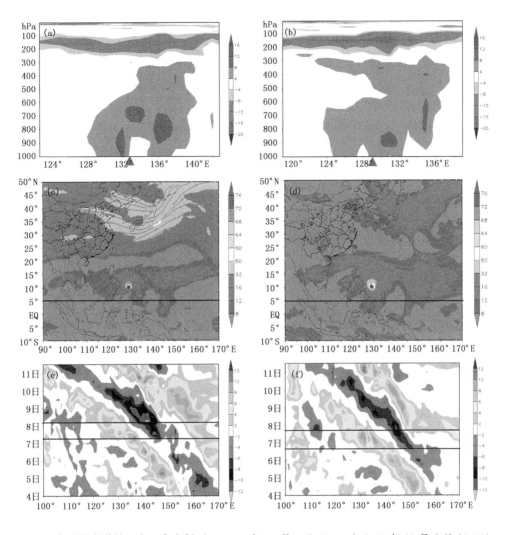

图 6　经向风沿赤道的经度－高度剖面(a:2013 年 11 月 6 日 08:00,b:2013 年 11 月 7 日 20:00)、
400 hPa 流场分析(c:2013 年 11 月 7 日 20:00)、850 hPa 流场分析(d:2013 年 11 月 7 日 20:00)、越
赤道 400 hPa 经向风的时间－经度序列图(e)、越赤道 850 hPa 经向风的时间－经度序列图(f)

4　台风结构和强度发展原因的诊断分析

为了研究"海燕"登陆前持续增强的动力机制,首先需了解"海燕"中心附近强风的水平分布特点和风速的垂直分布情况,我们先沿台风中心分别做经向和纬向剖面,看看台风中心附近纬向风和经向风的分布情况,如图 7a 和 7b 所示,台风中心南北两侧的纬向风分布存在明显的不对称,北侧东风不管从范围还是强度都比南侧的西风大很多,且纬向风等风速线的南北跨度随高度增高是逐渐减小的,对流层低层台风北侧大于 10 m·s^{-1} 的东风的南北跨度宽达 12 个纬度左右,对流层高层北侧东风的宽度只在 5 个纬度左右,另外东西风的最大值都出现在对流层低层 600～950 hPa。7 日 20:00 前后"海燕"中心南北两侧东西风最大值的速度差达到最大,达 40 m·s^{-1} 左右,这个时间正好与"海燕"强度达到极值的时间基本吻合。尽管台风南北两侧的纬向风的南北跨度很大,但是中心附近强风区(大于 30 m·s^{-1})的最大半径很小,仅为

2～3个纬距,这与"海燕"中心深对流云区的半径大小基本一致。另外我们注意到,图7a显示7日02:00在台风中心北侧38°N附近对流层高层200 hPa附近可见副热带西风急流核,7日20:00该急流核明显南压至31°N附近(图7b),与此同时台风中心北侧的东风强度明显加强,台风强度也明显加强。由此看出台风强度的增强与副热带西风急流的南压加强和其北侧低纬东风的加强密切相关。如图7c和7d所示,台风中心东西两侧的经向风东西宽度较纬向风宽度明显偏小,台风东侧的南风的范围和强度比西侧的北风大,台风中心东西两侧的经向风分布仍存在一定的不对称性,但是没有纬向风的不对称性显著。另外南北风的最大值也都出现在对流层中低层500～950 hPa。7日14:00前后"海燕"中心东西两侧南北风最大值的速度差达到最大,达20 m·s^{-1}左右。由此可见,"海燕"水平风速的不对称分布与其强度发展有关。

下面先对台风的涡度的垂直结构和演变做诊断分析。图7e和7f分别给出了7日20:00沿台风中心所做的涡度经向剖面和经向风的叠合图以及涡度经向剖面和纬向风的叠合图。"海燕"中心附近的正涡度区从海面一直伸展到对流层高层100 hPa附近,涡度最大值出现在7日20:00—8日02:00的800～850 hPa,达100×10^{-5}s^{-1}～110×10^{-5}s^{-1}。涡度最大值出现的时间与"海燕"中心南北两侧东西风最大值之差最大的出现时间基本吻合,同时也与"海燕"强度最大值出现的时间一致。从前述经向风和纬向风的水平分布看出,台风中心附近的强风存在明显的不对称特征。根据涡度的定义,涡度分为曲率涡度和切变涡度。我们将"海燕"的涡度近似看成经向风造成的涡度和纬向风造成的涡度的和,由于经向风和纬向风的曲率很小,曲率涡度就很小,在此主要考虑切变涡度的影响,而上述东风强于西风、南风强于北风的水平风不对称分布恰恰是典型的气旋性切变,会产生正涡度的增加,而正涡度的增加是台风强度增强的重要原因之一。7日白天开始台风中心南北两侧东西风和东西两侧的南北风的差值很大,由此导致的切变正涡度的增加可能是台风强度持续增强的重要原因之一。

最后我们对台风的水平散度的垂直结构和演变做诊断分析。图7g和7h则分别给出了7日02:00和8日02:00沿台风中心所做的水平散度经向垂直剖面和剖面上的V风和垂直运动ω的流场。由图7g可见,7日02:00由于台风南侧300 hPa以下都有较强的南风气流,台风北侧对流层存在一致的偏北风,由于存在明显的风向和风速辐合,在经向垂直剖面存在一个水平辐合柱,该柱的最大值位于对流层低层,同时台风南侧高层有向南的流出,在台风南侧存在一个逆时针的垂直环流。由图7h和7g的对比可见,8日02:00 300 hPa以下台风南侧的南风明显加强,对流层低层水平辐合加大,另外300 hPa以上台风南北两侧的向南和向北的出流有所增加,导致台风南侧的垂直环流加强,同时在台风北侧的500 hPa以上也形成一个顺时针垂直环流,由于台风两侧垂直环流的加强,台风中心附近700 hPa以上的上升运动和水平辐散同时加强。图7i和7j则分别给出了7日02:00和8日02:00沿台风中心所做的水平散度纬向垂直剖面和剖面上的U风和垂直运动ω的流场。7日02:00纬向剖面上各层大都为东风气流控制,但台风东侧的东风比西侧的东风强,特别是800 hPa以下中心东侧的东风强度更强,因此水平辐合的最大值也出现在台风中心附近的对流层低层800 hPa以下。8日02:00,纬向剖面上的东风强度普遍增强,特别是台风东侧表现为一致的东风,对流层低层台风东侧的东风明显比西侧的东风强,由此在风速辐合的作用下,台风中心附近形成一个垂直的水平辐合柱,辐合最强仍位于800 hPa以下,强度比7日02:00明显增强。从图7g～j可见,"海燕"在靠近菲律宾中部的强度持续增强阶段对对流层低层水平辐合的加强非常明显,这说明对流层低层辐合的快速增强和台风南北两侧垂直环流圈的加强和建立也是"海燕"强度持续加强的重要因素之一。

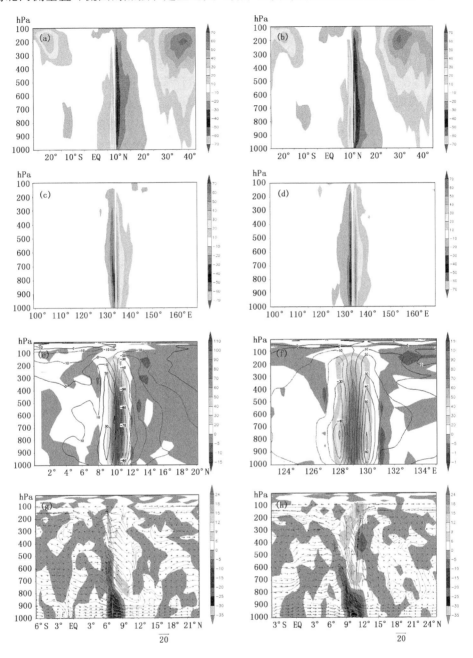

图7　7日02:00纬向风沿台风中心的经向垂直剖面(a),7日20:00纬向风沿台风中心的经向垂直剖面(b),7日02:00经向风沿台风中心的纬向垂直剖面(c),7日20:00经向风沿台风中心的纬向垂直剖面(d),7日20:00纬向风和涡度沿台风中心的经向垂直剖面(e,填色区为涡度,单位:$10^{-5}\,s^{-1}$),7日20:00经向风和涡度沿台风中心的纬向垂直剖面(f,填色区为涡度,单位:$10^{-5}\,s^{-1}$),7日02:00散度沿台风中心的经向垂直剖面(g,填色区为散度,单位:$10^{-5}\,s^{-1}$),8日02:00散度沿台风中心的经向垂直剖面(h,填色区为散度,单位:$10^{-5}\,s^{-1}$),7日02:00散度沿台风中心的纬向垂直剖面(i,填色区为散度,单位:$10^{-5}\,s^{-1}$),8日02:00散度沿台风中心的纬向垂直剖面(j,填色区为散度,单位:$10^{-5}\,s^{-1}$)

为了研究台风强度发展的主要动力机制,我们计算了台风内核区内平均的几个物理量诊断量随时间的演变。从图 7a～d 我们发现"海燕"中心附近强风区范围很小,据菲律宾媒体报道,"海燕"登陆菲律宾前半小时左右风速才见到急剧加大的现象,另根据美国科罗拉多大气科学联合研究所(CIRA)的台风中心附近海面风场反演结果(图略)显示,12 级以上大风(风速大于 32.7 m·s⁻¹)半径小于 100 km。综合以上资料并结合考虑 NCEP 再分析资料的水平分辨率,因此这里我们把"海燕"内核区定义为:以台风中心为中心,边长为 300 km 的正方形区域。如图 8a,d,b 所示,内核区内的 850 hPa 涡度和 700～850 hPa 比湿自台风生成以来到 8 日02:00 一直保持持续增长的趋势,对流层低层 850 hPa 的水平辐合尽管在数值上出现了几次起伏,但是其总体趋势与 850 hPa 涡度和 700～850 hPa 比湿一致,并且这三者都在 8 日 02:00增大到最大值,"海燕"7 日傍晚达到强度的最大值,并将最大强度保持到 8 日 02:00,以后逐渐减弱,这说明对流层低层 850 hPa 的水平辐合、850 hPa 涡度和 700～850 hPa 比湿的增长是"海燕"强度加强的主要原因。而高层 200 hPa 散度的变化趋势(图 8c)与"海燕"强度变化未见明显相关。以上说明,"海燕"在菲律宾以东强度发展的主要原因是内核区的对流层低层水平辐合、涡度、比湿的快速增长,而不是高层辐散的增加。

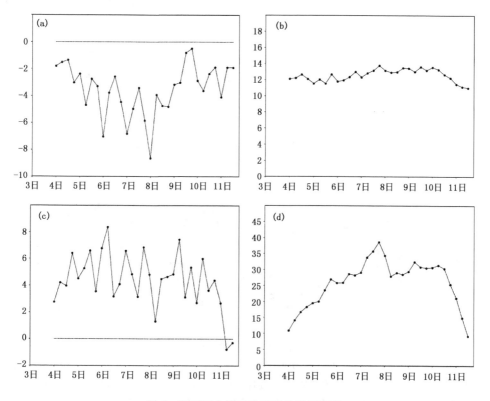

图 8 "海燕"内核区物理量的时间演变

(a 为 850 hPa 散度,单位 10⁻⁵s⁻¹,b 为 850～700 hPa 比湿,单位:g·kg⁻¹,

c 为 200 hPa 散度,单位:10⁻⁵s⁻¹,d 为 850 hPa 涡度,单位:10⁻⁵s⁻¹)

5 结论和讨论

(1)"海燕"在强度发展、移速和造成的灾害方面都具有极端性。

(2)天气分析的结果显示,"海燕"在登陆菲律宾之前的持续加强与副热带西风急流和低纬东风急流的同时加强、副热带高压位置和强度的变化、高空出流条件的改善、越赤道气流的活动以及台风东侧西太平洋高压脊和赤道高压的加强有关。

(3)"海燕"的水平风速分布存在明显不对称,呈现台风北侧东风大于南侧西风、台风东侧南风大于西侧北风的特点。由此导致的切变正涡度的增加可能是台风强度持续增强的重要原因之一。

(4)对流层低层辐合的快速增强和台风南北两侧垂直环流圈的加强和建立也是"海燕"强度持续加强的重要因素之一。

(5)台风"海燕"内核区的对流层低层水平辐合、涡度、比湿的快速增长是其强度发展的主要动力机制。

(6)在台风业务预报过程中,如遇到在台风北侧存在带状副高压情况下需要关注副高北侧副热带西风急流和副高南侧东风强度的变化,充分考虑其对台风路径和强度的可能影响。

参考文献

[1] 许映龙,张玲,高拴柱.我国台风预报业务的现状及思考,气象,2010,**36**(7):43-46.

[2] 陈联寿,端义宏,宋丽莉,等.台风预报及其灾害.北京:气象出版社,2012:288-289.

[3] 端义宏,余晖,伍荣生.热带气旋强度变化研究进展,气象学报,2005,**63**(5):636-645.

[4] Holland G J, Merrill R T. On the dynamics of tropical cyclone structural change. *Quart J Roy Meteor Soc*,1984,**110**:723-745.

[5] Ritchie E A. Environmental effects. Topic Chairman and Rapporteur Reports of the Fifth WMO International Workshop on Tropical Cyclone(IWTC-V). Tropical Meteorology Research Programme Report Series,Report No. 67,Cairns,Australia,3-12 Dec. 2002.

[6] 黄忠,林良勋.快速西行进入南海台风的统计特征.气象,2004,**30**(9):14-18.

[7] 陈见,杨宇红,黄明策.影响广西的快速台风.广西气象,2002,**23**(4):7-8,58.

[8] 陈见,高安宁,罗建英,等.0814 号台风"黑格比"快速移动及造成广西持续大范围暴雨成因分析,海洋预报,2010,**27**(1):1-7.

[9] Dvorak V F. Tropical cyclone intensity analysis using satellite data. Noaa Tech. Report NESDIS 11,1984.

[10] World Meteorological Organization. The Final Report of International Workshop on Satellite Analysis of Tropical Cyclones. 2011.

"尤特"特大暴雨过程的热力条件分析

程正泉　林良勋　沙天阳　杨国杰

(广州中心气象台,广州 510080)

摘　要

1311 号强台风"尤特"登陆后给广东带来持续性大范围强降水,对流降水特征显著。本文分析了"尤特"影响期间大尺度环流背景,重点讨论了此次持续性强降水过程中大气层结问题。发现低空急流向广东输送强的暖平流,是广东大气层结不稳定得以持续维持的根本原因。进一步分析发现,低空急流本身并不是"暖"的,当"尤特"趋向陆地时,陆地上的暖气团在"尤特"环流强迫下向南传播扩散,低空急流穿越这一暖区时温度升高才具备"暖"的特性。温度诊断方程结果进一步证实这一点。而这一事实在以前并未被关注到。通过个例反查,在许多登陆后造成连续强降水的台风过程中均发现了这一特征。因此,台风登陆引起环境温度场的演变以及与低空急流的配置需引起重视。

关键词:"尤特"　强降水　层结　暖平流　低空急流

0　引言

台风登陆后来自洋面的潜热输送被截断,其环流往往很快耗散,降水也随之减弱。但有的台风登陆后可带来持续性的大暴雨甚至特大暴雨天气,酿成巨灾。台风登陆后引发的连续强降水与外部能量输入、残涡维持等有关[1-2]。统计[3-4]表明,登陆后造成大范围连续强降水的台风往往在低层与一支强低空季风急流保持联结,这对残涡环流以及持续性强降水有利。

目前业务上已形成这样的共识,即登陆台风与季风急流相互作用时容易导致连续强降水[5]。这种台风与季风相互作用的降水雨强往往很大,一般超过 $20\sim30$ mm·h^{-1},最大甚至可超过 100 mm·h^{-1},具备典型的对流强降水特征[6-8]。当前业务中广泛应用的大尺度环流分析结合数值模式产品的预报思路重点考虑的是累计降水量(如 24 h 累计雨量或过程雨量等),对雨强或降水性质的分析往往不够,事实上,这对致灾强降水来说是不容忽视的。另外,有时强季风带来的降水并不强,如 1312 号"潭美"移入内陆时,强盛西南季风控制下的广东降水却明显偏弱。这在业务中容易引起困惑。

1311 号强台风"尤特"是登陆后与季风发生相互作用给华南带来连续大范围强降水并致灾严重的一个热带气旋,对流降水特征极其显著。本文分析了此次强降水过程华南大气环流特征及其大气层结持续维持不稳定的原因,讨论了业务预报中需关注的着眼点,以期为强盛季风背景的登陆热带气旋降水预报提供参考。

资助项目:公益性行业(气象)科研专项(GYHY201206010)、中国气象局预报员专项(CMAYBY2013-048)和广东省气象局科技创新团队(201101)

1　过程概述

1.1　强台风"尤特"概述

1311 号强台风"尤特"于 2013 年 8 月 10 日 02:00(北京时,下同)在菲律宾以东洋面形成,此后稳定地向偏西北方向移动,于 14 日 15:50 在阳江市阳西县溪头镇登陆,登陆时中心最大风力 14 级(42 m·s⁻¹)。登陆后继续向西北偏北方向移动,15 日 14:00 减弱为热带低压。"尤特"以热带气旋形式在陆上维持了大约 37 h,但其残余环流维持时间很长,至 20 日在边界层低层仍存在清晰的弱气旋性环流。

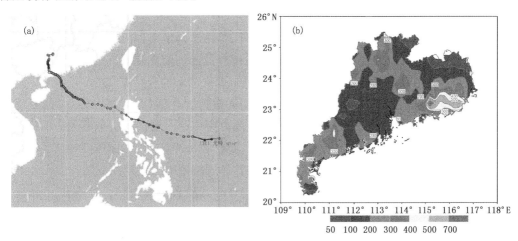

图 1　"尤特"(1311)路径图(a)及过程雨量(b)(8 月 13 日 08:00—19 日 08:00,单位:mm)

1.2　"尤特"引发的强降水过程

"尤特"给广东带来有气象记录以来最极端的一次连续大范围强降水,广东首次启动了气象灾害(暴雨)Ⅰ级应急响应。共有 1092 个(117 个)自动站过程雨量超过 250 mm(500 mm),最大过程雨量(1199.2 mm)出现在惠东县高潭镇,最大 24 h 雨量(924 mm)也创造了广东有气象记录以来的最大 24 h 雨量记录。结合环流和卫星雷达图分析可知,此次降水大致可以划分为两个阶段。第一阶段从 13 日 08:00 至 15 日 20:00,基本属于台风环流本体降水,落区主要出现在粤西、珠三角和粤东,这与传统的预报经验基本一致;第二阶段(15 日 20:00 至 19 日 20:00)的强降水则与台风与季风相互作用有关,主要落区位于西北部、粤东以及粤西的部分地区。

这次强降水过程对流降水特征异常显著,且范围广、持续时间长(表 1、2)。分别有 1744 和 226个自动站最大雨强在 20～50 mm·h⁻¹ 和 50～100 mm·h⁻¹,最大值(118.9 mm·h⁻¹)出现在惠东县高谭镇;时雨强超过 20 mm·h⁻¹ 的累计小时数超过 5 h 的有 197 站,最大值(17 h)出现在惠东县白盆珠镇新庵布心村。其中第二阶段雨强以及强降雨持续时间远超第一阶段(台风本体降水)。

表 1　广东省出现不同最大雨强的站数　　　　　　　　　　　　　　　单位:站

	20～50 mm·h⁻¹	50～100 mm·h⁻¹	≥100 mm·h⁻¹
第一阶段	821	41	1
第二阶段	923	185	4
全部	1744	226	5

表 2　广东省出现超过 20 mm·h⁻¹ 强降水累计小时数的站数　　　　　单位:站

	1～2 h	3～4 h	5～7 h	8～9 h	≥10 h
第一阶段	702	79	38	1	1
第二阶段	378	192	116	27	14
全部	1080	271	154	28	15

2　大气环流分析

"尤特"登陆前高空 200 hPa 有反气旋与之相伴随并趋向华南,并随着"尤特"残涡的维持而稳定存在在华南上空。计算广东地区区域平均相对散度场随高度时间的变化(图略),发现 14—19 日期间,高空辐散维持,高空的大尺度背景对此次降水过程是有利的。

500 hPa 登陆前,"尤特"主要位于西太平洋副高西南侧,受东南气流引导,以偏西北行为主。登陆以后,副高形态逐渐发生变化。一方面,随着中高纬小槽的减弱东移,15 日起中纬度副高加强西伸,形成带状副高并长时间维持;另一方面,西太平洋副高向南向西伸展,使得南海高度场明显加高并形成闭合的高压环流。副高的这种调整使得"尤特"在登陆并缓慢北上后转受南北两侧高压系统影响,引导气流方向相反,16 日起其残涡出现停滞。17 日起南海高压环流逐渐减弱,"尤特"涡旋开始趋向西南方向。

"尤特"登陆前,华南大气边界层水汽含量很高,850 hPa 比湿均超过 12 g·kg⁻¹。"尤特"登陆以后,低空季风急流则长时间与"尤特"残涡环流保持联结,各站 850 hPa 比湿维持在 12～17 g·kg⁻¹。另外,由于大陆高压较强,使得"尤特"西北侧维持较强东北风,水汽得以输送至环流西侧,因此"尤特"影响期间整个"尤特"环流覆盖区域低层均为高湿区,这与通常气旋西侧大气偏干情况有所不同。研究[9]认为,这种情形下,大陆高压对内陆强降水是有利的。18 日起,随着 1320 号热带气旋"潭美"和孟加拉湾风暴的发展加强,输向"尤特"的季风急流逐渐减弱,华南强降水范围和强度也随之减小。

此外,"尤特"登陆后,华南大气高低空切变维持低值区(图略),这使得高空暖心得以维持。小的垂直风切变有利于低层低压环流的维持或加强,这可以从 CISK 机制中得到解释[10]。即高空大气的增暖,导致高层质量辐散流出,引起地面气压下降,从而增强低空气旋性环流。

因此,从环流分析可知,此次强降水过程,大气环流背景场对"尤特"登陆后的残涡环流维持十分有利。华南大气水汽含量高,低层强盛的西南季风持续与"尤特"残涡保持联结,输送暖湿平流,不仅有利于低涡维持,还为此次强降水过程输送充足的水汽和能量。这些均是本次降水持续时间长的重要原因。

3　大气层结分析

由于中尺度对流活动是在不稳定层结的大气背景下发生的,因此可以断定此次连续强降水过程,华南大气持续处于不稳定层结中。由于热力不稳定层结分析只在降水或对流发生前才有意义[12]。对连续性的降水过程来说,各种常用稳定度指数往往表现不佳[13-14],准确判断大气热力层结难度增大。分析此次过程中常用稳定度指数(K,SI 指数和 850 hPa 与 500 hPa

温差),发现强降水开始前,各种指数均有较好的反映,但在降水持续期间,指数的表现很不稳定,不利于对华南大气层结的准确判断。

3.1 平流分析

准确判断大气热力层结状况对未来降水性质及强度有重要意义。从 925 hPa 环流来看(图略),广东测站温度为 22～23℃并且在整个强降水过程中变化不明显,而位于上游区域(北部湾－南海北部)的低空急流温度明显要高,如海口、西沙 27℃,因此暖平流很强。依据流线走向,对比上游的海口、西沙和下游的阳江、汕头站温度曲线(图 2),发现 15 日 08:00 起,上游的海口、西沙温度显著增加,与下游的阳江和汕头站形成很强的温度梯度,并维持至 17－18日。结合强劲的西南偏西风,可知输向广东的暖平流极强,这导致广东各地对流有效位能持续补充,以弥补强降水导致的能量损耗。广东低层大气温度无明显上升,这应该与降水的非绝热作用有关。因此,上游暖的低空急流输送强的暖平流是广东大气层结维持不稳定的根本原因。当然强降水的发生还需要考虑边界层的动力激发作用。

低空季风急流携带暖湿气流向暴雨区输送大量潜热能往往是广东前汛期暴雨的重要原因,这在业务中已得到公认。本例中,低空急流同样表现出了"暖"的特性。问题是,盛夏季节,由于大陆上的大气是热低压、海洋上是冷高压,来自海洋的低空急流为何比陆地上的大气更"暖"?事实上,在"尤特"登陆以前,与之相连的位于海洋上空的低空急流 850 hPa 温度仅为18～19℃,而 13 日 20:00 湖南、四川、广西北部 850 hPa 气温高达 25～28℃,低层海洋大气冷、陆地大气热的这种分布在盛夏季节是合理的。考察 13－16 日 14:00 850 hPa 风场和温度场的演变(图 3)可以发现,当"尤特"趋向陆地时,位于西南部的暖气团在"尤特"外围环流作用下逐渐向南伸展,而广东由于"尤特"登陆时的降水影响低层气温下降,形成广东冷、上游暖的温度场结构。西南急流穿越暖气团气温升高。因此,低空急流的"暖"并不是它本身具有的特性,而与陆地暖气团受外部强迫向南传播扩散、而低空急流穿越暖区增温有关。

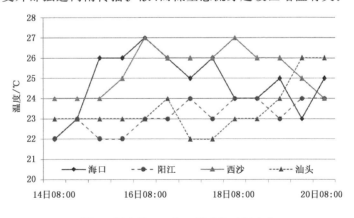

图 2　探空站 925 hPa 温度随时间变化

3.2 温度方程诊断分析

上述分析可知,广东上游地区的高温区的建立及维持可能是广东上空大气层结不稳定维持的根本原因。为了进一步证实这一点,利用热力学方程的转换形式:

$$\frac{\delta T}{\delta t} = -\vec{V} \cdot \nabla_h T - W(\gamma_d - \gamma) + \frac{RT}{c_p T}\left[\frac{\delta p}{\delta t} + u\frac{\delta p}{\delta x} + v\frac{\delta p}{\delta y}\right] + \frac{1}{c_p}\frac{dQ}{dt} \qquad (1)$$

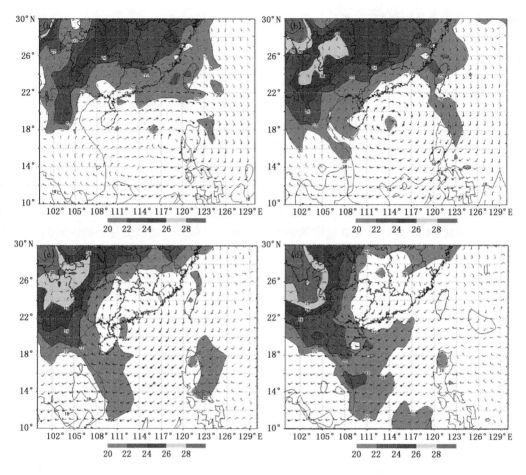

图3 850 hPa风场和温度场(等值线和填色区,单位:℃)
(a为13日14:00,b为14日14:00,c为15日14:00,d为16日14:00)

其中,方程左侧为温度的局地变化,方程右侧四项分别为温度水平平流、垂直运动、气压变化和非绝热加热导致的温度局地变化项。根据尺度分析可知,气压变化导致的温度局地变化的量级最小,因而该项可以忽略。因此大尺度系统中的温度局地变化主要有水平运动、垂直运动和非绝热加热项造成:

$$\frac{\delta T}{\delta t} = -\vec{V} \cdot \nabla_h T - W(\gamma_d - \gamma) + \frac{1}{c_p}\frac{dQ}{dt} \qquad (2)$$

以海口站850 hPa温度为例计算上述方程各项随时间变化,如图4所示。虽然NCEP/NCAR再分析资料中的温度场与探空观测的温度有一定的偏差,但偏差不大,不影响定性分析结果。15日白天至17日白天温度局地变化为正值,表明该阶段是海口850 hPa温度增加并维持的阶段,这是暖平流建立及维持的主要时期。从图4可知,(2)式等号右边的三项中,温度水平平流对温度局地增加的贡献最大,垂直平流则小得多,而非绝热加热项在该时期主要起着负贡献。结合上一节环流分析可知,海口站低层温度的升高及维持的确主要由温度水平平流导致,即随着"尤特"环流的逼近,位于江南的暖气团受"尤特"外围环流强迫向南扩散,温度脊随之向南伸展,从而建立北部湾至海南岛地区指向广东西部的温度梯度。当西南低空急流穿过该地区时增温暖平流显著增强。

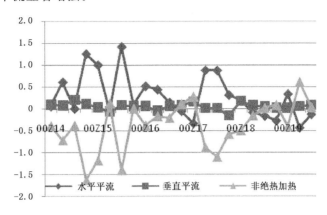

图 4　海口站 850 hPa 温度方程的水平平流、垂直平流及非绝热加热项
（单位：10^{-4} ℃·s^{-1}，横坐标为世界时）

3.3　个例反查

对大量历史个例进行了反查，发现在登陆后与季风发生相互作用的台风中，许多个例都存在上述特征，即：台风登陆前陆地为暖气团，与台风相连的季风急流温度并不高，随着台风趋向大陆，大陆暖气团受台风外围气流强迫开始向南传播扩散，当低空急流穿越暖气团得到增温后，其向广东输送暖平流明显增强，在其他有利的动力条件配合下，形成大范围连续强降水。

然而，强季风背景下仍有部分个例降水较弱。如 1312 号台风"潭美"，其登陆后西南季风极其强盛，控制整个广东，然而广东降水却很弱，仅在沿海部分地区出现强度一般的对流活动，且持续不长。分析发现，陆地上的高温气团受"潭美"环流强迫仅南压至越南北部，而低空急流主要通道位于南海，未能穿越高温气团。这种温度场与动力场的不匹配，使得急流温度维持较低，陆地气温接近。此外，有许多个例并不具备这一特征。如，台风登陆前大陆气团由于冷空气影响或其他降水过程影响气温偏低，台风登陆后未出现大陆暖气团向南扩散这一特征。这导致强降水难以持续。因此，对登陆台风说，需要关注陆地暖气团，尤其是在台风环流强迫下它的动向以及与低空急流的配置值得重视。以前的预报业务并未关注到这一点。

4　结论与讨论

"尤特"是一个典型的登陆后与季风急流结合带来大范围强降雨的台风，强降水持续时间长、雨强大，对流特征非常显著。通过大尺度环流分析可知，强降水期间，各层动力以及水汽条件均对连续降水过程比较适宜。对热力条件的分析发现，强降水发生前华南大气处于层结不稳定中，但此后强降水出现持续，利用常规的不稳定指数或探空分析等均无法有效地对华南未来大气层结作出判断。进一步研究发现：

（1）广东上游的低空急流温度高，向广东输送强的暖平流，是有效维持华南大气层结不稳定的根本原因。

（2）登陆前，与"尤特"相连的低空急流温度并不高，当其趋向陆地时，陆上的高温气团受"尤特"西侧偏北气流强迫而南下，低空急流穿越高温气团时得到增温，导致输向广东的暖平流显著增强。温度诊断方程结果进一步证实了这一点。这一事实在以前并未被发现。

(3)对历史个例反查发现,上述特征在登陆后造成连续强降水的台风个例中普遍存在。也有许多个例并不具备此特征,不同的个例情况有所不同,这与陆地气团性质、台风影响下的温度场、动力场配置及演变有关。这有助于判断台风登陆后大气层结变化趋势,业务中需引起关注。

参考文献

[1] 陈联寿.登陆热带气旋暴雨的研究和预报//第十四届全国热带气旋科学讨论会论文摘要集,2007:3-7.

[2] 程正泉.登陆台风与环境因子相互作用对暴雨的影响研究综述.广东气象,2008,**30**(5):4-7.

[3] 李英,陈联寿,王继志.登陆热带气旋长久维持与迅速消亡的大尺度环流特征.气象学报,2004,**62**(2):167-179.

[4] 程正泉,陈联寿,李英.登陆台风降水的大尺度环流诊断分析.气象学报,2009,**67**(5):840-850.

[5] 林良勋等.广东省天气预报技术手册.北京:气象出版社,2006.

[6] 程正泉,项颂翔,黄晓莹,等."凡亚比"登陆引发的粤西特大暴雨分析.广东气象,2013,**35**(1):1-5.

[7] 胡端英,梁域,余家材等."9.16"广东旱区罗定特大暴雨灾害天气成因分析.广东气象,2013,**35**(3):6-11.

[8] 林燕红,曾国经.0010号台风路径及登陆后暴雨成因分析.广东气象,2001,**23**(3):36-37.

[9] 程正泉,陈联寿,李英.大陆高压对强热带风暴碧利斯内陆强降水影响.应用气象学报,2013,**24**(3):257-267.

[10] 陈联寿,丁一汇.西太平洋台风概论.北京:科学出版社,1979.

[11] 俞小鼎.强对流天气临近预报.全国气象部门预报员轮训系列讲义,2011.

[12] 孙继松,陶祖钰.强对流天气分析与预报中的若干基本问题.气象,2012,**38**(2):164-173.

[13] 蒙伟光.一次连续性暴雨天气过程的分析.广东气象,1999,**21**(2):11-12.

[14] 罗聪,贺佳佳,张羽.一次热带气旋减弱远离后出现暴雨的成因分析.广东气象,2012,**34**(3):1-5.

[15] 朱乾根,林锦瑞,寿绍文,等.天气学原理和方法.北京:气象出版社,1992:40-603.

超强台风"尤特"预报技术总结

李玉梅　陈　红　李　勋

(海南省气象台,海口 570203)

摘　要

本文利用 ECWMF 细网格零场和预报场资料以及海南省自动站观测资料,分析 2013 年 11 号超强台风"尤特"路径、强度的特点以及检验 EC 模式对该次过程的预报能力,得到以下结论:(1)前期副高强大稳定和后期减弱东退是"尤特"路径前期偏西而后期偏北的主要原因;(2)"尤特"的强度在 8 月 10 日出现最大的跃升与水汽输送明显加强、高空的辐散环流形势达到最强和西太平洋暖池区海温升高并向南扩展有关;(3)EC 模式对"尤特"路径以及对海南降水的预报能力总体上较好。

关键词:超强台风　尤特　副热带高压　ECWMF

0　引言

在夏半年,中国东南沿海地区常常受到台风的袭击,台风灾害是中国主要的气象灾害之一。陈玉林等[1]研究指出,1949－2001 年期间共有 488 个台风在我国沿海地区登陆。登陆型台风往往带来严重的财产损失和人员伤亡[2]。

历史上,直接登陆中国而造成重大损失的台风数不胜数。9018 号台风"黛特"、0814 号台风"黑格比"[3]、1117 号台风"纳沙"[4]分别给福建、广东和海南带来严重的风灾水灾。另外,由于台风是具有三维结构的强大而深厚的天气系统,其水平尺度平均为 1000～1500 km[2],因此,不直接登陆而从旁边经过的台风也会对一个地区造成不容忽视的严重影响。地处南海北部 18°～20°N 海面上的海南岛,因其独特的地形,几乎每年都会受到"擦肩而过"的台风影响。多数情况下,台风是从海南岛南部和东北部近海海面上经过,给海南带来重大的风雨过程。

2013 年 11 号超强台风"尤特"是一个不直接登陆海南而从海南的东北部近海海面上经过的台风,本文将对其进行详细分析。

1　资料说明

本文采用的主要是欧洲中期数值预报模式(ECWMF,简称 EC)细网格的零场和预报场资料,空间分辨率为 0.25°×0.25°,其中零场资料的时间间隔为 12 h,预报场资料的时间间隔为 6 h。另外,还用到海南省自动观测站的风向风速和降水量资料。

2　"尤特"活动概况

2013 年 8 月 9 日 20:00,原位于菲律宾以东洋面的热带扰动发展为热带低压,并于 10 日 02:00 加强为 2013 年第 11 号热带风暴"尤特",11 日 17:00 增强为超强台风。12 日 03:00,"尤特"以超强台风的强度在菲律宾奥罗拉省卡西古兰沿海登陆,随后穿越吕宋岛,期间逐步减弱为台风,进入南海中东部后又缓慢加强,于 13 日 08:00 再度增强为强台风。14 日 15:50,"尤特"在广东省阳西附近沿海登陆,登陆时仍维持强台风的强度。8 月 16 日早晨"尤特"在广西贺州境内明显减弱,16 日 05:00 中央气象台对其停止编号。

"尤特"自生成后基本是以西偏北路径移动,其中前期偏西而后期偏北。"尤特"最显著的特点是强度的发展非常迅速,自生成后的 39 h 之内就由热带风暴级别发展到超强台风级别,发展过程中最强时,中心附近最大风速为 60 m·s⁻¹(17 级)。

"尤特"以强台风的强度(14 级)从海南岛的东北侧海面上经过,与海南东北沿海陆地的最小距离在 170 km 左右。受"尤特"影响,8 月 13 日 08:00—15 日 08:00,海南岛北半部地区普降暴雨,局地大暴雨,共有 43 个乡镇雨量超过 100 mm,其中文昌翁田镇雨量超过 200 mm,为 219.8 mm。

另外,8 月 13 日 08:00—15 日 08:00,本岛东北部近海测得最大平均风 10 级(26.9 m·s⁻¹),阵风 12 级(34.4 m·s⁻¹);东北部沿海陆地普遍出现 7~9 级阵风。

3 路径及强度变化的诊断分析

3.1 路径的诊断分析

台风的移动主要受引导气流所操纵,而西太平洋台风的引导气流主要取决于副热带高压和西风带这两个大型环流系统的配置和变化[2]。

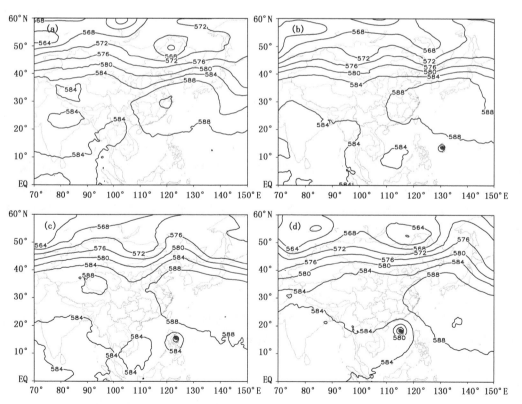

图 1 2013 年 8 月的 500 hPa 高度场

(a 为 8 日 20:00,b 为 10 日 08:00,c 为 11 日 20:00,d 为 13 日 08:00;单位:dagpm)

图 1 为 500 hPa 位势高度在 8 月 8—13 日的演变过程。8 日 20:00(图 1a),副热带高压强度较强,西伸明显,脊线在 30°N 附近,同时,东北地区有冷涡以及西风槽发展并东移,但由于西风槽较浅薄且槽底偏北,对副高的作用并不显著,副高的强度和范围变化不大,"尤特"在副高的南侧以西行路径为主(图 1b)。另外,10 日 08:00 在贝加尔湖附近又有西风槽发展,该西风槽在东移过程中不断增强加深,在其打击下,副高不断减弱东退,13 日 08:00 西边界已东退至江西东北部地区。伴随着副高的东退,"尤特"路径的偏北分量开始增大,以西北行为主。

而 500 hPa 引导气流的演变(图略)则显示,11 日和 12 日引导气流最大风速值分布在"尤特"的西侧,而 13 日和 14 日风速大值中心移到"尤特"的北侧,故后期"尤特"路径的偏北分量更大。

3.2 强度变化的诊断分析

"尤特"强度跃升最快的是从 10 日 08:00 9 级到 10 日 20:00 13 级,下面分别从水汽输送、高层环流和海表面温度三方面来诊断分析这一过程。

3.2.1 水汽条件

由图 2a,c 可以看到,在低层(850 hPa),"尤特"有三条明显的水汽输送带,分别是来自西南季风、越赤道气流和副高南侧的偏东气流。10 日 08:00,西南季风输送的水汽仍有大部分被南海东南部的扰动所截获,输送带呈断裂状,"尤特"的水汽主要由越赤道气流和副高南侧的偏东气流提供,两条输送带对"尤特"的贡献基本相当。10 日 20:00,越赤道气流输送带和副高南侧的偏东风水汽输送带则缓慢减弱,而西南季风水汽输送带明显增强,呈连续带状,起主要贡献作用。

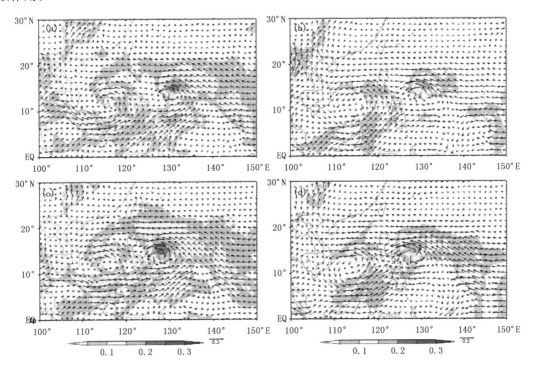

图 2　2013 年 8 月 10 日 08:00 和 10 日 20:00 中低层水汽输送场
(a,c 为 850 hPa;b,d 为 700 hPa;单位:(kg/kg)、(m/s)

700 hPa 水汽输送的情况如图 2b,d 所示,水汽输送带仅有西南季风和偏东气流两条,且后者为主要水汽输送带。从 12 日开始(图略),西南季风逐渐增强为主要的输送带。

3.2.2 高层环流

台风是一个深厚的对流系统,一般情况下,可将 200 hPa 当作其上部流出层[5],当 200 hPa 风场存在辐散时,其抽吸作用有利于低层辐合的加强和维持。

8 月 10 日 08:00(图略),"尤特"上空 200 hPa 有明显的辐散形势,主要出现在"尤特"的西北半侧,并继续加强。11 日 08:00,辐散开始减弱,至 11 日 20:00,辐散形势较之前已大大减弱。

3.2.3 SST 分析

分析 8 月 10 日和 11 日 SST 的演变过程(图略)可得,10 日 08:00 到 20:00,西太平洋暖池区的 SST 缓慢升温,30℃以上的区域向南扩展,并向南侧伸出两条高能舌,其中较强的一条位于菲律宾东侧"尤特"所在的附近洋面上,对"尤特"的加强十分有利。

4 EC 模式对"尤特"过程预报的检验

在日常预报工作中,我们参考最多的是 EC 数值模式的预报产品,事实也证明 EC 产品准确度较高。那么,EC 数值模式对"尤特"影响海南的预报情况如何? 下面对此进行检验。

4.1 预报路径检验

检验结果显示,在 13 日 20:00 前,EC 在不同起报时间预报的路径和实况都较为吻合,发散度较小。12 日 08:00 前预报的"尤特"路径都偏西,预报其在 14 日 08:00 前后从海南岛东北侧擦过,偏差较大。总体上,24 h 预报误差和 48 h 预报误差都较小,前者基本在 100 km 以下,后者基本在 200 km 以下。

4.2 海南降水的预报检验

"尤特"给海南岛带来的最大降水过程出现在 13 日 08:00 到 14 日 08:00。EC 预报的降水分布型和实况十分接近,降水量都是从海南岛的东北部向西南部逐渐递减的;但是 EC 预报的降水量大小要比实况偏低,实况显示在海南岛东北部和中西部的儋州地区都出现了100 mm 以上的降水,而 EC 预报的最大降水量级为 50 mm。

随着"尤特"的逼近,EC 预报的降水量也是逐步增加的,提前72 h 在海南东北部的海口和文昌最大报到 25 mm 以上的降水,提前 48 h 预报时就增大到了 50 mm,提前 24 h 预报时 50 mm 以上降水的范围增大,覆盖到定安和琼海的东北部,和实况逐步接近。

图 3 为 13 日 08:00—18 日 08:00 海口站和文昌站的降水实况,以及 EC 分别提前 72,48 和 24 h 预报其降水量变化的柱状图。降水量实况显示,海口站(图 3a)的主要降水时段为 13 日 14:00—15 日 08:00,文昌站(图 3e)的为 13 日 14:00—14 日 20:00,两者在 13 日 14:00—20:00 以及 14 日 02:00—08:00 时间段都出现了降水峰值,EC 提前 24 h 基本可预报出来,提前 48 h 只报出了后一个峰值,提前 72 h 预报降水时间延后 12 h 左右,也只报出了后一个降水峰值。

EC 对雨量预报的准确度是建立在对路径预报的准确度上的。EC 提前 72 h 预报的"尤特"路径偏西、移速偏慢,相对应预报海南岛最大的降水出现在 14 日 08:00—15 日 08:00,并过大地估计了海南岛的降水量。随着预报路径的北抬调整,预报的降水量分布型变化不大,但

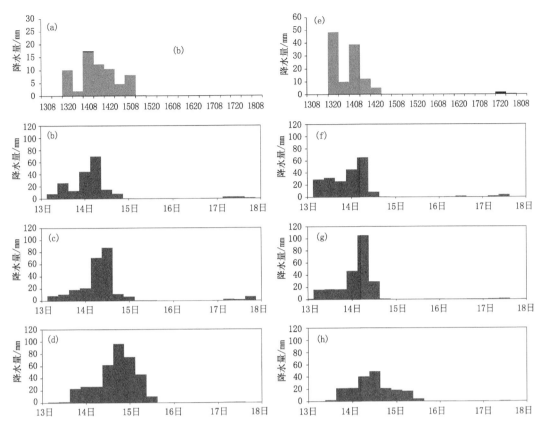

图 3　13 日 08:00—18 日 08:00 海口站降水量实况(a)和 EC 分别提前 24 h(b)、48 h(c)、72 h(d)
预报的降水量分布以及文昌站的情况(e,f,g,h)

预报的雨量逐渐减小,与实况逐渐接近。

　　另外,海南岛地形呈中间高四周低的分布,而且中西部山区地形复杂,由于山前辐合以及绕流作用,儋州附近出现降水大值中心,EC 对此出现漏报情况,关于这点预报员应该加以考虑。

5　小结

　　本文利用 ECWMF 细网格零场和预报场资料以及海南省自动站观测资料来分析 2013 年11 号超强台风"尤特"的路径、强度特点以及检验 EC 模式对该过程的预报能力,得到以下结论:

　　(1)"尤特"生成后前期,西风槽较弱,副高稳定维持在 30°N 附近,其以西行路径为主;后期,由于受到新一轮较强西风槽的作用,副高出现减弱东退,向北的引导气流较强,"尤特"路径的偏北分量加大。

　　(2)"尤特"的强度在 8 月 10 日出现最大的跃升的原因主要有:①低层西南季风水汽输送明显加强;②高空(200 hPa)的辐散环流形势达到最强;③西太平洋暖池区海温升高并向南扩展,有利于"尤特"的加强。

　　(3)EC 模式对"尤特"路径以及对海南降水的预报能力总体上较好,指导作用较强。EC提前 48 h 可大致预报出与实况较为一致的降水分布型,但是预报的降水量偏小。

参考文献

［1］ 陈玉林,周军,马奋华,等.登陆我国台风研究概述.气象科学,2005,**25**(3):319-329.

［2］ 朱乾根,林锦瑞,寿绍文,等.天气学原理和方法(第四版).北京:气象出版社,2011.

［3］ 甘静,刑维东,郭兴业,等.0814 号强台风"黑格比"路径及降水分析.气象研究与应用,2009,**30**(4):
25-29.

［4］ 蔡小辉,杨仁勇,周过海,等.1117 号强台风"纳沙"引发海南岛特大暴雨过程分析.气象研究与应用,
2012,**33**(2):5-8.

［5］ 薛秋芳,燕芳杰,范永祥,等.台风强度变化的诊断分析和预报.气象,1993,**19**-(2):25-29.

［6］ 王坚红,邵彩霞,苗春生,等.近海海温对再入海台风数值模拟影响的研究.热带海洋学报,2012,**31**
(5):106.

1311 号台风"尤特"后期异常路径成因简析

黎惠金[1]　黄明策[2]　覃昌柳[1]

(1. 广西来宾市气象局，来宾 546100；2. 广西区气象台，南宁 530022)

摘　要

本文通过采用 NCEP 和 Micaps 常规资料对"尤特"后期异常路径特征、环境场的改变、引导气流方向和大小的变化及不对称结构的演变特征等进行了分析，寻找其移动路径突变和预报误差产生的原因。结果显示：环流场发生突变导致引导气流突然改变是"尤特"后期移动路径复杂多变的主要原因，"尤特"进入南海后，前期副高稳定、强大、呈方头块状位于西太平洋上空，中期副高南界短暂西伸加强后迅速减弱北抬，后期北方冷空气南下、中纬度大陆副高西伸南压，导致"尤特"先后受东南、偏南及东北气流引导，路径发生突变，且 500 hPa 地转引导气流方向及大小与"尤特"移向、移速密切相关，当引导气流方向改变时，台风移向发生改变，且引导气流方向改变早于移向的改变，引导气流变弱，"尤特"移速变慢；与其移动路径的三个不同阶段对应，"尤特"经历了从 NE－SW 到 SE－NW，再到 NW－SE 与 NE－SW 共存，但 NW－SE 更明显的不对称结构变化过程，并对其移向产生了影响。在应用数值预报产品做台风路径预报时，要结合副高和台风不对称结构的变化进行修正。

关键词："尤特" 异常路径　环境场　地转引导气流　不对称结构

0　引言

2013 年第 11 号台风"尤特"于 8 月 10 日 02:00 在菲律宾以东洋面上生成，12 日凌晨在菲律宾吕宋岛东部沿海登陆，12 日上午移入南海东部海面，14 日 15:50 左右以强台风强度在广东省阳江市阳西县沿海登陆，15 日 04:00 进入玉林市容县境内，其后在广西滞留并缓慢地先向北后向西南方向移动，18 日 14:00 到达宾阳与武鸣县交界处，而后低压减弱的环流中心继续西南移，最后移入北部湾减弱消失。期间，11 日 17:00"尤特"加强为超强台风，最大强度曾达到 17 级（60 m·s^{-1}），12 日 10:00 在南海一度减弱为台风，13 日 08:00 再次加强为强台风，登陆后 70 min 也就是 14 日 17:00 强度即迅速减弱为台风，23:00 继续减弱为强热带风暴，15 日 04:00 减弱为热带风暴，15 日 14:00 再次减弱为热带低压，18 日 14:00 上海台风研究所热带低压停编。

"尤特"在广西先偏北行而后转向西南行，途经玉林、梧州、贺州、桂林、来宾、南宁、钦州等 9 地市，其移速慢、移动路径复杂多变、强度减弱缓慢，在广西滞留时间长达 112 h 之久，导致广西东部出现了持续的暴雨到特大暴雨灾害，造成了严重的灾害损失。在"尤特"影响期间，各主要业务单位对"尤特"的移动特征预报与实况偏差明显，在一定程度上影响了预报服务的效果。

影响热带气旋移动的因素有大气环流、地形、自身结构强度、海温等。George 等[1]认为以环境场引导气流的作用尤为重要。钟元等[2]发现热带气旋移动方向与引导气流之间存在一定的偏差，但当引导气流发生明显变化时，热带气旋的移动路径也会发生突变。罗哲贤[3]认为热带气旋的运动与两个方面的因素有关，一是大尺度环境场的引导气流；二是非环境场的作用，如非对称结构、台风与中尺度系统的作用及双台风作用等。基于以上认识，本文通过采用 NCEP 和 Micaps 常规资料对"尤特"后期异常路径特征、环境场的改变、引导气流方向和大小的变化及不对称结构的演变特征等对"尤特"的活动关系进行分析，尝试找出"尤特"后期异常路径和预报明显偏差的成因，以期对今后类似情形下热带气旋移动的分析和预报提供帮助。

1 "尤特"后期异常移动路径特征

图 1 是"尤特"的中央气象台实时定位（后期热带低压定位为上海台风研究所提供）和预报路径图。"尤特"生成后到登陆广东省阳西县前一直较稳定地向西偏北或西北方向移动，移速约在 25 km·h⁻¹左右，登陆后继续西北行，移速减慢至 18 km·h⁻¹，7 h 后即于 14 日 23：00 在广东省高州境内开始转向偏北方向移动，移速再次降为 13 km·h⁻¹，进入广西后其移速仍十分缓慢，移速基本保持在 7~10 km·h⁻¹，路径复杂多变，16 日 14：00 在到达广西富川县境内，迅速掉头转向西南方向移动，18 日 14：00 到达宾阳与武鸣县交界处，其后低压减弱的环流中心继续西南移，而后移入北部湾减弱消失。因此，"尤特"的移动大致可以分为三个阶段：14 日 23：00 前的西偏北或西北方向移动阶段，14 日 23：00 到 16 日 14：00 的缓慢偏北行移动阶段，16 日 14：00 到 18 日的西南方向移动阶段。

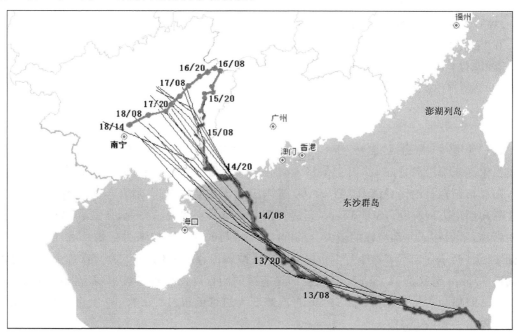

图 1 "尤特"中央气象台实时定位（后期热带低压定位为上海台风研究所）和预报路径图（细实线）

（图中数字为日/时，如 13/08 表示 13 日 08：00，下同）

从中央气象台对"尤特"的移动预报来看，最大的预报误差是对 14 日 23：00 后"尤特"突然转向偏北行预报不出，15 日前各时次的预报均报"尤特"稳定西北行；其次是对"尤特"在广西的滞留时间和和强度的维持估计不足；第三是"尤特"登陆后移动速度比预报偏慢；第四是登陆前路径预报比实况偏南。其他各家的数值预报产品与中央气象台的预报误差基本类似。到了

15 日后,各家数值预报模式对"尤特"的预报与实况基本接近。

2 台风"尤特"后期异常路径成因

2.1 副热带高压活动与"尤特"移动的对应关系

在"尤特"西北行到北折而后西南掉的过程中,西太平洋副高有着明显的变化和调整。分析 12—18 日 500 hPa 位势高度及流场图,可以看到 14 日 20:00 前,500 hPa 西太平洋副高十分强大,其形状呈方头块状,主体维持在 115°E 左右的华东沿海到西太平洋一带,脊线稳定位于 30°N 附近。"尤特"主要受西太平洋西南侧的较强东南气流影响,向西偏北或西北方向移动(图略)。14 日 20:00,副高北脊线稍北抬,南界与赤道高压打通,越赤道气流在副高西侧汇合,形成南北向的引导气流,"尤特"转受副高西侧虎口内偏南气流引导,3 h 后转向北上;其后15 日 02:00,副高则迅速减弱,脊线北抬到 35°N 附近,500 hPa 高度场上仅在日本岛及周边洋面和内陆的青海、四川交界处各存在一弱的 588 dagpm 高压中心,"尤特"与副高西界的距离超过了 14 个纬距,逐渐脱离了副高的影响,但中南半岛到菲律宾东北—西南向的赤道反气旋维持,受赤道反气旋西北侧弱偏南气流引导,缓慢北行,其后副高一直都很弱,除个别时次日本岛附近高压和大陆高压出现短暂打通外,一些时次甚至分析不到 588 dagpm 高压中心(图略)。500 hPa 副高南界与赤道高压打通,使得越赤道气流北上,造成引导气流突变,"尤特"转向北上,其后副高脊线突然北抬、强度减弱,"尤特"与副高之间的距离增加,气压梯度力减小,引导气流明显减弱,"尤特"移速变缓。

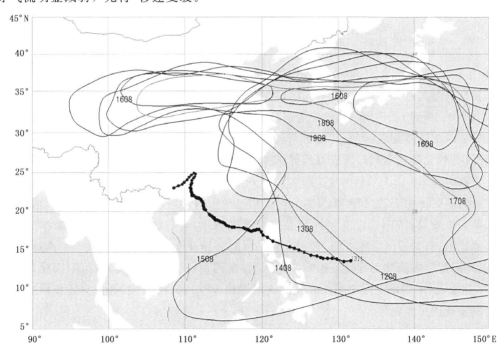

图 2 12—19 日 600～400 hPa 平均位势高度特征线(5960 gpm)演变

分析 600～400 hPa 平均位势高度特征线可以更加清楚地看到西太平洋副高的变化。以596 dagpm 等值线为副高特征线分析(图 2),可见在"尤特"进入南海活动期间,副高活动有三

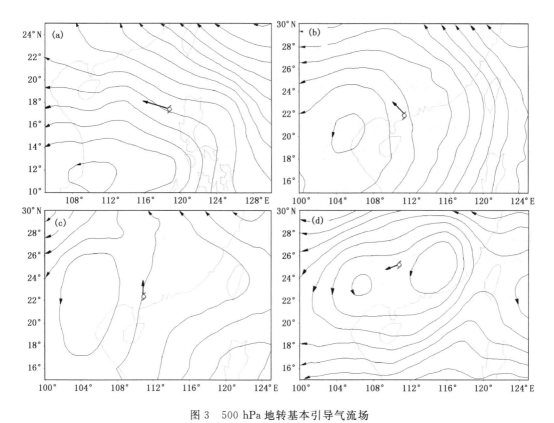

图3　500 hPa 地转基本引导气流场

(a 为 12 日 20:00, b 为 14 日 20:00, c 为 15 日 02:00, d 为 16 日 20:00)

个阶段,第一个阶段为 14 日 20:00 前的副高稳定阶段,这一阶段,西太平洋副高呈块状占据了菲律宾到日本海的西太平洋海面,脊线稳定在 28°～30°N 一带,"尤特"稳定偏西北行。第二阶段为 14 日 20:00 到 16 日 20:00 的先加强后北抬减弱阶段。这一阶段突变开始出现在 14 日 20:00,这一时刻副高面积加大,其南界西伸南落,在 10°N 形成一南脊线,北界也明显西伸北抬,北脊线突然北跳到 35°N,西脊点西伸到 95°E 附近,"尤特"开始受虎口状副高西侧偏南越赤道气流影响,然而 15 日 14:00 后,副高强度则迅速减弱,16 日 02:00 平均场上仅在河套地区存在一弱的高压中心,"尤特"缓慢偏北行。第三阶段为 16 日 20:00 到 18 日副高西伸加强、西脊点略南掉阶段,16 日 20:00 平均场上副高再次加强,呈带状位于日本岛以东洋面到内陆的河套地区附近,其后河套到青海、四川交界处大陆高压开始加强,副高脊线略有南掉,这一阶段,受副高南侧弱东偏北引导气流影响,"尤特"转向西南行。从平均场来看,副高变化特征与 500 hPa 类似,但平均场上副高面积和强度表现得比 500 hPa 副高强,这种特征在副高变化的第三阶段表现得更为明显。

2.2 "尤特"的引导气流分析

为了客观地分析引导气流对台风"尤特"的作用,我们采用董克勤等消去台风环流求基本引导气流的方法[2],即先去掉台风本身的流场,然后再对消去台风流场后的高度场进行内插,再进行空间平滑以滤去较小尺度的扰动,从而求出台风基本引导气流。图 3 是用上述方法以每隔 0.5 dagpm 作一条等高线求出的 500 hPa 地转基本引导气流场,从图中可直观地看到,因位于副高的西南侧,且距离副高较近,12 日 20:00"尤特"周围的等高线十分密集,地转引导气

流为东南方向,受较强东南引导气流的引导,"尤特"以约 28 km·h⁻¹ 速度稳定西偏北移;到了
14 日 20:00,由于双脊线副高的出现,500 hPa"尤特"周围的引导气流已开始由前期稳定的东
南方向转为偏南方向,等高线密集程度也较前期变稀疏,说明此时的地转引导气流已开始发生
转向和减弱,3 h 后"尤特"开始转向北上,"尤特"进入北行的第二阶段;15 日 02:00,由于 500
hPa 副高的明显减弱北抬,"尤特"与副高之间的距离加大,"尤特"周边的等高线变得更为稀
疏,引导气流方向继续顺转为南偏东方向,受偏南气流的引导,"尤特"缓慢偏北移,然而到了
16 日 08:00,与第一次移动突变类似,"尤特"四周的引导气流又开始由前期偏南方向开始转向
东南(图略),到 16 日 14:00 则已逆转为东北方向,此时"尤特"也由原来的偏北移动再次转向
西南移,进入西南移的第三阶段,其后引导气流一直维持着东北方向。说明"尤特"移动路径的
突变与 500 hPa 地转引导气流的突变密切相关,当引导气流方向改变时,"尤特"移动方向也发
生改变,且引导气流方向改变早于移向的改变。

为更详细地了解台风移向、移速与引导气流间的定量关系,我们还对"尤特"生命史 12 日
08:00—18 日 20:00 每 6 h 一次的 500 hPa 引导气流值进行了计算(部分时次的数值见表 1),
从表中可见,大部时次"尤特"移向与引导气流的指向一致,因此"尤特"基本沿 500 hPa 引导气
流方向移动。此外,"尤特"的移速与 500 hPa 引导气流的大小有较好的关系,但移速普遍大于
引导气流,多为后者的 1.0～1.3 倍;引导气流加大,"尤特"移速增大。显然,14 日 20:00 后,
随着 500 hPa 副高的北抬减弱,引导气流变弱,"尤特"移速变慢。

表 1 "尤特"移向、移速与 500 hPa 地转引导气流指向、大小
("尤特"的移速以该时次后 6 h 实际平均移速进行统计计算)

日期	"尤特"		引导气流	
	移向	移速/(m·s⁻¹)	指向	大小/(m·s⁻¹)
12 日 08:00	西北	9.13	西偏北	8.55
12 日 20:00	西北偏西	7.99	西北偏西	6.09
13 日 08:00	西北偏西	7.46	西北偏西	5.76
13 日 20:00	西北	4.63	西北偏北	4.42
14 日 08:00	西北偏北	5.74	西北	5.15
14 日 20:00	西北	5.04	偏北	3.49
15 日 08:00	北	2.41	北偏东	2.30
15 日 20:00	东北	2.53	北	2.12
16 日 08:00	西北	2.26	西北	1.44
16 日 20:00	西南	1.53	西南	1.81
17 日 08:00	西南	2.08	西南	2.09
17 日 20:00	西南	1.25	西南偏南	1.30
18 日 08:00	西南	2.85	西南	2.19

2.3 "尤特"不对称结构对其移向的影响分析

上述分析可见,"尤特"后期特别是"尤特"登陆后,由于副高北抬减弱,其引导场变得非常

弱。在弱引导场中,台风流场的非对称结构造成台风路径的突变偏折或停滞打转,已被不少研究成果所证实。周桂芝等[5]的研究指出:台风东北密西南疏(NE－SW)非对称的分布类型,台风中心一般向西北方向移动;东北疏西南密(SW－NE)非对称结构或近似同心圆对称结构与台风转向及逆时针打转有关;台风非对称结构随时间演变过程中,若从 NE－SW 转为 SW－NE 非对称或近似同心圆对称时,往往意味着台风向西移速变慢,即将转向或出现逆时针打转;东南密西北疏(SE－NW)非对称结构与台风北移相关显著,非对称越明显,移速越大。陈联寿等[6]对弱引导场中台风非对称结构造成的路径突变,根据台风流场的强风区位置给出判定:当强风区出现在东北象限,原北上的台风会西折并加速;当出现在西北象限时,原向西北移动的台风将出现减速停滞或折向西南;出现在西南偏南象限时,原西行台风可能北转向;出现在东南象限时,原向西或西北移动的台风可能突然转向。

对于台风的非对称结构,我们采用罗哲贤[7]提出了非对称结构参数计算方法,即对于 SW－NE 向的 K_{SW-NE} 参数值为:

$$K_{SW-NE} = OS/ON \tag{1}$$

式(1)中 OS 和 ON 定义为过 500 hPa 位势高度场确定的台风中心点,作一条东北—西南向的直线,该直线与从里而外数第 P 条闭合等值线(间隔 4 gpm)相交,SW 象限为 S,NE 象限交点为 N,距离 OS 和 ON 之比即为 K 值;SE－NW 方向的 K_{SE-NW} 值计算方法依次类推。一般认为,当 $K>1.2$($K_{SW-NE}>1.2$ 或 $K_{SE-NW}>1.2$)时,台风为明显的东北密西南疏(NE－SW)或西北密东南疏(NW－SE)结构,$K<0.8$ 时则为明显的西南密东北疏(SW－NE)或东南密西北疏(SE－NW)结构,当 $0.8 \leqslant K \leqslant 1.2$ 时,台风基本呈对称结构。令 $K_0 = |K-1|$,则 K_0 值越大,不对称程度越显著。

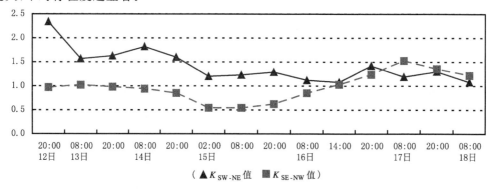

图4 "尤特"12 日 20:00 到 18 日 20:00 非对称结构参数 K 的演变
(1220 代表 12 日 20:00,其余类似)

图4是按上述方法统计得到的"尤特"非对称结构参数 K 演变图,从图中,我们可以看到,"尤特"进入南海后到登陆广东及在广西活动期间,经历了从东北密西南疏(NE－SW)到东南密西北疏(SE－NW),再到西北密东南疏(NW－SE)与东北密西南疏(NE－SW)共存,但 NW－SE 表现为更明显的不对称结构变化过程。其中,从 12－14 日 20:00,K_{SW-NE} 在 $1.6\sim 2.3$,而 K_{SE-NW} 基本接近 1,是典型的东北密西南疏(NE－SW)的不对称结构,"尤特"稳定向西北方向移动;而到了 15 日 02:00,K_{SE-NW} 降至 0.54,K_{SW-NE} 也下降到 1.2,"尤特"由典型的东北密西南疏(NE－SW)结构转为典型的东南密西北疏(SE－NW)结构,即主要强风区位于东

南方向,"尤特"转向北移,其后在 16 日 08:00 前,该不对称型维持,"尤特"稳定北上;16 日 14:00,K_{SW-NE} 与 K_{SE-NW} 接近 1,台风呈近似同心圆对称结构,"尤特"转向西北行;16 日 20:00,台风结构再次发生变化,K_{SW-NE} 与 K_{SE-NW} 分别增至 1.42 和 1.24,"尤特"转为西北密东南疏(NW-SE)和东北密西南疏(NE-SW)共存结构,主要强风区位于西北方向,"尤特"转向西南移,其后 NW-SE 结构更强,"尤特"稳定西南行。显然"尤特"不对称结构特征的改变,与其移动路径的改变密切相关,这与陈联寿等[5]和周桂芝等[6]的研究结果是一致的。

以上分析如采用 500 hPa 流场分析,其结果与位势高度场分析基本一致。图 5 是"尤特"活动期间各典型时段的 500 hPa 流场图,从图中同样可明显看出"尤特"活动期间存在不对称结构的三个阶段变化过程。

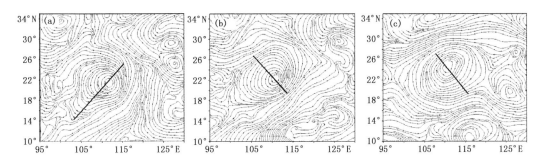

图 5 "尤特"活动期间各典型时段的 500 hPa 流场
(a 为 14 日 14:00,b 为 15 日 02:00,c 为 17 日 14:00)

2.4 后期弱冷空气的作用

分析"尤特"活动期间的 850~500 hPa 平均 θ_{se} 场、地面气压场及 24 h 变压场(图略)可见,16 日 14:00 起地面弱冷空气前锋从新疆缓慢东移到达河套地区,地面图上伴有较大范围的 2~5 hPa 的 24 h 正变压,其后地面弱冷空气继续南移,17 日 08:00,弱冷空气南移至长江流域,850~500 hPa 平均 θ_{se} 场上,冷空气后部的 θ_{se} 低值区与副高 θ_{se} 低值区打通,在中国中东部地区形成了东北—西南向的 θ_{se} 低能轴线,18 日前,地面弱冷空气一直在长江流域到南岭之间摆动,θ_{se} 低能舌则缓慢西南伸,至 18 日 08:00,θ_{se} 低能舌南端已伸至广西、云南交界处,19 日 17:00 后地面冷空气进入广西并继续南压。地面弱冷空气的活动,一方面在"尤特"北侧形成高压坝阻挡其北上,另一方面,还加大了"尤特"西北侧的东北气流强度,使得"尤特"不对称结构发生变化,此外,冷空气的活动在中国中东部地区形成了稳定东北—西南向的 θ_{se} 低能轴线,台风的趋暖特性使得"尤特"沿与低能轴线一致的方向移动,是"尤特"后期西南掉的重要原因之一。

3 预报误差的原因分析

通过以上分析表明,在"尤特"活动期间,其环流背景场发生了显著的变化,使得"尤特"先是受强大、呈方头块状副高西南侧较强东南气流的引导稳定西北行,其后副高先加强后迅速减弱北抬,"尤特"改受偏北越赤道气流影响转向北上,16 日 20:00 后再次转受加强西伸的大陆副高南侧东偏北弱引导气流影响掉头往西南方向移动。此外,在"尤特"进入广西后期,它还受到了北方冷空气的影响,阻挡其北上。

环流背景场的变化也导致了"尤特"不对称结构的变化,而不对称结构的变化又对其移向产生了影响。

因此,我们如果能够提前分析得到"尤特"环境背景场的变化,提前预知"尤特"不对称结构的改变,或许就可以预计到引导气流的改变,预测到"尤特"转向的拐点和后期移速的变慢。回过头分析 8 月 8—15 日各时次欧洲中心起报的 500 hPa 高度场、流场及 U,V 风场,我们发现,其实对于 14 日 20 时后副高的北抬减弱,欧洲中心在 9 日 20:00 起报的 500 hPa 高度场上,尽管报不出"尤特"的行踪,但对于副高 10—16 日的活动趋势与实况还是相当吻合的,都报出了 15 日后副高的北抬减弱,其后各时次的预报均是如此;对于"尤特"不对称结构的变化,欧洲中心 12 日 08:00 起报的 U,V 风场及流场就已报出了 14 日 20:00 由 NE-SW 向 SE-NW 结构转变及 16 日 20:00 转为 NW-SE、NE-SW 共存结构,以后时次的台风不对称结构预报与实况也基本一致。说明此个例中,欧洲中心对副高及环境流场的预报能力比台风路径更强,可以在实际预报中用它们来对台风路径预报进行订正。当然,在分析中,我们也发现,对于 14 日 20:00 500 hPa 南界与赤道高压打通、副高的短暂加强,除 13 日 20:00 的起报场 24 h 预报与实况十分接近外,更早提前量的预报并没能报出。

4 结语

通过"尤特"后期异常路径个例进行了分析,得出以下初步结论:

(1)环流场发生突变导致引导气流突然改变是"尤特"后期移动路径复杂多变的主要原因。"尤特"进入南海后,先是由强大、呈方头块状副高西南侧较强东南气流的引导稳定西北行,其后副高南界短暂西伸加强后迅速减弱北抬,"尤特"改受偏北越赤道气流影响转向北上,16 日 20 时后再次转受加强西伸的大陆副高南侧东偏北弱引导气流及北方冷空气的影响掉头往西南方向移动。

(2)"尤特"移动路径的突变与 500 hPa 地转引导气流的突变密切相关,当引导气流方向改变时,"尤特"移动方向也发生改变,且引导气流方向改变早于移向的改变。此外,"尤特"的移速与 500 hPa 引导气流的大小有较好的关系,但移速普遍大于引导气流,多为后者的 1.0~1.3 倍,14 日 20:00 后,引导气流变弱,"尤特"移速变慢。

(3)在移入南海后到登陆广东及在广西活动期间,与其移动路径的三个不同阶段对应,"尤特"经历了从 NE-SW 到 SE-NW,再到 NW-SE 与 NE-SW 共存,但 NW-SE 表现出更明显的不对称结构变化过程。环流背景场的变化在改变"尤特"引导气流的同时,也导致"尤特"不对称结构的变化,而不对称结构的变化又对其移向产生了影响。

(4)在"尤特"活动期间,各家数值预报产品对"尤特"最明显的预报误差在于对它在 14 日 23:00 后的突然转向北上和后期移速的偏慢存在明显偏差,其误差主要原因在于对环境场的改变估计不足。分析发现,过程中,EC 数值预报产品对副高的演变和台风不对称结构的变化预报比台风路径预报要好,因此,在应用数值预报产品做台风路径预报时,要密切结合副高和台风不对称结构的变化,及时进行路径修正。

参考文献

[1] George J E, Gray W M. Tropical cyclone motion and surrounding parameter relationships. *J Apply Me-*

teor,1975,**15**(12):1252-1264.

[2] 钟元,余辉.环境气流变化对东海热带气旋路径折向的影响.浙江大学学报(理学版),2005,**32**(03):343-349.

[3] 董克勤,刘治军.台风路径与各等压面上基本气流的关系.气象学报,1965,**35**(2),132-137.

[4] 罗哲贤.热带气旋异常运动可预报性问题的理论研究.气象,1994,**20**(12),39-41.

[5] 周桂芝,张鹏.非对称结构理论几个应用指标的初步验证.台风科学.业务试验和天气动力学理论研究(第2分册).北京:气象出版社,1996:73-76.

[6] 陈联寿,徐祥德,罗哲贤,等.热带气旋动力学引论.北京:气象出版社,2002:39-99.

[7] 罗哲贤.热带气旋逆时针打转异常路径的可能原因.中国科学B辑,1991,(7):769-775.

2013 年两个路径相似台风不同暴雨落区的诊断分析

刘爱鸣　林小红

(福建省气象台,福州 350001)

摘　要

以 2013 年两个路径相似但大暴雨分布有较大差别的台风"苏力"和"潭美"为研究对象,利用常规资料,从环流特征和动力、水汽等方面对暴雨落区进行诊断,讨论了它们的降水条件差异。结果表明:在台风登陆过程中,南亚高压和副热带高压相对与台风的位置,有可能影响到台风涡旋中心随高度变化和低空急流分布,从而对台风暴雨分布产生重要影响。在"苏力"台风暴雨过程中,受南亚高压东南侧东北气流影响,"苏力"涡旋中心随高度南倾和弱冷空气侵入台风环流西南侧,对台风环流南侧暴雨增幅起到了重要作用。"潭美"台风暴雨过程中,副高南侧的东风急流和地形抬升对"潭美"台风东北侧暴雨的增幅作用十分显著。涡度平流和温度平流随高度变化对台风暴雨落区预报有指示意义。

关键词:路径相似　暴雨落区　南亚高压　结构南倾　东风急流

0　引言

台风暴雨预报是台风预报的核心,长期以来是台风研究中最重要方面之一。陈联寿等[1]指出台风登陆后的维持不消、停滞、源源不断的水汽输送、中低纬环流相互作用、中尺度系统影响及地形作用等是造成台风特大暴雨的重要因素。国内外学者对台风暴雨做了许多研究,但台风暴雨的预报尤其是台风登陆后的大暴雨的落区预报仍很困难[2]。在实际的台风暴雨预报业务中,相似预报法是常用的方法之一,往往路径相似台风其暴雨分布也类似,但有些路径相似的台风其暴雨的分布却有较大差异,仅从路径相似来做台风暴雨落区有可能失误。有关相似路径台风的暴雨特征分析文章有不少,刘爱鸣等[3]对 2006 年路径相似但登陆后降水强度存在明显差异的热带气旋"碧利斯"和"格美"进行了天气学对比分析,指出高低空不同的环流形势导致有利于强降水形成的物理量场的差异,从而造成两者暴雨强度的不同。潘志祥等[4]对登陆后移动路径基本一致但湖南强降水范围不同的 0604 号强热带风暴"碧利斯"和 0709 号超强台风"圣帕"的分析表明,主要是西南季风强度不同造成。余贞寿等[5]从水汽输送和垂直风切变探讨了 0505"海棠"、0604 和"碧利斯"这两个相似路径热带气旋不同降水分布的原因,表现为这两个台风垂直风切变方向不同。由此可见,热带气旋的暴雨预报,除了考虑台风路径,还必须综合诊断分析其他因素,包括高低空环流形势、冷空气、西南季风、地形、台风结构等的影响和各种物理量特征,才能最后确定台风袭击(或影响)时暴雨量级大小、落区及出现时间。对相似路径的台风暴雨差异成因进行对比分析,有助于提高台风暴雨发生机制的认识和预报。2013 年"苏力"(1307)和"潭美"(1312)这两个台风生成的季节,登陆地点和登陆后的路

资助项目:2014 年中国气象局预报员专项(CMAYBY2014—032)

径都极其相似,但暴雨的空间分布有较大的差异,暴雨落区预报的偏差给防灾减灾带来一定难度。本文从天气形势、物理量场、台风结构等方面对它们进行分析,特别从台风高空环流差异造成台风垂直结构不同对暴雨分布影响进行诊断分析,以期加深对台风暴雨的外部环境场及内部物理场结构的认识,为今后这类台风暴雨的落区预报提供参考依据,提高台风暴雨精细落区预报能力。

1 台风路径及降雨情况和预报

1307号热带气旋"苏力"于7月8日08:00在西北太平洋上生成,10日02:00加强为"超强台风"。于13日03:00左右以"强台风"强度在台湾新北市与宜兰县交界处登陆,13日16:00再次登陆福建连江,登陆时近中心最大风力11级(风速30 m·s⁻¹),登陆后西行穿过福建中部进入江西。1312号热带气旋"潭美"(TRAMI)于8月18日11:00在西太平洋生成,经过台湾岛北部进入台湾海峡,于22日03:20在福建福清沿海登陆,登陆时中心附近最大风力12级(35 m·s⁻¹)。登陆后也是西行穿过福建省中部进入江西境内(图1)。

1307"苏力"和1312"潭美"登陆福建的地点相近,登陆后在福建境内的路径相似,但大暴雨分布却相差甚远。"苏力"大暴雨分布在路径南侧的福建中南部,1小时雨强极值70 mm,出现在永定南溪;3 h雨强极值109.9 mm,出现在厦门内厝澳,均在福建南部。"潭美"大暴雨主要分布在路径北侧的福建东北部和浙江沿海,1 h雨强极值为平潭北厝117.1 mm,发生在登陆点附近。对比"苏力"和"潭美"降水分布(图1),"苏力"在福建南部出现了大范围大暴雨,"潭美"在福建东北部和浙江沿海出现了大暴雨。登陆点更北的苏力,南部暴雨更强、范围更大。

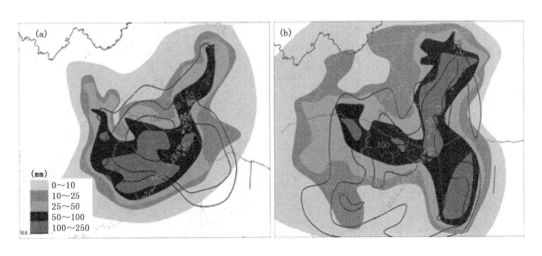

图1 "苏力"(a)和"潭美"(b)登陆前后路径(细线)、日雨量(阴影)和EC雨量预报(粗线)

国内外主客观预报误差大,"苏力"大暴雨预报在台风路径附近和南侧,但大暴雨落区的偏南程度考虑不足,厦门和漳州雨量,实况为大暴雨,只预报了大雨。"潭美"大暴雨预报在台风路径南侧,实际是在东北侧,闽东北和浙南的大暴雨,只预报了暴雨;而路径南侧雨量预报又偏大(图1)。

2 天气形势对比分析

2.1 中低空天气形势对比分析

1307"苏力"和1312"潭美"台风登陆福建前后,500 hPa欧亚中高纬度均为纬向环流,西风急流在40°N以北,副高稳定,成带状西伸到115°E以西。所以两台风都在副高南侧偏东气流引导下稳定西行。不同之处是二者副高位置和强度不同。"潭美"大陆副高更强更西,脊线更北,西脊点达105°E,脊线在35°N,588 dagpm南界在31°N,台风与副高之间的福建北部到浙江,500 hPa和700 hPa有20~28 m·s^{-1}的宽广的偏东风急流;850 hPa渤海湾西侧有一高压中心,台风与高压之间的福建北部到浙江,偏东风急流中心达24 m·s^{-1}。福建东北部沿海地带处在这支中低空急流左侧,有强的低空辐合和上升运动,同时这只偏东风急流为浙东南和闽东北的大暴雨提供充足和持续的水汽条件,浙南闽北地形对台风偏东气流影响下降水也有显著贡献。"苏力"西脊点达115°E,脊线在32°N,588 dagpm南界达28°N,850 hPa台风北侧大陆无高压中心,在此环流下,台风北侧的福建北部到浙江南部,500,700和850 hPa没有偏东风急流形成,不利于强降水的发生(图2)。

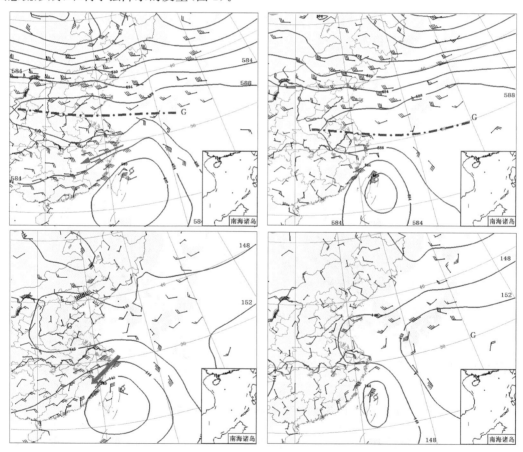

图2 "苏力"(左)和"潭美"(右)登陆前500 hPa(上)和850 hPa(下)高度场和风场

2.2 200 hPa环流对比分析

"苏力"登陆前后,200 hPa南亚高压强大,中心偏东,在100°E,"苏力"处在南亚高压东南侧,其环流西北侧有强的东北气流,高空强辐散中心在台风中心南侧;"潭美"登陆前后,200 hPa南亚高压弱,中心分为2个,"潭美"处在东环中心西南侧,为东南气流,高空强辐散中心与台风中心基本重合。

3 "苏力"和"潭美"物理量条件分析

3.1 水汽条件

由于前面所分析的"苏力"和"潭美"登陆前后大环流形势背景的不同,造成它们水汽通量散度分布的不同。"潭美"台风在其登陆前后,中心北侧有强的偏东风急流,在其所经区域北侧是东风急流左侧的强辐合区,有强的水汽通量辐合,闽东北处在辐合的中心,所以强的降水出现在台风路径附近和闽东北区域。"苏力"台风在其登陆前后,中心北侧没有强的偏东风急流,登陆前,其东侧有偏南风急流,登陆后在东南侧有西南风急流并在福建南部有西北风和西南风的辐合线。因此,强辐合区和强的水汽通量辐合处在其所经区域附近和南侧,相应地大暴雨也就出现在台风所经区域附近和南侧。

3.2 涡度和上升运动条件

由前所述,"苏力"和"潭美"所处的高空200 hPa环流形势不同,"苏力"上空处在南亚高压东南侧东北气流下,有利于台风高层中心向偏南方向移动。"潭美"上空处在海上高压中心西南侧,为东南气流。由"苏力"和"潭美"登陆前台风中心附近的涡度经向垂直剖面图(图3)可见,"苏力"500 hPa以上的正涡度中心位于低层正涡度中心的南侧,涡度中心随高度向南倾斜;而"潭美"涡度中心随高度是垂直的。

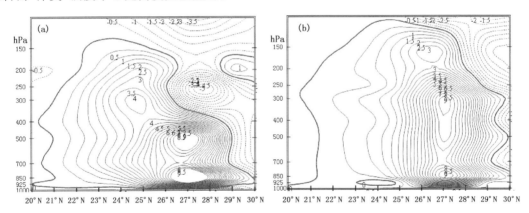

图3 "苏力"(a)和"潭美"(b)登陆前过台风中心涡度经向剖面
(a为2013年7月13日00:00,b为2013年8月21日12:00)

Hoskins等[6]在准地转矢量的基础上导出以准地转Q矢量散度为唯一强迫项的ω方程,指出垂直运动是由动力强迫项(地转涡度平流的垂直差异)和热力强迫项(温度平流)两部分组成。公式如下:

$$\left(\sigma\nabla^2+f_0^2\frac{\partial^2}{\partial p^2}\right)\omega=f_0\frac{\partial}{\partial p}\left[V_g\cdot\nabla\left(\frac{1}{f_0}\nabla^2\phi+f\right)\right]+\nabla^2\left[V_g\cdot\nabla\left(-\frac{\partial\phi}{\partial p}\right)\right]$$

左端与位势倾向方程左端类似,它与ω成正比。右端第一项为涡度平流随高度变化项,表示动力强迫作用引起的垂直运动。所以"苏力"和"潭美"的垂直上升运动分布是不同的,

"苏力"强的垂直上升运动位于中心的南侧,由于涡度中心随高度南倾,在台风中心南侧,高层的正涡度平流强于低层的正涡度平流,涡度平流随高度增加破坏了该地区准地转平衡,动力强迫作用激发的次级环流导致垂直上升运动发展,使得路径南侧对流发展旺盛,造成南部地区的强降水。"潭美"强的垂直上升运动位于中心北侧,是由东风急流和地形抬升作用造成的,迎风坡地形动力抬升有利于上升运动加强,使得对流发展旺盛,降水增加,对"潭美"台风东北侧暴雨的增幅作用十分显著,形成暴雨中心。

3.3 冷空气的作用

"苏力"和"潭美"的暴雨分布还与冷空气的活动有关。7月13日,"苏力"登陆后,福建北部和浙江沿海地区已受冷空气影响,台风中心东北侧从高层到低层均为冷平流控制(图4a),不利于台风登陆后对流云团在这一区域的发展;而在"苏力"中心西南侧,福建南部地区,低层为西南急流带来的强暖平流,中层有来自高层的冷平流从东侧侵入,福建南部地区上冷下暖的温度分布利于对流不稳定能量的增强和暴雨的发生(图4c)。"潭美"登陆后的温度平流垂直分布与"苏力"不同,8月22日,福建北部地区低层为强暖平流,中高层有冷空气侵入,台风中心东北部地区上冷下暖的温度分布利于对流不稳定能量的增强和暴雨的发生(图4b);"潭美"中心西南侧的福建南部地区,低层和高层均为暖平流控制,中层冷平流偏东,所以福建南部的对流发展不如"苏力"旺盛(图4d)。温度平流随高度分布的不同造成暴雨落区分布的不同。

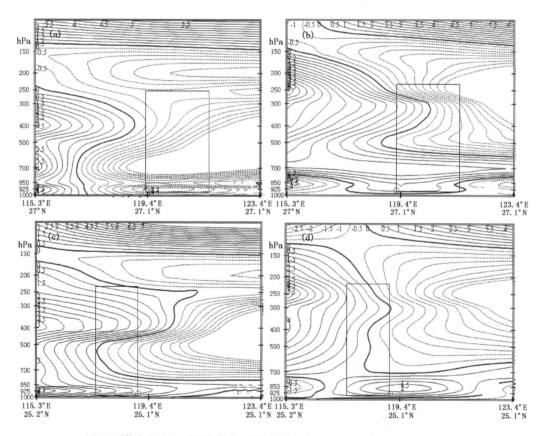

图 4 "苏力"(左)和"潭美"(右)登陆后沿 27°N(上)和 25°N(下)温度平流

(框内地面暴雨区,小圈台风位置)

4　小结

(1)路径相似的热带气旋,高、低空形势有差异,其降雨强度和分布亦有差异。

(2)同样东西向带状副热带高压形势下的西行登陆台风,台风东北侧暴雨的强度存在很大差异。如其北侧带状副热带高压位置偏南,台风与副高之间的东风气流既窄又弱,台风路径北侧降水不大,如"苏力"台风。而带状副热带高压南侧与台风北侧之间有强和宽的东风急流,则台风路径北侧降水强,东风急流和地形抬升对"潭美"台风东北侧暴雨的增幅作用十分显著,迎风坡地形动力抬升有利于上升运动加强,降水增加,形成暴雨中心。

(3)台风路径南侧暴雨除了与西南急流加强有关,还与台风垂直结构有关。200 hPa 南亚高压强、中心偏东,其环流东南侧强的东北气流,易于造成西行登陆台风涡旋中心随高度南倾和台风路径南侧的暴雨。在"苏力"台风暴雨过程中,涡旋中心随高度南倾,台风中心南侧涡度平流随高度增加导致垂直上升运动发展,对台风环流南侧暴雨增幅起到了重要作用。在台风暴雨预报业务中要加强对高层环流和台风垂直结构的分析。

(4)温度平流随高度变化对台风暴雨落区预报有指示意义。"苏力"登陆后,冷空气已影响福建北部和浙江沿海,整层为冷平流;而福建南部为上冷下暖的温度分布。"潭美"登陆后,福建北部地区低层为强暖平流,中高层有冷空气侵入,而路径南侧,低层和高层均为暖平流控制。温度平流随高度分布的不同造成暴雨落区分布的不同。

参考文献

[1]　陈联寿,丁一汇.西太平洋台风概论.北京:科学出版社,1979.

[2]　陈联寿,罗哲贤,李英.登陆热带气旋的研究进展.气象学报,2004,**62**(5):541-549.

[3]　刘爱鸣,林毅,刘铭,等."碧利斯"和"格美"登陆后暴雨强度不同的天气学对比分析.气象,2007,**33**(5):36-41.

[4]　潘志祥,叶成志,刘志雄,等."圣帕"、"碧利斯"影响湖南的对比分析.气象,2008,**34**(7):41-50.

[5]　余贞寿,陈敏,叶子祥,等.相似路径热带气旋"海棠"(0505)和"碧利斯"(0604)暴雨对比分析.热带气象学报,2009,**25**(1):37-47.

[6]　朱乾根,林锦瑞,寿绍文,等.天气学原理和方法.北京:气象出版社,1983:62-650.

吕宋海峡上层海洋对于台风"南玛都"响应的观测分析与数值模拟试验

陈昌吉[1,2,3]   李子良[2,3]

(1. 中国人民解放军 91967 部队气象台,邢台 054000;2. 中国海洋大学海洋气象系,青岛 266100;
3. 中国海洋大学物理海洋实验室,青岛 266100)

摘　要

利用海洋模式 POM 模拟了吕宋海峡上层海洋对历经其上的 2011 年 8 月 1111 号台风"南玛都"的响应过程。基于两个方面进行了模拟实验,其一是吕宋海峡上层海洋对固定大小及位置的台风风场响应,其二是吕宋海峡上层海洋对台风南玛都移动期间的响应。并分析了台风"南玛都"的风场和海洋响应南玛都的表层流场、SST 及 SSS。研究结果表明:(1)吕宋海峡上层海洋对台风风场结构不对称的响应,表现出吕宋海峡上层海洋右侧的流速要远大于左侧,海流和台风一样具有右偏特征。海洋表面温度(SST)下降 2~7℃,下降的空间范围直径在百千米,表现为右强左弱的不对称性。(2)上层海洋对驻台风的响应过程中,海洋流场及 SST 达到能量的极值后,会触发一个反气旋流场控制吕宋海峡,SST 经过约 10 d 时间恢复到初始态。(3)上层海洋对台风移动过程的响应表现为一个随台风移动的海洋流场,海流的强度和 SST 下降的幅度都较小,海流气旋式结构沿着路径有一定的拉伸,并且在路径后方出现尾流。

关键词:台风"南玛都"　观测分析　数值模拟　不对称结构　海面响应特征

0　引言

台风是最严重的自然灾害之一,每年都会造成大量的人员伤亡和经济损失。中国有较长的海岸线,不可避免地成为台风重灾区。开展台风灾害天气的预测研究一直是海洋学家和气象学家共同关注的问题。其研究内容涉及台风产生的动力学和热力学机理,结构演变和强度突变,复杂多变路径等。尽管相关的研究工作很多,但是对台风结构演变和灾害预测的研究是气象预报员所面临的难题。台风表现为强烈的海气相互作用,一方面台风对其所历经的洋面和陆面带来风雨闪电和洪涝灾害,以及改变上层海洋环流和波浪、温度和盐度结构,以及深层海洋环流和涡旋。另一方面上层海洋环流和温盐度对台风结构和强度的演变,台风生消以及台风移动路径具有重要的反馈作用。开展上层海洋对台风响应过程的研究相比于台风本身的研究而言,相关的研究工作因资料不足而有待深入开展下去,海洋对于台风响应的观测和数值模拟目前被国内外许多学者所关注。

在国际上,相关的研究工作[1-3]指出,台风引起的上升流致使海洋表面温度(SST)下降,并且台风的路径处于 SST 下降中心的左侧。台风中心将下层冷海水抽吸到海面与海面暖海水混合,并且出现海面冷暖混合水向外输运,在台风边缘处下沉,引起海洋表面温度有较大的

资助项目:国家海洋局公益性科研专项项目(201105018)和国家自然科学基金项目(41176005)资助

降幅。同时他们利用台风期间海流流场和海温的观测数据与数值模式计算的结果进行比较，并以此解释了海洋对台风响应的动力学和热力学特征，以及海洋对台风响应的空间尺度和时序演变特征。在国内，也开展了相关的研究工作，他们[4-7]通过构造简单而典型的台风过程模型，以及复杂的非线性海洋模式，定性分析了台风移动过程中引起海表层温度异常的各因子。同时利用 Argo 浮标资料分析了西北太平洋，黄海、东海以及南海等地上层海洋对台风响应的观测分析，并与数值模拟结果做比较，分析海洋对台风响应的动力学机理和热力学演变特征。

国内外有很多工作[8-12]是利用海洋数值模式如 POM 模式研究上层海洋对海面风应力的响应特征。其中相当多的工作是再现季风发生前后海温的下降过程和海温的季节变化特征，以及不同风应力作用下海洋表面温度的分布特征。但是，由于台风变化的剧烈性及其对台风历经地造成的灾害性，台风及其下的洋面现场观测的资料稀少，数值模拟是气象学者和海洋学者研究海洋对于台风过程响应的重要手段。他们[13-15]可以通过台风期间的流速观测数据分析流场对于台风的响应，以及数值模拟西北太平洋以及南海对于热带气旋的响应过程，分析西北太平洋和南海上层流场对于强台风的响应特征。

吕宋海峡上层流场的流型主要取决于海岸约束、海底地形、表面风场、黑潮以及海气之间热量和水汽交换，南海上层海洋环流和涡旋对台风响应的观测和数值模拟研究相对而言还有待深入开展。本文针对南海区域 2011 年一典型的"南玛都"台风天气过程进行分析，考虑真实的地形数据，采用三维斜压原始方程海洋模式 POM 模拟计算吕宋海峡对于南玛都的响应，主要分析了海洋流场和海洋表面温度(SST)，得出了一些有价值的定量和定性结果。

1 数据介绍与模式配置

1.1 数据介绍

利用 JTWC(Joint Typhoon Warning Center)的台风资料确定台风路径，下载地址(代理)为：

http://www.usno.navy.mil/NOOC/nmfc-ph/RSS/jtwc/best_tracks/wpindex.html。

POM 模式以 8 月的 Levitus 平均温盐资料和 HELLERMAN 月平均风场资料，作为模式积分的初始场和强迫场。其下载地址分别为：

http://iridl.ldeo.columbia.edu/SOURCES/.LEVITUS94/.MONTHLY/

http://iridl.ldeo.columbia.edu/SOURCES/.HELLERMAN/。

POM 模式驱动风场采用了 NCEP(National Centers for Environmental Prediction)在 10 m 高度上风速的分析资料，空间分辨率为 1°×1°，时间分辨率为每天 4 次，下载地址为：

http://rda.ucar.edu/datasets/ds083.2/

地形数据提取自 etopo5，下载地址为：http://www.ngdc.noaa.gov/mgg/global/etopo5.HTML

温盐数据采用了 CFSV2 中的预报资料，空间分辨率为 1°×1°，时间分辨率为每天 4 次，垂向分为 40 层，下载地址为：http://rda.ucar.edu/datasets/ds094.0/。

气象场数据采用 CFSV2(Climate Forecast System Version 2)中 sig995 层上的风速分析资料，其空间分辨率为 0.5°×0.5°，时间分辨率为每天 4 次。温度场、盐度场和海洋流场采用了 CFSV2 中海洋的预报资料，空间分辨率为 0.5°×0.5°，时间分辨率为每天 4 次，垂向分为

40 层。下载地址为：http://rda.ucar.edu/datasets/ds094.0/。

时间系统为 UTC。

1.2 模式配置

POM 模式的计算区域为 $15°\sim24°N$，$117°\sim126°E$，主要包括吕宋海峡，采用正交曲线网格，水平分辨率为 $0.24°\times0.16°$，模式在垂直方向上分为 16 层，各层 σ 值分别为 0.0，-0.0357，-0.0714，-0.1429，-0.2143，-0.2857，-0.3571，-0.5，-0.57，-0.64，-0.71，-0.79，-0.86，-0.93，-1，最大水深为 4 500 m。温盐数据和海面风速数据取自 NCEP/CFS，精度是 $1°$。模式中外部模的时间步长设置为 24s，内部模的时间步长设置为 720s。

一般认为所研究区域侧边界，垂直于固体海岸的法向速度为 0，也不考虑与固体侧边界的热量和盐量交换。在所研究区域的开边界处，海面水位的边界条件有边界处由分潮的调和常数计算得到。即 $\eta = E_{mean} + \sum_{i=1}^{6} a_i \cos(w_i t - \phi_i)$，其中，$a_i$ 是第 i 个分潮的振幅；w_i 是第 i 个分潮的频率；ϕ_i 是第 i 个分潮的迟角；E_{mean} 是该点相对于平均海平面的余水位。此外，对于流速、温度和盐度的开边界条件采用无梯度边界条件给定。如图 1 所示，曲线网格内与岛屿的边界处理为固体侧边界，曲线网格区域与曲线网格外的缺省留白处采取开边界条件。

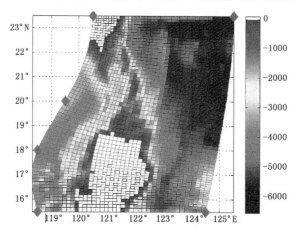

图 1　模式区域、水深地形（填色，单位：m）及网格分布

2　台风"南玛都"简介

图 2 给出台风"南玛都"移动路径图。从图上可以看出，1111 号台风"南玛都"于 2011 年 8 月 23 日在菲律宾以东洋面上生成，26 日 00:00 加强为超强台风。27 日 00:00 前后在菲律宾吕宋岛东北部沿海登陆，27 日 06:00 前后进入吕宋海峡南部海面，28 日 03:00 减弱为台风，28 日 20:25 前后在台湾台东县沿海登陆，29 日 04:30 前后由台南进入台湾海峡南部海面。之后，一直缓慢曲折地向西北方向移动，历时 37 h 左右于 30 日 18:20 前后在福建省晋江市沿海登陆，登录时中心附近最大风力 8 级，中心最低气压 992 hPa。30 日 21:00 减弱为热带气压。台风南玛都三次登陆，移速缓慢，风大雨强，虽然登陆福建时已减弱为热带风暴，但给福建带来暴雨灾害天气，造成的直接经济损失估计达到 5.32 亿元人民币。

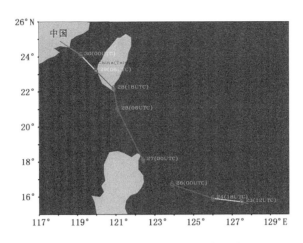

图 2   2011 年 1111 号台风南玛都的路径

2.1   台风风场

图 3 给出了台风"南玛都"25 日 18:00－29 日 18:00 的 CFSV2 分析资料中 sig995 层的台风风场。2011 年 8 月 25 日 18:00 的台风中心(图 3a)位于吕宋海峡以东洋面上,台湾岛周边海域主要受到台风外围环流的影响,吕宋海峡和台湾海峡盛行东北风,台湾岛对气流起到分流影响。在图上表现为台湾岛西南方向出现一个东北一西南走向的狭长弱风带。图 3b 上看,吕宋岛恰处在台风西进的路线上,起阻碍作用,迫使台风向北移动,此时台风南玛都已加强为超强台风,最大风速达到了 37 m·s^{-1}。

随后台风经过吕宋岛后再次入海,过程中下垫面性质的改变破坏了水汽凝结潜热释放的连续性。从图 3c 上看,台风中心位于吕宋海峡中以北的巴布延海峡,之后台风中心继续穿过吕宋海峡,在吕宋岛和台湾岛的双面阻挡下,台风底层外围闭合环流被阻隔,台风底层风场结构被破坏,辐合减弱,超强台风逐渐减弱为台风。到 28 日 18:00(图 3d),台风中心刚过吕宋海峡,台湾海峡南部以及吕宋海峡主要为台风环流风场,最大风速约为 30 m·s^{-1}。

2.2   吕宋海峡海洋流场、SST 及 SSS(盐度场)

从图 4 可以看出,2011 年 8 月 27 日 00:00(图 4a)SST 场呈现左高右低的大格局,左边高值区达 30.5℃,右边低值区为 28℃;从盐度场看,左低右高;从海洋表层流场看,台风处于菲律宾吕宋岛东北部沿海,受到地形影响,海面对台风响应生成的海洋气旋式涡旋不能闭合。

比较 28 日 00:00(图 4b)与 06:00(图 4c)的海面流场,前者台风南玛都处于吕宋海峡中心位置,海面气旋式流场结构比较完整,台风右侧海流明显高于左侧。从地形上考虑,台风南侧和北侧产生的向岸风生流(向台湾岛的风生流和向吕宋岛的风生流)发展旺盛,而离岸风生流流速很小。在强台风的影响下,黑潮只保留了基本的流向形态,黑潮主流轴的位置出现了向东偏移。06:00 图上,台风继续向北发展,海面流场的气旋式结构出现了破坏,左侧背离台湾岛的离岸风生流基本不存在,流速表现为空间上逐步加速的形态,但仍然小于右侧。位于 18°～22°N 的黑潮在表层被台风风生流影响,具体表现在 18°N 与风生流逆向交汇,此处表层表现为乱流;在 22°N 与风生流同向交汇,流速增大。

在图 4d 上,台风一路穿越吕宋海峡登陆台湾台东县,台风经过区域出现大面积 SST 下降,极值中心位于台风发展路径的右侧,低值中心为 27.5℃,降幅达 2℃,体现了 SST 下降的

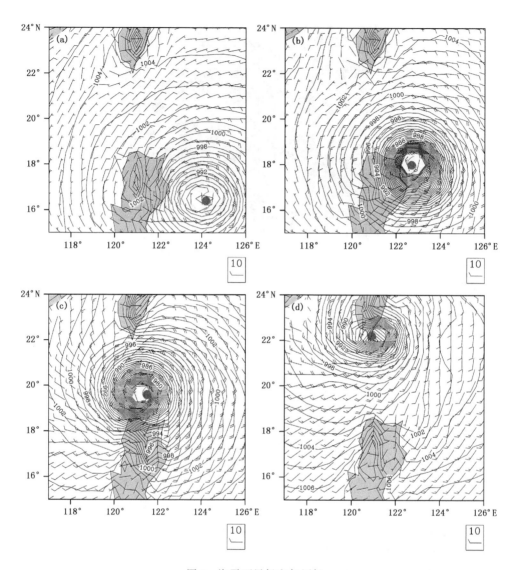

图 3　海平面风场和气压场

（a 为 8 月 25 日 18:00，b 为 8 月 26 日 18:00，c 为 8 月 27 日 18:00，d 为 8 月 28 日 18:00；
风矢量单位:m·s^{-1}，等值线单位:hPa;台风符号为"南玛都"中心所在位置）

右偏性。

　　SST 下降及右偏性的主要原因可以理解为:台风抽吸效应将混合层以下的冷水带到表层,致使 SST 下降,这需要一个过程,对应 SST 下降有滞后性;台风的风场本身就具有右偏性,右侧的风速大于左侧,致使右侧海洋所受到风应力较大,卷夹及抽吸效应更强;路径左侧海流流速的方向和台风移动的方向相反,流速被抑制,而右侧相同。

　　图上同时存在两个低值中心,另外一个低值中心位于台东县以东洋面上。考虑到台风登陆吕宋岛,对海洋的抽吸效应大为减弱,破坏了 SST 下降的连贯性,导致两个低值中心生成。

　　29 日 12:00(图 4f),吕宋岛以东洋面上的 SST 低值中心继续维持,而吕宋海峡中的 SST 低值中心迅速缩小。

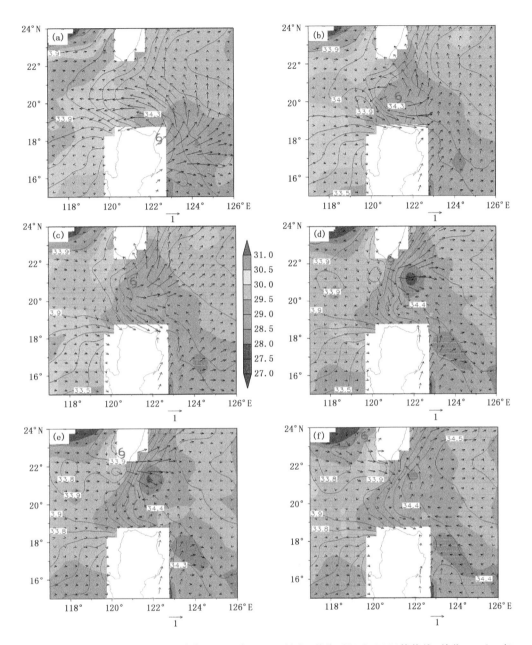

图4　吕宋海峡流场(矢量箭头,单位:m·s⁻¹)、SST(填色,单位:℃)和SSS(等值线,单位:g·kg⁻¹)
(a为8月27日00:00,b为8月28日00:00,c为8月28日06:00,d为8月28日18:00,e为8月29日00:00,f为8月29日12:00)

从观测中发现上层海洋对于台风响应表现出右偏性,本文试图通过模式再现上层海洋对于台风在生成、发展、强盛和衰减各阶段,配合下垫面的改变下响应的过程,分析上层海洋响应特征,特别是风场不对称性与海洋响应呈现右偏性的关系。并通过一组固定气旋式风场试验,分析抽吸作用及其能量的极限。

3 模式计算结果分析

试验1:固定气旋式风场

温盐数据采用CFSV2中8月28日06:00的即时场。风场数据采用人为修正的固定中心位于吕宋海峡中部的气旋式风场来驱动模式(图5),不考虑风场大小的变化和位置的移动,研究海洋流场及SST的响应。模式积分30 d,间隔12 h输出一次。

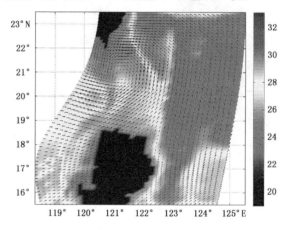

图5 固定台风中心的风场(矢量箭头)及温度场(填色)

模式从静止初值开始积分,模拟结果如图6表明,首先看图6a,上层流场在风场强迫下形成一个结构完整的气旋式流场,以121°E为轴,气旋式流场左右两侧的流速大小基本相当。对比于图5,吕宋海峡出现了大面积的SST下降。从图6b~d上发现,流场出现不对称发展,右侧的流速迅速发展增大,左侧的流速变化不大,总体表现为右强左弱,海流的发展具有明显的右偏性。这是因为所设计的驱动风场参考了实际台风风场特性,其本身就具有右偏性,右侧海洋所受到的风应力较左侧大,对应的右侧风生流也较强。在图6e上的22.5°N,122.5°E处生成一个弱反气旋式流场,这是由于风生流和地形的引导产生的。从图6f~h来看,原气旋式流场的大小及流速基本处于稳定状态,保持着结构的对称性。在图6i上的21.0°N,122.8°E处又生成一个新的反气旋式流场,从图6j~l来看,这个新流场迅速发展增强,挤压原气旋式流场,成为控制吕宋海峡的主要流场而存在。这是因为气旋式右侧的流场流速大、范围广,弱反气旋流场起到阻碍和分流作用,在同纬度更为广阔的洋面上生成了新的反气旋式流场,随着能量不断注入,新反气旋式流场得到不断的发展。在它的影响下,弱反气旋式流场自新流场生成约4 d后消失。

从图6b~e来看SST变化,在台风风场的风应力强迫下,海洋上层中的海水混合不断加剧,海表台风卷夹不断地把深层的冷海水向上抽吸,提升到上层与相对较暖的海水混合,这使得海洋表面的温度不断下降,SST最大下降了约9℃,最终达到混合的平稳。SST的空间分布同样具有明显的右偏性,这主要是因为台风右侧的混合层流速要远大于左侧,带来更强的卷夹和抽吸效应,上下层海水的混合导致的SST变化需要一定的时间,SST响应的时间右侧较左侧短,表现为右偏性。从图6f上看,最终响应区域的SST变化达到左右基本一致的平稳态。从图6g~l上看,随着气旋式流场被新生成的反气旋式流场所取代,SST开始上升,经历约

10 d时间,SST 基本恢复到初始状态。

试验 2:台风南玛都移动风场

POM 模式以 8 月的 Levitus 温盐资料和 HELLERMAN 月平均风场资料,作为模式积分的初始场和强迫场,共积分 4 年 7 个月,模式基本达到稳定状态,取其结果作为模式模拟台风南玛都个例的初始场,采用时间间隔为 6 h 的 NCEP 的 2011 年 8 月份风场进行驱动,计算一个月,每隔 6 h 输出一次计算结果,研究吕宋海峡对于台风南玛都的响应。

图 7 给出了 8 月 25—31 日的 POM 模拟结果。将图 7 与观测结果(图 4)比较,从 SST 的整体分布、SST 随时间的变化以及主要气旋式流场的存在来看,POM 模式模拟台风南玛都的

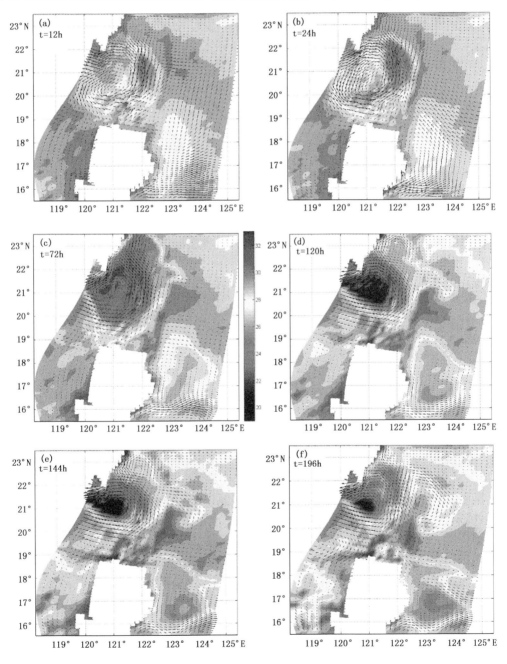

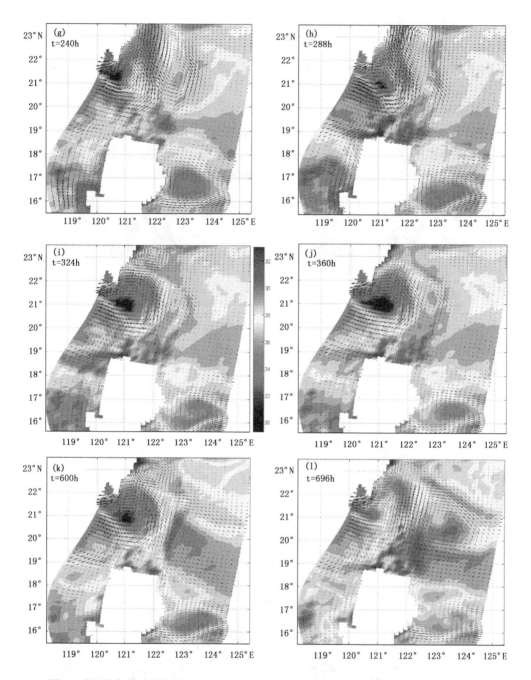

图 6　在固定气旋式风场驱动下,POM 模式模拟的海洋流场(矢量箭头)及 SST(填色)

结果比较理想。

在图 7a 上,吕宋海峡以东被黑潮所控制,SST 较高。菲律宾以东洋面响应台风,迅速生成了一个气旋式流场,将黑潮截断。在图 7b~d 上看,随着台风不断加强并且向吕宋岛移动,流场的流速增加,SST 迅速出现了明显的右偏性下降,最大降幅达 4℃,这与 CFSV2 预报场 2℃的降幅相比,模式将降幅有放大。在图 7e,f 上,穿越吕宋岛后,台风强度减弱,加上地形的阻碍,气旋式流场结构破坏,流速减小,SST 响应弱化。在图 7g~k 上,台风穿越吕宋海峡后登陆台湾岛。海峡的地形阻碍加上台风强度的减弱,致使海洋表层流场的响应强度有限。但是黑潮的存在大大加强了右侧流速,台风路径右侧出现了高达 7℃ 的降幅。从图 7 h 上看,菲律宾巴布延海峡的 SST 下降已基本达到稳定态,分析图 7i 到图 7l 可以得到,SST 恢复到下降前大约需要 3 d 的时间。

对比第一组实验,首先从响应的流场上来看,实验二中响应的是一个随台风移动的流场,气旋式结构沿着路径有一定的拉伸,并且在路径后方出现尾流。再从响应的 SST 上来看,由于风场是移动的,对局部海洋的抽吸能量有限,特别是局部海洋的左侧,因此右侧的 SST 下降要远远大于左侧。最后,整体流场的强度和 SST 下降的幅度都要小于试验 1。

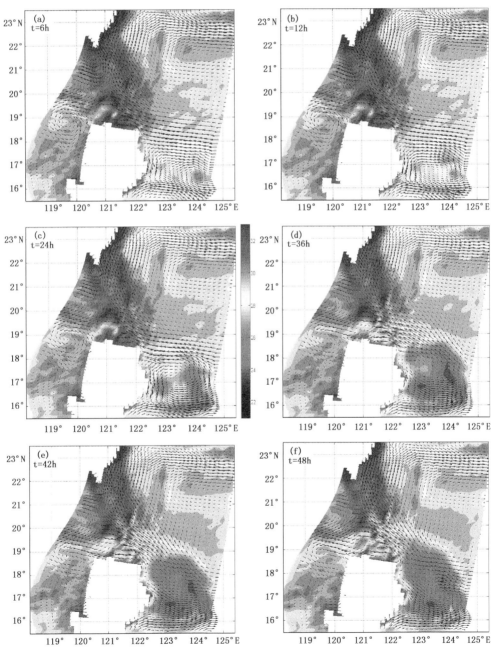

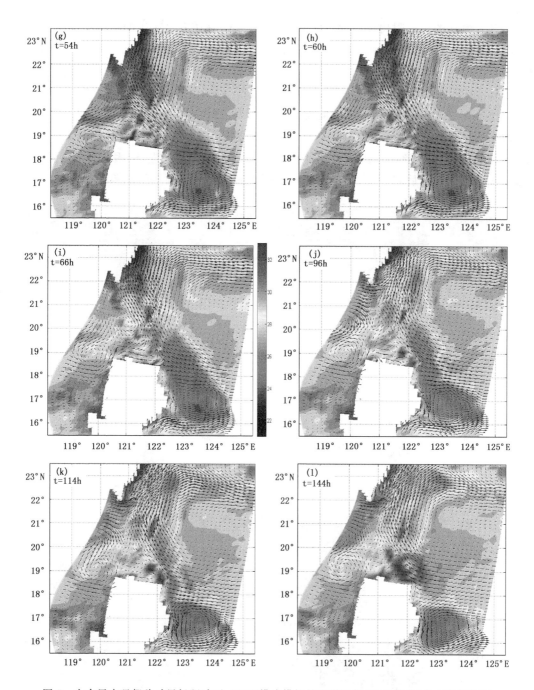

图 7　在台风南玛都移动风场驱动下,POM 模式模拟的海洋流场(矢量箭头)及 SST(填色)

取 8 月 26 日 00:00 到 8 月 28 日 18:00 这一台风发展时间段,沿此段时间内台风发展路径做垂直速度剖面图,如图 8 所示,暖色(正值)表示上升运动,冷色(负值)表示下沉运动。从图 8 上看,台风过后,海洋内部形成一个上升运动与下沉运动交替的尾流。从第 0 到 11 个网格格点时,上升和下沉速度在 10 以内,交替的结构明显但是强度非常弱,这主要是由于台风过后海洋自身得以恢复以及此处的海洋是深水区(-5000 m)。在第 12 个网格点处,爆发了一个非常强烈的下沉运动,下沉速度高达 30,因为此处的水深只有 200 m 左右,在台风的扰动下即可产生非常强的上下层海水对流。从第 13 到 22 个网格点来看,海水的上升和下沉运动交替非常规则,并在浅水区会出现比较强的上升运动。此时台风是位于第 24 个网格点处,而 23 和 24 网格点处的垂直运动非常弱,这主要是由于海洋对台风的响应需要一个过程。

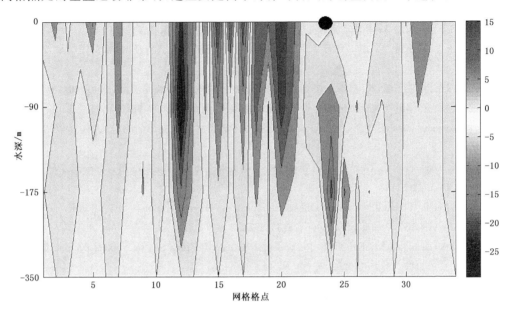

图 8　26 日 00:00－28 日 06:00 沿着台风发展路径的垂直速度剖面
(●表示台风所处的位置)

4　结 论

本文首先分析了 2011 年 8 月 1111 号台风"南玛都"的风场和海洋响应南玛都的表层流场、SST 及 SSS。然后主要通过 POM 模式模拟计算了固定大小及位置的台风风场和台风南玛都期间吕宋海峡的响应。研究结果表明:

(1)台风气旋式风场右侧的风速要大于左侧,在左侧有吕宋岛地形的影响下,近地面层风场的右偏性表现得更加明显。

(2)海洋响应台风生成气旋式流场结构不对称,右侧的流速要远大于左侧。

(3)台风主要通过抽吸将较低处的冷海水带到表层,使 SST 下降 2～7℃,下降的空间范围直径在百公里,表现为右强左弱的不对称性。

(4)试验 1 显示,流场及 SST 响应气旋式风场达到能量的极值后,会触发一个反气旋流场逐渐控制吕宋海峡,SST 经过约 10 d 时间恢复到初始态。

参考文献

[1]　Fisher E L. Hurricanes and the sea_surface temperature field. *J Atmos Sci*,1957,**15**:328-333.

[2]　Leipper D F. Observed ocean condition and hurricane Hilda,1964. *J Atmos Sci*,1966,**24**:182-196.

[3]　Price J F. Upper ocean response to a hurricane. *J Phys Oceanogr*,1981(11):153-175.

[4]　许东峰,刘增宏,徐晓华,等. 西北太平洋暖池区台风对海表盐度的影响.海洋学报,2005,**27**(6):9-15.

[5]　朱建荣,秦曾灏.海洋对热带气旋响应的研究:I.海洋对静止、移速不同的热带气旋响应.海洋与湖沼,

1995,**26**(2):146-153.

[6] 黄立文,邓建.黄、东海海洋对于台风过程的响应.海洋与湖沼,2007,**38**(3):246-252.

[7] 李东辉,张铭.南海上层流场对 Frankic(9606)强热带风暴响应的数值计算.海洋预报,2003,**20**(4):
56-63.

[8] 钱永甫,王谦谦,朱伯承.南海海流对冬季风风应力的响应特征.气象科学,2000,**20**(1):1-8.

[9] 许金电,李立,郭小钢,等.1998 年夏季季风爆发前后南海环流的多涡特征.热带海洋学报,2001,**20**(1):
44-51.

[10] 蔡树群,苏纪兰,甘子铜,等.南海上层环流对季风转变的响应.热带海洋学报,2001,**20**(1):52-60.

[11] 任雪娟,钱永甫.南海及邻近海区海况季节变化的模拟.气象学报,2000,**58**(5):545-555.

[12] 俞永强,Antoine Izard,张学洪,等.IAP/LASG 海洋环流模式对风应力的响应.大气科学,2001,**25**(6):
721-738.

[13] Shay L K,Elsberry R L. Near-inertial ocean current response to Hurricane Frederic. *J Phys Oceanogr*,
1987,**17**(8):1249-1246.

[14] Zheng Q,Lai R J,Huang N E,*et al*. Observation of ocean current response to 1998 Hurricane Georges at
Gulf of Mexico. *Acta Oceanol Sin*,2006,**25**(1):1-14.

[15] Chu P C,Veneziano J M,Fan C W. Response of the South China Sea to tropical cyclone Ernie. *J Geo-
phys Res*,1996,**105**:13991-14009.

1213 号台风"启德"预报误差分析及思考

顾 华[1] 高拴柱[1] 许映龙[1] 杨 超[1] 张 进[2]

(1.国家气象中心,北京 100081;2.中国气象局数值预报中心,北京 100081)

摘 要

对 2012 年第 13 号台风"启德"的路径和强度预报均出现了一定误差,24 h 路径预报误差达 155 km,强度预报误差最大为 7 m·s^{-1},预报难度大,在一定程度上造成了预报服务的被动。为了掌握"启德"路径和强度预报误差大的原因,本文利用常规气象资料、业务数值预报模式、ECMWF 再分析资料(0.75°×0.75°)和预报资料(0.25°×0.25°),以及 NCEP 再分析资料(1°×1°),运用天气学和诊断分析的方法,分析了数值预报模式对台风"启德"及其环境场的预报能力,从而解释了"启德"的路径和强度预报误差大的原因,结果发现:(1)"启德"路径预报误差的主要原因是对副热带高压西伸加强估计不足,如副热带高压西脊点预报位置比实况位置偏东达 17 个经度,致使引导气流明显偏北,"启德"的预报路径较实况路径也明显偏北;(2)"启德"强度预报偏强主要考虑"启德"所经海域均为高海温区,模式预报环境风垂直切变始终偏小等因子,而对干空气侵入和海洋热容量变低等不利于台风发展的因素则考虑不足,台风强度预报误差随之也大。

关键词:台风启德 路径 强度 预报误差分析

0 引 言

随着对台风运动的物理过程和机制的不断认识,以及气象观测技术和动力模式能力的提高,过去 20 多年中,对台风运动的预报能力有了长足发展,预报精度越来越高。20 世纪 90 年代初期,中央气象台台风 24 h 路径预报误差为 190 km 左右,在预报技术不断提高的情况下,2013 年 24 h 预报误差为 82 km,72 h 预报误差也仅为 193 km,相当于 20 年前的 24 h 预报误差,表明台风路径的预报能力明显提高。

台风运动受到诸多复杂因素的影响,如环境引导气流,各种天气尺度系统的相互作用,台风的内部结构和结构变化,β效应和下垫面条件等,都对台风运动有着程度不同的影响[1]。台风路径的研究在过去 20 年中取得了丰硕的成果,其中最重要的成果是揭示了台风运动主要受大尺度环境引导气流的作用[2]。研究表明,平均环境引导气流与台风平均运动情况比较接近,但是平均结果与个例之间则可能存在较大偏差[3]。造成这种差异的原因是多方面的。台风运动与引导气流较大的偏差经常是由大尺度环境气流调整所引起,比如副高的进退、ITCZ 的断裂、赤道缓冲带的形成和消退及信风和季风的交替等都会引起台风运动的突变。大尺度环境气流从一种状态向另一种状态的转变引起台风周围环境引导气流的突然变化,从而导致台风运动发生更大的偏差,即基本气流速度的变化会显著影响台风运动[4]。所以台风路径预报的较大误差往往与环境场预报误差有关。Wu *et al*.认为 Sinlaku(2002)台风运动预报的误差的主要原因是 Sinlaku 受到副高、西风槽和大陆高压的共同作用,而预报模式对这几个系统的强度判断的失误(如高估大陆高压的强度、低估副热带高压等)导致整体预报路径偏南[5]。

比较而言,台风强度预报的进展非常有限,各台风预报中心仍然把统计预报模式作为台风强度预报的主要手段,表明了台风强度变化的复杂性。环境风垂直切变是台风强度变化的重要环境条件之一。大的环境风垂直切变抑制或破坏台风的发展,并可能使台风的强度减弱。环境风垂直切变可使台风中心出现倾斜现象,正压结构遭到破坏,切变越大,破坏程度就越大;较小的环境风垂直切变,是台风加强的有利因素[6,7]。台风生成和发展的一个重要条件是对流层低层的水汽供应。当对流层低层水汽供应充足并伴有上升运动时,暖湿的空气在台风的上升运动中释放潜热,为台风发生、发展提供能量,从而使台风得以加强[8]。同样,对于影响台风强度变化的上述条件的预报能力,也影响了对台风强度的预报能力。

由于大气运动过程相当复杂,如果台风所处环境流场比较稳定,那么台风各种要素的预报就比较容易。如果台风处于环境气流剧烈变化或中小尺度天气系统相互作用比较显著时,台风路径和强度的预报都会变得比较困难,在这种情况下,各种业务预报方法的结果往往分歧较大,也给实时业务预报带来很大的难度,使预报误差较大。

在实际预报服务中,针对台风"启德"路径和强度预报均出现了一定误差,在一定程度上造成服务的被动。中央气象台对"启德"24、48、72、96、120 h 路径预报误差比 2012 年 7 个登陆台风平均路径预报误差分别大 66、144、268、471、556 km,可见台风"启德"路径预报误差对 2012 年登陆台风平均路径预报精度做了很大的负贡献,因此降低此类台风的误差可以极大地降低年台风平均路径预报误差,进一步提高预报准确率。本文对台风"启德"的路径预报、强度预报以及数值预报几方面进行了分析,以发现预报产生误差的原因。

1 "启德"的概况及主客观预报误差

1.1 "启德"的概况

2012 年 8 月 12 日 20 时在菲律宾以东洋面生成一个热带低压,13 日 08 时加强为第 13 号热带风暴"启德"(KAI-TAK)。"启德"生成后的 72 h 移速缓慢,移向多变,15 日 04 时以强热带风暴强度登陆菲律宾吕宋岛,之后穿过吕宋岛进入南海东北部,移动中其强度缓慢增强,16 日 05 时加强为台风。此后"启德"移速加快到 25~30 km·h^{-1},强度进一步增强,在广东西部近海其强度达到生命史最强值 40 m·s^{-1}(13 级),2.5 h 后(17 日 12 时 30 分)在广东省湛江市麻章区湖光镇沿海登陆,登陆时中心附近最大风力有 13 级(38 m·s^{-1}),中心最低气压为 968 hPa。登陆后"启德"快速穿过雷州半岛进入北部湾,仍维持台风强度。其后"启德"沿广西海岸西行,17 日 21 时在中越边境交界处沿海再次登陆,登陆时中心附近最大风力有 12 级(33 m·s^{-1}),中心最低气压为 975 hPa。其登陆后继续西行,在越南境内强度持续减弱,18 日 17 时中央气象台对"启德"停止编号。

1.2 "启德"主观预报误差

1.2.1 "启德"路径主观预报误差

中央气象台在"启德"生成初期的路径预报明显偏向实际运动的右侧,预报其将先登陆我国台湾东南部沿海,然后在粤闽交界处附近沿海二次登陆(图 1a),这与"启德"的实际路径差距较大。实况是"启德"先登陆菲律宾吕宋岛东北部,而后一直向西偏北方向移动并二次登陆我国广东西部。而造成"启德"路径预报误差的主要原因是由于各家数值预报集合路径的发散度较小,容易给预报员造成错觉,认为它们的可信度较大,而实际上集合平均的路径预报误差较大。随着"启德"的进一步变化和发展,预报员逐渐掌握了其路径变化的规律及数值预报系统误差特征,预报效果也得到了一定的改善。

在"启德"生成初期,日本预报"启德"在我国台湾东南部沿海登陆,之后在我国福建南部沿海二次登陆(图1b);美国关岛预报"启德"先登陆我国台湾南部沿海,然后在我国浙闽交界处附近沿海二次登陆(图1c)。中、日、美三国关于台风"启德"的路径预报误差都较大。

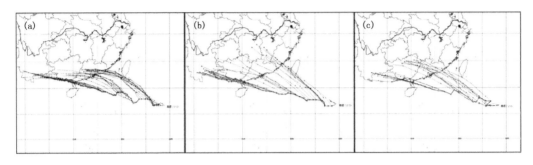

图1 各国"启德"逐时次预报路径(虚线)和观测路径(实线)比较
(a)国家气象中心综合预报,(b)日本综合预报,(c)美国综合预报

中央气象台对台风"启德"24、48、72、96、120 h路径预报误差分别为155、301、461、702、904 km。24 h路径预报水平与日本和美国相当,48和72 h预报优于日本和美国;96 h美国略优,日本误差巨大;120 h预报误差好于日本。总体而言,中央气象台对"启德"路径预报水平优于日本和美国。但相对于2012年中央气象台24、48、72、96、120 h平均路径预报误差93、167、241、329、455 km,"启德"相应时效的预报误差分别偏大67%、80%、91%、113%、99%;相对于2012年7个登陆台风24、48、72、96、120 h平均路径预报误差89、157、193、231、348 km,"启德"相应时效的预报误差分别偏大74%、92%、139%、204%、160%。

另外,中央气象台对台风"启德"24 h移向预报误差为18.9°,而2012年中央气象台24 h平均移向预报误差仅为9.9°,"启德"的移向误差比年平均移向误差偏大91%;中央气象台对台风"启德"24 h移速预报误差为-1.8 km·h^{-1},而2012年中央气象台24 h平均移速预报误差为-1.2 km·h^{-1},"启德"的移速误差比年平均移速误差偏大50%。

"启德"的路径预报误差、移向预报误差和移速预报误差均明显大于2012年的平均水平。"启德"路径预报误差、移向预报误差和移速预报误差明显偏大,主要原因是在其生成之初路径预报的系统性右偏造成的。

1.2.2 "启德"强度主观预报误差

中央气象台对"启德"强度的24 h预报与实况相比总体偏强。13日08时至20时24 h预报强度比实况偏强2~5 m·s^{-1};13日23时至14日20时24 h预报强度与实况一致;由于路径错误预报"启德"登陆台湾,考虑其登陆会减弱,所以14日23时至15日08时24 h预报强度比实况偏弱5~8 m·s^{-1};15日14时至16日11时24 h预报强度比实况偏强2~7 m·s^{-1};16日14时至17日14时24 h预报强度与实况相比相同或偏强,偏强最多达5 m·s^{-1}(图略)。

1.3 "启德"模式预报误差

1.3.1 国家气象中心全球模式

在"启德"路径预报中，T639模式(图2a)24、48、72、96、120 h 路径预报误差分别为 227.8、482.5、950.7、1461.4、1540.8 km，而 T213 台风模式(图2b)比 T639 模式预报要好，其各时效的路径预报误差分别为 149.6、327.8、436.3、460.7、363.4 km。T213 台风模式在包括 ECM-WF(图2c)和 JMA(图2d)的所有业务全球模式中路径预报误差最小，并且 24、48 h 路径预报水平与各国的综合预报基本持平，72~120 h 路径预报比各国的综合预报都好。T213 台风模式在"启德"初期预报较其他全球模式误差偏小，其他全球模式均预报"启德"在我国台湾中北部登陆，而 T213 预报"启德"擦过我国台湾南部。

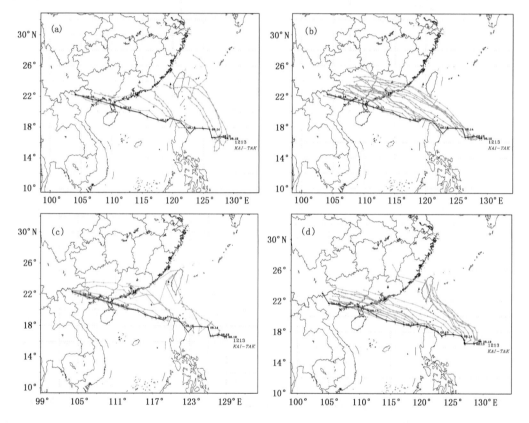

图2 各国全球模式逐时次预报路径(细线)和观测路径(粗线)比较

(a)T639；(b)T213；(c)ECMWF；(d) JMA

1.3.2 国家气象中心 GRAPES—TYM 模式

GRAPES—TYM 是国家气象中心开发的中尺度区域台风模式，并针对中尺度台风模式开发了相应的涡旋初始化技术。模式系统于 2011 年开始试验预报。对 2011—2012 年所有编号台风路径预报误差及强度预报误差分析表明，GRAPES—TYM 的平均路径误差小于 T213 台风模式，强度误差小于 ECMWF 和日本全球模式。

在"启德"的预报中，GRAPES—TYM 24、48、72h 路径预报误差分别为 237.5、549.2、885.6 km，大于 T213 台风模式，强度误差分别为 4.0、10.7、16.1 m·s^{-1}，具有一定的参考

作用。

2 "启德"路径预报误差分析

2.1 副热带高压的影响

从 500 hPa 平均高度场(图略)看出,"启德"生成之初,亚洲中高纬度环流呈经向型分布,北支锋区呈西北-东南向,低槽位于我国东北至朝鲜半岛一带,副热带高压西脊点位于 27°N,123°E 附近;之后位于我国东北至朝鲜半岛的低槽快速东移,东北地区转为高压脊控制,副热带高压西伸,与此同时,极涡的低槽向东南旋转加深,位于西西伯利亚的锋区南压,欧亚中高纬大气环流转为纬向性环流,副热带高压明显西伸加强,副热带高压西脊点位于 31°N,90°E 附近。在实际预报中,考虑到位于东北至朝鲜半岛的低槽东移速度较慢,因而副热带高压西伸较慢,而实际情况是此低槽东移速度比预期快,副热带高压快速西伸加强。对副热带高压西伸加强估计不足,从而导致"启德"路径预报出现误差。

2.2 数值模式对副热带高压的预报

在实际预报中对副热带高压西伸加强估计不足,主要是由于各家模式对副热带高压加强西伸的预报与实况都存在很大差异。以 ECMWF 数值预报为例,比较其 500 hPa 高度预报场和分析场(图略)可以看出,13 日 08 时 48 h 预报副热带高压 588 线的西脊点位于 30°N,115°E 附近,15 日 08 时分析场副热带高压 588 线的西脊点位于 30°N,98°E 附近,二者相距 17 个纬距。分析场副热带高压比预报场副热带高压明显更为偏西偏强。14 日 08 时 48 h 预报副热带高压 588 线的西脊点位于 32°N,105°E 附近,16 日 08 时分析场副热带高压 588 线的西脊点位于 30°N,101°E 附近,二者相距 4 个纬距;14 日 08 时 48 h 预报副热带高压 586 线的西脊点位于 30°N,89°E 附近,16 日 08 时分析场副热带高压 586 线的西脊点位于 31°N,80°E 附近,二者相距 9 个纬距。在"启德"生成之初,ECMWF 对副热带高压的预报明显比实况偏弱偏东,实况的副热带高压更为偏西偏强。

由于 ECMWF 对副热带高压的预报与实况有偏差,造成了环境引导气流预报和实况的偏差。本文计算了 ECMWF 500 hPa 预报场和分析场的环境引导气流的速度分量 (u,v)(单位:$m \cdot s^{-1}$),13 日 08 时 48 h 预报场环境引导气流的速度分量为 $(-4.00,3.46)$,15 日 08 时分析场环境引导气流的速度分量为 $(-6.20,1.68)$;14 日 08 时 48 h 预报场环境引导气流的速度分量为 $(-1.44,3.76)$,16 日 08 时分析场环境引导气流的速度分量为 $(-3.82,3.69)$。对比发现,ECMWF 500 hPa 48 h 预报场的环境引导气流比分析场的环境引导气流的偏西分量明显偏弱,偏北分量明显偏强。

由于对副热带高压的把握不够准确,导致了台风引导气流产生了误差,进而使得台风路径预报也产生了误差。

3 "启德"强度预报误差分析

3.1 干空气卷入的影响

在前面的路径预报误差分析中,"启德"在向西偏北方向移动的过程中,副热带高压明显西伸,而副热带高压湿度较小,属于干空气。干空气由西北方向卷入"启德"北部,从而阻碍了"启德"强度增加。

为了考察"启德"的干台风特征,本文采用 NCEP 再分析资料(1°×1°)计算了"启德"进入南海北部时整层水汽通量积分和大气可降水量的分布状况,由图 3 可以明显看到:"启德"进入南海北部时,来自西南季风的水汽通道在南海中南部有一个明显的断裂带,大的水汽通量区仅存在于"启德"中心附近很小的范围(图 3a),而与之相对应的大气可降水量分布,显示大于 65 mm 的可降水量大值区同样也是只孤立地存在于"启德"中心附近很小的范围(图 3b)。

　　8 月 15 日 08 时 ECMWF 700 hPa 相对湿度 24 h 预报(图 4a)中,相对湿度 90%～100% 的大值区覆盖了"启德"中心附近的大面积区域,尤其是中心北侧,而 16 日 08 时 ECMWF 700 hPa 相对湿度分析场(图 4b)相对湿度 90%～100% 大值区仅限于"启德"中心附近小范围区域。ECMWF 对"启德"的干台风特征估计不足,导致强度预报比实际偏强。

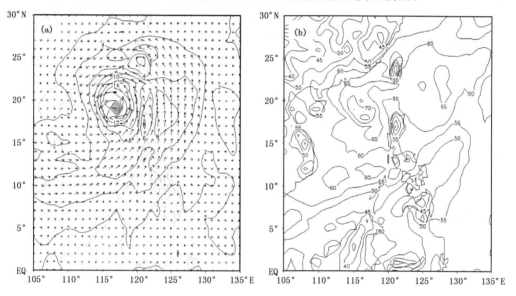

图 3　2012 年 8 月 16 日 08 时整层水汽通量积分分布(a,单位:kg·m⁻¹·s⁻¹)和
可降水量分布(b,单位:mm)

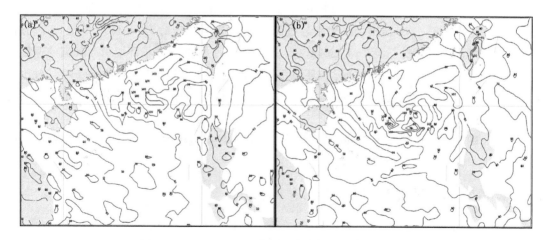

图 4　ECMWF700 hPa 相对湿度预报场和分析场比较
(a:15 日 08 时 24 h 预报场;b:16 日 08 时分析场)

3.2 环境风垂直切变的影响

对流层上下部弱的风速垂直切变,有利于气柱内凝结潜热的积累和地面气压的下降,有助于台风的发展[9]。环境风垂直切变作为影响台风强度变化的重要因素之一,为此本文计算了"启德"活动期间200~850 hPa环境风垂直切变(图5),"启德"中心经纬度取自国家气象中心综合报定位信息;环境风场取自ECMWF再分析资料,该资料空间分辨率为0.75°,时间分辨率为6 h。10.5°×10.5°的正方形网格区域,利用200 hPa和850 hPa两层的区域平均风场矢量差来计算。

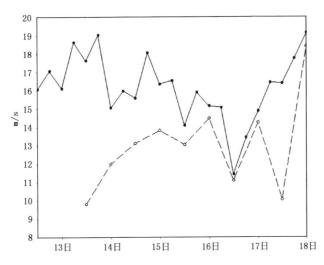

图5　2012年8月12日20时至8月18日08时"启德"环境风垂直切变实况演变与24 h预报演变比较
（单位:m·s^{-1};实线为分析场;虚线为24 h预报）

苏丽欣等[10]的研究显示TC达到极大强度之前12 h的环境风垂直切变,对TC强度的影响最大,即环境风垂直切变对TC最大强度的影响有12 h的时间滞后。Paterson[11]认为在环境风垂直切变开始增大和台风开始减弱之间存在时间滞后,滞后时间为12~36 h。"启德"生成后,其环境风垂直切变呈现先上升后下降再上升的趋势。8月16日20时"启德"的环境风垂直切变达到最小值10.87 m·s^{-1},而"启德"强度最强是17日10时(40 m·s^{-1}),之后"启德"的强度逐渐减弱。垂直切变最小值对台风强度最强值的影响滞后14 h。这与上述作者们的结论基本一致。尽管一般认为垂直风切变小于10 m·s^{-1}时,有利于台风产生和增强,但是曾智华[12]通过大量样本统计分析发现当垂直风切变大于12.5 m·s^{-1}时仍有大量台风能够增强。"启德"的环境风垂直切变最小值为10.87 m·s^{-1},支持了曾智华的研究结果。

为了比较ECWMF 24 h预报环境风垂直切变与分析场环境风垂直切变的不同,本文计算了"启德"活动期间ECWMF 24 h预报200~850 hPa环境风垂直切变(图5),"启德"中心经纬度取自ECWMF确定性预报24 h预报位置;环境风场取自ECMWF预报场,资料空间分辨率为0.25°,时间分辨率为12 h,计算方法同上。可以看出,"启德"活动的整个过程中,EC-WMF 24 h预报环境风垂直切变比分析场环境风垂直切变始终明显偏小,最大误差可达8 m·s^{-1}。由于ECWMF 24 h预报环境风垂直切变始终比分析场环境风垂直切变偏小,对"启德"强度的24 h预报与实况相比总体偏强。

3.3 高空辐散气流和低空辐合气流的影响

高层有无明显的辐散气流是热带气旋能否发展加强的重要标志[13]。采用 NCEP 再分析资料(1°×1°)绘制散度及平均流线图。从 8 月 17 日 02 时 200 hPa 散度及平均流线图(图 6a)可以看出,"启德"高层有很强的辐散气流,特别其南侧有显著的流出气流,其北侧流出气流与南亚高压南部的急流相接,200 hPa"启德"中心附近的强辐散达 $1.5 \times 10^{-4} s^{-1}$。与此同时,在"启德"的低层,从 8 月 17 日 02 时 925 hPa 散度及平均流线图(图 6b)可以发现,来自于南半球的越赤道气流和来自于印度洋的气流在南海中部和南部汇合,形成一支宽广强大的西南季风,这支西南季风带着丰沛的水汽从"启德"东部流入,将大量水汽传送至"启德"。"启德"高空强辐散引起低层气压降低,对"启德"近海加强十分有利,从而导致"启德"的强度在登陆广东湛江前 2.5 h 达到峰值 40 m·s⁻¹。在实际预报中,因考虑到高空强辐散气流的作用,中央气象台在 16 日 11 时准确预报了"启德"24 h 后会迅速加强至 40 m·s⁻¹,这与实况相一致。

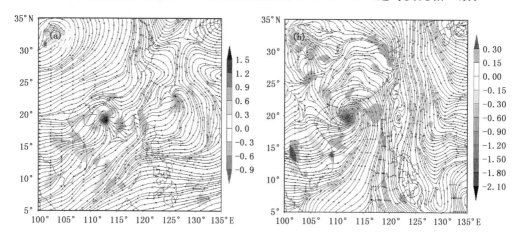

图 6 2012 年 8 月 17 日 02 时散度及平均流线图

(a)200 hPa;(b)925 hPa

3.4 海温及海洋热容量的影响

"启德"活动期间,菲律宾以东的西北太平洋洋面维持 29～31℃高海温,我国南海中部和北部、巴士海峡及巴林塘海峡的海温均在 28～30℃(图略),在实际预报时主要考虑到"启德"所经均为高海温区,对其强度加强有利,所以在其生成初期强度预报偏强。但是从海洋热容量图(图略)可以看出,8 月 12 日至 14 日菲律宾以东的西北太平洋洋面的海洋热容量均在 90 kJ·cm⁻²以上,而在巴士海峡、巴林塘海峡、南海北部和中部的海洋热容量均在 50 kJ·cm⁻²以下,15 日开始南海东北部的海洋热容量逐步增加,16—18 日巴士海峡、巴林塘海峡、南海东北部的海洋热容量为 50～80 kJ·cm⁻²,而菲律宾以东的西北太平洋洋面的海洋热容量一直维持在 90 kJ·cm⁻²以上。虽然"启德"自生成开始就一直位于高海温区域,为其强度增强和维持提供了充足的能量来源,但是由于在南海东北部、巴士海峡、巴林塘海峡海洋热容量较低,因此"启德"从生成到其行至南海东北部海面期间强度增长缓慢。当"启德"进入南海西北部较高海洋热容量海域时,其强度得以快速加强。由此可见,在预报台风强度时,高海温固然是一个重要因素,但海洋热容量也是一个不可忽略的因子。

4 小结与讨论

(1)"启德"以西偏北行路径登陆菲律宾东北部再登陆广东西部,但在生成之初则是预报其西北行登陆台湾再登陆粤闽交界,对副热带高压西伸加强估计不足是"启德"路径预报出现误差的主要原因。

(2)"启德"所经海域均为高海温区,同时模式预报环境风垂直切变始终偏小,因此业务预报中对"启德"强度的预报偏强,但对干空气侵入及海洋热容量变低等不利台风发展的因素则考虑不足。

参考文献

[1] 陈联寿. 热带气旋科学讨论会技术总结. 热带气旋科学讨论会文集. 北京:气象出版社,1990.1-7.

[2] Johnny C L Chan, William M. Gray. Tropical cyclone movement and surrounding flow relationship. *Mon Wea Rev*,1982,**110**(10),1354-1374.

[3] Keqin Dong,Charles J. Neumann. The relationship between tropical cyclone motion and environmental geostrophic flows. *Mon Wea Rev*,1986,**114**(1),115-122.

[4] 朱永褆. 大尺度基流速度变化对热带气旋移动影响的数值研究. 台风试验和理论研究(二),北京:气象出版社,1996,39-41.

[5] Wu Chunchieh, Huang Trengshi, Chou Kunhsuan. Potential Vorticity Diagnosis of the Key Factors Affecting the Motion of Typhoon Sinlaku (2002). *Mon Wea Rev*,2004,**132**(8),2084-2093.

[6] William M. Gray. Global view of the origin of tropical disturbances and storms. *Mon Wea Rev*,1968,**96**(10),669-700.

[7] William M. Frank,Elizabeth A. Ritchie,Effects of vertical wind shear on the intensity and structure of numerically simulated hurricanes. *Mon Wea Rev*, 2001, **129**(9), 2249-2269.

[8] 高拴柱,吕心艳,王海平,等. 热带气旋莫兰蒂(1010)强度的观测研究和增强条件的诊断分析. 气象,2012,**38**(7),834-840.

[9] 王志烈,费亮. 台风预报手册. 北京:气象出版社,1987.

[10] 苏丽欣,周锁铨,吴战平,等. 西北太平洋热带气旋强度与环境气流切变关系的气候分析. 气象科技. 2008,**36**(5),561-566.

[11] Linda A. Paterson. Influence of environmental vertical wind shear on the intensity of hurricane-strength tropical cyclones in the Australian region. *Mon. Wea. Rev.*, 2005, **133**(12),3644-3660.

[12] 曾智华. 环境场和边界层对近海热带气旋结构和强度变化影响的研究. 中国博士学位论文全文数据库. 2011.

[13] 陈联寿,丁一汇. 西太平洋台风概论. 北京:科学出版社,1979.

台风"海葵"特大暴雨成因分析

陈鲍发　黄龙飞

（江西景德镇市气象局,景德镇 333000）

摘　要

本文简述了 2012 年 8 月 10 日台风"海葵"特大暴雨的天气实况,并从高空图、地面图、探空图等常规资料入手,结合 Grid 再分析资料,综合分析了此次台风造成景德镇市特大暴雨的原因与各种资料在特大暴雨过程中的反映情况,结果表明:台风环流的影响、副热带高压与大陆高压的对峙、挤压、冷空气与超低空西南急流、迎风坡地形的抬升作用是造成景德镇市此次特大暴雨的主要原因,不稳定能量的增强、低空垂直风切变的加大、水汽输送、垂直速度的突然增强,旺盛的水汽辐合与垂直运动、强烈的旋转等使得 8 月 10 日凌晨开始降水强度猛增。这些均对以后预报台风暴雨有较好的指示与参考作用。

关键词: 台风　特大暴雨　海葵　景德镇

0　引言

"海葵"于 8 月 3 日在日本冲绳县东偏南方约 1360 km 的西北太平洋洋面上生成。生成后向西北偏西方向移动,6 日 17:00 加强为台风,7 日 14:00 进一步加强为强台风,8 日 03:00 在浙江象山登陆。登陆后向西北方向移动,8 日 21:00 减弱为强热带风暴,并转向西行,9 日 23:00 进一步减弱为热带风暴(图略)。受其影响(图 1),8 日 08:00－11 日 08:00,长江入海口、浙江北部、安徽中南部、赣东北出现暴雨和大暴雨,尤其在江西的庐山、景德镇出现 450 mm 以上强降水。本文主要研究"海葵"对景德镇市的影响。据统计,8 月 8 日下午景德镇市开始出现降水,9 日普降暴雨,10 日降水达到最强时段,全市过程平均雨量 325 mm,以景德镇市区附近的何家桥 500 mm 为最大。最强降水时段出现在 10 日(图 2a),全市普降特大暴雨,日平均雨量 248 mm,国家站浮梁县 392 mm,景德镇市区 369 mm,乐平市 274.7 mm,降水强度之强,累计雨量之大为 1953 年来首见,创下了有完整气象记录以来的最大值。而且 10 日 00:00－10:00(图 2b),市区连续 11 h 出现 20 mm·h^{-1} 以上的强降水,强降水持续时间之长,也创下景德镇市强降水历史之最。受"海葵"影响,全市境内河流水位猛涨,城市内涝和积水严重,市内交通几乎瘫痪,数趟列车受阻。昌江河超警戒线 3.79 m;乐安河超警戒线 3.2 m。共有 5 个县(市、区)54 个乡镇受灾,受灾人口近 59 万人,转移人口近 12 万人,直接经济总损失超 11 亿元。

台风登陆后造成的暴雨、大暴雨过程,大陆许多学者都进行了不同角度的研究[1-12]。程正泉等[1]在研究影响我国近十年的台风暴雨时指出:登陆台风北上,冷空气的侵入和变性常常会加剧台风暴雨。暴雨增幅时有效位能释放,冷空气处在台风外围时有效位能释放最多,增幅最大。而当冷空气侵入中心后,非绝热加热迅速减小,中心降水明显减少。许爱华等[2]在研究台风"泰利"过程的冷空气作用中指出:华北低槽引导低层冷空气南下到江淮一带,使得

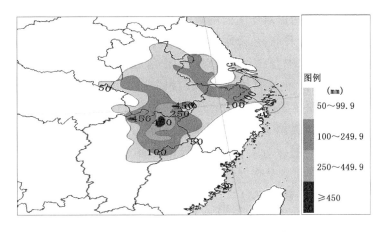

图1 "海葵"过程(8日08:00—11日08:00)降雨量分布

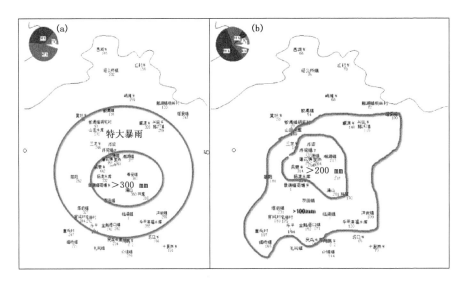

图2 "海葵"过程景德镇市雨量分布

(a为8月9日20:00—8月10日20:00,b为8月10日00:00—8月10日11:00)

低层台风低压和冷高压之间出现强气压梯度,形成了强偏东气流,阻挡了台风向北移动,同时不断将中国东部海区和西太平洋上的水汽输送到暴雨区上空。冷空气南下还导致台风低压西侧的冷平流加大,而低压东侧为暖平流。这时中α尺度台风低压变为具有温带斜压特征,并因此而获得斜压能量,得以维持。这在研究江西的台风过程中得到广泛引用。毛连海等[3]在研究江西台风特点与成因时,指出:深入内陆台风对江西影响的特点是降水强度和落区不仅与台风路经有关,还与台风强度及不对称等内部结构,地形、中尺度对流系统、水汽、外部冷空气及外部环流系统等因素有关。他在研究台风"碧利斯"过程中[4]指出:正涡度区、辐合区和上升运动区与"碧利斯"的不对称螺旋云系相对应,低层强辐合和高层强辐散有利于激发强烈的辐合与上升运动。同时研究了江西地形对台风的作用,指出江西西、南、东三面环山,南部的罗霄山脉和武夷山是大尺度地形,对东南气流的阻挡抬升作用较明显,台风向西或西北移入江西西南部的罗霄山脉东侧的迎风坡处,地形的抬升有利于降水加强。张建海等[5]对"海棠"的模拟时,也指出了冷空气与地形对台风的影响,"弱冷空气侵入台风环流,触发不稳定能量释放在暴雨增幅中起了重要作用。地形对暴雨的增幅作用十分显著,迎风坡由于地形动力抬升有利于上升运动加强,使得对流发展旺盛,降水增加,形成暴雨中心。",黄克慧[6]在研究台风"云娜"时,也指出了高层辐散与低层辐合在台风暴雨中的作用,认为高层辐散和低层辐合差加大,抽吸作用加强,上升运动加剧。何立富等[7]指出:台风"泰利"移进赣西北后,减弱的低气压北部有明显的冷空气侵入,导致行星边界层能量锋区加强;华西地区大陆高压阻挡了台风低压西移,为台风低压长时间停滞提供了有利的背景条件,较好地指出了冷空气侵入与大陆高压的阻挡对登陆台风的影响与作用。刘汉华等[8]在研究2008年台风"凤凰"时指出:800 hPa螺旋度正值区对未来6 h强降水落区有很好的指示意义。同时,螺旋度强度演变对未来6 h的降水强度有较好的正相关关系,较好地分析了螺旋度与台风强降水的关系。这些均为研究"海葵"对景德镇市的影响提供了坚实的理论基础与实践经验。总体而言,台风暴雨成因有台风环流的影响、副热带高压的作用、与西风槽结合、地面冷空气侵入、地形抬升或地形与台风环流的相互作用等多方面的因子。

1 台风环流与高空辐散的影响

首先是台风环流的影响,在2012年8月9日08:00—10日20:00海葵造成景德镇市强降水过程中,在赣东北—安徽东南部,400 hPa以下到地面均有完整的低压环流,且低压中心几乎完全重叠,即低压系统非常深厚,且呈垂直结构。这种形势从景德镇强降水开始直到强降水结束一直在保持,完整的低压环流引起强烈的上升运动,而上层至下层低压中心的重叠,也会带来明显的抽吸效应,从而加剧上升运动。由于台风带来了海上的充沛的水汽,加上持续旺盛的上升气流作用,造成持续的强降水。

另外,9日夜间至10日上午,200 hPa,湖北与安徽南部—江西中北部有高空辐散流场发展,景德镇市处分流区中(图略)。高空辐散的抽吸作用,加剧了上升运动,延长了降水时间,对景德镇市特大暴雨的发生有着关键的作用。

2 大陆高压的阻挡与"两高对峙"的挤压作用

副热带高压在台风的影响过程中起着关键作用[9-12],它的形状与分布制约着台风环流的移动与发展。此次过程中,副热带高压分为二环,一是海洋上的副热带高压,一是位于我国大陆的高原上空,称之为大陆高压。大陆高压一直稳定维持在高原上空,并且在9日20:00还有所增强,是此次过程的一个主要特点,其直接作用是阻挡了台风低压的西移。"海葵"在登陆后,移速减慢,特别是移入安徽境内,靠近大陆高压的过程中,移动基本停滞。

9日08:00—20:00(图3a,b),台风环流中心位于安徽东南部,海上为副热带高压,从08:00—20:00,范围与强度明显增强,而同时,江西省西部至高原为宽广的高压脊,为强大的大陆高压,在此过程中也有所增强。由于台风以西行为主,而这稳定、强大的高压系统正好正面顶在台风低压环流移动的路径上,所以造成此低压系统移动缓慢。而且副高和大陆高压势力相当,"两高对峙",其挤压作用也造成了低压环流较长时间的稳定少动。

3 底层冷空气的侵入

在9日20:00的地面图上(图略),渤海湾经华北—湖北东南有明显偏北气流,将北方冷空

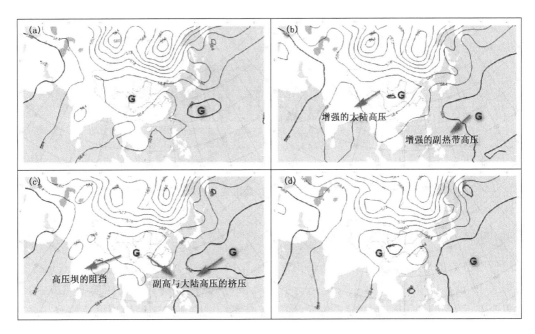

图 3 "海葵"过程中的 500 hPa 高空图

(a 为 2012 年 8 月 9 日 08:00,b 为 2012 年 8 月 9 日 20:00,c 为 2012 年 8 月 10 日 08:00,

d 为 2012 年 8 月 10 日 20:00)

气卷入台风低压中,925 hPa 的温度平流(图 4)中,9 日 08:00 与 10 日 02:00 均可看到有较明显的冷平流从湖北东南部侵入江西西北部,底层冷空气的侵入加强了台风环流的斜压性,使得降水强度得到进一步增强。而实况(图 5)表明,9 日 08:00 后,景德镇市逐小时雨强由 1 mm·h^{-1} 增至 5～9 mm·h^{-1};10 日 01:00 后,雨强由 10 mm·h^{-1} 以内增至 20～40 mm·h^{-1},降水强度得到了明显加强。

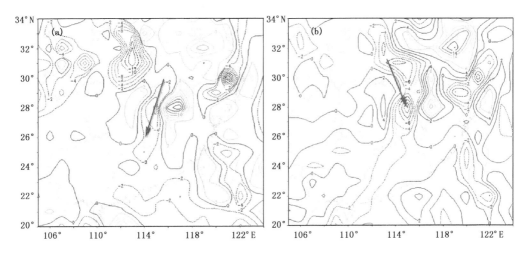

图 4 "海葵"过程 925 hPa 温度平流

(a 为 9 日 08:00,b 为 10 日 02:00)

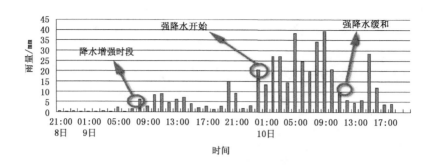

图5 "海葵"过程景德镇市逐小时降水

4 超低空急流

超低空急流的形成,基本上预示了暴雨和大暴雨的发展。10日08:00的925 hPa图上,南昌出现了16 m·s⁻¹的西南风,生成了超低空急流核,景德镇市位于急流核的下风方,台风低压的东南部,不仅有明显风向气旋式切变,同时又有超低空急流带来的强烈风速辐合。受其影响,景德镇市出现了降水最强时段。

5 地形的影响

从景德镇市及其以东地区的地形图上可以看到从鄱阳湖向东北方向,地势有所升高,特别是景德镇市区以东有一明显横向"V"型缺口,当风向为偏西气流时,受该地形影响,在市区附近会产生爬坡运动,从而导致降水强度增大。同时由于山脉的阻挡,在雨团由西向东移动时,会使降水云团移动受阻,从而延长降水时间。同时,由于西南方向为强盛的西南气流,西南气流在越过景德镇市区附近的东北—西南向的台子山时,受山脉的抬升作用,降水强度会得到一定幅度的增强。从此次过程雨量分布来看,地形对降水有30%左右的增幅。

从以上分析可以看出,造成此次特大暴雨过程主要原因有台风低压环流造成的辐合上升运动;大陆高压的阻挡,使台风低压向西移速减慢停滞;而冷空气的侵入增强了大气的斜压性,台风环流获得斜压能量得到进一步增强发展;超低空急流的形成又增强了低层的辐合强度,使得降水强度在10日凌晨得到明显增强。而景德镇市区附近的特殊地形引起的辐合、抬升与阻挡作用,加剧了辐合与上升气流,使得降水云团移动缓慢,从而又在一定程度上增加了降水强度,大大延长了强降水的持续时间。

6 不稳定能量与风垂直切变的增强

从南昌 $T-\ln p$ 图上看到(图6),从09日08:00至20:00,不稳定能量有明显增强,而且低层偏北风转为偏西风,与上层的西北气流形成了较明显的风垂直切变,不稳定能量的跃增再加上风垂直切变的增强,都预示着晚上降水强度将要强于白天,而这些出现在强降水之前,有一定的预报指示意义。至10日08:00,低层切变转成西南风与西北风之间的垂直切变,更加有利于强降水发生。

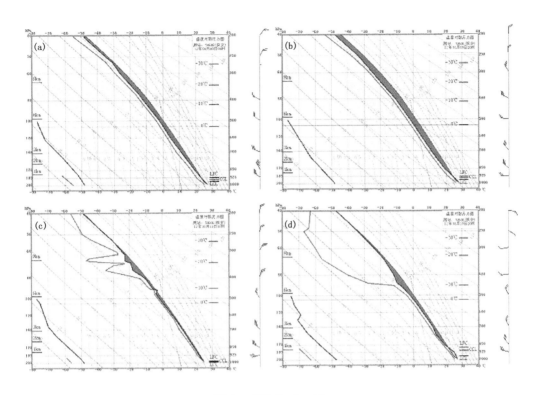

图 6　南昌 $T-\ln p$ 图

（a 为 2012 年 8 月 9 日 08:00,b 为 2012 年 8 月 9 日 20:00,c 为 2012 年 8 月 10 日 08:00,
d 为 2012 年 8 月 10 日 20:00）

7　Grid 物理量分析

7.1　水汽输送

从 850 hPa 水汽通量(图 7)来看,"海葵"过程的水汽来源不仅为内部,还有一支强水汽输送带从孟加拉湾—南海,后折向西北、东北至台风低压中心。该输送带源源不断地将南海、东海的水汽输送到台风环流中,为暴雨、大暴雨的发生提供了充足的水汽。而且 9 日 20:00—10日 02:00,台风低压环流中心附近水汽通量明显增强,大值区位于景德镇市西北方,达到了 $20\sim22\ \mathrm{g \cdot cm^{-1} \cdot hPa^{-1} \cdot s^{-1}}$。受西北气流影响,有充沛水汽向景德镇输送,为形成局地特大暴雨创造了水汽条件。

7.2　涡度平流与温度平流

根据 ω 方程,850 hPa 与 500 hPa 温度平流之差为正表示该站上空有明显暖平流,有利于上升运动的发展,而为负值时表示上空有冷平流,将不利于上升运动形成。9 日 02:00—10 日 02:00,景德镇市上空高低层温度平流之差一度达到 $12\times10^{-4}\sim20\times10^{-4}\ \mathrm{℃ \cdot s^{-1}}$,明显的暖平流有利于上升运动的发展。而且暖平流在强降水出现之前,有 6 h 或以上的提前量。10 日 08:00,景德镇市上空强盛的暖平流减弱消失,而实况监测到 10 日 10:00 以后,景德镇市强降水明显减弱。这即表明,暖平流的消失,使得产生旺盛垂直运动的机制减弱,预示着降水强度在一段时间后将会减弱,也有着明显的预报指示意义。而且 9 日 08:00、10 日 02:00,在降水

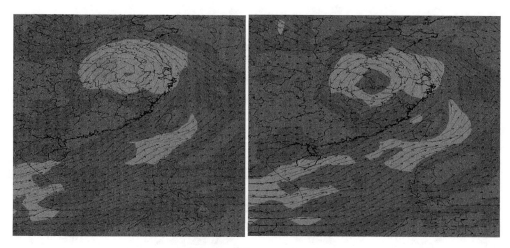

图 7　850 hPa水汽通量与风场

(a为8月9日20:00,b为8月10日02:00;单位:g·cm⁻¹·hpa⁻¹·s⁻¹)

加强之前6 h,在景德镇市的西方和西北方向有明显冷平流侵入。明显的冷平流与强盛暖平流导致气团的斜压性增大,温度梯度加大,有利于锋生和降水强度的加大或维持。

　　从8日晚上一直到10日00:00左右,景德镇底层900 hPa以下为明显的负涡度平流,900 hPa以上至700 hPa为明显的正涡度平流,涡度平流随高度增加,正负涡度中心之差一度达 $60×10^{-5}-80×10^{-5}s^{-1}$,根据 ω 方程,有利于上升运动的加强,由于台风影响过程中,水汽条件充沛,持续、强盛的上升运动,必然导致降水强度的加强。

7.3　比湿、水汽通量散度、垂直速度

　　图8是"海葵"过程中风场、比湿、水汽通量散度、垂直速度的NCEP再分析资料。9日(景德镇地区普遍出现暴雨,但小时雨强较小,雨量分布较为均匀,见图5)925 hPa高度比湿稳定在18 g·kg⁻¹,高空风多偏北分量,此时低层1000 hPa至850 hPa为水汽辐合区,辐合强度较

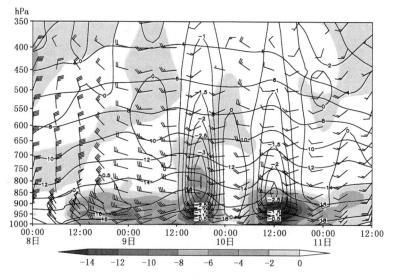

图 8　景德镇上空风场、比湿、水汽通量散度、垂直速度随时间变化

(比湿单位:g·kg⁻¹,阴影为水汽辐合区,单位:10⁻⁶g·s⁻¹·cm⁻¹·hPa⁻¹,垂直速度单位:Pa·s⁻¹)

弱。随着台风中心西移,10 日 02:00 左右,低层至 400 hPa 逐渐转为南风,景德镇进入台风西南象限中,水汽输送也同时迅速增大,从 1000 hPa 至 650 hPa 出现深厚的水汽辐合区,最强中心集中在 900 hPa 附近,比湿 18 g·kg^{-1} 等值线也上升至 950 hPa 高度以上,景德镇上空出现明显上拱的湿舌。从垂直速度上看,02:00 上升运动也明显加强,中心最大上升速度达 -3.5 Pa·s^{-1}。突然发展起来的旺盛水汽辐合与垂直运动使得降水强度猛增,造成景德镇出现了强降水的集中时段。

7.4 垂直螺旋度

垂直螺旋度是表征旋转上升的物理量,通常对暴雨的强度、落区有很好的指示意义。10 日 02:00,景德镇上空出现正垂直螺旋度中心(图 9),中心极值达 390×10^{-6}Pa·s^{-2},出现在 800 hPa 附近,从 900 hPa 一直沿升至 400 hPa,且集中在 28°～30°N 狭小范围内,表明其旋转、上升运动十分深厚,与此时地面雨强分布一致。与 2011 年 6 月 14—15 日景德镇市大暴雨过程相比,"6·15"大暴雨过程垂直螺旋度最大值仅在 100×10^{-6}Pa·s^{-2} 左右,而此次台风特大暴雨过程垂直螺旋度接近其 4 倍。

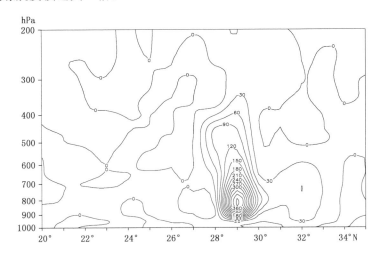

图 9　10 日 02 时垂直螺旋度沿 117°E 垂直剖面图(单位:10^{-6}Pa·s^{-2})

8　结论与讨论

本文分析了"8·10"台风特大暴雨过程,主要结论如下:

(1)造成此次特大暴雨的主要原因有:台风环流的影响;台风移动路径前部大陆高压的阻挡作用;副热带高压与大陆高压的挤压作用;地面与底层冷空气的侵入、超低空急流的形成与作用;迎风坡地形的阻挡等。

(2)不稳定指数与不稳定能量的增强,为降水强度的加大提供了热力与能量条件,而低空垂直风切变的加大,也为降水增强提供了动力条件。

(3)过程中,持续强盛的暖平流加上涡度平流随高度明显增加导致上升运动的增强,而由于台风影响过程中,水汽条件充沛,持续、强盛的上升运动,必然导致降水强度的加强。

(4)10 日 02:00 湿度、水汽输送、垂直速度的突然增强,旺盛的水汽辐合与垂直运动使得降水强度猛增,造成景德镇出现了强降水的集中时段。而垂直螺旋度在景德镇上空出现正垂直螺旋度中心,中心极值远比 2011 年 6 月 14—15 日大暴雨过程大得多,说明此次台风特大暴雨过程的动力作用很强,是产生强降水的主要原因之一。

此次特大暴雨过程,强度大、范围集中,最强降水集中在景德镇市区附近,有明显中尺度暴雨特征,而本文主要从大尺度水汽、动力、抬升、垂直运动、持续时间等条件进行分析,限于篇幅没有对卫星云图、雷达回波、中尺度加密站的特点进行分析,这些将另著文详述。另外,本文提到了冷空气的侵入、地形对台风暴雨的影响,仅是一个定性的概念,什么强度的冷空气、在什么地方侵入能在台风暴雨过程中对景德镇产生影响仍是未知的,而基本上每年都会有台风过程影响景德镇市,但景德镇市的台风暴雨 3～5 a 才会出现一场,地形在台风影响过程中,在什么情况下会出现明显的增幅效应,增幅具体是多少,也是比较模糊的,这些都需要认真总结或更多的业务实践来证明。

参考文献

[1] 程正泉,陈联寿,徐祥德,等.近十年中国台风暴雨研究进展.气象,2005,**31**(12):3-9.

[2] 许爱华,陈涛,朱光宇,等."泰利"台风低压大暴雨过程分析和数值模拟试验.气象减灾与研究,2006,**29**(2):25-31.

[3] 毛连海,黄昌兴,周国良.影响江西台风特点和成因分析.水文,2011,**31**(2):89-92.

[4] 毛连海,尹洁,金米娜.台风"碧利斯"特点及动力成因分析.气象减灾与研究,2006,**29**(3):47-52.

[5] 张建海,于忠凯,何勇.两个路径相似台风暴雨过程的模拟分析.热带气象学报,2010,**26**(4):392-400.

[6] 黄克慧.台风云娜后部强降水分析.气象,2006,**32**(2):98-103.

[7] 何立富,梁生俊,毛卫星,等.0513 号台风泰利异常强暴雨过程的综合分析.气象,2006,**32**(4):84-90.

[8] 刘汉华,唐伟民,赵利刚.2008 年"凤凰"台风暴雨的水汽和螺旋度分析.气象科学,2010,**30**(3):344-350.

[9] 盛永,陈艳秋,廖国进,等.0509 号台风暴雨过程分析与暴雨灾害评估.气象与环境学报,2006,**22**(6):29-33.

[10] 张学敏.台风暴雨落区和暴雨强度的定性分析.气象,1981,**55**(9):310-317.

[11] 王炳泉.一种台风暴雨的落区预报方法.气象,1985,**51**(7):18-19.

[12] 胡坚.华东地区台风暴雨的诊断研究.大气科学,1991,**15**(3):111-117.

地形对台风"海葵"暴雨增幅影响的研究

朱红芳　　王东勇　　娄珊珊　　邱学兴

(安徽省气象台,合肥 230031)

摘　要

利用 NCEP 再分析资料作为初始场,使用 WRF V3.4 模式就安徽省地形(大别山区和皖南山区)对台风"海葵"(1211)降水增幅的影响做了敏感性试验,结合安徽省高密度降水观测资料对模式模拟结果进行了对比分析。结果表明,WRF 模式对本次台风降水过程有较好的模拟能力。大别山区和皖南山区的地形对"海葵"的移动路径、强度以及降水分布、降水强度均有不同程度的影响:台风路径随着地形的增高差别越来越明显,即发散度明显增大;台风强度的演变与地形高度密切相关,即地形越高,台风减弱越快;安徽地形对"海葵"降水强度及分布产生了影响,不同的地形高度下其降水分布差异较大,且暴雨中心强度与地形高度有较好的相关性,地形对暴雨的增幅作用十分明显。

关键词:地形　台风暴雨　WRF 模式　降水增幅

0　引言

热带气旋是影响中国的主要灾害性天气系统之一,其引发的暴雨每年都给国民经济和人民生命财产造成严重损失。安徽省虽位于华东内陆,但热带气旋对安徽省仍多直接或间接的影响,7503 号热带气旋在河南引发了"75•8"特大暴雨之后,在安徽也带来了罕见特大暴雨。此外,2004 年"云娜",2005 年的"海棠"、"麦莎"、"泰利"、"卡努"等均对安徽造成了严重的危害,因此热带气旋对安徽的影响也是不容忽视的。

大量研究表明,登陆热带气旋引发的强降水不仅与热带气旋本身的强度、尺度、结构等有关,还与下垫面特性、环境场的多尺度系统相互作用有关[1-3],董美莹[4]等从行星尺度环流背景、天气尺度系统和中尺度系统的多尺度相互作用以及下垫面条件的影响等 5 个方面对登陆热带气旋引发暴雨突然增幅和特大暴雨进行了研究。近年来,针对地形对台风降水的增幅作用,国内外气象专家作了大量的研究[5-7],如张建海等[8]研究了浙江地形对台风"Khanun"的影响,得出浙江地形对暴雨的增幅作用十分显著,但对其移动路径没有显著影响。黄奕武等[9]用变分法合成的高分辨率降水资料和地形资料,结合日本再分析资料,分析了 0716 号台风罗莎登陆期间地形对降水的影响,结果表明,沿海地形对降水的影响较大,强降水区主要分布在沿海山体的迎风坡上。马玉芬等[10]通过一组地形敏感性试验对台风"桑美"进行数值模拟,发现台风登陆过程中地形抬升作用对台风降雨量有显著的增幅作用,台风中心位势涡度、气流垂直上升速度、水平水汽通量散度明显增大。但上述研究多针对福建、浙江的沿海地形或台湾岛

资助项目:2010 年度公益性行业(气象)科研专项(GYHY201006004)、2013 年中国气象局预报员专项项目(CMAY-BY2013−029)资助

屿等近海台风暴雨个例,而对于深入内陆台风低压造成的强降水增幅与地形之间的关系研究不多,为此本文采用数值模拟试验方法,对 1211 号"海葵"台风低压进入安徽境内后,就我省地形(大别山区和皖南山区)对强降水增幅的影响做了敏感性试验,以期进一步揭示出这次台风低压异常强暴雨过程的成因。

1 海葵简介

2012 年第 11 号热带风暴"海葵"于 8 月 3 日 08:00 在日本冲绳县东偏南方约 1360 km 的西北太平洋洋面上生成,6 日 17:00 在东海东南部海面加强为台风,7 日 14:00 加强为强台风。"海葵"8 日 03:20 在浙江省象山县鹤浦镇沿海登陆,登陆时中心附近最大风力有 14 级(42 m·s⁻¹),中心最低气压为 965 hPa;16:00 减弱为强热带风暴,20:00 进入安徽省宁国境内,21:00 减弱为热带风暴。此后强度继续减弱,沿我省宁国、泾县、青阳、池州一线缓慢移动,9 日 11:00 后原地回旋少动,12:00 减弱为热带低压,23:00 在池州贵池区停止编报(图略)。

"海葵"自 7 日中午起,至 11 日夜里给安徽省带来了严重的风雨影响。从 7 日 14:00—11 日 20:00 累计雨量分布来看(图 1),强降雨位于我省淮河以南,大别山区和皖南山区的部分地区超过 250 mm,其中超过 600 mm 的观测站点均位于黄山和九华山上(黄山玉屏楼 762 mm、黄山北海 741.4 mm、黄山大峡谷 738.3 mm、九华山凤凰松 654.9 mm、黄山温泉 640.6 mm 和九华山吊兰桥 606.2 mm)。另外全省大部分地区出现 6 级以上阵风,沿淮淮河以南有 255 个乡镇出现 7 级以上阵风,最大黄山光明顶 35.5 m·s⁻¹(12 级)。

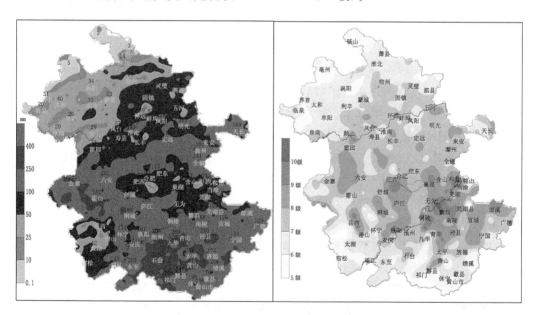

图 1 8 月 7 日 14:00—11 日 20:00 累计雨量和极大风力

"海葵"影响安徽期间,风雨最显著的时段出现在 8—9 日:8 日 08:00—9 日 08:00 强降雨位于安徽省沿江江南地区,皖南山区出现大暴雨;9 日 08:00—10 日 08:00 强降雨位于安徽省江淮之间和沿江西部,大别山区出现大暴雨(图略)。因此文中针对此强降雨时段进行数值模拟。

2 试验方案设计

本文使用了安徽省气象台业务运行的 WRF V3.4 模式,以 NCEP 再分析资料作为初始场和边界条件,2012 年 8 月 8 日 08:00 为初始时刻,整个模式积分时间为 48 h,积分步长为 150 s,侧边界为 6 h 变边界。模式方案使用 3 层嵌套,3 层格点数分别为 129×129、193×193、289×289,水平分辨率为 27 km、9 km、3 km,垂直层数为 28 层,模式顶为 50 hPa,各区域的参数化方案见表 1。

表 1 模式方案设计

	水平格距/km	物理参数化方案	积云参数化方案
网格 1	27	kessler scheme	Kain—Fritsch scheme
网格 2	9	kessler scheme	Kain—Fritsch scheme
网格 3	3	Eta	无

为分析大别山区和皖南山区的地形高度对热带气旋降水增幅的影响,文中设计了控制试验和 3 个敏感性试验,具体方案如下:

(1)控制试验(control):各敏感性试验的对比基础;

(2)敏感性试验 1(test1):无地形,将大别山区和皖南山区的地形高度设为 0;

(3)敏感性试验 2(test2):地形减半,即将上述山区的地形降低至实际高度的 50%;

(4)敏感性试验 3(test3):地形增加 1.5 倍,即将地形升高至实际高度的 150%。

3 试验结果的对比分析

3.1 地形对台风路径的影响

采用海平面气压(SLP)分析法,即从模拟结果中找出海平面气压最小值来确定台风低压中心位置,同时结合地面 10 m 风场得出 4 种方案的台风模拟路径。图 2 为国家气象中心定位的"海葵"实况路径和 4 个台风模拟路径。由图可见,控制试验模拟结果与实况客观定位的路径对比来看,两者总体上比较接近,移动方向都为西北方向,说明对"海葵"路径的模拟是基本成功的,控制试验结果可以作为与敏感性试验对比的基础。但实况与模拟之间仍存在误差:(1)由于所用初始场和实况存在一定差异,导致初始时刻模式中的台风位置就较实况偏北;(2)控制试验中模拟台风的移速与实况存在差异。

对控制试验与敏感性试验的结果进行分析,由图 2 可知受地形影响,4 条模拟路径均出现一些偏差,模拟路径有时较实况偏南,有时又偏北。在进入我省前,这种偏差没有一致性,但在进入我省皖南山区后,除控制试验模拟的路径与实况误差较小外,敏感性试验的模拟路径明显偏北,与实况偏差较大,尤其是在继续西行时,3 种敏感性试验的模拟路径随着地形的增高,其与实况的偏差越大,表明我省的地形对"海葵"移动路径有影响。为进一步了解 4 种方案模拟的台风路径之间的差异,计算了各预报路径每 3 h 的距离误差 ΔR,以分析地形对各个方案路径预报的影响,其中 $\Delta R = 6371 \times \arccos\{\sin\varphi_F \sin\varphi_R + \cos\varphi_F \cos\varphi_R \cos(\lambda_F - \lambda_R)\}$,式中 φ_F, λ_F 为预报纬度和经度(弧度),φ_R, λ_R 为中央气象台最佳定位纬度和经度(弧度),结果见图 3。

由图 3 可见,在"海葵"8 日 20:00 由浙江进入我省宁国境内前,因无明显的地形影响,控

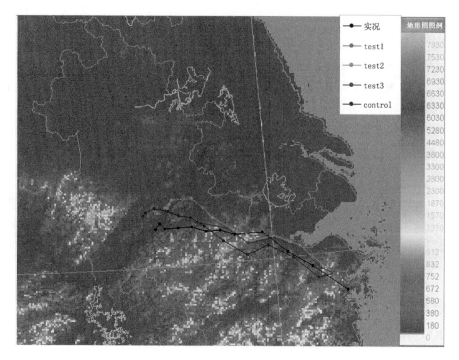

图 2　"海葵"8 日 08:00—9 日 20:00 路径图

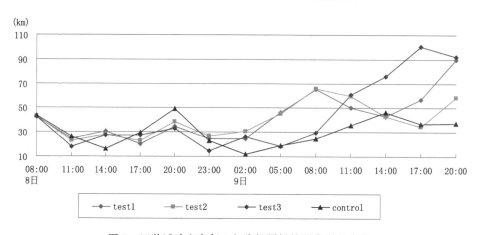

图 3　四种试验方案每 3 h 路径预报的距离误差变化

制试验与敏感性试验模拟的台风路径与实况误差较小,均在 50 km 以内,且差别也较小。进入我省后"海葵"继续西北行,4 种方案的距离误差其差别明显增大,皖南山区的地形影响逐渐显现;尤其在 9 日 11:00 后"海葵"向偏西方向移动,逐渐接近大别山区,差别越来越明显,总体上是地形高度越高,其距离误差就越大。

4.2　地形对台风强度的影响

图 4 为 4 种试验模拟的每 3 h 台风中心气压与实况的台风中心气压演变情况。自 8 日 08:00 起实况台风强度表现为登陆明显减弱—持续缓慢减弱的变化特征。从四种模拟结果看,模拟的台风中心气压在登陆后均持续缓慢减弱,总体变化趋势与实况一致。进一步对比图 4 中各试验间的台风强度可见,在其他条件完全相同仅地形不同的情况下台风强度变化存在

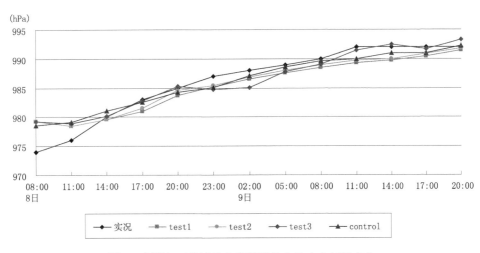

图 4   实况与四种试验方案模拟的台风中心气压变化

如下特点:(1)在响应时间上,8 日 20:00 以前由控制试验与各地形敏感性试验模拟得到的台风强度差别很小,这与前面分析的模拟前期台风路径差别小的结论相一致,8 日 20 时以后随着台风不断向安徽省皖南山区移近,地形对台风强度影响开始显现。(2)在响应强度上,8 日 20:00 后台风强度的演变与地形高度密切相关,地形越高,台风减弱越快,地形越低,台风减弱越慢,试验表明陆地磨擦效应是台风登陆后逐渐减弱的一个重要因子。

4.3   地形对降水的影响

很多研究表明暴雨与地形有密切关系[11-12],同样地形在台风降水过程中也有很重要的影响。图 5 为安徽省高密度自动站 2012 年 8 月 8 日 08:00—10 日 08:00 48 h 各站累计雨量及

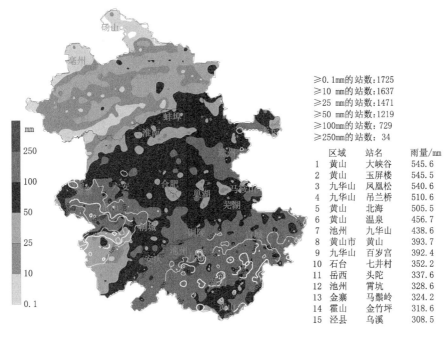

≥0.1mm的站数:1725
≥10 mm的站数:1637
≥25 mm的站数:1471
≥50 mm的站数:1219
≥100mm的站数:729
≥250mm的站数: 34

	区域	站名	雨量/mm
1	黄山	大峡谷	545.6
2	黄山	玉屏楼	545.5
3	九华山	凤凰松	540.6
4	九华山	吊兰桥	510.6
5	黄山	北海	505.5
6	黄山	温泉	456.7
7	池州	九华山	438.6
8	黄山市	黄山	393.7
9	九华山	百岁宫	392.4
10	石台	七井村	352.2
11	岳西	头陀	337.6
12	池州	霄坑	328.6
13	金寨	马鬃岭	324.2
14	霍山	金竹坪	318.6
15	泾县	乌溪	308.5

图 5   安徽省高密度自动站 2012 年 8 月 8 日 08:00—10 日 08:00 48 h
各站累计雨量及其海拔高度(白色等值线)

其海拔高度等值线图,由图可见安徽省大别山区和皖南山区海拔均在 100 m 以上,其对应的累计雨量大多超过 100 mm;而累计雨量超过 300 mm 的,其海拔高度均在 300 m 以上;两个海拔高度大值区黄山(海拔 1200 m 以上)和九华山(海拔 600 m 以上)分别对应着雨量大值区(累计超过 350 mm)。同时还计算了各站累计雨量与其对应海拔高度的相关系数 R＝0.48,相关系数置信水平大于 95%。以上分析表明我省山区地形与降水是密切正相关的,地形对降水的增幅作用明显,即地形高度越高,降水量越大。

对安徽地形与降水实况之间的关系进行分析后,再对 4 种试验方案的降水场预报进行比较。图 6 为 8,9 日的 24 h 实况降水量与控制试验降水预报对比图,由图可见 0~24 h 控制试验模拟的暴雨落区与实况基本吻合,均呈东西走向,降水强度和实况十分接近,位于安徽江南中部和江苏南部的暴雨中心也被模拟了出来。24~48 h,实况强降雨带转为东北—西南走向,强降水中心集中在安徽的大别山区和江南东部、江西北部以及安徽江淮东部到江苏中东部;相应的,控制试验模拟的强降雨带走向也呈东北—西南向,强降雨中心位置基本一致,但位于安徽江淮东部到江苏中东部的暴雨中心比实况明显偏强,江西北部的暴雨中心较实况弱。综上

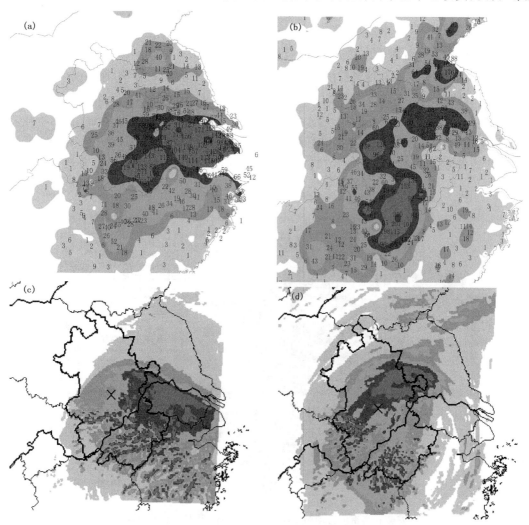

图 6 7 日 20:00—9 日 20:00 台风实况降水(a,b)与控制试验模拟降水预报(c,d)对比

所述:虽然模拟的暴雨区范围、强降雨中心与实况相比有一些误差,但总体来看控制试验对降水的模拟结果是较成功的,WRF 模式对本次过程有较好的模拟能力。

对比图 7,8 中控制试验与 3 个敏感性试验方案的暴雨模拟结果发现,0～24 h 随着地形高度的改变,强降水区的位置基本一致,暴雨中心都位于我省江南中南部、浙江北部和江苏南部;但在暴雨强度上 4 种试验中我省皖南山区差别较大,且随着地形的升高,降水分布变得不均匀。无地形试验中安徽省大别山区和皖南山区的强降水区基本未有反映;地形减半时,皖南山区的暴雨区仍较真实地形偏小,且降雨中心值约为 170 mm,比真实地形条件下减少 60 mm;相反当地形加倍时,大别山区和皖南山区的大暴雨区范围比真实地形有显著增大,出现了290 mm 的中心值。这说明"海葵"中心进入安徽省境内后,我省地形已对海葵降水强度及分布产生了影响。不同的地形高度下其降水分布差异较大,地形效应明显。

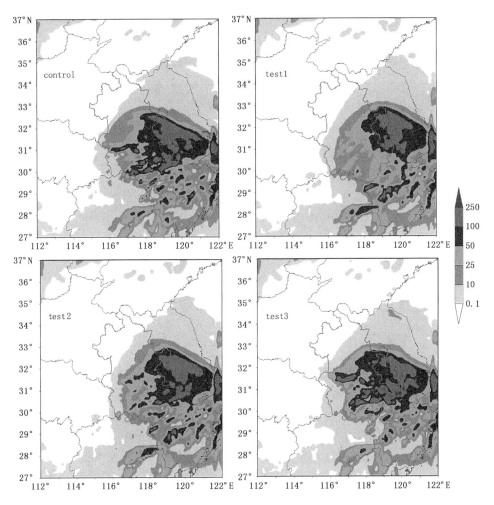

图 7　8 日 08:00—9 日 08:00 控制试验与敏感性试验 24 h 降水预报对比(单位:mm)

24～48 h 主要降雨区北移至安徽省江淮之间,无地形时,大别山区降水偏弱,未预报出100 mm 以上的降水;地形减半时,大别山区 100 mm 以上的强降水范围偏小且位置偏东;当地形加倍后,安徽省江淮东部的大暴雨区范围比控制试验有显著增大,大别山区普遍超过

100 mm。从降水强度看,无地形、地形减半、控制试验和地形加倍的 4 种方案中,大别山区的强降雨中心值分别为 60,160,210 和 320 mm;且敏感性试验均未模拟出江西北部的强降水区。

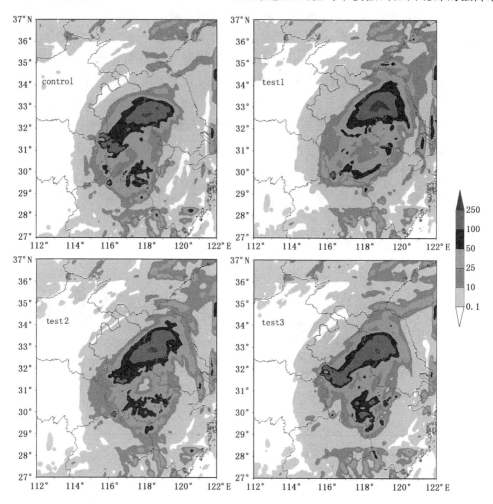

图 8   9 日 08:00—10 日 08:00 控制试验与各敏感性试验 24 h 降水预报对比(单位:mm)

因此对比试验表明暴雨中心强度与地形高度有较好的相关性,地形增高,降水增大;地形降低,降水减弱,地形对暴雨的增幅作用十分明显。其次,地形增高后产生了更多的范围很小的降水中心,使台风降水分布更加不均匀,当无地形影响时,雨量等值线呈由暴雨中心向四周递减分布,降雨分布较均匀;而当有地形影响时,雨区中夹杂着许多中尺度雨团,且这种雨团的数量随地形的增高而有所增多。

5   结论

本文以 NCEP 再分析资料为初始场,利用 WRF 模式就安徽省地形(大别山区和皖南山区)对台风"海葵"(1211)降水增幅的影响做了敏感性试验,从台风路径、强度和降水分布等方面对模拟结果进行了对比分析,初步探讨了在"海葵"降水增幅过程中的地形作用。结果表明:

(1)控制试验对台风路径、强度及降水的模拟结果是较成功的,WRF 模式对本次过程有较好的模拟能力。

（2）大别山区和皖南山区的地形对"海葵"的移动路径有一定影响。在台风中心进入安徽省前，4种试验方案所模拟的台风路径差别不大。但在进入安徽省皖南山区后，地形作用开始显现，敏感性试验的模拟路径明显偏北，与实况偏差较大；尤其是在继续西行向大别山区移动时，3种敏感性试验的模拟路径随着地形的增高，差别越来越明显，且地形高度越高，其与实况的距离误差越大。

（3）安徽地形对"海葵"强度的影响要弱于其对路径、降水分布的影响，但台风强度的演变仍与地形高度密切相关，即地形越高，台风减弱越快。

（4）此次台风降水过程中，安徽省山区地形与实况累计降水量是密切正相关的，地形对降水的增幅作用明显。同时敏感性试验的降水模拟结果表明，安徽省地形对"海葵"降水强度及分布产生了影响，不同的地形高度下其降水分布差异较大；且暴雨中心强度与地形高度有较好的相关性，地形增高，降水增大，地形对暴雨的增幅作用十分明显。

参考文献

［1］ 陈联寿，罗哲贤，李英.登陆热带气旋研究的进展.气象学报，2004，**62**(5)：541-548.

［2］ 钮学新，杜惠良，滕代高，等.影响登陆台风降水量的主要因素分析.暴雨灾害，2010，**29**(1)：76-80.

［3］ Yu Zhenshou, Gao Shouting, Ren Hongxiang, *et al*. A Numerical Study of the Severe Heavy Rainfall Associated with Typhoon Haitang (2005). *Acta Meteorologica Sinica*，2008，**22**(2)，224-237.

［4］ 董美莹，陈联寿，郑沛群，等.登陆热带气旋暴雨突然增幅和特大暴雨之研究进展.热带气象学报，2009，**25**(4)，495-502.

［5］ 王鹏云.台湾岛地形对台风暴雨影响的数值研究.气候与环境研究，1998，**3**(3)：235-246.

［6］ 罗哲贤，陈联寿.台湾岛地形对台风移动路径的作用.大气科学，1995，**19**(6)：701-706.

［7］ 钮学新，杜惠良，刘建勇.0216号台风降水及其影响降水机制的数值模拟试验.气象学报，2005，**63**-(1)：57-68.

［8］ 张建海，于忠凯，庞盛荣.浙江地形对台风Khanun影响的数值试验和机理分析.科技导报，2008，**26**(21)：66-72.

［9］ 黄奕武，端义宏，余晖.地形对超强台风罗莎降水影响的初步分析.气象，2009，**35**(9)：3-10.

［10］ 马玉芬，沈桐立，丁治英，等.台风"桑美"的数值模拟和地形敏感性试验.南京气象学院学报，2009，**32**(2)：277-286.

［11］ 陶诗言.中国之暴雨.北京：科学出版社，1980.

［12］ 廖菲，洪延超，郑国光.地形对降水的影响研究概述.气象科技，2007，**35**(3)，309-316.

台风"布拉万"与"梅花"对长春市降水影响分析

马梁臣[1]　刘海峰[1]　王 宁[2]

(1.长春市气象局,长春 130051;2.吉林省公共气象服务中心,长春 130051)

摘 要

本文利用 NCEP 再分析资料、常规观测资料、中国 FY-2 卫星 TBB 资料,对 2011 年"梅花"和 2012 年"布拉万"台风影响下长春地区出现两次强度差异显著地降水过程进行对比分析,并利用 HYSPLIT 方法研究大暴雨台风"布拉万"的水汽来源和三维结构。结果表明:两次台风是东海北上路径,两次台风高空形势场的异同主要是副高的强度与位置、高空槽携带冷空气的强度及入侵时间以及台风自身的性质如中心最低气压、自旋风速等,具有明显的非对称结构,东南风低空急流和风速的强辐合切变,暖湿气流与弱的冷空气汇合,有利于中尺度暴雨系统的发生发展,大气层结对流不稳定性和风垂直切变加强,为暴雨发生提供了有利条件。高层辐散,低层辐合,有利于对流发展,辐合辐散中心高低层对应时与大暴雨落区对应,暴雨落区与水汽通量散度辐合区大值中心也有对应关系。

关键词:台风 长春地区 气候特征 暴雨

0 引 言

台风是中国主要灾害天气系统之一,平均每年登陆中国的台风约有 7~8 个[1],每年都造成巨大的经济损失和人员伤亡,东南沿海地区尤为严重。然而,每年生成的热带气旋中,半数以上(56%)能北上到中纬度地区[2],成为中国北方主要造雨系统,能北上到中高纬度影响到吉林和黑龙江的台风历史上并不多,近些年来有增加的趋势,并且台风灾害比较严重,一般包括大风、暴雨以及沿海地区的风暴潮,东北地区防御台风的能力远不如东南沿海,一旦台风北上到东北,容易造成严重灾害。

台风对中国北方降水的影响机理已有不少研究成果。研究[1,3-5]表明:北方台风暴雨出现在台风与中纬度系统(如西太平洋副热带高压(副高)、高空冷涡以及西风槽等)的相互作用过程中。一方面,台风东北部与副高之间的东南气流可将低纬度海洋暖湿空气输送到中纬度槽前,为槽前暴雨提供水汽和能量。另一方面,北上台风在与斜压系统相互作用过程中可获得斜压能量而变性发展或再度加强,在中高纬度地区引发强降水[6-7]。另外,热带气旋还可通过扰动波传播对中纬度环流系统及其降水产生影响。徐祥德等[8]研究指出,台风作为一个强扰动源,可通过扰动波传播和能量频散对中纬度环流系统产生影响。台风远距离暴雨与台风中尺度重力惯性波的发展和传播有密切联系[9]。总之,台风对北方降水的影响涉及台风与中纬度系统相互作用、波动传播以及地形影响等物理过程,成因机制比较复杂,目前尚存在许多需要深入研究的问题。

长春位于 42°N,125°E 附近,台风降水远不如东南沿海严重,但中国近海一旦出现北上台风,其是否影响长春以及影响程度如何就成为预报服务中必须考虑的首要问题。而中国近海台风或登陆西行深入内陆,或继续北上,或转向东北,不同路径对长春产生的影响不同,同时路径相似的台风也可能造成不同强度的降水,这就增加了预报难度。例如2011年台风"梅花"和2012年台风"布拉万",两次台风路径相似,但是产生的降水和大风等影响都有很大不同。历史上台风对长春影响概率多大?气候特征如何?台风影响下长春产生暴雨的天气形势、成因机制如何都是预报员关心的,也是做好台风预报及其灾害防御需要认识的问题。

本文利用NCEP再分析资料、常规观测资料、中国FY-2卫星TBB资料,对2011年"梅花"和2012年"布拉万"台风影响下长春地区出现两次强度差异显著的降水过程进行对比分析,并利用HYSPLIT方法研究大暴雨台风"布拉万"的水汽来源和三维结构。试图寻找长春地区台风降水的特征及其发生机理,为此类天气的预报和服务提供参考。

1 两次台风降水过程对比分析

长春地区受台风影响概率并不大,但是一旦出现台风北上影响长春,也容易产生强降水、大风等灾害,尤其对长春地区农业和城区交通等影响十分严重。2012年"布拉万"台风,降水持续时间在18 h左右,但强度较大,长春站最大雨强1 h 22.8 mm,并出现了大风天气,长春站过程雨量121.3 mm,最大降水出现在榆树为163.3 mm。但是有些台风对长春影响不大,预报上一点失误容易造成防御过度,如2011年"梅花"台风,路径和"布拉万"较为相似,而且路径更接近长春地区,影响持续2 d,但由于其移动速度较快,强度本身较弱,北上减弱迅速,长春站只出现了22 mm的降水,两站出现大雨量级降水。下面利用NCEP的1°×1°再分析资料对两次过程进行对比分析。

1.1 两次台风路径、强度对比分析

由图1两次台风路径对比可以看出,两次台风都是东海北上路径,"布拉万"东转分量稍大,"梅花"最后减弱停止编号,两次台风路径都有西折现象,"布拉万"在朝鲜半岛西折一次,"梅花"在辽宁吉林中部边界西折。两次台风生成源地都在(5°~20°N,130°~155°E)区域内。但由台风的维持时间、强度和中心风速(图2)可以看出,差别较大,"布拉万"台风从生成到消亡维持9 d左右,在8月24-27日加强明显,中心最低气压达935 hPa,中心最大风速52 m·s^{-1},北上有所减弱,但在28日21:00前后有一次加强,在29日凌晨左右进入吉林省中心最低气压在980 hPa左右,登陆后台风没有迅速减弱,到黑龙江省才逐渐减弱停止编号;"梅花"台风从生成到消亡维持11 d左右,在生成初期加强明显,中期就开始减弱,北上过程没有加强过程,在9日00:00迅速减弱,影响长春地区时中心气压在995 hPa左右,然后停止编号。

1.2 两次台风降水实况

图3给出了两次台风的降水实况,受15号台风"布拉万"影响,从2012年8月28日夜间至29日20:00出现区域暴雨、局部大暴雨天气。28日20:00-29日20:00全市平均降雨量81.7 mm,152个自动气象站中共123站出现暴雨,17站出现大雨。最大降水量出现在九台上河湾镇145 mm,市区西安桥131.1 mm,29日01:00到29日08:00,长春市大部出现了5~6级偏北或西北风,瞬时7~8级以上,从逐小时降水量看出,有连续6 h降水量超过10 mm,降水强度非常大,最大出现在29日02:00 22.8 mm·h^{-1}。受"梅花"影响长春地区平均降水量24.3 mm,全市146个加密站,2站暴雨,60站大雨,79站中雨,雨势平缓,分布相对均匀,大部分地方风力3级左右,小时降水量没有超过10 mm,最大是8.1 mm·h^{-1}。

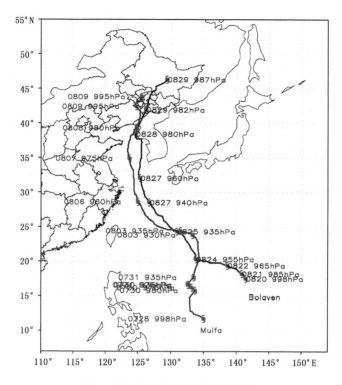

图4 "梅花"和"布拉万"路径对比

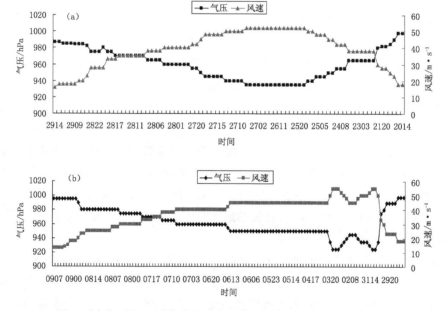

图2 "布拉万"(a)和"梅花"(b)中心气压和中心最大风速时间变化

1.3 环流形势

较大范围的暴雨过程,一般与一定的有利大尺度环流形势相联系。图4给出了"布拉万"和"梅花"影响长春期间的环流形势和风矢量场。从2012年8月28日20:00 500 hPa高度场和风场(图4a)看,台风"布拉万"位于副高西北侧,在华北地区有一弱的高空槽存在,为台风提

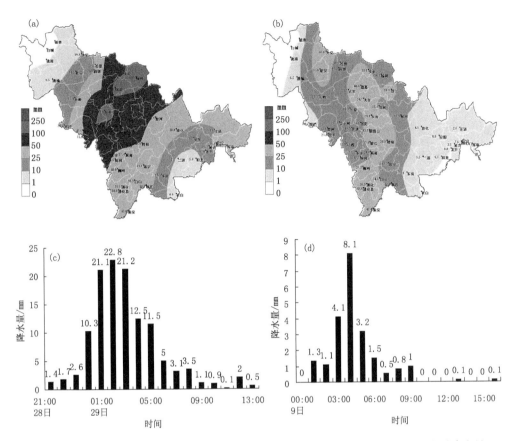

图 3 "布拉万"(a)和"梅花"(b)降水实况和"布拉万"(c)和"梅花"(d)长春站逐小时降水量

供了弱冷空气,吉林省位于台风头部的东南气流控制,副高的势力范围较大,中心最大气压达5920 gpm 或以上,5840 gpm 线在 35°～45°N 范围基本成南北走向,由于副高的阻塞作用导致台风继续北上,台风自身强度较强,风速较大,自旋较强;从图 4b 2011 年 8 月 9 日 02:00 500 hPa 高度场和风场看,台风"梅花"也位于副高西北侧,在华北地区有一明显的高空槽存在,为台风提供了较强冷空气,吉林省位于台风头部,副高的势力范围较小,强度较 8 月 28 日 20:00 弱,5840 gpm 线在 35°～45°N 范围径向分量较大,但副高的阻塞作用对台风北上作用仍然较大,台风登陆后减弱明显。综上两次台风高空形势场的异同主要是副高的强度与位置、高空槽携带冷空气的强度以及台风自身的性质如中心最低气压、自旋风速等。

1.4 云图特征

从卫星观测的黑体亮度温度(TBB)分布可看出变性台风云系发展的非对称特征(图 5),2012 年 8 月 28 日 20:00(图 5a),"布拉万"台风云系位于中国东北地区,TBB 负值中心位于台风中心的东北侧,长春地区云顶亮温最低在 −40℃ 到 −50℃ 左右,12 h 后台风云系逆时针旋转,云系范围北抬,形成一条西南—东北向的强对流云带在吉林省中部穿过。云带的边界变得比较光滑和清晰,台风西侧弱冷空气的卷入和在台风中心的北侧东南暖湿气流的输送,导致在吉林省中西部出现强的对流云团,位于台风中心的西侧(图 5b)。随着台风北上,这一混合云带减弱北上,具有低于 −40℃ 的强对流中心,但在长春地区尤其是北部强的对流云团仍造成了较大的降水(图 5c)。长春受此强对流云带的影响,发生了短历时强降水和大暴雨过程。台风

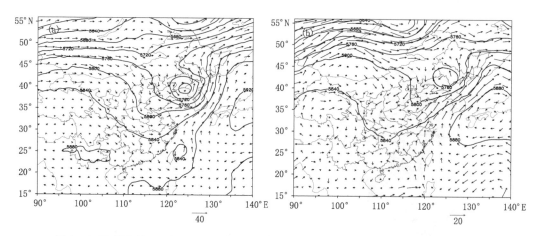

图 4　2012 年 8 月 28 日 20:00(a)和 2011 年 8 月 9 日 02:00(b)500 hPa 高度场和风场

"梅花"的情况有所不同,2011 年 8 月 8 日 20:00(图 5d),台风中心移到朝鲜半岛附近,其外围云系已开始影响长春,在台风中心的西北侧有 3 条带状对流云团,云顶亮温最低在-40℃左右,在长春地区的东北侧的对流云团是出现大雨降水的主要原因。8 月 9 日 03:00(图 5e),此时台风西半部受冷空气影响对流运动受到抑制,台风云团迅速变性减弱,8 月 9 日 08:00 长春地区云顶亮温基本没有-10℃以下的对流云团存在,降水基本截止。由此可见,两次台风北上变性期间具有明显的非对称结构,其强对流区在台风中心西北侧发展。两次降水过程中对流运动发展区域和强度明显不同,"梅花"基本是稳定性降水,没有强对流云团,故具有不同强度的降水。

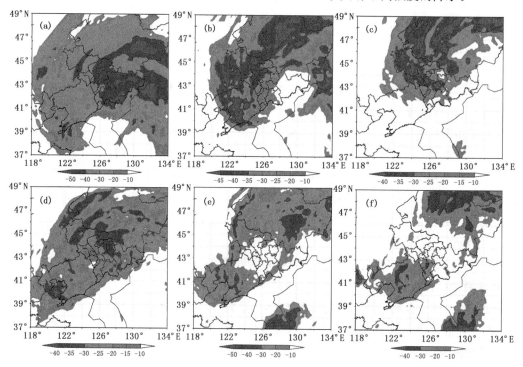

图 5　台风"布拉万"(a,b,c)和"梅花"(d,e,f)影响过程中 TBB(℃)分布
(a 为 2012 年 8 月 28 日 20:00,b 为 8 月 29 日 02:00,c 为 8 月 29 日 08:00,
d 为 2011 年 8 月 8 日 20:00,e 为 8 月 9 日 03:00,f 为 8 月 9 日 08:00)

1.5 热力条件

假相当位温能综合反映大气的温湿状况,从 2012 年 8 月 28 日 20:00 700 hPa 风场和相当位温的分布来看(图 6a),"布拉万"位于副高西北侧中国与朝鲜边界,其低压环流与副高之间存在一支暖湿的东南风低空急流。图中可见风速大于 40 m·s^{-1} 的强风速带,急流带上具有大于 345 K 相当位温的大值中心。这一东南风急流有利于将台风携带的以及沿海的水汽向吉林省输送。至吉林省中部东南风风速减小,与弱的西北气流相遇,长春地区处于风速的强辐合区,暖湿气流与弱的冷空气汇合,有利于中尺度暴雨系统的发生发展。由图还可以看出,台风的暖心结构明显,最大相当位温在 350 K 或以上,在长春地区相当位温梯度大。"梅花"台风的情况有所不同,2011 年 8 月 9 日 02:00(图 6b)台风中心位于辽宁和吉林中部交界地方,长春处于台风低压环流的东北部,有弱的西南风,但是急流主要是西南急流并且位于吉林省东南部,没有东南急流的存在,西南急流离长春地区稍远,水汽输送不明显,此时在地面高压环流前部偏北风的引导下,干冷气流已南下并入台风西北部环流,"梅花"台风已变性为半冷半暖的结构,冷空气破坏了台风的暖心结构,而长春地区处于减弱的暖心结构控制,该区域没有冷暖空气相遇,冷空气对长春地区降水作用不大。综上两个台风均受冷空气影响而发生变性。而变

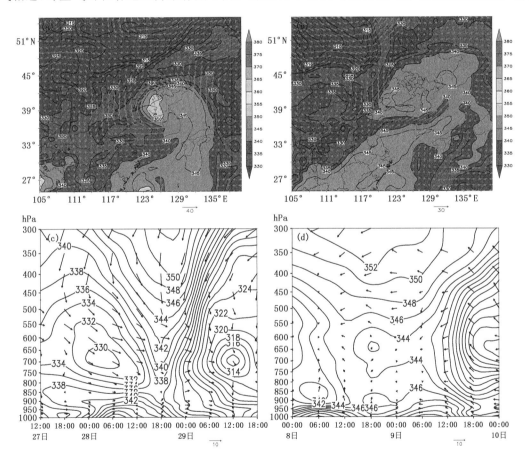

图 6 台风"布拉万"(a,2012 年 8 月 28 日 20:00)"梅花"(b,2011 年 8 月 9 日 02:00)700 hPa 假相当位温和风矢量场分布和"布拉万"(c)"梅花"(d)在长春地区(43°～45°N,124°～126°E)平均假相当位温和水平风矢量场时间演变

性台风结构具有明显的非对称分布,其强降水区主要在台风环流北部东南急流的风速辐合区,两次台风影响造成二者降水强度差异与其云系的非对称结构变化、冷空气入侵以及两次降水过程中受变性台风中不同气流的影响有关。

从假相当位温和水平风场的时间演变来看,2012 年 8 月 28 日 08:00"布拉万"影响前期(图 6c,世界时,下同),对流层中层西北气流,并有一强冷中心配合,但低层为副高西北侧的西南暖湿气流控制,28 日 20:00 受台风暖湿气流影响,空中低层假相当位温值增大,大气垂直对流不稳定度加强。29 日 02:00 低层的西南风加大,850 hPa 有一冷空气控制,而高层存在西北和偏北风,高低层水平风的垂直切变增强。上空大气层结对流不稳定性和风垂直切变加强,为暴雨发生提供了有利条件。之后风切变逐渐减弱,高低层假相当位温梯度明显减小,29 日 20:00台风继续北上长春,由于冷空气的侵入,中低层出现了强冷中心,使大气层结趋于稳定,降水量大为减少。2011 年 8 月 8 日"梅花"影响前(图 6d),长春位于台风头部受弱偏东气流影响,9 日 02:00,中高层出现冷空气中心,低层偏南气流加强,与高层的偏东气流形成垂直切变,但是风切变较弱,冷空气高度较高,低层没有假相当位温增大的现象,不利于对流暴雨的发生,冷暖空气作用较小,9 日 08:00 之后冷空气入侵低层气温下降,抑制降水发生。

1.6 动力条件

强烈的上升运动是暴雨产生的必要条件,图 7a,b 为 29 日 02:00"布拉万"台风影响长春造成降水最强的时刻 500 hPa 与 850 hPa 散度图,看出高层强烈辐散,低层强烈辐合,说明上升运动明显,有利于对流发展,产生暴雨天气过程,500 hPa 最大的辐散强度达 $6 \times 10^{-5} \mathrm{s}^{-1}$,850 hPa 最大辐合强度达 $-10 \times 10^{-5} \mathrm{s}^{-1}$,而且辐合辐散中心对应一致,并有大暴雨落区相对应。图 7c,d 为 9 日 08:00"梅花"台风影响长春的 500 hPa 与 850 hPa 散度图,看出高层存在辐散,低层存在辐合,500 hPa 最大的辐散强度达 $2 \times 10^{-5} \mathrm{s}^{-1}$,850 hPa 最大辐合强度达 $-4 \times 10^{-5} \mathrm{s}^{-1}$,辐合辐散强度较弱,上升运动存在但不明显,辐散中心对应的辐合中心向西北倾斜,不容易产生强的对流性天气。有低层的垂直速度分析两次台风的动力条件更为明显,图 7e 台风"布拉万"存在强的上升运动,最大达 $-16 \times 10^{-6} \mathrm{hPa} \cdot \mathrm{s}^{-1}$,上升运动中心位于吉林省中部,图 7f 台风"梅花"存在弱的上升运动,最大为 $-3 \times 10^{-6} \mathrm{hPa} \cdot \mathrm{s}^{-1}$,上升运动中心有两个,长春地区存在一个弱的上升运动中心。强烈的上升运动是暴雨产生的条件之一,以上分析说明"布拉万"台风存在强烈的上升运动,上升运动中心与强降水中心有对应关系,高层辐散对应低层辐合有利于维持强烈的上升运动。

1.7 水汽条件

暴雨产生的一个必要条件要有充沛的水汽供应,水汽通量散度是表征水汽辐合辐散程度的物理量,图 8a 给出了"布拉万"台风降水最为明显时刻的 850 hPa 水汽通量散度,可以看出,在吉林省中部的长春地区有明显的水汽的辐合,说明水汽输送条件好,最大值达 $-200 \times 10^{-6} \mathrm{g} \cdot \mathrm{cm}^{-2} \cdot \mathrm{hPa}^{-1} \cdot \mathrm{s}^{-1}$,暴雨落区与水汽通量散度辐合区大值中心有很好的对应关系。图 8b 为"梅花"台风 850 hPa 水汽通量散度,同样存在水汽的辐合,偏东南位置也有较好的水汽输送条件,最大值达 $-60 \times 10^{-6} \mathrm{g} \cdot \mathrm{cm}^{-2} \cdot \mathrm{hPa}^{-1} \cdot \mathrm{s}^{-1}$,大的降水落区与水汽通量散度辐合区大值中心有很好的对应关系,两者对比来看,水汽辐合强度差别较大,"布拉万"大于"梅花"3 倍左右,是造成不同强度降水的原因之一,水汽通量散度的大值中心对大的降水的落区有一定的指导意义。

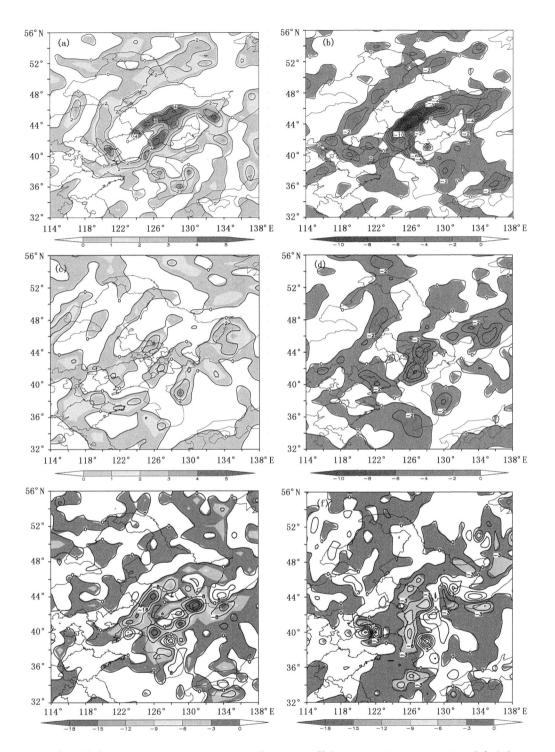

图 7　台风"布拉万"(a,b)29 日 02:00 500 hPa 与 850 hPa 散度，(e)29 日 02:00 850 hPa 垂直速度；
"梅花"(c,d)9 日 08:00 500 hPa 与 850 hPa 散度，(f)9 日 08:00 850 hPa 垂直速度

　　由于台风环流有利于暖湿气流输送，台风开始降水前到降水过程中 700 hPa 高度以下的比湿基本在 8 g·kg^{-1}以上(图 8c,d 带等值线阴影区)，说明两者降雨的水汽条件均较好，尽管

"梅花"影响下的长春低层大气中水汽含量更为充沛,但两者动力条件差异较大,冷空气作用不同,开始降水前两次台风低层都维持较高的水汽条件,说明台风为长春地区持续输送水汽,"布拉万"在 29 日 02:00 出现湿度层厚度明显加大,此时长春地区为最强降水时刻,降水最强时一般对应空气比湿的增大,之后减小明显;而"梅花"一直为维持较好的比湿条件,低层出现过 18 g·kg^{-1} 的高比湿值,比湿条件一直好于"布拉万",但是水汽不能决定降水强弱,水汽条件具备,仍需要风速或风向的辐合,促使水汽积累和抬升。

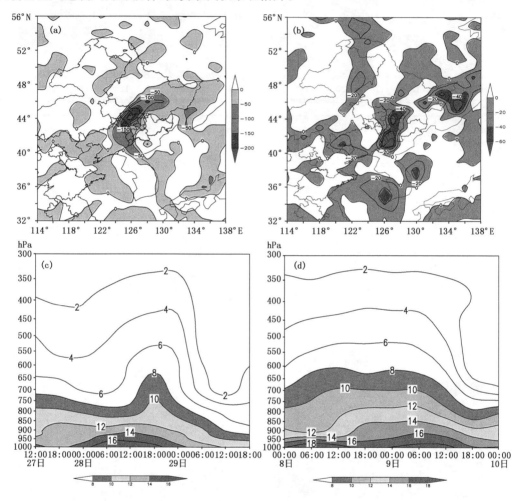

图 8 两次台风 850 hPa 水汽通量散度和长春地区平均比湿的时间演变

(a 为 2012 年 29 日 02:00 850 hPa 水汽通量散度,b 为 2011 年 9 日 08:00 850 hPa 水汽通量散度,
c,d 为 43°~45°N,124°~126°E 的区域平均比湿时间变化)

以上都是从传统的欧拉方法来研究水汽,下面从拉格朗日观点分析一下台风水汽的来源和冷暖空气的相互作用。HYSPLIT—4 模型是由美国国家海洋和大气管理局(NOAA)的空气资源实验室和澳大利亚气象局在过去 20a 间联合研发的一种用于计算和分析大气污染物输送、扩散轨迹的专业模型,目前很多学者用该模型研究水汽的输送轨迹。资料为 NCEP 的 GDAS 1°×1°数据。选取区域(42°~46°N,124°~128°E)做 1°×1°格点上的后向轨迹,后向轨迹起始时间选取长春地区降水最为明显的时刻,选取 3000 m 高度大约在 650~700 hPa 做后

向48 h轨迹。图9a为"布拉万"水汽输送后向轨迹,其中点的颜色和大小代表比湿的变化,可以看出有三股气流影响,一股是台风自身暖湿气流,水汽在东海伴随台风自身旋转之后北上输送,到长春地区比湿非常高,为 10 g·kg⁻¹ 左右;另外一股暖湿气流是自日本海在台风东南急流的作用下向长春地区输送,该股气流是主要的水汽输送通道,为台风自身补充了水汽;还有一股气流是经蒙古偏西北下的干冷空气,冷空气是由高层旋转下沉到 3000 m 高度,与另外两股暖湿空气交汇,产生强降水。图9b为"梅花"水汽输送后向轨迹,可以看出主要有一股气流是台风自身暖湿气流,水汽在东海伴随台风自身旋转之后北上输送,水汽条件比较充沛,但是冷空气没有直接影响到长春地区,主要是暖湿空气控制,所以出现的是稳定性降水,加之前分析的动力条件不足,所以出现的降水量级偏小。

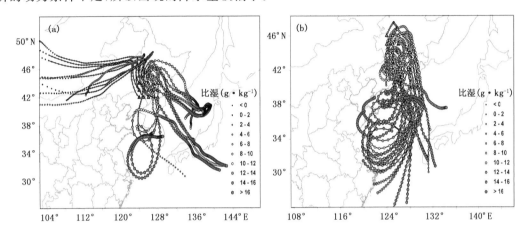

图9 台风"布拉万""梅花"降水最强时刻3000 m高度的后向48 h轨迹

本文对台风"布拉万"产生强降水的时刻(29 日 02:00、29 日 03:00)3000 m 高度上的轨迹进行后向 48 h 轨迹聚类,格点选取包括长春地区的(42°~46°N,124°~126°E)。如图10b所示,其中轨迹共分为5类,TSV 的剧烈变化为轨迹的最佳聚类类数。图10c 为聚类后轨迹的三维图,由图可以看出,低层有三股水汽通过旋转等方式向高层输送,高层冷空气下沉,冷暖交汇。图10a 可以看出各股空气的比例,台风自身水汽占 10%,日本海两条水汽占 44%,来自蒙古国地区的冷空气占 12%,另有一支内蒙古地区的主要冷空气占 34%。

2 结论

本文利用 NCEP 再分析资料和卫星 TBB 资料,对台风影响下长春降水差异明显的两次天气过程进行对比分析。结果表明:

(1)"布拉万"、"梅花"两次台风都是东海北上路径,两次台风路径都有西折现象,"布拉万"中心最低气压达 935 hPa,中心最大风力 52 m·s⁻¹,进入吉林省中心最低气压在 980 hPa 左右;"梅花"台风影响长春地区时中心气压在 995 hPa 左右。两次台风高空形势场的异同主要是副高的强度与位置、高空槽携带冷空气的强度及入侵时间以及台风自身的性质如中心最低气压、自旋风速等。两次台风北上变性期间具有明显的非对称结构,"布拉万"强对流区在台风中心西北侧发展。两次降水过程中对流运动发展区域和强度明显不同。

(2)东南风低空急流和风速的强辐合切变,暖湿气流与弱的冷空气汇合,有利于中尺度暴

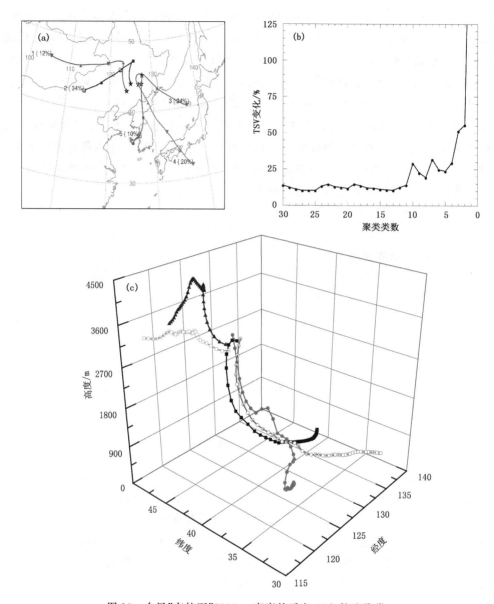

图 10 台风"布拉万"3000 m 高度的后向 48 h 轨迹聚类

雨系统的发生发展。两次台风影响造成二者降水强度差异与其云系的非对称结构变化、冷空气入侵以及两次降水过程中受变性台风中不同气流的影响有关。大气层结对流不稳定性和风垂直切变加强,为暴雨发生提供了有利条件。

(3)高层辐散,低层辐合,有利于对流发展,辐合辐散中心高低层对应时与大暴雨落区对应,位置倾斜对降水不利,"梅花"的上升运动远不及"布拉万";暴雨落区与水汽通量散度辐合区大值中心有很好的对应关系,两者降雨的水汽条件均较好,"梅花"低层大气中水汽含量更为充沛,水汽不能决定降水强弱,仍需要风速或风向的辐合抬升的动力条件。

(4)"布拉万"有三股气流影响,一股是台风自身暖湿气流,一股暖湿气流是自日本海在台风东南急流的作用下向长春地区输送,一股气流是经蒙古偏西北下的干冷空气。"梅花"主要有一股气流是台风自身暖湿气流,冷空气的加入有利于台风降水。

参考文献

[1] 陈联寿,丁一汇.西太平洋台风概论.北京:科学出版社,1979:491.

[2] 雷小途,陈联寿.西北太平洋热带气旋活动的纬度分布特征.应用气象学报,2002,**13**(2):218-227.

[3] 孟智勇,徐祥德,陈联寿.9406 号台风与中纬度系统相互作用的中尺度特征.气象学报,2002,**60**-(1):31-38.

[4] 孙建华,张小玲,卫捷,等.20 世纪 90 年代华北大暴雨过程特征的分析研究.气候与环境研究,2005,**10**(3):492-506.

[5] 杨晓霞,陈联寿,刘诗军,等.山东省远距离热带气旋暴雨研究.气象学报,2008,**66**(2):236-250.

[6] 朱佩君,郑永光,陶祖钰.台风变性再度发展的动能收支分析.北京大学学报(自然科学版),2005,**41**(1):93-103.

[7] 李英,陈联寿,雷小途.高空槽对 9711 号台风变性加强影响的数值研究.气象学报,2006,**64**(5):552-563.

[8] 徐祥德,张胜军,陈联寿.台风涡旋螺旋波及其波列传播动力学特征:诊断分析.地球物理学报,2004,**47**(1):33-41.

[9] 丁治英,陈久康.台风中尺度重力惯性波的发展与暴雨增幅.热带气象学报,1996,**12**(4):333-340.

空军 T511 模式对 2009—2012 年热带气旋预报效果评估

张友姝　王廷芳　张秀丽　茅卫平　魏　香

(空军气象中心,北京 100843)

摘　要

本文首先从路径、强度、生成源地以及是否登陆等四个角度对 2009—2012 年间热带气旋进行分类,采用计算距离误差、距离稳定度、方向稳定度、强度预报偏差等多种检验方法,评估空军 T511 模式在热带气旋方面的预报性能。结果发现:该模式易将各类热带气旋强度预报偏弱,在移速上一般是预报偏慢的概率略多。各时效上,预报的距离误差小于距离误差阈值的概率一般超过 50%,但在移动方向的预报上不够理想。

关键词: 热带气旋　分类　误差　距离稳定度　方向稳定度

0　引言

自 2008 年进入业务运行以来,空军第三代数值预报系统 T511 模式已稳定运行逾 5 a,其产品在日常气象保障、重大演习和接送国家领导等任务的飞行保障中发挥了重要的作用,但在热带气旋预报方面一直不够稳定,这种不稳定性为预报员在实际业务中的应用带来了困惑。为更加全面地掌握该模式在热带气旋预报方面的性能,本文欲先将这 4 a 中出现的热带气旋进行分类,从距离误差、距离稳定度、方向稳定度、强度预报偏差等多个角度对该模式对各类热带气旋的预报效果进行评估,总结出在强度和移动路径上的预报偏差量,归纳该模式在热带气旋预报方面的一般性规律,便于广大预报员使用。

1　分类原则及结果

2009—2012 年西北太平洋共出现热带气旋 82 个,由于其中的 1107(蝎虎)、1113(奥鹿)和 1212(鸿雁)的生命史过短且远离我国大陆架,故将其剔除,本文针对剩余的 79 个热带气旋的模式预报效果进行评估(这里因篇幅原因,仅对 12:00 起报的模式结果进行评估)。

首先,本文将从路径、强度、生成源地以及是否登陆等四个角度对这 79 个热带气旋进行分类。

按路径不同分类:西行路径(11 个)、西北移动路径(16 个)、转向路径(21 个)和特殊路径(包含东北路径)(31 个)。

按照强度不同分类:热带风暴(14 个)、强热带风暴(22 个)、台风(16 个)、强台风(11 个)和超强台风(16 个)。

按生成源地分类:南海海域(15 个)和西北太平洋(64 个)。

登陆的热带气旋:在 2009—2012 年中,在我国或越南登陆的热带气旋一共有 29 个。

2　检验方法

本文选取的检验方法有:距离误差、距离稳定度(DS_h)和方向稳定度(PS),各方法具体内容详见《台风业务和服务规定》[1]（第四次修订版）。其中，在《服务规定》中距离误差阈值 d 仅有 $d_{24}=200$ km，$d_{48}=400$ km，$d_{60}=600$ km，据此，本文根据研究需要，自定义所要采用的距离误差阈值如表 1。

表 1　距离误差阈值

	00 h	24 h	48 h	72 h	96 h	120 h	144 h
距离误差阈值/km	100	200	400	600	700	800	900

3　T511 模式对各类热带气旋预报效果评估

在上述分类的基础上，本文欲对 T511 模式对热带气旋的 0，24，48，72，96，120 和 144 h 路径及强度预报效果进行评估。方法如下：在 T511 模式的 0～144 h 海平面气压预报场上对热带气旋位置进行人工定位，利用 2009－2012 年台风纪要信息，计算预报的热带气旋位置与中央台最佳定位的经纬度之间的距离误差，再分析这距离误差在东和西两个方向上的偏离程度（南北方向上暂时未考虑）。同样，本文亦计算了热带气旋预报与实测之间的强度差以及偏差程度。各类热带气旋的路径和强度预报情况以表格的形式给出。

3.1　对路径预报距离误差分析

表 1.1～1.12 为 T511 模式对各类热带气旋移动路径预报距离误差的统计，表中分别统计了对 0～144 h 路径预报的东西向的偏离程度，其中的"无偏"意指在东西方向上无偏差，但在南北向上可能存在偏差。表中的"＊"意为"无"。对于模式预报效果而言，偏离量越小越好。

表 1.1（见后）中可见，T511 模式对西行路径热带气旋共预报 45 次，各时次中未预报次数随着预报时效的延长而逐渐增多，最少为 6 次，最大为 144 h 时的 23 次，在总预报次数中已超过 50%，漏报率非常高。96 h 之前的各时次路径预报中，偏东的比例一般在 51% 以上，而偏西的比例在 11.1%～29%，"无偏"即在东西向上无偏差的比例在 7% 以下。从预报偏差量来看，无论是向东的偏差还是向西的偏差，均是随着预报时效的延长而逐步增大，在同一时效内，一般情况下向东的偏差量大于向西的偏差量，这说明该模式易将西行路径的热带气旋的路径预报偏东，即移速预报易偏慢。

表 1.2～1.12（表略）为除西行路径之外的其他类别的热带气旋路径预报偏差的统计，因篇幅所限，这里无法一一详述。由表中可知，T511 模式对这几类热带气旋在 0～144 h 的预报中，各时次均有未预报出的情况，未预报出的次数随时效的延长而增加，0 h 的一般在 10% 左右，而 144 h 的大多在 50% 上下，相对而言，这几类中，以超强台风的未预报出的情况最少，其 0 h 时未预报出的占 6.6%，144 h 的占 27.3%。T511 模式对西行路径、西北行路径以及强度为强热带风暴的热带气旋的预报，在 0～144 h 中，均是偏慢的概率较大。对于转向路径的热带气旋，在 0～48 h 中偏快的次数较多，72 h、96 h 和 144 h 偏快和偏慢的次数基本相当，120 h 则是偏慢的较多。对于特殊路径和强度为超强台风的热带气旋，T511 模式预报偏快和偏慢的次数大体一致。对于热带风暴，除 144 h 偏快略多外，其余时次均是偏慢多于偏快。对于台风和强台风，0 h 为偏快的略多，之后的时效都为偏慢远多于偏快的次数。对于在南海海域生成的热带气旋，在 0～120 h 中，偏慢的概率远大于偏快的概率，而到了 144 h 偏慢和偏快次数基本相当。对于在西北太平洋海域生成的热带气旋，0 h、48 h 和 72 h 为偏快次数略多，其他时

效反之。对于登陆的热带气旋,T511 模式预报各时效均是偏慢概率基本都在 50% 以上,偏慢远多于偏快的情况。

3.2　对强度预报偏差分析

表 2.1(见后)为对西行路径热带气旋强度预报偏差统计结果。表中本文统计了 T511 模式对这 4a 中 79 个热带气旋在强度方面预报的一般情况,表中"偏强"和"偏弱"表示预报强度相对实况的强弱,"无偏"表示预报与实况相同,易知,"无偏"的次数越多则模式在强度方面的预报效果越好。表中可见,T511 模式对该类热带气旋的总预报次数为 45 次,每个时效均有未预报出的情况,随预报时效的延长,次数由 6 次增至 23 次不等。各预报时效中,均是偏弱的概率远大于偏强的概率,且偏弱的最大偏差值均在 50 hPa 上下,而偏强的最大偏差量都在 14 hPa 之下,无论偏弱还是偏强,最小偏差量都小于 3 hPa。偏弱的平均偏差量一般在 15~20 hPa,而偏强的平均偏差量一般在 10 hPa 以内。各时效中,除 72 h 出现一次预报无偏差的情况外,其他时效 T511 模式对该类热带气旋强度的预报均没有无偏差的情况出现。

表 2.2~2.12(表略)为除西行路径之外的其他类别的热带气旋强度预报偏差的统计,同样因篇幅所限,本文不再一一细述。表中可知,对于这几类热带气旋,该模式的预报均是偏弱的次数远多于偏强的次数,但每类热带气旋亦都有强度预报无偏差的情况,如西北路径的 0~72 h 和 144 h、转向路径的 0~72 h 和 120 h、特殊路径的 24~96 h、热带风暴的 0~48 h、强热带风暴的 0~96 h、台风的 0~72 h 和 120 h、强台风的 144 h、超强台风的 0~96 h 和 144 h、在南海海域生成的热带气旋的 0 h 和 48 h、在西北太平洋海域的 0~144 h 以及登陆的热带气旋的 0~144 h 等,这些"无偏"个例在该类热带气旋预报总数中一般不超过 5%。

4　T511 模式对各类热带气旋预报稳定度结果分析

4.1　距离稳定度

根据定义易知,距离稳定度值越大,表明模式对台风路径预报得越好、与实际路径之间的偏差越小。由图 1 可知,在这四种路径中,T511 模式对特殊路径的热带气旋预报效果相对较好,在 0~144 h 中,其距离稳定度均在 0.49 之上,各时效中又以 48 h 和 72 h 的最好。其他三种路径的热带气旋在 48 h 和 72 h 的距离稳定度尚可,这之后下降十分明显。对于不同强度的热带气旋(图略),T511 模式在路径预报上存在一定差别,该模式对强台风的预报效果最好,超强台风次之,而强度最弱的热带风暴最差。各种强度的热带气旋中,一般以 48~72 h 的预

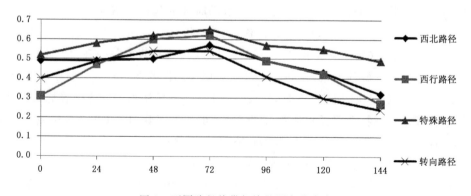

图 1　不同路径热带气旋的距离稳定度

表 1.1 西行路径热带气旋路径预报偏差统计

预报时效	0 h			24 h			48 h			72 h			96 h			120 h			144 h		
总报报次数	45			45			45			45			45			45			45		
未预报出次数及所占比例	6(13.3%)			8(17.8%)			9(20%)			13(28.9%)			15(33.3%)			18(40%)			23(51%)		
	偏东	偏西	无偏	偏东	偏西	无偏	偏东	偏西	无偏	偏东	偏西	无偏	偏东	偏西	无偏	偏东	偏西	无偏	偏东	偏西	无偏
偏差最大量/km	353	771	66	777	413	*	1295	647	*	1067	530	*	1208	376	*	1565	1406	*	1655	1052	*
偏差最小量/km	31	22	11	86	46	*	106	173	*	168	68	*	84	44	*	117	81	*	421	62	*
偏差平均量/km	136	155	44	238	185	22	401	278	22	469	235	*	576	161	78	691	637	*	973	483	*
实际预报样本数	23	13	3	29	7	1	29	6	1	24	8	*	24	5	1	21	6	*	17	5	*
占总预报次数的百分比/%	51.0	28.9	6.7	64.4	15.6	2.2	64.4	13.3	2.2	53.3	17.8	*	53.3	11.1	2.2	46.7	13.3	*	37.8	11.1	*

表 2.1 西行路径热带气旋强度预报偏差统计

预报时效	0 h			24 h			48 h			72 h			96 h			120 h			144 h		
总报报次数	45			45			45			45			45			45			45		
未预报出次数及所占比例	6(13.3%)			8(17.8%)			9(20%)			13(28.9%)			15(33.3%)			18(40%)			23(51%)		
	偏弱	偏强	无偏	偏弱	偏强	无偏	偏弱	偏强	无偏	偏弱	偏强	无偏	偏弱	偏强	无偏	偏弱	偏强	无偏	偏弱	偏强	无偏
偏差最大量/hPa	51	*	*	50	3	*	50	14	*	50	14	0	52	12	*	46	11	*	51	10	*
偏差最小量/hPa	1	*	*	2	3	*	1	14	*	1	2	0	1	2	*	2	3	*	2	2	*
偏差平均量/hPa	15	*	*	16	3	*	15	14	*	17	9	0	19	5	*	18	6	*	20	6	*
实际预报样本数	39	*	*	35	2	*	35	1	*	28	3	1	26	4	*	23	4	*	19	3	*
占总预报次数的百分比/%	86.7	*	*	77.8	4.4	*	77.8	2.2	*	62.2	6.6	2.2	57.8	8.8	*	51.1	8.8	*	42.2	6.6	*

报效果最佳,144 h 的最差。此外,T511 模式对南海海域热带气旋的预报要好于对西北太平洋海域热带气旋的预报(图略)。由对登陆热带气旋路径预报的距离稳定度(图略)分析可知预报最好时次为 72 h,最差的为 144 h,72 h 之前距离稳定度为上升趋势,而之后为下降趋势。

综合可知,T511 模式对于各种热带气旋的移动路径的预报,一般是 48 h 和 72 h 的效果最好,24 h 和 96 h 的次之,144 h 最差、可用性最弱,而 00:00 次并非最好,这表明该模式在热带气旋的初始定位方面准确性不高,有待提升。

4.2　方向稳定度

方向稳定度主要反映了模式对热带气旋移动方向的把握能力,数值越大把握能力越强、预报效果越好。分析图 2 等(其他类型热带气旋的图略)可知,T511 模式对于 2009—2012 年的热带气旋在移动方向上的预报效果,均是 24 h 的最好,随着预报时效的延长,在方向上的把握能力减弱,特别是在 120 h 和 144 h,该模式对于热带风暴以及在南海海域上生成的热带气旋在方向稳定度均为 0。在这些分类中,该模式对于转向路径的热带气旋和在西北太平洋海域生成的热带气旋在移动方向的把握上相对较好;如若从强度的角度考虑,T511 模式对于强度愈强的热带气旋移动方向的把握愈好,而对强度最弱的热带风暴在方向上的预报准确性最差。

将距离稳定度和方向稳定度结合分析发现,T511 模式对各类热带气旋移动路径的预报,以 24 h 和 48 h 的为最佳,即预报的移动方向与实况一致性最好且偏离程度相对较好,72 h 时虽偏离程度不大,但方向上不一致的可能性较大,这表明该模式对热带气旋移速预报的把握不好。如若再结合距离误差表和强度预报偏差表进行分析,以西行路径热带气旋为例,在 0～144 h 中,该模式对其的预报易偏弱、偏慢,在 24～72 h 预报与实况路径之间的偏差基本在阈值之内,但方向上有所偏离。对于超强台风,T511 模式对其的预报易偏弱,在移速上偏快或偏慢的出现概率基本相同。

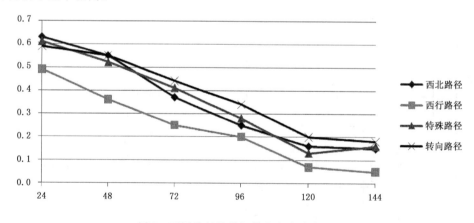

图 2　不同路径热带气旋的方向稳定度

5　总　结

从距离误差、强度偏差、路径预报的距离稳定度和方向稳定度等方面,本文检验评估了 T511 模式对 2009—2012 年各类热带气旋的预报效果,结果发现:与实况相比,该模式对于各类热带气旋的强度预报易偏弱,偏强的概率一般在 10% 以下,在强度预报上,多个时次上都有无偏(即预报强度与实况相同)情况出现,概率多数在 5% 以下。在移速上,该模式一般是预报偏慢的概率略多。各时效上,预报的距离误差小于距离误差阈值的概率一般超过 50%,但在移动方向的预报上不够理想。

　　该检验工作为初步展开,结果仅供预报及研发人员参考。因该模式为非专业的台风数值预报模式,在检验评估工作中,首先需要对海平面气压预报场上热带气旋位置进行人工定位,这本身就带有一定的主观性,必定会对检验结果的客观性带来影响。此外,检验中未考虑西太平洋副高等大尺度天气系统对热带气旋预报的影响,这也是今后在做此类检验评估工作中需要加入的内容。

参考文献

[1]　中国气象局.《台风业务和服务规定》(第四次修订版),北京:气象出版社,2012:35-36.

HWRF 系统中 AMSU 卫星资料的直接变分同化对 0915 号"巨爵"热带气旋模拟的影响

安　成

(68028 部队，兰州 730058)

摘　要

本文以新型飓风预测系统 HWRF 为实验模拟平台，结合 0915 号"巨爵"热带气旋，利用 GSI 同化系统对卫星微波 AMSU 资料进行三维直接变分同化，分析研究其对登陆热带气旋模拟的影响。试验结果表明：不同资料的同化方案对登陆热带气旋路径和强度的模拟效果有显著差异，单独同化 AMSU－B 卫星资料，能有效减小模式模拟初始阶段热带气旋路径偏差；同时同化 AMSU－A/B 卫星资料路径偏差总体较小，且热带气旋强度及其变化趋势与观测最为接近。总体来说，直接变分同化卫星资料能够有效改进 HWRF 对西北太平洋热带气旋的模拟能力。

关键词：HWRF　"巨爵"　AMSU　变分同化

0　引言

热带气旋（TC）是我国的主要灾害性天气系统之一，而严重的热带气旋灾害，往往是热带气旋登陆引起的[1]。包括南海海域在内的西北太平洋热带气旋因其强度大、影响范围广、频数高、灾害重、预报难度大等特点，一直以来受到广大气象工作者的广泛关注。

随着大气科学理论的发展及计算机技术以及探测技术的进步，数值天气预报取得了巨大进步。数值预报领域已由以天气尺度为主，扩展到气候系统和中尺度系统，数值预报模式已由单一的大气模式发展到海－陆－气耦合系统（如 HWRF），预报水平和可用性进一步提高。可预报时效已从 20 世纪 80 年代的 5 d 发展到目前的 7 d 以上，长期困扰气象学者的南半球、海洋和沙漠等人烟稀少地区的预报质量已得到明显改善，其可预报性时效已接近北半球的水平。

如今，卫星探测技术在大气科学领域的应用已取得了长足进展，已从定性的卫星图像研究跨越到定量的卫星遥感信息数字化研究，尤其是高分辨率 AMSU 的发展进一步加快了定量卫星资料反演技术的步伐。卫星资料变分同化方法的基本思路是对辐射率资料直接应用以避免计算复杂的不适定问题所带来的反演计算误差，实现用正演方法求解反演问题，从方法论上避开反演问题的复杂性。变分同化方法不仅能够分析与模式变量有着复杂非线形关系的卫星辐射率资料，集反演、分析为一体，而且能将各种不同来源、不同种类和不同误差特性的观测资料有效地融合在一起。

国际上以欧洲中期天气预报中心（ECMWF）、美国国家环境预报中心（NCEP）等为代表的一些业务气象中心开始采用变分方法对卫星资料进行直接同化[2-3]。在 1992 年到 1997 年的五年时间里，ECMWF 实现了由一维变分同化系统在北半球区域业务化到三维变分同化系统成为其业务分析系统，再到实现四维变分同化系统业务化[4-6]。一些影响试验表明[7-8]，NOAA 极轨卫星 TOVS（TIROS，Operational Vertical Sounder）特别是 AMSU（Advanced Microwave Sounding Unit)微波辐射率资料可以明显地减小数值预报误差；Bouttier 等[9]检验了各种来源的观测资料对欧洲中心中期数值预报模式预报水平的影响，指出极轨气象卫星 TOVS 辐射率资料对模式预报水平的影响已经达到或超过传统的探空观测资料。随后，Zou 等[10]研究了形成在美国东海岸的飓风，成功地将 GOES 卫星的亮温资料利用四维变分同化方法加入到飓风初始场中，结果表明：飓风的强度、路径和降水预报均有很大改进。Le Marshall 等[11]将高密度资料和卫星资料进行直接同化，有效地改善了热带气旋初始场信息，使热带气旋的内部结构得到重塑，数值结果显示，热带气旋路径误差由控制实验的 400 km 降至 150 km。Wang 等[12]将 Bogus 资料、云迹风资料、卫星红外反演资料、卫星红外亮温资料等通过四维变分资料同化的方法同化进入数值预报模式，有效地改进了台风的强度和路径预报。潘宁[13]采用增量三维变分同化方法，对 AMSU－A 亮温资料与常规探测资料在 MM5 模式中的直接同化和预报进行对比试验研究，结果表明：同化 AMSU－A 亮温资料对中高层温度分析场的影响最明显。张华[14]搭建了适合格点模式的三维变分同化系统，并对 ATOVS 辐射率资料直接同化方案进行改进，利用该同化系统将 AMSU 资料同化进入数值模式来研究西北太平洋上的热带气旋，数值结果表明：直接同化 AMSU 辐射率资料，可以正确地描述热带气旋的三维结构及其演变情况。Wang 等[15]利用四维变分同化技术，将 AMSU－A 资料同化进入中尺度数值模式，结合 BDA 方法，有效地改进了台风的强度和路径预报，并指出同化方法可以重构许多中尺度信息。朱国富等[16]对 GRAPES 三维变分同化系统[17]进行了研究，并实现了其对卫星辐射率资料的直接同化，试验结果也证明了它的合理效果，使国内卫星资料同化技术又向前迈进了一步。

以上研究表明，利用三维或四维变分方法对卫星观测辐射直接同化可以得到对大气状况的更精确的描写，利用同化产生的资料来研究天气系统的结构是一个有效的途径。正是基于这种考虑，与前述采用单一微波反演资料分析热带气旋结构的做法不同，为了充分利用各种来源资料，特别是利用好卫星微波探测资料。

本文以 GSI 三维变分同化系统[18]为工作平台，将 AMSU 辐射率资料直接同化，并将改进的初始场采用 HWRF 进行数值试验，通过个例分析，考察同化 AMSU 卫星资料对登陆热带气旋（强度、降水分布）的影响，以及同化 AMSU 微波资料对登陆热带气旋路径的预报能力，并通过对比试验考察其对登陆我国热带气旋模拟的改进程度。

1 HWRF 模式简介

HWRF 是专门用于飓风预测的天气研究和预报系统，在 NWS/NCEP 实施应用以解决美国新一代飓风预报难题。

HWRF 模式是一个非静力海－气耦合的原始方程模式，大气部分垂直层次分为 42 层，模式动力框架采用 WRF－NMM，WRF 框架编码有粗、细网格区域，格点投影采用旋转的交错 E 网格经纬投影（如图 1 所示）。模式区域的纬向跨度大约为 80°；在区域北面可扩展到大约 95°、在南面大约为 70°，这取决于所选粗网格区域的中心位置。模式区域边界由风暴初始位置和 NHC 72 h 预报确定（如果可以获取），6°×6°细网格区域使用双向嵌套并随风暴移动。静止的粗网格区域格距为 0.18°（大约 27 km），内层细网格格距为 0.06°（大约 9 km），粗细网格的时间步长分别为 54 s 和 18 s。HWRF 中两重嵌套四个区域的涡旋初始化如图 2 所示。

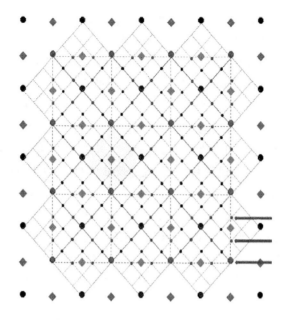

图 1　HWRF 系统中 E 网格结构简图

（钻石状的网格框表示从粗网格到细网格的双线性插值方案,大的标记表示粗网
格,小的代表细网格,三个箭头分别表示细网格区域边界内的指令接口、次末端接
口和动力接口）

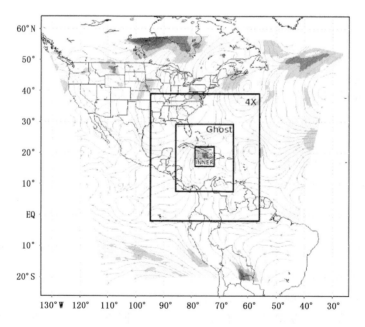

图 2　用于 HWRF 系统涡旋初始化的四重区域

　　HWRF 模式的物理过程是基于 GFDL 飓风模式,包括简化的 Arakawa－Schubert 积云
参数化方案、适用于大尺度凝结的 Ferrier 云微物理方案、基于 Troen and Mahrt 的非局地的
垂直扩散方案、用于地表通量计算的 Monin-Obukhov 方案(包含改进的强风条件下海气动量

通量参数化和一层陆面模式)以及辐射作用,其由 GFDL 方案演变而来,包括昼夜变化和云的相互作用。其中,物理过程还包括耗散加热的参数化。

HWRF 模式的初始条件通过 GFS 分析方法产生,这种分析通过移除原 GFS 涡旋和重新植入从提前 6 h 初始化的 HWRF 模式 6 h 预报场提取的涡旋进行改进。涡旋被重新定位和改进以使初始风暴位置,结构和强度与 NHC 的风暴信息相一致。当先前的 6 h 预报不可获取时,基于理论考虑和 HWRF 气候平均态的人造涡旋被植入使用,对 GFS 更进一步的改进则是通过使用观测资料和利用三维变分同化系统。GFS 每 6 h 的预报场用于提供每次预报的侧边界条件。时间积分在快波情况下采用向前向后积分方法,隐式方案用于垂直增殖的声波,Adams－Bashforth 方案用于水平平流项和科氏力项的处理。在垂直方向上,采用 P－σ 坐标[19];水平扩散采用二阶 Smagorinsky 型。

HWRF 适用于热带地区,包括实时数值天气预报、预测研究、物理过程参数化研究以及海－气耦合研究。目前,由于 NHC 主要服务海域为大西洋和东北太平洋,所以 HWRF 也主要用于这两个地区的热带气旋预报,而且在东北太平洋 HWRF 只运行大气模式,北大西洋则是大气模式和 POM 海洋模式的耦合运行。对于主要影响我国的广大西北太平洋海域,引进 HWRF 模式也是一次有益的尝试。

2　个例介绍及方案设计

0915 号热带气旋(TC)"巨爵"于 2009 年 9 月 12 日(世界时,下同)在菲律宾吕宋岛北部海面生成,然后向西北偏西方向移动。13 日 18:00,其中心位于 19.95°N,116.65°E,中心气压 996.5 hPa,中心附近最大风力 8 级(20.7 m·s⁻¹),热带气旋中心以 15.9 km·h⁻¹ 左右的速度向西北方向移动,强度逐渐加强。TC"巨爵"于 14 日 12:00 加强为热带气旋,14 日 18:00 最大风速达到 40 m·s⁻¹,14 日 23:00 左右在广东台山(21.85°N,112.3°E)登陆,登陆时 TC 中心附近最大风力达 12 级(35 m·s⁻¹),中心气压为 967.6 hPa。TC"巨爵"登陆以后继续向西北偏西方向移动,强度迅速减弱;15 日 06:00 进入广西境内减弱为热带风暴;15 日 18:00 减弱为热带低压,然后在广西境内消亡。在 TC"巨爵"登陆期间,广东中部沿海和西南部、广西东部沿海的局部地区出现了暴雨或特大暴雨。

模式采用粗、细网格两重嵌套。粗网格区域大小为 75°×75°,水平格距为 0.18°(约 27 km),格点数为 216×432;细网格区域大小为 5.4°×5.4°,水平格距为 0.06°(约 9 km),格点数为 60×100。粗网格和细网格均为 WRF－NMM 旋转经纬投影和 E 交错网格。E 网格的矩形区域 y 方向的格点数近似为 x 方向的两倍,粗细网格的位置同投影的极点一样,随着模式每次运行的不同而改变,并且取决于初始化时风暴的位置。垂直层数为不均匀的 42 层,模式层顶取为 50 hPa。背景场由间隔 6 h 的 1°×1° 的 NCEP 全球再分析格点资料产生。

试验所用的观测资料包括 NOAA－15、NOAA－16、NOAA－17、NOAA－18 和 METOP－A 的 AMSU 辐射亮温资料和 Prebufr 格式的常规观测资料,背景场采用 HWRF 区域模式的预报场。AMSU－A 和 AMSU－B 资料都经过相关的偏差订正与质量控制,背景场作了风暴尺度订正,风暴强度订正以及风暴结构订正。

为考察 AMSU－A/－B 卫星亮温资料同化的效果,本文设计了表 1 所示的实验方案,包括 1 个参照试验,3 个同化实验,以 2009 年 9 月 14 日 00:00 为起始时刻进行 48 h 数值模拟。

表 1   试验方案

试验方案	起始时间	同化资料	同化窗内卫星轨道数
Ctrl	2009 年 9 月 14 日 06:00	Prebufr	0
Case_01	2009 年 9 月 14 日 06:00	AMSU－A＋Prebufr	2
Case_02	2009 年 9 月 14 日 06:00	AMSU－B＋Prebufr	1
Case_03	2009 年 9 月 14 日 06:00	AMSU－A＋AMSU－B＋Prebufr	3

3   模拟结果对比分析

3.1   移动路径

图 4 描述了各实验方案模拟得到的登陆热带气旋路径。与实际观测路径(带有台风标记)对比分析,我们发现,加入 AMSU 卫星辐射亮温资料后,其预报登陆点与观测更为接近,路径有较明显的改善,虽然在 15 日 06:00 以后各试验方案路径出现北抬形势。注意热带气旋登陆后 6 h 内的情况,不难发现,模拟试验热带气旋平均移动距离比观测明显缩短,这意味着登陆后模式动力过程约束过强,使得热带气旋移动速度迅速减缓,显著偏离实际情况。控制试验则在 18 h 后对热带气旋路径有向西南折回的趋势模拟失败。详细的距离误差统计情况见图 5,从图中可以看出,模拟开始的 12 h,加入 AMSU－B 资料进行直接变分同化,对路径的影响是显著的,但之后的 18 h,其误差水平跟控制试验相当;AMSU－A 资料对热带气旋路径的改进的作用则体现在模拟的后 12 h,但是其效果没有 AMSU－B 前期所体现出来的好;同时同化两种辐射亮温资料,对路径模拟的改善总体较为明显,尤其在模拟的后 12 h 对距离误差的抑制作用比较明显,24 h 误差在 104.9 km。

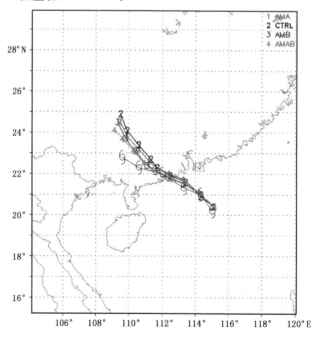

图 4   观测和各模拟方案的热带气旋路径

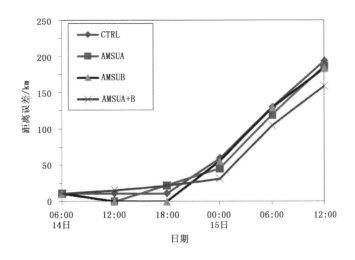

图 5 热带气旋模拟试验与观测的距离误差

3.2 海平面气压和最大地面持续风速

热带气旋中心最低海平面气压(SLP)(单位:hPa)和最大地面持续风速(MSSW)(风速单位:knot)是热带气旋强度的两个重要参数,常被用来确定热带气旋级别和其变化特征。图 6 和图 7 分别描述的是"巨爵"热带气旋各模拟方案和观测的 SLP 和 MSSW,时间为 2009 年 9 月 14 日 00:00 至 9 月 16 日 06:00(9 月 15 日 12:00 JTWC 最佳路径集资料停止编报)。图 6 中所有方案模拟的热带气旋强度均要比观测弱,其中加入 AMSU-B 资料的试验方案 Case_02 结果为 966 hPa,仅比观测的 960 hPa 高出 6 hPa,但时间上延迟约 6 h,正好在"巨爵"热带气旋登陆时间前后,但实际上 SLP 最小值在 14 日 12:00;另外可以看到,观测到的热带气旋在模拟开始后的 6~12 h 内 SLP 迅速减小,而后又迅速增加,并于编报结束时刻达到 995 hPa。而这个过程模式并没有很好地模拟出来。图 7 中 MSSW 的变化跟 SLP 具有很好的相关性,SLP 最小时对应于 MSSW 最大,满足地转平衡关系。图中 Case_01 和 Case_03 模拟的 MSSW 峰值时刻与观测一致,数值相差 8 knot(相当于 4.218 m·s^{-1}),变化趋势也与观测基本一致,

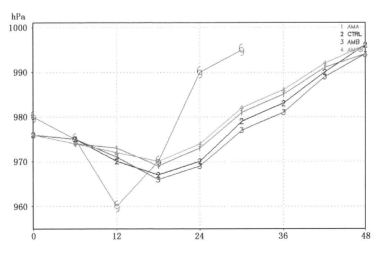

图 6 热带气旋模拟试验与观测的 SLP

而其他两个方案图像上具有一定的平移,说明有时间的延迟。总体来看,利用三维直接变分同化方法对热带气旋初始场改进后进入 HWRF 系统进行模拟试验,可以减小与观测的强度差异,结果具有一定的实际参考价值。

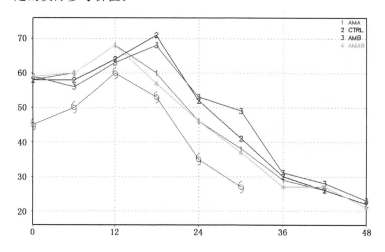

图 7 热带气旋模拟试验与观测的 MSSW

4 结 论

本文以 0915 号登陆我国广东台山的 TC"巨爵"作为研究对象,采用三维直接变分同化方法同化 AMSU 卫星辐射亮温资料,用以改善热带气旋初始场,并将其应用于 HWRF 模式开展数值模拟试验,分析研究其对模拟的影响,得到以下结论:

不同资料的同化实验方案对热带气旋路径的预报效果有很大的影响,加入 AMSU 资料后,尤其是 Case_03,可以很好地模拟热带气旋登陆后向西南折回的移动趋势,而控制试验则模拟失败。在热带气旋编报期间,同时加入 AMSU-A 和 AMSU-B 的试验方案对热带气旋路径误差的减小起到了至关重要的作用。但无论是控制试验还是同化试验方案都未能成功地模拟登陆后并未迅速减慢的运动状态,且登陆后 6 h 的移动方向为继续偏北,与观测相偏离。

不同资料的同化方案对登陆热带气旋路径和强度的模拟效果有显著差异,单独同化 AMSU-B 卫星资料,能有效减小模式模拟初始阶段热带气旋路径偏差;同时同化 AMSU-A/B 卫星资料路径偏差总体较小,且热带气旋强度及其变化趋势与观测最为接近。总体来说,直接变分同化卫星资料能够有效改进 HWRF 对西北太平洋热带气旋的模拟能力。

由于受到可获取的资料种类、数量和分辨率的限制,以及现有变分同化系统水平的限制,有些方面还不够完善。HWRF 在国内的研究使用尚处在探索阶段,可参考性受到一定程度的限制,并不能很好地开发模式本身在大西洋飓风模拟研究中体现出来的较大优势。同化试验中,经过质量控制后进入的卫星观测资料数量还是比较有限,有可能会对同化效果产生一定的影响。这都是以后需要进一步加强改善的。

参考文献

[1] 陈联寿.国内外登陆热带气旋研究的进展//第十三届全国热带气旋科学讨论会论文集.浙江岱山,2004.

[2] Le Dimet F, Talagrand O. Variational algorithms for analysis and assimilation of meteorological observa-

tions. *Tellus*, 1986, **37**A: 97-110.

[3] Eyre J R, Lorenc A C. Direct use of satellite sounding radiances in numerical weather prediction. *Meteor Mag*, 1989, **118**: 13-16.

[4] Eyre J R, Kelly G A, McNally A P, *et al*. Assimilation of TOVS radiance information through one-dimensional variational analysis. *Q J Roy Meteor Soc*, 1993, **119**: 1427-1463.

[5] Andersson E, Pailleux J, Thepaut J N, *et al*. Use of cloud-clear radiances in three/four-dimensional variational data assimilation. *Q J Roy Meteorol Soc*, 1994, **120**: 627-653.

[6] Rabier F, Jarvinen J, Klinker E, *et al*. The ECMWF implementation of four-dimensional. variational assimilation. Ⅰ. Experimental results with simplified physics. *Q J Roy Meteorol Soc*, 2000, **126**: 1143-1170.

[7] Kelly G. Impact of observations on the operational ECMWF system. *Tech. Proc. 9th international TOVS study conference*, Igls, Austria, Feb 1997. 20-26.

[8] English S J, Renshaw R J, Dibben P C, *et al*. A comparison of the impact of TOVS and ATOVS satellite sounding data on the accuracy of numerical weather forecasts. *Q J Roy Meteor Soc*, 2000, **126**: 2911-2931.

[9] Bouttier F, Kelly G. Observing-system experiments in the ECMWF 4D-Var data assimilation system. *Q J Roy Meteorol Soc*, 2001, **127**: 1469-1488.

[10] Zou X, Xiao Q, Lipton A E, *et al*. A Numerical Study of the Effect of GOES Sounder Cloud-Cleared Brightness Temperatures on the Prediction of Hurricane Felix. *J Appl Meteor*, 2001, **40**, 34-55.

[11] Le Marshall J F, Leslie L M, Abbey Jr R F, *et al*. Tropical cyclone track and intensity prediction: The generation and assimilation of high-density, satellite-derived data. *Meteor Atmos Phys*, 2002, **80**, 43-57.

[12] Wang Y F, Wang B, Ma G, *et al*. Effects of 4DVAR with multifold observed data on the typhoon track forecast. *Chin Sci Bull*, 2003, **48**, 93-98.

[13] 潘宁. ATOVS 辐射率资料的直接变分同化试验研究. 气象学报, 2003, **61**(2):226-235.

[14] Zhang Hua. Application of direct assimilation of ATOVS microwave radiance to typhoon track prediction. *Advances in Atmospheric Sciences*, 2004, **21**(2):283-290.

[15] Wang Y F, Zhang H Y, Wang B, *et al*. Reconstruct the mesoscale information of Typhoon with BDA method combined with AMSU-A data assimilation method. *Advances in Meteorology*, 2010.

[16] 朱国富,薛纪善,张华,等. GRAPES 变分同化系统中卫星辐射率资料的直接同化. 科学通报, 2008, **53**(20):2424-2427.

[17] 薛纪善,庄世宇,朱国富,等. GRAPES 新一代全球/区域变分同化系统研究. 科学通报, 2008, **53**(20):2408-2417.

[18] GSI user guide, version 3. 0. TTC/NCAR/NCEP/GSD/ESRL.

[19] Arakawa A, Schubert W H. Interaction of a Cumulus Cloud Ensemble with the Large-Scale Environment, Part I. *J Atmos Sci*, 1974, **31**(3), 674-701.

台风"达维"不对称结构特征分析

史得道 易笑园 刘彬贤

(天津市气象台,天津 300074)

摘 要

本文利用地面加密观测资料、FY-2E 卫星 TBB 和水汽图像资料、NCEP1°×1°再分析资料综合分析了 2012 年第 10 号台风"达维"的不对称结构特征与成因,结果表明,台风"达维"登陆后在云系结构、降水落区、高低层风场等都表现出不对称分布,其中暴雨主要分布在台风中心北到东北侧;通过 FY-2E 水汽图像分析清晰地揭示了这种不对称结构的演变,台风西侧干下沉暗区切断了西南侧水汽输送,使得台风中心西侧和南侧对流云系减弱消失,而东南侧一直存在一水汽羽伸入台风环流为其提供水汽和能量,同时,强高空辐散、弱垂直风切变以及明显上升运动,有利于台风"达维"北到东北侧对流云系的发展维持,引发强降水;高空槽带来的冷空气侵入台风环流内部,破坏了它的暖心结构,使得台风"达维"在渤海海面填塞消失。

关键词:登陆台风 不对称结构 水汽图像 冷空气 θ_{se} 场

0 引 言

台风多在热带洋面上生成,在中国沿海登陆之后往往能带来比较严重的暴雨、大风、风暴潮等灾害。对中国沿海甚至内陆地区造成较大影响的台风的移动路径有三个:西移路径,西北移路径和北上路径[1]。北上热带气旋是影响中国北部沿海地区的重要天气系统[2],环渤海地区地处中纬度,不像华南沿海、华东沿海受台风影响频率高,但进入 21 世纪以来有增多的趋势。1949-2012 年登陆后北上进入 37°N 以北渤海海域的台风(包括变性为温带气旋后进入)有 17 个,2001 年以来就有 5 个,接近三分之一。台风登陆后北上带来的大风、风暴潮和强降水会给环渤海地区的经济发展、航运安全和人民生命财产安全造成威胁。台风登陆北上过程中,由于较高纬度上不同的大气环境场以及下垫面变化等的影响,台风结构会发生显著变化,完整的螺旋云系结构变得残缺,形成一种不对称分布,这种结构变化会对大风和暴雨落区产生影响,提高了预报的不确定性,而且登陆北上台风与中纬度系统的相互作用[3]也使得暴雨预报难度增加,弄清楚哪些因素会对台风结构变化产生影响是建立大风、暴雨预报思路的关键。国内外不少专家学者[4-9]对在中国华南、华东沿海登陆的台风的不对称结构特征及引发原因做过一定的分析研究,取得了一定的成果,对在长江以北的北方沿海登陆的台风个例研究较少。何立富等[10]分析表明,0509 号台风"麦莎"登陆后造成的暴雨落区的非对称分布与台风环流场、热力场的不对称结构有关,且 500 hPa 强上升运动区与暴雨区有很好对应关系。王瑾等[11]从台风中心附近动力场、热力场和水汽条件的非常规分布以及冷空气侵入来解释"麦莎"云系的非对称结构以及暴雨区的非对称分布。狄利华等[12]利用数值模拟分析了冷空气在"麦

资助项目:中国气象局预报员专项"登陆北上台风不对称结构特征及成因分析"(CMAYBY2013-005)资助

莎"结构变化过程中所产生的作用。早先有学者[13-16]发现较强的环境垂直风切变能抑制热带气旋的发生发展,并且垂直风切变与台风对流和降水分布密切相关[5,8,17-18]。王瑾等[11]也指出弱垂直风切变有利于低层水汽强烈上升和对流云系的发展。台风登陆后引起的暴雨落区比较复杂,有的位于台风中心东侧和北侧[4,10]、有的位于西侧[9,19-20]、有的位于西北侧[21]、有的位于南侧[22],需要对每一例台风进行深入的研究,寻找不同台风之间的异同。本文运用多种资料详细分析了"达维"登陆后的不对称结构特征及成因,为今后登陆北上台风暴雨预报提供参考。

1 资料与方法

所用资料包括 MICAPS 一类数据 2012 年 8 月 3—4 日地面加密自动站观测资料和三类数据 2012 年 8 月 3 日 08:00 和 4 日 08:00 的 24 h 降水量;2012 年 8 月 2 日 08:00 至 8 月 4 日 08:00 NCEP 1°×1°的每日 4 个时次再分析资料;2012 年 8 月 2—4 日的 FY−2E 卫星 TBB 和水汽图像资料。

2 结果分析

2.1 "达维"概况

2012 年第 10 号台风"达维"(Damrey)从中国东部沿海登陆后给周边山东、河北和辽宁部分地区带来强降水。但天津地区预计的强降水没有到来,暴雨预报落空,而天津东北方向的河北唐山和秦皇岛地区都出现大暴雨。分析主要原因是"达维"在登陆过程中逐渐呈现出一种不对称结构特征,台风路径左右两侧的降水强度有非常明显的差异。

"达维"于 2012 年 7 月 28 日 20:00(北京时,下同)在西北太平洋海域(25.7°N,147.4°E)生成后往西北方向移动,8 月 1 日 08:00 加强为台风。8 月 2 日 21:30 在中国江苏省响水县陈家港镇登陆,登陆时中心气压 965 hPa,中心最大风速 35 m·s⁻¹,是 1949 年以来首个以台风强度登陆中国长江以北的热带气旋。登陆后 8 月 3 日 09:00 减弱为热带风暴,8 月 4 日 02:00 左右在山东滨州无棣境内进入渤海,之后沿东北路径移动,8 月 4 日 08:00 在河北唐山乐亭东部海面减弱为低压。"达维"登陆后自 8 月 2 日 20:00—4 日 08:00 给台风中心北到东北侧的山东中东部、河北东北部和辽宁中南部地区带来暴雨到大暴雨(图1),国家观测站中 24 h 降水量最大出现在河北秦皇岛为 230 mm,48 h 最大降水量出现在辽宁盖州为 260 mm。渤海海面出现 8~9 级东北风阵风 10~11 级,受持续向岸大风影响天津沿岸出现风暴潮,3 日下午16:20塘沽水位最高达到 5.07 m,超过警戒水位(4.90 m)17 cm。虽然"达维"进入渤海西部后距天津沿海最近只有 60 km 左右,但天津地区并未出现大范围强降水,仅在天津东部的塘沽和大港出现中到大雨,其他地区都是小雨,造成了暴雨预报失误。主要原因是"达维"登陆过程中台风中心西侧和南侧对流云系减弱消失,北到东北侧云系依然旺盛,暴雨主要发生在台风中心的北到东北侧(图1),西侧和南侧降水很少,呈现典型的不对称分布。

2.2 "达维"不对称结构特征

2.2.1 风场特征

"达维"登陆后,在对流层低层风场都存在明显的气旋性环流,但环流中心东侧和北侧的风速明显大于西侧和南侧,也表现出显著的不对称分布特征。3 日 08:00 地面自动站风场填图

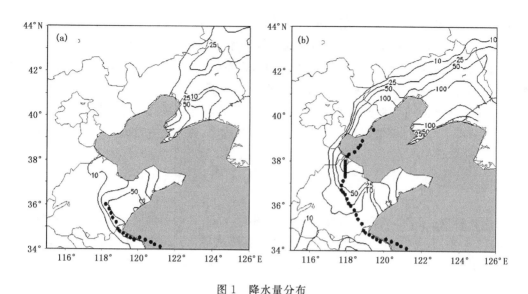

图 1　降水量分布

(a 为 2012 年 8 月 2 日 08:00—8 月 3 日 08:00,b 为 8 月 3 日 08:00—8 月 4 日 08:00;
黑色实心圆点代表每小时台风中心移动位置;单位:mm)

看到地面大风区主要集中在台风中心的北侧和东侧,最大可达 12 m·s⁻¹ 以上,而西侧和南侧
都小于 8 m·s⁻¹,这种分布有利于海上偏东大风的出现。同时 700 hPa 风场显示台风中心东
侧东南风达 24 m·s⁻¹,北侧偏东风达 18 m·s⁻¹,而西侧和南侧的偏北风以及偏西风只有 4～
8 m·s⁻¹。这种从海上输送来的东南急流给台风中心东侧带来充沛水汽,可产生深厚的湿层
和强水汽辐合,并导致不稳定性增强和不稳定能量的积蓄和释放,对该侧降水产生重要影响。

2.2.2　云顶亮温特征

云顶亮温(TBB)可以直接显示对流发展旺盛程度,对降水强弱有重要指示意义。"达维"
在海上时台风结构比较完整,台风眼周围对流云系呈对称的圆形结构,最低 TBB 小于
−60 ℃。随着"达维"向中国沿海靠近,台风中心南侧云系逐渐减弱(图 2a),TBB 小于−32 ℃
的对流云系消失,圆形的对称结构被打破,强降水云系主要分布在中心北到东北侧。"达维"登
陆后,云系结构变得更加松散(图 2b),中心西侧云系 TBB 小于−32 ℃的对流云系也消失,但
东到东北侧对流云系依然密蔽,并在辽东半岛和渤海一带有对流云系生成,与台风云系连成一
片,影响山东中部、渤海和辽宁南部地区。随着"达维"继续北上,TBB 小于−32 ℃的对流云系
集中于中心北到东北侧(图 2c),不对称结构特征愈发明显。在"达维"北上过程中东北侧对流
云系持续移过河北东北部和辽宁中南部地区,造成这些地区的强降水。"达维"靠近山东北部
沿海时(图 2d)台风中心与其东北方向上 TBB 小于−32 ℃的对流云系发生分离,进入渤海后
二者之间距离越来越远,云系强度逐渐减弱,台风消散于渤海海面。另外,雷达反射率拼图(图
略)反映强降水回波也主要出现在台风中心东北方向,西侧和南侧回波很弱或几乎没有降水回
波,表现出一种不对称结构特征。

2.3　不对称结构成因分析

上文展示了"达维"登陆后形成的不对称结构特征,下面从天气形势、水汽输送、冷空气侵
入以及物理量场分析等探寻台风结构及暴雨区非对称分布的成因。

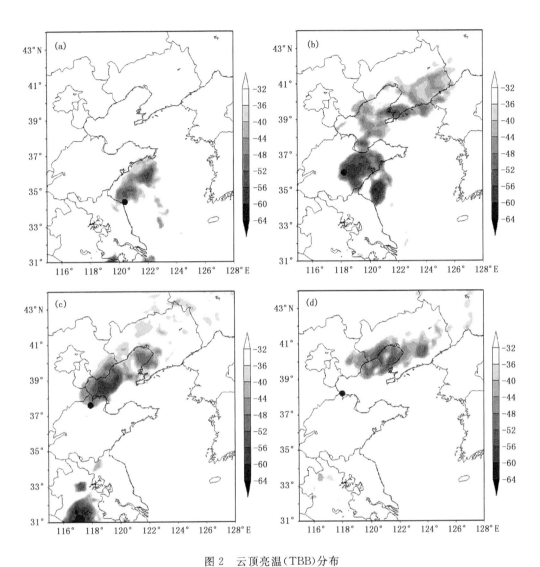

图 2 云顶亮温(TBB)分布

(a 为 2012 年 8 月 2 日 20:00,b 为 3 日 08:00,c 为 3 日 20:00,d 为 4 日 02:00;
黑色实心圆点表示台风中心位置;单位:℃)

2.3.1 中高纬度天气系统

"达维"进入东海后,在副热带高压西南侧和"苏拉"外围气流合并形成的强盛东南气流引导下向西北方向移动,逐渐接近中国沿海地区。此时中国河套地区有一高空槽缓慢东移,槽前有明显的西南气流,槽后有冷空气渗透。"达维"登陆后继续沿西北路径前进,3 日 13:00 之后受副热带高压西侧偏南气流影响向北移动,之后越过副热带高压脊线,在副高西北侧和东移高空槽前西南气流影响下向东北方向移去。"达维"登陆前在 850 hPa 中国内蒙古东部有一温度槽,向西南方向伸展至山东中部,表明低层已有冷空气渗透下来。"达维"台风是暖心结构系统,登陆后北上进入一冷槽中,容易与冷空气产生相互作用,对其结构和强度变化产生影响。并且弱冷空气的入侵,触发了不稳定能量的释放,对暴雨的形成起到关键作用[23]。

2.3.2 水汽输送与下沉暗区侵袭

水汽是大气运动的被动示踪物,能很好的反映大尺度环流及垂直运动特征,研究 FY－2E 水汽图像中水汽型的变化,可以清晰地揭示台风登陆前后非对称结构的演变[11]。8 月 2 日 11:00(图 3a),"达维"位于中国江苏省东部黄海海面上,台风中心附近涡旋云系及外围螺旋云带结构完整,台风东南部有一条宽广的热带水汽羽"A"伸入台风环流中,为其提供充沛的水汽和能量,华南沿海存在台风"苏拉"云系"B",从中国陕西南部至东北地区有一条极锋水汽羽"C"缓慢东移,天津正位于此水汽羽中。水汽羽后为干下沉暗区"D",代表高空槽带来的干冷空气。水汽羽"C"与两台风云系之间为另一狭长的干下沉暗区"E",从山东东部向西南方向伸展至湘桂交界再向东南延伸至南海上空,这一干下沉暗区的存在有效地阻止了南海西北部至中南半岛一带的水汽向台风环流西南侧输送[11]。

2 日 20:00(图 3b),"达维"接近江苏北部沿海,热带辐合带云系依然十分活跃,台风东南方向的水汽羽"A"仍伸至台风环流中。随着干下沉暗区"D"东移,极锋水汽羽"C"在两暗区"D"与"E"的挤压下变得狭窄,而干下沉暗区"E"向东伸出一细支随着台风环流从西往东卷入台风南侧环流中,使得台风中心南侧云系减弱,逐渐破坏台风中心附近环流的准对称结构。

3 日 08:00(图 3c),东南方向热带水汽羽"A"依然旺盛,对于"达维"登陆后强度的迅速减弱起到抑制作用。由于此水汽羽的阻挡作用,代表干冷空气的干下沉暗区"E"的分支没有再继续沿台风环流内伸展,但"E"依然侵入台风中心西侧环流中,破坏中心西侧的云系结构。由于东南水汽羽"A"为"达维"输送水汽和能量,台风中心东侧和北侧云系依然旺盛,且在山东半岛和辽东半岛一带有对流云系生成,合并到台风外围云系中使得台风中心东北部水汽羽更加宽广。另外随着干下沉暗区"D"的继续东移,极锋水汽羽"C"被压缩得更细长,在东北地区的主体逐渐与"达维"水汽羽靠近,有合并一起的趋势。

3 日 20:00(图 3d),"达维"继续北移,由于日本列岛南部强下沉暗区的向西侵袭,东南方向水汽输送带被切断,但从安徽境内的"苏拉"东部伸出一条东南向的水汽羽"F"伸入"达维"环流中,对"达维"中心东北部宽广水汽羽的维持起到重要作用。此时极锋水汽羽"C"已经与台风水汽羽合为广阔的一片水汽羽"G",冷暖交汇在河北东北部和辽宁地区,触发不稳定能量释放引发强降水。两处干下沉暗区"D"和"E"也合二为一"H",干冷空气不断侵袭"达维"中心西侧和南侧,抑制了这两侧对流云系的发展,使得强降水云系主要集中在中心北到东北侧。4 日 03:00"达维"北上进入渤海,"苏拉"已减弱为低压,其外围东南水汽羽"F"也减弱消失,冷空气侵入到"达维"环流内部,破坏其暖心结构,台风中心与水汽羽"G"慢慢远离。由于干冷空气的侵袭,加上渤海海温较低,缺乏有效的水汽和能量供应,"达维"很快在渤海海面消亡。

充足持续的水汽供应是热带气旋维持和发展的必要条件[24],通过连续的水汽图像分析表明,"达维"登陆过程中,先后有赤道辐合带和"苏拉"台风伸出的水汽羽为"达维"东北侧云系的强烈发展源源不断提供能量。而"达维"环流西侧始终维持明显的下沉运动区对应低层干冷空气的活跃[11],阻碍了西南暖湿气流的输送,使"达维"西侧和南侧云系无法维持和发展,转变为不对称结构。水汽通量剖面图(图略)也显示长时间的强水汽输送主要集中在台风中心东侧 4 个经度范围内 500 hPa 以下到近地面层之间。3 日最强水汽通量超过 35 $g \cdot Pa^{-1} \cdot m^{-1} \cdot s^{-1}$,位于 120°E 的附近,超过 20 $g \cdot Pa^{-1} \cdot m^{-1} \cdot s^{-1}$ 的水汽通量可向上扩展到 650 hPa。20:00 比 08:00 有所减弱但依然强盛,带来了充足的水汽和能量,有利于该侧云系维持发展。

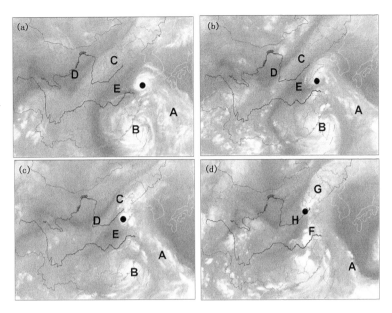

图 3　FY—2E 水汽图像

(a 为 2012 年 8 月 2 日 11:00,b 为 2 日 20:00,c 为 3 日 08:00,

d 为 20:00;黑色实心圆点表示台风中心位置)

2.3.3　中低层冷空气

　　冷空气对热带气旋发生发展及强度结构变化有重要影响[3,25],可以使登陆北上台风由相当正压结构转变为斜压非对称结构[12],由热力基本对称的热带气旋变性为非对称的温带气旋。分析台风中心假相当位温剖面图(图 4)表明,高空槽带来的冷空气(假相当位温的低值区)从西往东从高到低侵入到"达维"环流内部。2 日 20:00(图 4a),117°E 附近存在一假相当位温的低值中心,中心附近最低位温约为 320 K,大约位于 750 hPa 高度上,同时有一冷舌从中心伸向靠近台风方向的低层伸展(图 4 从低到高正涡度区代表台风位置),能看到在 850 hPa 高度上已经有冷空气侵入台风西侧环流。3 日 08 时(图 4b),在台风中心西侧 550 hPa 和 800 hPa 高度上有两个假相当位温的低值中心,最低位温分别为 334 K 和 332 K,位于 116°E 和 113°E 附近。并且也可以发现从 850 hPa 的低值区中伸出一条冷舌随高度降低向东伸展,慢慢靠近台风中心,假相当位温等于 346 K 等值线已越过 116°E。随着"达维"北上,3 日 20 时(图 4c),台风中心西侧高空两个假相当位温低值中心已合并为一处,大约在 113.5°E 附近的 700 hPa 高度上,中心附近位温最小值大约为 330 K。同样看到代表冷空气的一条冷舌从高到低向东侵袭,346 K 线已侵入越过 117°E。而且由于西边冷空气的东移,台风环流内高能区也往东移动渐渐远离台风中心,假相当位温等于 352 K 的等值线已从 3 日 08 时台风中心西侧移到 20 时台风中心东侧。到 4 日 02 时(图 4d),代表冷空气的冷舌已经侵入到台风环流内部,342 K 线越过台风中心,346 K 线在台风内部向上伸展至 850 hPa 高度,352 K 线往东远离台风中心更远。同时在 3 日夜间 500～700 hPa 之间也有冷空气侵入。另外从图中可以看到从 2 日 20 时至 4 日 02:00,台风中心正上方正涡度区范围和强度都减弱许多,表明在冷空气的侵袭下,台风逐渐减弱消散[26]。

2.3.4　动力条件

　　公颖等[27]统计发现辽宁地区约 92% 的暴雨发生在高空急流轴南侧。"达维"登陆后北上

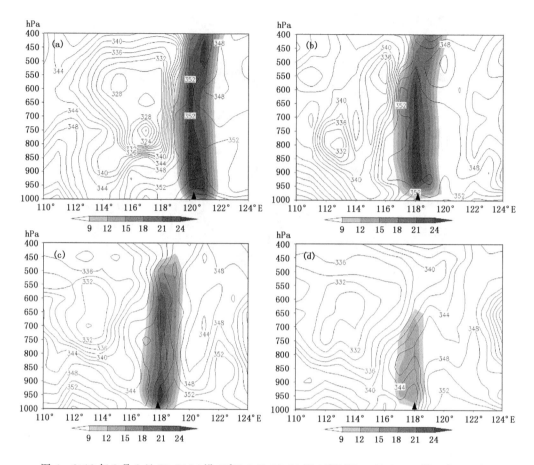

图 4　2012 年 8 月 2 日 20:00(a)沿 35°N、3 日 08:00 沿 36°N(b)、3 日 20:00 沿 38°N(c)和
4 日 02:00 沿 38°N(d)的假相当位温和涡度的经度－高度剖面图
(等值线表示假相当位温,单位为 K;阴影表示涡度,单位为 $1 \times 10^{-5} s^{-1}$;
黑色实心三角表示台风中心位置)

过程中,在中国东北地区 200 hPa 存在西南急流,且从 3 日 08:00 到 20:00 往东北方向移,急
流轴强度明显加强,最大风速由 44 m·s⁻¹ 增大到 56 m·s⁻¹。台风中心东北侧的渤海、河北
东北部及辽宁中南部位于高空急流入口区的右侧,存在明显的高空辐散,高空抽吸作用有利于
低层辐合上升运动的加强和维持[10],而台风中心南侧和西侧高空辐散作用很小,上升运动非
常弱。台风中心附近的垂直速度纬向剖面显示(图略)"达维"登陆时台风环流的上升运动区主
要分布在中心东侧 5 个经度范围内,最强上升速度大约出现在对流层中层 550 hPa 高度上,强
于对流层低层 850 hPa,表明中层湿不稳定,对流运动旺盛[28],易于在台风中心东侧产生强降
水。且"达维"登陆之前台风中心东侧和北侧垂直风切变比较小在 10 m·s⁻¹ 以下(图略,垂直
风切变计算采用李瑞等[18]的方法),而台风中心西侧陆地上有一明显的垂直风切变大值区,最
强达 18 m·s⁻¹,且台风中心东到东北侧有强上升运动,而中心西到西北侧为明显的下沉区,
这种垂直风切变和垂直运动的不对称分布自然对台风结构变化和暴雨落区产生影响。在"达
维"北上过程中弱垂直风切变区域先向西移到山东中部再向东北方向扩展,越过渤海到辽宁中
部,到 3 日夜间台风中心东北侧和东南侧分别有两个垂直风切变低值区,且垂直风切变为 12

的等值线在辽宁和河北东部的走向与暴雨落区非常接近。3 日白天到夜间的垂直速度分布也发现在山东北部、河北东北部、辽宁中南部和渤海地区存在明显上升运动,中心位于辽东湾,可见这段时间内暴雨落区正好位于强上升运动与弱垂直风切变叠加区域内,该区域动力条件有利,水汽向上输送畅通无阻,对流云系发展旺盛,斜压位能得以释放,易造成强降水。天津位于台风路径西侧,没有明显上升运动,垂直风切变强,破坏了水汽输送通道,对流云系发展被抑制,不利于暴雨出现。

3 结论

综合分析了 2012 年第 10 号台风"达维"的不对称结构特征与成因,总结如下:

(1)台风"达维"登陆北上过程中,天津暴雨空报,山东北部、河北东北部和辽宁中南部地区出现大暴雨,主要原因是"达维"登陆后台风环流逐渐表现出一种不对称结构特征,引起暴雨落区不对称分布。

(2)卫星水汽图像能较好揭示这种不对称结构的演变过程,由于台风环流西侧有冷空气下沉暗区的侵入,切断了西南方向水汽输送,使得台风中心西侧和南侧云系减弱消失,而东南侧一直存在一水汽羽环流提供水汽和能量,有利于北到东北侧的对流云系发展,使得台风结构不对称。随后高空槽带来的冷空气侵入台风内部,使其填塞减弱并消失。

(3)假相当位温剖面图能显示冷空气的冷舌在对流层中低层从西往东侵入台风内部过程。

(4)"达维"登陆北上过程中台风中心北到东北部存在强烈高空辐散、弱垂直风切变和强上升运动,加上有利的东南向水汽输送,使得暴雨主要分布在这些地方。

参考文献

[1] 朱乾根,林锦瑞,寿绍文,等.天气学原理和方法(第四版).北京:气象出版社,2007:649.

[2] 周小珊,杨阳,杨森,等.北上热带气旋气候特征分析.气象与环境学报,2007,23(6):1-5.

[3] 陈联寿,孟智勇.我国热带气旋研究十年进展.大气科学,2001,25(3):420-432.

[4] 陶祖钰,田佰军,黄伟.9216 号台风登陆后的不对称结构和暴雨.热带气象学报,1994,10(1):69-77.

[5] 袁金南,周文,黄辉军,等.华南登陆热带气旋"珍珠"和"派比安"的对流非对称分布观测分析.热带气象学报,2009,25(4):385-393.

[6] 吕梅,邹力,姚鸣明,等.台风"艾利"降水的非对称结构分析.热带气象学报,2009,25(1):22-28.

[7] 张建海,于忠凯,何勇.两个路径相似台风暴雨过程的模拟分析.热带气象学报,2010,26(4):392-400.

[8] 朱佩君,郑永光,郑沛群.华东登陆台风的对流非对称结构分析.热带气象学报,2010,26(6):652-658.

[9] 周玲丽,翟国庆,王东海,等.0713 号"韦帕"台风暴雨的中尺度数值研究和非对称性结构分析.大气科学,2011,35(6):1046-1056.

[10] 何立富,尹洁,陈涛,等.0509 号台风麦莎的结构与外围暴雨分布特征.气象,2006,32(3):93-100.

[11] 王瑾,柯宗建,江吉喜."麦莎"台风暴雨落区非对称分布的诊断分析.热带气象学报,2007,23(6):563-568.

[12] 狄利华,姚学祥,解以扬,等.冷空气入侵对 0509 号台风"麦莎"变性的作用.南京气象学院学报,2008,31(1):18-25.

[13] MERRILL R. Environmental influences on hurricane Intensification. *J Atmos Sci*,1988,**45**,1678-1687.

[14] DEMARIA M. The effect of vertical shear on tropical cyclone intensity change. *J Atmos Sci*,1996,**53**(14):2076-2087.

[15] Frank W M, Ritchie E A. Effects of vertical wind shear on hurricane intensity and structure. *Mon Wea Rev*, 2001, **129**(9):2249-2269.

[16] 余晖, 费亮, 端义宏. 8807 和 0008 登陆前的大尺度环境特征与强度变化. 气象学报, 2002, **60**(增刊): 78-87.

[17] Corbosiero K L, Molinari J. The effects of vertical wind shear on the distribution of convection in tropical cyclones. *Mon Wea Rev*, 2002, **130**(8):2110-2122.

[18] 李瑞, 吕淑琳, 周春珍, 等. 环境风垂直切变对 0908 号台风"莫拉克"影响的分析. 海洋科学进展, 2011, **29**(3):307-313.

[19] 梁军, 陈联寿, 李英, 等. 影响辽东半岛的热带气旋降水分析. 热带气象学报, 2006, **22**(1):41-48.

[20] 李彩玲, 寿绍文, 陈艺芳. 台风"风神"暴雨落区的诊断分析. 热带气象学报, 2010, **26**(2):250-256.

[21] 崔晶, 张丰启. 冷空气侵入对启德台风降水的作用分析. 山东气象, 2002, **89**(3):19-21.

[22] 罗碧瑜, 张晨辉, 李源峰, 等. 2006 年台风"碧利斯"和"格美"的降水差异比较. 海洋科学进展, 2009, **27**(1):74-80.

[23] 李江南, 王安宇, 杨兆礼, 等. 台风暴雨的研究进展. 热带气象学报, 2003, **19**(增刊):152-159.

[24] 刘彬贤, 于玉斌, 吕江津. 热带气旋"尤特"(2006)南海突然减弱的机理分析. 气象与环境学报, 2010, **26**(4):28-34.

[25] 于玉斌. 冷空气影响热带气旋发生发展的研究进展. 海洋学报, 2012, **34**(3):174-178.

[26] 陆佳麟, 郭品文. 入侵冷空气强度对台风变性过程的影响. 气象科学, 2012, **32**(4):355-364.

[27] 公颖, 陈力强, 隋明. 2001—2010 年辽宁区域性暴雨阶段性特征. 气象与环境学报, 2011, **27**(6):14-19

[28] 梁军, 陈联寿, 李英, 等. 北上变性热带气旋对辽东半岛降水的影响. 热带气象学报, 2008, **24**(5):449-458.

两次西行热带气旋影响云南的诊断分析

钟爱华[1]　周　泓[2]　赵付竹[3]　杨素雨[4]　严直慧[5]

(1.云南省大理州气象局,大理 671000;2.云南省玉溪市气象局,玉溪 653100;3.海南省气象台,海口 570100;
4.云南省气象台,昆明 650091;5.云南省文山州气象局,文山 663000)

摘　要

运用中央台台风实时主观定位数据、云南国家气象站降水实况和 NCEP 2.5°×2.5° 6 h 再分析资料,对比分析了 2012 年第 13 号 TC"启德"和 2013 年第 9 号 TC"飞燕"影响低纬高原云南的路径、环流场、云图、水汽条件、动力条件等特征。结果表明:尽管"启德"从自身的强度、水汽通量辐合强度、上升运动、低层辐合高层辐散程度等方面强于"飞燕",但"飞燕"影响云南期间,副热带高压呈块状,脊点偏东,移动路径是西北路径,在自东向西影响云南过程中于滇中至滇西南一带生成一条对流云系,最终"飞燕"给云南带来的降水范围更广。西行热带气旋影响云南时,对副热带高压的位置和 TC 移动路径的预报是非常重要的方面,对预报西行热带气旋影响云南降水的强度和范围具有较强的指示意义。

关键词:西行热带气旋　强降水　诊断分析

0　引言

云南地处低纬高原,但几乎每年都受到西行热带气旋的影响[1]。近年来郭荣芬、许美玲、尤红、鲁亚斌等[1-10]气象工作者在西行热带气旋影响云南方面做了很多细致的研究,得到不少有意义的结论。许美玲等[3]指出,西行台风在两广登陆后继续西行,或穿过海南岛进入北部湾在越南北部登陆对云南会产生较大影响,是云南产生暴雨的主要天气系统之一。他们[3]利用历史西行台风资料统计发现,进入 18°N 以北,110°E 以西的关键区域的 TC 对云南省才会产生影响,并按影响程度把该关键区划分为关键区Ⅰ、关键区Ⅱ和关键区Ⅲ。统计分析表明进入关键区Ⅲ(即 20°N 以北、105°E 以西的区域)的西行台风对云南的影响最大,进入这个区域的 TC 将对云南大部地区造成影响,特别是滇南部分地区,几乎每次进入关键区Ⅲ的 TC 都会造成滇南出现大到暴雨。2012 年第 13 号 TC"启德"和 2013 年第 9 号 TC"飞燕"均生成于盛夏 8 月,它们均进入西行台风影响云南的关键区Ⅲ,同样造成云南南部地区的大到暴雨,但是它们的生成源地不同,强度也不一致,本文以上述两个 TC 为例,对其路径、移动速度、环境场、物理量场、云图等进行对比分析,探讨西行台风对云南降水的影响机制,为做好西行台风登陆低纬高原产生的降水预报提供一些参考。

本文所用西太平洋热带气旋(TC)路径资料取自中央台的台风实时主观定位数据,24 h 警戒区内时间间隔为 1 h。云南国家气象站降水实况,NCEP 2.5°×2.5° 6 h 再分析资料。

1　两个 TC 活动及云南降水实况对比

2012 年第 13 号台风"启德"于 8 月 13 日 08:00 在台湾鹅銮鼻东南方约 920 km 的西北太

平洋洋面上生成,就是 16.9°N,127.8°E,中心附近最大风力有 8 级(18 m·s⁻¹),中心最低气压为 998 hPa。14 日 23:00 在菲律宾吕宋岛近海加强为强热带风暴,15 日 04:00 前后在菲律宾吕宋岛帕拉南附近沿海登陆,登陆时中心附近最大风力有 10 级(25 m·s⁻¹),中心最低气压为 988 hPa。登陆后的"启德"强度未减,继续加强,并于 15 日 17:00 进入南海东北部海面,逐渐向广东沿海靠近。16 日 05:00,"启德"在南海北部海面加强为台风,其中心位于广东省湛江市东偏南方 870 km 的海面上,就是 18.7°N,118.2°E,中心附近最大风力有 12 级(33 m·s⁻¹),中心最低气压为 975 hPa。17 日 12:30 前后在广东省湛江市麻章区湖光镇沿海二次登陆。17 日 17:00,"启德"中心位于广西省防城港市东偏南大约 70 km 的北部湾北部海面上,中心附近最大风力 12 级(33 m·s⁻¹),17 日 21:00 前后,以台风强度在中越边境交界处沿海三次登陆。登陆中越边境后,"启德"18 日凌晨在越南东北部地区减弱为热带风暴,14:00减弱为热带低压,中心位于越南北部老街省境内,即 22.3°N,104.1°E,中心附近最大风力有 7级(15 m·s⁻¹),17:00 对其停止编号(图 1a)。受其影响,云南南部出现大到暴雨(图 2a)。

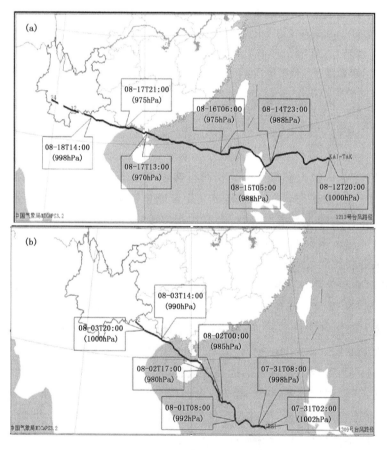

图 1 TC 移动路径图

(a 为"启德",b 为"飞燕";虚线部分为停止编报后热带低压移动路径;括号内为 TC 中心气压)

2013 年第 9 号热带气旋飞燕于 7 月 31 日 02:00 在南海生成,就是 14.7°N,116.3°E,中心附近最大风力有 7 级(15 m·s⁻¹),中心最低气压为 1002 hPa,生成时强度为热带低压。7 月

31 日 08:00 南海热带低压加强为热带风暴,位于 14.9°N,东经 115.8°E,中心附近最大风力有 8 级(18 m·s⁻¹),中心最低气压为 998 hPa,其中心位于海南省文昌市东南方约 740 km 的南海中部海面上。随后热带风暴以 10 km 左右的时速向西北方向移动,逐渐趋向海南东部和粤西海面,强度继续加强。8 月 1 日 05:00 热带风暴"飞燕"的中心位于海南省文昌市东南方约 580 km 的南海中部海面上,就是 15.3°N,113.9°E,中心附近最大风力有 9 级(23 m·s⁻¹),中心最低气压为 992 hPa。飞燕继续向西北方向移动,强度继续加强。8 月 2 日 00:00,飞燕位于 16.8°N,112.8°E,中心附近最大风力有 10 级(25 m·s⁻¹),中心最低气压为 985 hPa,强度加强为强热带风暴。8 月 2 日 17:00,强热带风暴"飞燕"的中心位于海南省文昌市东南方约 60 km 的海南东北部近海海面上,就是 19.2°N,111.2°E,中心附近最大风力有 11 级 (30 m·s⁻¹),中心最低气压为 980 hPa,7 级风圈半径 300 km,10 级风圈半径 50 km。随后 "飞燕"横穿海南省北部地区,于 3 日凌晨移入北部湾东部海面。3 日 14:00 其中心位于 21.7°N,106.8°E,中心附近最大风力有 9 级(23 m·s⁻¹),中心最低气压为 990 hPa,强度减弱为热带风暴。热带风暴"飞燕"于 8 月 3 日 20:00 其中心位于在越南北部宣光市境内,就是 22.3°N,105.3°E,中心附近最大风力有 7 级(16 m·s⁻¹),中心最低气压为 1000 hPa,减弱为热带低压,之后其强度持续减弱,已很难确定其环流中心,3 日 23:00 中央气象台对其停止编号(图 1b)。受其影响,云南南部出现大到暴雨,中部出现中到大雨(图 2b)。

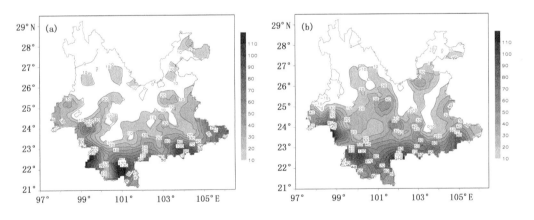

图 2 云南降水分布(单位:mm)

(a 为 2012 年 8 月 17 日 20:00—8 月 19 日 20:00,b 为 2013 年 8 月 3 日 08:00—8 月 5 日 08:00)

对比 2012 年第 13 号 TC"启德"和 2013 年第 9 号 TC"飞燕"两个 TC 活动及影响(表 1),两个 TC 有相同之处:(1)均进入了西行台风影响云南的关键区Ⅲ;(2)影响云南的时间相同,均在盛夏 8 月,并且影响云南的时间均为 2 d。而不同点在于:(1)它们的生成源地不同,启德生成于菲律宾以东洋面,飞燕则生成于南海中部海域;(2)移动路径不同,启德的移动路径是偏西路径,而飞燕的移动路径是西北路径;(3)强度不同,启德最终发展为台风,飞燕仅发展为强热带风暴;(4)对云南的影响略有不同,启德和飞燕均造成云南南部地区的大到暴雨天气,但飞燕还造成了云南中部的降水天气。

表1 西行 TC 强度、源地及影响云南情况对比

名称	TC 级别	源地	路径	最低气压/hPa	最大风力	影响时段	强降水站数/站	过程最大降水量/mm	影响范围
启德	台风	菲律宾以东洋面	偏西路径	968	13 级 (40 m·s⁻¹)	2012 年 8 月 17 — 19 日	大雨 20,暴雨 13,大暴雨 3	西双版纳州景洪市 118.8	滇南及滇中部分地区
飞燕	强热带风暴	南海中部海域	西北路径	980	11 级 (30 m·s⁻¹)	2013 年 8 月 3 — 5 日	大雨 27,暴雨 17,大暴雨 2	临沧市镇康县 116.7	滇中及滇南地区

2 大尺度环流形势特征

2.1 500 hPa 环流形势特征

西太平洋台风的移动,主要受西太平洋副热带高压和西风带环流的影响[1]。分别取强降水明显时段进行对比分析,发现在上述两个 TC 影响云南期间,天气系统的配置存在诸多相同之处,也有不同之处。"启德"影响云南期间 8 月 17 日 20:00(图 3a),500 hPa 上青藏高原上的大陆高压位置偏西,东伸脊点位于 92°E 附近,西太平洋副热带高压(以下简称副高)为带状,西伸脊点位于 102°E,脊线位于 30°N 附近,此时的 TC 位于副高的西南侧,强度为台风,副高西南侧为东南风到偏东风,引导气流有利于登陆后的台风向西移动。17 日 21:00 前后,启德以台风强度在中越边境交界处沿海第三次登陆。而"飞燕"影响云南期间 8 月 3 日 08:00(图 3b),500 hPa 上青藏高原上的大陆高压位置偏东,东伸脊点位于 100°E 附近,副高为块状,西伸脊点位于 110°E,脊线位于 30°N 附近,登陆后的 TC 位于副高的西侧,副高西侧为偏南风,引导气流有利于减弱后的热带低压向西北方向移动。

随着 TC 的登陆,两个 TC 强度均有明显的减弱,登陆中越边境后,"启德"18 日凌晨在越南东北部地区减弱为热带风暴,14:00 减弱为热带低压,而"飞燕"于 3 日 14:00 减弱为热带风暴,20:00 减弱为热带低压。从强度上启德减弱后的热带低压还是比飞燕的要强一些。启德影响云南期间 8 月 18 日 08:00(图 3c),青藏高原上大陆高压少动,副高西伸,减弱的热低压继续西移,云南自东向西出现明显降水。飞燕影响云南期间 8 月 3 日 20:00(图 3d),青藏高原上大陆高压加强东伸,副高同样加强西伸,两高间的辐合区变窄,位于四川东部,减弱的热低压西北移受阻,强度迅速减弱,已画不出明显的低压中心,同样云南自东向西出现了明显的降水。2012 年 8 月 18 日 20:00(图 3e)后随着副高的不断增强西伸,降雨区由滇东南渐渐转到滇西南,降雨区的位置与低压减弱后形成的低压倒槽东南气流的位置相对应,东南气流给降雨区带来能量和水汽。2013 年 8 月 4 日 08:00(图 3f)后受西伸副高的推挤,低压倒槽位于滇中及以西地区,副高西侧的偏南风分量比较大,给滇中输送了大量饱含不稳定能量和水汽的东南气流和偏南气流,造成了楚雄一带的降水。两个 TC 影响云南的后期(图略),副高均不断西伸,588 dagpm 渐渐由滇东向西推进,最终将热带低压倒槽挤出云南,整个云南被高压控制,TC 的影响趋于结束。

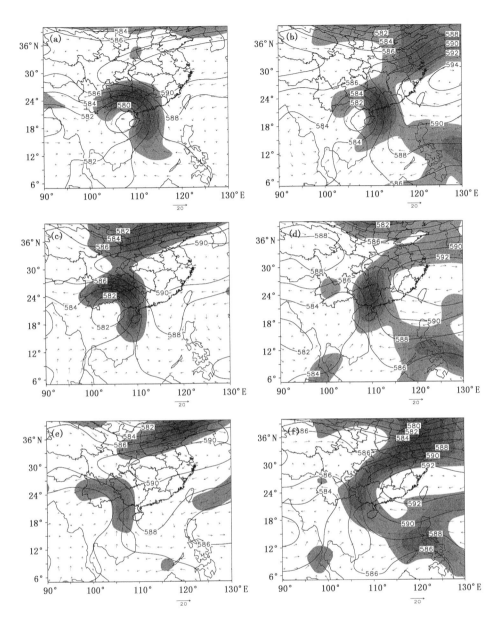

图 3　500 hPa 位势高度场和风场（阴影区为风速≥10 m·s⁻¹的大风速区）

（a 为 2012 年 8 月 17 日 20：00，b 为 2013 年 8 月 3 日 08：00，c 为 2012 年 8 月 18 日 08：00，

d 为 2013 年 8 月 3 日 20：00，e 为 2012 年 8 月 18 日 20：00，f 为 2013 年 8 月 4 日 08：00）

2.2　低层环流形势特征

由 700 hPa 风场可以看到（图 4），两个 TC 倒槽影响云南期间，低层环流形势相似。副高控制着华南大部，相较而言，"启德"影响期间，副高呈带状，位置偏北，强度偏弱，而"飞燕"影响期间，副高呈块状，位置偏南，强度偏强。两个 TC 均位于副高的西侧或西南侧，均有明显的偏东暖湿气流源源不断地提供水汽。两个 TC 登陆的地点极其相似。"启德"影响期间，由于其强度比"飞燕"强，其低层的偏东风风速也较大。除了来自减弱的热带气旋自身的水汽外，两个 TC 影响云南期间，都有来自孟加拉湾的低空急流将水汽经由中南半岛南部补充进入低压倒

槽的东侧。这就使得虽然由于摩擦作用使热带低压不断减弱,但仍在云南南部地区造成比较强的降水。不同的是"启德"低层的西南低空急流出现得早一些,在低压环流仍完整的8月18日14:00(图4c)就已存在,"飞燕"的西南低空急流则在影响云南的后期8月5日02:00才建立。"飞燕"影响期间,由于副高西侧的偏南气流较强,大量的水汽和能量被输送到两广、湖南和江西,"启德"的水汽和能量更多输送到广西境内和云贵川。此外,相比之下,"启德"的低压环流形势比"飞燕"维持的时间更长一些。两个TC影响后期,低压倒槽自东向西移出云南,云南大部转为来自孟加拉湾的西南气流和偏南气流控制。

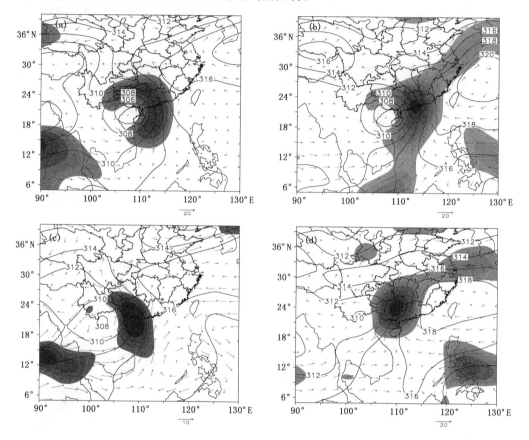

图4 700 hPa 位势高度场和风场(阴影区为风速≥10 m·s⁻¹的大风速区)

(a 为 2012 年 8 月 17 日 20:00,b 为 2013 年 8 月 3 日 08:00,c 为 2012 年 8 月 18 日 14:00,

d 为 2013 年 8 月 4 日 20:00)

3 卫星云图特征

云图(图5)分析表明,"启德"登陆减弱后的对流云系自东向西影响了云南的南部边缘地区,强度渐渐减弱。"飞燕"的外围云系自东向西影响了云南滇中以南大部地区。两个TC活动给云南带来的强降水都产生在相当黑体亮温梯度最大的区域。"启德"影响期间,明显的对流云系位置偏南,中心温度为200 K的冷云区主要位于云南南侧的越南等地,而"飞燕"影响期间,对流云系位置偏北,中心温度为200 K冷云区直接影响了滇西南。这主要与"飞燕"的西北移动路径有关,且"飞燕"云系在西北移动的过程中,于8月4日14:00在滇中至滇西南一线重新形成了一条中心温度为 240 K 对流云带,正是这条云带造成了滇中地区的降水。从而使得强度不及"启德"的"飞燕"减弱后的热带低压在云南造成范围更广的降水。

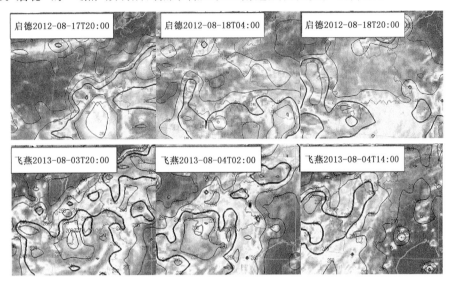

图 5　两个 TC 影响期间 FY－2E 红外云图和相当黑体亮温(单位:K)合成图

4　水汽条件

分析发现,在两个 TC 登陆前后对流层中低层均保持较大的水汽输送。在 850 hPa 水汽通量散度的分布图(图 6)上,"启德"影响云南期间 2012 年 8 月 18 日 08:00(图 6a)云南除滇西北以外的大部地区是水汽通量的强辐合区,辐合中心的强度达-35×10^{-7}g·cm^{-2}·hPa^{-1}·s^{-1},水汽主要来自于南海洋面和孟加拉湾北部。"飞燕"影响云南期间 2013 年 8 月 4 日 02:00(图 6b)几乎整个云南都是水汽通量的强辐合区,辐合中心的强度同样达-35×10^{-7}g·cm^{-2}·hPa^{-1}·s^{-1},水汽也来自于南海洋面和孟加拉湾北部。因此,两个 TC 登陆后对流层中低层的水汽主要来自于其本身的水汽、南海洋面的水汽和孟加拉湾输送的水汽,强水汽辐合中心与强降水时段对应。

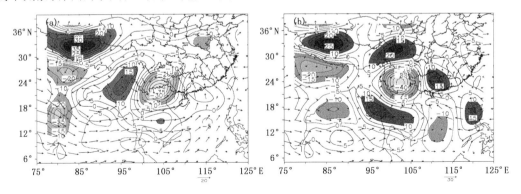

图 6　850 hPa 水汽通量散度

(a 为 2012 年 8 月 18 日 08:00,b 为 2013 年 8 月 4 日 02:00;等值线和阴影表示水汽通量散度,

箭头表示水汽通量矢量;单位:10^{-7}g·cm^{-2}·hPa^{-1}·s^{-1})

从表1可以看出,"启德"给云南造成的过程最大降水量为118.8 mm,在西双版纳州景洪市(22°N,100.8°E),而"飞燕"的过程最大降水量为116.7 mm,在临沧市镇康县(23.7°N,98.8°E),文中使用的是NCEP 2.5°×2.5° 6 h间隔再分析资料,因此,选取点(22.5°N,100°E)作为参考点,绘制台风暴雨区的水汽通量散度的时间—高度剖面图(图7)。可以看出,两次TC影响云南期间,强水汽辐合柱均从近地层伸展至700 hPa,最强的水汽辐合中心都在900～850 hPa,水汽辐合顶最高都在650 hPa附近。不同的是"启德"的强水汽辐合中心值达-42×10^{-7}g·cm^{-2}·hPa^{-1}·s^{-1},"飞燕"的强水汽辐合中心值为-36×10^{-7}g·cm^{-2}·hPa^{-1}·s^{-1}。"启德"的强水汽辐合中心之上的对流层中上层伴随一个强度为10×10^{-7}g·cm^{-2}·hPa^{-1}·s^{-1}的水汽辐散中心,而"飞燕"的强水汽辐合中心之上仅有弱的水汽辐散。随着降水的减弱,两次TC对流层中下层的水汽辐合迅速减弱,"飞燕"的对流层中下层水汽在减弱过程中出现一个小的辐合中心,随后整层水汽均转为辐散。

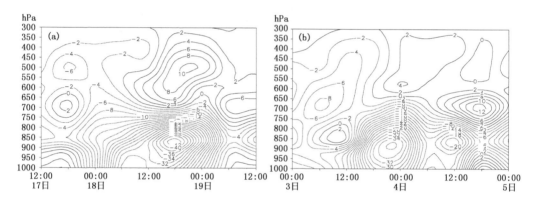

图7 格点(100°E,22.5°N)的水汽通量散度时间—高度剖面
(a为"启德",b为"飞燕";单位:10^{-7}g·cm^{-2}·hPa^{-1}·s^{-1})

5 动力条件

垂直运动不仅会引起水汽、热量、动量、涡度等垂直输送,而且与大气的绝热变化和水平辐合辐散运动配合,可引起湿度、温度、涡度的变化,对天气系统的发生、发展有很大作用。因此,垂直速度是天气分析和预报中最常用的物理量之一[2]。选取点(100°E,22.5°N)作为参考点,绘制台风暴雨区的散度和垂直速度的时间—高度剖面图(图8)。可以看出,两个TC影响云南过程中暴雨区格点的上升运动明显,且中心强度强。"启德"上升运动中心强度为-44×10^{-3}hPa·s^{-1},"飞燕"的上升运动中心强度要相对弱一些,为-36×10^{-3}hPa·s^{-1}。从散度的时间—高度分布看出,配合上升运动有低层辐合,高层辐散的散度场配置。这样的高低空配置,更有利于抽吸运动。且结合雨量分析,在强降水发生时段,垂直运动提供了有利的动力机制,上升运动释放了不稳定能量,低层辐合高层辐散的散度场配置时间与强降水时段吻合。比较两次TC发现,"启德"的上升运动强于"飞燕",散度场上"启德"低层辐合区上空是强度相当的辐散场,而"飞燕"低层辐合区上空的辐散场比低层辐合强度弱很多,这就表明"飞燕"影响云南期间抽吸作用没有"启德"的强。

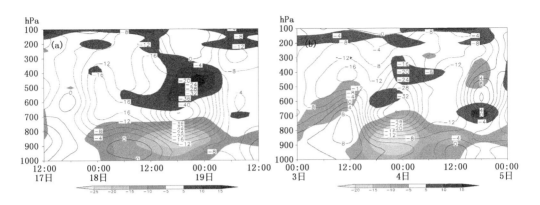

图 8 格点(100°E,22.5°N)的散度和垂直速度的时间－高度剖面

（a 为"启德"，b 为"飞燕"；等值线表示垂直速度，单位：10^{-3}hPa·s^{-1}，阴影表示散度，单位：$10^{-6}s^{-1}$）

6 结论与讨论

（1）201213 号 TC"启德"和 201309 号 TC"飞燕"两个 TC 均进入了西行台风影响云南的关键区Ⅲ（即 20°N 以北，105°E 以西的区域），它们影响云南均在盛夏且维持时间都为 2 d。不同点在于：它们的生成源地不同，"启德"生成于菲律宾以东洋面，"飞燕"则生成于南海中部海域；且移动路径不同，"启德"的移动路径是偏西路径，而"飞燕"的移动路径是西北路径；强度不同，"启德"最终发展为台风，"飞燕"仅发展为强热带风暴；对云南的影响略有不同，"启德"和"飞燕"均造成云南南部地区的大到暴雨天气，但"飞燕"还造成了云南中部的降水天气。

（2）"启德"影响云南期间 500 hPa 上青藏高原上的大陆高压位置偏西，东伸脊点位于 92°E 附近，西太平洋副热带高压为带状，西伸脊点位于 102°E，脊线位于 30°N 附近，引导气流有利于登陆后的台风向西移动。而"飞燕"影响云南期间 500 hPa 上青藏高原上的大陆高压位置偏东，东伸脊点位于 100°E 附近，副高为块状，西伸脊点位于 110°E，脊线位于 30°N 附近，引导气流有利于减弱后的热带低压向西北方向移动。

（3）两个 TC 登陆前后对流层中低层均保持较大的水汽输送。登陆后对流层中低层的水汽主要来自于其本身的水汽、南海洋面的水汽和孟加拉湾输送的水汽，强水汽辐合中心与强降水时段对应，且强降水都产生在相当黑体亮温梯度最大的区域。不同点在于，"飞燕"的对流云系比"启德"偏北一些，冷云区直接影响了滇西南。"飞燕"云系在西北移动的过程中，在滇中至滇西南一线重新形成了一条对流云带，正是这条云带造成了滇中地区的降水。

（4）两个 TC 登陆后对流层中低层的水汽主要来自于其本身的水汽、南海洋面的水汽和孟加拉湾输送的水汽，强水汽辐合中心与强降水时段对应。两次 TC 影响云南期间，强水汽辐合柱均从近地层伸展至 700 hPa，最强的水汽辐合中心都在 900～850 hPa，水汽辐合顶最高都在 650 hPa 附近。不同的是"启德"的水汽辐合比"飞燕"更强。

（5）两个 TC 云南过程中暴雨区的上升运动明显，且中心强度强。散度场上低层辐合，高层辐散有利于抽吸运动。且"启德"的上升运动强于"飞燕"，散度场上"启德"的高空辐散场也强于"飞燕"。

对比分析了两次移动路径不一致的 TC，发现尽管"启德"从自身的强度、水汽通量辐合强度、上升运动、低层辐合高层辐散程度等方面强于"飞燕",但"飞燕"影响云南期间,副热带高压呈块状,脊点偏东,移动路径是西北路径,在自东向西影响云南过程中于滇中至滇西南一带生成一条对流云系,最终"飞燕"给云南带来的降水范围更广,强度相当。因此,西行热带气旋影响云南时,对副热带高压的位置和 TC 移动路径的预报是非常重要的方面,对预报西行热带气旋影响云南降水的强度和范围具有较强的指示意义。

参考文献

[1] 郭荣芬,肖子牛,李英.西行热带气旋影响云南降水的统计特征.热带气象学报,2010,**26**(6):680-686.

[2] 郭荣芬,肖子牛,陈小华,等.两次西行热带气旋影响云南降水对比分析.应用气象学报,2010,**21**(3):317-328.

[3] 许美玲,段旭,杞明辉,等.云南省天气预报员手册.北京:气象出版社,2011:72-84.

[4] 郭荣芬,鲁亚斌,李燕,等."伊布都"台风影响云南的暴雨过程分析.高原气象,2005,**24**(5):784-791.

[5] 尤红,周泓,李艳平,等.0906 号台风"莫拉菲"大范围暴雨过程诊断分析.暴雨灾害,2011,**30**(1):1-6.

[6] 尤红,王曼,曹中和,等.0604 号台风"碧利斯"持久不消及造成云南暴雨成因分析.台湾海峡,2008,**27**(2):7-16.

[7] 鲁亚斌,普贵明,解明恩,等.0604 号强热带风暴碧利斯对云南的影响及维持机制.气象,2007,**33**(11):49-57.

[8] 李英,陈联寿,徐祥德.水汽输送影响登陆热带气旋维持和降水的数值试验.大气科学,2005,**29**(1):91-98.

[9] 李英,陈联寿,王继志.登陆热带气旋长久维持与迅速消亡的大尺度环流特征.气象学报,2004,**62**(2):167-179.

[10] 李英,陈联寿,徐祥德.登陆热带气旋维持的次天气尺度环流特征.气象学报,2004,**62**(3):257-268.

[11] 孙建华,赵思雄.登陆台风引发的暴雨过程之诊断研究.大气科学,2006,**64**(1):228-234.

[12] 孙瑞,杨松福,黄海波.两次单纯西行台风低压降水对比分析.广西气象,2006,**27**(增刊Ⅲ):13-14.

不同天气形势下青岛沿海海雾特征

高荣珍　王建林　任兆鹏　李　欣　郝　燕

(青岛市气象局,青岛 266003)

摘　要

本文对 2006－2013 年每年 4 到 8 月青岛沿海海雾进行了分析。青岛沿海海雾可分为海上高压后部型、低压倒槽前部型、均压场型和鞍型场型四类,其中以前两者为主。低压倒槽前部型、均压场型以及鞍型场型海雾持续时间多为 2～6 h,海上高压后部型海雾持续时间分布较其他类型相对平均,2～6 h、6～12 h、12～24 h 海雾均在 25％～30％。低压倒槽前部型、海上高压后部型、均压场型海雾均以浓雾级别为主,能见度与湿层厚度、逆温强度无显著线性相关。低压倒槽前部型和海上高压后部型海雾湿层厚度多在 50 m 以上,均压场型海雾湿层厚度小于 50 m 的比例有所增加,鞍型场型海雾湿层厚度均在 250 m 以下。低压倒槽前部型、海上高压后部型南风持续 1～3 d 内出现海雾几率达 85％以上,均压场形势下南风持续不足 1 天出现海雾几率达 55％,鞍型场形势下出现海雾则要南风持续 2～3 d 以上。

关键词:青岛沿海海雾　不同天气形势　持续时间　湿层厚度

0　引言

海雾是对海洋上雾的统称[1]。青岛位于黄海之滨,每年春夏季黄海海雾频发时期,在适宜的条件下,海雾能够深入陆地影响到青岛及其沿海地区,严重影响了海陆空交通的正常运行,从而加大了各类交通事故的发生概率。而且,研究表明黄海海雾有逐年递增的趋势[2],这在一定程度上也加大了对青岛沿海地区影响的可能性。

海雾是在特定的气象条件下形成的[3－5],存在显著的局地性特征。根据形成机理,可将黄海海雾分为平流雾、辐射雾、混合雾,其中以平流冷却雾为主[1,6],为此本文研究对象为青岛沿海平流海雾。不同海域出现海雾的天气形势是不同的。杨中秋[7]等通过对舟山地区春季海雾的分析,指出舟山海雾是由西南或者东南暖气流在冷海面上平流冷却形成的,有利的天气形势有鞍型场、冷锋、气压东高西低、切变线和弱低压的暖区。黄彬[2]等基于黄海海雾天气过程发生的大尺度环流形势,将黄海海雾划分为冷锋型、高压后部型和均压场型三种天气类型。江敦双[8]等基于地面形势,将青岛平流海雾分为入海高压后部型和低压或倒槽的前部型及均压场型三类。关于黄海海雾或青岛沿海海雾气候特征的相关研究很多[2,9],但对于不同天气形势下海雾特征的研究较少。每年的 4－7 月是青岛海雾的频发期,在这期间的平均总雾日数占全年的 67.2％[8]。为此,本文旨在研究 4－8 月不同天气形势下青岛沿海海雾的特征,为提高不同天气形势下海雾预报水平提供一些参考依据。

1　资料与方法

本文所用资料包括 2006－2013 年青岛市伏龙山站(距海边 2～3 km)人工观测记录、地面常规观测以及 2011—2013 年青岛沿海太平角站(距海边不足 1 km)、环胶州湾地区 14 站能见度监测资料,伏龙山站每天 08:00、20:00 L—radar 探测资料,并将其利用探空软件处理为等 50 m 高度资料,计算了湿层(相对湿度≥90%)厚度、2 km 以下逆温层强度等。

首先是基于伏龙山站每年 4—8 月人工观测记录对大雾过程进行普查,结合沿海太平角自动站能见度监测信息,根据成雾时地面天气图确定出雾的类型,在此基础上排除降水雾、锋面雾之后的大雾过程确定为海雾。参考 Tardif 和 Rasmussen 提出的大雾过程标准[10],打破 20:00—20:00 日界,确定了 2006—2013 年 4—8 月影响到青岛市区的海雾过程共计 220 次,平均每年 27.5 次。针对每次海雾过程,统计了成雾时地面形势、海雾持续时间、最小能见度、湿层厚度、逆温强度等,针对连续性海雾过程(指连续几天出现海雾,但每天有生消),对初日海雾南风持续时间也进行了统计,最后对上述统计信息进行分类统计。

2 不同天气形势下青岛沿海海雾特征分析

本文基于海雾形成时地面形势将青岛沿海海雾划分为海上高压后部型、低压倒槽前部型、均压场型和鞍型场型四类。均压场和鞍型场尽管都是同属于弱天气形势,但均压场多指同一气团控制下,鞍型场则属不同气团交界形成的,因此本文没有将鞍型场合并到均压场。

统计结果表明,青岛沿海海雾以海上高压后部型和低压倒槽前部型海雾为主,均压场、鞍型场型海雾较少,所占比例分别为 55%,30%,12% 和 2%(图略)。以往研究多关注前三种天气形势的海雾[8],鞍型场型海雾很少有提及,尽管这种天气形势下出现海雾的几率较小,但易漏报,有一定的预报难度。

2.1 不同天气形势下海雾出现时间特征

结果表明,除 7 月外,每月海上高压后部型海雾最多,低压倒槽前部型海雾次之,尤其 5,6 月 60%～70% 海雾为海上高压后部型,7 月两者所占比例相当,低压倒槽前部型海雾增多。均压场型海雾每月均有,4—7 月每月占 10% 左右。8 月均压场型、鞍型场型海雾所占比例略有增加。基于海雾类型的统计结果也基本如此,低压倒槽前部型海雾主要出现在 6—7 月,占 68%;海上高压后部型海雾主要出现在 5—7 月,占 84%(图略)。

2.2 不同天气形势下海雾持续时间特征

每次海雾过程持续时间可长可短。2006—2013 年 4—8 月的统计结果表明,青岛沿海海雾持续时间在 0.7～51.3 h 范围内,参照魏建苏等[11]对雾日持续时间的分级,本文将其分为 5 个等级。统计结果表明,持续时间 2～6 h 海雾最多达 34.5%,6—12 h 海雾占 24.1%,12～24 h 海雾占 20.9%,2 h 以下及 24 h 以上海雾分别占 15.5% 和 5%。可见,青岛沿海与江苏沿海海雾持续时间分布特征有明显不同[11],表明了海雾的区域性特征。另外,与文献[1]中提到的青岛海雾持续时间一般在 2～4 h 之内有所不同,表明近年来海雾较 30～40 年前持续时间略有增长。

不同天气形势下青岛沿海海雾持续时间分布如图 1 所示,低压倒槽型、均压场型以及鞍型场型海雾持续时间 2～6 h 所占比例显著高于其他时段,而海上高压后部型海雾持续时间分布较其他类型相对平均一些,持续时间 2～6 h、6～12 h、12～24 h 海雾所占比例比较接近,在 25%～30%。整体而言,均压场型、鞍型场型海雾持续时间相对较短,尤其是鞍型场型海雾持续时间基本小于 6 h。另外,每种类型天气形势下均可出现持续时间 24 h 以上的海雾过程。

2.3 不同天气形势下海雾强度特征

本文以每次海雾过程中出现的最小能见度表征海雾强度。气象学上,通常按能见度将雾

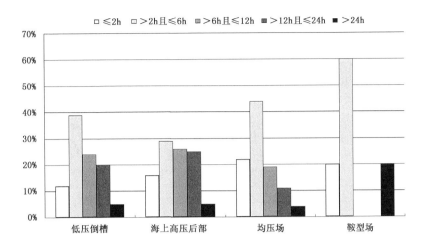

图1　不同类型海雾持续时间分布百分比

分为雾(能见度 500~1000 m)、大雾(能见度 200~500 m)、浓雾(能见度 50~200 m)、强浓雾(能见度不足 50 m)四个级别[11]。统计结果表明,青岛海雾过程中浓雾级别最多占 59.3%,大雾级别占 21.7%,强浓雾和雾分别占 10.9% 和 8.1%。从强度上来看,青岛沿海海雾的强度要强于江苏东部沿海海雾的强度[11]。不同天气形势下海雾级别分布表明(图2),低压倒槽型、海上高压后部型、均压场型海雾均以浓雾级别为主,尤其海上高压后部型浓雾级别海雾所占比例接近 70%,其他级别海雾出现频率较低,而低压倒槽型除浓雾级别海雾所占比例较高(48%)外,大雾级别所占比例也在 30% 左右,可见海上高压后部型海雾强度要略强于其他型海雾强度。鞍型场型海雾最小能度均在 500 m 以下。另外,每种天气形势下均可出现强浓雾级别海雾过程,所占比例在 10% 左右。

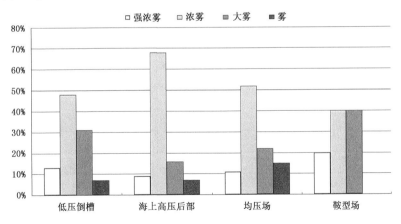

图2　不同类型海雾强度分布比例

2.4　不同形势下湿层厚度特征

水汽条件是影响海雾生成与否的关键要素之一,通常湿度越大、湿层越厚,越有利于形成雾。盛立芳等对 2008 年 7 月青岛一次海雾过程的研究表明,90% 以上的相对湿度层有一定厚度时容易成雾[4]。为此,本文定义相对湿度达到 90% 的层次为湿层,湿层顶和湿层底高度差即为湿层厚度。利用每天 08:00、20:00 Lradar 探空资料,计算了成雾时次或邻近成雾时次的湿层厚度,并将湿层厚度分为4个等级(图3),其中750 m高度基本代表青岛925 hPa高度。结果表明,青岛沿海海雾出现时,96％湿层底为地面,湿层厚度小于50 m占11％,50～250 m占38％,250～750 m占36％,750 m以上占15％。可见,青岛沿海出现海雾时湿层厚度多在50 m以上,低压倒槽型和海上高压后部型基本如此,均压场型海雾不同级别湿层厚度所占比重比较平均,湿层厚度小于50 m的比例有所增加,鞍型场海雾湿层厚度均在250 m以下。

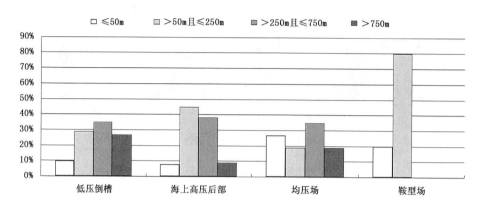

图3　不同类型海雾湿层厚度分布

2.5　海雾初日南风持续时间特征

进入5—7月,青岛沿海经常会连续几天出现海雾,期间可生消数次,经常海雾初日会漏报,一般青岛沿海海雾出现在转南风后。为此,本文对连续性海雾过程初日南风持续时间进行了统计。从逐月统计结果来看(图略),每个月均有南风持续不足1 d即可出现海雾,所占比例20％～30％,而8月尽管海雾过程较少,但全部为转南风1 d之内即可出现海雾。4,5月,青岛沿海转南风持续1～3 d海雾出现几率90％～95％;6—7月可达100％。不同天气形势下(图4),南风持续1～3 d内,低压倒槽前部型、海上高压后部型出现海雾几率可达85％以上,而均压场形势下南风持续不足1 d出现海雾几率即可达55％。鞍型场形势下出现海雾则要南风持续2～3 d以上。

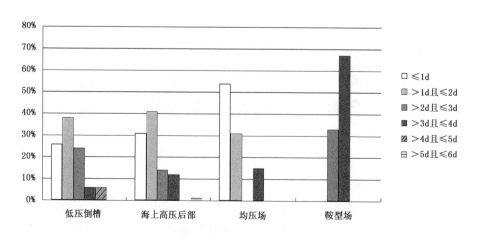

图4　不同天气形势下海雾初日南风持续时间统计

3 结论

本文利用 2006－2013 年每年 4—8 月常规地面高空探测资料以及青岛沿海、环胶州湾能见度监测资料,对不同天气形势下青岛沿海海雾特征进行了详细分析,并获得了有意义的结果。

青岛沿海海雾可分为海上高压后部型、低压倒槽前部型、均压场型和鞍型场型四类,其中以前两者为主。低压倒槽前部型、均压场型以及鞍型场型海雾持续时间多为 2～6 h,海上高压后部型海雾持续时间分布较其他类型相对平均一些,2～6 h、6～12 h、12～24 h 海雾所占比例比较接近,在 25％～30％;鞍型场型海雾持续时间相对较短。

青岛沿海海雾过程中浓雾级别最多占 59.3％,大雾级别占 21.7％,其中低压倒槽前部型、海上高压后部型、均压场型海雾均以浓雾级别为主,鞍型场型海雾最小能见度均在 500 m 以下,能见度与湿层厚度无显著线性关系。青岛沿海出现海雾时,96％湿层底为地面,低压倒槽型和海上高压后部型湿层厚度多在 50 m 以上,均压场型海雾湿层厚度小于 50 m 的比例有所增加,鞍型场海雾湿层厚度均在 250 m 以下。

青岛沿海南风持续 1～3 d 内,低压倒槽型、海上高压后部型出现海雾几率可达 85％以上,均压场形势下南风持续时间不足 1 d 出现海雾几率可达 55％,鞍型场形势下青岛沿海出现海雾则要南风持续 2～3 d 以上。

参考文献

[1] 王彬华.海雾.北京:海洋出版社,1983:352.

[2] 黄彬,毛冬艳,康志明,等.黄海海雾天气气候特征及其成因分析.热带气象学报,2011,**27**(6):920-929.

[3] 孙连强,柳淑萍,高松影,等.丹东附近海域海雾产生的条件及天气学预报方法.气象与环境学报,2006,**22**(1):25-28.

[4] 盛立芳,梁卫芳,王丹.海洋气象条件变化对青岛平流雾过程的影响分析.中国海洋大学学报,2010,**40**(6):1-10.

[5] 徐峰,王晶,张羽,等.粤西沿海海雾天气气候特征及微物理结构研究.气象,2012,**38**(8):985-996.

[6] 张苏平,鲍献文.近十年中国海雾研究进展.中国海洋大学学报,2008,**38**(3):359-366.

[7] 杨中秋,许绍祖,耿骠.舟山地区春季海雾的形成和微物理结构.海洋学报,1989,**1**(4):431-438.

[8] 江敦双,张苏平,陆惟松.青岛海雾的气候特征和预测研究.海洋湖沼通报,2008,**29**(3):7-11.

[9] 王鑫,黄菲,周发琇.黄海沿海夏季海雾形成的气候特征.海洋学报,2006,**28**(1):26-34.

[10] Robert T, Roy M R. Event-Based Climatology and Typology of Fog in the New York City Region. *Journal of Applied Meteorology and Climatology*,2007,**46**(8):1141-1168.

[11] 魏建苏,朱伟军,严文莲,等.江苏沿海地区雾的气候特征及相关影响因子.大气科学学报.2010,**33**(6):680-687.

天气预报技术文集

（2014·下）

国家气象中心　编

气象出版社
China Meteorological Press

内容简介

本书收录了 2014 年在北京召开的"2014 年全国重大天气气候过程总结和预报预测技术经验交流会"上交流的文章 111 篇,分为"大会报告""暴雨、暴雪""台风与海洋气象""强对流天气""雾霾、高温等灾害性天气""中期预报技术方法及数值预报技术、平台开发等预报技术"六个部分。

本书可供全国气象、水文、航空气象等部门从事天气气候预报预测的业务、科研人员和管理人员参考。

图书在版编目(CIP)数据

天气预报技术文集. 2014/国家气象中心编.

北京:气象出版社,2015.11

ISBN 978-7-5029-6189-3

Ⅰ.①天… Ⅱ.①国… Ⅲ.①天气预报-中国-2014-文集

Ⅳ.①P45-53

中国版本图书馆 CIP 数据核字(2015)第 204158 号

Tianqi Yubao Jishu Wenji(2014)

天气预报技术文集(2014)

出版发行:气象出版社			
地　　址:北京市海淀区中关村南大街 46 号		邮政编码:100081	
总 编 室:010-68407112		发 行 部:010-68409198	
网　　址:http://www.qxcbs.com		E-mail:qxcbs@cma.gov.cn	
责任编辑:张锐锐　张　媛		终　　审:黄润恒	
封面设计:王　伟		责任技编:赵相宁	
责任校对:华　鲁			
印　　刷:北京中石油彩色印刷有限责任公司			
开　　本:787 mm×1092 mm　1/16		印　　张:65	
字　　数:1670 千字			
版　　次:2015 年 11 月第 1 版		印　　次:2015 年 11 月第 1 次印刷	
定　　价:280.00 元			

本书如存在文字不清、漏印以及缺页、倒页、脱页等,请与本社发行部联系调换。

序

2013年，我国气象灾害种类多，局地灾情重。区域性暴雨过程集中，四川及西北、东北等地先后出现暴雨洪涝；台风偏多偏强，造成东南沿海严重经济损失；南方出现1951年以来最强高温天气，引发严重伏旱；中东部雾、霾天气偏多，社会影响大；东北春季低温春涝双碰头，春耕备播受到影响；云南及西北遭遇春旱，河南、江西等地发生秋旱。全年气象灾害造成的直接经济损失、因灾死亡失踪人数和作物受灾面积，均高于2012年。因此，做好气象灾害监测预报预警和气象防灾减灾工作责任重大。

随着经济社会的快速发展，社会财富的迅速增长，各级党委和政府对气象灾害监测预报预警和气象防灾减灾工作越来越重视，人民群众的要求越来越高，广大气象工作者肩负的责任也越来越重。进一步增强责任感和紧迫感，不断提高气象预测预报准确率和精细化水平，是新时期气象工作者的核心任务。加强天气预报技术经验总结，研究天气变化规律，应用新知识、新技术和新资料，是提高天气预报准确率和精细化水平的重要途径。

一年一度的全国重大天气过程总结和预报技术经验交流会已经坚持18年了，成为全国天气预报员与科研人员交流与总结灾害性天气预报技术、数值产品释用、预报平台应用等方面的重要平台。正是利用这样的平台，天气预报员与科研人员认真总结分析、深入交流，促进了天气预报员能力的提高、专业化天气预报业务技术的进步，也促进了天气预报业务准确率和精细化水平的显著提高。在2013年度全国重大天气过程总结和预报技术经验交流会上，来自各省（区、市）气象部门、国内相关部门、大学、科研院（所）的125位天气预报员和科研人员参加交流，有111篇论文汇编到《天气预报技术文集（2014）》中。这些成果值得各级气象台站业务和管理人员以及大学、科研院（所）科研人员在业务、科研、教学和管理中参考。

借此机会，我向参加交流的天气预报员与科研人员特别是入选《天气预报技术文集（2014）》论文的作者，以及参与文集汇编的同志们表示衷心的感谢！

中国气象局局长

2014年11月

前　言

　　2014 年 4 月 14 日至 15 日，由中国气象局预报与网络司与国家气象中心联合举办的"2014 年全国重大天气过程总结和预报技术经验交流会"在京顺利召开。

　　本次会议主要针对 2013 年重大天气事件，重点围绕暴雨（暴雪）、台风、海洋气象、强对流、雾霾、高温等灾害性天气、中期预报技术方法、数值预报产品释用、预报平台开发应用技术等多方面进行深入的交流和总结。会议得到了各气象预报业务单位预报员们和科研人员的积极响应，大会共收到来自全国各省（区、市）气象部门、相关科研院（所）以及气象部门外单位的论文 232 篇，其中各省、市、自治区气象局论文 172 篇，国家级业务单位论文 13 篇，部队 33 篇，民航部门 4 篇，院校 10 篇。内容涉及 2013 年灾害性天气及其次生灾害发生发展的成因、预报业务的技术难点、重大社会活动气象保障、数值预报技术、业务平台技术以及应用等多个方面。谨此将经过专家推荐的 111 篇论文全文纳入《天气预报技术文集（2014）》，与读者共同分享我国天气预报技术总结与发展成果。

　　本文集的出版，得到了中国气象局有关职能司、省（区、市）气象局及气象出版社的大力支持。借此机会对各单位及所有论文的作者的支持一并表示感谢。

　　由于水平有限，编辑过程中肯定存在许多不足之处，殷切希望读者指出并提出宝贵意见。

毕宝贵

2014 年 11 月

目　录

第五部分　中期预报技术方法及数值预报技术、平台开发等预报技术

第三部分

强对流天气

利用雷达回波三维拼图资料识别雷暴大风方法研究

李国翠[1,2]　刘黎平[2]

(1. 河北省石家庄市气象局,石家庄 050081;2. 中国气象科学研究院灾害天气国家
重点实验室,北京 100081)

摘　要

应用雷达回波三维组网拼图数据、加密自动站和地面灾害大风资料,对 2008—2012 年京津冀地区 20 次区域性雷暴大风天气过程进行了统计。检验了基于模糊逻辑建立的利用回波强度识别大风的算法,确定了雷暴大风的雷达识别指标及其对应的权重系数和不同季节的隶属函数。检验结果得出:块状回波、带状回波和片状回波三类回波识别的可能出现大风区域与实测大风范围基本吻合,三种类型命中率分别为 96.2%,68.6% 和 45.3%,漏报率分别为 3.8%,31.4% 和 54.7%。识别检验证明雷暴大风综合识别方法是合理可靠、切实可行的,可以为雷暴大风的短临预警业务和系统开发提供技术支撑,也为进一步预警大风出现的位置提供了基础。

关键词:雷暴大风　识别方法　雷达拼图数据　模糊逻辑　统计分析

0　引言

大风是中国主要的灾害性天气之一。雷暴大风突发性强且破坏力大,但防御时间短,常对工农业生产、交通运输和人民生活造成极大危害。相关雷暴大风方面的雷达研究已有很多。Johns 和 Hirt[1] 指出,弓形回波是产生地面非龙卷风害的典型回波结构;Roy[2] 分析了强对流天气和回波顶之间的关系,认为冰雹比龙卷风的回波顶高,而雷暴大风回波顶高相对最低;俞小鼎等[3] 指出雷暴大风临近预报主要基于雷达回波特征,中层径向辐合和弓形回波有很好的指示作用;东高红等[4] 和刁秀广等[5] 指出垂直积分液态含水量(VIL)是地面灾害性大风的预报指标;王凤娇等[6] 探讨了低层辐合带与飑线雷雨大风之间的关系;王钰等[7] 指出雷暴大风的主要速度特征是大风核、弓状回波后大风区或尾入流急流;廖玉芳等[8] 和周金莲等[9] 分别针对雷达回波特征和短临预报预警业务 TITAN 产品建立了雷暴大风的预报预警数学模型。上述研究针对的主要对象是单部多普勒雷达的二次产品,雷达指标读取主要依靠预报员主观定性识别,自动化程度低。另外,雷达径向速度产品具有探测范围小、距离折叠和速度模糊等局限性;而且用于预警雷暴大风的中层径向辐合特征多是通过剖面图识别的,自动识别难度大。迄今为止还没有查询到利用雷达拼图数据定量、自动识别雷暴大风的系统或方法。

基于以上原因,本文应用新一代多普勒天气雷达基数据和地面加密自动站风场资料,利用中国气象科学研究院灾害天气国家重点实验室开发的三维组网拼图软件[10-11] 和风暴单体识别和跟踪 SCIT 算法[12],首先将雷达基数据转化为雷达回波拼图资料,进而对雷达三维组网拼

资助项目:中国气象局"新一代天气雷达建设业务软件系统开发项目"、灾害天气国家重点实验室开放课题(2014LASW—B02)和河北省气象局课题(14KV04)共同资助

图数据进行风暴单体自动识别和跟踪。确定了雷暴大风识别方程中的雷达识别指标、不同季节的隶属函数和对应的权重系数,对每次过程的识别效果进行了分类检验和统计分析,通过对雷达回波、大风实况和识别风暴单体位置的对比分析,得出了雷暴大风的易发区域。结果证明雷暴大风识别方法是切实可行的,可以应用于日常的短临预警业务。这将为提高雷暴大风自动、快速识别能力,减少预报员的工作量起到积极作用。

1 资料选取和方法

京津冀地区雷暴大风多出现在每年的 5—9 月,且 2008 年之前有风向和风速观测的自动站很少。因此样本资料时间选取 2008—2012 年的 5—9 月,影响区域为京津冀地区,样本选取日大风超过 10 个测站的所有区域性雷暴大风天气过程。雷达资料采用北京、天津、石家庄、秦皇岛、沧州、张北、承德和河南濮阳等 8 部多普勒新一代天气雷达基数据,水平分辨率为 $0.01° \times 0.01°$,时间分辨率为 6 min 间隔体扫;地面风资料采用的是京津冀地区加密自动站风场资料(时间分辨率为 5 min)、大风灾害报告(瞬时极大风速 $\geqslant 17$ m·s^{-1} 的测站风速和出现时间)以及部分测站地面 A 文件。

为统一标准,本文将风场资料划分为以下三个级别:(1)第一类为大风测站(下同):风力等级超过 7 级的测站,包括瞬时极大风速 $\geqslant 17$ m·s^{-1}(大风灾害报告)或瞬时风速 $\geqslant 13.9$ m·s^{-1} 资料的综合。(2)第二类为强风测站(下同),风力等级介于 5 级至 6 级的测站,即瞬时风速 8~13.9 m·s^{-1},达不到灾害性大风标准,但是风速较大的测站。(3)所有风测站,主要目的是为了说明加密自动站的测站密度等分布情况。由于不同过程的测站分布不同,故将所有风测站叠加在底图上显示,而前两类测站的风向和风速用风向杆表示。

利用中国气象科学研究院灾害天气国家重点实验室开发的三维组网拼图软件,将雷达基数据转化为雷达回波拼图资料。利用三维格点风暴单体识别和跟踪算法 SCIT,对风暴单体的各个参数进行识别和跟踪,确定每个体扫中所有风暴单体所在位置、底部和顶部高度、基于单体的 VIL 值、强中心高度及强度等具体的风暴结构参数值。采用 Kessinger 等[13]提出的模糊逻辑原理,从雷达回波拼图资料中提取雷暴大风识别指标,确定每个识别指标对应的 0~1 取值范围的模糊逻辑隶属函数和权重系数,建立雷暴大风自动识别方法。

2 雷暴大风识别方法

2.1 识别判据

根据前期研究成果,影响雷暴大风的雷达参数主要有以下几种:(1)风暴最大反射率因子(MCR):指一个体积扫描中风暴不同高度投影反射率因子的最大值。MCR 值越大,代表的粒子越大,产生的下沉气流也越强,是产生对流性地面大风的重要因子。(2)风暴最大垂直积分液态含水量(MVIL):MVIL 定义为雷达能够探测到的大气单位面积柱体积内的可降水质量之和。MVIL 越大产生对流性地面大风的概率也就越大。(3)VIL 随时间变率(DVIL):DVIL 是指相邻两个体扫之间的 VIL 变化,VIL 随时间变率(增大或减小)越大时,产生对流性地面大风的概率也就越大。(4)风暴体移动速度(SPEED):雷暴在成熟和减弱阶段因地面冷外流的影响风暴传播加快,使得风暴移动加速,快速移动的回波对雷暴大风产生非常有利。(5)回波顶高(ET):雷暴大风一般对应的回波顶较高,且初始回波出现在中高层的回波有利于产生雷暴大风。(6)VIL密度(VILD):VIL密度定义为VIL与风暴高度(回波顶与回波底之间高度的差值)之比[10],单位g. m^{-3}。统计发现,VIL密度与雷暴大风呈现很好的正相关关系。(7)风暴最大反射率因子下降高度(DCRH):DCRH指同一风暴单体强中心当前体扫的反射率因子高度与前一体扫反射率因子高度的差值。如果两个体扫周期内DCRH达到一定阈值时,产生对流性大风的可能性会增大。除此之外,雷达速度图上的中层径向辐合(MARC)和大风速核、强度图上的弓形回波和阵风锋等特征也是雷暴大风的重要预警指标和回波形态。由于这些指标还不能实现自动识别,因此没列入。

2.2 隶属函数

受强对流过程天气背景的影响,不同季节产生雷暴大风的各个雷达参数阈值也会有所不同。春秋季节干冷,雷暴大风要求的MCR,MVIL和ET阈值较低;夏季湿热,雷暴大风要求的MCR,MVIL和ET阈值较高。因此将MCR,MVIL和ET划分为夏季和春秋季节两类,并分别给出了每个识别指标的隶属函数取值;而SPEED,DVIL和VILD由于季节变化不明显,没做具体细分。根据历史统计对不同季节的MCR,MVIL,ET,SPEED,DVIL和VILD识别指标分别赋予下限和上限两个阈值,当识别指标低于阈值下限时,对应的隶属函数为0;当识别指标高于阈值上限时,对应的隶属函数为1;当识别指标介于阈值下限和阈值上限之间时,对应的隶属函数按线性插值计算。根据模糊逻辑原理,对选取的以上6个识别指标进行模糊化处理,计算得到识别指标介于0~1取值范围的模糊逻辑隶属函数,图1a~f为夏季6-8月各识别指标对应的隶属函数,图1g~i和图1d~f为春末和秋初(5月和9月)对应的隶属函数。

2.3 综合识别方程

根据各识别指标对雷暴大风贡献的大小,采用不等权重法建立了具有模糊逻辑的雷暴大风综合识别方程。其中MCR,MVIL,ET,SPEED,DVIL和VILD对应隶属函数的权重系数分别为0.2,0.2,0.2,0.2,0.1和0.1,雷暴大风的综合识别判据方程为:

$$P = 0.2MCR + 0.2MVIL + 0.2ET + 0.2SPEED + 0.1DVIL + 0.1VILD \tag{1}$$

其中:P为雷暴大风的综合识别判据。

根据识别判据的大小,将雷暴大风出现的可能性分为3级。

(1)当识别判据 $P < 0.4$ 时,出现雷暴大风的概率小;

(2)当识别判据 $0.4 \leqslant P < 0.5$ 时,出现雷暴大风的概率大;

(3)当识别判据 $P \geqslant 0.5$ 时,出现雷暴大风的概率很大。

为提高自动化程度和便于业务应用,每种类型和不同季节对应的大风识别判据阈值是相同的。根据上述思路和综合识别判据方程,在雷达每个体扫时次的雷达拼图中,每个被识别和跟踪到的雷暴单体都会对应一个综合识别判据,并由此可推断该单体可能产生雷暴大风概率的级别。

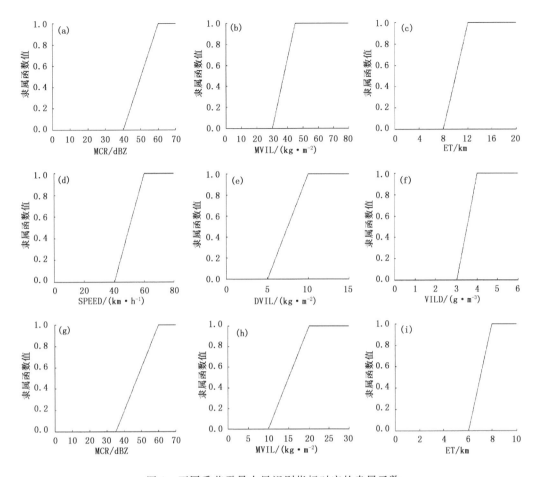

图 1 不同季节雷暴大风识别指标对应的隶属函数

3 识别效果检验

3.1 识别标准

哪个风暴单体可能产生雷暴大风？对应雷暴大风的概率有多大？识别检验时,大风测站和风暴单体如何进行空间和时间上的对应？为分析解决这些问题,首先需要确定风暴单体与对应风速估算问题。本文定义以下标准:(1)当识别判据小于判据阈值下限 0.4 时,取 0.15°×0.15°经纬度范围。在此矩形范围内的所有测站中,搜寻最近测站的风速作为风暴单体对应的风速。(2)分析空报情况:当识别判据大于判据阈值上限 0.4 时,选取 0.3°×0.3°经纬度范围。搜寻在此矩形范围内的瞬时风速最大的测站风速代替风暴单体的风速,时间可扩大到相邻的后 2 个体扫。(3)分析漏报情况:即当实况测站风速达到灾害性大风标准时,搜寻匹配对应的风暴单体。在当前体扫或前两个体扫的时段内,以 0.3°×0.3°作为经纬度范围,搜寻识别判据最大的风暴单体与大风测站对应。

3.2 数据及分类

统计京津冀地区 2008－2012 年的 5－9 月雷暴大风天气过程,选取日大风出现站数大于10 站以上的所有区域性雷暴大风天气过程。统计共得到 20 次雷暴大风过程(表 1),累计大风测站样本 361 站次。

表 1　京津冀地区雷暴大风天气过程

日期	起止时间	大风影响区域	回波类型
2008 年 5 月 3 日	09：00－17：00	京、津、邢、邯、保、衡、沧、廊、张	片状
2008 年 6 月 23 日	15：00－20：00	京、津、石、保、廊、沧、衡	带状
2008 年 6 月 25 日	14：00－23：00	石、张、承、邢、邯、沧	带状
2009 年 7 月 23 日	14：00－21：00	京、津、石、保、衡、沧、廊、张、承、唐、秦	带状
2009 年 7 月 24 日	23：00－02：00	邢、邯	块状
2009 年 8 月 27 日	16：00－20：00	石、邢	块状
2010 年 6 月 17 日	14：00－21：00	津、秦、唐、沧	片状
2010 年 7 月 31 日	14：00－21：00	石、保、邢、邯	片状
2011 年 5 月 26 日	13：00－21：00	石、邢、保、张、承	片状
2011 年 5 月 30 日	12：00－17：00	保、廊、张、承、唐	片状
2011 年 6 月 6 日	14：00－19：00	石、邢、邯、张	片状
2011 年 6 月 7 日	16：00－21：30	石、邢、邯、衡、廊、张、承、唐、秦	带状
2011 年 6 月 23 日	13：00－21：00	京、石、保、张、承	带状
2011 年 7 月 26 日	19：00－23：00	石、保、衡、沧	带状
2011 年 8 月 9 日	16：00－02：00	石、邢、邯、保、衡、廊、承	片状
2012 年 5 月 25 日	13：00－29：00	石、保、衡、沧、廊、张	片状
2012 年 6 月 9 日	14：00－21：00	石、保、沧、廊、张、承、唐、秦	带状
2012 年 6 月 21 日	15：00－20：00	石、邢、邯、保、廊、张	带状
2012 年 7 月 26 日	15：00－19：00	石、邢、衡	片状
2012 年 9 月 27 日	12：00－17：30	保、衡、沧、张、唐、秦	片状

　　产生雷暴大风的雷达回波有多种类型。为全面分析雷暴大风识别方法的效果和可行性，对以上 20 次雷暴大风天气过程进行分类检验。首先按照反射率因子产品的回波形态，将雷达回波分为块状、带状和片状三种类型。通过对所有大风天气过程的回波分类，共得到块状回波 2 例，带状回波 8 例，片状回波 10 例。下面分别对每种类型回波的大风过程加以进行分类识别检验。

3.3　带状回波检验

3.3.1　典型个例

　　2011 年 6 月 7 日，除保定、沧州以外的河北省其他 9 个地（市）均出现雷暴大风天气过程。采用北京、天津、石家庄、张北、承德、秦皇岛和河南濮阳等 7 部多普勒天气雷达进行拼图，对 2011 年 6 月 7 日 15：00－22：00 时段内的雷达回波拼图数据进行风暴识别和跟踪。利用大风识别判据方程，定量计算所有 71 个体积扫描内被识别到的风暴单体的雷暴大风识别判据。

　　为分析雷暴大风出现位置与雷达回波的对应关系，绘制相邻最近时刻雷达回波、实况大风以及识别对流单体三者的叠加图(图2)。图中所有风测站以小黑点表示,强风测站和大风测站增加了表征风向和风速的风向杆;识别到的风暴单体分 $P<0.4$、$0.4\leqslant P<0.5$ 和 $P\geqslant 0.5$ 三种级别。

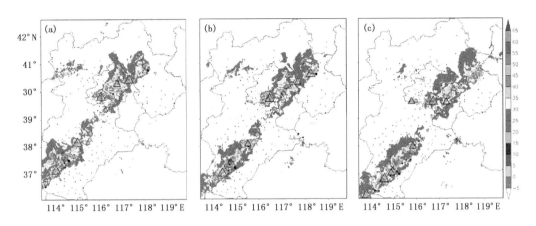

图2　2011年6月7日CR回波(≥20 dBZ)、被识别风暴单体和大风测站
(a为18:00,b为18:30,c为19:00)

从雷达回波演变分析,影响此次大风天气过程的雷达回波范围大,南北跨度北京、天津和整个河北省范围,只是在保定中部一带有断档;回波长度远大于宽度,属于东北-西南走向的带状回波;回波自西北向东南移动。通过分析每个体扫带状回波与地面实况大风位置对比看出,地面大风多出现在强风暴单体的附近或带状回波的前沿一带,地面大风风向大部分为西北风,与风暴单体移向相同。以18:30为例(图2b),此次体扫识别到可能出现雷暴大风的风暴单体5个,其中2个单体分别对应邢台巨鹿24 m·s⁻¹的西北风和承德宽城20 m·s⁻¹的偏西风,识别判据分别为0.64和0.50,对应出现大风的概率很大;2个单体对应廊坊的大厂、邢台的任县和南和3个强风测站对应;1个单体没有观测到大风,其余风速出现强风的测站也多有弱风暴单体对应。此次过程命中率为80%,空报率20%,无漏报。从大风测站和雷达回波的位置对应分析,两个大风测站均位于带状回波的前沿一带。

为检验雷暴大风识别范围和识别位置的对应好坏,分别绘制了雷暴大风与雷达识别判据的空间分布图和散点图(图3)。根据判据阈值识别到的可能出现地面大风的风暴单体区域主要有两个:一个位于河北省北部,即张家口、北京、承德和秦皇岛一带;另一个区域位于河北省中南部,即保定南部、石家庄、衡水、邢台和邯郸一带;与实况大风空间分布区域基本一致。从雷达识别判据与瞬时风速对应的散点图可以看出,瞬时风速与识别判据呈正相关,二者的相关系数为0.42。瞬时风速大于10 m·s⁻¹的大风测站对应的风暴单体的识别判据值较高,识别判据超过0.3的风暴单体多对应着较大的风速。

3.3.2　总体识别

8次雷暴大风天气过程属于带状回波类。此类回波长宽比大,回波分布范围和大风影响区域广。利用回波识别方程,定量计算所有体扫内被识别到的风暴单体的大风识别判据,8次过程的识别成功率均在45%以上,其中共188个测站监测到大风灾害报,其中129个符合识别判据阈值标准,命中率为68.6%,漏报率为31.4%。此类回波识别检验出的大风范围与实

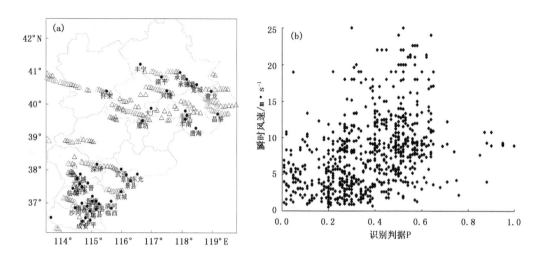

图 3 2011 年 6 月 7 日 15:00—22:00 雷暴大风识别

(a 为空间分布,b 为识别判据与瞬时风速散点)

况风场基本吻合,同时刻识别到风暴单体位置与实况大风基本对应,风向多沿风暴单体移动路径;从地面大风站点分布与雷达回波特征对比看出,此类灾害性地面大风影响范围广,大风多出现在带状回波的前沿。

3.4 块状回波检验

3.4.1 典型个例

2009 年 8 月 27 日 16:00—20:00,河北省中南部的石家庄、邢台和衡水等地区先后遭遇突来强对流天气影响。16 个县级观测站风力达 8 级以上,其中石家庄的晋州和辛集、衡水的枣强瞬时最大风力达 10 级(25 m·s^{-1} 以上),石家庄辛集和邢台宁晋等 7 县(市)还伴有冰雹。

在所有被识别的风暴单体中,出现雷暴大风概率很大(识别判据 $P \geqslant 0.5$)的风暴单体共跟踪到 5 个。雷暴单体的起止时间、生命期、最大识别判据和对应出现的大风测站如表 2 所示。通过对以上 5 个风暴单体分析得出:①在被识别的风暴单体中,"风暴 1"生命期最短,维持时间不足半小时,实况没监测到大风测站对应,但此风暴单体生命期内所有的识别判据均超过 0.5 且对应的回波强度也较强。根据预报经验产生地面大风的可能性很大,分析其原因可能与该风暴单体位于行唐北部山区,无实时风场观测有关;②"风暴 2"共持续 25 个体扫,生命期超过 2.5 h。17:00—18:24 时段内大风识别判据持续高于 0.8,主要影响地区为石家庄中部和邢台东部,实况 9 县(市)监测到灾害性地面大风。③"风暴 3"位于保定南部到衡水西部一带,17:00—17:54 时段内大风判据超过 0.5。按照识别阈值分析,此段时间内出现地面大风的概率会很大,实况没有站点监测到大风出现。分析此段时间内回波变化看出,风暴单体回波的最大反射率因子普遍达 58 dBZ 以上,且风暴已发展为超级单体风暴,远超过河北省大风的阈值标准,应该与此区域内无监测站对应有关。④在被识别的风暴单体中,"风暴 4"持续时间是最长的,生命期长达 3.3 h。从 16:48 至 20:00 共持续 33 个体扫,对应的识别判据最高达 0.88,石家庄东部和衡水西部 8 个县(市)出现的灾害性地面大风都是由其引起的。⑤"风暴 5"是 18:30 开始位于石家庄西部山区原地新生发展的回波块,对应的最大判据值为 0.54 且仅维持 1 个体扫时间,对应的风暴单体强度相对最弱,无灾害性大风对应。从风暴单体的移向路径(图 4a)可以看出,这 5 个风暴单体的移动路径均为西北—东南走向且移速较快,与灾害性地面大风出现的走向和区域基本一致。

表 2　强风暴单体($P \geqslant 0.5$)的属性及对应出现的大风测站

风暴单体	起止时间	生命期体扫数 ($P \geqslant 0.5$ 体扫数)	最大识别判据 (出现时间)	大风测站 (时间,极大风速 m・s^{-1},判据值)
风暴 1	16:00—16:18	4(4)	0.81(16:06)	无
风暴 2	16:24—18:48	25(21)	0.96(17:48)	灵寿(16:29,18,0.70) 正定(16:58,16,0.68) 藁城(17:11—17:13,18,0.90) 栾城(17:15—17:21,21,0.90) 元氏(17:21—17:23,20,0.90) 高邑(17:36,17,0.90) 赵县(17:44,16,0.90) 宁晋(17:51,20,0.96) 巨鹿(18:32—18:39,19,0.69)
风暴 3	16:30—18:54	25(9)	0.77(17:12)	无
风暴 4	16:48—20:00	33(17)	0.88(17:54)	无极(17:03—17:06,18,0.69) 晋州(17:25—17:26,20,0.92) 晋州(17:30,25,0.91) 辛集(17:34—17:46,26,0.89) 冀州(18:34,17,0.57) 枣强(18:48,19,0.55) 枣强(19:08,27,0.66) 清河(19:41—19:52,17,0.53)
风暴 5	18:30—20:00	16(1)	0.54(18:36)	无

分析相邻最近时刻雷暴回波、被识别风暴单体和大风实况测站的位置对比可以看出,灾害性地面大风多出现在风暴单体附近且移动路径一致,风向多为风暴单体移动方向,以西北风或东北风为主,但有时有不确定性。以 17:42 为例(图 4b),此次体扫共识别到 3 个雷暴大风出现概率很大的风暴单体,其中位于石家庄东南部的 2 个单体对应分别对应辛集 25 m・s^{-1} 的西北风和赵县 16 m・s^{-1} 的东北大风对应,且大风出现在风暴单体的移动路径附近。

分析雷暴大风与雷达识别判据的空间分布图和散点图(图略),根据阈值识别的大风区域与实况吻合,雷达识别判据与瞬时风速呈明显的正相关。瞬时风速超过 10 m・s^{-1} 的测站对应的识别判据普遍超过 0.4,识别判据超过 0.4 的风暴单体也多数对应着大的风速,识别效果很好。少数空报测站主要原因是加密自动站的布网稀疏限制。

综上所述,所有出现灾害性地面大风的测站中,除井陉测站未被识别外,其余大风均被正确识别,大风识别的命中率为 94.7%,且识别判据均超过 0.5。

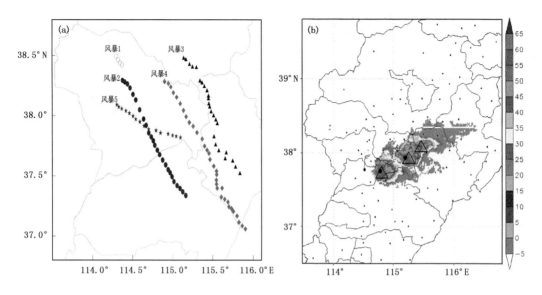

图 4　2009 年 8 月 27 日风暴单体

(a)移动路径(b)17:42 CR 回波、被识别风暴单体和大风测站)

3.4.2　总体识别

2009 年 7 月 23 日夜间出现在京广铁路邢台段沿线的大风也属于此类,过程中 7 个测站的雷暴大风均被正确识别出来。在两次过程中共监测到 26 个大风灾害报,对应的单体风暴的识别判据值 MCR,MVIL,ET,DVIL,SPEED 和 VILD 值普遍较高,其中 25 个符合识别判据阈值标准,命中率达 96.2%。

此类灾害性大风天气过程是由强块状单体风暴引发的,风暴单体具有回波强度大、VIL 值和 VIL 密度高、移动快速等特点。识别到的风暴单体路径呈直线分布,灾害性地面大风多出现在风暴单体移动路径附近;风向多沿风暴单体移动方向,但有不确定性。此类大风的识别判据值高,对应的识别正确率高。

3.5　片状回波检验

3.5.1　典型个例

2012 年 5 月 25 日下午河北省中部的石家庄、保定、衡水和沧州一带出现雷暴短时大风天气。采用北京、天津、石家庄、张家口、承德、唐山和沧州 7 部雷达进行拼图,对 13:00—19:00 时段内的雷达回波拼图数据进行风暴识别和跟踪。

此次雷暴大风天气过程中,雷达回波以层状云降水回波为主,中间镶嵌着小块状的积云回波。从大风实测和被识别的空间分布和识别判据与瞬时风速的散点图(图略)分析,此次过程被识别的大部分风暴单体识别判据位于 0.4 以下,对应的瞬时风速位于 10 m·s^{-1} 以下。出现大风概率大的风暴单体位于石家庄、衡水到沧州三个地区的北部一带,其余区域的识别判据值偏小。散点图左上角区域表示测站风速大但对应识别判据小的情况,此范围内的大风属于漏报。表 3 列出了此次过程大风测站的出现时间、极大风速以及对应的风暴单体判据和识别指标,共有 14 个测站监测到灾害大风报。

表 3 2012 年 5 月 25 日地面大风测站与对应风暴单体识别指标

时间	站名	极大风速/m·s⁻¹	识别判据	MCR	MVIL	DVIL	SPEED	ET	VILD
13:53	宣化	17	无						
14:04	涞源	19	0.22	37.0	1	4	70	5	1.0
15:08	易县	17	0.10	40.6	2	0	44	4	1.0
15:19	新乐	18	0.84	58.4	33	−3	64	10	3.4
15:51	深泽	19	0.50	55.8	15	1	16	8	2.1
16:04	安新	17	无						
16:14	坝县	18	无						
16:20	安平	17	0.49	52.4	11	−5	69	7	1.8
16:27	赵县	20	0.10	45.4	4	0	24	4	1.3
16:34	河间	19	0.51	45.6	8	−5	61	9	1.3
16:48	青县	18	0.57	53.6	13	−10	89	7	3.3
16:47	大城	17	0.53	50.6	12	−2	53	8	2.0
16:56	武强	18	0.43	54.4	11	6	5	8	2.8
18:20	海兴	21	0.33	48.0	5	−4	68	5	1.7

可以看出,所有测站的瞬时极大风速 17~21 m·s⁻¹。当宣化、安新和坝县 3 个测站出现大风时,对应的回波强度弱,最大反射率因子值低于风暴单体最低阈值,没有风暴单体被识别出来;涞源、易县、赵县和海兴 4 站对应的回波强度介于 35~50 dBZ 之间,VIL 和 ET 分别低于 10 kg·m⁻² 和 6 km,MVIL,DVIL,ET 和 VILD 普遍低于阈值下限。虽然有风暴单体被识别,但对应计算得到的隶属函数对综合识别没有贡献,致使综合识别判据值均小于 0.4,出现大风可能性被划分"出现大风概率小"级别。其余 7 个测站得到的综合识别判据大于 0.4,出现大风的概率大或很大,属于正确识别的测站。亦即大风命中率为 50%。

3.5.2 总体识别

此类回波多表现为层积混合云降水回波,有时以层状云为主,有时以积状云为主。此类回波分布范围广,但回波强度相比前两类要弱,大风影响区域分散。由于瞬时极大风速小,影响时间短,造成的危害相对也轻。此类 10 次天气过程 148 个大风测站中,被成功识别的占 45.3%。

此类回波多表现为层积混合云降水回波,回波强度相比前两类要弱,造成的大风瞬时极大风速小。此类回波的识别命中率为 45.3%,其余出现漏报的大风测站中,42% 测站回波强度弱,没被识别到风暴单体;其余被识别到风暴单体的测站中,MVIL 普遍低于阈值下限,ET 和 SPEED 有将近一半低于阈值上限。说明 VIL 值低和回波强度弱是识别出现漏报的主要因子。

4 总结与讨论

应用雷达回波三维组网拼图数据、加密自动站和地面灾害大风资料,对 2008—2012 年京津冀地区 20 次区域性雷暴大风天气过程进行相关统计分析。在确定雷暴大风识别指标和综合识别方程的基础上,对每次过程进行了识别效果检验和分析。

(1)确定了雷暴大风的 6 个雷达识别指标:风暴最大反射率因子、风暴最大垂直积分液态含水量、VIL 随时间变率、风暴体移动速度、回波顶高和 VIL 密度。在统计分析基础上,给出了不同季节各识别指标对应的隶属函数。根据对雷暴大风贡献的大小,采用不等权重法建立了具有模糊逻辑的雷暴大风综合识别方法。

(2)为了对不同类型的雷暴大风天气过程进行全面的识别效果检验,将回波类型分为块状回波、带状回波和片状回波三种类型。块状回波类大风是由孤立的强单体风暴引发的,风暴单体具有回波强、回波顶高、VIL 值大和移动快速等特点;带状回波的长度远大于宽度,主要包含飑线和弓状回波;片状回波多指大面积层云回波中镶嵌着强回波单体块的混合回波。

(3)通过对三类大风过程的识别检验分析,结果表明:三类回波类型识别到的可能出现大风区域与实测大风范围基本吻合,块状、带状和片状三种类型的雷暴大风命中率分别为96.2%、68.6%和45.3%,漏报率分别为3.8%、31.4%和54.7%。块状回波雷暴大风多出现在风暴单体附近且二者移动路径一致;带状回波大风影响范围广且多位于带状回波的前沿一带;片状回波对应出现的雷暴大风多位于风暴单体的周边区域。由于 VIL 值偏低和回波强度弱,片状雷暴大风识别漏报相对较多;空报原因与测站分布稀疏和识别算法本身有关。以上结论证明雷暴大风综合识别方法是合理可靠、切实可行的,可以为雷暴大风的短临预警业务和系统开发提供支持。

参考文献

[1] Johns R H, Hirt W D. Derechos. Widespread convectively induced windstorms. *Weather and Forecasting*, 1987, **2**, 32-49.

[2] Darrah R P. On the Relationship of Severe weather to radar tops. *Monthly Weather Review*, 1978, **106**: 1332-1339.

[3] 俞小鼎,周小刚,王秀明.雷暴与强对流临近天气预报技术进展.气象学报,2012,**70**(3):311-337.

[4] 东高红,吴涛.垂直积分液态水含量在地面大风预报中的应用.气象科技,2007,**35**(6):877-881.

[5] 刁秀广,张新华,朱君鉴.CINRAD/SA 雷达风暴趋势产品在冰雹和大风预警中的应用.气象科技,2009,**37**(2):230-233.

[6] 王凤娇,吴书君,郑宝枝,等.多普勒雷达资料在雷雨大风临近预报中的应用.山东气象,2006,**26**(4):15-23.

[7] 王珏,张家国,王佑兵,等.鄂东地区雷雨大风多普勒天气雷达回波特征.暴雨灾害,2009,**28**(2):143-146.

[8] 廖玉芳,潘志祥,郭庆.基于单多普勒天气雷达产品的强对流天气预报预警方法.气象科学,2006,**26**(5):564-571.

[9] 周金莲,魏鸣,吴涛,等.对流性大风天气的多普勒雷达资料识别方法研究.2011 年第二十八届中国气象学会年会论文集.2011.

[10] 肖艳娇,刘黎平.新一代天气雷达组网资料的三维格点化及拼图方法研究.气象学报,2006,**64**(5):647-656.

[11] 王红艳,刘黎平,肖艳娇,等.新一代天气雷达三维数字组网软件系统设计与实现.气象,2009,35(6):13-18.

[12] 杨吉,刘黎平,李国平,等.基于雷达回波拼图资料的风暴单体和中尺度对流系统识别、跟踪及预报技术.气象学报,2012,**70**(6):1347-1355.

[13] Kessinger C, Ellis S, Vanandel J, *et al*. The AP Clutter Mitigation scheme for the WSR-88D 2003//Preprints, 31st Conference on Radar Meteorology. *Amer Meteor Soc*, 2003:526-529.

基于雷达临近预报和中尺度数值预报融合技术的短时定量降水预报及其在北京地区的应用

程丛兰　陈明轩　高　峰

(中国气象局北京城市气象研究所,北京 100089)

摘　要

为克服目前中尺度数值模式在对流尺度定量降水短时预报方面的不足,弥补基于"外推"的临近预报技术在 2 h 时以上定量降水预报能力方面的缺陷,研究设计了一种基于"外推"临近预报技术和中尺度数值模式的定量降水预报(QPF)融合技术方案,并在北京地区进行了应用和检验。该方案基于雷达和自动站观测的定量降水估测(QPE)结果,对中尺度数值模式输出的 QPF 在谱空间进行相位校正,调整相应时段的数值预报降水区域强度,利用双曲正切线权重函数,得出融合预报结果。通过对京津冀地区典型强降水个例预报试验及汛期检验,结果表明,融合后的 0～6 h QPF 结果改进较为明显,总体优于单独的临近预报技术或者中尺度数值预报模式的结果,体现出明显的应用价值。

关键词:定量降水预报　融合　中尺度数值预报　临近预报

0　引言

目前,基于局地资料同化特别是雷达资料同化的对流尺度数值预报技术应用于实际业务还不十分成熟,特别在最初的数小时仍然存在"模式起动"(model spinup)的问题,而基于雷达观测和回波识别、追踪、外推的临近预报技术又无法提供 2 h 以上的对流天气系统发展演变的高质量预报,而将临近预报和数值预报进行融合(blending),就成为目前提供对流尺度天气系统特别是对流强降水 0～6 h 有效预报的最重要途径和手段之一[1]。

北京城市气象研究所通过与香港天文台合作[2-5],在 2010 年引进其 RAPIDS 系统框架。本工作中的融合预报系统在 RAPIDS 的基础上发展而来,技术思路相似,进一步发展了对数值模式 QPF 进行强度和位相修正,基于双曲正切线权重函数,将临近预报 QPF 和校正后的数值模式 QPF 进行融合,初步实现了对北京自动临近预报系统(BJ-ANC)[6-7]和北京快速更新循环数值预报系统(BJ-RUC)[8]的 0～6 h QPF 的融合,并根据典型环流与天气特征采用不同的双曲正切权重曲线,使融合权重随天气特征动态变化。

1　融合技术方案及参数试验调整

1.1　融合试验资料的获取

1.1.1　定量降水估计(QPE)计算方案

利用京津冀地区同步的 6 部新一代天气雷达(北京、天津、石家庄、秦皇岛 S 波段和张北、承德 C 波段)的反射率因子回波拼图和北京自动临近预报系统(BJ-ANC)Z-R 关系算法,计算得到基于雷达观测的 1 h 定量降水估测(QPE)结果[7],并采用国家气象信息中心下发的质量控制后的逐小时区域自动站降水资料(京津冀地区 600 多个自动站雨量观测资料),对雷达 QPE 进行订正,作为融合预报试验的降水"真值"。

1.1.2 基于临近预报技术的 0~6 h QPF 计算方案

在原有预报时效为 0~2 h 的 BJ-ANC 系统基础上,通过对"外推"算法和参数进行调整,将 BJ-ANC 系统的回波预报时效延长到 6 h,再利用一个局地的 Z-R 关系[7],计算得到基于临近预报技术的 0~6 h QPF。

1.1.3 基于数值模式的 0~6 h QPF

基于数值模式的 0~6 h QPF 由北京快速更新循环数值预报系统(BJ-RUC)来提供。该系统预报区域覆盖大部分中国区域,为 3 重嵌套、分辨率分别为 27,9 和 3 km,3 km 分辨率区域覆盖京津冀地区,预报产品输出间隔为 1 h[8]。

1.2 数值预报降水场校正方法及试验

1.2.1 数值预报降水场位相校正

对于数值预报降水位相校正方法,采用两步校正。第 1 步,先用快速傅立叶变换(FFT)法,保证雨带整体位移偏差得到修正。第 2 步,用多尺度光流变分法,再使雨带的走向和小范围降水区得到合理调整,使得 BJ-RUC 预报的降水落区与实况更吻合。

1.2.2 数值预报降水场强度校正

降水强度调整是使模式 QPF 向定量降水估测 QPE 来调整。假设模式 QPF 与 QPE 场满足韦伯分布[9],且 QPF 和 QPE 两个场的累计分布函数 CDF(实型随机变量的概率分布)相同。

1.3 融合权重调整方法

本文实现临近预报与数值模式融合的方法是正切动态权重融合法,模式的权重变化用一个双曲正切线来表示,正切曲线的两个端点根据降水的天气类型和预报员的天气变化经验给定,结合不同降水系统的时空尺度,在不同情况下取以不同的权重。

在计算数值模式权重时取经验方程[10]

$$W_m(t) = \alpha + \left(\frac{\beta-\alpha}{2}\right) \times \{1 + \tanh[\gamma(t-3)]\} \quad (1 < t < 6) \tag{1}$$

式中,α 和 β 分别是 $t=0,6$(表示当前时刻及未来 6 h)数值模式的权重,γ 代表在融合时段中间部分 $W_m(t)$ 的斜率。

根据上述方法,选取两个不同天气系统降水个例来说明权重的调整方法及个例融合的权重变化(图 1)。2011 年 6 月 23 日,是对流性天气过程,融合时数值预报的初始权重 α 为 0.05,γ 值为 1.2。2011 年 7 月 24 日,是层状云系统性降水天气过程,数值预报对系统性过程的预报能力较好,特别是降雨强度预报方面有参考价值,融合时数值预报的初始权重 α 为 0.1,γ 值为 0.7。

另外,将 BJ-RUC 数值模式的 3 km×3 km 分辨率的 QPF 场内插至 1 km,与 BJ-ANC 系统 1 km×1 km 分辨率 QPF 场相匹配,融合区域的格点数为 592×511,该区域格点场覆盖的范围是(37.6746°~42.3983°N,112.2931°~119.8416°E)。对不同降水系统个例融合预报进行了格点检验。

图 2 是不同降水系统个例融合权重的检验结果。从图中可以看出,检验阈值 1 mm 的 TS

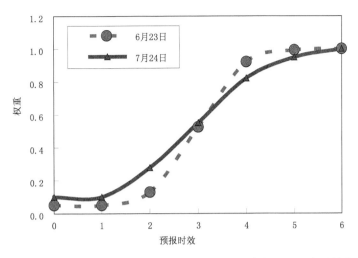

图 1 融合技术中数值预报在不同降水系统下的融合权重随融合时效分布

评分在 0.5~0.7,表明对于 1 mm 的降水 2 个例的融合预报都有好的效果;检验 5 mm 阈值的 TS 评分在 0.3~0.5,对于 5 mm 的降水 2 个例的融合预报都有比较好的效果。

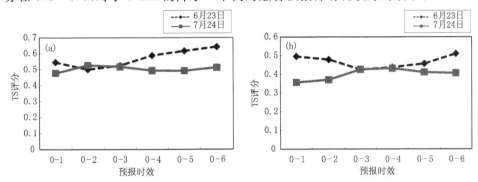

图 2 不同降水系统个例融合预报检验 TS 评分结果

(a 为阈值 1 mm,b 为阈值 5 mm)

2 融合试验及检验

2.1 个例融合试验

2.1.1 "6·23"暴雨个例

2011 年 6 月 23 日 16:00—20:00 北京市出现了少见的短时大暴雨天气,北京全市平均降雨量超过 50 mm。利用上述融合方案先对 BJ-RUC 预报结果进行校正,然后进行 BJ-RUC 的 QPF 和 BJ-ANC 的 0~6 h QPF 的双曲正切线的融合(图略),但对主要雨区强度和走向以及西南部局地新生的强对流预报比单一数值预报更接近实况。

2.1.2 "7·21"特大暴雨

2012 年 7 月 21 日 10:00—22 日 06:00,受冷空气和西南暖湿空气的共同影响,北京市出现近 61 a 来最强降雨过程,并伴有雷电。从融合预报结果(图略)可以看出,融合后的 0~6 h QPF 效果要优于单纯的数值预报和临近预报的结果,但融合后的预报结果与实况还是有些差异,特别强雨区偏小,主要原因是临近预报的降雨强度偏小引起的。

2.2 批量个例试验结果检验分析

利用本文所述的融合技术方法,对发生在京津冀地区 2011 年夏季降水的 5 个降水个例及 2012 年夏季的两个降水个例进行了 80 次 0～6 h 预报试验(表 1)及试验结果检验,且与 BJ-ANC 和 BJ-RUC 预报检验结果进行了对比。

表 1   2011 年夏季京津冀地区的 5 个降水个例及 2012 年两个降水个例

个例日期	降水过程描述
2011 年 6 月 23 日	线状对流系统过程降水
2011 年 7 月 24 日	系统性降水
2011 年 7 月 26 日	β 雨带中的 γ 尺度系统,呈现突发性强、持续时间短、强度大的降水
2011 年 8 月 9 日	组织性较好的强对流降水
2011 年 8 月 13 日	强对流天气,降雨雨量分布不均的降水
2012 年 6 月 24 日	对流降水,降雨雨量分布不均
2012 年 7 月 21 日	受高空冷空气和西南强暖湿空气的共同影响,北京大部分地区出现大暴雨到特大暴雨,具有雨量大、降水急、范围广的特点

图 3 给出了较明显降水的预报检验。对于 5 mm 以上的较强降水,融合系统有较好的预报效果,不仅 TS 评分随时效比较平稳,而且,Bias 评分更接近 1。特别是对于大于 25 mm 的强降水,融合系统的正效果更加明显,0～6 h 时段里,在 Bias 评分更接近 1 的情况下,TS 评分连续较大幅度高出其他两个单一预报,表现出其在预报技巧上的优势。

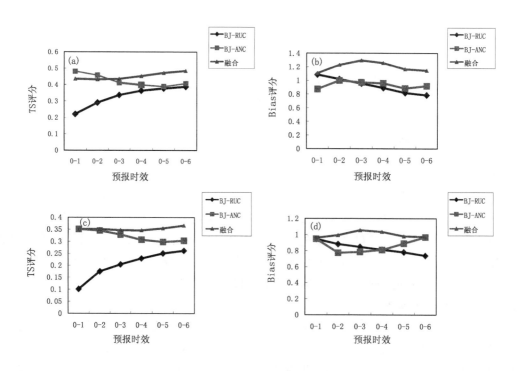

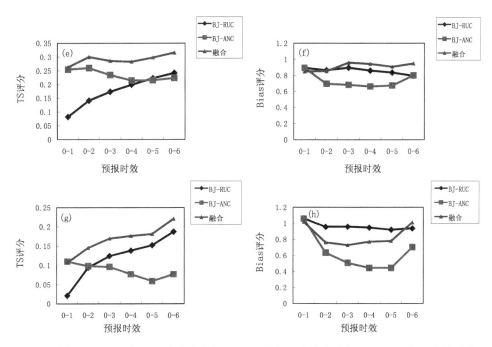

图3 京津冀地区2011年的5个降水个例及2012年的两个降水个例0～6 h预报试验结果检验

(a,b阈值0.1 mm;c,d阈值5 mm;e,f阈值10 mm;g,h阈值25 mm)

2.3 汛期降水预报检验

2012年5—9月汛期期间,利用降水融合预报系统,对发生在京津冀地区2012年夏季的所有降水个例进行了0～6 h预报试验及试验结果检验,且与BJ－ANC和BJ－RUC预报检验结果进行了对比,得到TS评分和Bias评分如下:

图4给出了2012年汛期降水的预报检验,由结果可知:对于1 mm以上的较强降水,融合系统有较好的预报效果,TS评分随时效比较平稳,特别是对于大于5 mm的强降水,融合系统的正效果更加明显,而且也显示出在Bias评分接近于1的情况下,TS评分连续较大幅度高出其他两个单一预报,显示了融合预报在预报技巧上的优势。

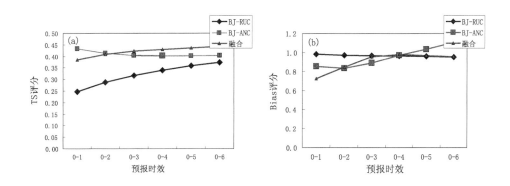

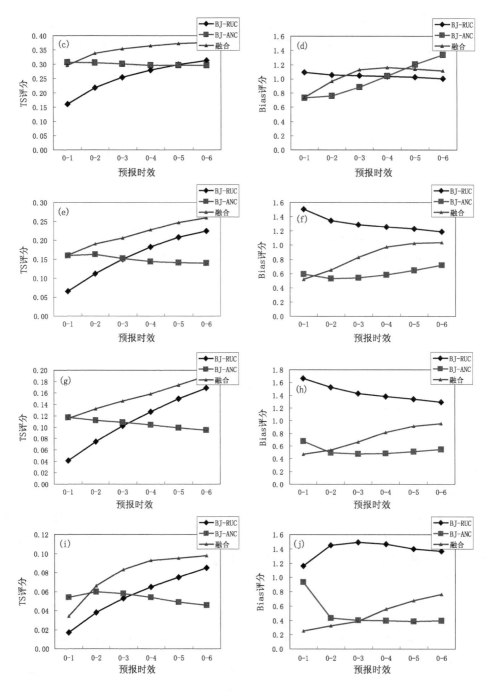

图 4　北京地区 2012 年 5－9 月的所有降水预报试验结果检验

(a,b 阈值 0.1 mm;c,d 阈值 1 mm;e,f 阈值 5 mm;g,h 阈值 10 mm;i,j 阈值 25 mm)

3　结　论

(1)本文给出了两个不同天气类型的降水预报融合权重,一个个例是 2011 年 6 月 23 日的对流系统过程,融合时取临近预报权重下降较快的权重曲线;另一个个例是 2011 年 7 月 24 日的层状云和对流云混合的系统性降水过程,融合时取临近预报权重下降较慢的权重曲线。在数值预报和临近预报评分效果都比较好时,此融合方法能有效提高预报效果,克服不同预报方法的缺点。

(2)选取了2011年6月23日和2012年7月21日两个极端强降水个例进行融合预报试验,并与临近预报和数值预报结果进行了对比,从0～6 h QPF结果来看,融合后降水中心和强度与实况降水较为接近,预报效果优于临近预报和数值预报结果。

(3)对京津冀地区2011年和2012年夏季的7次典型强降水个例的检验,以及2012年、2013年汛期检验,结果表明,在0～6 h时段里,对于5 mm以上的较强降水的逐小时累加QPF,融合系统在预报技巧上较临近预报和数值预报均具有显著的优势。

参考文献

[1] World Meteorological Organization World Weather Research Programme. Strategic Plan for the Implementation of WMO's World Weather Research Programme (WWRP) (2009－2017) (WMO/TD No. 1505) (WWRP 2009－2), 2009: 121(37pp). http://www.wmo.int/pages/prog/arep/wwrp/new/documents/final_WWRP_SP_6_Oct.pdf.

[2] Lai S T, Wong W K. Quantitative precipitation nowcast of tropical cyclone rainbands-case evaluation in 2006 // *39th Session of ESCAP/WMO Typhoon Committee*, Manila, Phillippines, December 8, 2006.

[3] Wong W K, Lai S T. RAPIDS-operational blending of nowcast and NWP QPF. Preprint // *2nd International Symposium on Quantitative Precipitation Forecasting and Hydrology*, Boulder, USA, June 4-8, 2006.

[4] Wong W K, Yeung L H Y, Wang Y C, *et al*. Towards the blending of NWP with nowcast operation experience in B08FDP // *WMO Symposum on Nowcasting*, Aug 30－Sep 4,2009. Whistler B. C. Canada.

[5] 杨汉贤,黄伟健,郑子路."多尺度光流变分法"在临近降雨预报的应用和表现 // 第二十四届粤港澳气象科技研讨会,中国深圳,2010. http://www.hko.gov.hk/publica/reprint/r860.pdf.

[6] 陈明轩,王迎春,俞小鼎.交叉相关外推算法的改进及其在对流临近预报中的应用.应用气象学报,2007,**18**(5):690-701.

[7] 陈明轩,高峰,孔荣,等.自动临近预报系统及其在北京奥运期间的应用.应用气象学报,2010,**21**(4):395-404.

[8] 陈敏,范水勇,郑祚芳,等.基于BJ-RUC系统的临近探空及其对强对流发生潜势预报的指示性能初探.气象学报,2010,**69**(1):181-194.

[8] Wong M C, Wong W K, Lai E S T. From SWIRLS to RAPIDS:Nowcast applications development in Hong Kong // *WMO PWS Workshop on Warnings of Real-Time Hazards by Using Nowcasting Technology*. Sydney, Australia, October,9－13,2006.

[9] 张秀芝.Weibull分布参数估计方法及其应用.气象学报,1996,**54**(1):108-116.

[10] 杨丹丹.雷达资料和数值模式产品融合技术在短时临近预报中的应用(学位论文).南京:南京信息工程大学,2010.

一次后向传播的局地强降水雷暴过程分析

孙　敏　戴建华

（上海中心气象台，上海 200030）

摘　要

针对 2013 年 9 月 13 日上海发生的一次局地大暴雨并伴随 8～10 级雷雨大风过程，从大尺度环境条件、形成强对流的水汽、不稳定和初始对流触发条件及后向传播机制进行分析。结果表明：此次暴雨过程属于副高边缘强对流型；充足的水汽和不稳定条件及连续高温积累的大量不稳定能量均满足强对流产生的条件；地面低涡切变线提供了初始对流中小尺度触发条件。雷达资料及双多普勒雷达反演的三维风场显示，雷暴发展强盛期，从东北向西南对流单体依次表现出消散、成熟和新生阶段的垂直速度场特征，阵风锋和低涡切变线碰撞触发新对流单体在西南方向不断形成，造成此次强对流的后向传播特征，综合分析结果提出了后向传播局地强降水雷暴概念模型。

关键词：局地强降水雷暴　后向传播　阵风锋

0　引言

灾害性对流天气与强的上升气流和下沉气流的发展密切相关，且与上升、下沉气流以及环境风切变之间的相互作用有关[1]，了解风场精细的三维结构特征将有助于提高对强对流天气的监测和预警能力。

Xie 等[2] 将具有向西运动分量的中尺度对流系统（MCS）运动定义为后向传播，孙继松等[3] 研究指出雷暴高压的出流与环境大气之间形成新生辐合线的抬升作用可诱发新生对流，是雷暴的一种重要传播机制。

2013 年 9 月 13 日午后到夜里，上海自东北向西南依次出现了短时强降水和雷雨大风，部分地区达到了大暴雨标准。13:35，上海中心气象台发布了雷电和大风黄色预警，16:18，发布暴雨橙色预警，16:44 升级为暴雨红色预警。最强降雨时段为 16:00－17:00，最大小时雨量超过 100 mm 的自动雨量站有 10 个，截至 18:00，浦东新区站雨量最大 141 mm，蓬莱公园 139.7 mm，梅园街道 138.8 mm，南洋中学 137.2 mm，崇明、浦东、市区和松江还先后出现了 8～10 级雷雨大风，其中最大阵风 34.0 m·s^{-1}（12 级）出现在位于市区东北部的复兴岛。大暴雨导致 80 多条段道路短时积水 20～50 cm，晚高峰交通瘫痪、2 条地铁线路因受潮发生故障。

本文利用常规观测、雷达和自动气象站资料，对此次强降水和雷雨大风的成因及造成后向传播特征的机制进行了分析和探讨。

1　天气形势分析

1.1　大尺度环流特征

08:00 上海 200 hPa 上空为高空辐散区域，500 hPa 上副高较强，588 dagpm 线位于苏皖南部，上海位于副高北侧边缘，500 hPa 北支槽位于渤海至安徽北部一线，温度槽落后于高度槽,上海位于北支槽前,随着槽线的东移加深,槽前西南气流与副高边缘南到西南气流叠加造成一支强劲的西南急流,在大尺度环境上具备了不稳定和上升运动条件,700 hPa上苏皖中南部有一支西南急流,对应 700 hPa 上为高湿区,850 hPa 上,华东南部都处在高湿区内,地面天气图上江淮流域存在一条静止锋。

根据上海近 10a 暴雨个例的研究分型[4],此次大暴雨过程属于副高边缘强对流型。

1.2 强对流形成条件

1.2.1 水汽条件

低层水汽含量充沛,在降水集中时段,上海地基 GPS 测得大气可降水汽量达到 50 mm 以上,处于高值区,为局地大暴雨提供了充足的水汽条件。

1.2.2 稳定度条件

08:00 宝山探空显示,抬升凝结高度(964 hPa)、对流凝结高度(903 hPa)和自由对流高度(830 hPa)均较低,对流温度 31.6 ℃,对流有效位能 1368J·kg^{-1},K 指数较大为 36 ℃,沙氏指数 −2.5 ℃,抬升指数 −3.8 ℃,表明上海当日大气处于不稳定状态。从水平风垂直切变来看,0～6 km 风切变高达 14.54 m·s^{-1},850 hPa 高度以下风向随高度呈顺时针旋转,表明低层有暖平流,850 hPa 高度以上风向随高度呈逆时针旋转,有弱冷平流。温度与露点曲线自下而上呈喇叭口形,这种分布形式有利于雷雨大风的出现。

14:00 对流条件进一步加强,对流有效位能增大至 3608 J·kg^{-1},热力层结非常不稳定,700 hPa 湿度显著增加且西南风速达到 12 m·s^{-1},0～6 km 的风切变增大至 19.27 m·s^{-1},0 ℃层高度约在 4500 m,对流单体主体位于 0 ℃层以下,云中以水滴为主,有利于降水效率的提高。

此外,9 月 10 日起,上海连续 4 日最高温度在 33 ℃ 左右,积累了大量不稳定能量。

1.2.3 对流单体初生阶段触发机制

上海低层的水汽含量丰富且大气层结不稳定,槽前的系统性上升运动及 200 hPa 高空的辐散为强对流天气提供了大尺度环境背景,只要有足够强度的中小尺度抬升启动机制,就能触发不稳定能量释放,造成对流性天气。午后在崇明地区存在东北和西南风的切变线,嘉定—宝山一带存在东北和偏南风的切变线,到 15:00 在浦东与市区交接处存在低涡,低涡附近存在东北－西南向的切变线。

2 雷达资料分析

2.1 基本反射率场

从雷达回波和 45 dBZ 以上回波空间等值面分布随时间的演变来看(图 1),11:27 左右对流首先在长江口区西部生成,后逐渐向东偏北方向移动发展,13:31 在原回波西南侧新生一个对流单体并逐渐发展,而北部的对流单体则逐渐减弱,到 14:59,在新生对流单体东南侧存在一条明显的东北－西南向阵风锋,此时为新生雷暴的发展初期,到 15:58,回波已向西南方向传播,准东西向呈弧状阵风锋更加明显,且逐渐远离对流单体,此时为雷暴发展强盛期,到 16:58 阵风锋继续向西南方向传播,逐渐减弱并脱离对流单体,此时为雷暴减弱期。

2.2 反演风场

12:26(图 2a 和 2b)北部对流单体低层存在偏南风和偏西风的弱辐合,中层与环境风场一

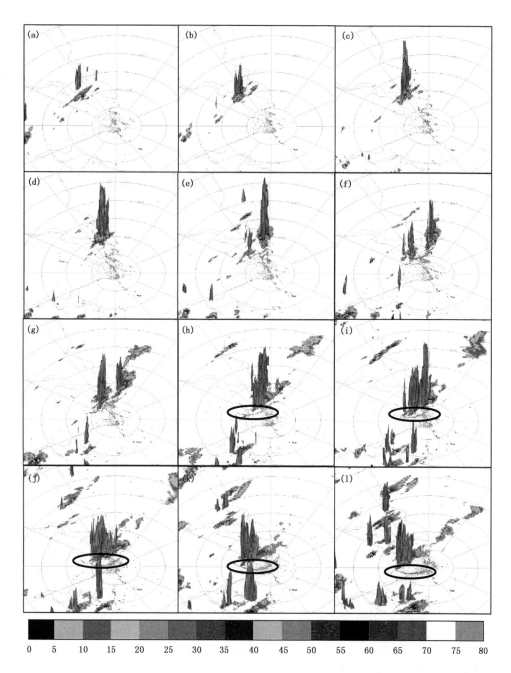

图 1　不同时刻 0.5°仰角回波及 45 dBZ 以上回波空间等值面分布(圈内为阵风锋)

(a 为 11:27,b 为 11:57,c 为 12:32,d 为 13:01,e 为 13:31,f 为 14:00,g 为 14:30,

h 为 14:59,i 为 15:28,j 为 15:58,k 为 16:28,l 为 16:58)

致,强反射率中心在中低层呈垂直分布,属于非强风暴。

　　14:59(图 2c 和 2d)新生对流单体具有强回波中心,强反射率中心随高度向东北方向倾斜,低层强反射率中心对应着强的风场辐合中心,辐合中心东侧存在一个气旋性环流,中层强回波西侧存在一个反气旋性环流,涡旋直径在 6～8 km,Weisman[5]指出,低层环境风切变产生水平涡管,在垂直运动的作用下使水平涡管发生倾斜,导致中低层产生明显的气旋和较弱的反气旋,形成双涡结构;从低层风场辐合来看,存在两条相交的辐合线,交点处辐合最强,最有利于对流的新生。

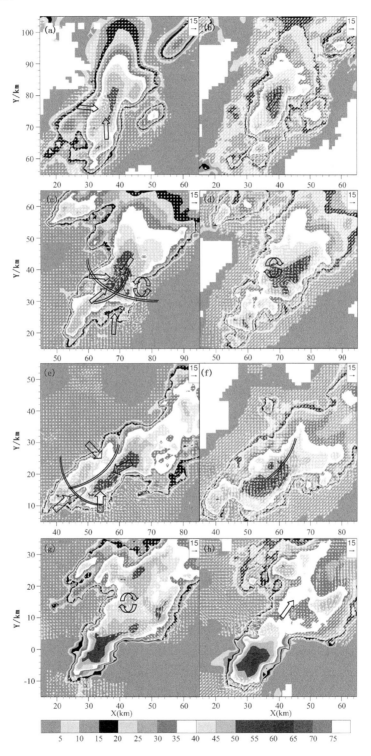

图2　1.5 km(左)和5.0 km(右)高度的反演风场和雷达反射率因子(阴影)

(a,b为12:26;c,d为14:59;e,f为15:58;g,h为16:58)

15:58(图 2e 和 2f)低层强回波呈东北－西南的带状分布,在其西北侧存在一条西北风和东(东南)风的辐合线,与强回波的带状分布相平行,中层风场辐合线位于低层东北侧,具有前倾结构,辐合线东侧为气旋性切变,西侧为反气旋性切变,表明涡旋对有发生合并的现象,低层仍存在两条相交的辐合线。

16:58(图 2g 和 2h),强回波区东北侧回波减弱,低层出现一个反气旋环流,中层转为与环境一致的风场,此结构的产生与降水产生的下沉气流有关。

根据上文分析,在 14:59 反演得到的水平风场显示了低层强辐合及中低层的涡旋结构,在该时次沿对流传播方向(东北－西南向)及垂直于对流传播方向(西北－东南向)作垂直剖面,研究垂直速度的空间分布。

图 3a 中直线 A－B 显示了东北－西南向剖面在水平面的位置,图 3b 为对应垂直剖面上的风场分布,从风场的分布可以看到,分别存在一个垂直上升和下沉的区域,其中下沉运动是由于降水粒子拖曳所导致,上升运动由下沉辐散气流和环境西南风在强回波的西南侧低层辐合形成的阵风锋触发形成,正是由于风场的这种结构,使得雷暴西南侧不断触发新的对流单体,造成了对流单体向西南方向的后向传播,而新生单体的上升运动又导致低层降压,增加雷暴地面高压与其之间的气压梯度,导致辐散气流在下沉区域的西南侧增强,形成正反馈;相对垂直对流传播方向作了三个剖面(图 3c,e,g),从垂直速度在东北端 A1－B1 剖面上的分布(图 3d)可以看到垂直方向主要为下沉气流,对应为对流消散阶段,位于中间的 A2－B2 剖面上既存在上升运动也存在下沉运动(图 3f),与对流成熟阶段对应,上升气流位于 A2 点附近,即位于剖面的西北侧,下沉气流位于 B2 点附近,即位于剖面的东南侧,该下沉区也是强降水所对应的区域,位于回波东南端的 A3－B3 剖面上垂直气流显示为一致的上升运动,为对流新生的区域。

3 概念模型

结合上文分析,得到此次强对流天气的概念模型(图 4):中低层环境风场为西南风,且随高度增加风速逐渐增大,形成垂直于环境风场指向西北方向的水平涡度,在成熟对流阶段垂直上升运动的作用下,水平涡度逐渐转换为垂直涡度,形成气旋和反气旋涡度对,东北侧为以下沉气流为主处于消散阶段的对流体,由于强降水拖曳造成地面高压冷池,对应于地面风场为辐散气流,有利于大风的产生,西南侧由于阵风锋与低涡切变线碰撞激发出以上升气流为主处于新生阶段的对流单体,同时,露点锋的动力抬升作用导致的上升气流,也有利于对流向西南方向传播,位于中间回波最强处的对流体处于成熟阶段,成熟阶段单体内下沉气流出现在东侧,据此可以判断强降水发生在强回波的东侧和北侧。

4 结论与讨论

本文对发生在上海的一次夏季后向传播的局地强降水雷暴进行了分析,得到如下结论:

(1)大尺度环流背景场为此次对流过程提供了高空辐散条件,在大尺度环境上具备了不稳定和上升运动条件,属于副高边缘强对流型;具备了充足的水汽和不稳定条件,连续的高温积累了大量不稳定的能量,为强对流及局地大暴雨提供了环境条件;地面低涡切变线为此次强对流提供了对流单体初生阶段中小尺度触发条件;

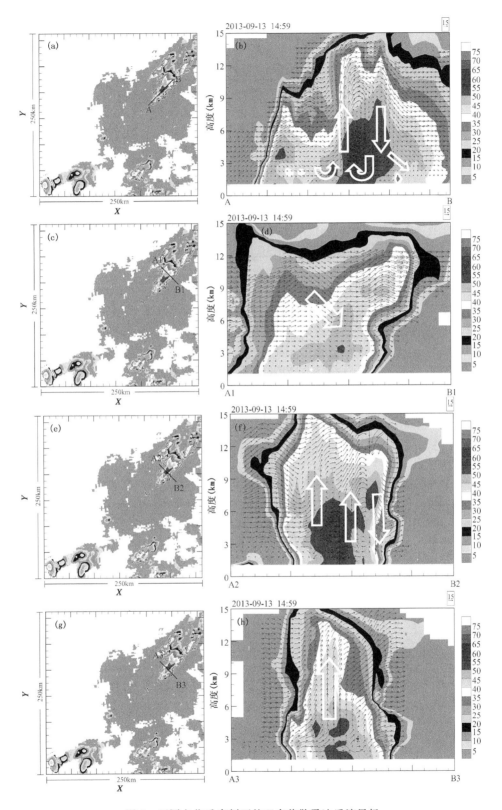

图 3　不同方位垂直剖面的双多普勒雷达反演风场

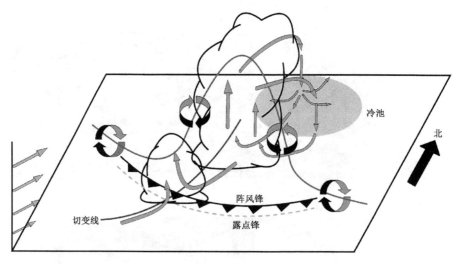

图 4　后向传播局地强降水雷暴概念模型

（2）三维风场反演结果显示,对流发展初期中低层风场存在双涡结构,结合垂直风场的分析,得到了对流发展的三个典型阶段,从东北向西南依次为消散、成熟和新生阶段;结合自动站分析显示,强降水拖曳导致的地面高压冷池造成强辐散气流,从而导致了雷雨大风的产生,阵风锋和低涡切变线相交处的强辐合造成了此次强对流西南向的后向传播,同时露点锋的动力抬升作用也有利于对流向西南方向传播;

（3）提出了后向传播局地强降水雷暴概念模型。

参考文献

［1］　俞小鼎,姚秀萍,熊廷南,等.多普勒天气雷达原理与业务应用.北京:气象出版社,2006:130.

［2］　Xie J Y,Scofied R. Satellite-Dervied Rainfall Estimates and Propagation Characteristics Associated with Mesoscale Convective Systems (MCSs). NOAA Technical Memorandum NESDIS 1989,25.11.

［3］　孙继松,陶祖钰.强对流天气分析与预报中的若干基本问题.气象,2012,**38**(2):164-173.

［4］　朱佳蓉,漆梁波.上海近 10 年暴雨个例分型及预报要点∥第 29 届中国气象学会年,S1 灾害天气研究与预报.中国沈阳,2012:1-13.

［5］　Weisman M L. The genesis of severe, long-lived bow echoes. *Journal of the Atmospheric Sciences*, 1993,**50**(4):645-670.

两种强迫机制下的 MCS 对比分析

王晓玲　舒　斯　王艳杰　钟　敏　李银娥

(武汉中心气象台,武汉 430074)

摘　要

本文利用快速同化系统 LAPS 资料,结合云图、雷达、地面逐小时加密观测信息,对比分析了 2012 年 7 月 12—13 日,发生在鄂东北的连续两次大暴雨过程。分析发现两次降水过程发生在不同的环流背景条件下,其中第一阶段主要是暖区降水,其西风槽偏西,表现为更强的不稳定条件和热力条件,而第二阶段降水发生时,西风槽明显东移,引导地面冷锋南下,形成锋面降水。其中尺度环境条件也有明显的区别,暖区降水和锋面降水同样具有充足的整层水汽、较低的抬升凝结高度及一定的对流抑制,但是暖区降水相对具有更高发生中气团温度较环境更高,且不稳定更强,并具有更高的对流有效位能。

分析结果显示:两次降水过程发生的强迫机制明显不同,前者主要是由于暖平流强迫触发了初始对流的生成,初始对流产生降水在地面形成冷池,冷池外围的下沉气流与暖湿气流汇合,触发新对流,形成后向传播,强降水得以维持,在这个降水过程中,热力因子起到主导作用,一定的地形抬升对降水有增幅作用。而第二阶段降水主要是锋面南下,产生锋生,促使对流发展,在这个降水过程中,动力因子起到主导作用。在两种不同动力机制条件下,前者 MCS 稳定少动,持续时间长,对流云团呈不对称分布,强回波伸展高度高,强降水主要位于 TBB 梯度大值区,产生的雨强也更大,并伴有强雷电活动。后者对流云团呈对称分布,强回波伸展高度较低,强降水主要位于 TBB 大值中心,表现为明显的暖雨过程。但是两种动力机制下,同样形成了长时间的降水:一是由于对流降水单体传播和移动相互抵消,形成后向传播,从而使对流系统稳定维持;二是强降水单体依次经过同一地点,形成列车效应,从而产生较大的累计降水。

关键词:大暴雨　MCS　强迫机制　动力因子　热力因子

0　引言

中尺度对流系统(MCS)是导致暴雨等灾害性天气发生的重要影响系统。关于 MCS 的定义,MacGorman 等[1]提出,MCS 是一群与环境相互作用并能改变环境的风暴群且随后产生比单个风暴更大的长生命系统;Houze[2]用云图特征将 MCS 描述为包含对流核的云结构,其沿某一方向伸展约 100 km,形成一个普遍降水的区域;Schumacher 等[3]将强回波的反射率因子≥40 dBZ,伸展范围大于 100 km,持续时间 3～24 h 的对流系统称为 MCS。大多数气象学家认为在雷达回波上 MCS 常表现为一种伸展结构,在其生命周期里包含一定程度的对流,由对流区和层状区两部分组成。对 MCS 类型和活动特征研究,国际上已有较多研究成果 Parker 等[4]统计了美国中部地区线状 MCS,依照回波组织形态分为尾随层状(TS)降水 MCS、前导层状(LS)降水 MCS、平行层状(PS)降水 MCS。Jirak 等[5]综合使用卫星与雷达资料,根据尺度

资助项目:中国气象局小型基建项目"中尺度天气分析业务建设"资助

大小和对流回波的组织形状将 MCS 分为 4 类：中尺度对流复合体、持久细长的对流系统、β 中尺度圆形对流系统及 β 中尺度持久细长的对流系统。Rigo 等[6,7]将欧洲地区 MCS 分为线状、弱组织、对流串，其线状 MCS 与 Parker 的分型类似，且有组织的线状 MCS 和无组织 MCS 几率相当。

1 资料来源及降水实况

本文所用资料包括武汉暴雨研究所快速同化系统 LAPS 资料（水平分辨率 10 km、垂直分层 46 层、时间分辨率 3 h），FY－2C 卫星云图（时间分辨率 30 min）、新一代天气雷达产品（空间分辨率 1 km×1 km，时间分辨率 6 min）、地面逐小时加密观测等资料。

2012 年 7 月 11 日 20：00—13 日 20：00，湖北省鄂东北出现大范围大暴雨天气，据县站统计，共有 19 站累计降水超过 100 mm，其中，最大降水中心位于黄陂，累计降水达 316 mm，小时最大雨强为 47.8 mm；乡镇加密站累计最大雨量达 539 mm，位于红安高河桥，小时最大雨强为 100 mm。

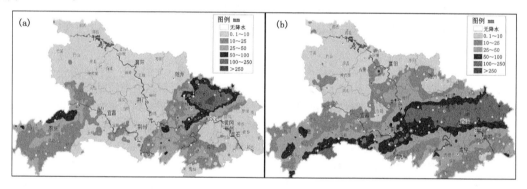

图 1 加密站累计降水分布

（a 为 7 月 11 日 20：00—12 日 20：00，b 为 7 月 12 日 20：00—13 日 20：00）

分析 10 mm·h^{-1}以上的雨团活动发现，此次降水分为两个阶段，第一阶段主要发生在 12 日 02：00—14：00，雨团 02：00 开始自大悟发展，稳定少动，略有南压，至 08：00 达到最强，降水中心移到红安附近，11：00 开始，雨团开始减弱并呈快速南压趋势。从 24 h 雨量累加图分布可以看出，此阶段强降水呈团状分布，降水中心位于红安高桥河，累计雨量 539 mm，小时最大雨强达 100 mm。第二阶段主要发生在 13 日 06：00—18：00，雨团 05：00 开始自天门发展，逐渐北抬，至 08：00 达到最强，后逐渐减弱，12：00 江汉平原有新的雨团发展，并再次北抬减弱。从 24 h 雨量累加图分布可以看出，此阶段强降水成带状分布，降水中心位于新州李集，累计雨量 334 mm，小时最大雨强达 84 mm。

3 大尺度环流背景

此次大暴雨发生过程中，东北有一冷涡稳定转动，冷涡后部偏北气流加强，500 hPa 南支槽加深并缓慢东移，槽前偏西风转为西南风，最大风速增至 16 m·s^{-1}，副热带高压脊线维持在 20°N 左右。对应 200 hPa 为南亚高压西北侧西北气流控制，12 日 08：00，形成一明显分流区，有利于高层辐散的发展。低空西南急流明显加强发展，汉口站 700 hPa 风速从 8～

$12\ \mathrm{m \cdot s^{-1}}$，850 hPa 从 $10\sim14\ \mathrm{m \cdot s^{-1}}$，850 hPa 安康西风转为北风，冷暖空气交汇加强。12 日 20:00，随着高空弱短波东移，中低层气流西风分量加大，降雨有短暂的间歇。13 日凌晨，副高稳定维持，随着低槽东移，西南急流再度加强。降水第一阶段地面为暖低压控制，主要是西南气流发展比较旺盛，高温高湿条件下发展的暖区短时强降水；第二阶段地面有弱冷锋南压，主要是低槽动移，带动槽后偏北气流加强，与副热带高压外围西南急流交汇引起的锋面性强降水。

表 1　7 月 11 日 20:00—13 日 20:00 低空南北气流强度及方向变化

时间	700 hPa		850 hPa			
	汉口	长沙	汉口	长沙	安康	阜阳
11 日 20:00	8	8	10	10	西风	西南风
12 日 08:00	14	16	14	16	北风	西风
12 日 20:00	10(西风)	10	8	12	西南风	西南风
13 日 08:00	16	14	16	14	北风	北风

3　两阶段中尺度对流系统演变特征

前文已经分析了此次中尺度暴雨过程两个阶段的降水特征及环流背景的异同，从对比可看出降水的主要两个阶段有很大的不同，而造成不同的直接因子就是由于对流系统的发生、发展存在很大的差别，下面将结合卫星及雷达资料分析两个阶段对流系统的演变特征。

3.1　初始对流的形成及演变

初始对流的形成，主要是在有利的环境条件下，由于局地暖空气的正浮力或者低层辐合产生的上升运动引起的。

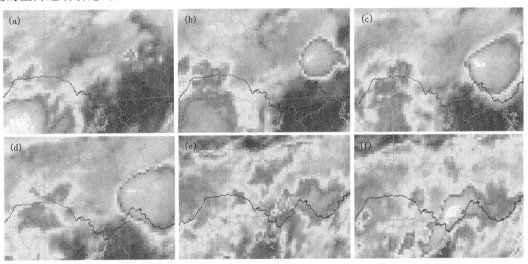

图 2　2012 年 7 月 12 日卫星云图演变
(a 为 02:00,b 为 04:00,c 为 06:00,d 为 08:00,e 为 14:00,f 为 16:00)

3.1.1　第一阶段中尺度对流系统的发展

从云图上看，12 日 02:00，初始对流云团在大悟形成，该对流云团在原地不断发展加强，到

08:00左右达到最强,期间,MCS稳定少动,降水发展最剧烈,至14:00,该对流云团结构逐渐松散,并迅速东移减弱。综上,该MCS在原地生成发展,稳定少动,维持时间长达12 h。

3.1.2 第二阶段中尺度对流系统的发展

从红外云图演变(图3)可以发现,第二段初始对流云团13日04:00自天门开始发展,在低空急流靠近切变线一侧同时有a,b,c三个中β尺度云团存在,随着低空切变线南压,a,b云团减弱,c云团开始加强,并逐步向北部发展,对应850 hPa θ_{se}平流可以看出,c云团位于θ_{se}平流正负交界的零线附近,说明该位置干冷暖湿空气交汇明显,有利于MCS的发展。c云团在08:00左右发展到最强,并逐渐北抬减弱,随后在云团尾部新生d云团,该云团在850 hPa θ_{se}平流零线附近加强并逐步发展为带状。至16:00,随着干冷空气势力加强,d云带结构变松散并逐渐动移,强降水雨带也随之动移减弱。

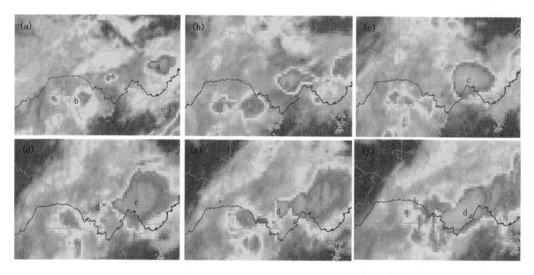

图3 2012年7月13日04时—13时卫星云图演变
(a为04:00,b为06:00,c为08:00,d为10:00,e为11:00,f为13:00)

3.2 对流系统结构及其降水特征

图4中给出的是两阶段对流系统发展最强烈时刻TBB及小时雨量分布,从图中可以看出第一阶段对流云团表现为明显的不对称分布,其TBB梯度大值区位于对流云团后侧,层状云系位于前部,对流云顶亮温达−72℃,强降水主要发生在TBB梯度大值区,且小时雨强较大,有半数小时降水超过40 mm,最大小时雨强达到70 mm。而第二阶段对流云团则表现为明显的对称分布,对流云顶亮温为−62℃,强降水主要发生在TBB大值区中心,小时雨强相对较小,小时雨强一般在40 mm以下。从两阶段对流云团特征可以发现,第一阶段对流伸展高度更高,云顶温度更低,强对流发展更旺盛,造成的降水也更剧烈。

从雷达回波分布(图5)也可以看出,第一阶段降水强回波位于系统后部,中心值达到55 dBZ,前部主要为层状降水回波降水,从其结构形态看,类似于Parker[4]分析的前导层状降水MCS(LS),其特点主要表现为层状降水区在系统前方,对流区位于暴雨的后方,对流系统移动缓慢,并且在高层有相对气流从系统的后方流向前方。新单体在系统后方生成阻滞了对流向前运动,因此,此类型的MCS移动速度比平均气流慢。沿最强回波做剖面图,可以看到

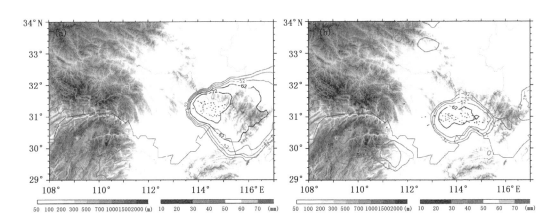

图4 TBB分布及地形

(a为7月12日07:00,b为7月13日07:00)

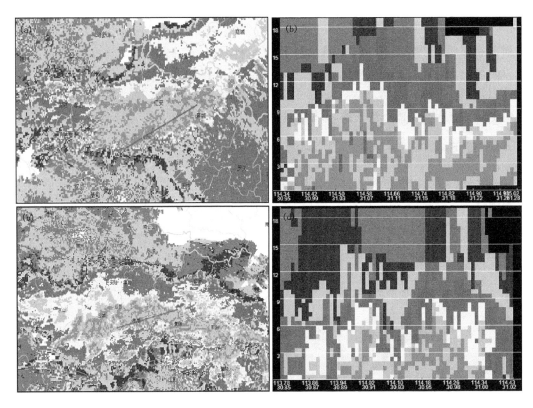

图5 雷达回波平面及垂直分布

(a为7月12日07:00雷达回波平面,b为回波垂直分布,c为7月13日07:00雷达回波平面,

d为回波垂直分布)

45 dBZ强回波伸展高度已接近9 km,说明对流伸展高度高,发展旺盛,小时雨强大。

第二阶段降水回波呈带状分布,强回波位于层状回波中部,中心值50 dBZ,从其结构形态看,类似于Parker[4]分析的平行层状降水(PS),此类型MCS通常中层伴有缓慢移动的低槽,且槽的移速一般与系统平行,大多数Maddox[8-10]天气尺度暴洪事件都是由这种MCS引起的。沿最强回波做剖面图,可以看到 45 dBZ 强回波伸展高度只达 3 km 附近,说明此类 MCS 对流伸展高度低,降水相对平缓,小时雨强中等。

另一方面,两个降水阶段伴有的闪电密度也反映了两类 MCS 产生的降水特征截然不同,第一阶段平均闪电密度为每平方千米超过 5 个,而第二阶段平均闪电密度每平方千米只有 0.25~1 个。

3.3 对流系统维持及传播机制

Doswell[11]研究表明,风暴相对入流决定了 MCS 是否能长时间维持,长时间持续的 MCS 比生命期较短的 MCS 有更强的地面系统相对入流,尤其是南边界。从前文中尺度特征分析可以看出来,第一阶段降水 MCS 自 02:00 生成一直到 14:00 开始减弱,共维持了 12 h。分析可以发现第一阶段地面维持东西向切变线(图略),12 日 08:00 以后随着地面南风加强,中尺度对流系统南侧有明显的 3 h 正变温发展,地面入流气流相应加强。由于保持稳定的相对入流,第一阶段 MCS 后部不断有新生对流单体,形成后向传播,造成整个 MCS 呈现为准静止对流云团。而第二段降水回波呈西西南—东东北带状分布,与低层切变线方向一致,其 500~700 hPa 也为均一的西西南气流,云承载层与边界层切变线平行,平均气流与对流系统平行,形成列车效应,所以先后生成的中尺度对流云团 C,D 沿同一方向运动,同样造成 MCS 维持时间长,10 mm·h⁻¹ 以上降水维持时间超过 10 h。

综上,两阶段 MCS 虽然运动特征不一样,第一阶段由于后向传播表现为准静止,第二阶段则由于运动方向与传播方向一致,形成列车效应,在同一地点同样产生长时间强降水。

4 中尺度环境条件对比

前文分析了 2012 年 7 月 12 日鄂东大暴雨过程的环流背景及两个主要降水阶段的中尺度对流系统特征,下面将分析究竟是什么样的中尺度环境条件及动力机制造成两次对流系统的不同以及降水的差异。

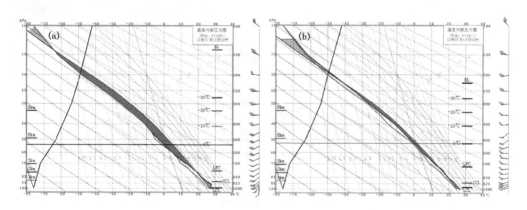

图 6 基于 LAPS 快速同化资料的模式探空图
(a 为红安,b 为黄陂)

4.1 中尺度环境参数对比

本文分别以红安、黄陂为两个降水阶段代表站,从模式探空图对比可以看出,两阶段降水发展前,温度与露点层结曲线均非常靠近,说明存在深厚湿对流,抬升凝结高度 LCL 非常低,云底低,蒸发小,且自由对流高度 LFC 较低,有利于初始对流风暴的启动。同时引导气流层西风分量都比较大。除了上述相同点外,他们也存在一些差异,主要表现在第一阶段降水 CAPE 相对比较"胖",暴雨启动前边界层有弱的逆温层存在,且风随高度呈顺时针旋转,说明有暖平流发展。

表 2 两个主要降水阶段环境对流参数对比

	单位	红安 12 日 02:00	黄陂 13 日 02:00
K(K 指数)	℃	42	37
SI(沙氏指数)	℃	-3.9	-0.2
$CAPE$(对流有效位能)	J·kg^{-1}	2167	569
$WCAPE$(最大上升速度)	m·s^{-1}	66	34
CIN(对流抑制)	J·kg^{-1}	69	57
LCL(抬升凝结高度)	hPa	985	971
LFC(自由对流高度)	hPa	778	727
6 h 累计雨量	mm	147	113

比较两个主要降水阶段环境参数可以发现有以下几个特点,一方面是第一阶段较第二阶段有更高的不稳定,其 K 指数达到 42℃,明显大于第二阶段的 37℃,同时沙氏指数为 -3.9℃这也反映了对流发展过程中,其气团温度明显高于环境温度,另一方面第一阶段对流发展过程中由于边界层存在一定的逆温层,形成一定程度的对流抑制能量,有利于对流能量的积蓄,从其对流有效位能也可以看出,第一阶段对流有效位能达到 2167 J,远远高于第二阶段的 569 J。$CAPE$ 数值越大,则其能量释放后形成的上升气流强度越强,所以第一段降水爆发后,其对流发展高度更高,雨强更强。但是 $CAPE$ 并不是唯一影响风暴上升运动的因子,第二段降水中,相对强的动力效应加强了上升运动强度,因此强烈上升运动也能在较小的 $CAPE$ 中得以发展。

5.2 动力强迫机制对比

研究证明,在准地转模式下,垂直运动主要来源于两个方面,一是正涡度平流随高度的增长,二是暖平流的强度。图 7 给出此次降水两个主要阶段降水中心风场变化及 500 hPa 与 850 hPa 差动涡度平流及暖平流综合图,可以看出两个阶段降水主要动力机制有明显的不同,第一阶段,对流层低层西南气流发展更旺盛,边界层风场随高度顺时针旋转,强降水发生前后低层有明显暖平流维持,暖平流强度与对流系统发展一致,12 日 08:00 左右,暖平流达到最强,中心值为 $2×10^{-5}$s^{-2},相应的对流系统也发展到最旺盛时段。第二阶段 500 与 850 hPa 差动涡度最大达 $24×10^{-9}$s^{-2},明显高于第一阶段,另一方面,其边界层在对流系统发展后期主要为偏北气流控制,有较明显冷平流活动。综上分析可看出,第一阶段降水其主导因子为热力因子引起的动力强迫,而第二阶段降水主导因子是由于动力因子引起的动力强迫,从而导致两个强降水阶段对流系统结构的不同。从垂直速度剖面图来看,第一阶段降水其垂直速度中心值为 -2 hPa·s^{-1},高度位于 300 hP 附近,从温度层结看,上升气流中心大部位于 $-5\sim-40$℃,为冷雨过程;第二阶段降水垂直速度中心值为 -2.4 hPa·s^{-1},高度位于 500 hPa 附近,从温度层结看,上升气流中心大部位于 $5\sim-10$℃,表现为更明显的暖雨过程。

在有利的大范围上升运动环境中,需要一定的触发机制,将气团抬升到自由对流高度,从而将环境不稳定能量将转为抬升运动,加强上升运动的发展。而触发对流的抬升条件大多由

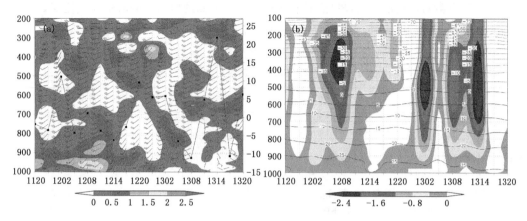

图 7　沿暴雨中心差动涡度平流、温度平流(a)以及温度、垂直速度(b)时序演变

中尺度系统提供[12],如锋面、干线、对流风暴的外流边界、海陆风、重力波等,此外地形的抬升作用也可以触发或加强对流。

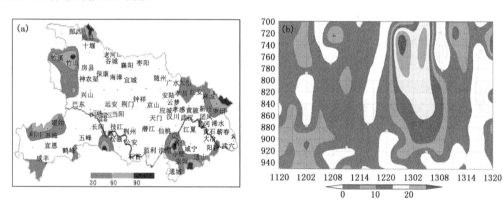

图 8　地形抬升分布(a)及暴雨区上空锋生函数时序剖面(b)

通过分析可以发现,第一阶段强降水区主要位于大别山迎风坡,由于地形阻挡,低空气流在暴雨区上空有明显的风速辐合,计算其地形抬升,可以看到,在大悟至罗田一线,地形抬升速度达到 30 cm·s⁻¹,其强度已经接近整个系统上升速度,可见地形抬升触发此阶段降水过程中起到重要作用。而第二阶段降水则不同,图中给出锋生函数时序图,可以看出,暴雨区锋生主要发生在 850～700 hPa,且第一阶段锋生明显小于第二阶段锋生,说明第二阶段主要是锋生强迫引起的降水。

4.3　水汽条件对比

(1)持续的水汽输送

研究表明,降水率取决于流入云层的垂直水汽通量,因此,高降水率需要沿着强上升区有高含水量,持续时间内维持高降水率需要持续的水汽输送。从图 9 可以看出,两个水汽通量散度峰值区正好与降水开始时间对应,且整个强降水维持期间,该高值区也相应维持,且强辐合中心主要位于对流层低层。强水平水汽通量以及低空水汽辐合的配合意味着有强垂直水汽通量发生。

(2)降水效率

降低降水效率最大的因素是蒸发,Doswell[13]认为影响降水蒸发最关键的因素是环境相

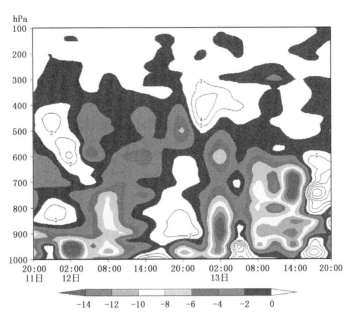

图 9 暴雨区上空水汽通量散度垂直分布时序

对湿度。通过探空分析发现，两阶段降水过程中 1000～500 hPa 平均相对湿度均超过 70%，整层湿度高、降低蒸发及夹卷效应，有利于降水效率的提高。另一方面，LCL 均在 925 hPa 以下，可见其云底较低，下降到地面的降水不需要穿过深厚不饱和气层，水汽损失较少。此次连续大暴雨降水的两个主要阶段，均具有一定对流抑制能量，但是数值相对较低，则对流单体发展得更有组织性，中尺度对流系统尺度相对较大，夹卷效应不明显，有利于降水效率的提高。

5 小结

本文对 2012 年 7 月 12—13 日发生在鄂东北连续大暴雨过程进行对比分析，研究了暖平流及锋面两种强迫机制下 MCS 的主要特征及成因，得到以下结论：

(1)两次降水过程发生在不同的环流背景条件下，其中第一阶段主要是暖区降水，其西风槽偏西，表现为更强的不稳定条件和热力条件，而第二阶段降水发生时，西风槽明显东移，引导地面冷锋南下，形成锋面降水。

(2)从中尺度环境条件分析发现，暖区降水和锋面降水同样具有充足的整层水汽、较低的抬升凝结高度及一定的对流抑制，但是暖区降水相对具有更高发生中气团温度较环境更高，且不稳定更强，并具有更高的对流有效位能。

(3)暖区降水与锋面降水具有明显不同的动力机制，前者主要是由于暖平流强迫触发了初始对流的生成，初始对流产生降水在地面形成冷池，冷池外围的下沉气流与暖湿气流汇合，触发新对流，形成后向传播，强降水得以维持，在这个降水过程中，热力因子起到主导作用，一定的地形抬升对降水有增幅作用。而第二阶段降水主要是锋面南下，产生锋生，促使对流发展，在这个降水过程中，动力因子起到主导作用，且引导气流与对流系统运动方向较一致，产生列车效应，强降水同样得以维持。

(4)通过对比分析，发现不同触发机制下形成的两次对流系统活动也有明显不同，其中第一阶段降水主要是由一个准静止对流云团产生,该对流系统稳定少动,持续时间长,对流云团呈不对称分布,强回波伸展高度高,强降水主要位于 TBB 梯度大值区,产生的雨强也更大,并伴有强雷电活动。而第二阶段降水是由两个相继生成对流云团依次经过同一地方而形成的,其对流云团呈对称分布,强回波伸展高度较低,强降水主要位于 TBB 大值中心,表现为明显的暖雨过程。

(5)不同触发条件下形成的对流系统,通过不同的作用方式,同样能造成长时间的降水:一是对流系统稳定维持,其对流降水单体传播和移动相互抵消;二是强降水单体依次经过同一地点,即所谓的列车效应,产生较大的累计降水。

参考文献

[1] MacGorman D R,Morgenstern C D. Some charcteristics of cloud-to-ground lightning in mesoscale convective system. *J Geophs Res*,1998,**103**(D12):14011-14023.

[2] Houze R A Jr. Cloud dynamics. *International Geophysics Series*. SanDiego:Academic Press,1993,**53**:573.

[3] Schumacher R S,Johnson R H. Organization and environmental properties of extreme-rain-producing mesoscale convective systems. *Mon Wea Rev*,2005,**133**(4):961-976.

[4] Parker M D,Johnson R H. Organizational modes of midlatitude mesoscal econvective systems. *Mon Wea Rev*, 2000,**128**(10):3413-3436.

[5] Jirak I L,Cotton W R,Mc Anelly R L. Satellite and radar survey of mesoscale convective system development. *Mon Wea Rev*,2003,**131**(10):2428-2449.

[6] Rigo T,Llasat M C. A methodology for the classification of convective structures using meteorological radar:Application to heavy rain fall events on the Medi-terranean coast of the Iberian Peninsula. *Natural Hazards and Earth System Sci*,2004,**4**(1):59-68.

[7] Rigo T,Llasat M C. Analysis of mesoscale convective systems in Catalonia using meteorological radar for the period 1996—2000. *Atmos Res*,2007,**83**(2-4):458-472.

[8] Maddox R A, Hoxit L R, Chappell C F, *et al*. Comparison of Meteorological Aspects of the Big Thompson and Rapid City Flash Floods. *Mon Wea Rev*, 1978,**106**: 375-389.

[9] Maddox R A, Chappell C F,Hoxit L R. Synoptic and mesoscale aspects of flash flood events. *Bull Amer Meteor Soc*, 1979, **60**: 115-123.

[10] Maddox R A. Mesoscale Convective Complexes. *Bull Amer Meteor Soc*, 1980,**61**: 1374-1387.

[11] Doswell C A. Severe convective storms—An overview. *Meteor Monogr*,2001,**50**:1-26.

[12] Doswell C A. The distinction between large-scale and mesoscale contribution to severe convertion:A case study example. *Wea Forecasting*,1987,**2**(1):3-16.

[13] Doswell III C A, Brooks H E,Maddox R A. Flash flood forecasting:An ingredients based methodology. *Wea Forecasting*,1996,**11**:560-581.

一次飑线大风形成机制及其预警分析

农孟松　翟丽萍　屈梅芳　赖珍权　祁丽燕

（广西区气象台，南宁 530022）

摘　要

本文利用常规探测资料、多普勒天气雷达资料、自动站观测资料等对 2013 年 3 月 27—28 日发生在广西的一次飑线大风天气过程进行跟踪及监测预警，对其大尺度环流背景、雷达回波特征以及灾害性大风形成原因进行了较为详细的分析与研究，结果表明：此次飑线过程是由高空冷槽与地面高压后部形势所引起的；假相当位温、$T-\ln p$ 图等分析表明广西上空具有较好的热力、动力条件；地面辐合线触发初始对流活动；发展成熟的飑线地面气压场上存在雷暴高压、飑前低压和飑后低压等中尺度特征；飑线大风等灾害性天气容易出现在飑线的断裂处和气压梯度大值区处；雷达图像上中层径向辐合、反射率因子核心和中层风速大值区逐渐降低以及垂直风廓线图中低层风的转变等特征信息对地面大风天气临近预警有较好的指示意义；降水粒子的拖曳作用及飑线的快速移动都对地面大风的产生及增幅都有一定的作用。

关键词：飑线　预警　大风　形成机制

0　引言

飑线又称为不稳定线或气压涌升线，是气压和风的不连续线，是由多个雷暴单体或雷暴群所组成的狭窄的强对流天气带。飑线过境时，常会出现风向突变、风速猛增、气温陡降、气压骤升等剧烈的天气变化，可以出现雷暴、暴雨、大风、冰雹、龙卷等强对流天气[1]。飑线对人民群众的生命财产安全造成危害，成为预报工作的重点之一，但因其发展迅速，生命时间短，局地性、突发性强又是预报工作的难点。近年来研究和应用[2-4]表明，根据大尺度天气背景，充分利用多普勒雷达资料、卫星云图、高时空密度自动地面观测网、与邻近省市台站之间的联防，加强对中小尺度天气系统的生成和发展进行跟踪监测，从而使得在临近时段内对强对流天气做出较为准确的预报成为可能。王莉萍等[5]对河北省衡水市的一次飑线过程进行了非常规资料特征分析，发现红外卫星云图、闪电定位资料以及雷达回波三种非常规资料在系统影响时间、强度变化、移动方向方面具有很好的对应性。段鹤等[6]对滇南飑线的发生环境及其多普勒雷达回波特征进行了统计分析，根据灾害类型和飑线中的单体结构将飑线分为 5 种类型，对飑线的短时临近预报有很好的指导作用。随着观测手段的多样化，中小尺度系统研究日益成为学者们关注的重点[7-8]，尤其是飑线的形成机制及其所产生强天气的成因，姚建群等[9]利用常规观测资料、多普勒天气雷达、自动站等资料对 2004 年 7 月 12 日影响上海的一次较长生命史的强飑线过程进行了综合分析，发现了其成因及维持和加强机制；牛淑贞等[10]利用雷达资料和自动站加密观测资料对商丘的一次强飑线形成机制进行了分析，并提出强雷暴高压、高压前侧的强气压梯度以及飑线的快速移动是产生大风的直接原因。

2013 年 3 月 27—28 日，广西北部及东部地区出现了一次飑线大风天气过程，同时伴随短时强降水、局部伴有冰雹,具有突发性强、影响大、灾害损失严重等特点。实况表明,此次过程中广西有一个测站出现了冰雹,12个乡镇出现大风17 m·s⁻¹以上大风,其中来宾金秀县罗香乡最大瞬时风速达25.1 m·s⁻¹,20个乡镇的降雨量大于50 mm,其中最大为梧州岭景镇岭景村71.3 mm。为对飑线的发生、发展和演变过程有较深的认识,进一步提高短时临近预报水平,本文对飑线的大尺度环流背景和雷达回波特征进行了分析,对该天气过程中灾害性大风形成机制进行了较为详细的分析,同时发现对流单体中反射率因子核心和速度大风中心有同步下降现象,对地面大风天气临近预警有较好的指示意义。

1 飑线发生的环境条件分析

1.1 大尺度环流背景

产生此次强对流天气的影响系统主要是高空冷槽和低层切变线。3月27日08:00(图略),500 hPa东亚大槽位于120°E附近,四川东部到云南东部有一个冷槽,广西处于槽前西南气流控制中。850 hPa切变位于广西中部,广西东南部大部分地区的850 hPa与500 hPa温差大于26℃,上冷下暖,温度直减率很大,同时,850 hPa湿舌从沿海延伸至东南部,低层暖湿。20:00(图1),500 hPa偏西南急流有所加强,云贵高原上的冷槽发展加深,并缓慢东移,槽后冷平流明显,广西处于槽前24 h负变温区域中,中层有冷平流侵入,形成了上干冷、下暖湿的不稳定层结。850 hPa切变线北抬,广西受偏南气流控制,低层暖湿气流加强,大气层结不稳定度进一步加大。此外,分析各层风场发现,低层850 hPa及其以下为明显的偏南气流,700 hPa以上各层均为西南偏西气流,急流轴位于广西中北部,高低层急流轴相交,风速随高度明显增加,500 hPa和925 hPa风速差达20 m·s⁻¹以上,风垂直切变较强,有利于深厚对流的发展。

08:00,地面图上广西处于高压后部,20:00,高压中心从江西东移至福建,高后形势更为明显,广西区内为南北向的等压线,等压线较为密集。同时,西南低压开始发展并缓慢东移,广西西北部位于高低压之间,有西南风与东南风的辐合,对触发对流有重要的作用。

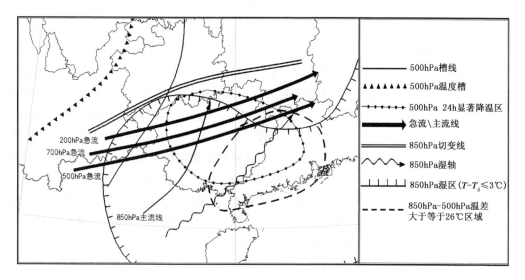

图1 2013年3月27日20:00主要影响系统配置分析

1.2 热力条件和不稳定层结

假相当位温 θ_{se} 能够反映大气中的温湿状况,是反映稳定度和湿度条件的综合指标,可用来分析大气中的能量分布及垂直稳定度特征[11]。27 日 08:00 至 20:00,850 hPa 在广西西南部到云南有一条从南向北伸的高能舌区(图略),中心值在 64～74℃,高能舌区域盛行西南风,说明有暖湿气流输送,有利于高能舌继续向东北方向加强延伸。θ_{se} 高能舌的南北轴线随高度向东向北倾斜,θ_{se} 随高度减小。500 hPa 以上有一条为从西北方向伸向广西的 θ_{se} 低值舌,舌区为西北气流,低值舌将进一步加强南伸。高层西北风输送的干冷平流与低层西南风输送的暖湿平流在广西西北部叠加,广西西北部的 850 hPa 和 500 hPa 的 θ_{se} 之差达到 19.8℃,大气层结不稳定度加剧。飑线产生在 θ_{se} 的高空低值舌与低层高值舌相叠加、大气强烈对流不稳定区域。

3 月 27 日 08:00,东南部梧州与广西西北部河池站的探空都存在明显的逆温层,表明低层大气较为稳定,500 hPa 以下的湿度较大,湿层较厚。梧州站地面为东北风(图 2a),700 hPa 以下风随高度顺转,为暖平流,500 hPa 到 700 hPa 风向少许逆转,为弱的冷平流,表明气层开始向不稳定转变的趋势。0～3 km 风切变为 7 m·s⁻¹,0～6 km 风切变为 20 m·s⁻¹,中低层有强的垂直风切变,有利于强风暴单体的维持。850 hPa 与 500 hPa 温差为 25℃,K 指数为 35,表明气层不稳定条件较好。河池站探空(图略)的情况与梧州大致相似,0～3 km 风切变为 11 m·s⁻¹,0～6 km 风切变为 23 m·s⁻¹,但 K 指数为 24,850 hPa 与 500 hPa 温差为 21℃,热力条件并不很好。

到了 27 日 20:00(图 2b),梧州与河池站上空的逆温层减弱,梧州站 500～700 hPa 出现明显的干区,湿度垂直分布为上干下湿,表明中层开始有干冷平流侵入。K 指数为 32,Si 指数为 -3.56,850 hPa 与 500 hPa 温差增大至 27℃,都表明气层更为趋向不稳定。风垂直切变也略有增加,低层暖平流,高层冷平流维持,都有利于强对流的发生发展。河池站 500 hPa 以上有一个干区,低层湿度偏干,850 hPa 与 500 hPa 温差增大为 24℃,0～3 km 风切变增大为 16 m·s⁻¹,也较为有利强对流的产生。

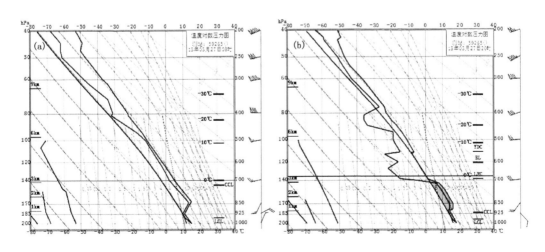

图 2 梧州探空站温度对数压力图

1.3 近地面层的触发条件

从以上分析可见,广西东部和北部上空大气储备了较高的能量和层结条件,具有较好的大气层结不稳定度,这是产生强对流天气的内因,而强对流的触发则需要一个外力作为触发条件。分析地面资料场可见,27日地面形势场上(图略),广西处于出海高压后部,西南暖低压开始发展,在强对流发生前,从27日20:00地面风场上来看(图3),在滇桂交界处存在一条西南风和东南风的辐合线,随着西南暖低压向东发展,辐合线缓慢东移,2 h后(即22:00左右)在云南和广西交界的辐合线附近不断触发对流,有对流云团开始生成并东移,说明地面辐合线作为一个动力触发条件,在低层辐合产生上升运动触发对流不稳定能量的释放,产生强对流。

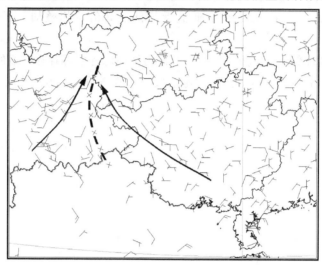

图3 2013年3月27日20:00地面风场及辐合线

2 飑线的多普勒雷达特征及可预警性分析

2.1 飑线系统的雷达回波演变特征

从雷达组合反射率演变可以看到(图4),3月27日22:00(图4a)左右,不断有强对流单体在滇桂交界开始发展,在偏西气流引导下向东移动。02:00,在百色雷达附近的强回波演变发展成带状形式;随着弱冷空气从西北部不断入侵,02:42(图4b),带状回波逐渐演变成典型的弓形回波,其南部是伸展很长的尾部,呈反气旋性弯曲,北部则呈气旋性弯曲,长宽比例大于5:1;随后,冷空气补充加强,弓形回波后侧入流缺口更为明显,中部和南部回波出现断裂,回波强度有所减弱,但北部回波强度却在加强,整体回波加速东移南压,弓形形态越来越明显,飑线南部不断有小单体生成并并入发展,飑线长度增长,长宽比例加大,跟随的层状云范围不断扩大,飑线处于发展阶段;05:00(图4c),飑线主体回波到达柳州,回波强度最强,最大达到65 dBZ以上,此时从地面自动站高度场上(图8b)可以看到飑线后部出现明显的雷暴高压,飑线发展达到旺盛,其北部的气旋性弯曲消失,飑线经过柳州站后整体回波强度开始减弱,北段回波移速加快;06:00前后北段回波靠近其东北面回波并将其并入,飑线整体呈东北偏东—西南偏西方向,全长约300 km,横跨富川至宾阳一线,强度有所发展,向东南方向移动,弓形形态明显;最后在07:30(图4d)左右经由梧州移出广西。这条飑线在广西境内生命史长达7 h,具有强度大,生命史长的特点,给沿途所经地区大部带来雷雨大风的天气。梧州站和柳州站都出现了大风,下面主要选取柳州雷达站的雷达资料进行分析及其雷雨大风的可预警性。

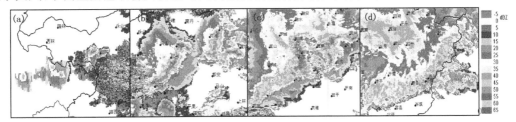

图 4　雷达组合反射率演变

2.2　飑线的雷达回波特征

3 月 28 日 04:27,柳州雷达站的雷达反射率因子图可以看出(图 5a),柳州西面有一条南北向的弓形回波,表现为其反射率因子为 50 dBZ 以上的强回波带,弓形回波中镶嵌有超级单体风暴,其前沿有高反射率因子梯度区,明显的速度辐合区,后侧存在弱回波通道,表明存在强的下沉后侧入流急流。回波带整体自西向东移动,总长约为 120 km,宽 10～15 km,其弓形非常明显,后部为大片层状云降水云系。速度图上(图 5b),弓形回波的前沿为明显的风速辐合区,后面存在大片速度大值区,同时反映了此飑线有很强的后侧入流。实况观测表明该飑线过境时柳州站出现>17 m·s^{-1}的大风。

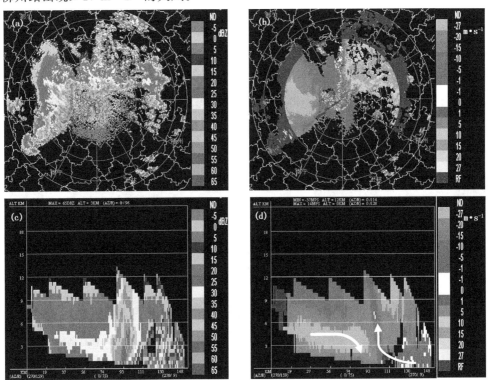

图 5　28 日 04:27 柳州雷达反射率因子(a)、径向速度(b)、沿径向 270°的反射率因子(c)和
径向速度(d)垂直剖面

通过弓形回波中心沿着雷达径向 270°方向作其垂直剖面(图 5c,d),其反射率因子垂直剖面(图 5c)展示弓形回波前沿强大和竖直的对流单体,单体高度可达 12 km,超过 50 dBZ 的强回波中心高度达 5.5 km,低层回波前沿为反射率因子高梯度区,最强回波顶位于低层反射率因子高梯度区之上,其向后伸展部分为反射率因子较弱的层状云;径向速度图上可见(图 5d),弓形回波前沿有中低层辐合,高层辐散,从雷达站向外存在由前向后强的上升气流和后侧速度≥27 m·s⁻¹入流急流,过渡区为狭窄的中层径向辐合(MARC),特征显著,表明飑线后部存在很强的下沉气流,可以提前 10～30 min 预报地面大风[14]。

2.3 飑线大风的可预警性分析

通过与上游台站的联防,根据雷达资料判断雷达回波特征和影响系统性质,判断可能产生的天气及影响程度。基于柳州雷达的资料分析,飑线于 03:00 前后进入柳州雷达的观测范围,并自西向东移向柳州,飑线中强回波单体强度超过 50 dBZ,回波顶高度达到 9 km 以上,回波移速达到 100～120 km·h⁻¹。根据回波的形态特征、移动方向及移速,可提前判断该飑线即将对本站的影响。

图 6 和图 7 为沿着雷达径向 270°方向作雷达反射率因子和径向速度随时间变化的垂直剖面图,从反射率因子图上可以看出(图 6),在弓形回波的前沿有一个强大的风暴单体,04:51,风暴单体 50 dBZ 以上的强回波发展很高,最大反射率因子达到 60 dBZ 以上,其所在高度在 3 km 以上;6 min 后,风暴单体有所发展,反射率因子强度加大,最大反射率因子达到 65 dBZ 以上,但可以看出,最大反射率因子所在高度有明显的下降,下降到 2 km 左右;05:03,风暴单体超过 50 dBZ 的强回波已经完全接地,最大反射率因子所在高度已经下降到 1 km 以下,完全可以判断大风即将达到地面。实况观测资料表明,05:07 柳州站出现 21 m·s⁻¹的地面大风;05:09,由于大风已经接地,单体风暴减弱,强反射率因子的强度和范围都有所减小。

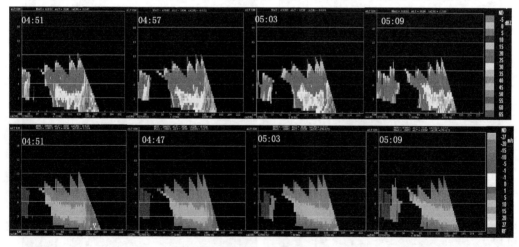

图 6　柳州雷达沿径向 270°方向的反射率因子垂直剖面(上)和径向速度垂直剖面(下)

对应于径向速度的垂直剖面图上(图 6),04:51,低层有辐合,而后侧中层则为径向速度≥27 m·s⁻¹的风速大值区,反映出存在后侧入流急流;随着时间推移,中层风速大值区高度有所下降;05:03,风速大值区即将接地,低层辐合消失,说明高空动量已经下传,地面即将出现大风。随着时间的推移,最大反射率因子所在高度逐渐下降、强回波中心值减弱,并对应径向速度图上大风速区的逐渐接地,是一次大风接地过程,能很好地预示地面大风的出现,因此,大动量的偏西气流从相对较低的高度短时间内下冲到地面,造成地面的灾害性大风就成为必然。在临近时段,若预警人员在 04:51 径向速度图上存在大风速区并伴随着反射率因子核心下降,对风暴的移动方向作出判断,就可以准确地判断大风的出现时间及影响地点,至少提前10 min发布大风预警。

雷达的垂直风廓线图可以完整地监测到此次飑线过境的情况并对飑线过境有很好的预示作用。图 7 为柳州雷达的垂直风廓线图,可以看出,04:45 前柳州站上空整层都是西南风,04:51开始低层自下向上逐渐转为偏北风,而高层仍为西到西南风,值得注意的是,04:33—04:45近地面层(900 m 高度以下)出现 ND 数据(无效数据),可能是由于近地面层风速过大而被误判为无效数据[15],随后,ND 数据层快速降低,从另一方面反应了大风下传过程。飑线于05:07 左右过境,过境后中高层转为偏西风,低层转为偏西北风,可以清楚地表现出飑线过境前后风场的转变。

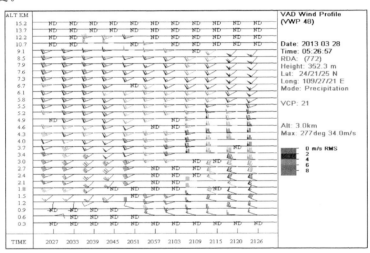

图 7　柳州雷达 28 日 05:26 风廓线

综上所述,本次飑线系统的雷达回波为典型的弓形回波,其前沿具有反射率因子高梯度区,后侧存在弱回波通道,速度图上对应风速辐合区及后侧入流急流;垂直剖面上存在明显的中层径向辐合,可以有效地提前预报地面大风;同时,反射率因子核心及其后侧中层径向速度大值区中心高度随时间逐渐下降的现象,可以用来提前预警地面大风;另外,雷达的垂直风廓线图中,低层风的转变信息也能够对大风做出提前预警。

3　雷暴高压

在整个飑线的发展与移动过程中,根据地面自动站资料可以明显地看到地面气压场与风场的中尺度演变特征。图 8 为通过 Matlab 对地面自动站资料进行四点样条插值得的地面气压场和风场,图中红色圆点为柳州站位置。28 日 03:00(图 8a),飑线的后部出现了两个 β 中尺度的冷性雷暴高压,最大中心气压值为 1012.6 hPa,为强风暴中下沉的冷空气在近地面堆积而成,雷暴高压与地面辐散中心相对应,而在飑线的前部则产生一个中尺度低压——飑前低压

（前导低压），这与前方高层的补偿下沉气流引起的绝热增温有关；两个雷暴高压之间的后部也有一个明显的中尺度低压，与尾流效应有关[12]，此时飑线到达成熟阶段。此后，飑线随着前导低压继续东移南压发展，其后部雷暴高压及前导低压并逐渐增强。05:00（图8b），飑线移至柳州，雷暴高压最大中心值达到1014.0 hPa，雷达资料显示此时飑线抵达柳州站，从图中可以看出，飑线后部出现一个β中尺度雷暴高压，中心气压达到1014.0 hPa，同时也出现前导低压及尾流低压，对应多普勒雷达资料可以看到此时飑线与高低压之间的梯度密集带相对应，飑线北段的强回波与最大梯度位置相一致，柳州站正处于最大梯度密集处，此时飑线发展达到强盛。从风场上可以看出，飑线上有两处明显的大风区，其中一处出现在飑线南部、雷暴高压带中间的相对气压低值区，与雷达回波上的回波断裂处位置相一致，这说明飑线的断裂处往往是大风等强天气容易发生的地方[13]；另一处则出现在气压梯度最大区域，其大风的风速更大，所造成的灾害更严重，这与05:07柳州站观测到21 m·s^{-1}的地面大风实况相吻合；同时，自雷暴高压向外的流出气流与飑线前部的东南气流汇合形成一条弧形的辐合线，与飑线的强回波区域相一致。

由上述中尺度特征可知，飑线的发展与地面辐合线的活动密切相关，地面辐合线是对流活动初期的激发者。而发展成熟的飑线地面气压场上出现明显的雷暴高压、飑前低压和飑后低压等中尺度特征；飑线大风等灾害性天气则容易出现在飑线的断裂处和气压梯度大值区；雷暴高压向外的流出气流与飑线前部的东南气流所形成的辐合线与飑线的强回波区相一致。

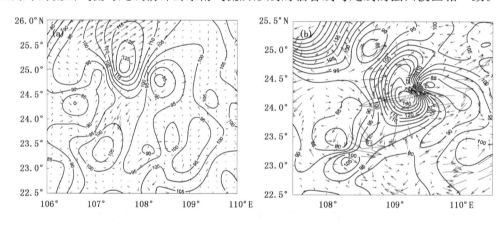

图8　地面自动站气压场和风场

（a为28日03:00，b为28日05:00）

4　大风的产生机制

4.1　降水拖曳效应

与深对流相联系的雷暴大风，一般是由与水滴和冰粒下降过程中的拖曳作用产生。Doswell[16]认为，降水负荷与由蒸发冷却带来的负浮力是引发和维持下曳气流的因子。降水负荷引起液态水的拖曳效应。蒸发冷却的负浮力是当降水通过不饱和空气层时产生，中低层的低湿度有利于降水蒸发从而形成负浮力。

此次过程中梧州和柳州站都出现了大风，从观测站逐半小时雨量与极大风速时序图上看（图9），雨量与极大风速有极好的对应关系，呈正相关：柳州站在28日05:30的半小时雨量有个明显的突增,由 3 mm 突增到 14.4 mm,对应于极大风速也出现突增,在降雨量最大的半小时中录到 12.1 m·s^{-1} 的极大风速,说明了极大风速出现在雨强最大的时间段内,可见降水的拖曳效应对大风的产生有着一定的作用;同样在梧州站,极大风速也出现在雨强最大的时段内(28 日 07:00－08:00)。而梧州站的 28 日 20:00 的探空也显示中低层有一个干区,满足不饱和空气层的条件。Johns 等[17]指出,卷入的空气大部分来自对流层中层(地面以上 3～7 km),高空强气流的水平动量下传能增强外流。

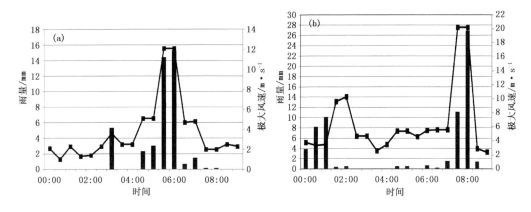

图 9   3 月 28 日 00:00－0900 雨量和极大风速时序图

(a 为柳州站,b 为梧州站)

4.2　风暴的快速移动

根据伍志方等[18]统计分析发现,雷达回波移速与雷雨大风出现几率呈正相关,当回波移速达到 60～69 km·h^{-1} 时,雷雨大风出现几率急剧上升,超过 55%,速度超过 60 km·h^{-1} 的回波十分有利于产生灾害性大风。此次飑线过程中回波移速超过 100 km·h^{-1} 以上,因此,如此快的回波移速将有利于地面大风的产生,并对大风风速有增速作用。

可见,降水粒子的拖曳作用及飑线的快速移动都对地面大风的产生及增幅都有一定的作用。

5　小结与讨论

(1)本次飑线天气过程以雷雨大风和短时强降水为主,主要是由高空槽加高后形势引起的,高空槽前的负变温区与底层的暖湿舌相叠,加大了气层的不稳定,槽后冷平流的侵入和槽前的抬升有利于强对流的产生。

(2)飑线产生在 θ_{se} 的高空低值舌与低层高值舌相叠加、大气强烈对流不稳定区域;$T-\ln P$ 图分析表明梧州站上空的垂直风切变、热力不稳定参数(K 指数、Si 指数)及大气的层结廓线都满足产生雷雨大风的条件。

(3)地面辐合线触发初期的对流活动;发展成熟的飑线地面气压场上存在雷暴高压、飑前低压和飑后低压等中尺度特征;飑线大风等灾害性天气容易出现在飑线的断裂处和气压梯度大值区处;雷暴高压向外的流出气流与飑线前部的东南气流辐合,与飑线的强回波区一致。

(4)雷达分析表明此次飑线过程的弓形回波特征明显,速度图上可以看出强的后侧入流;垂直剖面图上可以看出明显的弱回波区和回波悬垂及中层径向辐合,对大风的预警有明显的预示作用;飑线引起的地面大风在垂直剖面上反映出是一次反射率因子核心和中层风速大值区逐渐降低并接地的过程,因此,可以至少提前 10 min 发布大风预警;另外,垂直风廓线图中低层风的转变信息也能够对大风做出提前预警。

（5）降水粒子的拖曳作用及飑线的快速移动都对地面大风的产生及增幅都有一定的作用。

参考文献

[1] 章国材.强对流天气分析与预报.北京:气象出版社,2011:170.

[2] 曲晓波,王建捷,杨晓霞,等.2009 年 6 月淮河中下游三次飑线过程的对比分析.气象,2010,36(7):151-159.

[3] 李姝霞,张宇星,张怡,等.豫东地区一次强飑线天气过程的综合分析.暴雨灾害,2011,30(1):57-63.

[4] 孙士型,陈少平,于大峰,等.一次飑线过程的卫星云图和雷达回波特征.暴雨灾害,2004,23(01):14-16.

[5] 王莉萍,崔晓东,常英,等.一次飑线天气的非常规气象资料特征分析.气象,2006,32(10):88-94.

[6] 段鹤,严华生,王晓君.滇南飑线的发生环境及其多普勒雷达回波特征.热带气象学报,2012,28(1):68-76.

[7] 黄小吉,王登炎.一次飑线过程的中尺度特征分析.暴雨灾害,1994,13(1):31-33.

[8] 吴涛,张火平,吴翠红.一次初夏强对流天气的弓形回波特征分析.暴雨灾害,2009,28(4):20-26.

[9] 姚建群,戴建华,姚祖庆.一次强飑线的成因及维持和加强机制分析.应用气象学报,2005,16(6):746-753.

[10] 牛淑贞,张一平,席世平,等.基于加密探测资料解析 2009 年 6 月 3 日商丘强飑线形成机制.暴雨灾害,2012,31(3):255-263.

[11] 盛裴轩,毛节泰,李建国,等.大气物理学.北京:北京大学出版社,2002:137-144.

[12] 寿绍文,励申申,姚秀萍.中尺度气象学.北京:气象出版社,2003:83-90.

[13] 俞小鼎,姚秀萍,熊廷南,等.多普勒天气雷达原理与业务应用.北京:气象出版社,2006:123.

[14] Schmocker G K, Co-authers. Forecasting the initial onset of damaging downburst winds associated with a mesoscale convective system(MCS) using the midaltitude radial convergence（MARC) signature. 15th Conf. on Weather Analysis and Forecasting,Norfolk,VA, *Amer Meteor Soc*,1996:306-311.

[15] 俞小鼎,姚秀萍,熊廷南,等.多普勒天气雷达原理与业务应用.北京:气象出版社,2006:216-218.

[16] Doswell C D. The distinction between large-scale and mesoscale contribution to severe convection:A case study example. *Wea Forecasting*,1987,**2**:3-16.

[17] Johns R H,Doswell C A. Severe local forecasting. *Wea Forecasting*,1992,**5**:588-612.

[18] 伍志方,叶爱芬,胡胜,等.中小尺度天气系统的多普勒统计特征.热带气象学报,2004,20(4):391-400.

北京复杂地形下雷暴新生机理的系列研究

张文龙[1]　王迎春[2]　黄荣[1,3]　王婷婷[1,3]

(1. 中国气象局北京城市气象研究所,北京 100089；2. 北京市气象局,北京 100089；

3. 中国气象科学研究院,北京 100081)

摘　要

围绕北京局地暴雨的精细化预报业务需求,利用北京地区多种加密观测资料,结合雷达资料四维变分同化反演资料、云尺度数值模拟等方法,针对北京复杂地形雷暴新生和增强机理开展了系列研究工作。主要成果包括:(1)提出了干、湿雷暴形成机制的概念模型,凸显了对流层低层偏东风在北京雷暴新生和发展中的重要作用;(2)提出了复杂地形下冷池出流触发雷暴新生概念模型,合理解释了阵风锋前方 30～50 km 处雷暴提前触发的观测现象,这一成果改变了长期以来,地形对暴雨作用的认识停留在迎风坡对降水的增幅作用上的状况,对理解复杂地形条件下的突发性局地暴雨的机理具有重要意义。

关键词:复杂地形　雷暴增强　干、湿雷暴　冷池出流　边界层辐合

0　引言

与华南、江淮地区明显不同,北京地区夏季水汽供应并不十分充沛,有一类雷暴常伴随有强降水,称为"湿雷暴";另一类主要产生强烈雷电天气,降水量很小,称为"干雷暴"。针对北京地区雷暴等强对流天气开展研究,对理解和认识我国北方地区局地暴雨及强对流天气发生、发展和演变规律具有一定代表性。

此外,地形对暴雨的作用认识,较长时期一直停留在迎风坡的增幅作用上。目前复杂地形条件下雷暴的新生和增强问题受到了越来越多的关注,但是相关的精细分析研究还很欠缺,因此本文同时介绍了对地形抬高冷池出流而产生的触发雷暴新生作用的研究。这一成果合理解释了阵风锋前方 30～50 km 处雷暴提前触发的观测现象,对理解复杂地形条件下的突发性局地暴雨的机理具有重要意义。

1　干、湿雷暴的观测和数值试验对比研究

1.1　干、湿雷暴个例简介

与华南、江淮地区明显不同,北京地区夏季水汽供应并不十分充沛,有一类雷暴常伴随有强降水,称为"湿雷暴";另一类主要产生强烈雷电天气,降水量很小,称为"干雷暴"。针对北京地区雷暴等强对流天气开展研究,对理解和认识我国北方地区局地暴雨及强对流天气发生、发展和演变规律具有一定代表性,对提高京津冀大城市群的强对流天气预报水平也十分重要。

2008 年 8 月 14 日雷暴过程(简称"814")是一次典型的湿雷暴过程,北京受多个雷暴群(带)影响,中午至傍晚发生了近 6 h 的阵性强降水,并伴有雷电现象,降水量呈跳跃(间隔)式分布,有 6 个降水中心达到 50 mm 以上,城区平均雨量达到 23 mm,昌平山前(长陵)和怀柔区

西南部 6 h 累积雨量超过 84 mm,强降水导致正在进行的奥运会网球比赛被迫中断。2008 年 8 月 23 日雷暴过程(简称"823")是一次典型的干雷暴过程,主要发生在 24 日 00:00—04:00,全市大部分地区无降水,仅个别站出现少量降水,且分布极不均匀,单站局地最大降水量仅为 5 mm,但伴有持续 3 h 左右的强烈雷电,这次过程因临近北京奥运会闭幕式,一度引起社会各界高度关注。

1.2 观测分析

1.2.1 "814"湿雷暴

"814"是一次多单体雷暴相互影响,并相继碰撞合并的湿雷暴群过程。上游雷暴降水导致下沉气流在近地面迅速降温,形成强的冷池出流与前方低层偏东风暖湿气流辐合,迫使暖湿气流抬升,加上强的热力不稳定和垂直风切变条件的配合,有利于新的对流单体产生。

1.2.2 "823"干雷暴

线状对流系统进入北京前(23:23),由于降水已经释放大量能量,尽管冷池中心温度较"814"偏低,但冷池呈非对称分布,其边界无明显的出流,也不存在与之交汇的辐合。北京西北边缘移入的线状对流系统冷池出流前沿没有明显的偏东风暖湿气流,低层辐合抬升很弱,缺少动力抬升机制和暖湿空气输送,不利于雷暴新生,系统减弱消散。

1.3 干、湿雷暴数值模拟对比试验

敏感性试验结果表明,在一定环境垂直风切变条件下,水汽是决定发生干雷暴或湿雷暴的关键因子。将干雷暴中的比湿替换为湿雷暴的比湿后,干雷暴的可降水量及对流有效位能显著增大,对强对流发生十分有利;将湿雷暴的各层比湿替换为干雷暴的比湿后,湿雷暴的可降水量显著减少,对流有效位能为零,强对流天气不能发生。由此可见,这两次干、湿雷暴天气过程中,水汽起关键作用。

1.4 干、湿雷暴概念模型

综合分析结果,对两次过程冷池触发新生雷暴的概念模型进行可提炼归纳为图 1 所示。

"814"雷暴群的触发机制主要是由冷池出流强的阵风锋与环境场低层偏东风(包括近地面偏东风)形成的辐合线所致。低层偏东风的作用可概括为三个方面:第 1 向成熟雷暴提供水汽输送,第 2 与阵风锋进行边界层辐合,为新生雷暴提供抬升触发机制,第 3 为新生雷暴提供暖湿空气入流,促进新生雷暴迅速发展。

"823"则相反,成熟雷暴的阵风锋前方没有环境场的偏东风暖湿气流配合,难以产生强降水,其前沿阵风锋没有边界层暖湿气流与之辐合,新生雷暴缺少抬升触发机制和低层暖湿入流,难以生成和发展。可见,对流层低层的偏东风暖湿气流对雷暴的新生和组织化发展有十分重要的作用,这一点从理论上印证了预报员的经验。

2 地形对雷暴新生的触发作用

2.1 局地强雷暴大风实况

2011 年 8 月 9 日下午 15:00 至 20:00(北京时,下同),北京地区出现了一次伴随大风和强雷电的局地暴雨天气,造成了部分街道积水、地铁线路停运、公交受阻、航班延误,给城市运行带来了较大影响。主要降水时段为 15:00 至 19:00,全市累积降水和海淀的雷电大风降水量分布极其不均,强降水中心位于海淀区,在约 30 km×30 km 区域内共有 5 个站点累积降水超

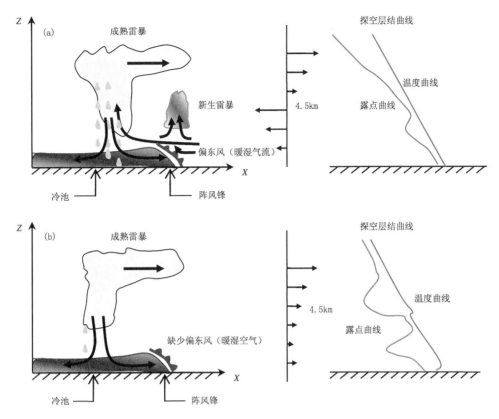

图 1 "814"湿雷暴(a)和"824"干雷暴(b)形成的概念模型

过 50 mm,最大降水出现在箭亭桥站,达 79.8 mm(图略)。

2.2 大尺度天气背景(略)

2.3 雷暴单体新生及发展的回波演变特征

雷达观测分析表明(图 2,3),这次海淀雷暴在距离上游移入雷暴产生的阵风锋较远(约 30 km)的情况下突然新生,演变过程可区分为两个主要阶段:15:59—16:35 雷暴新生阶段, 16:59—18:00 雷暴显著增强阶段,这与箭亭桥站的降水强度演变一致。

2.4 局地中 γ 尺度对流系统新生和增强的机理

2.4.1 地面局地热辐合中心

选取雷暴新生地点的海淀及周边的昌平、朝阳、南郊观象台的逐 5 min 温度变化进行对比分析(图 略),由于这些站点都位于平原地区(图略),地形高度相差在 20~50 m,依据中纬度环境大气温度垂直递减率(0.65 ℃ · (100 m)$^{-1}$)估算,由地形高度差异带来的温度差小于 0.5 ℃,因此用本站温度直接进行比较。06:00 各站温度相差在 1 ℃ 以内,06:00 后由于太阳辐射作用都迅速增温,海淀、箭亭桥温度增幅比周边大,温度极大值出现在箭亭桥站,达 36.5 ℃,比周边地区高出 2~3 ℃,形成显著的中 γ 尺度热中心。

3.4.2 地面水汽的聚集

暴雨的形成需要有充分的水汽条件,从 14:00 地面比湿场可以看到(图略),20 g · kg^{-1}高比湿区延伸到西北部的延庆、怀柔,北京南部的偏南风对水汽有一个显著的输送;15:30(图略),由于上游雷暴群移入延庆,延庆附近比湿降到 10~12 g · kg^{-1},但平原地区比湿仍维持

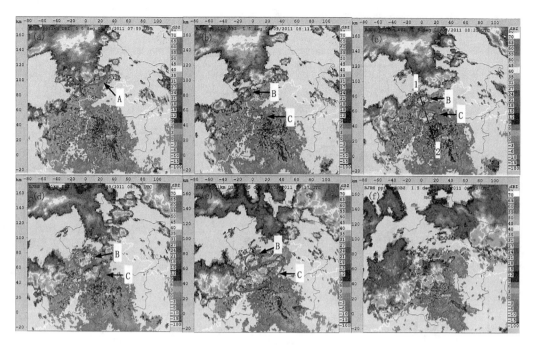

图 2　2011 年 8 月 9 日北京南郊观象台雷达 1.5°仰角基本反射率因子时间演变

（a 为 15：59，b 为 16：11，c 为 16：35，d 为 16：59，e 为 17：17，f 为 17：59；白色实线为 100 m 地形等
高线；GF 为阵风锋位置）

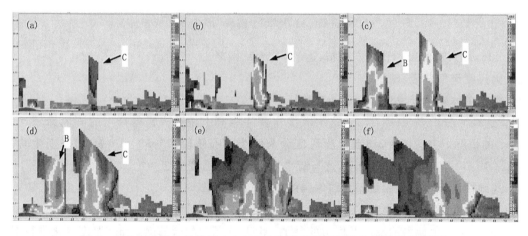

图 3　2011 年 8 月 9 日沿图 3 c 中 1，2 连线反射率因子垂直剖面时间演变

（a 为 15：59，b 为 16：11，c 为 16：35，d 为 16：59，e 为 17：17，f 为 17：59）

20 g·kg⁻¹以上；16：30（图略），偏南风向北推进并维持在城区中部，在山前海淀与昌平交界附近形成了高比湿区。

2.4.3　上游雷暴冷池出流触发雷暴单体新生

分析表明，由于山地抬高冷池出流，一方面增大了海淀上方的水平风切变，另一方面，冷空气带来的温度扰动提前约 1 h，到达海淀区上空；同时在地面暖湿中心和热辐合区的配合下，使得局地环境的热动力不稳定性突然增强，导致海淀雷暴在阵风锋到达前约 50 min 新生，并且发生地点距阵风锋约 30 km，在雷暴传播上表现为空间"跳跃性"。

2.5 复杂地形下冷池出流触发雷暴新生概念模型

根据对"809"雷暴的观测事实,将复杂地形和下垫面环境下雷暴触发的物理过程(图 4)进一步概述如下:雷暴发生前期,由于下垫面物理属性的差异等原因在山前形成了局地热中心,随后弱的辐合区向热中心推进,形成中 γ 尺度的热辐合区;当上游雷暴在山区(山体高约 1000～1500 m)产生降水并形成强冷池后,由于山体强迫作用抬高了冷池出流高度,造成低层(1500 m 附近)冷空气先于阵风锋到达地面热辐合区上空,从而增大了局地热力不稳定度;同时,冷池出流造成热辐合区上空低层(1500 m 附近)偏北风增大,增强了低层垂直风切变,进而增大了局地动力不稳定度。在地面局地热辐合中心、边界层热力和动力不稳定度增强三者共同作用下,雷暴在距离上游雷暴出流(阵风锋)约 30 km 处被提前触发。阵风锋到达新生的雷暴单体后,其强烈的辐合抬升作用使新生的雷暴单体得到爆发性的增强。

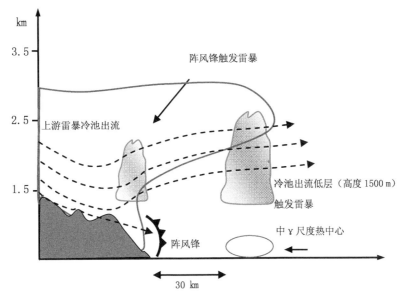

图 4 复杂地形下冷池出流触发雷暴新生的概念模型图
(蓝色粗线包含区域表示上游雷暴冷池,带箭头虚线表示受地形抬高作用影响的冷池出流,
棕色区域表示山体,红色椭圆形表示 γ 中尺度热辐合区,
黑色向左箭头表示低层偏南风)

3 小结

围绕精细化预报业务需求和研究生培养目标任务,利用北京地区多种加密观测资料,结合雷达资料四维变分同化反演资料、云尺度数值模拟等方法,针对北京复杂地形雷暴增强机理开展了系列研究工作。其中提出了干湿雷暴形成机制的概念模型、复杂地形下冷池出流触发雷暴新生概念模型,合理解释了阵风锋前方 30～50 km 处雷暴提前触发的观测现象,深化了对我国北方地区雷暴新生和增强机理的认识。

参考文献

[1] 王婷婷,王迎春,陈明轩,等.北京地区干湿雷暴形成机制的对比分析.气象,2011,**37**(2),142-155.

[2] 张文龙,王迎春,崔晓鹏,等.北京地区干湿雷暴数值试验对比研究.暴雨灾害,2011,**30**(3):202-209.

[3] 黄荣,王迎春,张文龙.复杂地形下局地雷暴新生和增强机制初探.暴雨灾害,2012,**31**(3):232-241.

济南新机场雷暴天气的雷达回波特征

吕新刚[1]　张　徐[1]　王　俊[2]　陶庆华[1]　卓东奇[1]　李成花[1]

(1. 中国人民解放军 94514 部队,济南 250002;2. 山东省人民政府人工影响天气办公室,济南 250031)

摘　要

本文利用济南新一代多普勒雷达在最近 4a 获取的资料,分析了济南新机场雷达降水回波特征及其移动规律,旨在为雷暴的短时临近预报提供依据。研究发现,该机场雷暴日数年平均 16.4 d,主要集中在 6,7,8 三个月份。雷达回波的基本反射率峰值发生在 45~50 dBZ,40 dBZ 以上的回波占到 83.3%。计算表明,雷暴回波移动速度峰值在 30~40 km·h⁻¹,平均速度为 42.6 km·h⁻¹;5月回波移动速度较大,平均为 52.8 km·h⁻¹;6,7,8月回波平均移速分别为 38.6,43.9 和 38.6 km·h⁻¹。雷达降水回波的移动主要受高空天气系统影响,多数随着西风槽向偏东方向呈现"准直线式"移动,其移向主要集中在 NE,ENE,E 以及 ESE 方向。500 hPa 的风向对于雷暴的移向具有很强的指示意义。

关键词:济南　雷暴　雷达回波　移向　移速

0　引言

济南新机场气象台位于鲁西北平原,地处山东省强对流天气的高发区。冰雹、雷暴大风等强对流天气对人民生命财产安全、部队武器装备设施等构成威胁。由于该气象台新建不久,资料积累欠缺,气象预报人员对该地雷暴天气的预期预报面临着很大困难。一是尚未充分掌握新机场的天气规律,二是受资料的限制尚难以总结出有效的预报指标。在这种情况下,利用新一代多普勒雷达做好雷暴天气的临近预报就显得十分必要。

新一代多普勒天气雷达能够提供高时、空分辨率的探测资料,可有效监测雷暴天气系统的生消、演变特征,是监测和预警强对流天气的主要工具,通过风暴识别追踪和外推预报技术,雷达资料在国内外强对流天气的短时临近预报系统中获得了广泛应用[1-2]。李德俊等[3]研究给出了适合恩施山区强天气的雷达临近预警指标。目前的气象业务中,实时监测和临近外推仍然是雷暴等强对流天气的重要预报手段。鉴于此,本文利用济南多普勒雷达近 4a 的观测资料,对雷达回波特征(特别是移向、移速)以及与之配合的天气形势等进行统计分析,力争为济南新机场雷暴天气的临近预报提供参考。

1　资料与方法

首先利用地方气象部门积累的 1996—2013 年历史地面观测资料,筛选出全部雷暴日,分析雷暴日的气候特征。然后选用 2010—2013 年 4—9 月济南新一代多普勒雷达 CINRAD/SA

资助项目:国家自然科学基金(41275044)和山东省气象科学研究所数值天气预报应用技术开放研究基金(SDQXKF2014M08)共同资助

产品资料,对 4a 期间发生的雷暴降水回波特征进行分析。

2010—2013 年分别有 20,18,17,24 个雷暴日,合计 79 个雷暴个例。其中,有 7 个个例由于雷达资料不全、雷暴尺度过小、在测站顶空局地生消等原因被排除。总共获得 72 个有效的雷暴天气个例。

回波移动速度、方向的计算以 1.5°仰角的基本反射率产品为主,追踪相对比较稳定的回波的前沿、后沿或中心,根据回波经过机场上空的两个时刻对应的位置坐标计算出回波移动速度和方向。同时统计雷暴回波的强度和顶高。反射率和顶高的统计,主要以测站上游方向50 km 内、30 km 外的回波为统计对象,统计明显可见、范围较大的回波强点信息。

2 雷暴天气的气候统计

统计了自 1996—2013 年总共 18a 的地面观测资料,有记载的雷暴日数总共 296 d,平均每年 16.4 d。雷暴日数最多的是 1996 年和 2013 年,均为 24 d。

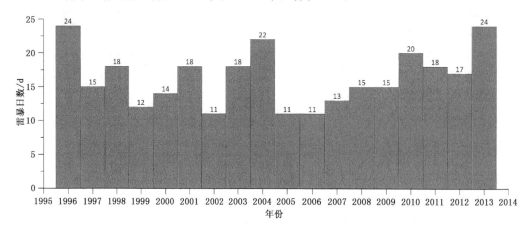

图 1 1996—2013 年齐河雷暴日数的逐年变化

从年际变化来看(图 1),近 18a 中大致有 1996,2004,2013 年三个峰值。以 2004 年为界,之前的 9a 存在一个大的波谷;2005 年之后的近 10a 内,雷暴日数呈现较为明显的逐年递增趋势。

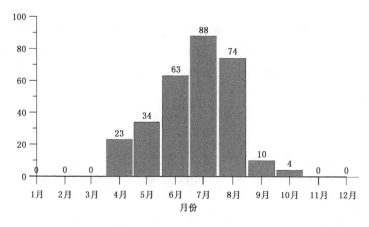

图 2 1996—2013 年齐河雷暴的各月日数分布

齐河地区的雷暴主要发一般发生在 4—10 月,主要集中在 6,7,8 三个月份,历史上 1—3 月和 11,12 月未有雷暴记录(图 2)。4 月份开始出现雷暴,但年均只有 1.3 d。6—8 月的雷暴日占总日数的 76.0%,其中 7 月最多,总共 88 个雷暴日,占总日数的 29.7%,年均高达 4.9 个雷暴日。8 月和 6 月分别有 74 个和 63 个雷暴日,分别占累年总数的 25% 和 21.3%;9 月份,雷暴日数突降至年均只有 0.56 d。

3 雷暴回波特征统计

3.1 回波的强度和顶高

雷达反射率和顶高是多普勒雷达众多产品中的两个基本要素,也是我们在日常气象保障工作中最为常用的要素。统计发现(图 3),机场发生雷暴的回波基本反射率峰值发生在 45～50 dBZ,40 dBZ 以上的回波占到 83.3% 之多;不过,基本反射率的跨度比较大,即使小于 30 dBZ 也有发生雷暴的可能。进一步按照月份进行统计。图 4 表明,不论哪个月份,40 dBZ 以上的强度发生雷暴的可能性都是最高的。而 35 dBZ 以下的回波强度在 5,6,7 月都造成了少量雷暴天气的发生,这提醒我们业务预报中不可只关心强回波而忽略了有利天气形势下弱回波产生不稳定天气的可能。4,9 两个月份虽然雷暴个例少,但却可能产生很强的对流性天气。比如,2011 年 4 月 29 日,一次强天气横扫山东,造成周村、潍坊等多地降雹[4]。值得注意的是,本文 4 月和 9 月的个例较少,代表性受到一定限制。

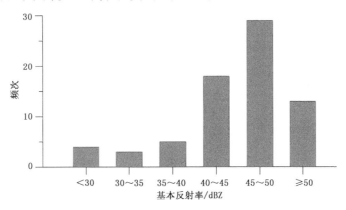

图 3 回波基本反射率的频数分布(样本总和)

雷暴的回波顶高分布较为均匀(图 5)。除了 11～12 km 这个跨度以外,其他跨度的雷暴次数都在 10 次以上。9 km 以下的回波顶高占到总样本数的 36.1%,特别是春夏之交、夏秋之交的月份,回波不需要发展太高即可形成雷暴,10 km 以上的发展旺盛的积雨云大多发生在盛夏季节(图 6)。回波的顶高和反射率强度一般是对应的,但是反射率高而顶高较低、顶高很高而反射率较低的情况也是存在的。

3.2 回波移动速度

回波移动速度在 20～85 km·h^{-1},跨度比较大,峰值在 30～40 km·h^{-1},平均速度为 42.6 km·h^{-1},其中 70.8% 的回波移动速度位于 30～60 km·h^{-1}(图 7)。为了进一步分析回波移动速度的分布特征,按照月份来进行统计分析(图 8)。5 月回波移动速度在 50～60 km·h^{-1} 比较集中,平均速度为 52.8 km·h^{-1}。6 月回波 30～50 km·h^{-1} 有最大的出现

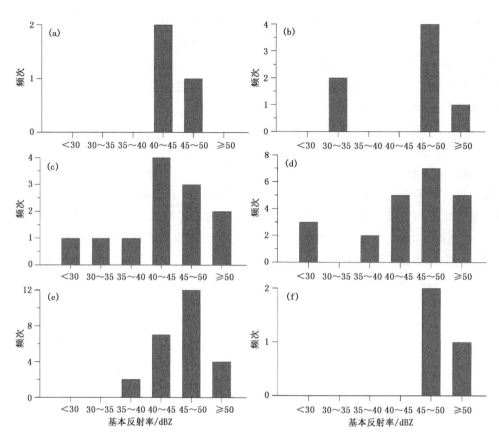

图 4 回波基本反射率频数的逐月分布

(a 为 4 月,b 为 5 月,c 为 6 月,d 为 7 月,e 为 8 月,f 为 9 月)

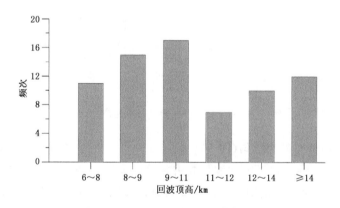

图 5 回波顶高频数的分布(样本总和)

频数,平均移动速度为 38.6 km·h^{-1};7 月回波移速多在 30~60 km·h^{-1}之间,平均速度为 43.9 km·h^{-1};8 月平均速度为 38.6 km·h^{-1};9 月样本太少,未做统计。

总体看,6,8 月回波移动速度偏小,而 5,7 月回波移动速度较大,这与王俊等[4]对山东降水的研究结果较为一致。春末回波具有比较大的移速。6 月,西太平洋副热带高压(以下简称副高)控制华南沿海,开始加强;中高纬度冷涡活动频繁,系统深厚移速慢,受其影响产生的雷

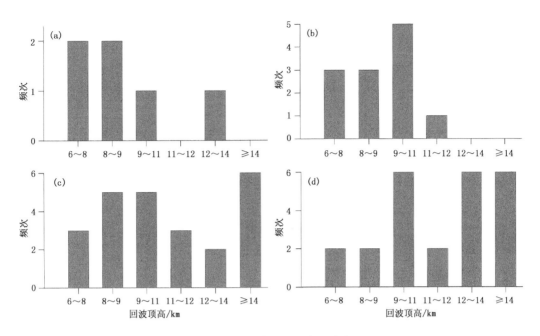

图 6　回波顶高频数的各月分布

（a 为 5 月，b 为 6 月，c 为 7 月，d 为 8 月）

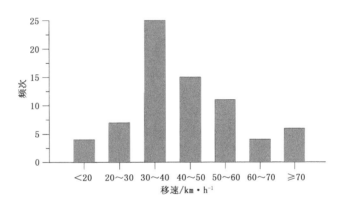

图 7　回波移速频数分布（样本总和）

雨移动较慢。5 月，南方暖湿气流和北方冷空气都较活跃，影响不稳定降水的系统多为移动性低槽，由此产生的雷暴降水回波也移速较快。

3.3　回波移动方向

本文回波移动方向是指回波的去向（如 $90°$ 代表由西向东移动）。雷暴回波的移动方向非常有规律性：雷暴的去向主要集中在 NE，ENE，E 以及 ESE 方向（图 9），即 $33°\sim146°$，占 84.7%，峰值总体朝东，这显然是与空中系统随着西风带东移密切相关的。

统计发现，雷暴云团的移向与 500 hPa 引导气流关系最为密切，或者可以说，500 hPa 的风向基本决定了雷暴的大体去向。例如，2010 年 7 月 8 日 00:00—02:00（北京时，下同）的雷暴过程，00:00 到 01:30 雷暴的去向为 ENE 大约是 $80°$ 方向，而随后移动发生偏转，变成 $110°$ 向 SSE 方向移去。对照 500 hPa 风场，发现前一日 20:00 本站处于明显的短波槽前，而次日 08:00 槽已过境。与之对应，济南上空的风向有 SW 转为 NW，与雷达回波移动恰好吻合。再

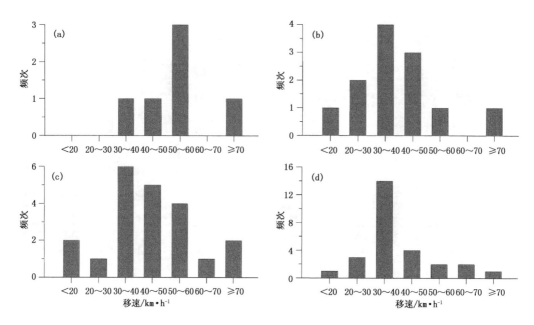

图 8　回波移速频数分布

(a 为 5 月,b 为 6 月,c 为 7 月,d 为 8 月)

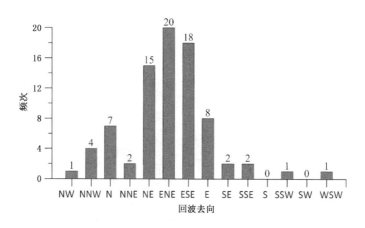

图 9　回波移动方向频数分布(样本总和)

如,2011 年 5 月 17 日 18:00—24:00 的雷暴过程,回波有一个由 ESE 向 ENE 的转向过程,同时 500 hPa 形势由 NW 气流转为小槽前,与雷达回波的转向吻合。类似的例子还有不少,不再一一列举。

回波的移向对于雷暴的短临预报非常重要。我们研究发现,雷暴的移动虽然有各种复杂情况,但就移经本站顶空的回波来说,在其影响本站的通常 1 h 内,其移动基本上可看做直线运动。参照王俊等[5]对济南降水回波的研究,我们大致将济南新机场雷暴回波的移动分成三类:(1)简单直线型:回波基本沿某一方向移动,但在不同时段移动速度和方向略有不同。(2)复合直线型:回波也是基本沿固定方向移动,但回波的移动明显包括两种不同方向的运动。回波整体随天气系统(如低槽)沿某一方向移动,而其中的云团还沿另一方向移动。简单直线型有时会转为复合直线型。(3)复杂移动型:回波具有复杂的移动特征,如回波呈气旋式转动或者不同时段明显改变运动方向。其中,前两种占绝大多数,而且第二种移动方式其本质上也是直线型的。

3.4 回波移向与高空天气系统

雷暴一般发生在高空冷涡、空中槽前、低涡顶部、地面冷锋等天气形势下。我们统计发现,其中 500 hPa 高空的影响最大。简单起见,我们将 500 hPa 的天气形势大致分为副高边缘、大槽前部、浅槽或短波槽前部、西北气流和其他五类(图 10)。事实上,前三种都是槽前的形势,占雷暴个例的绝大多数,达到 80.6% 之多。

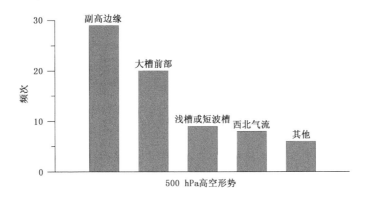

图 10 雷暴发生时 500 hPa 的典型形势

当 500 hPa 气流为偏 SW 风时,雷暴大多朝向 ENE 方向移动;当高空为 NW 气流(例如冷涡影响),则雷暴天气往往向 ESE 移动。图 9 表明,除了绝对占优的偏东移向外,N-NNW 是雷暴移动方向的另一个小峰值。这种移向与地面形势有较大的相关性:当地面为气旋波顶部时,空中形势经常亦为低涡顶部,气流多来自 SE 方向,此时回波自然多为偏 N 移向。例如 2013 年 5 月 26 日,地面处于江淮气旋顶部,850 hPa 低涡顶(前)部,500 hPa 与之配合也为深槽前部的 S-SE 风;这种形势下,回波向 340°北西方向移动。

4 小结

本文以多普勒雷达回波统计为主要方法,研究了济南新机场雷暴的气候特征,并着重分析了雷暴降水回波的移动特征。

(1)机场雷暴日数年平均为 16.4 d,主要集中在 6,7,8 三个月份;7 月份最多,年均近 5 个雷暴日。

(2)计算了雷暴回波的移动速度和方向。统计发现,雷暴降水雷达回波的移动主要受高空天气系统影响,多数随着西风槽向东(或南南东、东北东)方向呈现"准直线"移动,500 hPa 的风向对于雷暴的移向具有很强的指示意义。回波移动速度峰值在 30~40 km·h^{-1},平均速度为 42.6 km·h^{-1};5 月回波移动速度较大,在 50~60 km·h^{-1} 之间比较集中,平均速度为 52.8 km·h^{-1};6,7,8 月回波平均移动速度分别为 38.6,43.9 和 38.6 km·h^{-1}。

(3)机场雷暴回波的基本反射率峰值发生在 45~50 dBZ,40 dBZ 以上的回波占到 83.3% 之多;在 5,6,7 月,35 dBZ 以下强度的回波也可造成雷暴天气的发生。

目前,临近预报的基础是线性外推技术,因此对回波移向移速的研究是有益的;但是,本文雷达个例还不够多,日后还应补充个例加强分析以提高结论的可靠性。另外,回波运动具有复杂性,天气形势有利时还经常在原地生成。这就增加了临近预报的难度,在业务服务中需要充分考虑复杂的移动特点,做好强对流回波灾害落区预报,提高服务水平。

参考文献

［1］ 俞小鼎,王迎春,陈明轩,等.新一代天气雷达与强对流天气预警.高原气象,2005,**24**(3):456-464.

［2］ 符式红,钟青,寿绍文.对多普勒雷达集合交叉相关外推技术的构造与实例检验.气象,2012,**38**(1):47-55.

［3］ 李德俊,唐仁茂,熊守权,等.强冰雹和短时强降水天气雷达特征及临近预警.气象,2011,**37**(4):474-480.

［4］ 王俊,龚佃利,周黎明,等.山东降水回波移动特征分析.气象,2013,**39**(10):1344-1349.

2013年9月13日上海强雷雨过程天气学分析

李新峰　梅　珏　陈志豪

(民航华东空管局气象中心,上海 200335)

摘　要

2013年9月13日上海出现了全年最强雷雨天气过程,强对流天气对上海虹桥机场航空运行造成较大影响。本文利用多种观测资料对此次上海强对流过程进行了天气学分析,对不同尺度天气发展演变以及它们之间的相互作用关系做了简要讨论。分析表明:此次强对流天气过程是在温带气旋与地面冷锋东移南下的背景下在锋前暖区发生的,是由三次中－β尺度对流风暴移动发展演化过程形成的上海地区长时间强雷雨天气过程。此次强对流天气过程中,大尺度环境场提供了不稳定能量、水汽条件及基本流场,中尺度边界层辐合线通过提供局地辐合上升运动,起到胚胎和组织化的作用。中尺度分析发现:雷暴云团不仅在大气边界层辐合线中被激发,也在辐合线中传播,说明边界层辐合线的监控对强对流发生的提前预警以及传播方向预报有着重要意义。

关键词:强雷雨　中尺度分析　急流　边界层辐合线

0　引言

2013年9月13日午后至午夜,上海出现了全年最强雷雨天气过程。9月13日虹桥机场雷雨天气长达 8.5 h(15:30—24:00,BJT 下同),最大地面风速达 13 m·s^{-1}(阵风 14 m·s^{-1}),过程雨量较大、降雨相对集中,24 h 累积雨量达 56.5 mm(36L 跑道),其中16:00—17:00 小时雨量达 46.1 mm(表1),此时虹桥机场因强降水致使 36L 跑道视程一度降低至 800 m;浦东机场雷雨天气也长达 4.3 h(21:00—14 日 01:16),最大风速 9 m·s^{-1}。由上海各测站的 24 h 累积雨量(表2)来看,全市均有不同程度的降水,强降水范围主要集中在浦东—中心城区—市区西南部的东北—西南向的带状区域内,其中,中心城区已达到暴雨等级,浦东更是达到大暴雨。由降水量的形态分布来看(图1),前期的强降水中心主要集中在中心城区,并伴有十分活跃的闪电活动。因受此次暴雨和雷电的影响,上海浦东机场与虹桥机场在16:00 以后均有航班延误。

表1　2013年9月13日上海虹桥机场 36L 跑道自动观测系统小时累计降水量　　单位:mm

	1 h 累计雨量		1 h 累计雨量
17:00	46.1	21:00	0.8
18:00	4.2	22:00	2.3
19:00	0.1	23:00	1.1
20:00	0	24:00	1.9

表2   2013年9月13日08:00—14日08:00上海地区雨量站观测的累计降水量   单位:mm

站点	徐家汇	青浦	松江	宝山	崇明	奉贤	嘉定	金山	闵行	浦东
24 h累计雨量	80.8	11.4	42.2	12.5	1.5	7.1	2.6	20.7	29.5	150.1

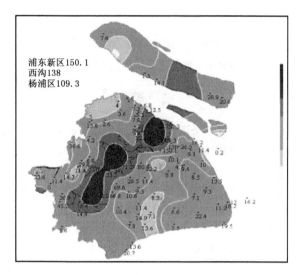

图1   2013年9月13日08:00—14日08:00上海自动站观测的累计降水量

本文将对9月13日这次强对流过程进行研究,着重围绕强对流发生的三个基本条件,即条件不稳定层结、低层充足的水汽和较强的辐合抬升[1],讨论各种天气系统如何发展配置为有利于强对流发生的环境条件以及它们之间的相互作用关系,借此加深对强对流发生环境的认识和理解,对于提高夏季雷雨预报准确率有着积极意义。研究中所采用的资料将在第1部分中列出,第2部分描述了对流风暴发展演变过程,第3部分介绍此次风暴发生的天气背景条件,而风暴发生的中尺度环境条件以及触发机制将在第4部分中进行讨论,第5部分是本部分的总结与讨论。

1   资料与方法

本文采用的资料主要有2013年9月13日的常规观测、地面自动站观测、日本MTSAT卫星云图、上海与南通多普勒雷达反射率和径向风观测资料。其中,卫星和雷达观测主要是对直接造成此次天气事件的对流风暴的结构特征和发展演变情况进行考察,常规观测主要用于对强对流发生前的大尺度环流演变进行天气学分析,在此基础上,进一步利用上海13日两次探空资料分析了当时的大气物理条件。另外,本文还利用地面自动站的逐小时观测和南通雷达反射率和径向风资料对风暴发生的中尺度环境和触发机制进行了简要讨论。

2   风暴发展过程

本节将首先利用高分辨率观测资料对直接造成这次强对流天气的对流风暴的发展演变过程以及结构特征进行考察。

对流系统的形式复杂多样,然而其冷云罩的面积通常远大于对流区而且具有较好的连续性,故首先利用红外卫星云图来识别此次对流系统比利用其他资料更容易[2]。

由2013年9月13日12:00至14日01:00逐小时红外云顶相当黑体亮温演变(图2)可以发现,此次上海长时间雷雨天气过程是由三次对流风暴移动发展演化过程形成的。9月13日12:00在南通东部有小块对流云团A生成(图2),此后随高空槽前西南气流向东偏北方向缓慢移动并迅速发展,至14:00于启东市东部沿海附近发展形成规模较大的风暴云团A,之后该云团分离为两部分,北端主体继续向东偏北方向移动且迅速减弱,其南端已移至崇明中东部地区,并进一步旺盛发展,于16:00风暴云顶最低黑体亮温已达-63℃以下,之后风暴云团A再度分离,北端东移减弱,但在其南缘有新对流体形成,并迅速发展,其影响范围逐步向西南扩展至上海中部地区,其发生发展的过程正值虹桥机场最强风雨雷电天气,最大风速达到13 m·s^{-1},36L跑道的跑道视程一度因强降水而降低至800 m,之后分裂后的风暴云团A的最强冷云中心继续缓慢的向西南方向移动,并进一步加强,北侧东移的云团减弱为较强的层状云结构,至19:00风暴云团A的最强冷云中心已移至上海西侧,到此为止为此次上海强对流天气的第一次过程。

图2显示9月13日16:00在浙江西北部地区有一新的对流云团B形成并缓慢东移发展,于18:00在太湖地区已形成东北—西南向的带状云团,并于19:00移至上海西部地区,此时对流云团B的北部已与云团A合并,南部也进一步加强,并于20:00完全合并,形成强风暴云团C,其大小和高度均有所增强,此后基本静止活动在上海西侧地区。于21:00与浙中地区北移的强对流云团再次合并,最强冷云中心位于杭州湾地区,至此为13日上海强对流天气的第二次过程。

强风暴云团C从21:00开始已进入减弱衰退阶段,至22:00对流云团C冷云区面积已大为减小并稳定的东移减弱,于14日01:00已基本减弱为层状云结构,最终于14日00:10和01:30虹桥机场和浦东机场分别取消机场警报。此为此次强对流天气的第三次过程。

通过对以上红外卫星云图的分析可知,在造成此次上海强对流天气的三次过程中,云团A属于中-β尺度对流系统[3],生命史达6 h,是导致15:00—19:00虹桥机场出现雷暴、大风以及短时强降水的主要影响系统,而合并后的对流云团C也属于中-β尺度对流系统,是造成20:00—24:00虹桥机场长时间小雷雨和浦东机场持续中雷雨的风暴云团。

为进一步了解对流云团的移动演变过程,图3列出部分时次上海南汇雷达回波图。9日13:01对流单体a在启东市附近东移发展增强,13:31在嘉定北部、崇明南部有小的对流泡b开始激发,至14:30单体a逐渐减弱,对流体b明显增强,至15:05对流b已增强至雷暴单体结构,而原较强的单体a逐渐减弱,形成层状回波结构,表明在对流云团A中,相对独立的对流单体的传播具有明显的跳跃性,新单体在前沿不断形成发展,旧单体减弱消散。同样的,15:40龙华附件小对流体d形成,至16:10已发展成强对流单体,而北部的旧单体c已减弱消散为层云结构,从而完成对流单体的跳跃式传播。

以上分析表明卫星云图中的风暴云团A是由多个对流单体相继生成,并不断发展加强,于14:30已组织成为一多单体风暴,此后,对流风暴A逐渐分裂为两部分,北侧的对流单体a由强变弱,而南端单体b则快速增强,并向西南方向移动,并继续以多单体风暴的形式发展,不断在西南侧形成新的对流单体,如此循环,雨带的表现就像一列沿铁路线缓慢移动的火车,相继通过上海中心城区、松江、金山,间歇性的短时强降水最终造成局地暴雨或大暴雨,成为此次天气过程中最重要且最强的对流风暴。

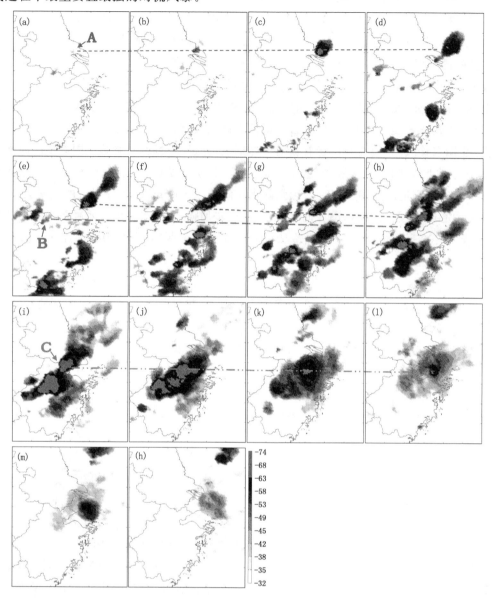

图 2　2013 年 9 月逐小时红外云顶相当黑体亮温

(a 为 13 日 12:00,b 为 13 日 13:00,c 为 13 日 14:00,d 为 13 日 15:00,e 为 13 日 16:00,f 为
13 日 17:00,g 为 13 日 18:00,h 为 13 日 19:00,i 为 13 日 20:00,j 为 13 日 21:00,k 为 13 日
22:00,l 为 13 日 23:00,m 为 14 日 00:00,n 为 14 日 01:00;图中直线将各时次对流云团连接
起来,a 和 b 为风暴云团,c 为对流云团;填色代表亮温,单位:℃)。

3　天气背景

由上节的分析可知,此次强对流天气主要是由三次对流风暴移动发展演化过程所造成的,
本节就将从大尺度环流演变的角度探讨造成此次强风暴发生的各种环境条件的建立过程。

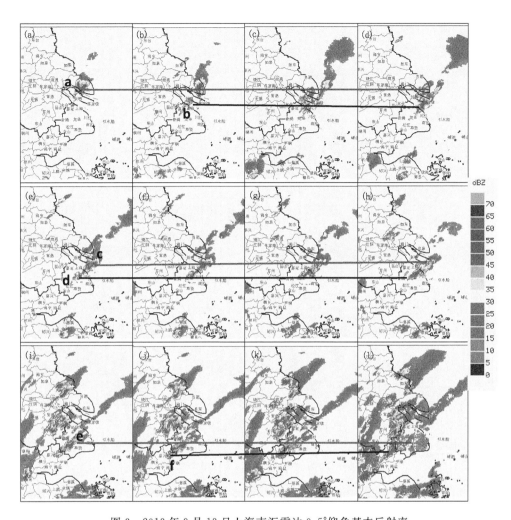

图 3　2013 年 9 月 13 日上海南汇雷达 0.5°仰角基本反射率

(a 为 13:01,b 为 13:31,c 为 14:30,d 为 15:05,e 为 15:40,f 为 15:46,g 为 15:48,h 为 16:10,
i 为 17:45,j 为 17:50,k 为 18:08,l 为 18:32;图中直线将各时次新生对流体和消亡对流体连
接起来)

3.1　大尺度环流演变

此次强对流天气是在温带气旋与冷锋东移南下的过程中在锋前暖区发生的。2013 年 9
月 13 日 08:00,在地面图上(图 4a),我国内蒙古地区和新疆北部地区分别被中纬度气旋和反
气旋所控制,地面冷锋从内蒙古北部的低压中心延伸至河套北部地区,从图 4a 风场和气压场
形势不难发现:北方气旋、南海低压、西南大陆高压以及西北太平洋副热带高压四个系统在我
国东部地区构成了一个明显的鞍形场形势,其拉伸轴位于沿长江流域一线,上海位于拉伸轴东
侧靠近副高位置,来自海洋的低层暖平流有利于该地区出现不稳定的大气层结结构和辐合上
升运动。

图 4c 显示在浅层此时上海正处于西南风形成的暖舌中。在对流层中高层(图 4d),中纬
度地区的位势高度场为一槽一脊的形势,南部低压槽已移至河北-河南-湖北一线,温度场稍
落后于高度场。综合对比发现此次中纬度天气尺度系统呈现出随高度前倾的特征,这样的上

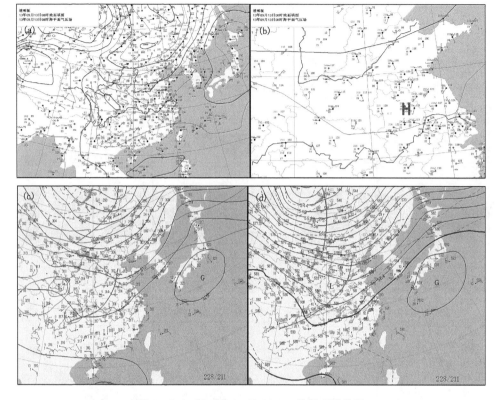

图 4　2013 年 9 月 13 日 08:00 常规观测分析

（a 为地面，b 为长三角地区地面，c 为 700 hPa，d 为 500 hPa；风向标：旗子代表 20 m·s^{-1}，

一个风向杆代表 4 m·s^{-1}，半个风向杆代表 2 m·s^{-1}）

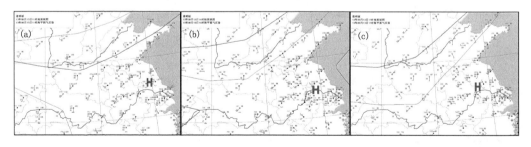

图 5　2013 年 9 月 13 日长三角地区常规地面观测

（a 为 11:00，b 为 14:00，c 为 17:00）

下配置容易使槽后的干冷空气叠置于低层槽前的暖湿空气之上，增加了气柱的对流不稳定度，非常有利于对流系统的发展，同时也预示着冷锋前沿的暖区易有雷暴的发生[4]。

　　与此同时，图 4c 显示在苏中上空有相对较强的低空西南急流（≥12 m·s^{-1}），上海正位于该急流右侧的正涡度区内，这种急流的存在不但有利于较强的暖湿气流输送所造成的位势不稳定层结，更有助于局地上升运动的形成；同时在 500 hPa 上（图 4d）急流（≥28 m·s^{-1}）的入口区位于苏南上空，上海位于该中层急流尾部入口区右侧、副高上游的辐散区中，与其相伴的抽吸作用有利于垂直运动发展。因此，这种浅层急流右侧的正涡度区叠加中层急流的辐散，所产生的抽吸作用很有可能使得此时其下方的对流风暴得以强烈发展[4]。

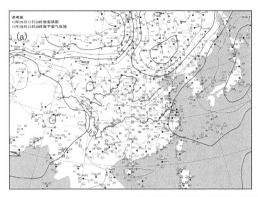

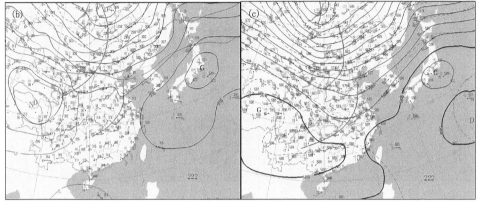

图6 2013年9月13日20:00 常规观测分析

(a为地面,b为700 hPa,c为500 hPa;风向标:旗子代表50 m·s^{-1},一个风向杆

代表10 m·s^{-1},半个风向杆代表5 m·s^{-1})

在地面图上,南京北部地区有一个小的暖性高压活动(图4b),并且在上海西侧有地面辐合区,而这一辐合区在之后各时刻均明显存在(图5),再配合高层的大尺度抬升条件,为对流激发提供了很好的触发机制。

9月13日20:00 东北气旋明显加强(图6a),地面冷锋向东南方向推进到河北南部—山西南部—陕西南部一带。与此相伴,长三角地区各站气压均有所降低,江苏中部小高压环流持续活动,而上海西侧的辐合也于17:00发展为一个小的闭合低涡系统(图5c),而700 hPa(图6b)苏中地区仍维持西南急流。在对流层中上层,中纬度低压槽东移加深,500 hPa南段槽已移至鲁中—皖北上空,位相上略有前倾,中层急流维持,但浅层西南气流减弱,再加上长时间雷雨消耗大量能量和夜间辐射冷却,对流逐渐转弱。

综上所述,强对流天气发生前,上海低层始终处于西南暖湿平流作用下,地面持续高温,有利于不稳定层结的建立,而且850 hPa上稳定维持的西南气流也为长三角地区输送充沛的水汽。与此同时,长江口的地面低涡的抬升作用与500 hPa急流入口区的辐散作用相互配合,实现正反馈相互作用,增强了该地区次级环流,使上海地区的垂直风切变和上升运动增强,就为触发对流创造了良好的大尺度环流条件。

3.2 水汽与不稳定条件

在强对流形成的三个必要条件中,低层充足的水汽和条件不稳定层结可谓内在因素[4],故在本小节中将讨论此次强对流天气发生前的水汽和不稳定条件。

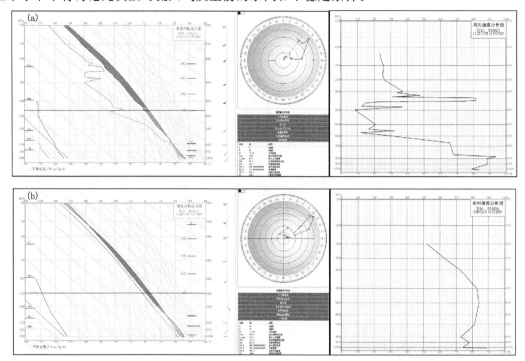

图 7　9 月 13 日上海探空观测到的斜 $T-\ln P$ 图、风廓线,和计算得到的各层相对湿度

(a 为 08:00,b 为 20:00)

表 3　由 2013 年 9 月 13 日 08:00 和 20:00 上海探空观测计算得到的部分热力学参数

时间	$CAPE/$	$CIN/$	$P_{LCL}/$	$P_{LFC}/$	$T_g/$
	$(\mathrm{J \cdot kg^{-1}})$	$(\mathrm{J \cdot kg^{-1}})$	hPa	hPa	℃
08:00	1531	61	969	837	31.4
20:00	783	132	981	781	32.4

图 7 和表 3 分别为 9 月 13 日 08:00、20:00 上海探空资料和计算得到的各层相对湿度以及部分热力学参数,显示 9 月 13 日 08:00 上海地区对流有效位能(CAPE)较高(表 3),达到 1531 J·kg⁻¹,而对流抑制能量(CIN)仅为 61 J·kg⁻¹,对流温度(T_g)为 31.4 ℃,而此时上海地区持续 30℃ 以上高温天气已达 5 d(9 月 9—13 日),上海 13 日的最高气温更是高达 34℃,非常利于对流形成;抬升凝结高度(LCL)和自由对流高度(LFC)均较低,分别为 969 hPa 和 837 hPa,此时只要有一定的抬升条件,气柱便能很快饱和,形成深对流;图 7 显示 13 日 08:00 不稳定层结较深厚,同时上空为一致的西南气流,低层水汽输送较强,对流层低层露点温度也已达到较高值,850 hPa 的相对湿度(RH)高达 90% 以上,但这一湿层相对浅薄,850~400 hPa 则被干空气所占据,中层 500 hPa 的 RH 仅为 20%,这种上干下湿的湿度层结条件非常有利于强风暴的形成,此时只要存在一定的触发机制,对流将很容易发展起来。

图 7b 显示 13 日 20:00 上海地区 400 hPa 以下空气相对湿度较大,在 700 hPa 附加有明显的风向辐合,但 CAPE 降至 783 J·kg⁻¹,CIN 升为 132 J·kg⁻¹,LFC 抬升,不稳定层结变

浅,T_g 为 32.4℃,此时虹桥机场和浦东机场温度分别为 24℃ 和 27℃,所以此时深对流已很难发展,此后上海地区的雷雨也主要呈现出层状云降水区中隐嵌对流云的形态。

综合以上两小节的分析,可得到此次强对流发生的天气背景演变情况。强对流天气发生前,上海地区处于内蒙古低压、南海低压、西南大陆高压以及西北太平洋副热带高压所形成的鞍形场的形势下,此时,地面冷锋从内蒙古北部的低压中心延伸至河套北部地区。在对流层中层,华东上游地区有前倾槽东移,有利于高层干冷空气叠置于低层槽前的暖湿空气之上,导致中低层环境温度递减率显著增大,形成条件不稳定层结,使得上海地区满足了发生对流天气的不稳定度条件;在 850 hPa 上,槽前稳定维持的偏南暖湿气流将充沛的水汽输送到上海低层,为对流发展提供的水汽条件;同时浅层和中层均有急流活动,上海地区正处于浅层急流出口区右侧的正涡度区以及中层急流入口区的辐散区,这种上下层配置所产生的抽吸作用为其下方的强对流风暴强烈发展提供大尺度抬升条件;在对流层低层充足的水汽和条件不稳定层结下,长江口地区的辐合区便提供了非常好的触发机制。

4 中尺度分析

通过上文的讨论,我们了解了此次强对流天气是发生在非常有利的大尺度环境条件中的,然而究竟是什么导致了风暴的初始发展?尽管由上一节分析可知高低层急流活动产生抽吸作用有利于对流的触发,但从天气尺度上很难做出确切的判断。因此本节利用地面加密自动站资料,通过分析对流风暴发生的中尺度环境来对其触发机制进行讨论。

如上文所述,2013 年 9 月 13 日 12:00 对流云团 A 在崇明西侧激发(图 8a),此时锋面位置比较偏北,长三角地区处于鞍形场形式,气压场和风场均较弱,但在对流激发的地方有明显的风向辐合(图 8b),与之对应的是此处局地比湿(图 8e)达到 20 g·kg^{-1},温度(图 8d)也在 30℃以上,对流云团 A 激发后,地面风场辐合维持并发展,与 17:00 形成闭合的低压环流,此时也是对流云团 A 最强盛的阶段。由此可见,对流云团 A 是低层较有利的水汽和热力条件下,再配合一定的边界层辐合所形成的。

这种边界层辐合线的出现是怎样造成的?Wilson 和 Schreiber[5] 指出,边界层辐合线可以是天气尺度的冷锋或露点锋,也可以是中尺度的海陆风辐合带,包括雷暴的出流边界(阵风锋)和由地表特征如土壤湿度的空间分布不均匀造成的辐合带等。但从目前的观测结果还难以给出明确的解释。但可以简单推测出,南京地区的相对的小的高压环流(图 8b)所造成的低层偏北风是一个比较重要的因素,在整层一致的偏南气流中,由其产生的低层偏北风扰动,使长江口地区的地面辐合长期活跃,对对流长时间发展维持有重要作用。

为进一步阐述边界层辐合线对雷暴的激发和传播的重要作用,图 9 给出了南通雷达 5 个时次的反射率因子及径向速度图。13 日 08:01(图 9a,b)上海地区无对流回波,径向速度上也未出现辐合线,12:09 在南通南侧有小的对流生产(图 9c),此时对应的辐合线就相对明显(图 9d),至 13:38 对流单体在径向速度图上已出现偶极子的现象(图 9f),表明单体正处于旺盛发展阶段,但同时注意到,有一条明显的辐合线(图 9f)位于上海北半侧的中部地区,而之后的对流单体也是沿这条辐合线向西南方向跳跃式移动(图 3);同时另一个证据就是,图 3 中从 15:05 至 18:32 在崇明岛东侧至雷暴云团 A 反射率因子梯度最大区的前沿均有一条东北-西南向的弱回波带,这也指示出该辐合线的存在,说明雷暴云团不仅在大气边界层的辐合线中激

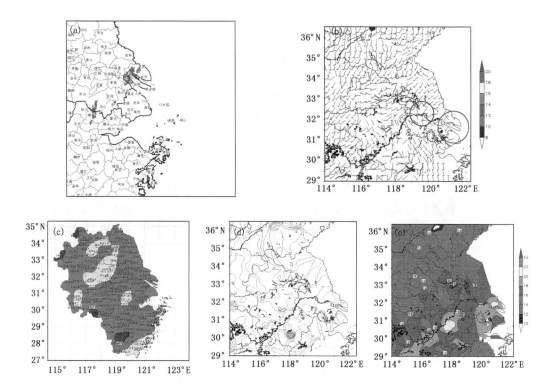

图 8　2013 年 9 月 13 日 12:00 上海地区雷达反射率(a)及自动站观测的风矢量(b),
海平面气压(c),地面温度(d),比湿(e)

发,也在辐合线中传播。

图 9h 中在南通的西北象限中有一条明显的辐合线,但此时对应的回波图上没有对流,但半个小时后此处的对流就旺盛发展起来。Orura 和 Chen[6] 在研究飑线形成和发展过程中发现,一条与干线相联系且较为明显的辐合线先于回波 90 min 出现,且这条辐合线在飑线形成与维持过程中也非常重要。由此不难发现,大气边界层辐合线的监控对强对流发生的提前预警有着重要意义。

另外还有一点需特别注意,如图 3 所示,13:01 至 14:30 雷暴单体 a 整体向东连续传播,符合风暴移动方向一般偏于对流层中层风向右侧的规律,而对流云团 b 却向西南方向跳跃式传播,目前受资料限制尚不能给出完善的解释。Carbone 等[7] 分析美国一个观测到的飑线时指出,这个飑线是沿雷达回波能够识别的一个边界层辐合线传播的,因此有理由在此指出,近地面层中的辐合区形态和低层的水汽通量辐合带对雷暴云的传播方向有重要影响。

5　小结与讨论

本文利用多种观测资料对 2013 年 9 月 13 日上海强对流过程进行了天气学分析,对不同尺度天气系统的发展演变以及它们之间的相互作用关系做了简要讨论。

综上所述分析,此次强对流天气过程是在温带气旋与地面冷锋东移南下的背景下在锋前暖区发生的,是由三次中-β 尺度对流风暴移动发展演化过程形成的上海地区长时间强雷雨天气过程。

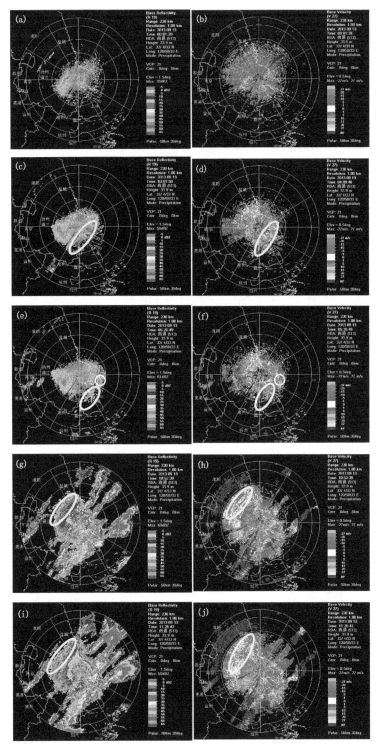

图 9 2013 年 9 月 13 日南通雷达反射率因子及径向速度

（左列为反射率因子，右列为径向速度，黄圈分别代表对流区和辐合区，白圈分别代表小涡旋和
径向速度偶极子；a,b 为 08：01；c,d 为 12：09；e,f 为 13：38；g,h 为 18：52；i,j 为 19：26）

强对流天气发生前,上海地区处于内蒙古低压、南海低压、西南大陆高压以及西北太平洋副热带高压所形成的鞍形场的形势下,此时,地面冷锋从内蒙古北部的低压中心延伸至河套北部地区。高层 500 hPa 上,华东上游地区前倾槽东移,有利于高层干冷空气叠置于低层槽前暖湿空气之上,导致中低层环境温度递减率显著增大,垂直气柱中有效浮力能逐渐累积,形成条件不稳定层结,使得上海地区满足了发生对流天气的不稳定度条件;在 850 hPa 上,槽前稳定维持的偏南暖湿气流将充沛的水汽输送到华东中部,且 850 hPa 以下整层空气湿润,上海位于地面相对湿度大于 80% 湿舌区,为对流发展提供充沛的水汽条件;同时浅层和中层均有急流活动,上海地区正处于浅层急流出口区右侧的正涡度区以及中层急流入口区的辐散区,这种上下层配置所产生的抽吸作用为其下方的强对流风暴强烈发展提供大尺度抬升条件;在对流层低层充足的水汽和条件不稳定层结下,长江口地区的边界层辐合线便提供了非常好的触发机制;因此,此次强对流天气过程中,大尺度环境场提供了不稳定能量、水汽条件及基本流场,中尺度边界层辐合线通过提供局地辐合上升运动,起到胚胎和组织化的作用,大、中尺度运动相互作用,导致了中尺度对流系统的形成和发展。中尺度分析发现雷暴云团不仅在大气边界层的辐合线中被激发,也在辐合线中传播,说明边界层辐合线的监控对强对流发生的提前预警以及传播方向预报有着重要意义。

但是,以上论述对于风暴触发和传播、风暴传播过程中强度的演变以及形态上的变化(由直线形回波演变为"弓"形回波)等中尺度过程还难以给出明确的解释,因此,还需进一步的研究和探讨。

参考文献

[1] Wallace J M, Hobbs P V. *Atmospheric Science：An Introductory Survey* (2nd ed). Burlington：Academic Press, 2006：344-366.

[2] Jirak I L, Cotton W R. Observational analysis of the predictability of mesoscale convective systems. *Wea Forecasting*, 2007, **22** (4)：813-838.

[3] Cotton W R, Bryan G H, van den Heever S C. *Storm and Cloud Dynamics* (2nd ed). Burlington：Academic Press, 2011：315-526.

[4] 朱乾根, 林锦瑞, 寿绍文, 等. 天气学原理和方法(第 4 版). 北京：气象出版社, 2000：60-460.

[5] Wilson J W, Schreiber W E. Initiation of convective storms by radar observed boundary layer convergence lines. *Mon Wea Rev*, 1986, **114**：2516-2536.

[6] Ogura Y, Chen Y. A life history of an intense mesoscale convective storm in Oklahoma. *J Atmos Sci*, 1977, **34**, 1458-1476.

[7] Carbone R E, Conway J W, Crook N A, *et al*. The generation and propagation of a nocturnal squall line. Part I：Observations and implications for mesoscale predictability. *Mon Wea Rev*, 1990, **118**, 26-49.

海南"3·20"大范围强烈冰雹过程特征分析

郑　艳　李云艳　蔡亲波

（海南省气象台，海口 570203）

摘　要

本文主要应用常规资料、海南省乡镇自动站和海口多普勒雷达资料对 2013 年 3 月 20 日海南岛罕见的大范围强烈冰雹过程进行中尺度分析。结果表明：中层干冷急流叠加在低层暖湿气流上，形成热力不稳定层结；高空急流入口区右侧的强辐散和较强的低层垂直风切变有利于对流有组织地发展；海陆风辐合线、地形抬升和边界层弱冷空气入侵是触发机制；这次冰雹过程先后由 4 个超级单体产生，其中有两个单体是由一个母体回波分裂后持续发展成为左移超级单体和右移超级单体；左移超级单体出现中反气旋，低层弱回波区位于其移动方向左后侧；右移超级单体出现中气旋，低层弱回波区位于其移动方向右后侧；在适宜的 0℃ 层和 −20℃ 层高度下，发现三体散射或中（反）气旋时立即发布冰雹警报，最长可以提前 20～30 min；冰雹发生前 55 dBZ 回波顶冲破 −20℃ 层，同时 VIL 值都有跃增的过程，普遍达到 65 kg·m^{-2} 时开始出现冰雹，当 VIL 值跃增到 60 kg·m^{-2} 时发布冰雹警报，最长可提前 3 个体扫时间。

关键词：热带地区　大冰雹　超级单体　分裂风暴

0　引言

冰雹是短时强对流天气的主要类型之一，伴随着雷雨大风，常常会造成不同程度的灾害。廖晓农等[1−4]认为华北地区的冰雹大多是发生在华北冷涡或蒙古东部冷涡的环流背景下，使高层冷空气叠加在低层暖湿空气上，导致不稳定层结发展。夏丽花等[5]分析指出 2012 年 4 月 10—12 日福建省持续性冰雹过程是在稳定的大尺度环流背景条件下产生的。王华等[6]研究了山区地形和城市边界层在北京强对流天气中的作用。朱敏华和廖玉芳等[7−8]对三体散射长钉回波特征进行了统计分析，认为 S 波段新一代天气雷达产生三体散射现象，则强冰雹的可能性几乎是 100%。冯晋勤等[9]统计福建龙岩中气旋产品指出大部分持续 3 个体扫以上中气旋对应风暴属超级单体风暴，与冰雹、雷雨大风和短时强降水等强对流天气有很好的对应关系。目前，对 20°N 以南热带地区的冰雹特征和成因还鲜有研究。在全球变暖背景下极端天气气候事件显著增多，2013 年 3—4 月海南岛先后 5 日观测到冰雹，为近 10a 冰雹日数最多的年份，其中 3 月 20 日出现的冰雹范围和强度属历史罕见。本文主要应用常规资料、海南省乡镇自动站和海口多普勒雷达资料对"3·20"冰雹过程进行中尺度分析，以期寻找海南岛强烈冰雹的预报着眼点和预报指标。

1　天气概况和灾情

2013 年 3 月 20 日 17:00 至 19:30 左右，海南岛北部的定安、屯昌、澄迈、儋州和临高等 5 个市县共 12 个乡镇先后观测到冰雹，冰雹直径大多达到或超过 20 mm，部分乡镇伴有 8 级以上雷雨大风,屯昌县南坤镇测得最大阵风 9 级($23.3\ \mathrm{m\cdot s^{-1}}$)。这次冰雹过程范围之广、强度之强属海南岛历史罕见。受冰雹和雷雨大风影响,定安、屯昌、澄迈等市县农作物受灾面积近千公顷,其中绝收面积超过 $200\ \mathrm{hm^2}$,直接经济损失 4000 多万元。

2 冰雹天气成因

2.1 环流背景

2013 年 3 月 19 日起 500 hPa 华北槽加深东移,槽底位于 30°N 附近,20 日 08:00,长江以北我国大部地区以经向环流为主,引导地面冷空气快速东路南下,海南岛北部地区有干急流;南支槽位于云南东部至中南半岛北部。200 hPa 海南岛处于急流入口右侧强辐散区。850 hPa 和 925 hPa 冷切位于南岭附近,华南中南部至南海中部有暖脊。地面低涡中心 19 日位于贵州、云南和广西交界处附近,海南岛受低压槽控制;20 日凌晨,随着冷锋快速东路南下,低涡中心逐渐填塞并南落至中南半岛北部,14:00 冷锋越过南岭到达两广中部,以后减弱锋消,海南岛仍处于低压槽中;受持续的偏南风和锋前增温影响,20 日白天海南岛气温持续升高,北部内陆地区普遍升至 35～37℃。海南岛"3·20"大范围强烈冰雹发生在地面低槽高温区内,是海南冰雹发生的主要天气形势之一,与张涛、叶爱芬等[10-11]分析的广东冰雹常发生在地面锋面附近有所区别。

2.2 层结稳定度

3 月 20 日 08:00 海口站 $T-\ln P$ 图(图略)显示,600 hPa 附近有干冷空气,中层的干冷空气和高温高湿的地面环境使得大气层结极不稳定,有利于强对流的发生发展。海南岛上空 200 hPa($47\ \mathrm{m\cdot s^{-1}}$)存在高空急流,低层垂直风切变大,1000～850 hPa(约 0～1.5 km)垂直风切变达到 $8.2\ \mathrm{m\cdot s^{-1}\cdot km^{-1}}$,属于较强的垂直风切变[2]。925 hPa 边界层附近存在较强逆温,午后随着地面温度升高,逆温层是否能被破坏呢? 20 日 08:00 海口站地面露点 $T_d=20.9℃$,通过 $T-\ln P$ 图求出对流温度 $Tg\approx36℃$,而当日下午地面最高气温 T_{max} 在 35℃以上,$T_{max}\geqslant Tg$,逆温层积累的大量不稳定能量有条件得以释放,发生热雷暴的可能性很大[12]。

3 触发机制

3.1 海陆风辐合线和地形

在西南低压槽控制下,背景风场为偏南风或西南风,受焚风效应影响,海南岛白天陆地温度快速升高,北部和西部沿海地区海风逐渐加强并深入内陆;海南岛北部多 100 m 以下台地,中南部为 500～600 m 的山地,高峰为中南部的五指山在 1500 m 以上,局地加热不均匀,因此海陆风辐合线在山脉北侧长时间维持。在适宜的环境背景下,地形和海陆风辐合线抬升作用将触发对流单体生成发展。

3 月 20 日 10:00 前后,海南岛西北部地区海风加强,在临高、儋州至白沙一带形成偏北风和偏南风辐合线;12:00 以后,北部(海口、澄迈)沿海海风加强,NE-SW 向辐合线朝着东南方向缓慢移动;随着热力条件增强,受地形抬升和海陆风辐合线触发,14:02 在白沙东北部半山区出现回波单体,以后沿着辐合线不断有新生单体生成发展;16:00 以后,在文昌、定安到琼中一带形成偏南风和东南风辐合线并原地加强,18:00 前后,在琼中北部的半山区不断有新生单体生成,沿着辐合线向东北偏东方向移动(图略)。

3.2 低层弱冷空气

海口多普勒雷达风廓线(VWP)产品(图略)显示,14:39前后1.5～2.1 km高度开始由偏西风转为西北风,以后逐渐扩展到2.4 km;19:18开始2.4 km高度逐渐向下逆转为西南风,19:42 1.5 km高度也转为西南风。整个过程中2.4 km以上层均为一致的西南风。分析20日20:00 850 hPa和925 hPa实况场,两广中南部和海南北部为24 h负变温区(图略)。说明20日14:39－19:42弱冷平流是由低层扩散至海南岛北部地区,在1.2 km边界层附近形成冷式切变,触发了对流单体有组织化发展成为超级单体,期间先后有4个超级单体发展成熟,造成海南岛罕见的大范围强烈冰雹过程。

4 四个超级单体发展演变特征

4.1 超级单体A

对流单体A 16:11前后在琼中北部海陆风辐合线附近生成发展,16:23 0.5°仰角最大反射率因子达到55 dBZ以上,以后迅速发展为超级单体并向西北方向移动进入澄迈境内,17:35以后在澄迈境内减弱消散(图1a)。从20日08:00 $T-\ln P$ 图得知,引导层(700～500 hPa)为WSW风,-20℃层高度为7681.2 m,0℃层高度4590 m,据统计海南岛近10年冰雹日的0℃层高度集中在4.3～5.1 km,-20℃层高度为7.6～8.4 km,可见这次冰雹的0℃层和-20℃层高度在近10a冰雹日中是偏低的。超级单体A属于左移风暴。从反射率因子沿径向剖面图可以看出,55 dBZ强回波高度伸展至9 km附近,位于-20°层高度以上,最大反射率因子达到60 dBZ,回波顶在14 km附近,出现低层弱回波区和中高层回波悬垂,低层弱回波区位于超级单体A移动方向的左后方(图2)。

超级单体A在16:29 2.4°和3.4°仰角径向速度图首先发现中反气旋,17:05向上伸展到6.0°仰角,一直维持到17:29,最大旋转速度为16 m·s⁻¹(图2),而0.5°和1.5°仰角中反气旋特征不明显。超级单体A率先在澄迈产生冰雹,维持时间短,没有造成雷雨大风,影响较小。

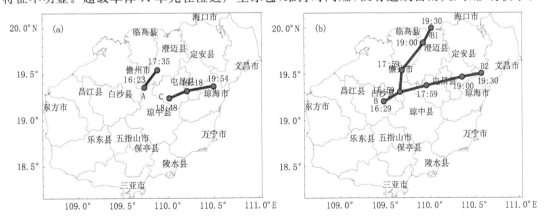

图1 海南"3·20"大冰雹过程4个超级单体风暴移动路径图

4.2 超级单体B1和B2分裂过程

16:29前后沿着海陆风辐合线在超级单体A西南部的白沙东北部有新的对流单体B生成。对流单体B沿着辐合线向东北方向移动,16:59前后在儋州东南部分裂为两个单体,以后左移风暴B1沿NNE方向经临高移入澄迈,右移风暴B2沿ENE方向经屯昌移入定安,19:30

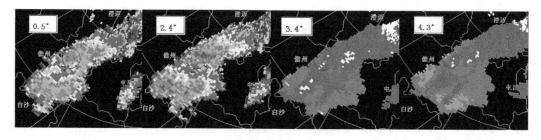

图 2　2013 年 3 月 20 日 17:05 分海口多普勒雷达反射率因子和径向速度

前后左移风暴 B1 和右移风暴 B2 分别在澄迈近海和文昌东部减弱消散(图 2b)。

17:29 左移风暴 B1 率先发展成熟,0.5°仰角最大反射率因子达到 60 dBZ 以上;17:35 右移风暴 B2 0.5°仰角最大反射率因子也达到 55 dBZ 以上。反射率因子图显示,17:35 左移风暴 B1 和右移风暴 B2 在 1.5°、2.4°和 3.4°仰角上同时出现了三体散射回波,右移风暴 B2 维持到 18:36,左移风暴 B1 一直维持到 19:00;18:11 左移风暴 B1 沿移动方向左侧在 1.5°和 2.4°仰角出现旁瓣回波。从反射率因子沿径向和纬向剖面图可以看出,左移风暴 B1 和右移风暴 B2 55 dBZ 强回波高度伸展至 13 km 附近,最大反射率因子超过 65 dBZ,回波顶在 18 km 以上;均出现三体散射造成的"火焰"回波、低层有界弱回波区和中高层回波悬垂;左移风暴 B1 低层弱回波区位于其移动方向的左后方,右移风暴 B2 低层弱回波区位于其移动方向的右后方(图 3)。

左移风暴 B1 在 2.4°仰角径向速度图 17:11 开始出现中反气旋,随后向上向下伸展到 4.3°和 0.5°仰角;0.5°仰角 17:53−19:12 表现为明显的反气旋性辐散流场,其他仰角则表现为纯反气旋旋转,与陈晓燕等[13]分析的黔西南州左移风暴低层反气旋式辐合流场并不一致;左移风暴 B1 最大旋转速度出现在 3.4°仰角为 26 m·s⁻¹。右移风暴 B2 在 3.4°仰角径向速度图 17:35 开始出现中气旋,先向上后向下伸展到 6.0°和 0.5°仰角;4.3°仰角中气旋特征一直维持到 19:12;右移风暴 B2 最大旋转速度也出现在 3.4°仰角为 21 m·s⁻¹(图 3)。左移风暴 B1 在儋州和临高产生冰雹,并伴有 8 级雷雨大风;右移风暴 B2 在屯昌和定安产生冰雹,屯昌出现了 8～9 级的雷雨大风。

4.3　超级单体 C

对流单体 C 18:23 前后在右移风暴 B2 西南部的琼中和屯昌交界处生成,沿着地面辐合线向 ENE 方向移动,18:48 前后在屯昌中东部地区加强为超级单体,0.5°仰角最大反射率因子达到 55 dBZ 以上,3.4°仰角出现三体散射。以后超级单体 C 转向偏东方向移动,经定安南部,19:36 进入琼海(图 1a),三体散射回波维持到 19:48。超级单体 C 于 19:54 以后在琼海境内减弱消散。沿反射率因子径向剖面图显示,55 dBZ 强回波高度伸展至 9 km,回波顶在 13 km 附近;19:42 55 dBZ 强回波高度逐渐回落到 7 km,回波顶也下降到 9 km 附近;最大反射率因子超过 65 dBZ,出现低层有界弱回波区和中高层回波悬垂,低层弱回波区位于超级单体 C 移动方向的右后方。19:42 2.4°仰角沿超级单体 C 移动方向左侧出现旁瓣回波,由旁瓣产生的假尖顶回波伸展至 14 km 附近(图 4)。

超级单体 C 在 19:24−19:42 3.4°和 4.3°仰角径向速度图出现中反气旋,最大旋转速度为 14 m·s⁻¹(图 4)。超级单体 C 在屯昌和定安产生冰雹,并伴有 8 级雷雨大风。超级单体 C 中气旋和三体散射在琼海境内维持了 2～3 个体扫,伴随着低层有界弱回波区、中高层回波悬垂、

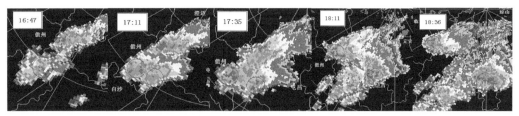

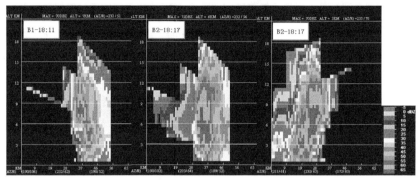

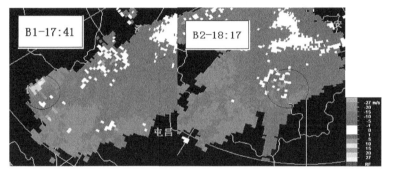

图 3　2013 年 3 月 20 日海口多普勒雷达反射率因子(B1 和 B2 风暴分裂过程)及其沿径向、
切向剖面和 3.4°仰角径向速度

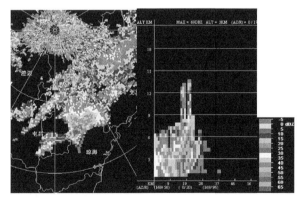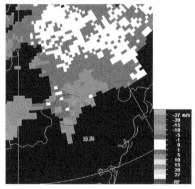

图 4　2013 年 3 月 20 日 19:42 分海口多普勒雷达反射率因子及其沿径向剖面和 3.4°仰角径向速度

旁瓣和假尖顶回波,说明此次过程琼海虽然没有冰雹观测报告,但也应该出现冰雹。

　　通过以上对 4 个超级单体发展演变特征的分析,我们把出现三体散射、中(反)气旋的最初
时刻与冰雹观测的初始时间进行对比发现(表 1),三体散射出现时间对冰雹预报有 5～20 min

的提前量,与郭艳[14]统计江西大冰雹三体散射指标时指出利用三体散射预报大冰雹的时间提前量最大达到 77 min 有较大差距,这是因为郭艳使用的冰雹资料来源于江西省危险天气报告,测站密度较小,更不容易捕捉冰雹的初始时刻;中(反)气旋出现时间对冰雹预报的提前量为 7~30 min。因此,在适宜的 0°层和−20°层高度下,多普勒雷达观测到三体散射或中(反)气旋时立即发布冰雹警报,最长可以提前 20~30 min。

表 1　四个超级单体出现三体散射、中(反)气旋与冰雹观测的初始时间对比表

超级单体	冰雹出现时间	三体散射出现时间	中(反)气旋出现时间
A	17:00	/	16:29
B1	17:30	17:35	17:23
B2	17:56	17:35	17:35
C	19:08	18:48	19:24

5　垂直液态水含量变化与冰雹的对应关系

垂直液态水含量 VIL 值表示的是将反射率因子数据转换成等价的液态水值,并且假定反射率因子是完全由液态水反射得到的[15]。因此,VIL 值与反射率因子值有很好的对应关系。普查海南岛"3·20"大冰雹过程发现,VIL 值≥40 kg·m^{-2}对应组合反射率 CR 中最大反射率因子≥60 dBZ。从 A,B1,B2 和 C 四个超级单体观测到冰雹的初始时刻与 VIL 值变化对比发现(图略),冰雹发生前 VIL 值都有一个跃增的过程,普遍达到 65 kg·m^{-2}时开始出现冰雹,当 VIL 值跃增到 60 kg·m^{-2}时发布冰雹警报,一般能提前 1~3 个体扫时间。冰雹开始出现一段时间后,VIL 值逐渐下降,当 VIL 值<40 kg·m^{-2}时冰雹过程结束。张正国等[16]研究表明广西冰雹云的识别指标为 VIL≥43 kg·m^{-2},而近 10 年海南冰雹个例 VIL 值均在 60 kg·m^{-2}以上,远超过广西的阈值。另外,"3·20"大冰雹过程中屯昌、儋州、临高和定安先后有 6 个乡镇出现了 8 级以上大风,VIL 值在上升、下降和维持大值区时都有大风出现。大风出现时间与 VIL 值变化没有很好的对应关系。

6　小结

(1)西风槽后中层干冷急流叠加在南支槽前暖湿气流上,形成热力不稳定层结;高空急流入口区右侧的强辐散和较大的垂直风切变有利于对流有组织发展;

(2)这次大范围强烈冰雹发生在地面低槽高温区内,逆温层破坏后积累的大量不稳定能量得以释放;海陆风辐合是海南低槽类冰雹主要的触发机制,地形抬升和边界层弱冷空气入侵加速了大冰雹的产生;

(3)这次冰雹过程先后由 4 个超级单体产生,其中 B1 和 B2 为分裂风暴;A 和 B1 超级单体属于左移风暴,低层弱回波区位于移动方向左后侧,出现中反气旋;B2 和 C 超级单体属于右移风暴,低层弱回波区位于移动方向右后侧,出现中气旋;B1 和 C 超级单体出现旁瓣回波和假尖顶回波;B1、B2 和 C 超级单体均具有三体散射结构;

(4)在适宜的 0℃层和−20℃层高度下,多普勒雷达观测到三体散射或中(反)气旋时立即发布冰雹警报,最长可以提前 20~30 min;冰雹发生前 55 dBZ 回波顶冲破−20℃层,同时 VIL

值都有一个跃增的过程,普遍达到 65 kg·m^{-2} 时开始出现冰雹,当 VIL 值跃增到 60 kg·m^{-2} 时发布冰雹警报,一般能提前 1～3 个体扫时间,当 VIL 值＜40 kg·m^{-2} 时冰雹过程结束。目前我们仅对近 10a 海南冰雹特征进行了初步统计,预报指标还有待完善,下一步要全面进行天气分型和特征统计,力求寻找海南大冰雹的预报着眼点和预报指标。

参考文献

[1] 廖晓农,俞小鼎,于波.北京盛夏一次罕见的大雹事件分析.气象,2008,**34**(2):10-17.

[2] 闵晶晶,刘还珠,曹晓钟,等.天津"6.25"大冰雹过程的中尺度特征及成因.应用气象学报,2011,**2**(5):525-536.

[3] 王丛梅,景华,王福侠,等.一次强烈雹暴的多普勒天气雷达资料分析.气象科学,2011,**31**(5):659-665.

[4] 王在文,郑永光,刘还珠,等.蒙古冷涡影响下的北京降雹天气特征分析.高原气象,2010,**29**(3):763-777.

[5] 夏丽花,于超,何小宁,等.福建一次持续性强对流天气过程诊断分析.暴雨灾害,2012,**31**(3):280-286.

[6] 王华,孙继松.下垫面物理过程在一次北京地区强冰雹天气中的作用.气象,2008,**34**(3):16-21.

[7] 朱敏华,俞小鼎,夏峰,等.强烈雹暴三体散射的多普勒天气雷达分析.应用气象学报,2006,**17**(2):215-223.

[8] 廖玉芳,俞小鼎,吴林林,等.强雹暴的雷达三体散射统计与个例分析.高原气象,2007,**26**(4):812-820.

[9] 冯晋勤,汤达章,俞小鼎,等.新一代天气雷达中气旋识别产品的统计分析.气象,2010,**36**(8):47-52.

[10] 张涛,方翀,朱文剑,等.2011 年 4 月 17 日广东强对流天气过程分析.气象,2012,**38**(7):814-818.

[11] 叶爱芬,伍志芳,程元慧,等.一次春季强冰雹天气过程分析.气象科技,2006,**34**(5):583-586.

[12] 朱乾根,林锦瑞,寿绍文,等.天气学原理和方法.北京:气象出版社,2010,5.

[13] 陈晓燕,付琼,岑启林,等.黔西南州一次分裂型超级单体风暴环境条件和回波结构分析.气象,2011,**37**(4):423-431.

[14] 郭艳.大冰雹指标 TBSS 在江西的应用研究.气象,2010,**36**-(8):40-46.

[15] 俞小鼎,姚秀萍,熊廷南,等.多普勒天气雷达原理与业务应用.北京:气象出版社,2006,2.

[16] 张正国,汤达章,邹光源,等.VIL 产品在广西冰雹云识别和人工防雹中的作用.热带地理,2012,**32**(1):50-53,93.

春季我国冷锋后部的高架雷暴天气特征分析

盛 杰 毛冬艳 蓝 渝

(国家气象中心,北京 100081)

摘 要

利用常规气象观测资料、国家气象中心强天气预报中心采用的自动观测站、wsci 报和重要天气报等强对流综合观测资料,对 2010-2012 年我国春季冷锋后部的高架雷暴天气的时空分布特征、强对流天气特点等进行了统计分析,并探讨了高架雷暴发生发展的物理机制,结果表明:高架雷暴主要发生在我国南方地区,具有一定的日变化,常伴有冰雹和短时强降水天气。春季冷锋后部高架雷暴的预报着眼点是:850 hPa 和 700 hPa 大气相对湿度在 70% 以上;700 hPa 与 500 hPa 的温差达 16℃ 以上,有一定的热力不稳定;在 700 hPa 上需建立一支低空西南急流,配合 500 hPa 的西风槽以及 700 hPa、850 hPa 的切变线,为雷暴形成和发展提供动力触发条件。

关键词:春季冷锋 高架雷暴

0 引言

从雷暴天气的触发机理分析,通常将雷暴分为两类,地面雷暴(surface based thunderstorm)和高架雷暴(elevated thunderstorms)[1],大量的雷暴研究工作都基于前一类,而对于高架雷暴气象学者关注和研究较少,高架雷暴是雷暴预报的难点和重点。近年来,由于高架雷暴发生与春季初雷有关,并常伴有短时强降水甚至是冰雹天气,给人民生活和经济发展带来了很大影响,因此,越来越引起气象工作者的重视。

冷锋后部高架雷暴是春季最常见和影响最大的一种高架雷暴,常常发生在冷锋过境后,地面温度较低,预报员容易忽视。2012 年 2 月 27 日,我国华南地区出现了一次较强的高架雷暴过程,在地面温度不到 10℃ 的冷锋后,出现了短时强降水、雷电、冰雹等强对流天气,是当时预报始料未及的[1]。俞小鼎在《强对流天气临近预报》一书中指出:"高架雷暴的预报比地面雷暴的临近预报困难的多"。因此,对于高架雷暴预报技术的深入研究迫在眉睫。

回顾高架雷暴的研究历史,早在 1952 年,Means[2] 就发现有一类雷暴区别于经典雷暴天气形势,暖湿抬升层并非在近地面层,而是在 850 hPa 以上。但直到 20 世纪 90 年代,Colman[3] 才开始明确提出高架雷暴(elevated thunder)的概念,Colman 的研究表明:高架雷暴可以造成冰雹、雷暴大风、短时强降水甚至是龙卷,4 月和 9 月是美国高架雷暴的高发期;高架深对流易发生在斜压性较强的地面暖锋北侧,具有较大风切变和较强暖平流。自 Colman 的研究工作之后,大量高架雷暴的系统研究工作由此展开。Grant[4] 通过三年 11 个的高架雷暴个例统计研究指出提出逆温层以上的对流不稳定是造成高架的原因。之后,Rochette[5] 给出了高架雷暴中短时强降水的发生特征:有缓慢移动的地面锋面,上游底层湿度大,底层相当位温平流显著,具备 BCAPE,底层有湿度辐合区,高层有辐散等。Moore 等[6] 总结了多个造成短时强降水的高架雷暴个例,并提出了概念模型;Horgan 等[7] 则从雷暴大风的角度给出了高架雷暴的预报着眼点。

国内关于高架雷暴的研究刚刚起步,之前有些工作主要基于"雷打雪"过程[8-10]。许爱华[11]、吴乃庚等[1]以及农孟松[12]等人分别对近年来南方几次高架雷暴过程进行了较为详细的诊断分析,得到了一些有益的结论,但都是个例研究,缺乏系统的统计分析。

因此,本文首先根据高架雷暴的选取标准,挑选了2010-2012年我国春季高架雷暴个例(后文为方便叙述,高架雷暴特指冷锋后高架雷暴),揭示高架雷暴在我国的时空分布特点。然后严格筛选出典型探空站,用箱线图的形式统计分析发生高架雷暴时的环境场特征,定量给出早春冷锋后高架雷暴的预报着眼点。其中实况观测数据采用国家气象中心业务使用的全国基本基准、一般站地面观测资料,以及强天气预报中心提取自动观测站、wsci报和重要天气报等得到的强对流综合观测资料(短时强降水≥20 mm·h^{-1}、大风>17 m·s^{-1}、冰雹大小没有限制)。天气形势分析主要结合高低空常规观测资料并参考国家气象中心业务使用的人工天气图,要素分析和参数统计使用08:00和20:00气球探空资料。

1 高架雷暴个例统计分析

1.1 个例统计技术规定

Colman[3]曾明确提出高架雷暴的选取标准,Horgan[7]在Colman的基础上,统计5年的高架雷暴时优化了选取标准。但由于美国高架雷暴发生的主要天气形势是暖锋前高架,所以不能将他们的标准直接用于中国。在他们的基础上,结合中国冷锋后高架雷暴的特点,给出以下标准定义冷锋后高架雷暴过程:

地面观测资料观测到雷暴天气现象;离此站点最近探空站600 hPa以下从地面向上有明显逆温层存在,确保雷暴的触发不是由地面气块引起;冷锋已过境,高架雷暴区位于地面冷锋330 km以外,剔除由锋面触发引起的雷暴天气;当邻近5个站以上的站点符合以上特点且在同一时次观测到雷暴,则定义为发生高架雷暴。

最后将表征高架雷暴环境场的探空站选择出来作为基本要素以及参数统计的样本。为科学有效地表征高架雷暴的背景场特征,遴选的时空临近原则给出非常严格的规定:所选探空站点的下游地区100 km以内区域在3 h内需首次观测到高架雷暴。经过筛选,合格探空站共计47个。

1.2 2010-2012年高架雷暴过程统计特征

通过上节标准选取出3a高架雷暴过程如下表,并定义如在过程中观测到3站次以上的短时强降水或大风或冰雹,则表示伴有强对流天气。

表1 2010-2012年2-4月我国高架雷暴过程发生频数

	2010年	2011年	2012年	合计
2月	7(5)	4(1)	4(1)	15(7)
3月	2(2)	0	6(2)	8(4)
4月	1(1)	0	2	3(1)
总数	10(8)	4(1)	12(3)	26(12)

注:括号内为发生短时强降水、大风、冰雹等强对流过程的总次数

由表 1 可以看到,2010—2012 年三年中高架雷暴过程年分布并不均匀,2012 年春季发生次数最多,2011 年则发生较少。整体来看,2 月份是发生高架雷暴的高发期,一半以上的高架雷暴集中在 2 月份发生,3 月、4 月呈减少趋势,所以它的发生很可能和"初雷日"密切相关。1 月和 5 月份也有高架雷暴,但规模和次数都明显不如 2,3,4 月,所以本文只关注 2—4 月的过程。另外值得注意的是高架雷暴过程一半以上都伴有强对流天气,说明高架雷暴具备一定的致灾性。

1.3 三年高架雷暴分布特征

统计三年来高架雷暴总站次数,总体分布来看(图 1),高架雷暴高发区以江西北部为中心,北界可达黄河流域,西界达贵州中东部和重庆南部,南抵华南沿海地区。这样的分布和美国春季高架雷暴分布具有很大的相似性[12]。根据统计,美国高架雷暴春季高发区也是位于墨西哥湾以北的美国南部的内陆地区,而北部和高原地区则分布很少,这样的一致性说明海陆分布和地形对于高架雷暴的形成有很大的影响。高架雷暴形成需近地面冷空气垫和中低层较强暖湿气流共同作用,而江西北部为平原,冷空气长驱直入,易于形成冷空气垫。同时,足够强的中低层的暖湿气流却可以达到江西北部地区,正好在冷空气之上爬升形成高架雷暴。同时注意到华南地区高架雷暴发生次数并不多,这是因为华南地区受南岭和武夷山脉地形的阻挡,冷空气相对较弱,冷锋过后即使形成冷空气垫也很快被海上北上的暖湿空气变性变为暖湿气团而无法维持高架雷暴。

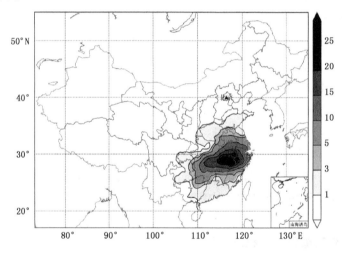

图 1　3a 高架雷暴分布图(单位:站次)

从中国高架雷暴的强对流天气类型分布来看,发生高架雷暴过程时出现雷暴大风的次数很少,三年来只在湖北东部和安徽西南部有 11 站次的雷暴大风(图略),所以雷暴大风在中国高架雷暴过程中不是主要的强对流天气。这同美国是有区别的,美国的高架雷暴常伴有雷暴大风甚至龙卷天气(2007),可能是美国多暖锋前高架雷暴,更有利于雷暴大风的形成。

从短时强降水分布来看(图 2),短时强降水高发区主要位于贵州东部、湖南西北部和南部、广西东北部、浙江北部以及福建西部。主要区域在江南地区,黄淮、江淮很少发生。说明短时强降水对于水汽要求较高,而春季中低层水汽很难在冷锋南下的情况下向北推进,使得短时强降水区基本位于长江以南地区。另外,湖南西北部、广西东北部以及江西东北部是 3 个短时强降水的高发区,都位于地形的迎风坡方向,说明地形对高架雷暴中的短时强降水天气仍有一定的增幅作用。

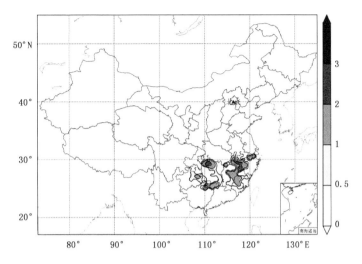

图2　3a 高架雷暴短时强降水分布图(单位:站次)

从冰雹的分布来看(图3),冰雹的分布和短时强降水的分布不同,位置比短时强降水高发区明显偏北,北界可以达到山东中部地区,而湖南北部地区发生尤为频繁。说明高架雷暴的产生除一定水汽条件外,可能还需要高空冷空气的作用,所以落区要比短时强降水偏北。同样,冰雹的发生也与地形密切相关,高发区域基本与复杂地形相联系,山区更容易出现冰雹天气。

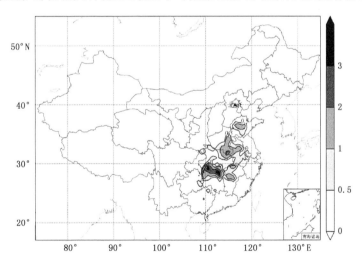

图3　3a 高架雷暴冰雹分布图(单位:站次)

综上所述,中国春季高架雷暴分布主要在江南华南地区,高发区在江西北部附近,强对流类型以短时强降水和冰雹为主,落区位置有所区别。

2　关于高架雷暴机制的简单讨论

关于美国高架雷暴的产生发展机制,Moore[6]有过较为系统的总结,主要是强调低层急流相关的锋生和中高层急流造成的辐散之间的耦合作用。注意到切变线和西风槽这两个系统在美国高架雷暴文献中少有提及，而低层切变线与 500 hPa 西风槽在本文分析的大部分个例中都有出现，其重要性在中国高架雷暴中的作用不言而喻。丁一汇[13]比较中美暴雨的机制区别也曾指出，美国暴雨区多发生在大尺度高空脊附近，而中国暴雨经常发生在低涡或切变线附近，可见切变线在美国的天气系统中不是特别常见。但 Colman[14]、Moore[6] 等人强调的低层急流出口处的锋生以及辐合抬升作用，其动力和热力过程恰恰与我国学者强调的切变线系统类似，由于其风场和温度场的特殊分布，是锋生容易产生的区域，同时也往往和低空急流出口相联系。所以美国文献中强调的锋生作用很可能和我国切变线对于高架雷暴的作用类似。

而对于西风槽来说，许爱华等[11]在分析 2009 年 2 月的一次高架雷暴过程指出 500 hPa 西风槽在高架雷暴中作用明显，因为西风槽东移导致锋面变陡，可以使得等相当位温面的坡度陡直更易大于等绝对动量面的坡度，从而产生对称不稳定，农孟松[12]在分析 2012 年的过程时也注意到了这点，另外，西风槽后的偏北风急流与 850~700 hPa 低空西南急流交绥也有利于冷暖交汇。所以西风槽很可能是加强我国高架雷暴的一个重要因素。即使对流能量很弱的条件下，仍然可以通过西风槽的作用，建立对称不稳定而加强高架雷暴的垂直运动，所以可以解释对流能量很弱时仍然可以发生高架雷暴。

综上所述，本文认为我国高架雷暴是对流不稳定、中尺度对称不稳定以及低层锋生共同作用的结果，对流不稳定是高架雷暴发生发展的主要机制，当具备较强对流不稳定能量时，就更易产生强对流活动；而对称不稳定则可以加强高架雷暴，尤其是在弱对流不稳定的条件下，在西风槽的作用下会更明显；而中低层暖湿平流在冷锋之上引起的锋生作用是对流触发的重要机制，发生区域主要在中低层切变线系统附近。

3 高架雷暴三要素统计分析

水汽，不稳定条件和触发机制是雷暴发生的三要素，为分析高架雷暴预报着眼点，下面给出三要素在高架雷暴中的阈值统计情况。

3.1 水汽条件

从湿度上来看(图 4)，中低层(850 hPa、700 hPa)的相对湿度基本都达到了 70％以上，中位数分析可知一半以上的站点都接近 90％，说明高架雷暴要求中低层有较好的水汽条件，需要较丰富的水汽供应。但高架雷暴对于 500 hPa 的相对湿度却没有要求，从干到湿都有分布，说明高架雷暴可以是整层湿，也可以是下湿上干的层结，而且这种区别是否能用来区别短时强降水和冰雹天气，将来是一个有意义的工作。

总之，高架雷暴在中低层需要较好的水汽条件，这与 Grant[4] 的统计结论类似。

3.2 能量条件

图 5 显示 850 hPa 和 700 hPa 比较，700 hPa 高度的大气假相当位温明显要比 850 hPa 高，值基本都是在 325K 以上，为能量较高气块，说明在高架雷暴中，逆温层顶往往可达 700 hPa，最不稳定的大气是存在于 700 hPa 中的，而 850 hPa 则位于逆温层上部，是冷锋到暖湿气层的过渡带。而在常规业务中，常用 850 hPa 和 500 hPa 的温差表征热力不稳定，这里看来不再适用，使用 700 hPa 和 500 hPa 的温差代替它，发现四分之一分位点基本在 16℃以上，具备较强的不稳定，可以作为业务预报中高架雷暴不稳定条件的指标。

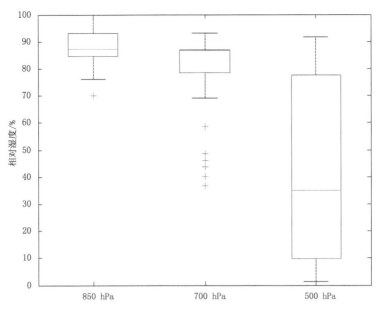

图 4　850 hPa、700 hPa 与 500 hPa 相对湿度箱须图

　　700 hPa 具备高温高湿的大气环境,才能在垂直大气层上构成对流不稳定,是高架雷暴对流发展的能量和水汽源泉,所以 700 hPa 的分析应在高架雷暴的中给予足够的重视。

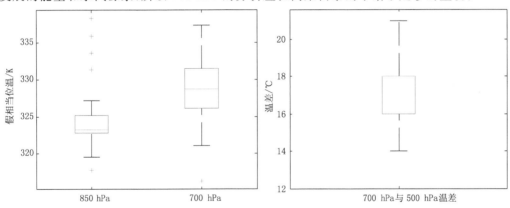

图 5　850 hPa 和 700 hPa 假相当位温与 500 hPa 和 700 hPa 温差箱须图

3.3　触发条件分析

　　上面分析可知,高架雷暴中 700 hPa 是高架雷暴中非常重要的层次,而原因正是 700 hPa 存在明显的西南风急流,风速(图 6)均达到急流的强度,甚至最强的有 $30\ \mathrm{m\cdot s^{-1}}$。正是如此强的暖湿气流支持,才有高架雷暴的触发和发展。

　　850 hPa 虽然都是南风(图 6),但同时存在东南风、西南风,说明所选的站点经常位于 850 hPa 切变线附近,有利于冷暖空气交绥发生锋生作用从而产生热力环流触发高架雷暴的发生。从风速上来,站点上空 850 hPa 气流相对较弱,位于 850 hPa 风速辐合地带,有利于动力辐合上升,和锋生共同作用使得中低层高温高湿饱和大气抬升至自由对流高度启动高架雷暴。另外,除了西风槽的作用外,700 hPa 风速较强,与 850 hPa 构成较强的风垂直切变也是有利于对称不稳定的发展[13],从而触发和维持高架雷暴的发生。

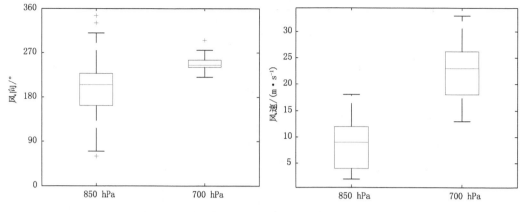

图 6　850 hPa 与 700 hPa 风向方位角、风速箱须图

最后，总结高架雷暴天气的环境场特征，为今后春季对流活动预报业务提供预报着眼点，如下表：

表 2　我国春季冷锋后部高架雷暴生成条件

层次	触发系统	水汽	能量及不稳定机制
500 hPa	西风槽	均可	对称不稳定相关
700 hPa	急流＞18 m·s⁻¹	RH＞70％	对流不稳定 700 hPa 与 500 hPa 温差＞16℃，假相当位温＞325 K
850 hPa	切变线	RH＞70％	锋生作用，对称不稳定

4　结论

通过 2010—2012 年的高架雷暴统计分析得到如下结论：

(1) 从三年个例来看，春季高架雷暴高发区以江西北部为中心，北界可达黄河流域，西界达贵州。强对流的类型主要是冰雹和短时强降水，雷暴大风很少发生。具备一定的日变化，下半夜和早晨发生较多。

(2) 高架雷暴预报着眼点为：850 hPa 和 700 hPa 相对湿度大于 70％；700 hPa 与 500 hPa 的温差达 16℃以上，有一定的热力不稳定；需 700 hPa 达到急流强度，配合 500 hPa 西风槽和低层切变系统，为雷暴触发及发展提供条件。

(3) 冷锋后高架雷暴的机制还需要更深入的研究和探讨。而且目前高架雷暴研究局限于春季冷锋后高架雷暴这一类型，其实高架雷暴在暖锋前存在，秋季也易发生，而且夏季中尺度冷池之上也常常会有高架雷暴，因此还需要更多的研究工作开展。

参考文献

[1] 吴乃庚，林良勋，冯业荣，等. 2012 年初春华南"高架雷暴"天气过程成因分析. 气象，2013，**39**(4)：410-417.

[2] Means L L. On thunderstorm forecasting in the central United States. *Mon Wea Rev*，1952，**80**：165-189.

[3] Cloman B R. Thunderstorms above frontal surface in environments without positive CAPE. Part I：A cli-

matology. *Mon Wea Rev*,1990,**118**:1103-1121.

[4] Grant B N. Elevated cold-sector severe thunderstorms:A preliminary study. *Natl Wea Dig*,1995,**19**(4):25-31.

[5] Rochette S M. Moore J T. Initiation of an elevated mesoscale cnvective system associated with heavy rainfall. *Wea Forecasting*,1996,**11**(4):444-457.

[6] Moore J T，Glass F H，Rochette S M，*et al*. The environment of warm-season elevated thunderstorms associated with heavy rainfall over the central United States. *Wea forecasting*,2003,**18**:861-878.

[7] Horgan K L，Schultz D M，*et al*. A five-year climatology of elevated severe convective storms in the United States east of the Rocky mountains. *Wea forecasting*,2007,**22**:1031-1042.

[8] 王仁乔,宋清翠."雷打雪"现象发生机制初探.气象,1990,**16**(3):45-48.

[9] 郭荣芬,鲁亚斌,高安生.低纬高原罕见"雷打雪"中尺度特征分析.气象,2009,**35**(2):49-56.

[10] 苏德斌,焦热光,吕达仁.一次带有雷电现象的冬季雪暴中尺度探测分析.气象,2012,**38**(2):204-209.

[11] 许爱华,陈云辉,陈涛等.锋面北侧冷气团中连续降雹环境场特征及成因.应用气象学报,2013,**24**(2):197-206.

[12] 农孟松,赖珍权,梁俊聪,等.2012年早春广西高架雷暴冰雹天气过程分析.气象,2013,**39**(7):874-882.

[13] 丁一汇.暴雨和中尺度气象学问题.气象学报,1994,**52**(3):275-284.

[14] Cloman B R. Thunderstorms above frontal surface in environments without positive CAPE. Part II:organization and instability mechanisms. *Mon Wea Rev*,1990,**118**:1123-1144.

东北冷涡诱发的中尺度对流系统特征及其
与降水落区关系研究

陆忠艳 孙 欣 韩江文 陆井龙 王宪宾

(沈阳中心气象台,沈阳 110016)

摘 要

利用常规气象资料、FY-2E 卫星资料、加密自动站资料和 T639 模式资料,对 2012 年 6 月 13—16 日辽宁冷涡强对流天气过程进行分析,发现极涡分裂的冷空气不断南侵,使东北上空冷涡持续发展和加强,冷涡底部槽前西南气流不断加强向辽宁地区持续提供水汽,使辽宁地区出现持续强对流天气。通过诊断分析,对流层底层西南急流的建立为强对流天气提供了暖湿条件,与对流层中层入侵的干冷空气叠加,形成不稳定层结,而且其前侧强烈的辐合与高空急流出口区辐散区叠加,为中小尺度对流系统的产生提供了触发机制。通过卫星资料和雷达资料分析,在有利于的条件下不断有 MCS 生成、合并加强,强降水出现在 TBB 值梯度大的区域。进一步分析冷涡降水落区发现,强降水落区位于对流层低层湿 Q 矢量的辐合区,强降水落区主要位于能量锋区,在锋生和锋消交界处降水强度更大,降水中心位于切变风螺旋度的正值和负值区的边界,其梯度变化与降水的强度变化一致。最后通过普查,建立辽宁地区冷涡暴雨概念模型和物理量定量预报指标。

关键词:东北冷涡 干冷空气 西南急流 中尺度对流云团

0 引言

东北冷涡在东北地区的频发性、持续性决定了它对东北地区天气气候的重大影响。从行星尺度讲,东北夏季,近 40% 的东北冷涡能够产生连续阴雨天气[1],1998 年松嫩流域特大洪涝灾害的主要影响系统就是反复出现和维持的东北冷涡。从天气尺度讲,冷涡生成初期大多是典型的温带气旋,产生区域性降水以稳定性或混合性为主,是重要的强降水型。然而东北冷涡最引人关注的特点是其诱发中小尺度系统的突发性和反复性(连续几天在一个地区附近产生短时暴雨等强对流天气)。在东北冷涡的形成、发展、持续甚至消退期均可伴随暴雨、冰雹、雷暴、短时大风,甚至龙卷等强对流天气。东北的雷暴日数由冷涡引发的最多[2],64% 的飑线与冷涡过程有关,冷涡降雹占东北总降雹日数近一半,由于对流系统尺度小,其突发性、连续性、降水量级、落区预报的高难度性是东北其他任何天气系统不可比拟的。

1 天气实况

受冷涡天气影响,6 月 13 日 20:00 至 16 日 08:00 辽宁省 61 个国家气象观测站全部出现降雨,全省平均降雨量 49 mm,最大降雨量 123 mm,出现在草河口。其中,草河口和熊岳观测站降雨量大于 100 mm;辽中、新民、瓦房店、台安、岫岩、新宾、本溪县、丹东、东港、锦州、凌海、营口、大石桥、盖州、彰武、灯塔、开原、盘锦、大洼、葫芦岛、兴城观测站降雨量为 50～100 mm;朝阳、桓仁观测站降雨量为 18～24 mm;其他 36 个观测站降雨量为 25～50 mm(图 1)。省级自动站中,有 374 个站降雨量大于 50 mm,其中,28 个站降雨量大于 100 mm,最大降雨量 144 mm,出现在本溪县的草河掌。其中 6 月 14 日 08:00—15 日 08:00 降水最强(降水量见图 2),也伴随了雷暴、雷雨大风、冰雹天气。

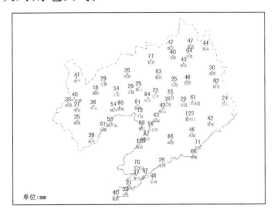

图 1 6 月 13 日 20:00—16 日 08:00 降水量

全省 61 个国家气象观测站中最大降水量:123 mm(草河口);平均降水量:49 mm;2 个站出现 大暴雨(100～249.9 mm);21 个站出现暴雨(50～99.9 mm);36 个站出现大雨(25～49.9 mm)

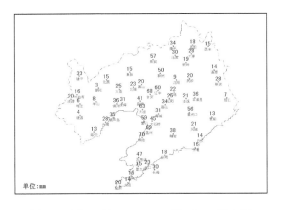

图 2 6 月 14 日 08:00—15 日 08:00 降水量

全省 61 个国家气象观测站中最大降水量:70 mm(熊岳);平均降水量:28 mm;9 个站出现暴雨 (50～99.9 mm);21 个站出现大雨(25～49.9 mm);25 个站出现中雨(10～24.9 mm)

2 天气尺度环流特征

从 6 月 11 日 08:00—19 日 08:00 500 hPa 位势高度场和整层水汽通量场的叠加图(图 3) 可以看出,辽宁地区处于低涡槽前,冷涡中心位于吉林西部,属于中涡。低涡槽后有极涡分裂 的强冷空气补充侵入,低涡前部有较好的水汽输送,暴雨区位于冷涡右前方。从逐日的 500 hPa 位势高度场和风场的叠加图(图 4)可以看出,6 月 12 日,在冷涡的后部(内蒙古东部至贝 加尔湖地区)有一横槽(西北—东南向),随着来自鄂霍茨克海地区和极涡地区冷空气的补充, 横槽逐渐下摆,6 月 13 日转为近似于东西向,由于持续受到强冷空气补充作用,冷涡加强并且 旋转南掉,到了 6 月 14 日,冷涡中心位于河北地区,辽宁处于冷涡底部低槽前部,西南急流再 度加强,有持续西南气流提供水汽输送,致使 6 月 14 日辽宁出现最强降水。15—16 日随着冷涡的减弱东移北抬,辽宁降水逐渐减弱,降水落区和冷涡的位置相关,在冷涡的右前方出现了较强降水。

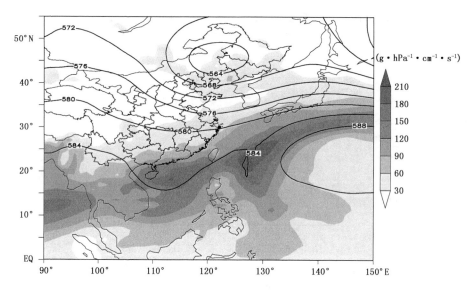

图3 6月11日08:00—19日08:00 500 hPa位势高度场和整层水汽通量场

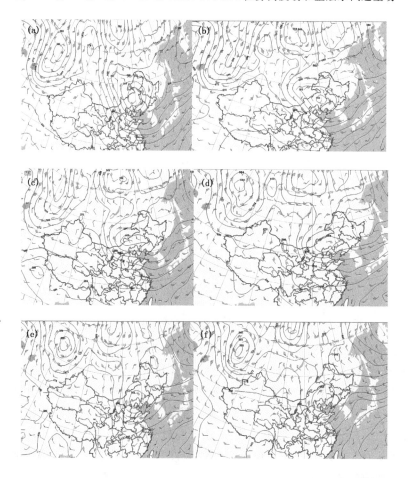

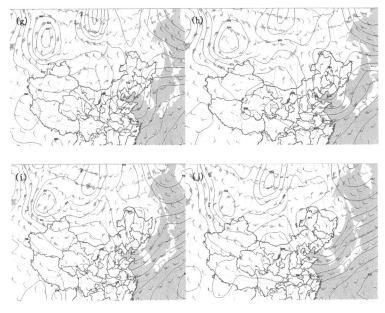

图4　6月12—16日08:00、20:00 500 hPa位势高度场和风场

(a为12日08:00,b为12日20:00,c为13日08:00,d为13日20:00,e为14日
08:00,f为14日20:00,g为15日08:00,h为15日20:00,i为16日08:00,j为16
日20:00)

3　大尺度与中小尺度环境场

中小尺度对流系统与其环境条件有密切的关系。大尺度环境条件不但制约了对流系统的种类与演变过程;而且还可影响对流系统内部的结构、强度、运动和组织程度[3]。利用地面自动站加密观测资料,着眼于分析此次强降水过程的地面动力条件和水汽条件,图5为2012年6月14日05:00—06:00地面观测散度场和风场分布,由图可见,主要存在2个辐合区,一个葫芦岛地区,另一个在营口地区,前者位于地面低压中心西南部的冷区,后者处于地面低压中心的偏东部暖区,风场辐合为强降水的发生提供了动力条件。图6为同时刻地面水汽通量散度场和风场分布,正的水汽通量辐合对应于风场辐合区,中心最大水汽通量散度超过20 g·s⁻¹·hPa⁻¹·cm⁻²,说明强降水发生时在葫芦岛地区存在强的水汽辐合,从逐时地面水汽混合比和风场分布(图7)可以看出,14日05:00,在葫芦岛地区、营口地区低层存在湿舌,水汽混合比约为12 g·kg⁻¹,对应湿舌有偏南风和偏东北风的辐合;14日09:00,湿舌向北伸,水汽增加,范围增大,本溪、鞍山南部地区水汽混合比增大至12 g·kg⁻¹,并仍有向北扩展和增强的趋势,风场发展为偏东南风;14日20:00,本溪地区风场发展加强为强的东南风急流,在本溪地区为一水汽混合比高值中心,中心水汽混合比达12 g·kg⁻¹;15日00:00,湿舌范围进一步增大,西南低空急流维持,强的西南风低空急流携带大量暖湿空气,说明低空急流对湿舌的形成和向北发展起着非常重要的作用,为强降水的发展提供了丰富的水汽条件。

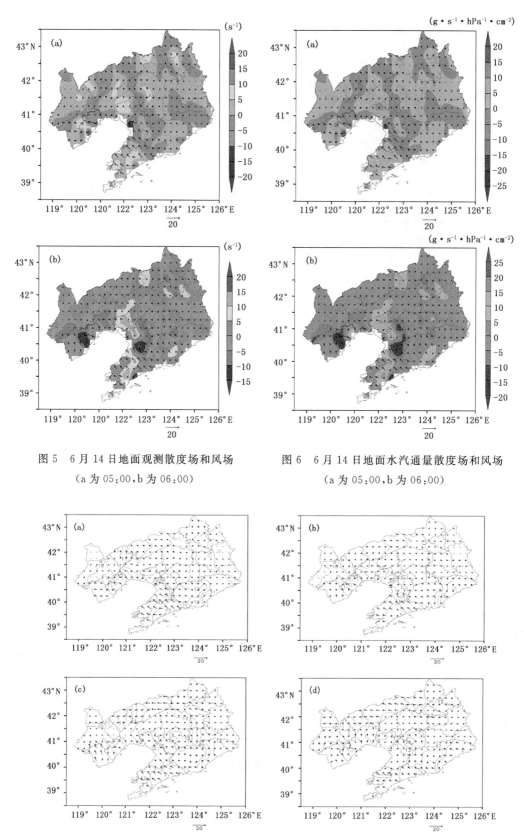

图 5　6 月 14 日地面观测散度场和风场
（a 为 05:00，b 为 06:00）

图 6　6 月 14 日地面水汽通量散度场和风场
（a 为 05:00，b 为 06:00）

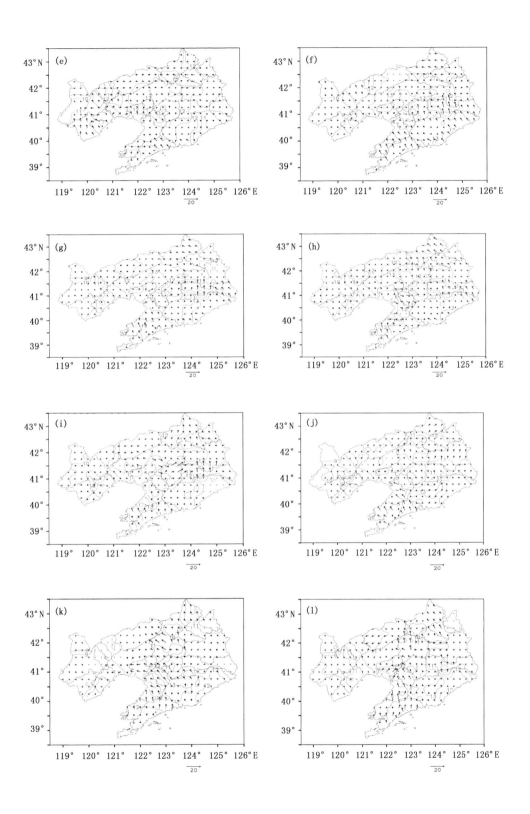

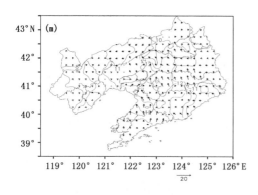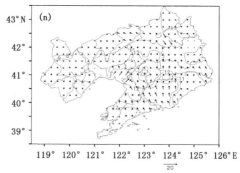

图 7　地面逐小时水汽混合比和风场分布

(a 为 14 日 :05:00,b 为 14 日 06:00,c 为 14 日 09:00,d 为 14 日 10:00,e 为 14 日 11:00,

f 为 14 日 17:00,g 为 14 日 18:00,h 为 14 日 19:00,i 为 14 日 20:00,j 为 14 日 22:00,

k 为 15 日 00:00,l 为 15 日 02:00,m 为 15 日 03:00,n 为 15 日 04:00)

4　对流系统特征分析

4.1　MCS 发展与演变

从以上分析可见,大环境条件非常有利于中小尺度对流系统的发生发展。图 8 为 6 月 12 日 22:00—13 日 00:00 每 1 h FY—2C 卫星云顶亮温与未来 3 h 降水分布,可以看出,强降水过程云带在发展过程中呈螺旋状分布,TBB 小于—20℃云带覆盖辽宁中东部地区,强降水发生在云带的偏西北部地区。在螺旋云带东移发展的过程中,存在中小尺度系统的组织、发展。在 12 日 21:00,在鞍山地区存在 MCS(A)发展东移,在丹东北部地区有 MCS(B)发展,初期 TBB 小于—50℃,并有逐渐加强的趋势,在锦州的黑山地区、丹东的凤城地区,1 h 降水达 10 mm。22:00,降水范围增大,MCS(B)发展加强,面积增大,中心 TBB 最低小于—50 ℃,23:00,MCS(B)维持约 2 h 后与 MCS(A)合并,使得 MCS(B)迅速增大,云团中心出现小于—50℃的云顶亮温,5 个地面自动站观测到 1 h 降水超过 10 mm,云团合并后对流面积迅速增大,对流强度变化不大。6 月 14 日 01 :00,除了辽宁中部、东部地区外,辽宁大部云顶亮温小于—40℃,强中心位于大连地区,达到—60℃,但此时 1 h 降水并没有超过 10 mm 的站出现,到了 02:00,在云顶亮温为—60℃的强中心北部地区出现 3 个站大于 10 mm 降水。另外一个强降水中心出现在朝阳、葫芦岛地区,有 8 个站出现 1 h 10 mm 以上降水。强降水落区和 TBB 等值线密集区相对应,说明强降水落区主要在云顶亮温陡度大的地区,这个地区对流发展旺盛,云顶发展较高,有利于强降水的出现。中小尺度对流系统除了受大尺度背景场的动力和水汽条件影响,还与中尺度风暴环境密切相关。

4.2　干冷空气侵入特征分析

对干冷空气的活动情况进行分析,根据姚秀萍等[4]将相对湿度小于或等于 60% 来表征干侵入气流,刘会荣和李崇银[5]以北风表征干空气的活动特征,用其强弱表征干空气活动的强弱。因此将 300 hPa 和 500 hPa 的相对湿度和经向风场的分布(图 9)和范围进行分析对比,研究本次东北冷涡过程中干空气的活动特征。

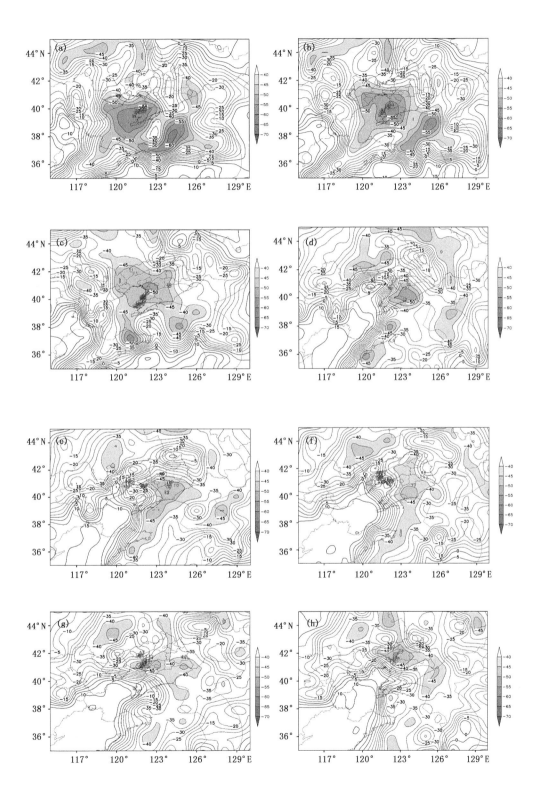

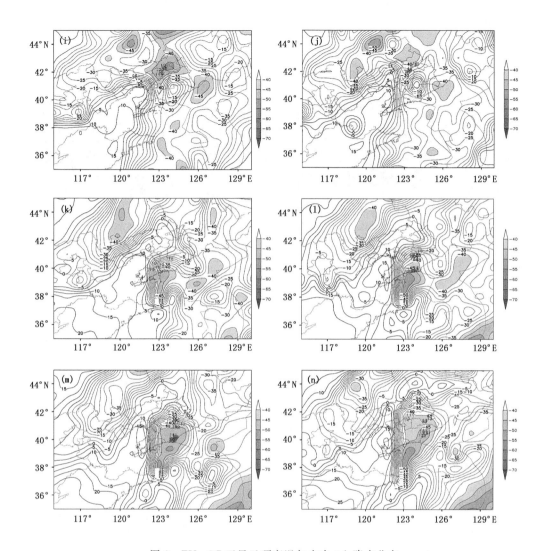

图 8　FY－2C 卫星云顶亮温与未来 3 h 降水分布

(a 为 14 日 09:00,b 为 14 日 10:00,c 为 14 日 11:00,d 为 14 日 22:00,e 为 14 日 23:00,
f 为 15 日 00:00,g 为 15 日 01:00,h 为 15 日 02:00,i 为 15 日 03:00,j 为 15 日 04:00,
k 为 15 日 08:00,l 为 15 日 09:00,m 为 15 日 10:00,n 为 15 日 11:00)

300 hPa 上,12 日 11:00,我国内蒙古中部为相对湿度在 30% 以下的干空气区,此干空气区向东延伸至辽宁省西北部境内;从经向风场中可知在干空气区有较强的北风气流,中心强度达 25 m·s^{-1},有利于北方干冷空气的输送。12 日 14:00,原位于内蒙古境中部的干空气区向东南方向移动,此时影响辽宁省西部地区和大连西部地区,另外随着东北冷涡的南下加强,在贝加尔湖东南部地区也有一个相对湿度小于 20% 的干区,并呈气旋性涡旋运动,向内蒙古中部地区的干冷空气区靠近;此时在两个干区偏西处出现最大风速达 25 m·s^{-1} 的偏北风,而在两个干区中心偏东处出现最大风速达 15 m·s^{-1} 的偏南风,因此经向风梯度很大,这也说明了干侵入过程明显。到 13 日 02:00,贝加尔湖以南的干区已与内蒙古地区的干冷空气区汇合,并随着东北冷涡一起呈涡旋状移动,干冷空气区主要位于东北冷涡的西北侧,由于干冷空气较强,在冷涡南侧也有相对湿度低值区,特别在辽宁中部、西北部地区也出现相对湿度小于 20%

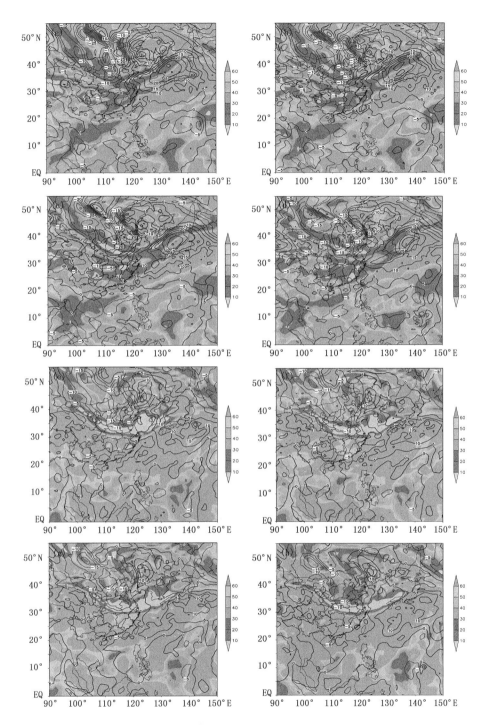

图 9　500 hPa 相对湿度(阴影区为相对湿度＜60％的区域,单位％)和经向风分量
(等值线,虚线为偏北风,实线为偏南风)

(a,e 为 12 日 11:00;b,f 为 12 日 14:00;c,g 为 12 日 17:00;d,h 为 12 日:00)

的区域;在经向风场中,123°E 以西主要为较强的偏北风,而在 123°E 以东主要为强偏南风,从
相对湿度和经向风场中可看出此处有干冷空气的输送。

从上面的相对湿度场和经向风场分析可知,在对流层中高层出现干侵入过程,干空气主要来源于我国内蒙古西部和东北冷涡的西北部,随着东北冷涡一起呈涡旋状运动。

丁一汇[3]指出,雷暴一般是在干冷的环境中增长或发展起来的。从辽宁单站探空图来看(图10略),12日20:00,锦州站在500~600 hPa有干冷空气侵入,近地面为高湿区,气团受强迫抬升作用,使得低层高湿区、上层干气团抬升,最终形成强降水,说明较强的水汽垂直输送使得暴雨发生前雨区上空干空气减弱。在强降水发生、发展过程中,对流层中层存在干空气层,低层的暖湿气流在强对流结束后发展成干冷气团。最新研究结果表明,对流层中上层干空气对不稳定能量有一定的积累作用,在增强干空气相对湿度的情况下,干空气的减弱对降水量的减少有一定影响[6]。在对流区后部中高层有干、冷空气侵入,干空气侵入有利于将对流层高层高位涡带入低层,促进对流层低层气旋及对流运动的发展,继而引起降水的增强[7]。从大尺度环境场分析可知,低层为暖湿平流,高、低层存在水汽及温度场差异,形成逆温层,有利于位势不稳定层结的建立。在位势不稳定建立过程中,低空西南风急流起着重要的作用,它可一方面带来暖湿空气,使得在其前方有强水汽辐合,另一方面使南方的湿空气迅速从低层向北推进时,在近地面层能形成愈来愈湿的空气层,从而迅速建立起不稳定层结。由此可见,大尺度环境场提供了必要的动力、水汽条件及不稳定层结,如果结合一定的触发条件就能引起强降水。

4.3 对流系统特征分析

2012年6月12—17日冷涡影响辽宁,期间辽宁大部分地区多阵雨或雷阵雨天气,局部出现冰雹、雷雨大风、短时暴雨等强对流天气。图11为冷涡影响期间典型的雷达回波图,图中显示降水回波零散分布,多呈块状或混合状,块状回波尺度在10 km×10 km左右,强度在30~50 dBZ,降水强度小于10 mm·h^{-1},生命史一般不超过1 h,属于中γ尺度对流系统降水回波。

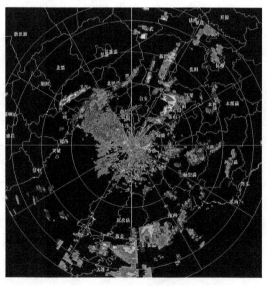

图11　6月12日10:10雷达回波图

整个冷涡影响期间主要的强对流过程有两次,一次是6月12日下午阜新彰武地区的冰雹天气,另一次是13日夜间到14日上午大连北部地区的雷雨大风和短时暴雨天气。

6 月 12 日午后,阜新彰武地区出现冰雹天气,雷达产品显示,12 日 14:49 阜新彰武有弱的块状回波生成(图 12a),初始阶段回波强度仅 18 dBZ,尺度为 5 km×5 km,回波顶高为 5 km,之后此回波迅速发展加强,到 15:25 回波强度增强至 58 dBZ(图 12b),尺度增大至 10 km×20 km,回波形状呈"V"状,回波强中心位于"V"型的尖顶处,强回波中心顶高达到 10 km(图 12d),表明在"V"顶尖处有强上升运动,同时垂直液态水含量迅速增加至 38 kg·m^{-2}(图 12c),达到辽宁冰雹预报指标,速度产品上由于回波与雷达之间距离较远(图 12e),没有明显的辐合特征,仅有小块的正速度区,速度值为 3 m·s^{-1}。在此时刻阜新彰武地区出现冰雹天气,持续时间 10 min 左右,冰雹直径 5~6 mm。之后回波快速减弱,至 16:13 回波消失。这次冰雹过程雷达回波从生成到消亡历时 1 h 20 min 左右,其中增长阶段历时 35 min 左右,最强阶段持续 10 min 左右,消亡阶段持续 25 min 左右,发展迅速,突发性强,预报预警难度大,另外由于回波尺度小,容易被忽略,并且由于回波距离雷达远,速度产品上特征不明显,进一步增加了预报预警的难度。

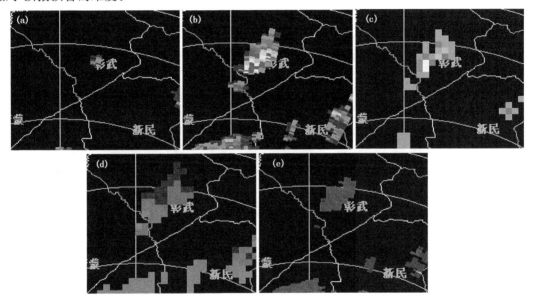

图 12 2012 年 6 月 12 日 14:49 雷达回波(a)和 15:25 雷达回波(b)、
垂直液态水含量(c)、回波顶高(d)、径向速度(e)

2012 年 6 月 13 日 23:00 开始至 14 日 14:00 辽宁大连、营口地区出现短时强降水天气,大部分地区累计降水量为 40~70 mm,降水同时伴随雷雨大风等强对流天气。此次降水分两个阶段,第一阶段为 13 日 23:00—14 日 07:00,此阶段降水回波以片状为主,降水相对均匀,雨强一般小于 10 mm·h^{-1},局部雨强在 10~15 mm·h^{-1};第二阶段为 14 日 08:00—13:00,降水回波以混合状为主,回波强度起伏大,强降水局地性强,大连北部、营口南部部分乡镇出现大于 20 mm·h^{-1} 的短时强降水。08:00—09:00 短时强降水区位于大连西北部,之后短时强降水落区逐渐向东北方向移动,影响大连北部和营口南部部分乡镇,最强时段出现在 11:00—12:00 和 12:00—13:00 两个时次,大连北部部分乡镇 1 h 雨量达到 30 mm 以上,这 2 h 为本次降水过程最强时段。

从 13 日 23:00 开始大范围降水回波从渤海北部东移影响大连、营口地区,回波呈片状,回波边缘模糊,强度分布均匀,起伏不大,产生的降水分布也比较均匀,登陆初期回波中心强度为38 dbZ,影响区域雨强一般在 3～8 mm·h^{-1},之后强度缓慢增强,14 日 01:00 回波中心强度增强到 48 dBZ(图 13)。从速度产品上(图 13)可以看到 0 速度线呈"弓状",为辐散型流场,与片状回波区对应的位置是大片的负速度区,速度分布没有明显的起伏,在方位 200°、100～150 km(对应海拔高度为 1.6～2.8 km)处开始出现负速度中心,速度值为 −24 m·s^{-1},表明此时在此高度上有低空急流建立,同时 0 速度线开始向"S"形转变,说明低空暖平流加强,低空急流建立及暖平流加强预示着降水还将维持并加强。14 日 03:00 左右,回波达到最强,中心强度达到 53 dBZ(图 14),对应区域部分乡镇出现大于 10 mm·h^{-1} 的短时强降水,速度产品上0 速度线呈强烈的"S"型弯曲,说明暖平流强盛,同时负速度中心值变化不大,但更靠近雷达,即高度由 1.6～2.8 km 降到 0.7～1.7 km,超低空急流建立,暖湿输送达到最强。之后回波缓慢减弱,速度场上低空急流减弱,0 速度线"S"形弯曲逐渐变平,对应降水减弱。

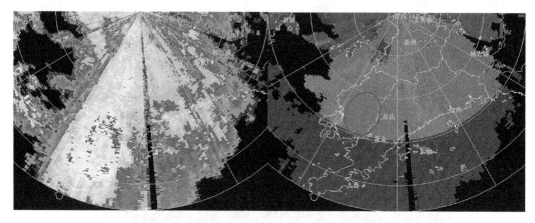

图 13　2012 年 6 月 14 日 01:29 雷达强度和速度

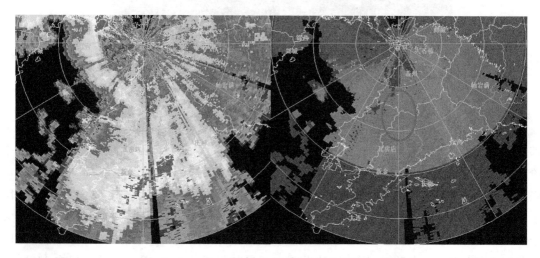

图 14　2012 年 6 月 14 日 03:05 雷达强度图、速度图

14 日 08:00 开始渤海北部又有大片回波东移影响大连北部、营口南部地区,这次回波呈混合状,即在片状回波中间夹杂多个块状回波。11:00 开始大连北部数个 γ 尺度块状回波逐

渐合并加强,11:35弓状回波生成(图15),回波强度达到53 dBZ,造成大连北部部分乡镇雷雨大风天气和雨强大于30 mm·h⁻¹的短时强降水,速度产品上可以看到,与弓状回波对应位置上有明显的风速切变(图15),风速差达到17 m·s⁻¹,强风切变产生强上升运动使得弓状回波持续时间达到1小时以上。同时弓状回波西南部几个块状回波开始合并成加强,12:17弓状回波南部形成一条短带状回波,其北端与弓状回波南端交汇形成"人"字型回波(图16"人"字形处),在人字形回波交汇处再次产生雷雨大风和雨强大于30 mm·h⁻¹的短时强降水。速度产品上可以看到,风速切变仍然维持,切变线向西南伸展,南端逐渐与距离圈平行,形成风速辐合线,风速辐合线南部径向速度为−24 m·s⁻¹,北部迅速减小到−12 m·s⁻¹,风速差达到12 m·s⁻¹,辐合强盛,这段辐合线与新生成的短带状回波对应。之后回波继续向东北方向移动,强度逐渐减弱,降水趋于结束。

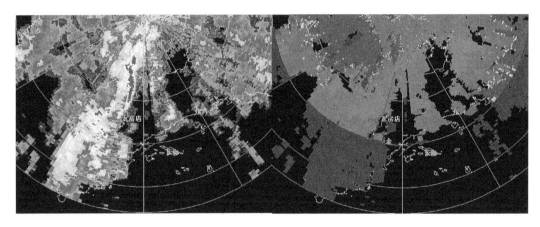

图15 2012年6月14日11:35雷达强度和速度

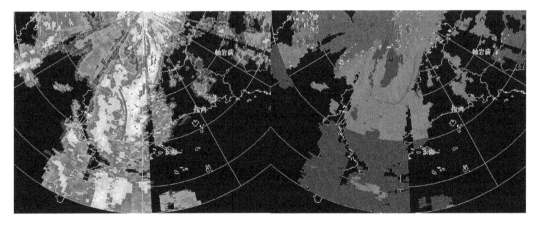

图16 2012年6月14日12:17雷达强度和速度

5 强对流触发机制

中尺度对流系统多在高温、高湿、低层有低空急流、位势不稳定层结、中层有干空气等天气条件下生成,但上述条件都只是必要条件,即在强风暴发生发展时往往可以看到这种情况,因而在做预报时,即使出现这些条件强风暴也不一定发生[3]。中尺度对流系统的生成除了满足以上有利的环境条件外,还需要一定的触发条件,这是目前中尺度系统问题中最关键的问题之一[8]。2012年6月13日23:00—14日08:00,在对流层低层(925 hPa)葫芦岛、盘锦地区地区存在辐合区(图17),辐合带位于地面低压右前部,低压后部为东北干冷气流($8\sim12$ m·s^{-1}),南部为偏南风暖湿低空急流($12\sim18$ m·s^{-1}),两股气流在葫芦岛、盘锦地区汇合,辐合强度超过-6×10^{-5}s^{-1}。

由前面分析可知,偏南风低空急流一直维持存在,东北干冷气流的出现,增强了初始对流。在强降水期间,截至13日20:00前,在葫芦岛、盘锦地区偏南低空暖湿气流始终维持,只有位于北部朝阳站的偏北气流在强降水发生时刻(19日04:00)风向由偏北转为偏西风,说明偏北气流出现增强了地面流场的辐合,是触发初始对流发生发展的关键因素。

不计黏性项,$\mathrm{d}u/\mathrm{d}t$的运动方程为:

$$\frac{\mathrm{d}u}{\mathrm{d}t} = f(v - v_R)$$

在急流入口区,空气质点向中心移动时不断加速,因而有$v > v_R$,表明所有在急流入口区运动的气块会得到向左偏的非地转风风量,结果在入口区北侧产生高空辐合,急流南侧产生高空辐散;在急流出口区,空气块向下游运动是不断减速的,则有:$v < v_R$,表明空气块的运动向右偏转,使得在出口区北侧和南侧分别产生高空辐散和辐合。从6月13日23:00—14日08:00对流层中高层300 hPa水平风场和辐散场可以看出(图18),暴雨区上空位于高空西风急流的出口区右前部,两者叠置使得该地区高层为强的高空辐散,辐散强度达到8×10^{-5}s^{-1}。对应对流层低层925 hPa为辐合区,大气层上下层质量调整,触发上升运动,最终触发强对流。综上,强对流区位于对流层高层高空急流出口区右前部,高层辐散,低层辐合,上下层质量调整触发上升气流,对流引起的动量垂直输送可在高空急流出口区引起低空急流的发展,对流区低层西北部的偏北气流出现增强了地面流场的辐合,高、低空急流的相互耦合是此次强降水系统在高空急流的出口区发展的一个重要因子。

6 冷涡降水落区研究

选取几个包含动力学和热力学信息的综合物理量,通过和未来3 h降水关系研究,判别冷涡降水落区,为预报提供参考。

6.1 湿Q矢量散度与降水落区分析

湿Q矢量适宜于研究天气尺度系统激发的次级环流,能反映出暴雨的落区和暴雨的中尺度特性,在反映暴雨的强度上也更具优越性。本项目通过分析湿Q矢量与中尺度强对流系统发生位置关系,判别中尺度对流系统的易发区(图19)。

Q矢量包含了动力学和热力学信息,由其计算出的垂直运动包含了动力、热力两个方面共同影响,物理意义更为明确,是业务估算垂直运动的高级方法。由于垂直运动是不可观测得到的物理量,因此关于Q矢量分析方法的理论及应用研究是非常有意义的工作。Q矢量概念即准地转Q矢量是Hoskins等[9]在1978年首先提出的,后来许多学者先后提出广义Q矢量、半地转Q矢量、非地转干Q矢量(Q♯)、湿Q矢量(Q*)等概念。随着Q矢量理论研究的逐步深入,Q矢量的应用研究也得到了蓬勃发展,在强对流天气、暴雨、暴雪等灾害性天气研究中得到广泛的应用,并取得了非常好的效果。多数研究主要是通过Q矢量分析方法来诊断并揭示

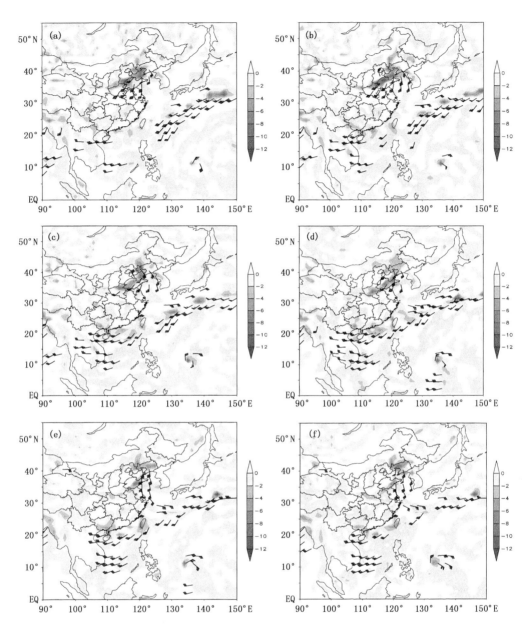

图17　6月13日23—14日08:00 925 hPa 辐散风场与散度

（a 为 13 日 23:00，b 为 14 日 02:00，c 为 14 日 05:00，d 为 14 日 08:00，e 为 14 日 11:00，
f 为 14 日 14:00；阴影代表辐合，单位：10^{-5} s^{-1}，风向杆代表全风速大于 12 m·s^{-1}的水平风场）

天气过程发生发展的物理机制，也有研究寻求 Q 矢量散度与未来天气现象发生发展的关系，但其中大部分研究认为 Q 矢量散度对同期降水的发生发展有很好的指示作用。从 850 hPa 湿 Q 矢量散度分布和未来 3 h 降水大于等于 10 mm 的落区对比关系可以看出，湿 Q 矢量的辐合区与强降水落区有良好的对应关系。

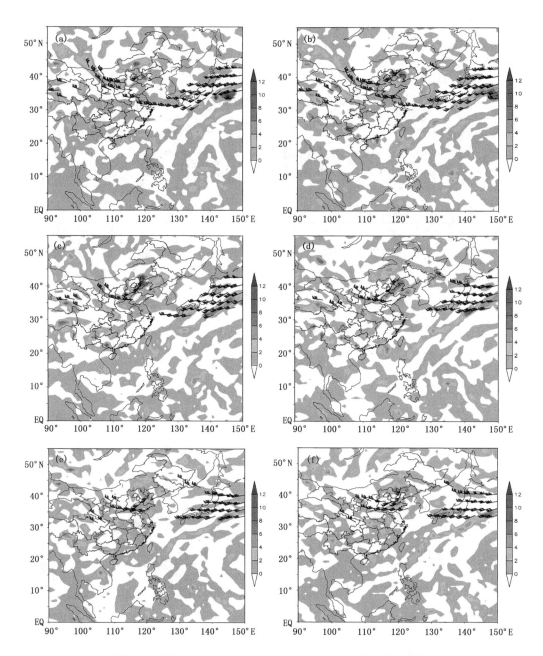

图 18 6 月 13 日 23:00—14 日 08:00 300 hPa 辐散风场与散度

(a 为 13 日 23:00,b 为 13 日 02:00,c 为 14 日 05:00,d 为 14 日 08:00,e 为 14 日 11:00,f 为 14 日 14:00;阴影代表辐散,单位:$10^{-5}\,\mathrm{s}^{-1}$,风向杆代表全风速大于 30 m·s^{-1}的水平风场)

6.2 锋生函数与降水落区关系研究

矢量锋生函数作为一个综合性的物理量,它既考虑了大气的动力特征,也考虑了其热力特征,是一个非常有实用价值的物理诊断量。利用矢量锋生函数对冷涡暴雨过程进行诊断,尝试找出矢量锋生函数与其之间的差别,这一物理量对冷涡暴雨的发生及未来雨区的移动的确有一定指示意义。高空急流加速有利于大气低层锋生.能量锋和能量锋生函数相结合是比较能

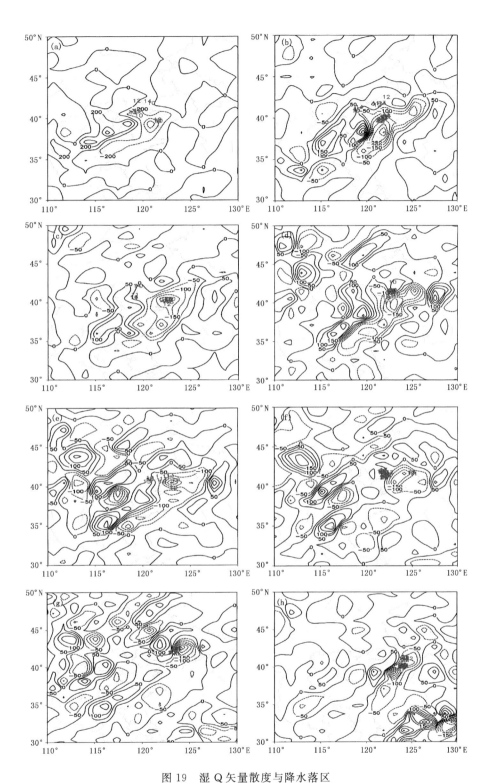

图 19 湿 Q 矢量散度与降水落区

(a 为 14 日 02:00,b 为 14 日 11:00,c 为 14 日 14:00,d 为 14 日 20:00,e 为 14 日 23:00,

f 为 15 日 02:00,g 为 15 日 05:00,h 为 15 日 11:00)

够综合诊断暴雨的量。

根据天气学的定义，锋生函数 $F = \dfrac{d}{dt} |\nabla \theta|$ 是位温的水平梯度的时间变化率。这一定义是从干大气这一前提出发的。6月，辽宁常处于高温高湿状况下，当有凝结降水发生时，位温不再是保守的。所以，干大气的锋生函数已不能准确地表达锋的生消了，必须采用湿大气的动力理论，考虑到 θ_{se} 在湿大气中具有准保守性，故可以用 θ_{se} 代替 θ 重新定义锋生函数：$F = \dfrac{d}{dt} |\nabla \theta_{se}|$ 称作能量锋生函数。并用它来度量能量锋的生消。用能量锋和能量锋生函数来综合诊断和预报暴雨，在理论上是行得通的。

θ_{se} 线较密集，即存在能量锋区。从能量锋生函数和未来3 h降水落区对比可以看出，强降水落区主要位于能量锋区，在锋生和锋消交界的地方降水强度更大（图20）。

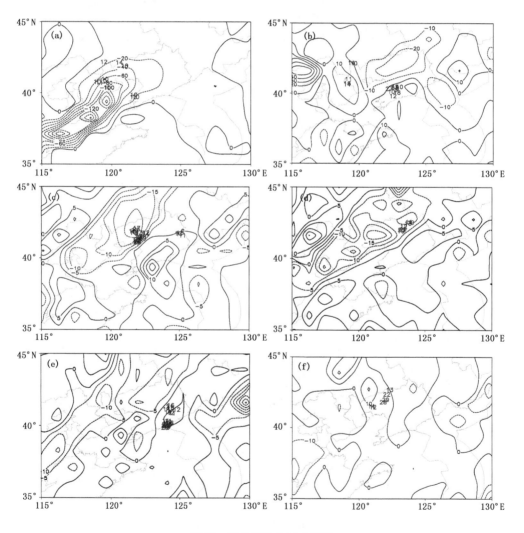

图20　锋生函数与降水落区

（a 为 14 日 02:00, b 为 14 日 14:00, c 为 15 日 02:00, d 为 15 日 05:00, e 为 15 日 11:00, f 为 15 日 17:00）

6.3　切变风螺旋度和热成风螺旋度

作了热成风近似后的切变风螺旋度中的扭转项(即热成风螺旋度),与切变风螺旋度相似,也能较好地诊断降水和对流,尤其是强降水和强对流的发展,而且其对暴雨的诊断优于传统的螺旋度。

热成风螺旋度公式为:

$$H_1 = \omega_g \cdot \frac{\partial V_g}{\partial z}$$

H_1 为热成风螺旋度。

它是另一种广义涡度的形式,具有清晰的物理意义,表明温度梯度在垂直速度梯度方向上的投影,综合体现了大气的热力效应和动力效应,其强度取决于上升气流和暖湿空气的配置。当暖侧上升冷侧下沉,H_1 为负值,反之为正。而且,由表达式可见,H_1 的计算只需要单平面层的资料,避免了垂直积分计算,可大大弥补台站观测垂直层密度稀疏或者边界层的处理等问题的不足,使得计算大大简化,便于业务应用。

分析表明,降水中心位于切变风螺旋度的正值和负值区的边界,与降水的强度变化一致。

7　冷涡暴雨概念模型

普查 1961—2011 年近 50 a 冷涡暴雨天气过程,建立冷涡暴雨天气学概念模型,从动力、热力、水汽条件方面考虑,通过降水量与物理量之间的敏感性试验,选取典型物理量因子,归纳总结出冷涡暴雨物理量定量预报指标。

7.1　天气形势特点:

海上高压北界偏北,经向度大,蒙古气旋以东移或东北上为主,气旋冷锋影响降水区。

(1)500 hPa 45°～55°N,110°～123°E 范围内高空一般有低(冷)涡(贝湖、蒙古低涡和东北冷涡)和低槽,东西向锋区在 40°～45°N,槽后有冷空气南下,使气旋加强发展东移。

(2)850 hPa 40°～45°N,110°～123°E 有明显的冷暖平流。

(3)副高分为海上和陆地高压,两高之间的形成狭长低压带(或有低值系统),低压前部和副高后部偏南风向北输送水汽和能量。

(4)地面图上,在 43°～50°N、100°～123°E 范围内有蒙古气旋、东北低压,还包括贝湖低压冷锋、蒙古低压冷锋或静止锋。

7.2　物理量定量预报指标提取

从动力、热力、水汽条件方面对冷涡暴雨过程进行诊断分析

动力条件选取的物理量:200 hPa 散度、850 hPa 散度、200 hPa 急流、850 hPa 急流、500 hPa 涡度、700 hPa 垂直速度。

热力条件选取的物理量:850 hPa 与 500 hPa 温差、850 hPa 假相当位温。

水汽条件选取的物理量:850 hPa 比湿、850 hPa 水汽通量散度。

(1)动力条件定量指标

200 hPa 散度＞403(S×10⁻⁷),850 hPa 散度＜－439(S×10⁻⁷),500 hPa 涡度＞52(S×10⁻⁶)、700 hPa 垂直速度＜－129(S×10⁻⁶)。

(2)热力、不稳定

温度（850~500 hPa）＞28℃，850 hPa 假相当位温＞78℃（315°K）。

（3）急流和水汽

200 hPa 急流＞41 m·s⁻¹、850 hPa 比湿＞15 g·kg⁻¹、850 hPa 急流＞17 m·s⁻¹、850 hPa水汽通量散度＜－50(10⁻⁶kg·m⁻²·hPa⁻¹·s⁻¹)。

参考文献

[1] 孙力.东北冷涡持续活动的分析研究.大气科学,1997,**21**(3),297-307.

[2] 张立祥,李泽椿.东北冷涡研究概述.气候与环境研究,2009,**14**(2):218-228.

[3] 丁一汇.高等天气学.北京:气象出版社,1991.140-155.

[4] 姚秀萍,吴国雄,赵兵科,等.与梅雨锋上低涡降水相伴的干侵入研究.中国科学(D辑:地球科学),2007,**27**(3):297-307.

[5] 刘会荣,李崇银.干侵入对济南"7.18"暴雨的作用.大气科学,2010,**34**(2):374-386.

[6] 吴迪,姚秀萍,寿绍文,干侵入对一次东北冷涡过程的作用分析.高原气象,2010,**29**(5):1208-1217.

[7] 郭英莲,徐海明.对流层中上层干空气对"碧利斯"台风暴雨的影响.大气科学学报,2010,**23**(1):98-109.

[8] 赵宇,崔晓鹏,高守亭.引发华北特大暴雨过程的中尺度对流系统结构特征研究.大气科学,2011,**35**(5):945-962.

[9] Hoskins B J. Mclntyre M E,Robertson A W. On the use and significance of isentropic potential vorticity maps. *Q J R Meteorol Soc*,1985,**111**:877-946.

多普勒雷达风场反演与西南涡内的局地强降水

刘婷婷[1,2]　苗春生[2]　张亚萍[1]　翟丹华[1]　邓承之[1]　牟　容[1]

(1. 重庆市气象台,重庆 401147;2. 南京信息工程大学大气科学学院,南京 210044)

摘　要

利用多普勒天气雷达四维变分同化方法反演了 2010 年和 2013 年重庆市两次西南涡内的局地强降水不同层次水平风场,分析了易发生局地强降水区域的局地环流特征。表明两次强降水的局地环流形势都有低层辐合的特点,伴随较深厚的局地气旋性涡旋的局地强降水较单纯以辐合为主的强降水的降水强度和范围要大,利用多普勒天气雷达四维变分同化得到的强降水局地环流特征可以为降水位置和持续时间的估计提供参考。

关键词:多普勒雷达　四维变分同化　局地强降水　局地环流特征

0　引言

重庆市地处四川盆地东部,为暴雨及次生灾害的多发区。王中等[1]研究了 2002 年 6 月 13 日重庆区域大暴雨过程,认为高原涡与西南涡耦合,结合地面弱冷空气条件,产生了该次大暴雨过程。周国兵等[2]对 2004 年 5 月 29 日重庆暴雨过程的分析表明,高空低槽及其诱发的中尺度涡旋是该次暴雨的主要影响系统。宗志平等[3]研究了 2004 年 9 月 2—6 日川渝地区持续性暴雨过程,认为中尺度对流云团的强烈发展导致强降雨的发生,中尺度对流系统合并发展为 α 尺度低涡,为暴雨的持续发展提供了持续的上升运动和有利的中尺度环境场。翟丹华等[4]利用 1980—2008 年探空资料和地面自动站资料,对重庆中西部西南低涡暴雨个例进行统计和合成分析,表明重庆中西部西南低涡暴雨是在高空急流、高空槽、西太平洋副热带高压和西南低涡相互作用下产生的。何光碧[5]对西南低涡的研究进展进行了系统的回顾和总结,认为西南低涡研究在对西南低涡的云系特征和雷达回波特征的认识等方面仍然存在不足。

天气雷达可以快速估计累积降水[6],然而,目前利用反射率因子以外的其他雷达信息进行降水临近预报方面的工作开展还较少。牟容等[7]通过多普勒天气雷达四维变分(4D-VAR)同化方法反演风场,能较好地反映飑线内部各个发展阶段的对流单体内部流场结构和飑线不同发展阶段的流场特征。本文利用多普勒天气雷达四维变分同化方法反演西南涡内的 2 次局地强降水不同层次水平风场,分析易发生局地强降水区域的局地环流特征,为降水位置和持续时间的估计提供参考,以提高局地定量降水临近预报能力。

1　四维变分同化方法简介

通过反演风场能较直观地分析中小尺度天气的动力结构,并结合常规探测资料等深入了

资助项目:公益性行业(气象)科研专项(GYHY201206028)和中国气象局预报员专项(CMAYBY2014-058)共同资助

解强对流天气的内部结构和影响因子,更好地研究和预报强对流天气的发生发展。这里所用的多普勒天气雷达资料四维变分同化方法由 Sun 等[8]建立,并在原方法的基础上经过一定的简化和改进[9]。同化模式为一个三维云模式,云模式建立在笛卡儿坐标系中,采用滞弹性近似,包含 6 个预报方程,即 3 个动量方程、热力方程、雨水方程和总水方程。数值模式以无量纲变量形式编程,这样可以平衡不同变量量级的差异,使得在同化过程中每个变量有相似的权重从而得到更好的收敛率。4D-VAR 资料同化的基本思想就是找模式变量的最优初始场,使得模式输出结果在一定的时间域和空间域上与相应的观测结果尽可能接近。为此单部雷达价值函数 J 为

$$J = J_b + \sum_{\sigma,\tau} [\eta_v(V_r - V_r^{ob})^2 + \eta_z(Z - Z^{ob})^2] + J_p \tag{1}$$

其中求和针对空间区域 σ、同化窗 z 而言,η_v 和 η_z 分别是径向速度和反射率因子的权重系数,V_r^{ob} 和 Z^{ob} 是雷达观测的径向速度和反射率因子。V_r 和 Z 表示模式输出的径向速度和反射率因子。这里采用时间间隔 6 min 的相邻两次体扫资料进行同化,得到后一体扫所在时刻各高度上的风场。考虑到地面观测资料和探空资料的时空分辨率较低,利用前一体扫资料计算出的 VAD 风作为初始场,前一循环同化所得结果作为背景场,引入同化系统。

2 两次西南涡内局地强降水实况

2010 年 6 月 22-23 日(重庆南部),2013 年 6 月 30 日-7 月 1 日(重庆西北部)发生了两次由高空低槽及西南低涡导致的暴雨天气过程,以下分别简称"6·23"和"6·30"暴雨过程。分析两次过程的天气形势发现,500 hPa 上(图略),副高稳定呈带状分布,110°E 脊线位置,"6·23"暴雨期间位于 19°~20°N 附近,"6·30"脊线位于 23°N 附近,脊线位置不同导致雨带位置不同,"6·23"雨带位置偏南,"6·30"偏北。副高西侧为显著的低压槽。

在 700 hPa 和 850 hPa 上(图略),西南低涡东南侧为西南低空急流,"6·23"暴雨期间,低涡南部 850 hPa 风速虽然随着低涡的发展有所增强,但在低涡发展最强的时期,仅有 6~8 m·s^{-1},"6·30"暴雨期间,700 hPa 和 850 hPa 均存在 12 m·s^{-1} 以上的低空急流,并持续维持 12 h 以上。可见,低涡辐合及其前部的强西南气流是产生这 2 次暴雨过程的又一重要原因,"6·30"过程中的低涡强度和低空急流更显著,造成的雨强也更强。

在以上两次西南涡暴雨过程中分别选取 2 次局地强降水(3 h 累积雨量大于 100 mm)进行多普勒天气雷达四维变分同化风场反演。两次局地强降水的地面雨量计分钟测值见图 1。

3 结果分析

根据两次局地强降水分钟雨量的变化情况(图 1),以分钟雨量首次达到 1 mm 的时间为基准,向前反演约 18 min 前后的风场,向后每间隔约 18 min 反演一次,至分钟雨量小于 1 mm 为止。这样,对"6·23"过程中的局地强降水,相应的雷达风场反演时次为 2010 年 6 月 23 日 06:59、07:17(分钟雨量首次达到 1 mm)、07:35、07:53、08:12 和 08:30,共 6 个时次。

图 2 为"6·23"永兴站的风场反演结果。总的来说,永兴站附近的反射率因子强度一直维持在 40 dBZ 以上,1.5 km 高度上(图 2a,d),主要为北偏西风与西偏南风的切变线;3 km 高度上存在一个小的气旋性涡旋,06:59 位于永兴站北偏西面(图 2b),到 08:12 缓慢移动到永兴站东面偏北(图 2e)。永兴站主要在强西南风大值区左侧。4.5 km 高度上,主要位于西南气流大

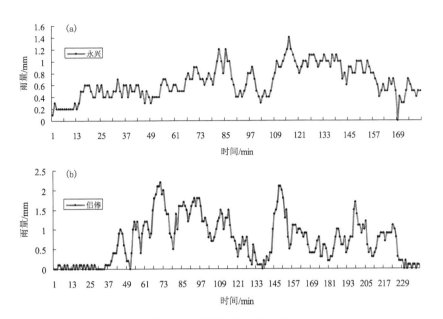

图 1　地面雨量计分钟测值

(a 为 2010 年 6 月 23 日 06:00—08:59,重庆市江津区永兴站,3 h 累积雨量 117.0 mm;

b 为 2013 年 6 月 30 日 21:00—7 月 1 日 00:59,重庆市铜梁县侣俸站,

30 日 22:00—7 月 1 日 00:59 的 3 h 累积雨量 158.6 mm)

值区内。

对"6·30"过程中的局地强降水,相应的雷达风场反演时次为 2013 年 6 月 30 日 21:26、21:44(分钟雨量首次达到 1 mm)、22:02、22:20、22:38、22:56、23:14、23:31、23:49,7 月 1 日 00:07、00:25、00:43、01:01、01:19、01:37,共 15 个时次。

3 km 高度上,强降水区主要位于涡旋的东北侧(图 3)。强降水时,存在较深厚的气旋性涡旋(图 4)。22:20,1.5 km 和 3 km 高度上,侣俸附近的强回波区主要分布在偏东风与偏北风形成的切变线附近,4.5 km 和 6 km 高度上,强回波区主要位于西南风大值风速区左侧,表明从低层到高层风速顺转明显。

与这样的局地环流形势相应,"6·30"侣俸附近局地强降水对应的反射率因子达到50 dBZ 以上,明显强于"6·23"永兴附近的局地强降水。另外,从图 1 可见,永兴强降水在 3 h 内较稳定,而侣俸强降水表现出明显的波动,对应着局地环流中强降水附近涡旋的生消。

4　结论与讨论

本文利用多普勒天气雷达四维变分同化方法反演 2010 年和 2013 年重庆市两次西南涡内的局地强降水不同层次水平风场,分析了易发生局地强降水地区的局地环流特征。得到如下主要结论:

(1)这两次西南涡暴雨是在较稳定的带状副热带高压西北侧配合高空槽和低空急流形成的;

(2)两次强降水的局地环流形势都有低层辐合的特点;

(3)伴随较深厚的局地气旋性涡旋的局地强降水较单纯以辐合为主的强降水的降水强度

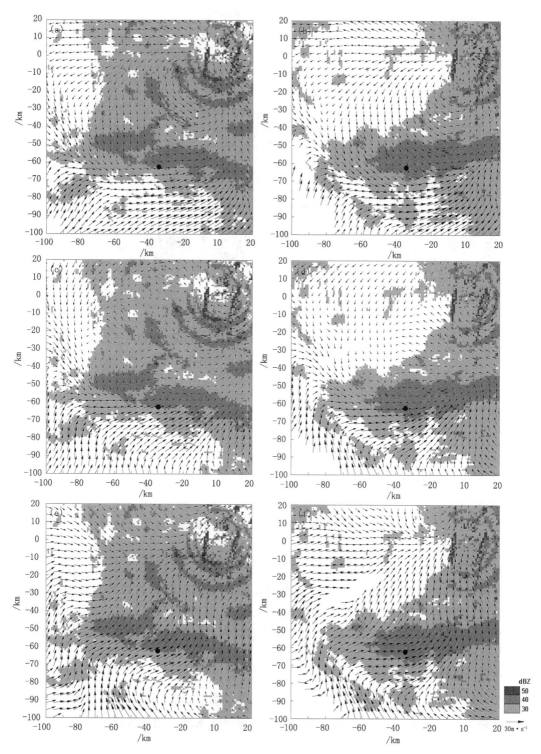

图 2 "6·23"永兴站附近风场反演结果与相应时次重庆 CINRAD/SA 雷达组合反射率因子叠加

(a,c,e 为 6 月 23 日 06:59;b,d,f 为 6 月 23 日 08:12 3;a,b 为 1.5 km 高度;c,d 为 3 km 高度;

e,f 为 4.5 km 高度;黑色实心圆点代表永兴站;雷达位置(0,0)

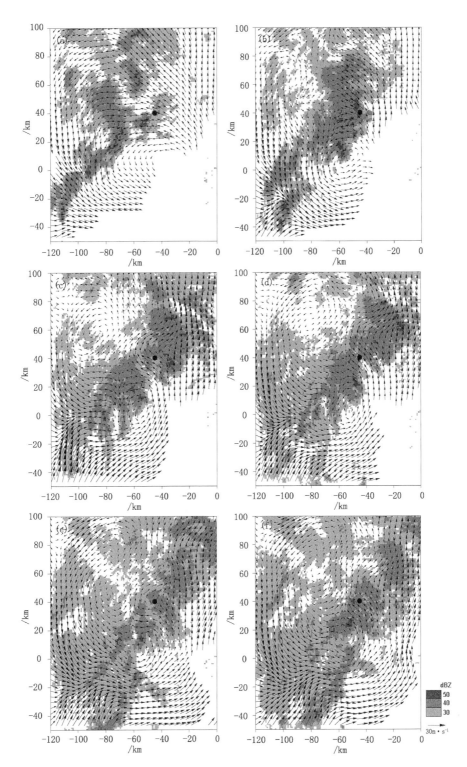

图 3　"6·30"侣俸站附近风场反演结果与相应时次重庆 CINRAD/SA 雷达组合反射率因子叠加

（a 为 6 月 30 日 21:26，b 为 6 月 30 日 22:02，c 为 6 月 30 日 22:56，d 为 5 月 30 日 23:13，
e 为 6 月 30 日 23:49，f 为 7 月 1 日 00:07；黑色实心圆点代表侣俸站；雷达位置(0,0)；风场高度 3 km)

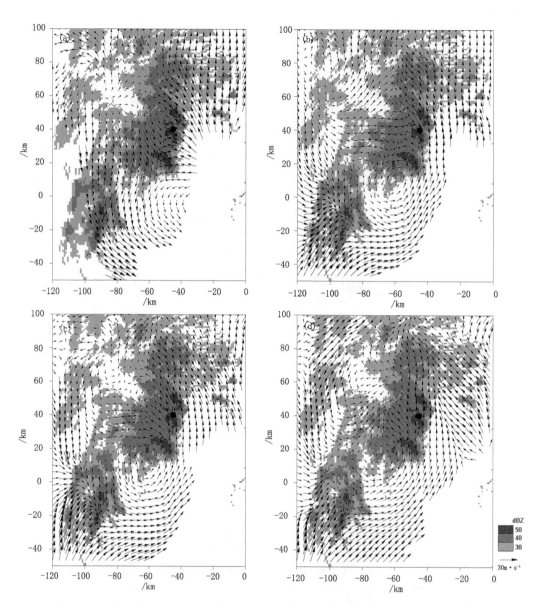

图4 2013年6月30日22:20侣俸站附近风场反演结果与相应时次重庆CINRAD/SA

雷达组合反射率因子叠加

(a为1.5 km高度,b为3 km高度,c为4.5 km高度,d为6 km高度,

黑色实心圆点代表侣俸站,雷达位置(0,0))

和范围要大。

今后需要针对各种类型的局地强降水开展风场反演工作,为降水位置和持续时间的估计提供参考,以提高局地定量降水临近预报能力。

致谢:感谢NCAR孙娟珍博士提供了变分同化算法源程序!

参考文献

[1] 王中,周毅.2002年6月13日重庆区域大暴雨分析.气象,2004,30(5):30-32.

［2］ 周国兵,隆宵,刘毅.重庆市"5·29"暴雨天气过程诊断分析与数值模拟.气象科技,2006,**34**(1):29-34.

［3］ 宗志平,张小玲.2004年9月2～6日川渝持续性暴雨过程初步分析.气象,2005,**31**(5):37-41.

［4］ 翟丹华,刘德,李强,等.引发重庆中西部暴雨的西南低涡特征分析.高原气象,2014,**33**(1):140-147.

［5］ 何光碧.西南低涡研究综述.气象,2012,**38**(2):155-163.

［6］ 张亚萍,张勇,廖峻,等.天气雷达定量降水估测不同校准方法的比较与应用.气象,2013,**39**(7):923-929.

［7］ 牟容,余君,张亚萍,等.一次飑线过程的雷达回波分析及其反演风场研究.气象科学,2012,**32**(2):153-159.

［8］ Sun J,Crook A. Dynamical and microphysical retrieval from Doppler radar observations using a cloud model and its adjoint,Part I:Model development and simulated data experiments. *J Atmos Sci*,1997,**54**(12):1642-1661.

［9］ 牟容,刘黎平,许小永,等.四维变分方法反演低层风场能力研究.气象,2007,**33**(1):11-18.

中国西北区强对流天气形势配置及特殊性综合分析

许东蓓[1]　许爱华[2]　肖玮[1]　沙红娥[1]　吉惠敏[1]

(1. 兰州中心气象台,兰州 730020；2. 江西省气象台,南昌 330046)

摘　要

利用 2004—2010 年西北区主要强对流天气过程高空、地面实况资料,以及近 15a 西北区强对流研究主要成果,基于强对流天气发生潜势条件的相对重要性,从高低空冷暖平流强弱、大气斜压性强弱等条件出发,将西北区强对流天气基本形势配置分为高空冷平流强迫、低层暖平流强迫、斜压锋生和准正压等 4 类。分析 4 类配置在天气尺度环境场的显著特征,以及这些特征在中尺度强对流系统发展过程中所起的不同作用,总结各类之间的主要差异及与其他区域的差异性。主要结论如下:高空冷平流强迫类,冷平流可从 300 hPa 向下延伸至 700 hPa,而低层 850 hPa 则多表现为弱的暖平流。与华中、华东等地相比,对流层中下层温度递减率更大,层结不稳定在午后会有强烈发展;水汽主要集中在近地面层并且浅薄,表现为 LFC 更高。区域性强对流天气往往与大范围降水之后的地面增湿,或低层暖湿气流北上有关;局地强对流天气往往与青藏高原边坡复杂小地形对应地面抬升和水汽分布不均匀有关。低层暖平流强迫类强对流天气,湿层可从地面向上延伸到 500 hPa 附近,造成 LFC 高度明显偏低,热力不稳定层结的增强与低空增暖增湿有关。对流层中下层温度垂直递减率小于冷平流强迫类,中低层暖平流占主导作用。斜压锋生类强对流天气最显著特点是中低层冷暖空气强烈交汇,并伴有明显温度锋区和锋生。水汽条件好于冷平流强迫类,垂直风切变明显高于前两类。准正压类表现为副高控制下 500 hPa 小槽沿高压带北部下滑侵入副高,形成切变线,造成强对流天气。

关键词:中国西北区　强对流　形势配置　综合分析

0　引言

强对流天气包括冰雹、雷暴大风、短时强降水、雷电和龙卷等五类,是直接由中小尺度天气系统所产生的天气现象。而天气尺度系统的演变和环境大气基本要素的配置结构制约着强对流中尺度天气系统发生、发展与消亡的物理过程,影响着一次强对流过程的具体天气现象和强度大小。对天气系统配置的分析是做好强对流预报的前提。

中国西北地区位于青藏高原、蒙古高原、黄土高原的交汇处,地形地貌和地质结构非常复杂,生态环境脆弱,强对流天气形势复杂多样。更因其突发性强、落点分散、雨量大等特点,大大增加了预报难度。近年来因强对流天气造成的灾害也呈现出频次增多的特点。深入开展该区域强对流发生机制研究及其预报技术总结工作显得尤为重要。过去的几十年,有关专家和陕、甘、宁、青等省(区)的气象学者针对强对流天气开展了大量的研究工作,取得了许多研究成果。丁一汇等[1]将中国飑线的天气背景分为 4 种型—槽后型,槽前型、高压后部型、台风倒槽

资助项目:公益性行业科研专项(GYHY201306006);中国气象局新技术推广项目(CMAGJ2013Z09),(CMAGJ2014M54)共同资助

型,并研究了各型的触发条件和动力、热力条件。许多学者[2-8]针对西北区多次强对流天气过程,从大尺度环流特征、物理量特征以及雷达特征等多方面进行综合分析或对比分析。还有些学者[9-13]总结了不同强对流过程的不同雷达回波特征。此外,学者们[4-18]利用中尺度模式对典型强对流过程进行模拟分析,并对湿位涡在强对流天气预报中的应用进行了一些研究和探讨。这些成果均为进一步开展相关工作打下了基础。

本文尝试基于强对流天气形成的基本条件,分析研究不同强对流过程的不同主导因素,总结其天气形势配置,以加深对每类强对流天气发生条件理解,更好地掌握各类强对流天气潜势预报重点。同时一定程度上避免仅从环流形势进行分型所造成的多样性和不确定性。

1 基本思路及资料方法

收集整理2004—2010年西北区主要强对流过程高空、地面实况资料,以及近15a西北区强对流研究主要成果,包括已出版的技术文献和预报员手册等。在了解西北区强对流主要形势特征基础上,对强对流天气个例进行普查分析。基于强对流天气发生潜势条件的相对重要性,从高低空冷暖平流相对强弱、大气的斜压性强弱等条件出发,将西北区强对流天气基本天气形势配置分为4类:高空冷平流强迫、低层暖平流强迫、斜压锋生类、准正压类,并分析各类天气尺度环境场显著特征,以及这些特征在中尺度强对流系统发展过程中所起的不同作用,总结各类之间的主要差异以及与中国华中、华南等地同类型强对流天气的差异性。

2 西北区强对流天气形势配置

2.1 高空冷平流强迫类

2.1.1 表现形式及差异性分析

西北区(青海、甘肃、宁夏、陕西等四省(区))处于北方冷空气东移南下的咽喉要道,高空冷平流强迫类强对流天气是西北区最主要的一类。主要有三种形势:蒙古冷涡冷平流、东北冷涡冷平流、西风槽冷平流(图1)。主要天气现象为冰雹、短时强降水等。

东北冷涡冷平流型(图1a)500 hPa形势场特征是,贝加尔湖到新疆为东北—西南向倾斜高压脊,东北(或华北)低涡稳定少动,对应的冷槽可一直延伸到西北区中东部,槽后有冷平流随偏北风下滑。强对流天气区随高空冷平流强度和位置不同而不同,有时可从宁夏、甘肃一直西伸至青海东部,有时则只影响到陕西。

蒙古冷涡(图1b)是春末夏初西北区强对流天气常见影响系统。它常生成于蒙古国西部,后东移到黄河河套北部并旋转南压。有时冷涡可南压至黄河河套一带(当地也称河套冷涡)。在500 hPa上冷涡槽区向东南可伸展至我国华北地区。由于贝加尔湖东侧高压脊的阻挡作用,蒙古低涡移动缓慢,在旋转过程中不断有冷空气扩散南下,往往造成西北区连续多日的雷雨、冰雹天气,可影响到青海东部、甘肃河东、宁夏、陕北及关中一带。

西风槽冷平流型(图1c)500 hPa形势场表现为冷槽沿偏西气流发展东移,自西向东依次影响青海、甘肃、宁夏、陕西等地。有时有低涡中心与冷槽相配合。通常西北区大部分地方都会受到影响。此种形势强对流天气以降水为主,较少出现冰雹。

此类强对流天气地面影响系统为冷锋或中尺度辐合线。强对流天气往往在地面辐合线附近形成,然后向东或东南方向移动。多数情况下,高空冷平流可从300 hPa一直向下延伸至700

hPa，而低层 850 hPa 则多表现为弱的暖平流。当出现冰雹时 0℃层高度一般在 4～4.5 km。

与华中、华东等地相比，西北高原地区由于下垫面午后加热强烈，对流层中下层(500 hPa 与 700 hPa、850 hPa)的温度递减率更大，层结不稳定在午后会有强烈发展；水汽主要集中在近地面层并且浅薄，表现为 LFC 更高。区域性强对流天气往往与大范围降水之后的地面增湿，或低层暖湿气流北上有关；局地强对流天气往往与青藏高原边坡复杂小地形对应地面抬升和水汽分布不均匀有关。

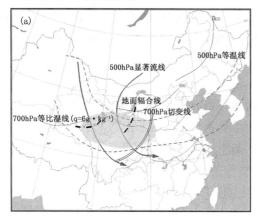
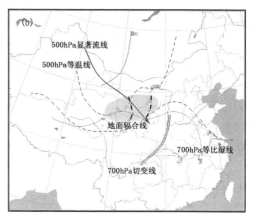

图 1 西北区高空冷平流强迫类强对流天气表现形式

(a 为东北冷涡冷平流，b 为蒙古冷涡冷平流，c 为西风槽后冷平流；阴影区为强对流天气)

2.1.2 典型个例

2004 年 6 月 14—15 日，西北区中东部出现雷阵雨、冰雹天气。其中宁夏全区连续出现雷阵雨，14 日下午灵武、中卫、青铜峡、永宁等地出现冰雹，降雹直径达 30 mm，积雹最大深度 30 cm。15 日午后，银川市、石嘴山市、盐池县等地再次出现冰雹。这次强对流过程属于蒙古冷涡冷平流强迫类(图略)。

水汽条件：从 13 日 20:00 开始，500 hPa 在河套北部有一 $T-T_d \geqslant 16℃$ 的干中心向南伸展，宁夏处于 12℃围区内，到 14 日 08:00 宁夏大部 $T-T_d \geqslant 20℃$。低层在高原东南侧有一条西南—东北向湿舌向北伸展至河套北部，甘肃东南部、宁夏、陕西大部 700 hPa $T-T_d \leqslant 4℃$，地面 $T_d \geqslant 12℃$。不稳定层结：此次过程中 500 hPa 与 850 hPa 两层的温度场在中亚地区一直处于反位相状态分布。500 hPa 温度槽正好对应于 850 hPa 暖舌(图略)。假相当位温各层水平分布表明,在青藏高原东南侧低层有一近东北—西南向高能舌,通过河套向贝加尔湖东侧伸展。850 hPa 河套西侧有高能中心形成,14 日 08:00 中心值为 333.2 K,宁夏处于高能区控制。500 hPa 蒙古国中部至河西走廊有能量锋区缓慢东移。甘肃东部、宁夏、陕西西部 K 指数 $\geqslant 32℃$。14 日 08:00—15 日 20:00,银川站 700～500 hPa 温度垂直递减率从 $-6.7℃\cdot(100\ \mathrm{m})^{-1}$ 增加到 $-9.4℃\cdot(100\ \mathrm{m})^{-1}$。$H_{0℃}$ 基本维持在 4130 m 附近,而 $H_{-20℃}$ 却从 7180 m 降低至 6516 m,$\triangle H$ 随时间减小,两层高度适宜冰雹形成。

14 日 08:00、20:00 和 15 日 08:00、20:00 0～3 km 垂直风切变分别为 4.3 m·s^{-1}(0.2×10^{-2}s^{-1})、5.0 m·s^{-1}(0.3×10^{-2}s^{-1})和 7.2 m·s^{-1}(0.4×10^{-2}s^{-1})、11.4 m·s^{-1}(0.6×10^{-2}s^{-1});0～6 km 垂直风切变分别为 7.9 m·s^{-1}(0.2×10^{-2}s^{-1})、12.8 m·s^{-1}(0.3×10^{-2}s^{-1})和 5.1 m·s^{-1}(0.1×10^{-2}s^{-1})、16.0 m·s^{-1}(0.3×10^{-2}s^{-1})。

2.2 低层暖平流强迫类

2.2.1 表现形式及差异性分析

西北区这类强对流天气的特征为:500 hPa 西北区处于副热带高压西侧,其东南部有暖平流,西部有短波槽东移或等高线有气旋性曲率东移(图2)。在低层 700 hPa(或 850 hPa)有切变线生成,切变南侧为西南暖湿气流。地面通常为低压控制区,有中尺度辐合线生成,高温、高湿,$T_d \geqslant 12℃$。这种形势一般是西太平洋副高西伸,东亚地区形成西低东高形势时出现(7,8月多)。强对流天气影响范围因副热带高压西伸点不同而不同,一般青海中东部,甘肃河东、陕西中南部、宁夏南部等地均可能受到影响。强对流天气先在地面辐合线附近新生发展,并沿中低层西南气流走向分布。主要天气现象为短时强降水(图2)。

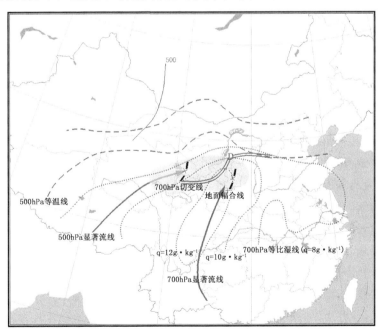

图2 西北区低层暖平流强迫类强对流天气表现形式

(阴影区为强对流天气)

与冷平流强迫类的主要差异：由于暖湿空气北上，地面湿度明显增大。湿度层从地面向上可延伸到 500 hPa 附近，明显厚于冷平流强迫类，造成 LFC 高度明显偏低，热力不稳定层结的增强与低空增暖增湿有关。0～3 km 垂直切变较冷平流类大，0～6 km 垂直风切变较冷平流类小，对流层中下层温度垂直递减率小于冷平流强迫类。表明在这一类型中低层暖平流占主导作用，高层冷平流相对较弱。

此类强对流天气与华中、华东的最主要差异是：暖平流的高度主要在 700 hPa 附近，比华中、华东偏高；偏南风速多数情况 ≥8 m·s⁻¹，但达不到急流，较华中、华东偏小。另外，由于青藏高原海拔较高，低层暖平流向西仅影响到青藏高原东北边坡。

2.2.2 典型个例

2006 年 8 月 30 日，西北区出现强降水天气。其中 30 日夜间甘肃河东地区出现强雷阵雨。甘南州碌曲县降暴雨，最大降水量 84 mm，并伴有直径为 12 mm 的冰雹。30 日 20：35—20：45，碌曲气象站 10 min 降水量达 30 mm。此次过程属于暖平流强迫类强对流天气。

30 日 08 时，副高 588 线西伸，其西侧暖湿气流风速 ≥12 m·s⁻¹。700 hPa 上东北风与西南风在甘肃东部形成切变线；地面上青藏高原和西北区东南部均有辐合线。

水汽条件：30 日 20：00，在 500 hPa 青藏高原到高原东侧形成暖湿区，在 90°～105°E，30°～37°N $T-T_d<5℃$。700 hPa 甘肃东部、宁夏南部、陕西大部相对湿度 ≥80%；地面上沿青藏高原边缘有一只湿舌从东南向西北延伸，甘肃、宁夏、陕西 $T_d≥12℃$，其中陇东南和陕南地面 $T_d≥20℃$。甘肃南部从低层到 500 hPa 为深厚的水汽辐合层，水汽通量散度中心强度为 $-7×10^{-7}$ g·hPa⁻¹·cm⁻²·s⁻¹，高层为辐散区。甘南州 700～600 hPa 相对湿度 ≥90%，接近饱和。不稳定层结：30 日 20：00，甘肃东部和宁夏南部、陕西大部 K 指数 ≥32℃；甘肃南部、陕西南部 $CAPE≥500$ J·kg⁻¹。西北区大部分地方 $△T_{700-500}≥14℃$，温度垂直递减率 ≤-5 ℃·(100 m)⁻¹。

30 日 08：00、20：00 合作 0～3 km 垂直风切变分别为 1.4 m·s⁻¹（$0.7×10^{-2}$ s⁻¹）、7.6 m·s⁻¹（$4.0×10^{-2}$）s⁻¹；0～6 km 垂直风切变分别为 9.8 m·s⁻¹（$0.3×10^{-2}$ s⁻¹）、11.8 m·s⁻¹（$0.4×10^{-2}$ s⁻¹）。

2.3 斜压锋生类

2.3.1 表现形式及差异性分析

朱乾根等[19]指出，我国境内的锋生区集中在甘肃河西走廊到东北、华南和长江流域这两个地区，分别称为北方锋生带和南方锋生带，而甘肃恰恰处于北方锋生带之中，更易出现斜压锋生类强对流天气。

这类强对流天气在西北区主要形势特征为：500 hPa 甘肃河西走廊有冷涡东移，槽后偏西风（或西北风）很强，有的个例中最大风速 ≥20 m·s⁻¹，有较强冷平流自西北向东南输送；黄河河套附近的高压脊不断发展，脊后偏南气流发展强盛，偏南风最大风速也可达到 20 m·s⁻¹。北部冷平流向南侵入，南部暖平流向北延伸。冷暖平流势力相当，温度锋区随时间不断加强，斜压性越来越大。700 hPa（或 850 hPa）上有切变线生成并逐渐加强，有时为人字形切变。偏南气流较强，在西北区东部低层甚至可出现 ≥20 m·s⁻¹ 的偏南风。地面上，冷空气进入低压倒槽，在强冷暖平流作用下出现锋生，有南风和北风对吹。显著的冷暖平流导致斜压锋生和强烈辐合抬升形成的动力强迫是这类强对流天气发生的重要条件，可造成雷雨大风、短时强降水、冰雹等混合性湿对流天气。强天气主要出现在低层切变线或地面锋面附近,西北四省区大部分地方均可受到影响(图3)。

与前两类相比,此类强对流天气水汽条件明显好于冷平流强迫类,低层湿舌可随暖湿气流,沿青藏高原东北侧北上到甘肃河西西部。湿层较厚,可一直延伸到对流层中上层(400~300 hPa)。垂直风切变明显高于前两类。与暖平流强迫类相似,对流层中下层温度垂直递减率小于冷平流强迫类。

西北区此类强对流天气与华中、华东类似。其最显著特点是高低层冷、暖平流均很强,500 hPa锋生显著。锋生作用可从甘肃河西开始,到青藏高原东侧达到最强。锋面过境时会造成地面风速明显增大,但大风天气($\geqslant$17.2 m·s^{-1})一般出现在海拔高度$\geqslant$2 km的高山站或高原地区。另外,由于500 hPa偏西风动量下传作用,青海西部可持续出现冷锋后偏西大风。

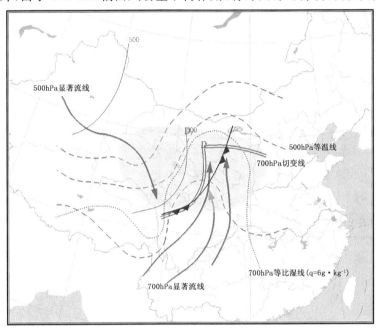

图3 西北区斜压锋生类强对流天气表现形式
(阴影区为强对流天气)

2.3.2 典型个例

2010年5月24—26日,西北区部分地方出现大风、冰雹、短时强降水天气。其中在华山、六盘山、华家岭等高山站以及青海部分地方出现大风($\geqslant$18 m·s^{-1});青海东南部、甘肃河东、宁夏、陕西的部分地方了短时强降水或冰雹,甘肃平凉市泾川县芮丰乡降水量63.0 mm,1 h最大降雨量26.3 mm(图略)。

此次过程属于斜压锋生类强对流天气,主要影响系统是青藏高原东部高低空低涡,以及地面上生成于青海东南侧的倒槽低压,在高空冷平流作用下,出现锋生。25日20:00,500 hPa高空槽位于青海东部至甘肃,槽前西南气流最大风速核达20 m·s^{-1}。700 hPa有一支西南风低空急流直达宁夏,与西北风之间形成竖切变;地面上陕西至河套有倒槽,并有冷锋生成。青海东部、甘肃河东、宁夏等地有很强的垂直上升运动,大部分地方$\omega \leqslant -40 \times 10^{-3}$ hPa·s^{-1},700 hPa散度中心$\leqslant -30 \times 10^{-5}$ s^{-1}。

水汽条件:25 日 20:00,700 hPa 青海东部甘肃、宁夏相对湿度≥80％,甘肃、宁夏、陕西大部地面 T_d≥10℃,陇东南及陕西中南部 T_d≥16℃。

不稳定层结:甘肃东部、宁夏 K 值≥32℃;甘肃陇东南、宁夏南部,陕西中南部 $CAPE$ ≥100 J·kg^{-1},中心在甘肃东部,达到 600 J·kg^{-1} 以上。平凉站 5 月 25 日 20:00,700～500 hPa 温度垂直递减率为 $-4.8℃·(100 m)^{-1}$,850～500 hPa 温度垂直递减率为 $-6.0℃/100 m$。

5 月 25 日 08:00、20:00 以及 26 日 08:00 平凉站,0～3 km 垂直风切变分别为 16.2 m·s^{-1}(0.9×10^{-2}s^{-1})、19.0 m·s^{-1}(1.1×10^{-2}s^{-1})和 2.1 m·s^{-1}(0.1×10^{-2}s^{-1}),0 ～6 km 垂直风切变分别为为 13.3 m/s(0.3×10^{-2} s^{-1})、18.9 m·s^{-1}(0.4× 10^{-2}s^{-1})、9.4 m·s^{-1}(0.2×10^{-2}s^{-1})。

2.4 准正压类

2.4.1 表现形式及差异性分析

这类强对流天气主要出现在西北区盛夏(尤其是 8 月)。在对流层中上层,中国大陆中低纬受东—西向的暖高压带影响,形势稳定少变。500 hPa 上,副热带高压 584 线(或 588 线)西伸控制青藏高原,西北区上空冷暖平流均不显著。当有短波槽(伴随温度槽)沿副高北侧东移,即有弱的冷平流从高压北部侵入时,往往在 584 线内部、青藏高原东侧形成切变线,将高压分割为两个中心,一个在中国大陆东部,为西太平洋副高主体;另一个位于青藏高原上。对应在 700 hPa、850 hPa 和地面上,西太平洋副高边缘均有切变线或辐合线生成、发展,这是引发强对流天气的直接影响系统。主要影响范围与辐合区相对应,呈带状出现在青藏高原东侧及陕西。主要天气现象为短时强降水(图 4)。

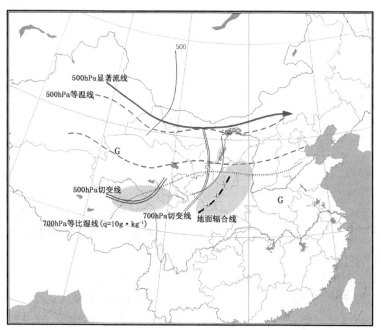

图 4 西北区准正压类强对流天气表现形式

(阴影区为强对流天气)

西北区此类强对流天气表现为副高控制下 500 hPa 小槽沿高压带北部下滑侵入副高，形成切变线，造成强对流天气。由于西北区下垫面海拔高度从西到东差异很大，天气系统较华中、华东等地更易形成斜压性。因此在盛夏（尤其是 8 月）副高强盛时段，副高控制区内强对流天气只是基本符合准正压类。另外，由于青藏高原阻挡作用，冷平流通常沿偏西气流东移绕过高原后南压侵入副高内部，因此强对流天气往往只出现在西北区东部。

2.4.2 典型个例

2006 年 8 月 14 日，青海南部、甘肃东南部、宁夏南部、陕西大部出现了雷阵雨，甘肃庆阳市镇原县 20 时降水强度 48.6 mm·h^{-1}。

此次过程属于准正压类强对流天气（图略）。14 日 08:00，500 hPa 上有短波槽沿偏西气流东移；700 hPa 有一支 $\geqslant 8$ m·s^{-1} 的西南风直达宁夏北部，与河西西北风之间形成竖切变；地面上在西北区东南部有中尺度辐合线形成。

水汽条件：700 hPa 甘肃河东、宁夏、陕西相对湿度 $\geqslant 80\%$；青海东部、甘肃大部、宁夏和陕西地面 $T_d \geqslant 12℃$，陇东南及陕南地面 $T_d \geqslant 20℃$。甘肃东部、宁夏、陕西 K 指数 $\geqslant 32℃$；甘肃陇东南、宁夏南部，陕西中部和南部 CAPE $\geqslant 100$ J·kg^{-1}，中心在陕西南部，达 1106 J·kg^{-1}。甘肃东南部、宁夏、陕西温度垂直递减率 $\leqslant -5.5$ ℃·(100 m)$^{-1}$。14 日 08:00 平凉站 0～3 km 垂直风切变为 8.2 m·s^{-1}（0.5×10^{-2}s^{-1}），0～6 km 垂直风切变为 11.2 m·s^{-1}（0.2×10^{-2}s^{-1}）。

参考文献

[1] 丁一汇,李鸿洲,章名立,等.我国飑线发生条件研究.大气科学,1982,6(1):18-27.

[2] 王锡稳,陶健红,刘治国,等."5.26"甘肃局地强对流天气过程综合分析.高原气象,2004,23(6):815-820.

[3] 刘勇.陕西一次槽前强对流风暴的诊断分析.高原气象,2006,25(4):687-695.

[4] 王伏村,李辉,牛金龙,等.甘肃河西走廊两次强对流天气对比分析.气象,2008,34(1):48-54.

[5] 许新田,王楠,刘瑞芳,等.2006 年陕西两次强对流冰雹天气过程的对比分析.高原气象,2010,29(2):447-460.

[6] 纪晓玲,刘庆军,刘建军,等.一次蒙古冷涡影响下宁夏强对流天气分析.干旱气象,2005,23(1):26-32.

[7] 吉惠敏,冀兰芝,王锡稳,等.一次强对流天气综合分析.干旱气象 2006,24(2):12-18.

[8] 王建兵,王振国,李晓媛,等.甘南高原一次突发性强对流天气的诊断分析.干旱气象,2007,25(3):54-60.

[9] 端木礼寅,李照荣,张强,等.甘肃中部强对流天气多普勒雷达和闪电特征个例研究.高原气象,2004,23(6):764-772.

[10] 付双喜,王致君,张杰,等.甘肃中部一次强对流天气的多普勒雷达特分析.高原气象,2006,25(5):932-941.

[11] 罗慧,刘勇,冯桂力,等.陕西中部一次超强雷暴天气的中尺度特征及成因分析.高原气象,2009,28(4):816-826.

[12] 吴爱敏,薛塬轩,白爱军,等.庆阳 2 次强对流天气过程的新一代雷达资料对比分析.干旱气象,2007,25(2):43-50.

[13] 徐阳春,陆晓静,沈阳,等.2003～2004 年强对流灾害性天气多普勒天气雷达产品特征分析.干旱气象,

2005,**23**(1):40-44.

[14] 李晓霞,康风琴,张铁军,等.甘肃一次强对流天气的数值模拟和分析.高原气象,2007,**26**(5):1077-1085.

[15] 井喜,胡春娟.位涡诊断在黄土高原强对流风暴预报中的应用.气象科技,2007,**35**(1):20-25.

[16] 郭大梅,杨文峰,杨帅,等.一次强对流天气过程等熵位涡及数值分析.干旱区研究,2010,**27**(5):793-800.

[17] 杨东宏,刘建雄,曹灵芝,等.2006-09-21陕北强对流数值模拟与诊断分析.陕西气象,2007(3):16-19.

[18] 陶建玲,郭大梅,许新田,等.湿位涡在陕西一次强对流天气中的应用分析.陕西气象,2008(6):19-22.

[19] 朱乾根,林锦瑞,寿绍文,等.天气学原理及方法.北京:气象出版社,1981:70-76.

青藏高原副高边缘型大到暴雨天气过程的中尺度分析

张青梅　马海超　曹晓敏

(青海省气象台,西宁 810001)

摘　要

运用中尺度天气分析技术,对青藏高原东部的 3 次大到暴雨过程从高空的影响系统、水汽条件、抬升条件、不稳定条件、高低层风场配置等方面进行了对比分析,找出了 3 次过程的相似点,建立了青藏高原副高边缘型大到暴雨天气过程的中尺度天气分析概念模型。

关键词:青藏高原　大到暴雨　中尺度分析

0　引言

近年来,国内众多学者对暴雨和强对流天气进行了多方面的研究,且取得了很大的进展。一些研究者[1-6]成功揭示了产生暴雨的中尺度天气系统,方翀、毛冬艳等[7]利用中尺度数值模拟结果对北京暴雨的中尺度系统的结构特征及其发生发展原因进行了分析。青海省东部是青海省大到暴雨多发地区,大到暴雨有局地性强、雨量大、雨强强等特点,具有明显的中尺度天气特征,是目前预报的难点,由于大到暴雨灾害及其次生灾害常常给社会造成巨大经济损失和人员伤亡,因此,针对青藏高原东部的大到暴雨成因及其预报技术方法一直是青海省预报员研究的重点,也取得了一些研究成果。本文运用中尺度天气分析技术针对大尺度背景场特征相似(副高边缘型)的三个个例开展中尺度分析研究,总结副高边缘型大到暴雨天气的中尺度概念模型,为业务预报提供借鉴。

1　3 次大到暴雨过程天气概况

2012 年 7 月 29 日夜间青海东部地区出现大范围强降水天气,降水主要集中在西宁、海东、海北、黄南和海南的部分地区,12 h 降水量出现 15～30 mm 的测站有 12 个,13 个测站出现 30～50 mm 降水,4 站出现了 50～80 mm 的强降水。降水中心在民和县官亭镇,过程总降水量达 88.4 mm。1 h 最大降水出现在化隆县阿什努乡,小时雨量达到 32.1 mm(图 1)。

2007 年 8 月 25 日夜间,青海省东部地区出现强降水天气过程,西宁市、海东地区、黄南藏族自治州普降中到大雨,其中西宁市城北区、黄南州尖扎县、海东地区互助县出现了暴雨,降水量分别为 80.1 mm、79.2 mm、52.7 mm,西宁、尖扎日降水量突破两地 8 月日最大降水量,创历史极值(图 2)。

2010 年 9 月 20 日白天到夜间,青海东部出现了 2010 年最强的降水天气过程,全省有 9 个站达到大雨以上量级,其中黄南州同仁县降水量为 78.1 mm,达到暴雨量级(图 3)。

2　天气形势

2012 年 7 月 29 日 08:00 500 hPa 高空图上,巴湖低槽分裂的短波槽东移至海西西部。副

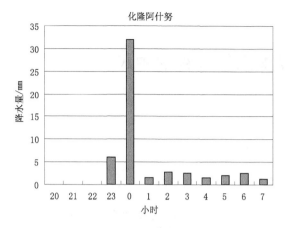

图1　2012年7月29日降水量时间序列

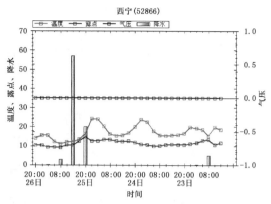

图2　2007年8月25日主要站点降水量时间序列
（温度单位:℃,露点单位:℃,气压单位:hPa,
降水单位:mm）

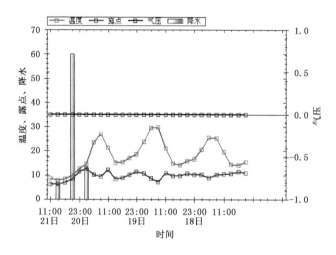

图3　2010年9月20日同仁降水量时间序列

高588线西脊点西伸至95°E附近,纬向轴线在33°N附近。20:00副高略有南落,新疆为暖脊,其前部100°E有短波槽,四川－青海省东南大部受586副高控制,青海省东部配合有0℃暖中心,短波槽东移全青海东部,槽后的冷空气与副高边缘西南暖湿气流在青海东部汇合,槽前的正涡度平流引起的辐散对下层的抽吸运动触发造成此次大到暴雨天气过程。

8月23日20:00开始,西太平洋副热带高压明显加强西伸,其西脊点位置在71°E附近,西太平洋副热带高压呈窄带状分布,新疆南部－西藏北部－青海都处在副高的控制之下,2007年8月25日08:00 500 hPa高空图上(图4),随着西亚槽的东移,副高断裂为两个高压,一个在新疆南部－西藏北部,另一个副高588 dagpm线位置在沱沱河一格尔木一带,青海省西部地区处在这两高压之间的切变线中,同时,在南疆一带有冷空气侵入青海西部,到25日20:00,副高588 dagpm线东退到青海的东南部－海东一带,青海东部处在西太平洋副热带高压西侧的低槽区中,副高西侧的西南暖湿气流,西亚槽槽底分裂冷空气是此次暴雨天气过程的主要影响系统。

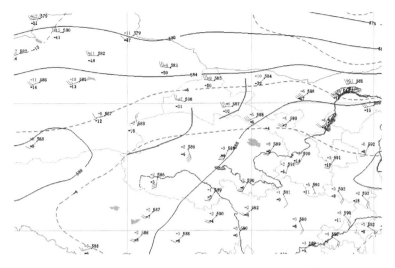

图 4　2007 年 8 月 25 日 08:00 500 hPa 环流形势

9 月中旬初,500 hPa 中高纬度的环流形势为一槽一脊型,里海－贝加尔湖地区－东亚地区为宽广的低压槽,70°～80°E、60°～80°N 附近为一切断低涡,里海以西为一高压,西太平洋副热带高压呈带状稳定在我国北部地区,其脊线位置在 36°N 附近,青海省大部地区受副热带高压控制,17 日 20:00 里海和咸海之间切断出阻塞高压,并迅速减弱,环流型逐渐由纬向调整到经向,巴湖附近为偏西气流并有短波槽东移,副热带高压呈带状稳定少动,18 日开始,副热带高压加强西伸,控制青海省,19 日 20:00,全省 8 个站日最高气温超过 30℃,20 日 08:00(图5),巴湖槽槽底分裂短波槽东移到青海省的西部地区,700 hPa 上,西宁和榆中两站的高度值降达 307 dagpm,风场上形成 308 dagpm 的气旋型低涡,上游有冷温槽逼近,此时,黄南州北部地区处于低涡的东南侧,20 日 20:00,500 hPa 上原青海西部的短波槽不断东移南压,受其影响,副热带高压开始减弱东退,青海省东部地区此时处在气流辐合中,由此造成此次区域的大降水天气。

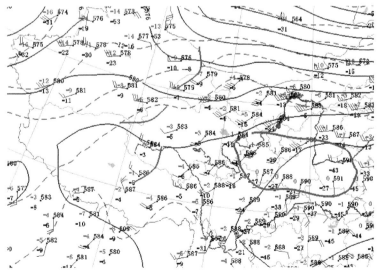

图 5　2010 年 9 月 20 日 08:00 500 hPa 环流形势

从 3 次过程的高空影响系统来看,它们有一个共同点:均发生在西太平洋副热带高压东退南压的过程中,副高西侧的西南暖湿气流、高空槽槽底分裂的弱冷空气是主要的影响系统。

3 3 次降水过程中尺度天气分析

中尺度天气分析是在常规天气图分析的基础上,针对产生中尺度对流性天气的主要条件(水汽、不稳定、抬升和垂直风切变条件),分析各等压面上相关大气的各种特征系统和特征线,最后形成中尺度对流性天气发生、发展大气环境场"潜势条件"的高空和地面综合分析图。动力热力物理参数诊断主要利用各类观测资料和数值模式输出产品进行如可降水量(PWAT)、水汽通量、对流有效位能(CAPE)等物理参数的诊断,以定量判断反映中尺度对流系统发生发展的水汽、不稳定、抬升等条件。

3.1 水汽条件

绝对湿度衡量大气含水量,相对湿度衡量水汽的饱和程度。一般在地面和对流层低层分析绝对湿度,对流层中高层分析相对湿度。在常规天气图上,温度露点差 $T-T_d$ 可代替相对湿度,绝对湿度通常用比湿 q 或露点温度 T_d 来衡量,水汽条件除了湿度,还有水汽的输送和辐合条件,在常规天气图上,主要分析低空急流或显著流线与湿舌的配置。

3.1.1 中层(500 hPa)相对湿度

"20120729"过程发生前(08:00),青海除东南部地区外大部的温度露点差<5℃,即相对湿度>69%,大降水发生区域位于高湿区中,温度露点差达到了 2℃,即相对湿度达到了 86%,水汽条件充沛。"20070825"过程发生前(08:00),青海的东部和南部地区温度露点差<4℃,尤其是在青海湖以东地区,温度露点差也达到了 2℃,说明对流层中层处于高湿区,水汽条件充沛。"20100920"过程发生前(08:00),高湿区位置偏西,青海中西部地区温度露点差<4℃,大降水发生区域的温度露点差为 12℃左右,但到 20:00 大降水发生区域明显增湿,温度露点差达到 2℃,23 时强降水发生。从以上分析可以看出,三次过程强降水发生区域 500 hPa 温度露点差均达到 2℃左右,说明对流层中层处于高湿区,水汽条件充沛。

3.1.2 低层(700 hPa)比湿

分析"20120729"过程发生前(08:00)700 hPa 比湿状况可以发现,大降水发生区域比湿达到 11 g·kg^{-1},形成高湿区,为大到暴雨的发生提供了丰富的水汽;"20070825"过程发生前,河西走廊及青海省东北部地区比湿>7 g·kg^{-1},其中西宁单站的比湿达到 11 g·kg^{-1},具备了大降水发生的水汽条件;"20100920"过程发生前,大降水发生区域比湿更是达到 12 g·kg^{-1}。通过三次个例的低层水汽条件可以看出,过程发生前绝对湿度、比湿有明显反映,比湿>11 g·kg^{-1}时,有发生大降水的可能性。

3.1.3 地面露点温度

"20120729"过程发生前(14:00)地面图上,青海省东部地区的地面露点温度>11℃尤其是未来的降水中心民和地面露点温度达到 16℃;"20070825"过程河西走廊至青海东部已经处于高湿区中,露点温度达到 11~15℃,地面水汽也很充沛;"20100920"青海东部地区的地面露点温度达到 10~15℃;并且三次过程还有一个共同点,沿着河湟谷底自东向西有高湿舌向大降水发生区域伸展并配合有偏东风,说明有地面有充沛的水汽输送和维持。

通过以上对三次过程发生前的高低空水汽条件分析发现,副高边缘型强降水过程有一个共同点,强降水区域从地面到中层都维持高湿区,位于三层高湿区的共同区域,整层湿度大,有利于大到暴雨及短时强降水发生。

3.2 抬升条件

3.2.1 地面锋面、辐合线

"20120729"过程地面图上,河西走廊中段有冷锋,海西东部地区有地面辐合线,冷锋及辐合线后部有正 3 h 变压,强降水发生区域为负 3 h 变压,变压中心值达到 −2.8 hPa。从地面辐合线的时间变化看,海西东部地面辐合线逐渐东移,17:00 在海南南部、黄南南部形成的辐合线逐渐北抬,至东部强降水发生时,强降水发生区域有辐合线稳定维持。

"20070825"过程地面图上,虽然不能分析出冷锋,但河西走廊中段、柴达木盆地均有弱的正 24 h 变压和正 3 h 变压,说明有弱冷空气自西部及东北部回流影响大降水发生区域,强降水发生区域为负 3 h 变压,变压中心值达到 −2.9 hPa。14:00 地面辐合线位于青海东部的同德(52957)—同仁(52974)与其南部的大武(56043)之间,从时间变化图可以看出,地面辐合线逐渐北抬,17:00 位于西宁(52866)—贵德(52868)—贵南(52855)一线与其东部的乐都(52874)—尖扎(52963)—同仁(52974)—泽库(52968)之间,20:00 位置东移到西宁—尖扎—循化(52972),呈 NNW−SSE 向。与降水量的时间变化对比分析发现,地面辐合线形成后,辐合线附近均有短时强降水出现,这对短时强降水的落区具有一定的指示意义。

"20100920"过程地面图上,14:00 冷空气自南疆盆地分两股东移,一股顺祁连山区东移南下,势力较强,冷锋后有 +10 hPa 的 24 h 正变压和 +1.6 hPa 的 3 h 正变压,另一股冷锋位于海西东部,冷锋后 24 h 正变压达 +9 hPa,3 h 正变压为 +0.6 hPa,到 20:00,两条冷锋在青海湖附近交汇形成人字形锋面。地面辐合线位于海南北部至黄南北部一带,强降水发生区域有负 3 h 变压,变压中心值达到 −2.4 hPa。地面辐合线与随后发生的短时强降水有很好的对应关系。

从三次过程分析得出,青海东部大到暴雨发生时有冷空气影响,一般发生在锋面过境、地面辐合线附近,强降水发生区域配合有明显的负 3 h 变压中心,地面辐合线是短时强降水天气的触发机制,与短时强降水落区有较好的对应关系。

3.2.2 中低层 ΔT24 分析

"20120729"过程,08:00 700 hPa 为暖脊控制,上游新疆东部至海西西部有 −3℃ 的显著降温区,说明有冷空气从低层侵入。

"20070825"过程发生前,500 hPa 青海北部 ΔT_{24} 为 1~2℃,南疆大部 ΔT_{24} 为 −1.0~−3.0℃,700 hPa 甘肃沿河西走廊为暖脊控制,柴达木盆地可分析显著降温区,格尔木 24 h 变温达 −3℃,表明中低层均有弱冷空气侵入,冷平流增强层结的不稳定,有利于对流发展。

"20100920"过程资料缺。

通过三次过程对比发现,500 hPa 冷空气侵入不明显,冷空气主要从低层侵入,与大降水落区的暖空气交汇,触发了强降水天气发生。

3.3 层结不稳定条件

3.3.1 假相当位温(图略)

"20120729"过程强降水期从高原西南部一直到青海为一明显的向东北方面伸展的高能舌,高能轴线与西南急流位置基本一致,在青海中部为一近乎闭合的高能中心。等值线向西南方向开口,这有利于能量向暴雨区输送和积聚。暴雨就产生在高能轴附近。

"20070825"过程期间高原地区受暖湿的副热带高压控制,从底层到中高层有一高能暖舌呈西南—东北向分布,伸到河套地区,此高能舌的维持发展为午后触发对流提供了热力条件。8月25日08:00 500 hPa实况上高原地区假相当位温 $\theta_{se} \geqslant 70℃$,至20:00高能舌进一步向东北伸展,最高值中心在青海的兴海—河卡一带,最大闭合值为79℃;在700 hPa上从西南地区到青海东部,甘肃中南部为高能区,中心值达到76℃,北部高能锋区非常明显且与地面冷锋相匹配。通常用 $\Delta\theta_{se} = \theta_{se}(高层) - \theta_{se}(低层)$ 作为判别对流不稳定的判据,当 $\Delta\theta_{se} < 0$ 时,为对流层结不稳定;分析8月25日08时西宁单站 $\Delta\theta_{se} = -2.5℃ < 0$,表现为层结是不稳定的。

"20100920"过程强降水期,从高原西南部一直到青海东部为一明显的向东北方面伸展的高能舌,高能轴线与西南急流位置基本一致,在高原西南部为一闭合的高能中心,同时在青海湖南部也有一闭合的次高能中心,从而有利于能量向暴雨区输送和积聚,暴雨就产生在两个高能中心未来结合的能量舌内。

3.3.2 700 hPa与500 hPa温差(图略)

垂直温度递减率可反映大气的稳定状态,用700 hPa与500 hPa温差可判断大气稳定度,分析过程发生前,"20120729过程"强降水区域 $T_{700} - T_{500} = 15℃$,"20070825过程"强降水区域 $T_{700} - T_{500} = 14℃$,"20100920过程"强降水区域 $T_{700} - T_{500} = 12℃$,产生不稳定层结的潜力均较小。

3.4 高低层风场配置

"20120729"过程,过程发生前高空(200 hPa)自新疆北部至内蒙古存在急流,风速普遍 $> 40 \text{ m} \cdot \text{s}^{-1}$,强降水区位于高空西风急流轴的南侧;中层(500 hPa)自西藏向青海东部有偏西南气流;低层(700 hPa)从四川北部经甘肃有一支偏东南气流向青海东部伸展,新疆东部向河西走廊东部有一支偏西气流,内蒙古西部向河西走廊东部有一支偏东北气流,三支气流在青海东部交汇。

"20070825"过程,过程发生前高空(200 hPa)存在急流,新疆东部到河西走廊西部地区风速普遍 $> 40 \text{ m} \cdot \text{s}^{-1}$,降水区一般在高空西风急流轴的南侧,高空西风急流出口区右侧存在辐散上升气流,有利于强对流天气的形成。中层(500 hPa)自西藏向青海东部有偏西南气流,新疆东部向河西走廊东部有偏西气流,可分析显著流线;低层(700 hPa)从四川北部经甘肃有一只偏东南气流向青海东部伸展。

"20100920"过程,过程发生前高空(200 hPa)新疆到内蒙古西部地区风速普遍 $> 40 \text{ m} \cdot \text{s}^{-1}$,可分析高空急流,降水区位于高空西风急流轴的南侧;中层(500 hPa)自西藏东部向青海东部有偏南气流;低层(700 hPa)从四川经甘肃有一只偏东南气流向青海东部伸展。

4 概念模型的建立

根据水汽条件、抬升条件、不稳定条件、高低层风场配置的分析,我们给出青藏高原副高边缘型大到暴雨天气的中尺度概念模型(图6)。

此概念模型适用于青海东部地区,即在7,8,9月份,当西太平洋副热带高压西伸北抬,584或588线控制青海大部,随着新疆有高空槽东移,副高东退,东退的过程中青海东部出现大到暴雨天气过程并伴随短时强降水。地面有冷锋或地面辐合线配合时,地面露点温度 $> 10℃$、700 hPa比湿 $> 11 \text{ g} \cdot \text{kg}^{-1}$,500 hPa处在显著湿区、并且700 hPa从四川经甘肃到青海东部有一支偏东南暖湿气流输送带,500 hPa 自西藏向青海东部有一支偏西南暖湿气流输送带,200 hPa上 40°N 有高空西风急流时,青海东部发生大到暴雨的可能性很大。

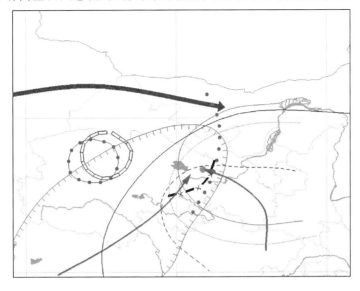

图 6 副高边缘型大到暴雨中尺度分析概念模型

5 小结

(1)3 次过程有相同的高空影响系统,即控制青海省的副高东退,新疆有高空槽东移,新疆短波槽携带的冷空气与副高西侧输送的西南暖湿气流青藏高原东部交汇,从而形成了大到暴雨。

(2)强降水前,强降水发生区域 500 hPa 温度露点差均达到 2℃ 左右,低层绝对湿度有明显反映,比湿>11 g·kg^{-1},地面露点温度明显增大,形成一片 T_d>10 ℃ 的高湿区,从地面到 500 hPa 整层为高湿区,湿度条件好,水汽充沛,这就具备了产生暴雨或短时强降水的必要的水汽条件。

(3)青海东部大到暴雨发生时冷空气主要从地面和低层侵入,抬升条件主要有地面锋面、地面辐合线,强降水发生区域配合有明显的负 3 h 变压中心,地面辐合线与短时强降水落区有较好的对应关系。

(4)中低层均有高能舌向自西南向大降水区域伸展。

(5)从高低空风场配置来看,共性是低层有偏东南气流,中层有西南暖湿气流输送带将孟加拉湾的水汽一直输送到青海东部,为强降水区提供丰富的水汽,200 hPa 高空风速较大,存在高空急流,强降水落区位于高空西风急流轴的南侧。

(6)根据以上的分析,给出青藏高原副高边缘型大到暴雨天气的中尺度概念模型。

参考文献

[1] 陆汉城.中尺度天气原理和预报.北京:气象出版社,2000:1-297.

[2] 梁生俊,马晓华.西北地区东部两次典型大暴雨个例对比分析.气象,2012,**38**(7):804-813.

[3] 杨成芳,阎丽凤,周雪松.等.利用加密探测资料分析冷式切变线类大暴雨的动力结构.气象,2012,**38**

（7）：820-827.

[4] 许新田,刘瑞芳,郭大梅,等.陕西一次持续性强对流天气过程的成因分析.气象,2012,**38**(5):33-542.

[5] 方翔中,毛冬艳,郑永光,等。2012 年 7 月 21 日北京特大暴雨的成因.天气预报技术总结专刊,2012,**4**(4):5-11.

[6] 何群英,东高红,贾慧珍,等.天津一次突发性局地大暴雨中尺度分析.气象,2009,**35**(7):16-22.

[7] 毛冬艳,乔林,陈涛,等.2004 年 7 月 10 日北京暴雨的中尺度分析.气象,2005,**31**(5):42-58.

2013 年湖南首场致灾性强对流天气过程成因分析

叶成志[1]　唐明晖[1]　陈红专[2]　田　莹[1]

(1. 湖南省气象台,长沙 410007;2. 湖南省怀化市气象台,怀化 418000)

摘　要

应用湖南多部雷达和探空资料、中小尺度自动气象站资料、南岳高山站气象资料及 LAPS 局地分析资料,对 2013 年 3 月 19 日湖南首场致灾性强对流天气过程的成因进行综合分析,并探讨强冰雹和雷暴大风预警着眼点及其可预警性。结果表明:强对流发生前,近地面晴空辐射增温、对流不稳定层结、强的垂直风切变、强温度梯度直减率以及近地层较好的水汽条件为强对流风暴发生发展提供了良好的潜势条件;中低层冷平流、地面中尺度辐合线、能量锋和露点锋以及近地面层弱辐散、中低层强辐合、高层强辐散的动力耦合结构是强对流发生的触发机制;强对流风暴的前期以超级单体风暴和多单体风暴为主,超级单体风暴东移北上过程中与湖南西部不断新生的对流回波结合后发展成飑线,飑线维持、发展过程中出现“弓形”回波、中层径向辐合(MARC)、低层辐散、速度大值区等特征;在短临预警服务中,中低层明显的钩状回波结构、持续偏高的反射率因子和 VIL 值为靖州强冰雹预警的发布提供了有效依据,而低仰角距离地面 1 km 内的径向速度大值区(大于 20 m·s^{-1})则为道县雷暴大风预警提供重要参考。

关键词:飑线　对流潜势　触发机制　预警依据　LAPS 局地分析

0　引言

春末夏初是湖南省强对流天气的高发时段,且多伴有雷暴大风、冰雹、龙卷以及带有强烈雷暴现象的短时强降水等灾害性天气发生,尤其是雷暴大风,其发生频率高、持续时间短、致灾性强且预报预警难度大,因此它产生的环境条件和触发机制一直是强对流灾害性天气研究中的重要内容之一。2013 年 3 月 19 日晚,湖南省中南部出现入春以来最强一次对流性天气过程,部分地区伴有雷暴大风、冰雹、短时强降水等强对流天气,具有突发性强、影响大、灾害损失严重等特点。全省共计 12 个县(市)出现冰雹,冰雹最大直径达 50 mm(湘西南靖州),16 个县(市)出现雷暴大风(湘东南道县瞬时最大风速达 30.7 m·s^{-1})。短时强降水主要出现在 19 日 19:00—20 日 06:00(北京时,下同),共计 102 个乡镇降暴雨,其中绥宁县寨市站日降水量最大达 90.6 mm。据初步统计,全省受灾人口 81.9 万,其中极端地面大风造成道县 3 人死亡、52 人受伤,直接经济损失共计 7.2 亿元。为此,本文应用多种观测资料,结合高时空分辨率的 LAPS 分析场资料[15-16],针对此次过程多种灾害性天气共存的特点,对引起该过程的强对流风暴发生发展的环境条件及触发机制进行初步分析,并探讨了强冰雹和雷暴大风预警的着眼点及可预警性,旨在为提高此类致灾性强对流天气预报预警能力提供参考依据。

1　资料与方法

本文所用资料包括湖南多部雷达探测资料和探空资料、中小尺度自动气象站资料、南岳高山气象站资料、地面危险报以及 LAPS 中尺度分析场资料,其中 LAPS 资料以 GFS 预报场作为背景场,融合同化了常规高空、地面资料和自动气象站资料、长江流域多部雷达基数据等,该资料空间分辨率 0.1°×0.1°,垂直高度分为 44 层,时间分辨率 3 h。因 LAPS 资料包含多尺度信息,为便于研究,采用 Barness 带通滤波方法,完整保留 50~200 km 左右的波动(即 β 中尺度对流系统),其他尺度的波动则被滤除或极大地衰减[17]。

2 强对流风暴的多普勒雷达特征及可预警性分析

2.1 强对流风暴演变特征

3 月 19 日 19:03,强对流回波沿湘中一线开始发展(图略)。20:43,邵阳雷达西面有两个强回波中心超过 65 dBZ 的风暴单体东西向排列(图 1a),于 21:00—22:40 先后扫过位于湘西南的靖州,导致该地两个时次(22:19:22,22:29:50)出现冰雹天气。23:30,上述两个风暴单体合并后向东、向北扩展,同时东北—西南向对流回波源源不断从贵州移入湖南,在移动过程中与其合并。23:55,强对流回波带发展成长 150 km、宽达 30 km 的飑线。飑线在偏西气流引导下东移,扫过邵阳地区,给邵阳、城步两县分别带来 25,22 m·s^{-1}大风。20 日 00:33,飑线东段与雷达东面强回波合并后出现"弓形"回波特征,超过 65 dBZ 的强回波面积达 10 km×

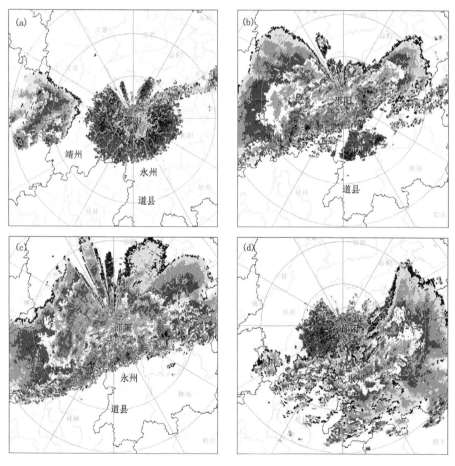

图 1 2013 年 3 月 19 日 20:43 (a)以及 20 日 00:33 (b)、01:35 (c)、05:20 (d)
邵阳雷达反射率因子(仰角 0.5°)演变图(单位:dBZ)

10 km,飑线前沿有多个强风暴单体侧向排列,且有明显的反射率因子梯度,其东段前沿 40 km 处有线状对流回波带(图 1b)。01:35,随着飑线东移南压,线状对流回波带合并到飑线中,飑线达到最强盛阶段(图 1c),当它横扫永州时导致该市自北向南出现雷暴大风、局地冰雹等强对流天气,除冷水滩、祁阳、东安、江永风力在 6 级外,其他县区均达灾害性大风级别。02:16,"弓形"回波中镶嵌有超级单体风暴,其前沿有高反射率因子梯度区、明显速度辐合区,"弓形"回波后侧存在弱回波通道(图 2),表明存在强的下沉后侧入流。此后 1 h,飑线强度几乎维持不变,以 20 km·h⁻¹ 的速度移动,超过 60 dBZ 强回波和径向速度大值区在飑线维持发展时段内一直相伴。03:53,飑线西段回波强度有所减弱,东段回波在郴州、永州交界处断裂,郴州出现短时强降水。此后,飑线整体结构逐渐松散,减弱为一般多单体风暴。05:20,除湘粤边界有超过 50 dBZ 的强回波单体外,湖南境内回波强度明显减弱(图 1d)。

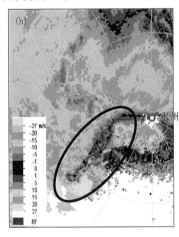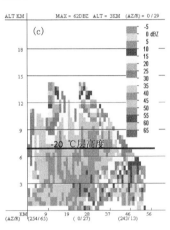

图 2 "弓形"回波分析

(2013 年 3 月 20 日 02:16 永州雷达资料:红线表示剖面点所在位置,剖面点为 254°、65.0 km 和 243°、12.2 km,黑虚线为飑线前沿所在位置;紫色圆圈为辐合区位置;粗黑线为 -20 ℃层高度;a 为 3.4°仰角反射率因子图,单位:dBZ;b 为 3.4°仰角径向速度图,单位:m·s⁻¹;c 为 反射率剖面图,单位:dBZ)

2.2 靖州强冰雹雷达资料分析及其可预警性

图 3a 显示影响靖州的两个强风暴单体 A0 和 X1 呈东北—西南向排列,强回波中心均达到 65 dBZ 并呈钩状,其剖面图表现为典型雹暴结构(图 3b):高悬垂穹窿结构,大于 65 dBZ 强回波扩展到 - 20 ℃高度,有界弱回波(BWER)。垂直积分液态水含量(VIL)值超过55 kg·m⁻²,最强达 65~70 kg·m⁻²(图 3c),回波顶高(ET)为 15~17 km(图 3d),对流发展非常旺盛。

进一步分析强风暴单体 X1 的最大反射率因子、VIL 以及最大反射率因子所在高度发现(图略),降雹前 VIL 从 21:39 的 58 kg·m⁻² 增加到 22:22 的 92 kg·m⁻²,降雹后 VIL 快速下降;降雹前最大反射率因子平均高度为 7.76 km,超过 -20 ℃层高度(6.38 km),最低高度(5.5 km)也超过了 0 ℃层高度(3.90 km),降雹后两个体扫,最大反射率因子所在高度降到-20 ℃层高度以下,0.5 h 后降到 0 ℃层高度以下。邵阳雷达探测到 X1 强风暴单体 19 日21:40 左右进入湖南境内,此前最大反射率因子、VIL 已连续多个体扫分别高达 55 dBZ、70 kg·m⁻² 以上,虽然 X1 因位于邵阳雷达 230 km 探测范围外,故未能从径向速度场识别出

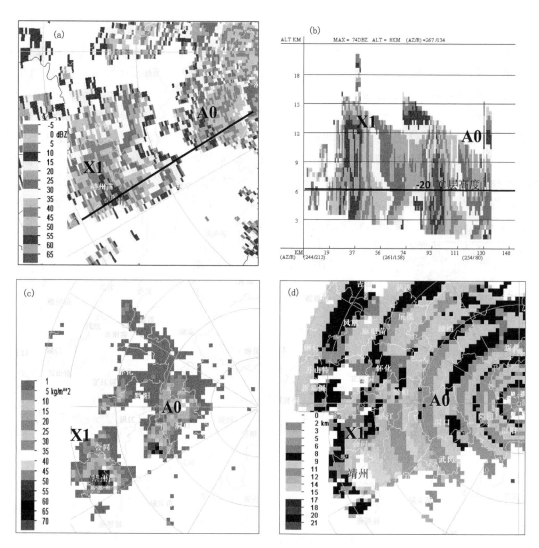

图 3 2013 年 3 月 19 日 22:22 邵阳雷达探测的强风暴单体(A0、X1)的特征

(a)0.5°仰角反射率因子图(单位:dBZ);(b) 反射率因子垂直剖面图(单位:dBZ);

(c) VIL 图(单位:kg·m^{-2});(d) ET 图(单位:km)

中气旋特征,但从各仰角反射率因子形态、VIL 可推断 X1 在进入湖南时已达到超级单体强度,因此可果断地对即将受 X1 影响的下游地区发布冰雹预警,预警有效时间至少为 30 min。

2.3 道县雷暴大风的雷达资料及其可预警性分析

20 日 02:28 永州雷达 0.5°仰角径向速度图显示,50 km 距离圈内(对应高度 0.8 km)有大于 20 m·s^{-1}的速度大值区(图略),1 个体扫后,径向速度图上出现明显速度模糊,说明蓝色条纹区域对应着 27 m·s^{-1}以上离开雷达的速度。对应径向速度垂直剖面上 3～6 km 高度处有径向速度辐合(虚线框所示)、低层有辐散,预示着雷暴大风的出现[18]。反射率因子垂直剖面显示强回波伸展高度、强回波中心值较前期均有所降低,最强为 55 dBZ。此后大于 20 m·s^{-1}的径向速度大值区东移南压,03:17,该速度大值区已影响道县北部,03:15,道县本站产生极端大风,风力达 11 级,创该站有气象记录以来极大值。若短时预警人员在 02:28 监测到距离地面 1 km 以内的速度大值区,并对速度大值区移动方向作出判断,就可对道县大风至少提前

40 min发布预警。但值得关注的是,永州雷达显示 0.5°仰角反射率因子在 20 日 02：40 有所减弱,降到 50 dBZ 以下(但对应速度大值区一直存在),因此反射率因子减弱的信息易导致预警人员在发布雷暴大风预警时犹豫不决甚至漏报。

3 强对流天气发生的环境条件分析

3.1 主要影响系统中尺度分析

3 月 19 日 08：00,500 hPa 亚欧大陆中高纬地区呈两脊一槽型,贝加尔湖以东为宽广低槽区,我国东北地区有一冷涡。南支槽发展旺盛,副热带高压(以下简称副高)西伸至 110°E 附近,湖南受南支槽前和副高西北侧西南气流控制。20：00,青藏高原东部有短波槽东移,850 hPa 切变线从鄂西南经湘西北到滇东南,并快速东移南压。湖南中南部和华南中西部 850 hPa 和 500 hPa 温差达 26℃以上,上冷下暖,温度直减率很大。同时,850 hPa 湿舌从华南西部延伸至华东大部,而湖南全境处于 500 hPa 温度露点差大于 20℃的干区中,上干冷、下暖湿的不稳定层结明显。此外,分析各层风发现,从低层到高层均有偏西南急流,且各层急流轴近乎相交,风速随高度明显增加,500 hPa 和 925 hPa 风速差达 22 m·s^{-1} 以上,风垂直切变强,有利深厚强对流发展。

值得一提的是,19 日下午,湘南地区地面倒槽强盛发展,且近地面晴空辐射增温明显,最高气温超过 30 ℃(资兴,30.8 ℃),对该区域大气不稳定能量积累有重要作用。21：00—22：00,南岳高山站风况[19]由 10.9 m·s^{-1}西南风转为 4.1 m·s^{-1}偏北风,且气温下降2.3 ℃,湿度变化不明显,表明干冷空气从中层侵入,地面倒槽锋生,在地面辐合线和干线附近触发强对流天气(图略)。

3.2 飑线的地面温压场分析

分析 20 日 03：00 雷达拼图发现(图 4),湘东南有一条东北—西南向强回波带,强度在

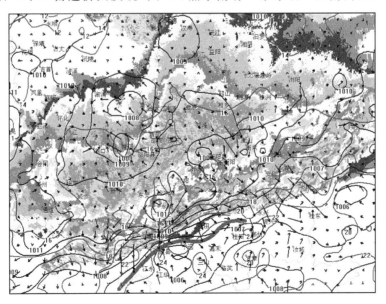

图 4 2013 年 3 月 20 日 03：00 地面实况和雷达拼图叠加
(粗黑线为等压线,粗红线为等温线,粗棕线为地面辐合线,箭头表示地面风)

50 dBZ 以上,其中道县北部回波强度达 65 dBZ 以上。在其前方有范围较小的弱回波带,后方有宽广的层状云回波,其中有一片强度超过 45 dBZ 的次强回波区,在次强回波区和对流强回波区之间为弱回波过渡带。同时,分析自动气象站资料可知,在飑线强回波南侧有一条西北气流和东南气流形成的辐合线,辐合线附近偏北风 13 m·s⁻¹,偏南风 2 m·s⁻¹,辐合明显。气压场上,飑线后侧有一中高压中心(雷暴高压),中心气压达 1012 hPa,其主要由积云下沉气流引起,而后侧下沉气流是强风暴气流场中重要特征之一,下沉气流能形成近地面冷空气堆和强烈向外辐散气流,可抬升前方低层暖空气上升。飑线前部的飑前低压是对流在飑前激起的对流层中上层下沉增温造成的,中心气压仅为 1006 hPa。飑前低压与中高压中心之间有较大气压梯度,0.5 个纬距内气压梯度达 6 hPa。在中高压之后还有一中低压中心(尾流低压区)。温度场上,飑线后部有一 16 ℃冷中心,与中高压中心基本重合,这是由于飑线尾部中层吸入的干冷空气下沉至地面加速水滴蒸发、降温所致。其前部是暖中心,飑线附近温度梯度很大。上述分析表明,此时飑线处于成熟阶段,随着偏北风加强,它快速南压,导致道县出现极端大风。

此外,从道县自动气象站逐分钟气象要素变化曲线上可见(图略):20 日 03:13,道县气温开始骤降,10 min 内气温下降 8.1 ℃(由 24.0 ℃降到 15.9 ℃);相对湿度在 03:16 后明显增大,从 73%猛升到 92%(03:24);本站气压涌升,从 03:16 的 984.6 hPa 骤升至 03:28 的 988.0 hPa,13 min 内上升 3.4 hPa,呈现明显"雷暴鼻";风场也在这一时段变化剧烈,风向突变,19 min 内风向顺转 136°,由 03:10 的 214°转为 03:29 的 350°,风速剧增,从 03:11 的 3.4 m·s⁻¹西南风迅速转为 03:18 的 21.5 m·s⁻¹西北风。上述地面气象要素的变化特点进一步印证了道县极端大风产生与飑线过境密切相关。

3.3 热力和不稳定层结

分析 19 日 20 时 850 hPa 与 500 hPa 的 θ_{se} 之差 $\Delta\theta_{se(850-550)}$ 发现(图略),湖南南部及华南地区 $\Delta\theta_{se(850-550)}$ 达 12 K 以上,为明显对流不稳定层结,非常有利于该区域强对流天气发生发展。由靖州站 θ_{se} 垂直廓线可见,随着高度升高,靖州中低层 θ_{se} 减小明显,中低层 θ_{se} 差值最大达 15 K 以上,对流层中层 500 hPa 附近形成一干冷盖,为强对流过程所需能量积蓄及释放提供了有利条件。20 日 02:00,随着强对流天气自西向东发展,湘西南地区不稳定能量得到释放,$\Delta\theta_{se(850-550)}$ 已明显降低。而湘东南仍处在 $\Delta\theta_{se(850-550)}$ 大值区,为较强不稳定层结,道县中低层 θ_{se} 差值最大也接近 15 K,具备热力不稳定条件。

3.4 垂直风切变

风的垂直切变影响对流云发展、移动和分裂等过程,强的风垂直切变有助于普通风暴组织成持续性强风暴,是对流风暴维持和增强的重要因子。分析 19 日 20:00 探空资料可知,0~6 km 垂直风矢量差怀化为 24 m·s⁻¹,郴州为 27 m·s⁻¹,均属强垂直切变。从地面到高空的风向风速变化看,怀化地面到 850 hPa 风向随高度顺转显著(238°),有利于气旋式右移超级单体风暴产生[20],风速由 1 m·s⁻¹增大至 4 m·s⁻¹,高空 700~250 hPa 风向变化小,但风速从 13 m·s⁻¹增大到 50 m·s⁻¹;郴州高空 700~250 hPa 风向逆转 5°,风速从 21 m·s⁻¹增大到 55 m·s⁻¹,风速切变明显。此外,从永州雷达 VWP 资料来看,22—23 时 0.3~1.5 km 高度由东南风顺转为西南风,风速从 4 m·s⁻¹增至 14 m·s⁻¹以上,有明显的垂直风切变(图略),有利于弓形回波发展[1]。19 日 23:30 开始,0.3 km 高度的东南风转为西南风,维持了 22 个体扫。20 日 01:52,0.3 km 高度西南风转为东北风,表明此时有冷空气从底层开始侵入(图略)。

3.5 水汽条件

雹暴内部含有大量水分,要求低层有足够水汽供应,常形成于低层有湿舌或强水汽辐合的地区。分析 19 日 20:00 水汽通量及其散度分布可以发现(图略),华南有一明显水汽通量大值中心,靖州处在水汽通量大值区和东西向水汽辐合带上。同时,分析比湿垂直分布可知(图略),强对流发生区域低层比湿很大,800 hPa 以下比湿均在 10 g·kg⁻¹ 以上,对流层低层大气的水汽含量十分丰富,为强对流天气发生提供了充足的水汽来源。进一步分析 20 日 02:00 沿道县的水汽通量及水汽通量散度垂直剖面发现,强对流发生区域为水汽通量大值区,低层存在倾斜向上的水汽辐合区,近地层有一弱水汽辐散区,这也许与近地层浅薄辐散流场有关。这种水汽场分布特点与持续性强降水过程所具有的深厚湿对流特点不同,使强对流过程降水大多呈短历时性。

4 结论与讨论

(1)此次强对流发生前,近地面晴空辐射增温、对流不稳定层结、强的垂直风切变、强温度梯度直减率以及近地层较好的水汽条件,为强对流风暴发生发展提供了良好潜势条件。

(2)强对流风暴的前期以超级单体风暴和多单体风暴为主,超级单体风暴东移北上过程中与湖南西部不断新生的对流回波结合后发展成飑线。飑线维持、发展过程中出现"弓形"回波、中层径向辐合、速度大值区等特征。

(3)对不同强对流类型的判断和预警着眼点是本次过程预报服务的重点和难点。在短临预警业务工作中,冰雹预警需主要关注强回波最大值、强回波区相对于 0 ℃ 层和 −20 ℃ 高度的位置、有界弱回波区、垂直液态水含量、三体散射及风暴顶辐散等;雷暴大风预警则需关注是否有飑线或弓形回波生成,是否出现中层径向辐合、低层辐散、低层速度大值区等特征。

参考文献

[1] 俞小鼎,姚秀萍,熊廷南,等.多普勒天气雷达原理与业务应用.北京:气象出版社,2006:122-123,169.

[2] Bluestein H B, Jain M H. Formation of mesoscale lines of precipitation: Severe squall lines in Oklahoma during the spring. *J Atmos Sci*, 1985, **42**: 1711-1732.

[3] Parker M D, Johnson R H. Organizational modes of midlatitude mesoscale convective systems. *Mon Wea Rev*, 2000, **128**(10): 3413-3436.

[4] Johnson R H, Aves S L, Ciesielski P E, et al. Organization of oceanic convection during the onset of the 1998 East Asian summer monsoon. *Mon Wea Rev*, 2005, **133**(1): 131-148.

[5] Schumacher R S, Johnson R H. Organization and environmental properties of extreme-rain-producing mesoscale convective systems. *Mon Wea Rev*, 2005, **133**(4): 961-976.

[6] 陈明轩,王迎春.低层垂直风切变和冷池相互作用影响华北地区一次飑线过程发展维持的数值模拟.气象学报, 2012, **70**(3):371-386.

[7] 戴建华,陶岚,丁杨,等.一次罕见飑前强降雹超级单体风暴特征分析.气象学报,2012,**70**(4):609-627.

[8] Houze R A Jr, Biggerstaff M I, Rutledge S A, et al. Interpretation of Doppler weather radar displays of midlatitude mesoscale convective systems. *Bull Amer Meteor Soc*, 1989, **70**(6): 608-619.

[9] 孙虎林,罗亚丽,张人禾,等.2009 年 6 月 3—4 日黄淮地区强飑线成熟阶段特征分析.大气科学,2011,

35(1):105-120.

[10] 王秀明,俞小鼎,周小刚,等."6.3"区域致灾雷暴大风形成及维持原因分析.高原气象,2012,**31**(2):504-514.

[11] 梁建宇,孙建华.2009 年 6 月一次飑线过程灾害性大风的形成机制.大气科学,2012,**36**(2):316-336.

[12] 吴芳芳,俞小鼎,张志刚,等.对流风暴内中气旋特征与强烈天气.气象,2012,**38**(11):1330-1338.

[13] Atkins N T, Bouchard C S, Przybylinski R W, *et al*. Damaging surface wind mechanism within the 10 June 2003 Saint Louis bow echo during BAMEX. *Mon Wea Rev*, 2005, **133**:2275-2296.

[14] Atkins N T, Laurent M St. Bow echo mesovortices (Part II):Their genesis. *Mon Wea Rev*, 2009, **137**:1514-1532.

[15] McGinley J A, Albers S C, Stamus P A. Local Data Assimilation and Analysis for Nowcasting. *Adv Space Res*, 1992, **12**(7):179-188.

[16] 李红莉,崔春光,王志斌.LAPS 的设计原理、模块功能与产品应用.暴雨灾害,2009,**28**(1):64-70.

[17] 曹芳,李昀英.一次特大暴雨过程的中尺度低压特征及发展因子分析.暴雨灾害,2011,**30**(1):28-35.

[18] 姚叶青,俞小鼎,张义军,等.一次典型飑线过程多普勒天气雷达资料分析.高原气象,2008,**27**(2):118-122.

[19] 叶成志,陈静静,傅承浩.南岳高山站风场对湖南两例不同类型暴雨过程的指示作用.暴雨灾害,2012,**31**(3):63-68.

[20] 农孟松,祁丽燕,黄海洪,等.桂西北一次超级单体风暴过程的分析.气象,2011,**37**(12):1519-1525.

吉林省短时强降雨天气特征及大尺度环境条件

云 天[1]　杨紫超[2]　孙 妍[1]　孙钦宏[1]　孙鸿雁[1]　王晓明[1]

(1. 吉林省气象台,长春 130062;2. 吉林省气象探测中心,长春 130062)

摘 要

本文利用 2005—2010 年常规气象观测资料,对 43 例短时强降雨从时空分布特征、影响系统、大尺度环流背景特征以及中尺度天气分析等方面进行了较详细分析,结果表明:短时强降雨主要集中在 7 月 20 日—8 月 14 日,呈中部多、东西部少,相对平坦的区域多、山区少,盆地多于山区的特点。500 hPa 影响系统主要有四类,即西风槽居首,切变和 Ω 型高压两侧槽或切变次之,第三是冷涡。不同系统的形势配置和物理条件有一定差异,Micaps 业务平台中的环境物理参数和物理量指标对短时强降雨预报具有较好的指示意义。

关键词: 短时强降雨　天气特征　高低空形势配置　环境物理参数

0 引言

吉林省地处东北平原中部,东部为长白山脉,西部与大兴安岭相毗邻,特殊的地理环境使其强对流天气灾害频繁发生。经统计发现,短时强降水中西部多于东南部,冰雹是东南部多于中西部,雷电天气是长白山脉的迎风坡最多,雷雨大风或飑线则是西部平原大兴安岭的背风坡最多。但它们的共同特点是具有突发性,时间短、强度大、局地性强、灾害损失严重。因此,长期以来,预报和科研人员通过使用各种探测工具和常规、非常规资料,对强对流天气进行总结研究[1-8],特别是近年来开展的中分析工作对强对流天气的分析预报起到了重要作用[9-13]。本文利用 2005—2010 年常规气象观测资料,分析了吉林省短时强降雨的时空分布特征、影响系统、大尺度环流背景特征以及中尺度天气特征分析等,分析不同影响系统高低空形势配置的异同点,并对 Micaps 业务平台中的探空物理参数和物理量场进行了统计分析,总结归纳出预报指标,旨在为短时强降雨预报预警提供参考。

1 资料和定义

短时强降雨定义:1 h 降雨量≥20 mm,定义为短时强降雨。

短时强降雨过程个例选取:发生在 12 h 内的短时强降雨站次数≥5,或短时强降雨站次数≥3 且含有 1 h 降雨量≥50 mm 的站,则选取为一个短时强降雨过程个例。

统计分析 2000—2010 年 6—8 月逐小时降水资料,短时强降雨个例共计 43 例。

2 短时强降雨的统计特征

2.1 时间分布

吉林省短时强降雨过程主要发生在 6 月下旬至 8 月中旬,其中,主要集中在 7 月 20 日至 8 月 14 日,占短时强降雨总数的 68.9%;6 月下旬和 8 月下旬出现次数较少,仅占短时强降雨总数的 11.1%,分别为 8.9% 和 2.2%。

表 1   短时强降雨过程旬月分布统计   单位:%

6月			7月			8月		
上旬	中旬	下旬	上旬	中旬	下旬	上旬	中旬	下旬
/	/	8.9	11.1	4.4	37.8	17.8	17.8	2.2
8.9			53.3			37.8		

2.2 地域分布

短时强降雨过程的地域分布特征十分明显,即:中部多、东西部少;长白山迎风坡多、山区少。且主要集中在吉林省中部,有三个相对大值中心分别位于吉林地区南部、长春地区北部和四平地区东部,其中以吉林地区南部出现的次数最多。少发生地区在吉林省西部的白城、松原地区南部和东部的延边、白山东南部、通化南部(图 1)。延边虽处于少发生区,但该区的盆地相对较周围多。

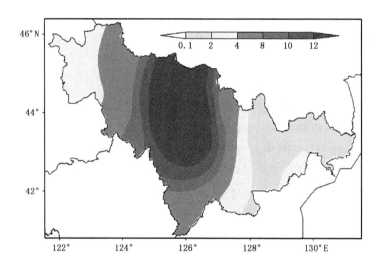

图 1   吉林省短时强降雨地域分布

短时强降雨的地域分布与地形关系密切,地势平坦的西部大兴安岭背风坡和长白山区及盆地是少发生区域,而在与山区相毗邻的迎风坡即吉林省的中部和南部是多发生区域,山区的盆地比山区多,这主要是迎风坡的抬升作用使上升运动加强和切变等中尺度天气系统移动缓慢或停滞造成的。

2.3 短时强降雨的降水特征

在 43 个短时强降雨个例(总计 308 站次)中,雨强(指 1 h 降雨强度,下同。)在 20~30 mm 的占 69.8%,雨强在 30~50 mm 的占 22.4%,雨强大于 50 mm 的占 6.8%。在每次短时强降雨过程中,最大雨强在 20~30 mm 的占 11.1%,在 30~50 mm 之间的占 53.3%,大于 50 mm 的占 35.6%。可见,有 90% 的短时强降雨雨强大于 30 mm。

短时强降雨过程的最大雨强达 81.9 mm,发生在 2010 年 7 月 25 日的双阳,其中该站在

19:00、20:00 的 2 h 内降雨达 107.0 mm。从 25 日 15:00 开始降雨至 26 日 00:00 的 10 h 内，降雨量达 151.2 mm，雨强之大较为罕见。

3 短时强降雨影响系统及高低空形势配置

短时强降雨是强对流天气之一，而强对流天气是在有利的大尺度环流背景下由中小尺度天气系统直接产生的。仔细分析有利于中小尺度天气产生的环境条件，对强对流天气分析和预报预警具有较好的指示意义。

3.1 短时强降雨的影响系统

对 41 例（2000 年图缺）短时强降雨天气的 500 hPa 和 850 hPa 影响系统进行分析，其中 500 hPa 影响系统主要有以下 4 类，即：西风槽占 51%；切变（含副高后部槽或切变）占 19.5%；Ω 型高压两侧槽或切变占 19.5%；冷涡占 10%。

3.2 短时强降雨的高低空形势配置

3.2.1 西风槽

西风槽产生的短时强降雨是指在 110°～130°E、35°～50°N 范围内，500 hPa 西风带有短波槽东移。形势特点：500 hPa 副热带高压呈带状分布，120°E 副高脊线一般在 25°～35°N，有 57.9% 的副高脊线在 30°N 以北，130°E 的 588 线一般在 30°～43°N，其中 588 线在 35°N 以北的占 57.9%，说明虽然副高呈带状分布，但位置比较偏北；在槽线附近有大于 20 m·s^{-1} 的偏西急流；850 hPa 西南气流 ≥12 m·s^{-1}；500 槽后均有冷平流。低层 850 hPa 受切变影响的占 52.6%，受西风槽占 47.4%，且 850 hPa 槽后倾，低层湿舌明显，比湿 ≥12 g·kg^{-1}；地面图上，多为冷锋影响（见图 2）。短时强降雨区位于 500 hPa 和 850 hPa 槽线之间，或 850 hPa 切变南侧、地面冷锋后部。其中有 35% 的西风槽雨雨强大于 50 mm，最大雨达强 81.3 mm，平均雨强 44.3 mm。

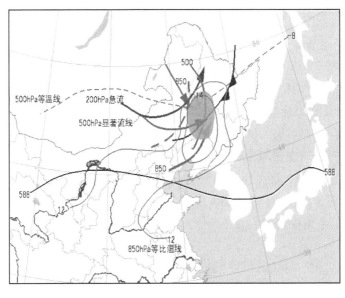

图 2 西风槽类短时强降雨高低空形势配置

（阴影区为强降雨区）

3.2.2 切变(含副高后部切变)

副高后部槽或切变产生的短时强降雨是指副高呈块状分布或副高与大陆高压脊叠加呈经向分布,125°E副高脊线在35°N附近,吉林省受副高西或西北侧的槽或切变影响。形势特点:一是副高偏北,130°E的588线均在40°~45°N;二是副高的强度强,其中心强度均大于592 dagpm,环流形势相对比较稳定;三是在副高西侧500 hPa沿副高边缘有大于20 m·s⁻¹的西南急流,850 hPa多有大于16 m·s⁻¹西南急流;比湿≥12 g·kg⁻¹,具有较好的水汽输送;500 hPa有干冷平流,850 hPa有暖湿平流,形成不稳定层结。地面多为高压后部的暖切变或冷锋影响(见图3)。强降雨区位于低层切变前部、副高后部的急流带上,高空200 hPa急流入口区的右侧。有62.5%的切变强降雨雨强大于50 mm,最大雨达61.5 mm,平均雨强47.6 mm。

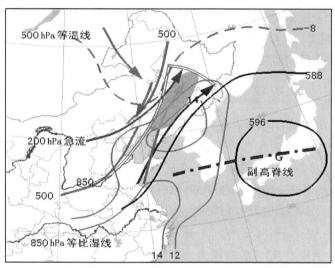

图3 切变类短时强降雨高低空形势配置

(阴影区为强降雨区)

3.2.3 Ω型高压两侧槽或切变

Ω型高压两侧槽或切变产生的短时强降雨是指在115°~135°E、20°~60°N范围内有经向分布的高压脊,受其高脊两侧的槽或切变影响。形势特点:一是在115°~135°E范围内大陆高压脊与副热带高压脊叠加且呈经向分布;二是叠加后的高压脊的南北跨度较大;三是当受Ω型高压脊东侧影响时,500 hPa槽前倾,槽的后部有≥20 m·s⁻¹的偏北急流。此型低层850 hPa均为切变影响,切变前部为西南暖湿气流。地面图上多数处于高压后部,有个别是冷锋影响。强降雨区多位于Ω型高压两侧槽与低层切变附近以及高层偏北气流与低层西南气流汇合处。该型比湿≥8 g·kg⁻¹(见图4)。有75.5%的雨强小于50 mm,但最大雨强出现在此型中达81.9 mm,平均雨强41.4 mm。

3.2.4 东北冷涡

东北冷涡是指在35°~60°N,115°~145°E范围内,高空500 hPa和700 hPa至少能分析出一条闭合等高线,并有冷中心或明显冷槽配合的低压环流系统,且冷涡在上述区域内的生命史至少有3 d或以上。东北冷涡产生的短时强降雨的形势特点:一是在冷涡西部的乌拉尔山至贝加尔湖附近和冷涡东部的鄂霍茨克海附近有南北向阻塞高压;二是冷涡中心位置一般多

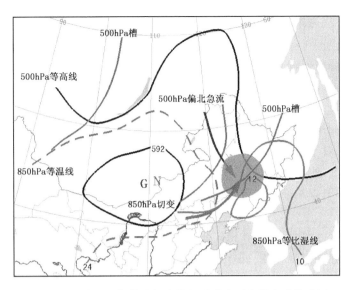

图4　Ω型高压两侧槽或切变类短时强降雨高低空形势配置

（阴影区为强降水区）

在 45°N 以北；三是在涡的三、四象限有大于 $20\ \mathrm{m\cdot s^{-1}}$ 的偏西气流，与冷涡相伴的高空槽后有冷平流，低层 850 hPa 槽前有暖平流；系统自 500 hPa 至地面前倾，此型 850 hPa 比湿 $\geqslant 10\ \mathrm{g\cdot kg^{-1}}$。地面为气旋冷锋影响。强降雨位于高空急流右侧、地面冷锋前部的 500 hPa 与 850 hPa 急流交汇处，也是冷涡底部的三、四象限（见图 5）。有 62.5% 的雨强大于 50 mm，最大雨强 62.8 mm，平均雨强 48.1 mm。

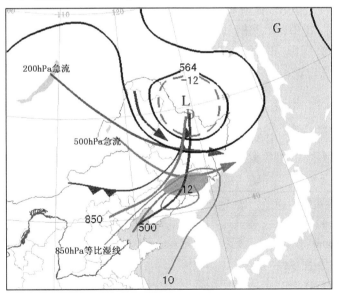

图5　冷涡类短时强降雨高低空形势配置

（阴影区为强降雨区）

从上面 4 类短时强降雨影响系统的雨强来看，最大雨强易出现在高空槽和 Ω 型高压脊两侧槽系统中，平均雨强切变和冷涡较大。

3.3 短时强降雨不同影响系统高低空配置差异

3.3.1 环流型

在4类短时强降雨影响系统的环流型中,受西风带短波槽影响的短时强降雨以纬向环流为主,其他三类影响系统为经向环流型,其中切变和冷涡为两脊一槽型,Ω型高压为两槽一脊型。

3.3.2 高低空槽(切变)线

除切变系统外,其他三类系统500 hPa槽线均呈前倾状态,使之前倾槽在移动过程中,高空槽后的干冷空气叠加与低层槽前的暖湿空气之上,增加了气柱的对流不稳定度。切变类虽然不是前倾的,但高低空切变距离很近,说明不稳定度增加。强降雨一般落在两槽之间。

3.3.3 高低空急流

高、低空急流指200 hPa和850 hPa分别有$\geq$30 m·s^{-1}和12 m·s^{-1}的气流带。除受Ω型高压影响的短时强降雨没有高、低空急流外,其他三类系统均存在高空和低空急流,其中:冷涡高空为偏西急流,西风槽和切变高空为西南急流;在低层均为西南急流,副高后部的西南急流最强,冷涡次之,西风槽相对较弱些。Ω型高压影响时500 hPa存在偏北急流($\geq$20 m·s^{-1}),低层有西南风显著流线。短时强降雨发生在高空急流右侧、低空急流左侧,或高低空显著流线交汇处附近。

3.3.4 冷暖平流

从高低空冷暖平流的配置来看,高空500 hPa均为冷平流,低层850 hPa均为暖平流,具有较强的不稳定层结。短时强降雨区一般落在冷、暖平流叠加附近。

3.3.5 比湿

四类影响系统的850 hPa比湿场均有东北—西南走向且开口朝向西南的等比湿大值区,但比湿值有所不同,其中:西风槽和切变比湿值最大,$\geq$12 g·kg^{-1};冷涡次之,比湿值$\geq$10 g·kg^{-1};Ω型高压影响时的比湿值最小,为$\geq$8 g·kg^{-1}。短时强降雨区基本落在比湿大值区靠近低层切变附近。

4 短时强降雨的环境参数指标

从业务应用考虑,选取Micaps业务平台中的探空物理参数逐一与短时强降雨进行分析,挑选出涵盖率在80%以上的参数确定阈值,结果见下表:

表2 短时强降雨的探空物理参数阈值

物理参数	阈值范围	平均值
0℃层高度(ZHT0)	3.3~4.8 km	4267 m
−20℃层高度(ZHT2)	6.5~8.5 km	7465 m
风暴相对螺旋度(SRH)	−1~2.5	0.94
风暴强度指数(SSI)	220~290	240.25
瑞士第一雷暴指数(SWISS00)	0~5	2.75
粗理查逊数切变	2~14	7.74
修正的K指数(MK)	32~44	37.58
$T_{700-500}$	$\geq$16℃	17

我们还对 Micaps 业务平台 T639 模式中的 850 hPa 散度、700 hPa 垂直速度、850 hPa 水汽通量、850 hPa 水汽通量散度、850 hPa 比湿、$\theta_{se850} - \theta_{se500}$ 共计 6 个物理量场也进行了统计分析,结果见表 3:

表 3　短时强降雨天气的物理量特征指标

物理量	平均值	最大(小)值
850 hPa 散度	-10	-47
700 hPa 垂直速度	-13.4	-59
850 hPa 水汽通量	11.2	24.9
850 hPa 水汽通量散度	-13.8	-64
$\theta_{se850} - \theta_{se500}$	3.7	10.5
850 hPa 比湿	11.1	15.41

5　小结

(1)吉林省短时强降雨的 500 hPa 影响系统主要有四类,即:西风槽居首,占 51%;切变(含副高后部槽或切变)和 Ω 型高压两侧槽或切变分别占 19.5%;冷涡占 10%。短时强降雨主要集中在 7 月 20 日－8 月 14 日,呈中部多、东西部少,相对平坦的区域多、山区少,盆地多于山区的特点。

(2)4 类短时强降雨影响系统的环流型不同,其中受西风带短波槽影响的短时强降雨以纬向环流为主,其他三类影响系统为经向环流型。除切变系统外,其它三类系统 500 hPa 槽线均呈前倾状态。

(3)Ω 型高压影响时 500 hPa 存在偏北急流($\geqslant 20$ m·s^{-1}),低层有西南风显著流线。其他三类系统均存在高低空均存在偏西或西南急流,其中副高后部的西南急流最强;从高低空冷暖平流的配置来看,高空 500 hPa 均为冷平流,低层 850 hPa 均为暖平流,具有较强的不稳定层结。

(4)四类影响系统的 850 hPa 比湿场均有东北－西南走向且开口朝向西南的等比湿大值区,但比湿值有所不同,其中:西风槽和切变比湿值最大,$\geqslant 12$ g·kg^{-1};冷涡次之,比湿值$\geqslant 10$ g·kg^{-1};Ω 型高压影响时的比湿值最小,为$\geqslant 8$ g·kg^{-1}。短时强降雨区基本落在比湿大值区靠近低层切变附近。

(5)0℃层高度、-20℃层高度、风暴相对螺旋度、瑞士第一雷暴指数、风暴强度指数、粗理查逊数切变、修正的 K 指数、$T_{700} - T_{500}$ 等及 850 hPa 散度、700 hPa 垂直速度、850 hPa 水汽通量、850 hPa 水汽通量散度、850 hPa 比湿、$\theta_{se850} - \theta_{500se}$ 等环境参数和物理条件指标,对短时强降雨预报具有较好的指示意义。

参考文献

[1]　陈艳,寿绍文,宿海良.CAPE 等环境参数在华北罕见秋季大暴雨中的应用.气象,2005,**31**(10):56-61.

[2]　彭治班,刘健文,郭虎,等.国外强对流天气的应用研究.北京:气象出版社,2001:111-115,134-135.

[3]　寿亦萱,许健民."05.6"东北暴雨中尺度对流系统研究－常规资料和卫星资料分析.气象学报,2007,**65**

(2):160-169.

[4] 郑媛媛,张小玲,朱红芳,等.2007年7月8日特大暴雨过程的中尺度特征.气象,2009,**35**(2):3-7.

[5] 田军,张楠,粟敬仁,等.2008年6月3日一次中尺度强对流天气过程分析.气象与环境科学,2009,**32**(S1):5-8.

[6] 农孟松,董良淼,曾小团,等."070613"广西柳州极端暴雨中尺度环境场特征和预报技术分析.气象环境与应用,2008,**29**(S1):5-15.

[7] 朱男男,宫全胜,易笑园.地面大气电场资料在强对流天气预报中的应用.气象科技,2010,**38**(4):423-426.

[8] 寿绍文.中尺度气象学.北京:气象出版社,2003:316-359.

[9] 祁东平,周建志,王珊珊,等.一次局地强降水过程的中尺度特征及预报难点分析.暴雨灾害,2008,**27**(1):42-48.

[10] 张晓美,蒙伟光,张艳霞,等.华南暖区暴雨中尺度对流系统的分析.热带气象学报,2009,**25**(5):551-559.

[11] 李世刚,梁涛,彭盼盼,等."07.5"湖北大暴雨的中尺度系统及降水成因分析.暴雨灾害,2007,**26**(3):231-235.

[12] 丁一汇.暴雨和中尺度气象学问题.气象学报,1994,**52**(3):274-283.

[13] 郁珍艳,何立富,范广洲,等.华北冷涡背景下强对流天气的基本特征分析.热带气象学报,2011,**27**(1):89-94.

黄土高原一次伴随飑风强对流天气的特点及成因

井 喜[1] 李 强[1] 屠妮妮[2] 井 宇[3] 陈 闯[4]

康 磊[1] 艾 锐[1] 张健康[1] 候柯然[1]

(1. 陕西榆林市气象局,榆林 719000;2. 中国气象局成都高原气象研究所,成都 610071;3. 陕西省气象台, 西安 710014;4. 陕西省气象科学研究所,西安 710014)

摘 要

为了提高对黄土高原强对流风暴的预报和预警能力,利用 NCEP 资料、MICAPS 系统提供的资料、多普勒气象雷达资料等,对 2013 年 8 月 4 日黄土高原发生的一次强对流风暴进行了诊断分析。结果表明:这次黄土高原强对流风暴是由一超级单体活动造成的;大于 20 m·s^{-1} 东北风低空急流的生成,是强风暴在榆林城区生成和发展的触发机制之一;地面能量比大于 90 ℃·hPa^{-1} 的高能中心的形成、配合北方有罕见的能量比等值线密集区的生成、对强风暴的发生有一定的指示意义;对流层低层偏南低空急流的生成、高低空垂直风速切变迅速增大至 7 m·s^{-1} 以上,北方邻近地区边界层已出现大于 27 m·s^{-1} 的强辐散,是临近预报中预报强风暴可利用的重要信息;强风暴发生前,在 550 hPa 以下的对流层中低层,主要是水平平流项的作用产生涡度收支正值;在 550 hPa 以上的对流层中高层,也主要是水平平流项的作用产生涡度收支负值。

关键词:黄土高原 强对流 飑风 成因

0 引言

有关黄土高原高影响天气事件的研究,多数气象工作者关注的是暴雨的研究[1-6]。而近年观测表明,强对流风暴也是黄土高原高影响天气事件之一。有关黄土高原强对流风暴的研究,井喜等人只做了一些初步的研究工作[7]。因此,加强对黄土高原强对流风暴的研究,对防灾减灾具有十分重要的意义。

1 雹暴概况、研究资料和方法

2013 年 8 月 4 日 19:00—20:00,陕西北部榆林市区出现一次强对流天气,整个强对流天气过程持续不到 2 h,但榆阳区气象站观测到 50 min 产生 55 mm 的强降水(参见图 1),瞬时最大风速达 29.7 m·s^{-1};降雹从 19:03 开始,19:20 结束,持续 23 min,冰雹最大直径达 17 mm;大风从 18:56 开始,19:41 结束,持续 45 min,榆林城区中心广场自动观测站观测到瞬时风速达 34.2 m·s^{-1} 的飑风;飑风使城区直径达 1.5

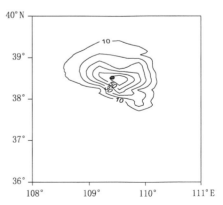

图 1 榆林(站号:53646)2013 年 8 月 4 日 08:00—5 日 08:00 降水量(单位:mm)

尺①大树连根拔起,刮毁广告牌无数;城区市民观测到有的冰雹如鸡蛋般大,冰雹砸毁居民房屋玻璃无数;强降水产生的洪水冲毁多处道路和若干居民房屋。

本文利用榆林多普勒气象雷达(CINRAD－CB)采用 VCP21 体积扫描模式获得的资料(同时利用距离去折叠算法处理径向速度进行退模糊)、Micaps 提供的红外卫星云图、常规探测资料和物理量场、NCEP 资料(在河套及周边地区可信度很高)等,对上述雹暴从环流背景、生成发展条件、中尺度系统的活动等方面进行了分析研究。

2 卫星和多普勒雷达观测到的中尺度系统的活动

2.1 卫星观测到的中尺度对流系统的活动

参见图 2,4 日 13:00,卫星云图上生成一 α 中尺度对流云带;4 日 17:00,α 中尺度对流云带东移获得发展,并在云带上生成强对流云团 A1 和强对流云团 A2,强对流云团 A1 云顶红外亮温 TBB 小于－56℃;4 日 19:00,强对流云团 A1 在向南移动的过程中再次获得发展,云顶红外亮温 TBB 小于－64℃,榆阳区强对流风暴开始;4 日 20:00,云团位于西部的强中心减弱,榆阳区强对流风暴停止。

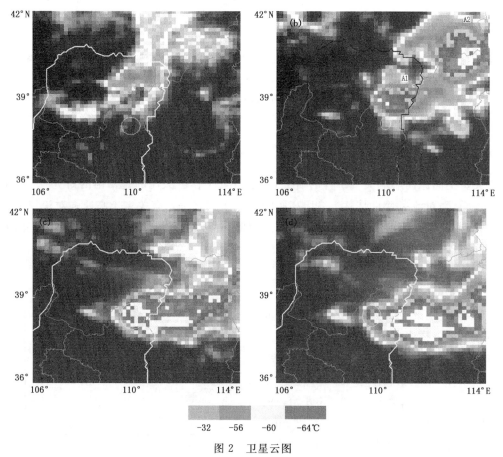

图 2　卫星云图

(a 为 13:00,b 为 17:00,c 为 19:00,d 为 20:00;白色圈代表强对流风暴区)

---

① 1 尺≈0.33 m

2.2 多普勒气象雷达观测到的中尺度对流系统的活动

以榆林多普勒气象雷达(位于榆林市城区)获得的资料,对此次雹暴过程做进一步分析。

综合分析图 3～5,15:56:43,雷达北方 100 km 处有强对流单体发展,中心强度大于 65 dBz;17:46:38,云团向东南移动过程中获得发展,移入榆林城区东北方 20～50 km 范围内,从 0.5°仰角 17:52:45 的径向速度图看到,强对流单体内有中气旋发展,这时的强对流单体已发展成为超级单体,且从反射率因子剖面图上看到,存在有界弱回波区,冰雹特征明显;18:47:42,从径向速度上看,对流层低层有东北低空急流发展(大于 20 m·s⁻¹);对流层高层 10～30 km 范围内有径向强辐散生成,对流层高层 0～20 km 范围内有向雷达的强汇合生成,强对流单体向南发展,逼近榆林城区(中心强度大于 65 dBZ);18:53:48,强对流单体向西南方向发展已移入榆林城区(中心强度大于 65 dBZ),从 19.5°仰角的径向速度图看到,对流层高层 0～20 km 范围内向雷达中心的气流汇合增强,对流层低层产生大于 27 m·s⁻¹ 的径向强辐散,18:56 榆阳观测站开始吹大于 17 m·s⁻¹ 的瞬时大风;18:59:54,强对流单体在榆阳区上空维持,中心强度有所减弱(大于 60 dBZ);对流层高层(19.5°仰角)(雷达 0～25 km 范围内)维持向雷达中心的强气流汇合,对流层高层(19.5°仰角)(雷达 15～25 km 范围内)同时形成辐散环,对流层高层(19.5°仰角)雷达东部维持强辐散气流,对应榆阳城区大风持续;19:06:01－19:12:39,对流层低层雷达东南方生成并维持一中气旋,对流层高层(19.5°仰角),雷达东部强辐散维持,但流向雷达中心的汇合气流有所减弱,反射率因子图上云体范围进一步扩大,但强度有所减弱,19:03 榆林城区开始降雹,大风持续;19:24:52,对流层低层中气旋消失,榆林城区降雹停止;19:49:17,位于雷达南部对流层低层辐合消失,转为一致地向着雷达的气流(即南风或东南风)榆林城区大风停止。

分析风暴相对径向速度(图6),18:47:42,从 0°～180°范围内形成大于 27 m·s⁻¹ 向着雷达的风暴相对径向速度;18:53:48,伴随强对流单体在榆林城区发展,对流层低层也形成离开雷达的大于 27 m·s⁻¹ 强的风暴相对径向速度;榆林城区降雹期从风暴相对径向速度也观测到中气旋;榆林城区大风的停止,从风暴相对径向速度也观测到位于雷达东南方辐合的消失,大于 20 m·s⁻¹ 流向雷达气流的建立。

3 雹暴形成的环境条件

3.1 环流背景及中尺度影响系统

8月4日08:00 500 hPa 等压上,亚欧中高纬度(35°～50°N)为两槽一脊型:黑海至里海、我国东部为一大槽区,新疆至阴山山脉北部为宽脊区,风暴发生区受脊前西北气流影响;700 hPa 和 850 hPa 等压上,亚欧中高纬度(40°～50°N)也为两槽一脊型:黑海、我国东北为槽区,新疆为宽脊区;我国 40°N 以南为东高西低型,风暴区受副热带高压西侧西南气流影响;地面图上,风暴区处在高压后;高、低空形势的配合,看不出发生强风暴的迹象。8月4日20:00(见图7),500 hPa 等压面上,随着黑海至里海大槽的加深、新疆高脊的发展,脊前西北气流中从山西北部至风暴区生成一东北—西南向切变线;700 hPa 和 850 hPa 等压面上,伴随黑海大槽的加深、新疆高脊的发展,脊前西北气流和副热带高压西侧的西南气流生成一东北—西南向的切变线(过风暴区),中低空切变线的配置,形成有利于强风暴发生发展的有利形势。

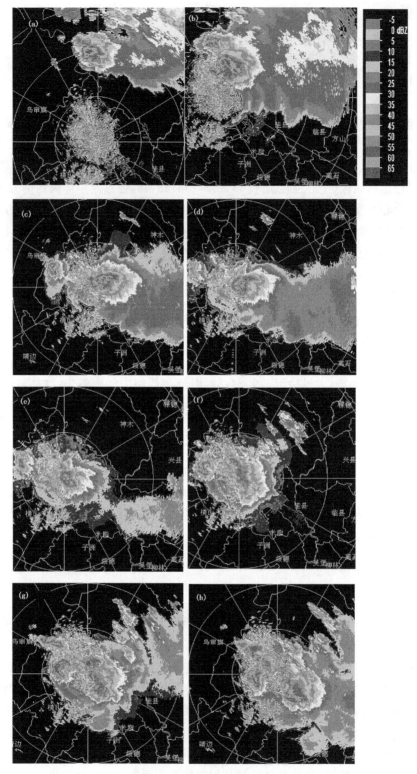

图 3 综合反射率因子

(a 为 15:56:43,b 为 17:46:38,c 为 18:47:42,d 为 18:53:48,e 为 18:59:54,
f 为 19:12:39,g 为 19:30:58,h 为 19:49:17)

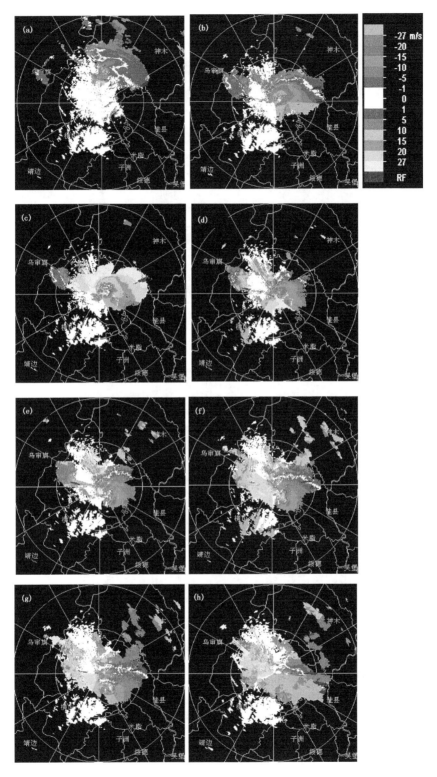

图 4　仰角 0.5°径向速度

(a 为 17:52:45,b 为 18:47:42,c 为 18:53:48,d 为 19:06:01,e 为 19:12:39,
f 为 19:24:52,g 为 19:30:58,h 为 19:49:17)

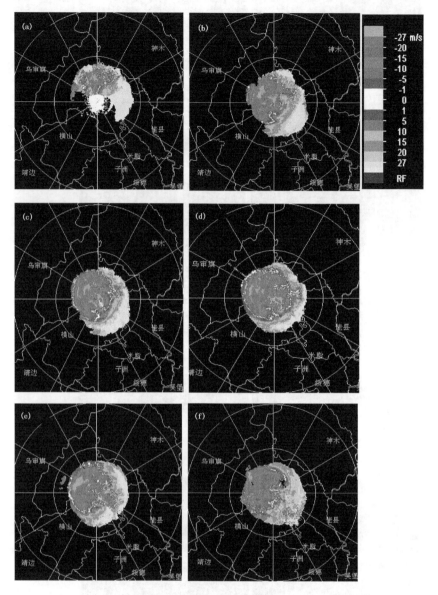

图 5　仰角 19.5°径向速度

(a 为 17:52:45,b 为 18:47:42,c 为 18:53:48,d 为 18:59:54,e 为 19:12:39,f 为 19:49:17)

3.2　水汽条件、能量条件及动力条件

分析图 7,8 日 4 日 14:00 风暴区(110°E,下同)形成 11 g·cm^{-1}·hPa^{-1}·s^{-1}水汽通量高值中心,风暴区 800~650 hPa 同时形成≤−5×10^{-7} g·cm^{-2}·hPa^{-1}·s^{-1}的水汽通量强辐合中心,为强风暴的发生和发展创造了有利的水汽条件。

风析风暴区的大气层结,8 月 4 日 08:00,$\theta_{se850}-\theta_{se500}=12$ ℃,属于强对流不稳定;从图 9 看到,8 月 4 日 14:00,风暴区(38°N,110°E,下同)同时形成大于 1800 J·kg^{-1}的对流有效位能中心,为强风暴的形成创造了有利的能量条件。

风析大气动力场(图10):散度场上,8 月 4 日 14:00,风暴区地面至 200 hPa 形成第一辐合

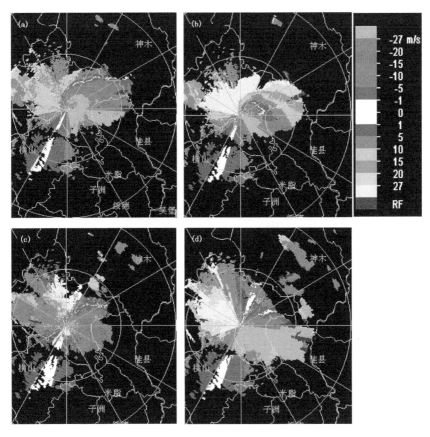

图 6　风暴相对径向速度

（a 为 17:47:42，b 为 18:53:48；c 为 19:12:39，d 为 19:49:17）

层（风暴区辐合接近$-0.5\times10^{-5}\,\mathrm{s}^{-1}$），700～450 hPa 形成一弱辐散层；450～330 hPa 形成一强辐合层（辐合中心值达$-2.0\times10^{-5}\,\mathrm{s}^{-1}$），330～200 hPa 形成一强辐散层（辐散中心值达$3.0\times10^{-5}\,\mathrm{s}^{-1}$）；涡度场上，地面至 600 hPa 有正涡度发展，600～300 hPa 有负涡度发展；涡度场和散度场的配置，从垂直运动场上看到，从 270 hPa 以下形成整层上升运动，对流层低层800 hPa 附近形成$-0.3\times10^{-3}\,\mathrm{hPa}\cdot\mathrm{s}^{-1}$的上升运动中心，而对流层高层 300 hPa 附近形成$-0.4\times10^{-3}\,\mathrm{hPa}\cdot\mathrm{s}^{-1}$的另一上升运动中心，为强风暴的发展提供了动力条件。

3.3　单站要素及地面影响系统

3.3.1　单站要素分析

分析 8 月 4 日榆阳区测站气象要素的变化：从 10:00 开始榆阳区本站气压不断下降，到强风暴发生前的 19:00，气压累计下降 4.9 hPa；从 10:00 开始，同时伴随着水汽压的不断增高，到 16:00 水汽压达到最高值（26.4 hPa），这时从雷达上看到榆阳区测站北方已有强对流云团发展；从风向和风速的变化看到，从 15:00 开始东南风增强，到强风暴开始前（18:00）东南风达到 6.5 m·s^{-1}；显然，气压的不断下降、水汽压的不断增高，也为强风暴的发生创造了有利条件；东南风的增强也是强风暴发展的重要影响因素之一。

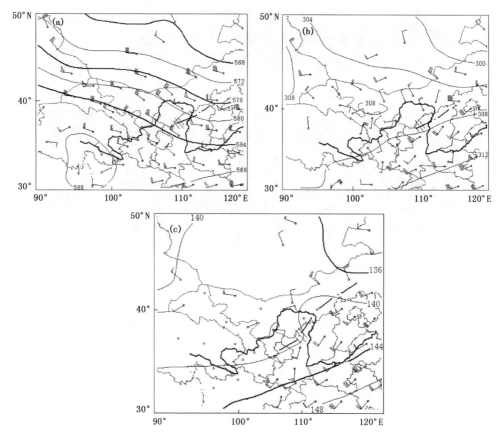

图 7 2013 年 8 月 4 日 20:00 风场和高度场

(a 为 500 hPa,b 为 700 hPa,c 为 850 hPa;影阴区为风暴区)

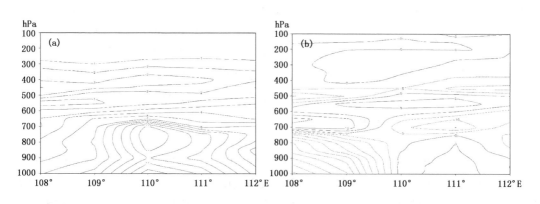

图 8 2013 年 8 月 4 日 14:00 水汽通量(a)(单位:g・cm^{-1}・hPa^{-1}・s^{-1})和水汽通量散度(b)

(单位:10^{-7} g・cm^{-2}・hPa^{-1}・s^{-1})沿 38°N 剖面图

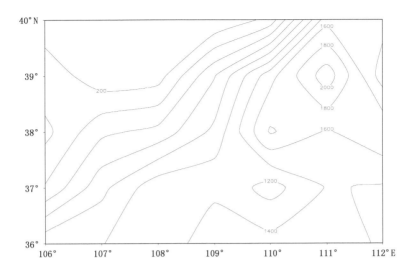

图 9　2013 年 8 月 4 日 14:00 对流有效位能(单位:J·kg⁻¹)

表 1　2013 年 8 月 4 日榆阳区测站气象要素随时间分布

	10	11	12	13	14	15	16	17	18	19	20	21
气压/0.1 hPa	8768	8766	8762	8756	8748	8736	8724	8722	8721	8717	8744	8745
水汽压/0.1 hPa	20.2	21.9	22.5	22.5	25.0	25.2	26.4	24.9	23.6	18.7	17.9	16.9
风向/°	167	159	176	171	162	166	142	142	149	334	101	145
风速/m·s⁻¹	4.6	3.1	3.8	4.3	3.6	5.0	5.0	5.7	6.5	17.3	8.0	3.7
雨量/mm										7.7	47.6	0.2

3.3.2　垂直风速切变

利用榆林多普勒雷达获得的风廓线资料分析强风暴发生期间风速垂直切变演变。18:53:48,强对流单体已移入榆林城区,从图 11(略)可见,2.1 km 高度为 42 m·s⁻¹ 南南西风,2.4 km 高度为 34 m·s⁻¹ 南西南风,而 7.3 km 高度为 18 m·s⁻¹ 西北风;以 2.1 km 高度作为云底以下低层,以 7.3 km 高度作为云体上部,从云底以下层次到云体上部风速垂直切变平均达到 10 m·s⁻¹;从 2.4 km 高度到 4.3 km 高度风向随高度顺转 70°,风速和风向垂直切变有利于超级单体的生成发展和较久的维持[8];从 2.4 km 高度到 4.3 km 高度风向随高度顺转,有暖平流;从 4.3 km 高度到 4.9 km 高度风向随高度逆转,有冷平流;冷暖平流的配置有利于强对流风暴的发展;19:49—19:55,从 4.3 km 高度到 4.9 km 高度冷平流消失,转为一致的暖平流;同时对流层低层 2.4 km 以下偏南气流大大减弱,榆林城区大风停止。

3.3.3　地面影响系统

马鹤年[9]曾针对青藏高原东北侧,把"接近地面等压面上"单位质量空气的相对湿静力能量和位势能之比称之为"地面能量比",并表示为

$$K_{EG} = T_{\sigma G}/(P_0 - 950) \qquad (1)$$

式中,$T_{\sigma G}$ 为地面相对总温度,P_0 为海平面气压,地面能量比 K_{EG} 的单位为 ℃·hPa⁻¹。由于近地面空气湿度越大、温度越高,则 $T_{\sigma G}$ 越大,而 $P_0 - 950$ 越小,K_{EG} 迅速增大;相反,近地面

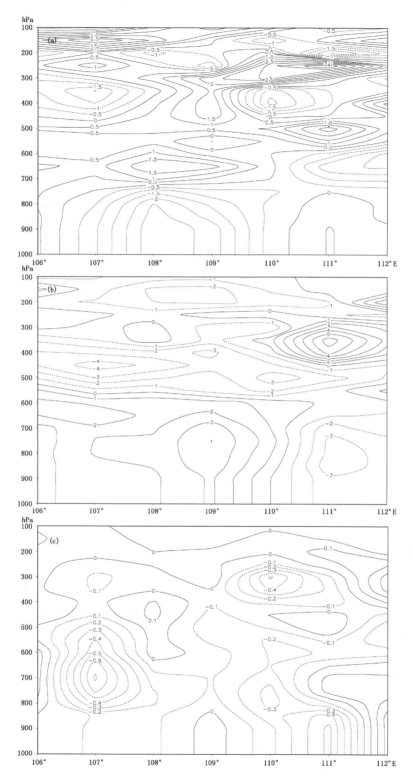

图10　2013年8月4日14:00散度(a)(单位:$10^{-5}\,\mathrm{s}^{-1}$)、涡度(b)
(单位:$10^{-5}\,\mathrm{s}^{-1}$)和垂直速度(c)(单位:hPa・s^{-1})沿38°N剖面图

空气湿度越小、温度越低,则 $T_{σG}$ 越小,而 P_0-950 增大,K_{EG} 相应减小。可见,该方法对不同属性小股空气的分布状况反应灵敏。由于其大梯度区是不同属性空气的相互作用区,因此往往配合有一定动力抬升条件的位势不稳定区。由于夏季地面冷空气较弱,常规天气图不易分析出来,该方法显然是一个有效的分析工具。

从图 12 可见,14:00,风暴区生成一大于 91 ℃·hPa⁻¹ 的高能中心;17:00,风暴区能量比值大于 98 ℃·hPa⁻¹,同时北方生成能量比等值线罕见的密集区,即配合有一定动力抬升条件的位势不稳定区(从图 3 看到风暴区北方已有强对流单体发展);正是在大于 98 ℃·hPa⁻¹ 能量比高值区触发了强风暴区的生成和发展;从 20:00 能量比场看到,强风暴的生成与 β 中尺度能量比低值舌向南伸展有关,β 中尺度能量比低值舌是强风暴生成和发展的触发机制之一。

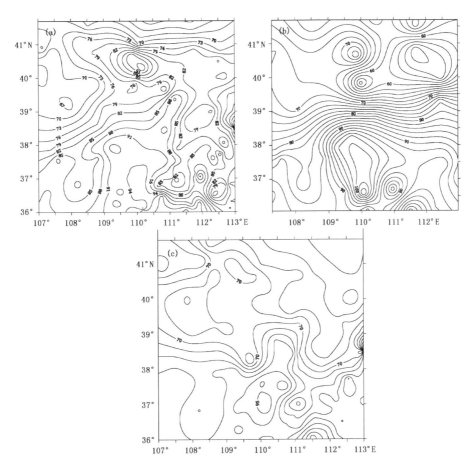

图 12　2013 年 8 月 4 日地面能量比(a 为 14:00,b 为 17:00,c 为 20:00;单位:℃·hPa⁻¹)

4　涡度收支

涡度收支常用于对气旋等系统的分析研究,张凤等[10]对长江中下游地区准静止锋上气旋研究,通过涡度收支分析气旋发生、发展的原因。研究表明风场对气旋发展有重要影响,正涡度平流的水平输送对地面气旋发展起间接作用。乔枫雪等[11]对一次引发较大范围持续性暴雨的东北低涡的涡度收支分析表明,水平涡度平流项和水平辐散项对低涡的发展加强起最主要的作用。

涡度收支方程如下:

$$\frac{\partial \zeta}{\partial t} = A + B + C + D + E,\tag{1}$$

$$A = -\left[u\,\frac{\partial \zeta}{\partial x} + v\left(\beta\,\frac{\partial \zeta}{\partial y}\right)\right],\tag{2}$$

$$B = -\omega\,\frac{\partial \zeta}{\partial P},\tag{3}$$

$$C = -(f + \zeta)\,\nabla \cdot V\tag{4}$$

$$D = -\left(\frac{\partial \omega}{\partial x}\,\frac{\partial v}{\partial p} - \frac{\partial \omega}{\partial y}\,\frac{\partial u}{\partial p}\right),\tag{5}$$

其中 A、B、C 和 D 分别是水平平流项、垂直对流项、水平辐合辐散项和扭转项,E 是摩擦耗散项,在文中忽略摩擦的影响。$\beta = \partial f / \partial y$,$f$ 为柯氏参数。利用 NCEP 分析场,对 A,B,C 和 D 这四项取区域平均,计算选取的范围为强风暴直接影响系统 850 hPa 切变线活动的区域。即:$37^\circ \sim 39^\circ$N,$109^\circ \sim 111^\circ$E(强风暴在区域中心点附近)。

从图 13 可见,14:00(强风暴发生前),主要是水平平流项的作用(此外还有水平辐散项的作用),在 550 hPa 以下的对流层中低层产生涡度收支正值(最大值约为 $2 \times 10^{-9}\,\mathrm{s}^{-2}$);在 450 hPa 以上的对流层高层主要是水平平流项的作用,在 400 hPa 附近产生 $-5 \times 10^{-9}\,\mathrm{s}^{-2}$ 的峰值,在 $200 \sim 150$ hPa 形成 $-3 \times 10^{-9}\,\mathrm{s}^{-2}$ 另一峰值。20:00(风暴开始消散时),虽然在 700 hPa 以下的对流层低层,由于水平平流项和水平辐散项的作用在 800 hPa 附近形成 $7 \times 10^{-9}\,\mathrm{s}^{-2}$ 涡度收支正值,但在 500 hPa 附近出现 $-3.5 \times 10^{-9}\,\mathrm{s}^{-2}$ 涡度收支负值,而在 $400 \sim 200$ hPa 主要是水平平流项的作用出现 $-2 \times 10^{-9}\,\mathrm{s}^{-2}$ 涡度收支正值。

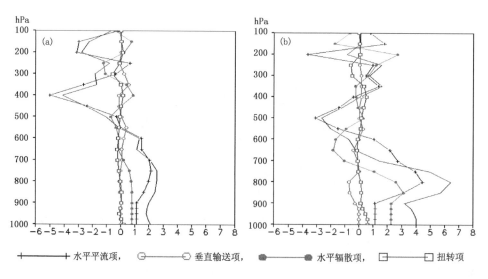

图 13　2013 年 8 月 4 日 14:00(a)、20:00(b)涡度收支及其各分量垂直廓线(单位:$10^{-9}\,\mathrm{s}^{-2}$)

5　暴雨区视热源与视水汽汇分析

视热源 $Q1$ 与视水汽汇 $Q2$ 被广泛用于暴雨过程分析,促进对暴雨的性质了解[12-15],通过

比较 $Q1$ 和 $Q2$ 的水平、垂直分布,可以定性地分析大气热源的结构和基本的热力、动力学过程[16]。

视热源和视水汽汇在 P 坐标系下的诊断公式如下:

$$Q1 = Cp\left[\frac{\partial T}{\partial t} + \vec{V}\cdot\nabla T + \left(\frac{P}{P0}\right)^{\frac{R}{CP}}\overline{\omega}\ \frac{\partial\theta}{\partial P}\right], \tag{6}$$

$$Q2 = -L\left[\frac{\partial q}{\partial t} + \nabla\cdot q\vec{V} + \frac{\partial\overline{q\omega}}{\partial p}\right], \tag{7}$$

式中带"—"的量为网格尺度变量,C_p 为定压比热容,θ 为位温,q 为比湿,L 为凝结潜热比。右端三项分别表示局地变化项,水平平流项和垂直输送项。$Q1$ 表示单位时间内单位质量空气的增温率,$Q2$ 表示单位时间内单位质量水汽凝结释放热量引起的增温率,二者单位为 $J\cdot kg^{-1}\cdot s^{-1}$。为使视热源和视水汽汇直观反映大气温度变化情况,以 $Q1/C_p$ 和 $Q2/C_p$ 代表分析降水过程所需的视热源和视水汽汇,单位为 $K\cdot(6\ h)^{-1}$。

从图 14 可见,8 月 4 日 14:00(强风暴开始前),250 hPa 一下的对流层已出现上升运动,在 850 hPa 以下的边界层出现第一主要加热层($Q1$ 远大于 $Q2$),在 $700\sim600$ hPa 出现第二主要加热层(主要由于水汽凝结释放热量),而在 $250\sim200$ hPa 出现一冷却层($Q1$ 远大于 $Q2$),大气加热垂直分布有利于强风暴的发展;8 月 4 日 20:00(强风暴开始消散时),$600\sim250$ hPa 出现下沉运动,在 850 hPa 以下的边界层出现由于降水蒸发冷却形成很强的冷却层,在 $700\sim600$ hPa 出现的加热层(主要由于水汽凝结释放热量)增温率也大大减小,而在 $600\sim500$ hPa 出现一比较强的冷却层。

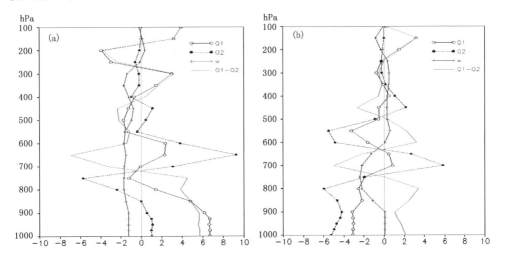

图 14 2013 年 8 月 4 日 14:00(a)、20:00(b)暴雨区区域平均的视热源($Q1$,单位:$K\cdot(6\ h)^{-1}$)和视水汽汇($Q2$,单位:$K\cdot(6\ h)^{-1}$)的垂直分布

6 强风暴的可预报性探讨

本次强风暴虽然在短期预报中前兆不明显,但在短时和临近预报中有许多前兆信息。14:00,地面图上生成能量比高值中心;17:00,能量比高值中心北方出现罕见的能量比等值线密集区;配合卫星云图有强对流云团生成并向南移向能量比高值中心区,雷达观测到北方有超

级单体生成并移向能量比高值中心区;风廓线观测到很强的风速垂直切变;单站出现气压不断下降、水汽压不断增高,东南风增强至 $5.0~m \cdot s^{-1}$;这些都是短时和临近预报中可利用的重要信息。

7 结 论

(1)强风暴是由超级单体造成的,500 hPa 西北气流中生成的东北—西南向中尺度切变线、700 hPa 副热带高压西侧生成的中尺度切变线、850 hPa 副热带高压西侧稳定少动的中尺度切变线,是强风暴生成和发展的直接影响系统。

(2)大于 $20~m \cdot s^{-1}$ 东北风低空急流的生成,是强风暴在榆林城区生成和发展的触发机制之一。

(3)强风暴的发生在单站要素中表现为:气压不断下降,水汽压不断增高,东南风增大至 $6.0~m \cdot s^{-1}$ 以上。

(4)地面能量比大于 $90~℃ \cdot hPa^{-1}$ 的高能中心的形成、配合北方有罕见的能量比等值线密集区的生成、对强风暴的发生有一定的指示意义。

(5)对流层低层偏南低空急流的生成、高低空垂直风速切变迅速增大至 $7~m \cdot s^{-1}$ 以上,北方邻近地区边界层已出现大于 $27~m \cdot s^{-1}$ 的强辐散,是临近预报中预报强风暴可利用的重要信息。

(6)强风暴发生前,在 550 hPa 以下的对流层中低层,主要是水平平流项的作用产生涡度收支正值;在 550 hPa 以上的对流层中高层,也主要是水平平流项的作用产生涡度收支负值。

参考文献

[1] 刘子臣,梁生俊,张健宏.登陆台风对黄土高原东部暴雨的影响.高原气象,1997,**18**(4):67-74.

[2] 刘子臣,张健宏.黄土高原上两次低空东北急流大暴雨的诊断分析.高原气象,1995,**16**(1):107-113.

[3] 刘勇,杜川利.黄土高原一次突发性大暴雨过程诊断分析.高原气象,2006,**25**(2):302-308.

[4] 苑海燕,侯建忠,杜继稳,等.黄土高原突发性局地暴雨的特征分析.灾害学,2007,**22**(2):101-104.

[5] 井宇,井喜,屠妮妮,等.黄土高原低值对流有效位能区中 β 度尺度大暴雨综合分析.高原气象,2010,**29**(1):78-89.

[6] 井喜,贺文彬,毕旭.远距离台风影响陕北突发性暴雨成因分析.应用气象学报,2005,**16**(5):655-662.

[7] 井喜,胡春娟.位涡诊断在黄土高原强对流风暴预报中的应用.气象科技,2007,**35**(1):20-25.

[8] 胡明宝,高太长,汤达章.多普勒雷达资料分析与应用.北京:解放军出版社,2000.170-180.

[9] 马鹤年.次天气尺度 Ω 系统和暴雨落区//暴雨文集.吉林:吉林出版社,1978:171-176.

[10] 张凤,赵思维.梅雨锋上引发暴雨的低压动力学研究.气候与环境研究,2003,**8**(2):143-156.

[11] 乔枫雪,赵思维,孙建华.一次引发暴雨的东北低涡的涡度和水汽收支分析.气候与环境研究,2007,**12**(3):397-412.

[12] 张蓝蓝,仲荣根.登陆热带气旋的维持条件和涡度收支.热带海洋,1992,**11**(4):26-33.

[13] 王文,蔡晓军,隆霄."99.6"梅雨锋暴雨模拟资料的诊断分析.干旱气象,2007,**25**(4):5-11.

[14] 周宾,文继芬.2004 年渝北川东大暴雨环流及其非绝热加热特征.应用气象学报,2006,**17**(增刊):71-78.

[15] 廖胜石,罗建英,寿绍文,等.一次华南暴雨过程中水汽输送和热量的研究.南京气象学院学报,2007,**30**(1):107-113.

[16] 屠妮妮,陈静,何光碧.高原东侧一次大暴雨过程动力热力特征分析.高原气象,2008,**27**(4):796-806.

重庆一次特大暴雨过程的中尺度分析

陈　鹏[1]　刘　德[1]　周盈颖[2]

(1. 重庆市气象台,重庆 401147；2. 万州区气象台,重庆 万州 404100)

摘　要

利用 NCEP 格点再分析资料、地面实况资料、TBB 资料以及雷达资料对 2011 年 7 月 6—7 日重庆大暴雨过程进行分析研究。结果表明:此次暴雨过程中切变线附近发展起来的中尺度对流系统是暴雨产生的直接原因,且动力、热力、水汽条件以及能量等方面分析都表明重庆东北部已经具备暴雨发生的有利条件;通过雷达各产品的分析可知,两个阶段的降水中尺度特征不同:第一阶段降水,径向速度图上出现逆风区,对应逆风区的回波较强,雨强较大,且 VWP 显示高空有偏西偏南的强风速带下传从而形成较深厚的西南气流风场。第二阶段降水,径向速度图上出现强度不对称的"牛眼"结构,存在风速的辐合,同时 VWP 显示中低层有深厚的冷空气楔入,促使暖湿空气抬升,降水在经过短暂的减弱后再次加强。

关键词:切变线　暴雨　中尺度对流云团　低空急流　逆风区　冷平流

0　引言

川渝地区地处青藏高原东侧,受高原特殊地形和本身山地、丘陵地形影响,气候和天气异常复杂,暴雨往往导致山体滑坡、泥石流等次生灾害,因此,对暴雨的准确预报需求一直存在。众所周知,暴雨都是在有利的环境背景下由中小尺度系统直接触发形成的,所以对于暴雨过程的中尺度分析和研究尤为重要[1-6]。由于川渝地区受诸多条件限制,分辨率较高的常规资料十分匮乏,很多研究只能借助 NCEP/NCAR 数据、模式模拟、卫星等资料进行[7-10],对于雷达资料的应用分析较少,而雷达的探测尺度和其高分辨率特征恰能很好地反映出暴雨过程中尺度对流系统的演变特征,为中尺度对流系统的特征分析提供了很好的支持。

本文利用 NCEP 格点再分析资料、地面观测数据、TBB 资料以及万州多普勒雷达产品对 2011 年 7 月 6—7 日重庆东北部大暴雨过程的中尺度特征进行诊断分析,探寻此次暴雨的触发原因,为提高川渝地区暴雨天气的预报技巧提供一定帮助。

1　暴雨发生的环流背景与动热力条件分析

1.1　暴雨过程概述

2011 年 7 月 6 日至 7 日白天,重庆出现了一次区域性暴雨天气过程,由图 1 可以看到,此次暴雨过程的降水区域主要位于重庆的东北部,其中奉节、云阳等地达到大暴雨,实况 24 h 最大累积降水量超过 145 mm。从自动站逐小时降水量可以看到,强降水主要集中在 6 日 20:00至 7 日 08:00,其中雨强最大出现在 6 日 20:00—22:00,云阳鱼泉小时累积降水量达到了 57.7 mm,次大雨强出现在 7 日 04:00—06:00,万州白羊小时累积降水量为 40.4 mm;从时间尺度上可以看到,强降水具有明显的中尺度特征。此次过程造成云阳、巫溪、奉节、万州、丰都、彭水等地受灾,受灾人口达 21.9 万人,其中死亡 1 人;农作物受灾 1.7 万 hm²,成灾 3261.4 hm²,绝收 2036.4 hm²;房屋损坏 2558 间,倒塌 877 间;公路受损 296.4 km;直接经济损失 1.7 亿元。

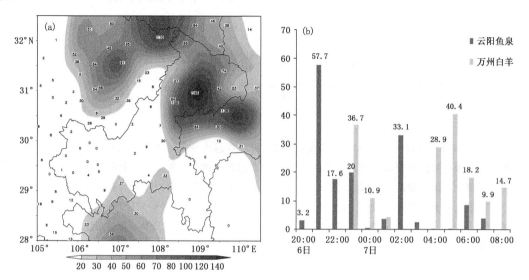

图 1 2011 年 7 月 6 日 08:00—7 日 08:00 24 h 累积降水量(a,单位:mm)与
2011 年 7 月 6 日 20:00—7 日 08:00 鱼泉和白羊自动站逐小时降水量(b,单位:mm)

1.2 环流背景场分析

暴雨发生前 2011 年 7 月 4 日 20:00,副高 588 线控制长江中下游沿线及其以南大部地区,势力达到最强,自 5 日开始,副高逐渐东退,高原低槽和贝加尔湖低涡底部的冷槽逐渐东移(图略)。6 日 20:00,两槽合并形成一东北—西南向的深槽,槽的主体主要位于盆地东北部,同时在槽前西南大部地区存在 0℃的暖中心(图 2a)。随着高空槽东移,其主体逐渐开始影响重庆,引导的冷空气不断侵入四川盆地和重庆地区。700 hPa 切变线位于河南—陕南—盆地一线,由于冷空气的入侵,盆地一带转为 12 m·s⁻¹ 的东北气流,存在明显的强冷平流,同时,切变线附近以及长江沿线以北地区的相对湿度都达到了 85% 以上(图 2b)。850 hPa 上切变线位于湖北—重庆东北部—盆地东部一线,重庆东北部已逐渐转为切变线后较强东北气流的控制,风速达 18 m·s⁻¹,降水区相对湿度在 85% 左右,低空急流(风速>12 m·s⁻¹)位于广西北部—武汉一线,重庆东北部位于低空急流左侧的辐合区域内(图 2c)。地面图上,重庆存在较强的冷锋系统,对流区域形成于锋前暖区的低槽中(图 2d)。

1.3 动力、热力条件分析

暴雨过程重庆东北部恰好位于 200 hPa 高空急流右侧、500 hPa 高空槽前、850 hPa 东北急流和西南急流的辐合区域内,中尺度低空急流相伴的风速切变能够造成显著的中尺度质量辐合场,并强迫湿空气抬升,造成云和降水的增长[11]。6 日 08:00,700 hPa 以下涡度为正,散度为负,辐合占主导地位,但此时 550 hPa 以下垂直速度为负(图 3a),主要以下沉运动为主,这表明低层的辐合很弱,此时对流还没有被触发。随着高空槽逐渐移近重庆时(6 日 20:00),强对流发生点 500~1000 hPa 水平风速的垂直切变明显增强,并达到最大值,数值为 0.24×10⁻³ s⁻¹ 左右,最大涡度层升至 800 hPa 上且涡度值达到了 3.8×10⁻⁵ s⁻¹,500 hPa 至 300 hPa

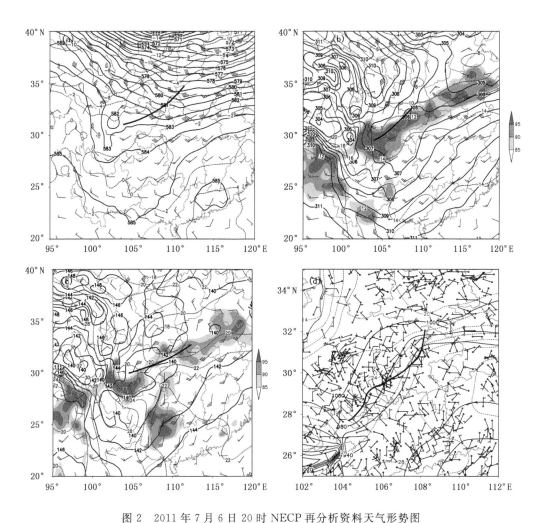

图 2　2011 年 7 月 6 日 20 时 NECP 再分析资料天气形势图

(a 为 500 hPa，b 为 700 hPa，c 为 850 hPa 风场(全风向杆为 4 m·s⁻¹)，位势高度场(黑色等值线，
单位:10gpm)，温度场(黑色虚线，单位:℃)，粗实线为槽线，阴影表示相对湿度场分布;d 为地面风场
(全风向杆为 4 m·s⁻¹)，等压线(黑色等值线，单位:hPa)，温度场，带三角黑色线表示地面冷锋)

都为辐散层，最大辐散值达 2×10^{-5} s⁻¹ 左右。在这种高层辐散低层辐合的有利配置下，中尺度对流系统发生发展，降水区域内垂直速度从低层到高层都为正，整层为一致垂直上升运动(图 4b)，最大垂直速度层在 650 hPa，其值达到了 4.8 m·s⁻¹(图 3b)。这说明高空槽移近重庆后与中低层切变线附近的垂直上升运动的耦合为降水提供了有利的动力抬升条件。

Brennan 等[12]研究指出利用对流层低层 PV 诊断可确定数值预报模式产品中哪些天气系统或中尺度系统受凝结潜热释放的强烈影响，所以中尺度对流系统引起的降水潜热释放会对高空槽以及盆地中东部的低空切变有正反馈作用。6 日 08:00，盆地东部地区正好为 925～700 hPa 平均正位涡(PV)大值区(图 4a)，整层皆为正位涡(PV)，最大 PV 值在 500～400 hPa 达 0.8PUV 左右(图 3a)，从中层 500 hPa 到低层 700 hPa 有很明显的冷平流存在(图 3c)，中心值达到 3 K·s⁻¹，中层干冷空气侵入可使未饱和湿空气达到饱和，降低层结稳定度，释放不稳定能量以及潜热，增强上升运动[13]。到了 20:00，随着高空槽移近，PV 大值层降至 800 hPa

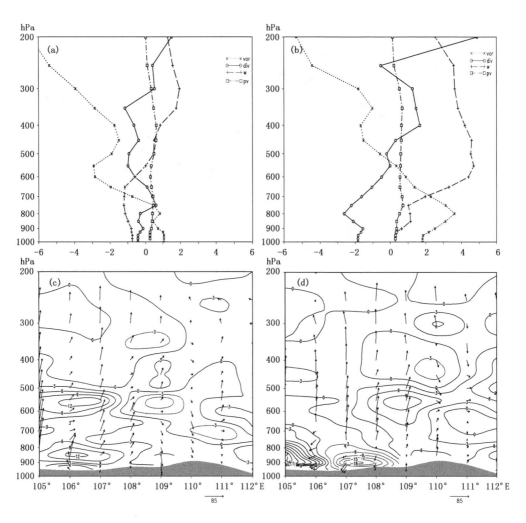

图 3　2011 年 7 月 6 日 08:00(a)、20:00(b)NECP 的涡度(单位:10^{-5} s^{-1})、散度(单位:10^{-5} s^{-1})、垂直速度
(单位:m·s^{-1})、PV(单位:PUV)的区域平均(108°～110°E,30°～32°N);2011 年 7 月 6 日 08:00(c)、
20:00(d)NECP 沿 31°N 的温度平流(等值线,单位:K)和风场(单位:m·s^{-1})经度－高度演变

(图 3b),低层东北急流引导弱冷空气侵入(图 3d),有利湿对流的发展,高层冷平流继续存在并加强,这也为低层中尺度对流系统附近的垂直上升运动提供了补偿下沉气流,使得对流深度发展和维持,降水不断增强,此时,渝东北地区比湿升至 14 g·kg^{-1}以上,且为 θ_{se} 高值区,有利于触发中尺度对流系统。7 日 02:00,盆地东部地区的正位涡(PV)大值区略向东移动(图略),中心最大值增大到 1PUV,其右侧的 θ_{se} 高值区依然维持。

此外对离重庆比较近的湖北恩施站的探空资料进行分析可以看到,从 7 月 6 日 08:00 到 20:00(表 1),K 指数由 40 略减小至 38,w_cape(最大垂直上升速度)也由 33.7 m·s^{-1}增大到 75.4 m·s^{-1},CAPE(湿对流有效位能)由 567.8 J·kg^{-1}跃增到 2839.9 J·kg^{-1},而 CIN(对流抑制有效位能)由 55 J·kg^{-1}减小到 21.6 J·kg^{-1},这说明暴雨发生前期,需要较大的抑制对流能量,从而有利于能量的聚集,同时 CAPE 需要一个逐渐增加的过程[14]。

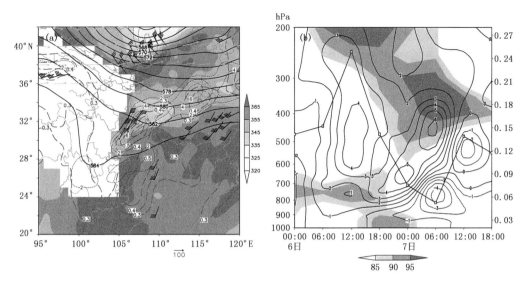

图 4 2011 年 7 月 6 日 20:00 动力和热力环境场配置(a,实线:500 hPa 位势高度场(单位:10gpm);
长虚线:925~700 hPa 平均的 PV(单位:PVU);短虚线:500 hPa 相对涡度(单位:10⁻⁵ s⁻¹);箭矢线:
200 hPa 水平风速>30 m·s⁻¹;风标:850 hPa 水平风速>12 m·s⁻¹;阴影:850 hPa θ_{se}(单位:K));
2011 年 7 月 6 日 08:00—8 日 02:00 NCEP 的相对湿度(阴影)、垂直速度(等值线,单位:m·s⁻¹)
区域平均(108°~110°E,30°~32°N)及大暴雨中心(109°E,31°N)的 500~1000 hPa 的垂直风切变
(点线,单位:10⁻³ s⁻¹)的时间演变(b)

表 1　2011 年 7 月 6 日 08:00、20:00 恩施站的几种物理量变化

物理量站名时间	$CAPE/(\text{J}\cdot\text{kg}^{-1})$	w_cape/(m·s⁻¹)	$CIN/(\text{J}\cdot\text{kg}^{-1})$	LI	K/K
恩施(57447)08:00	567.8	33.7	55	−1.15	40
恩施(57447)20:00	2839.9	75.4	21.6	−3.18	38

　　所以通过上面的分析可以看出,从动力、热力、水汽条件以及能量等方面都表明重庆东北部已经具备强降雨发生的有利条件。

2　中尺度对流云团分析

　　下面利用逐时 TBB 资料分析此次降水发生发展过程中中尺度对流云团的演变情况。2011 年 7 月 6 日 18:00 在川陕渝交界处存在一个中尺度对流云团 A,范围较小,属于中—β 尺度的对流系统,冷云盖的云顶亮温小于−72℃(图 5a)。随后对流云团逐渐东移发展,影响范围也逐渐增大。6 日 21:00,对流云团 A 发展成一近似圆状的 MCC,覆盖整个重庆东北偏北地区,冷云盖的云顶亮温小于−72℃,MCC 发展强盛(图 5d)。22:00,MCC 继续维持强盛发展的态势,其形状演变成为一椭圆状,范围也扩大至整个重庆东北部(图 5e)。7 日 00:00 MCC 分裂成两个新的中—β 对流云团(图 5g)。2 h 后,位于重庆东北部的中尺度对流云团 B 逐渐减弱,影响范围也迅速减小,云顶亮温增大至−52℃左右(图 5i)。03:00—04:00,云团 B 进一步减弱,亮温仅为−22℃(图 5j~k)。05:00,重庆奉节附近又有一新的中—β 尺度对流云团 C 形成并发展,冷云盖的 TBB 小于−52℃(图 5l),随后的时间里对流云团逐渐增强发展,冷云盖的云顶亮温达到－72℃,主要影响重庆奉节、巫溪、巫山等地。到了08:00,对流云团C形状近似为圆形并继续影响奉节、巫山等地(图5p)。1 h后,该云团开始东移减弱,对重庆东北部的影响也逐渐结束。由上面分析可见,对流云团的发生发展以及演变与降水的发生发展有着密切的联系。

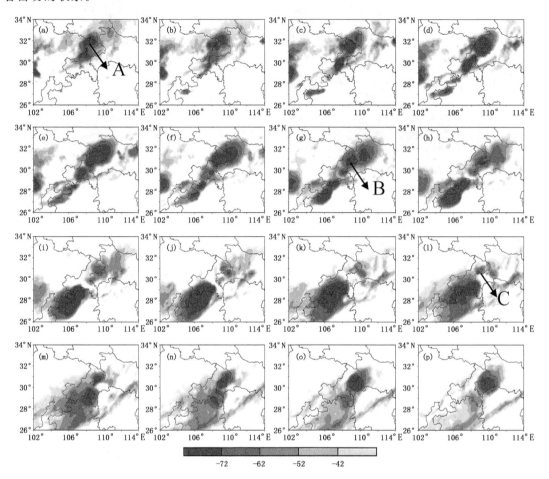

图5 2011年7月6日18:00—7日09:00(a～q)TBB逐小时演变(单位:℃)

3 雷达特征分析

3.1 反射率因子分析

本次过程的集中降水时段可分为两段,7月6日19:00—7月7日00:00为第一阶段,7日02:00—07:00为第二阶段,下面分别分析各时段内的回波演变特征。

3.1.1 第一阶段回波演变

图6a～d为7月6日18:27—23:28不同时刻1.5°仰角反射率因子图,分析可以发现,18:27左右(图6a),渝东北的西北方向有形似龙卷状的回波移来,强回波中心位于开县中部北部和城口偏西地区,中心强度达58 dBZ,受其影响个别测站小时雨量超30 mm;在西南气流的引导下,系统回波向东北方向移动,此时,强回波中心周围不断有对流单体生成和发展,与系统回波相融合并一同北上,到了20:29(图6b),万州、忠县地区的对流泡已发展壮大到中—β尺

度,并向东北追赶系统回波;21:31(图 6c),万州地区的回波发展起来,并与系统回波相衔接,形成一条明显的强回波带横贯巫溪中部—万州北部,长宽比约6:1,该回波带造成巫溪、云阳4 个测站小时降水 50 mm 以上,其中,云阳鱼泉雨量最大 57.7 mm,同时,奉节新政、巫溪朝阳观测到 20.3 m·s^{-1} 和 18.7 m·s^{-1} 的 8 级大风,后者更因强降水影响出现明显降温,一小时最高最低气温差 7.5℃;此后,回波继续东移,带状回波逐渐分裂并减弱,但忠县、万州地区不断有新回波单体生成、融合、东北移,融合后的回波强度较强,中心最大值有 63 dBZ,伸展高度达 17km(图 6d),回波前后移经的万州太安站小时雨量达 59.4 mm。随后,回波逐渐减弱影响云阳北部、巫溪地区。

该阶段为外来系统回波影响阶段,西南暖湿气流为主要引导气流,它在系统触发和地形抬升作用下,产生强烈的对流运动,导致对流单体生成,持续的水汽供应为单体的发展加强提供了有利的热力和动力条件。

3.1.2　第二阶段回波演变

图 6e～h 为 7 月 7 日 02:02—05:31 不同时刻 1.5°仰角反射率因子图。02:02(图 6e),云阳东北—中部一线有强烈的块状回波移来,该回波生成于开县中部地区,在偏东气流的引导移至云阳东部后几乎再无东移,但强度却依然维持,致使云阳栖霞站降水 50 mm。03:28(图6f),万州西部地区开始有对流单体生成,并逐渐与回波 1 相融合,融合后的回波大部区域达到50 dBZ 以上,且一直停留在雷达站及其附近;直到 04:30 左右(图 6g),石柱南部—万州西部一线,不断有对流单体在线上发展,05:31(图 6h),多单体强度已显著加强,原位于万州雷达站附近的回波随之一起向东南方向移动,这条强回波带最强达到 63 dBZ,所经之处两测站降水量达 50 mm 以上,其中云阳耀灵极大风速达 17.7 m·s^{-1},随后,强回波带逐渐移出渝东北地区,而区域内的回波也逐渐减弱东南移。

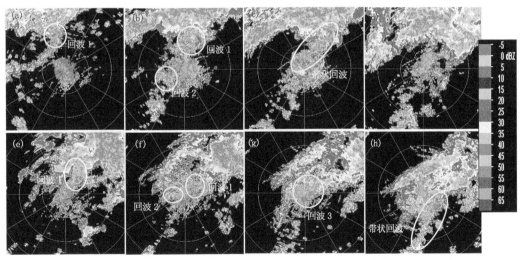

图 6　2011 年 7 月 6—7 日不同时刻 1.5°仰角反射率因子
(a 为 18:27,b 为 20:29,c 为 21:31,d 为 23:28,e 为 02:02,f 为 03:28,g 为 04:30,h 为 05:31)

该阶段为本地回波影响阶段,混合型降水回波主要在渝东北地区生成和影响,本阶段引导气流主要为偏西或西北气流。由于低层有明显冷空气侵入,更利于湿对流的发生发展,因此,本阶段回波强度强于第一阶段;而万州中西部及云阳中部地区回波的更新交替以及后期的东南向移出是造成本阶段强降水的主要原因。

3.2 速度分析

集中降水时段主要以对流性降水为主,所以下面分析两个降水阶段中小尺度系统的速度特征。

3.2.1 第一阶段径向速度特征

张沛源等[15]在1990年提出了逆风区的概念:即在低仰角PPI没有速度模糊速度图上,凡在同一方向速度区中,出现的另一种方向的速度区为逆风区,且风区不能跨越测站原点。此次暴雨过程中逆风区多次出现,与强回波区相对应,持续时间最长的达到了一个半小时。如图7所示,6日19:59(图7a),在开县以及云阳附近都出现了逆风区,表现为负速度区为正速度区所包围,负速度的值为5 m·s⁻¹。到了20:29(图7b),开县附近的逆风区逐渐东移靠近万州、云阳等地,并在东移过程中范围增大,而云阳附近的逆风区基本在当地发展,范围也迅速增大,最大负速度也达到了10 m·s⁻¹,此时对应逆风区的回波也较强,强度基本都在40~45 dBZ以上,中心强度达55 dBZ以上,强回波内云阳鱼泉21:00小时累积降水达到了57.7 mm。20:54两块风区逐渐增强并融合,形状为一带状的逆风区负速度区最强速度达12 m·s⁻¹(图7c),受山地地形影响,0.5°仰角并未出现逆风区。在逆风区影响下,对应逆风区的回波一直较强,强度基本都在40~45 dBZ以上,中心强度达50~55 dBZ,回波强中心与逆风区有很好的对应关系,而且强回波内云阳沙市10 min降水量为19.6 mm。随后22:26,逆风区影响范围

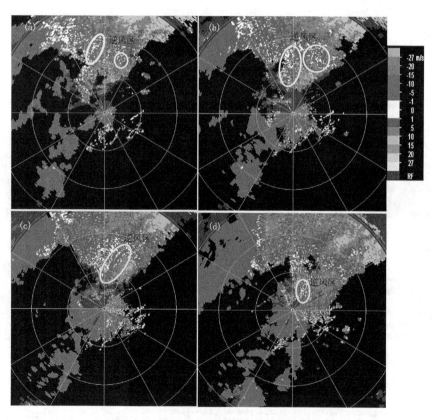

图7 2011年7月6日仰角1.5°基本速度图

(a为19:59,b为20:29,c为20:54,d为22:26)

开始减小(图 7d),对应强回波范围也缩小,但强度仍可达 40~45 dBZ(图略),受其影响,回波所经之地云阳鱼泉、万州白羊 23 时小时累积降水分别为 20 mm 和 36.7 mm。逆风区的出现,表明此处存在着明显的风向切变或辐合,它反映了局部整层抬升或强对流内的上升气流引起的水平动量交换过程,这种动量交换影响了水平辐散辐合的强弱和分布,造成了中尺度垂直环流的形成[16],说明上升和下沉气流共存,低层丰富水汽向上输送产生凝结而形成降水,这对暴雨的维持与加强十分有利[17]。

3.2.2 第二阶段径向速度特征

在多普勒速度产品应用中,大尺度运动往往是冷暖平流、辐合辐散等各种运动的集中反映,暖平流与大尺度辐合相结合就是一种典型的产生灾害性天气的速度特征[18]。从 7 日 1.5°仰角的相对径向速度图上可以看出,03:10(图 8a),雷达中心 30 km 范围内,零速度线呈弓形,且负速度面积大于正速度面积,存在辐合,此时重庆东北部降水逐渐开始。04:05(图 8b),测站第一象限都为负速度,而第二象限正速度范围较小,低层风向为东北风,最大负速度为-15 m·s^{-1},最大正速度为 5 m·s^{-1},这表明负速度区中负速度的中心值大于正速度区域的最大值,存在风速的辐合。05:06(图 8c),测站 50 km 范围内正速度区范围增大,并出现"牛眼"结构,由于强度的不对称性,"牛眼"特征不太显著,最大风速仍出现在低层,风向仍然为东北向,最大正负速度值都达到了 15 m·s^{-1},负速度区面积仍然大于正速度区面积。此时万州

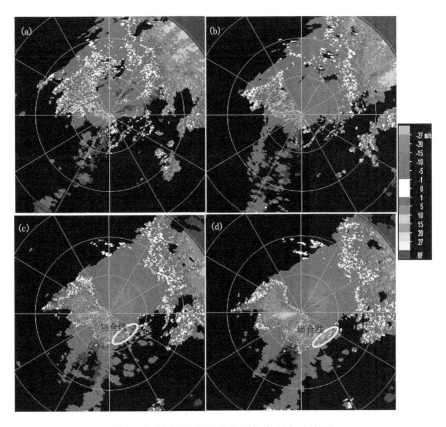

图 8 2011 年 7 月 7 日 1.5°仰角径向速度图

(a 为 03:10,b 为 04:05,c 为 05:06,d 为 05:31)

东南部到利川一带有明显的正负速度辐合存在,近雷达一侧为正速度区,远离雷达一侧为负速度区。05:31(图8d),"牛眼"结构继续维持,利川附近东北—西南向的辐合线显得更为光滑,辐合线与图7d中万州东北部的带状回波相对应,而且各仰角速度图上可以看到辐合线随高度向西北方向倾斜,说明风暴单体内,上升气流从前方低层流入,然后倾斜上升,至高层流出,下沉气流则从云后中低层流出,反映了对流系统的发展流场。此时,零速度线经过测站,西北部零速度线随距离的增加逆转并弯向正速度区,这是因为冷平流与大尺度辐合运动叠加在一起[19],这种对降水的维持和发展非常有利。

3.3　垂直积分液态含水量

垂直累积液态水含量(VIL)[20]产品是反映降水云体中,在某一确定的底面积的垂直柱体内的液态水含量的分布。VIL值越大,则强对流引发的强降水强度越强。分析此次暴雨过程的垂直积分液态含水量(VIL)演变(图略),发现水汽条件与风暴单体的发生发展配合较好,风暴发展,低层强烈的辐合上升运动使风暴中的水汽积聚,降水强度加大,而风暴减弱时,水汽也因垂直运动减弱逐渐分散,不利于强降水的产生。第一阶段由于主导气流为西南暖湿气流,相较于第二阶段的偏西气流水汽含量更高,因此,第一阶段的 VIL 最强强度($\geqslant 72$ kg·m^{-2})大于第二阶段($\geqslant 48$ kg·m^{-2})。同时,反射率因子回波呈带状时的 VIL 强于其他时候。

3.4　风廓线

通过 VAD 风廓线产品在一定程度上可以了解在降水发生的不同阶段,风场垂直结构的特征。VWP 可以直观地分析风的垂直切变及冷暖平流情况,有助于判断云层发展高度,进而判断降水演变情况[21]。

3.4.1　风向风速演变

7月6日19:40—20:42(图9a),测站上空"ND"层主要在 0.9 km,5.5~12.2 km 为较强的偏西偏南气流,并且风随高度的增加顺转,说明高层为较强的暖平流影响。20:42 开始高空偏西偏南强风速带逐渐下传,最大风速为 18 m·s^{-1},风速带最低时向下扩展到 4.9 km 附近(图9b),这表明在第一阶段降水过程中有较深厚的西南气流风场存在,为降水的发生与维持提供了充足的水汽。22:32 之后(图9c),高空西南暖湿气流层逐渐向上收缩,厚度减小到 1.2 km左右,降水也开始逐渐地减弱。

3.4.2　低层冷空气楔入

02:02 开始,高层 6.7~12.2 km 存在西南风速大值,最大风速达到 18 m·s^{-1},大约 40 min 之后西南暖湿气流层逐渐向上收缩,风速也明显减小。02:21,低层风向随时间由西北风转为东北风,并且 1.5~1.8 km 上有着明显的风向切变。同时 500 hPa 附近风速随高度逆转,有明显的冷平流存在(图9d)。陆大春等[22]指出,当降水较均匀地分布在雷达站的四周或较多方位上,并且实际风向不是很紊乱时,可粗略的认为"ND"表示含水量相对较少,即干冷空气。7 日 03:53 开始(图9e),风廓线低层开始有连续的"ND"出现,即干冷空气开始入侵。随后,逐渐向高层扩展,高度达 3.7km,而低层为一致的东北风,并随时间风速逐渐增大。05:13 之后(图9f),"ND"区结束,中层风向随高度逆转,出现了明显的冷平流,表明冷空气已深厚楔入。冷空气入侵时间恰好与第二阶段集中降水时段相对应,说明冷空气入侵促使暖湿空气抬升,有利于对流运动的发生发展,这与前面的分析是一致的。

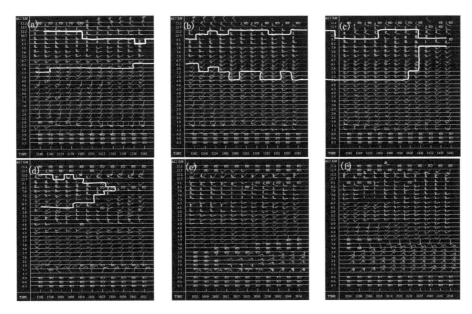

图 9　2011 年 7 月 6—7 日 VWP 演变(白色线为风速＞12 m・s^{-1}的区域)

(a 为 20:42,b 为 21:43,c 为 22:45,d 为 02:51,e 为 04:54,f 为 05:56)

4　结论

本文利用 NCEP 格点再分析资料、地面资料、TBB 资料以及雷达资料对 2011 年 7 月 6—7 日重庆大暴雨过程的成因进行诊断分析研究,具体结论如下:

(1)通过天气尺度背景场可知,本次过程天气影响系统主要是 500 hPa 高空槽,中低层切变线、低空急流以及地面冷锋。动力、热力、水汽条件以及能量等方面分析都表明重庆东北部有着强降雨发生的有利条件。

(2)通过中尺度对流云团分析可知,切变线附近发展起来的中尺度对流系统是暴雨产生的直接原因,其发生发展以及演变与降水的发生发展有着密切的联系。

(3)通过雷达各产品的分析可知,第一阶段降水,系统回波主要是外来回波,并且在西南暖湿气流的引导下逐渐东移影响降水区。径向速度图上,降水区中出现逆风区,表明此处存在着明显的风向切变或辐合。在逆风区影响下,对应逆风区的回波较强,雨强较大。而且在此阶段降水过程中,VWP 显示高空有偏西偏南的强风速带下传从而形成较深厚的西南气流风场,为降水的发生与维持提供了充足的水汽。第二阶段降水,降水区中生出新的降水回波,引导气流主要为偏西偏北气流。径向速度图上出现"牛眼"结构,但强度不对称,负速度面积大于正速度区面积,存在风速的辐合。同时 VWP 的分析发现,中低层有较强的东北干冷气流入侵,表明有深厚的冷空气楔入,促使暖湿空气抬升,有利于对流运动的发生发展。

参考文献

[1]　邹波,陈忠明.一次西南低涡发生发展的中尺度诊断分析.高原气象,2000,**19**(2):141-149.

[2]　矫梅燕,李川,李延香.一次川东大暴雨过程的中尺度分析.应用气象学报,2005,**16**(5):699-704.

[3]　袁美英,李泽春,张小玲,等.中尺度对流系统和东北暴雨的关系.高原气象,2011,**30**(5):1224-1231.

［4］ 屠妮妮,陈静,何光碧.高原东侧一次大暴雨过程动力热力特征分析.高原气象,2008,**27**(4):796-806.

［5］ 黄楚惠,李国平,牛金龙,等.一次高原低涡东引发四川盆地强降水的湿螺旋度分析.高原气象,2011,**30**(6):1427-1434.

［6］ 宋雯雯,李国平.一次高原低涡过程的数值模拟与结构特征分析.高原气象,2011,**30**(2):267-276.

［7］ 郁淑华,何光碧,滕家谟.青藏高原切变线对四川盆地西部突发性暴雨影响的数值试验.高原气象,1997.**16**(3):306-311.

［8］ 姜勇强,张维桓,周祖刚,等.2000年7月西南涡暴雨过程的分析和数值模拟.高原气象,2004,**23**(1):55-61.

［9］ 于波,林永辉.引发川东暴雨的西南低涡演变特征个例分析.大气科学,2008,**32**(1):142-154.

［10］ 孙建华,张小玲,齐琳琳,等.2002年中国暴雨试验期间一次低涡切变上发生发展的中尺度对流系统研究.大气科学,2004,**28**(5):676-680.

［11］ 乔林,陈涛,路秀娟.黔西南一次中尺度暴雨的数值模拟诊断研究.大气科学,2009,**33**(3):350-358.

［12］ Brennan M J,Lackmann G M,Mahoney K M. Potential vorticity(PV)thinking in operations:The utility of nonconservation. *Wea Forecasting*,2008,**23**:168-182.

［13］ 赵宇,崔晓鹏,高守亭.引发华北特大暴雨过程的中尺度对流系统结构特征研究.大气科学,2011,**35**(5):946-962.

［14］ 梁爱民,张庆红,申红喜,等.北京地区雷暴大风预报研究.气象,2006,**32**(11):73-80.

［15］ 张沛源,余志敏.多普勒天气雷达资料在强天气短时预报中的应用.第十一届亚运会气象保障研究论文集.北京:气象出版社,1992:68-74.

［16］ 张沛源,陈荣林.多普勒速度图上的暴雨判据研究.应用气象学报,1995,**6**(3):373-378.

［17］ 王立华,尹恒,姚道强,等.鄂西北一次局地大暴雨过程的多普勒雷达回波分析.暴雨灾害,2009,**28**(3):246-250.

［18］ 夏文梅,张亚萍,汤达章,等.暴雨多普勒天气雷达资料的分析.南京气象学院学报,2002,**25**(6):787-794.

［19］ 王丽荣,汤达章,胡志群,等.多普勒雷达的速度图像特征及其在一次降雪过程中的应用.应用气象学报,2006,**17**(4):452-458.

［20］ 叶成志,周雨华,黄玉玉,等.2002年入汛后首场强暴雨过程分析.气象,2004,**30**(7):36-40.

［21］ 刘维成,杨晓军,史志娟,等.一次超级单体风暴的雷达回波特征分析.干旱气象,2009.**27**(4):320-326.

［22］ 陆大春,蒋年冲.VAD有关产品在临近预报中的应用.应用气象学报,2003,**14**(S1):156-160.

2013 年主汛期典型梅雨锋大暴雨过程分析 *

姚　蓉　许　霖　唐明晖　王小雷　田　莹

(湖南省气象台,长沙 410118)

摘　要

利用常规天气资料、NCEP 再分析资料及多普勒天气雷达资料,针对 2013 年 6 月底湖南一次大暴雨过程,重点分析了梅雨锋天气尺度影响系统及中尺度对流系统结构及其发生、发展过程特征。结果表明:(1)高纬稳定的阻塞形势、中低层低涡切变线、西南急流建立及地面静止锋形成,是大暴雨产生的主要背景和影响系统;(2)大暴雨过程存在明显的锋面结构特征,高位涡东传伴随降水的加强和移动;(3)在大暴雨期间多普勒雷达捕捉到的"列车效应"回波、逆风区、中气旋、风速辐合、后向传播等特征为强降水的维持提供有效的信息。

关键词:梅雨锋　中尺度对流系统　位涡　多普勒天气雷达

0　引言

长江中下游梅汛期暴雨引发洪涝灾害是我国重要的气象灾害之一,暴雨导致了山洪地质灾害及城市渍涝等次生灾害发生,给国民经济和人民的生命财产带来了严重威胁。长期以来,我国学者对于长江中下游梅汛期暴雨已开展了许多相关研究,并取得了较大的进展[1-6]。倪允琪等[7]总结与梅雨锋相关的天气尺度系统;杨引明等[8]对长江下游地区局地生成中尺度低涡暴雨进行了统计分析。本文利用多种观测资料,对在综合高、中、低多层影响系统空间配置,分析了梅雨锋天气尺度影响系统及中尺度对流系统活动特征。

1　实况及灾情

2013 年 6 月 26—28 日湖南中部出现了成片暴雨、局地大暴雨,湘中偏东地区出现了连续性暴雨,本次强降水过程持续时间长,湘中偏东出现了 3 d 暴雨或大暴雨,共有 19 个县市累计降雨量为 50～99.9 mm,10 个县(市)累计降雨量为 100～199.9 mm,1 个县市累计降雨量超过 200 mm(宁乡县,245.9 mm)。

强降雨致使湘中以北共 6 市(州)19 个县(市、区)47.87 万人受灾,3 人死亡,直接经济损失达 3.27 亿元。

2　影响系统分析

6 月 26—28 日湘中连续性暴雨过程 500 hPa 亚洲中高纬为一脊一槽型,东阻高位于贝加尔湖东部,中纬度多低槽活动,高原东部不断有低槽移经湖南,副高位于华南;中低层急流于 26 日 20:00 建立,且 700 hPa 与 850 hPa 切变近于重合,位于湘中偏北地区,850 hPa 高原东部

资助项目:中国气象局预报员专项"2013 年典型梅雨锋影响大暴雨过程分析"(CMAYBY2014—044)

低涡沿暖式切变东移影响江南,地面梅雨锋暴雨期间滞留江南中北部,是此次梅雨锋大暴雨过程的主要影响系统,图1为提炼的6月26—28日暴雨过程影响系统天气学模型。通过对本次过程影响系统的演变分析表明,中高纬东阻高的建立有利于副高维持,及其后部中纬度西风带短波槽与副高边缘活动,为暴雨过程发生提供了大尺度环流背景,中低层低涡与切变线、梅雨锋等影响系统为本次暴雨过程形成的提供了动力抬升与辐合加强作用,中低层西南急流的建立和维持,使得来自孟加拉湾的水汽不断向北输送到湘中以北暴雨区。

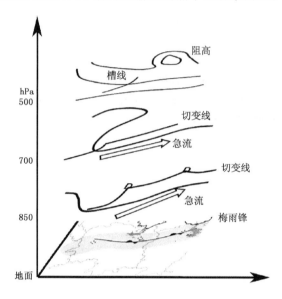

图1 6月26—28日梅雨锋大暴雨过程影响系统天气学模型

3 暴雨结构特征

等熵面位涡分析表明,26日14:00在30°N附近,320K等熵面上有一股冷气团正在南下影响我省,位涡密集区前侧位于湘西北一带,而此时的降水正位于此区域当中。27日20:00,高位涡区东移南压,其密集区前侧压到湘中一带,而降水位置与之保持一致。28日08:00高位涡进一步东移南压,并分裂为两个中心,一个位于湘东北一带,一个位于湘西南,降水的位置也进一步南压,最强降水区域位于湘东北高位涡密集区前侧(株洲、湘潭一带)。

应用NECP资料分析26~28日沿113°E假相当位温θ_{se}和垂直速度的剖面图(图略)可以发现,此次暴雨过程具有明显的锋面结构。27日02:00地面锋面位于28.5°N左右,而垂直速度的大值区位于30°N附近,与850 hPa锋区位置基本一致,暴雨区垂直上升运动达到-2 Pa·s^{-1},对流伸展高度很高,具有明显的深厚湿对流特征,而且强垂直上升运动区间几乎是垂直的。27日14:00地面锋区南压,位于28°N附近,垂直速度大值区也随之南压到28°N附近。相对于26日,27日的垂直上升运动要明显减弱,仅有-1.1 Pa·s^{-1},且上升大值区主要位于600 hPa以上,与之相对应,27日白天的雨强相对前一天要弱一些,而且位置有所南压。28日14:00,地面的锋区减弱消失,但中层的锋区依然存在,850 hPa的锋区进一步南压到28°N附近,垂直上升运动的位置变化不大,依然位于28°N附近,但强度增强到-1.7 Pa·s^{-1},上升运动区间近乎垂直。锋区前侧低层为θ_{se}大值区,存在向高层伸展的高θ_{se}

舌区,说明暴雨区低层为对流不稳定层结;中层 θ_{se} 等值线稀疏并向下凹,呈漏斗状分布,为中性层结;高层 θ_{se} 随高度增加,为对流稳定层结,θ_{se} 的这种垂直分布是典型的有利于对流性强降水产生的模型。

4 雷达特征分析

4.1 第一阶段强降水雷达特征分析

第一阶段强降水小时雨量最强阶段集中在 26 日午后到傍晚,为典型的积层混合云降水回波,26 日 15:30 在宁乡和望城已经出现了逆风区,沿着宁乡、望城所在的位置做剖面(图略),发现有反射率因子为低质心的高效率的降水回波,从径向速度的垂直剖面(图略)可以看出,在不同的高度均有逆风区的存在。此后位于宁乡的逆风区东移北上,1 h 后,与望城的逆风区合并成一体,而此时在宁乡的西南面又有另一逆风区迅速发展,并在该逆风区的右侧探测到中气旋的存在,该中气旋底的高度为 3.1 km,顶的高度为 5.0 km,中气旋的存在表明对流系统具有较高的组织程度。17:30,该逆风区也合并到位于望城的逆风区中,因此在长沙雷达站的西面已发展成一狭长的东北—西南向的逆风区,并稳定维持。从对应的反射率演变图来看,由于逆风区的存在,对流发展旺盛,导致了多个风暴单体连续不断地从宁乡、望城、长沙经过,导致上述三个地区 15:00—21:00 出现了 11 个中小尺度自动站的大暴雨。由于风暴单体的移动方向为东北—西南方向,而在其反方向上有新的风暴单体生成,为典型的以后向传播为主的对流单体风暴,因而导致不断有高效率的降水回波源源不断地从这三个地区通过;从对应的风廓线资料来看,500~700 hPa 平均承载风的西南风速明显偏小为 4 m·s^{-1},因此对流单体的东移北上的移动速度比较缓慢,更是导致高效率降水回波在紫色方框区域相对停留的时间比较长。

在本阶段的强降水中,小时最大降雨量出现在长沙开福区新港村自动站达到 88.6 mm·h^{-1},而如此强的降水是由风暴单体 E_0 产生的,对风暴单体 E_0 的最强反射率因子值(dBZ$_M$)和其最强反射率因子所在的高度(HG)进行追踪如图 2 所示,此阶段内虽 dBZ$_M$ 超过 50,但 HG 均位于 4 km 以下,HG 的平均值所在的高度仅为 2 km,明显低于零度层所在高度,故风暴单体 E_0 应是以高效率的降水为主,排除冰雹的可能性。

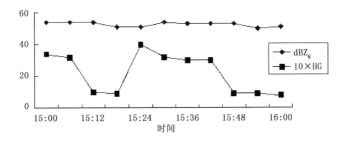

图 2 15:00—16:00 风暴单体 E_0 最强反射率因子值(dBZ$_M$)和所在的高度(HG)演变

4.2 第二阶段强降水中"列车效应"的多普勒雷达特征分析

27 日 08:00 已经有成片的积层混合性降水回波在安化、桃江生成,降水回波的移动方向为东北—西南向,而强降雨带的长轴也为东北—西南向,长轴方向与整个降水回波的移动方向几乎平行,形成明显的"列车效应",从对应的径向速度图可以看到,2 km 距离圈内有风辐合存在,预示着降水回波会进一步增强。4 h 以后,整个降水回波面积进一步扩大,随着切变线的南压,但降水系统缓慢南压,从对应的径向速度图可以看出(图略),风速随着高度先增加后会减小,中层的西南风速达到了急流的标准,急流的稳定维持为持续性强降水的产生提供了动力条件和水汽条件,从对应的风廓线(图3)可判断平流方向为西南方向,而从雷达的径向速度图可知低空急流为西南方向,而传播向量根据经验大约与低空急流的方向相反,则平流(Cc)和传播方向(Ps)夹角大于145°[11](图4),导致降水系统南压的速度Cs缓慢,因此也导致"列车效应"降水回波在湘中和湘东北稳定维持。

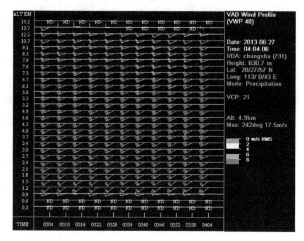

图3　27日12:04 VWP图　　　　　　　图4　27日12:04 Cc和Ps合成示意图

综上所述,从对应的反射率因子演变判断"列车效应"已经产生,而从径向速度的辐合特征可分析出辐合的存在使降水回波强度进一步加强,而结合风廓线和径向速度推断降水系统南压的速度非常慢,加上"列车效应",更有利于湘中和湘东产生大范围暴雨。

5　结论

(1)高纬稳定的阻塞形势、中低层低涡切变线、西南急流建立及地面静止锋形成,是大暴雨产生的主要背景和影响系统。中高纬东阻高的建立有利于副高维持,及其后部中纬度西风带短波槽与副高边缘活动,为暴雨过程发生提供了大尺度环流背景,中低层低涡与切变线、梅雨锋等影响系统为本次暴雨过程形成提供了动力抬升与辐合加强作用,中低层西南急流的建立和维持,使得来自孟加拉湾的水汽不断向北输送到湘中以北暴雨区。

(2)大暴雨过程存在明显的锋面结构特征,对流伸展高度很高,具有明显的深厚湿对流特征,高位涡东传伴随降水的加强和移动。锋区前侧低层为 θ_{se} 大值区,存在向高层伸展的高 θ_{se} 舌区;中层 θ_{se} 等值线稀疏并向下凹,呈漏斗状分布,为中性层结;高层 θ_{se} 随高度增加,为对流稳定层结,θ_{se} 的这种垂直分布是典型的有利于对流性强降水产生的模型。

(3)暴雨期间多普勒天气雷达捕捉到的逆风区,中气旋等中小尺度特征为强降水的维持提供有用信息;后向传播的多单体风暴持续不断地从宁乡、望城、长沙经过,导致极端短时强降水的产生;缓慢南压的"列车效应"回波及造成了湘中及湘东大范围的暴雨。

参考文献

[1]　赵思雄,陶祖钰,孙建华,等.长江流域梅雨锋暴雨机理的分析研究.我国重大天气灾害形成机理与预

测理论研究.北京:气象出版社,2004.

[2] 刘梅,张备,俞剑蔚,等.江苏梅汛期暴雨高空能量输送及高低空要素耦合特征.高原气象,2012,**31**(3):777-787.

[3] 刘建勇,谈哲敏,张熠.梅雨期3类不同形成机制的暴雨.气象学报,2012,**70**(3):452-466.

[4] 闵屾,钱永甫.江淮梅雨分区特征的比较研究.应用气象学报,2008,**19**(1):19-27.

[5] 徐群,张艳霞.近52年淮河流域的梅雨.应用气象学报,2007,**18**(2):147-157.

[6] 张家国,黄小彦,周金莲,等.一次梅雨锋上中尺度气旋波引发的特大暴雨过程分析.气象学报,2013,**71**(2):228-238.

[7] 倪允琪,周秀骥.我国长江中下游梅雨锋暴雨研究的进展.气象,2005,**31**(1):9-12.

[8] 杨引明,谷文龙,赵锐磊.长江下游梅雨期低涡统计分析.应用气象学报,2010,**21**(1):11-18.

发生短时强降雨的对流云合并作用分析

刘裕禄[1,2]   邱学兴[2,3]   黄 勇[2,4]

(1. 黄山市气象台,黄山 245021；2. 安徽省大气科学与卫星遥感重点实验室 合肥 230031；

3. 安徽省气象气象台,合肥 230031；4. 安徽省气象研究所,合肥 230031)

摘 要

利用静止气象卫星、新一代多普勒天气雷达、地面、WRF 数值模拟和 LAPS 再分析资料,对 2013 年 6 月 30 日皖南山区一次短时强降雨过程中的对流云合并现象进行了观测和分析。综合观测显示,这是一次有三个强弱不同的对流云先后发生合并的过程；分析认为,合并环境：山区夏季对流云发生在水平垂直风切变及垂直涡度增大的湿斜压不稳定增强的环境中；合并过程：夏季对流云合并整个过程经历了单体发展、弱回波相连以及中心合并三个阶段；合并结果：对流云合并后短时间内因垂直涡度增强、水汽通量辐合增大而增强,引发短时强降雨,强度相当的两强对流云合并后短时内强度是维持的,合并过程中伴随着中气旋、地形涡的形成是山区短时强降雨触发机制。

关键词：对流云合并   短时强降雨   地形涡

0 引言

短时强降雨是我国夏季常见的灾害性的强对流天气,对国民经济和人民生命具有重大的影响。在短时强降雨天气过程中往往会出现对流云之间的合并现象,对流云合并是影响对流云发展和降水持续增强的重要过程。近年来国内外许多学者对于对流云合并过程的机理做了的广泛的研究。一部分学者致力于通过云模式研究对流云合并的机理和条件：除 Orville 和 Kuo[1]、Takahashi 等[2]都认为合并是云下层的水平气压梯度力分布所致,特别是由下层扰动气压场分布造成的结果之外,黄美元等[3](1987)还将云合并归结为气压梯度力和相邻两云间辐合抬升两方面的作用。另一部分学者着重通过雷达观测开展研究,分析二块云回波合并过程及与环境风切变关系：翟菁等[4]研究认为,合并过程是单体之间下沉气流激发出的新生积云塔与老单体相连从而完成的；导致其合并过程的动力学机制,黄勇[5]认为是一个云核的下沉气流加强了另一个云核的上升气流耦合,并不断发展,从而导致两个对流系统的流场合二为一。以上从合并机理研究提及了对流云合并由低层大气作用引起的这一事实,但是,对于夏季频发的短时强降水灾害而言,合并在短时强降水过程中所起的作用,合并后与地形关系、导致短时强降雨发生机制却少有提及。为此,本文选取 2013 年 6 月 30 日发生在皖南山区的一次由 3 个对流云连续合并引发的局地短时强降雨过程,使用实况雨量、卫星云图、雷达观测等资料,对于过程中出现的对流系统合并现象进行观测分析,结合中尺度数值模式 WRFV3.4 (Weather Research and Forecast Model)通过对发生在皖南山区的对流单体之间的合并及相互作用过程的模拟分析,探讨积云发生合并和相互作用的过程,讨论夏季对流云合并的天气学环境、合并

资助项目：国家自然科学基金(40905019,41105098,41275030),公益性行业(气象)科研专项 GYHY201306040

过程中伴随着中气旋、地形涡等中小尺度系统生成说明降雨增强和强降雨维持机制。

1　资料与方法

所用资料有 FY2E 静止气象卫星和新一代多普勒天气雷达资料、自动气象站观测资料、常规资料、LAPS 再分析资料以及 WRF 模式模拟数据。其中 LAPS 分析资料是利用美国国家海洋大气管理局(NOAA)下属的地球系统研究实验室(FAB)研发的局地分析预报系统(以下简称 LAPS)提供的分析产品。该系统将 NCEP 资料、多普勒天气雷达数据、常规探空资料和地面加密自动气象站观测资料等数据进行融合,提供高时空分辨率的中尺度分析场[6],并能较细致地描述中尺度系统的三维结构及其时间变化,为深入研究中尺度天气提供了很好的工具。所用的 LAPS 资料时间间隔为 1 h,空间分辨率为 9 km×9 km。

文中使用的中尺度数值模式为 WRF3.4,模式采用四重嵌套方式,分辨率分别为 27 km、9 km、3 km 和 1 km。其中第四重区域覆盖该过程发生范围,其中积云参数化方案采用显示方案,微物理参数化方案采用 WSM5 方案,边界层参数化方案为 YSU 方案,陆面过程采用 Noah 陆面参数化方案,长波辐射选用 RRTM 方案;短波辐射选用 Dudhia 方案,逐小时输出一次模拟结果。

新一代多普勒天气雷达为黄山站(30.13°N,118.15°E)CINRAD/SA 雷达,海拔高度为 1841.3 m,通过天气雷达的接收处理系统(CINRAD−PUP 软件),得到研究区域内的雷达反射率因子、垂直剖面、中气旋等产品。

10 min 及 1 h 降水资料来源于安徽省高密度自动雨量站网,地形高度与雨量图格点插值精度 0.01°×0.01°。常规气象观测资料主要包括各等压面上的位势高度和风向、风速等。

2　对流云合并特征

2.1　卫星云图合并特征

2013 年 6 月 30 日 10:00−13:00 皖南山区出现了短时强降雨的强对流天气,出现了不同程度的暴雨灾害。从高低空形势演变(图略)来看,为典型的梅雨环流形势:在 30 日 08:00 的 500 hPa 高空图上,西太平洋副热带高压呈带状分布,控制着我国江南东南部地区,皖南山区处于副热带高压北部边缘;60°~70°N 范围内分别在乌拉尔山和雅库茨克附近有两个稳定的阻高维持,两阻高之间为一宽广低槽,冷空气从贝加尔湖和河西走廊南下;皖南山区处 850 hPa 低空急流轴左侧;200 hPa 高空图上南亚高压主体在青藏高原,为西部型;静止锋在长江流域到四川东部一带。

图 1a 反映了这次对流云合并的演变过程:在 11:00 图上,副热带高压晴空少云区北部边缘 30°N 附近为一锋面云系,从日本岛向西南伸展到长江流域,尾部皖南山区有 3 个独立的对流云生成,分别命名为 A,B,C 云团,12:00 A、B 两云团已经合并,形成新的 AB 云团,12:30 AB 云团又与 C 合并,形成一个新的 ABC 云团,三个孤立的对流云已通过合并,形成一个尺度更大的对流云。

整个过程经历了单体发展、低云区形成以及系统合并三个阶段:06:00 C 云团首先在 30°N 以南皖南山区形成,并在原地逐渐发展加强;08:00 A 云团在大别山区形成并缓慢东移发展,11:00 时云核中心位置在 117°E 东至附近;此时 B 云团也在 A、B 两云团间形成,这样到 11:00

图上有三个对流单体形成。A,B 两云团之间有低云发展并相连，A,B 两云团合并开始；12：00 A,B 两云团合并完成，此时 AB 与 C 两云团之间有低云发展，两云团合并开始；12：30 AB 与 C 两云团合并完成；13：00 新形成的 ABC 云团就开始减弱，强中心范围(云顶的低亮温区，深色部分)随之减小。

在不同的对流云合并同时，还存在对流系统间内部云核(强中心)的合并增强过程：12：00 A,B 两云团合并后，AB 云核范围增大增强，12：30 AB、C 两云团合并过后，ABC 云核范围继续扩大，对流系统西、北两侧的边界更加光滑，且云顶的纹理结构也比较密集并具有一定的规则性。

另外，在同一对流云形成与发展过程中，也存在中心合并现象，图 1b 为 C 云团形成过程中有两强中心合并，09：00 30°N 南北分别有两强中心，09：30 两中心已合并为一中心，合并后中心更加密实，这说明，无论是在不同的对流系统间或是同一对流系统内的移动发展过程中，都有可能发生云核合并现象，合并以后整个对流系统得到了进一步的增强[7]。

综上所述，无论是强弱 A、B 两系统还是强度相当的 AB、C 两系统合并，或者是同一云团内部云核合并后，云核面积都是增大的、云顶的亮温降低、强度也是增强的，说明对流云合并后短时间内系统是增强的，最终导致短时强降雨发生。

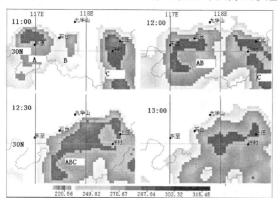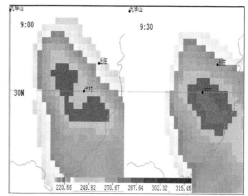

图 1　6 月 30 日 11：00—13：00 FY2E 红外云图(a)和 6 月 30 日 9：00—9：30 C 云团 FY2E 红外云图(b)

2.2　雷达回波特征

由于天气雷达观测时次连续性，在强度和时间上更能准确地观测到对流云合并整个过程，通过黄山雷达，观测到了三个对流系统 A，B，C 只是在 12：00—13：00 一个小时内就完成整个合并过程。由于卫星云图上对流云团 A、B、C 在雷达回波上合并前各自对应了一个强回波中心，能够清晰地观测到与对流云核相对应的三个强中心。因此，选取云核合并过程来进行雷达回波特征的分析。

11：00 的组合反射率因子分布图(图 2)与垂直结构分布上，都可以看到三个呈东西向排列孤立的反射率因子大于 50 dBZ 的强回波中心，此时云顶高度升高到了 12 km，分别与三个对流云团、地面降水雨团相对应，但 A、B 之间存在 35 dBZ、云顶高度达 3 km "弱回波区"，与 11：00 A、B 之间 "低云区" 相对应，A、B 两回波开始合并。12：05 组合反射率因子图上，A、B 系统强中心已经合并，垂直剖面图上(图 3)，A、B 强中心也已合并，A、B 两回波合并完成；云顶高度升高到了 13 km，合并后新的 AB 系统略有加强。此时，AB 与 C 系统间有弱回波相联，

AB、C 两系统开始合并,30 min 后,12:34 AB、C 两系统北部开始合并,呈"八"字形,其南部分别东西向移动相互靠近,回波强度无明显变化。13:03 组合反射率因子分布图大于 45 dBZ 的回波已经连成一片,存在多个强回波中心,北部强中心合并完成,南部 50 dBZ 强中心未完全合并,但强度也已减弱,垂直剖面图上三个强回波中心已合并为一个尺度更大的强中心。

总之,从雷达观测分析可知,合并整个过程也经历了单体发展、"弱回波"相联以及系统中心合并三个阶段,强度不同 A、B 两系统合并后短时间内是增强的,强度相当的 AB,C 两强系统合并后短时间内强度是维持的[8],"弱回波"相联的作用说明对低层大气分布对对流云合并作用较大[9]。

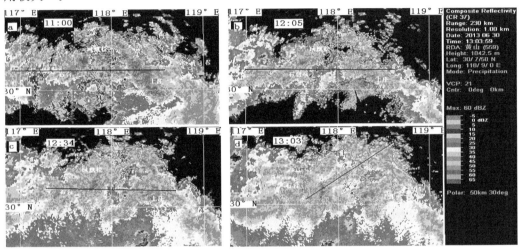

图 2　6 月 30 日 11:00－13:03 黄山雷达组合反射率因子黑色线表示图 3 垂直剖面位置

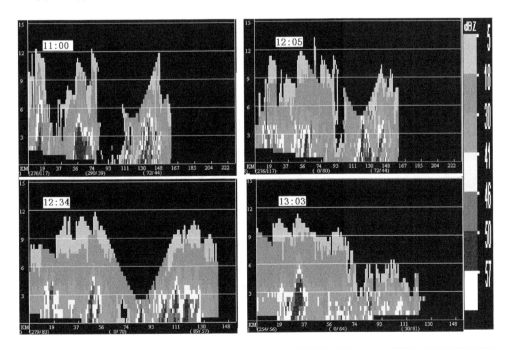

图 3　图 2 中雷达回波对应的垂直剖面。AZ 表示距雷达站的方位角,R 表示距雷达站的径向距离

2.3 降雨实况特征

从降雨实况演变来看,整个降雨过程存在3个中小尺度降雨雨团生成与合并的过程。图4a为10:00－11:00的1 h雨量图,其中有三个强降雨中心,与卫星云图上3个独立的对流云相对应,地面降水有3个独立分散的中尺度雨团,分别命名为A,B,C雨团。最强为C雨团,1 h中心最大雨量76.4 mm(许村,118.3°E,30.0°N),A雨团次之,中心最大值为40 mm,B雨团相比较弱,最大雨量中心30.1 mm。随着12:00 A,B两云团合并为AB新云团,且AB云团与C云团的低云也已形成,11:00－12:00时雨量图上(图4b),可以看出A、B、C三个独立雨团已合并相连,北部已合并,呈"八"字形,与山脉山脊形态相同;不但20 mm·h^{-1}的强降雨区域增大,中心70 mm·1^{-1}强降雨区域也在增大。12:30随着AB云团与C云团合并,A,B,C三云团全部合并,12:00－13:00雨量图上(图4c),在对流云合并后的云核区域内(小方框内

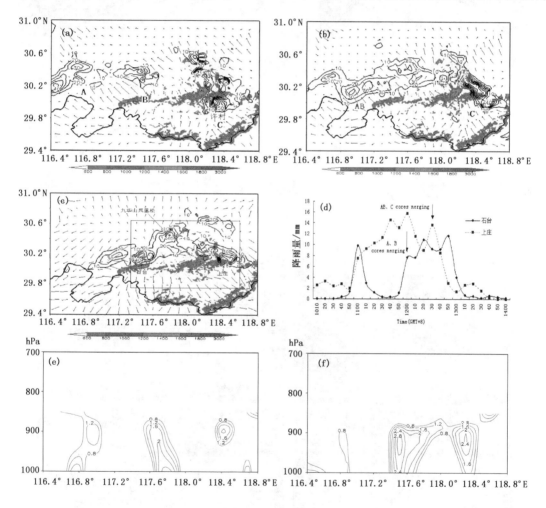

图4　6月30日降雨实况格点

(a为10:00,b为11:00,c为12:00,单位:mm)和1000 hPa气压梯度(矢量,单位:1 hPa/赤道度);d:石台、上庄10:10－14:00 10 min降雨量(单位:mm);e:11:00 30°N水汽通量散度垂直剖面(单位: -10^{-6}g·cm^{-2}·hPa·s);f:13:00 30N水汽通量散度垂直剖面;阴影部分为海拔高度大于600 m区域,以下图相同

117.3°E～118.6°E)出现了 3 个大于 50 mm·h⁻¹强降雨中心:石台(117.5°E,30.2°N)52.4 mm、九华山凤凰松(117.8°E,30.5°N)58.0 mm、上庄镇(118.5°E,30.1°N)61.3 mm,比较前两个时次,20 mm·h⁻¹以上的强降雨地理分布更加紧密。

已有很多观测事实表明,对流云合并是影响对流云发展和降水持续增强的重要过程[10]。图4d是石台和上庄两地的 10 min 降雨量,12:00 A,B 两云团合并石台站降雨突然增强,导致短时强降雨发生,未来一个小时内的降雨量就超过了 50 mm;12:30 AB,C 两云团开始合并上庄站降雨量比前 10 min 增大,降雨继续增强,强降雨维持。对流云合并导致了短时强降雨发生和维持,发生强降雨直接原因又与水汽通量辐合大小有关,水汽通量辐合情况用水汽通量散度 $-\int_0^{ps} \nabla \cdot (qV) \mathrm{d}p/g$ 表示,沿 30.2°N 垂直剖面,11:00 图上有三个水汽辐合中心(图e),分别与 A,B,C 三云团相对应,中心值分别为 1.2,2.0,1.8(单位:-10^{-6}g·cm⁻²·hPa·s⁻¹);1 h 后 A,B 云团合并后,12:00 图上 A,B 中心都在增大(图略),中心值分别为 1.8,2.6,此时 C 云团也在增强,水汽通量散度中心值增大到 2.8;13:00 图上 A 中心消失(图f),已合并为相连两个中心,B,C 中心强度维持,石台附近最大值为 2.8,此时上庄附近最大值为 2.4,两地强降雨发生。总之,A,B 云团合并后,水汽辐合是增强的,AB,C 云团合并后,强度是维持的。

从 10 min 和 1 h 地面降水演变来看,不但印证了对流云合并增强这一事实,也反映了对流云合并是短时降雨发生和短时强降雨的维持成因之一;从 11:00－13:00 时海平面气压梯度可看出,山脉附近气压梯度较大,与"弱回波区"相对应的弱降雨区的气压梯度较小,也证明气压分布不均是对流云合并因素之一。

3 夏季对流云合并与短时强降雨关系

上面观测事实说明对流云合并结果短时间内是增强的,触发短时强降雨发生,探讨对流云合并后短时强降雨发生机制,首先要了解对流云合并的发生环境:许多研究者[11]研究表明大量积云合并是随大尺度上升气流而增加,最有利的环境条件是:较不稳定的热力层结和较强的大尺度抬升作用,胡雯等[12]对 2003－2005 年雷达观测结果进行分析,表明合并与天气条件和地理环境关系密切。其次需了解对流云合并后增强机制,翟菁[8]利用值模拟分析结果表明,对流云合并过程可引起回波增强、云顶抬高、云水、冰相物质含量增加、在地面产生强降水;黄勇认为合并过程不仅促成中尺度对流系统的生成,使得云体增强发展,而且为对流系统维持补充了能量,使系统生命史延长;然而,短时强降雨的发生直接影响因子应是中小尺度系统,张京英[13]指出:在有利的大尺度环流背景形势下,中小尺度系统的生成是短时强降水产生的原因,在对流云合并过程中是否伴有中小尺度系统生成,应是短时强强降雨发生的关键所在。为了解本次对流云合并后短时强降雨发生的机制,利用实况分析、结合数值模拟来探讨夏季对流云合并发生环境、发生前后系统变化。

3.1 夏季对流云合并环境场

谢义炳[14]认为,中国夏季暴雨的温度和气压场都较弱,不具备斜压扰动基本特征,提出了湿斜压大气的天气动力学理论,建议在进行暴雨分析时用来表征大气温、湿特征的物理量。湿绝热、无摩擦大气中湿位涡是守恒的,得到湿位涡方程:

$$mpv = -g(\zeta_p + f)\frac{\partial \theta_e}{\partial p} + g\frac{\partial v}{\partial p}\frac{\partial \theta_e}{\partial x} - g\frac{\partial u}{\partial p}\frac{\partial \theta_e}{\partial y} = 常数 \tag{1}$$

其中 ζ_p 为垂直涡度分量;θ_e 为相当位温,湿位涡单位为:$10^{-6}\mathrm{m}^2 \cdot \mathrm{k} \cdot \mathrm{s}^{-1} \cdot \mathrm{kg}^{-1}$。表明在无摩擦、湿绝热大气中,系统涡度的发展由大气层结稳定度、斜压性和风的垂直切变等因素所决定。在湿位涡守恒制约下,由于湿等熵面的倾斜,大气水平风垂直切变或湿斜压性增加,能够导致垂直涡度的显著性发展;相反地,在 $\partial\theta_e/\partial p>0$ 不稳定状态下,涡度增强、水平风垂直切变增大,可推定湿斜压性增强,垂直涡度越强,等熵面倾斜就越大,湿斜压就越强。利用 LAPS分析资料分别计算合并时间内的 12:00(图 5a)θ_e 随高度的变化,116.6°~118.1°E 区域内700 hPa 以下 $\partial\theta_e/\partial p>0$,116.6°E~118.8°E 区域内 900 hPa 以下 $\partial\theta_e/\partial p>0$,中低层大气层结是不稳定的。0~3 km 高度范围内强风水平垂直切变是风暴形成、发展的一个关键因子,1 km水平风垂直切变中心最大值由 8:00 $10.3\times10^{-3}\mathrm{s}^{-1}$ 到 11:00 时增大到 $13.7\times10^{-3}\mathrm{s}^{-1}$,13:00合并结束后又回落到 $8.4\times10^{-3}\mathrm{s}^{-1}$;3 km 水平风垂直切变中心最大值从 8:00 $4.7\times10^{-3}\mathrm{s}^{-1}$到 11:00 增大到 $6.9\times10^{-3}\mathrm{s}^{-1}$,13:00 合并结束后又回落到 $5.7\times10^{-3}\mathrm{s}^{-1}$。以石台站为例,12:00 A,B 两云团合并,使石台站降水增强,图 5b 为其垂直涡度随高度时间变化,800 hPa 为一正涡度中心,11:00 对流云合并前涡度突然增大,11:00—12:30 正涡度是递增的,对流云合并时 12:00 涡度达到最大值达 $7\times10^{-5}\mathrm{s}^{-1}$。以上说明,对流云合并发生在水平垂直风切变、涡度增大的湿压斜压不稳定层结增强的环境场中。

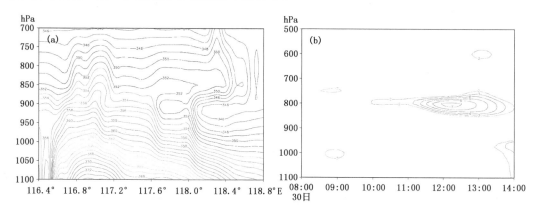

图 5   6 月 30 日 12:00 θ_e 垂直剖面(a,单位:K)和石台站涡度高度与时间演变(b,单位:$10^{-5}\mathrm{s}^{-1}$)

3.2   对流云合并与地形涡形成

此次山区短时强降雨的发生,同样是与地形密切相关的,1 h 降雨量超过 50 mm 的站点如宋村、上庄、凤凰松都位于海拔 300 m 以上高地;以上也提到因垂直涡度增大、水汽通量辐合增强引发短时强降雨,这些物理量增大增强,是中小尺度系统影响的结果;因此山区短时强降雨发生应与地形分布、中小尺度系统相关。刘黎平等[15]对 2002 年 7 月 22—23 日发生在长江流域一次暴雨过程的中尺度结构动力特征和演变过程研究中指出:在对流单体合并时,往往伴有 γ 中尺度涡旋,是对流云发展的重要过程。通过反演 11:00—13:00 雷达观测资料,可以看出,在 118°~119°E 三个时次内自西向东分布着三个中气旋(图 6a),11:00 中气旋位于许村附近,造成 76.4 mm·h⁻¹ 短时强降雨,12:00、13:00 位于上庄附近,造成 75.0 mm·h⁻¹、61.3 mm·h⁻¹ 短时强降雨。同样地,数值模拟结果分析,AB 与 C 云团合并过程中,从 11:00—13:00 在等高线图上,靠近黄山山脉以南可分别分析出 3 个中 γ 低涡系统(图 6b 为 700 hPa 低涡位置)。强降雨与低涡系统强度是一致的,11:00—12:00 时系统最强,700 hPa 中心高度值

302 dagpm,低涡附近 1 h 降雨量超过 70 mm,13：00 低涡系统减弱,低涡附近降雨也减弱,最大 1 h 降雨量为 50 mm。以 12：00 为例,低涡产生在山麓南侧许村(118.3°E,30.0°N),高度从地面一直伸展到 300 hPa(图略),随高度略向西北倾斜。此时地形涡的形成也是地形作用引起的:首先,值得关注的是,等高线分布与山脉走向一致,且山脉附近气压梯度大;其次,到 925 hPa 以下维持一风场辐合,最强辐合在 950 hPa,图 6c 为 950 hPa 流线场,阴影为大于 600 m 地形高度场,山麓南侧南部为强盛的西南气流,地形阻挡的回流和山风都为东北气流,这样南北气流产生辐合,900 hPa 以上主要以西南过山平流为主,辐合消失;另外,大气是连续介质,上下层是互相影响、相互制约的,作为对流层中下层低涡,在流场上表现为辐合,它的维持和发展须要求高层有辐散,计算低层因地形阻挡 925 hPa 以下辐合最大正涡度 $4 \times 10^{-3} s^{-1}$,高层辐散最大正散度值 $5 \times 10^{-3} s^{-1}$ 在 200 hPa,高层辐散大于低层辐合,是有利于低涡形成和发展的。中尺度对流云发展与合并过程中,山脉地形阻挡作用低层风场辐合形成中 γ 小尺度地形涡,使得垂直水汽通量散度、垂直涡度等物理量增大增强,导致短时强降雨发生。

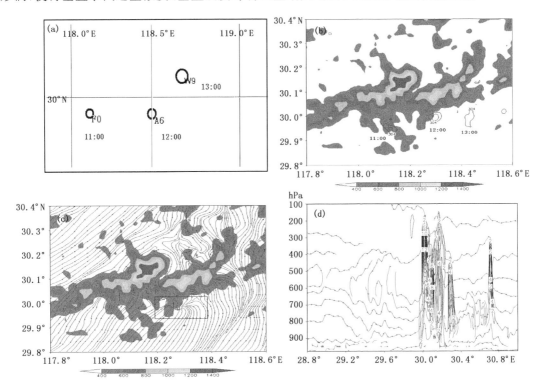

图 6　11：00—13：00 中气旋位置分布(a),700 hPa 低涡位置分布(b);
12：00 950 hPa 流场(c),垂直速度(虚线,单位:m·s⁻¹)和 v,w 合成的垂直环流(d)

　　胡雯认为江淮流域对流云合并分布与中尺度地形之间有很好的一致性,皖南山区发生概率占 23%[16],地形对大气环流和天气气候的影响主要有两方面作用,一是动力作用,二是热力作用·动力作用在于它能引起空气强迫抬升,从而激发对流发展,由山地产生的山脉波,在有利的条件下可造成明显的垂直运动,使低空湿度提高,从而触发对流发生,形成对流云[17]。与地形涡相对应的 11：00—13：00 时 3 个垂直速度中心,上升速度中心值都达到 14 m·s⁻¹,高度接近 100 hPa。在准地转情况下 u,v 风特征尺度为 10 m·s⁻¹,w 垂直速度特征尺度为 10^{-2}

m·s^{-1},在强对流超地转时 u,v 与 w 量级相同,分别利用 WRF 模式模拟的纬向风、经向风 u,v 和垂直速度 w 合成的垂直环流,图 6d 为 12:00 时 v,w 合成的 118.3°E 过地形涡垂直剖面垂直环流图,低层吹南风,高层吹北风,因强烈的垂直运动,在 29.6°～30.6°N 整个合并区域低层构成一逆时针方向旋转辐合的垂直环流,其南北两侧为辐散的垂直环流。11:00、13:00 垂直环流图上,与 12:00 垂直环流基本相同,对流云低层都存在一辐合中心。这样就构成以纬向西风引导气流为主,低层经向辐合垂直环流,辐合区的存在,又有利于对流云的形成发展与合并。

对流云发展合并过程中因地形阻挡作用,伴有中小尺度地形涡系统生成,中小尺度地形涡作用对对流云形成与发展又有促进作用,二者相辅相成。

4 结论与讨论

该研究从卫星云图、雷达回波、地面降水等对夏季短时强降水中对流云合并现象进行了观测分析,也对夏季对流云合并与发生短时强降雨关系作了探讨,从这些研究中,得到了不少结论以及有待进一步阐明的问题。

从"云核"合并形式观测发现对流云合并不但发生在不同对流云系统之间,也发生在同一对流云内部。夏季不同对流云系统合并整个过程经历了单体发展、弱回波相连以及系统合并三个阶段,合并过程中低层大气起着关键性作用、从卫星云图分析得出无论强弱还是强度相当两对流云合并后系统都是增强的,从分辨率高的实况降水和雷达回波分析看,一强一弱两系统合并后强度是增强的,强度相当两对流云合并后强度是维持的。

对流云合并发生在垂直涡度、低层水平风切变增强的湿的斜压不稳定增强的环境中;对流云合并过程中因地形阻挡作用伴随着中气旋或中尺度低涡系统生成,为短时强降雨发生的直接原因。因对流云发生过程中,山麓南侧地形阻挡作用使低层西南气流风向发生改变,回流后转为东北风,白天吹西南谷风,两者辐合,形成地形涡,地形涡使水汽通量辐合增强、垂直速度、涡度迅速增大,从而触发了短时强降雨。相反地,中尺度低涡系统生成又促进了对流云生成、发展与合并,二者是正相关的。

对流云合并与发生短时强降雨机制存在一定因果关系,虽然提出了对流云合并这种观测现象,并给出一些合并环境,至于对流云的合并机制、地形的动力热力作用都很复杂,这些都有待于更深入地进行分析与研究。

参考文献

[1] Orville H D,Kuo Y H,Farley R D,*et al*. Numerical simulation of cloud interactions[J]. *J Rech Atmos*, 1980,**14**:499-516.

[2] Takahashi T,Yamaguchi N,Kawano T. Videosonde observation of torrential rain during baiu season. *J Meteor Soc Japan*,2001,**58**(3):205-228.

[3] 黄美元,徐华英,吉武胜. 积云并合及相互影响的数值模拟研究. 中国科学(B辑),1987,**17**(2):214-224.

[4] 翟菁,黄勇,胡雯,等. 强对流系统中对流云合并的观测研究. 气象科学,2001,**31**(1):71-80.

[5] 黄勇,覃丹宇,邱学兴. 暴雨过程中对流云合并现象的观测与分析. 大气科学,2012,**36**(6):1136-1149.

[6] 周后福,郭品文,翟菁,等. LPS分析场资料在暴雨中尺度分析中的应用. 高原气象,2010,**29**(2): 461-470.

[7] 黄勇,覃丹宇.舟曲泥石流天气过程中云团合并的卫星观测.应用气象学报,2013,**24**(1):87-97.

[8] 翟菁,胡雯,冯妍,等.不同发展阶段对流云合并过程的数值模拟.大气科学,2012,**36**(4):698-711.

[9] 王昂生,赵小宁.云体并合及雹云形成.气象学报,1983,**41**(2):204-210.

[10] 付丹红,郭学良.积云并合在强对流系统形成中的作用.大气科学,2007,**31**(4):636-644.

[11] 刘慧娟,胡雯,黄兴友.大别山地区7月份对流云合并特征的统计分析.大气与环境光学学报,2010,**5**(1):33-39.

[12] 胡雯,申宜运,曾光平.南方夏季对流云人工增雨技术研究.应用气象学报,2005,**16**(3):413-416.

[13] 张京英,陈金敏,刘英杰,等.大暴雨过程中短时强降水机制分析.气象科学,2010,**30**(3):407-413.

[14] 谢义炳.湿斜压大气的天气动力学问题.暴雨文集.长春:吉林人民出版社,1978:1-18.

[15] 刘黎平,阮征,覃丹宇.长江流域梅雨锋暴雨过程α到γ中尺度结构及产生机理研究.中国气象学会2003年年会—地球气候和环境系统的探测与研究论文集.2003.

[16] 胡雯,黄勇,汪腊宝.夏季江淮区域对流云合并的基本特征及影响.高原气象,2009,**28**(1):207-213.

[17] 李艺苑,王东海,王斌.中小尺度过山气流的动力问题研究.自然科学进展,2009,**19**(3):310-321.

青海省黄南州一次冰雹天气的数值模拟和诊断分析

管 琴[1] 李青平[2] 李金海[1] 甘 露[2] 冯晓丽[2] 彭英超[2]

(1.青海省气象台,西宁 811000;2.青海省黄南州气象局,同仁 811300)

摘 要

本文分析了 2013 年 6 月 15 日发生在青海一次强对流天气过程的环流形势,同时利用中尺度数值模式 WRF 对该强对流天气进行了数值模拟及成因分析。结果表明:模式对造成这次强对流天气的 500 hPa、地面影响系统的位置、移动路径模拟较理想;该方案成功地模拟出 15 日发生在黄南的对流天气,模拟的雨带、强度及强对流中心与实况基本一致;这是一个由超级单体在地面冷锋的触发下造成的强对流天气,因外界的水汽供应较小,整层湿度较大,垂直上升强烈,故持续的时间短,强度较大。

关键词:冰雹 数值模拟 散度 涡度 垂直速度 水汽 能量

0 引言

青海省位于中国的西部,青藏高原东北部,全省平均海拔在 3000 m 以上,地势西高东低,是典型的高原大陆性气候[1],其境内的气象灾害是最大的自然灾害,具有种类多、频率高、范围广等大陆性特征,主要的气象灾害有干旱、洪涝、冰雹、连阴雨、雪灾、寒潮等,其中强对流天气虽然频次不如我国东部和南部多,但落点分散、时间短、强度大、局地性强,往往暴雨、冰雹与大风天气伴随而至,引发洪水和地质灾害(如山崩、滑坡、泥石流等),淹没农田、房屋,冲毁堤坝和交通设施,甚至造成人畜伤亡,其危害程度十分严重,对国民经济和生命财产造成很大影响。目前对强对流天气的研究通常包括诊断分析和数值模拟两种方法。诊断分析通过对各种物理量的平衡和变化进行定量分析,来了解支配天气过程的发生发展及演变的机制和规律;数值模拟通过求解大气动力学和热力学预报方程,来预测未来天气,较定量分析更为客观。

国内外广大气象工作者结合运用多种方法、从多个角度对强对流天气进行深入而细致的研究,通过模拟强对流天气的发生发展过程,分析诊断强对流天气发生时各种物理场,获得了大量有关强对流天气的信息,开发了具有本地化、较好稳定性及预报能力的中尺度数值预报模式。段旭等[2]应用湿位涡理论对云南冰雹天气进行诊断分析,结果表明:在垂直剖面图上等 θ_{se} 线陡立密集区,湿斜压涡度发展,易发生冰雹。高守亭等[3]从动力上推导了热力、质量强迫下的湿位涡方程,阐明了在暴雨系统中引起的强降水会造成热力、质量强迫下的湿位涡异常;从动力和资料诊断两个方面揭示出湿位涡异常与强降水有很好的对应关系。Lilly[4]提出了一个反映风场旋转性的新的物理概念——螺旋度(Helicity),螺旋度不仅表达风场旋转性的强弱,而且还能反映对旋转性的输送,螺旋度被广泛地用来研究强风暴天气的发生、发展。李耀辉等[5]运用螺旋度对暴雨天气进行了研究,发现正的旋转风螺旋度大值中心及其演变较好地

资助项目:中国气象局预报员专项 CMAYBY2014—074 资助

对应和反映了暴雨中心及造成暴雨的中尺度涡旋的发生位置及演变,较大的螺旋度值是暴雨及低层中尺度低涡和地面气旋系统发生发展的机制之一。本文通过对发生在青海省的一次强对流天气过程,利用 WRF3.0 中尺度数值预报模式进行模拟、分析和诊断,来探讨此次强对流天气的发生发展机理,从而提高对青海地区强对流天气的认识,做好强对流天气的预报、预警服务。

1 天气过程概述

1.1 天气实况和形势分析

2013 年 6 月 15 日青海大部分地区出现降水,其中 15 日 16:20 左右,同仁县、河南县出现雷暴天气,17:32 同仁县出现冰雹天气,17:48 结束;河南县 16:50 出现冰雹天气,16:57 结束;同仁县冰雹最大直径达 40 mm,河南县最大冰雹直径达 7 mm,从气象站记录来看,主要降水区出现在黄南地区、海南的东部、果洛的北部地区。局地强对流天气造成了较严重的损失,此次灾害造成隆务镇、牙浪乡、年都乎乡、加吾乡、瓜什则乡 5 个乡镇的 6 个行政村、5 个社区,共计 873 户 3564 人受灾,有农作物超过 233.3 hm² 受灾,其中成灾面积 197.3 hm²;154 户太阳能热水器及 636 户封闭玻璃损坏,约 50 围墙倒塌,300 多辆车辆受损,共造成经济损失约 345.3 万元。

15 日 08:00 500 hPa(图略)上,亚欧中高纬度环流形势以两槽两脊型,其中一脊位于乌拉尔山脉一线,一小高压位于贝加尔湖附近,西亚有较深低涡冷槽发展,东北地区有低涡冷槽;新疆低槽底部有不断分裂的小槽和冷平流影响青海省,西部阿尔金山一线有较强的锋区($\triangle T_{52818-51777}=10℃$),从 56004 开始沿三江源到 52681 有一大风带(16~20 m·s⁻¹),全省的湿度较大,大部分地区温度露点差在 1 到 2℃。15 日 20:00 500 hPa(图略)上,贝加尔湖的小高压消失,影响高原的短波槽移动到兰州附近,青海省大部处于偏西气流中。

相应的地面图上,15 日 08:00 地面有两股冷空气,其中一支已经到达甘肃的 52681-52787 一线,其后部的 52418 站 24 h 变压达 8 hPa,一支已经翻过阿尔金山到达我省西部的 52602-51818 一线,其后部的 51886 站 24 h 变压 2 hPa。随后,河西走廊的冷空气一直在乌鞘岭西部堆积,而高原上的冷空气快速东移,14:00 52418 站 24 h 变压达 14 hPa,高原上的冷空气也已经到达 52737-52836-56021 一线,51818 站 24 h 变压达 6 hPa,并且冷锋附近出现阵性降水。

从 15 日 08:00-20:00 的卫星云图(图1)上看:沿着 500 hPa 的西西南急流上不断的有对流云系生成、发展,这些对流云系包含了中尺度的对流复合体,其主要向东北偏东方向移动。16:00(图 1b)其前沿到达黄南州,并还在继续加强。正是这些中小尺度对流云团造成局地强对流天气,并引发冰雹灾害。从此次天气实况上分析:这是一次前倾槽引发的强对流天气。

2 模式简介、资料和方案设计

本文利用 WRFV3.2.1 版对此次强对流天气个例进行数值模拟,模拟试验中心位于 35.32°N,96.50°E,采用两重嵌套(如图 2 所示),母域网格距为 30 km,格点数是 81×55,能覆盖中国西北地区,子域网格距为 10 km,格点数是 142×100,能够覆盖青海省;地形分别采用高分辨率的 2′(母域)和 30″(子域)的全球地形和陆面资料;模式垂直坐标采用 σ 坐标,垂直方向

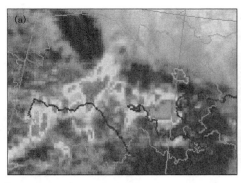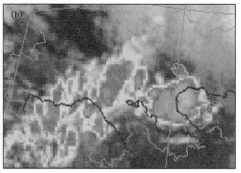

图 1 FY-3 卫星云图

(a 为 2013 年 6 月 15 日 14:00,b 为 2013 年 6 月 15 日 16:00)

为不等距的 27 层;母域积分步长为 180 s,子域积分步长为 60 s。模式的物理过程为采用较为成熟的适合理论研究的 Lin 等方案;辐射采用考虑不同气体及云的光学厚度引起的长波过程的 RRTM 辐射方案;积云参数化方案采用浅对流 Kain—Fritsch(new Eta)方案,边界层参数化方案采用 QSE 方案。用 NCEP 6 h 一次的 1°×1° FNL 资料(DS083.2)作为初始条件和边界条件,从 2013 年 6 月 15 日 08:00 开始到 16 日 08:00 结束,每 1 h 输出一次结果。

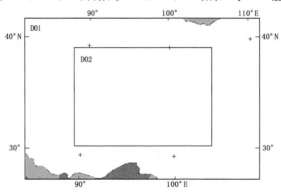

图 2 模拟区域

3 模拟结果分析

3.1 高度场、风矢量场模拟结果检验

高度场结合风矢量场能更直观地反映出冷空气移动和水汽来源,对青藏高原上中小尺度系统的反映也更直观。图 3 为模式输出的 15 日 08:00、20:00 500 hPa 高度场、风矢量场模拟图。与实况场相比,08:00 500 hPa 主要的影响系统:从长江源经黄河源、海南、西宁有一大风带,青海东北地区有高原小低涡,西北地区有高空短波槽,大风带及高空短波槽等系统的位置都与实况场十分接近;20:00 500 hPa 主要的影响系统:从玉树到果洛一带有西北风与西南风的切变线,格尔木西侧有高原低值系统,西宁转为西北风,但在海东的地区还有弱低值系统活动,高原西部低值系统、切变线等系统的位置与实况场十分吻合,但是模式模拟出高原上多个小的弱的低值系统,比实况更细。

从模拟的地面气压和风场上看:08:00 青海省中部 36°N 附近有切变线(90°～99°E),青海

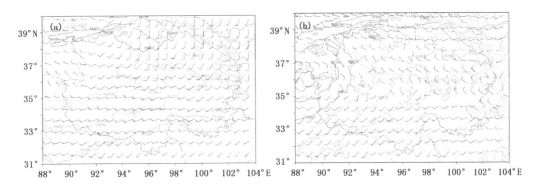

图 3　模拟的 500 hPa 风场及位势高度场

(a 为 6 月 15 日 08:00,b 为 6 月 15 日 20:00)

湖的西侧为高原低值系统,冷空气已经进入青海的西北地区,乌鞘岭北侧有冷空气活动,随着天气的演变,受两股冷空气的共同影响,切变线的东部有明显的辐合,形成了地面的中小尺度低压;而且在 16:00—17:00 黄南地区偏东北风明显增大,出现了 8 m·s^{-1} 的模拟风速,这与实况也是基本吻合。

3.2　降水结果检验

从 6 月 15 日 08:00—16 日 08:00 24 h 降水实况(图 4a)来看,这次强对流降水主要出现在黄南地区,最大降雨中心为黄南州河南宁木特 25.5 mm,其次是河南县的赛尔龙 23.4 mm,第三降水中心海南的贵德新街 22.5 mm。比较模式输出的降水结果(图 4b):模式成功地模拟几个强降水中心,最大雨量为 70 mm,同时模式基本上预报出降水起始时间及主要的降水时段,如图所示,虽然模拟的降水量与测站观测的雨量有差异,但与民政部门上报的强降水灾情情报比较一致,因此对这种局地强对流天气模拟还是较理想。

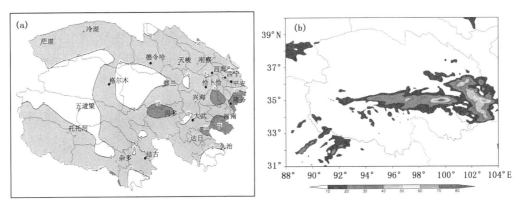

图 4　2013 年 6 月 15 日 08:00—16 日 08:00 降水对比分析

(a 为实况,b 为模拟的降水量)

3.3　同仁地面单站气象要素

从同仁地面气象要素模拟值与实况值对比分析(图 5)的结果上看:2 m 温度的相关性 0.89、气压的相关性 0.96,风速的相关性 0.58,模拟值与实况值两者之间的变化趋势基本一致;从模拟结果上,出现强对流前(16:00)同仁的风速增大,气压下降到近几个时次的最低,

17:00气压升高明显,温度陡降(5.2℃),这与实况基本一致。

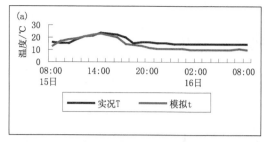
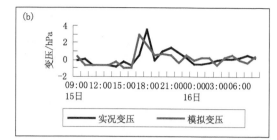
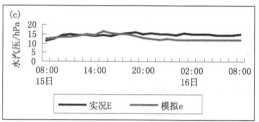
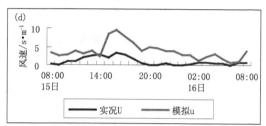

图5 同仁模拟值与实况的对比分析

(a为温度,b为变压,c为水汽压,d为风速)

通过以上分析,可以认为本次模拟试验对6月15日黄南州强降水的主要影响系统的移动路径和移动速度、24 h降水预报都有较成功的模拟。基于此,下面利用模式输出结果,对6月15日黄南强对流天气系统的物理量场特征作进一步的诊断分析。

4 天气过程的诊断分析

4.1 地面要素分析

从地面气压要素的演变上看,影响黄南州的冷空气有两股,一支从青海省的西部(37°~38°N)入侵,一支从河西走廊沿河湟谷入侵,其中后一支冷空气的势力占了主导,该支冷空气在12:00前因受祁连山脉和贺兰山脉的阻挡,在乌鞘岭的北部堆积,13:00开始越过乌鞘岭扩散南下,并沿着河湟谷往西移动,同时受西倾山的阻挡,在黄南州的西部有弱的冷空气的堆积(图6)。

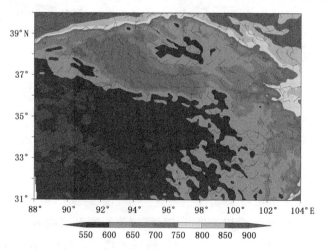

图6 模拟的15日15:00地面气压场(单位:hPa)和风(单位:m·s⁻¹)

从每小时的气压变化上看:超级单体风暴于11:00在36.5°N、98.5°E初步形成,风切变线后部有弱的正变压中心,前部有明显的负变压中心;随后该系统基本沿着正负变压中心的连线往东偏南方向移动,并且后部的正变压中心不断地加强,切变辐合越来越明显。到15:00(图7),超级单体前沿有一类似的飑中系统,其风的辐合线呈现弓型,后部有一高压,1 h变压达6 hPa,前部有−2 hPa的负变压,到17:00飑中系统后部的出现了−2 hPa的变压中心。在此天气过程中,由于抽吸上升运动和冷空气的入侵,位于黄南境内的偏东气流明显增强,加速了上升的运动,从而造成黄南境内出现雷暴天气,部分地区出现冰雹。

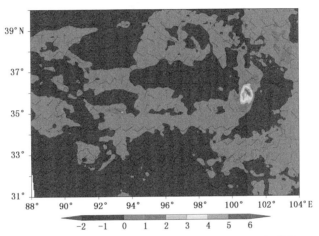

图7 模拟的15日15:00地面1 h变压场(单位:hPa)和风(单位:m·s⁻¹)

从每小时地面2 m的温度变化上看,受太阳辐射和地形的共同影响,14:00之前,海南、黄南及河湟谷地区一直是青海省的温度高值区,其中中心位于36°N,101.5°E附近,13:00海南部分地区出现明显的下降,高值区域明显减小到黄南及河湟谷的部分区域,到17:00黄南及河湟谷区域温度基本处于低值区。从每小时温度变化上可以看出,超级单体刚形成的时就有降温中心与其相伴,并随着时间的推移,风切辐合线越来越明显,其西部降温中心也越来越大,到15:00(图8)达12℃,到16:00就分成两个次降温中心,从而造成同仁、河南的冰雹天气,19:00此超级单体基本移出我省。

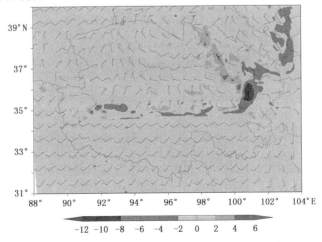

图8 模拟的15日15:00地面1 h变温场(单位:℃)和风(单位:m·s⁻¹)

从地面比湿变化上可以看出,处在偏东气流区域的湿度一直缓慢的增大,而增加比较明显的区域是风切变线的东南部地区,风切变线的西北地区比湿就明显的减小,14:00(图9)除了切变线附近外,黄南地区的湿度增大明显于其他地区,其对系统的敏感度要早于其他要素的变化。

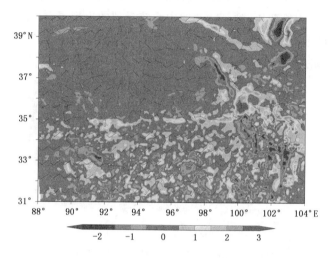

图9　模拟的15日14:00地面1 h比湿变化场(单位:g·kg^{-1})和风(单位:m·s^{-1})

从2 m的露点温度与10 m的风向风速上看,15日08:00青海省100°E以东地区处于露点温度相对高值区域,且在偏东风的作用下存在水汽输送的通道,源地是甘肃的中南部。对于黄南地区而言,其水汽输送通道持续到20:00左右,明显的时刻是13:00—17:00(图10),也就是说相比于其他地区而言,黄南强对流天气发生前,低层有明显的水汽输送。

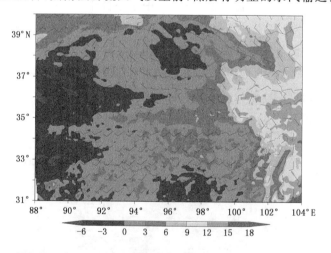

图10　模拟的15日15:00地面露点温度场(单位:℃)和风(单位:m·s^{-1})

从地面气象要素的变化上可以看出,此超级单体内部在黄南的上游形成发展了一个飑中系统,该系统快速向东偏南方向移动,造成黄南州境内短时的强对流天气,其中降压的中心,湿度增大(低层水汽的输送)以及风速增加明显的区域基本上都在黄南境内,并在提前于强对流天气1～2 h出现,对强对流天气的预报有一定的指示意义。

4.2　高空要素分析

　　从 200 hPa 与 500 hPa 的垂直风切变上看,对青海省而言总体上是北部的垂直风切变要大于南部地区,一方面是北部的海拔比较低,南部的海拔比较高,另一方面是冷空气自西北向东南南影响青海省,但是从垂直风切变演变上看,在 12:00 青海湖西部附近有一相对大值区域,该区域向东偏南方向移动(图 11),15:00－19:00 黄南大部分地区(中北部)基本维持在 4.5～5s^{-1},也就是说在强对流发生前及发生期间垂直风切变都比较大。

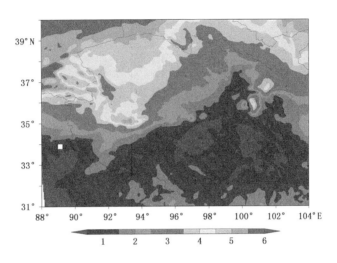

图 11　模拟的 15 日 14:00 200 hPa 与 500 hPa 的风垂直切变(单位:s^{-1})

　　从 200 hPa 与 500 hPa 的温度直减率上看,15 日 08:00 青海省的北部地区比南部地区要小,其中以西北地区最小,小唐地区及省东南部地区比较大,其中黄南南部地区在－7.5℃·(100 m)$^{-1}$ 左右。受太阳辐射的影响,黄南地区的温度直减率在 08:00－11:00 有所降低(图 12),但基本在－7℃·(100 m)$^{-1}$ 左右,11:00－14:00 略有上升到－7.4℃·(100 m)$^{-1}$,这也说明对流强度增加,到了 15 时温度直减率开始减小,超级单体系统从高处有一向下的作用。

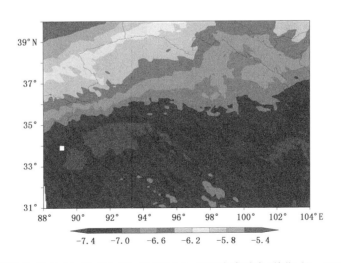

图 12　模拟的 15 日 14:00 200 hPa 与 500 hPa 的温度直减率(单位:℃·(100 m)$^{-1}$)

4.3 散度场诊断分析

从 15 日 500 hPa 散度场的变化(图 13)可以看出,15 日上午青海大部无明显的辐合、辐散区,散度都在 $0 s^{-1}$ 附近,但是其内部有多个小的强辐合中心,主要分布在小唐、玉树地区、青海的中部地区,其中以青海中部辐合最大,10:00 达到 $-4 \times 10^{-4} s^{-1}$。在天气过程的演变中,其他的辐合中心消散同时出现新的弱的辐合中心,但是青海中部辐合中心东移北抬,从青海湖的南侧滑过,然后向东南方向移动,16:00 开始影响黄南州,20:00 该辐合中心基本移出青海省。

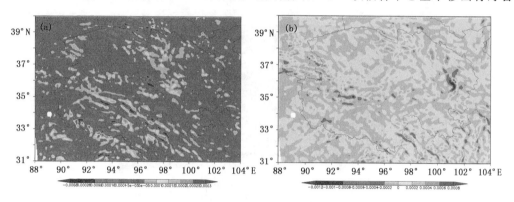

图 13 模拟的 500 hPa 散度场(单位:s^{-1})

(a 为 2013 年 6 月 15 日 09:00,b 为 2013 年 6 月 15 日 16:00)

从 15 日 200 hPa 散度场的变化(图 14)可以看出,15 日上午青海大部无明显的辐合区,但在青海的中部地区(36°N,98°E)有一强辐散区,10:00 达到 $4 \times 10^{-4} s^{-1}$,其在移动中配合 500 hPa 的辐合中心东移北抬,从青海湖的南侧滑过,然后向东南方向移动。而在 400 hPa 上有一对辐合、辐散(10:00 位于 36°N,97°E,辐合在北侧,$-2 \times 10^{-4} s^{-1}$,辐散在南侧,$3.5 \times 10^{-4} s^{-1}$)的单体一起移动,由此可以看出影响黄南州的冰雹天气就是这个超级单体,这种低层辐合高层辐散的配置十分有利于大气的上升运动。

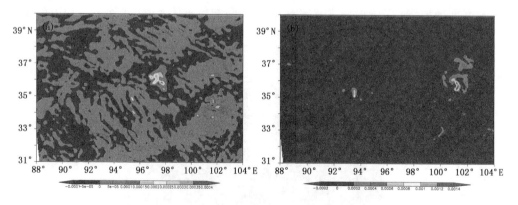

图 14 模拟的 200 hPa 散度场(单位:s^{-1})

(a 为 2013 年 6 月 15 日 09:00,b 为 2013 年 6 月 15 日 15:00)

4.4 涡度场诊断分析

从模拟的 500 hPa 涡度场(图 15)可看出:28 日上午青海的中北大部处于正涡度区,南部以负涡度为主,其中 09:00 在 36°N,97°E 有一 $4 \times 10^{-4} s^{-1}$ 正涡度中心,其往东偏北方向移动个过程中不断地加强;12:00 到达 36.5°N,99.5°E 附近,其中心值达 $8×10^{-4}$ s^{-1};13:00 发展成为正负涡度对(36.5°N,100°E),其开始往东南方向移动,并继续发展;16:00 达到黄南州上空,其中一正涡度在 36.1°N,101.7°E,其中心值约为 $2.5×10^{-3}$ s^{-1},另一个在 35.4°N,101.8°E,其中心值约为 $2.0×10^{-3}$ s^{-1};负涡度中心在 35.4°N,101.72°E,其中心值约为 $-1.5×10^{-3}$ s^{-1},这与实况基本吻合,河南和同仁出现了冰雹天气,而且河南的冰雹优先出现;随后超级单体继续向东南方向移动,到甘川交界的地区。配合 15 日 200 hPa 涡度场(图 16)演变,可看出超级单体发展比较旺盛,在 200 hPa 上都有明显的反映,这与 20:00 全省观测到过去 6 h 强对流分布基本一致:在海南、黄南一带出现了强对流天气(雷暴),其余地区以阵性降水为主。分析表明,随时间从最初的低空正涡度区,其东北侧的高空负涡度迅速演变为高低空都是正负涡度对的超级单体。

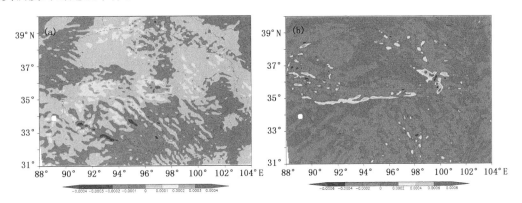

图 15　模拟的 500 hPa 涡度场(单位:s^{-1})

(a 为 2013 年 6 月 15 日 09:00,b 为 2013 年 6 月 15 日 13:00)

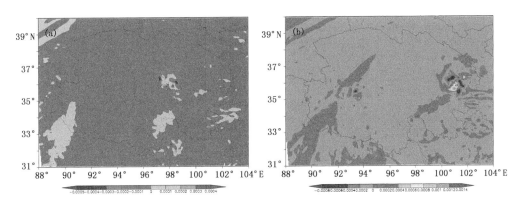

图 16　模拟的 200 hPa 涡度场(单位:s^{-1})

(a 为 2013 年 6 月 15 日 10:00,b 为 2013 年 6 月 15 日 15:00)

4.5　垂直速度场诊断分析

从模拟的 500 hPa 垂直速度场可以看出,15 日 13:00 在 36°N,100°E 急剧发展起来一个明显的垂直运动上升区,中心强度 1.6 m·s^{-1},到 14:00 垂直运动明显加强,中心强度 4.5 m·s^{-1},其西侧有 -1 m·s^{-1} 的下沉运动,15:00(图 17)垂直运动最大,中心位于 35.9°N,101.1°E,强度 7.0 m·s^{-1},其西侧有 -2 m·s^{-1} 的下沉运动,超级单体发展加强,强烈的垂直上升运动区移到正好移到黄南附近,引发了同仁、河南的冰雹天气。从同仁单站高度—时间剖面图(图18)上也可以看出14:00之前上升运动不是很明显,但是14:00之后上升运动明显,而且从底层到100 hPa均处于上升运动的区域,16:00上升运动最大,强大的上升气流将低层的不稳定性向上输送,使对流不稳定层次增厚,出现了强对流天气,17:00开始减弱,18:00无明显的上升运动。从同仁气象观测资料上也可以看出,主要的强降水时段在18:00附近,同时也说明了由于强降水的影响,使得上升运动迅速减弱。

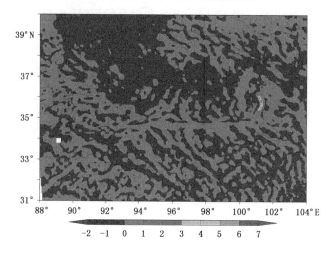

图17 模拟的15日15:00 500 hPa的垂直速度(单位:m·s⁻¹)

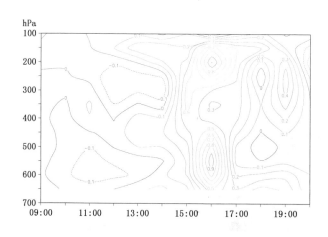

图18 模拟52974站的高度—时间剖面

4.6 水汽条件分析

从模拟的比湿场可以看出,500 hPa上,08:00青海省中部(34.5°~36.5°N,95°~99°E)有一高湿度,比湿达 6.5 g·kg⁻¹,其在西南气流的引导下向偏东方向移动,且比湿不断增大,到16:00(图19a),从玉树,经果洛、海南到我州上空形成一个高比湿区,最大达 8 g·kg⁻¹;同时这个高比湿区在每一层上都是最高的区域,400 hPa上为 5 g·kg⁻¹,300 hPa为 2.2 g·kg⁻¹,200 hPa(图19b)为 0.33 g·kg⁻¹,这说明这个气团整层湿度都比较大。从水汽通量散度场的演变上可以看出:水汽的输送不是很明显,无明显的水汽输送通道。这也说明了该短时强降水主要来源于这个超级单体本身,因此降水强度大,出现了冰雹天气,但持续的时间不是很长,总体降水量不是很大。

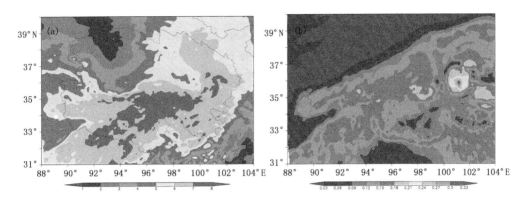

图 19　模拟的 16:00 比湿

(a 为 500 hPa,b 为 200 hPa;单位:g·kg^{-1})

4.7　假相当位温

从 15 日 08 时的假相当位温场上,500 hPa 上青海省的中部到青海湖的南侧有一片高能区,其有两个中心((36°N,96°E)与(35°N,98°E)),值达假相当位温 480K,黄南州处于高能区的东部偏北的地区,200 hPa(图 20b)上看青海省的冷中心位于 35.5°N,101°E,正好位于黄南地区,其值假相当位温 354.5K。随后 500 hPa 的高能大值区(图 20a)基本维持在 35°～36°N,锋区在 35°N 附近,东西向成带状分布,并向东部扩展,值不断的增加,16:00—18:00 黄南地区达到假相当位温 520K,19:00 高能区基本移出黄南地区,整个能量演变上看是自西北向东南影响黄南地区;200 hPa 的冷中心维持了 2 个多小时(08:00—11:00),随后由于垂直上升运动比较明显,能量由低层向高层输送,黄南地区的 200 hPa 能量不断的增加,16:00 在黄南西部形成一个能量小高值中心,其值达到 364K,16:00—18:00 该高能区掠过黄南,19:00 移出青海省。前期的中低层高能区的前沿与高层的冷中心对于强对流天气的发生有一定的指示作用(参考:冰雹发生区域基本均与暖中心或暖脊相对应;500 hPa 假相当位温场上,冰雹发生区域与冷中心或冷槽相对应。冰雹通常产生在冷空气与暖空气的交界面上或冷空气入侵区域,即中低层,冰雹出现在暖中心或暖脊脊

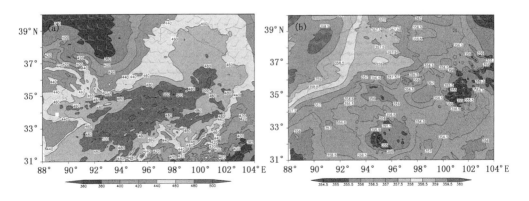

图 20　模拟的假相当位温

(a 为 14:00 500 hPa,b 为 80:00 200 hPa;单位:K)

线附近,高层出现在冷槽前部靠近暖脊一侧或冷中心附近)。

4.8 能量分析

对流有效位能 CAPE 表示在浮力作用下,对单位质量空气块,从自由对流高度上升至平衡高度所作的功。这种浮力能量相当于单站探空资料分析中的正不稳定能量面积,CAPE 的数值表示大气不稳定能量的大小。对流抑制能量 CIN 为当平均大气边界层气块通过稳定层到达自由对流高度所做的负功。强对流发生时,往往 CIN 有一个较为合适的值,太大会抑制对流活动,对流不易发生;太小则对流调整极易发生,能量不容易在低层积聚,从而对流不能发展到较强的程度。从 CAPE 演变上看,15 日 08:00 青海省的东南部有一 CAPE 的大值区 550 J·kg^{-1},在格尔木的南部地区有一东西向的次大值区 450 J·kg^{-1},其中影响黄南州的主要是青海省东南部的大值 CAPE 区域,在弱西南气流的作用下,其向北抬,并且 CAPE 值不断增加,到 14:00(图21)达 1800 J·kg^{-1},并维持到 16:00 左右。从每小时的变化上看,13:00 之前海南、黄南地区一直是 CAPE 增大的中心,其中 13:00 35.5°N,100°E 是变化中心,增加 600 J·kg^{-1},而黄南地区在 16:00 之前一直增大的,到 17:00 猛的下降,其下降幅度达 1500 J·kg^{-1},这也说明期间发生了强烈的对流天气造成能量的释放。

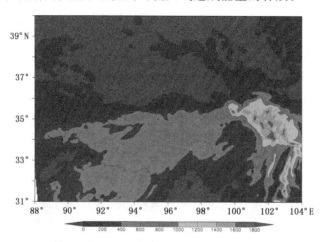

图21 模拟的 14:00 对流有效位能变化(单位:J·kg^{-1})

从 CIN 演变上看,15 日 08:00 黄南的南部到果洛的北部地区有一 CIN 的大值区 110 J·kg^{-1},在格尔木的南部地区有一东西向的次大值区 110 J·kg^{-1}。随着时间的推移,在冷暖空气的交汇的南侧暖空气一侧比较大,其余地区减小,其中黄南州地区也有一个减小的过程,但是随着降水的出现,有一个略增大的过程。同仁 15 日 16:08 开始出现弱的降水,16:17 开始从同仁的西南方出现雷暴,持续到 18:33,在同仁的东面消失,其中 17:32 出现冰雹天气,并持续到 17:48。从同仁单站 CAPE,CIN(图22)来看,在雷暴冰雹灾害性天气发生之前,CAPE 有一个明显增大的过程,与之相对应,CIN 有一个弱减少的过程。

5 结论

本文利用中尺度数值模式 WRF 对 2013 年 6 月 15 日发生在黄南州境内的一次冰雹天气进行了数值模拟。对比分析表明:模式对造成这次强对流天气的 500 hPa、地面影响系统的位

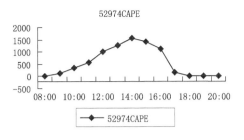
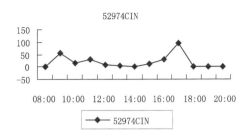

图 22 同仁站模拟的 $CAPE$ 与 CIN 的变化(单位:J·kg⁻¹)

置、移动路径模拟得较理想;该方案成功地模拟出 15 日发生在黄南的对流天气,模拟的雨带、强度及强对流中心与实况基本一致。通过对模式每小时输出一次的物理量进行分析,得到以下结论:

(1)地面冷锋和高层北部高空急流,中层的短波槽和锋区,以及高层辐散场、冷空气,这些为强对流天气的发展提供了动力条件,盆地北部的低压系统沿地面的切变辐合线移动,在这些因子的共同作用下,从青海省中部逐步形成并发展成中尺度的气旋系统。

(2)近地层有偏东气流将甘肃南部的水汽源源不断地输送到黄南地区,同时中尺度气旋内部强烈的上升运动,将低层的水汽输送到高层,为这强对流的发展提供了水汽条件。

(3)从剖面图上看,"上层干冷低层暖湿"的不稳定层结,以及 500 hPa 上青海省的南部为暖脊控制,近地面集聚了大量的能量,这为此次强对流天气提供了热力条件。

(4)热低压东部黄南中部有一东西向的地面辐合线,这加强了中尺度的气旋发展,使得中尺度气旋在东偏南移的过程中不断地加强发展,同时沿黄河谷的倒灌冷空气也使得上升的垂直速度增加,从而导致同仁加强对流天气的发生。

(5)模拟结果分析表明:这是一个在青海中部生成并不断发展的超级单体,因其东偏南移的过程中,受东西两侧的冷空气的夹击以及地面辐合线的共同作用下,不断发展加强,同时外界持续不断的水汽供应较小,整层湿度较大,垂直上升强烈,因此出现了短时的雷暴、冰雹等灾害性天气。

参考文献

[1] 王江山,李锡福.青海天气气候.北京:气象出版社,2004.

[2] 段旭,李英.滇中暴雨的湿位涡诊断分析.高原气象,2009,19(2):253-259.

[3] 高守亭,雷霆,周玉淑,等.强暴雨系统中湿位涡异常的诊断分析.应用气象学服,.2002,13(6):662-670.

[4] Lilly D K. The structure and propotation of rotation converctive storm. Part 2:Helicity and storm. *J Atmos Sci*,1986,**43**(2):126-140.

[5] 李耀文,寿绍文.旋转风螺旋度及其在暴雨演变过程中的作用.南京气象学报,1999,**22**(1):95-102.

2013 年 4 月 27 日雹暴超级单体回波特征分析

陈晓燕

(贵州省黔西南州气象局,兴义 562400)

摘 要

文章分析 2013 年 4 月 27 日发生在贵州省黔西南州午后到夜间的以大冰雹为主、伴随雷暴大风和短时强降水的强对流天气过程。强对流是发生在中高层的偏西北干冷平流,低层热低压加热,暖湿平流的输送,高、低空急流的有利配置下,由地面辐合线和局加热抬升触发的。产生的大冰雹 20~50 mm 主要由两个雹暴超级单体形成,在中等到强的垂直风切变中产生的两个雹暴都是典型的右移超级单体。雹暴在发展强烈时回波高度均达到 15 km 以上,具备高质心结构,其强烈发展阶段,有明显的 WER,BWER,强梯度回波墙以及倒 V 型回波形状、指状回波、V 型衰减缺口、前侧入流缺口(FIN)、后侧入流缺口(RIN)等超级单体特征。两个雹暴在超级单体阶段均出现了深厚持久的中等强度中气旋特征,风暴顶强辐散非常清楚。

关键词:雹暴超级单体 V 型回波 中气旋 V 型衰减缺口

0 引言

超级单体属中 γ 到中 β 尺度的系统,目前主要依靠雷达、卫星、加密自动站进行探测。多普勒雷达从地面上以一定仰角按锥面扫描降水系统,多仰角扫描同一风暴内部,时空分辨率高,能够观测到降水体内的信息,从而可分析降水系统的内部结构,缺点是探测范围有限,风暴的探测以 25~120 km 最为合适,在适当的距离内,雷达最有利于对中小尺度系统的探测,尤其是其他探测工具难以探测到的超级单体强风暴的结构特征,目前主要依赖雷达探测到其结构。

利用雷达资料研究超级单体的回波特征,早在 20 世纪 60 年代就已开始,Browning[1-2]指出超级单体具有的雷达反射率因子特征,如钩状回波、中空弱回波区(Weak Echo Region, WER)或有界弱回波区(Bounded Weak Echo Region,BWER)等。Donaldson[3],首次观测到了美国马萨诸塞州的超级单体中的"中气旋",提示了超级单体的旋转特性,随后多普勒雷达观测和数值模拟进一步证实[4-5]了超级单体的旋转特征,此后雷达气象学界定义具有持久深厚的中气旋的强风暴为超级单体。

自我国新一代雷达布设以来,对超级单体回波特征的研究逐渐增多,郑媛媛等[6],朱君鉴等[7],研究了经典超级单体,提示了经典超级单体钩状、BWER 和 WER,回波悬垂,中气旋等特征,而朱敏华等[8],廖玉芳等[9]研究了雹暴的产生的三体散射长钉,可作为预报大冰雹的一个指标;除了经典超级单体,俞小鼎等[10]研究了一个强降水超级单体特征,典型的经典超级单体不同,其入流缺口位于超级单体移向的前侧,回波具有螺旋状、肾形及较为宽广的回波悬垂等特征,而强而深厚的强中气旋,其直径达 12 km,包裹在强降水回波中。刁秀广等[11]对多个超级单体作了对比分析,潘玉洁等[12]、戴建华等[13]研究了中国的超级单体与飑线之间的相互作用。

　　本文研究的是 2013 年 4 月 27 日傍晚到夜间发生在黔西南州的一次强风暴天气过程,由多个强风暴产生了大冰雹、雷暴大风和短历时强降水天气等灾害天气,而其中的两个强风暴发展成雹暴超级单体,所经路径,多处降下 40~50 mm 的大冰雹。下文将对这两个超级单体生成的环境进行分析,并详细分析两个超级单体的回波特征。

1 灾情及环流背景

1.1 资料来源

　　本文所用资料为黔西南州兴义雷达(CINRAD/CD,C 波段)每 6 min 一次的反射率因子强度和平均径向风速,中国常规地面和高空观测,贵州省地面加密网站资料。

1.2 灾情简述

　　灾情来源于各县气象局收集,2013 年 4 月 27 日午后到夜间,黔西南州出现大范围冰雹天气,自北向南普安县、晴隆县、兴义市、兴仁县、安龙县出现降雹,并伴有雷暴大风和短时强降水,冰雹最大直径达 50 mm(图 1),对流天气主要由两个超级单体雹暴造成,风暴所经之处,18:00—19:00 有 3 乡镇降水大于 25 mm,19:00—20:00 3 乡镇降水大于 25 mm,20:00—21:00 5 乡镇降水大于 25 mm(图 1)。说明本次过程产生了大冰雹、雷暴大风和短时强降水等强对流天气。

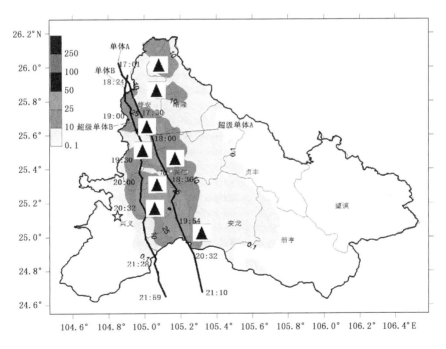

图 1　黔西南州 2013 年 4 月 27 日雹暴超级单体路径

(风暴路径根据 SCIT 算法中的风暴路径信息绘制;黑三角为大冰雹大致降落区,粗线条为冰雹路径,路径一侧附超级单体经过时间,五角星为兴义雷达站位置;阴影区为 27 日 17:00—21:00 降水量;晴隆最北部的大冰雹并非由超级单体 A,B 造成,而是更早一点时间另一个风暴造成的,该风暴开始减弱后超级单体 A 的初始对流产生)

1.3 天气背景

经普查 2006－2012 年的雷达资料和灾情资料,2013 年 4 月 27 日傍晚到夜间大范围、强度强的冰雹天气过程是近 8 年来冰雹天气最重的一次,此次强雹过程中产生了 4 个强风暴,而其中的两个风暴发展成超级单体雹暴,如此强的雹暴天气是在有利的大气背景条件下产生的。

27 日 80:00 的天气图上(图 2),500 hPa 青藏高原东部到贵州为偏西北气流影响,预示中层有冷平流输送,同时看到 500 hPa 贵州大部 $T-T_d \geqslant 20℃$,空气干冷,中层干冷平流的输送将加强大气的层结不稳定度,也有利于在雷暴生成后,干冷空气的卷入增强大风潜势,并进一步加强阵风锋前的暖湿空气的上升运动。700 hPa 小槽位置几乎与地面辐合线重叠,贵州位于 850 hPa 西南低空急流的左侧,急流从广西西北(与贵州黔西南州交界)经过湖南到安微,贵州省位于急流的左侧,左侧的正涡度切变有利于垂直上升运动及水汽辐合,说明在本次强对流天气低层系统性的动力强迫作用比较明显,同时西南低空急流有利于水汽能量的输送;高空 200 hPa 西风急流穿过广西北部直达浙江沿岸(图 2a)。地面 08:00 位于青藏高原东部的热低压到 14:00 南压至贵州西北部,贵州省受热低压外围影响,黔西南州位于低压辐合区内,受热低压外围影响,08:00－14:00 黔西南州地面加热强烈,当日最高温度普遍在 $21\sim30℃$(图 2b)。地面持续加热并有低压辐合带,加上 850 hPa 急流左侧暖湿气流的输送,配合 500 hPa 干冷空气平流,高低空急流的有利配合,可以预见,08:00－14:00 各层天气尺度系统的相互作用使大气的对流不稳定度迅速加大,一旦对流被触发,不稳定能量的释放将促使风暴快速发展。

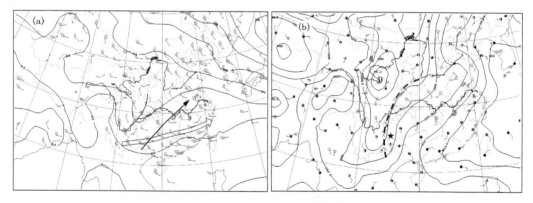

图 2　2013 年 4 月 27 日天气图

(a 为 08:00 500 hPa 风矢量,700 hPa 高度场和槽线,空心箭头为 200 hPa 急流,实线箭头为 850 hPa
西南急流,b 为 14:00 地面气压场,总云量,断线为地面辐合带,五角星是兴义雷达位置)

对流风暴的发生除了要具备不稳定的大气层结,还要有其他两个基本条件:水汽输送和抬升触发作用,当日 08:00 低层空气近于饱和,850 hPa $T-T_d \leqslant 3℃$ 区域包含了贵州、湖南大部、广西大部、和广东省,且有 850 hPa 西南急流存在,水汽条件已具备。抬升触发作用是多种因素的综合体现,首先是低层 700 hPa 小槽和地面辐合带具备系统性的强迫上升作用,但产生强对流必须有抬升运动,主要是中尺度或对流风暴尺度过程,边界层辐合线在雷暴的生成和演变过程中起重要作用[11]。利用贵州省地面加密观测资料我们发现,从 27 日上午 10 开始六盘水到黔西南州西部有一条地面辐合线维持,辐合位置变化不大,到 15:00 都维持在六盘水到黔西南州西部一线,14:00 左右该辐合线在六盘一带触发初始对流(图 3),之后辐合线上不断有新生单体发展,后来发展的强风暴基本是沿着辐合线移动,这次过程我们认为是辐合线的动力抬升加上局地的热力抬升作用触发强对流。

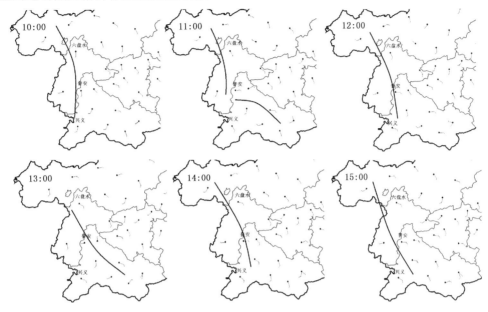

图 3　2013 年 4 月 27 日贵州西部地面加密站 10:00—15:00 风场

(细实线为地面辐合线)

1.4　热力图分析

探空资料采用离兴义雷达站最近的探空站贵阳和百色,贵阳位于兴义东北面,距兴义248 km,百色位于兴义东南面,距兴义215 km。两站的探空基本上呈现上干下湿的不稳定状态,贵阳探空 700 hPa 以下饱和,百色站 500 hPa 以下气层接近饱和,而中层 500 hPa 以上为干冷空气,贵阳探空 500 hPa 的温度露点差为 27℃,说明了 500 hPa 西北气流影响下干冷平流输送的作用。从低到高各层风除贵阳探空站在 500 hPa 到 400 hPa 之间有弱的逆转外,两探空站风从地面到 200 hPa 基本为顺时针旋转,且风速随高度增大,这是有利于右移风暴的产生(图略)。从雷达强度回波图上也证实了本例的对流风暴是典型的右移风暴,偏离平均气流右侧 15°左右移动。

不稳定对流参数,贵阳和百色的 SI 指数从 26 日 20:00 到 27 日 08:00 呈下降趋势,贵阳站从 2.78℃ 降到 1.32℃,百色站从 1.96℃ 降到 −2.56℃,大气向着不稳定度增强趋势发展;表 1 看到 27 日 08:00 贵阳 CAPE 值为 0,而百色站也仅为 261.3 J·kg^{-1},单从 08:00 的 CAPE 值不可能得出风暴发展的结论,但当天的大气从早晨到午后高低层天气系统变化较大,高低空的冷暖平流和水汽输送在不断的积累和发展中,08:00 的 CAPE 值不能代表下午加热后的对流有效位能。对流起始于下午 14:30,利用当天兴义 14:00 地面气温(29℃)对 CAPE 值进行订正,订正后贵阳的 CAPE 值 2793.5 J·kg^{-1},百色的 CAPE 值达 1245.5 J·kg^{-1},说明当日热低压作用下加热效应大大增强了对流潜势,如果加上预计的高空西北气流输送的冷平流,则对流潜势还会更强。

表 1 环境参数

日期	CAPE J·kg^{-1}	订正 CAPE J·kg^{-1}	垂直风切变 地面~850 hPa 10^{-2}s^{-1}	垂直风切变 0~700 hPa 10^{-3}s^{-1}	垂直风 切变 0~500 hPa 10^{-3}s^{-1})	SI/ ℃	0℃层/ m	−20℃层/ m
贵阳 26 日 20:00	72.1		2.07	4.27	3.08	2.78	3921	7030
27 日 08:00	0	2793.5	4.25	6.49	1.57	1.32	3967	7148
27 日 20:00	816.2		9.13	2.39	3.26	−3.37	3845	7066
百色 26 日 20:00	10.2		2.45	3.66	2.25	1.96	4554	7387
27 日 08:00	261.3	1245.4	4.45	2.82	2.02	−2.56	4253	7350
27 日 20:00	436.5		6.30	2.99	3.02	−1.08	4340	7124

1.5 垂直风切变分析和 0℃层高度

超级单体总是出现中等到强的垂直风切变环境中,08:00 贵阳和百色地面到 500 hPa 的垂直风切变分别为:$1.57×10^{-3}$ 和 $2.02×10^{-3}$,对流层中低层有中等到强的垂直风切变环境。风暴强烈发展阶段的雷达站的 VWP 风廓线产品显示出强烈的低层东南风、高层西北风的随时针旋转,有利右移超级单体的发展(图略)。

合适的 0℃层高度有利于大冰雹在降落中不至于融化太多,贵阳 27 日 08:00 的零度层高度为 3967 m,百色的为 4253 m,0℃层高度非常有利大冰雹的降落[14]。

2 超级单体雹暴回波特征

2.1 超级单体生成、发展

受热低压外围的影响,27 日早晨到下午 14:00 前黔西南州天气晴朗,15:00 左右,沿西部地面辐合线一带的六盘水、盘县及黔西南州北部普安县一带发展出分散的对流回波,最大强度 30 dBZ,对流回波发展较快,移速较慢,其中一块强对流回波 16:06 在六盘水发展成强风暴,高层云砧在西北气流影响下延伸一百多千米(图略),这个强风暴的西南侧不断有新单体生成,16:24 在普安西北发展出一块对流回波,此时该单体的高层云砧沿西北—东南向延伸 70 km 左右(图略),该单体最初生成在 15:00 左右、六盘水西南部的几块小对流单体合并而成,这块对流回波在向南东南移的过程中发展成超级单体 A。17:12,在六盘水发展的强风暴在缓慢东南移时逐渐减弱,该单体在晴隆降了大冰雹,其西边新生了几个小对流单体,最西端的单体 B 南东南移时不断加强,最终发展成超级单体 B。这次雹暴过程共生成 4 个相对独立的强风暴单体,4 个强风暴相对独立的发展,具有各自入流位于西南及东南侧低层强反射率因子梯度区,风暴发展强烈时,高层的云砧沿平均气流西北—东南方向延伸,反映出了高低层之间强的垂直风切变特征。本文主要考察这 4 个强风暴中的两个超级单体 A 和 B 的回波特征,超级单体 A、B 移速偏离平均气流方向右侧 15°左右,移速以中层平均风速(12 m·s^{-1})的 80% 风速南东南移,入流位于超级单体风暴移向的右后侧(偏南方向)。单体 A 从 15:00 左右初始对流生成到发展成超级单体 A 直至 21:00 减弱,整个过程达 6 h 左右,维持超级单体特征时间为 2~

3 h,超级单体 B 自 17:12 左右生成,23:00 左右减弱,完成整个过程也是 6 h 左右,超级单体 B 维持超级单体特征时间达 3 h 左右。相对于超级单体 B,超级单体 A 的发展较为独立,而单体 B 其发展成超级单体后,19:30 左右其西面有一个单体发展合并入原超级单体 B 中,随后其强烈发展并吸收超级单体 B 的能量进而取代超级单体 B,是超级单体的一个传播过程,由于有强单体合并进入,超级单体 B 维持其特征时间更长。

2.2 超级单体回波特征

2.2.1 回波顶高和高悬的强回波

两个超级单体雷暴在发展强烈时回波高度均达到 15 km 左右,云顶已冲过对流层顶,27 日 08:00 −20℃ 高度层在 7.1 km 左右,剖面图可见 >50 dBZ 的强度反射率因子回波扩展到 −20℃ 层以上(图 4),强烈的上升气流托举成长中的冰雹到大气中上层,散射回高悬的强回波。

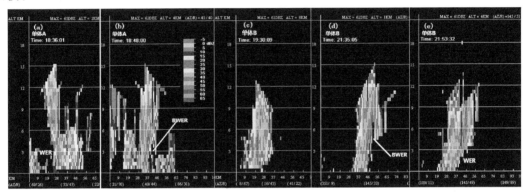

图 4 2013 年 4 月 27 日超级单体 A、B 沿入流方向的剖面

(a 为单体 A 18:36,b 为单体 A 18:48,c 为单体 B 19:30,d 为单体 B 21:35,e 为单体 B 21:58)

SCIT 算法有效地帮助识别单体增强趋势(俞小鼎等,2012)。利用雷暴单体识别与跟踪算法 SCIT 得到的风暴信息显示,在风暴发展强盛期,超级单体 A 在 18:12−19:06 回波顶高达 14 km,注意该算法只取 ≥18 dBZ 的回波,最大回波强度均 60 dBZ 以上,基于单体的 VIL 值在 50~78 kg·m^{-2} 之间;超级单体 B 在 18:54−19:48 回波顶高达 12 km,最大回波强度均 60 dBZ 以上,基于单体的 VIL 值在 45~72 kg·m^{-2}(图略)。超级单体 A 参数值要比超级单体 B 强,但由于超级单体 B 在 19:30 有强单体合并进来,因此其超级单体特征维持时间更长,SCIT 算法也证明了这一点,19:30 单体合并进来时,回波顶高、回波强度、单体的 VIL 值均上升。

2.2.2 BWER(WER)与弱回波区

雷暴超级单体 A 和 B 有明显的 BWER,BWER 左侧强梯度回波墙说明了大冰雹在此降落,高悬的强回波悬垂位于低层弱回波区甚至无回波区上空,是典型的雷暴超级单体结构特征。剖面图上超级单体 B 在 21:00 后再次加强,21:53 的回波悬垂也较超级单体 A 宽广,说明其上升气流的范围更大些,也有利于其维持超级单体特征时间更长(图 4)。

2.2.3 V 型回波,钩状回波,V 型衰减缺口,低层强反射率因子梯度区

超级单体 B 在南移过程中,19:30 后有单体合并加入,单体在 19:30 中气旋达到这一阶段最强,20:06 到 21:10 超级单体 B 移到雷达静锥区,单体的结构较难判断,在移出雷达静锥区

后进入广西境内,旋转再次加强,超级单体再度加强,因此超级单体 B 在其发展历程中有两次加强的过程,超级单体 A 大约在 18:00 到 20:00 间维持超级单体特征达 2 h,而超级单体 B 从 18:30 到 22:00 维持超级单体特征长达 3.5 h 时间。

图 5 显示强的低层反射率因子梯度区是超级单体的显著特征,沿低层入流一侧的强梯度回波区,以及雹暴超级单体 A,B 在发展强盛阶段表现出 V 型回波形状(图 5a1,b1 标示),给人以强风暴的视觉感。主要表现在低层的倒 V 型,表现出强的入流及中低层较强的垂直风切变形成。钩状回波是超级单体的特征之一,与强中气旋相联系,但本例中的雹暴超级单体更多是表现向低层入流方向伸出的指状回波(图 5a3)。V 型衰减缺口是由于冰雹或大的雨滴的强散射,造成对其后部的降水回波能量衰减,而在雷达上表现为沿雷达径向上的强回波后的无回波或弱回波的 V 型缺口区,在本次的雹暴超级单体中表现得非常明显,超级单体 B 在 21:00—22:00 再次加强时,移到了雷达的东南方向,此时入流来自南南东方向,V 型缺口离雷达最近处的高度为 1.7 km(0.5°仰角),27 日 20:00 百色 850 hPa 为南南东风 8 m·s^{-1},说明有低层的入流的效应,加上强回波的衰减效应,造成在 21:41 及 21:53 超级单体 B 强回波后面径向上宽大的 V 型缺口形状(图 5b5,b6)。

2.2.4 前侧入流缺口,后侧入流缺口

本例中风暴加强的某些时段可分析出前侧入流缺口和后侧入流缺口,如图 5a2 所示,如果结合同时次的速度回波图分析会更加清晰,前侧入流缺口(FIN)与加强的垂直上升气流相联系,而后侧入流缺口(RIN)则预示着直线型大风的潜势。

2.2.5 中气旋和风暴顶辐散

平均速度回波图上,强风暴回波表现为强辐合、强辐散和小尺度的旋转,而在超级单体中都具有一个持久深厚的中气旋,本节以超级单体 A 为例来讨论雹暴的中气旋特征。

发展成超级单体 A 的初始对流在南南东移中不断加强,16:00—17:00 回波块南移时中高层的垂直风切变强,用速度图粗略估算 17:01 2.5~10 km 之间的垂直风切变为 $4×10^{-3}$ s^{-1},此时对流回波块离雷达站 88 km,水平方向上 4 km 高度处对流回波块中有强的辐合,旋转在 17:06 1.5°仰角(高度 4 km)上开始出现,说明涡旋是在强的垂直风切变和强烈的辐合中产生的(图略)。17:24,0.5°仰角上出现旋转,而 6°仰角上有强辐合,此时普安已降下 2 cm 大冰雹,涡旋正向下向上发展,17:48,6°仰角上也发展出涡旋,最大旋转速度 10 m·s^{-1}左右,距离雷达站 68 km,强风暴正加强(图略)。18:00,涡旋达到弱中气旋标准,从 0.5 度仰角到 6 度仰角均有明显的气旋式旋转,最强旋转速度 12 m/s,旋转中心直径 10 km 左右,气旋垂直延伸 4 km 左右,距离雷达站 60 km,6 度仰角上垂直涡度 $4.8×10^{-3}$ s^{-1}。18:30 风暴继续发展,中气旋垂直伸展 7 km,最小旋转直径 6 km,垂直涡度 $9.7×10^{-3}$ s^{-1},属弱中气旋,说明了超级单体正在生成。18:42,旋转速度 17 m·s^{-1},达到中等强度中气旋标准。从 18:48 超级单体最强时各仰角的回波图上,19.5°上仍有>45 dBZ 的强回波,回波顶高超过 15 km,以双箭头为参考位置,清晰显示出高层的强回波位于低层入流方向反射率因子强梯度区前弱回波区上,形成悬垂。19.5°仰角的速度图上沿径向的风暴顶辐散也非常清楚(图 6b1)。18:00—19:00 超级单体 A 维持较强的旋转,这段时间在兴仁、安龙降下直径 50 mm 大冰雹。

从大冰雹降落的时间与雹暴路径对比,灾情直报报告的大冰雹主要是由超级单体 A 产生的,超级单体 A 自北向南经过的普安、晴隆、兴仁、安龙,均有直径 20~50 mm 大冰雹伴随雷暴

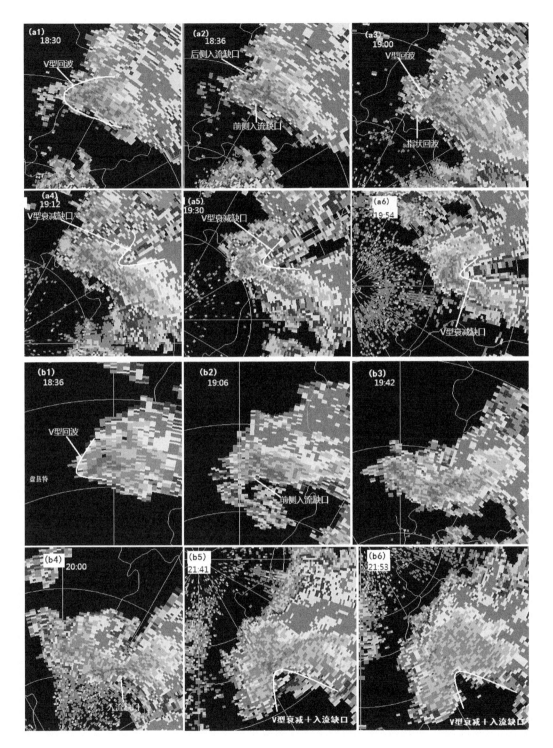

图 5　2013 年 4 月 27 日雹暴超级单体 1.5°仰角反射率因子演变

大风的报告。超级单体 B 经过的路径而言,冰雹报告较少,原因是超级单体 B 在 17:30－19:30 主体经过黔西南州与六盘水和云南交界,没有接收到冰雹报告,当超级单体 B 在 20:00 以后移近兴义雷达站时,兴义市有报告在顶效、郑屯镇降 50 mm 大冰雹,万屯、鲁屯降 30 mm

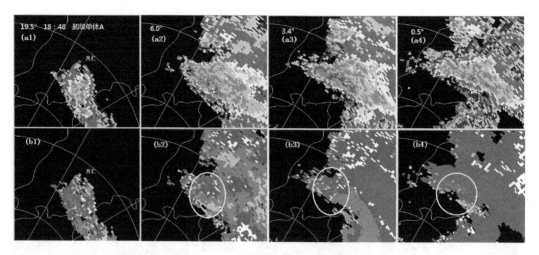

图 6　超级单体 A18:48 各仰角反射率因子和平均径向速度

大冰雹,并伴雷暴大风。21:00 以后超级单体 B 虽然有所加强,但已移到广西境内,从回波剖面图上显示高悬的强回波及加强的中气旋来看,仍然有产生大冰雹和大风天气的可能性极大,只是雹暴已到兴义境外(图 4d,e)。

3　结论

(1)2013 年 4 月 27 日黔西南州午后到夜间的以大冰雹为主、伴随雷暴大风和短时强降水的强对流天气过程是发生在极不稳定的大气中,中高层的偏西北干冷平流,低层热低压加热,水汽接近饱和,同时有暖湿平流的输送,高、低空急流的有利配置下,由地面辐合线和局加热抬升触发强对流,700 hPa 和地面辐合带的系统性上升运动也创造了有利的动力条件。

(2)强风暴移向偏离西北气流右侧 15°左右,是典型的右移风暴,产生在中等到强的垂直风切变,大气自低层到高层主要为顺时针旋转。

(3)两个超级单体雹暴在发展强烈时回波高度均达到 15 km 以上,并具备雹暴的高质心结构,高悬的强回波。雹暴超级单体 A 和 B 有明显的 WER,BWER,强梯度回波墙都是典型的雹暴超级单体结构特征。雹暴强烈发展阶段还展现出倒 V 型回波形状、指状回波、V 型衰减缺口、前侧入流缺口(FIN)、后侧入流缺口(RIN)等超级单体特征。超级单体 B 在 21:00—22:00 再次加强时,移到了雷达的东南方向,此时入流来自偏南方向,入流的效应加上强回波的衰减效应,造成超级单体 B 径向上强回波后面宽大的 V 型缺口形状。

(4)两个雹暴在超级单体阶段均出现了深厚持久的中等强度中气旋特征。以超级单体 A 为例,旋转在 17:06 1.5°仰角(高度 4 km)上开始出现,之后涡旋正向下向上发展,18:30 中气旋垂直伸展 7 km,最小旋转直径 6 km,垂直涡度 $9.7 \times 10^{-3} s^{-1}$,属弱中气旋,说明超级单体正在生成。18:42,旋转速度 17 m·s^{-1},达到中等强度中气旋标准,18:48,19.5°的速度图上沿径向的风暴顶辐散也非常清楚,是可能产生大冰雹的一个指标。

参考文献

[1]　Browning K A. Cellular structure of convective storms. *Meteor Mag*, 1962,**91**(1085):341-350.

[2]　Browning K A. Airflow and precipitation trajectories within severe local storms which traved to the right

of the winds. *J Atmos Sci*,1964,**21**(6):634-639.

[3] Donaldson R J Jr. Vortex signature recognition by a Doppler radar. *J Appl Meteor*,1970,**9**(4):661-670.

[4] Klemp J B. Wilhelmson R B. Ray P S. Observed and numerically simulated structure of a mature supercell thunderstorm. *J Atmos Sci*,1981,**38**(8):1558-1580.

[5] Rotunno R,Klemp J B. Ther influence of the shear-induced pressure gradient on thunderstorm motion. *Mon Wea Rev*,1982,**110**(2):136-151.

[6] 郑媛媛,俞小鼎,方罡,等.一次典型超级单体风暴的多普勒天气雷达观测分析.气象学报,2004,**62**(3):317-328.

[7] 朱君鉴,刁秀广,黄秀韶.一次冰雹风暴的CINRAD/SA产品分析.应用气象学报,2004,**15**:579-589.

[8] 朱敏华,俞小鼎,夏峰,等.强烈雹暴三体散射的多普勒天气雷达分析.应用气象学报,2006,**17**(2):215-223.

[9] 廖玉芳,俞小鼎,吴林林,等.强雹暴的雷达三体散射统计与个例分析.高原气象,2007,**26**(4):812-820.

[10] 俞小鼎,郑媛媛,廖玉芳,等.一次伴随强烈龙卷的强降水超级单体风暴研究.大气科学,2008,**32**(3):508-522.

[11] 刁秀广,朱君鉴,刘志红.三次超级单体风暴雷达产品特征及气流结构差异性分析.气象学报,2009,**67**(1):133-146.

[12] 潘玉洁,赵坤,潘益农.一次强飑线内强降水超级单体风暴的单多普勒雷达分析.气象学报,2008,**66**(4):621-636.

[13] 戴建华,陶岚,丁杨,等.一次罕见飑前强降雹超级单体风暴特征分析.气象学报,2012,**70**(4):609-627.

[14] 俞小鼎,姚秀萍,熊廷南,等.多普勒天气雷达原理与业务应用.北京:气象出版社,2006:314-328.

[15] 陈晓燕,罗松,杨玲.黔西南州冰雹时空分布及春夏冰雹环境条件分析,暴雨灾害,2010,**29**(1):49-53.

[16] 俞小鼎,周小刚,王秀明.雷暴与强对流临近天气预报技术进展,气象学报,2012,**70**(3):312-334.

东北急流触发的强对流大暴雨特征分析

孟妙志　韩　洁　王仲文　庞　翻

(宝鸡市气象局,宝鸡 721006)

摘　要

利用实时资料、自动站加密资料、FY－2C 卫星、宝鸡多普勒雷达等资料,对关中西部宝鸡 2012 年 8 月 13 日大暴雨天气成因、中尺度特征进行分析,重点通过对雷达资料(强度、速度、风廓线等)、地面加密观测细致的比对分析,揭示这次大暴雨的中尺度系统特征。结果表明:生命史 10 h 的中尺度对流系统(MCS)是大暴雨的直接原因。而 MCS 是天气尺度和中尺度系统共同影响造成的:天气尺度东北急流提供大尺度辐合上升运动动力、水汽输送、辐合,从而使关中水汽、稳定度演变为利于对流性降水天气发生、且携带冷空气触发形成 MCS,地面中尺度切变线提供带状辐合使对流组织加强。雷达图上,带状、块状强回波,当(CR)＞40 dBZ,雨强≥16 mm・h^{-1}(出现短时暴雨)。归纳该类天气的预报着眼点。

关键词:大暴雨　天气尺度环境　东北急流　中尺度系统特征　地面中尺度切变线

2012 年 8 月 13 日 03:00—13:00,受一中 β 尺度对流系统(MCS)影响,陕西宝鸡市出现了强对流大暴雨,造成了城市内涝、山洪、泥石流等灾害,气象台 05:00 发布暴雨橙色预警信号。这是一次短期漏报过程,冷空气从陕西东北侧侵入是这次预报的难点所在。我国西部暴雨的中尺度对流系统(MCS)已有研究[1-4],表明利用新一代天气雷达、地面加密观测资料,有助于认识暴雨中尺度对流系统发生机制。

1　暴雨过程特点和天气形势分析

1.1　暴雨过程特点

降水历时 11 h,受影响的 8 县区降水 25～93.5 mm:1 站大暴雨,5 站暴雨,2 站大雨。乡镇自动雨量站中 31 个达 50 mm 以上,其中 6 站 100 mm 以上,最大 147 mm。

图 1 显示,降水呈东西带状分布在渭河沿线,集中在 130 km 以内区域,降水量≥100 mm 中心在宝鸡市区。受影响的 7 站地理位置自西北向东南依次相邻。最大雨强自西依次东移,04:00、05:00 在千阳,06:00、07:00 在市区,08:00 在陈仓,04:00—10:00 逐时雨强＞10 mm・h^{-1},最大雨强 59.4 mm・h^{-1}。降水的时间尺度、空间尺度具有明显的中尺度雨团特征。降水时间地点集中、雨强大,局地性强,易致灾。

1.2　天气形势分析

暴雨发生前 12 h 即 12 日 20:00,500 hPa 图上,中高纬度呈纬向型环流形势,40°N 以南,我国均处于宽广的带状暖高压中,副高主体在海上,高原东南部有 588 dagpm 闭合高压中心。

资助项目:2013 年中国气象局预报员专项(CMAYBY2013－069)

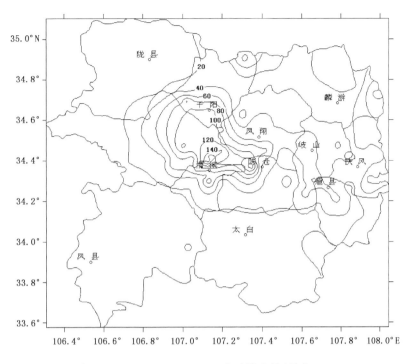

图1　2012—08—13T02—13宝鸡降水量(单位:mm)

陕西处于此高压中心东北侧西北气流中、暖脊中。700,850 hPa陕西处于蒙古高压底前东北气流中,但850 hPa伴有东北—西南向冷温槽,即东北气流自华北向陕西陕北—关中有(湿)冷平流输送。925 hPa与850 hPa形势一致:陕西处于高压底部,华北—河南为一支≥10 m·s^{-1}的东北气流。冷温槽在850 hPa、冷空气在陕西东侧(通常在500 hPa、陕西北侧)是这次预报的难点所在。最值得注意的是潜在有利条件为东北气流。

12日08:00—14:00,地面图上为"北高南低"形势:40°N以北为蒙古高压、35°N以南为大低压,低压中心在四川,陕西关中处于高低压间弱锋区(35°N)位置。锋区中沿铜川—天水有一干线,即关中附近有干线存在,这是地面易触发对流的系统,但14:00—20:00干线稳定少动、关中附近未出现明显对流。即在易出现对流的时段未发生对流,这也是此次天气预报难点所在。

暴雨发生时,13日08:00形势调整(见图2):500 hPa高压有所减弱、低层蒙古高压东移南下至华北,陕西转入高后,且850,925 hPa东北向急流加强到12 m·s^{-1}(郑州、西安一线),宝鸡处于低空急流出口区辐合区中;对应地面上13日02:00—08:00,蒙古高压前冷空气从华北南压到35°N附近,原东西向干线加强为关中西北—东南向锋区,这是对流的触发系统。综上强雷雨发生于大形势调整时,低空东北向急流、地面锋生区干线为暴雨产生的两个有利的天气尺度系统,提供了天气尺度的低空辐合和触发机制。

2　天气尺度环境条件分析

2.1　热力条件

K指数是反映中低层稳定度和湿度条件的综合指标。大值区对应暖湿气流高能区、小值区对应干冷气流低能区,分析8月12日20:00 K指数场(图略),可见陕西中南部处于K指数

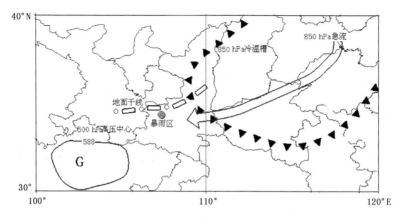

图 2 2012 年 8 月 13 日 08:00 天气系统配置

≥36 ℃的高能区域中,即中低层大气中,关中、陕南积聚了较大的能量;具备产生暴雨的能级[5];但关中沙氏指数在 0 ℃左右,处于中性。陕西东侧,与东北气流对应为—K 指数<32 ℃的低能区,即明显冷空气在陕西以东。

2.2 动力条件

制作 13 日 02:00 和 08:00 经宝鸡沿 34.5N°的散度垂直剖面图(图略),可见暴雨前宝鸡上空为辐散—辐合—辐散—辐合—辐散多重结构,近地层辐散不有利于对流产生。暴雨时 600 hPa 以下为辐合、以上为辐散,最大辐合在 850 hPa(对应东北急流出口区)最大辐散在 300 hPa,且辐合值大于辐散值,显然,低层动力条件发展即东北急流出现是此次对流的关键。对应垂直速度场上,02:00 850,500 hPa 分别有上升运动中心,08:00 为一致上升运动。

2.3 水汽条件

水汽输送主要在低层。从 13 日 02:00 和 08:00 850 hPa 水汽通量和水汽通量散度(见图 3)可见,850 hPa 东北气流不仅向陕西输送水汽,且形成关中水汽辐合中心;08:00 伴随急流发展,水汽辐合值增大一倍。即东北急流出口区(关中西)有强的水汽辐合区。

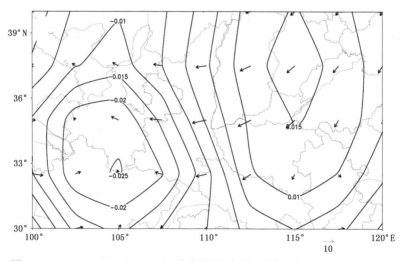

图 3 2012—08—13T08 850 hPa 水汽通量(矢量,单位:g/(cm · hPa · s))和
水汽通量散度(单位:10^{-7}g/(cm² · hPa · s)

3 中尺度分析

3.1 局地条件

强天气发生在关中,分析西安探空资料有代表性。分析过程前 12 h 到过程时关中不稳定的演变。从西安温度对数压力图(见图 4)可见:8 月 12 日 20:00 到 13 日 08:00:关中层结由下干上湿演变为整层为湿层,相比较,20:00,关中气层 850 hPa 以下较干,500～700 hPa 为湿层、中低层比湿 qq 为 28 g·kg⁻¹,同时对流抑制能量 CIN 是对流有效位能 $CAPE$ 的 5 倍以上,有利于能量储备,不易被触发,沙氏指数 $Si>0℃$,500 hPa 以下风向逆转有冷平流,关中气层的水汽、层结表现为不利于对流性降水天气发生;13 日 08:00,850 hPa、925 hPa 出现 12 m·s⁻¹ 东北风,850 hPa 以下变湿,中低层比湿合增加为 32 g·kg⁻¹,沙氏指数 $<0℃$,对流抑制能量减小为 0,500 hPa 以下风向顺转,水汽、稳定度演变为利于对流性降水天气发生。据前分析,促成这一演变的可能是天气尺度的 850,925 hPa 东北急流水汽输送、辐合。

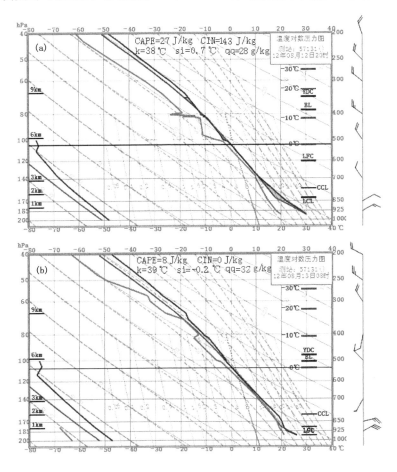

图 4　2012－08－12T20 和 13T08 西安温度对数压力图

3.2 卫星云图演变

从卫星云图(图 5)可见,影响宝鸡的 MCS 对流云团经历了初生(03:00—04:00)、发展(05:00—06:00)、成熟(07:00—08:00)、减弱(09:00—10:00)4 个阶段。

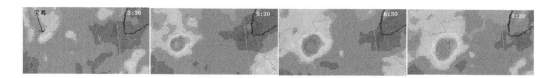

图 5 2012 年 8 月 13 日 FY—2E 红外卫星云图

03:00 左右 MCS 形成于千阳附近,呈带状,t_{BB} 为—49 ℃。对照地面图可见,MCS 形成于干线前湿区一侧(地面中小尺度辐合线处,分析见后)。04:00,MCS 快速发展成椭圆形,t_{BB} 为—60 ℃,对应千阳雨强 41.9 mm·h^{-1};05:00—06:00 发展为直径 100 km 的准圆形,t_{BB} 达—75 ℃,云团温度梯度明显,宝鸡市最大雨强达 59.4 mm·h^{-1};07:00—08:00,MCS 呈直径 120 km 的圆形,尺度达到最大,t_{BB}—67 ℃,影响七县区,最大雨强 28.5 mm·h^{-1}。08 时后,MCS 快速减弱,$t_{BB} \geqslant -50$ ℃,09:00—10:00 边界渐模糊,不规则,雨强 $\leqslant 10$ mm·h^{-1}。MCS 初生—成熟中心东移 100 km,生命史 10 h,空间尺度 120 km,为典型中 β 尺度对流系统。

3.3 雷达资料分析

降水产生在雷达 100 km 区域内,主要分析宝鸡 CINRAD/CB 型天气雷达的组合反射率(CR37)对照速度图、回波顶(ET)、垂直累积液态含水量(VIL)和风廓线资料。

分析雷达强度回波,降水回波有两个特征。(1)MCS 对流云团初生(03—04 时)阶段回波为带状(见图 6a 中双箭头)、CR$\geqslant$55 dBZ,回波带长 70 km、宽 30 km,具有典型的中尺度特征。(2)发展(05:00—06:00)、成熟(07:00—08:00)阶段,回波为镶嵌有 2 个以上 $\geqslant$40 dBZ 块状强中心回波(见图 6c),强回波对应强降水。MCS 减弱阶段 CR$\leqslant$35 dBZ,回波分散。各时次强

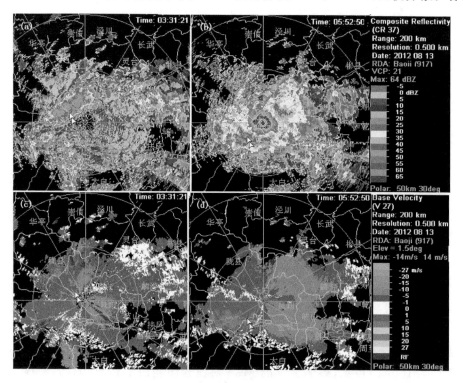

图 6 2012 年 8 月 13 日宝鸡多普勒雷达组合反射率因子(a,c)和对应的径向速度图(b,d)

回波对应强降水,04:00—09:00,CR 为 40~55 dBZ,ET 为 9~14.9 km,VIL 为 5~18 kg·m^{-2},对应于 1 h 雨量≥16 mm。

速度图(见图 6b)反映 MCS 内部发展机制。03:00 左右偏东风与偏西风辐合激发了 MCS,此辐合在 1.2~3 km 高度(850 hPa 左右);偏东风、偏西风增大,对应回波增强、MCS 发展。风速减小,对应回波快速减弱,MCS 消散。

雷达风廓线图(见图 7)反映,大约在 03:43 左右,原 3~1.5 km 高度偏北气流即冷空气侵入到 1.2 km 以下,相对应 MCS 带状回波快速发展;04:00—09:22,1.5 km 高度上下一直维持>4 m·s^{-1}东北气流,对应 MCS 加强维持,10:00 后转为<3 m·s^{-1}的东风,对应 MCS 消散。由此可见,东北气流携带冷空气是 MCS 的触发机制。

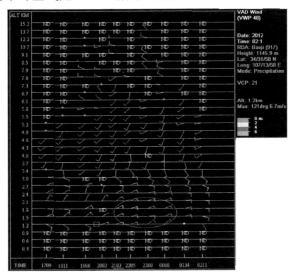

图 7　2012 年 8 月 13 日 10:00 T1 宝鸡雷达风廓线(图中为世界时)

3.4　地面中尺度切变

为了进一步探讨 MCS 在宝鸡发生发展的机制,对地面加密观测资料风场流场和自动站雨量进行分析。可知:有西北风与偏东气流形成冷式切变线(见图 8)与 MCS 发生发展相对应。03:00—05:00,切变线在千阳与凤翔之间,强降水在千阳;06:00—08:00 切变线东移到渭滨、凤翔、陈仓一线,并形成"人"字形辐合线,强降水在渭滨;09:00—10:00 切变线移至岐山附近,11:00 后宝鸡风场转为一致偏东风,无明显辐合,降水快速减小。MCS 与切变线位置一致,对应强降水产生在切变线西侧附近。中尺度切变线是对流系统的组织者,其辐合使对流在宝鸡发展加强,是雨团产生的地面主要影响系统。

借助雷达资料、地面加密观测资料,对这次强对流暴雨产生有较为细致的认识。雷达速度图、风廓线图分析可见,东北气流是 MCS 的触发机制,偏东风与偏西风辐合使 MCS 发展,地面中尺度切变线提供带状辐合使对流组织加强,并使降水回波沿辐合线移动,造成此次强降水。

3.5　地形抬升辐合作用

宝鸡位于关中"喇叭口"地形西端,西、北、南均为 1~1.5 km 的山岭,偏东风在狭管效应下辐合,受西部山地抬升,易形成对流。这次对流正是从西部山地起源的。雷达显示,13 日 02:00 开始,千阳西部山岭附近持续形成对流带,此对流带 03:00 后受东北气流激发,发展为

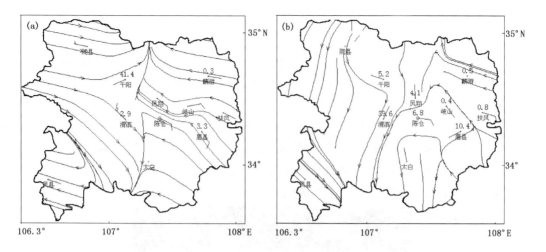

图 8 2012 年 8 月 13 日宝鸡市逐时风场、流场、雨量
(a 为 05:00,b 为 06:00;雨量单位:mm)

MCS。即地形提供了对流的胚胎。风廓线显示:04:00—08:00 1.2~2 km 高度持续东北气流受南部山岭的阻挡,辐合加强,使宝鸡市持续有强回波维持,产生强降水,形成 100 mm 以上降水中心。地形对此次局地强降水的产生和分布起到重要作用。

4 小结和讨论

(1)卫星云图、雷达观测事实表明这次大暴雨是一次典型的中尺度对流系统(MCS)过程。

(2)东北急流携带的冷空气是 MCS 的触发机制。陕西东侧夜间发展的东北气流,提供大尺度辐合上升运动动力、水汽输送、辐合,从而使关中水汽、稳定度演变为利于对流性降水天气的发生。

(3)地面中尺度切变线提供带状辐合使对流组织加强,并使降水回波沿辐合线移动,中尺度切变线是此次 MCS 最重要的中尺度影响系统。狭管地形为初始对流、降水中心产生起到重要作用。

(4)雷达图上,带状、块状强回波,当组合反射率因子 >40 dBZ、垂直液态含水量 >5 kg·m^{-2},回波顶高 >9 km 时,对应地面雨强 ≥16 mm·h^{-1},出现短时暴雨。

(5)盛夏,当 850 hPa 东北气流自华北伸向陕西并伴冷温槽,是关中对流天气的潜在有利条件。这股冷空气在陕西西侧北侧易漏报。当东北气流夜间发展为东北急流、地面锋生,易触发关中强对流降水天气。

当 500~700 hPa 也为偏东(西)气流时,对流系统向西(东)发展移动。

参考文献

[1] 张弘,梁生俊,侯建忠.西安市两次暴雨成因分析.气象,2006,**32**(5):80-86.

[2] 刘瑞芳,徐新田,郭大梅.安康地区一次突发性暴雨天气过程分析.陕西气象,2010,**269**(2):27-30.

[3] 井宇,陈闯,赵红兰,等.黄土高原一次 β 中尺度大暴雨特征及成因分析.陕西气象,2012,**279**(2):1-6.

[4] 苏俊辉,史平,胡江波.2011—07—05 汉中区域性暴雨过程初步分析.陕西气象,2012,**283**(6):1-4.

[5] 孟妙志.K 指数在暴雨分析预报中的应用.气象,2003,**29**(8):封 1-3.

第四部分

雾霾、高温等
灾害性天气

京津冀地区一次严重区域性雾霾天气分析与数值预报

张小玲[1,2]   熊亚军[1,3]   唐宜西[2,4]   孟　伟[1,2]   曹晓彦[2]

(1. 京津冀环境气象预报预警中心,北京 100089;2. 中国气象局北京城市气象研究所,北京 100089;

3. 北京市气象台,北京 100089;4. 成都信息工程学院大气科学学院,成都 620225)

摘　要

针对 2013 年 1 月 27—31 日我国华北平原地区持续 5 d 的雾霾天气进行综合分析和数值预报研究表明,雾霾过程期间华北平原高空以平直纬向环流为主,受西北偏西气流控制,没有明显冷空气活动,地面为多为不利于污染物扩散和稀释的弱气压场;大气层结稳定、低空逆温频率高强度大,低层风速小,相对湿度较大,且存在明显的低层逆湿条件,边界层内污染物的水平和垂直扩散能力差。由于华北地区冬季采暖排放强度大,不利的气象条件导致 $PM_{2.5}$ 在华北平原城市群区域形成、积聚和维持,能见度降低,造成严重的区域性雾霾和重污染事件。气象化学耦合模式 WRF—Chem 预报系统对此次雾霾过程期间天气系统演变和 $PM_{2.5}$ 浓度的形成及高浓度持续时间、消散减弱等过程做出了较好的预报。模式预报出严重雾霾期间 $PM_{2.5}$ 浓度明显偏高,主要分布在北京城区及以南的河北、天津等重点城市和区域,与华北地形和城市群分布有很好的对应关系,在华北平原山前容易形成气流的辐合区和高污染区。应用数值模式对做好雾霾和重污染的预报预警有很好的指导意义。

关键词:区域雾霾　$PM_{2.5}$ 浓度　气象条件　WRF-Chem 数值预报

0　引言

近几年,关于雾、霾、能见度的变化与城市化发展、污染状况以及健康效应和气候效应的影响研究,国内外已经有不少。城市和区域雾霾的长期变化趋势研究结果表明,由于采取的标准不同,变化趋势也有一些差异。吴兑[1]从能见度和相对湿度方面讨论了霾与雾观测标准,并分析了大城市雾与霾的不同形成机制。赵普生等[2]利用京津冀地区 14:00 地面气象要素观测资料和霾标准统计分析表明,近 30a 京津冀区域内霾日数整体都有所增加,而且变化趋势和波动特征较为相似,呈现出夏季和冬季霾日数较高的特点。Quan 等[3]利用更为严格的标准(霾:$VIS<5$ km,$RH<95\%$)分析了华北地区的雾霾变化及成因,表明 1999 年之后华北平原雾霾日数呈现缓慢下降的趋势,且表现出雾霾期间气溶胶浓度很高的特点。雾霾的形成与气象条件和大气中高浓度的细粒子有关[4-5],小风、高湿、稳定的边界层结构既有利于形成雾,又有利于污染物排放量大的地区气溶胶的生成、增长和累积[6-8],进一步增加气溶胶的消光作用[11],导致能见度下降和重污染的持续及雾霾天气过程的维持[9-10]。研究表明,边界层结构与近地层污染物浓度以及雾霾的形成之间存在正反馈机制[11],即雾霾层顶部存在梯度很强的"逆温

资助项目:国家自然基金(41075111, 41030107)和公益性行业(气象)专项(GYHY200806027,GYHY201206015)共同资助

层"盖,边界层高度比较低,阻止了污染物在垂直方向上的扩散,致使近地层大气中的污染物浓度急剧增大,大气能见度和空气质量恶化,导致雾霾天气的加剧和维持[12-13]。贺克斌等[14]研究指出,天气系统的活动尺度和细颗粒物的富集趋势决定了北京地区大气颗粒物污染的区域性特征。Zhao等[15]对一次华北平原冬季区域霾天气的分析表明,静稳的天气背景、本地污染源强度、特殊地形条件以及外来污染物的输送都是造成北京及区域大气污染和霾形成的重要原因。雾霾期间空气中携带的有毒有害细粒子进入细支气管和肺泡区,对健康造成很大的危害[16-17]。严重的雾霾和空气污染频发事件以及细颗粒物高污染特点,引起了各级政府和学术界的广泛关注,政府部门加紧制定了重污染减排控制措施以及应急预警和联防联控机制,在一定程度上减缓重污染事件的恶化,但是大范围的污染和雾霾过程天气和气象条件是非常重要的影响因素。

由于华北平原特殊的大地形和城市群的快速发展,在大范围天气形势比较稳定、不利于污染物扩散的条件下容易在人类活动密集、排放量大的地区形成污染和低能见度造成的雾霾天气。2013年1月华北平原多次出现持续性雾霾和重污染过程,与不利于雾霾扩散的地形条件和相对湿度高、风速小的气象条件及人类活动的高污染排放量是有密切关系的。就北京地区而言,2013年1月,北京共出现了5次明显的雾霾天气过程,分别出现在1月4—7日、10—14日、16—19日、21—24日、27—31日,其中持续时间5 d以上的有2次。北京南郊观象台雾霾日数为26 d,为1954年以来同期最多的年份。本文选取1月27—31日持续严重雾霾天气过程进行研究和形成机制探讨,从天气系统、边界层气象条件以及污染物浓度的变化等方面对雾霾形成、发展和维持及消亡的过程进行深入细致分析,并利用数值模式进一步揭示雾霾期间污染物与气象场的演变特点,对雾霾天气过程的预报性能进行探讨,为雾霾天气的预报预警和污染治理防控提供依据。

1 持续雾霾天气特点简介

1月27—31日华北平原发生的大范围雾霾和污染天气是1月份又一次持续时间长达5 d以上、影响范围广的严重雾霾过程。此雾霾过程期间地面能见度基本维持在2 km以下,严重时只有几百米;地面风速维持在小风或微风、相对湿度高基本在70%以上;PM$_{2.5}$浓度严重超标,空气质量指数(AQI)达到5~6重度污染级别以上,以河北石家庄最为突出,从1月26日08:00到30日一直维持重度污染以上(图1),PM$_{2.5}$最高时浓度达到560 $\mu g \cdot m^{-3}$,27日和28日24 h平均浓度均为420 $\mu g \cdot m^{-3}$左右,是国家二级标准(75 $\mu g \cdot m^{-3}$)的5倍之多,29—30日平均浓度也在250 $\mu g \cdot m^{-3}$以上。北京城区PM$_{2.5}$浓度27日12时—29日基本处于300 $\mu g \cdot m^{-3}$以上的高浓度状态,空气质量指数也高于300,属于严重污染级别,天津和北京上甸子大气本底站也偶尔出现重度污染。PM$_{2.5}$浓度在30日和31日逐渐减小,北京城区地面风速略有增加,风向转为以偏北风为主,31日北京地区部分站点有降雪,空气污染级别有所降低,但仍属于污染超标的天气,能见度由于湿度的加强仍比较低,雾霾天气维持,但程度减弱。这种长时间、大范围的高污染、低能见度和雾霾天气对人们的健康、生活、交通以及国际形象都带来了严重影响。

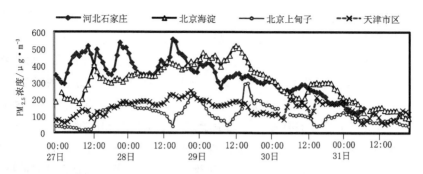

图 1　1 月 27—31 日京津冀主要城市和上甸子区域本底站 PM$_{2.5}$ 浓度逐时变化

2　持续雾霾天气形势特点

2.1　空中天气形势

使用由北京市气象局信息中心提供的地面和高空常规气象观测数据产品以及利用前两类数据计算出来的相关物理量,分析本次持续雾霾过程的天气形势特点。

26 日夜间一股弱冷空气过境后,华北地区空中 500 hPa 环流形势逐渐转为以纬向环流为主,27 日 08:00 华北平原受西北偏西气流的控制(图 2)。随后高空一直保持较为平直的偏西气流控制。相对应 700 hPa 在 27 日 08:00 以后,北方锋区位置比较偏北(位于 50°N 附近),华北地区等温线比较稀疏,没有明显的冷空气活动,甚至到 31 日 08:00 为明显的暖脊控制,之后

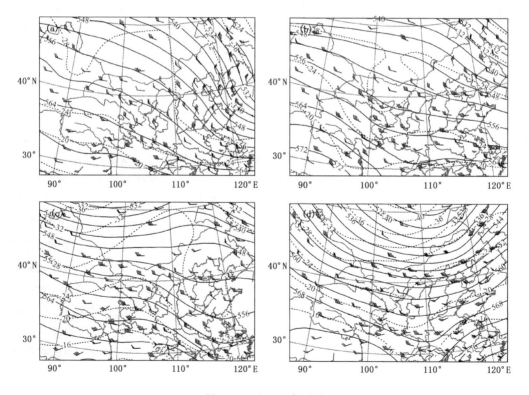

图 2　500 hPa 天气形势

(a 为 27 日 08:00,b 为 28 日 08:00,c 为 29 日 08:00,d 为 31 日 08:00;实线为等压线,虚线为温度等值线)

锋区南压东移影响北京。在 850 hPa 高度层上,27 日 08 时到 30 日 20:00 一直为弱暖脊控制(图略),28 日有一小浅槽过境北京。低层 925 hPa 的风场和水汽通量显示 30－31 日有较弱的偏东风和比较明显的暖湿气流向平原西北方向输送,湿度加强(图略)。

2.2 地面天气形势

从地面图上分析可以看出(图 3),27 日 08:00 华北平原大范围已经处于弱气压场控制,并且一直维持到 30 日。31 日 02:00 转为地面气旋前部、高压后部,偏东风建立,地面辐合加强,08:00 地面气旋东移,地面辐合进一步加强(图 3d),05:00－17:00 北京部分地区出现降雪,1日凌晨地面冷锋过境(图略),偏北风加大,污染物浓度迅速下降,大范围雾霾天气过程结束。进一步分析过程期间,北京地面风速的变化可以看出,地面风速比较小(风速小于 3 m·s^{-1})。从以上分析可以看出,(1)过程期间高空环流平直,中层锋区偏北,没有冷空气影响,有利于低层逆温的出现;(2)地面气压场较弱,地面风速小,不利于地面污染物的水平扩散。

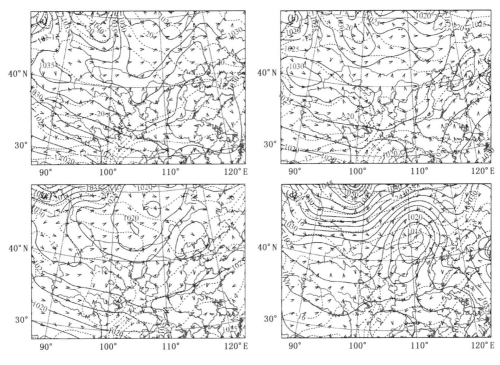

图 3 地面天气形势

(a 为 27 日 08:00,b 为 28 日 08:00,c 为 29 日 08:00,d 为 31 日 08:00;注:实线为等压线,虚线为温度等值线)

3 边界层内的风温湿结构特征与演变

边界层结构及其气象要素的变化与污染物浓度的空间分布和演变密切相关[18]。使用以北京观象台为代表的华北平原每日三次测风资料和微波辐射计高时空分辨率的温度和水汽垂直廓线资料,分析此次严重雾霾和重污染阶段边界层结构特点及演变过程。

3.1 风场结构

图 4 是北京南郊观象台低空边界层 1500 m 高度以下风场时空剖面图,可以看出,(1)低空边界层 1500 m 以内整层风速相对较小,特别是 500 m 高度以下,风速基本小于 4 m·s^{-1}。

(2)除 28 日 08:00 和 20:00 500 m 高度以上有偏北风外,其他以偏南风为主,值得注意的是 31 日 02:00 以后 300 m 高度有偏东风。这种结构不利于污染物在垂直方向的扩散和输送,容易在近地层堆积。28 日 08:00 和 20:00 500 m 高度以上基本为偏北风,且风速较大,PM$_{2.5}$浓度没有下降,可能与逆温层厚度和强度有关。

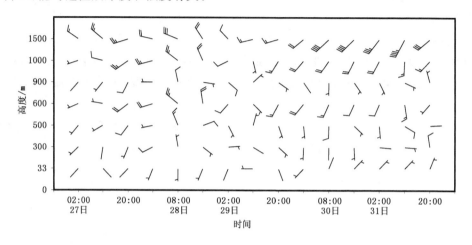

图 4 1 月 27 日 02:00—31 日 20:00 北京观象台低层风时间序列

3. 2 温度和湿度层结

图 5 是北京观象台微波辐射计实时探测到的 3000 m 高度以下温度和湿度场的时空剖面图。可以看出雾霾过程期间 3 km 以下存在明显逆温,而且逆温不接地,除 31 日各时次和 27

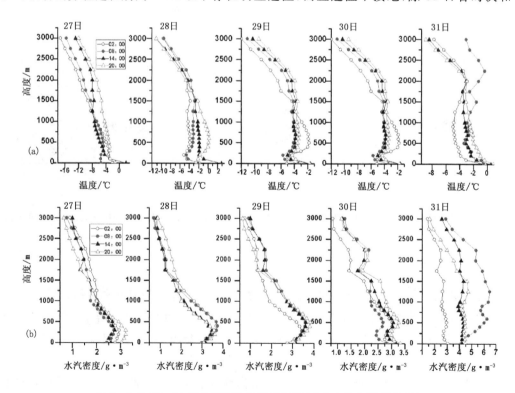

图 5 1 月 27—31 日北京观象台温度廓线(a)和水汽密度廓线(b)

日 14:00 外,低空均出现了 500 m 以下近地面逆温层。进一步分析逆温厚度和最大强度(图
6)发现,从 27 日到 29 日 20:00 逆温厚度增加,PM$_{2.5}$浓度增加,28 日 08:00 虽逆温厚度不大,
但逆温强度大为 7 ℃·(100 m)$^{-1}$,这就解释了 28 日 08:00 和 20:00 500 m 高度以上基本为
偏北风,且风速较大,PM$_{2.5}$浓度而没有下降的一种原因。Quan 等[11]基于边界层观测资料分
析总结出 PBL 高度和污染物浓度之间的正反馈过程以及对雾霾形成的影响机制在这次华北
平原雾霾与边界层相互作用的过程中得到进一步的验证。即霾的形成会使到达地面的辐射减
少,导致大气层结的稳定度增加,这又有利于气溶胶不断地积累和凝聚,如此形成恶性循环造
成雾霾天气的维持甚至加剧。

雾霾期间水汽密度时空剖面图(图 5)表明,从 27 日到 30 日,甚至在 31 日 08:00,500 m
高度及以下出现高湿层或者称为逆湿层,最大在 500 m 高度附近。从 27 日 02:00 到 29 日最
大高湿层向 500 m 高度接近,逆湿层接地。同时,最大逆湿强度也逐渐增加。30 日 02:00 后,
接地逆湿抬升,并随着整层湿度增加,最大高湿层抬升,最大逆湿强度也逐渐减小。这与西南
风加大,偏东风建立有关。低层湿度大,有利于污染物的进一步聚集转化和气溶胶粒子的吸湿
增大,同时湿度的增加也增大了大气消光作用,影响能见度。

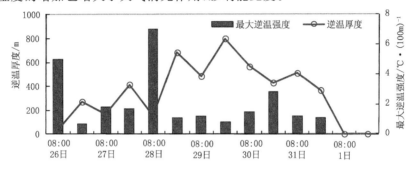

图 6 1 月 26 日—2 月 1 日北京观象台逆温层厚度和最大逆温强度

4 气象化学模式对雾霾期间气溶胶浓度时空分布的预报

4.1 WRF-Chem 模式特点

WRF-Chem 是由美国 NCAR,NOAA 和大学等联合开发的新一代中尺度气象和大气化
学在线耦合的三维空气质量(大气化学)模式,同步计算气象物理和化学过程,能够实现大气
动力、辐射和化学过程之间的耦合和反馈过程。模式包含气相、液相、多相化学反应,气固分配
过程以及气粒转化过程,有多种物种的化学反应和扩散、传输及干湿沉降机制。Grell 等[19]已
将该模式广泛应用于大气化学污染过程及污染输送与气象相互作用的研究中。Geng 等[20]和
Tie 等[21]利用 WRF-Chem 模式分别对上海地区和墨西哥城中的臭氧、氮氧化物、挥发性有
机化合物特征进行了模拟分析研究,臭氧及其前体物的特性及日变化规律以及气象条件影响
作用;韩素芹等[22]对天津市大气复合污染特征污染物 CO,NOx,O$_3$,PM$_{2.5}$的时间变化规律和
空间分布特征进行了数值模拟与检验表明模式有较好的模拟效果。王学远等[23]利用 WRF-
Chem 进行了污染源排放增长对北部湾地区气态污染物模拟评估。目前该模式较多用于科
研,少数部门和单位基于该模式建立了实时业务运行系统。已有的模拟或预报情况表明模式
系统对气态污染物的模拟效果要好于对气溶胶的模拟,这也体现了气溶胶在形成机制和物理

化学转化方面的复杂性。

华北区域空气质量数值预报模式是在引进 WRF－Chem 的基础上,进行了本地化改进、物理化学方案的优选以及模式方案设计和调试运行。在污染源处理上,华北区域空气质量模式中所用的人为污染源排放资料来源于 TRACE－P 大型观测试验提供的排放资料[24],及改进后的华北区域 2008 年 0.1°×0.1°高分辨率排放清单,包括工业源、交通源、电厂排放、大点源、民用源和氨排放源数据,在污染源清单中考虑了源排放的日变化因子和季节变化因子。通过对污染源排放清单的优化改进和模式物理化学过程的优选,模式对气态污染物和气溶胶整体预报的时空分布和演变有较好的预报性能,并最终建立了能够实时运行的满足业务预报时效的区域空气质量数值预报系统。

4.2 数值预报模式参数设计

基于 WRF－Chem 模式建立的华北区域气象化学在线耦合预报系统,分辨率为 9 km,水平格点数 156×111,垂直方向分为 30 层,边界层内有 12 层,模式顶为 50 hPa,模式预报时效 72 h。模式系统包含陆面过程、城市冠层过程、边界层过程、云和降水微物理过程、辐射过程以及化学过程等多种物理化学过程。气象背景场和边界条件利用全球预报模式 GFS 资料,每 3 h 提供一次边界条件。预报结果每小时输出一次。

4.3 预报结果分析

利用该模式对 1 月 28—31 日严重雾霾期间 $PM_{2.5}$ 浓度时空分布做出了较好的预报。从 24 h 平均 $PM_{2.5}$ 浓度场分布来看(图 7),严重雾霾期间 $PM_{2.5}$ 浓度在华北平原地区明显偏高,主要分布在北京城区及以南的河北、天津等重点城市和区域,这与卫星遥感监测的气溶胶分布特征相一致(图略),与华北地形和城市群分布有很好的对应关系。气象化学模式预报出 $PM_{2.5}$ 浓度高于 500 $\mu g \cdot m^{-3}$ 的区域主要分布在河北省石家庄、保定、廊坊等地,天津和北京市区浓度也相对较高,北京及河北北部地区污染物浓度相对较低,与实况监测到的浓度分布变化是比较吻合的。模式预报出 27—29 日 $PM_{2.5}$ 浓度很高,30—31 日逐渐减小,31 日夜间到 2 月 1 日平均浓度已明显降低,随着西北冷空气的过境,西北风速增大,使污染物浓度迅速降低,能见度很快转好,平原地区绝大多数地区空气质量达到优良,持续几天的雾霾天气也宣告结束。该模式系统对天气系统以及低层风场和污染物浓度的分布及演变预报也有比较刻画(图略),揭示出严重雾霾期间重污染主要分布在京津冀平原地区,特别是在山前容易形成气流和污染物的辐合区,与大城市高污染排放叠加,易在河北邢台、石家庄、保定、北京、天津形成污染物辐

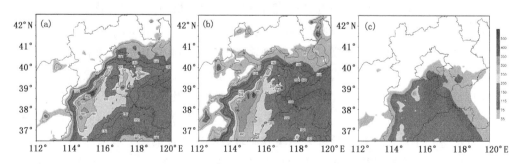

图 7 区域空气质量模式 WRF－Chem 预报 24 h 平均的 $PM_{2.5}$ 浓度(单位:$\mu g \cdot m^{-3}$)

(a 为 27 日 20:00—28 日 20:00,b 为 28 日 20:00—29 日 20:00,c 为 31 日 20:00—2 月 1 日 20:00)

合带和高值中心。$PM_{2.5}$浓度是随着气象条件特别是风速的大小和风向的变化在大气聚集、扩散和传输,与混合层高度的变化也有关系,白天边界层高度相对于夜间要高一些,污染物在大气中稀释作用要明显一些,模式预报的白天 14:00 的浓度一般比较低。

图 8 是北京城区 $PM_{2.5}$逐时浓度演变和日平均浓度的观测值与模式预报结果对比,模式总体趋势预报与实际观测情况基本一致,日均值预报出 200 $\mu g \cdot m^{-3}$ 以上的高浓度污染程度。在时间演变上,整体趋势预报准确,部分时段模式预报的误差较大,在雾霾结束过程中预报的冷空气到达北京的时间比实际提前 3 h 左右。总体上 WRF－Chem 模式对此次雾霾过程期间 $PM_{2.5}$浓度的形成和高浓度持续时间、消散、减弱和降低的时间和强度做出了较好的预报,为及时发布雾霾预报预警和服务提供指导和支撑。

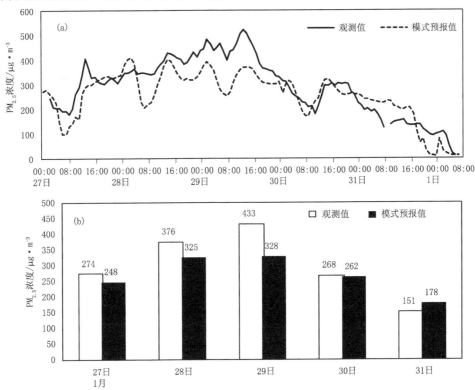

图 8　北京城区海淀 $PM_{2.5}$逐时浓度(a)和日平均浓度(b)的观测与模式预报对比

5　小结

2013 年 1 月 27－31 日华北地区再次出现大范围持续雾霾天气过程,通过综合气象条件和模式预报结果分析,得出以下主要结论:

(1)持续雾霾过程是在弱天气系统稳定维持、无明显冷空气活动、大气层结稳定、湿度大的天气背景和气象条件下发生的。此次持续雾霾过程高空大气环流比较平直,中层锋区偏北,没有冷空气影响华北平原,有利于低层逆温的出现;地面气压场较弱,风速小,对空气中污染物的扩散和稀释不利。

(2)边界层结构特征表明:低空边界层 1500 m 以内整层风速相对较小,特别 500 m 高度以下,维持较弱的偏南风。低空逆温层和逆湿层的持续存在,增强了大气层结的稳定性、抑制了边界层的发展,不利于污染物在垂直方向的扩散和输送,更容易在近地层堆积。以细颗粒物PM~2.5~为主的高浓度污染物和高湿度条件造成大气能见度的显著降低,导致华北平原大范围雾霾天气的持续维持。

(3)气象化学耦合模式对气象要素、天气系统和污染物浓度有较好的预报效果,对此次华北平原大范围的雾霾和PM~2.5~浓度的形成、传输和扩散、减弱过程给出了细致的刻画。严重雾霾期间PM~2.5~浓度明显偏高,主要分布在北京城区及以南的河北、天津等重点城市和区域,与华北地形和城市群分布有很好的对应关系,在华北平原山前容易形成气流的辐合区和高污染区。此次模式预报对北京地区雾霾和重污染天气的预报预警业务发挥了较好的指导参考作用。

参考文献

[1] 吴兑.大城市区域霾与雾天气的区别和灰霾天气预警信号的发布.环境科学与技术,2008,**31**(9):1-7.

[2] 赵普生,徐晓峰,孟伟,等.京津冀区域霾天气特征.中国环境科学,2012,**32**(1):31-36.

[3] Quan J,Zhang Q,He H,*et al*. Analysis of the formation of fog and haze in North China Plain (NCP), *Atmospheric Chemistry and Physics*, 2011,**11**, 8205-8214.

[4] Li L,Wang W,Feng J,*et al*. Composition,source,mass closure of PM~2.5~ aerosols for four forests in eastern China. *Journal of Environmental Sciences*,2010,**31**(3):405-412.

[5] Grazia M M,Stefano V,Gianluigi V, *et al*. Characteristics of PM~10~ and PM~2.5~ particulate matter in the ambient air of Milan. *Atmospheric Environment*,2001,**35**(27):4639-4650.

[6] Nilson ED,Patero J,Boy M. Effects of air masses and synoptic weather on aerosol formation in the continental boundary layer. *Tellus Series B-Chemical and Physical Meteorology*, 2001,**53**(4):462-478.

[7] 郭利,张艳昆,刘树华,等.北京地区PM~10~质量浓度与边界层气象要素相关性分析.北京大学学报,2011,**47**(4):607-612.

[8] 徐晓峰,李青春,张小玲.北京一次局地重污染过程气象条件分析.气象科技,2005,**33**(6):543-547.

[9] 颜鹏,刘桂清,周秀骥,等.上甸子秋冬季雾霾期间气溶胶光学特性.应用气象学报,2010,**21**(3):257-265.

[10] 吴兑,毕雪岩,邓雪娇,等.珠江三角洲大气灰霾导致能见度下降问题研究.气象学报,2006,**64**(4):510-517.

[11] Quan J,Gao Y,Zhang Q,*et al*. Evolution of planetary boundary layer under different weather conditions, and its impact on aerosol concentrations. Particuology, 2012, http://dx. doi. org/10.1016/j.partic. 2012.04.005.

[12] 徐怀刚,邓北胜,周小刚,等.雾对城市边界层和城市环境的影响.应用气象学报,2002,**13**(特刊):170-176.

[13] 王继志,徐祥德,杨元琴.北京城市能见度及雾特征分析.应用气象学报,2002,**13**(特刊):160-169.

[14] 贺克斌,贾英韬,马永亮,等.北京大气颗粒物污染的区域性本质.环境科学学报,2009,**29**(3):482-487.

[15] Zhao XJ,Zhao PS,Xu J,*et al*. Analysis of a winter regional haze event and its formation mechanism in the North China Plain, *Atmospheric Chemistry and Physics*, 2013,**13**(1), 903-933.

[16] Huang W,Tan JG,Kan HD,*et al*. Visibility,air quality and daily mortaliy in Shanghai,China. *Science of The Total Environment*,2009,**407**(10):3295-3300.

[17] 白志鹏,蔡斌彬,董海燕,等.灰霾的健康效应.环境污染与防治,2006,**28**(3):198-201.

［18］任阵海,苏福庆,高庆先,等.边界层内大气排放物形成重污染背景解析.大气科学,2005,**29**(1):57-63.

［19］Grell GA，Peckham SE，Schmitz R，*et at*.Fully coupled "online" chemistry within the WRF model.*Atmospheric Environment*，2005,**39**(37):6957-6975.

［20］Geng FH，Zhao CS，Tang X，*et al*.Analysis of ozone and VOCs measured in Shanghai：A case study.*Atmospheric Environment*，2007,**41**(5):989-1001.

［21］Tie XX，Madronich S，Li GH，*et al*.Characterizations of chemical oxidants in Mexico City：A regional chemical dynamical model（WRF-Chem）study.*Atmospheric Environment*，2007,**41**:1989-2008.

［22］韩素芹,冯银厂,边 海,等.天津大气污染物日变化特征的 WRF-Chem 数值模拟.中国环境科学,2008,**28**(9):828-832.

［23］王学远,蒋维楣,刘红年,等.重点产业源增长对北部湾地区气态污染物模拟的影响.环境科学学报,2011,**31**(2):358-372.

［24］Zhang Q，Streets DG，Carmichael GR，*et al*.Asian emissions in 2006 for the NASA INTEX B mission.*Atmospheric Chemistry and Physics*,2009,**9**:5131-5153.

华北平原 3 次持续 10 天以上的大雾过程特征及成因分析

李江波[1] 赵玉广[1] 李青春[2]

(1. 河北省气象台,石家庄 050021;2. 北京城市气象研究所,北京 100089)

摘 要

应用常规观测资料、自动站资料、L 波段加密探空资料、NCEP/NCAR 再分析资料,对华北平原 2000－2013 年 3 次比较少见的持续 10 d 以上的大雾天气过程进行了总结,分析了 3 次连续性大雾的高空及地面气象要素条件、大尺度环流背景、边界层特征、温湿场特征,研究了特长时间连续性大雾成因和维持机制。结果表明:3 次连续性大雾过程都发生在纬向环流背景下,其高空高度场、湿度场、温度场和海平面气压场都极其相似。地面气象要素的统计特征为:平均气温日较差 4.1℃;08 时平均温度露点差为 0.5℃;平均相对湿度 95%;平均风速 1.4 m·s⁻¹;静风、偏北风 (325°～45°)和偏南风(225°～135°)条件下出现雾的概率最大。高空湿度场表现为"上干下湿"的特征,850 hPa、700 hPa、500 hPa 三层平均相对湿度为 29%,1000 hPa 的平均相对湿度则为 83%。雾层之上的逆温层高度变化范围平均为 240～960 m,逆温层的平均厚度在 480～580 m,平均逆温值为 4～9℃,最大达 16℃。高空纬向环流长时间维持导致的冷空气活动偏弱,加上太行山、燕山对冷空气的阻挡和削弱造成的华北平原长期静稳天气形势,是华北平原大雾长时间维持的根本原因。纬向环流背景下多个"干性短波槽"活动和大尺度下沉运动导致大雾维持和加强。太行山地形造成的地形辐合线及偏西气流越过太行山下沉增温导致的层结更加稳定也是华北平原大雾加强和维持的重要原因。

关键词:华北平原 连续性大雾 逆温层 气象条件 辐射雾 平流雾 平流辐射雾

0 引言

大雾是华北平原秋冬季主要灾害性天气,而华北平原秋冬季大雾的一个特点是多连续性大雾[1-2]。连续性大雾天气除了给交通、运输、工农业生产带来重大影响外,还会导致空气质量严重下降,危害公众生命健康。2013 年 1－2 月华北平原持续的雾霾天气,导致京津冀主要城市空气质量持续重度到严重污染,在中国 10 个污染最严重的城市中,河北省有 6 个城市,以石家庄为例,根据河北省环保局统计,在 1－2 月 59 d 中,有 49 d 为严重污染。持续大雾导致的空气质量严重恶化引起国内外的广泛关注,造成了深远的社会影响。

华北平原绝大多数连续性大雾天气过程发生在纬向环流背景下,有渐发性、稳定性等特点,即大范围浓雾天气,是一个渐渐发展的过程,从零散雾(几个站)→小范围雾(十几个站)→大范围(几十个站到一百多站),而这种大范围的浓雾一旦形成,如果天气形势不发生根本变化,大雾将稳定维持[2]。这和发生在美国加利福尼亚中部的高逆温连续性大雾事件[3]及美国中西部冷季的浓雾事件[4]很类似。

对于华北平原连续 2～5 d 大雾天气的特征和形成原因,已有一些研究认为:在中高层暖性高压脊和地面变性冷高压稳定维持的大尺度背景下,地表净辐射引起的近地层冷却是大雾过程的触发和加强机制,中低空下沉气流的存在有助于近地层的弱风条件和稳定层结的建立,低层暖平流的输入和边界层的浅层抬升是大雾长时间持续的原因[5-6]。吴彬贵等[8]对华北中南部一次持续性浓雾过程的水汽输送和逆温特征进行了计算和分析,研究了其与浓雾生、消、发展之间的联系,除了得出了和康志明[6]、何立富等[5]类似的结论外,还注意到,在深厚逆温条件下,南支暖湿水汽的输送和辐合使毛毛雨滴下降过程中蒸发,在近地层较冷气层中再次凝结导致了浓雾的生成。连续性大雾一般不是单一类型的雾[2,4,7],如濮梅娟等[7]应用综合外场观测实验,分析了2006年12月南京连续4 d的浓雾过程,结果表明这次浓雾是在夜晚热辐射条件下形成,在暖湿平流作用下维持和发展的辐射-平流雾过程。正是由于暖湿平流的作用,连续性大雾通常有很深厚的逆温层[3],雾区湿度场的空间结构呈"上干下湿"[8-9]。

华北平原秋冬季出现连续3~7 d的大范围浓雾天气过程是很常见的[2],而连续10 d以上的大范围浓雾却比较少见,2000年以后共发生过3次:2002年12月8-19日(12 d)、2007年12月17-28日(12 d)、2013年1月8-31日(24 d)。正是由于持续时间长、范围广、强度大,造成的影响远超过一般的连续大雾天气。同时,由于在大雾长时间持续过程中,雾的范围和强度又具有突变特征,加大了预报难度。本文将对2002年、2007年、2013年3次特长时间的连续性大雾特征和成因及维持机制进行研究。

1 实况分析

1.1 2002年12月8-19日连续大雾过程

2002年12月8-19日,我国中东部地区,尤其是华北平原出现了一次长达12 d的连续性大雾天气,从雾区发展动态图(图1a)可以看出,9日雾区与太行山平行,呈狭长的南北带状分布,10日范围扩大到河北中南部、河南北部、山东西北部,11日大雾范围继续向南、向北、向东扩展,到18日,雾区北缘已扩展到40°N。图2a统计了12月9-18日08:00(北京时,下同)京津冀40°N以南140个站点中逐日能见度分别≤1 km、0.5 km、0.05 km的站数,可以看出,这

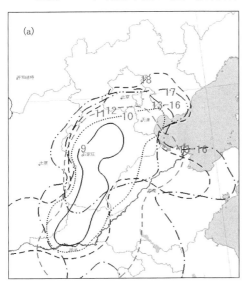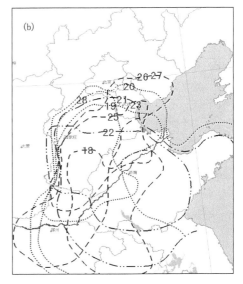

图1 连续性大雾雾区动态图

(a为2002年9-18日,b为2007年12月18-28日)

10 d 中每日雾(vis≤1 km)站数都在 40 个站以上,日雾站数超过 60 个站的有 8 d,18 日范围、强度最大,雾、浓雾(vis≤0.5 km)、强浓雾(vis≤0.05 km)站数分别为 106、88、11 个站。从这 10 d 当中雾日的空间分布可以看出(图 3a),河北中南部平原地区雾日数基本在 6 d 以上,雾日最多的在京珠高速沿线及以东,与太行山平行,呈南北带状分布,在 8～10 d;另一高发区分布在河北东部沧州附近,也就是京沪高速和石黄高速交汇处。

1.2　2007 年 12 月 17—28 日连续大雾过程

这也是一次出现在我国东部、华北南部长江以北地区大范围的持续性大雾,河北平原尤其严重。持续 12 d 的大雾给交通运输、工农业生产造成了重大影响。以河北为例,石家庄机场上百次航班取消或延误,省内 40 余条高速公路封闭。

从雾区发展动态图看(图 1b),17—18 日,雾在冀、鲁、豫三省交界处出现并开始向四周扩展,19—20 日雾区北部边界接近 40°N;21—22 日范围缩小,雾区北缘向南收缩;23 日雾区迅速北扩,24 日雾又迅速减弱,京津冀仅有 8 个站有雾(图 2b);25—28 日雾范围又持续扩大,北缘达到 40°N。可见,这次大雾过程可分为 18—23 日和 25—28 日两个阶段。从图 2b 还可以看出,这次大雾过程达到浓雾和强浓雾的站数很多,有 6 次强浓雾超过 20 d,最强的 20 日,浓雾 101 站,强浓雾 64 站,08:00 京津冀所有大雾站点的平均能见度仅为 78 m,这也是 2000 年以后雾强度最强的一天。从雾日的空间分布看(图 3b),雾出现最多的地方仍是京珠高速沿线和冀东平原的沧州、衡水,和 2002 年相似,雾日数达 8～12 d,其中邢台的宁晋站雾日数达 12 d。

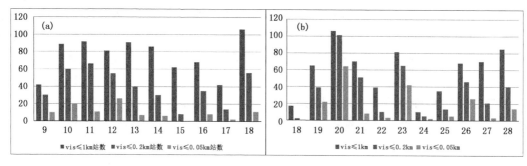

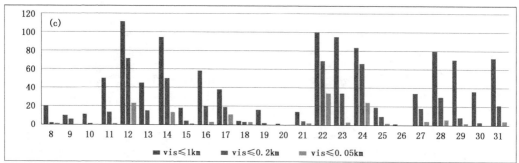

图 2　3 次连续性大雾过程每日 08:00 能见度≤1 km、≤0.5 km、≤0.05 km 站数
(a 为 2002 年 9—18 日,b 为 2007 年 12 月 18—28 日,c 为 2012 年 1 月 8—31 日)

1.3　2013 年 1 月 8—31 日连续大雾过程

华北平原连续性大雾多发生在 11 月下旬到 1 月上旬,12 月发生的概率最大[2],1 月份较少,因此 2013 年 1 月出现如此时间长的连续大雾实属罕见,其造成的影响也尤其突出。从图

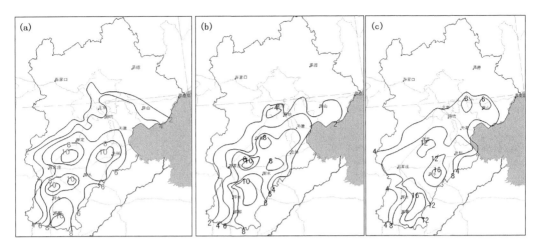

图 3　3 次持续性大雾过程京津冀雾日数的空间分布

(a 为 2002 年 12 月 9—18 日,b 为 2007 年 12 月 18—28 日,c 为 2012 年 1 月 8—31 日;单位:d)

2c 可以看出,这次大雾过程由 3 个阶段组成:8—19 日、21—25 日、27—31 日,在 24 d 中,除了 18 日、20 日、26 日雾站数较少外,其他 21 d 雾站数基本在 20 站以上,12 日最多,雾、浓雾、强浓雾站数分别为 111 站、96 站、23 站(总站数 140)。从京津冀雾日数空间分布来看(图 3c),在 24 d 的时间里,河北平原大部分站点雾日数在 8～19 d,雾的高发区位于平原东部,邯郸东部的邱县雾日数达 19 d。

1.4　3 次连续性大雾实况对比分析

表 1 给出了京津冀 40°N 以南地区 140 个站点的 3 次连续性大雾的统计情况,可以看出以下特征:(1)从持续时间看,2013 年这次大雾持续 24 d,远远超过另外两次(12 d),但京津冀区域日雾站数≥30 站的天数所占比例(14/24)远小于另外两次(10/12 和 9/12),单站雾出现最

表 1　3 次持续性大雾天气过程统计(根据 08:00 京津冀 40°N 以南地区 140 个站点统计)

日期	过程天数 d	日雾站数≥30 站天数/d	单站雾出现最多天数/d	雾(vis≤1.0 km)日平均站数/个	浓雾(vis≤0.5 km)日平均站数/个	强浓雾(vis≤0.05 km)日站数平均/个	08:00平均能见度/km	大雾类型统计
2002 年 12 月 8—19 日	12	10	11	75	60	10	0.32	辐射雾(6 d) 平流雾(3 d) 平流辐射雾(2 d)
2007 年 12 月 17—28 日	12	9	12	69	56	20	0.28	辐射雾(4 d) 平流雾(2 d) 平流辐射雾(3 d)
2013 年 1 月 8—31 日	24	14	19	69	44	9	0.37	辐射雾(11 d) 平流雾(3 d) 平流辐射雾(7 d)

多天数也是如此。(2)从日平均出现雾(vis≤1.0 km)、浓雾(vis≤0.5 km)的站数看,2002年最多,日平均分别为75站、60站,在12 d中,每日都超过40站(图1)。(3)从雾的强度看,2007年这次连续大雾过程最强。08时平均能见度为0.28 km,日强浓雾(vis≤0.05 km)平均站数达20站,远大于另外两次(10次、9次)。总的来说,2002年大雾过程日平均雾站数最多,2007年连续大雾过程强度最强(或者平均能见度最低);2013年连续时间最长。

2 地面、高空气象要素特征

2.1 地面气象条件分析

统计了3次连续性大雾过程京津冀所有大雾(vis≤1.0 km)站点08时的地面要素如温度、露点、相对湿度、气温日较差及风速等平均状况(表2),3次过程的平均气温日较差分别为3.1℃、5℃、4.2℃,逐日平均气温日较差变化范围在0.4～9.1℃;温度和露点温度的平均值在—2～—6℃;平均温度露点差为0～0.7℃;平均相对湿度为94%～95%,逐日变化范围在91%～97%;平均风速在1～2 m·s⁻¹,说明大雾多发生在微风条件下。

表2 3次持续性大雾天气过程08:00雾站点地面要素统计

日期	平均日较差/ ℃	08:00平均 气温/℃	08:00平均 露点温度/ ℃	08:00平均 温度露点差/ ℃	08:00平均 相对湿度/ %	08:00平均 风速/ m·s⁻¹
2002年12月 8—19日	3.1 (0.5～6)	—4 (—6.7～—1.1)	—4.7 (—7.7～—1.5)	0.7	95 (93—97)	1.1
2007年12月 17—28日	5 (1.4～9.1)	—2.1 (—3.5～0.2)	—2.8 (—4.1～—0.9)	0.7	95 (94—96)	1
2013年1月 8—31日	4.2 (0.4～8.1)	—6 (—9.7～—1.4)	—6 (—10.7～—2)	0	94 (91～97)	2
三次过程平均	4.1	—4	—4.5	0.5	95	1.4

图4a为3次连续大雾过程风向频率分布图,同时给出了静风所占比例。可以看出,大雾发生时静风所占比例最大,占21%;其次是偏北风(NNW,N,NNE)和偏南风(SW,SSW,S),各占22%(9%+7%+6%)和18%(7%+5%+6%);偏西风(WNW,W,WSW)占13%(3%

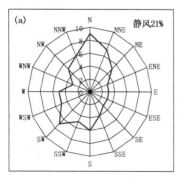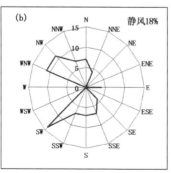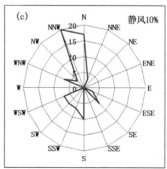

图4 连续性大雾过程风向频率统计(a为所有雾站,b为宁晋(53796),c为邱县(54820);单位:%)

+5%＋5%），偏东风（ENE,E,ESE）所占的比率最小，仅为 9%（3%＋3%＋3%）。从雾日数较多的宁晋（53796,位于京珠高速沿线）和邱县（84820,位于河北平原东南部）大雾期间风向频率分布（图 4b,c）也反映了这一规律，但这两个站的不同之处在于，宁晋的最多风向为 NW、WNW,SW,占 36%，邱县则是 N、NNW 风所占比例最多，为 37%。

2.2　高空气象条件分析

表 3 给出了 3 次连续性大雾过程中邢台站（53798）08：00 高空各层次相对湿度和温度露点差的平均状况，可以看出，1000 hPa 平均相对湿度为 83%，温度露点差为 3℃；而 850 hPa、700 hPa、500 hPa 平均相对湿度在 23%～39% 之间，三层平均为 29%，露点温度差在 13～18℃ 之间，三层平均为 16℃，可见湿度场的空间结构为"上干下湿"。

表 3　3 次持续性大雾 08：00 高空湿度特征统计

日期	高空平均相对湿度/%					高空平均温度露点差/℃				
	1000 hPa	925 hPa	850 hPa	700 hPa	500 hPa	1000 hPa	925 hPa	850 hPa	700 hPa	500 hPa
2002 年 12 月 8－19 日	88	65	44	29	19	2	6	10	16	17
2007 年 12 月 17－28 日	79	51	47	29	27	3	10	11	16	14
2013 年 1 月 8－31 日	81	41	27	15	24	3	13	18	22	17
总平均	83	52	39 29	24	23	3	10	13 16	18	16

3　边界层特征分析

大雾是发生在边界层的天气现象，稳定层结（逆温层）是生成大雾的重要条件之一，雾层一般在逆温层以下[11]。3 次连续性大雾过程的逆温平均特征如下（表 4）：（1）就逆温层底的平均高度而言，2002 年 12 月连续大雾和 2013 年 1 月连续大雾较接近，在 980 hPa（约 370 m）上下，而 2007 年 12 月 17－28 日则较另外 2 次偏低，为 1004 hPa（～220 m），可见 3 次连续性大雾过程雾层平均高度在 370 m 以下，说明以辐射雾为主；（2）2002 年、2007 年、2013 年 3 次连续大雾的逆温层顶分别为 910 hPa（～960 m）、943 hPa（～900 m）、921 hPa（～870 m）；（3）从逆温层平均厚度看 2002 年 12 月连续性大雾为 71 hPa（～580 m），较另外两次 61 hPa（～480 m）、63 hPa（～500 m）厚，而最大逆温厚度达 150 hPa（～1200 m），出现在 2002 年 12 月 14 日和 2013 年 1 月 13 日；（4）3 次连续性大雾过程的平均逆温值分别 6℃、4℃、9℃，而最大逆温值达到 16℃，出现在 2013 年 1 月 14 日。

图 5a,b,c 给出了 3 次连续性大雾过程邢台站（53798）探空曲线（T－lnP）平均，其中 2013 年 1 月 8－31 日（图 5c）为 L 波段加密探空平均，可以发现，3 次过程的探空曲线较为相似，具有典型的"上干下湿"层结，平均逆温层顶在 925 hPa 以下，湿层在 1000 hPa（210～240 m）以下。状态曲线（蓝线）接近湿绝热线，在 925 hPa 以下，风速较小，高空风随高度呈顺时针转动，说明大雾过程中以暖平流为主。

表 4   3 次持续性大雾逆温层特征统计（根据 08 时邢台探空统计）

日期	逆温层底平均高度/hPa	逆温层顶平均高度/hPa	逆温层平均厚度/hPa	最大逆温层厚度/hPa	平均逆温/℃	最大逆温/℃
2002 年 12 月 8—19 日	982 （～370 m）	912 （～960 m）	71 （～580 m）	150	6	9
2007 年 12 月 17—28 日	1004 （～220 m）	943 （～700 m）	61 （～480 m）	112	4	10
2013 年 1 月 8—31 日	981 （～370 m）	921 （～870 m）	63 （～500 m）	150	9	16

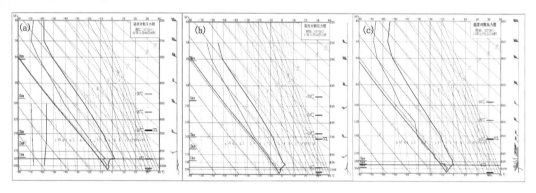

图 5   连续性大雾过程探空曲线

（a 为 2002 年 12 月 8—19 日，b 为 2007 年 12 月 17—28 日，c 为 2013 年 1 月 8—31 日）

4   大尺度环流背景场特征

4.1   高度场特征

从 500 hPa 位势高度平均场看（图 6a，b，c），3 次长时间连续大雾过程的高空环流形势极其相似，亚洲中高纬为一槽一脊，低槽位于里海和巴尔喀什湖之间，贝加尔湖为一高压脊，我国北方大部分地区受弱高压脊控制，以西北偏西气流为主。700 hPa、850 hPa 直至 1000 hPa，华北地区也都处在高压脊的控制下（图略），在这种环流形势下，大气以下沉运动为主，天空云量较少，有利于夜间近地层大气降温，容易出现辐射雾。例如在 2013 年 1 月连续 24 d 的大雾中，有 13 天是辐射雾（表 1）。同时，由于高空冷空气势力较弱，容易出现静稳形势，有利于大雾出现。

4.2   海平面气压场

从 3 次连续大雾过程的海平面平均气压场可以看出（图 7a，b，c），这 3 次过程的地面形势也非常相似，高压中心位于内蒙古东部到河北西北部，等压线在燕山和太行山相对密集，而在华北平原地区稀疏。对比图 2a，b，c，处于高压南部等压线梯度大值区的河北省北部（39°～40°N，包括北京）和西部发生大雾的日数为 2～4 d，明显少于处于等压线梯度小的其他地区

（雾日 8～19 d），说明雾区分布和地面气压场关系密切。

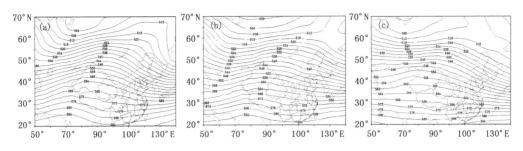

图 6　连续性大雾过程 500 hPa 高度场

（a 为 2002 年 12 月 8—19 日，b 为 2007 年 12 月 17—28 日，c 为 2013 年 1 月 8—31 日）

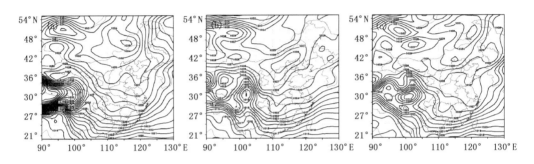

图 7　连续性大雾过程海平面气压场

（a 为 2002 年 12 月 8—19 日，b 为 2007 年 12 月 17—28 日，c 为 2013 年 1 月 8—31 日）

4.3　湿度场特征

3 次连续性大雾过程高空湿度场的主要特征是"上干下湿"，即 850 hPa 以上各层相对湿度很小，925 hPa 尤其是 1000 hPa 以下相对湿度大。图 8a，b，c 分别为 3 次过程 700 Pa 平均湿度场，可以看出，从北向南（45°～30°N）的区域内，相对湿度呈现"高低高"分布特征，华北平原大部平均相对湿度在 25％～35％，而其南北两侧则为 40％～70％。从 1000 hPa 的平均湿度场看（图略），3 次大雾过程华北平原地区的平均相对湿度为 55％～85％。从表 2 看出地面的平均相对湿度为 91％～97％。说明大多数雾层高度在 1000 hPa（约 200 m）以下，以辐射雾居多。

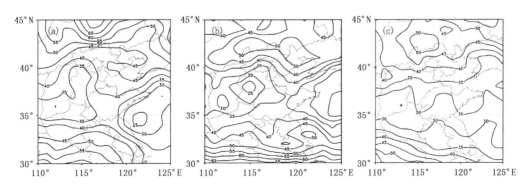

图 8　连续性大雾过程 700 hPa 湿度场

（a 为 2002 年 12 月 8—19 日，b 为 2007 年 12 月 17—28 日，c 为 2013 年 1 月 8—31 日；单位：％）

4.4 温度场

3次连续性大雾过程的高空平均温度场特征在850 hPa、925 hPa和1000 hPa上表现明显,850 hPa(图9a,b,c)、925 hPa(图略)上从河南北部到河北省为从西南伸向东北的暖脊,3次过程温度场非常相似,控制华北平原的暖脊温度变化范围850 hPa为-6~-2℃,925 hPa为-2~2℃(图略)。在1000 hPa平均温度场则恰恰相反(图9d,e,f),华北平原受一东北—西南向的冷温槽控制,说明近地层有弱冷空气从东北平原扩散南下,导致近地层大气降温。这种温度场的空间配置有利于逆温的形成、加强和维持,从而利于大雾的生成与维持。

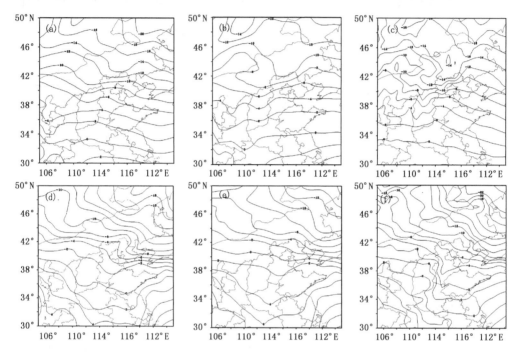

图9 连续性大雾过程850 hPa(a～c)和1000 hPa(d～f)温度场

(a,d为2002年12月8—19日,b,e为2007年12月17—28日,c,f为2013年1月8—31日)

5 连续性大雾成因及维持机制分析

5.1 地形

华北平原北倚燕山、西靠太行、东临渤海。一些具有区域特色的特殊天气如华北回流[10]、太行山东麓焚风[11-12]、华北干槽[13]都和太行山地形相联系的。西部的太行山和北部的燕山半环抱华北平原。燕山呈东西走向,北部和坝上高原(属内蒙古高原)相连,东西长约420 km,南北最宽处近200 km,海拔600~1500 m(图9a),最高峰雾灵山海拔2166 m。太行山系呈东北—西南走向,西接山西高原(属黄土高原),南北长约600 km,东西宽约180 km,海拔高度在2000 m以上的高山很多,其中最高峰小五台山海拔2880 m。从沿116°E的南北向剖面图(图9b)和沿37°N东西向剖面(图9c)可以看出,燕山南坡和太行山东坡为陡峭的阶梯状下沉地形,相比而言,太行山的坡度更大。地形对华北平原大雾的影响表现在以下三个方面:

首先,冬季影响华北的冷空气以西北或偏西路径为主,由于群峰林立的燕山和太行山半环

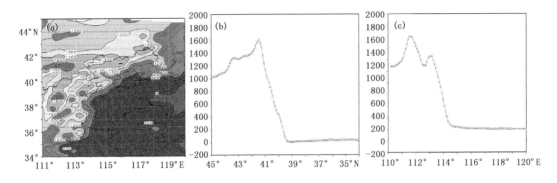

图 10　华北地形高度图(a)及其沿 116°E(b)和 38°N 剖面(c)(单位:m)

抱华北平原,如一天然屏障,对西北或西来的冷空气起到阻挡和削弱作用。当中纬度环流平直,冷空气势力较弱时,一方面,受河北北部燕山和西部太行山阻挡,冷空气在山脉的北部和西侧堆积,在内蒙古中东部形成一地面高压,冷空气分股扩散南下,造成等压线西北梯度大、东南部小的格局(图 7a,b,c),华北平原处于始终弱气压场控制之下,易出现静稳形势,有利于雾霾的出现。另一方面,燕山北部的弱冷空东移进入东北平原,受长白山阻挡,在低层从东北平原经渤海南下扩散至河北平原,有利于近地层大气的降温冷却,从而更接近露点温度,使大气趋于饱和,有利于大雾的出现,这一点从 1000 hPa 风场(图 11b)及地面风场(图 11c)可以看出,京珠高速以东的河北平原大部分为弱的东北风,在 1000 hPa 温度场(图 9d,e,f)则表现为冷温槽。

第二,西北或偏西路径的弱冷空气越过近似南北走向的太行山,下沉增温,有利于平原地区近地层逆温层的维持或加强。从 2002 年 12 月 9—19 日 850 hPa 平均风场(图 11a)可以看出,华北大部分地区受西北偏西气流控制,气流越山后,下沉增温。从 500 hPa 和 850 hPa 垂直速度场看(图 13a,b,c),华北大部分地区为下沉气流,垂直速度值自太行山向平原递减,下沉速度为 0~0.4 Pa·s^{-1}。从平原地区温度的垂直剖面(图 12b)可以看出在 900 hPa 以下形成逆温,大气层结稳定。

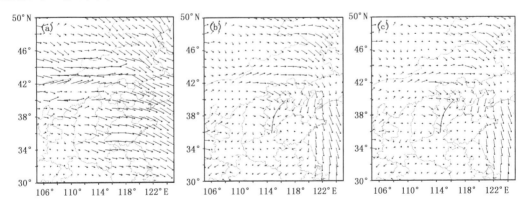

图 11　2002 年 12 月 9—19 日连续性大雾过程 08:00 850 hPa 风场平均(a)、
1000 hPa 风场平均(b)、地面风场平均(c)(单位:m·s^{-1})

第三,太行山地形的另一个作用是有利于地面辐合线的生成。图 11a,b 给出了 2002 年

12月9—19日08:00地面风场和1000 hPa风场的平均场,可以看出,河北平原存在一条东北—西南向、和太行山平行的地形辐合线,这条辐合线基本和京珠高速的位置一致,辐合线以西是西北风,以东为北到东北风,另外两次连续性大雾的地面和1000 hPa的平均风场也是如此(图略)。可见在河北平原,近地层存在着一条与京珠高速平行、近似重合的辐合线,这条辐合线的存在有利于近地层的水汽和大气污染物的聚集,从而有利于大雾的生成,这可以解释京珠高速沿线多雾的原因(图3a,b,c)。那么这条地形辐合线是怎么形成的呢? 主要由山区和平原的热力差异造成的,夜间,西部的太行山降温较平原快,造成太行山区温度低,平原温度高,导致山风下泄,吹向平原,与近地层平原东部的东北风相遇形成辐合线,由于高空环流平直,冷空气强度较弱,因此从东北平原经渤海回流至华北平原的东北风的厚度较浅薄,所以这条地形辐合线的空间伸展高度也较低,在1000 hPa(约200 m)以下。

5.2 "干性"短波槽

前面已经提到3次连续性大雾都发生在纬向环流背景下,而在这种环流下的一个特征是多短波槽活动。短波槽有的来自新疆,经河套东移影响华北;有的是高原东移影响华北南部。这些短波槽一个最明显的特征是"干性"短波槽,即高层湿度较小(10%~40%),尤其在850 hPa以上表现明显。这种"干性"短波槽对华北平原大雾的发生、维持、发展加强具有重要作用,通常会导致雾的范围扩大和强度增强,同时也会使雾的类型发生变化,当河北处于高空槽前时,雾一般以平流雾为主,高空槽过后,转为辐射雾。3次连续性大雾过程中,每次过程有3—4个短波影响华北。图12给出2013年1月8—31日连续大雾过程河北东南部(115°E,37°N)风场、湿度场(图12a)和温度场(图12b)的时间高度剖面图,可以看出,12日、14日、19—20日、24日分别有4个短波槽过境,除了19—20日整层湿度都较大的短波槽带来明显的降雪导致雾减弱外,其余3个湿度场空间结构都具有明显的干性特征,925 hPa以上相对湿度为10%~30%,导致雾维持或加强。例如,第一个短波槽(12日)过后,京津冀雾站数从50站次增加至110站;第二个短波槽(13日),雾站数从45站次增加至94站次;第四个短波槽(23日)影响,雾站数维持在80站以上。造成这种现象的原因有以下几个方面:(1)高空短波槽呈干性,说明高空无云或少云,有利于夜间地面辐射冷却降温,从而有利于雾的生成和维持;相反,如果是湿度很大的高空槽移过,则可能会带来降水或云量增多,进而使大雾减弱或消散。(2)高空槽前暖平流的输送使逆温增强增厚(平流逆温),使近地层层结更加稳定,有利于大雾增强和维持。从温度场的时间高度剖面(图12b)可以看出,伴随着12日、14日、24日、28日4个短波槽活动,低空分别在975~850 hPa出现了2~6℃的逆温,对应11—14日、22—24日、27—31日三个阶段的大雾维持和加强。从850 hPa沿37°N所做温度平流的经度—时间剖面(图12c)可以看出,大雾持续期间,雾区(115°—118°E)有弱的暖平流输送,其值一般小于0.5×10^{-4}℃·s^{-1},其中11—14日、22—24日、27—29日暖平流输送较强的时段分别对应着较强的浓雾时段。(3)高空槽前西南气流将南方的暖湿空气向华北平原输送,流经华北平原冷下垫面,冷却凝结形成平流雾。如果高空槽白天过境,会导致大雾没有明显的日变化,在中午仍然有大片的雾区,例如2002年12月14日、15日、2007年12月26日、2013年1月14日、30、31日都是典型的平流雾,可以发现,在14时地面图上仍然维持大片的雾区(图略)。(4)短波槽过后,华北平原高空转受西北气流控制,大气的下沉运动导致天空晴朗和下沉逆温,有利于辐射雾的形成。从3次过程逐日大雾类型可以看出(表4),在34 d的大雾中,辐射雾有21 d。

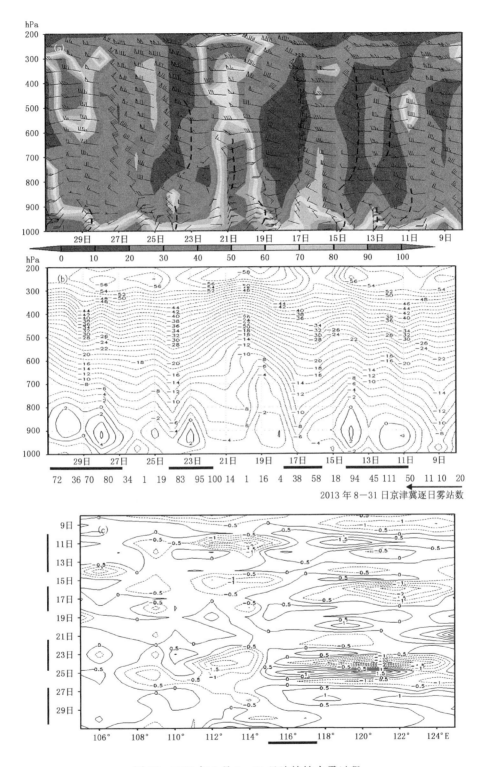

图 12 2013 年 1 月 8—31 日连续性大雾过程

(a 为 08:00 高空风场和相对湿度(阴影)沿(116°E,37°N)高度—时间剖面图,单位:m·s⁻¹,%,b 为温度
场高度—时间剖面,单位:℃,c 为 850 hPa 温度平流沿 37°N 经度—时间剖面,单位:℃·s⁻¹)

5.3 大尺度下沉运动

分别计算了 3 次连续性大雾过程地面到高空的垂直速度平均场,发现华北及平原大部分地区以下沉运动为主。在华北平原,500 hPa 及以上层次下沉气流相对明显,700 hPa 及以下下沉运动相对较弱,在近地面层(1000 hPa 以下),平原部分地区出现弱的上升运动。图 13a,b,c 给出 2013 年 1 月 8—31 日 08:00 高空垂直速度平均场,可以看出,500 hPa,华北平原大部分地区 08:00 平均垂直速度在 0.1~0.2 Pa·s^{-1}(图 13a);850 hPa,08:00 平均垂直速度为 0~0.1 Pa·s^{-1}(图 13b);1000 hPa,在河北东部平原出现了弱的上升运动,平均垂直速度为 −0.1~0 Pa·s^{-1}(图 13c)。另外两次过程也比较类似(图略)。

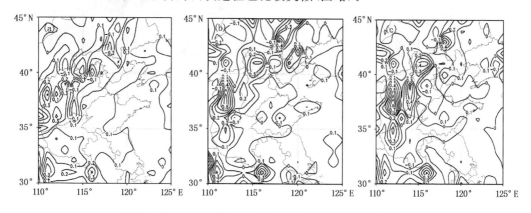

图 13 2013 年 1 月 8—31 日 08:00 高空垂直速度平均场

(a 为 500 hPa,b 为 850 hPa,c 为 1000 hPa;单位:Pa·s^{-1})

从 2013 年 1 月 8—31 日 08:00 河北东南部(115°E,37°N)垂直速度的高度—时间剖面图(图 14)看出,1 月 8—31 日期间,700 hPa 及以上基本为下沉气流,垂直速度值在 0.1~

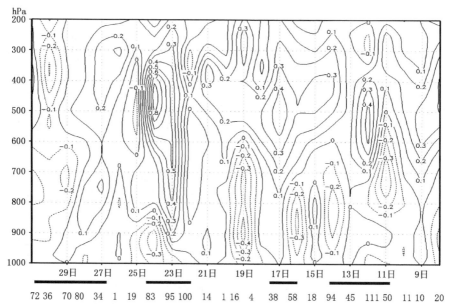

图 14 2013 年 1 月 8—31 日连续性大雾过程垂直速度沿(116°E,37°N)时间—高度剖

(单位:Pa·s^{-1})

$0.8\ Pa\cdot s^{-1}$,而在 900 hPa 以下,则以弱的上升气流为主,上升速度为 $-0.1\sim-0.4\ Pa\cdot s^{-1}$,从图中还可以看出,每伴随一次下沉气流的加强和向低层伸展,都伴随着一次大雾的加强或维持。例如,11—12 日,中高层从弱的上升运动转为下沉运动,大雾从 50 站增加到 111 站;22—24 日,900 hPa 以上均为下沉气流,最大下沉速度达 $0.8\ Pa\cdot s^{-1}$,伴随这次强的下沉运动,大雾站数从 14 站发展到 100 站次,并连续 3 d 维持 80 站次以上;29—30 日,从下沉运动转为上升运动,大雾站数从 70 站减为 36 站;18—19 日上升运动较强,达到 $-0.4\ Pa\cdot s^{-1}$,出现了降雪,导致大雾明显减弱。

从以上分析可见,华北平原维持大尺度的下沉运动一方面有利于夜间晴空的存在,另一方面其导致的下沉逆温限制了边界层之上的混合作用,从而有利于大雾的出现。当下沉运动加强时,低层稳定层结进一步加强和维持,从而导致大雾范围扩大,强度变强;当下沉运动减弱或中低层上升运动加强时,低层逆温层减弱或导致将雾抬升为低云,从而大雾减弱。

6 结论

对 2000—2013 年华北平原 3 次持续 10 d 以上的大雾天气过程进行了研究,分析了 3 次连续性大雾过程的高空、地面要素特征、边界层特征、大尺度环流背景特征以及华北平原连续性大雾的成因和维持机制,结果表明:

(1)2000 年以后,华北平原共发生了 3 次持续 10 天以上的范围大、强度强的连续性大雾过程,2 次出现在 12 月,1 次出现在 1 月。3 次连续性大雾各有其特点,2002 年 12 月 9—19 日大雾过程日平均雾站数最多,2007 年 12 月 19—28 日连续大雾过程强度最强(或者平均能见度最低);2013 年 1 月 8—31 日大雾过程连续时间最长。

(2)对大雾发生时,京津冀 08:00 地面气象要素进行了统计。3 次连续性大雾逐日平均气温日较差变化范围在 0.4~9.1 ℃;温度和露点温度的平均值在 −2~−6 ℃;逐日平均温度露点差为 0~0.7 ℃;逐日平均相对湿度变化范围在 91%~97% 之间;平均风速在 1~2 m·s⁻¹;就风向而言,大雾发生时,静风所占比例最大,其次是偏南风和偏北风,东风和西风的比例最小。

(3)统计了 08:00 华北平原探空代表站邢台(53798)高空不同层次的平均相对湿度和温度露点差。湿度场为"上干下湿"结构,850 hPa、700 hPa、500 hPa 三层平均相对湿度为 29%,平均温度露点差为 16 ℃;而 1000 hPa 的平均相对湿度则为 83%,平均温度露点差为 3 ℃。

(4)3 次连续性大雾过程的大尺度天气背景场如 500 hPa 高度场、海平面气压平均场、湿度场、温度场等都极其相似。在 500 hPa 平均高度场上,亚洲中高纬为一槽一脊,我国北方大部分地区受弱高压脊控制,以西北偏西气流为主;从海平面气压平均场来看,在内蒙古中东部到华北北部为高压,华北平原处在此地面高压东南部的弱气压场下;高空平均湿度场则表现为"上干下湿";高空平均温度场的突出特征是 850 hPa 及 925 hPa 在华北平原为自西南伸向东北的暖脊,而 1000 hPa 则表现为自东北伸向西南的冷温槽。

(5)高空纬向环流长时间维持导致的冷空气活动偏弱,加上太行山、燕山对冷空气的阻挡和削弱造成的华北平原长期静稳天气形势,是华北平原大雾长时间维持的根本原因。纬向环流背景下多个"干性短波槽"活动和大尺度下沉运动导致大雾维持和加强。另外,太行山地形造成的地形辐合线及偏西气流越过太行山下沉增温导致的层结更加稳定也是华北平原大雾加强和维持的重要原因。

参考文献

[1] 吴兑,吴晓京,李菲,等.中国大陆 1951—2005 年雾与轻雾的长期变化.热带气象学报,2011,**27**(2):145-151.

[2] 李江波,侯瑞钦,孔凡超.华北平原连续性大雾的特征分析.中国海洋大学学报,2010,**40**(7):015-023.

[3] Stepnen Holets and Robert N. Swanson. High-Inversion Fog Episodes in Central Califoria. *Journal of Applied Metorology*,1981,**20**:890-899.

[4] Nancy E. Westcott. Some Aspects of Dense Fog in the Midwestern United States,*Weather and Forecasting*,2007,**22**(6)457-465.

[5] 何立富,陈涛,毛卫星.华北平原一次持续性大雾过程的成因分析.热带气象学报.2006,**22**(4):340-350.

[6] 康志明,尤红,郭文华,等.2004 年冬季华北平原持续大雾天气的诊断分析.气象,2005,**31**(1).

[7] 吴彬贵,张宏升,汪靖,等.一次持续性浓雾天气过程的水汽输送及逆温特征分析.高原气象,2009,**28**(2):258-267.

[8] 濮梅娟,张国正,严文莲,等.一次罕见的平流辐射雾过程的特征.中国科学(D 辑:地球科学),2008,**38**(6):776-783.

[9] 毛冬艳,杨贵名.华北平原雾发生的气象条件.气象,2006,**32**(1):78-83.

[10] 马学款,蔡芗宁,杨贵名,等.重庆市区雾的天气特征分析及预报方法研究.气候与环境研究,2007,**12**(6):795-803.

[11] 黄建平,朱诗武,朱彬.辐射雾的大气边界层特征.南京气象学院学报,1998,**21**(2):254-265.

[12] 张迎新,张守保.华北平原回流天气的结构特征.南京气象学院学报,2006,**29**(1):107-113.

[13] 陈明,傅抱璞.太行山东坡焚风的数值模拟.高原气象,1995,**14**(4):443-450.

[14] 王宗敏,丁一汇,张迎新,等.太行山东麓焚风天气的统计特征和机理分析Ⅰ:统计特征.高原气象,2012,**31**(2):547-554.

[15] 刘瑞芝,顾震潮.论华北干槽的形成.北京大学学报,1957,**1**:107-113.

2014 年 2 月下旬持续重污染天气过程的静稳及传输条件分析

张恒德　吕梦瑶　宗志平　安林昌　张碧辉　曹　勇

（国家气象中心,北京 100081）

摘　要

本文利用常规气象观测资料、大气成分资料、环保部空气质量监测资料、NCEP 再分析资料、EC 细网格资料,对 2014 年 2 月 20－26 日京津冀地区持续重污染天气过程的环流背景、影响系统、气象要素特征进行了分析研究,重点分析了静稳气象条件和传输条件,并与 2014 年其他污染天气过程进行了简要对比。结果表明:2 月 20－25 日,亚洲东部位于弱高压脊控制下,京津冀及周边地区位于地面高压后部,等压线较为稀疏,气压梯度小,造成地面风速较小,混合层高度低、通风系数小和逆温存在,均不利于大气中污染物和水汽的垂直和水平扩散,构成了重污染天气出现和维持的有利气象条件;静稳天气指数对于重污染天气有一定指示意义,高静稳天气指数通常对应高 PM$_{2.5}$浓度,且变化趋势一致性高;2 月 20－26 日静稳天气指数总体上大于其他过程,且在高位长时间维持,造成此次过程更严重;传输条件也是京津冀重污染天气的主要成因。地面高压西侧的偏南或偏东气流有助于污染物和水汽向京津冀地区输送和聚集,使能见度进一步降低、污染物浓度进一步升高。

关键词:京津冀　重污染天气　静稳　传输

0　引言

近几年秋冬季我国中东部地区频繁遭受雾霾天气侵袭,尤其是 2013 年 1 月和 2014 年 1,2 月爆发了多次大范围持续性严重雾、霾过程,给人民群众生产生活和身体健康带来诸多不利影响。"雾霾"成为公众、媒体以及相关科研业务单位关注的重点[1-2]。1961－2005 年,全国平均年霾日数呈现明显增加趋势[3]。2000 年以来,京津冀地区霾日数整体呈增加趋势[4],京津冀城市群内不同城市污染物相互影响和沙尘的远距离输送,更加重了霾天气的危害[5]。

雾、霾污染天气的形成与气象条件、大气中细粒子浓度有关[6-7],弱风、高湿、稳定的边界层结构既有利于形成雾、霾,又有利于污染物排放量大的地区气溶胶的生成、增长和累积[8-10],进一步增加气溶胶的消光作用,导致能见度下降及雾、霾天气过程的维持[11]。边界层结构对于雾、霾形成至关重要,当低层大气存在梯度很强的"逆温层",边界层高度比较低,阻止了污染物在垂直方向上的扩散,致使近地层大气中的污染物浓度急剧增大,大气能见度和空气质量恶化,导致雾、霾天气的加剧和维持[12-13]。排放源及区域污染物、水汽传输对于雾、霾重污染天气形成和维持也有关键影响。静稳天气背景、本地污染源强度、特殊地形条件以及外来污染物的输送都是京津冀区域大气污染和霾形成的重要原因。

2014 年 1－3 月华北平原多次出现持续性雾、霾重污染天气过程,与不易于雾霾扩散的地

资助项目:公益性行业(气象)科研专项(GYHY201306015)、气象关键技术集成与应用重点项目(CMAGJ2014Z16)

形条件、静稳气象条件及传输条件密切相关。影响比较大的持续天气过程,分别出现在1月13—19日(过程一)、2月13—17日(过程二)、2月20—26日(过程三)和3月7—12日(过程四),尤其是2月20—26日的持续重污染天气过程造成了极大影响,为此环境保护部与中国气象局首次联合发布重污染天气预报,政府及相关部门联防联动,采取相应措施,积极应对重污染天气。因此,本文对2月20—26日持续重污染天气过程进行分析和探讨,着重从静稳及传输条件分析此次过程的形成、发展和维持及消散,并与2014年其他几次过程作简要对比,进而为建立重污染天气过程的预报从天气系统、静稳条件、传输条件方面提供技术支持,为重污染天气的预报预警和防控提供依据。

1 资料和方法

本文所用资料包括常规气象观测资料、NCAR/NCEP提供的再分析资料(1°×1°)、EC-WMF细网格资料、环保部空气质量监测资料、中国气象局大气成分观测资料。

本文着重分析造成重污染天气的气象条件,包括静稳天气条件和传输条件。目前业务上对静稳天气条件的判断、预报主要依靠预报员对天气形势进行主观定性分析,并结合边界层诊断特征量(如:混合层高度、通风系数、垂直交换系数等)。这些边界层特征量的应用尚未建立定量标准,需要对静稳天气对应的特征量分布进行系统的统计分析,给出一个综合指数表征静稳天气的程度。本文初步构建了"静稳天气指数",即利用常规地面观测资料、探空观测资料,数值模式预报产品(EC细网格资料、T639模式资料)以及大气成分、气溶胶等新型观测资料,对2013—2014年京津冀地区几次重污染天气进行统计分析,挑选静稳天气形势对应的典型边界层特征量并确定阈值范围,按照静稳天气和其他天气的区分度,对特征量匹配权重,初步建立综合指数算法,其中包含P、$\Delta T24$、ΔP_{24}、RH、垂直交换系数、散度、10 m风、垂直速度、混合层高度、逆温、理查逊数等因子。传输条件分析则主要依靠污染物浓度和低层风进行分析判断。

2 重污染天气过程分析

从500 hPa平均环流形势场来看(图1a),2月20—26日,极涡位于北美大陆北侧,中心低压约为500 dagpm,强度不大,在西西伯利亚有小股冷空气分裂南下,但路径较西、强度偏弱;亚洲东部位于弱高压脊控制下,高空以偏西气流为主,乌拉尔山高压脊明显偏弱,不利于引导冷空气东移南下。从平均海平面气压场来看(图1b),京津冀及周边地区位于地面高压后部,等压线较为稀疏,气压梯度小,造成地面风速较小(<3 m·s⁻¹);此外,从边界层特征物理量来看(图2),混合层高度低(<1 km)、地表通风系数小(<3000 m·s⁻²)、垂直交换系数小(接近0)和逆温存在,均是不利于大气中污染物和水汽的垂直和水平扩散,静稳天气长时间维持。从850 hPa水汽通量散度和风场来看(图略),地面高压西侧的偏南或偏东气流有助于污染物和水汽向京津冀地区输送和聚集,使能见度进一步降低、污染物浓度进一步升高。此外,长时间静稳天气造成大气中污染物累积和二次反应效应,使得重污染天气逐渐加剧,整个过程中$PM_{2.5}$浓度维持在150以上,最大值达到了450。

3月7—8日弱冷空气影响华北北部,8日华北大部850 hPa受西北风控制,华北北部近地层为弱西北风,河北中南部为弱西南风,静稳气象条件未完全建立,9日夜间起,华北中南部静稳气象条件逐渐建立,并配合传输条件加强(10日在北京南部至河北南部一带地面辐合线有利于污染物和水汽聚集),污染天气逐渐加重,至11日白天达到最高值,但明显低于前一次过程,随着11日夜间冷空气过境,自北向南逐渐减弱消散。此次静稳气象条件程度和持续时间均低于前一次过程是污染程度明显低于前一次过程的主要原因。

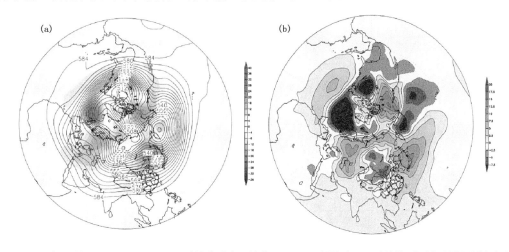

图1　2014年2月20—26日500 hPa平均高度场(单位:dagpm)及距平(a)、平均海平面气压场及距平(b)

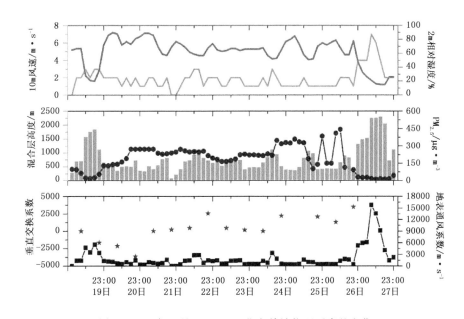

图2　2014年2月19—27日北京单站物理要素的变化

(物理要素包括:10 m风速、2 m相对湿度、混合层高度、PM$_{2.5}$浓度、垂直交换系数、地表通风系数)

3　静稳天气指数与PM$_{2.5}$浓度关系分析

静稳天气指数可以在一定程度上反映出重污染天气的形成、维持与减弱消散,如图3所示2月20日08:00京津冀污染天气开始发展,静稳指数增大,2月24,25日重污染天气达到并维持峰值,静稳指数也维持高位,27日08:00受冷空气影响,静稳天气形势破坏,京津冀静稳天气指数急剧下降,污染天气结束。进一步从北京市四次过程静稳天气指数与 PM$_{2.5}$ 浓度值的时间序列分布来看(图4),几次过程两者均有很好的对应关系,随着静稳天气指数逐渐升高维持,PM$_{2.5}$ 浓度逐渐升高维持,随着静稳天气指数快速下将,PM$_{2.5}$ 浓度快速下将,相关系数均在 0.3 以上,过程三的相关系数甚至高达 0.74;此外,过程三的静稳天气指数大于过程一、二,明显大于过程四,且在高位稳定维持,北京均在 12 以上,表示过程三的静稳条件明显持续偏强,

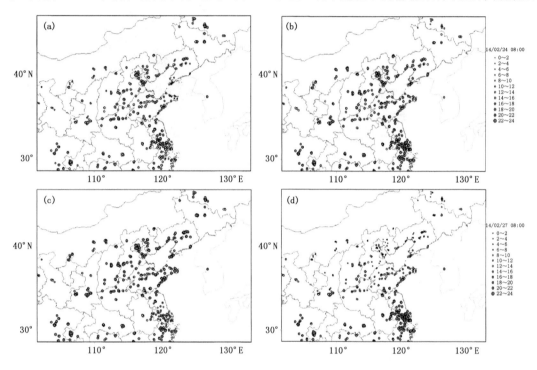

图 3　2014 年 2 月静稳天气指数分布

(a 为 20 日,b 为 24 日,c 为 25 日,d 为 27 日)

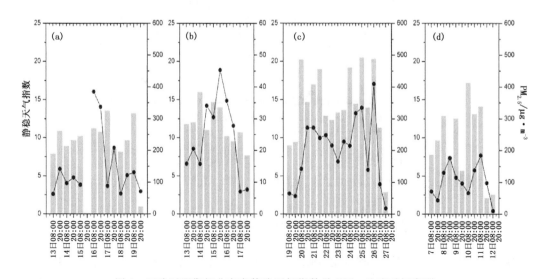

图 4　四次过程期间北京市静稳天气指数及 PM$_{2.5}$ 浓度时间序列

相应的 $PM_{2.5}$ 浓度也维持高位（$250\sim450$ $\mu g \cdot m^{-3}$），总体上高于其他三次过程，但过程一、二的部分时段 $PM_{2.5}$ 浓度也超过 400 $\mu g \cdot m^{-3}$，这与过程三期间政府采取有效减排措施密切相关（防止 $PM_{2.5}$ 浓度继续升高）。污染天气过程有一定的区域性特征，从天津市及京津冀和山东北部的区域平均情况也能看出静稳指数与 $PM_{2.5}$ 之间正相关的特征，也能反映区域联防联控的有效性（图 5,6）。

但某些时段静稳指数与 $PM_{2.5}$ 浓度并非完全对应，说明污染强度除了受局地静稳天气条件控制外，还有其他重要影响因子。天津市 11 日 20:00 静稳天气指数只有 7.5，而 $PM_{2.5}$ 浓度突然增高至 350 $\mu g \cdot m^{-3}$，主要是西北风输送造成的瞬时浓度偏高。从京津冀及山东北部的平均静稳天气指数及 $PM_{2.5}$ 浓度从时间序列也发现类似特征（图 6）。我们在下节给以详细分析。

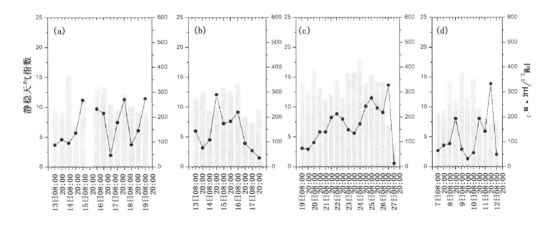

图 5 四次过程期间天津市静稳天气指数及 $PM_{2.5}$ 浓度时间序列

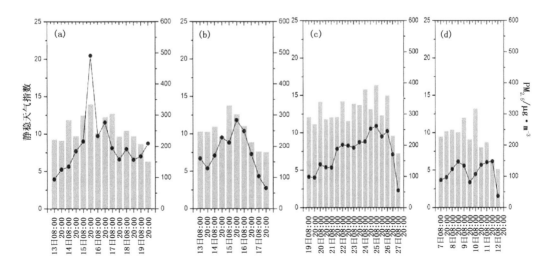

图 6 四次过程期间京津冀和山东北部（$113°\sim120°E,36°\sim43°N$）平均静稳天气指数及 $PM_{2.5}$ 浓度时间序列

4 传输条件分析

　　传输条件也是京津冀重污染天气的主要成因。如图7所示,从2月20—22日,污染物向北京、河北中部、天津西部输送明显,23日风速很小,输送相对不明显,24—25日向华北中东部输送再次加强,24—26日上午污染物浓度逐渐增加,维持高位,随着26日夜间转为北风,污染物快速向南输送扩散(26日下午降水清除部分污染物);如图8所示,3月9日20:00起,污染

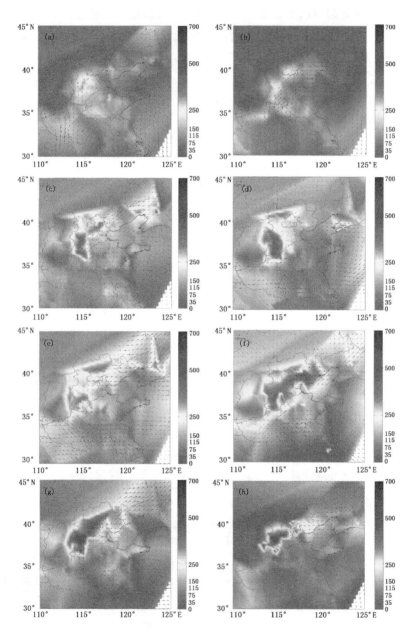

图7　2014年2月20日08:00—26日20:00 PM$_{2.5}$浓度与925 hPa风分布

(a为2月20日08:00,b为2月21日08:00,c为2月22日08:00,d为2月23日08:00,e为2月24日08:00,f为2月25日08:00,g为2月26日08:00,h为2月26日20:00)

物向北京和河北中部一带输送,到 10 日 20:00 京津冀地区 PM$_{2.5}$浓度明显增加,11 日 08:00 仍有污染物向燕山以南和太行山以东一带输送聚集,11 日 20:00 受冷空气影响,东北风明显加大,污染物向南偏东输送,天津、河北南部短时浓度仍较高,12 日 08:00 进一步扩散传输,河南北部短时 PM$_{2.5}$浓度加大,京津冀污染天气过程结束。两次过程的传输特征也存在明显差异,过程三持续传输,过程四传输时间较短,且华北东部的偏南风过大,不易滞留,这也是过程三污染天气过程明显偏强的原因之一。

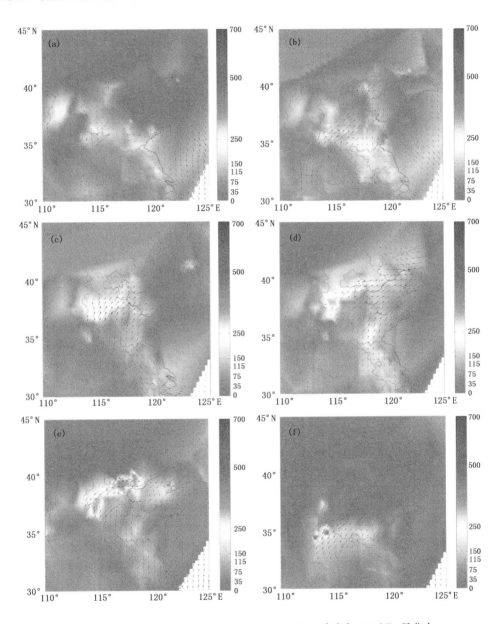

图 8　2014 年 3 月 9 日 20:00—12 日 08:00 PM$_{2.5}$浓度与 925 hPa 风分布
(a 为 3 月 9 日 20:00,b 为 3 月 10 日 08:00,c 为 3 月 10 日 20:00,d 为 3 月 11 日 08:00,
e 为 3 月 11 日 20:00,f 为 3 月 12 日 08:00)

从时间序列分布也发现类似特征,以北京为例(图9),2月19日20:00—26日08:00,925～850 hPa北京以西南风为主,有利于污染物输送,22—23日925 hPa为弱东南风,地面为弱东北风,输送稍弱,这段时间PM$_{2.5}$浓度相应也低一些,到了26日20时整层较大西北风,PM$_{2.5}$迅速降低;3月8日整层西北风,9日20:00至11日08:00 925～850 hPa以西南风为主,但近地面输送不明显(出现弱的东北风或东南风),整体输送条件比第一次过程差,11日20:00一致北风,PM$_{2.5}$浓度迅速下降。天津市的PM$_{2.5}$浓度、风场变化关系与北京市相似(图10),在2月19日20:00至26日08:00,925～850 hPa以西南风为主,有利于污染物输送,PM$_{2.5}$浓度上升并维持高位,22—23日地面出现弱东北风,输送稍弱,PM$_{2.5}$浓度稍有回落,但到了26日20:00整层1000～925 hPa出现了西北风,PM$_{2.5}$浓度并未迅速降低,而是快速上升,主要由北京等上游地区污染物沿西北路径输送造成,这一点与北京市存在差异;3月11日天津市也有此特点,11日20:00天津市一致北风,PM$_{2.5}$浓度快速上升,12日凌晨迅速下降。

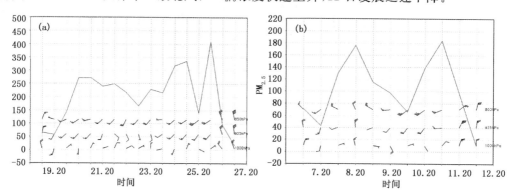

图9 2014年2月19—27日(a)、3月7—12日(b)北京市风及PM$_{2.5}$浓度的时间序列

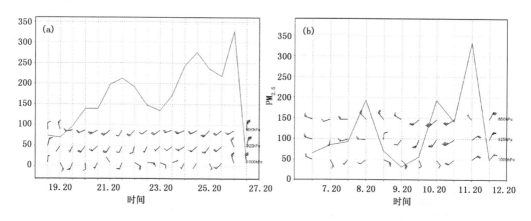

图10 2014年2月19—27日(a)、3月7—12日(b)天津市风及PM$_{2.5}$浓度的时间序列

5 小结与讨论

本文对2014年2月20—26日京津冀地区持续重污染天气过程进行了分析研究,重点分析了静稳气象条件和传输条件,并与2014年其他污染天气过程进行了简要对比。结果表明:

(1)京津冀及周边地区位于地面弱高压后部,等压线较为稀疏,气压梯度小,造成地面风速

较小,混合层高度低、通风系数小和逆温存在,不利于大气中污染物和水汽的垂直和水平扩散,构成了重污染天气出现和维持的有利气象条件。

(2)静稳天气指数对于重污染天气有一定指示意义,高静稳天气指数通常对应高 PM$_{2.5}$ 浓度,两者显著正相关;2月20-26日静稳天气指数总体上大于其他过程,且在高位长时间维持,造成此次过程更严重。

(3)传输条件也是京津冀重污染天气的主要成因,污染物浓度与低层风场变化关系密切。地面高压西侧的偏南或偏东气流有助于污染物和水汽向京津冀地区输送和聚集,使能见度进一步降低、污染物浓度进一步升高。

基于本文分析,对于此类重污染天气的预报主要包括:天气系统的分析预报、静稳条件分析预报、传输条件分析预报。后须在本文研究基础上,建立和完善天气学模型,改进和业务化静稳天气指数,构建基于排放源、污染物及气象场的综合传输指数,进而提高重污染天气预报分析能力。

参考文献

[1] 张小曳,孙俊英,王亚强,等.我国雾—霾成因及其治理的思考.科学通报,2013,**58**:1178-1187.

[2] 王自发,李杰,王哲东,等.2013年1月我国中东部强霾污染的数值模拟和防控对策.中国科学:地球科学,2014,**44**:3-14.

[3] 高歌.1961-2005年中国霾日气候特征及变化分析.地理学报,2008,**63**(7):761-768.

[4] 赵普生,徐晓峰,孟伟,等.京津冀区域霾天气特征.中国环境科学,2012,**32**(1):31-36.

[5] 王跃思,姚利,刘子锐,等.京津冀大气霾污染及控制策略思考.中国科学院院刊,2013,**28**(3):353-363.

[6] Grazia M M,Stefano V,Gianluigi V,*et al*. Characteristics of PM$_{10}$ and PM$_{2.5}$ particulate matter in the ambient air of Milan. *Atmospheric Environment*,2001,**35**(27):4639-4650.

[7] Li L,Wang W,Feng J,*et al*. Composition,source,mass closure of PM$_{2.5}$ aerosols for four forests in eastern China. *Journal of Environmental Sciences*,2010,**31**(3):405-412.

[8] 吴兑,廖国莲,邓雪娇,等.珠江三角洲霾天气的近地层输送条件研究.应用气象学报,2008,**19**(1):1-9.

[9] Nilson E D,Patero J,Boy M. Effects of air masses and synoptic weather on aerosol formation in the continental boundary layer. *Tellus Series B-Chemical and Physical Meteorology*,2001,**53**(4):462-478.

[10] 郭利,张艳昆,刘树华,等.北京地区PM$_{10}$质量浓度与边界层气象要素相关性分析.北京大学学报,2011,**47**(4):607-612.

[11] 吴兑,毕雪岩,邓雪娇,等.珠江三角洲大气灰霾导致能见度下降问题研究.气象学报,2006,**64**(4):510-517.

[12] Zhou L,Xu X,Ding G,*et al*. Diurnal variations of air pollution and atmospheric boundary layer structure in Beijing during winter 2000/2001. *Advances in Atmospheric Sciences*,2005,**22**:126-132.

[13] 徐怀刚,邓北胜,周小刚,等.雾对城市边界层和城市环境的影响.应用气象学报,2002,**13**(特刊):170-176.

2013 年国庆期间华北地区雾霾过程的天气条件分析

张碧辉　张恒德　安林昌　吕梦瑶

（国家气象中心，北京 100081）

摘　要

利用地面、高空观测资料以及 NCEP 再分析资料，分析 2013 年国庆期间华北地区的雾、霾天气过程对应的环流背景和天气形势演变，诊断边界层特征物理量分布情况。结果显示，雾、霾维持期间高空以纬向环流为主，冷空气势力较常年同期偏弱，低层大气温度显著偏高，地面冷空气活动偏西偏北，有利于华北地区形成静稳天气。雾、霾期间华北地区边界层平均高度低于 400 m，$PM_{2.5}$浓度变化滞后于边界层高度变化。低层受偏南气流控制，有利于水汽和污染物沿北京北部和西部山前堆积，形成上干下湿结构。整层逆温强度和能见度具有较好负相关关系。后向轨迹集合模拟表明北京地区受其南部省份污染物输送影响，其中污染气团来源省份最大概率位于山东省。

关键词：霾天气　天气形势　边界层高度　整层逆温强度　输送路径　集合模拟

0　引言

近几年秋冬季我国中东部地区频繁遭受雾霾天气侵袭，尤其是 2013 年 1 月爆发了多次大范围持续性严重雾霾过程，北京 $PM_{2.5}$ 小时浓度最高超过 600 $\mu g \cdot m^{-3}$[1]，给人民群众生产生活和身体健康带来诸多不利影响。"雾霾"成为公众、媒体以及相关科研业务单位关注的重点[2,3]，尤其霾作为和大气污染紧密相关的天气现象，必将伴随着我国的经济发展和城镇化进程，是急需面对和解决的大气环境问题。为此国务院发布《大气污染防治行动计划》来积极应对，各级政府和相关部门也制定了相应的政策和实施细则。相关学者也予以关注，并进行了大量研究。吴兑对近十年我国霾天气研究进展进行了综述[4]。随着我国城市规模的扩大，汽车尾气排放的气溶胶粒子和气态污染物经光化学反应生成二次气溶胶，使得霾天气日益频发，成为新的灾害性天气[5-10]。秸秆燃烧是霾天气的另一个重要成因[11]。自 1961-2005 年，全国平均年霾日数呈现明显增加趋势，尤其是经济发展迅速的长江中下游及珠江流域，霾日增加幅度更大[12]。2000 年以来，京津冀地区霾日数整体呈增加趋势，且城区和非城区在霾日数以及能见度上的差距逐渐缩小[13]。京津冀城市群内不同城市污染物相互影响和沙尘的远距离输送[14]，更加重了霾天气的危害。气溶胶粒子的吸湿增长造成能见度恶化[15]，严重影响人们正常生活。

进入大气的污染物增多固然是霾形成的重要原因，但在污染物排放量基本稳定的较短时间尺度内（如 1 周，1 月）是否形成霾，则是由气象因子所决定。不同气象条件下大气对污染物的扩散稀释能力有巨大差别。吴兑等[16]根据近地层风的矢量和，分析珠三角霾天气过程和清洁对照过程，发现霾天气与静稳小风过程有密切联系。周宁芳等[17]统计分析了我国霾天气过程中气象要素如 24 h 变温、变压的变化特征。Kang 等[18]研究南京一次持续性霾天气过程发现部分模态粒子数浓度主要受大气边界层日变化的影响。除针对霾过程中气象条件的研究外,形成霾的粒子来源也受到研究人员的关注[19]。

在诸多影响霾天气的气象要素中,边界层结构是重要的影响因子。霾天气是空气污染的一种表现,多发生在弱天气系统控制下(风速小,无降水),气压梯度力小[20]。大尺度天气系统强迫较弱的背景下,边界层内污染物的水平垂直输送、湍流混合过程对霾的形成、维持和消散尤为重要。受边界层发展影响,城市大气污染呈现明显的日变化特征。夜间边界层高度较低,伴随逆温层的出现,不利于污染扩散,地表污染物浓度往往较高。白天随着地表辐射加热,边界层高度逐渐抬升,逆温层结减弱甚至转变为不稳定层结,污染扩散得到加强,浓度降低[21]。边界层高度对浓度的分布有重要影响[22]。Kleeman[23]发现边界层高度的增加能够降低粒子浓度。地表污染浓度和边界层高度存在负相关关系[24,25]。除边界层高度外,边界层的温度层结也对污染物扩散有直接影响,稳定的逆温层结抑制了污染物从地表向高层大气的扩散,往往导致重度污染的发生。Tran 和 Molders[26]统计发现出现地表逆温层时 $PM_{2.5}$ 浓度更容易超标。另一方面霾过程中高浓度气溶胶通过吸收太阳辐射改变边界层温度结构[27],有利于污染物进一步累积,形成正反馈机制,王自发等[3]模拟表明这种反馈机制可使污染物浓度上升10% ～ 30%。边界层受地表强迫直接影响,不同地区根据下垫面分布边界层结构呈现不同特征,进而影响霾天气的形成。例如珠三角地区受台风外围下沉气流影响时有利于污染物堆积形成霾天气[28];京津冀地区同时受海陆风、山谷风和城市热岛环流影响[29],尤其在弱天气系统控制下局地环流更加明显。

统计表明京津冀地区霾日数的月际变化呈夏季和冬季双峰型,从10月份开始增长进入冬季高峰[13]。2013年10月,河北大部、河南、北京等地霾日数较常年同期偏多5～10 d。3—7日华北地区出现雾、霾天气,适逢国庆假期,给人们出游造成较大影响。因此本文针对此次过程,利用观测资料和 NCEP 再分析数据,分析环流形势、边界层物理量分布以及污染气团传输路径,以期加深对雾、霾天气发生机理的认识。

1 雾霾实况

2013年10月3—7日华北地区雾、霾天气过程以霾天气为主。统计华北地区全站点和加密站点共计337站逐日雾、霾、轻雾出现站次(图1),霾站次从3日开始增多,5日达最大值324站次,随后逐日下降;雾、轻雾站次从4日开始增多,6日达最大值。3日霾主要出现在河南北部和河北南部,随后向北推进,4日14:00北京、天津—河北西南部—河南西北部出现东北、西南向的霾分布带,位于燕山和太行山与华北平原交界处。霾分布带维持至6日20:00,北京、天津转为轻雾,7日14:00北京、天津雾、霾消散,霾主要位于河北南部,此次过程趋于结束。

分析北京 $PM_{2.5}$ 浓度和能见度变化(图2),$PM_{2.5}$ 数据来自中国气象局环境气象观测站北京朝阳站点。能见度和 $PM_{2.5}$ 浓度具有较好负相关关系,能见度降低和 $PM_{2.5}$ 浓度增加分为三个阶段:发展阶段,2日20:00至4日08:00,$PM_{2.5}$ 浓度缓慢增加,浓度低于100 $\mu g \cdot m^{-3}$,能见度高于5 km;加强维持阶段,4日08:00至7日08:00,$PM_{2.5}$ 浓度迅速增加至250 $\mu g \cdot m^{-3}$ 并维持,能见度低于5 km,$PM_{2.5}$ 浓度最大值310 $\mu g \cdot m^{-3}$,出现在5日20:00,能见度最低值200 m,出现在6日08:00;消散阶段,7日08:00开始,$PM_{2.5}$ 浓度迅速下降至100 $\mu g \cdot m^{-3}$ 以下,能见度回升至10 km 以上。

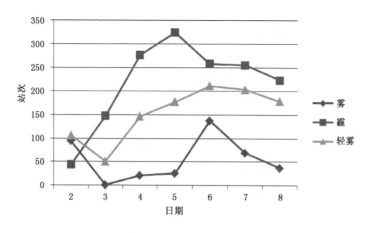

图 1　华北地区雾、霾、轻雾出现站次

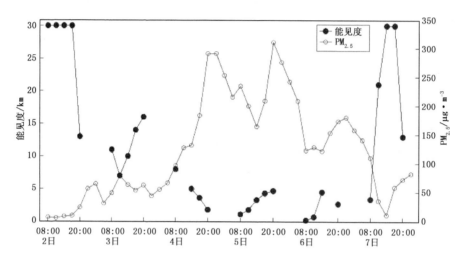

图 2　北京能见度、$PM_{2.5}$ 浓度变化

2　环流形势

雾、霾天气多发生在静稳天气背景下,环流形势起重要作用。10 月 3—7 日 500 hPa 平均高度场上(图 3),我国北方地区受北支锋区控制,以纬向环流为主,无长波槽脊活动,南方等高线稀疏,南支系统不活跃。从 500 hPa 高度距平场上可以看到(图 4),华北地区处于正距平,冷空气活动偏弱,有利于低层大气静稳形势的维持和污染物的累积。从地面气压场上分析,过程期间亚洲中高纬地区共有 3 次冷高压东移南下,其中前两次冷高压活动路径偏北,未能驱散华北地区的雾、霾天气。500 hPa 受弱下沉气流控制,下沉增温有利于低层大气升温,华北地区 850 hPa 气温较常年同期偏高 4~5℃(图略)。同时冷空气势力偏弱不利于产生降水天气,天空云量较少,过程期间华北地区总云量低于 2 成,有利于夜间地表晴空辐射降温。中低层大气下沉升温,地表辐射降温,有利于夜间和清晨低层逆温的加强,抑制污染物和水汽垂直扩散。

具体分析过程不同阶段高低空天气形势的演变(图 5)。3 日 20:00 雾、霾过程处于发展阶段,500 hPa 低涡移出我国,华北地区受槽后西北气流控制;850 hPa 切变线位于内蒙古西部及

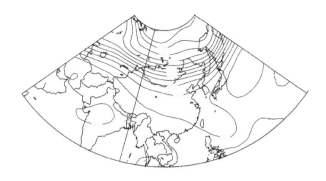

图3 3—7日500hPa平均位势高度

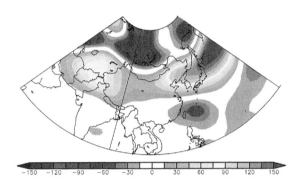

图4 3—7日500hPa平均位势高度距平(单位:gpm)

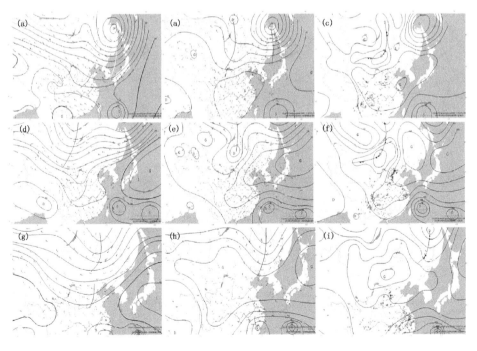

图5 过程不同阶段500hPa(a,d,g)、850hPa(b,e,h)、地面(c,f,i)天气形势
(a,b,c为3日20:00;d,e,f为5日20:00;g,h,i为7日08:00)

其以北地区,华北受弱高压北部的西南气流控制;地面气压场华北地区受弱高压控制;5日20:00处于加强维持阶段,500 hPa转为槽前西南偏南气流;850 hPa华北地区受东移高压西部偏南气流控制;地面受均压场控制。7日08:00雾、霾开始消散,500 hPa北支锋区加强,等高线加密,高压脊东移至贝加尔湖附近,低槽位于内蒙古东部,槽后出现较强偏北气流携带冷空气东移南下,华北地区位于低槽底部,受扩散南下冷空气影响;850 hPa受切变线后部西北气流控制,相比500 hPa冷空气南下速度更快;地面高压主体位于蒙古国,中心强度1045 hPa,高压前部到达北京,开始出现偏北风,风速加大,14:00高压中心移到内蒙古中部,冷空气自北向南影响华北地区,霾天气也自北向南逐渐消散。

3 边界层物理量

根据前面环流形势分析,此次雾、霾过程发生在弱强迫环流背景下,造成静稳边界层结构,导致污染物在低层累积,下面分析边界层物理量的特征。

3.1 边界层高度

边界层高度表征大气对污染物扩散稀释的容积:高度越高,参与污染物稀释的空气体积越大,有利于污染物浓度降低。雾、霾过程期间中东部平均边界层高度分布如图6所示,从华北地区到西南地区东部边界层高度呈现东北—西南走向的低值带,高度低于400 m,北京处于低值中心,边界层高度低于300 m;内蒙古处于高值区。如前所述,过程期间冷空气活动路径偏北,南支系统不活跃,动力条件导致边界层高度北高南低的分布。

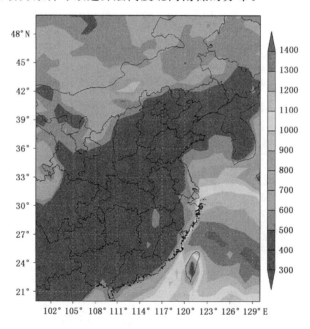

图6 3—7日边界层平均高度分布(单位:m)

以北京地区为例,分析边界层高度的时间变化(图7)。边界层高度呈现明显的日变化,14:00达最高值,对应$PM_{2.5}$浓度平均日变化的最低浓度。与$PM_{2.5}$浓度变化类似,边界层高度在7日之前均呈下降趋势,7日开始边界层高度迅速升高,24 h变化幅度约400 m(以14:00最高高度计算),大于前几日高度降低的幅度。4日之前$PM_{2.5}$浓度缓慢增加,但边界层高度在

3 日出现单日最大降幅,即 PM$_{2.5}$浓度的突变滞后于边界层高度的突变。有两种可能的解释:(1) PM$_{2.5}$浓度对边界层高度存在敏感阈值,阈值以上的边界层高度变化对浓度影响不显著,其他要素如风速风向、湿度、逆温层结构等的作用更大。根据本文研究的个例,敏感阈值可能是 1000 m;(2) PM$_{2.5}$浓度是累积量,对边界层高度变化需要响应时间,根据该个例,响应时间可能是 24 h。也有可能是两者共同作用导致这种滞后,需要结合更多个例进行更深入研究。4日边界层高度由 3 日的 1000 m 以上降至 800 m 左右,对应 PM$_{2.5}$浓度的激增,符合上述边界层高度敏感阈值的解释。5 日边界层高度维持低值,对应 PM2.5 浓度高位维持。值得注意的是 6 日边界层高度继续降低,但 PM$_{2.5}$浓度出现回落,可能是由于 6 日 02:00、05:00、08:00 10 m 风速由之前的 0~1 m·s^{-1}增大到 2~3 m·s^{-1},污染物水平输送得到加强,浓度开始降低。

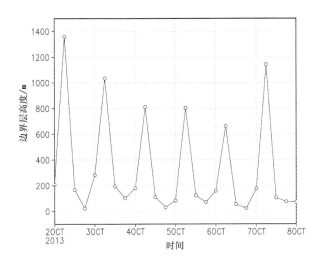

图 7   北京地区边界层高度变化

3.2   低层湿度

气溶胶吸湿增长是降低能见度的重要机制,因此低层湿度是雾、霾过程中的重要因子。此次过程在 7 日之前华北地区地表和 925 hPa 一直受偏南气流控制,有利于水汽输送,低层增湿,同时边界层高度较低造成水汽在低层累积。北京地区相对湿度垂直分布的时间变化如图 8 所示,3 日开始在 850 hPa 以下形成湿层,相对湿度大于 50%。7 日随着冷空气南下边界层垂直交换增强,低层湿层向上扩展;前面提到 850 hPa 冷空气南下速度快于 500 hPa,7 日 08:00以后,850 hPa 以下被干冷空气填充,相对湿度迅速降低至 30% 以下,850 hPa 以上相对湿度增大,形成下干上湿的结构。

3.3   温度层结

低层温度层结的分布决定大气静力稳定度,逆温层结往往导致污染天气。逆温层的强度、厚度和层数对污染物扩散都有影响,用整层逆温强度综合考虑这三个要素,定义为特定高度以下(此处取 1000 m)所有逆温层的顶部和底部温差之和,逆温层顶部和底部的温差表示逆温层强度和厚度的乘积,对所有逆温层求和代表逆温层数的影响。以北京为例,整层逆温强度和能见度的分布如图 9 所示,2 日 20:00 整层逆温强度开始增强,对应能见度开始下降;3 日 08:00 逆温强度

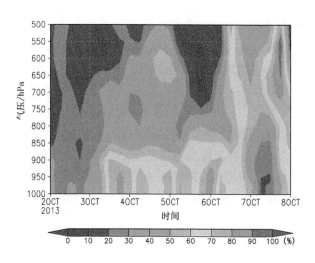

图 8　北京地区相对湿度垂直－时间剖面

达到最大值,对应能见度局部低值;20:00 逆温强度降低至 1℃,能见度小幅回升;此后逆温强度维持在 2℃ 以上,能见度稳定在 5 km 以下;6 日 20:00 开始受冷空气影响垂直交换加强,逆温层消失,能见度逐渐升高。可见整层逆温强度可以较好地解释此次过程的能见度变化。

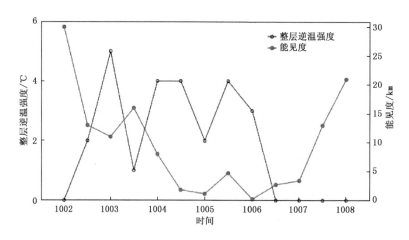

图 9　北京整层逆温强度和能见度变化

4　气团传输路径集合模拟

　　霾天气中的污染物除本地排放累积外,外来输送也是造成污染的重要原因。分析污染气团的输送路径对实现污染防治区域联防联动具有重要指导意义。此次雾、霾过程期间低层盛行偏南风,将山东、河北等地的污染物往北京地区输送并沿着燕山、太行山的山前地形堆积。

　　NOAA 研发的 HYSPLIT 模式可以模拟污染气团的后向轨迹,定量判断污染物的可能来源路径。在轨迹模拟中气象场的误差会导致模拟轨迹的偏差,为降低模拟的不确定性,采用集合模拟的方法。具体方法是在水平和垂直方向均设置一个偏移量,将气象场按照偏移量进行移动形成一个集合,包括 27 个成员(原有气象场和正负偏移场,x、y、z 方向各 3 套场,$3^3 = 27$),在一定程度上代表气象场的不确定性。以 PM$_{2.5}$浓度最高的 5 日 20:00 为例,模拟北京 250 m

高度气团的 24 h 后向轨迹。集合模拟所有成员具有较好的一致性:气团从山东、河北等地出发往东北偏北方向移动,到达天津后转向西北方向移向北京;垂直方向上 26 个成员都是从 500 m 以下高度出发,表明气团移动过程中所经地区垂直速度较小。具体分析气团来自不同省份的概率,山东概率最大,达 56%,河北次之 33%,剩余 11% 的概率来自天津及其近海地区。相比确定性的轨迹模拟,集合模拟可以提供更丰富信息,为决策提供更科学的依据。

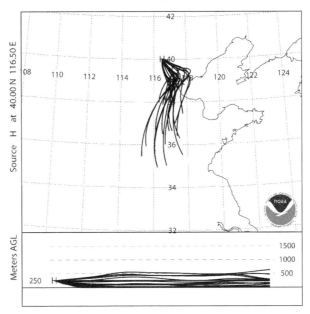

图 10　北京 5 日 20:00 24 h 后向轨迹集合

4　结论

针对 2013 年 10 月 3—7 日华北地区雾、霾天气过程,通过能见度和 PM$_{2.5}$ 浓度将过程划分为发展、加强维持和消散三个阶段,分析环流形势、边界层物理量、污染气团传输轨迹得到如下主要结论:

(1)过程期间,北方地区以纬向环流为主,无长波槽脊活动,南支系统不活跃,冷空气势力偏弱,前两次冷空气活动路径偏北,未能驱散华北地区雾、霾天气。500 hPa 受弱下沉气流控制,导致中低层大气增温,850 hPa 温度偏高 4～5℃;同时天空云量较少,有利于夜间地表辐射降温,易于低层逆温形成并使之较强。

(2)过程期间,华北地区处于边界层高度低值带,其中北京处于低值中心,边界层平均高度低于 300 m,且逐日降低直至过程结束。PM$_{2.5}$ 浓度相对边界层高度变化存在滞后,可能存在边界层高度敏感阈值,当高度低于阈值时 PM$_{2.5}$ 浓度开始对边界层高度变化敏感;同时 PM$_{2.5}$ 浓度是累积量,对边界层结构变化需要响应时间。雾、霾维持阶段 850 hPa 高度以下存在湿层,形成上干下湿的结构;消散阶段低层被干冷空气填充,形成上湿下干结构。定义了表示低层逆温强度以及逆温层厚度和层数的综合物理量:整层逆温强度,分析表明该物理量和能见度变化具有较好负相关关系。

(3)采用气象场偏移的方法对污染气团后向轨迹进行集合模拟。北京 PM$_{2.5}$ 浓度最大值时刻的气团来自山东的概率最大,河北次之,两者之和达89%。集合模拟可以为决策服务提供更科学的依据。

参考文献

[1] Zhang J K, Sun Y, Liu Z R, et al. Characterization of submicron aerosols during a serious pollution month in Beijing（2013）using an aerodyne high-resolution aerosol mass spectrometer. *Atmospheric Chemistry and Physics Disccusion*,2013,**13**：19009-19049.

[2] 张小曳,孙俊英,王亚强,等. 我国雾—霾成因及其治理的思考. 科学通报,2013,**58**：1178-1187.

[3] 王自发,李杰,王哲,等. 2013年1月我国中东部强霾污染的数值模拟和防控对策. 中国科学：地球科学, 2014,**44**(1)：3-14.

[4] 吴兑. 近十年中国灰霾天气研究综述. 环境科学学报,2012,**32**(2)：257-269.

[5] Kaiser D P, Qian Y. Decreasing trends in sunshine duration over China for 1954 – 1998：Indication of increased haze pollution? *Geophysical Research Letters*, 2002,**29**（21）, doi：10. 1029/2002GL016 057, 2002.

[6] Ansmann A, Engelmann R, Althausen D, et al. High aerosol load over the Pearl River Delta, China, observed with Raman lidar and Sun photometer. *Geophysical Research Letters*, **32**, L13815, doi：10. 1029/2005GL023094, 2005.

[7] Qian Y, Kaiser D P, Leung L R, et al. More frequent cloud-free sky and less surface solar radiation in China from 1955 to 2000. *Geophysical Research Letters*, **33**, L01812 doi：10. 1029/2005GL024586, 2006.

[8] Wu D, Deng X J, Bi X Y, et al. Study on the visibility reduction caused by atmospheric haze in Guangzhou area. *Journal of Tropical Meteorology*, 2007,**13**(1)：77-80.

[9] Chan C K, Yao X. Air pollution in mega cities in China. *Atmospheric Environment*, 2008,**42**(1)：1-42.

[10] Duan J, Guo S, Tan J, et al. Characteristics of atmospheric carbonyls during haze days in Beijing, China. *Atmospheric Research*, 2012,**114-115**(1)：17-27.

[11] 高岑,王体健,吴建军,等. 2009年秋季南京地区一次持续性灰霾天气过程研究. 气象科学,2012,**32**(3)：246-252.

[12] 高歌. 1961—2005年中国霾日气候特征及变化分析. 地理学报,2008,**63**(7)：761-768,.

[13] 赵普生 等. 京津冀区域霾天气特征. 中国环境科学,2012,**32**(1)：31-36.

[14] 王跃思 等. 京津冀大气霾污染及控制策略思考. 中国科学院院刊,2013,**28**(3)：353-363.

[15] Chen J, Zhao C S, Ma N, et al. A parameterization of low visibilities for hazy days in the North China Plain, *Atmospheric Chemistry and Physics*, 2012,12(1)：4935-4950.

[16] 吴兑,廖国莲,邓雪娇,等. 珠江三角洲霾天气的近地层输送条件研究. 应用气象学报,2008,**19**(1)：1-9.

[17] 周宁芳,李峰,饶晓琴,等. 2006年冬半年我国霾天气特征分析. 气象,2008,**34**(6)：81-88.

[18] Kang H, Zhu B, Su J, et al. Analysis of a long-lasting haze episode in Nanjing, China. *Atmospheric Research*,2013,120-121：78-87.

[19] Zhang J, Rao S T, Daggupaty S M. Meteorological processes and ozone exceedances in the Northeastern United States during the 12-16 July 1995 episode. *Journal of Applied Meteorology*, 1998,**37**：776-789.

[20] Zhou L, Xu X,Ding G, et al. Diurnal variations of air pollution and atmospheric boundary layer structure in Beijing during winter 2000/2001. *Advances in Atmospheric Sciences*, 2005,**22**：126-132.

[21] Dawson J P, Adams P J, Pandis S N. Sensitivity of $PM_{2.5}$ to climate in the Eastern US：a modeling case

study. *Atmospheric Chemistry and Physics*, 2001, **7**(3): 4295-4309.

[22] Kleeman M J. A preliminary assessment of the sensitivity of air quality in California to global change. *Climatic Change*, 2007, **87**: 273-292.

[23] Srivastava S, Lal S, Subrahamanyam D B, *et al*. Seasonal variability in mixed layer height and its impact on trace gas distribution over a tropical urban site: Ahmedabad. *Atmospheric Research*, 2010, **96**: 79-87.

[24] Langford A O, *et al*. Convective venting and surface ozone in Houston during TexAQS 2006. *Journal of Geophysical Research*, 115, D16305, doi: 10. 1029/2009JD013301, 2010.

[25] Tran H N Q, Molders N. Investigations on meteorological conditions for elevated PM2. 5 in Fairbanks, Alaska. *Atmospheric Research*, 2011, **99**: 39-49.

[26] Mao J T, Li C C. Observation study of aerosol radiative properities over China. *Acta Meteorological Sinica*, 2006, **20**(3): 306-321.

[27] 夏冬,吴志权,包伟强,等. 一次热带气旋外围下沉气流造成的珠三角地区连续灰霾天气过程分析. 气象,2013,**39**(6): 759-767.

[28] 刘树华等. 京津冀地区大气局地环流耦合效应的数值模拟. 中国科学: 地球科学,2009, **39**(1): 88-98.

长株潭城市群 2013 年空气污染分布特征及其气象成因分析

周　慧[1]　李巧媛[1]　张剑明[2]　杨芸芸[1]

(1. 湖南省气象局,长沙 410118;2. 湖南株洲市气象局,株洲 420000)

摘　要

利用 2013 年长株潭城市群 24 个环境空气自动监测站 SO_2,NO_2,O_3,PM_{10} 和 $PM_{2.5}$ 逐小时污染物浓度资料分析了大气污染的时空分布特征及其与气象条件的关系。分析结果表明:一年当中长株潭城市群出现三天以上空气质量为中度污染以上的持续污染过程 15 次,累计污染超标日为 176 天,出现 4 级及以上的概率为 27%,长株潭城市群的污染物以 PM_{10},$PM_{2.5}$ 和 O_3 为主,$PM_{2.5}$ 污染超标日较多。重点分析了 2013 年 10 月 16 日—11 月 1 日造成长株潭城市群持续污染过程的气象条件及天气形势,结果表明:10 多天的气象条件有着共同的特点:平均风速小,气温日温差大,出现逆温,相对湿度较大,长株潭城市群地面处在高压低部,气压较低,高空为较为平直的西北气流,静稳天气形势持续稳定。

关键词:长株潭城市群　持续污染　空气质量　超标　天气形势

0　引言

城市及城市群大气环境质量的评价及污染防治已成为我国大气污染研究和城市气候研究领域的主要课题之一[1-4]。影响一个城市持续大气污染过程的因素主要有三个方面:特殊的地形、相对固定的污染物排放量、稳定的气象条件[5],其中地形的影响相对固定,城市大气持续污染,主要决定于污染源的排放量和污染物扩散中的气象条件。近来持续大气污染过程形成机制、污染气象及大气质量预报方法研究已有很大进展[6-9],国外目前主要研究 $PM_{2.5}$ 和 O_3 的污染,McGregor 等[10]研究了英国伯明翰地区呼吸道疾病与 $PM_{2.5}$ 及天气形势之间的关系,指出当地冬季在大陆高压控制下 $PM_{2.5}$ 的浓度较高,得呼吸道疾病的人数也相对较多,当 $PM_{2.5}$ 的浓度持续偏高时,呼吸道疾病感染更严重。Agrawal 等[11]利用监测的 SO_2,NO_2,O_3 (每 6 h 一次)浓度资料及测量的农作物对应的色素、生物量等物理特征进行分析,结果表明空气污染对农作物产量有负面的影响,尤其空气持续污染时影响更大等等。国内仍致力于研究城市主要污染物 PM_{10} 的危害及防治,王建鹏等[12]分析多年空气污染物浓度与表征大气扩散能力的气象条件之间的相关性,指出西安空气污染属局地区域与周边大区域污染源扩散共同污染,不仅与大尺度天气条件密切相关而且与本地的气象条件、地形及人类的生产、生活密切相关。其中持续污染过程中污染物浓度与气象要素及天气形势的关系中对天气形势研究不多。长株潭是我国中部地区的城市群,被列入国家大气污染联防联控重点区域,属“三区十群”中的一个典型城市群,近年来持续污染较严重,因此研究长株潭城市群大气污染的时空分布特

资助项目:2014 年湖南省重点项目“空气污染气象条件预报预警研究”及 2014 年中国气象局重点项目空气污染气象条件预报技术及业务应用

征,尤其对 3 次持续轻度污染个例的天气形势及高低空气象因子特征进行综合分析,开展城市环境空气质量监测,了解市环境空气质量的变化规律[3-5],并分析导致城市环境质量恶化的主要原因,是防治城市大气污染的基础性工作,对进一步治理、预测和控制本市大气污染都有很重要的意义。

1 资料来源及分析

图 1 是长株潭城市群的地形高度及 24 个监测站点分布图。用环境监测站提供的 2013 年 24 个测点的 SO_2、NO_2、O_3、CO,PM_{10} 和 $PM_{2.5}$ 的浓度资料。根据这 24 个点位的环境特征和区域性质不同,分别代表工业区、居民区和商业区及对照本底浓度站。污染物浓度资料为逐小时的浓度值及新标准 AQI 指数。54 个污染源排放资料,气象要素资料主要是长株潭区域自动站观测资料、高空探测资料和国家大气海洋中心(NOAA)再分析资料。

根据 2013 年 1 月 1 日正式按《环境空气质量标准》(GB3095-2012)开展环境空气质量监测的规定,我们选择 SO_2 日均值大于 0.150 mg·m^{-3},NO_2 日均值大于 0.12 mg·m^{-3},$PM_{2.5}$ 大于 0.115 mg·m^{-3}、PM_{10} 大于 0.150 mg·m^{-3}(空气质量为 3 级以上,空气质量状况为轻微或中度污染以上)为污染超标日。

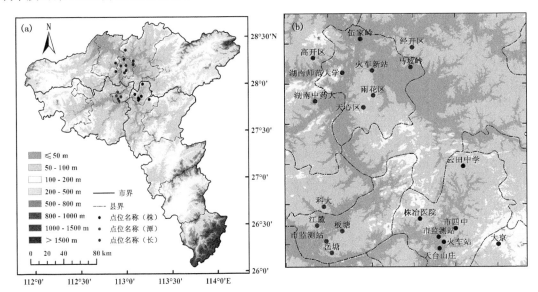

图 1 长株潭城市群地形(a)及监测站点分布(b)

2 长株潭城市群大气污染分布特征

2.1 空气污染物浓度季节分布特征

污染物浓度的分布有一定的月季节变化规律,分析月季节分布特征,对长株潭的大气污染状况有一定的了解。取 2013 年 24 个监测点的 SO_2,NO_2,O_3,CO,$PM_{2.5}$,PM_{10} 污染物日浓度资料的平均值作监测资料分析(图略),发现 CO 浓度远低于标准限值,NO_2 平均浓度值都较小,小于 0.08 mg·m^{-3},SO_2 平均浓度值小于 0.05 mg·m^{-3},SO_2 和 NO_2 的浓度虽然波动较大,但基本上不会超标;从图 2 各污染物月平均浓度资料分析,可以看出 $PM_{2.5}$、PM_{10} 和 O_3 浓度的月变化大,且存在比较严重的超标现象,是最常见的主要污染物。而且 PM$_{2.5}$、PM$_{10}$这两种污染物浓度变化曲线基本一致,峰值和低值变化基调较吻合,分析发现 2013 年各月影响长株潭空气质量的首要污染 PM$_{2.5}$的月平均浓度值较大,1 月冬季最大,平均浓度值大于0.163 mg·m^{-3}。

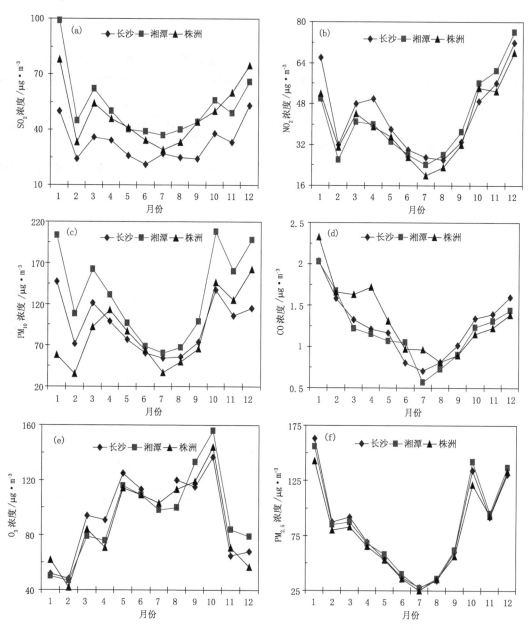

图 2　不同污染物浓度的月变化
(a 为 SO$_2$,b 为 NO$_2$,c 为 PM$_{10}$,d 为 CO,e 为 O$_3$,f 为 PM$_{2.5}$)

另外,分析发现污染物浓度有明显的季节变化特征:冬季 1 月 PM$_{2.5}$、PM$_{10}$污染物浓度高于其他三个季节,这是由于冬季采暖期燃煤锅炉占相当数量,加上冬季地面气温低,大气对流不活跃,大气层结较稳定,降水少、光照较弱,逆温现象出现比率较大[14],不利于大气污染物浓度的扩散;春季4月PM$_{2.5}$浓度较冬季1月减少61%左右,而PM$_{10}$浓度较冬季1月减少30%,7月,这是因为夏季污染源明显减少,同时太阳辐射增强,地面增温快,常在近地面形成不稳定层,容易产生垂直运动,使大气对流发展强烈,所形成的暴雨、大风等强烈的天气过程都非常有利于污染物的沉降、冲刷、稀释和扩散,故夏季空气质量好于冬季;夏季PM$_{2.5}$、PM$_{10}$污染物浓度较小,PM$_{2.5}$月均浓度都低于国家年均值标准。究其原因,高温条件下,由于天气炎热,市民开车外出的次数减少,厨房烹调也相对简单,同时,燃煤量减少[6],以及其他生产生活方式的改变,导致颗粒物的直接产生量减少。从气象条件来看,虽然高温条件能加速光化学反应生成PM$_{2.5}$,但大气水平扩散和垂直扩散条件好,利于PM$_{2.5}$的及时扩散,除尘土等惰性颗粒外,其余很难在大气中累积,使PM$_{2.5}$浓度保持低值,同时,夏季湖南常在近地面形成不稳定层,容易产生垂直运动,使大气对流发展强烈,所形成的暴雨、大风等强烈的天气过程都非常有利于污染物的沉降、冲刷、稀释和扩散,故夏季空气质量好于冬季。但是夏季,O$_3$的浓度值明显高于冬季,主要原因是在高温、强光辐射作用下,经过一系列复杂的光化学反应,在近地面生成臭氧并累积。

2.2 主要污染物超标特征分析

长株潭城市群24个测点主要污染物PM$_{2.5}$、PM$_{10}$和O$_3$浓度存在比较严重的超标现象,其中PM$_{2.5}$超标最严重,选取长沙、湘潭、株洲超标较严重的三个代表站火车新站、板塘、市四中进行分析,从PM$_{2.5}$月超标日数(如图3所示)可以看出,全年累计污染超标日分别为176,166和146 d,其中冬春季节1—3月和10—12月出现的超标日较多,为100—144天,而夏秋季节5—9月出现超标日较少为11~29 d,全年出现三级以上的概率为51%,出现中度污染四级以上的概率为27%,换而言之,长株潭城市群2013年有一半以上的日子是生活在有害人体健康的可吸入颗粒物污染中,是比较严重的。

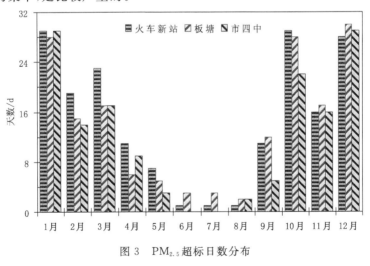

图3 PM$_{2.5}$超标日数分布

3 持续污染的特征分析

持续污染因污染时间较长对城市生态环境比短时污染构成更大的威胁,如危害人民身体健康,降低大气能见度,腐蚀建筑物和文物,通过化学反应改变大气成分及其长期的气候效应等,因此必须对大气持续污染过程进行研究和治理。

利用 24 个测站的污染物浓度日平均资料的平均值分析发现,长株潭城市群 2013 年出现三天以上空气质量为 4 级以上的持续污染过程 14 次。其中 2013 年 10 月 17 日—11 月 1 日、11 月 21—24 日、12 月 17—27 日是较严重的持续污染过程,不仅持续时间长,而且在持续污染过程期间,大部分时段 PM$_{2.5}$ 日平均浓度值在 150 $\mu g \cdot m^{-3}$ 以上,达到 5 级重度污染以上,甚至出现了大于 250 $\mu g \cdot m^{-3}$ 的 6 级严重污染日。如图 4 所示:在 2013 月 10 月 17 日—11 月 1 日的持续污染过程中,长株潭前期 10 月 2—15 日已经出现了轻微以上的持续污染过程,在 16 日因出现短暂降雨,PM$_{2.5}$ 浓度降为 88 $\mu g \cdot m^{-3}$,其空气质量为 3 级,而紧接着的连续 15 天其污染物浓度持续回升,在 29—30 日上升到 475 $\mu g \cdot m^{-3}$、345 $\mu g \cdot m^{-3}$,是 16 日的 3 倍多,空气质量达 6 级,而根据当地污染源排放资料得知空气污染源和污染源排放条件近几天没有大的改变。因而可知促使空气污染物浓度发生巨大变化的是气象条件。气象条件已构成大气污染的基本条件。为此,对长株潭 2013 年 10 月 17 日—11 月 1 日中度持续污染过程中污染物浓度与气象要素及天气型的关系进行分析,涉及地面气象因子的日变化。

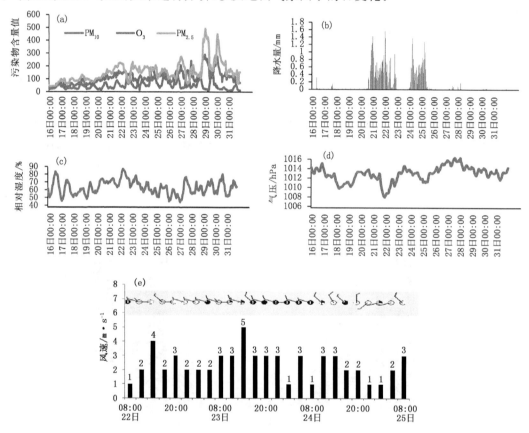

图 4 2013 年 10 月 16—31 日 PM$_{2.5}$ 浓度与气象因子变化曲线

3.1 气象因子

地面风速是影响大气扩散条件的重要因子。风速的大小和大气的稀释扩散能力的大小存在着直接的对应关系,从而对污染物浓度产生影响。我们分析 10 月 16 日至 31 日长株潭地面每 3 h 一次的气象观测资料发现,日平均风速均在 3 $m \cdot s^{-1}$ 以下,尤其是 29 日、30 日平均风速均为 1.8 $m \cdot s^{-1}$,风向为偏西南风,11 日为静风。连续 15 d 地面风速较小,不利于污染物的扩散。

持续污染过程期间,16 日出现短暂降水,24 h 雨量为 0.5 mm,加上地面平均风力加大到 4 m·s⁻¹左右,空气质量转好,17 日开始随着天空放晴,地面静稳天气的形成,PM$_{2.5}$浓度值持续回升,22 日和 25 日前后又出现了小雨,但是雨量不大,使得污染物浓度略有下降,加上 PM$_{2.5}$本底浓度值偏高,仍然以 4 级中度污染天气为主。

气温日温差较大,与 14:00 气温相比较,温差均超过 13℃。同时在近地层有 10 d 存在逆温现象。而逆温层对污染物的扩散起着抑制作用,直接关系着地面污染程度。

相对湿度在此次持续污染过程中,连续 15 天 08:00 的湿度超过 80%,日平均相对湿度在 70%左右。相对湿度较大,且与对应时刻的温度负相关。同时分析发现地面连续 13 d 出现轻雾,阻止污染物的扩散。也没有出现明显降水,累积的污染物浓度不易稀释。

分析 2013 年 14 个持续污染过程与气象要素关系个例,得出长株潭城市群风速越小,日气温温差大,湿度越大,大气层结稳定,污染物越不易扩散,浓度就越大,就有可能发生污染。

3.2 气象场分析

使用地面和高空探空资料,对这次中度连续污染过程的气象场作初步研究。

图 5 是 2013 年 10 月 23 日 500 hPa 天气图,从图中可以看到,此次过程长株潭一带处在高空槽底部,为较平直的西北气流,等直线稀疏,高空槽过境后,又处在槽后偏北气流之中,这种环流形势维持时间较长,地面(图 6)为大陆高压底部,随着大陆高压南落,长株潭又处在地面高压控制之中,并且有地面辐合线存在。在此种天气形势下,大气水平、垂直运动都较小,逆温层较厚且强度较大,污染物堆积不易扩散。这种天气形势维持时间较长,污染物的累积时间长,浓度大,长株潭城市群持续维持 10 多天这种天气形势才转型,使得 PM$_{2.5}$出现超标现象,且持续时间长,造成连续污染过程。

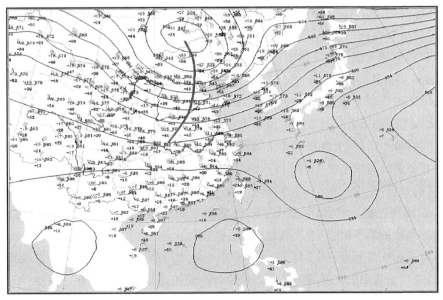

图 5　2013 年 10 月 23 日 08:00 500 hPa 天气图

总之,这次中度连续污染过程是高空 500 hPa 为持续的西风平直气流及低空弱风场配置形成边界层内逆温层长期停留的结果。在这种静稳天气形势下,大气垂直结构稳定,因而大气

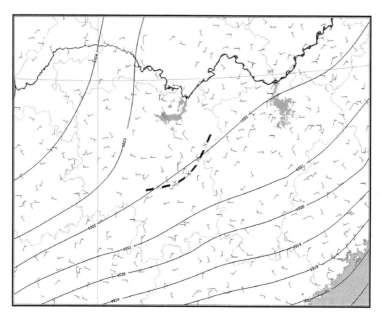

图 6   2013 年 10 月 23 日 08：00 地面天气图

垂直扩散能力差,污染物在垂直方向混合不均匀,同时地面水平辐合,有利于各种污染物的停滞和积累,使得各种污染物平均浓度均升高,在空气污染预报中应引起重视。

4   结论与讨论

(1)2014 年长株潭城市群出现 3 d 以上空气质量为 4 级以上的中度持续污染过程 14 次,累计污染超标日为 176 d,出现 3 级以上的概率为 51%,4 级中度污染以上的概率为 27%。长株潭的污染物以可吸入颗粒物以 $PM_{2.5}$、PM_{10} 和 O_3 为主,$PM_{2.5}$ 污染超标日较多,是很严重的。

(2)三种污染物浓度季节变化中 $PM_{2.5}$、PM_{10} 污染物浓度均是冬季 1 月最大,夏季 7 月较小,而 O_3 在夏季明显偏高。

(3)长株潭城市群夏季空气质量好于冬季的气象条件是:夏季近地面气温高,大气对流强烈,暴雨、大风等强烈的天气过程都非常有利于污染物的沉降、冲刷、稀释和扩散,而冬季地面气温低,大气对流不活跃,大气层结稳定,降水少,光照较弱,不利于大气污染物浓度的扩散。

(4)分析了长株潭城市群 10 月 17—31 日持续污染过程的气象条件,10 多天的气象条件有着共同的特点即:平均风速小,小于或等于 2 m·s^{-1},风向多为偏西风加上静风,气温日较差大于 13℃,出现逆温,相对湿度较大出现轻雾并无降水发生,大气层结稳定,污染物不易扩散,有利于污染物的累积效果,浓度就越大。

(5)分析了长株潭城市群 10 月 17—31 日中度连续污染过程的天气形势,造成持续污染过程天气形势主要是地面处在高压的底部,气压较低,且有地面辐合线存在。高空 500 hPa 受高空槽后部的偏西北气流影响,天气形势稳定且维持时间较长,对流较弱,造成污染物堆积从而引起连续污染过程。

(6)由于污染源因季节冷暖程度不同致使排放量很难掌握,因此,气象条件对污染物的影响有不确定的一面,使问题变得复杂化。下一步的工作希望运用中国科学院大气物理研究所研制的嵌套网格空气质量预报模式系统(NAQPMS),通过对各种尺度(区域和城市尺度)大气污染特征的研究,弄清长株潭城市群大气污染与气象条件间的关系,确定不同气象条件下,污染物环境浓度与能见度的变化规律及其成因;确定不同类型排放源对大气污染的贡献率,确定本地源和外来源贡献的相对比例,提出污染源宏观控制的建议和方案,并根据国家要求的环境保护目标,实现城市大气环境质量按功能区达到国家规定标准。此业务系统的建立将为各城市完成上述目标提供技术支持。

参考文献

[1] 刘玉兰,肖云清.银川市空气质量超标的天气形势分析,气象科学,2003,**23**(4):460-466.

[2] 周淑贞,东炯.城市气候学.北京:气象出版社,1994:49-114.

[3] Lei X E,Han Z W,Zhang M G. *Physical Biological Processes and Mathematical Model on Air Pollution*,Beijing:China Meteorological Press,1998.

[4] 吴兑 邓雪娇.环境气象学与特种气象预报.北京:气象出版社.2001.

[5] 尚可政,王式功,杨德保,等.兰州城区冬季空气污染预报方法的研究,兰州大学学报(自然科学版),1998,**34**(4):165-170.

[6] 刘小红,洪钟祥,李家伦,等.北京地区严重大气污染的气象和化学因子.气候与环境研究,1999,**4**(3):231-236.

[7] 徐大海,朱蓉.大气平流扩散的箱格预报模型与污染潜势指数预报.应用气象学报,2000,**11**(1):1-12.

[8] 张新玲,安俊岭,程新金,等.污染源、气象条件变化对我国SO2浓度及硫沉降量分布的影响.大气科学,2003,**27**(5):939-947.

[9] 高会旺,黄美元,王自发,等.东亚不同天气下的硫沉降分布.中国环境科学,1997,**17**(6):530-534.

[10] G R McGregor,S Walters,J Wordley. Daily hospital respiratory admissions and winter air mass types,Birmingham,UK,*Int J Biometeorol*,1999,**43**:21-30.

[11] M Agrawal,B Singh,M Rajput,F. Marshall. Effect of air pollution on peri-urban agriculture:a case study,*Environmental Pollution*,2003,**126**(3):323-329.

[12] 王建鹏,卢西顺,林杨,等.西安城市空气质量预报统计方法及业务化应用.陕西气象,2001(6):5-8.

[13] 王红斌,陈杰,刘鹤,等.西安市夏季空气颗粒物污染特征及来源分析.气候与环境研究,2002,**5**(1):51-57.

[14] 王建鹏,孟小绒,高山,等.西安空气污染与几个主要条件的关系.西安,西北大学出版社,2002:189.

[15] 肖科丽,雷向杰.田武文,等.陕西省2002年气候影响评价.陕西气象,2003(3):15-20.

2013 年 1 月我国中东部极端雾霾天气特征和气象成因分析

饶晓琴　宗志平　张恒德　马学款　曹　勇

(国家气象中心,北京 100081)

摘　要

利用气象常规观测资料和大气成分观测数据,分析了 2013 年 1 月我国雾、霾天气的特征及气象成因,结果表明:(1)该月我国西南地区东部和中东部大部地区的雾霾日数达 20 d 以上,华北东部、黄淮、江淮等地较历史同期异常偏多 10～15 d;(2)500 hPa 环流呈纬向型,冷空气活动偏弱,南支槽平直,降水稀少是导致极端雾、霾的天气背景;(3)东亚中高纬地区高空维持西北气流,云量少,夜间地面辐射降温显著;850 hPa 为暖干盖,近地面层易形成逆温结构,这是雾、霾形成的关键热力因子;(4)近地面湿度大,水平风速小,上升运动弱,不利于水汽和污染物的水平扩散和垂直交换,是雾、霾持续维持的动力因子;(5)925 hPa 以下有否相对湿度≥90％的水汽饱和层,可作为区分雾霾的参考。

关键词:雾　霾　能见度　气象条件

0　引言

近年来,随着我国经济快速发展和城市化进程加快,人类活动向大气中排放了大量的气溶胶粒子,导致城市雾、霾急剧增多。2013 年 1 月我国遭受了史上最严重的雾、霾天气,影响范围广、过程持续时间长、空气污染程度重,北京、石家庄等地 $PM_{2.5}$ 浓度一度超过仪器限值,给人们的生活出行和身体健康造成了严重影响,引起政府和公众高度关注。

本文针对此次大范围、持续性雾霾天气,从宏观大气环流背景和边界层微观气象要素两方面分析雾、霾形成的气象条件和维持机理,有助于预报员加深了解雾霾发生规律,进而提高分析预报能力。

1　资料

本文采用高分辨率的全国 2410 个国家级气象站 2003－2013 年 1 月逐 3 h 地面观测数据和 2013 年 1 月全国 36 个大气成分站观测的 $PM_{2.5}$ 浓度资料以及 NCEP 分辨率 1°×1°再分析资料。统计霾和轻雾时依据气象行业《霾的观测和预报等级》(QX/T 113—2010)标准,对天气现象进行了后处理订正。

2　2013 年 1 月雾霾时空分布特征

从 2013 年 1 月逐日雾(包括轻雾和大雾)、霾站数(图 1)演变可以看出,5 日开始,雾、霾站数逐渐增多,影响范围扩大,且 5－31 日雾、霾站数持续保持在 350 以上,由此可见,这次雾、霾天气具有影响范围广、持续时间长的特点。雾、霾过程可分为两个阶段:5－19 日,雾、霾站数相当,交替出现,均保持高位;20－31 日,霾逐渐减少,雾占主导。其中,霾最强的时段为 10—

13日,日出现站数持续维持在700以上,石家庄、北京、天津、长春、沈阳、郑州、济南、西安等地相继出现重污染天气,北京、石家庄等地pm2.5仪器一度出现爆表。雾的影响以1月14日最强,能见度不足1 km的大雾站数达到580,影响波及河北中南部、河南北部和东部、山东西部、安徽、江苏、浙江北部、江西北部、湖南南部、广西中北部等地,部分地区能见度不足200 m。

图2给出了2013年1月我国雾霾日数(某站某日任意时次出现轻雾或大雾或霾,则记为该站点的一个雾霾日)和距平分布。由图可见,1月雾霾天气主要集中在我国西南地区东部和中东部大部地区,日数普遍在10—20 d,其中,华东东部、黄淮、江淮、江南中北部、西南地区东部等地雾霾日数达25 d以上,石家庄、北京分别为28 d和26 d。与2003—2012年近10a历史同期相比,中东部地区雾霾日数偏多最为明显,东北地区南部、华北东部、黄淮、江淮、江南中东部等地普遍偏多5 d以上,其中,华北东部、黄淮、江淮等地异常偏多,达10~15 d,北京偏多15 d,石家庄偏多12 d,为历史同期罕见。

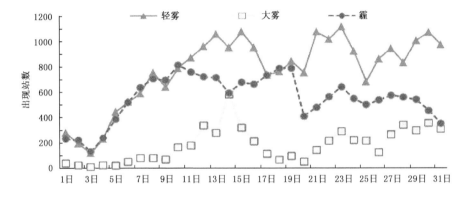

图1   2013年1月雾、霾站数时间演变曲线

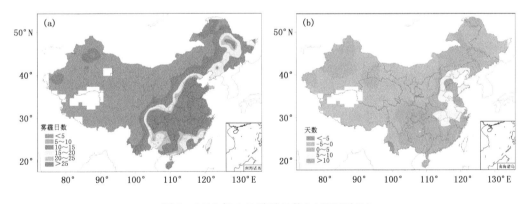

图2   2013年1月雾霾日数(a)及距平(b)

3   极端雾霾天气的气象成因分析

3.1   雾霾持续的天气背景

从图3中500 hPa高度场及距平可以看出,环流呈纬向型,冷空气位置偏西,我国中高纬地区受高压脊控制,华北、黄淮、江淮等地高空稳定维持西北气流,水汽含量低,高空云量少,这在一定程度上不但有利于夜间地面辐射降温,而且使边界层高度降低,近地面的水汽和污染物

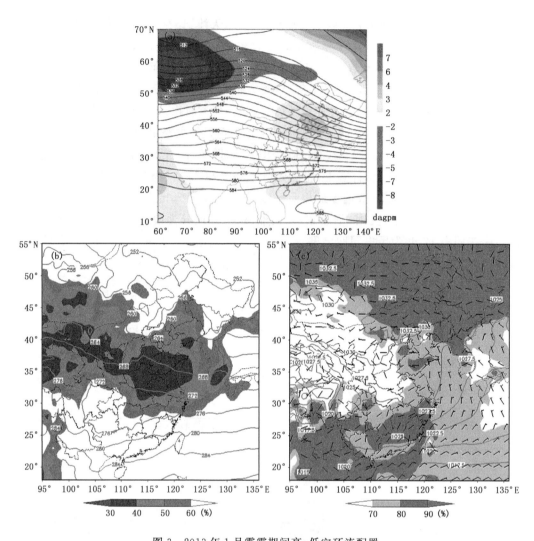

图 3 2013 年 1 月雾霾期间高、低空环流配置

(a 为 500 hPa 高度场及距平,b 为 850 hPa 温度及相对湿度,c 为地面风场、气压场和相对湿度)

不易向上发展而只能聚集在近地层,这两方面的作用都有利于雾霾天气的发展。500 hPa 中纬度环流比较平直,以偏西气流为主,南支槽偏弱,水汽输送条件差,导致我国中东部地区降水稀少,淮河以北地区月降水量不足 10 mm,淮河以南地区月降水量较历史同期普遍偏少 3~5成(图略),干燥少雨的气候背景一方面有利于霾的形成和维持,另一方面弱降水不但不能清除空气中的污染物,反而会增加近地面湿度,为雾的形成和维持创造有利的水汽条件,污染也进一步维持或加强。从 850 hPa 温度场和相对湿度场来看,华北东部、黄淮、江淮等地上空为"暖干盖"控制,有利于在其下部形成逆温结构,阻碍水汽和污染物的向上输送,这是雾、霾形成的关键热力因子,也是这些地区雾、霾天气异常偏多的一个重要原因。地面图上,冷空气势力较弱,华北、黄淮、江淮等地位于冷高压前部的均压场中,水平风速小,不利于水汽或污染物的水平扩散,而相对湿度基本在 70%~90%,相对湿度大,水汽易在污染物上附着,同样不利于污染物扩散。综合可知,冷空气活动偏弱,大气层结稳定,地面风速小,湿度大、降水弱是导致2013 年 1 月雾、霾持续的天气背景。雾霾形成后会导致地面接收的太阳辐射减少,从而使地

面气温降低,易与低空较高温度构成逆温结构,大气层结稳定度增加;同时地面气温下降,有利于相对湿度增大,气溶胶吸湿增长,污染加重,从而形成"恶性循环"的持续性雾、霾天气。

3.2 持续雾霾的边界层气象要素特征

3.2.1 稳定层结

大量研究结果表明,边界层内出现逆温,有利于水汽和污染物在近地面聚集,形成雾、霾天气。以 2013 年 1 月 14 日大雾和 18 日轻雾和霾交替出现的天气为例,从 08:00 850 hPa 和 1000 hPa 的气温差(图 4)可以看出,1 月 14 日,在河北中南部、河南东部、山东、苏皖北部等大雾区域出现了明显的逆温,850 hPa 温度比 1000 hPa 高出 2℃以上,河北南部局地甚至高出 4℃以上。18 日,华北、黄淮、江淮、江南东部都出现了逆温,范围比 14 日有所扩大,但温差比 14 日略小,基本保持在 2℃左右。逆温层的存在有效地抑制了空气的热力对流和垂直湍流交换,使水汽和污染物不能向上输送,只能在近地层堆积,进而形成雾或霾。大雾的逆温强度通常比轻雾或霾强,逆温越强,大气越稳定,越有利于水汽积聚,能见度也越差。

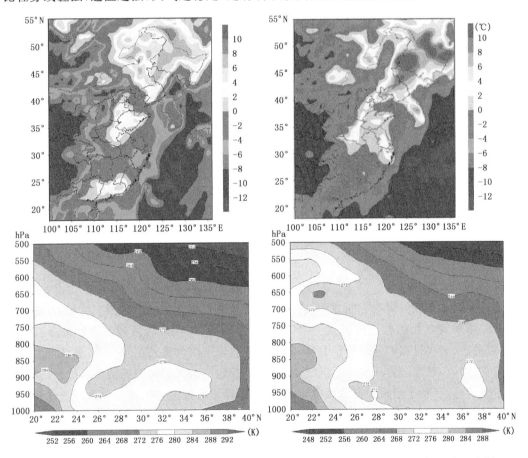

图 4　2013 年 1 月 14 日和 18 日 08:00 的 850 hPa 和 1000 hPa 温度差以及沿 115°E 温度垂直剖面

进一步沿 115°E 作温度垂直剖面,由图可见,14 日,江淮至河北中南部大雾区域(32°～39°N)均出现了明显的逆温层,逆温层底位于 950 hPa 附近,最大逆温层顶可达 800 hPa,逆温层较厚,有利于水汽在近地层聚集,从而形成一定厚度的雾。18 日,逆温区明显缩小,仅在河北南部(36°～38°N)出现逆温,30°N 以北的轻雾或霾区上空为中性层结,地面至 700 hPa 层的温度随高度不变,由于上下层温差小,大气垂直湍流交换能力弱,同样不利于水汽和污染物向上输送。这也表明,大雾出现时逆温明显比轻雾或霾强,但轻雾或霾在垂直方向伸展的高度比大雾更高,因此,适中的逆温层顶高度,既不太高、也不过低,更有利于水汽在一定高度内的积聚、加强,形成较强的雾。综上所述,大范围雾霾天气的发生、发展和维持一般总在边界层存在明显的逆温或中性层结,使边界层内的大气层结保持稳定,从而抑制了水汽和污染物的向上输送,造成大量水汽和气溶胶聚集在近地面,促进雾、霾的发生和维持。

3.2.2 水平风速和垂直运动

地面水平风速是制约雾、霾形成的要素之一。风速大时,大气扩散能力强,不利于水汽和污染物的积聚,通常使雾、霾减弱或消散;静风条件,不利于水汽和污染物输送到一定高度形成较强的雾或霾;只有适当的风力(微风),既有利于将近地面的水汽和污染物向上输送,又不至于使湍流交换强烈,有利于形成一定范围的雾、霾。从石家庄(53698 站)的 $PM_{2.5}$ 浓度随风速的变化(图 5)也可以看出,污染物浓度最高时,地面 10 m 风速并不为零,而是 $1\sim2$ $m \cdot s^{-1}$ 的微风。统计 2013 年 1 月地面平均风速(图略),我国中东部地区风力普遍不大,$\leqslant3$ $m \cdot s^{-1}$,这为大范围雾、霾天气的形成和维持提供了有利的风速条件。可见,持续小风是导致严重雾霾天气的直接原因之一。

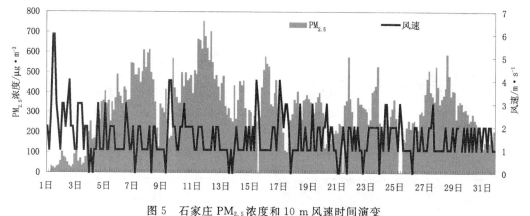

图 5　石家庄 $PM_{2.5}$ 浓度和 10 m 风速时间演变

垂直运动对雾霾的影响有两方面,速度大小直接决定着大气动力湍流交换能力,速度方向(上或下)影响着气层的稳定度。图 6 给出 1 月 14 大雾和 18 日轻雾或霾期间的垂直速度剖面,可以看出,两次过程的共同特征是雾、霾区上空均以下沉气流占主导,尤其是江淮到江南北部($28°\sim32°N$),对流层为一致的下沉气流,抑制了近地层水汽和污染物的垂直扩散,同时整层大气下沉增温,有利于增强逆温的强度,从而使气层稳定度增强,雾、霾稳定维持或加强。而华北中南部和黄淮($32°\sim40°N$)出现大雾期间,对流层低层出现弱的上升运动,其上部则为较强的下沉气流控制。近地层的弱上升运动有利于地面的水汽向上扩展,使雾得以向上发展,而其上部的下沉运动抑制了下层上升运动的发展,使水汽向上输送的高度受到限制,只能在低层累积,有利于雾的稳定维持。

3.3 湿度层结特征

雾是水汽凝结的产物,雾的发生需要一定的水汽条件,特别是近地层附近相对湿度要大。当空气中水汽浓度达到或接近饱和时,如果存在凝结核,水汽就会在凝结核上凝结,形成悬浮的小水滴,从而使能见度降低。霾主要是空气中悬浮的干粒子影响能见度,因此相对湿度较

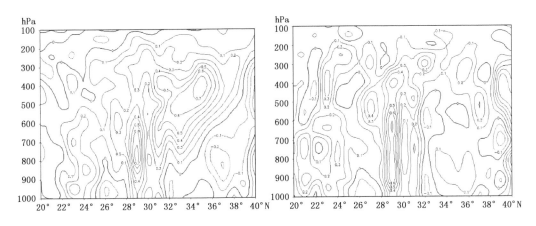

图 6　2013 年 1 月 14 日和 18 日 08:00 沿 115°E 垂直速度剖面(单位:Pa·s⁻¹)

低。从 1 月 14 日大雾和 18 日霾占主导天气的地面 2 m 相对湿度对比(图 7)来看,14 日 08 时在中东部大雾区,地面 2 m 相对湿度普遍在 80% 以上,在能见度低于 200 m 的河北南部、山东北部、江淮、江南中东部地区,地面相对湿度达 90% 以上,并维持较长时间。18 日,中东部大部

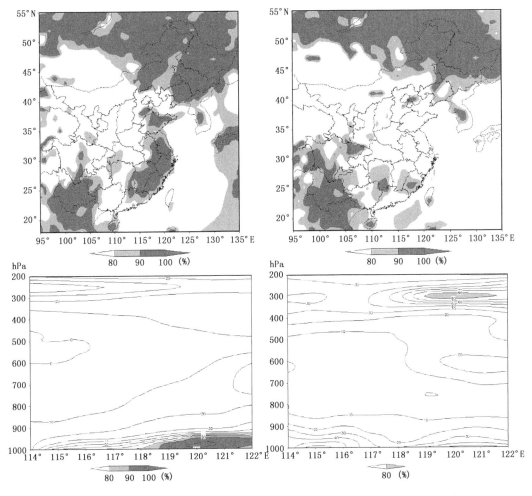

图 7　2013 年 1 月 14 日和 18 日 08:00 地面 2 m 相对湿度和沿 37°N 相对湿度垂直剖面

地区地面 2 m 相对湿度都在 80% 以下，有利于霾的出现。沿 37°N 分别做 14 日和 18 日的相对湿度垂直剖面，可以看到，雾、霾的湿度层结表现出明显的差异。14 日，大雾出现时，近地层空气接近饱和，925 hPa 以下存在一水汽饱和层，该层的相对湿度达 90% 以上，而中、高层非常干燥，相对湿度在 30% 以下，这样高空云量少，有利于地面辐射降温，形成上干暖、下湿冷的稳定层结，这是大雾天气形成的典型结构。需要指出的是，水汽饱和层并不一定总是在地面，它可能出现在地面至 925 hPa 之间的任意高度，只要该层相对湿度满足 90% 条件，不意味地面相对湿度一定要在 90% 以上。18 日，霾出现时相对湿度呈现整层较干或下干上湿的结构，近地层的相对湿度保持在 30%～50% 的非常有利于霾形成的湿度区间。由此看出，近地层内相对湿度的差异，是区分雾霾的关键，925 hPa 以下是否存在水汽饱和层，即相对湿度达 90% 以上，可作为业务中区分雾霾的参考；若湿层从地面一直伸展到 850 hPa 或以上高度，湿层太过增厚，则可作为预报雾霾时的降水消空依据。

在一天的不同时刻，随着相对湿度的变化，雾、霾在一定条件下发生相互转化。通常在夜间，地面辐射降温，水汽容易达饱和，凝结形成雾；白天，随着气温回升，一部分雾脱水转化为霾，同时人类生活排放的气溶胶粒子增多，霾逐渐发展加强，雾、霾相继频繁出现构成了 2013 年 1 月天气的主要内容和显著特征。

4 结论

本文采用高分辨率的气象台站常规观测资料和大气成分观测数据以及 NCEP 再分析资料对 2013 年 1 月中东部地区异常偏多的极端雾霾天气特征和气象成因进行了分析，结果表明：

(1)2013 年 1 月我国西南地区东部和中东部大部地区雾霾日数达 20 d 以上，其中，华北东部、黄淮、江淮等地雾霾日数较近 10a 同期偏多 10～15 d，为历史罕见；

(2)500 hPa 环流呈纬向型，锋区偏北，冷空气活动偏弱，南支槽平直，水汽输送条件差，降水稀少是大范围雾、霾出现的天气背景；

(3)东亚中高纬地区高空稳定维持西北气流，云量较少，有利于夜间地面辐射降温；而 850 hPa 为暖温度脊控制，温度较高，导致近地面层维持逆温结构，这是雾、霾形成的关键热力因子，逆温层越厚，雾霾持续时间越长；

(4)地面受均压场控制，水平风速小，扩散条件差；边界层内上升运动弱，垂直交换能力差，是雾、霾持续维持的动力因子；

(5)雾具有明显的上干下湿特征，霾表现为整层干或下干上湿，因此近地层内相对湿度的差异，是区分雾霾的关键，925 hPa 以下是否存在水汽饱和层，即相对湿度达 90% 以上，可作为业务中区分雾霾的参考；湿层从地面一直伸展到 850 hPa 或以上高度，可作为预报雾霾时的降水消空依据。

贵州交通站资料应用于团雾的监测和分析

唐延婧　裴兴云

（贵州省气象服务中心,贵阳 550002）

摘　要

依据低能见度过程的定义,挑选并分析了 2 个高海拔站点上的多个局地团雾过程。结果表明:春夏季这两个交通站发生的雾以地形雾为主,过程都发生在降温降雨天气里,局地性很强。长时间的能见度下降过程中少部分出现了"象鼻"前兆,更多是维持时间短的没有前兆的"突降"。从温度和湿度条件很难判断是否出现低能见度的团雾过程。风速和能见度有一定的负相关关系。与辐射雾不同,团雾过程期间风速较大。风的变化规律也难以作为预报预警依据。由于资料时间限制,个例有一定局限性,但资料真实可靠地反映出局地的团雾现象,充分说明交通站监测在山区的重要性。对团雾过程的分析,可为预报预警工作以及更深入全面的研究提供经验。

关键词:团雾　低能见度　交通站

0　引言

低能见度天气是高速公路运营安全的一个高影响天气。近年来我国的高速公路网的全面铺开,给社会生活带来很大便利。但气象灾害对交通运输业的威胁日显突出。为提高交通气象服务保障能力,近年来逐步在几条高速公路干道沿线建立了自动气象监测系统,使高速公路低能见度研究取得了较大进展。沪宁高速率先建成了高速公路气象实时监测系统,开展了高速公路低能见度天气的监测和预报预警[1-2]、雾的特征[3-4]方面的研究。邓长菊[5]、吴彬贵[6]等利用京津塘高速公路沿线自动气象站的连续观测资料,进行了该地区雾的气象要素、天气背景、特征分析。南岭山地京珠高速公路粤境北段云岩雾区进行雾与能见度的多学科综合野外研究,对雾的物理特征[7]、地形作用[8]、边界层结构[9]、宏微观特征[10]等多个方面做了详细研究,为山地高速公路沿线低能见度研究提供了重要的经验和参考。

贵州地形地貌复杂,立体气候明显,低能见度天气受地形影响明显,多雾地区空间分布不均,很多路段常年都有上坡雾。加上贵州高速公路穿行于山区,多桥梁、隧道,复杂的道路形态使低能见度天气对高速公路安全威胁加大。之前贵州省低能见度天气的研究,多以常规气象观测站的雾(能见度小于 1000 m[11])的研究为主,在气候特征[12]、数值模拟[13]、锋面雾[14,15]和辐射雾[16]的特征分析方面都有不少成果,2010 年还开展过针对高速公路影响天气方面的研究[17]。但对局地的地形雾研究较少。然而贵州山区多地形雾和团雾,如 2012 年 11 月 17 日安顺云峰的重大交通事故,就是晴天突发的团雾导致的。局地小范围的团雾对交通的危害不可忽视。

2012 年底到 2013 年 4 月,贵州省先后建成 12 套交通气象自动监测站(下文简称交通

资助项目:贵州省科技厅项目(黔科合 J 字[2013]2148 号)中国气象局预报员专项项目(CMAYBY2013-061)共同资助

站),其中结冰站 3 个,交通站 9 个,取得了高速公路沿线连续观测的气象资料,为深入研究贵州山区高速公路低能见度天气过程提供了第一手资料。本文结合交通部门的实际经验定义了低能见度过程。利用新建交通站建站以来(春夏季)的观测资料挑选出了 17 个低能见度过程进行分析,以期对山区复杂地形下团雾(地形雾/上坡雾)的预报研究提供参考。

1 资料说明

1.1 低能见度过程定义

2013 年 7 月印发的《公路交通气象监测服务产品技术规范(试行)》中,对能见度划分为 5 级,影响最严重的 2 级分别为 100~50 m 和<50 m。通过实地考察和专家咨询,发现贵州的高速公路穿行于山间,地形环境复杂,多桥梁、隧道、弯道等,高速路段能见度小于 100 m,就有发生追尾事故的风险。因此将贵州省高速公路气象业务工作中的低能见度预警阈值设定为 100 m。如果 100 m 以下的能见度维持的时间非常短,影响到的行经车辆和时间都非常有限。因此定义能见度小于等于 100 m 以下的能见度,维持时间大于等于 5 min 为一个低能见度过程,连同低能见度过程出现前的 3 h 和过程后 1 h 的气象要素作为研究的对象。两个满足条件的过程间隔小于 3 h 算一个过程;大于 3 h,划分为 2 个独立过程。

1.2 交通站资料说明

2013 年贵州新建了 12 套交通站和结冰站,其中沿高速公路分布的自动气象观测交通站为 6 个(图 1),观测要素为能见度、风向、风速、气温、气压、相对湿度、露点,以及路面温度、路面状况,资料频次为 1 min 1 次。根据上述低能见度过程标准,将 2013 年 4 月 18 日建站以来到 2013 年 10 月 20 日期间的,分布在高速公路沿线的 6 个交通站的观测数据作为挑选样本,由于春夏季低能见度天气发生较少,只挑选出九条龙(A 站)和银洞坡(B 站)2 个站点的 18 个低能见度过程。我们对两个交通站的数据质量进行了检验,结果为可信。

图 1 贵州主要交通站和邻近气象站点海拔高度

2 过程特征

2.1 过程背景特征

通过低能见度过程邻近时刻气象站点资料的背景场分析,发现所有过程都发生在降水后,与前日同一时刻相比气温都有下降,部分过程发生时伴随降水,周边站点临近时刻的能见度都不低,说明这种过程只是局地性的。就雾的类型来说,大多是地形雾(团雾、上坡雾),也有少数锋面雾,但在贵州省境内(包括周边站点)出现范围较大的辐射雾时,这两个站点没有出现低能见度过程。如前述的两个站点海拔相对周围较高,更易出现锋面雾、地形雾;而辐射雾更易出现在低海拔的地方,且多在秋冬季节发生。春夏季这两个交通站发生的雾的类型非常典型,都是以地形雾为主。

在非雾多发时段挑选出的这些个例,天气背景都非常类似,说明这种春夏季的降温降雨的天气利于局地团雾产生,具有典型意义,与南岭山区雾的研究结论[7-9,18]一致。春夏季降雨逐渐充沛,山区雨后近地面层湿度大,风的弱扰动和气温降低利于过饱和水汽凝结;另一方面,低云随风漂移、爬升到地势较高的地方,很容易接地而表现为雾。但山区的雾局地性很强,依靠常规气象站资料,难以体现高速公路沿线的天气情况,需结合天气背景条件和交通站实时监测来考察。

2.2 能见度变化特征

表 1　能见度变化形态的分类

站点	象鼻过程 6 例(4 例)	突降过程 7 例	缓降过程 4 例(2 例)
A 站		5 月 17 日 08:25—08:37 5 月 17 日 23:38—18 日 00:01 5 月 31 日 02:53—03:25	4 月 21 日 19:20—22:54
B 站	4 月 21 日 19:22—19:26 4 月 21 日 23:27—23:46 4 月 24 日 02:21—02:38 5 月 17 日 17:29—18:23 5 月 17 日 22:46—18 日 07:23 9 月 27 日 23:10—28 日 03:26	4 月 24 日 05:56—06:20 5 月 17 日 03:14—04:03 8 月 29 日 23:54—30 日 00:04 10 月 6 日 02:04—02:08	8 月 31 日 20:43—21:04 9 月 1 日 00:42—00:56 9 月 1 日 04:17—09:26

17 个过程中有的虽然间隔时间大于 3 h,被划分为独立过程,但发生的时间仍较接近(6 h以内),后面过程的前期受前面过程的影响,能见度有时已经较低,这时合并为连续过程来讨论更为合理,过程前的形态也只讨论最开始的过程。有 1 例是降雨引起的,本文不做讨论。总的来说本文讨论的 17 个过程共出现在 8 d 内,合并连续过程后为 13 个过程,都出现在夜间到早晨(表1)。

吴和红等[4]指出,67.6%的大雾在长时间低能见度浓雾出现前会出现短时间的能见度突降,典型的象鼻现象是团雾的特例。依据合并连续过程后的能见度曲线形态将过程分类。有"象鼻"前兆的过程共 4 个,出现比例不高。从形态上看,"象鼻"维持的时间不长,都在 20 分钟以内;都是从 1000 m 以上下降到 200 m 左右,而"象鼻"反弹的能见度都在 1000 m 以内。低能见度过程基本都出现在"象鼻"发生后的 1 h 以内。4 月 21 日 B 站的两个连续过程中,能见度有 4—5 小时平稳维持在 200 m 以下(图 2),详细分析后发现这个过程是锋面雾。另 3 个过程前期的能见度波动很大,呈锯齿状,能见度常触及 100 m 的预警阈值,但时间短暂,很多时候不能达到预警标准。过程期间跳跃式的波动持续数小时,能见度会短暂好转,又突然下降,对高速公路安全运营有很大影响。4 月 24 日 2:21—2:38 的过程虽短,但能见度在好转 3 h 后(5:56—6:20)再次出现了低能见度过程。因此在出现"象鼻"前兆后,未来几小时内需要密切监视能见度的变化。

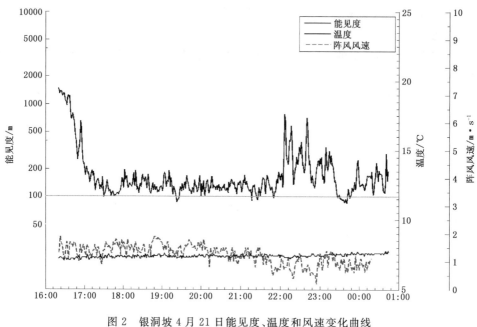

图 2 银洞坡 4 月 21 日能见度、温度和风速变化曲线

更多的过程是没有前兆的能见度突然下降,我们称为突降过程。这类过程能见度下降的时间较"象鼻"型的短。有的下降非常快,甚至在几分钟之内能见度从 2000 m 下降到 200 m,这样急促下降的形态有 7 例,占一半以上。这类过程的能见度下降是爆发性的,说明雾的发生有一定的触发机制,也不排除是仪器收到的错误信息,需要结合背景场分析来排除。低能见度维持时间大多都在半小时内,之后能见度有突然拉升和逐渐上升的不同形态,但没有再出现低能见度过程。这类过程对交通的影响有限,但很难提前预判。

另 4 例中有 3 例是连续的(B 站 8 月 31 日夜间—9 月 1 日早晨),合并为 1 个连续过程。与 A 站 4 月 21 日 19:20—22:54 的过程相似,能见度是在小波动中逐渐下降的,过程下降时间半小时左右,不如"突降"过程那样陡峭,而更类似"象鼻"前兆的过程。这 2 次低能见度过程维持的时间都很长,期间能见度齿状波动频率快;在首次预警后的几小时内,都还有可能会达到预警标准。下文将这类缓慢下降过程合并到"象鼻"过程中分析,这类维持时间较长的过程占 50% 左右。实际上可以将这种缓慢下降过程作为没有前兆的"象鼻"过程,山区长时间的地形雾不一定会出现典型的前兆。吴和红等[4]研究中所指"团雾",更主要的是辐射雾,与本文个例的主要类型有明显差别。

3 能见度与气象要素特征

3.1 "象鼻"和缓降过程

两类前后气温、湿度变化较平稳,湿度大多是100%,与能见度之间没有很好的相关性;风速除了降水影响,基本都在 2 m·s⁻¹ 以内。考察 4 个过程前 3 小时的情况。温度最高为17.1℃,5 例温度变化都在1℃以内,变化平稳;其他 2 例温度变化分别为 1.7℃、2.5℃,时间都刚好处于傍晚降温的时段。2 个过程前期没有出现降水,其余都有弱降水(2 mm 以下)。"象鼻"对应的风速最大为 2 m·s⁻¹,平均大多在 1 m·s⁻¹ 左右;而风向大多在偏东南风;缓降过程前期风速则有可能较大(2~3 m·s⁻¹),A 站 4 月 21 日个例风向有转变,另一例风向变化不大。

过程期间的情况与过程前相似。除 5 月 18 日凌晨受降水影响的过程之外,其他过程风速和能见度呈一定的负相关关系(相关系数 < -0.2),即风速越小,能见度越大。过程后降雨基本停止或减弱,风速也较过程前略有减弱。4 月 24 日 2:21—2:38 的短过程中风向从东南转西北风,这也许和该过程维持时间短有关,而其他过程的风向都与前期基本一致。这两类过程的低能见度维持时间都较长,但能见度下降的形态特征清楚,可作为预判依据。

3.2 突降过程

突降过程气温、湿度变化平稳,湿度大多在过程前就已经很高。大多数过程风速的波动非常明显,在能见度降低过程中,风速波动幅度在 0.5~1.5 m·s⁻¹。这些过程大多还伴随风向的变化,甚至风速波动不明显时,仍能发现风向转变与能见度突降时间对应较好。5 例突降过程在低能见度过程期间的风速与能见度之间的变化呈反位相形态,风速突然增大,对应能见度曲线突然凹陷(图3)。这与辐射雾过程中风速很小的特征明显不同。实际上山区的地形雾很多是低云随风漂移到地势较高地方,云底接地表现为雾,一定的风速是团雾发生的必要条件。

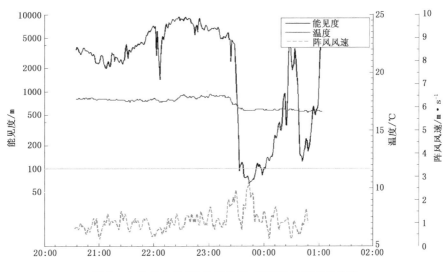

图3　九条龙 5 月 17 日能见度、温度和风速变化曲线

如表 2 所示,将过程发生前 3 h 和过程期间的各要素做一个比较。常用来判断雾的相对湿度,在过程前 3 h 就往往已经是 100%,或接近 100%,与过程期间没有区别。过程前的温度和过程期间的有 2 例变化很小或无变化,其他都有 0.5℃ 以上的下降。但这种下降大多不太明显,在连续变化的曲线图上更难体现。从温度变幅来看,大多数过程前明显高于过程期间,过程期间的温度变化很小。从风速来看,过程期间的风速甚至有大于过程前的情况,与前述风速和能见度的负相关有关。值得关注的是过程前的风速变化都在 1.3 m·s^{-1} 以上,风速变化明显,且多大于过程期间。大多过程风向有变化的,但 A 站和 B 站低能见度过程期间的最多风向完全不同,有很强的局地性。可见"突降"过程从气象要素变化上也很难判断,风速的变化有一定规律,但风速变化快,与能见度的变化基本是同时发生的,也难以作为预判依据。

表 2 过程前 3 h 和过程期间的温度和风速

过程	平均温度/℃		温度变化幅度/℃		平均风速/m·s^{-1}		风速变化幅度/m·s^{-1}		风向众数	
	前 3 h	期间	前 3 h	期间	前 3 h	期间	前 3 h	期间	前 3 h	期间
A 1	14.4	14.4	0.9	0.3	0.9	1.3	1.7	1.6	N—NW	NE—NW
A 2	17.7	16.7	1.2	0.2	1.0	1.8	1.7	2.1	S—SW	N—W
A 3	14.9	14.3	0.9	0.1	0.8	0.9	1.3	0.9	SE—S	N—NW
B 1	12.9	12.4	1.1	0.1	0.8	1.3	1.3	0.9	NW/SE	SE
B 2	15.3	15.1	0.3	0.1	1.4	2.1	1.9	0.9	SE	SE
B 3	20.7	20.2	1.6	0.1	0.8	0.8	1.7	0.8	NW/E	E—SE
B 4	11.5	11.0	1.3	0.2	0.8	1.3	1.4	0.3	SE/NW	SE

维持时间较长,危害较大的"象鼻"和缓降过程,可通过能见度下降形态来做出判断。但几乎所有团雾过程从温度和湿度都很难判断,尤其是湿度,过程前和过程期间没有区别。大多数"象鼻"和缓降过程和 5 例突降过程的风速和能见度呈一定的负相关关系;过程期间风速较大,与辐射雾过程期间的弱风和静风截然不同。从风向和风速的波动规律、变化情况等出发,能够对能见度预报预警提供一定的参考,但两者变化同步,难以将其作为预报预警依据。结合天气背景、云图、云底高度等气象资料可提高判断的准确率。

由于资料时间较短,集中在春夏季少雾发生的季节,因此所选个例以局地团雾(地形雾、上坡雾)为主,没有辐射雾,对低能见度天气的研究不够全面。但资料真实可靠地反映出局地性的团雾现象,充分说明交通站监测在山区的重要性。对低能见度过程的定义,以及对团雾过程的分析,可为今后的交通气象预报预警工作以及更深入全面地研究山区低能见度天气提供经验。

参考文献

[1] 袁成松,卞光辉,冯民学,等.高速公路上低能见度的监测与预报.气象,2003,**29**(11):36-40.
[2] 田小毅,吴建军,严明良,等.高速公路低能见度浓雾监测预报中的几点新进展.气象科学,2009,**29**(3):414-420.

[3] 冯民学,袁成松,卞光辉,等.沪宁高速公路无锡段春季浓雾的实时监测和若干特征.气象科学,2003,**23**(4):435-445.

[4] 吴和红,严良明,缪启龙,等.沪宁高速公路大雾及气象要素特征分析.气象与减灾研究,2010,**33**(4):31-37.

[5] 邓长菊,甘璐,尤焕苓,等.北京城市浓雾特征及其与交通预报服务的关系.暴雨灾害,2012,**31**(2):188-192.

[6] 吴彬贵,解以扬,吴丹朱,等.京津塘高速公路秋冬雾气象要素与环流特征.气象,2010,**36**(6):21-28.

[7] 邓雪娇,吴兑,叶燕翔.南岭山地浓雾的物理特征.热带气象学报,2002,**18**(3):227-236.

[8] 万齐林,吴兑,叶燕翔.南岭局地小地形背风坡增雾作用的分析.高原气象,2004,**23**(5):709-713.

[9] 邓雪娇,吴兑,唐浩华,等.南岭山地一次锋面浓雾过程的边界层结构特征分析.高原气象.2007.**26**(4):881-889.

[10] 吴兑,邓雪娇,毛节泰,等.南岭大瑶山高速公路浓雾的宏微观结构与能见度研究.气象学报.2007.**65**(3):406-415.

[11] 中国气象局.地面气象观测规范.北京:气象出版社,2007:6-7.

[12] 罗喜平,杨静,周成霞.贵州省雾的气候特征研究.北京大学学报(自然科学版),2008,**44**(5):765-771.

[13] 杨静,汪超.贵州山区一次锋面雾的数值模拟及形成条件诊断分析.贵州气象,2010,**34**(2):3-9.

[14] 杨静,汪超,彭芳,等.低纬山区一次持续锋面雾特征探讨.气象科技,2011,**39**(4):445-451.

[15] 崔庭,吴古会,赵金玉,等.滇黔准静止锋锋面雾的结构及成因分析.干旱气象,2012,**30**(1):114-118.

[16] 罗喜平,周明飞,汪超,等.贵州区域性辐射大雾特征与形成条件.气象科技,2012,**40**(5):799-806.

[17] 吉廷艳,胡跃文,唐延婧,等.贵州高等级公路气象特征及预报.气象科学,2011,**31**(2):223-227.

[18] 吴兑,邓雪娇.环境气象学与特种气象预报.北京:气象出版社,2001.

2013 年 12 月上旬江苏持续雾霾天气分析及 DW 指数研究

马晓刚

（辽宁省阜新市气象局，阜新 123099）

摘 要

本文利用阜新重大灾害性天气监测预报技术平台及 Micaps 实时气象资料，对 2013 年 12 月 1 － 10 日江苏持续雾霾天气进行了深入分析和研究，找出了此次江苏持续雾霾天气发生的规律、条件及特点，并提出了反映雾霾发生湿度层结条件的大气中低层干湿垂直梯度指数（DW）及雾霾落区基本概念模型。分析结论是：(1)雾霾持续时间长、范围广、强度大。(2)大雾发生时近地面温度露点差多≤1℃，轻雾 2～3℃；霾多在 3～10℃。(3)大雾发生时近地面多存在逆温；霾发生时不是每次都存在逆温。(4)大范围雾霾多发生在地面气温 0℃线南侧。(5)雾发生时均为偏南风；霾发生时南、北风各占 50%；雾霾发生时风速多小于 3 m·s^{-1}，有时 5～6 m·s^{-1}。(6)大雾主要出现在早晨前后，少数下午可出现；霾可整天出现或早晨与雾同在；下午多霾。(7)雾能见度在 0.0～2.0 km；霾能见度在 2.0～9.0 km。整个过程中后期雾霾发展加强。(8)雾霾均发生在 DW 指数大于 0 的条件下，但雾的 DW 指数明显大于霾；大雾多发生在 DW 指数高值区；霾多发生在 DW 指数低值区。(9)雾霾从变性大陆高压减弱开始生成，到雾低压产生的弱降水和冷空气影响而结束。(10)雾和霾在天气形势和影响因子上非常相近，多属于同一个天气系统。它们的主要区别在于因子强度的变化、空气污染程度及日变化等。

关键词：江苏 持续雾霾 分析 DW 指数 落区模型

0 引言

随着我国经济的快速发展，工业化规模的不断扩大，汽车数量的迅速增加，大中城市的空气污染也越来越严重，区域雾霾天气频繁发生，交通运输、空气质量和人们的身心健康受到了严重影响。雾是一种大量悬浮在近地面空气中的水汽凝结物，造成空气浑浊，并使水平能见度低于 1 km 的现象。雾滴粒径为 100～10^2 μm，肉眼可见，多为乳白色；出现近地面层，垂直厚度只有几百米；雾具有区域性、局地性、时间短的特点，有时浓度变化较快，空间能见度不均一，多集中出现在夜间到次日早晨，中午以后通常减弱消散，有明显的日变化。当能见度小于 0.2 km 时，对交通运输业影响最大[1]。目前，人类还不能对大范围的大雾天气进行常规有效消减[2]。霾是大量微小尘粒、烟粒或盐粒等均匀浮游在空中，使空气混浊且水平能见度低于 10 km 的现象。其形成的天气条件与雾基本相近，经常是在雾减弱时霾现象更突出。霾的形成与污染物的排放密切相关，对城市空气环境影响很大[3]。如城市中机动车的尾气、工业生产、农民烧荒及炊烟等排放的烟尘及细小颗粒物。霾中有大量可吸入颗粒物 PM$_{10}$ 及 PM$_{2.5}$，对人类健康有重大影响。2013 年 12 月 1 日－10 日，我国华北东南部、华东大部连续出现了持续雾霾天气，江苏省雾霾最重，历史少见。在江苏的一些地区，街上行人戴口罩，部分小学停课，交通航空受阻。大雾的形成原因及预报方法的研究较多[4,7－9]，而关于霾或雾霾的研究还相对较少。本文重点对此次江苏持续雾霾天气过程进行了分析和研究,并提出了对雾霾发生有重要指示意义的大气中低层干湿梯度 DW 指数及雾霾落区基本概念模型,这些将为今后加强雾霾天气诊断分析能力,提高雾霾预报预警[5]的提前量提供重要参考依据。

1 资料来源

文中所用资料主要来源于 2013 年 12 月 1 日 08:00—10 日 08:00 Micaps。

2 天气形势

2.1 高空形势

2013 年 12 月 1 日 08 时 850 hPa 欧亚为两槽一脊型,蒙古为高压脊;12 月 2 日开始,贝加尔湖有一股冷空气南下,经内蒙古东部直达华中地区,华东有东北向弱暖气流形成,两者作用形成弱低槽,在此形势下,雾霾持续影响江苏等地。

2.2 地面形势

12 月 1 日,中国大部地区被大陆高压控制;2 日开始,一倒槽型低值系统,从孟加拉湾北向东北方向发展,随着加强北上,7 日,将大陆高压的南端分成两部分。1—6 日,雾霾主要发生在大陆高压中心前部弱气压场中;7—8 日,雾霾主要发生在地面低值系统前与分裂高压后部之间;9 日冷空气侵入江苏,并产生弱降水,雾霾逐渐减弱;10 日整个持续雾霾天气过程结束。在整个过程中,霾可整天出现,随着近地面湿度降低,早晨的雾消散,在空气污染较严重的地方霾便逐渐显现出来。早晨多雾,下午多霾。

3 雾霾影响因子分析

3.1 雾霾探空结构

雾霾发生时南京探空站气象要素的主要特点和区别是:在低层,大雾发生时温度露点差很小,明显小于霾发生时的温度露点差;在中层 700～850 hPa,雾霾发生时空气均较干,而大雾发生时温度露点差明显大于霾发生时的温度露点差。此次过程南京三次大雾 08:00 地面 $T-T_d<1$℃;一次轻雾 08:00 地面 $T-T_d$ 在 2～3℃;霾 08:00 地面 $T-T_d$ 多在 3～8℃。如:12 月 7 日 08:00 南京大雾,地面温度露点差为 0.4℃(图 1(a)),12 月 3 日 08:00 南京霾,地面温度露点差为 5.2℃(图 1(b))。大雾发生时 700～850 hPa 平均温度露点差 32.9℃,霾发生时平均温度露点差 21.0℃。从温度露点差垂直剖面图上看,雾发生时低层温度露点差明显小于霾。如:12 月 8 日 08:00 大雾发生时低层温度露点差(图 2 略)明显小于 12 月 1 日 08:00 霾发生时的低层温度露点差。

3.2 雾霾与逆温

逆温是大雾形成的必要条件之一[6]。逆温层上暖、下冷,温度层结稳定,空气下沉,湿空气不易向上扩散,有利于在近地面层集聚。逆温加强的过程也是相对湿度加大的过程。通过对江苏持续雾霾天气分析发现,大雾发生时均存在逆温,而霾发生时不是每次都存在逆温。如2013 年 12 月 1 日 08:00—10 日 08:00 10 天中,南京 4 次雾均有逆温存在;6 次霾中有 4 次存在逆温,有 2 次无逆温(表 1)。此次持续雾霾过程从开始到结束,南京逆温从强到弱,以 1～2 d 周期上下波动。雾平均逆温 4.3℃,霾平均逆温 3.5℃。

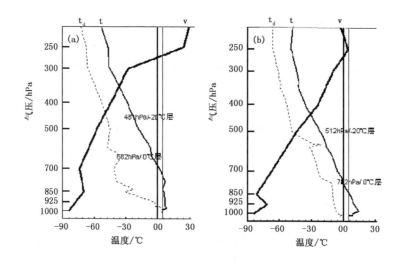

图1 (a)2013年12月7日08:00南京站(雾)探空分析;(b)2013年12月3日
08时南京站(霾)探空分析

表1 2013年12月1—10日(08:00)江苏省、南京站逆温　　单位:℃

	1日	2日	3日	4日	5日	6日	7日	8日	9日	10日
江苏	0.1	6.0	7.0	5.0	2.5	0.0	3.0	1.5	0.0	0.5
南京	2.0	7.0	9.0	4.0	7.0	0.0	3.0	3.0	0.0	3.0

3.3 雾霾与空气湿度

在12月1—10日雾霾过程中,每日08:00霾发生时地面温度露点差范围在3~8℃,大雾发生时地面温度露点差≤1℃;轻雾2~3℃。江苏省30%以上地区08:00出现霾时地面温度露点差范围在3~10℃,空气过干不利于霾发生。本次江苏霾日变化特点是地面湿度与霾的站数成反比。23:00~08:00,霾占全省范围的32%以下,是霾发生较少时段,其中,05:00霾最少,温度露点差在2~3℃;11:00~20:00时段霾较多,占全省范围的50%~100%,其中,14:00范围最大,可达100%,温度露点差在3~10℃(表2,图3)。

表2 2013年12月1~10日(08时)江苏省、南京站地面温度露点差　　单位:℃

日期	1日	2日	3日	4日	5日	6日	7日	8日	9日	10日
江苏省地面 $T-T_d$	3.8	1.2	2.9	1.1	0.9	2.1	0.6	0.6	2.6	5.0
南京站地面 $T-T_d$	5.0	3.3	5.2	2.3	0.6	2.7	0.4	0.4	2.7	4.8
$T-T_d≤1$℃站数	2	41	9	38	49	14	65	85	5	0

3.4 雾霾与气温

对于区域雾霾来说,气温变化是雾霾发生的一重要特征。其中,地面气温0℃线是区域雾霾发生的重要特征线。尤其是春秋强雾霾天气,多与地面气温0℃线相伴[10],特殊情况除外。此次过程中,从2月1—9日,一条东西向地面气温0℃线一直维持在华北中部,大范围雾霾就发生在地面气温0℃线南侧;10日,地面气温0℃线到达江苏,整个雾霾过程结束。地面气温

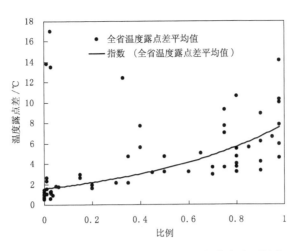

图3 2013年12月1—10日(08:00)江苏省地面温度
露点差与霾站数比例关系

0℃线在一定天气形势下代表着冷暖空气的分界线。受稳定少动高压控制下,随着高压中冷空气势力减弱,气温出现缓慢回升也是雾霾将要发生的前期特征。同时,近地面层温度的变化还可以改变空气温湿结构、空气浮力、大气稳定度。当近地面层空气中的水汽含量不变的情况下,气温下降,可以提高空气湿度。所以,大雾多发生在气温下降明显的时段,如早晨前后。同时,由于受辐射降温作用,地表附近降温幅度最大,所以,近地面形成了逆温层,这个逆温层内的空气湿度比重大于高层,水汽容易沉积。当空气中污染物不变的情况下,近地面温度的变化对霾的发生有重要的影响。如春、秋及冬季,气温相对较低,空气中含水量较少,空气浮力相对较小,空气污染物容易堆积在大气低层,所以,这些季节性容易发生霾;夏季是高温、高湿的季节,空气湿度大,比重高,浮力大,空气中的污染粒容易向大气高层扩散,所以,夏季霾的次数相对减少。对于同一个雾霾天气过程来说,近地面气温降低有利于空气相对湿度增大,对大雾发生有利,也有少量空气污染物被水汽吸附形成降尘;当气温升高,相对湿度下降时,雾消散了,但霾显现出来了。如2013年12月1—10日江苏雾霾过程中,每天早晨多雾,下午多霾。此次雾霾过程南京站08:00、14:00霾发生时温度范围为—1~17℃。

3.5 雾霾与地面风场

由于雾霾多发生在弱气压场中,所以,雾霾发生时,风力相对较小。近地面风速小有利于雾和霾的堆积;而风向对雾和霾的影响却有所不同。2013年12月1—10日江苏持续雾霾过程中,08:00、14:00雾霾发生时,风速多小于3 m·s^{-1},有时5~6 m·s^{-1};霾发生时南、北风各占50%,雾发生时均为西南风。近地面微弱的西南风还可增加地面空气湿度,提高逆温强度。弱北风可降低空气湿度和浮力;这时的空气浮力和空气中的污染微粒子的重力相当,并在微风的扰动下,有利于霾的聚集和传播。

3.6 雾霾与能见度

本次过程中,南京4天雾,能见度在0.0~2.0 km,其中,5,7,8日出现三天强浓雾(表3);南京共出现6天霾,能见度在2.0~9.0 km。由于霾发生时空气相对湿度较小,所以,能见度远大于雾。大雾主要出现在早晨前后,此时能见度最低,对交通影响最大;不论是雾或霾中都含有大量可吸入污染物,对人类健康有严重影响。

表 3　2013 年 12 月 1—10 日(08:00)江苏省、南京站能见度

日期	1 日	2 日	3 日	4 日	5 日	6 日	7 日	8 日	9 日	10 日
江苏省能见度/km	5.2	2.1	3.2	1.4	0.8	3.2	0.4	0.5	2.4	9.6
南京站能见度/km	5.0	3.0	4.0	2.0	0.0	1.0	0.0	0.0	2.0	9.0
≤0.1 km 站数比例/%	0.0	8.8	0.0	23.8	26.9	2.5	38.8	23.1	0.0	0.0

4　雾霾落区基本概念模型

雾是空气湿度增大到接近或达到饱和时,空气中水汽发生凝结,导致能见度下降的天气现象;而霾的产生是由于人类活动等因素向空气中排放的微粒,在一定天气形势下,聚集在近地面的大气低层空间,并导致能见度下降,空气中污染物浓度增大的现象。上述分析表明,两者有类似或相同的天气形势,只是要素程度的变化及霾的发生需要有空气污染源的配合。

4.1　大气中低层垂直干湿梯度指数

在本次江苏持续雾霾天气分析中发现,大气中低层干湿垂直梯度是雾霾产生的重要气象环境条件。700~850 hPa 层干,以下相对较湿,有利于雾霾发生,但霾发生时近地面湿度小于雾;反之,不利于雾霾发生。大气中低层干湿梯度决定了雾霾的产生环境。从而提出了反映大气中低层干湿垂直分布状态的 DW 指数(式(1))。

$$DW = (((t-t_d)_8 + (t-t_d)_7)/2 - (t-t_d)_{地面})/(1 + (t-t_d)_{地面}) \tag{1}$$

DW 指数将为雾霾落区诊断分析和预报提供重要参数。通过对 2013 年 12 月 1—10 日(08:00)南京站雾霾天气过程中 DW 指数分析,在此过程中南京雾霾均发生在 DW 指数大于 0 的情况下,但雾的 DW 指数明显大于霾。大雾多发生在 DW 指数高值区,霾多发生在 DW 指数低值区(图 4)。霾 DW 指数平均在 4.8,多在 1 以上;大雾平均在 21,多在 6 以上。

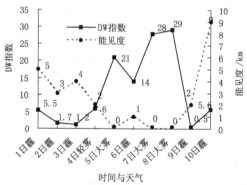

图 4　2013 年 12 月 1—10 日(08:00)南京站雾霾的 DW 指数和能见度

4.2　雾霾落区基本概念模型

雾、霾共同的影响因子有:逆温、湿度、湿空气高度、地面气温 0℃线、中低空大气干湿梯度指数(DW)、风向风速等;而空气污染源是霾发生的核心因子。在大雾落区基本概念模型的基础上[10-11],建立了雾霾落区基本概念模型(图 5)。现已将雾霾落区基本概念模型通过软件系统实现了业务应用,预报时效可提前 6~12 h 或以上。在业务系统中,温度露点差用其前期值为因子的能见度预报值代替。图 6a 是利用 2013 年 12 月 8 日 08:00、11:00 Micaps 资料制作

的午后区域雾霾落区预报图;8 日 14:00 江苏出现了严重雾霾天气。预报落区与实况落区有较好的一致性和超前性(图 6a,b)。

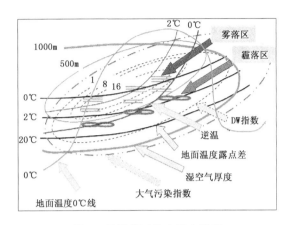

图 5　雾霾落区基本概念模型

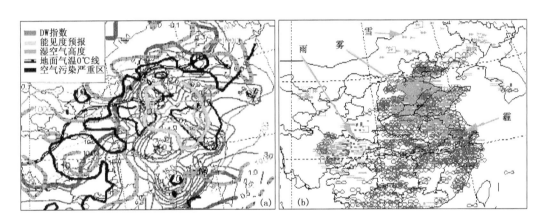

图 6　2013 年 12 月 8 日 11:00 预报下午雾、霾落区(a)和 2013 年 12 月 8 日 14 时雾、霾实况落区(b)

5　结　论

2013 年 12 月上旬江苏持续雾霾天气过程为我们进一步研究雾霾形成机制提供了一个典型的个例。从中不仅得出了有价值的分析结论,而且还提出了反映影响雾霾发生的大气中低层干湿梯度指数,建立了雾霾落区基本概念模型及通用的雾霾监测预报业务系统。这些均为预报服务人员提供了一种新的雾霾分析思路和方法。以下是此次江苏持续雾霾天气个例的分析结论。

(1)雾霾持续时间长、范围广、强度大。

(2)大雾发生时近地面温度露点差≤1℃,轻雾在 2~3℃;霾多在 3~10℃。

(3)大雾发生时近地面多存在逆温;霾发生时不是每次都存在逆温。

(4)大范围雾霾多发生在地面气温 0℃线南侧。

(5)雾发生时均为偏南风;霾发生时南、北风各占 50%;雾霾发生时风速多小于 3 m·s^{-1},有时也达 5~6 m/s。

(6)大雾主要出现在早晨前后,少数下午也可出现;霾可整天出现或早晨与雾同在;下午多霾。

(7)雾能见度在 0.05～2.0 km;霾能见度在 2.0～9.0 km。

(8)雾霾均发生在 DW 指数大于 0 的条件下,但雾的 DW 指数明显大于霾。

(9)雾霾从变性大陆高压减弱开始生成,到弱低压产生的弱降水和冷空气影响而结束。

(10)雾和霾多发生于同一个天气系统。它们的主要区别在于因子强度的变化、空气污染程度及日变化等。

参考文献

[1] 林雨,方守恩.灾害性天气环境下高等级公路车速管理.自然灾害学报,2005,**16**(5):96.

[2] 杨朝辉,赵悦.浅谈人工影响天气－消雾.气象水文海洋仪器,2005,Z(1):59-61.

[3] 王海艳,熊坤,孔剑君,等.大雾天气对城市环境中空气质量的影响及危害.气象与环境科学,2007,S(1):76-77.

[4] 林建,杨贵名,毛冬艳.我国大雾的时空分布特征及其发生的环流形势.气候与环境研究.2005,**13**(2):171-181.

[5] 中国气象局预测减灾司.突发气象灾害预警信号.北京:气象出版社.2005:48-51.

[6] 郑玉萍,李景林,刘增强,等.乌鲁木齐冬季大雾与低空逆温的关系.沙漠与绿洲气象,2007,1(3):21-25.

[7] 田华,王亚伟.京津塘高速公路雾气候特征与气象条件分析.气象,2003,**29**(1):66-71.

[8] 陈连友,李月英,曹秀芝,等.秦皇岛地区雾天气气候特征及预报.气象,2009,**35**(12):126-132.

[9] 曹治强,方翔,吴晓京,等.2007年初一次雪后大雾天气过程分析.气象,2007,**33**(9):52-58.

[10] 马晓刚,罗思维,舒海燕,等.中国典型大落区基本概念模型的研究与建立.气象与环境学报,2013,**29**(1):62-67.

[11] 马晓刚.天气、气候、农业气象技术与应用.沈阳:辽宁科技出版社,2012:1-2.

承德市雾及其消散预报研究

杨　梅　杨雷斌　彭九慧　胡赛安　陆　倩

(承德市气象局,承德 067000)

摘　要

采用统计方法分析了 2000 年到 2012 年承德地区出现雾的时空分布及生消特征。用相似分析和综合聚类的方法利用高空、地面资料、NCEP 再分析资料、自动站资料对一雾日半数及以上站出现雾的天气过程进行了分型。采用线性相关普查,筛选出对承德地区雾发生影响大的气象因子。用综合聚类法建立承德地区各类雾天气预报概念模型。

关键词:辐射雾　平流辐射雾　锋面雾　逆温层

0　引言

雾使大气能见度降低,低能见度给机场、公路等交通运输带来了很大的安全隐患,同时,由于雾具有较强的吸附性,所以吸附了大量污染物的雾会加剧人们罹患鼻炎、咽炎、支气管炎和肺癌的危险。另外,雾滴中的化学成分还会对金属有很强的腐蚀作用,对人类健康也有很大的影响。河北省中南部地处华北平原,是雾的多发区,而承德位于河北北部山区,每年出现雾天气的次数较少,预报员对雾预报可借鉴的经验也很少。为了加深对承德地区雾天气的认识和提高其预报准确率,有必要开展灾害性雾天气的深入研究,探询承德地区雾天气的预报思路和本地的一些预报指标。研究成果将对承德地区雾预报、预警有重要的作用。

近年来对于雾天气发生的气象条件,国内外学者做了大量工作,如:毛冬艳等研究了华北平原大雾发生的气象条件;康志明等、何立富等分别对 2004 年冬季华北平原一次连续 6 d 的大雾天气过程进行了诊断分析,研究了动力和热力特征。李江波等[1] 应用中尺度模式MM5V3,模拟分析了 2005 年 11 月 19−21 日发生在华北平原的 1 次大雾天气过程,对平原大雾的生消机理进行了研究。上述文献都是对于华北平原雾的研究,对于河北北部山区发生的雾研究较少。本课题应用高空、地面资料、NCEP 再分析资料、自动站资料,分析了 2000 年到2012 年承德地区出现雾的情况,给出了承德地区雾的时空分布特征,及大范围雾的成因和预报着眼点。建立承德地区各类雾天气预报概念模型,对于提高承德地区雾预报、预警准确率有着重要意义。

1　承德市雾的时空分布特征

2000−2012 年承德地区共出现 1007 次雾,空间分布北少南多,围场最少,仅有 3 次,宽城最多,共 251 次(图 1)。时间分布春季、冬季少,夏秋季多,主要出现在 7−10 月,占 68.5%,12月至次年 2 月最少,仅占 3.6%。冬季出现在中部的平泉和滦平县的比例明显增高(图 1b)。

承德秋季主要受大陆性冷高压控制,大气层结比较稳定,高压系统内天空晴朗,地面有效

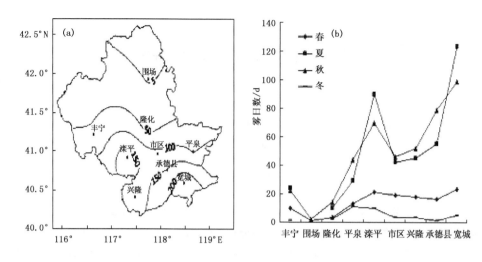

图 1　2000－2012 年承德地区雾的空间分布(a)及季节分布(b)

辐射强,并且昼短夜长,地面和近地层空气净辐射处于负值的时间长,风速不大而可以发展适度的湍流,因此有利于辐射雾的形成。冬季非常寒冷,露点温度极低,夜间气温不易降至露点温度而不易形成雾。

　　区域雾(一雾日 3 个及以上站出现雾)共 115 次,其突发性小,通常前一日有雾或轻雾出现。前一天至少 1 个站出现轻雾的比例占 83％,前一天至少 2 个站出现轻雾占 66％,前一天至少 1 个站出现雾占 36％。一般出现在夏秋两季,8－10 月出现最多,占 61％。冬季仅 12 月出现过一次,1 月、2 月没有出现过。

　　大范围雾(一雾日 5 个及以上站出现雾)共 21 次,其中 71.4％出现在秋季的 9－10 月份。雾开始时间一般在后半夜到凌晨(03:00－06:00),夏季多在 05:00－06:00,秋季较晚在 06:00－08:00。雾消散时间多在日出以后地面增温较明显时,夏季在 08:00－09:00,秋季较晚在 08:00－10:00。夏季最晚持续至 10:00,秋季最晚至 12:00 消散。

2　承德市雾分型及其天气概念模型

2.1　辐射雾

　　由于地表辐射冷却作用使近地面气层水汽凝结而形成的雾为辐射雾。承德地区的大范围雾中辐射雾占 48％,以雨后辐射雾较为常见,于后半夜到清晨生成,日出后由于太阳辐射升温而逐渐消散,持续时间较短,结束时间一般在 8:30－9:30,具有明显的季节性和日变化,9 月份出现次数最多。典型天气形势是前期有降水,产生降水的高空槽于午后至前半夜间过境,后半夜转受槽后、脊前西北气流或高压脊控制,天气迅速转晴。地面形势场表现为承德处于低压后、高压前的弱气压场中或受高压控制。探空图上,湿层较薄,700 hPa 及以上为冷平流,逆温层顶高度较低(图 2)。

　　2.1.1　成因分析:1)前期降水使近地面层空气水汽含量增大,随着入夜气温降低而逐渐饱和,水汽凝结形成雾。湿度越大、湿层越厚,越有利。2)由于冷空气的影响,700 hPa 以下的辐散及负涡度和冷平流使得夜间晴朗少云,地表辐射冷却量大,形成辐射逆温,使近地面层大量水汽和尘埃杂质聚集于逆温层下而形成雾。3)微风能产生适度的垂直混合作用,既能使冷

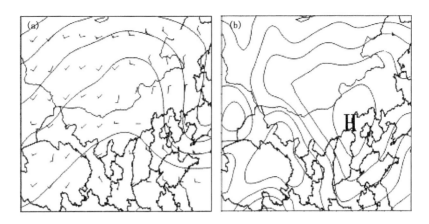

图 2　辐射雾天气概念模型

(a 为 500 hPa 形势场,b 为海平面气压场)

却作用伸展到一定高度,又不影响下层空气的充分冷却,从而形成辐射雾。

2.1.2　预报着眼点:1)雨后天气转晴,特别是夜晴;2)夜间风速要小;3)夜间有辐射逆温形成。

2.1.3　消散分析:从探空曲线或各层次天气图分析逆温层的强度和逆温层顶的高度,根据雾层的厚度,天空状况分析升温条件,当地面温度高于逆温层顶温度时,逆温层被破坏,雾消散。

2.2　平流辐射雾

暖而湿的空气流经冷的地面逐渐冷却而形成的雾为平流雾。承德地区的大范围雾中平流雾占 29%,为平流(辐射)雾,有时前半夜就可生成,持续时间较长,通常 10:00 以后结束。9—10 月出现,夏季 7,8 月也有可能出现。典型天气形势是承德处于高空槽前西南气流里,700 hPa 及以下为槽前暖平流。地面图上,承德处于低压前部,为弱偏南或西南风,有利于南方暖湿空气的输送及水汽辐合。探空图上,湿度场上干下湿,湿层较辐射雾厚,逆温层顶高度较辐射雾高(图 3)。

2.2.1　成因分析:1)由于西南暖湿气流的不断输送,使得近地面气层的水汽含量不断加大,为雾的形成提供了水汽条件。2)辐射冷却作用使地面气温降低,同时高空不断有暖平流输送,两种因素的共同作用下逐渐形成逆温。随着高空地面温差的不断加大,逆温增强。深厚逆温层的存在有效阻止了近地层水汽和能量的向上交换,使得近地层温湿条件得以较长时间维持,因此平流雾的持续时间较长。

2.2.2　预报着眼点:1)地面为弱偏南或西南风,上游地区高空至地面整层为暖湿平流;2)暖中心或暖脊所在高度不能太低,通常位于 800 hPa 到 925 hPa 间,且强度较强。

2.2.3　消散分析:1)日出后由于太阳辐射升温,当地面温度高于逆温顶温度时,逆温层被破坏,雾消散。2)有降水产生时,雾将减弱消散;3)地面冷锋东移南下使得天空云量增多,风力加大,此时雾也将减弱消散。关注地面气压梯度和高空风,尤其是 850 hPa 及以下的锋区强度,当 850 hPa 锋区明显南压至雾区,大雾将减弱消散。

2.3　锋面雾

伴随地面锋面生成的雾为锋面雾。承德地区的大范围雾中锋面雾占 24%。冷锋东移南

图 3　平流雾天气概念模型

(a 为 700 hPa 温度场,b 为 850 hPa 温度场,c 为海平面气压场)

下时生成,持续时间不会太长。天气形势一般是承德处于高空槽前,850 hPa 或 925 hPa 上有锋区明显南压。地面图上承德处于冷锋前部,有时会伴有弱降水。探空图上,湿度场上干下湿,逆温层顶高度在 925 hPa 到 850 hPa 之间,为锋面逆温(图 4)。

图 4　锋面雾天气概念模型

(a 为 500 hPa 形势场,b 为 850 hPa 温度场,c 为海平面气压场)

2.3.1　成因分析:地面锋面南压,冷空气下沉,暖湿空气被迫抬升,上空暖而湿的雨滴降落到下空冷而干的空气中,蒸发使得下层空气达到过饱和而凝结成雾滴。

2.3.2　预报着眼点:(1)受冷锋影响前,近地面层湿度条件好,温度露点差 $T-T_d \leqslant 1℃$。(2)高空锋区移动较慢,地面冷锋前冷空气缓慢渗透。

2.3.3 消散分析:随着冷空气加强和上下湍流的增强,雨强增大、风速增大,锋面雾逐渐减弱至消散。锋面雾消散过程实质上为雾层底逐渐抬升离开地面的过程。

3 结论

(1)承德地区大雾空间分布北少南多,时间分布春季、冬季少,夏秋季多,主要出现在7—10月,12月至次年2月最少。冬季出现在中部的平泉和滦平县的比例明显增高。

(2)承德地区的大范围雾(半数以上站出现雾)主要是辐射雾、平流辐射雾和锋面雾。每种类型的雾都有其对应的成因和预报着眼点。

参考文献

[1] 李江波,赵玉广,孔凡超.华北平原连续性大雾的特征分析.中国海洋大学学报,2010,**40**(7):015-023.

[2] 叶光营,吴毅伟,刘必桔.福建区域雾霾天气时空分布特征分析.环境科学与技术,2010,**33**(10):114-119.

[3] 刘健,周建山,郭军.湖北恩施山区雾的气候特征与成因分析.暴雨灾害,2010,**29**(4):370-376.

[4] 吕志红,全美兰,马骁颖,等.辽宁东部山区2次秋季浓雾天气成因分析.安徽农业科学,2011,**39**(3):1559-1561.

[5] 李才媛,韦惠红,王东阡.近10年武汉市大雾变化特征及2006年一次大雾个例分析.暴雨灾害,2007,**26**(3):241-245.

[6] 陈传雷,蒋大凯,孔令军.近53年辽宁雾的时空分布及成因分析.气象与环境学报,2006,**22**(1):21-24.

[7] 童尧青,银燕,许遐祯,等.南京地区雾的气候特征.南京气象学院学报,2009,**31**(1):115-120.

[8] 陈连友,李月英,曹秀芝,等.秦皇岛地区雾天气气候特征及预报.气象,2009,**35**(12):126-132.

[9] 郭刚,罗春田,郭玲.辽西地区区域性大雾气候统计特征及预报.气象与环境学报,2006,**22**(3):7-10.

2013 年 1 月 12—16 日苏州区域性霾天气分析与模拟

韩珏靖　朱莲芳　林慧娟　陈　飞　钱文斌

(苏州市气象局,苏州 215131)

摘　要

利用苏州霾监测资料,对 2013 年 1 月 12—16 日的区域霾天气进行了分析,表明在中纬度大气环流的纬向调整、冷空气活动减弱、地面均压场的背景下,夜间晴空辐射降温明显,近地层风力较小、湿度增大、层结稳定,同时偏东气流利于水汽输送、西北气流利于内陆污染物输入,较低的边界层顶不利于垂直扩散,因此近地层的水汽和悬浮颗粒物不断累积,导致雾霾天气出现并持续。进一步研究本地化的 NJU—CAQPS 模型对此次天气的预报,发现对不同下垫面(城区和郊区)颗粒物浓度的差异有较好的模拟区分能力,趋势与实况较吻合,但数值会出现不同程度的高(低)估,对实况浓度低的吻合度较高、对实况浓度高的吻合度不高,颗粒物浓度和 AQI 指数预报的相对误差均在 7% 左右。

关键词:霾　颗粒物浓度　NJU—CAQPS 系统

0　引言

大量极细微的干尘粒等均匀地悬浮在空中,使水平能见度小于 10 km 的空气普遍有浑浊的现象,称为霾,霾是经济社会快速发展的产物[1]。20 世纪 70 年代以来,美国、澳大利亚、日本等国相继开展了大气气溶胶、能见度和霾等研究,与此相关的数值模式也得到了大力发展,弥补了传统的统计预报模型无法提供逐时、高分辨率预测产品和缺乏科学机理的缺点[2-4]。我国在 20 世纪 80 年代陆续开展了大气气溶胶研究,2002 年起开始了灰霾的系统性研究[5-7],近年来珠三角、长三角等地霾天气频发,持续的低能见度和大气污染成为影响城市发展和人体健康的严重问题,霾的形成原理、变化特征、预报预警机制等相关课题也已成为研究的热点。广州、上海、浙江等地的气象部门先后开展了城市霾的观测与模拟研究,广州耦合 MM5—CAMQ—SMOKE,建立了珠三角大气灰霾数值模式预报系统,进行时空分辨率分别为 1 h 和 3 km 的灰霾预报[8];浙江用 54 km 分辨率的 CUACE 模型对污染物浓度和能见度进行 3 d 预报;上海用 WRF—CHEM 模式对华东区域进行 6 km 分辨率的大气成分预报。江苏地区对霾的监测研究已经开展[9-10],霾天气数值预报的建立也在起步,例如基于 WRF—CHEM 建立江苏城市霾数值预报系统,利用精细边界层模式(CBLM)建立霾天气精细化预报等。本文选取一次持续霾过程,先从监测数据上研究其变化特征,然后利用耦合的 WRF—CBLM—ACT-DM 模型(NJU—CAQPS)分析霾精细化数值预报,为完善本地区霾的监测预报技术提供参考。

1 数据说明与模拟方法

1.1 数据说明

使用苏州市环境监测站公布的 8 个霾监测点和苏州市气象局霾监测点（表 1）的颗粒物浓度、苏州市气象局激光雷达观测的边界层高度和气溶胶浓度，进行实况分析；用以上提到的 9 个监测站点的观测要素（表 1）为数值模拟提供化学初始场；用 NCEP 再分析场（2.5°×2.5°）500 hPa 位势高度、地面气压和 1000 hPa 相对湿度分析环流背景。

表 1　污染物监测点的经纬度与要素

站点	经纬度	要素
气象局	(120.38°E, 31.19°N)	PM_{10}、$PM_{2.5}$、PM1、BC、O_3、SO_2、NO_2、NO、CO、消光系数
南门	(120.63°E, 31.29°N)	
彩香	(120.59°E, 31.30°N)	
轧钢厂	(120.60°E, 31.33°N)	
吴中	(120.61°E, 31.27°N)	PM_{10}、$PM_{2.5}$、O_3、SO_2、NO_2、CO
新区	(120.54°E, 31.30°N)	
园区	(120.67°E, 31.31°N)	
相城区	(120.64°E, 31.37°N)	
上方山	(120.56°E, 31.25°N)	

1.2 模拟方法

数值模式采用南京大学空气质量预报系统（NJU－CAQPS），该系统由中尺度气象预报模式（WRF）、精细边界层模式（CBLM）、大气污染输送化学模式（ACTDM）和污染源处理模块（SOURCE）四部分组成[11-13]。模式大气边界层湍流参数化方案选用湍流 E－ε 闭合方案[14-15]；根据 Businger[16] 和 Byun[17] 方案来计算地表通量。根据 2008 年环保局提供的苏州点源普查数据、2011 年苏州年鉴和相关文献估算面源和交通源数据，制作模式排放源。模式以苏州古城区为中心（120.63°E, 31.31°N），范围 50 km×50 km，采用 2 km 分辨率，预报时效 24 小时。

2 天气实况与环流背景

2.1 天气实况

2013 年 1 月 12－16 日苏州市能见度持续走低、空气质量明显下降（图略）。12 日下午到上半夜部分地区能见度降至 3 km，$PM_{2.5}$ 浓度持续上升，曾一度超过 200 $\mu g \cdot m^{-3}$；13 日受雨水冲刷，污染物浓度有所下降，以雨雾天气为主；14 日早晨苏州大雾，能见度 450～900 m，中午起转霾，$PM_{2.5}$ 浓度最高仍突破 200 $\mu g \cdot m^{-3}$；15 日早晨苏州再次出现区域性大雾，能见度在 40～900 m，上午起随着湿度逐渐降低，雾再次转化为霾；16 日夜里冷空气南下前，仍有 3 km 左右的霾。17 日起随着北方冷空气主体南下，雾霾天气逐渐好转。

分析苏州激光雷达探测,观察城市边界层高度和气溶胶浓度的变化情况,12—16 日边界层顶都在 1 km 以下,说明垂直方向扩散条件较差(图1)。

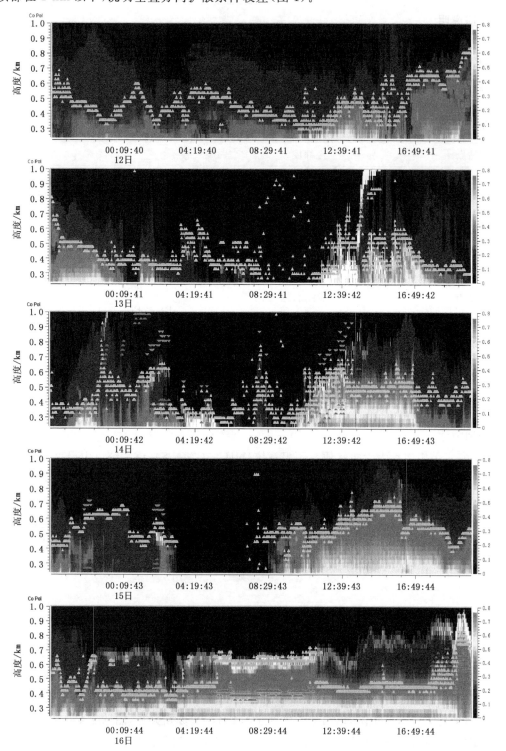

图1　2013 年 1 月 12—16 日苏州边界层高度和气溶胶浓度垂直分布

(从上到下依次为 1 月 12—16 日)

12 日 11 时前后边界层高度降低到 300 m，对应颗粒物浓度分别升高到 260 $\mu g \cdot m^{-3}$（PM_{10}）和 200 $\mu g \cdot m^{-3}$（$PM_{2.5}$）以上，近地层气溶胶浓度也呈现上升趋势；13 日受降水影响边界层高度在 300～700 m 变化，对应的颗粒物浓度不高，由于降雨集中在上午时段，从下午起气溶胶浓度又呈现上升趋势；14 日边界层高度仍在 300～700 m 之间变化，中午起随着湿度降低和光合作用加强，地面颗粒物浓度和 400 m 以下的气溶胶浓度同时增大；15－16 日边界层高度在 400～700 m 变化，地面颗粒物浓度从 100 $\mu g \cdot m^{-3}$ 逐渐上升到 250 $\mu g \cdot m^{-3}$，400 m 以下的气溶胶浓度也逐渐增大。直到 17 日，随着冷空气南下，颗粒物浓度下降，能见度转好，长达 5 d 的雾霾天气过程结束。

2.2 环流背景

1 月 10 日起，东亚环流形势出现调整，冷空气活动减弱，中纬度环流呈纬向分布，且较为平直（图 2a）。我国东部沿海处于地面均压场中，风力变小（图 2b），夜间晴空辐射，近地层出现逆温，大气稳定。受地面水分蒸发的影响，近地面相对湿度增大（图 2c），夜间晴空辐射降温明显，有利于湿空气饱和形成大雾。在这种稳定的天气形势下，近地层水汽和空气中悬浮颗粒物不断增加，在垂直和水平方向不易扩散，导致雾霾的出现和持续。

利用 HYSPLIT 模型，计算 2013 年 1 月 14 日和 16 日到达苏州的气团后向轨迹（图 3）。1 月 14 日和 16 日的气团均从东部海上进入长江口沿岸，再向西深入内陆，最后折向江苏南部，不仅携带了海上的水汽、也将内陆的污染物一起输入苏州，使得本地空气中的湿度和颗粒物浓度升高，为雾霾的发生积累了有利条件。

3 模拟结果分析

用 NJU－CAQPS 对苏州 2013 年 1 月 14－16 日的雾霾过程进行模拟，将结果插值到 9 个污染物监测站点，与实况进行比较。由于公众对颗粒物（$PM_{2.5}$、PM_{10}）和反映空气质量的 AQI 指数最关心，且预报业务中也基本以这三项为主，因此以下着重分析这三项的结果。

3.1 实况与预报的逐时比较

从郊区的情况来看（图 4 上），14 日的浓度预报出现低估、15 日高估、16 日低估。当实况浓度出现低值的时候模式均能较好地模拟出来——15 日 07:00 前后、16 日 01:00 前后和 16 日 20:00－17 日 06:00。分析城区的情况（图 4 下），模式对 14－15 日的颗粒物浓度变化的趋势预报基本准确，16 日出现下降趋势，与实况不符；数值上出现不同程度的高（低）估。实况浓度较低时模式模拟较好——15 日 07:00 前后、16 日 01:00 前后和 16 日 20:00－17 日 06:00。

比较图 4 可以看到，城区的颗粒物浓度实况比郊区略高，城郊颗粒物浓度的预报值也体现了这一差别，可见模式对不同下垫面颗粒物浓度有较好的模拟能力，能体现城郊差异。

3.2 误差比较

将预报的颗粒物浓度和 AQI 指数插值到站点，与站点的实况观测进行比较（表 2）。当颗粒物浓度实况在 130～160 $\mu g \cdot m^{-3}$ 时，预报的均方根误差大概为 10 $\mu g \cdot m^{-3}$；AQI 实况 170 对应的均方根误差约为 12；颗粒物和 AQI 预报的相对误差大约在 7% 左右，可见在 14－16 日的雾霾天气过程中，模式对颗粒物浓度和 AQI 指数预报的总体误差在可接受范围内。

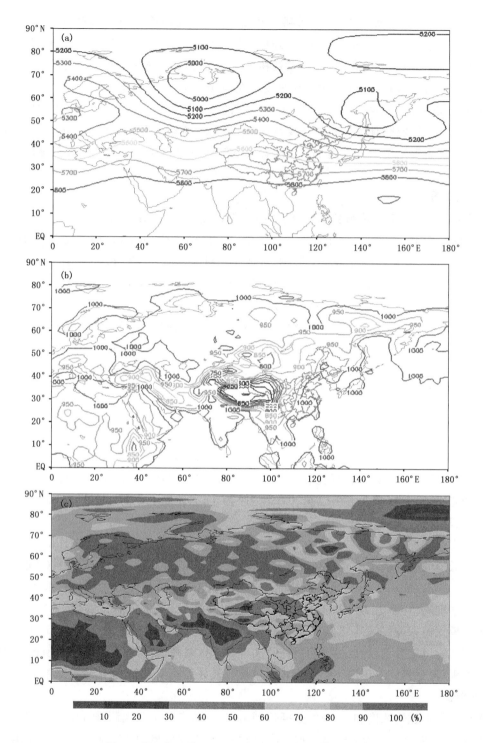

图 2　2013 年 1 月 12—16 日 NCEP 再分析资料平均场
（a 为 500 hPa 位势高度，b 为地面气压，c 为 1000 hPa 相对湿度）

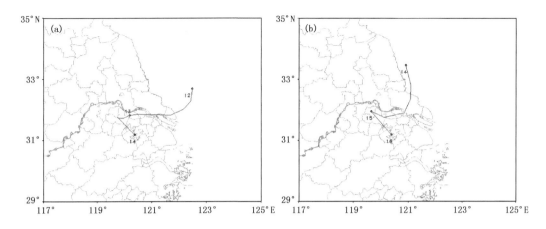

图 3 2013 年 1 月 14 日(a)和 16 日(b)500 hPa 气团轨迹

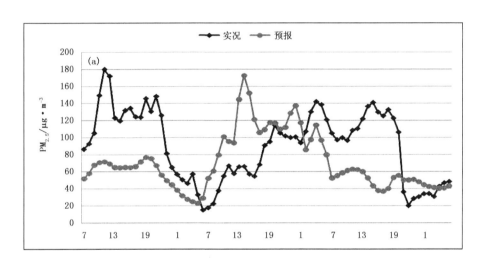

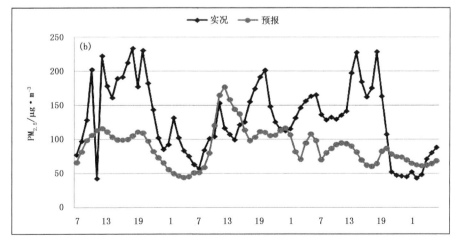

图 4 2013 年 1 月 14 日 07:00—17 日 06:00 郊区(a)和城区(b)颗粒物浓度对比

表 2　颗粒物浓度和 AQI 实况与预报的均方根误差

要素	均方根误差/$\mu g \cdot m^{-3}$	实况均值/$\mu g \cdot m^{-3}$	相对误差/%
$PM_{2.5}$	9.60	128.21	7.5
PM_{10}	11.42	159.70	7.2
AQI	12.36	168.30	7.3

4　结论

2013 年 1 月 12—16 日由于大气环流调整,北半球中纬度地区高空呈平直的纬向型气流,且地面处于均压场中,风力较小、大气稳定,边界层高度较低,使得本地空气中的污染物无法有效扩散,且内陆地区的污染物可能随着气流输入我市,在近地层堆积,加之近地层出现有利的湿度条件,最终造成持续的雾霾天气。

引进南京大学的 NJU—CAQPS 系统,经过苏州本地化处理,对 14—16 日的雾霾过程进行模拟。结果表明:1)模式对不同下垫面(城区和郊区)具有模拟区分能力;2)趋势上与实况较为符合,但数值上出现不同程度的高估和低估,对于实况出现低值的吻合度较高,对高值的模拟吻合度不高;3)颗粒物浓度和 AQI 指数预报的相对误差总体在 7% 左右。

参考文献

[1] Molnara, Meszaros E. On the relation between the size and chemical composition of aerosol particles and their optical properties. *Atmos. Environ.* 2001, **35**(30):5053-5058.

[2] Mims F M. Sun photometer with light-emitting diodes are spectrally selective detectors. *Appl. Opt.*, 1993, **31**:6965-6967.

[3] Carlson S. Hazy skies are rising. *Sci. Amer.*, 1997, **276**:106-107.

[4] Boylan J W, Odman M T, Wilkinson A G, et al. Development of a comprehensive multiscale "one atmosphere" modeling system: Application to the southern Appalachian Mountains. *Atmos. Environ.*, 2002, **36**:3721-3734.

[5] 吴兑. 关于霾与雾的区别和灰霾天气预警的讨论. 气象, 2005, **31**(4):3-7.

[6] 吴兑, 邓雪娇, 毕雪岩, 等. 细粒子污染形成灰霾天气导致广州地区能见度下降. 热带气象学报, 2007, **23**(1):1-6.

[7] 胡荣章, 刘红年, 张美根, 等. 南京地区大气灰霾的数值模拟. 环境科学学报, 2009, **29**(4):808-814.

[8] 邓涛, 邓雪娇, 吴兑, 等. 珠三角灰霾数值预报模式与业务运行评估. 气象科技进展, 2012, **2**(6):38-44.

[9] 童尧青, 银燕, 钱凌, 等. 南京地区灰霾天气特征分析. 中国环境科学, 2007, **27**(5):584-588.

[10] 郑秋萍, 刘红年, 唐丽娟, 等. 苏州灰霾特征分析. 气象科学, 2013, **33**(1):83-88.

[11] 房晓怡, 蒋维楣. 城市空气质量数值预报模式系统及其应用. 环境科学学报, 2004, **24**(1):111-115.

[12] 欧阳琰, 蒋维楣, 刘红年. 城市空气质量数值预报系统对 $PM_{2.5}$ 的数值模拟研究. 环境科学学报, 2007, **27**(5):838-845.

[13] 吕梦瑶, 刘红年, 张宁, 等. 南京市灰霾影响因子的数值模拟. 高原气象, 2011, **30**(4):929-941.

[14] WANG Wei-guo, JIANG Wei-mei. A 3—D nonhydrostatic dispersion modeling system for modeling of atmospheric transport and diffusion over coastal complex terrain in the Hong Kong-Shenzhen area. *Meteorol Atmos. Phys.*, 1998, **68**:23-34.

［15］ 周幂，蒋维楣. 精细 PBL 模式及其诊断应用. 热带气象学报，2005,**16**(2):186-192.

［16］ Businger J A，Wyngaard J C，Izumi Y，*et al*. Flux-profile relationship in the atmospheric surface layer. *J. Atmos. Sci.*，1971,(28):181-189.

［17］ Byun D W. On the analytical solutions of flux-profile relationships for the atmospheric surface layer. *J. Appl. Meteor.*，1990,**29**(7):652-657.

霾的预测与预防问题

张 葵

（成都市气象局，成都 610071）

摘 要

针对低能见度天气的危害性，运用信息数字方法发现了霾的发生、发展与地热的联系和大气结构特征的改变。霾的预测、预防，需要正确地把握近地低空大气的滚流状态和热结构特征。霾的形成既有人为排放也有自然界地热引发地下污染物和污浊气体的释放问题，且地热可作为霾天气预报的先兆信息。大气环境的改善，需要人们改进排放技术，也需要研究自然污染源问题。

关键词： 能见度 霾 数字化预测 预防策略

0 引言

"霾"作为一种天气现象，很早就被中国古代人们所关注，指大气浑浊状态。其中主要为悬浮和肉眼难以分辨的灰尘、气溶胶等悬浮微粒和具有污染性气体的积聚现象，可以使水平能见度小于 10 km，又称为"灰霾"（其中引入'灰'字，在于有别于"水汽或水滴"），并为预示天气转变的信息。实际上，它是大气运行、演化中一种标识天气转变的客观现象。其中的灰尘、气溶胶可以称为大气水汽的凝结核有助水汽凝结，其"污浊的气体"将被雨水清除或预示降雨后大气的清爽。在现代的环境科学研究领域里，大气中悬浮的颗粒物和污浊的空气，被列为重要的大气污染物，构成污浊气体的微粒可以远小于构成雾滴凝结核的微粒，并可以达到分子粒级的程度。故"霾"的中国汉字解释，含有"悬浮的颗粒物和污浊的空气，并预示降水的来临而不同于雾"的低层大气"浑浊"现象，并有预测天气转折的意义。

迄今为止，对于大气颗粒物和污浊气体的来源和形成机制，还没有形成完全一致的看法。至于各种排放源对大气颗粒物贡献率的测算结果，差别就更大了[1-9]。有的研究[10]表明北京工业二氧化硫和工业粉尘的排放量总体上呈下降趋势（如图 1[10] 所示），则北京的空气质量应当逐年提高才是合理的。那么，为什么北京市还会频繁地出现严重的霾天气呢？是否除了人

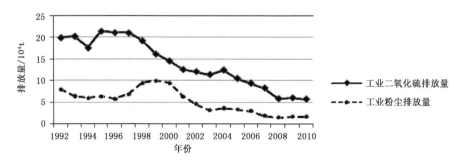

图1 1992—2010 年北京工业二氧化硫和工业粉尘的排放量

为原因,也含有自然本身的因素或作用?

本文运用信息数字化方法重新分析了霾的发生、发展过程状态,并发现霾的发生、发展与地热相联系。即霾的发生、发展,除了人为原因外还有自然界的地热引发的地下污染物或污浊气体污染了低空大气,故地热还可作为预报霾的先兆信息。

欧阳首承教授自 20 世纪 60 年代初以来在自然灾害预测的实践中,相继发现了引发灾害天气的大气高空的超低温与暴雨的关系,和低空大气地热与地震的关系,并为此创立了"信息数字化预测方法"[11]。特别是,地热可以先于地震而展示于大气的结构性改变(图 2~5 近低空中红色线的左倾式不稳定),并导致地表微生物"孢衣层"的破坏,从而引发地壳中的污浊性气体、灰尘可以轻易地挥发于大气中。所以,地震地区及其邻近地带可因失去"孢衣层"的地表而多呈现霾相天气,且地面微生物"孢衣层"的再生或恢复需要约 10 多年的时间。为此,生态平衡涉及了广义的综合性和微观性,不能局限于大气本身研究或论述霾相天气!

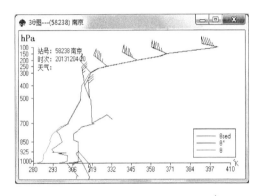

图 2　南京站 2013 年 12 月 4 日 20:00 $\vec{V}-3\theta$ 图

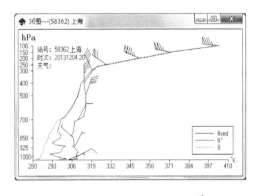

图 3　上海站 2013 年 12 月 4 日 20:00 $\vec{V}-3\theta$ 图

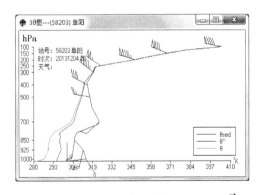

图 4　安徽阜阳站 2013 年 12 月 4 日 20:00 $\vec{V}-3\theta$ 图

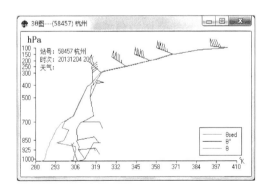

图 5　杭州站 2013 年 12 月 4 日 20:00 $\vec{V}-3\theta$ 图

此外,目前流行的同步式的经济开发和扩展的房地产事业,也是导致霾污染的原因之一(如图 3~4 所示)。显然,由图 4~5(图中 θ 曲线的低空左倾不稳定特征)可以看出,江苏、浙江等临近海洋的城镇,也可展示霾相天气严重性。已经不完全是人为的污染源了(以上 4 站均位于 120°E 至太平洋西岸的地热活跃带内,并已有火山正在喷发)。

1 霾的大气能量结构分析和预测

1.1 能量结构分析预测方法简介

大气运动变化来自热量的分布不均,气象学中位温可体现大气热量的垂直分布,位温公式具有保留信息原始的实况性,且不受"惯性系"假定限制,其显示的结构特征更具有信息的真实性。大气要素的非均匀结构可以导致运动大气的三维(水平、垂直)旋转运动。欧阳首承在信息数字化研究中采用了与传统信息序不同的"反序构"方式[11],即用风向、风速、湿度、温度(原则上不用气压要素,因现行体制的气压值已作过假设密度为常数的静力订正。并将风向作为第一位信息。)设计了风矢与位温信息结构分析法,中国气象局业务系统的 Micaps 3 软件也引用了"欧阳位温"模块,只是在关键环节上没有理解欧阳首承教授设计的意图(特别是其中 θ_{sed} 不同于 θ_{se})。预报员习惯于简称为溃变图或 $\vec{V}-3\theta$ 图。

$\vec{V}-3\theta$ 图的几个基本概念:

1) 若 $\vec{V}-3\theta$ 图的 3 条 θ 曲线(其中 θ 为干绝热位温,θ_{sed} 为湿绝热的露点温度的位温而不同于 θ_{se},θ^* 为假定饱和的位温)随着 P 的增大向左呈现递减,或随着 P 的增大不变或少变,则表示对流层大气的垂直结构极度不均匀,具有不稳定能量的待释放;

2) 一般位温随高度增加($P-T$ 图上呈 45°倾角)则为准中性稳定;若增温少或降温多,则倾角大于 45°,意味着对流不稳定;

3) 强对流天气的垂直变化大于水平变化,对流层顶与地面温差越大,则为强不稳定;

4) 风向垂直切变有方向性。垂直方向的环流引进水力学名词,定义为"滚流"。按北半球西风带分别给出典型情况(东风带相反)。顺时针方向——顺滚流(低层多水汽供应:东风或南风),对流发展,暖湿空气上升;逆时针方向——逆滚流(低层少水汽供应:西风或北风),对流抑制,而揭示干冷空气下沉而天气转晴。

1.2 霾的大气能量结构分析与预测

因为霾、雾或其他引起视程障碍的天气现象易于混淆,过去几十年来关于霾的识别问题一直存在争议。《气象》杂志曾经在 20 世纪 80 年代初期组织过一次有关识别几种造成视程障碍的天气现象的讨论。文献[12-15]中详细地分析了霾粒子和雾滴的光学特性:"轻雾是由微小水滴组成的,且绝大多数大于 4 μm,霾的粒径绝大多数在 0.15 μm 以下,有的台站规定用相对湿度 70%作为区分它们的硬指标是不可取的"等观点。欧阳首承对实际大气变化的分析中,已经发现霾粒子不只是尘埃的颗粒问题,还存在污浊气体而直接揭示霾的粒径可以与气体的分子相当。也有研究指出[16]:若霾滴通过吸湿增长成为雾滴,必须有足够的过饱和度,必须越过过饱和的"驼峰"。无疑,自然环境很难满足这个条件。因而,在非饱和条件下,不但非水溶性的霾不能转化成雾滴,即便是水溶性的霾粒子一般也不可能吸湿转化为雾滴。霾具有空气质量的指标性意义。雾或轻雾的记录,有明确的天气指示意义,与特定的天气系统相联系。

应当说,按数字化方法雾与霾的区分极为容易:即雾为大气近低空的逆滚流的下沉气流(图 10,11);霾则为大气近低空顺滚流的上升气流(图 6,7)。无须沿袭传统的天气系统、台站位置等各种复杂判据确定。并应注意:霾可以消散于雨、雪和冷空气的到来,但不要将其误认为是冷空气将霾吹散,而是冷空气的下沉抑制了近低空大气的上升气流所致!

通过分析霾的能量结构特性及其霾对应的天气系统和天气过程,针对预报要求可将霾定义为:霾为近低空(近地面)的顺滚流携带灰尘或污浊气体上升于大气近低空而导致的空气污染,并以灰尘和污浊空气为主,也是天气转折(变为阴雨的坏天气)的征兆。即晴朗天气的后期,逆滚流转换为顺滚流的过程天气现象,也是霾后必有风雨(雪)的原因。

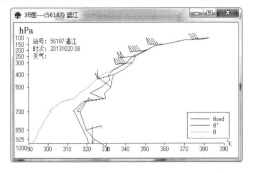 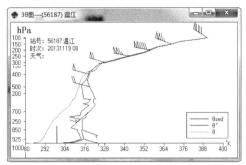

图 6　成都站 2013 年 10 月 20 日 08:00 $\vec{V}-3\theta$ 图　　图 7　成都站 2013 年 11 月 19 日 08:00 $\vec{V}-3\theta$ 图

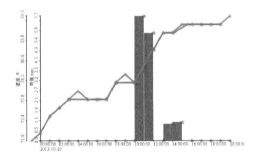 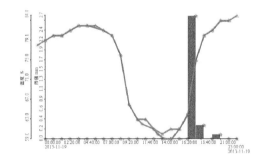

图 8　成都市区站 2013 年 10 月 20 日湿度和雨量　　图 9　成都市区站 2013 年 11 月 19 日湿度和雨量

由成都站 2013 年 10 月 20 日(图 6)和 11 月 19 日 $\vec{V}-3\theta$ 图(图 7)可以看出:近低空为南风顺滚流;θ 线在中、低层向左倾斜,气层结构不稳定;中、低层有弱水汽;低层弱风,风速为 2 m·s^{-1}。又如 11 月 19 日近地层逆温,配合水汽充沛,θ_{sed} 与 θ^* 在近地面接近或重合,即底层水汽浓重加重了霾的程度,致使成都笼罩在黄灰色的朦胧色调中,下午 4 时更是提前进入了黑夜,天空泛黑,云层泛黄。所以,溃变或 $\vec{V}-3\theta$ 图成为识别"昏暗天空"来临的密码,并标志了雨水来临的征兆。遂有 10 月 20 日和 11 月 19 日下午成都市区及其邻近测站,均出现了分散阵雨(图 8～图 9),或称为由霾转雨的天气过程。

大雾的大气能量结构特征以及对应的天气系统和天气过程为:近低空逆温(配合水汽充分)逆滚流下沉(图 10,11 的近低空为成都的东北逆滚流特征),近地面气温低促成了水滴凝结。尽管不排除其中含有灰尘,但已经是以凝结核化方式转换为水滴的低能见度——雾,不再是黄色尘埃弥漫的天空的霾,而呈现青灰色的雾,且大雾之后必有晴天。

2009 年 12 月 17 日,温江、崇州、彭州、郫县、新津、双流、金堂出现大雾,能见度为 10～500 m。2010 年 1 月 25 日,温江、崇州、新津、双流出现大雾,能见度为 450 m。分析其大雾发生前一天的温江 2009 年 10 月 16 日(图 10)和 2010 年 1 月 24 日 $\vec{V}-3\theta$ 图(图 11)可以看出:中低层 θ 线向右倾斜,表明气层结构较稳定;近地层有逆温层存在;θ_{sed} 与 θ^* 在近地面层接近重合且结构右倾,这表明近地层结构稳定、水汽充沛且深厚;配合低层偏北风逆滚流,有利于向晴天转

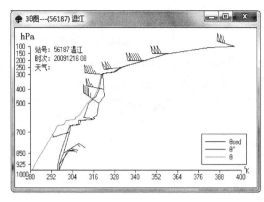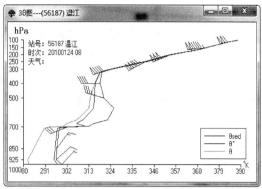

图 10　成都站 2009 年 12 月 16 日 08:00 $\vec{V}-3\theta$ 图　　　图 11　成都站 2010 年 1 月 24 日 08:00 $\vec{V}-3\theta$ 图

换而加强下垫面辐射,必然导致第二天的大雾天气。2009 年 12 月 17 日和 2010 年 1 月 25 日下午为晴天,雾为天气转晴的典型天气过程。所以,霾与雾都可以列为天气转折性变化的指标,只是不同的天气特征和转换过程,所以雾与霾不能混为一谈。

2　霾分析的细化信息数字化技术

时序性的自动记录在当代科学体系下是颇为流行的分析图表,流行于各个行业(图 12),传统上都习惯地称为"波动"。显然,按图 12 即使是经历多年的训练,也很难给出相应的明确概念或有实质意义的东西。经欧阳首承教授的多年实践和研究[11],证实了"时间不占有物质维,且来自事件的变化",并为实现信息分析细致化的数字化方法[17-18]。

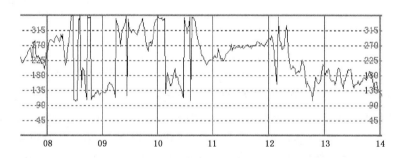

图 12　2006 年 12 月 26 日成都温江站风向(单位:°)自记记录的时序图

分析 24 日天气过程发生前、中、后湿度系列图(图 13 a1-3)可以看出:湿度要素在 24 日过程前后变化不大。即以非水滴微粒为主的霾,对湿度要素显示出非敏感性。由此可以说明 24 日大气的低能见度主要是来自霾。风向(图 13 b1-3)和风速(图 13 c1-3)要素无论过程前、过程中和过程后的变化均是较频繁的,且几乎没有什么区别。其原因是,霾天尽管风速小,但由于大气有对流活动,即使风速较小,但也显示了风向、风速的频繁变化。

2006 年 12 月 24 日,温江、新津、金堂、蒲江、能见度为 0.1~0.6 km,新都、双流、郫县能见度小于 100 m;12 月 26 日,温江、崇州、郫县、龙泉驿、新都、新津、邛崃、金堂、能见度为 0.1~0.6 km,蒲江、双流、彭州、大邑能见度小于 100 m。选取两次过程的分钟级湿度、风向和风速数据进行信息数字化处理,得到相应的相空间图,处理结果如图 13-14[11]所示。

分析 26 日天气过程发生前、中、后湿度系列图(图 14 a1-3)可以看出:湿度要素在 26 日

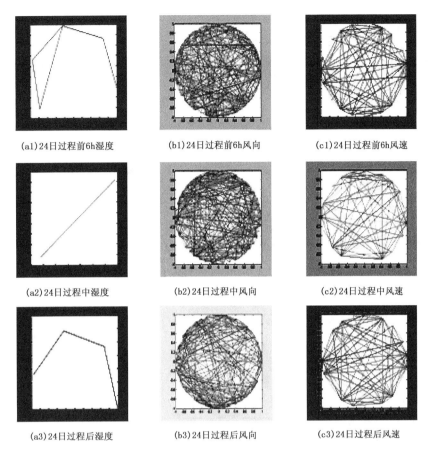

图 13　成都温江站 2006 年 12 月 24 日湿度(a)、风向(b)、风速(c)的相空间图

显示出了过程前和过程中或过程后的明显差别性。显然,雾形成的基本因素不能离开水汽条件,所以湿度要素的变化显示得非常清晰。由此可以说明 26 日的低能见度则是以凝结的水滴为主的雾。26 日的风向(图 14 b1－3)和风速(图 14 c1－3)系列图可以看出:26 日在过程发生前,风向风速的变化已经出现重叠式网状结构的频繁性变化,且变化已经显示为本次过程的最为激烈的频繁状态,过程中准频繁性变化明显减少,过程后频繁性变化又增强。

24 日系列图所传递的信息:对流气流,携带灰尘等非水滴悬浮物的霾。尽管风速也是比较小的,但由于大气有对流活动,即使风速较小,但也显示了风向、风速的频繁变化。这正好揭示了数字化方法对于非规则或乱流扰动有敏感的描述能力。

26 日系列图所传递的信息:以凝结的水滴为主的雾。显示了雾由发生前的频繁性变化,经历过程中准频繁性变化的减少,尔后结束并将面临新的天气时,显示出频繁性增加。

3　霾与地热

近年来将霾视为严重问题,几乎是同一声音地归结为工业和行车排放污染因素。但是除了人为因素是否还存在自然因素呢? 就作者的实例分析,不能将所有的霾统统归结为人为活动,且也有人对此提出了质疑[19]。众所周知,火山喷发是地球内部热能在地表的一种最强烈的显示,是岩浆等喷出物在短时间内从火山口向地表的释放。但是岩浆的对流活动可以由地

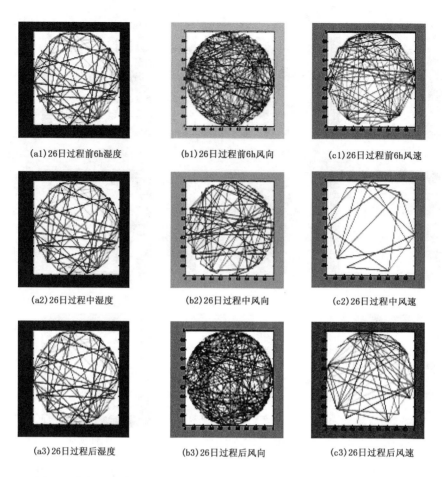

(a1)26日过程前6h湿度　　　(b1)26日过程前6h风向　　　(c1)26日过程前6h风速

(a2)26日过程中湿度　　　　(b2)26日过程中风向　　　　(c2)26日过程中风速

(a3)26日过程后湿度　　　　(b3)26日过程后风向　　　　(c3)26日过程后风速

图 14　成都温江站 2006 年 12 月 26 日湿度(a)、风向(b)、风速(c)的相空间图

壳裂隙中透露或坑道排出(如图 15 所示)。比如,四川时常可见田野里的空洞中出现自燃。

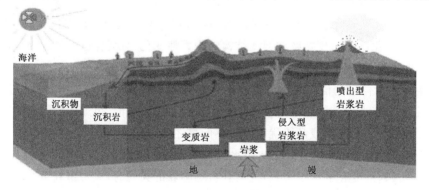

图 15　地壳物质循环简略图示

　　实际上地球排放气体也在排放热量。已有实测资料表明,近期东经 120°～140°E 的邻近地带地热在增加。为何霾多日不散,无风也是排气排热造成的大气垂直运动(顺滚流)的体现。地热高反映了近地层对流活跃,微小颗粒漂浮;地热频繁释放(地震频繁)导致微小颗粒增多,两者共同作用使霾增多。

3.1 东北地区的霾

从 2013 年 10 月 20 日夜间开始,东北三省大部分地区被雾霾天气笼罩。由 20 日 08 点哈尔滨、长春、沈阳的 $\vec{V}-3\theta$ 图可以看出几个站点均具有霾的典型结构:低层南风顺滚流、弱风、弱水汽。分析 20 日前一段时间 20 点 $\vec{V}-3\theta$ 图的地热信息可以看到,在 18 日 20 点,地热达到近期的一个峰值,其中长春、沈阳地热达 700 hPa 为 5 级高地热区。

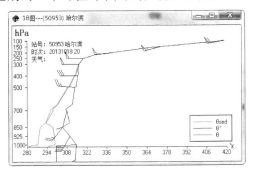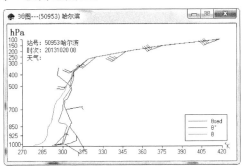

图 16 哈尔滨站 2013 年 10 月 18 日 20:00 $\vec{V}-3\theta$ 图　　图 17 哈尔滨站 2013 年 10 月 20 日 08:00 $\vec{V}-3\theta$ 图

3.2 北京地区的霾

2013 年 1 月 10 日晚间开始北京就被霾笼罩,一直持续至 13 日。其中 12 日下午,北京市区部分监测点 $PM_{2.5}$ 实时浓度数据超过 700 $\mu g \cdot m^{-3}$,至 19:00 35 个站点中的大部分 $PM_{2.5}$ 浓度 24 h 均值都已在 400 $\mu g \cdot m^{-3}$ 以上,超过 500 $\mu g \cdot m^{-3}$ 这一上限的有 11 个。且这被外界称为"爆表"。到了 23:00,西直门北交通污染监测点 $PM_{2.5}$ 实时浓度最高到了 993 $\mu g \cdot m^{-3}$。9 日 20:00 $\vec{V}-3\theta$ 图的地热较高(达 4 级地热),达 850 hPa。10 日 08:00 北京的 $\vec{V}-3\theta$ 图具有霾的结构:低层南风顺滚流、弱风、弱水汽。

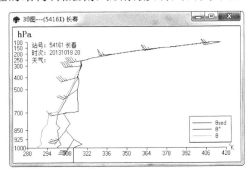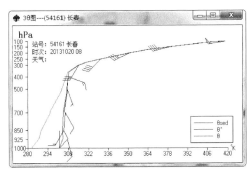

图 18 长春站 2013 年 10 月 18 日 20:00 $\vec{V}-3\theta$ 图　　图 19 长春站 2013 年 10 月 20 日 08:00 $\vec{V}-3\theta$ 图

3.3 上海地区的霾

2013 年 11 月 6 日上海市陷入雾霾,7 日迎来今年秋天首个重度污染天,上海环境部门当日 7 时发布数据显示,上海市空气质量指数(AQI)为 226,达重度污染,首要污染物为 $PM_{2.5}$。

5 日 20:00 $\vec{V}-3\theta$ 图的地热信息可以看到,上海、射阳、南京中低层 θ 线左倾高度达 850 hPa(3 级地热)。6 日 08 点上海的 $V-3\theta$ 图为霾的结构:低层南风顺滚流、弱风、弱水汽。

3.4 成都地区的霾

首先应当说明的是,四川省经历 5 年内两次(分别在 2008 年 5 月 12 日和 2012 年 4 月 20

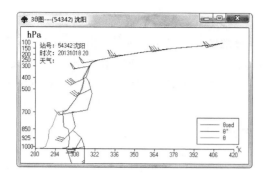
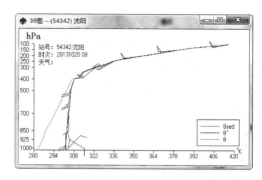

图 20　沈阳站 2013 年 10 月 18 日 20:00$\vec{V}-3\theta$ 图　图 21　沈阳站 2013 年 10 月 20 日 08:00$\vec{V}-3\theta$ 图

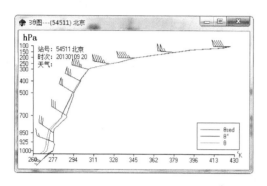
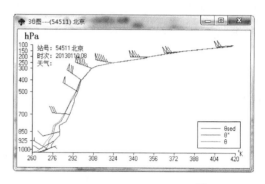

图 22　北京站 2013 年 1 月 9 日 20:00$\vec{V}-3\theta$ 图　图 23　北京站 2013 年 1 月 10 日 08:00$\vec{V}-3\theta$ 图

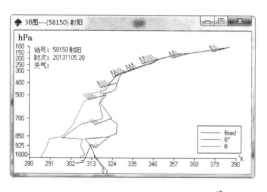
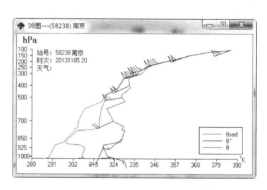

图 24　射阳站 2013 年 11 月 5 日 20:00$\vec{V}-3\theta$ 图　图 25　南京站 2013 年 11 月 5 日 20:00$\vec{V}-3\theta$ 图

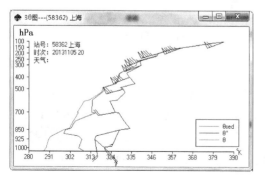
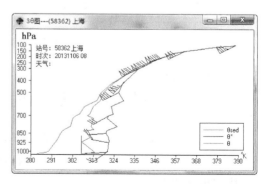

图 26　上海站 2013 年 11 月 5 日 20:00 $\vec{V}-3\theta$ 图　图 27　上海站 2013 年 11 月 6 日 08:00 $\vec{V}-3\theta$ 图

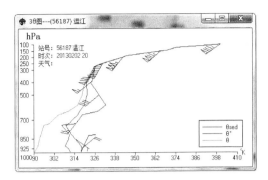

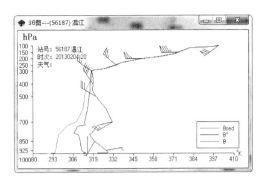

图 28　成都站 2013 年 2 月 2 日 20:00 $\vec{V}-3\theta$ 图　图 29　成都站 2013 年 2 月 4 日 20:00 $\vec{V}-3\theta$ 图

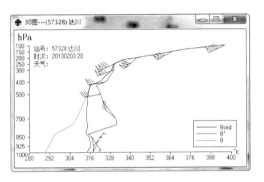

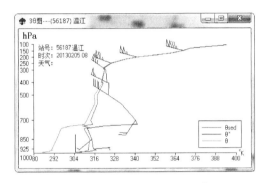

图 30　达州站 2013 年 2 月 3 日 20:00 $\vec{V}-3\theta$ 图　图 31　成都站 2013 年 2 月 5 日 08:00 $\vec{V}-3\theta$ 图

日)7 级以上的重大地震和上万次颇具级别的余震。2013 年 2 月 5 日,四川省 9 个城市出现污染,成都市城区也再次出现严重的霾天气,中心城区能见度低。

由 $\vec{V}-3\theta$ 图的地热信息可以看到,从 2 日 20:00 开始,成都地热接近 700 hPa,3 日达州的地热也开始增强,4 日 20:00 成都维持高地热。随即 5 日成都地区出现了严重的灰霾天气。5 日 08:00 成都的 $\vec{V}-3\theta$ 图具有霾的结构:低层南风顺滚流、弱风、弱水汽。

2013 年 11 月 19 日,成都遭遇霾袭击,16:00 过点市中心天空突然暗了下来,天空也变成了暗黄色,没多久市区迅速进入黑夜。由前期的 $\vec{V}-3\theta$ 图可以看出,从 11 月 14 日开始,地热始终维持在 700 hPa 左右。

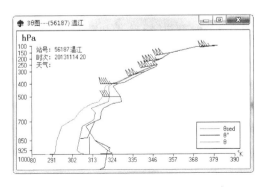

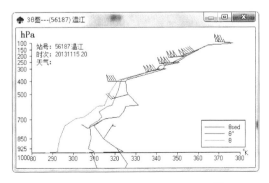

图 32　成都站 2013 年 11 月 14 日 20:00 $\vec{V}-3\theta$ 图　图 33　成都站 2013 年 11 月 15 日 20:00 $\vec{V}-3\theta$ 图

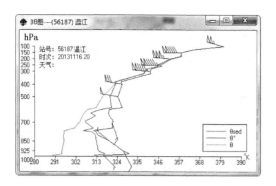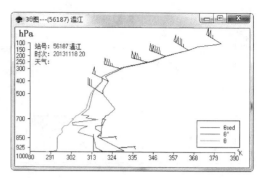

图 34 成都站 2013 年 11 月 16 日 20:00 $\vec{V}-3\theta$ 图   图 35 成都站 2013 年 11 月 18 日 20:00 $\vec{V}-3\theta$ 图

由以上分析可以看出,在严重霾天气发生前,地热均有一个高增长和维持的过程。如果东北和北京地区可以将霾归结为供暖等人为因素,那么在上海、成都不供暖的地区,也出现了严重的灰霾天气,似乎就不仅仅是人为因素所能够解释的了。

4 讨论

本文立足于大气低能见度天气的危害性和相应的大气结构特征,给出了信息数字方法的分析预测、预防方法,霾的预测问题,既在于正确把握近低空大气的滚流状态,也同时揭示了大气的结构特征。大气能量结构分析可以预测地热引起的霾,地热成为霾的预报指标。其预测问题既涉及地区人为排放,也涉及地球本身的问题。且改善环境不仅仅在于改善人为的排放技术的改进,也涉及了自然污染源的实际问题。由于霾牵涉的学科较多,有一定的观测和研究难度,请相关人士进行深入的相关研究,不能人云亦云相互"荫袭"。

致谢:本工作立题研究、实例分析与预测分析的过程中,均得到欧阳首承教授的悉心指导!

参考文献

[1] 吴兑,吴小京,朱小祥.雾和霾.北京:气象出版社,2009.

[2] 邵敏.灰霾与 PM2.5.世界环境,2012,(1):12-13.

[3] 安娜.PM2.5 究竟从哪里来.探索,2012,**6**:38-39.

[4] 于娜,魏永杰,胡敏,等.北京城区和郊区大气细粒子有机物污染特征及来源解析.环境科学学报,2009,**29**(2):243-251.

[5] 徐敬,丁国安,颜鹏,等.北京地区 PM2.5 的成分特征及来源分析.应用气象学报,2007,**18**(5):645-654.

[6] 于扬,岑况,NORRA Stefan,等.2012.北京市大气可吸入颗粒物的化学成分和来源.地质通报,**31**(1):156-163.

[7] 朱先磊,张远航,曾立民,等.北京市大气细颗粒物 $PM_{2.5}$ 的来源研究.环境科研究,2005,**18**(5):1-5.

[8] 宋宇,唐孝炎,张远航,等.北京市大气细粒子的来源分析.环境科学.2002,**23**(6):11-16.

[9] 邹长武,印红玲,刘盛余,等.大气颗粒物混合尘溯源解析方法.中国环境科学,2011,**31**(6):881-885.

[10] 吴俊.北京雾霾的成因及其管制政策.区域经济,2013,**7**:12-13.

[11] 欧阳首承,等.信息数字化与预测.北京:气象出版社,2009.

[12] 易仕明.略谈轻雾、霾、浮尘、烟幕.气象,1982,**8**(11):25-28.

[13] 杨宁.识别视程障碍现象中的几个问题.气象,1982,**8**(11):28-29.

[14] 杨兆明.福建三都的霾.气象,1981,**7**(4):35.

[15] 阎海庆,王新斌,吴子玉等.关于几种视程障碍现象的讨论.气象,1982,**8**(10):18-21.

[16] 吴兑.再论都市霾与雾的区别,气象,2006,**32**(4):10-15.

[17] 欧阳首承,张葵,郝丽萍,等.非规则"时序"信息的结构转换及演化的细化分析.中国工程科学,2005,**7**(4):36-41.

[18] 陈会芝,欧阳首承,郑丽英.雾过程的数字化动态细化分析与预测.中国民航飞行学院学报,2009,**20**(6):24-27.

[19] 杜乐天.对今年一月份我国霾雾重灾原因的浅见补遗.科学网.

WRF 模式对 2013 年 1 月华北一次大雾的数值对比实验

王益柏

(61741 部队,北京 100094)

摘　要

本文针对 2013 年 1 月华北一次大雾天气过程,采用 WRF 模式系统,设计了多组数值试验方案,分别采用不同的边界层方案、微物理方案和陆面方案对此次大雾进行了模拟试验。通过与地面观测资料的对比分析,检验了不同模式参数化方案对大雾过程的模拟效果,找出了部分最适合于此次大雾过程模拟的参数化方案,它们分别是 TEMF 边界层方案、God 微物理方案和 RUC 陆面方案。数值对比试验还表明,WRF 模式对大雾天气地面风速风向的模拟能力较好,其他气象要素存在一定的误差,用 10 m 液态水含量和 10 m 相对湿度指标共同诊断大雾天气能有效提高大雾判识准确率。

关键词:大雾　数值模拟　边界层方案　微物理方案　陆面方案

0　引言

雾是一种由大量水汽和结晶造成能见度低于 1 km 的边界层天气现象[1]。雾天的低能见度严重危害交通运输,并造成巨大的经济损失[2]。因此,国内外学者都对雾的研究倾注了很大的兴趣[3-5]。近年来,国内学者在全国范围不同区域展开了一些雾观测项目,并开展了相关的数值预报试验,取得了一些有意义的研究成果[6-9]。已有的这些研究表明,大雾是一种静稳大气环境下的天气现象,其预报水平远远滞后于降水的预报。雾的数值预报水平与模式各物理参数化方案密切相关,这些参数化方案包括微物理过程、边界层过程、陆面过程和垂直分辨率等。WRF 模式作为新一代中尺度数值天气预报模式,提供了多种完善的参数化方案供选择,模式分辨率可以精确到水平方向 1 km,垂直方向达几十米量级,因此被广泛应用于雾的诊断与预报试验。本文选取 2013 年 1 月华北地区一次大雾天气过程,采用 WRF 模式系统,设计多组数值试验方案,通过与地面观测资料的对比分析,检验不同模式参数化方案对大雾过程的模拟效果,力图找出部分适合于此次大雾过程模拟的最优参数化方案。本文工作将为雾的数值诊断与预报提供必要的参考和借鉴。

1　大雾过程简介

2013 年 1 月 22—24 日,华北地区出现大范围雾霾天气,京津冀鲁豫部分地区能见度不足 100 m。22 日 08:00(本文均采用北京时),北京、天津、河北等地开始出现大雾,部分地区能见度不足 500 m,其中,石家庄能见度不足 100 m;14:00,石家庄 $PM_{2.5}$ 数值达 448 $\mu g \cdot m^{-3}$,保定 327 $\mu g \cdot m^{-3}$,唐山 364 $\mu g \cdot m^{-3}$,空气质量状况达重度污染。23 日 08:00,北京南部、天津、河北中南部、山西中南部、河南中部、山东北部等地继续被大雾笼罩。24 日上午,华北部分地区仍然持续大雾天气,河北中南部、鲁西、豫东等地的雾层较为密实;此后,随冷空气快速东移南下,雾霾天气逐渐消散。

大雾造成上述地区交通受阻,部分路段道路封闭,机场航班延误,空气质量持续偏低。其中,以河北中南部受影响最为严重。22 日 05:00—23 日 05:00,石家庄连续 24 h 大雾,能见度最低时仅有 50 m,导致石家庄国际机场航班较大面积延误,甚至无任何飞机起降。针对此次大雾过程,中央气象台与京津冀鲁豫等地气象部门均连续多次发布大雾预警信号,其中,河北省气象台 21—22 日两天发布了 4 次大雾最高级别红色预警信号,同时,为应对浓雾天气,河北省气象局启动了大雾 IV 级应急响应并升级至 III 级。

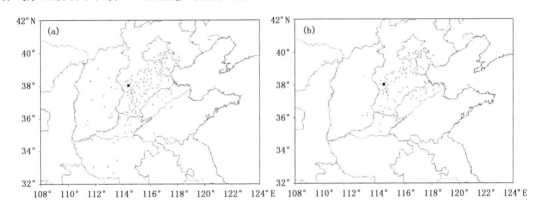

图 1 2013 年 1 月 22 日华北地区雾区分布实况
(a 为 08:00,b 为 20:00;黑色方块为石家庄站位置)

2 数值实验方案

2.1 资料和模式参数

采用 WRFV3.4 模式,设置两重双向嵌套网格,其中大区域覆盖东亚大部,小区域覆盖华北等大雾发生地区,区域范围设置和通用模式参数设置见表 1。

表 1 WRF 模式设置

区域与选项	大区域	小区域
区域与分辨率	水平分辨率:27 km	水平分辨率:9 km
	格点数:100×100	格点数:124×124
积云方案	Kain—Fritsch 方案	
辐射方案	长波辐射:RRTM 方案;短波方案:Dudhia 方案	

FNL 再分析数据(1°×1°,每 6 h 一次)为初始时刻提供背景资料和时变侧边界资料。模拟时间从 2013 年 1 月 21 日 20:00—23 日 08:00,共 36 h,其中前 12 h 为模式 spin—up 时间,结果分析从 22 日 08:00—23 日 08:00。

2.2 对比实验方案

(1)边界层方案对比实验

选取适合于静稳大气状态模拟的边界层方案进行对比试验,包括:MYJ 方案、MYNN 方案、QNSE 方案和 TEMF 方案。垂直方向为 38 层,微物理方案为 Lin 方案,陆面方案为

Noah LSM。

（2）微物理方案对比实验

选取 13 类微物理方案进行对比试验，包括：Wsm－5 方案、Wsm－6 方案、Wdm－5 方案、Wdm－6 方案、Ferrier 方案、MilYau 方案、Nssl 方案、Lin 方案、Kessler 方案、God 方案、Thompson 方案、Morrison 方案和 Sbu－lin 方案。垂直方向分为 38 层，陆面方案为 Noah LSM，边界层方案采用前面得出的最佳方案。

（3）陆面方案对比实验

陆面方案分别采用 5 层的热扩散模式（Thermal）、4 层的 Noah LSM（Noah）、6 层的 RUC LSM（RUC）和 2 层的 Pleim－Xiu LSM（PX）。垂直方向分为 38 层，边界层方案和微物理方案采用前面对比实验得出的最佳方案。

3 结果分析

3.1 边界层方案

（1）大气中雾水含量比较分析

采用液态水含量（云水含量）来描述模拟雾区，一般认为雾中液态水含量的范围为 $\geqslant 0.05$ $g \cdot kg^{-1}$[10]。图 2 是 22 日 08:00 不同边界层方案模拟的 10 m 处液态水含量水平分布图。对比同时次大雾实况（图 1a）可知，MYNN 方案、QNSE 方案和 TEMF 方案模拟的雾区范围与实况大致接近，均模拟出了天津、河北中部和西南部、山西东南部和河南北部的大雾区，其中，TEMF 方案模拟的雾区更均匀、更连续。从大雾模拟强度情况看，TEMF 方案模拟的强雾水浓度区范围较大，这与河北、山西、河南等多地出现能见度不足 100 m 的大雾实况非常一致。结合其他时次的对比分析发现（图略），TEMF 边界层方案对大雾的模拟效果优于其他方案。但所有方案对北京南部、河北南部、山东西北部和山西部分地区的大雾区没有模拟出来。

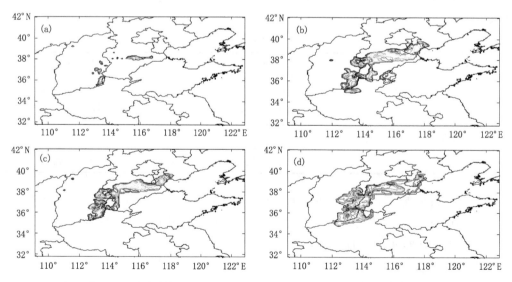

图 2　各边界层方案模拟的 22 日 08:00 10 m 处雾水含量分布（$\geqslant 0.05$ g·kg^{-1}）

（a 为 MYJ，b 为 MYNN，c 为 QNSE，d 为 TEMF；单位：0.05 g·kg^{-1}）

图 3 为各方案模拟的石家庄站 10 m 处液态水含量时间序列图。由图可知,四种方案均没有模拟出整个连续的大雾过程,尤其是对 22 日中午前后和 23 日前期的大雾几乎没有模拟出来。究其原因,可能与其他参数设置有关,这在后面的实验中进一步验证。但即便如此,TEMF 方案对雾水含量的模拟还是要优于其他方案,表现在只有 TEMF 方案模拟出了 22 日20:00 前后的雾现象。

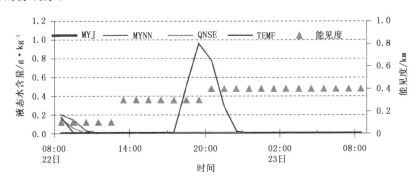

图 3　各边界层方案模拟的石家庄站 10 m 处液态水含量时间序列

（2）地面气象观测要素比较分析

图 4 是各方案模拟的石家庄站气象要素与实况时间序列图。各方案模拟的地面风速与实况基本一致,其中以 TEMF 方案的模拟效果相对较好。各方案模拟的相对湿度相互差异不是很明显,但与实况的差异主要体现在两个时段,一个是 22 日 14:00 前后,一个是 23 日 08:00前后,这与 10 m 液态水含量（图 3）的模拟误差是一致的。

由地面气温和露点温度估算相对湿度存在一定误差,而且较高浓度的 $PM_{2.5}$ 因气溶胶凝结核的吸附作用会显著降低大气湿度,因此在雾霾同时存在的低能见度天气中,仅由相对湿度的比对来评判模拟效果的好坏并不完全可靠。而增加针对地面气温和露点温度等因子的对比分析,可以减小误差增加评判的真实性。由图 4 可知,各方案模拟的石家庄站地面温度露点差虽然都小于 4℃（业务上用于判断发生大雾的经验阈值）,但与实况差异还是比较明显。

（3）小结

由上述分析可知,TEMF 方案总体效果相对较好,但当前的参数设置尚不能完整地模拟大雾过程,后续的数值实验中将边界层方案设置为 TEMF 方案。

3.2　微物理方案模拟试验

（1）大气中雾水含量比较分析

图 5 和图 6 分别是各微物理方案模拟的 22 日 08:00 10 m 雾水含量分布。由图 9 可知,各种 Wsm-方案和 Wdm-方案均能模拟出大雾区域的大致分布,但都没有模拟出北京南部、河北南部和山东西北部的大雾。此外,单阶方案（Wsm-）模拟效果要优于双阶方案（Wdm-）,前者模拟的大雾区范围更广,与实况更接近,这是因为双阶方案（Wdm-）的设计更适合于暖雾过程,而单阶方案（Wsm-）则更适合于混合相态的冷雾过程。由图 6 可知,God 方案、Kessler 方案和 Thompson 方案的模拟效果相对较好,大雾区基本上都模拟出了高雾水含量,而且对河北南部和山东西北部的大雾模拟也优于 Wsm-方案;这三种方案都有针对冬季低温大雾的设计考虑,其中又以 God 方案模拟的雾区范围和强度与实况最为接近,而 Kessler 方案

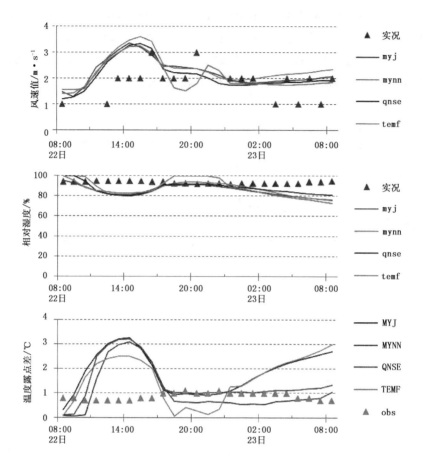

图 4　各边界层方案模拟的石家庄站气象要素与实况时间序列

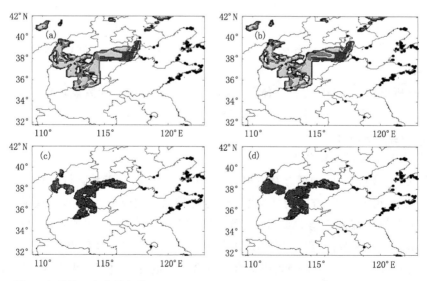

图 5　各微物理方案模拟的 22 日 08:00 10 m 处雾水含量分布（≥0.05 g·kg⁻¹）
（a 为 Wsm5 方案，b 为 Wsm6 方案，c 为 Wdm5 方案，d 为 Wdm6 方案）

和 Thompson 方案在河北北部和辽宁西南部的区域边界有虚假的高值雾水含量区。God 方案是在 Lin 方案[11]基础上改进发展起来的高分辨率方案,其相对较好的模拟效果与它是一种集合模式方案很有关系。

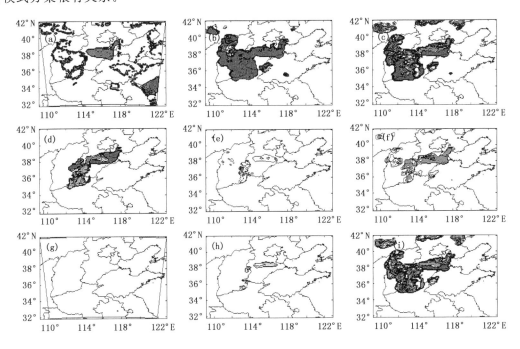

图 6 各微物理方案模拟的 22 日 08:00 10 m 处雾水含量分布(≥0.05 g·kg^{-1})
(a 为 Ferrier 方案,b 为 God 方案,c 为 Kessler 方案,d 为 Lin 方案,e 为 MilYau 方案,
f 为 Morrison 方案,f 为 Nssl 方案,g 为 Sbuylin 方案,i 为 Thompson 方案)

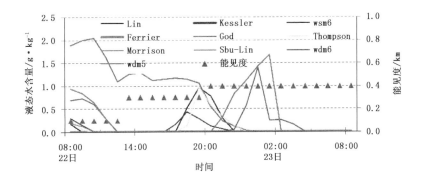

图 7 各微物理方案模拟的石家庄站 10 m 处液态水含量时间序列图

图 7 给出的是各微物理方案模拟的石家庄站 10 m 液态水含量时间变化情况。由图可知,总体来说,God 方案要优于其他方案,其模拟出了从 22 日 08 时至 22 日 23:00 连续的大雾过程,(液态水含量大于 0.05 g·kg^{-1}),但对 23 日上午的大雾模拟得不好。而其他方案模拟效果相对要更差一些,表现在能模拟出夜间大雾过程(wdm5 和 wdm6 方案表现更明显),但对白天的大雾没有模拟出来。此外,对 23 日 00:00 之后的持续大雾,所有方案都没有模拟出来。究其原因,或许与其他模式参数化方案有关,这些都需要后续进行相关的模拟试验和资料

验证。

(2)地面气象观测要素比较分析

图8是各微物理方案模拟的石家庄站地面气象要素的时间变化情况。从地面风速模拟来看,各方案在夜间风速模拟效果较好且一致,下午模拟效果较差且分散。其中,22日14:00左右,除God方案模拟结果与实况相吻合外,其他方案模拟的地面风速比实况偏高1 m·s⁻¹以上(大于3 m·s⁻¹),这也可能是导致它们未能成功地模拟该时段大雾的重要原因之一,因为较高的风速不利于大雾的维持和发展。因此,各种微物理方案中God方案对地面风速的模拟效果最好。从10 m相对湿度模拟看,22日08:00至22日23:00,God方案模拟的相对湿度均为100%,而其他方案模拟结果在22日11时至17:00较低,该时段大部分时间相对湿度低于85%,这与前面雾水含量的对比结果是一致的,这说明该段时间God方案模拟效果优于其他方案。而地面温度露点差的模拟情况与10 m相对湿度类似,22日08:00至22日23:00,只有God方案模拟的温度露点差一直维持较低(≤1℃),且与实况误差最小(≤1℃),其他方案在22日11:00－17:00的模拟误差都偏大。

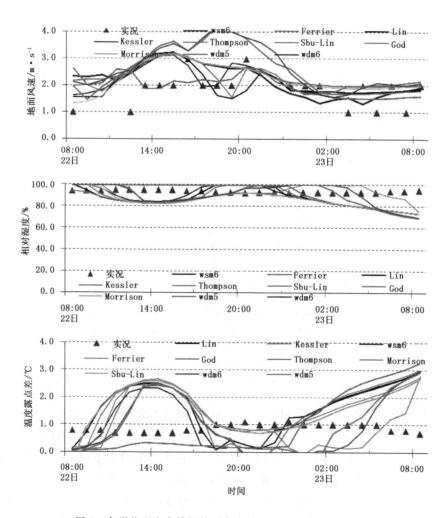

图8 各微物理方案模拟的石家庄站地面风速大小时间序列

（3）小结与讨论

由上述分析可知,God方案总体效果相对较好,其是最适合模拟静稳大气条件下大雾天气过程的微物理参数化方案,后续的数值实验中将微物理方案设置为God方案。

3.3　陆面方案实验

（1）大气中雾水含量比较分析

从模拟的10 m处雾水含量水平分布来看（图9）,各陆面方案模拟的大雾范围和强度差别并不是很大,高雾水含量区都模拟在河北中部和西南部,以及山西东南部和东部,河南北部也有体现。它们之间的细微差别表现在:河北西南部和山西省内的雾区范围稍有差别,其中RUC方案模拟的雾区范围是几种方案中相对最广的,这与实况最为接近。

从模拟的石家庄站10 m液态水含量时间序列变化趋势来看（图10）,整个分析过程只有RUC方案对应的试验完整地模拟出了连续24 h的大雾过程,其中雾水含量呈现夜间高,午后下降但仍然保持大雾水平的特点。而其他几种方案对22日午后的大雾过程模拟失败,对应雾水含量值为零。由此可知,RUC陆面方案是唯一能成功地模拟出此次过程石家庄站连续大雾的陆面方案。

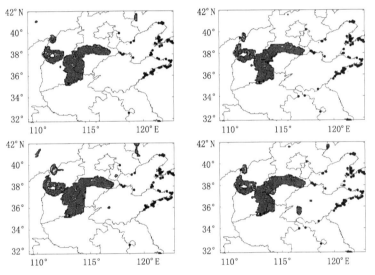

图9　各陆面过程方案模拟的22日08:00 10 m处雾水含量分布（$\geqslant 0.05$ g・kg^{-1}）

（a 为 Noah LSM,b 为 PX LSM,c 为 RUC LSM,d 为 Thermal LSM）

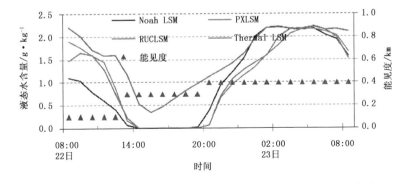

图10　各陆面过程方案模拟的石家庄站10 m处液态水含量时间序列图

（2）地面气象观测要素比较分析

图11是石家庄地面气象要素的模拟情况。由图可知，各方案对风速的模拟误差较小，且趋势一致，均体现了风速夜间小，午后稍增大的趋势。而10 m相对湿度只有RUC方案保持在95％以上，接近100％，而其他方案在22日午后至夜间的相对湿度都较低。对地面温度露点差的分析也表明，整个大雾过程RUC方案模拟结果与实况最接近，误差保持在1℃以内。

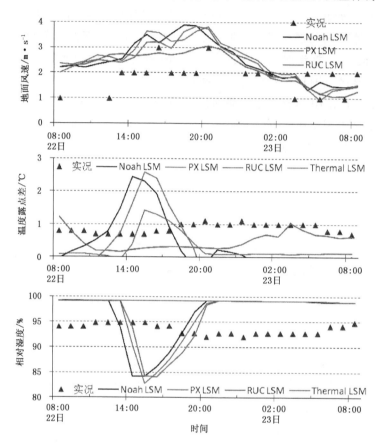

图11 各微物理方案模拟的石家庄站地面风速大小时间序列图

（3）小结与讨论

从雾水含量的水平模拟情况看，各陆面方案的模拟结果差异不大，但RUC方案在河北南部和山西模拟的雾区范围相对较大，与实况最接近。从石家庄单站雾水含量时间序列结果看，RUC方案是唯一能够成功模拟整个大雾过程的试验方案，而且RUC方案模拟的单站地面气象要素与实况最接近、误差最小的。因此，从本次大雾模拟试验看，RUC陆面方案模拟效果最好。

4 结果与讨论

本文针对华北地区一次大雾天气过程，采用WRF模式系统，设计了几组数值模拟试验，通过与地面观测实况的对比分析，检验了不同模式参数化方案的模拟效果，找出了部分最适合于此次大雾过程的模式试验方案，它们分别是TEMF边界层方案、God微物理方案和RUC陆面方案。数值对比试验表明,WRF 模式对大雾天气地面风速风向的模拟能力较好,其他要素存在一定的误差。用 10 m 液态水含量和 10 m 相对湿度指标共同诊断大雾天气能有效地提高大雾判识准确率。

当然,本文工作仅是针对一次大雾过程的模拟分析,某些结论还需后续更多的数值试验验证。大雾天气还与垂直分辨率设置、初始资料同化和大气辐射方案等方面有关,还有必要在这些方面作进一步的研究。

参考文献

[1] WMO. International Meteorological Vocabulary,WMO,1992:182.

[2] 邹进上,刘长盛,刘文保. 大气物理基础. 北京:气象出版社,1982,**6**.

[3] Gultepe I, Tardif R, Michaelides S, *et al*. Fog research: a review of past achievements and future perspectives. *Pure and Applied Geophysics*,2007,**164**,1420-9136.

[4] Cotton W R, AIlthes R A. 1993. 风暴和云动力学. 叶家东等,译. 北京:气象出版社 1993:331-342.

[5] Gultepe I, Pearson G, Milbrandt J A, *et al*. The fog remote sensing and modeling field project. *Bulletin of the American Meteorological Society*,2009,**90**(3):341-359.

[6] Zhou B, Du J. Fog prediction from a multi-model mesoscale ensemble prediction system, *Wea Forecasting*,2010,**25**,303-322.

[7] Miao Y, Potts R, Huang X, *et al*. Application of fuzzy-logic NWP fog guidance to perth fog forecasting decision support system, *5ᵗʰ International conference on fog,fog collection and Dew*. Munster,Germany,25-30 July,2010.

[8] Wu D, Deng X, Mao J, *et al*. A study on macro-and micro-structures of heavy fog and visibility at freeway in the Nanling Dayaoshan mountain. *Acta Meteorological Sinica*,2007,**65**(3):406-415.

[9] Yang J, Xie Y, Shi C, *et al*. Differences in lon compositions of winter fog water between radiation and advection-radiation fog episodes in Nanjing. *Transactions of Atmospheric Sciences*(in Chinese),2009,**32**:776-782.

[10] Shi C, Yang J, Qiu M, *et al*. Analysis of an extremely dense regional fog event in Eastern China using a mesoscale model, *Atmospheric Research*,2010,**95**(4):428-440.

[11] Niu S, Lu C, Yu H, *et al*. Fog research in china: an overview. *Advances in Atmospheric Sciences*,2010,**27**(3):639-661.

我国东北地区一次秋冬季节重污染天气分析研究

吕梦瑶[1]　张恒德[1]　张碧辉[1]　陆忠艳[2]

(1. 国家气象中心,北京 100081;2. 辽宁省气象台,沈阳 110016)

摘　要

利用常规气象观测资料、大气成分资料、NCEP 再分析资料、T639 格点资料和 HYSPLIT 后向轨迹方法,对 2013 年 10 月 19－23 日东北地区的一次重污染天气过程的环流背景形势场、气象要素特征以及影响天气系统的热力和动力结构进行了分析研究;并以沈阳站和哈尔滨站为例,对单站的气象要素变化特征和造成重污染的天气形势特点进行了分析。结果表明:此次重污染天气过程以大雾天气为主,轻雾和烟尘天气交错发生,局地 $PM_{2.5}$ 浓度高达 1000 $\mu g \cdot m^{-3}$;过程发生在高空高压脊环流形势下,地面气压梯度小、低空持续弱偏南风、上干下湿是过程的重要特征,逆温层持续存在是重污染天气形成的有利条件,大气混合层高度的变化与雾霾的生消和发展密切相关,弱下沉运动和区域内输送是造成此次污染过程的主要原因。

关键词:重污染天气　逆温层　混合层高度　单点要素

0　引言

霾,又名大气棕色云,我国香港地区也称之为烟霞,是大量极细微的干尘颗粒(直径为 μm 量级)均匀悬浮在大气中,造成光散射,致使大气浑浊,水平能见度下降的一种天气现象[1]。近年来,随着经济规模的迅速扩大和城市化进程的快速发展,人类活动向大气中排放的污染物大量增加,导致雾霾天气急剧增多[2-3],但多集中在中东部地区。而 2013 年,紧随京津冀地区、长江三角洲、四川盆地和珠江三角洲等四大雾霾高发区之后,沈阳、长春、哈尔滨等东北主要城市也接连出现长时间的雾霾天气,10 月 19－23 日,局地细颗粒物($PM_{2.5}$)一度超过 1000 $\mu g \cdot m^{-3}$,API 超过 500,达到了六级,属于严重污染。美国、加拿大等国家对雾霾的研究开展得较早[4],我国关于雾霾的研究起步于近几年,以吴兑为代表的广东学者对造成雾霾的大气气溶胶粒子的成分和结构做了深入的观测研究[5-6],表明雾霾与人类活动排放的污染物密切相关。但在雾霾的形成机制、气象条件和预报方面,国内研究有待深入。影响雾霾的因素多且复杂,与各地大气污染物成分、地理环境、污染物源类型、基础排放程度都有关系,且各地观测标准不统一,为深入研究带来困难[7-9]。

本文针对我国东北地区发生的一次秋冬季节大范围重污染天气过程的环流形势、气象要素、影响系统的热力和动力场结构进行了分析,探讨重污染天气的气象条件;并以沈阳和哈尔滨为例,对单站的气象要素变化特征和造成强污染的天气形势特点进行了分析。

1　过程实况简介

利用 2013 年 10 月 19 日至 2013 年 10 月 23 日的常规气象观测资料和 NCAR/NCEP 提

资助项目:公益性行业(气象)科研专项(GYHY201306015);气象关键技术集成与应用重点项目(CMAGJ2014Z16)

供的再分析资料(1°×1°),进行过程实况特征统计分析。其中地面观测为 3 h 一次,高空观测资料为 12 h 一次,NCAR/NCEP 再分析资料为一日 4 次。

本次东北地区雾霾日数在 4 d 以上(图 1),10 月 19 日湿度较小,以烟尘和轻雾为主;10 月 21 日开始大雾天气明显增多,在 22 日达到峰值,长春、沈阳、哈尔滨出现雾、霾天气加重,大部地区能见度不足 500 m,局部不足 10 m,哈尔滨 $PM_{2.5}$ 高达 1000 $\mu g \cdot m^{-3}$,空气质量达到"严重污染"级别;10 月 23 日开始受新一轮降水天气影响,整个污染天气过程趋于结束。

从污染天气出现频率来看(图 2),大雾天气达到了 17%,其次是轻雾 15%,烟尘天气出现较少,只有 5%。

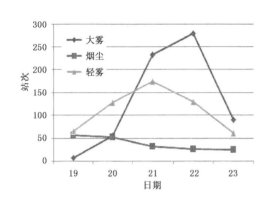

图 1　2013 年 10 月 19—23 日东北地区
逐日大雾、烟尘、轻雾出现站次

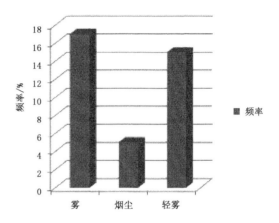

图 2　2013 年 10 月 19—23 日东北地区
不同天气现象出现频率

从 FY—2E 气象卫星监测实况来看(图 3),10 月 21 日 09:00,大雾主要位于内蒙古东部、黑龙江西南部和东部、吉林中西部和东部局地、辽宁北部等地,卫星可视的大雾影响面积约为40.8 万平方千米;到了 22 日 08:00,大雾主要位于内蒙古东部偏南地区、黑龙江西南部和东部、吉林西部和辽宁西部等地,卫星可视的大雾影响面积约为 38.8 万 km^2。

(a)

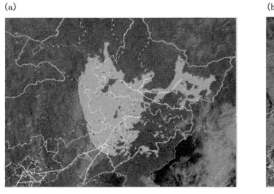

(b)

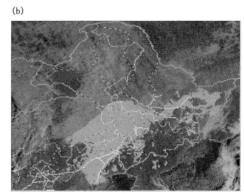

图 3　2013 年 10 月 21 日 09:00 和 22 日 08:00 FY—2E 气象卫星监测

从污染天气出现站次的日变化来看(图 4),大雾天气主要发生在 05:00—14:00,在大雾天气最严重的 21 日、22 日变化更为明显,这可能与水汽条件的日变化有关;与之对应的,烟尘主要发生在傍晚时段(17:00—20:00),在本次过程的前期 19 日、20 日这种变化更明显。

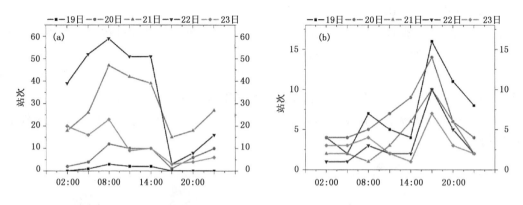

图 4　2013 年 10 月 19—23 日东北地区不同天气现象出现站次的日变化

(a 为大雾,b 为烟尘)

从地面实况观测来看(图略),这次区域性污染天气过程的前期,辽宁省从 19 日午后开始出现中到小雨天气,降水使近地面层空气中的相对湿度明显增加,而同时期在黑龙江和吉林省出现了大范围的轻雾和烟尘的天气,这种天气一直持续到 20 日晚间。20 日午后这一轮弱降水趋于结束,但是气温没有明显下降,风也较小,而且天气很快变得晴朗,空气中的湿度较大,又加上白天日照好有利于蒸发,入夜后下垫面辐射降温,于是产生大雾天气;且随着低层水汽向北输送,吉林和黑龙江也相继出现大雾天气。22 日夜间受降水和新一轮冷空气影响,雾霾天气过程才结束。

由于雾是由雾凝结核和水汽所组成,而雾凝结核中很大一部分来自于 $PM_{2.5}$。从环保部公布的污染物变化趋势(图 5)和哈尔滨市 AQI 值(图 6 略)来看,从 20 日开始采暖以来,可吸入颗粒物(PM_{10})和细颗粒物($PM_{2.5}$)的浓度急剧上升,其中 10 月 20 日,哈尔滨市可吸入颗粒物、细颗粒物的日均值浓度分别为 730,632 $\mu g \cdot m^{-3}$。超标污染物为可吸入颗粒物、二氧化氮、细颗粒物,首要污染物为细颗粒物。哈尔滨市均 AQI 值为 500,空气质量级别为六级,属于严重污染。12 个监测点位中除岭北和道外承德广场外,其余 10 个监测点位 AQI 值均为 500。

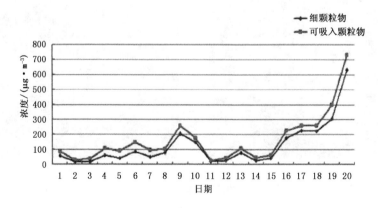

图 5　10 月 1—20 日哈尔滨市可吸入颗粒物(PM_{10})、细颗粒物($PM_{2.5}$)的变化趋势

从中国气象局监测的污染物浓度(图 7)来看,沈阳、哈尔滨的可吸入颗粒物(PM_{10})和细颗粒物($PM_{2.5}$)浓度从 20 日有明显上升,整个过程中,这两地的细颗粒物($PM_{2.5}$)浓度基本在 150 $\mu g \cdot m^{-3}$ 以上;长春相对而言污染物(可吸入颗粒物和细颗粒物)浓度较低,只有在 21 日和 22 日两天细颗粒物浓度超过了 150 $\mu g \cdot m^{-3}$;此外,21 日、22 日两天沈阳站的可吸入颗粒物(PM_{10})浓度一度超过了 1500 $\mu g \cdot m^{-3}$,长春站在 22 日当天可吸入颗粒物(PM_{10})浓度一度超过了 1000 $\mu g \cdot m^{-3}$;整个过程中,沈阳、长春、哈尔滨三地的 $PM_{2.5}/PM_{10}$ 比值分别为,88.9%,82.6%,82.2%,再一次说明本次过程的首要污染物为细颗粒物。

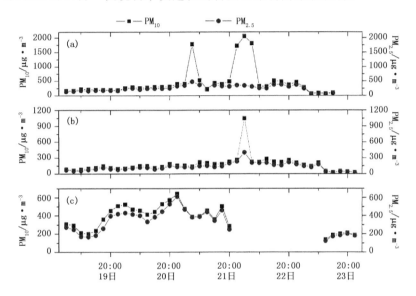

图 7　2013 年 10 月 19—23 日沈阳(a)、长春(b)、哈尔滨(c)可吸入颗粒物(PM_{10})和细颗粒物($PM_{2.5}$)浓度的变化

总体而言,本次过程具有以下特点:持续时间长、局地污染重,影响面积大,能见度很低。

2　成因分析

下面从本次天气过程的环流形势、影响系统的热力和动力场结构进行分析,探讨雾霾天气的成因;并以沈阳和哈尔滨为例,对单站的气象要素变化特征和造成强污染的天气形势特点进行分析。

从 500 hPa 环流形势来看(图 8),极涡中心低压约为 500 dagpm,强度不大,距离我国较远,极涡南部有小股冷空气分裂南下,但路径较西。东北地区主要受高压脊控制,且平均高度场大于常年距平。从 500 hPa 平均经向风来看,东北地区受偏南风控制,西北地区和华北西部为偏北风。这种形式不利于大范围冷空气南下进入东北地区。海平面气压场上(图略),贝湖以西有一高压系统,中心强度 1030 hPa,东北地区大部处于均压场中,气压梯度小,地面风速小,且形势十分稳定。大雾发生的四天内,风速为 1~4 $m \cdot s^{-1}$,且地面有辐合线维持,微风且有辐合对雾的形成十分有利。

风对大气污染物扩散起着重要作用,风速越小越不利于大气污染物的扩散,使得大量污染物在市区堆积,导致大气环境质量恶化。从风廓线变化(图 9 略)可看出,在发生大雾或轻雾天

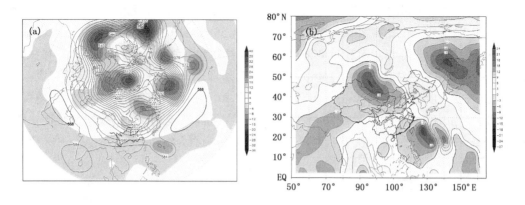

图 8　10月19—23日500 hPa平均高度场(单位:dagpm)及距平(a)、平均经向风(b)

气时,中高层由反气旋式环流控制,近地层到地面风速减小,1000 hPa以下风速均不超过 2 m·s^{-1},持续时间长达 2～3 d,对污染物的扩散稀释极为不利。尤其在 21—22 日两天,925 hPa以下风速都小于 4 m/s,850 hPa的风速也只有 2～4 m/s,对 21—22 日形成持续污染起了重要作用;22 日 20:00 以后,近地层的风速逐渐增大,整个污染过程趋于结束。

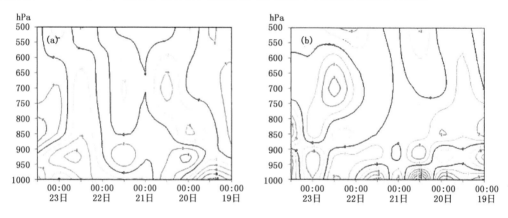

图 10　19 日 08:00 至 23 日 20:00 散度场随时间剖面图
(a 为沈阳,右为哈尔滨)

从散度场的时间剖面图(图 10)可以看出,发生轻雾和大雾时(沈阳站 20 日 08:00—22 日 08:00),近地层(925 hPa 之下)散度值在 -4×10^{-5}～0 s^{-1},为弱辐合,对应弱的正涡度;925～850 hPa 散度值在 $0～2\times10^{-5}$ s^{-1},为弱辐散,说明边界层中上部(850 hPa 附近)出现相对较弱的辐散和下沉运动,抑制了混合层的发展,边界层内结构趋于稳定,有利于局地雾的形成;22 日 08:00 之后,沈阳站高低空转为一致的强辐合,边界层内(850 hPa 以下)最大散度值 -6×10^{-5}s^{-1},强辐合作用于流场,使得对流层中低层的上升运动加强,对应新一轮降水的开始,大雾过程由此结束。

但是发生烟尘或轻雾时(哈尔滨站 19 日 08:00 至 20 日 20:00),近地层(950 hPa 以下)是弱的正散度($0～4\times10^{-5}$s^{-1}),说明近地层空气维持弱的下沉运动,有利于形成下沉逆温,抑制了近地层污染物的垂直扩散,造成污染物的积聚增多,边界层中上部(950 hPa～900 hPa)出现弱辐合($-2\times10^{-5}\sim0\ \mathrm{s}^{-1}$),但是在边界层顶(850 hPa 附近)又转为弱辐散($0\sim2\times10^{-5}\ \mathrm{s}^{-1}$),进一步抑制了混合层高度的发展,导致烟尘天气强度加强,范围扩大。

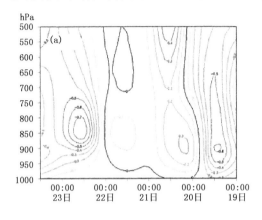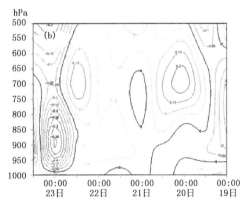

图 11　19 日 08:00—23 日 20:00 垂直速度随时间剖面图

(a 为沈阳,b 为哈尔滨)

由于垂直运动会引起水汽、热量、动量、涡度等的垂直输送,所以对天气系统的发生、发展有很大影响。从垂直速度的时间剖面图(图 11)可以看出,发生轻雾和大雾时(沈阳站 20 日 08:00—22 日 08:00),沈阳上空 500 hPa 以下垂直速度为正值,其中最大值出现在 500 hPa 附近,达 $0.4\times10^{-3}\ \mathrm{hPa\cdot s}^{-1}$,低层维持下沉运动,且近地层下沉运动较弱;22 日 08:00 以后,500 hPa 以下逐渐转为一致的较强的上升运动,垂直对流运动加强,其中最大值出现在 850 hPa 附近,达$-0.7\times10^{-3}\mathrm{hPa\cdot s}^{1}$对应降水过程的开始,大雾趋于消散。

但是发生烟尘或轻雾天气时(哈尔滨站 19 日 08:00 至 20 日 20:00),近地层(925 hPa 以下)为弱的下沉运动($0\sim0.1\times10^{-3}\mathrm{hPa\cdot s}^{-1}$),近地层之上到 850 hPa 之间为弱的上升运动($-0.1\times10^{-3}\mathrm{hPa\cdot s}^{-1}\sim0$),在 19 日 20:00—20 日 20:00 之间,850 hPa 以上维持下沉运动($0\sim0.2\times10^{-3}\mathrm{hPa\cdot s}^{-1}$),最大值出现在 700 hPa 附近,边界层之上的下沉运动抑制了污染物向高空输送。21—22 日,哈尔滨站上空垂直运动较弱,对应较稳定的大气层结状态,近地面出现了大雾天气。22 日夜间开始,500 hPa 以下逐渐转为一致的上升运动($-0.35\times10^{-3}\mathrm{hPa\cdot s}^{-1}\sim0$),最大值出现在 925~850 hPa,垂直对流运动加强,对应地面新一轮降水的开始,污染过程趋于消散。

从相对湿度场(图 12)可以看出,在发生烟尘天气时(19 日 08:00),2 m 相对湿度较低,东北平原大部分都在 80% 以下,850 hPa 相对湿度更低,大部分都在 70% 以下,这种"上干下干"的湿度条件不利于污染物吸湿增长,所以在黑龙江和吉林两省出现了大范围的烟尘天气,辽宁以轻雾为主;19 日 11:00 辽宁自西向东开始出现降水,到了 20 日 08:00(图略)降水还在持续,辽宁和吉林西部的 2 m 相对湿度都在 95% 以上,而黑龙江大部分地区仍在 80% 以下,所以仍然出现大面积的烟尘天气,但是随着低空一致的偏南风,整个东北平原 850 hPa 的相对湿度都达到了 90% 以上;由于夜间气温小幅下降,到了 21 日 08:00,近地面层饱和或接近饱和,东北地区 2 m 相对湿度达到了 90% 以上,且 850 hPa 上相对湿度小于 60%,这种"上干下湿"的结构有利于出现区域性大雾;22 日 08:00 的湿度条件与 21 日 08:00 类似,2 m 相对湿度高值区分布更为均匀,大雾天气维持。

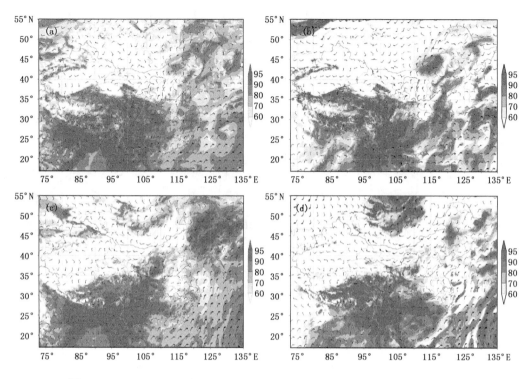

图 12 19 日 08:00(上)和 21 日 08:00(下)2 m(左)和 850 hPa(右)相对湿度场

污染物排放进入低空大气以后,在湍流运动作用下向四周扩散,当逆温生成后,湍流运动受到抑制,大气扩散能力随之减弱,因此逆温常常以最为重要的污染气象条件来考虑。出现大雾时,沈阳和哈尔滨两地的近地层均出现了逆温,层结较稳定(图 13)。所不同的是,沈阳站逆温层顶较高,在 850 hPa 以下有多层逆温,逆温强度不强;哈尔滨站逆温层顶较低(925 hPa),且只有一层逆温,强度较强。水汽条件来看,沈阳站在 700 hPa 以下温度露点差较小,湿度较大;而哈尔滨站的湿层可达 600 hPa 以上,湿度条件较好。

为进一步了解烟尘天气和大雾天气转换过程中的物理要素分布特征,特选取 10 月 19—23 日哈尔滨持续出现的烟尘—大雾—降水天气过程进行分析,分析其整个过程中特征物理量的变化。

本文中采用罗氏法计算混合层高度[10]。计算公式如下:

$$h = \frac{121}{6}(6-P)(T-T_d) + \frac{0.169P(U_z + 0.257)}{12f\ln(Z/Z_0)} \tag{1}$$

其中,h 为混合层高度,$(T-T_d)$ 为温度露点差,U_z 为高度 Z 处的平均风速,Z_0 为地表粗糙度,f 为地转参数,P 为 Pasquill 稳定度级别(根据地面观测资料,综合考虑热力和动力因子,把太阳高度角、云量和风速分级定量化,把大气稳定度分为强不稳定、不稳定、弱不稳定、中性、较稳定和稳定六个级别,P 值依次为 1~6)。

垂直交换系数的计算公式如下:

$$VEI = (0.84K - 0.12SI + 0.33LI)^3 \tag{2}$$

(其中 K 为气团指数,SI 为沙氏稳定度指数,LI 为抬升指数)

地面通风系数的计算公式如下:

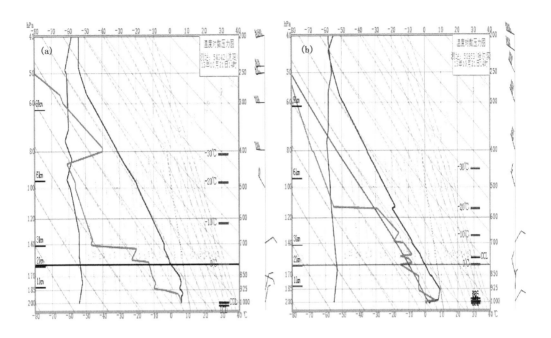

图 13　21 日 08:00 温度对数压力图
（a, 为沈阳, b 为哈尔滨）

$$V = h \cdot v_{10} \tag{3}$$

其中, V 单位为 $m^2 \cdot s^{-1}$, 其中 h 为混合层高度(m), v_{10} 为 10 m 风速($m \cdot s^{-1}$)。

由图 14 可以看出, 整个过程中, 混合层高度与风速和地表通风系数有较为一致的变化; 在地面维持小风速(2 $m \cdot s^{-1}$ 以下)的情况下, 出现烟尘或轻雾时(19 日 20:00－20 日 17:00)的混合层高度(450 m 左右)普遍比出现大雾时(20 日 20:00－21 日 23:00)的混合层高度(100 m 以下)高; 由于地表通风系数(SVC)是混合层高度和 10 m 风速的函数, 所以也有相同的变化; 但是出现烟尘或轻雾时的垂直交换系数普遍比出现大雾时的大, 说明大雾时的大气层结更为稳定。

10 月 19 日 20:00－20 日 05:00, 水平风速较小($\leqslant$1 $m \cdot s^{-1}$), 污染物不易向外扩散, 同时混合层高度较低($<$0.5 km), 导致污染物无法向上层输送, 虽然由于夜间的辐射降温, 导致近地层的水汽逐渐接近饱和, 但此时段内相对湿度较低($\leqslant$90%), 所以以烟尘和轻雾天气为主; 到了 08:00 近地面层的水汽已经接近饱和(相对湿度$>$95%), 大气中气溶胶粒子迅速吸湿增长, 形成了雾滴; 之后随着太阳辐射的增强, 气温回升, 混合层高度迅速升高(11:00 接近 0.9 km), 但同期人类活动逐渐增多, 污染物排放量增加($PM_{2.5}$ 浓度持续升高), 因此随着湿度减小(相对湿度接近 60%), 雾滴脱水变成霾粒子, 20 日 11:00 之后转为霾(烟尘)天气; 日落后 (20 日 20:00), 随着夜间的辐射降温, 近地层的水汽再度接近饱和(23:00 相对湿度$>$95%), 地面转为大雾天气, 并一直持续到 23 日 02:00, 此时段内混合层高度较低($<$0.6 km), 21 日 02:00－22 日 02:00 混合层高度甚至低于 0.1 km, 水平风速较小($\leqslant$1 $m \cdot s^{-1}$), 垂直交换系数和水平通风系数普遍较小, 说明无论是向上扩散还是向外扩散能力均较差, $PM_{2.5}$ 浓度持续维持在 250 $\mu g \cdot m^{-3}$ 以上, 这也导致了此次大雾影响时间久、污染重。23 日之后, 地面风速逐渐加大($\geqslant$3 $m \cdot s^{-1}$), 之后随着太阳辐射加大, 气温升高, 大气热力和动力湍流作用加强, 混合层

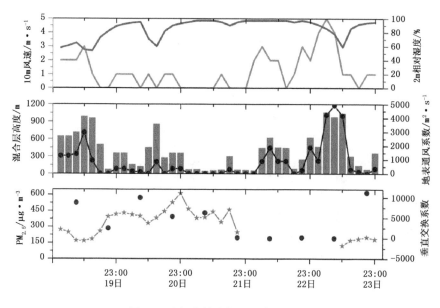

图 14　哈尔滨单站物理要素的变化

高度继续抬升(>0.9 km),水平扩散和垂直交换能力增强,气溶胶粒子得以扩散稀释(PM$_{2.5}$浓度维持在 150 μg·m^{-3}左右),污染强度减弱,23 日 05:00 开始天气转为良好;之后随着新一轮降水的开始,对细颗粒物有进一步的清除,此次污染过程结束。

对日益严重的区域性灰霾污染的研究表明,除天气气候因素以外,区域性灰霾污染的成因,既有污染物排放增加的原因,也与污染源的区域化分布和污染物的中长距离输送,以及山脉和地形的限制性因素有关[11]。

从 5 日内后向轨迹追踪结果(见图 15)来看,10 月 20 日影响哈尔滨的低空气团(1 km 以内)主要来自西南方向,其中 19 日开始主要是来自东北区域内的输送。10 月 22 日影响沈阳

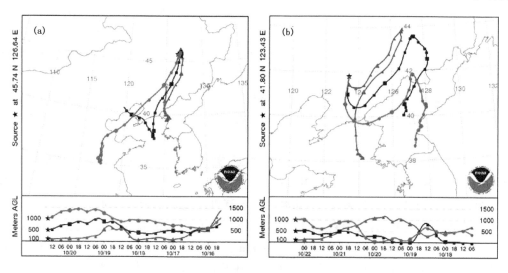

图 15　不同高度气团后向输送轨迹
10 月 20 日哈尔滨(a)和 10 月 22 日沈阳(b)

的低空气团(1 km 以内)前期主要来自偏南方向,后期主要来自东北方向,可以明显看到此次污染过程的气团主要在东北区域内局地输送。

3 小结

通过对 2013 年 10 月 19－23 日我国东北地区一次秋冬季节重污染天气过程的分析,得到了以下主要结论:

(1)此次重污染过程以大雾天气为主,轻雾和烟尘天气交错发生,持续时间长、影响范围广、局地污染重、能见度很低。

(2)过程发生在高空高压脊环流形势控制下,低空以弱偏南风为主导,无明显冷空气活动;地面为均压场形势,气压梯度小,风速较小;形势持续稳定。

(3)冬季燃煤供暖增加了气溶胶的排放,导致凝结核增多,区域内 $PM_{2.5}$ 浓度较高是此次过程的内在原因。

(4)"上干下湿"的条件加速了气态污染物向液态颗粒物成分的转化,逆温层持续存在是重污染天气形成的有利条件,大气混合层高度的变化与雾霾的生消和发展密切相关,水平静风、弱下沉运动和层结稳定等"静稳天气条件"是造成此次污染过程的主要原因。

本文在常规天气形势分析和气象要素特征统计的基础上,增加了大气污染物实况资料的对比分析,在下一步的研究中,将重点关注静稳天气条件、输送扩散条件等特殊气象条件与污染物浓度分布的关系。

参考文献

[1] 《大气科学辞典》编委会.大气科学辞典.北京:气象出版社,1994:408.

[2] 刘爱军,杜尧东,王惠英.广州灰霾天气的气候特征分析.气象,2004,**30**(12):68-71.

[3] 江崟,曹春燕.2003 年深圳市灰霾气候特征及影响因素.广东气象,2004,**4**:14-15.

[4] Schichtel B A, Husar R B, Falke S R, *et al*. Haze trends over the United States, 1980-1995. *Atmospheric Environment*, 2001,**35**:5205-5210.

[5] 吴兑,毕雪岩,邓雪娇.珠江三角洲大气灰霾导致能见度下降问题研究.气象学报,2006,**64**(4):511-516.

[6] 吴兑,廖国莲,邓雪娇,等.珠江三角洲霾天气的近地层输送条件研究.应用气象学报,2008,**19**(1):1-9.

[7] 程水源,席德立.关于确定大气混合层高度的几种方法.环境科学进展,1997,**5**(4):63-67.

[8] 钱公望,赵灵霞.气溶胶卫星滴结构粒子与灰霾天气的相关性.华南理工大学学报,2006,**34**(5):5-10.

[9] 饶晓琴,李峰,周宁芳,等.我国中东部一次大范围霾天气的分析.气象,2008,**34**(6):8-15.

[10] 马福建.用常规地面气象资料估算大气混合层高度的一种方法.环境科学,1990,**5**(1):11-14.

[11] 王喜全,杨婷,王自发.灰霾污染的跨控制区影响——一次京津冀与东北地区灰霾污染个案分析.气候与环境研究,2011,**16**(6):690-696.

温度平流在沙尘暴落区预报中的应用

孙永刚　　孟雪峰

(内蒙古自治区气象台,呼和浩特 010051)

摘　要

针对内蒙古沙尘暴天气中大气层结稳定度问题,选取了内蒙古强沙尘暴、大风(以大风为主部分地区伴有扬沙天气)两种天气过程,对冷空气活动的温度平流空间分布特征进行对比分析。分析结果表明:沙尘暴、大风天气都有较强的冷平流活动,但强冷平流的垂直分布明显不同。沙尘暴天气强冷平流中心位于较高的 600～700 hPa 层次,其与近地层弱冷平流叠加,形成高低层温度平流差异,使得垂直气温直减率加大并保持这一趋势,形成有利于沙尘暴发生的深厚不稳定层结条件,在低层扰动的触发下形成干对流风暴,能量交换不稳定能量释放,使该层大气趋于中性层结即混合层,混合层是能量交换的一个平衡态;大风天气强冷平流中心位于较低的 850 hPa 以下层次,不利于形成不稳定层结条件。沙尘暴扬起的高度就是混合层厚度,比强冷平流中心位置高出 150 hPa 左右,强度达到 -45×10^{-3} ℃ $\cdot$ s^{-1} 以上的强冷平流中心在 600～700 hPa 层次时,混合层厚度可达到 500 hPa 以上层次,这一强度的沙尘暴天气可以影响到我国江南沿海地区。

关键词:温度平流　沙尘暴　大气层结　混合层

0　引言

沙尘暴是一种发生在干旱、半干旱地区危害严重的灾害性天气,其对工农业生产、交通运输、人民财产和身体健康等方面危害严重。每年春季我国西北地区在特定的气候背景和天气势下,受冷锋造成的强风作用,土壤中大量尘粒被卷入空中而导致沙尘暴的爆发。正是由于沙尘暴灾害的严重性和频发性,越来越受到科学家和全社会的广泛关注,学者们从观测分析研究、天气气候特征统计分析、数值模拟与远程传输、遥感监测、沙尘暴期间高空、地面气象要素变化特征分析、沙尘粒子的物理化学特性、生态环境和气候效应以及辐射强迫等领域开展了深入研究[1-16]。

大气层结条件是沙尘暴形成的重要影响因素之一。Carlson 等[17]对撒哈拉地区沙尘暴过程的研究发现,在沙尘暴传输过程中,沙尘层(850～500 hPa)维持一等熵混合层。Pauley 等[18]研究影响美国加州的强沙尘暴过程中也发现在强沙尘暴出现前形成了等熵混合层。Takemi[19]在研究"9355"黑风暴过程中发现,在黑风暴出现之前,地面加热导致对流层低层形成了深厚的混合层,由于混合层明显减小了抬升气块所需的能量,使得冷锋前地面辐合触发了强干对流和黑风暴。王式功等[20]对西北地区强沙尘暴过程的研究发现,在强沙尘暴出现之前往往在大气低层形成不稳定层结,为旺盛干对流的产生创造了有利条件。钱正安[21]给出的强沙尘暴天气模型把不稳定层结作为一个重要特征。姜学恭等[22]对内蒙古地区两种不同类型沙尘暴过程的大气层结特征进行了对比分析表明,沙尘气溶胶的辐射强迫效应同时削弱白天的层结不稳定度和夜间的层结稳定度。孙永刚等[23]对内蒙古一次强沙尘暴过程综合观测分析表明,混合层可能是沙尘暴干对流能量释放的一个平衡态,对流层中低层冷平流的强度、位置和层次,一定程度上影响着混合层的厚度和沙尘暴的强度。因此,沙尘暴发生时深厚混合层形成的原因和条件是什么? 在沙尘暴预报中是否可以对沙尘扬起高度进行定量预报? 很有必要进行深入的研究。

本文针对沙尘暴天气的大气层结问题,选取了内蒙古强沙尘暴天气过程、大风天气过程(以大风为主部分地区伴有扬沙天气)若干次进行对比分析。对强沙尘暴过程中温度平流对大气层结的影响,混合层形成的原因和条件进行分析,希望揭示内蒙古高原上在同样的大风天气中,为什么有时形成强沙尘暴而有时不会出现明显的沙尘天气,为沙尘暴落区预报提高技术支撑和指标依据。

1　沙尘暴天气过程中温度平流的分布特征

1.1　温度平流与沙尘暴落区的关系

沙尘暴天气是强冷空气活动造成的,在沙尘暴天气过程中温度平流不仅存在并具有明显的分布特征。2010 年 3 月 19 日 08:00—20:00 内蒙古中、西部发生强沙尘暴天气过程(图 1),强沙尘暴、沙尘暴发生区域与 08:00—20:00 600 hPa 冷平流中心控制区是吻合的,600 hPa 强冷平流,强中心达到 -45×10^{-3}℃·s^{-1},其自西北向东南移动的过程中,受其影响的地区产生了沙尘暴甚至强沙尘暴天气。可见,冷空气活跃是沙尘暴形成的必要条件,600 hPa 强冷平流

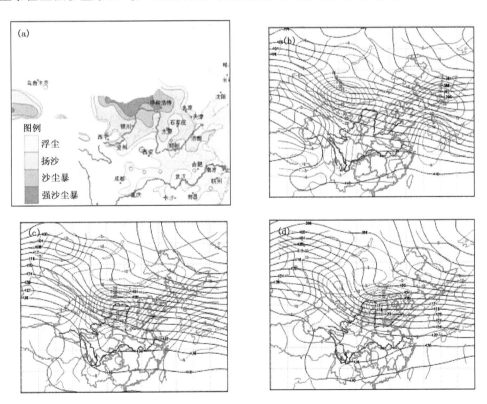

图1　2010 年 3 月 19 日沙尘天气范围(a),08:00(b)、14:00(c)、20:00(d)600 hPa 温度平流

(单位:10^{-3}℃·s^{-1})

中心控制区与沙尘暴发生区域关系密切。

从 2010 年 3 月 19 日 14:00 不同层次温度平流分布可见(图 2),强冷平流中心在 600 hPa 和 700 hPa 层,500 hPa 和 850 hPa 层较弱,尤其是 850 hPa 只有 -25×10^{-3} ℃·s^{-1},与 700 hPa 相差 20×10^{-3} ℃·s^{-1}。可见,在沙尘暴天气中,强冷平流中心在相对较高的 600 hPa 和 700 hPa 层次,在较低的 850 hPa 层次冷平流相对较弱。

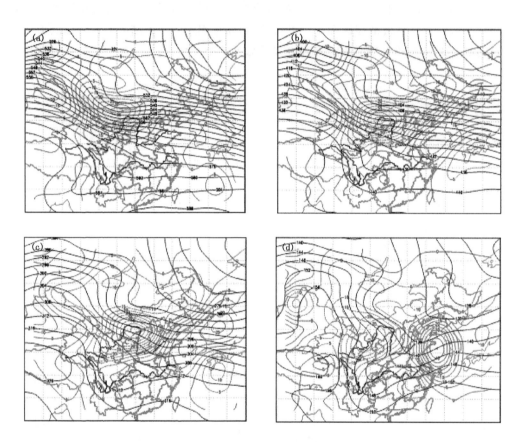

图 2　2010 年 3 月 19 日 14:00 不同层次温度平流

(a 为 500 hPa,b 为 600 hPa,c 为 700 hPa,d 为 850 hPa;单位:10^{-3} ℃·s^{-1})

1.2　沙尘暴与大风天气中温度平流分布差异

强冷空气活动通常会形成大风、沙尘暴天气,但是两者并非一定同时发生,有时会出现以大风为主的天气,局部地区可能伴有扬沙天气,春季也是如此。为什么同样的大风天气,有时出现沙尘暴而有时没有沙尘暴?我们从温度平流分布的角度对两种天气进行对比分析。2005 年 4 月 19 日 14:00—20:00 内蒙古中部地区出现大风,部分地区伴有扬沙天气。从 2005 年 4 月 19 日 14:00 不同层次温度平流分布可见(图 3),强冷平流中心在较低的 850 hPa 层,冷平流强度较强,中心达到 -40×10^{-3} ℃·s^{-1},700 hPa 以上各层次冷平流明显偏弱,中心只有 -20×10^{-3} ℃·s^{-1} 左右。对比图 2 可见,大风、沙尘暴天气中都有较强的冷平流存在,但沙尘暴天气中强冷平流中心位于较高的 600 hPa 层次,而单纯的大风天气中强冷平流中心位于较低的 850 hPa 层次。

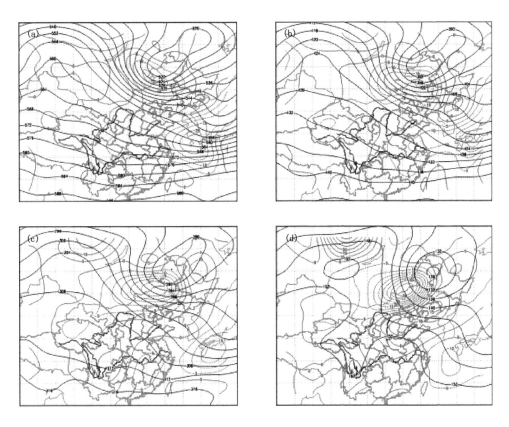

图 3　2005 年 4 月 13 日 14:00 不同层次温度平流

（a 为 500 hPa,b 为 600 hPa,c 为 700 hPa,d 为 850 hPa;单位:10^{-3}℃・s^{-1}）

1.3　温度平流垂直分布特征

　　为了更清楚地分析大风、沙尘暴天气中温度平流的垂直分布特征,我们对它们的温度平流场制作过冷平流中心的经向和纬向剖面图(图 4)。在沙尘暴天气中,冷平流中心强度强达到 $-50×10^{-3}$℃・s^{-1},中心位于 660 hPa 的较高位置,冷平流中心及其前部与近地层之间等值线密集,表明其存在较大的温度平流差异,最大温度平流差达到 $20×10^{-3}$℃・s^{-1},温度平流差异大值区域可达 5～10 经纬度。大风天气中,冷平流中心强度较强,但中心位于 850 hPa 以下的较低位置,冷平流中心基本位于近地层,与近地层之间没有明显的温度平流差异。可见,大风、沙尘暴两类天气温度平流的垂直分布特征差异明显。

　　普查了 19730401、19740423、19760420、19790411、19800418、20010406、20020406、20060309、20100319 等 9 次典型强沙尘暴天气过程和 20030410、20040504、20050413、20070503、20100403 等 5 次大风(无沙尘暴)天气过程,强冷平流中心垂直分布(表 1)。9 次强沙尘暴天气过程,强冷平流中心都位于 700 hPa 以上的较高位置,5 次大风天气过程,强冷平流中心都位于 850 hPa 以下的较低位置。可见这样特征具有普遍性,对沙尘暴预报意义重大。

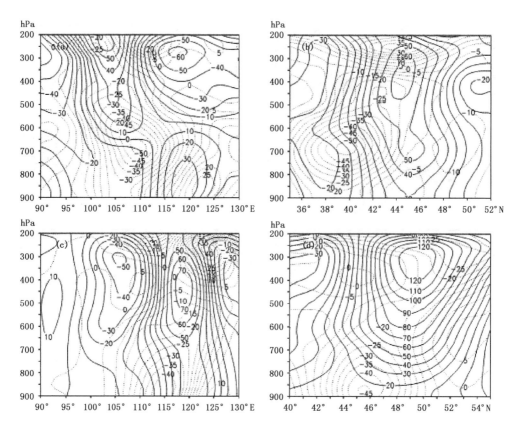

图4 2010年3月19日14时沿41°N(a)、沿110°E(b)2005年4月13日14时沿45°N(c)、沿115°E(d)温度平流剖面图(单位:10^{-3}℃·s^{-1})

表1 强冷平流中心垂直分布表

层次/hPa	强冷平流中心高度层次统计	
	强沙尘暴天气	大风天气(无沙尘暴)
500	1	
600	5	
700	3	
800		1
850		4

2 温度平流垂直分布差异对大气层结的影响

大气层结稳定性是沙尘暴形成的重要因素,是沙尘暴预报的关键。相关研究表明,边界层内形成深厚的混合层,其厚度有时可达到500 hPa等压面高度,深厚的混合层是深厚干对流和强沙尘暴产生的主要原因。但在预报中我们常常会发现沙尘暴天气发生前并没有深厚的混合层形成,更多的深厚混合层是与沙尘暴天气同时发生的。在沙尘暴天气中,温度平流垂直分布差异直接影响大气层结稳定性,对流层500~700 hPa强冷平流中心的作用,其下层至近地层冷平流明显要弱得多。正是由于高低层这种温度平流差异,使得垂直气温直减率加大并保持这一趋势,形成沙尘暴发生的不稳定层结条件。在低层扰动的触发下形成干对流风暴,产生沙尘暴天气,能量交换不稳定能量释放,使该层大气趋于中性层结即混合层,混合层是能量交换的一个平衡态。因此,500～700 hPa 较高的强冷平流中心与其下层的温度平流差异是形成干对流沙尘暴和深厚混合层的根本原因。

从 2010 年 3 月 19 日 20:00 强冷平流中心高度与形成的沙尘暴混合层厚度对比分析(图5),可见,强冷平流中心高度为 650 hPa,其形成的不稳定层结在 650 hPa 以下层,但在能量释放后形成较强干对流,在惯性作用下,其可以突破 650 hPa 达到 500 hPa,在 500 hPa 以下形成混合层,强冷平流中心高度越高,混合层越深厚。因此,通过强冷平流中心高度可以对混合层厚度做出基本的判断和预报。

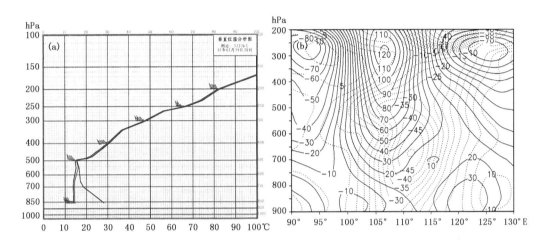

图 5 2010 年 3 月 19 日 20:00 乌拉特中旗(53336)θ(左)、$θ_{se}$(中)、$θ_e$(右)垂直分布廓线图(单位:℃)
(a);19 日 20:00 沿 40°N 温度平流剖面(单位:10^{-3}℃・s^{-1})(b)

3 沙尘扬起高度及落区分析

沙尘暴天气中沙尘扬起的高度就是混合层高度,通过探空曲线通常可以分析出混合层顶的逆温层存在,这是扬起的沙尘顶层受太阳辐射作用升温所致,沙尘可以受系统上升气流携带达到更高的平流层,但其浓度要小很多。对强沙尘暴天气统计表明,内蒙古高原上强沙尘暴的混合层厚度达到 600 hPa 以上,其东南下通常可以影响到我国江南沿海地区。即中心值达到 $-45×10^{-3}$℃・s^{-1} 以上的强冷平流中心位置达到 700 hPa 以上,就可以形成强沙尘暴并能够影响到我国江南沿海地区。

沙尘暴落区的预报指标是 700 hPa 强度达到 $-30×10^{-3}$℃・s^{-1} 以上的强冷平流影响地区,强冷平流中心与近地层冷平流差达到 $-15×10^{-3}$℃・s^{-1} 以上,可以确定为沙尘暴发生区域。以上 2 个指标达到 $-45×10^{-3}$℃・s^{-1} 以上和 $-25×10^{-3}$℃・s^{-1} 以上时,影响区域可以确定为强沙尘暴发生区域。该预报指标在内蒙古沙尘暴预报中应用效果很好,当然,沙尘暴预报还要综合考虑地面积雪等其他因素。

4 小结

(1)沙尘暴天气是强冷空气活动造成的,在沙尘暴天气过程中 600 hPa 强冷平流中心(中心强度达到 -45×10^{-3} ℃·s^{-1} 以上)控制区与沙尘暴发生区域关系密切。

(2)沙尘暴、大风天气都有较强的冷平流活动,通常中心强度达到 -40×10^{-3} ℃·s^{-1} 以上,但强冷平流的垂直分布明显不同。沙尘暴天气强冷平流中心位于较高的 600～700 hPa 层次,大风天气强冷平流中心位于较低的 850 hPa 以下层次。

(3)沙尘暴天气强冷平流中心位于较高的 600 hPa 至 700 hPa 层次,其与近地层弱冷平流叠加,形成高低层温度平流差异,使得垂直气温直减率加大并保持这一趋势,形成有利于沙尘暴发生的深厚不稳定层结条件,在低层扰动的触发下形成干对流风暴,能量交换不稳定能量释放,使该层大气趋于中性层结即混合层,混合层是能量交换的一个平衡态。

(4)沙尘暴扬起的高度就是混合层厚度,比强冷平流中心位置高出 150 hPa 左右,中心强度达到 -45×10^{-3} ℃·s^{-1} 强冷平流中心在 600～700 hPa 层次时,混合层厚度可达到 500 hPa 以上层次,这一强度的沙尘暴天气可以影响到我国江南沿海地区。

(5)沙尘暴落区的预报指标:700 hPa 强度达到 -30×10^{-3} ℃·s^{-1} 以上的强冷平流影响地区,强冷平流中心与近地层冷平流差达到 -15×10^{-3} ℃·s^{-1} 以上;强沙尘暴落区的预报指标:以上 2 个指标达到 -45×10^{-3} ℃·s^{-1} 以上和 -25×10^{-3} ℃·s^{-1} 以上。

参考文献

[1] Gamo M. Thickness of dry convection and large-scale subsidence above deserts. *Boundary Layer Meteorology*, 1996, **79**, 265-278.

[2] 周秀骥,徐祥德,颜鹏. 2000 年春季沙尘暴动力学特征. 中国科学(D 辑),2002,**32**(4):327-334.

[3] 叶笃正,丑纪范,刘纪远.关于我国华北地区沙尘天气的成因与治理对策.地理学报,2000,**55**(5):513-521.

[4] 钱正安,宋敏红,李万元.近 50 年中国北方沙尘暴的分布及变化趋势分析.中国沙漠,2002,**22**(2):106-111.

[5] 尹晓惠.我国沙尘天气研究的最新进展与展望.中国沙漠,2009,**29**(4):728-733.

[6] 胡隐樵,光田宁.强沙尘暴微气象特征和局地触发机制.大气科学,1996,**21**(5):1582-1589.

[7] 胡泽勇,黄荣辉,卫国安.2000 年 6 月 4 日沙尘暴过程境时敦煌地面气象要素及地表能量平衡特征变化.大气科学,2002,**26**(1):1-8.

[8] 张强,卫国安,侯平.初夏敦煌戈壁大气边界层结构特征的一次观测研究.高原气象,2004,**23**(5):587-597.

[9] 胡隐樵,光田宁.沙尘暴发展与干飑线－黑风暴形成机理的分析.高原气象,1996,**15**(2):178-185.

[10] 胡隐樵,奇跃进,杨选利.河西戈壁(化音)小气候和热量平衡特征的初步分析.高原气象,1990,**9**(2):113-119.

[11] 王介民,刘晓虎,祁永强.应用涡旋相关方法对戈壁地区湍流输送特征的初步研究.高原气象,1990,**9**(2):120-129.

[12] 左洪超,胡隐樵.黑河试验区沙漠和戈壁的总体输送系数.高原气象,1992,**11**(4):371-380.

[13] 张霭琛,陈家宜,林雪兰,等.绿洲和戈壁近地层大气湍流结构.高原气象,1994,**13**(3):291-298.

[14] 岳平,牛生杰,张强,等.春季晴日蒙古高原半干旱荒漠草原地边界层结构的一次观测研究.高原气象,

2008,**27**(4),pp757-763,2008.

[15] 岳平,牛生杰,张强.民勤一次沙尘暴的观测分析.高原气象,2008,**27**(2),401-407.

[16] 孙永刚,孟雪峰,宋桂英.基于定量监测的沙尘暴定量预报方法研究.气象,2009,**35**(3):87-93.

[17] Carlson T N, Prospero J M. The large-scale movement of Saharan air outbreak over the northern equatorial Atlantic. *J Appl Meteo*,1972,**11**:283-297.

[18] Pauley P M,Baker N L,Barker E H. An observational study of the "interstate 5"dust storm case. *Bull Amer Meteor Soc*,1996,**77**:693-719.

[19] Takemi T. Structure and evolution of a severe squall line over the arid region in northwest China. *Mon Wea Rev*,1999,**127**,1301-1309.

[20] 王式功,杨德保.我国西北地区黑风暴的成因和对策.中国沙漠,1995,**15**:19-30.

[21] 钱正安,蔡英,刘景涛.中国北方沙尘研究若干进展.干旱区资源与环境,2004,**18**(S1):1-7.

[22] 姜学恭,沈建国.内蒙古两类持续型沙尘暴的天气特征.气候与环境研究,2006,**11**(6):702-711.

[23] 孙永刚,孟雪峰,赵毅勇,等.内蒙古一次强沙尘暴过程综合观测分析.气候与环境研究,2011,**16**(6):742-752.

宁夏不同强度沙尘天气动力机制解析

陈豫英[1,2]　陈　楠[1,2]　谭志强[2]　郑晓辉[2]

(1. 宁夏气象防灾减灾重点实验室,银川 750002;2. 宁夏气象台,银川 750002)

摘　要

利用常规气象观测资料和 ECMWF 逐 6 h 0.25°×0.25°再分析资料,对宁夏 2013 年 5 月 18 日雷暴大风、2 月 28 日大风沙尘和 3 月 9 日大风强沙尘天气过程的环流形势和高、低空急流的耦合作用进行了对比分析,结果表明:在"西高东低"环流形势下,受蒙新高压脊、西风槽、地面气旋和冷锋、高低空急流的共同影响,在中低层 90°～110°E 形成次级环流,对流层中上部高空急流和高位涡通过次级环流动量下传-中低层形成低空急流,同时在边界层发生强烈湍流混合产生地面强风及沙尘,但由于冷空气强度及南下方式、高压脊线位置及强度、高低空急流活动的区域、低空急流南下位置、高空强风速下传的高度、次级环流的强弱不同,与高层高位涡和低层 850 hPa 低空急流在宁夏上空活动与否,是导致宁夏出现不同强度风沙天气的重要动力因素。

关键词:大风沙尘　高低空急流　次级环流　动量下传

0　引言

宁夏深居我国西北内陆,东北西部三面为腾格里沙漠、乌兰布和沙漠和毛乌素沙地包围,沙源充足,风沙天气多,尤其是春季[1-3]。宁夏大范围的沙尘天气都伴有大风,因此易形成流动性沙灾,对本地及下游生态环境、我国乃至全球气候变化产生深远的影响,其间接经济损失无法估量[1-7]。多年来许多学者应用了一些先进的研究技术和手段,逐渐摸清了风沙天气的发生发展机制和规律,为全面系统地监测预报风沙提供了技术支撑,一些学者[1-2,8-10]利用实况观测资料,综合分析了不同环流背景、冷空气路径和影响系统对应的沙尘落区、起动和垂直输送的物理机制;一些学者[11-16]通过研究沙尘暴在可见光、红外等云图上的色调、纹理、形状、结构等确定出沙尘暴的高度、范围及移动路径;一些学者[17-20]采用激光雷达和光度计研究沙尘暴的光学特性;还有一些学者[21-23]利用数值模拟进行研究。这些成果有助于预报员加深了解和认识风沙天气的形成机理和提高预报水平。

虽然以往研究表明:冷空气入侵是大范围风沙天气的主要成因[1-5,8-9],但在有利于大风形成的环流背景及天气影响系统下,如何预报大风是否伴有沙尘和哪种强度的沙尘天气,在以往的研究中却没有过多涉及,而这正是宁夏风沙天气的预报难点和重点。研究结果[23,25-28]表明:高低空急流的建立和发展有利于引导极地附近强冷空气南下并形成次级环流,促使高空动量有效下传到地面,为风沙天气的发生和传输提供关键的动力作用。因此,本文利用实况观测数据和

资助项目:宁夏科技支撑计划项目 2012ZYS160、中国气象局预报员专项 CMAYBY2014-076、中国气象局气象关键技术集成与应用项目 CMAGJ2015MBB 宁夏自然科学基金项目 NZ12280 和宁夏气象防灾减灾重点实验室开放研究基金项目"宁夏高影响天气精细化预报关键技术研究"共同资助

ECMWF 0.25°×0.25°资料对 2013 年春季宁夏出现的 3 次不同强度风沙天气的高低空急流进行诊断分析,并结合前人研究成果,为宁夏风沙天气的精细化预报服务提供技术支撑。

1 资料和灾害性天气标准

采用中国气象局下发的探空、地面等实时观测数据和 ECMWF 逐 6 h 0.25°×0.25°资料、宁夏 25 个国家级观测站逐时地面观测资料(宁夏区域自动站没有云能天观测,无法获得沙尘数据,因此没有使用)。

宁夏预报业务规定:凡 2 min 平均风速≥10.8 m·s^{-1} 或阵风≥17 m·s^{-1} 称为大风;24 h 日平均气温下降 10℃ 或 48 h 下降 12℃ 以上,日最低气温降到 5℃ 以下的天气称为寒潮。但宁夏出现大风时,往往平均风速不大、阵风大,因此实际业务将阵风≥17 m·s^{-1} 作为大风标准。

本文中的沙尘天气包括扬沙和浮尘,强沙尘天气包括沙尘暴和强沙尘暴。以 200 hPa 风速≥40 m·s^{-1}、700 hPa 风速≥20 m·s^{-1} 作为高低空急流。

依据上述标准,选取 2013 年 5 月 18 日、2 月 28 日、3 月 9 日三次大风分别不伴有沙尘天气、伴有沙尘和强沙尘天气作为不同强度风沙天气的典型个例进行对比分析。

2 天气实况

2.1 风沙实况

表 1　2013 年宁夏 3 次风沙天气实况

过程时间	大风(阵风≥17 m·s^{-1})			浮尘	扬沙	沙尘暴	最小能见度/km	沙尘持续时间	降水	气温变化
	站	最大风速	持续时间							
5 月 18 日	9	21	6 h				15		7 站雷雨	6 h 降温 5℃
2 月 28 日	6	25	12 h	4	12		2	15 h		48 h 降温 10℃
3 月 9 日	11	22	14 h	7	24	9	0.3	45 h		24 h 降温 8℃

2013 年 5 月 18 日(简称"5.18"),宁夏出现了雷暴大风。9 站大风,最大风速 21 m·s^{-1},7 站雷雨。大风从 18 日 14:00 开始,持续到 20:00;18 日 8:00—14:00 气温升高 3.2～13.3℃,14:00—20:00 下降 3.1～6.2℃。

2013 年 2 月 28 日(简称"2.28"),宁夏出现了寒潮大风沙尘天气。6 站大风,最大风速 25 m·s^{-1};4 站浮尘、12 站扬沙,沙尘主要在中北部;2 月 27 日—3 月 1 日 48 h 平均气温降幅 9 站超过 12℃,最大 14℃。28 日 0:00 中北部风力逐渐加大,3:00—4:00 最强,5:00 沙尘天气开始,11:00—14:00 最强,14:00—20:00 风沙天气减弱结束。过程前宁夏已连续 130 天没有出现 2 mm 以上降水,此次风沙天气加剧了旱情发展。

2013 年 3 月 9 日(简称"3.9"),宁夏出现了寒潮大风强沙尘天气。11 站大风,最大风速 22 m·s^{-1};7 站浮尘、24 站扬沙、9 站沙尘暴,其中 2 站为能见度低于 300 m 的强沙尘暴,沙尘暴集中在北部偏东地区;8 到 9 日 24 h 平均气温降幅 12 站超过 8℃,最大 12.7℃,其中 9 日 14:00 较 8 日 14:00 气温平均下降 17℃。9 日 0:00 风沙天气自西北向东南扩展,9:00—10:00 风力最强,5:00—11:00 沙尘天气最强,14:00 以后风沙天气逐渐减弱,但浮尘天气一直持续到

10日20:00。过程前3月5—8日宁夏各地日最高气温连续刷新同期历史极值,沙尘天气范围为近10年仅次于2006年4月10日。

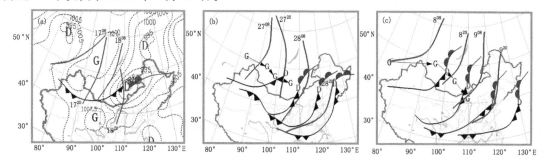

图1　2013年5月17—18日(a)、2月27—28日(b)、3月8—9日(c)三次大风沙尘天气的综合动态图
(500 hPa槽线附近的数字为日期,图a中的虚线为5月18日14:00地面气压场;

⟋ 500 hPa槽线　🔺 冷锋　🔺 暖锋　🌀 地面高低压中心

2.2　环流形势和天气系统演变

图1a表明:2013年5月17—18日,欧亚中高纬呈西高东低型,随着欧洲高压脊的发展并向东北方向伸展,西伯利亚低涡后部横槽转竖东移南下,蒙新脊(蒙古到新疆的高压脊,下同)发展,脊前偏北风速增大、高低空急流发展加强;700~500 hPa从河西有弱冷平流入侵河套地区,850 hPa河套一直处于暖脊控制;对应地面蒙古气旋强烈发展,且500 hPa西风槽明显超前地面冷锋。18日14:00蒙古气旋发展到最强,中心值为987.5 hPa,河套地区气温普遍升至25℃以上,宁夏位于气旋底部和河西1007.5 hPa雷暴高压单体前部;17:00的500 hPa西风槽过境;20:00气旋减弱北缩,宁夏+ΔP₆达2~4 hPa。可见,前倾的系统配置和上冷下暖的不稳定层结有利于午后随500 hPa西风槽过境、弱冷空气入侵宁夏出现雷暴大风,大风集中在气旋后部和底部。雷暴大风有明显日变化,持续时间短。

从图1b看出:2013年2月27—28日,欧亚中高纬呈西高东低型,随着蒙新脊的明显发展,脊前短波槽快速东移南下,脊前偏北风速加大、高低空急流加强、锋区缓慢南压,地面有河套热低压和蒙古冷高压发展,冷锋加强东移南下。28日00:00—05:00伴随冷锋过境,锋区南压,宁夏部分地区出现大风;05:00地面高低压同时发展到最强1054.9 hPa和1000.9 hPa,冷锋前后气压差54 hPa,但强锋区位于中蒙边境中东部,宁夏处于锋区前部弱正变压区,此时宁夏沙尘天气开始;08:00—14:00 500 hPa西风槽过境,冷高压主体南下,11:00宁夏上空ΔP₆达10 hPa,锋区加强,宁夏沙尘天气加强;14:00后1040 hPa冷高压移到蒙古中部稳定维持,宁夏上空气压梯度减小,风沙天气减弱结束。

从图1c得知:2013年3月8—9日,欧亚中高纬为宽广的低压槽区,乌拉尔山低涡底部不断有短波槽快速东移,随着蒙新脊强烈发展,短波槽北段东移到110°E与东北冷涡结合形成北涡南槽,槽线南段附近高低空急流与锋区显著增强,地面在蒙古东西部同时有气旋和冷高压发展。8日20:00气旋达最强984 hPa,9日2:00冷高压最强1046 hPa,此时高低压中心差59.1 hPa;2:00—5:00冷锋过境,锋区南压,宁夏风沙天气开始;8:00—14:00 500 hPa西风槽过境,11:00宁夏上空△P₆达20 hPa,锋区明显加强,风沙天气覆盖全区并出现强沙尘天气;14:00后冷高压主体虽然减弱到1030 hPa但一路从蒙古中部南下至长江地区,受其影响,宁夏气温骤降的同时仍伴有 4—5 级偏北风和扬沙、浮尘。

　　上述分析表明:宁夏三次风沙天气都具有:西高东低环流形势下,随着蒙新脊的发展,宁夏处于强西北气流,本区及上游有高低空急流发展,过程前升温明显;100°E 附近 500 hPa 蒙新脊的经向度均在 20 纬距左右;地面大风主要受气旋(热低压)和 500 hPa 西风槽过境后部的冷平流入侵影响,冷锋过境是沙尘天气形成的主要原因;风沙天气出现在气压梯度密集带。

　　不同的是:①冷空气强度及南下方式。影响 5.18 的冷空气较弱,以东移扩散入侵宁夏,而影响 2.28 和 3.9 沙尘天气的冷空气均达到当月宁夏寒潮强度[24];强沙尘天气的地面冷高压中心位置更靠近宁夏、锋区更强、冷高压主体南下直接影响宁夏,加压降温沙尘天气更强烈;②高压脊线位置及强度。影响 5.18 的高压脊线位置偏东,在 110°E 附近,影响沙尘天气的高压脊线偏西,在 90°E 附近;蒙新脊区的高度差分别为 56,48,24 dagpm,可见,3.9 的高压脊最强、2.28 次之、5.18 最弱。

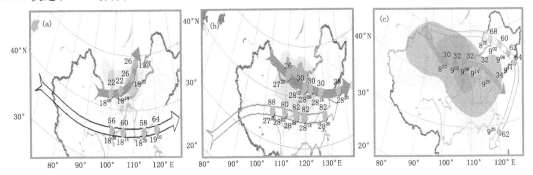

图 2　2013 年 5 月 18—19 日(a)、2 月 27—28 日(b)、3 月 8—9 日(c)三次大风沙尘天气的高低空急流动态图
(深浅阴影区分别为强沙尘天气区、沙尘天气区、大风区;急流轴两侧数字分别为日期和急流中心风速 m·s⁻¹;
　●急流中心　▶低空急流轴　▷高空急流轴)

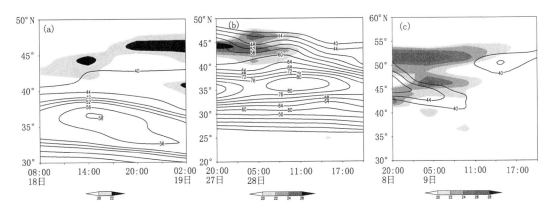

图 3　2013 年 3 次风沙天气过程沿 106.5°E 的 200 hPa 全风速≥40 m·s⁻¹(实线)和 700 hPa
全风速≥20 m·s⁻¹(阴影)的高低空急流随时间演变

3　高低空急流对风沙天气的影响

3.1　急流演变对应风沙落区

　　利用 ECMWF 精细资料深入分析 3 次过程高低空急流的强弱、位置、移动路径等对宁夏

风沙的影响。另外,为了更直观地了解高低空急流的变化,沿宁夏上空 106.5°E 做 200 hPa 和 700 hPa 全风速随时间变化图。

2013 年 5 月 18 日 8:00—20:00,受 50°～130°E 和中蒙边境中东部高低空急流的共同影响,蒙古国大部、西北大部、华北北部相继出现 7～9 级偏北或偏西大风,沙尘天气主要分布在蒙古国和乌兰布和沙漠地区;该时段高空急流稳定少动,急流中心在高原东部沿 37°N 快速东移,且高空急流范围和强度远大于低空急流,宁夏始终处于高空急流的偏北区域。18 日 14:00—20:00,高空急流东移北扩经过宁夏南部后减弱,低空急流在中蒙边境东部加强,急流中心逐渐向北收缩,同时在中蒙边境 100°E 附近分裂出 20 m·s^{-1} 的单体,宁夏大部出现了 7～9 级偏北大风;20:00 后低空急流单体加强东移南压,但高空急流中心已东移到山东半岛,宁夏大风减弱结束。图 2a 和图 3a 可见,宁夏大风出现在高空急流轴北侧与低空急流轴南侧。

2013 年 2 月 27 日 20:00—28 日 20:00,在 20°～50°N、70°～130°E 区域始终稳定维持着中心风速≥80 m·s^{-1} 的高空急流,其中心在高原东部沿 35°N 规律地东移;而穿入高空急流区北部的低空急流从中蒙边境中部一路东移南下到华北北部;受二者共同影响,蒙古国大部、西北和华北大部相继出现了 7～10 级大风、沙尘天气主要分布在蒙古国中南部。其中 27 日 20:00—28 日 02:00,高空急流减弱东移并在青海湖南侧激发出一个 80 m·s^{-1} 的急流中心,低空急流缓慢东移加强南压到河套地区,宁夏风力开始增大;28 日 02:00—08:00,偏西的高空急流中心东移经过宁夏与偏东的急流中心合并加强,低空急流东移南压至宁夏附近,宁夏风力达最强,沙尘天气开始发展;08:00—14:00,高空急流继续缓慢东移,低空急流缓慢东移南压至河套东部,宁夏沙尘天气达最强;14:00 后,高低空急流中心东移至华北北部,宁夏风沙天气减弱结束。图 3b 也表明:28 日 2:00—14:00,随着高空急流中心经过宁夏,低空急流南压逼近宁夏,宁夏风沙天气发展加强。图 2b 和图 3b 可见,宁夏风沙天气出现在高空急流轴北侧、低空急流出口区南侧。

2013 年 3 月 8 日 20:00—9 日 20:00,在 30°～50°N、30°～140°E 范围稳定维持西北—东南向的狭长低空急流区,急流区内有多个风速超过 24 m·s^{-1} 的急流中心在东移南下过程中不断生消;同时在 85°E 以东、35°N 以北和以南各有一中心风速≥60 m·s^{-1} 的高空急流区,急流中心始终在 120°E 以东;受 35°～45°N、90°～120°E 区域内重叠的高低空急流东移南下影响,蒙古国大部和中国北方地区出现了一次大范围的强风沙天气。其中,8 日 20:00—9 日 02:00,重叠区内的高低空急流同时东移到 100°E 附近,虽然高空急流仍在 40°N 以北,但低空急流南压到宁夏北部,宁夏风沙天气开始;9 日 02:00—08:00,高低空急流继续东进,低空急流在宁夏西南部分裂出 20 m·s^{-1} 的闭合单体,宁夏风沙天气发展;08:00—14:00,低空急流单体快速东移合并到主体区,高低空急流东移南压到河套东南部,包括宁夏在内的中国北方风沙天气达最强;14:00 后,高低空急流东移南压到华北南部,宁夏风沙天气减弱。图 3c 也表明:9 日 02:00—14:00,受高低空急流东移南压、低空急流单体经过宁夏的影响,宁夏风沙天气发展加强。图 2c 和图 3c 可见,宁夏风沙天气出现在高低空急流主体出口区南侧、低空急流单体东北部。

上述分析表明:受高原东部高低空急流东移南下的共同影响,在高低空急流经过宁夏上空时出现了风沙天气,风沙落区和强弱与低空急流密切相关,风沙出现在低空急流南侧。宁夏在高空急流偏北区域,若低空急流在 40°N 以北活动,宁夏以大风为主,若低空急流南压到宁夏附近,宁夏有沙尘天气;若高低空急流在高原东部重叠且有低空急流单体在宁夏上空活动,宁夏将有强沙尘天气。

3.2 次级环流

为了进一步分析副热带西风急流对风沙的传输影响,沿宁夏上空 38°N 做 35°~45°N 平均纬向风速和垂直环流的垂直剖面,垂直环流为纬向风速与垂直速度 100 倍的合成场。

2013 年 5 月 18 日 08:00—14:00(图 4a),高原以东地区 35 m·s⁻¹ 以上的 200 hPa 纬向强风速缓慢东移并向下传至 500 hPa,92°~98°E 的 850~650 hPa 出现垂直环流圈,下沉支位于河西走廊,该区域地面开始起风;14:00—20:00(图 4b),高空纬向急流中心和垂直环流圈东移到河套上空,但次级环流北缩到 750~550 hPa,位于下沉支的宁夏受河西中层弱冷空气入侵,午后出现了雷暴大风;20:00 后,高空强纬向风速中心和垂直环流圈东移到河套东部,宁夏大风减弱结束。宁夏大风期间,高空强风速下传的高度始终维持在 500 hPa,导致宁夏上空在低层 800 hPa 及以下为弱偏西气流,次级环流中的下沉运动弱且持续时间短。

2013 年 2 月 27 日 20:00—28 日 02:00,100°~105°E 的 70 m·s⁻¹ 的 200 hPa 纬向强风速中心缓慢东移并向下传到 650 hPa,随着 850~750 hPa 的垂直环流圈从南疆盆地东移到河西地区,及垂直上升运动的加强,塔克拉玛干沙漠的沙尘输送到下游河西,沙尘天气主要位于上升运动区,宁夏处于下沉气流里,并随着地面冷锋过境风力开始加大;02:00—08:00(图 4c),高空强纬向风速中心和地面锋区东移到达宁夏,随着垂直环流圈移到河套及垂直上升运动的持续加强,位于下沉支的宁夏开始起沙;08:00—14:00(图 4d),当高空强纬向风速中心和地面锋区缓慢经过宁夏,高空强风速已下传至 750 hPa,位于 98°~108°E 的下沉运动明显加强,宁夏沙尘天气达最强;14:00 后,位于河套的垂直环流圈减弱北收,下沉运动减弱,河套 700 hPa 及以下转为弱偏东或偏南气流,宁夏风沙天气逐渐减弱结束。

2013 年 3 月 8 日 20:00—9 日 02:00,28 m·s⁻¹ 以上的高空纬向强风速下传到 700 hPa,95°~110°E 在 850~750 hPa 形成垂直环流圈,随着地面冷锋东移南下,南疆盆地、河西走廊、河套地区陆续出现风沙天气,但强风沙集中在上升运动较强的南疆盆地和河西走廊西部;02:00—08:00(图 4e),高空强风速继续下传并在 120°E 的 850~750 hPa 形成 20 m·s⁻¹ 强风速圈,高原东部的垂直环流圈略有西退,但位于 80°~102°E 的上升运动持续增强并有所东进,103°~108°E 的下沉运动则显著减弱并有所东退,随着地面冷锋过境、锋区加强南下,强风沙区东移到河套;08:00—14:00(图 4f),高空强风速已下传到 900 hPa,高原东部垂直环流圈继续维持,但位于 92°E 附近的上升运动显著减弱,下沉运动明显增强且扩展至 95°~108°E,宁夏位于近地面的强下沉运动区,强风沙天气达最强;14:00 后,高原东部垂直环流圈减弱北收,下沉运动明显减弱,河套 700 hPa 及以下转为弱偏南或偏东气流,宁夏风沙天气减弱。

上述分析表明:高空强纬向风速的形成和加强有利于中低层在 90°~110°E 形成次级环流,次级环流的发展东移有利于上升气流将上游的沙尘粒子运送到中高层,并通过下沉气流将高空强风速和沙尘向下游传输并沉降到地面。宁夏风沙强弱与高空强风速下传的高度与次级环流的强弱有关,高空强风速下传的高度越低、次级环流越强,风沙天气越强烈。

宁夏风沙天气开始在高空强风速下传到中低层、次级环流东移到 100°E 附近、宁夏上空中低层处于下沉支时段;风沙发展加强在高空强风速下传到近地面层、次级环流中的上升运动持续加强后减弱的同时下沉运动持续加强时段;风沙结束在次级环流东移到河套东部、高空强风速下传高度北收、宁夏上空近地面层北风转向、风速减弱时段。

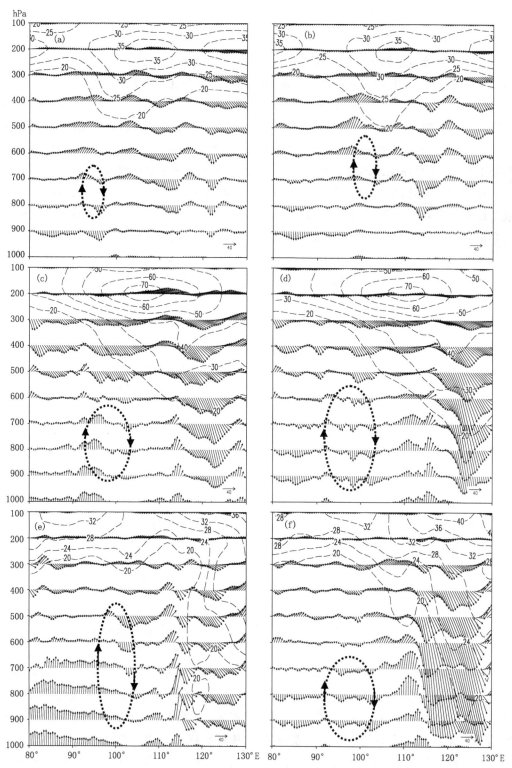

图 4　2013 年 3 次风沙过程沿 39°N 大于 20 m·s⁻¹ 的纬向风速(虚线)与垂直风场(矢量)

(a 为 5 月 18 日 14:00,b 为 5 月 18 日 20:00,c 为 2 月 28 日 08:00,
d 为 2 月 28 日 14:00,e 为 3 月 9 日 08:00,f 为 3 月 9 日 14:00)

3.3 动量下传

研究[16,22,23,29,30]表明:对流层高层高位涡系统是导致动量下传的重要机制。为了分析宁夏三次风沙过程对流层中上部到边界层的急流变化,选取对流层到地面锋区与地面风沙区相交的 295K 等熵面[30]进行研究。

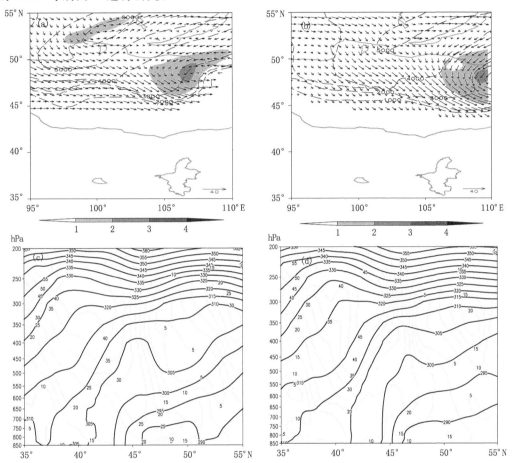

图 5 2013 年 5 月 18 日 295K 等熵面位势高度、风场、位涡、位温及全风速垂直剖面
(a,b 分别为 14:00 和 20:00 的 295K 等熵面位势高度(虚线 gpm)、风场(矢量 m·s⁻¹)、位涡(阴影 1PVU,无资料区域为等熵面与地形相接处,图 6、图 7 同图 5。c,d 分别为 14:00 沿 105°E 和 20:00 沿 109°E 的位温(细虚线 K)、全风速(粗实线 m·s⁻¹)垂直剖面

图 5a,b 看出:2013 年 5 月 14:00—20:00,6000 gpm 的偏北风急流沿等熵面下传到 2000 gpm,大于 1PVU 的高位涡干空气也向下向东传递,但南下的最前端停留在 43°N,低空急流和高位涡也主要是在蒙古国中东部活动。对应图 5c,d,高空急流中心的高动量在等熵面陡立处向下传播,20 m·s⁻¹ 的全风速线南压到 850 hPa,对流层低层风速加大,但低层强风速影响的区域在 43°N 以北区域,宁夏上空 20 m·s⁻¹ 全风速线在 650 hPa 附近,宁夏境内出现了大风。

如图 6a～c 所示,2013 年 2 月 28 日 02:00—14:00,7000 gpm 的偏北风急流下传到 2000 gpm,大于 1PVU 的高位涡也随之下滑到 3000 gpm,但其主体始终在蒙古国中部到华北北部;对应图 6d—f,高空急流中心携带高动量在等熵面陡立处向下传播,20 m·s⁻¹ 的全风速线南压到 850 hPa。28 日 02:00 高层高位涡下传到 4000 gpm，2000 gpm 等位势线压到宁夏北部，其南侧在宁夏中部有小范围高位涡活动（图 6a），105°E、36°～37°N 在 800～750 hPa 有 20 m·s⁻¹ 全风速线闭合单体（图 6d），宁夏风力加大；08:00 高层高位涡下传到 3500 gpm，3000 gpm 等位势线压到宁夏东南部，河西走廊 3000 gpm 不断有高位涡向东南扩散（图 6b），850 hPa 的 20 m·s⁻¹ 全风速线在 107°E、37°～50°N（图 6e），宁夏沙尘天气发展；14:00 高层高位涡下传到 3000 gpm（图 6c），但高低空急流和高位涡主体东移到华北地区，20 m·s⁻¹ 全风速线北收到 700 hPa（图 6f），宁夏沙尘天气达最强。

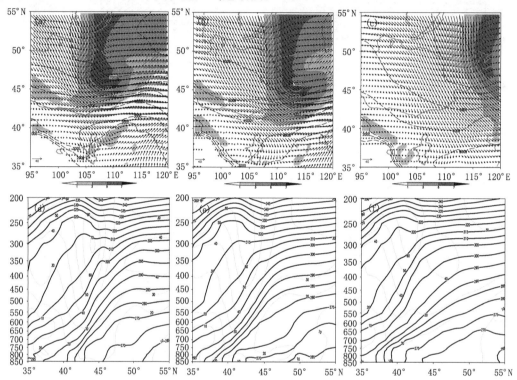

图 6   2013 年 2 月 28 日 295K 等熵面位势高度、风场、位涡、位温及全风速垂直剖面

（a,b,c 分别为 02:00、08:00、14:00 的 295K 等熵面位势高度（虚线 gpm）、风场（矢量 m·s⁻¹）、位涡（阴影 1PVU）；c,d,e 分别为 02:00、08:00、14:00 时沿 105°E、107°E、109°E 的位温（细虚线 K）、全风速（粗实线 m·s⁻¹）垂直剖面）

图 7a～c 可见，2013 年 3 月 9 日 02:00—14:00，7000 gpm 的偏北风急流下传到 1000 gpm，大于 1PVU 的高位涡也下滑到 2000 gpm，且两者下传过程中经过新疆东部、河西走廊、宁夏，到达华北地区，上述地区都出现了强风沙天气；对应图 7d～f，宁夏上空有高空急流中心携带的高动量在等熵面陡立处向下传播到 750～850 hPa。9 日 02:00 的 1000 gpm 等位势线压到贺兰山西侧，内蒙古西部 2000 gpm 有高位涡向东南移动（图 7a），20 m·s⁻¹ 全风速线抵达 850 hPa 宁夏境内（图 7d），宁夏风沙天气开始；08:00 的 3000 gpm 等位势线逼近宁夏，宁夏上空有高位涡和 850 hPa 上的 20 m·s⁻¹ 全风速线活动（图 7b,e），宁夏风沙天气发展；14:00 的 3000 gpm 等位势线压到宁夏中部，高位涡的底部横扫宁夏，宁夏上空的 20 m·s⁻¹ 全风速线北收到 780 hPa（图 7c,f），宁夏风沙天气达最强。

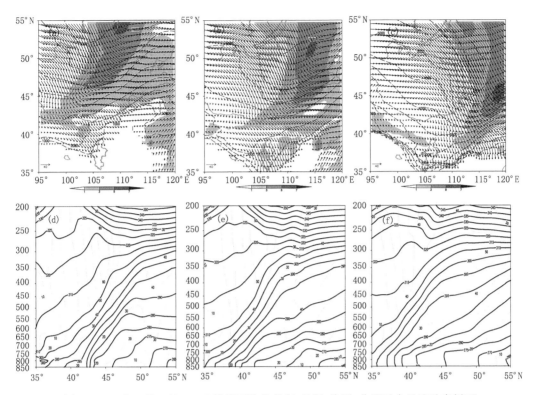

图 7　2013 年 3 月 9 日 295K 等熵面位势高度、风场、位涡、位温及全风速垂直剖面

（a，b，c 分别为 02：00、08：00、14：00 的 295K 等熵面位势高度（虚线 gpm）、风场（矢量 m·s⁻¹）、位涡（阴影 1PVU）；d，e，f 分别为 2：00、8：00、14：00 的时沿 105°E、107°E、109°E 的位温（细虚线 K）、全风速（粗实线 m·s⁻¹）垂直剖面）

图 5c～d、6d～e、7d～e 看出：等熵面陡立处垂直温度梯度小，有利于湍流混合加强空气动量下传[31]；风沙区上空 700 hPa 以下等位温线几乎垂直于等压面，表明边界层湍流混合强[30]。

分析表明：对流层高层高位涡随高空急流沿等熵面下传到低层，使得等熵面陡立处的大气垂直涡度和气旋性环流增强，同时对流层高空急流中心的高动量在等熵面陡立处下传到低层并发生动量交换，低层大气运动加强，形成低空急流，有利于地面风速和沙尘天气发展。因此，高层高位涡到达宁夏及宁夏上空 850 hPa 低空急流活动与否，是宁夏是否有沙尘和沙尘强弱的重要动力条件。

4　结论

通过上述天气形势与系统、高低空急流相互作用对宁夏 3 次风沙的影响分析，得到：在"西高东低"环流形势下，受蒙新高压脊、西风槽、地面气旋和冷锋、高低空急流的共同影响，在中低层 90°～110°E 形成次级环流，对流层中上部高空急流和高位涡通过次级环流动量下传到中低层形成低空急流，同时在边界层发生强烈湍流混合产生地面强风及沙尘天气，但由于冷空气和急流强弱及影响方式等不同，出现的风沙强度也不同，其中：

（1）冷空气强度及南下方式与高压脊线位置及强度直接影响宁夏风沙强弱。影响 5.18 的冷空气和高压脊较弱、脊线位置偏东，冷空气东移扩散入侵；2.28 和 3.9 的冷空气和高压脊强、脊线偏西,3.9的高压脊和地面锋区最强、冷高压主体南下直接影响宁夏。

（2）副热带西风急流是影响宁夏风沙的重要动力因子;宁夏风沙出现时间与高低空急流经过宁夏时间一致,风沙落区和强弱与低空急流密切相关,风沙出现在低空急流南侧。5.18和2.28过程,宁夏处于高空急流偏北区域,5.18、2.28的低空急流分别在40°N以北、南压到宁夏附近;3.9的高低空急流在高原东部重叠且有低空急流在宁夏上空活动。

（3）高低空急流相互耦合产生的次级环流是宁夏风沙的重要传输机制;宁夏风沙强弱与高空强风速下传高度及次级环流强弱有关,高空强风速下传的高度越低、次级环流越强,沙尘天气越强烈。5.18、2.28、3.9高空强风速分别下传到500 hPa、750 hPa、900 hPa,下沉支分别位于宁夏上空的650~750 hPa和750~900 hPa;5.18下沉运动弱且持续时间短、2.28和3.9下沉运动持续加强。

（4）对流层高层高位涡系统是动量下传的重要机制;高层高位涡及低层850 hPa低空急流在宁夏上空活动与否,是宁夏有无沙尘天气和沙尘天气强弱的重要动力条件。5.18、2.28、3.9的2000 gpm分别到达43°N、宁夏上空;20 m·s^{-1}等风速线分别抵达宁夏上空的650 hPa、850 hPa;宁夏上空无高位涡、小范围高位涡、高位涡底部横扫。

参考文献

[1] 牛生杰,孙继明,桑建人.贺兰山地区沙尘暴发生次数的变化趋势.中国沙漠,2000,20(1):55-58.

[2] 牛生杰,章澄昌,孙继明.贺兰山地区沙尘暴若干问题的观测研究.气象学报,2001(2):196-205.

[3] 陈楠,陈豫英.宁夏近四十年大风、沙尘演变趋势分析.天气预报技术文集.北京:气象出版社,2001:226-230.

[4] 赵光平,郑广芬,王卫东.宁夏特强沙尘暴气候背景及其成灾规律研究.中国沙漠.2003,23(4):420-427.

[5] 赵光平,陈楠.生态退化状况下的宁夏沙尘暴发生发展规律特征.中国沙漠,2005,25(1):49-53.

[6] 王式功,董光荣,陈惠忠,等.沙尘暴研究的进展.中国沙漠,2000,20(4):349-356.

[7] 周自江,王锡稳,牛若芸.近47年中国沙尘暴气候特征研究.应用气象学报,2002,13(2):193-200.

[8] 赵光平,王凡,杨淑萍,等.宁夏区域性强沙尘暴天气成因及其预报方法的研究.中国沙尘暴研究.北京:气象出版社,1997:52-58.

[9] 赵光平,陈楠,杨建玲,等.环流及冷空气类型与宁夏沙尘暴落区的对应关系.中国沙漠.2003,23(6):642-645.

[10] 胡隐樵,光田宇.强沙尘暴发展与干飑线—黑风暴形成的一个机理分析.高原气象,1996,15(2):178-185.

[11] 郑新江,刘诚,崔永平.沙暴天气的云图特征分析.气象,1995,21(2):27-31.

[12] 徐希慧.塔里木盆地沙尘暴的卫星云图分析与研究.中国沙尘暴研究.北京:气象出版社,1997:88-91.

[13] 江吉喜.一次特大沙尘暴成因的卫星云图分析.应用气象学报,1995,6(2):177-184.

[14] 赵金霞,赵玉洁,徐灵芝,等.蒙古气旋产生强沙尘暴的诊断分析.中国沙漠,2011,31(5):1309-1315.

[15] 金正润,牛生杰,河惠卿,等.利用EP/TOMS气溶胶指数分析中国和韩国的沙尘天气过程.中国沙漠,2009,29(4):750-756.

[16] 井喜,屠妮妮,井宇.位涡和Q矢量诊断在毛乌素沙地沙尘天气预报中的应用.中国沙漠,2008,28(4):762-769.

[17] 邱金桓,孙金辉.沙尘暴的光学遥感及分析.大气科学,1994,18(1):1-10.

[18] 王伏村,付有智,李红,等.一次秋季沙尘暴的诊断和天气雷达观测分析.中国沙漠,2008,28(1):

170-177.

[19] 黄艇,宋煜,胡文东,等.大连地区一次沙尘过程的激光雷达观测研究.中国沙漠,2010,**30**(4):983-998.

[20] 王敏仲,魏文寿,何清,等.边界层风廓线雷达资料在沙尘天气分析中的应用.中国沙漠,2011,**31**(2):352-356.

[21] 张小玲,程丛兰,谢璞,等.连续强沙尘天气的发展和时空演变机制的数值模拟.中国沙漠,2007,**27**(1):137-146.

[22] 贾丽红,李海燕,李如琦,等.南疆"3.12"强沙尘暴天气数值模拟与诊断分析.中国沙漠,2012,**32**(4):1135-1141.

[23] 段海霞,李耀辉,蒲朝霞,等.高空急流对一次强沙尘暴过程沙尘传输的影响.中国沙漠,2013,**33**(5):1461-1472.

[24] 文润琴.宁夏寒潮3—6天的客观因子模式预报方法.宁夏气象,1994(1):5-7.

[25] 杨先荣,王劲松,何玉春,等.甘肃中部强沙尘暴成因分析.中国沙漠,2008,**28**(3):567-571.

[26] 任余龙,王劲松.影响中国西北及青藏高原沙尘天气变化的因子分析.中国沙漠,2009,**29**(4):734-743.

[27] 陈晓光,纪晓玲,刘庆军,等.200 hPa高空急流与宁夏春季沙尘暴过程的特征分析.中国沙漠,2006,**26**(2):238-242.

[28] 张胜才,杨先荣,张锦泉,等.春季西风急流异常对甘肃极端天气的影响.中国沙漠,2012,**32**(4):1089-1094.

[29] 尹宪志,任余龙,马旭洁,等.2011年4月28—29日中国北方强沙尘暴发生机制位涡分析.中国沙漠,2013,**33**(1):195-204.

[30] 王伏村,许东蓓,王宝鉴,等.河西走廊一次特强沙尘暴的热力动力特征分析.气象,2012,**38**(8):950-959.

[31] 姜学恭,李彰俊,程丛兰,等.地面加热对沙尘暴数值模拟结果的影响研究.中国沙漠,2010,**30**(1):182-192.

一次雷暴大风引发的河西走廊强沙尘暴天气特征分析

王伏村

(甘肃省张掖市气象局,张掖 734000)

摘 要

使用高空、地面观测资料和张掖多普勒天气雷达资料对 2013 年 7 月 30 日发生在河西走廊一次强沙尘暴天气进行了分析。结果表明:这次雷暴大风沙尘天气在对流层中高层没有明显的低槽天气系统活动,主要是地面到 700 hPa 有利的天气系统配置引发的 β,γ 中尺度对流系统造成的,雷暴的强下击辐散流是引发地面强风和沙尘暴的直接因素。中高层干,中低层相对湿的层结,易积聚不稳定能量和产生雷暴天气。3 h 正变压演变能很好地反映对流及下击暴流形成的雷暴高压的强弱变化,同时反映了下击暴流辐散气流造成的地面大风强弱变化。3 h 变温演变能较好地反映雷暴冷池的尺度和强弱变化,同时反映了雷暴密度流对地面大风强弱的影响。

关键词: 河西走廊 雷暴 大风 沙尘暴

0 引言

沙尘暴天气是危害严重的天气现象,对大气环境影响较大,因而受到社会广泛关注。我国学者近年来对沙尘暴的成因和机理研究成果颇丰。汤绪等[1]对甘肃河西走廊春季沙尘暴与低空急流的关系作了研究,在东亚中纬度高空维持纬向强急流锋区的情况下,极易造成甘肃河西走廊春季强沙尘暴的低空急流产生,而低空急流的位置及强度又可作为沙尘暴强度及沙尘暴发生和影响区的预报指标。张强等[2]从物理上系统地解释了特强沙尘暴天气的沙尘壁特征。王建鹏等[3]模拟了河西走廊地形对沙尘暴天气系统的影响。屠妮妮等[4],研究了温度平流在引发强沙尘暴的蒙古气旋中的作用。王雁鹏等[5]利用非静力中尺度气象预报模式 MM5 和三维欧拉型区域空气质量模式 CAMx 建起一套完整的空气质量模拟系统,该模式对沙尘传输和沙尘浓度分布有较好的模拟能力。张瑞军等[6]从沙尘暴的成因、特征、输送、影响和防治等方面总结了近年来国内的研究进展。韩经纬等[7]使用多普勒天气雷达对内蒙古中部的一次强沙尘暴天气过程进行了监测和分析,沙尘暴发生区与回波的逆风区对应。王伏村等[8-10]对发生在河西走廊的几次强沙尘暴个例进行了动力成因分析。徐国昌[11]对沙尘暴反馈机制作了进一步讨论。

雷暴大风引发的沙尘暴由于其突发性强,常伴有中尺度对流系统,给预报预警带来难度,近年来,随着监测和预报手段的提高,一些学者对夏季对流系统引发的沙尘暴进行了专门研究。陈勇等[12]使用 GRAPES_DAM 沙尘气溶胶模式对 2005 年 7 月一次罕见的影响河西走廊地区的群发性强沙尘暴进行了数值模拟,对夏季强沙尘暴灾害天气的可预报性进行了个例研究。王锡稳等[13]研究了夏季沙尘暴的气候特征及影响天气系统,高空小槽、切变线、热低压是引发夏季沙尘暴的主要天气系统,而春季沙尘暴一般是大尺度系统造成的。岳平等[14]根据对流体在热低压条件下激发强沙尘暴的机理,并应用 Rennó 和 Ingersoll 的热机自然对流理论,对 2004 年 7 月 12 日甘肃省发生的强沙尘暴内部动力热力结构进行了探讨。梁爱民等[15]对北京地区雷暴大风的预报问题进行了深入研究。本文使用 Micaps 天气资料和多普勒雷达观测数据对河西走廊 2013 年 7 月 30 日由雷暴大风引发的一次强沙尘暴天气进行了分析。

1 天气概况

1.1 大风沙尘天气实况

7 月 30 日 15：00－21：00，张掖和武威市出现了雷电、大风和区域性沙尘暴天气，高台、临泽、张掖、山丹、永昌出现沙尘暴，武威、民勤出现扬沙，其中临泽最低能见度 400 m，达到强沙尘暴天气，武威极大风速达到 26.5 m·s^{-1}。此次沙尘暴天气是近 5a 来河西走廊夏季最强大风沙尘暴天气，来势迅猛，侵袭范围广，影响较大。大风沙尘暴天气致使河西走廊中东部农业设施及农作物严重受损，造成直接经济损失 5000 万元以上。张掖市社会服务培训中心校园内采暖用锅炉烟囱被强风刮倒，将正在锅炉房前施工的 2 名民工砸伤致死。

1.2 高空天气系统演变

30 日 08：00 500 hPa 图上（图 1a），欧亚中高纬度为两槽一脊型，里海和贝加尔湖为槽区，蒙古为冷涡，巴尔喀什湖高压脊发展，脊前为强西北风气流，风带中心风速为 24 m·s^{-1}，风带

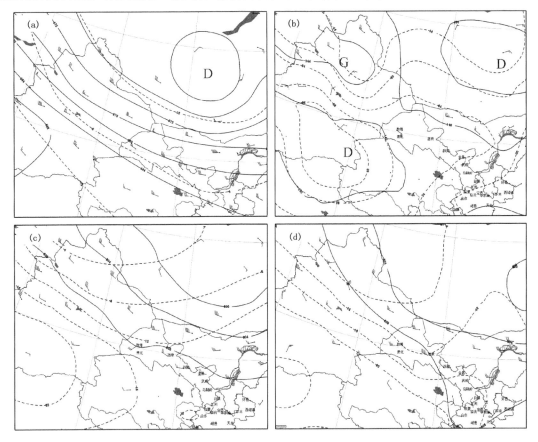

图 1　2013 年 7 月 30 日高空形势

（a 为 08：00 500 hPa，b 为 08：00 850 hPa，c 为 08：00 700 hPa，d 为 20：00 700 hPa；

实线代表高度场，虚线代表温度场）

东北侧为蒙古冷涡,主体冷空气活动偏北偏东,新疆及河西走廊处在脊前西北气流带中,等高线与等温线基本平行,没有明显的冷平流和低槽活动。20:00整体系统略东移,形势变化不大。

30日08时700 hPa图上(图1c),高度场系统和500 hPa相似,新疆及河西走廊处在脊前西北气流带中,风带中心风速为20 m·s^{-1}。不同的是等高线与等温线有明显的交角,新疆北部西北风气流有冷平流活动,大气具有明显的斜压性。20:00(图1d)700 hPa锋区前沿已到达河西走廊中东部。

30日08:00 850 hPa图上(图1b),高度场系统配置为变形场,新疆北部和四川为高压,蒙古和南疆为低压,河西走廊处在变形场中部,有利于温度场锋生。温度场上南疆和河西走廊为温度脊,北疆为温度槽,冷暖对比与700 hPa相比更强。20时850 hPa锋区前沿到达河西走廊中西部,河西走廊东部仍为暖脊控制,说明700 hPa锋区移动快于850 hPa,有利于对流层低层产生对流不稳定。

以上分析表明,这次雷暴大风沙尘天气在对流层中高层没有明显的低槽天气系统活动,主要是地面到700 hPa有利的天气系统配置引发的对流系统造成的。

1.3 地面天气系统演变

30日14:00地面图上(图略)弱冷锋在玉门和酒泉之间,锋后为小阵雨天气,敦煌3 h变压为+1.3 hPa;17:00冷锋在张掖和山丹之间,张掖3 h变压猛增到+4.5 hPa,锋后出现雷暴高压及雷阵雨、大风、沙尘暴天气,最大风力24.6 m·s^{-1},最小能见度400 m;20:00冷锋到达武威和民勤一线,永昌3 h变压达到+6.1 hPa,风力仍在增大,武威极大风速达到26.5 m·s^{-1},为扬沙天气,沙尘有所减弱;21:00以后雷暴高压显著减弱,大风、沙尘暴天气消失。

2 热力、动力演变特征

2.1 探空廓线演变特征

张掖和民勤的08:00、20:00探空曲线表明,08:00张掖(图2a)550 hPa以上为干层,中层600~550 hPa是相对浅薄的湿层,600 hPa到地面是喇叭口向下的次干层,这种中高层干层,中低层相对湿的层结,易积聚不稳定能量和产生雷暴天气,而边界层的干层有利于下击暴流的形成,张掖的干层较厚,已形成干下击暴流,扬起沙尘。20:00张掖(图2b)雷阵雨过后,整层湿度增大,不利于沙尘扬起和输送,能见度很好。08:00民勤(图2c)300 hPa以上为干层,中层600~300 hPa是相对湿层,湿层较厚,边界层是喇叭口向下的次干层。深厚的湿层中水汽及雨滴含量高,有利于形成湿下击暴流,这也是雷暴到达武威、民勤后,风头与雷阵雨时间间隔短,不易起沙的原因。

2.2 地面3 h变压演变特征

在高原及其周边复杂地形下,海平面气压场订正误差大,不能很好地反映雷暴高压这样的小系统,而3 h变压的演变能很好地反映雷暴高压的强度演变。14:00(图3a)敦煌3 h变压为+1.3 hPa,说明有弱对流活动和下沉气流造成的雷暴高压形成。走廊其他站为3 h负变压,高台站3 h变压为-3.0 hPa,说明在暖低压中。17:00(图3b)走廊中部出现大范围正3 h变压区,张掖3 h变压骤增为+4.5 hPa,说明有强雷暴高压活动,过去1 h 30 min内,从高台到张掖出现雷暴、大风和沙尘暴天气,张掖极大风速24.6 m·s^{-1},临泽最小能见度400 m。

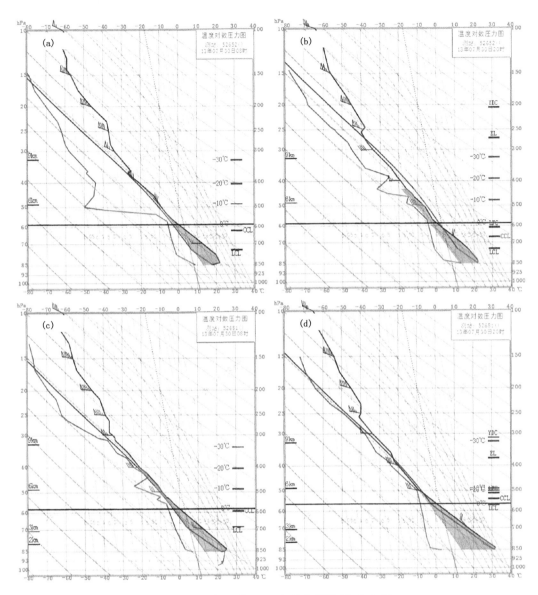

图 2　2013 年 7 月 30 日张掖和民勤 $T-\ln P$ 图

(a 为 08:00 张掖,b 为 20:00 张掖,c 为 08:00 民勤,d 为 20:00 民勤)

20:00(图 3e)3 h 正变压区东移到走廊中东部,永昌 3 h 正变压骤增到+6.1 hPa,说明强雷暴高压还在增强,过去 3 h 内,从山丹到武威出现雷暴、大风和沙尘天气,山丹、永昌出现沙尘暴,武威和民勤出现扬沙,武威极大风速 26.5 m·s^{-1}。23:00(图略)最大 3 h 变压在景泰,减小为+3.2 hPa,说明强雷暴高压显著减弱,雷暴、大风和沙尘天气消失。

以上分析表明,正 3 h 变压演变能很好地反映对流及下击暴流形成的雷暴高压的强弱变化,同时反映了下击暴流辐散气流造成的地面大风强弱变化。

2.3　地面 3 小时变温演变特征

雷暴冷池水平尺度、厚度和强度直接影响地面灾害性大风强度,使用地面 3 h 变温来近似反映雷暴冷池的尺度和强弱。14:00(图 3b)野马街和安西站附近为 0 ℃变温区,说明有弱冷

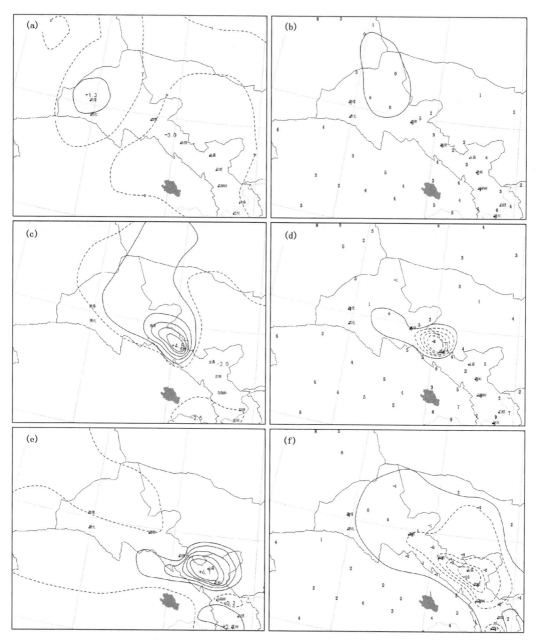

图 3　2013 年 7 月 30 日 3 h 变压(a,c,e)和 3 h 变温(b,d,f)

(a,b 为 14:00,c,d 为 17:00,e,f 为 20:00)

空气活动(14:00 晴天日变化应为正变温),走廊其他区域为正变温。17:00(图 3d)走廊中部出现 3 h 负变温区,张掖 3 h 变温骤降−9 ℃,说明雷暴冷池显著增强。20:00(图 3f)负 3 h 变温区东移到走廊中东部,永昌 3 h 变温为−10 ℃,说明雷暴冷池还在增强。23:00(图略)受气温日变化影响,大部分地方为负变温。

　　以上分析表明,3 h 变温演变能较好地反映雷暴冷池的尺度和强弱变化,同时反映了雷暴密度流对地面大风强弱的影响。

3 中尺度雷暴演变特征

15:32张掖多普勒雷达1.5°仰角反射率因子图上(图4a),在高台西北侧云带中有两块相对强的对流云A,B,A云块强度44 dBZ,水平尺度约10 km,B云块强度40 dBZ,水平尺度约20 km。对应1.5°仰角径向速度图上(图4e),对流云前沿有70 km长的18 m·s^{-1}向着雷达的风速带。15:49 A云块强度(图4b)增强为46 dBZ,水平尺度约20 km,B云块增强为44 dBZ,水平尺度约30 km,继续向高台移近,A,B两块之间的云开始变薄断裂,对应1.5°仰角径向速度图上(图4f),高台出现20 m/s以上的向着雷达的风速区,此时地面出现大风沙尘暴天气。16:00 A云块强度(图4c)继续增强为53 dBZ,B云块增强为47 dBZ,继续向东北移,在B云块的东南侧新生成C云块,强度为52 dBZ,水平尺度约5 km,A,B两块云基本上分裂成两块云。对应1.5°仰角径向速度图上(图4g),高台附近风速达到28 m·s^{-1}。16:23 A云块强度(图

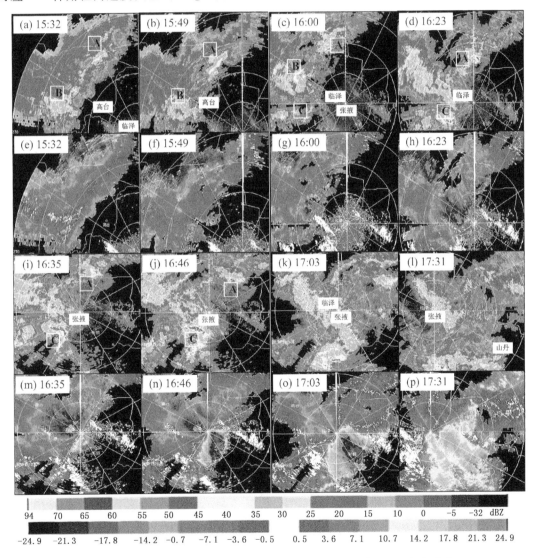

图4 2013年7月30日张掖多普勒雷达1.5°仰角反射率因子和径向速度

(a)、(b)、(c)、(d) (i)、(j)、(k)、(l)为反射率因子;(e)、(f)、(g)、(h) (m)、(n)、(o)、(p)为径向速度。

4d)继续增强为 57 dBZ,B 云块开始减弱为 42 dBZ,继续向东北移,C 云块增强为 55 dBZ,水平尺度约 20 km,并向张掖临泽移动。A,B 两块云之间出现无云区,对应 1.5°仰角径向速度图上(图 4h),西北象限出现扇形的西北大风区,临泽附近出现 30 m·s⁻¹ 以上的径向速度,此时临泽出现大风和强沙尘暴天气。16∶35 A 云块强度(图 4i)减弱为 51 dBZ,B 云块减弱为 41 dBZ,C 云块增强为 57 dBZ,水平尺度约 50 km,并向张掖移动。对应 1.5°仰角径向速度图上(图 4 m),张掖附近出现 30 m·s⁻¹ 以上的径向速度,此时张掖出现大风和沙尘暴天气。16∶46 A 云块强度(图 4j)减弱为 43 dBZ,B 云块减弱分散为絮状,C 云块减弱为 51 dBZ 继续移动。对应 1.5°仰角径向速度图上(图 4n),张掖市区附近出现 32 m·s⁻¹ 以上的径向速度。17∶03 A 云块强度(图 4k)维持为 46 dBZ,C 云块北段减弱为 42 dBZ,南段新生一强度为 54 dBZ 雷暴。17∶31 A,C 云块(图 4l)减弱消散,在山丹南侧生成强度 43 dBZ 雷暴。对应 1.5°仰角径向速度图上(图 4p),山丹西北侧出现 24 m·s⁻¹ 以上的径向速度区,此时山丹出现大风沙尘暴天气。

以上分析表明,雷暴大风、沙尘暴天气的影响系统是 β,γ 中尺度对流系统,雷暴强下击辐散流是引发地面强风和沙尘暴的直接因素。

4 小结

(1)这次雷暴大风沙尘天气在对流层中高层没有明显的低槽天气系统活动,主要是地面到 700 hPa 有利的天气系统配置引发的对流系统造成的。

(2)中高层干,中低层相对湿的层结,易积聚不稳定能量和产生雷暴天气,而边界层的干层有利于下击暴流的形成。

(3)正 3 h 变压演变能很好地反映对流及下击暴流形成的雷暴高压的强弱变化,同时反映了下击暴流辐散气流造成的地面大风强弱变化。

(4)3 h 变温演变能较好地反映雷暴冷池的尺度和强弱变化,同时反映了雷暴密度流对地面大风强弱的影响。

(5)雷暴大风、沙尘暴天气的影响系统是 β,γ 中尺度对流系统,雷暴强下击辐散流是引发地面强风和沙尘暴的直接因素。

参考文献

[1] 汤绪,俞亚勋,李耀辉,等.甘肃河西走廊春季沙尘暴与低空急流.高原气象,2004,**23**(6):840-846.

[2] 张强,王胜.论特强沙尘暴(黑风)的物理特征及其气候效应.中国沙漠,2005,**25**(5):675-681.

[3] 王建鹏,沈桐立,刘小英,等.西北地区一次沙尘暴过程的诊断分析及地形影响的模拟实验.高原气象,2006,**25**(2):259-267.

[4] 屠妮妮,矫梅燕,赵琳娜,等.引发强沙尘暴的蒙古气旋的动力特征分析.中国沙漠,2007,**27**(3):520-527.

[5] 王雁鹏,陈岩,殷惠民,等.中国北方沙尘传输的数值模拟.干旱气象,2007,**25**(3):1-9.

[6] 张瑞军,何清,孔丹等.近几年国内沙尘暴研究的初步评述.干旱气象,2007,**25**(3):88-94.

[7] 韩经纬,孟雪峰,宋桂英.一次伴随强沙尘暴天气飑线的多普勒雷达回波特征.气象,2006,**32**(10):57-63.

[8] 王伏村,付有智,刘秀兰等.河西走廊中西部一次特强沙尘暴的对称不稳定诊断分析.干旱气象,2007,**25**(4):18-24.

[9] 王伏村,邵亮,郭良才,等.河西走廊一次强沙尘暴过程的干侵入分析.干旱气象,2008,**26**(2):30-34.

[10] 王伏村,付有智,李红.一次秋季沙尘暴的诊断和天气雷达观测分析.中国沙漠,2008,**28**(1):170-177.

[11] 徐国昌.强沙尘暴天气过程中的若干问题思考.干旱气象,2008,**26**(2):9-11.

[12] 陈勇,陈德辉,王宏,等.河西走廊夏季强沙尘暴数值模拟试验.气象科技,2007,**35**(3):393-399.

[13] 王锡稳,黄玉霞,刘治国,等.甘肃夏季特强沙尘暴分析.气象科技,2007,**35**(5):681-686.

[14] 岳平,牛生杰,张强,等.夏季强沙尘暴内部热力动力特征的个例研究.中国沙漠,2008,**28**(3):509-513.

[15] 梁爱民,张庆红,申红喜,等.北京地区雷暴大风预报研究.气象,2006,**32**(11):73-80.

内蒙古初春一次罕见强冷空气活动天气特点分析

孟雪峰　仲　夏　马素艳　荀学义　胡英华

(内蒙古自治区气象台,呼和浩特 010051)

摘　要

对 2013 年 3 月 8—10 日内蒙古罕见强冷空气天气过程进行了诊断分析。结果表明:本次强冷空气活动造成了内蒙古大风、寒潮、沙尘暴、暴雪等多种灾害天气。大风主要出现在地面冷锋与冷高原之间的气压梯度大值区、850 hPa 强冷平流区中,高空急流位置及其动量下传作用对大风形成有重要作用。寒潮主要出现在冷高压中心影响的区域。地面积雪的冷垫作用对寒潮发生有一定不利影响。由于冷锋系统夜间过境,在大风条件具备的情况下,大气热力层结条件不利,影响了沙尘天气的强度。地面积雪对沙尘天气的发生有抑制作用。暴雪天气是本次过程的预报难点,蒙古气旋及其后部的副冷锋系统东移合并成锢囚锋系统,强降雪就发生在锢囚锋区域。高空急流入口区右侧辐散抽吸作用有利于锢囚锋发展,上升运动的加强。水汽条件以本地水汽为主,在对流层低层暖切变区辐合作用形成高湿区,800 hPa、850 hPa 沿暖切变的东南风将水汽输送至锢囚锋区域。90%以上的大到暴雪过程都有明显的水汽输送,水汽输送的路径有三种:西南路径(40%)、偏南路径(33%)、东南路径(17%),还有少部分是在局地水汽作用下产生的。

关键词:内蒙古　大风　寒潮　沙尘暴　暴雪　诊断分析

0　引言

2013 年 3 月 8 日夜间到 9 日,内蒙古出现了入春以来罕见的最强冷空气活动,全区大部地区受到大风、寒潮、沙尘暴、暴雪等天气侵袭。受强冷空气影响内蒙古中西部地区出现大范围大风、寒潮、沙尘天气;内蒙古东部地区的呼伦贝尔市南部、兴安盟中部、北部出现暴雪天气,锡林郭勒盟东部还伴有白毛风。由于大风沙尘暴雪天气,铁路、公路、民航等交通运输受影响较大,导致阿尔山机场关闭,航班取消;呼和浩特至通辽的航班迫降赤峰机场,部分高速公路封闭等。沙尘天气造成空气质量下降,影响人民群众的日常生活。对本次灾害性天气,自治区气象台做出了很好的预报服务工作,受到广泛好评。但预报中还存在瑕疵,比如:沙尘暴预报范围偏大、强度偏强;东北地区的暴雪预报强度偏小。为了进一步提高受强冷空气影响的灾害性天气预报准确率,提升服务效益,做好防灾减灾工作,对本次天气过程进行深入的分析总结是非常必要的。

1　天气实况

1.1　大风

8 日 14:00—9 日 20:00 内蒙古大部地区(西部、中部和东部偏南地区)自西向东都出现了

资助项目:国家自然科学基金内蒙古暴风雪成因及预报技术研究(41265004)和内蒙古暴雪专家型预报员创新团队项目

大风天气(图 1)。阿拉善盟东部、鄂尔多斯西部、巴彦淖尔北部、包头北部、呼和浩特市北部、乌兰察布市、锡林郭勒盟、赤峰市、通辽西部出现了 7 级及以上大风,呼和浩特市(53463)31 m·s^{-1},锡林郭勒盟的那仁宝力格(53083)25 m·s^{-1},赤峰市的浩尔吐(54024)26 m·s^{-1},翁牛特旗(54213)25 m·s^{-1}。

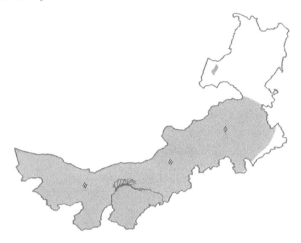

图 1　大风天气落区

1.2　寒潮

此次过程内蒙古大部地区出现明显的降温天气,8—10 日,内蒙古西部、中部和东部部分地区出现寒潮天气,鄂尔多斯市、赤峰市南部、兴安盟北部、呼伦贝尔市北部 24 h 气温下降达 12~19℃,出现强寒潮天气(图 2)。

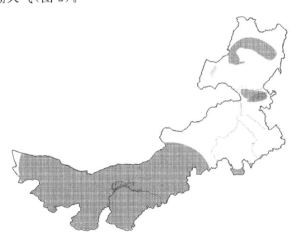

图 2　寒潮天气落区

1.3　沙尘天气

8 日夜间,阿拉善盟、巴彦淖尔市、鄂尔多斯市、包头市、呼和浩特市、乌兰察布市出现沙尘天气,在阿拉善盟北部、东部、巴彦淖尔市西部出现沙尘暴天气(图 3)。

1.4　暴雪

强降雪发生在呼伦贝尔市和兴安盟,呼伦贝尔市南部、兴安盟中部、北部出现暴雪天气(图

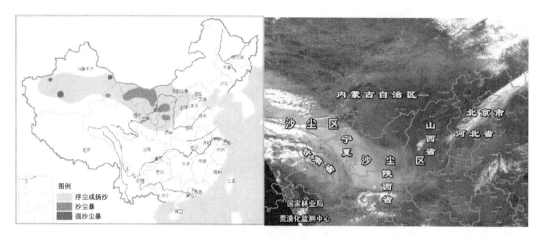

图3 沙尘天气落区

图4 沙尘天气落区图

4)。3月8日08:00—9日08:00,新巴尔虎左旗12 mm、阿尔山13 mm、索伦16 mm、胡尔勒12 mm、扎莱特旗10 mm。强降雪集中在8日20:00—9日08:00段,6 h降雪量达到7～9 mm。

新巴尔虎左旗、阿尔山出现当地3月上旬最强降雪,阿尔山机场跑道积雪最深处达1 m。索伦的降雪量更是达到16 mm,创下当地1957年有完整气象观测以来3月最强降雪纪录。当地积雪明显增厚,新巴尔虎左旗的积雪深度已有24 cm,阿尔山达到35 cm,索伦25 cm。

9日08:00开始,锡林郭勒盟东部相继有3个站出现了雪暴天气。乌拉盖大风伴随降雪,最大风速17.7 m·s^{-1},能见度小于50 m,直到9日17:00才减弱消失。

2 大尺度环流形势特征

2.1 高空形势

8日20:00,500 hPa高空为"一槽一脊型",西高东低,上游乌拉尔山高压脊强盛,下游东亚大槽稳定少动,贝加尔湖地区有斜压小槽沿着西北气流滑下并不断发展加强,影响内蒙古并带来强冷空气,从寒潮分型来讲,这是典型的"小槽发展型"。700 hPa有斜压槽配合,850 hPa形成较强的斜压性低涡,这种高空槽配合低空低涡的配置系统移动通常较快(图5)。

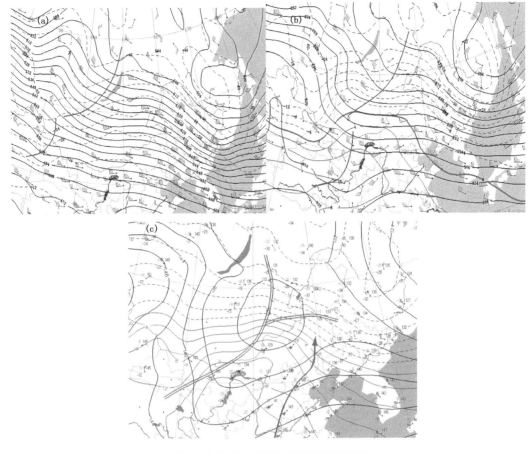

图5　8日20:00不同等压面天气形势

(a为500 hPa,b为700 hPa,c为850 hPa)

2.2 地面形势

与高空系统配合,8日08:00地面已经形成蒙古气旋,其后部有副冷锋配合强盛的地面冷高压,表明强冷空气堆的东移南下(图6)。8日20:00副冷锋赶上蒙古气旋,冷锋合并,蒙古气旋加强,冷空气开始迅速东移南下。之后,受冷锋影响蒙古气旋逐渐减弱并入冷锋,从冷高压路径来看本次过程冷空气为"西北路径",受冷锋影响为主属于"冷锋型"。冷锋及冷高压系统主要影响内蒙古西部、中部、东部偏南地区,呼伦贝尔市、兴安盟受蒙古气旋锢囚锋区影响。

3 大风成因分析

3.1 动量下传作用

3月9日08:00,300 hPa高空急流轴已经控制内蒙古地区,高空动量条件很好,动量随着高空斜压槽后部的下沉气流向低层传送,从高空全风速沿110°E南北剖面图(图7)可见,在高空急流轴下全风速大值区向下延伸,低层的全风速加大。对流层低层配合着较强的辐散场,有利于动量的持续下传,在内蒙古中西部地区维持着较强的辐散(图7),是该地区大风形成的有利条件。

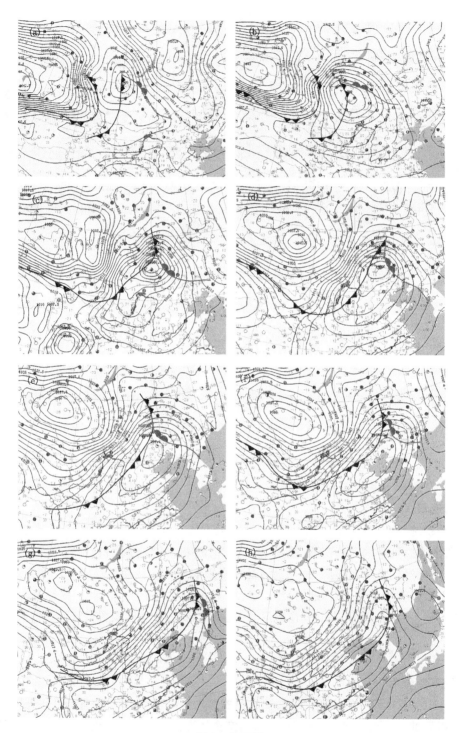

图 6　地面图

(a 为 3 月 8 日 08:00,b 为 3 月 8 日 14:00,c 为 3 月 8 日 20:00,d 为 3 月 9 日 02:00,e 为 3 月 9 日 05:00,
f 为 3 月 9 日 08:00,g 为 3 月 9 日 11:00,h 为 3 月 9 日 14:00)

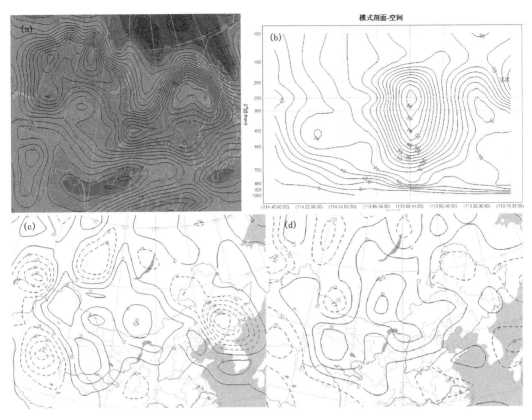

图 7   3 月 8 日 20:00 300 hPa 全风速(a),沿 110°E 全风速垂直剖面图(b),3 月 8 日 20:00
散度场(c),3 月 9 日 08:00 散度场(d)

3.2   对流层低层强冷平流作用

对流层低层强冷平流标志着冷空气南下的强度,冷平流越强,冷空气的冲击越大,地面风越大。自 8 日 20:00－9 日 20:00,强冷平流控制的地区先后形成的大风天气。需要注意的是,强冷平流中心也是大风中心,对应关系很好(图 8)。

3.3   梯度风作用

从地面图可见(图 6),3 月 8 日 20:00－9 日 20:00 内蒙古中、西部、东部偏南地区,受到冷高压与蒙古气旋及冷锋间强气压梯度的影响,气压梯度达到 9 根等压线每 10 经纬度。在强气压梯度作用下,进一步加强的地面大风。

4   寒潮成因分析

4.1   地面冷高压影响

地面冷高压中心的强度和位置代表着强冷空气中心的强度和位置,地面冷高压中心控制地区通常会出现寒潮天气。从地面冷高压中心移动演变来看(图 9),其主要影响内蒙古西、中部地区,在该地区造成了寒潮天气。从 24 h 变压来看,强变压区也是寒潮天气的主要区域。

4.2   地面冷垫的作用

由于今年冬季内蒙古东北地区降水较多,地面积雪明显,形成了地面冷垫,锡林郭勒盟东部受冷垫作用前期升温幅度较小,后期降温幅度没有达到寒潮标准。

图 8　850 hPa 温度平流

（a 为 3 月 8 日 08：00，b 为 3 月 8 日 20：00，c 为 3 月 9 日 08：00，d 为 3 月 9 日 20：00）

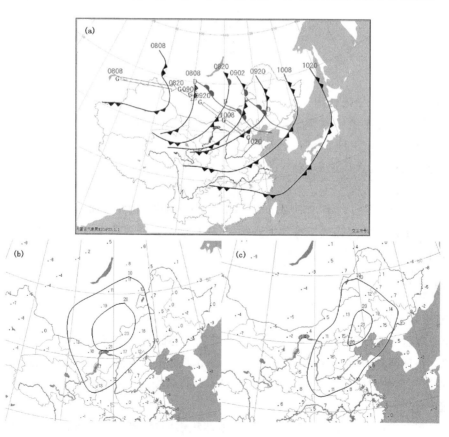

图 9　地面系统演变综合图（a）和 3 月 8 日 08：00（b）、20：00（c）的 850 hPa 24 h 变压

5　沙尘暴成因分析

沙尘暴的形成,影响因素较多,预报难度也较大。本次过程属于冷锋型,如上所述其大风动力条件已经具备,因此需要重点分析层结、和沙源条件的影响。

5.1　对流层低层大气湿度的影响

沙尘暴是对流层低层的干急流形成的,不仅需要有强劲的大风,还需要干燥的环境,通常相对湿度在20%以下,才能形成干急流和干对流,形成沙尘暴天气。从850 hPa相对湿度场的分布来看(图10),河套及以西地区相对湿度在20%以下,锡林郭勒盟东部、赤峰市、通辽市相对湿度较高,不能形成干急流。这也是沙尘天气只出现在内蒙古中、西部地区的原因之一。另外,从层结条件来看(图11),中、西部的站点整层干燥,没有逆温层,锡林浩特站对流层中高层湿度很大,索伦站湿度大且有逆温层存在。

图10　850 hPa相对湿度

(a为3月8日08:00,b为3月8日20:00,c为3月9日08:00)

5.2　日变化的影响

沙尘天气有明显的日变化,较强的沙尘暴常出现在中午及午后到傍晚时段,这与太阳辐射对大气层结的影响有关,较强的太阳辐射使地表升温,更易形成深厚的混合层。本次过程冷锋过境影响内蒙古正好是在夜间,层结条件对沙尘暴形成是不利的,因此虽然出现了7级大风,本次沙尘天气仍以扬沙为主。

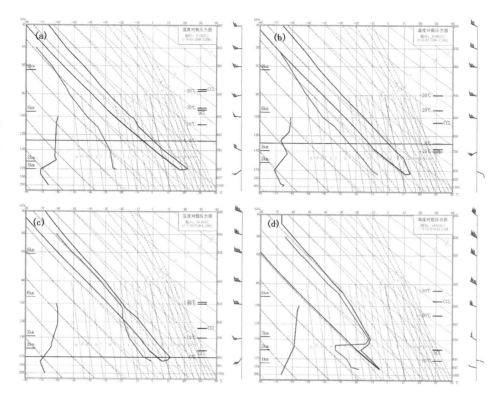

图 11 3月8日 20:00 $T-\ln P$（a 为阿拉善盟，b 为呼和浩特，c 为锡林浩特，d 为索伦）

5.3 积雪覆盖的影响

从 3 月上旬内蒙古积雪覆盖等级图可见（图 12），在锡林郭勒盟中部、东部有积雪覆盖，对起沙不利，因此，在 7 级大风中，也未出现沙尘天气。

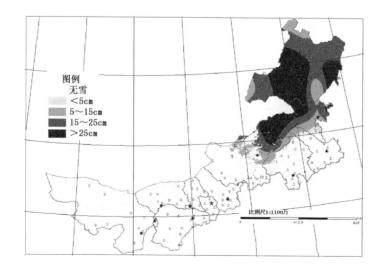

图 12 3月上旬内蒙古积雪覆盖等级

6　暴雪成因分析

6.1　影响系统分析

本次暴雪天气成因较为复杂,从影响系统分析,暴雪发生前夕 8 日 20:00,850 hPa 蒙古低压除了自身有过中心的冷槽配合外,在蒙古低压后部有冷槽的影响(图 13),后部冷槽较强,等压线密集,冷平流强,冷槽前蒙古低压北部有暖切变线存在,有锢囚特征。925 hPa 影响系统的分布相同。

从 8 日 23:00(暴雪发生前夕)地面图与红外云图叠加可见(图 14),地面气旋配合有锢囚锋的形成;700 hPa 低涡配合有冷切变、暖切变存在。可见,本次暴雪主要影响系统是地面气旋的锢囚锋区和对流层低层低涡的冷、暖切变线。

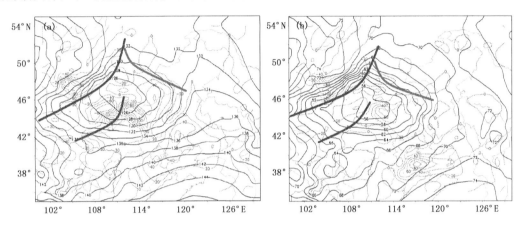

图 13　3 月 9 日 02:00 高度场、温度平流场

(a 为 850 hPa,b 为 925 hPa)

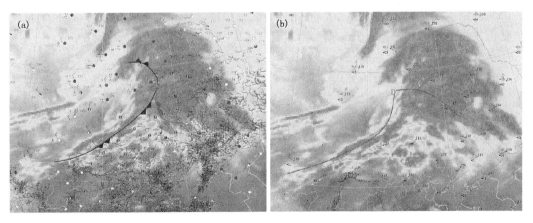

图 14　3 月 8 日 23:00 红外云图

(a 为地面,b 为 700 hPa)

6.2　降雪特征

暴雪区观测站的地面三线图可见(图 15),降雪发生在气压低值区,气温下降,露点线与温度线接近的时段,要素变化无异常。降雪集中在 12 h 内,降雪强度达到 $7\sim9$ mm·$(3h)^{-1}$。

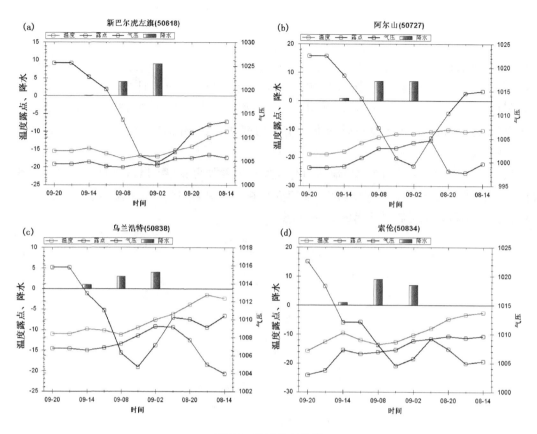

图 15 地面站三线图

（温度、露点、单位：℃，气压单位：hPa，降水单位：mm）

6.3 动力抬升条件

降雪区位于 300 hPa 高空急流入口区右侧，高空辐散区强迫抽吸作用区中，有利于对流层低层低值系统的发展和深厚上升运动的形成（图 16）。

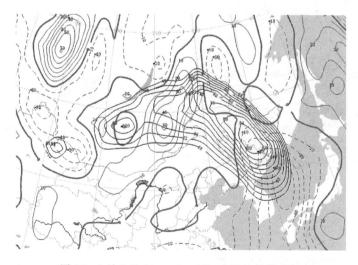

图 16 3 月 8 日 20：00 300 hPa 全风速场散度场

对流层低层流场、辐散场与相对湿度场分布可见(图17),在暴雪发生过程中,对流层低层辐合主要在暖切变线上,在 700 hPa、750 hPa 层次暖切变线较为明显,在 800 hPa、850 hPa 层次切变线存在,但锢因切变更加明显,切变线上以东南风为主,辐合抬升区与相对湿度高值区相配合,强降雪主要发生在锢因切变影响区。垂直剖面图(图17e,f)可见低层辐合高空辐散的上升运动、正涡度区、高湿度区与锢因切变相对应,对强降雪的形成很有利。

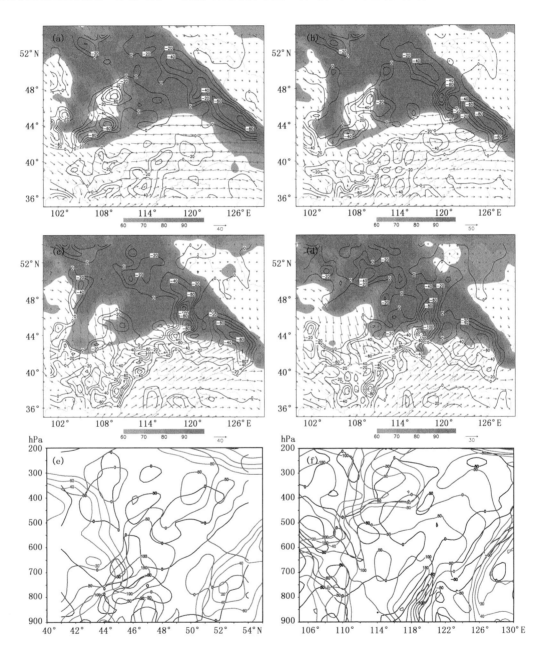

图 17　3 月 9 日 02:00 散度场相对湿度场 700 hPa(a)、750 hPa(b)、800 hPa(c)、850 hPa (d)
涡度、散度、相对湿度场沿 47°N 剖面(e)和沿 120°E 剖面(f)

6.4 水汽条件

从水汽条件分析,暴雪发生过程中没有明显的水汽输送作用,在蒙古气旋的西南气流中相对湿度很小,没有水汽输送作用。在暖切变线上的大湿度区是由辐合抬升形成的,这一大湿度区在其东南无根。因此,本次暴雪以本地水汽的辐合抬升为主,在暖切变线形成高湿度区,低层的东南风沿切变线将水汽输送到锢囚切变区形成强降雪。

6.5 内蒙古大雪暴雪特征

通过对 1999—2013 年发生在中东部地区的 12 个大到暴雪过程的水汽通道进行统计(表1),可以看出,90%以上的大雪、暴雪过程都有明显的水汽输送,主要表现为三种路径包括西南路径、偏南路径、东南路径。在 12 次过程中,西南路径的水汽通道出现 5 次,其 700 hPa 水汽通量辐合中心数值一般为 -4×10^{-6} ～ -20×10^{-6} g·cm^{-2}·hPa^{-1}·s^{-1},水汽通量数值一般在 $1\sim6$ g·cm^{-2}·hPa^{-1}·s^{-1},偏南路水汽通道出现 4 次,其辐合中心数值一般在 $-2\sim4\times10^{-6}$ g·cm^{-2}·hPa^{-1}·s^{-1},水汽通量数值在一般 $2\sim12$ g·cm^{-2}·hPa^{-1}·s^{-1},东南路径的水汽通道出现 2 次,其辐合中心数值一般在 -4×10^{-6} ～ -6×10^{-6} g·cm^{-2}·hPa^{-1}·s^{-1},水汽通量数值在一般 $2\sim6$ g·cm^{-2}·hPa^{-1}·s^{-1},还有一次过程没有明显水汽输送带,但是局地水汽条件较好的情况,即局地水汽出现 1 次,无明显的水汽辐合。

表1

水汽方向	西南路径	偏南路径	东南路径	局地
出现次数	5	4	2	1
所占比例/%	40	33	17	10
水汽通量散度中心数值 (700 hPa)10^{-6}g·cm^{-2}·hPa^{-1}·s^{-1}	$-4\sim-20$	$-2\sim-4$	$-4\sim-6$	0
水汽通量(700 hPa)g·s^{-1}·hPa^{-1}·cm^{-1}	$1\sim6$	$2\sim12$	$2\sim6$	0

一般认为水汽通量反映了大气中水汽的输送情况。图 18a 为 2013 年 1 月 31 日 14:00,即降雪发生时段的水汽通量和风场的叠加图,可以看到水汽通量辐合位于长江以南,中心强度在 12 g·s^{-1}·hPa^{-1}·cm^{-1} 以上,从风场来看,水汽从孟加拉湾自西南方向向偏北地区输送至黄河以南地区,配合 700 hPa 内蒙古北部地区有风场的气旋式辐合,华北北部地区受到西南气流控制,使得黄河以南的水汽继续向北输送,可以看到,在西南风控制下,700 hPa 的水汽通量在长江以南经西南方向向北输送。图 18b 是一次水汽路径为偏南方向的个例,可以看到整个水气通道在偏南风,以及风场气旋式辐合的作用下,呈带状分布,从偏南方向伸至内蒙古东部地区,水汽通量轴线呈南北走向。图 18c 是一次东南水汽路径的个例,从水汽通量与风场叠加来看,水汽自太平洋,沿东南方向,向东北地区延伸,沿着风场方向,水汽通量轴线近似成东南走向。在内蒙古东部偏南地区有一水汽辐合大值区,中心值在 8 g·s^{-1}·hPa^{-1}·cm^{-1} 以上。图 18d 为本次过程中 9 日 20:00 的水汽通量分布情况,水汽通量的轴线近似的呈西北—东南走向,在西北气流控制下,在内蒙古北部有一水汽通量辐合大值中心,为 10 g·s^{-1}·hPa^{-1}·cm^{-1} 以上,其相对偏南地区的水汽输送通道是独立的,其中有局地水汽引起的暴雪过程是非常少见的,统计过去 12a 的个例,这种情况只出现过一次。

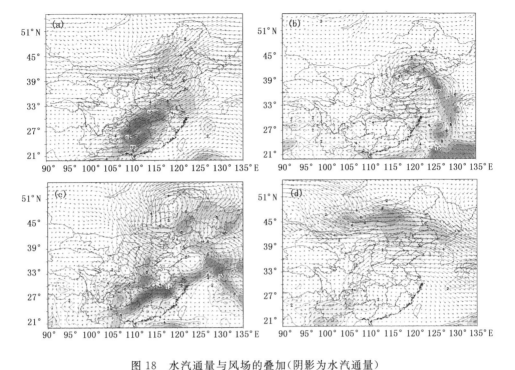

图 18 水汽通量与风场的叠加（阴影为水汽通量）

(a 为 2013 年 1 月 31 日 14:00,b 为 2011 年 11 月 4 日 14:00,c 为 2008 年 10 月 22 日 20:00,

2013 年 3 月 8 日 20:00)

7 小结

（1）大风天气过程是受冷锋系统影响形成的。大风区主要出现在地面冷锋与冷高原之间的气压梯度大值区、850 hPa 强冷平流区中。高空急流位置及其动量下传作用对大风形成有重要作用。

（2）寒潮天气过程是受冷锋系统影响,属于小槽发展型。寒潮区主要出现在冷高压中心影响的区域。地面积雪的冷垫作用对寒潮发生有一定不利影响(前期的最低气温不易升高)。

（3）沙尘天气过程是受冷锋系统影响,属于冷锋型。由于冷锋系统夜间过境,在大风条件具备的情况下,大气热力层结条件不利,影响了沙尘天气的强度。锡林郭勒盟东部以东地区地面积雪抑制了沙尘天气的发生。沙尘天气区与干急流区相关密切,沙尘暴天气发生时通常相对湿度小于 20%。

（4）暴雪天气是本次过程的预报难点,其影响系统演变比较复杂,蒙古气旋及其后部的副冷锋系统,东移合并形成锢囚的演变过程中形成了暴雪天气,主要降雪区在锢囚锋区域。高空急流入口区右侧辐散抽吸作用有利于锢囚锋发展,上升运动的加强。水汽条件以本地水汽为主,首先在对流层低层暖切变区辐合作用形成高湿区,其次 800 hPa、850 hPa 沿暖切变的东南风将水汽输送至锢囚锋区域,强辐合上升运动形成强降水。

（5）根据对 12 个历史个例的统计分析结果,90% 的大到暴雪过程有明显的水汽输送,主要表现为三种路径包括西南路径、偏南路径、东南路径,其中西南路径占 40%。偏南路径占 33%,东南路径占 17%,10% 为局地水汽条件引起的。

银川河东机场大风天气统计及环流形势特征分析

杜　星　师　俊　朱冬梅

（民航宁夏空管分局气象台,银川 750009）

摘　要

本文对 1998—2012 年银川河东机场 1—5 月份的大风天气做了统计分析,并对每一次过程做了类型分类和形势分析,同时重点选取不同类型的典型个例,采用天气学分析方法研究了银川河东机场大风天气的环流形势、高空急流特征和冷空气的移动特点,得出以下结论:两槽一脊型、两脊一槽型和一脊一槽型是银川河东机场大风天气的主要环流类型,一槽一脊的环流形势下,并无冷空气活动,地面大风的出现是因为地面热低压的存在,气压梯度力和科氏力平衡形成的地转风,风向为偏南风;两槽一脊和一脊一槽的环流形势下,地面大风一般为偏北风,而两脊一槽的环流形势下,地面大风一般为偏南风;高空急流的存在或者两支急流的振荡合并,能引起气层的不稳定,促使地面气旋或者反气旋的发展,从而引起地面风的增大;两槽一脊、两脊一槽和一脊一槽的环流形势下,冷空气分别取偏北路径、西北路径和偏北路径影响银川河东机场。

关键词:银川河东机场　大风　环流形势　高空急流

0　引言

风这一气象要素对于民航客机的飞行有着至关重要的影响,不同型号的飞机在起降的过程中对于风有不同的标准,尤其是一些小型飞机,即使地面风或者高空风不是特别大的情况下就要禁止起降。由于高空大气的流动并不受地形的影响,是连续而均匀的,预报比较容易,而地面风则受多种因素的影响,预报风向和风速有较大的难度,所以对地面风的研究对于民航来讲有着很重要的现实意义。银川河东机场处在贺兰山的东南侧,西邻黄河,东靠沙漠,每年的 1—5 月,冷暖空气活动频繁,地面大风日较多。当银川河东机场出现大风时,往往伴随着风切变甚至还会出现下击暴流,这种情况下,容易使飞机出现升力减小而掉高度,偏离飞行方向而复飞,甚至出现偏离或冲出跑道的事故。长期以来,气象工作者利用各种资料对大风的统计分析[1]、大风沙尘的环流形势[2-3]、动力结构[3]、高空急流与大风沙尘的关系[4-5]、大风的成因与预报[6-7]等方面进行了深入分析研究,取得了一些有意义的成果。本文根据银川河东机场的本地化特点,利用了 15a 的地面大风(≥ 8 m·s^{-1})资料,采用统计和天气学的方法进行了分析总结,以期寻找对银川河东机场有预报意义的环流指标和因子,提高大风天气预报及航空气象服务水平。

1　资料统计说明

本文统计了自银川河东机场 1998 年启用到 2012 年 1—5 月的气象观测地面风月资料。根据中国气象局《风力等级划分标准》:“当地面风大于等于 10.8 m·s^{-1} 时即为强风”,而根据银川河东机场的运行条件,当地面风 ≥ 8 m·s^{-1} 时,就会对飞行造成一定的影响,特别是侧风较大时,对飞行的影响更大,因此本文主要统计了大于等于 $8\ \mathrm{m\cdot s^{-1}}$ 的地面风向风速,风向取当日主体风向,风速取主体风向对应的最大风速,针对不同风向、不同月份进行统计分析,重点针对大风天气发生时的环流形势进行分析研究得出结论,为提高大风的预报服务水平,做好安全保障工作积累相关的业务知识。

2 大风天气统计

2.1 不同风向出现日数和比率统计

表 1　银川河东机场 1998－2012 年 1－5 月份各个风向出现日数和频率统计表

北	北东北	东北	东北东	东	东南东	东南	南东南
350°～10°	20°～30°	40°～50°	60°～70°	80°～100°	110°～120°	130°～140°	150°～160°
16 次	30 次	6 次	2 次	1 次	4 次	5 次	11 次
8%	14%	3%	1%	0%	2%	2%	5%
南	南西南	西南	西南西	西	西北西	西北	北西北
170°～190°	200°～210°	220°～230°	240°～250°	260°～280°	290°～300°	310°～320°	330°～340°
18 次	24 次	13 次	3 次	14 次	19 次	36 次	11 次
8%	11%	6%	1%	7%	9%	17%	5%

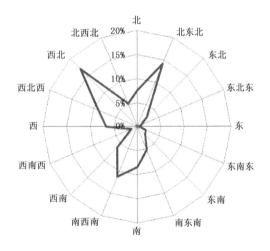

图 1　银川河东机场 1998－2012 年各风向频率玫瑰图

1998－2012 年 1－5 月银川河东机场总共出现 $\geqslant 8\ \mathrm{m\cdot s^{-1}}$ 的大风日数是 216 天(其中有三日的风向是 VRB,未在统计之中)。根据银川河东机场风向 16 方位范围表对不同的风向做统计,出现日数居多的为西北风、北东北、南西南以及西西北,出现的日数分别为 36 次、30 次、24 次和 19 次,说明了银川河东机场常年的盛行风向,所以银川河东机场跑道为 03 和 21。因此正侧风主要有西西北、西风、东南和东东南风,从统计表格中得出,这四种风向出现的日数分别为 19 次、14 次、5 次和 4 次。当银川河东机场出现 $\geqslant 8\ \mathrm{m\cdot s^{-1}}$ 的大风天气时,尤其是风向为正侧风时,如何提高气象预报服务水平对于飞机安全飞行有着重要的现实意义。

2.2 各月份出现的大风日数统计

从统计来看,银川河东机场1—2月出现的大风天气较少,主要集中在3—5月,这也符合春季气温开始回暖,冷高压减弱,偏南暖湿气流增强,冷暖空气的交锋活动增多,从而加快了空气的流动这一季节特点。3—5月全国民航客机航班开始增长,对于预报岗位不但面临航班增多的压力,同时还要面对大风天气不断增加带来的保障压力,所以在春季对于大风天气的分析研究有着十分重要的现实意义。

3 环流类型分析

3.1 大风天气环流类型

为了进一步研究高空和地面天气形势和地面大风之间的关系,本文以大风当日00:00(世界时,以下出现的时间均为世界时)的500 hPa高空图为依据,将216次大风过程进行分类统计分析,可以看出影响银川河东机场的大风天气对应的环流形势主要是两槽一脊型、两脊一槽型和一脊一槽型,以上三种形势出现的次数分别为137次、43次和30次。1998—2012年15a的时间里,一槽一脊型的环流形势只出现了6次,占总日数的2.7%,这种环流形势下,银川河东机场出现的大风天气,风向全部为西南风,分析各层高空、地面形势和高空急流特征得出结论:在500 hPa高空一槽一脊的环流形势下,整层并没有冷空气活动,银川河东机场出现的大风,是因为地面受热低压控制,气压梯度力和科氏力平衡,形成的地转风。

3.2 各类型环流特征分析

通过对大风天气环流形势分类和统计,一槽一脊型环流形势仅仅出现了6次,引起银川河东机场地面大风的主要环流类型为两槽一脊型、两脊一槽型和一脊一槽型,基于以上原因,以下主要选取典型个例对以上三种类型进行分析研究。

3.2.1 两槽一脊型

以2011年3月12日大风天气为例来说明此类天气的环流特征(图4)。

高空天气形势:在2011年3月12日00:00的500 hPa高空图上,在乌拉尔山的东部(40°~60°N,40°~60°E),同时在从新疆的北部到贝湖一带(20°~40°N,80°~100°E)是低压槽区,两个区域都没有闭合的环流中心。从贝湖的西侧一直到巴湖一带(40°~70°N,60°~90°E)是高脊控制区,脊线位于70°E的位置,高脊在向东北方向伸展,不断发展增强,冷空气不断堆积,

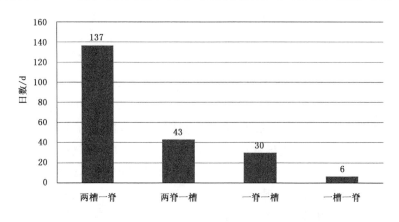

图2 各类环流形势日数统计

在新疆的北部(40°～50°N,70°～90°E)形成了一个横槽并维持少动,随着横槽西部脊向西北方向倾斜发展,横槽强度逐渐加强。700 hPa 的高空图上,环流形势与高层几乎一致,同时在与高层一样的位置,有切变线存在,但是强度较弱。从贝湖的东部到我国新疆的北部(40°～50°N,80°～120°E)有锋区存在,呈"东北－西南"向分布,10 个纬度之间有 5 根等温线穿过,等温线与等压线的夹角接近 90°,锋区较强。

高空急流特征:在 2011 年 3 月 12 日 00:00 的 200 hPa 高空图上,在 30°～40°N,80°～120°N 的区域形成了一条急流带,结构清晰,强度较强,中心最大风速高达 160 m·s^{-1},河东机场处在急流的中心位置。从 106°E 的经向剖面图上,在 38°N 方向从地面到 700 hPa 的高度风随高度顺转,有弱暖平流,而从中层到对流层顶,风随高度逆转,有弱的冷平流。同时从全风速图上来看,属于副热带西风急流,而且急流中心与 500 hPa 的槽线重合,同时在 700 hPa 上有锋区存在,在急流催生的偏差风作用下,引起了地面风的发生发展。

地面天气特征:在 2011 年 3 月 12 日 00:00,从贝湖经蒙古国的中部一直到新疆的北部有一条冷锋,锋后有冷空气堆积,＋P$_3$ 中心值为 2.4 hPa。到 12:00,锋面东移南压到从贝湖的东侧经河套地区到高原的东部位置,同时＋P$_3$ 中心值增大到 4.8 hPa,冷空气在不断增强。可以看出,冷空气的移动路径为偏北路径,而且锋面的生成和东移南压引起了地面风的发展。

3.2.2 两脊一槽型

以 2011 年 2 月 24 日大风天气为例来说明此类天气的环流特征(图 4)。

高空天气形势:在 2011 年 2 月 24 日 00:00 的 500 hPa 高空图上,从乌山的东部到巴湖的西北部(30°～70°N,40°～70°E),同时从我国的中部到贝湖一带(30°～50°N,90°～120°E)是高脊控制区,左脊发展旺盛,脊线在 50°E 的位置,成"东北－西南"走向,右脊较弱,脊线在 100°E 左右,夹在两个脊区之间的是低压槽区。在新疆的西北部(45°～55°N,50°～80°E)有横槽活动,随着槽后高脊的发展,横槽在不断加深加强。700 hPa 高空形势与高层一致,在贝湖的南侧到新疆的北部(35°～50°N,70°～95°E)有锋区,呈"东北－西南"走向,10 个纬度之间有 5 根等温线穿过,等温线与等压线的交角在 45°左右,锋区强度较弱。

高空急流特征:在 2011 年 2 月 24 日 00:00 的 200 hPa 高空图上,在 25°～50°N,70°～140°E 的区域有急流存在,结构清晰,势力较强,中心最大风速在 110 m·s^{-1} 左右,本场处在急流的中心。从 106°E 的经向剖面图上,在 38°N 方向从地面到 500 hPa 的高度风随高度顺转,有暖平流。从 500 hPa 一直到对流层顶风随高度有小幅逆转,说明有弱的冷平流,在这种高层冷平流低层暖平流的配置背景下,急流在移动的过程中对地面风的发展起到了有利作用。

地面天气特征:2011 年 2 月 24 日 00:00,我国东部地区受高压控制,高原北部有低压中心,从蒙古国的西部到巴湖的南部形成一个锋面,锋线呈"东北－西南"走向,锋后冷空气＋P$_3$ 中心值为 2.8 hPa。到 12:00,锋面东移到从贝湖的南部经河西到高原的北部一带,冷空气强度没有明显的变化,＋P$_3$ 中心值仍然为 2.8 hPa,同时取西北路径移动。24 日银川河东机场在锋前低压的控制之中,全天偏南风较大。

3.2.3 一脊一槽型

以 2007 年 5 月 23 日大风天气为例来说明此类天气的环流特征(图 5)。

高空天气形势:在 2007 年 5 月 23 日 00:00 的 500 hPa 高空图上,在乌山的东南部(30°～60°N,40°～60°E)为高脊控制区,脊线的位置位于 50°E 左右,呈"南北"走向,从贝湖的西北部

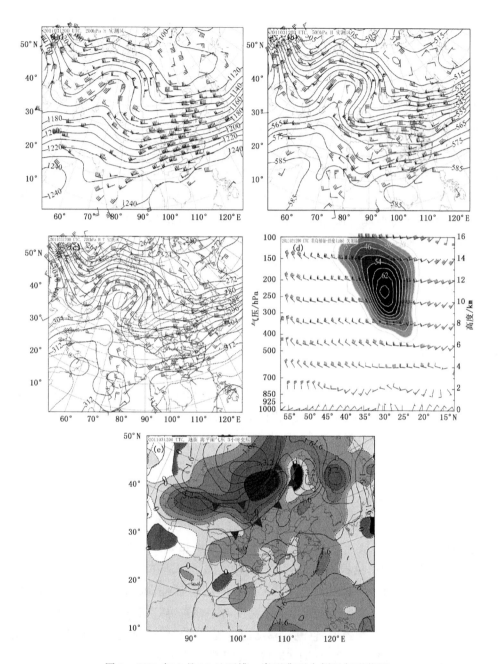

图 3　2011 年 3 月 12 日两槽一脊型典型个例天气形势图

(a 为 00:00 200 hPa 高空图,b 为 00:00 500 hPa 高空图,c 为 00:00 700 hPa 高空图,d 为 00:00 沿 106°E 经向剖面图,e 为锋面和+△P₃ 00:00—12:00 移动图;实线为 00:00+△P₃ 等值线,虚线为 12:00+△P₃ 等值线)

经河西地区一直到高原的北部为深厚的低压槽区,宁夏处在槽前西南气流的控制之中,576 线经过宁夏的中部;700 hPa 的高空图上:高空槽的位置较高层偏东,从贝湖的西北部经过蒙古国的中部一直到河套的东部,高脊的位置也比高层要偏东,而银川河东机场已经转受槽后的西北气流控制之中,宁夏受 305～307 线控制。从贝湖到河套的西部(35°～45°N,100°～110°E)有明显的锋区结构,10 个经距间有 7 根等温线穿过,等温线与等压线的交角几乎呈 90°,很明

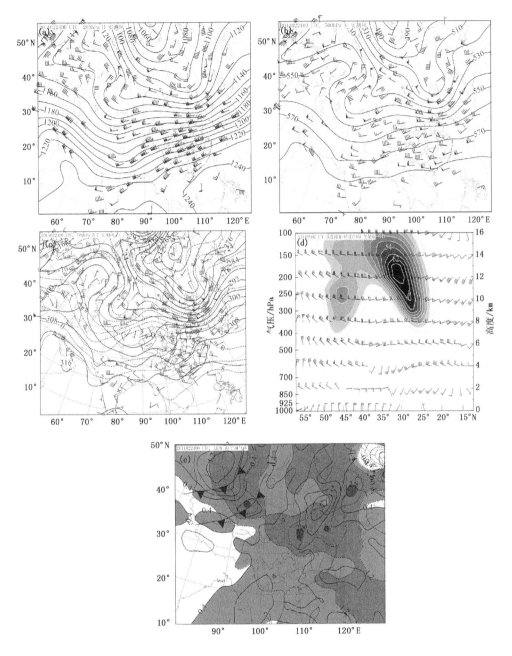

图 4　2011 年 2 月 24 日两脊－槽型典型个例天气形势图(同图 3)

显锋区强度非常强。

　　高空急流特征:在 2007 年 5 月 23 日 00:00 的 200 hPa 的高空图上看,在 35°~45 N°,80°~140°E,有急流存在,呈纬向分布,银川河东机场处在急流的中心。从 106°E 的经向剖面图上,在 38°N 方向,从地面到对流层顶风随高度逆转,有冷平流,在整层较强的冷平流引导下,地面风得到发展。

　　地面天气特征:2007 年 5 月 23 日 00:00,从蒙古国的东部经河套一直到西南地区有锋面活动,冷空气位于高原的北部,冷空气中心＋P_3 最大值为 3.6 hPa,到 12:00 锋面东移南下到

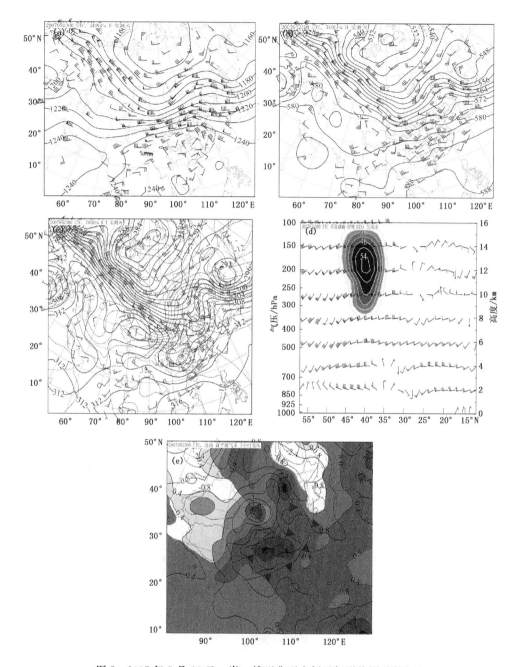

图 5　2007 年 5 月 23 日一脊一槽型典型个例天气形势图(同图 3)

从我国东北经华东一直到云贵高原的位置,强度有所减弱,+P₃ 中心最大值降为 3.2 hPa,从锋面的移动路径来看,冷空气是取偏北路径移动的。

4　结　论

(1)通过对银川河东机场 1998—2015 年 1—5 月风速≥8 m·s⁻¹的风向出现日数和频率统计得出:银川河东机场常年盛行的风速≥8 m·s⁻¹的风主要为北东北、南西南和西北风。

(2)银川河东机场进入 3 月气温温开始回暖,冷高压减弱,偏南暖湿气流增强,冷暖空气的交锋活动增多,从而加快了空气的流动这一季节特点,3—5月出现的大风天气占1—5月总日数的87.5%。

(3)统计表明:银川河东机场的大风天气对应的环流形势主要是两槽一脊型、两脊一槽型和一脊一槽型。216次个例中一槽一脊型仅仅出现了6次,而且每次过程对应的地面风均为西南风,分析每次过程得出出现大风的主要原因是银川河东机场在热低压的控制下,气压梯度力和科氏力相平衡形成的地转风。

(4)两槽一脊的环流形势下,随着高脊往东北方向伸展,促使新疆北部横槽形成并加强,横槽在东移过程中转竖会促使地面风增大,风向多为偏北风;两脊一槽的环流形势下,影响银川河东机场的主要是高空槽,锋区的位置也在本场的西部,并且势力较弱,地面大风一般为偏南风;一脊一槽的环流形势下,影响银川河东机场的主要是槽后的高脊,同时高空冷平流较强,在偏北气流的引导下,地面风会得到发展,大风风向多为偏北风。

(5)地面大风出现时,我国北方30°～40°N的区域都有高空急流存在,或者有两支急流振荡合并,引起气层不稳定,或者在本身斜压性比较强的地区能够引起地面气旋或反气旋的发展,高空急流加强使得低层风速不断加强,有利于动量下传,从而引起地面风增大。

(6)地面大风出现时,往往有锋面活动,当地面锋线东移过银川河东机场时,本场处在锋后冷高压的前部或者底部,这时本场往往出现≥8 m·s⁻¹的地面风。

(7)两槽一脊、两脊一槽和一脊一槽的环流形势下,冷空气分别取偏北路径、西北路径和偏北路径影响银川河东机场。

参考文献

[1] 王宇亮,高洁,刘仙禅,等.1998—2010年西安咸阳国际机场大风统计特征.空中交通管理,2012,10:61-68.
[2] 王安娜,高洪蛟,张巍,等.绥化市春季大风环流形势分型及自动分级预报.安徽农业科学,2012,40(22):53-55.
[3] 彭维耿.银川河东机场沙尘天气环流类型及动力结构研究.干旱区资源与环境,2012,9:33-39.
[4] 陈晓光,纪晓玲,刘庆军,第.200 hPa高空急流与宁夏春季沙尘暴过程的特征分析.中国沙漠,2006,26(2):238-242.
[5] 陈日宇,林日达,张耀存.夏季东亚高空急流的变化及其对东亚季风的影响.大气科学,2013,37(2):331-340.
[6] 朱凯全,张蒉.大风的预报及其对飞行安全的影响分析.空中交通管理,2008,2:15-16.
[7] 陆方甲.萧山机场大风天气的特征与成因分析.空中交通管理,2011,11:25-26.

2014 年克拉玛依首场寒潮大风天气过程分析

孙东霞[1] 谢 云[1] 荣 娜[1] 朱 蕾[2]

(1. 克拉玛依市气象局,新疆克拉玛依 834000;2. 新疆空管局,新疆乌鲁木齐 830000)

摘 要

通过分析 2014 年克拉玛依区域发生的首场寒潮大风天气,揭示了形成这次天气的环流背景、地面气压场特点,物理量垂直分布特征。结果显示,欧洲脊顶缓慢东南垮,西伯利亚槽得到冷空气补充发展,槽体逆转南压西伸。槽前西南急流加强,区域近地面气温不断上升。槽后强冷空气迅速堆积猛烈爆发,是造成此次寒潮大风的主要成因。强下沉气流加速了冷平流进入中低层大气,造成区域近地面气温骤降。天气前期,欧洲高压前冷锋位置稳定少动,冷暖空气激烈对峙,造成强烈的气压差,是区域大风的主要成因。区域冬季大气逆温对下传冷空气动能的耗散、无强冷空气持续入侵,近地面降温升压快,造成大风持续时间较短。

关键词:寒潮 大风 冷空气爆发

0 引言

寒潮大风是新疆冬春季的灾害性天气之一,很多学者对此类天气的预报服务做过总结和研究[1-4]。对克拉玛依大风预报也有文献研究[5]。但针对该区域寒潮大风研究,相对较少。克拉玛依位于准噶尔盆地西北缘,西北部为海拔 500~2000 m 的丘陵、山地,地处背风坡,冬季寒冷,春秋多大风。由于特殊的地理位置,冬季大气常存在较厚逆温层,不利于冷空气爆发。寒潮天气出现几率较少,冬季大风一直是预报的难点。

2014 年 1 月 31 日,农历大年初一,入冬以来最强的寒潮、大风天气入侵克拉玛依,风口地区遭遇 7 级西北风,百口泉地区最大瞬时风力达 9 级,造成采油厂百重七油区 152 口油井停电,15 台锅炉停炉,2 辆汽车和 7 个人被困在百乌高速公路。天气转晴后,各地最低气温 48 h 普遍下降 12℃左右。此次寒潮大风天气,气象台预报服务及时,各有关部门积极应对,灾害得到及时处置,各地均无人员伤亡。

本文重点分析此次天气过程发生的环流背景、成因及影响系统并对冬季寒潮大风天气的预报着眼点进行讨论和总结,以期提高对此类灾害天气的认识和预报能力。

1 天气特点

2014 年 1 月 30 日夜间到 2 月 1 日,克拉玛依大部出现微到小量降雪,小拐区域降雪达小到中量。31 日 17:00,克拉玛依风口开始起风,大风持续到深夜 03:00。市区 2 月 1 日 00:00 风力达到最大,瞬间极大风速 22.6 m·s^{-1},7 级风持续两小时;百口泉 1 月 31 日 20:00 风力达到最大,瞬间极大风速 30 m·s^{-1},8~9 级风持续了 7 h。

2 月 2 日,天气转晴,大部地区日最低气温降至 −20℃以下。百口泉最低气温达 −25.6℃,日最低气温 48 h 降幅达 17.5℃。48 h 日平均气温下降幅度,大部地区在 12℃左右,达到寒潮标准。

表 1   克拉玛依区域寒潮大风天气主要气象要素实况值

时间段	2014 年 1 月 31 日－2 月 1 日		2014 年 1 月 31 日－2 月 2 日	
地名	极大风速/ m·s^{-1}	7 级以上风力 持续时间/h	降雪量/ mm	48 h 日平均 气温降幅/℃
市区	22.6	2	1.2	11.7
石化厂	15.1			13.3
白碱滩	21.2	1(缺测)		12.8
百口泉	30	9		12.4
乌尔禾	20	2	0.3	12.3
大农业	19.4			12.7
小拐乡	9.7		4.2	12.7
五五新镇	8.2		1.2	11.2
独山子	4.7		1	10.8

注:白碱滩自动站 1 月 31 日 23:00－2 月 1 日 12:00 缺测

2   环流背景分析

2.1   欧洲脊顶缓慢东南垮,环流形势调整为两脊一槽

天气前期,欧亚范围内 500 hPa 高度场表现为一脊一槽(见图 1),欧洲脊顶北挺到 70°N 巴伦支海附近,并在圣彼得堡附近形成 556 hPa 的闭合中心。随着欧洲脊顶不断东南垮,西伯利亚槽得到冷空气补充发展,槽体逆转南压西伸,南段在里海北部形成的横槽转竖东南下,里咸海槽向南加深,中亚脊得到发展。同时,西伯利亚槽北段不断分裂短波东南下,槽体东移北缩。欧亚范围环流形势由一脊一槽转为两脊一槽。

2.2   西伯利亚槽前西南急流加强,槽后强冷空气迅速堆积

2013 年 1 月 30 日 20:00(见图 1a),欧洲脊前北风带伴有 24～26 m·s^{-1} 急流中心,引导新地岛冷空气南下。西伯利亚槽后伴有 12～16 m·s^{-1} 东北风,引导泰梅尔半岛冷空气南下。两股冷空气不断在槽后堆积,鄂木斯克附近形成 -40～-44℃ 的强冷中心。西伯利亚槽体逆转,槽前西南急流加强,巴尔喀什湖西北部急流中心最大风速达 44～46 m·s^{-1}。

31 日 20:00(见图 1b),西伯利亚槽后锋区明显加强,槽后东北风急流中心最大风速达 32 m·s^{-1},冷平流加大,促使鄂木斯克冷中心东南下并进一步加强,中心温度下降到 -44～ -48℃。南欧横槽南落,咸海低槽发展,使西伯利亚槽前西南急流在北疆明显加强,中心最大风速位于塔城和阿勒泰一线,最大风速达 46～48 m·s^{-1},西南急流源源不断输送的暖湿气流,使克拉玛依近地面气温迅速上升,日最高温度达 -1.2℃,最低气温 -6.8℃,为寒潮的爆发提供了有利条件。

2.3   西伯利亚槽后有赶槽南下,冷空气得到进一步补充

2 月 1 日 20:00(见图 1c),西伯利亚槽后继续有短波南下,在鄂木斯克附近形成横槽,而南欧槽东南下,使中亚槽前西南气流得到加强,与西伯利亚横槽前西北气流在北疆上空汇合,造成多云天气,阻挡了近地面气温的快速下降。2 日 08:00(见图 1d),克拉玛依受巴尔喀什湖脊

前西北气流影响,天气转晴,气温骤降。各地日平均气温与 31 日相比降幅达 10℃ 以上,达到寒潮天气标准。

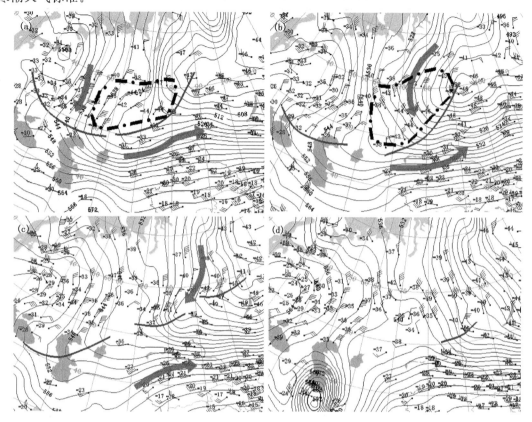

图 1　2014 年 1 月 30 日 20:00 500 hPa(a),31 日 20:00 500 hPa(b),2 月 1 日 20:00 500 hPa(c),
2 日 08:00 500 hPa(d)环流形势
(—•—•—•— −40℃ 等温线,"45°37′,84°51′"为克拉玛依站位置)

以上分析可见,这次天气过程 500 hPa 高度场最明显的特征是,欧洲脊缓慢东南垮,脊前北风急流携带冷空气南下,使西伯利亚槽后锋区得到加强,为强冷空气南下提供了动力支持。咸海槽的发展,使西伯利亚槽前西南急流得到明显加强,为北疆上空暖气团加强稳定提供了动力支持。冷空气在区域上游不断堆积加强,暖湿气流的不断输送使区域近地面气温不断上升,为寒潮大风天气爆发提供了条件。

3　物理量垂直剖面显示冷空气下沉在中低层爆发

垂直速度场剖面显示(见图 2a,b),30 日 20:00 区域大气中高层处在强上升、下沉气流交汇处,下沉区对应 500 hPa 西伯利亚槽后东北风急流,上升区对应槽前西南风急流,克拉玛依中下层处在弱上升气流区。31 日 20:00 正速度大值区明显东移,表明冷空气在底层爆发。克拉玛依中低层有中心速度 $16×10^{-3}$ hPa·s^{-1} 大值区,这股强的下沉气流是造成克拉玛依大风天气的主要成因。但 800～650 hPa 高度有弱上升气流,阻挡高层气流下沉,使克拉玛依大风持续时间较短。

温度平流场剖面显示,30 日 20:00 区域上空中层暖平流迅速减弱(见图 3a,b),上游中层

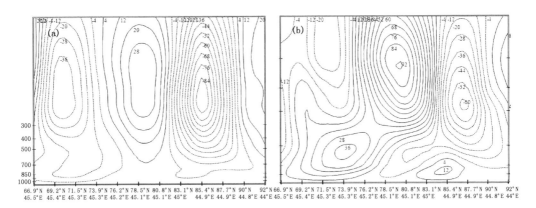

图 2 2014 年 1 月 30—31 日垂直速度场剖面图;单位:10⁻³ hPa·s⁻¹)
（a 为 30 日 20:00,b 为 31 日 20:00)

冷平流中心东移南落,中心强度猛增到－16×10⁻⁵℃·s⁻¹,范围明显增大,与强下沉气流位置对应。区域低层暖平流明显加强,中心强度大于 16×10⁻⁵℃·s⁻¹,说明冷锋推动上游强暖气团进入区域低层大气,近地面气温快速上升。31 日 20:00(见图 3c),区域 1000～700 hPa 整层转为冷平流,中心强度大于－16×10⁻⁵℃·s⁻¹,对应中低层下沉气流强中心。2 月 1 日区域中低层冷平流明显减弱(见图 3d)。

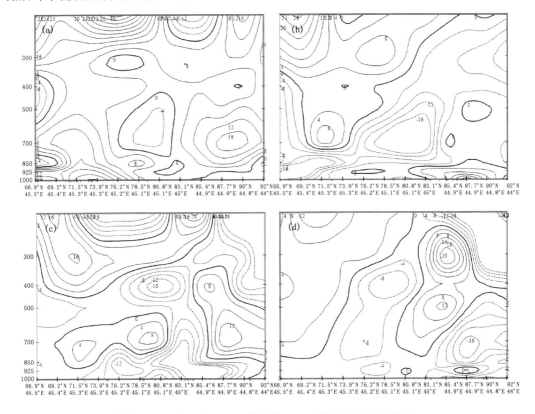

图 3 2014 年 1 月 29—2 月 1 日 20:00 温度平流场剖面图
（a 为 29 日,b 为 30 日,c 为 31 日,d 为 1 日;单位:10⁻⁵℃·s⁻¹)

剖面图显示,天气发生前期区域中高层上升气流、暖平流强盛,有利于低层暖气团发展,使近地面快速升温。强盛的下沉气流使冷平流得到加强,快速进入中低层大气,冷暖空气的急剧更迭,是造成这次寒潮大风天气的主要原因。

4 欧洲冷高压不断加强快速东扩 推动冷锋东南下

4.1 强冷空气入侵克拉玛依,冷锋前后强烈的气压差导致区域大风

此次冷空气的爆发是典型的西北路径(见图4a~4d)。31日14:00地面(见图4b),欧洲冷高压明显东南扩,−30℃以下冷中心南下到咸海北部。但高压前冷锋位置稳定少动,说明冷暖空气在激烈对峙。由于高层不断有冷平流向下输送,冷暖空气的对峙,使冷锋后冷空气得到进一步加强,中亚到鄂木斯克一带气压猛升,北疆西部升压最剧烈,三小时正变压中心值在4 hPa以上,积聚了更强的爆发力。这股强冷空气猛烈爆发入侵新疆(见图4c),在北疆西北形成闭合高压,中心值达1045 hPa,与31日该区域的气压值相比,24 h骤升了20 hPa。这股冷空气的爆发,是造成克拉玛依大风的主要成因。2月2日(见图4d),欧洲冷高压继续东扩,天气转晴,区域各地48 h日平均温差均在10℃以上。

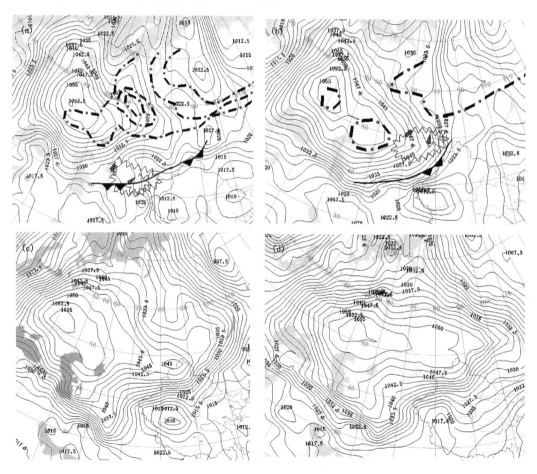

图4 2014年1月30日—2月1日地面气压场

(a为30日,b为31日,c为1日,d为2日;单位:hPa)

4.2 大风持续时间较短成因分析

克拉玛依由于特殊的地理位置,冬季地面到中高层常有很强逆温,冷空气翻山影响克拉玛依近地面,首先需要破坏逆温层。逆温层越厚,冷空气下传能量被消耗得越多,对近地面影响明显减小。这是克拉玛依冬季很少出现大风的主要原因。

从 $T-\ln P$ 图上可见(图略),31 日 08:00 近地面到 850 hPa 逆温较 30 日 20:00 明显减小,有利于区域大风的形成。31 日 20:00,920 hPa 风速猛增达 20 m·s^{-1},表明冷空气在下层爆发。850 hPa 以上大气层结由于扰动出现弱逆温层,消耗下传冷空气能量。地面冷空气爆发后主力偏北,区域冷空气没有持续补充。这一点从冷平流剖面图也有表现(见图 3d),区域上空冷平流明显减弱。另一方面,冷空气爆发后近地面气温骤降,气压骤升,不利于风速加大。

5 小结

(1)此次寒潮大风出现在欧亚范围环流形势由一脊一槽调整为两脊一槽的过程中。欧洲脊顶缓慢东南垮,西伯利亚槽得到冷空气补充发展,槽体逆转南压西伸。槽前西南急流加强,使区域近地面气温不断上升。槽后强冷空气迅速堆积猛烈爆发,造成此次寒潮大风天气过程。

(2)物理量垂直剖面显示,强盛的冷平流是造成气温骤降的主要原因。天气发生前期区域中高层为上升气流、暖平流强盛,有利于低层暖气团发展。天气发生时,强盛的下沉气流增加了冷平流进入中低层大气的强度,使冷暖空气急剧更迭。

(3)此次冷空气的爆发是典型的西北路径。天气前期,欧洲高压前冷锋位置稳定少动,冷暖空气激烈对峙,造成强烈的气压差,加强了近地面风速。

(4)此次天气大风持续时间较短,冬季大气逆温层对冷空气下传能力的耗散,没有强冷空气持续入侵,近地面降温快,气压骤升是主要原因。

参考文献

[1] 张俊兰,张莉.一次天山翻山大风天气的诊断分析及预报.沙漠与绿洲气象,2011,**5**(1):13-17.

[2] 牟欢,赵克明.2010 年春季新疆一次寒潮天气过程分析.沙漠与绿洲气象.2011,**5**(4):35-39.

[3] 许爱,乔林,詹丰,等.2005 年 3 月一次寒潮天气过程的诊断分析.气象,2006,**32**(3):49-55.

[4] 张家宝,张学文,苏启元,等.新疆短期天气预报指导手册.乌鲁木齐:新疆人民出版社,1986:184-217.

[5] 孙东霞,谢小红,郭晓静.克拉玛依特强大风的气候特征及天气分析与预报.沙漠与绿洲气象,2008,**2**(4):18-113.

河南省两次致灾大风对比分析及数值模拟

梁　钰　齐伊玲　张　宁

(河南省气象台,郑州 45003)

摘　要

2010 年 3 月 20 日和 2012 年 3 月 23 日河南省发生了两次致灾大风天气过程,两次过程既有相同点又有不同点。本文利用常规观测资料及 NCEP 分析资料对两次过程从大风路径、落区、环流形势特征、大风前期气候背景、物理量诊断、数值模拟等方面入手进行对比分析。通过分析发现:①高空槽强的斜压发展、地面大的气压梯度是两次大风产生的主要原因;②前期河南及沙源区干旱少雨、气温偏高,强烈的高空风动量下传为沙尘天气的产生提供了有利的热力、动力条件;③中高层的强冷平流和低层的暖平流是两次大风过程的主要热力因子,强烈的下沉运动是大风产生的动力因子。

关键词:大风　沙尘　诊断分析　数值模拟

0　引言

2010 年 3 月 20 日和 2012 年 3 月 23 日河南发生了两次致灾大风天气,前者还出现了扬沙、浮尘,局地沙尘暴。许多气象工作者对发生在我国的大风沙尘天气[1-14]进行了分析,指出热力因子、动力因子、大气强斜压性、强气压梯度、丰富的沙源等是大风、沙尘天气形成的重要原因。一些学者对多次大风的物理量诊断得出[15-19],动量下传对大风过程有重要作用。河南的气象工作者对本省的大风、沙尘天气从环流形势、天气特征等方面做过统计分析[20-24],主要注重于气候特征方面,对于造成灾害的大风天气还缺乏深入的诊断分析。本文就从天气系统演变、物理量诊断等方面入手,对两次致灾大风天气对比分析,找出大风、沙尘天气发生、发展的机理,并对两次过程进行数值模拟,最后总结出大风、沙尘天气的预报着眼点。

1　大风沙尘天气过程概述

2010 年 3 月 20 日和 2012 年 3 月 23 日受强西路冷空气影响,河南出现了全省性大风、沙尘天气。前者全省 119 站中一半的站瞬时风速≥17 m·s^{-1},最大嵩山 48 m·s^{-1},大部分县市有扬沙,局地浮尘、沙尘暴天气。后者没有沙尘,以大风为主,大部分县市平均风力达到了 5 级左右,部分阵风 8~9 级,局地达到了 10 级,88 站次出现了≥17 m·s^{-1} 瞬时大风,很少出现大风的淅川县、栾川县在下午 14:00 分别出现了 21 m·s^{-1} 和 23 m·s^{-1} 的大风天气。两次大风河南部分地区出现了不同程度的灾害,树木被折断或拔起,房屋、户外广告牌被掀翻,汽车被砸毁,电力设施遭受破坏,出现了人员伤亡。

2 两次过程对比分析

2.1 大风落区对比

从图1可以看出,两次≥17 m·s⁻¹的大风落区基本一致,瞬时大风都出现在中部和北部一带,大部分大风站点都相同,只有东南部等地少数几个站点不同;从风向来看都是以西北风为主,瞬时最大风速基本上集中在17~23 m·s⁻¹之间。

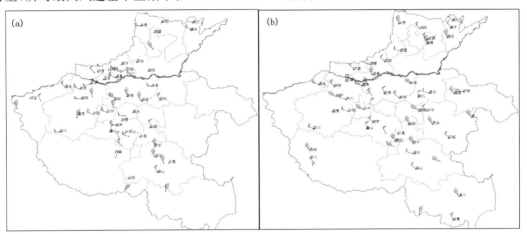

图1　2010年3月20日≥17 m·s⁻¹大风落区(a),2012年3月23日≥17 m·s⁻¹大风落区(b)

2.2 高空形势特征

2.2.1 500 hPa形势对比

从冷空气影响当天的500 hPa高空图(图略)可以看出:

相同点:

欧亚大陆呈两槽一脊的形势,高压脊位于新疆及其以北地区,咸、里海地区和110°E分别为一槽区,经向度比较大;贝湖有低于−40℃的冷中心,等温线较密集,温度梯度较大,有很强的冷平流;在30°~40°N,100°~120°E范围内,等高线有6−7根,等温线5根;槽后河套地区有≥26 m·s⁻¹的强风区。

不同点:

第二次经向度比第一次更大,110°E附近低槽第二次比第一次略偏西、偏南一些。

2.2.2 700,850 hPa形势对比

从冷空气影响当天的700,850 hPa高空图(图略)对比分析可知其异同点:

相同点:

温度槽落后于高度槽,等高线与等温线交角更大,几乎接近垂直,槽后冷平流较强;高空槽斜压性比较强;槽后有≥16 m·s⁻¹的风区。

不同点:

第一次过程前河南处于温度脊里,700 hPa、850 hPa 24 h降温幅度达13~17℃;第二次过程处于温度槽前,气温较低,700 hPa 24 h降温10℃,850 hPa 24 h降温幅度为0℃。

2.3 地面形势分析

从两次过程冷空气影响河南前的12~24 h地面形势场(图略)可以看出,前者冷高压中心

位于 80°~90°E、接近 50°N 的新疆北部地区，中心气压值达 1040.5 hPa，河北北部一带为一低压中心，中心气压值为 998.4 hPa，冷空气路径由偏西路径转为西北路径；后者强冷高压中心较第一次偏东，位于 90°~100°E、50°N 附近的新疆东部地区，中心气压值达 1050 hPa，河套北部为一弱的低压中心，中心气压值为 1019.8 hPa，冷空气路径由西北路径转为偏西路径。冷高压中心和暖低压中心之间等压线呈南北向，气压梯度较大，前者每 10 个经距里有 7 根等压线穿过，后者有 12 根等压线穿过。高低压中心差值一般都在 30 hPa 以上。

2.4 两次过程不同天气现象成因分析

2009 年末到 2010 年初我国北方沙源区降水量不足 10 mm，3 月份气温偏高，土壤蒸发加快，表层疏松。沙源区解冻，强冷空气经过沙源区，把沙尘吹到高空并随西北气流向远方输送。

2010 年 3 月 19 日河南地面增温明显，最高气温在 26~30℃，比历史同期偏高，中低空不断积蓄热能，高层气温变化不明显，冷空气入侵时，造成大气极端不稳定，加速扰动，相对湿度较小，强烈的上升气流将地面沙尘卷入空中，外地输送和本地起沙共同导致了沙尘天气发生。

2012 年 3 月中下旬冷空气频繁，最高气温在 10℃ 以下，尤其是 3 月 18 日刚经历了一次强东路冷空气，河南出现小雨雪天气，气温下降明显，最高气温降到 1℃ 左右，21—22 日又经历了一次小雨雪天气，气温一直偏低，湿度较大，所以 23 日的强冷空气大风过程没有出现扬沙和浮尘天气。

3 两次过程的物理量场诊断分析

运用 NCEP 的 1°×1° 格点分析资料，计算了 2010 年 3 月 20 日和 2012 年 3 月 23 日两次过程中的物理量场，并对其进行诊断分析。

3.1 垂直速度沿 33.5°N 剖面对比分析

从图 2 可知，风速开始加大的 08:00，110°~116°E 的上空有两对上升和下沉速度中心。

2010 年 3 月 20 日 08:00 最大下沉中心分别位于 110°E 上空 700 hPa 高度处和 113°E 上空 700~950 hPa 高度处，中心值达 20Pa·s⁻¹，两个上升运动中心分别位于 112°E 和 115°E，中心值 750 hPa 以下都比较小，最大 −6 Pa·s⁻¹。

2013 年 23 日 08 时，最大下沉中心分别位于 110°E 上空 600 hPa 高度处和 113°E 上空 750~850 hPa 高度处，中心值达 18Pa·s⁻¹，两个上升运动中心分别位于 111.5°E 和 116°E，中心值 750 hPa 以下也都比较小，最大 −6 Pa·s⁻¹。

14 时剖面图上，两次过程的下沉运动中心迅速减小，上升运动中心变化不明显或略有增大。

3.2 温度平流沿 33.5°N 剖面对比分析

从两次过程沿 33.5°N 的温度平流剖面（图略）可知，在 08:00 剖面图上，112°~113°E 的上空分别有一强冷平流中心。

2010 年 3 月 20 日 08:00 强冷平流中心位于 700~850 hPa 高度处，中心强度达 −152 K·s⁻¹，1000 hPa 冷平流强度仍达 −32 K·s⁻¹，在 110°~120°E 700 hPa 以下的区域全部为冷平流所控制，所以第一次过程的大风基本上是由强冷平流造成的。

2012 年 23 日 08:00，强冷平流中心位于 600~700 hPa 高度处，中心强度达 −128 K·s⁻¹，1000 hPa 处冷平流强度只有 −8 K·s⁻¹；由此可知，第二次过程强冷平流中心高度比第一

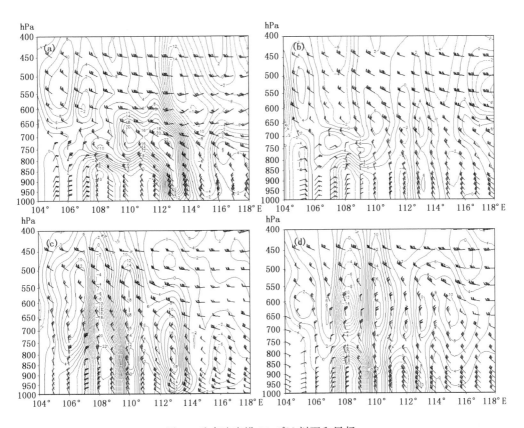

图 2　垂直速度沿 33.5°N 剖面和风场

(a 为 2010 年 3 月 20 日 08:00,b 为 2010 年 3 月 20 日 14:00,c 为 2012 年 3 月 23 日 08:00,

d 为 2012 年 3 月 23 日 14:00)

次过程高,但强度小于第一次过程,还有一点明显的不同就是第二次过程在近地层 115°E 及其附近有一强的暖平流中心,暖中心达 40×10^{-5} K·s^{-1},暖平流的加强,使得温度梯度加大,锋区加强,风力加大,所以第二次过程的大风是由冷暖平流共同作用,强的温度梯度造成的。

4　大风过程的数值模拟及敏感性实验

4.1　WRF 模式简介和数值试验方案

WRFV3.5 中尺度模式,二重嵌套网格(图 3a),区域中心为(34.7°N,113.5°E)。网格距 30 km×10 km,水平格点数均为 211×181;积分步长 135s,45s;垂直方向层次为 28 层,模式顶层气压为 50 hPa。初始场和侧边界条件采用 NCEP Final Analysis(FNL)1°×1°的格点资料。

为了分析河南省西北地区地形高度对大风的影响,敏感性试验中修改了区域(108°~112.0°E,34.5°~37.5°N)的高度,其他条件不变(图 3b),敏感性试验具体方案见表 1。本文主要介绍 2012 年 3 月 23 日的实况风场模拟和地形敏感性实验。

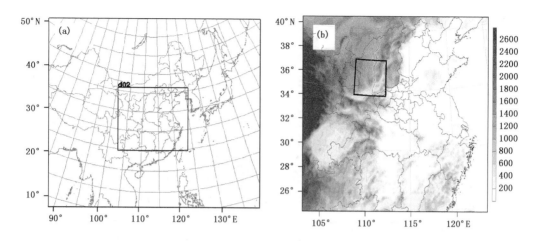

图 3　中尺度模式模拟区域(a)及地形修改区域示意图(b)

（地形修改区域为黑框区域,范围为 108.0°～112.0°E,34.5°～37.5°N）

表 1　控制试验和敏感性试验方案设计

试验名称	方案
CTRL	真实地形条件下 Domain 3 的控制试验
TER50	关键区中地形高度整体乘以 1/2 倍的敏感性试验
TER200	关键区中地形高度整体乘 2 倍的敏感性试验

4.2　数值模拟及地形敏感性试验

4.2.1　真实地形下的数值模拟

模拟实验 1(控制实验)：

图 4 所示为 2012 年 3 月 23 日 02:00－20:00 间隔 3 h 的真实地形条件下的数值模拟结果(图中时间为世界时)。

通过实验 1 的模拟可以看出:02:00－11:00 起风时间、地点和实况基本一致;从风向看,河南西部、西南部因地形作用,实况风向较乱,模拟风向较一致,其余地区模拟风向和实况较为吻合;从风速大小看,西部风速偏大 4 m·s⁻¹,其他和实况相差不大;11:00 以后随着高空冷空气的东移南下,风速和风向的模拟更加接近实况,较差依然在西部、西南部,风速偏大 2～4 m·s⁻¹;17:00 河南实况风速西部、中部风速仍然较大,其他地区风速明显减小,模拟风速仍较大,西部、西南部和东部偏大 2～4 m·s⁻¹;18:00－20:00 模拟风速仍偏大 2 m·s⁻¹,说明大风结束的时间比实况晚了 2 h。

4.2.2　关键区中地形高度改变的敏感性试验

关键区域地形高度降低一半和增加一倍,其他条件不变(图略)。经过和真实地形下风速模拟对比,前者起风时间和风结束时间结果一致,风速大小比真实地形下略偏大,说明关键区内地形高度降低一半对大风影响不大;后者起风时间偏晚 2 h 左右,风向和风速变化较大,起风时和大风结束时风速偏小,中间时段接近真实地形下风速,绕流现象明显,冷空气刚影响时由西北风绕流后变成了北到东北风,受地形影响最大的区域在关键区周围地带,大风结束时间

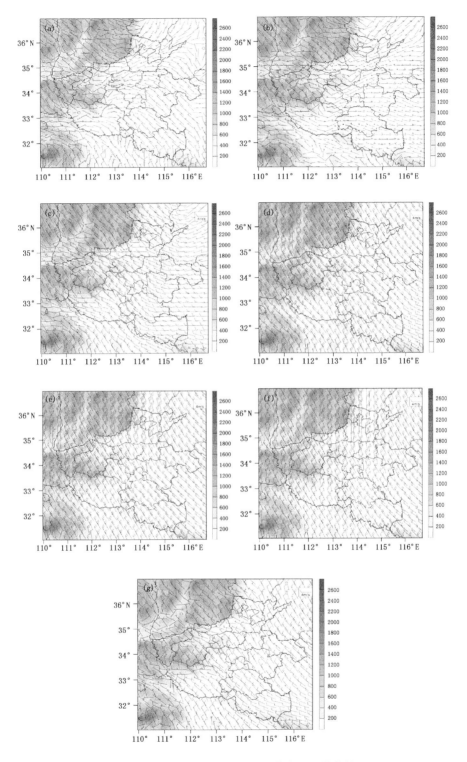

图 4 2012 年 3 月 23 日真实地形条件下的数值模拟

（a 为 02:00,b 为 05:00,c 为 08:00,d 为 11:00,e 为 14:00,f 为 17:00,g 为 20:00）

和真实地形下基本一致。

总之,中尺度模式在大风的起风时间、持续时间、风速大小等方面有较强的模拟能力,关键区内地形高度削减一半后,起风时间及结束时间和真实地形下结果一致;地形高度增加一倍后,风速和风向变化较大,起风时间偏晚,发生明显绕流现象,大风结束时间变化不大。

5 结论

(1)温度槽始终落后于高度槽,高空槽强烈的斜压发展,引导冷空气东移南下。

(2)强的气压梯度造成梯度风,是两次大风天气形成的主要原因之一。

(3)强烈的下沉运动是大风形成的动力因子。

(4)2010年3月20日的大风过程主要是强冷平流造成的,2012年3月23日的大风是冷暖平流的共同作用造成的。

(5)前期干旱少雨,暖舌的形成,为大风、沙尘天气产生提供了有利的热力条件。

(6)WRFV3.5中尺度模式对冷空气大风有较好的可模拟性,关键区内地形降低一半对风速和风向影响较小,地形升高一倍以后对风速和风向影响较大,产生扰流现象。

参考文献

[1] 李耀辉,张存杰,高学杰.西北地区大风日数的时空分布特征.中国沙漠,2004,**24**(6):715-723.

[2] 杨晓玲,丁文魁,钱莉,等.一次区域性大风沙尘暴天气成因分析.中国沙漠,2005,**25**(5):702-705.

[3] 裘碧梧,李国春,周立宏,等.沈阳市93510大风的天气气候学分析.沈阳农业大学学报,1994-03,**25**(1):8-12.

[4] 申建华,张智辉,李成旺,等.吕梁市近30年大风天气变化的特征分析.科技情报开发与经济,2008,**18**(26):123-124.

[5] 姚正毅,王涛,陈广庭,等.近40年甘肃河西地区大风日数时空分布特征.中国沙漠,2006,**26**(1):65-70.

[6] 王正旺,庞转棠,李鸿飞,等.长治市近30年大风天气变化的特征分析.山西气象,2006,(1):11-13.

[7] 吴春英,孙桂双,张昱,等.1986－2005年抚顺大风特征分析及预报.气象与环境学报,2008,**24**(5):42-47.

[8] 倪惠.吉林省春秋季大风天气气候统计分析及概念模型.吉林气象,2003(1):16-21.

[9] 张优勤,胡雪红,梁恩惠.德州地区冬半年大风气候特征.海岸工程,1997,**16**(4):65-69.

[10] 王秀莲,张家林.陕西大风规律及防御对策.陕西气象,1998,(4):16-18.

[11] 彭维耿,赵光平,陈豫英.宁夏春季沙尘暴与气象要素及环流指数的关系.气象,2005,**31**(3):17-21.

[12] 张仁健,徐永福,韩志伟.北京春季沙尘暴的近地面特征.气象,2005,**31**(2):8-11.

[13] 申红喜,李秀连,石步鸠.北京地区两次沙尘(暴)天气过程对比分析.气象,2004,**30**(2):12-16.

[14] 赵翠光.人工神经元网络方法在沙尘暴短期预报中的应用.气象,2004,**30**(4):39-41.

[15] 陈淑琴,黄辉.舟山群岛一次低压大风过程的诊断分析.气象,2006,.**32**(1):68-73.

[16] 项素清,邱洪芳,林伟.2004年末浙北沿海10－12级冷空气大风过程诊断分析.海洋预报,2006,**23**(增刊):79-83.

[17] 苏百兴,段朝霞.广东一次寒潮8级大风物理过程分析.海洋预报,2009,**26**(1):14-18.

[18] 尹尽勇,曹越男,赵伟.2010年月27日莱州湾大风过程诊断分析.气象,2011,**37**(7):897-905.

[19] 黄彬,钱传海,聂高臻,等.干侵入在黄河气旋爆发性发展中的作用.气象,2011,**37**(12):1534-1543.

[20] 朱业玉.河南省大风气候特征分析.河南气象,2001(2):23.

[21] 王静.驻马店大风的气候规律及大风前形势特征分析.河南气象,1995(3):18-19.

[22] 张相梅,李汉浸,许文孝.濮阳市大风的气候特征及对油田的危害和防御对策.河南气象,1997(2):38-39.

[23] 陈静.洛阳大风的气候规律和风前形势特征单站指标分析.四川气象,1998,**18**(4):16-19.

[24] 李戈,雷哲.平顶山地区近30年大风变化的气候特征.河南气象,1998(1):28-29.

基于夜间灯光数据的城市高温天气数值模拟

董春卿[1]　苗世光[2]　赵桂香[1]　郭媛媛[1]　邱贵强[1]

(1. 山西省气象台,太原 030006；2. 中国气象局北京城市研究所,北京 10089)

摘　要

为研究城市化进程对城市边界层结构的影响,通过高分辨率卫星夜间灯光数据获取最新的城市地表分布,运用数值模拟手段对 2013 年 8 月 14－16 日太原区域的一次高温过程进行研究。结果表明:根据 DMSP/OLS 夜间灯光数据对模式地表修正后,能够准确反映太原区域主城区和高速公路沿线小规模建筑群的扩张,能够改善模式的预报性能,显著提高对地表温度、地面气温和城市热岛强度的预报能力。在相同的晴空天气条件下,由于城市化扩张,2012 年太原城区夜间气温较 1992 年上升 5℃,热岛强度升高 2～3℃。对边界层内部湍流交换、水汽输送等进一步研究表明:由于下垫面城市化扩张,白天城市地表感热输送增强,2012 年约为 1992 年的 1.5 倍,城区地表水汽输送减弱,1992－2012 年间削减 72%,近地面水汽含量的减少,使得更多的热量用于加热大气,导致城市地温、气温的日变化幅度增加。

关键词: 城市化　城市热岛强度　边界层　湍流输送

0　引　言

近年来,我国大规模城市化带来了土地利用/土地覆盖的快速变化,太原作为山西省政治、经济中心,城市建设面貌发生了巨大的变化。随着城市范围的扩大,郊区原有农田、森林等自然植被不断被沥青、水泥路面以及建筑物等人造表面所代替。与城市化相伴随的城市空气质量恶化、夏季高温热浪等灾害性气象事件频发,严重影响了城市人居环境和城市社会经济的可持续发展。因此,深入研究快速城市化的直接气候效应及其形成机理,可以为合理规划城市发展规模、布局,尽可能地为减少城市化带来的负面影响提供科学依据。

城市热岛效应(UHI)是城市典型气候特征之一,世界上在 1000 多个不同规模的城市中发现了 UHI 现象,范围遍及南、北半球的各纬度地区[1]。中尺度数值模式的发展对 UHI 和边界层的研究起到了极大的促进作用,借助模式可以捕捉到许多高时空分辨率的物理特征,这是目前观测手段所无法比拟的。Zhang 等[2－3]利用耦合的 WRF－UCM 模式揭示了上游城市化加剧了下游城市的热岛效应。Miao 和 Chen[4]通过敏感试验发现城市热岛效应会对水平对流卷涡(horizontal convective rolls)产生影响。江晓燕等[5]利用反照率观测事实替代模式缺省的反照率参数,通过北京市热岛过程的对比试验,发现城市反照率下降 0.03 会使城市热岛强度增强 0.8℃左右。陈燕和蒋维楣[6]利用卫星遥感资料获得土地利用、地表反照率等地表参数,改进区域边界层模式(RBLM),研究南京城市化对大气边界层结构的影响。UHI 的模式研究

资助项目:城市气象研究基金《太原城市效应与复杂地形对城市高温的影响》(UMRF20121)、山西省气象局青年课题"太原城市热岛效应的卫星遥感研究"共同资助

成果不仅有力地补充了观测分析,而且加深了对 UHI 具体物理过程的理解。

地表经由边界层与自由大气进行能量、质量与动量的交换,进而影响天气与气候,大气与地表间的交互作用,称为地表过程。使用正确的土地利用信息是模式准确地描述地表过程的关键之一,同时可以增强模式对中小尺度环流系统的预报能力。为评估太原城市化进程对近地面气象要素的影响,本文通过高分辨率的 DMSP/OLS 卫星夜间灯光数据获取最新的城市地表分布,运用数值模拟手段对 2013 年 8 月 14－16 日太原区域的一次高温过程进行研究,分析城市地表扩张对地面温度、城市热岛强度及边界层热力结构和湍流输送的影响,从而为城市发展的影响评估和对策制定提供科学依据。

1 资料介绍和数值试验设计

1.1 资料介绍

城市冠层模式是目前城市大气问题数值模拟研究的主流。UCM 模式(Single－Layer Urban Canopy Model)最早由 Msson(2000),Kusaka 等(2001)建立,Kusaka 等[7-10]对单层城市模式进行了改进,将模式中屋顶、路面、墙面划分为多层,同时考虑人类活动造成的人为热量排放。Chen 等(2004)和 Miao 等[11-12]将其嵌套到 WRF 中尺度模式中并进行了改进。

模式中常规使用的土地利用类型源于 USGS(United States Geological Survey)提供的全球土地利用分布,该资料为 1992－1993 年 AVHRR 遥感资料推导而得到,反映的是 1992 年的下垫面状况,观测时间已久,无法反映出土地利用的变化。DMSP/OLS 夜间灯光数据来源于美国 NOAA 地球物理数据中心(NOAA national geophysical data center),分辨率为 30″(约 1 km),为无云状态下年平均的夜间灯光强度,数值大小从 0－63。美国军事气象卫星 DMSP (Defense Meteorological Satellite Program)搭载的 OLS (Operational Linescan System)传感器,能够探测到城市灯光甚至小规模居民地、车流等发出的低强度灯光,这一特征使其系列数据广泛应用到城市化相关研究中[12-13]。本文利用高分辨率卫星遥感数据,将夜间灯光灰度值大于 20 的斑块定义为城市地表,对模式中 USGS 地表分布进行修正,从而得到不同时期(1992 年、2006 年、2012 年)的城市空间分布,探讨不同时期城市分布对大气边界层的影响。

1.2 试验方案设计

数值预报模拟试验采用双向反馈的四重嵌套网格,模拟中心为(112.6°E,37.8°N),水平网格距分别为 27 km、9 km、3 km、1 km,格点数分别为 150×150,169×169,139×232,226×241,网格嵌套如图 1 所示。垂直方向为拉伸网格,2 km 以下共有 12 层,最底层为 20 m,模式顶高 50 hPa,可以对太原地区边界层结构和近地面特征进行细致模拟。

初始场选用 2013 年 8 月 14 日 08:00 LST－8 月 17 日 08:00 LST 的 NCEP/NCAR 1°×1°再分析资料,6 h 更新一次侧边界,积分时间 72 h,时间步长 120s。模式参数化方案包括:rrtm 长波辐射方案,Goddard 短波辐射方案,Monin－Obukhov 近地面层方案,Noah 陆面过程方案,MYJ 行星边界层方案,WSM6 微物理过程方案,GD 对流过程方案。在 Noah 陆面方案中耦合 UCM 单层城市冠层模式,考虑模式中屋顶、陆面、墙面的热量交换,考虑人为热源释放,人为热源的日平均值约为 50W/m²,最大值出现在 08:00 和 17:00 两个高峰[14],最低值出现在夜间 04:00。

设计三组对比试验:a,四重区域均选择 USGS 30″高分辨地形高度和地表类型,记为

USGS 试验;b,利用 DMSP/OLS 2006 年夜间灯光数据对 USGS 30″地表类型修正,记为 DM-SP2006 试验;c,利用 DMSP/OLS 2012 年夜间灯光数据对 USGS 30″地表类型修正,记为 DMSP2012 试验。图 1 可以看出,根据 DMSP/OLS 数据对 USGS 城市地表修正后,能够反映出城市的扩张:1992—2012 年,太原城市用地明显增大,主要表现在太原主城区向西、向南大范围扩张,太原—晋中同城化趋势加强,以及沿着大运高速公路带的小规模建筑群的扩张。图 1d 为 MODIS IGBP 2001 年的 30″分辨率城市范围,与 DMSP 城市范围基本一致,MODIS 城市地表可能较实际偏大。城市代表站选择新建路站(112.53°E,37.87°N),位于市中心(图 1 中空心圆位置);乡村代表站选择观象台站(112.58°E,37.62°N),位于小店区北格镇张花村东北,距离最近的城镇工矿区边缘 10 km(图 1 中实心圆位置)。城市和乡村代表站点地形特征均为平原,海拔高度均在 800 m 左右。城市站点和乡村站点的地面温度差值定义为城市热岛强度。

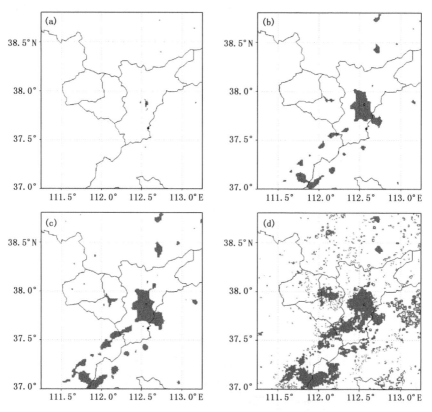

图 1　不同数据来源的太原地区城市范围

(a 为 USGS1992,b 为 DMSP2006, c 为 DMSP2012,d 为 MODIS IGBP 2001,
空心圆为城市站,实心圆为乡村站)

1.3　天气形势

2013 年 8 月 14—16 日,山西多地出现 35℃以上高温天气,16 日太原城区最高气温达到 37.2℃。同期 500 hPa 高度场分析表明:受台风"尤特"登陆影响,副热带高压系统持续维持是此次高温天气的主要原因,太原上空盛行平直的偏西气流,气压梯度小,天气形势稳定,有利于城市热岛的形成。

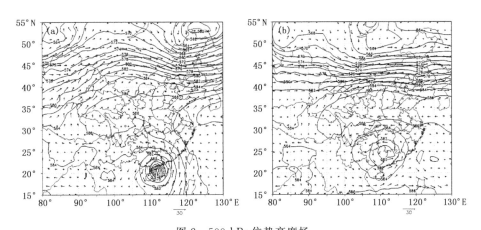

图 2　500 hPa 位势高度场

（a 为 2013 年 8 月 14 日 08:00 LST,b 为 8 月 16 日 08:00 LST）

2　城市扩张对 UHI 影响的数值模拟

2.1　城市扩张对地表温度的影响

通过模拟结果与 MODIS 卫星观测对比,检验模式对地表温度分布的模拟效果。图 3a 为 15 日 11:58 LST MODIS 卫星观测的地表温度分布图,分辨率为 1 km,可以看到中心城区地

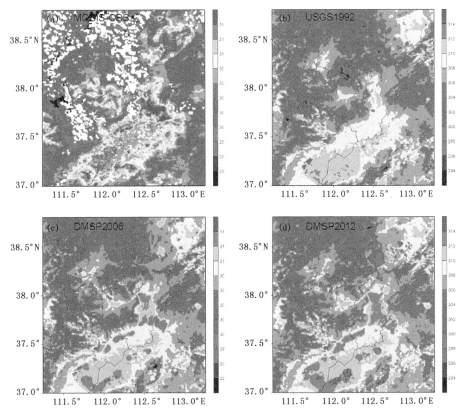

图 3　2013 年 8 月 15 日 11:58 LST 地表温度分布

（a 为 MODIS 卫星观测,b 为 USGS1992 模拟,c 为 DMSP2006 模拟,d 为 DMSP2012 模拟;单位:K）

表温度达到 316K,城市—乡村的地表温差达到 8~10K,同时沿着大运高速带也有显著的热岛效应。图 3b 为 USGS1992 试验模拟的 15 日 14:00 LST 地表温度分布,城区地表温度为 312K,城乡温差为 2K,热岛强度较卫星观测偏低,范围偏小,同时沿着高速公路带无明显的热岛现象。图 3c、图 3d 分别为 DMSP2006、DMSP2012 试验模拟的地表温度分布,可以看出城市范围明显的热岛效应,中心城区地表温度达到 314 K,城市—乡村的地表温差为 6~8K,DMSP2012 试验模拟城市热岛的范围和强度更接近与实况观测。

3 组试验均模拟出太原以南盆地地表温度较卫星观测偏高,可能与模式选取的参数化方案有关。

2.2 城市扩张对地面温度的影响

地面温度场模拟效果是评价模式预报能力的重要指标之一。图 4 为城市站地面温度模拟值与实况观测数据的日变化对比图。USGS 试验温度与实况偏差较大,无论白天、夜间,均低于观测结果,最高气温较实况低 1℃;最低气温较实况低 2~4℃。DMSP2006 和 DMSP2012 试验效果较好,DMSP2006 试验最高气温较实况偏差分别为 -0.7~0.8℃,最低气温偏差为 -2~-0.5℃。DMSP2012 试验最高气温偏差为 -0.2~1℃,最低气温偏差依次为 -1.3~0.1℃。因此,考虑城市地表扩张后,DMSP2006 和 DMSP2012 试验的温度预报与观测结果更为吻合,误差基本在 ±1℃ 之间。

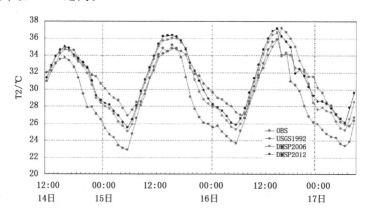

图 4　不同试验方案气温城区站预报值与实况对比
(2013 年 8 月 14 日 12:00-17 日 00:00,单位:℃)

图 5 给出不同方案温度绝对误差的 12 h 平均。DMSP 试验明显改善模式对于夜间气温的预报能力,绝对误差由 3~4℃ 缩小为 1℃,同时 DMSP2012 较 DMSP2006 也有 0.5℃ 左右的改善。对于白天气温的预报能力,3 种试验方案的误差均在 2℃ 之内,小于夜间误差,0~12 h 和 48~60 h DMSP 试验绝对误差较 USGS 试验小,而 24~36 h USGS 绝对误差较 DMSP 试验小,说明模式对于城市白天气温的预报能力不仅仅与地表类型更新有关,可能还与人为热源排放、植被、地表反照率等更新有关。因此,考虑真实的城市建筑用地分布,能够改善模式温度预报性能,尤其对于夜间气温有 2℃ 以上的改善,对白天气温预报略有改善。

2.3 城市扩张对热岛强度的影响

选取城市站和乡村站 2 m 温度差值的逐小时时间序列,定义为城市热岛强度(UHI)。由实况数据反映的太原城市 UHI 强度日变化特征:夜间 19:00 LST-06:00 LST,UHI 强度基

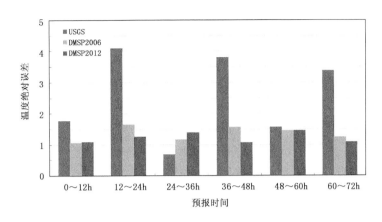

图 5　不同方案温度预报绝对误差逐 12 h 平均值对比

本稳定在 5℃左右,白天 10:00LST－17:00 LST,UHI 强度基本稳定在 2℃左右,06:00－10:00 LST 是 UHI 快速减弱期,17:00－19:00 LST 是 UHI 快速加强期。USGS 试验模拟的 UHI 强度明显偏弱,夜间强度为 2～3℃,白天在 0℃左右;DMSP 试验模拟的 UHI 强度基本与实况相当,夜间强度在 4～5℃,白天在 1～2℃,且与实况观测的 UHI 日变化特征一致,包括"快速增长期－稳定期－快速减弱期－稳定期"。

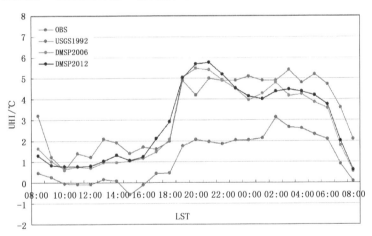

图 6　不同试验方案 UHI 强度的日变化(2013 年 8 月 16 日 08:00 LST－8 月 17 日 08:00 LST)

3　城市扩张对边界层热量通量、水汽通量的影响

城市的发展对地表传输过程有显著的影响。图 7a 分析太原城区地表热量通量、水汽通量的日变化,并讨论城市下垫面扩张对其影响。定义向上为正,向下为负。通常情况下,白天,地表温度高于近地面气温,热量、水汽由地表向大气传输,地表热量通量、水汽通量为正值;夜间则相反。当城市扩张,地表植被减少、地表反照率变小,白天地表更容易升温,提供给大气的热量更多。USGS 试验,在 1992 年的下垫面情况下,12:00 LST 地表向大气的热量传输最强,达到 200.98 W·m^{-2},18:00 LST 后出现大气向地表的传输,最大强度－30.19 W·m^{-2};DMSP2006 与 DMSP2012 试验,12:00 LST 地表向大气的传输更为强烈,分别达到

275.76 W・m^{-2}、306.43 W・m^{-2},夜间地表向大气的热量传输减弱,接近 0 W・m^2。随着城市化扩张,白天城市地表向大气的感热热量传输加强,2012 年约为 1992 年的 1.5 倍,夜间大气与地表的热量传输减弱至消失。

城市的发展对地表水汽传输同样有显著的影响。植被蒸腾作用是城市水汽的主要来源,城市地表水汽输送主要发生在白天 07:00−19:00 LST,最强时刻发生在 13:00 LST,夜间 20:00−06:00 LST 地表向大气的水汽输送接近于 0。1992,2006,2012 年,最强地表水汽输送分别为 0.156 g・m^{-2}・s^{-1}、0.062 g・m^{-2}・s^{-1}、0.046 g・m^{-2}・s^{-1},白天水汽输送明显减弱,1992−2012 年削减 71%。夜间地表水汽输送无明显变化,主要是由于夜间植物的蒸腾作用较弱,对水汽交换的影响不大。近地面水汽含量的减少,使得更多的热量用于加热大气,导致城市地温、气温的日变化幅度增加。

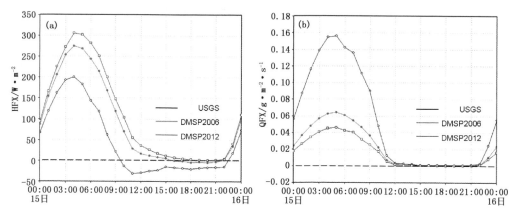

图 7   城区站地表感热通量(a)和地表水汽通量(b)日变化

4   结论和讨论

本文研究表明,利用高分辨率卫星夜间灯光数据获取地表参数,提高了模式的模拟性能,间接地改善对湍流发展、能量传输、水汽传输等方面的模拟,有利于了解城市边界层更真实的发展变化。主要结论如下:

(1)根据 DMSP/OLS 夜间灯光数据对 USGS 地表修正后,模式能够准确地反映主城区和高速公路沿线小规模建筑群的扩张。

(2)考虑真实的城市建筑用地分布后,能够显著地改善模式对于地表温度和地面温度的预报能力,模拟的 UHI 强度和范围更接近于卫星观测,夜间气温有 2℃以上的改善。

(3)下垫面的扩张,使城市区域夜间升温明显,热岛强度增强。在 8 月相同的晴好天气条件下,由于城市扩张,太原城区夜间气温 2012 年较 1992 年升高 5℃,UHI 强度升高 2−3℃。

(4)对边界层内部湍流交换、水汽输送等进一步研究表明:由于下垫面城市化扩张,白天城市地表感热输送增强,2012 年约为 1992 年的 1.5 倍,城区地表水汽输送减弱,1992−2012 年间削减 72%,近地面水汽含量的减少,使得更多的热量用于加热大气,导致城市地温、气温的日变化幅度增加。

参考文献

［1］ 寿亦萱,张大林.城市热岛效应的研究进展与展望.气象学报,2012,**70**(3):338-353.

［2］ Shou Y,Zhang D L. Impact of environmental flows on the daytime urban boundary layer structures over the Baltimore metropolitan region. *Atmos Sci Lett.*,2010,**11**(1):1-6.

［3］ Zhang D L,Shou Y X,Dickerson R R. Upstream urbanization exacerbates urban heat island effects. *Geophys Res Lett.*,2009,36,L24401,doi:10.1029/2009GL041082.

［4］ Miao S,Chen F,Lemone M A,*et al.* An observational and Modeling Study of Characteristics of Urban Heat Island and Boundary Layer Structures in Beijing. *J Appl Meteor Climatol.*,2009,**48**(3):484-501.

［5］ 江晓燕,张超林,高华,等.城市下垫面反照率变化对北京市热岛过程的影响一个例分析.气象学报,2012,**65**(2):338-353.

［6］ 陈燕,蒋维楣.南京城市化进程对大气边界层的影响.地球物理学报,2007,**50**(1):66-73.

［7］ Masson V. A physically-based scheme for the urban energy budget in atmospheric models. *Bound Layer Meteor*,2000,**94**:357-397.

［8］ Kusaka H,Kimura F,Hirakuchi H,*et al.* The effects of land-use alteration on the sea breeze and daytime heat island in the Tokyo metropolitan area. 2001,*J Meteor Soc Japan*,2000,**78**:405-420.

［9］ Kusaka H,Kondo H,Kikegawa Y,*et al.* A simple single layer urban canopy model for atmospheric models:Comparison with Multi-layer and Slab models. *Bound. Layer Meteor.*,2001,**101**:329-358.

［10］ Kusaka H,Kimura F. Thermal effects of urban canopy structure on the nocturnal heat island:numerical experiment using a mesoscale model coupled with an urban canopy model. *J Appl Meteor.*,2004,**43**:1899-1910.

［11］ Chen F,Kusaka H,Tewari M,*et al.* Utilizing the coupled WRF/LSM urban modeling system with detailed urban classification to simulate the urban heat island phenomena over the greater Houston area. 2004,*Fifth Conf. on Urban Environment*,Vancouver,BC,Canada,*Amer. Meteor. Soc*,2004.

［12］ 卓莉,李强等.基于夜间灯光数据的中国城市用地扩展类型.地理学报,2006,**61**(2):169-178.

［13］ 卓莉,陈晋,史培军,等.基于夜间灯光数据的中国人口密度模拟.地理学报,2005,**60**(2):266-276.

［14］ 蒋维楣,陈燕.人为热对城市边界层结构影响研究.大气科学,2007,**31**(1):37-47.

第五部分

中期预报技术方法及数值预报技术、平台开发等预报技术

2013 年我国南方高温天气的形成与副热带高压异常的分析

彭京备

（中国科学院大气物理研究所国际气候与环境科学中心，北京 100029）

摘　要

2013 年夏季，我国江南、江淮、江汉及重庆等地出现大范围的高温酷热天气。高温天气范围广、持续时间长、强度大。浙江许多地区最高气温高达 42℃以上，多次破历史纪录。高温天气对国民经济和人民生活产生严重影响。

产生高温酷热天气的直接原因是西太平洋副热带高压的异常与稳定维持。与气候平均相比，2013 年副热带高压的西伸脊点偏西、北界偏北、强度偏强。初步分析表明，青藏高压东伸加强有利于副热带高压西伸。中高纬度冷空气活动较弱有利于副热带高压北抬。热带辐合带西段的强度极强，从南侧支撑了副热带高压的维持。此外，副热带高压的年代际变化也为 2013 年夏季副热带高压的异常变化提供了年代际背景。

关键词：2013 年夏季高温　中国南方　西太平洋副热带高压

0　引言

2013 年 6 月 28 日，长江中下游地区提前出梅，进入伏旱期[1]。我国江南、江淮、江汉及重庆等地出现大范围的高温酷热天气。高温天气范围广、持续时间长、强度大。浙江许多地区最高气温高达 42℃以上，多次破历史纪录[2]。高温天气对国民经济和人民生活产生严重影响。截至 7 月 31 日，高温导致上千人中暑，上海因中暑死亡 10 人①。

初步分析显示，西太平洋副热带高压（以下简称 WPSH）异常偏强且稳定维持是这次高温事件产生的直接原因。但 WPSH 异常维持的原因至今仍不是很清楚。赵俊虎等[3]研究指出，夏季不同类型的 WPSH 对应于不同的大尺度环流异常。本文将从 2013 年夏季副热带、中高纬度和热带等环流异常的配置来研究 WPSH 异常维持的机理。

本文使用的资料包括：（1）2013 年 6－8 月美国 NCEP 再分析资料中日平均位势高度场、风场[4]；（2）美国国家海洋和大气管理局提供的同期逐日对外长波辐射（Outgoing Longwave Radiation，以下简称 OLR）；（3）中国气象局提供的同期全国 2043 个台站观测的日最高气温资料；（4）国家气候中心提供的 1951－2009 年夏季全国 756 站日最高气温；（5）国家气候中心提供的 1951－2013 年 7 月 WPSH 脊线和西伸脊点位置；（6）中国天气台风网提供的 2013 年 7－8 月台风路径。如无特殊说明，气候平均为 1981－2010 年。中国气象局规定日最高气温≥35℃为高温日。这个标准也被广泛用于中国地区高温热浪研究[5−6]。

1　高温实况

2013 年夏季南方地区的高温干旱具有影响范围广、持续时间长、强度强的特点。据中国气象报报道,截至到2013年7月30日,高温天气覆盖面积达到317.7万km²①。7月2日—8月19日平均的日最高气温分布示意图1a。可以看出,在这段时间里,浙江、湖北和湖南的大部分地区,江苏、安徽和河南南部,福建、江西北部的平均最高气温超过35℃。我们取平均气温最高的地区(27°～36°N,105°～122°E),称之为南方高温区。这个区域和NCEP同期地表气温距平≥2℃的范围相近。统计高温区内逐日出现高温天气的台站数发现,在7月2日—8月19日期间,南方高温区内平均每天有400站发生高温,占全区721站的55%(图1b)。其中,在8月12日,出现高温天气的台站最多,共有607站,占全区的84.2%。

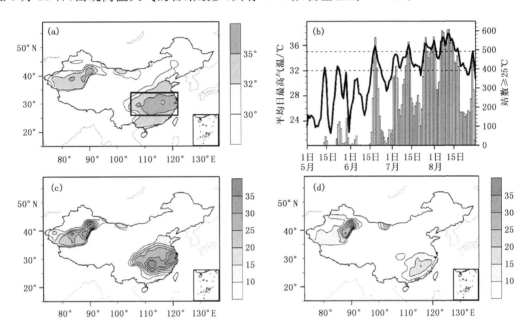

图1　2013年7月2日—8月19日平均的全国日最高气温分布(a,单位:℃,方框标志南方高温区);
南方高温区内高温站数(柱状图,单位:站)和平均日最高气温(实线,单位:℃)的逐日演变(b);
7月2日—8月19日全国出现高温天数(c,单位:日);多年平均(1980—2009年)
同期高温天数(d,单位:日,阴影部分如标尺所示)

从持续时间看,今年夏季南方地区的高温天气在6月中下旬即有表现(图1b)。6月17—22日,有500多站出现高温天气。6月下旬,长江中下游梅雨开始,气温回落。随着梅雨结束,长江中下游地区出现高温晴热天气。7月2日,高温站数从82个猛增至356个。南方高温区的区域平均日最高气温超过30℃。之后,南方高温区的区域平均日最高气温基本维持在32℃以上。7月2日—8月19日,浙江北部、江苏南部和湖南东北部的高温日数超过35 d(图1c)。利用756站观测资料计算同期气候平均的高温天气日数(图1d)。由于资料限制,气候平均取为1980—2009年。对比图1c和图1d可以发现,相较历史同期,2013年夏季南方高温日数偏多15～20 d。8月19日后,随着WPSH减弱东退,南方高温范围和强度有所减弱。

从高温强度看,在2013年夏季,南方部分地区高温强度突破了历史纪录。以浙江省为例,8月9日,除沿海岛屿外,浙江最高气温基本在39～41℃,局部42℃。其中,奉化、新昌、建德、

———————————
①　http://www.cma.gov.cn/2011xwzx/2011xqxxw/2011xqxyw/201307/t20130730_221382.html

绍兴、诸暨、萧山 6 个县(市)的最高气温超过了 42℃。杭州也以 41.6℃ 再次破历史纪录。8 月 7 日和 9 日,宁波奉化最高气温为 43.5℃,创浙江省最高气温纪录①。正是这样的持续高温天气,导致了新中国成立以来最强的南方持续高温过程。

2 高温天气的成因

由于高温时段主要集中在 7 月 2 日－8 月 19 日,以下的分析均针对该时段的平均场,并与同期的气候平均做比较。

2.1 WPSH 的异常

2013 年高温时段环流场最主要的直接影响系统当属 WPSH 的异常。当 WPSH 异常偏强,西伸脊点位置异常偏西时,华东地区笼罩在强大的 WPSH 控制下,易形成高温热浪天气。这自然也是我国南方地区发生伏旱的直接影响系统。因此具体考察该年夏季 WPSH 的情况及其成因是要十分必要的。

我们以 5880 gpm 线作为 WPSH 的特征线。从 7 月 2 日－8 月 19 日,WPSH 西伸脊点位于 118°E 长江流域附近,较常年偏西 10 个经度左右,脊线位于 30°N 附近,较常年偏北 2 个纬度左右(图 2a)。南方地区上空为 500 hPa 位势高度(以下简称 Z_{500})正距平控制。统计距平持续时间发现,在 7 月 2 日－8 月 19 日的 49 d 中,该地区出现 Z_{500} 正距平天数超过 40 d(图 2b)。这说明 WPSH 在这段时期是十分稳定的,造成了该地区的持续高温天气。

WPSH 既强且稳定的异常形势,一定与其周边的环流有关,下面我们来考察与它相联系的其他系统在造成 WPSH 这种异常中的作用。

2.2 青藏高压的活动

首先来看对流层高层青藏高压活动对 WPSH 的影响。图 2c 给出了这段时间平均的 100 hPa 位势高度场(以下简称 Z_{100})及其距平分布。2013 年 7 月 2 日－8 月 19 日,欧亚大陆副热带地区为 Z_{100} 正距平区,青藏高压强度偏强。其中心位置位于伊朗高原上。以 16840 gpm 线作为青藏高压特征线,可以看出,青藏高压东扩明显。16840 gpm 线比气候平均向东扩展了近 10 个经度。众所周知,WPSH 的西进东退与青藏高压的活动有十分密切的关系,南亚高压与对流层中低层 WPSH 的活动存在"相向而行"和"相背而去"的关系[7-8]。我们来看这段时期这两大系统的相对运动。图 3 是 27.5°～32.5°N 平均的 Z_{500} 和 Z_{100} 随时间－经度演变。WPSH 在 7 月上旬、中旬初、下旬和 8 月上旬分别有一次西伸过程。除了 8 月上旬青藏高压的东扩不很明显外,前三次过程与青藏高压的东扩过程完全对应。如果仔细分析它们活动的具体日期,还可看到往往是对流层高层高压系统的活动在前,中层 WPSH 的西伸在后。另外在对流层低层,长江中下游地区为强大的异常反气旋所控制(图 2d)。说明这次 WPSH 的稳定西伸,是对流层整层高压系统异常的表现。正是由于这整层深厚系统的异常,才使它的稳定性突现出来。

2.3 中高纬度环流特征

WPSH 的异常表现离不开中高纬度环流系统的配置和影响。这包括极涡的位置,西风带

---

① http://www.weather.com.cn/index/2013/08/zjzx/1947836.WPSHtml
　http://www.chinanews.com/gn/2013/08－09/5146670.WPSHtml

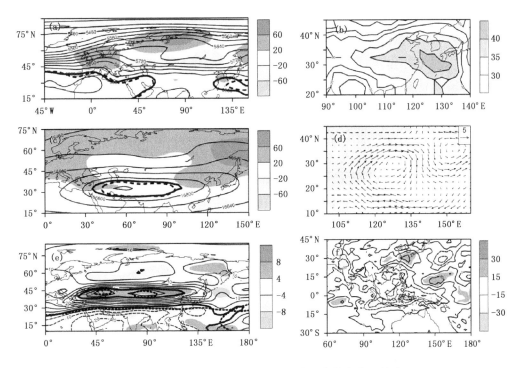

图 2　2013 年 7 月 2 日－8 月 9 日平均的位势高度及距平

(a 为 500 hPa,单位:gpm,实线表示 5880 gpm,虚线表示气候平均的 5880 gpm;b 为正距平出现的天数,单位:d;c 为 100 hPa,单位:gpm,实线表示 16840 gpm,虚线表示气候平均的 16840 gpm;d 为 850 hPa 风场距平,单位:m·s⁻¹;e 为 200 hPa 纬向风场及距平,单位:m·s⁻¹,实线表示 0 m·s⁻¹,虚线表示气候平均的 0 m·s⁻¹和 30 m·s⁻¹;f 为 OLR 距平,单位:W·m⁻¹)

槽脊的配置以及西风急流的强度等。观察 5480 gpm 线可见,2013 年夏季,极涡位置偏向西半球的格陵兰地区(图 2a),亚洲上空来自极地的冷空气活动不强。锋区偏北,低压槽区多小槽小脊活动,无强冷空气南下。这是有利于 WPSH 的位置偏北和稳定维持的。再来观察亚洲地区上空的西风带环流及西风急流的情况,从图 2e 看,2013 年 7 月 2 日－8 月 19 日,中纬度西风急流中心(u≥30 m·s⁻¹)的范围比气候平均的大而偏北,强度明显偏强。这说明 2013 年夏季西风带北缩,纬向环流偏强。西风带中的气旋性扰动不易影响到副热带地区,有利于 WP-SH 在 30°N 附近维持,不利于它的东退。

2.4　热带地区的异常环流

众所周知,夏季 WPSH 南侧的偏东气流是赤道辐合带(ITCZ)的重要组成部分。ITCZ 位置及强度会极大地影响 WPSH 的活动。向外长波辐射(OLR)的距平在赤道 90°～135°E 地区出现了极强的负区(见图 2f),说明 ITCZ 在该地区明显加强。强 ITCZ 促使了台风在该地区的频繁发生和活动。更值得指出的是,在高温持续的时段内,热带西太平洋地区竟然有 6 次台风的活动,而且其中 4 次沿着 ITCZ 北侧的偏东风西行登陆中国或越南(图 3)。这说明 ITCZ 西段的强度极强。它从南侧支撑了 WPSH 的维持。

2.5　年代际变化的影响

WPSH 具有明显的年代际变化特点[9]。2013 年夏季的这次高温异常区正处于年代际的

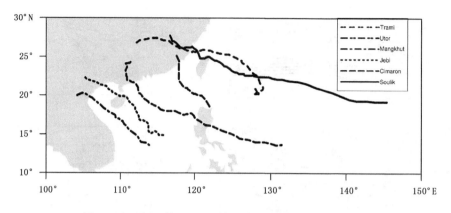

图 3　2013 年 7 月 2 日—8 月 19 日生成的 6 个台风路径

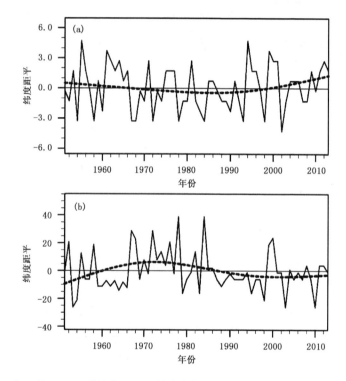

图 4　1951—2013 年 7 月 WPSH 脊线位置和西伸脊点位置的年际变化(实线)及其三次样条拟合(虚线)
（a 为脊线位置,负值表示偏南,正值表示偏北；b 为西伸脊点,负值表示偏西,正值表示偏东）

正距平期。图 4 给出了 7 月 WPSH 脊线位置和西伸脊点的逐年演变及其三次样条拟合。可以看出,2013 年正是 WPSH 处于西伸脊点偏西、脊线位置偏北的年代际变化阶段。WPSH 的年代际变化为今年夏季 WPSH 的异常变化提供了年代际背景。

3　小结

2013 年夏季我国南方广大地区经历了持续的高温天气。它的强度、范围以及持续时间都属历史罕见。影响高温天气的直接影响系统是 WPSH 的异常活动。本文概述了它西伸、北抬并持续维持的特点,并探究了影响它异常的中高纬环流及热带系统的活动,为进一步深入研究持续高温的成因提供一个基础。

参考文献

[1] 侯威,陈峪,李莹,等.2013年气候概况.气象,2014,**40**(4):482-493.

[2] 龚志强,王艳娇,王遵娅,等.2013年夏季气候异常特征及成因简析.气象,2014,40(1):119-125.

[3] 赵俊虎,封国林,杨杰,等.夏季西太平洋副热带高压的不同类型与中国汛期大尺度旱涝的分布.气象学报,2012,**70**(5):1021-1031.

[4] Kalnay E,M Kanamitsu,R Kistler. 1996:The NCEP/NCAR 40-year reanalysis project. *Bull Amer Meteoro Soc.*,1996,**77**(3):437-471.

[5] 丁婷,钱维宏.中国热浪前期信号及其模式预报.地球物理学报,2012,**55**(5):1472-1486.

[6] 陈敏,耿福海,马雷鸣,等.近138年上海地区高温热浪事件分析.高原气象,2013,**32**(2):597-607.

[7] 陶诗言,朱福康.夏季亚洲南部100毫巴流型的变化及其与西太平洋副热带高压进退的关系.气象学报,1964,**34**(4):385-395.

[8] 谭晶,杨辉,孙淑清,等.夏季南亚高压东西振荡特征研究.南京气象学院学报,2005,**28**(4):452-460.

[9] 吕俊梅,任菊章,琚建华.东亚夏季风的年代际变化对中国降水的影响.热带气象学报,2004,**20**(1):73-80.

2013 年 7 月下旬江苏持续高温灾害的特征和成因初探

孙　燕[1]　吕思思[2]　严文莲[1]　韩桂荣[1]

(1. 江苏省气象台,南京 210008;2. 中山大学大气科学系,广州 510275)

摘　要

　　利用江苏省 1302 站自动站逐日气温数据、地面观测、探空资料、NCEP－DOE Reanalysis 2 资料以及国家气候中心提供的赤道太平洋海表温度距平数据,首先分析了 2013 年 7 月下旬江苏持续性高温灾害的天气特征,并讨论了 2013 年 7 月下旬江苏高温发生的主要原因,江苏省在西太平洋副热带高压控制下的天气形势背景,同时热力条件和风场条件都有助于高温的持续发生。对比分析江苏在 2013 年 7 月下旬的高温天气与 2003 年同期的高温形成不尽相同,特别是在非绝热因子的影响作用大小上有不同,2013 年 7 月下旬的江苏南部下沉运动较弱,受非绝热加热项作用没有 2003 年同期明显。

　　关键词:高温灾害　天气背景　西太平洋副高　同期对比

0　引言

　　人们越来越重视全球气候异常造成的极端天气,特别是在全球变暖的气候背景下,高温天气频发。高温与人们的生产生活有着密切的关系,给水利、电力、交通运输、工矿企业等部门的生产活动造成很大影响,同时长时间的高温也加重了夏季旱情的发展,会导致严重的伏旱,给农业生产带来很大危害。江苏省典型高温年如 1988 年、1994 年、2003 年等,2003 年高温使得江苏全省用电量创新高。人们对高温天气越来越关注[1-3]。高温天气的成因及预测一直是气象科学的研究重点[4-7]。关于江苏省高温有很多学者进行了大量的研究[8-11]。

　　江苏省的高温气候特点是:历年极端最高气温通常出现 7,8 月,极端最高气温较高的时期也往往对应着高温日数、持续高温天气过程较多的时期。1951－2007 年全省各台站极端最高气温 37.7～41.3℃,最高值达 41.3℃,即 2002 年 7 月 15 日出现在泗洪站。全省高温 4～10月均有出现,大部分出现在 5～9 月,期间以 7,8 月最多,分别占高温日数的 43.7% 和 29.4%,6 月位居第三,占 18.9%。自 1961 年以来全省年平均高温日数 6.9 d,就区域而言,苏南地区最多,为 9.7 d,最少的是江淮地区,5.5 d。2013 年的高温灾害出现持续时间长、范围也较大,是气象部门始料未及的,本次高温对人们生产生活造成了重大影响,因此对造成 2013 年 7 月下旬的高温天气系统做重点分析,希望可以为以后高温天气的预报提供思路和借鉴。

1　资料和方法

　　本文运用数据为江苏省 1302 站自动站逐日气温数据、地面观测、探空资料、NCEP－DOE Reanalysis 2 资料以及国家气候中心提供的赤道太平洋海表温度距平数据。

　　用统计和诊断的方法对 2013 年 7 月下旬的高温形势以及高温天气出现的原因分析,找出主要影响系统,对高温天气发生的各种物理量进行诊断分析,并用合成分析等与 2003 年 7 月份同期的高温天气对比,希望可以为以后高温天气的预报提供思路和参考。

2 高温实况

根据统计,江苏省 2013 年 7 月,高温日 14 d,比同期多 9 d,淮河以南地区高温日数在 15 d 以上,沿江和苏南地区 20 d 以上。今年 7 月下旬,江苏省南部的大部分地区出现了持续性高温天气。南京自 7 月 20 日开始到月底,持续出现了 9 d 35℃以上高温。2013 年 7 月下旬 20 —31 日最高气温为 40.2℃。7 月下旬最高气温在江苏全省均超过了 35℃,在江苏南部的部分地区的最高气温达到了 40℃。由图 1 可以看到自北向南地处江苏不同方位的站点在 7 月下旬的变化特征。基本特征是:自 23 日开始,除了沿海江苏北部的连云港站温度在 35℃,南京站、无锡站、徐州站、兴化站均是日最高温在 35℃以上,特别是江苏南部的无锡在 7 月 26 日为 39.1℃。由表 1 可以看出,24 日开始,超过 35℃的站点数占全省站点总数的比例超过 50%,25 日达到 89.5%,之后逐渐缩减,29 日骤增至 94.6%,之后又下降。

表 1　江苏省 2013 年 7 月 20—31 日日最高气温超过 35℃站点数及占总站数比例

	站数	比例/%		站数	比例/%
20 日	480	36.9	26 日	1023	78.6
21 日	62	4.8	27 日	862	66.3
22 日	77	6.0	28 日	876	67.3
23 日	606	64.6	29 日	1231	94.6
24 日	985	75.7	30 日	958	73.6
25 日	1165	89.5	31 日	730	56.1

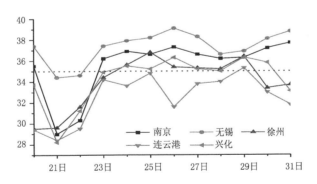

图 1　2013 年 7 月 20—31 日江苏省位于不同方位城市气温随时间变化情况(单位:℃)

3 形势分析

江苏省的高温天气一般可以分为两个阶段:梅雨之前的初夏高温和出梅之后的盛夏高温。出梅之后的盛夏高温主要是在副热带高压的控制下出现的。统计中表明,7—8 月是高温盛行月份,副热带高压控制型是最常见的。

高度场特点:出梅之后,自 7 月下旬开始,西太平洋副热带高压(以下简称副高)逐渐增强北抬,长江中下游到淮河流域逐渐为副高控制,28 日以后,副高东退南落,副高西北边缘影响江苏北部地区,形成降水缓解高温天气;而江苏南部地区仍一直在副高控制下,高温持续。副热带高压与东亚大陆副热带夏季风强度有密切的关系,夏季风偏强的年份,我国夏季大范围高温[12,13],强高温过程偏多,强度偏大。夏季风含有丰富水汽,它进入大陆后,受到夏季大陆辐射加热作用和副高脊线附近的下沉增温,温度急升,于是形成高温高湿的闷热天气,强盛的副高控制是上述地区高温酷热的主要原因[4]。此时,新疆、蒙古地区无明显冷空气南下入侵,西来低槽受副高阻挡,向东北方向移动同时在长江以南地区 850 hPa、700 hPa、500 hPa 三层均为一致的强盛的西南气流(图略),因而出现了长江以南大范围≥36℃的高温天气。为了了解该时段江苏省的垂直运动,通过 110°~120°E 纬向平均做垂直运动高度—纬度剖面图(图略),可见在江苏大部分地区为下沉气流,垂直下沉运动造成江苏地区天空晴朗少云,地面太阳辐射增强,加剧地面温度上升。

温度场的分布特点:850 hPa 温度场结构和高温天气的关系相当密切,暖中心范围和中心值的高低与高温天气的范围及强度有关。在 7 月下旬 850 hPa 温度场上,从青藏高原伸向华东地区为暖温度脊,850 hPa 温度场上我省处于 20 ℃以上的暖区内。

地面形势特征:在有利的高空形势下,地面气压场对高温天气的出现也至关重要。从日本列岛伸向华东沿海为高压区,在华北和河套西南方向分别有低值中心,我省淮河以南处于低压底前部,地面为西到西南风。这样的气压场和风向也有利于江苏产生高温和高温的维持。

在高温期间,台风生成较常年少,在 31 日虽然有"飞燕"生成,但是,量级为热带低压,且活动位置偏南;另外,冷空气弱,高空槽位置偏北,东移为主。

4 与高温典型年 2003 年对比分析

在 2003 年,7 月江苏省沿江和苏南大部分地区出现连续高温。自 7 月 21 日起,江苏省自南向北开始出现高温天气,到 8 月 8 日为止,沿江和苏南地区出现了 13~22 d 超过 35 ℃的高温天气,最高气温达 39.0~40.2 ℃。南京市从 7 月 21 日开始出现高温,24 日至 8 月 3 日起连续 11 d 高温,极值出现在 8 月 2 日,为 40 ℃。次极值为 8 月 1 日,39.4 ℃。另外南京市的38℃以上高温连续 6 天,是近 20 年少见的[14]。由 2013 年和 2003 年 7 月下旬实况对比可知,江苏北部的主要站点的最高温较 2003 年低,南部站点较 2003 年高。

将 2003 年 7 月下旬高温与 2013 年 7 月下旬高温环流形势对比,主要对比两年的强度特征。由图 2a,2003 年副高在西太平洋地区呈连续带状分布,副高西伸至长江中上游地区,影响范围包括华南地区以及长江流域;图 2b 2013 年,副高在西太平洋断开,且副高西伸不明显,影响范围为江苏省南部地区。由 500 hPa 位势高度差值场(图 2c),可以得到 2013 年副高较2003 年副高北部偏强,南部偏弱。2003 年副高影响范围比 2013 年更大。由图 2d,2013 年副高脊线位置一直不稳定,25-27 日,副高脊线停留在 30°N,28 日跳回 23°N 附近,而 2003 年副高脊线位置稳定在 21°~25°N。说明 2013 年副高偏北,脊线偏北。

从 850 hPa 的风场及差值场(图略)也可以看出,2013 年副高对长江下游以北地区影响较强。再结合 700 hPa 相对湿度差值,2013 年的江苏省长江以北地区由赤道热带地区水汽输送比 2003 年要弱,使得整个江苏省地区比 2003 年要干燥。由两年的水汽通量散度(图 3a,图3b),2003 年整个长江流域中下游包括江苏省区域均为水汽通量的辐合,而 2013 年江苏省长江以南地区为水汽通量的辐散,长江以北是水汽通量的辐合。这也就造成了 2013 年 7 月下旬

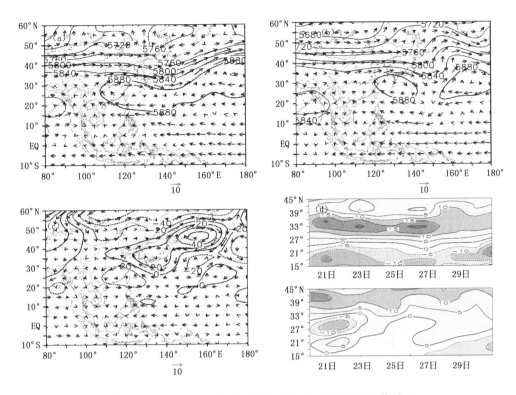

图 2　2003 年和 2013 年 7 月下旬 500 hPa 高温环流形势对比

(a 为 2003 年位势高度及风场;b 为 2013 年位势高度场及风场;c 为两者位势场差值场及风场差值场;d 为 2003 年(上)与 2013 年(下)120°E 纬向风时间-纬度剖面,0 线表示 500 hPa 上 120°E 副高脊线位置;等值线为位势高度场,箭头为风场)

江苏省南部地区的干燥少雨高温的天气,而北部高温天气没有南部那么剧烈。从 850 hPa 水汽通量和整层水汽积分差值场(图 3c)可以进一步印证上面的结论。

对于垂直运动,在 2013 年与 2003 年,江苏省地区南部均是下沉运动,北部为上升运动,相比较来说(图 3d),2013 年的江苏南部下沉运动较弱,受非绝热加热项作用没有 2003 年明显,但在江苏北部上升运动较 2003 年强。在 2003 年 7 月下旬 30 日,在西太平洋有热带气旋"莫拉克"生成,由于距离较远,对江苏省地区没有直接的影响。

总结来说,2013 年 7 月下旬较同期的 2003 年江苏南部高温天气偏强,江苏北部高温天气偏弱,这是由于 2013 年虽然副高更加北进且西伸较弱,脊线偏北,但是江苏长江以北的水汽条件加上上升运动强,有利于降水天气形成,可以缓解高温天气。而江苏长江以南地区,是整体水汽含量较强,有强烈的下沉运动,使得此片区域少云,增加地面太阳辐射,进一步使高温天气加剧。江苏省地区在 2013 年 7 月下旬的高温天气与 2003 年的高温天气的形成不尽相同,特别是在非绝热因子的影响作用上有不同,2013 年 7 月下旬的江苏南部下沉运动较弱,受非绝热加热项作用没有 2003 年明显。

2002 年为厄尔尼诺年,由国家气候中心[15]提供的赤道太平洋海表温度距平时间经度剖面图(图 4),2003 年的前冬,海温距平在赤道中东太平洋地区偏高;而 2013 年前冬没有这种现象,这种前冬海温差别也有可能是造成夏季高温天气不同的原因之一。海洋对我国气候异常

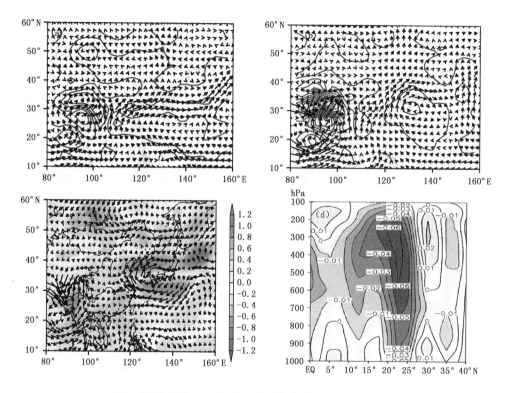

图3 2003年和2013年的7月下旬水汽状况与垂直运动

(a为2003年850 hPa水汽通量与其散度,b为2013年850 hPa水汽通量与其散度,c为两者的水
汽通量差值与整层水汽积分差值,d为两者垂直运动场差值;矢量箭头表示水汽通量,等值线表示
水汽通量散度,实线为辐散,虚线为辐合,填色为整层水汽积分差值)

的影响存在后延效应,这种后延效应有时还相当关键[16,17]。当前期东太平洋中部出现大范围海温正(负)距平时,其后期东亚地区的环流指数则加大(减小)[5,18]。

在本次的研究中,只把2013年7月的高温天气与高温典型年份2003年做了对比,并没有揭露年际异常特点以及成因,希望在以后的研究中可以对其有深入的探究。

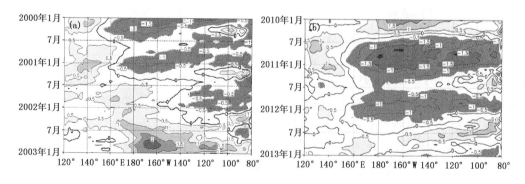

图4 赤道太平洋海表温度距平时间经度剖面

(a为2003年,b为2013年;单位:℃)

5 结论

2013年7月下旬江苏沿江和苏南地区的持续高温是出梅之后的盛夏高温,这种高温灾害主要是在副热带高压的控制下出现的。副高位置的变动,给江苏省长江以北的地区带来降水,缓解高温天气,长江以南地区一直在副高的控制之下,且太阳辐射强,使得高温天气持续并且加强。热力条件以及风场条件都有利于此时江苏省出现高温天气。

2013年7月下旬较同期的2003年江苏南部高温天气偏强,江苏北部高温天气偏弱,这是由于2013年虽然副高更加北进且西伸较弱,脊线偏北,但是江苏长江以北的水汽条件较好,上升运动强,有利于降水天气形成,可以缓解高温天气。而江苏长江以南地区,是整体水汽含量也较弱,干燥少雨,有强烈的下沉运动,使得此片区域少云,增加地面太阳辐射,进一步使高温天气加剧。江苏省地区在2013年7月下旬的高温天气与2003年的高温天气的形成不尽相同,特别是在非绝热因子的影响作用上有不同。

对于2013年7月的高温天气除了同期的环流特点影响外,是否具有气候态的变化效应的作用是值得继续探究的。

参考文献

[1] 谈建国,殷鹤宝,林松柏.上海热浪与健康监测预警系统.应用气象学报,2002,**13**(2):356-363.

[2] 张尚印,宋艳玲.夏季高温及其影响.2001年全国气候影响评价.北京:气象出版社,2002:41-44.

[3] 张一平,何云岭,马友鑫,等.热带地区城市化对室内外气温影响研究.热带气象学报,2003,**19**(1):73-78.

[4] 张尚印,王守荣,张永山,等.我国东部主要城市夏季高温气候特征及预测.热带气象学报,2004,**20**(6):750-760.

[5] 何卷雄,丁裕国,姜爱军.江苏冬夏极端气温与大气环流及海温场的遥相关.热带气象学报,2002,**18**(1):73-82.

[6] 蒋薇,翟伶俐,吕军,等.江苏省夏季高温日数异常特征及海气背景分析.第28届中国气象学会年会——S4应对气候变化,发展低碳经济,2011.

[7] 白爱娟,翟盘茂.中国近百年气候变化的自然原因讨论.气象科学,2007,**27**(5):584-590.

[8] 孙燕,张秀丽,唐洪昇,等.江苏夏季气温异常的时空变化特征.气象科学,2009,**29**(1):133-137.

[9] 孙燕,濮梅娟,张备,等.南京夏季高温日数异常的分析.气象科学,2010,**30**(2):279-284.

[10] 尹君,张莹,丘文先,等.宿迁地区高温天气分析.第九届长三角气象科技论坛论文集.2012.

[11] 彭海燕,周曾奎,赵永玲,等.2003年夏季长江中下游地区异常高温的分析.气象科学,2005,**25**(4):355-361.

[12] 高辉,张芳华.关于东亚季风指数的比较.热带气象学报,2003,**19**:79-86.

[13] 吕俊梅,任菊辛,琚建华.东亚夏季风的年际变化对中国降水的影响.热带气象学报,2004,**20**(1):73-80.

[14] 尹东屏,严明良,裴海瑛.副热带高压控制下的高温天气特征分析.气象科学,2006.**26**(5):558-563.

[15] http://cmdp.ncc.cma.gov.cn/cn/monitoring.htm#basic 国家气候中心.

[16] 余志豪,蒋全荣.厄尔尼诺,反厄尔尼诺和南方涛动.南京:南京大学出版社,1994:262-325.

[17] 陈烈庭.太平洋海气相互作用时空变化.气象学报,1983,**41**:296-325.

[18] 黄荣辉.ENSO及热带海—气相互动力学研究的新进展.大气科学,1990.**14**(2):234-242.

2013年夏季西太平洋副热带高压异常特征及其成因分析

彭莉莉[1]　孙佳庆[2]　戴泽军[1]　罗伯良[1]

(1. 湖南省气象科学研究所，长沙 410007；2. 气象台 91395 部队，北京 102488)

摘　要

本文利用湖南96个测站的逐日降水、日最高气温和 NCEP/NCAR 再分析资料、海温资料,分析 2013 年夏季西太平洋副热带高压异常活动特征及成因。结果表明,2013 年夏季西太平洋副高异常偏西、偏强,使得湖南一直处在高压下沉气流控制下,形成持续高温干旱天气。造成副高变异的原因主要有:(1)2012 年冬季至 2013 年春季,赤道东太平洋海表温度持续偏低,印度洋—赤道西太平洋海表温度持续偏高,使得 Walker 环流增强,西北太平洋上空出现反气旋异常响应,西太平洋副热带高压西伸、加强;(2)南亚高压一次次东伸,通过强烈高空负涡度平流的动力强迫造成西太平洋副高区内的下沉运动,导致副高稳定维持,天气晴热高温;(3)西风带北缩,纬向环流偏强,影响副热带高压在偏北位置稳定维持,200 hPa 高空辐合增强,辐合中心位于 30°N 以北,造成 500 hPa 副高下沉运动区位置偏北、偏强。

关键词:高温干旱　西太平洋副高　海温　南亚高压

0　引言

2013 年夏季湖南发生了 1951 年以来最为严重的高温干旱事件,高温干旱灾害持续时间长、范围大、旱情严重,因此造成了很大的直接经济损失。据不完全统计,高温干旱导致湖南境内 306 万人饮水困难,2010 万亩[①]农作物受旱,直接经济损失 13.29 亿元,其中农业损失 11.21 亿元。许多气象工作者对 2013 年夏季大范围高温干旱形成的原因已开展初步讨论,认为季风、环流形势异常等共同作用引发此次高温干旱,西太平洋副热带高压的持续异常偏西、偏强是主要原因。本文利用湖南 97 个气象台站 2013 年 6 月 1 日—8 月 30 日的逐日降水和日最高气温资料,美国 NOAA 的最优插值海温分析资料 OISST,NCEP/NCAR 再分析的高度、温度、风场等资料,分析造成 2013 年湖南高温干旱的副高异常特征及其成因。文中采用 1981—2010 年的平均值作为气候平均态。

1　湖南 2013 年高温、干旱概括

根据 2013 年夏季湖南地区高温特征的分布(图略),发现此次高温干旱的特点:一是高温日数多;6—8 月全省平均高温日数 43.9 d,为 1951 年以来同期最多,湘中一带多数站点高温日数超过 50 d,其中衡山站高温日数达到 65 d。二是高温持续时间长;有 17 个站出现连续 30 d 以上高温,其中 10 个站达到连续 40 d 以上高温,这些最长连续高温日超过 40 d 的站点主要集中在湘中一带,衡山站与长沙站最长,连续高温日数达到 48 d,为历史同期最大值。三是

---

① 1亩≈666.67平方米,下同。

极端最高气温值普遍偏高;全省出现极端最高气温大于40℃的站点有53个,其中有39站突破当地历史同期最高纪录,9站平历史同期最高值。总而言之,此次湖南高温干旱天气不仅持续时间长、范围广,而且高温强度强、极端性突出。

湖南此次高温干旱主要集中在7月1日—8月14日,这一期间全省有接近一半站点45 d的总降水量少于25 mm,这些站点主要分布在高温持续时间最长、最严重的湘中一带,其中娄底、双峰、湘乡、湘潭4站降水量为0 mm。从降水距平百分率来看,湖南所有站点都为负距平,即这一期间全省各地降水量都低于气候平均态。其中湘中大部,湘西南部分区域降水距平百分率低于−90%。即使降水相对较多的湘北地区,降水量也比气候平均态偏少两成以上。如上所述,湖南持续高温、少雨,导致全省多地出现罕见的大范围严重干旱。

2 2013年夏季副热带高压活动特征

图1给出了6—8月西太平洋副高的时间—经度、时间—纬度演变过程,以及与之对应的湖南日最高气温≥35 ℃站数随时间变化图。可以发现,6月15日以前西太平洋副高位于135°E以东位置,湖南各站日最高气温基本处于35 ℃以下。6月16日—26日西太平洋副高有一次向西伸展的过程,最大西伸经度跨过了长沙所在的113°E,较气候平均值偏西30个经度,

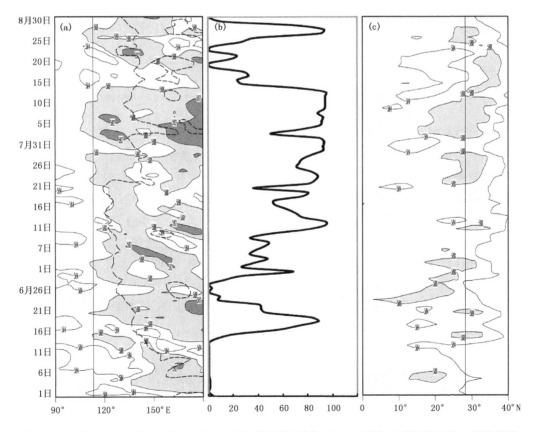

图1 2013年6月1日—8月31日500 hPa高度场(单位:dagpm)25°～30°N处时间—经度演变(a)、110°～120°E处时间—纬度演变(c)以及湖南≥35 ℃高温站数随时间演变(b)(a中虚线表示气候平均的588 dagpm,a,c中细实线分别表示长沙所在的经度113°E和纬度28°E)

期间湖南多站日最高气温≥35 ℃,其中 6 月 19 日湖南高温站数达到 88 站。7 月 1 日－8 月 14 日副热带高压一直稳定维持在较气候平均态偏西的位置,这一时期湖南平均 71 站次日最高气温≥35 ℃。其中 7 月 31 日－8 月 10 日,588 dagpm 线向西伸展越过 113°E,副热带高压较气候平均态明显偏西,长时间控制湖南上空,湖南地区平均日最高气温达到 37.5 ℃,≥35 ℃高温站次平均 85 站。8 月 15 日开始,西太平洋副高东撤,湖南出现≥35 ℃高温的站数明显下降,其中 8 月 20 日全省日最高气温均低于 35℃,高温干旱得到一定缓解。8 月 25 日开始西太平洋副高再一次向西伸展,湖南上空的 500 hPa 位势高度再次超过 588 dagpm,多地重新出现大于 35℃日最高气温,其中 8 月 27,28 日全省分别出现 90 站和 93 站次高温。

另外从图 1c 500 hPa 位势高度上的时间－纬度演变看到,西太平洋副高除了西伸明显外,南北方向也有一定的变化。6 月 16 日－7 月 11 日,西太平洋副高经历了四次短暂的北抬,副高北界跨过 30°N,每次北抬都与湖南高温站数的峰值相对应。7 月 21 日－8 月 10 日,西太平洋副高北界基本稳定在 30°N 以北区域,这时候湖南处在稳定副高控制下,出现持续的高温干旱,期间平均 81 站数日最高气温≥35 ℃。

结合 2013 年 7 月 1 日－8 月 14 日湖南高温集中期的 500 hPa 平均高度场(图略)发现,副高的脊线位于 30°N 附近,比该时段的气候平均场位置略偏北,西伸脊点(588 dagpm 线)位于 117°E 附近,比气候平均位置偏西近 21 个经度。大于 588 dagpm 的范围比气候平均态大许多,表明副高明显偏大,强度偏强;这一时期湖南地区 500 hPa 距平场,为明显的正距平。在如此异常偏大、偏强的暖性高压脊持续控制影响下,下沉运动加强,天气晴热,高温少雨,导致高压脊控制下的湖南出现持续的高温天气,进而形成全省范围的高温干旱。

3 西太平洋副高异常成因分析

3.1 热带海温异常对副高的影响

为何 2013 年的西太平洋副高异常西伸,强度偏强,而且能够稳定维持? 众多资料分析已经证明,热带海面温度距平(SSTA)与西太平洋副高异常之间存在很好的相关关系,海洋热状况是影响副热带高压的重要因子之一[1-4]。从 2012 年冬季开始,热带中东太平洋海表温度出现偏低(图略),且一直持续到 2013 年夏季。图 2a,2b 给出了 2013 年春、夏两季热带、副热带太平洋和印度洋海表温度的距平分布,可以看到热带中太平洋至热带东太平洋 SST 距平为负。按照陈烈庭[5]和张庆云[6]的研究结果,赤道东太平洋 SST 偏低时,赤道太平洋 Walker 环流发展,东亚大气环流的响应表现为局地 Hadley 环流加强。图 2c 给出了 2013 年 7 月 1 日－8 月 14 日湖南高温集中期 Walker 环流的距平场,可以看出,Walker 环流的下沉运动向西扩展,170 °E 以西的整个赤道太平洋西部为上升运动。此时 Hadley 环流位置(图 2d)偏北,强度显著加强,在 5°～20°N 地区呈现上升运动增强,与 Walker 环流上升支一致加强,在 25°～35°N 包括湖南在内的长江中下游区出现下沉运动增强。副热带高压脊正处于 Hadley 环流和其北侧的反环流之间的下沉气流区,副高脊线与该下沉支重合,副热带高压强度加强并向西伸展,副高脊处天气晴好干燥[7-8]。

另一方面,从前冬开始到 2013 年春夏季,赤道西太平洋暖池海表温度持续偏高,印度洋到赤道西太平洋 SST 为一致正距平(图 2a,b),暖池上空对流活动加强,使得位于热带西太平洋热源增强,产生异常强的上升运动,而在热带中、东太平洋上空对流减弱,环流距平场为异常强的下沉运动,Walker 环流和 Hadley 环流的上升和下沉气流都得到加强(图 2c、2d),使得西北太平洋副热带高压加强西伸,脊线位置偏北。Zhou 等[9]利用 5 个全球模式分析了热带海温影响西太平洋副高西伸的可能机制,认为西太平洋 SST 变暖将影响 Walker 环流,赤道中、东太平洋对流减弱,并激发出类似 ENSO/Gill 型响应在西北太平洋产生反气旋异常,有利于西北太平洋副高西伸,这一解释与本文的分析结果吻合。

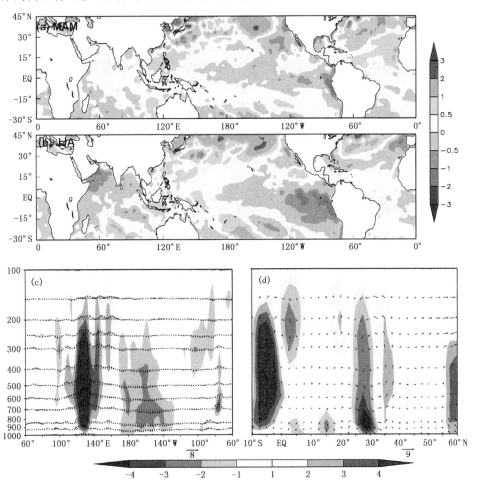

图 2　2013 年春季(a)和夏季(b)热带太平洋、印度洋海表温度(sst)距平分布(单位:℃)以及 2013 年
7 月 1 日－8 月 14 日 5°S～5°N Walker 环流距平场(c)、110°E～120°E Hadley 环流距平场(d)

3.2　南亚高压对副高变异的影响

研究[10]表明,南亚高压活动与对流层中层的西太平洋副热带高压活动之间存在密切联系,两者有相向而行和相背而行的趋势,当南亚高压向东扩展时,西太平洋副高常常对应西伸。根据 2013 年 7 月 1 日－8 月 14 日 100 hPa 平均高度场的分布(图略),南亚高压中心 1676 dagpm 线比气候平均向东扩展 10 个经度,湖南地区上空为很强的正距平,与中低层西太平洋副高区内的正距平相对应,形成高低空同位相的深厚高压系统。

任彩荣等[11]研究认为,副高内出现的强烈下沉运动是高层南亚高压在东伸过程中所伴随的强负涡度平流动力强迫的结果。图 3 给出了 2013 年 7 月至 8 月中旬湖南主体区域(25°～

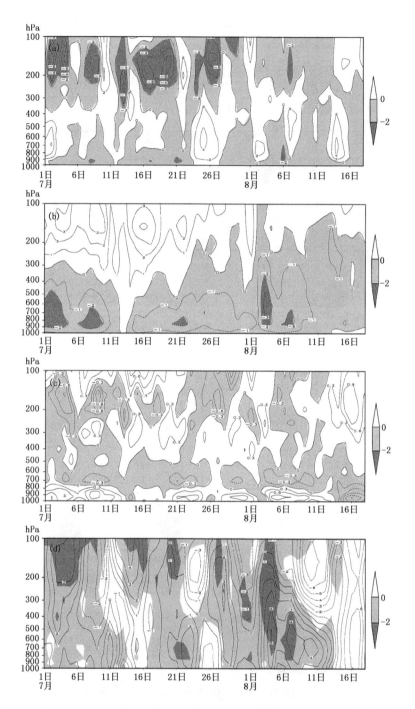

图 3 2013 年 7 月 1 日—8 月 20 日湖南区域涡度变化及涡度方程各项贡献
(阴影,单位:$10^{-5}\,s^{-2}$)的高度—时间演变

(a 为涡度平流项,b 为地转涡度平流项,c 为散度项,d 为涡度变化;等值线为位势高度距平,单位:dagpm)

27.5°N,110°~112.5°E)涡度方程各项平均的高度—时间演变图。由图 3a 可见,7 月份有强烈的负涡度平流一直维持在 250 hPa 以上的高空,结合图 3c 看到该强负涡度平流通过强迫动力下沉运动,引起高空辐合、低空辐散,而低空辐散直接导致负涡度的发展(图 3d)。8 月 14 日

之前,高空涡度平流项持续贡献于底层负涡度的发展,7月1日—8月14日负涡度的发展基本贯穿湖南上空整层大气,副高单体(图3d高度正距平)稳定维持,导致湖南持续高温干旱。8月14日以后,高层负涡度平流消失,虽然地转涡度平流项(图3b)一直有负涡度贡献,但是低层负涡度在14日以后未再继续发展,15日开始湖南各地气温明显下降,说明底层的负涡度发展主要是高层负涡度平流的贡献。总之,高层南亚高压的负涡度平流通过间接影响散度项,对中低层负涡度的发展起到重要作用,在动力上影响中低空西太平洋副高加强西进和高温干旱的稳定发展。

3.3 西风带环流系统异常与副热带高压的关系

中高纬度环流系统对南亚高压、西太平洋副热带高压及雨带的分布有密切关系[12]。图4给出了2013年7月1日—8月14日期间200 hPa纬向风场和散度场分布。可以看到,纬向风$u=0 \text{ m} \cdot \text{s}^{-1}$线比气候平均态偏北2~3个纬度,$u>30 \text{ m} \cdot \text{s}^{-1}$的范围比气候平均明显偏大,位置偏北,说明西风带偏北,纬向环流偏强,与之对应的500 hPa高度场上(图略),中高纬环流比常年平直,冷空气活动较少。按照黄士松等[13]、杨连梅等[14]的研究结论,副高北侧西风的增强

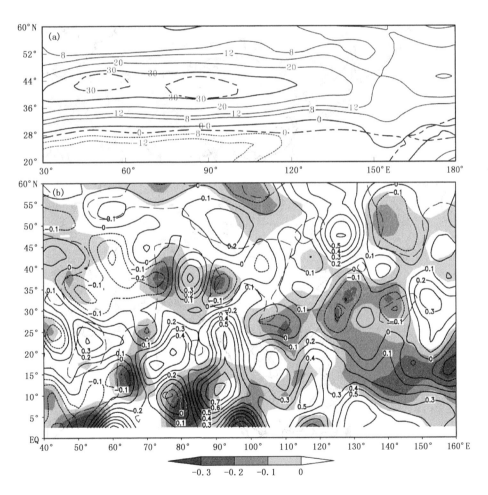

图4 2013年7月1日—8月14日平均200 hPa纬向风场(a,单位:m·s⁻¹,虚线为
气候平均的0 m·s⁻¹线和30 m·s⁻¹线)和散度场(b,单位:10⁻⁵s⁻¹,阴影为同期距平)

或减弱对副高的移动有重要影响,当西风扰动偏弱时,有利于副热带高压在偏北位置稳定维持。图 4b 显示 200 hPa 散度场在 120°E 附近,30°N 以北的区域有一个辐合中心,造成下沉运动区位置偏北,散度距平场在此为负距平中心,表明 200 hPa 为辐合增强,即高层为偏强偏北的辐合中心。受高空辐合位置影响,500 hPa 高度场在东亚—西太平洋 30°N 以北为一致的正距平区域(图略),与 200 hPa 高层辐合区相对应。以上分析表明,500 hPa 位势高度场上西太平洋副高位置偏北、偏强与 200 hPa 高空辐合增强,辐合中心位于 30°N 以北造成下沉运动区位置偏北、偏强有关。

4 结论

观测资料的分析结果表明,2013 年夏季湖南地区发生了大范围的高温干旱灾害,多地高温持续时间和极端日最高温度突破历史极值。利用再分析资料得到的高温干旱集中期 500 hPa 位势高度场表明,湖南处在持续异常偏西、偏强的西太平洋副高控制下是形成此次罕见高温干旱的主要原因。为此,本文重点从热带海温异常、南亚高压活动及西风带系统异常等方面探讨了 2013 年西太平洋副高变异的可能机制。分析结果表明:

(1)从 2012 年冬季至 2013 年春季,赤道东太平洋海表温度持续偏低,印度洋—赤道西太平洋海表温度持续偏高,Walker 环流和局地 Hadley 环流增强,在 25°~35°N 包括湖南在内的长江中下游区出现下沉运动增强,西太平洋副热带高压西伸、加强,湖南地区对流活动受到抑制,天气晴热干燥。

(2)西太平洋副高的西伸与南亚高压的一次次向东伸展紧密联系,南亚高压通过强烈高空负涡度平流的动力强迫造成中低层负涡度发展,西太平洋副高加强西进,是副高变异的动力强迫因子。

(3)2013 年夏季中高纬度环流较常年平直,西风带北缩,纬向环流偏强对西太平洋副高能够稳定维持在偏北位置起到重要作用,也使得湖南一直处在高压控制之下,形成罕见的高温干旱。

参考文献

[1] 曹杰,杨若文,尤亚磊,等 . 海温异常对西太平洋副热带高压脊面演变影响的机制研究. 中国科学(D 辑:地球科学),2009,**39**(3):382−388.

[2] 应明,孙淑清 . 西太平洋副热带高压对热带海温异常响应的研究. 大气科学,2000,**24**(2):193-206.

[3] 曾刚,孙照渤,林朝晖,等 . 不同海域海表温度异常对西北太平洋副热带高压年代际变化影响的数值模拟研究. 大气科学,2010,**34**(2):307-322.

[4] 吴国雄,刘平,刘屹岷,等 . 印度洋海温异常对西太平洋副热带高压的影响——大气中的两级热力适应. 气象学报,2000,**58**(5):513-522.

[5] 陈烈庭,吴仁广 . 太平洋各区海温异常对中国东部夏季雨带类型的共同影响. 大气科学,1998,**22**(5):43-51.

[6] 张庆云,王媛 . 冬夏东亚季风环流对太平洋热状况的响应. 气候与环境研究,2006,**11**(4):487-498.

[7] 陈烈庭 . 东太平洋赤道地区海水温度异常对热带大气环流及我国汛期降水的影响. 大气科学,1977,**1**(1):1-12.

[8] 吴国雄,刘屹岷,刘平,等 . 纬向平均副热带高压和 Hadley 环流下沉支的关系. 气象学报,2002,**60**

(5):635-642.

[9] Zhou T J，Yu R C，Zhang J，*et al*. Why the western Pacific sub-tropical high has extended westward since the late 1970s. *Journal of Climate*，2009，**22**(8):2199-2215.

[10] 陶诗言,朱福康. 夏季亚洲南部 100 毫巴流型的变化及其与西太平洋副热带高压进退的关系. 气象学报，1964，**34**(4):385-396.

[11] 任荣彩,刘屹岷,吴国雄.1998 年 7 月南亚高压影响西太平洋副热带高压短期变异的过程和机制. 气象学报，2007，**65**(2):183-197.

[12] Lu R Y. Associations among the components of the East Asian summer monsoon systems in the meridional direction. *Journal of the Meteorological Society of Japan*，2004，**82**(1):155-165.

[13] 黄士松,汤明敏.夏季东半球海上越赤道气流与赤道西风、台风及副热带高压活动的联系.南京大学学报，1982(气象学特刊):1-16.

[14] 杨莲梅,张庆云.夏季东亚西风急流扰动异常与副热带高压关系研究.应用气象学报,2007,**18**(4):452-459.

热带印度洋－太平洋暖池海温变异对低纬度高原初夏 5 月极端降水事件影响研究

李　璠[1]　周　泓[2]

(1. 云南省楚雄州气象局,楚雄 675000；2. 云南省玉溪市气象局,玉溪 653100)

摘　要

　　根据 NCEP/NCAR 提供的 1960－2009 年月平均大气环流再分析资料、Hadley 中心提供的海表温度资料和中国低纬高原 5 月逐日日降水资料,应用奇异值分析(ESVD)方法研究了热带印度洋－太平洋暖池海温变异与中国低纬高原区 5 月极端降水事件年际及年代际变化之间关系,统计诊断的分析结果表明,在年际和年代际尺度上,中国低纬高原区 5 月极端降水与印度洋－太平洋暖池海表温度之间都具有很好的相关性,并得到了海表温度异常型造成中国低纬高原区 5 月极端降水事件年际和年代际异常的物理过程；由于从前期冬季至同年春季,海表温度异常型具有很好的持续性,是导致中国低纬高原 5 月极端降水事件异常的关键因素。因此,前期印度洋－太平洋暖池海表温度异常可以作为影响中国低纬高原 5 月极端降水事件的一个强信号因子,在以后的短期气候预测中加以应用。

　　关键词:气候学　5 月极端降水事件　中国低纬高原区　印度洋－太平洋暖池　水汽输送

0　引言

　　近年来,在全球变暖背景下,极端天气气候事件呈现明显增多增强的趋势。极端降水事件是一种稀发事件,具有时空尺度小,突发性强,灾害性大的特点。全球各地由于极端降水事件引发的洪涝、滑坡泥石流等严重气象地质灾害对人类的生存环境构成了严重的威胁[1-2]。由于我国属于典型的大陆型季风气候国家,降水状况受到东亚气候系统各个子系统的影响,其中机理极其复杂,所以目前对于极端降水的成因研究仍然不足,相应对于极端降水的模拟预测也存在较大的不确定性[3]。一些观测和理论研究表明,相对于气候平均,极端降水事件对外源强迫的响应更加敏感[4]。因此,全球海表温度异常(SSTA)特别是海气相互作用关键海区的 SSTA 及其引起的大尺度环流异常对我国极端降水事件影响及机制成为研究的热点,印度洋－太平洋暖池地区是全球大气深对流活动最强烈的地区,活动持久,是气候异常的发源地之一。暖池海表温度直接影响大气对流活动,而对流释放出的巨大潜热驱动了大气中的沃克环流和哈德莱环流以及热带和副热带海洋的上层环流,使其成为整个地球气候系统的热动力引擎[5-8],且印度洋－太平洋暖池 SSTA 与赤道中东太平洋 SSTA 及印度洋 SSTA 密切相关[9-11]。因此,印太暖池海表温度变异将导致整个东亚和太平洋区域气候异常并引起严重的气候灾害,也极有可能对中国极端降水事件产生影响。

　　初夏的 5 月是中国低纬高原区从干季向湿季过渡的关键时期,极端降水事件异常极易导致该区域产生严重气象灾害。而以往的研究主要集中对低纬高原地区 5 月降水的天气气候成因分析,而对低纬高原初夏 5 月极端降水的天气气候学成因,特别是极端降水与海温变异之间的关系却很少涉及。因此,我们将对热带印度洋—太平洋暖池海温变异与低纬高原初夏5月极端降水事件关系进行研究,并对其间的主要物理过程进行揭示,为我国低纬高原地区初夏5月极端降水事件的短期气候预测提供有利的理论依据。

1 资料及方法

1.1 资料

诊断分析中使用的大气环流资料为 NCEP/NCAR 提供的 1961—2009 年逐月再分析资料,其空间分辨率为 2.5°×2.5°;Hadley 中心提供的 1960—2009 年全球 1°×1°,以及剔除有缺测和搬迁测站数据后云南省境内 1961—2009 年5月无缺测的 94 个台站逐日降雨资料量。

1.2 极端降水事件的定义及诊断方法

根据每一个测站的日降水量,采用百分位法定义低纬高原地区不同地区初夏5月极端强降水事件的阈值[12]。具体方法是:把 1971—2000 年各站5月逐年日降水量序列(从小到大)的第 95 个百分位值的 30a 平均值定义为低纬高原初夏5月各站极端强降水事件的阈值,当某站某日降水量超过了极端强降水事件的阈值时,就称该日出现了极端降水,并定义为一次极端强降水事件。计算 1961—2009 年各站每年汛期超过极端降水事件阈值的降水日数,作为该站初夏5月的极端强降水事件频数。

本文使用的诊断方法主要有:奇异值分解(SVD)、回归分析、相关分析。

2 印度洋—太平洋 SSTA 同低纬高原初夏5月极端降水事件的耦合关系

采用 SVD 耦合方案印度洋—太平洋 SSTA 同低纬高原初夏5月极端降水事件的联系进行研究,即取印度洋—太平洋暖池海温为左场,中国低纬高原初夏5月极端降水频次为右场,左场时间序列长度为 1960/1961—2008/2009 年,右场时间序列长度为 1961—2009 年,对海温和极端降水事件进行了如下的滑动时滞耦合的 SVD 分析:(a)前期冬季平均(DJF)海温场同初夏5月极端降水时间场;(b)前期 1—3 月平均(JFM)海温场同初夏5月极端降水时间场;(c)前期 2—4 月平均(FMA)海温场同初夏5月极端降水时间场;(d)前期春季平均(MAM)海温场同初夏5月极端降水时间场。表1给出了4种滑动耦合方案前2对模态的解释协方差平方和,其中4种耦合方案第1模态解释协方差贡献率超过了 50%,相关系数达到 0.5 以上,前期 JFM 暖池 SSTA 同低纬度高原降水初夏5月降水耦合关系略好于其他方案;4种耦合方案第2模态解释协方差贡献率达到 30% 左右,相关系数高于 0.55 以上。可见,4种耦合方案的奇异值分解得到的第1和第2模态累计解释协方差平方和达到 84.4% 以上,基本上能够表征印度洋—太平洋暖池 SSTA 场与低纬高原初夏5月极端降水事件场之间密切的协同变化关系,且解释协方差贡献率及时间相关系数在4种耦合方案中少变,表明从前期冬季至同年 MAM,印度洋—太平洋 SSTA 与低纬高原初夏5月极端降水事件的关系具有很好的持续性,前期印度洋—太平洋暖池 SSTA 对低纬高原初夏5月极端降水事件预测具有良好的指示意义。可以进一步通过分析第1和第2模态的同性相关系数的空间分布来寻找它们之间存在的关系。

表 1 前两对奇异向量的协方差贡献率及时间序列相关系数

	模态 1		模态 1	
	协方差贡献率/%	相关系数	协方差贡献率/%	相关系数
方案 a	55.7	0.53	31.4	0.56
方案 b	56.4	0.55	29.2	0.58
方案 c	55.1	0.57	30.2	0.63
方案 d	51.0	0.57	33.4	0.64

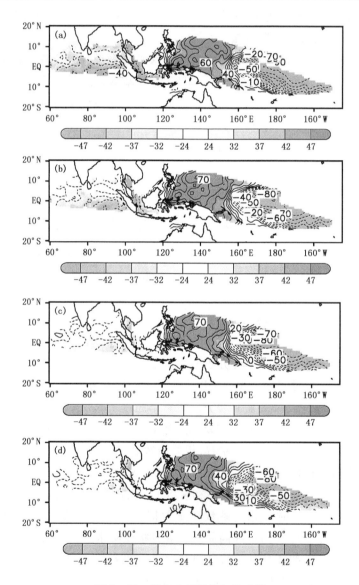

图 1 第一模态左场同类相关系数

(a 为 DJF,b 为 JFM,c 为 FMA,d 为 MAM;虚线表示负相关,
实线表示正相关;阴影和粗箭头表示通过 90% 的信度检验)

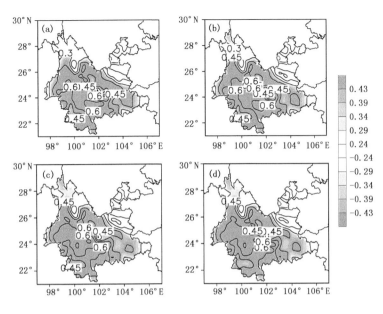

图 2　同图 1,但为第一模态右场同类相关系数

　　图 1 和图 2 给出了前期 DJF 至 MAM 印度洋-太平洋暖池 SSTA 与初夏 5 月中国低纬高原极端降水事件之间 SVD 第一耦合模态同性相关系数分布。从图 1a 可以看出,前期冬季印度洋-太平洋暖池 SSTA 的同性相关系数场从热带印度洋暖池至热带太平洋暖池呈"一、十、一"的显著相关分布。其中,太平洋暖池的西部地区正相关最为显著,中心的相关系数在 0.6 以上;在印度洋暖池以太平洋暖池东部海域为显著负相关区,相关系数绝对值达到 0.4 以上;前期 JFM 印度洋-太平洋暖池海 SSTA 的同性相关系数场空间分布特征与前期冬季类似,只是印度洋暖池的显著负相关区范围有所减小,但在太平洋暖池东部的显著正区域的中心值增大至 0.7 以上(图 1b)。前期春季以及前期 MAM 印度洋-太平洋暖池海 SSTA 的同性相关系数场空间分布与前期冬季以及前期 JFM 相比,在印度洋暖池的显著负相关区域范围明显减小,但整个 SSTA 的同性相关系数场从热带印度洋暖池至热带太平洋暖池仍然呈"一、十、一"的三极模分布(图 1c,图 1d)。与第一模态前期冬季印度洋-太平洋暖池 SSTA 场对应的低纬高原区 5 月极端降水事件场呈现一致的正相关分布,其中大部分区域都通过了 90% 的显著性检验,正相关中心值达到 0.6 以上,未通过显著性检验的区域仅位于滇东北的小片区域(图 2a)。前期 JFM,FMA,MAM 印度洋-太平洋暖池 SSTA 对应的低纬高原区 5 月极端降水事件场的空间分布与前期冬季十分类似,均呈现全场一致正相关的空间分布特征(图 2b,图 2c,图 2d)。四种时滞方案中,第一模态左右奇异向量对应的时间系数呈现出一致的年际变化特征,其平均相关系数达到 0.56,表明前期印度洋-太平洋暖池 SSTA 与低纬高原初夏 5 月极端降水事件存在密切相关。因此当前期印度洋-太平洋暖池海温呈 5 月海表温度异常呈"一、十、一"的空间分布型时,低纬高原初夏 5 月极端降水事件频次偏多;反之,当 5 月海表温度异常空间分布与图 1 所示的空间分布型相反时,低纬高原初夏 5 月极端降水事件频次偏少。

　　图 3 和图 4 给出了前期 DJF 至 MAM 印度洋-太平洋暖池 SSTA 与初夏 5 月中国低纬高原极端降水事件之间 SVD 第二耦合模态同性相关系数分布。从图 3a 可以看出,前期冬季

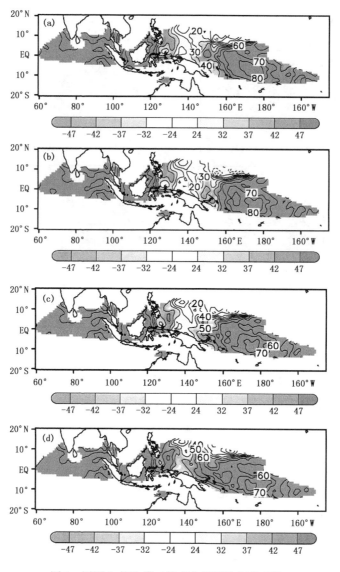

图3 同图1,但为第二模态左场同性相关系数

印度洋－太平洋暖池SSTA的同性相关系数场从热带印度洋暖池至热带太平洋暖池呈一致的显著正相关分布。其中,太平洋暖池的东部地区正相关分布最为显著,中心相关系数值在0.8以上;而太平洋暖池的西部地区同性相关较小,中心相关系数值低于0.4;前期JFM至MAM印度洋－太平洋暖池海SSTA的同性相关系数场空间分布特征与前期冬季类似,均保持一致的显著正相关分布。仅在太平洋暖池西部的显著相关区的范围大小上存在微小差异(图3b,c,d)。可见,第二耦合模态的印度洋－太平洋暖池SSTA具有很好的持续性。与第二模态前期冬季印度洋－太平洋暖池SSTA场对应的低纬高原区5月极端降水事件场呈现明显的东西分型特征,其中低纬高原西部为正相关分布区,大部分区域的相关系数值都通过了0.10的显著性检验,其中心相关值达到0.6以上;低纬高原东部为负相关分布区,但通过显著性检验的区域范围相对较小(图4a)。第二模态前期JFM,FMA,MAM印度洋－太平洋暖池SS-TA对应的低纬高原区5月极端降水事件场的空间分布与前期冬季十分类似,均呈现明显的

东西分型特征（图 4b,c,d）。四种时滞方案中,第二模态左右奇异向量对应的时间系数均呈现显著的上升趋势,表明第二模态中印度洋－太平洋暖池 SSTA 与低纬高原区 5 月极端降水事件场具有年代际变化特征。以前期冬季为例,20 世纪 80 年代以前,印度洋－太平洋暖池 SS-TA 场和低纬高原区 5 月极端降水事件频次场对应的时间系数基本为负值;而 20 世纪 80 年代以后印度洋－太平洋暖池 SSTA 场和低纬高原区 5 月极端降水事件频次场对应的时间系数基本为正值。结合第二模态的左奇异向量场可以发现,20 世纪 80 年代以前,印度洋－太平洋暖池海表温度场一致偏冷,低纬高原区 5 月极端降水事件频次呈现西少东多的分布特征;而 20 世纪 80 年代以后,印度洋－太平洋暖池海表温度场一致增暖,低纬高原区 5 月极端降水事件频次呈现西多东少的分布特征。由于在四种时滞方案 SVD 第二模态左右奇异向量场对应时间系数具有显著相关,因此,在年代际尺度上,印度洋－太平洋暖池海表温度场的一致变化特征与低纬高原初夏 5 月极端降水事件频次的东西分型特征密切联系。

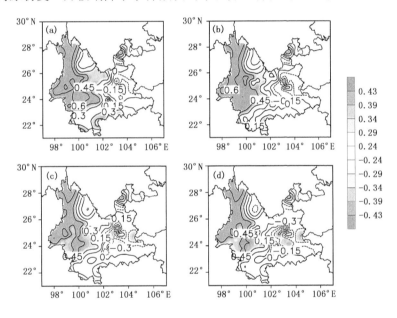

图 4　同图 1,但为第二模态右场同性相关系数

3　前期印度洋－太平洋暖池海表温度变异影响中国低纬高原初夏 5 月极端降水事件的成因分析

印度洋－太平洋暖池海表温度的变异将引起东亚地区大尺度环流系统调整,并使得水汽、对流活动等影响极端降水事件的重要因子产生异常。其中,水汽是极端降水事件的物质基础,水汽的输送多少和辐合(辐散)过程将直接影响到极端降水事件的发生频次。因此,为了获得印度洋－太平洋暖池海表温度的变异影响低纬高原极端降水事件的物理成因,需要对印度洋－太平洋暖池海表温度年际以及年代际变异背景下,低纬高原 5 月水汽输送异常分布特征进行诊断。我们计算了整层水汽输送通量,具体计算方法见文献[13-14]前期冬季印度洋－太平洋暖池 SSTA 场第一模态时间系数对初夏 5 月水汽输送通量的回归分析结果可以看出,当印度洋－太平洋暖池呈现"一、+、一"的三极模分布时,孟加拉湾、中南半岛及我国南海地区整体为

异常气旋式水汽通量区,且大部分区域通过的 95％以上的信度检验。其中,孟加拉湾地区水汽的可以通过异常气旋式输送经由中南半岛输送至我国低纬高原地区;同时,南海地区的水汽也可通过气旋式的输送经由我国东部地区向西南地区输送,并与孟加拉湾地区输送水汽在低纬高原地区汇合。两条显著的水汽输送带为低纬高原地区初夏 5 月极端降水事件提供了丰沛的水汽条件,易造成我国低纬高原地区初夏 5 月极端降水频次一致偏多。在南海地区水汽向低纬高原地区输送的过程中,强劲的东北气流带来的冷空气也是造成低纬高原汛期极端降水事件频发的重要因子之一。由印度洋－太平洋暖池 SSTA 场第一模态时间系数对初夏 5 月 200 hPa 辐散风场及速度势的回归分析,可以反映大尺度环流辐合辐散运动。当印度洋－太平洋暖池呈现“－、＋、－”的三极模分布时,从孟加拉湾北部至低纬高原地区以及南海地区均为异常的低空辐合上升区,通过信度检验的区域主要位于孟加拉湾及低纬高原西部地区,表明初夏 5 月来自孟加拉湾地区和南海地区的暖湿气流与北方冷空气在低纬高原地区辐合上升,同样容易造成低纬高原初夏 5 月极端降水事件频次偏多。对流活动的强弱也是影响区域极端降水事件异常的重要因素。为利用印度洋－太平洋暖池 SSTA 场第一模态时间系数回归分析得到的 500 hPa 垂直速度异常场。在孟加拉湾北部地区、低纬高原地区以及南海北部为显著负异常区域,具有强烈的上升运动。而显著正异常区域主要集中在北太平洋及中东太平洋地区,这些区域具有异常下沉运动。可见,当印度洋－太平洋暖池呈现“－、＋、－”的三极模分布时,低纬高原地区恰好位于的显著上升区,对流活动旺盛。因此当前期冬季印度洋太平洋 SSTA 呈“－、＋、－”的三极模分布时,将在孟加拉湾地区及中国南海强迫出异常气旋。其中,孟加拉湾异常气旋式环流将从孟加拉湾经中南半岛向低纬高原输送水汽,中国南海异常气旋式环流将从南海经我国东部地区向低纬高原输送水汽,且这来自孟加拉湾和的中国南海两支水汽恰好在低纬高原上空辐合,同时低纬高原恰好处于大气环流的异常上升区,对流活动旺盛,最终使得低纬高原 5 月极端降水频次偏多。反之,当前期冬季印度洋太平洋 SSTA 呈““＋、－、＋”的三极模分布时,则孟加拉湾和南海分别向低纬高原输送的水汽异常偏少,低纬高原处于水汽辐散和大气环流异常下沉区,造成低纬高原 5 月极端降水频次偏少。同理,根据前期 JFM,FMA 以及 MAM 第一模态印度洋－太平洋暖池 SSTA 对应的时间系数对整层水汽输送通量场、200 hPa 辐散风场及速度势和 500 hPa 垂直速度场进行了回归分析(图略),获得结果与利用前期冬季第一模态印度洋－太平洋暖池 SSTA 对应的时间系数回归各大气环流要素场的分布特征十分一致。表明从前期冬季到同年的 MAM,印度洋－太平洋暖池海表温度的年际变异对大气环流的异常强迫具有良好的持续性,加强了印度洋－太平洋暖池海表温度年际异常与我国低纬高原初夏 5 月极端降水事件的联系。

利用前期冬季印度洋－太平洋暖池 SSTA 场第二模态时间系数对初夏 5 月水汽输送通量、200 hPa 辐散风场以及速度势和 500 hPa 垂直速度场的回归分析结果。从回归后的初夏 5 月水汽输送通量场,可以看出,当印度洋－太平洋暖池呈现一致增暖时,西太平洋副热带高压异常偏西,从中南半岛至热带中太平洋地区为异常反气旋式水汽通量区,来自南海及西太平洋地区的水汽无法向低纬高原地区输送。Zhou 等[15]通过数值模拟同样证实了热带印度洋和西太平洋的年代际一致增暖是导致西北太平洋副热带高压西伸的重要因子。并指出暖海温异常通过影响 Walker 环流,导致赤道中东太平洋的对流活动减弱,对应的负热源随后激发出 Gill 型的反气旋环流型,是导致副高的西伸的重要机制之一。同时,在副高西侧,孟加拉湾北部至我国低纬高原西部存在异常的气旋式弯曲,通过了95％以上的信度检验区域主要位于孟加拉湾北部地区,孟加拉湾地区的水汽沿副热带高压外围通过异常西南风输送至我国低纬高原的西部地区。由于低纬高原西部地区有来自孟加拉湾的暖湿气流,而东部地区来自南海及西太平洋地区的水汽输送异常偏少,基本为干冷的西北气流控制,易造成低纬高原地区初夏5月极端降水频次呈现西多东少的分布。进一步从大尺度环流辐合辐散特征可以看到,当印度洋－太平洋暖池呈现一致增暖时,显著异常的低空辐合区主要位于印尼、菲律宾地区,低纬高原西部的也处于显著的异常大气环流低空辐合区。初夏5月来自孟加拉湾地区的暖湿气流与西北空气在低纬高原西部地区辐合上升,也为造成低纬高原初夏5月极端降水事件频次呈现西多东少异常分型的重要因素。图8c为利用印度洋－太平洋暖池SSTA场第二模态时间系数回归分析得到的500 hPa垂直速度异常场。在印尼地区为显著负异常区域,具有强烈的上升运动。而低纬高原的东北部位于显著正异常区域,具有异常下沉运动。可见,当前期冬季印度洋－太平洋暖池呈现年代际一致增暖时,副热带高压异常偏西,中南半岛至太平洋地区显著的反气旋式水汽通量输送异常,不利于南海及太平洋地区的水汽向低纬高原输送,沿着副热带高压西侧,显著的西南向气流将孟加拉湾地区水汽输送至低纬高原西部地区,导致水汽在低纬高原地区呈现西部丰沛东部稀少的分布。且低纬高原西部为孟加拉湾的暖湿气流与西北向冷空气的显著辐合区及大气环流显著上升区,对流活动旺盛,最终造成低纬高原5月极端降水频次呈现西多东少的空间分布特征。反之,当前期冬季印度洋太平洋SSTA呈一致偏冷时,则孟加拉湾向低纬高原西部输送的水汽异常偏少,低纬高原西部处于显著的水汽辐散区和大气环流异常下沉区,低纬高原5月极端降水频次呈现西少东多的空间分布特征。根据前期JFM,FMA以及MAM第二模态印度洋－太平洋暖池SSTA对应的时间系数对整层水汽输送通量场、200 hPa辐散风场及速度势和500 hPa垂直速度场同样进行了回归分析(图略),获得结果与利用前期冬季二模态印度洋－太平洋暖池SSTA对应的时间系数回归各大气环流要素场的分布特征十分一致。表明从前期冬季到同年的MAM,印度洋－太平洋暖池海表温度的年代际变异是影响我国低纬高原初夏5月极端降水事件频次东西分型的稳定外源强迫因子。

4 结论和讨论

本文利用多种气象资料,详细分析了印度洋－太平洋暖池海表温度变异与中国低纬高原区5月极端降水事件的联系及其间异常的物理过程。通过统计诊断分析可以发现:

(1)从前期冬季至同年春季印度洋－太平洋海表SSTA场与5月低纬高原极端降水事件频次场之间具有显著的相关性。在年际变异尺度上,当热带印度洋－太平洋暖池海表温度呈"－、＋、－"("＋、－、＋")的异常三极模分布时,5月低纬高原极端降水事件频次呈现一致偏多(偏少)的分布特征;而在年代际变异尺度上,当热带印度洋－太平洋暖池海表温度呈一致增暖(变冷)的分布时,5月低纬高原极端降水事件频次呈现西多(少)东少(多)的分布特征。

(2)在年际和年代际尺度上,影响低纬高原区5月极端降水事件的海温异常型可以从前期冬季保持至同年春季,各月海温异常场之间密切相关,表明导致低纬高原5月极端降水事件的海温异常型具有很好的持续性,且海表温度异常型对大气环流的影响处于支配地位,可以作为预测低纬高原区5月极端降水异常的强信号因子。

(3)全球海表温度异常造成低纬高原区5月降水年际变化的气候概念模型为:在年际变异

尺度上,当印度洋－太平洋洋暖池海表温度同时呈现呈"－、＋、－"("＋、－、＋")的异常三极模时,将在孟加拉湾、南海地区强迫出一个异常气旋(反气旋)式环流,这对异常气旋(反气旋)将来自孟加拉湾及南海的异常偏多(少)水汽输送至低纬高原,且低纬高原处于暖湿气流与冷空气的辐合(散)区和大气环流的异常上升(下沉)区,低纬高原地区5月极端降水事件频次将一致偏多(少)。在年代际变异尺度上,当印度洋－太平洋洋暖池海表温度同时呈偏暖(偏冷)的异常分布时,副热带高压异常偏西(东),位于中南半岛至太平洋地区的反气旋式(气旋式)环流将来自南海及太平洋异常偏少(多)水汽输送至低纬高原东部,沿着副高东侧外围,显著的西南(东北)气流易(不易)将孟加拉湾地区的水汽输送至低纬高原西部,且低纬高原西部处于暖湿气流与冷空气的显著辐合(散)区,低纬高原东部则位于大气环流的异常显著下沉(上升)区,低纬高原地区5月极端降水事件频次将呈现西多(少)东少(多)分布特征。

参考文献

[1] IPCC. Climate Change 2001: the Science of Climat Change. Cambridge: Cambridge University Press, 2001:156-159.

[2] Meehl G A, Karl T, Easterling D R, *et al.*, An introduction to trends in extreme weather and climate events: observations, socioeconomic impacts, ferresfrial ecological impacts, and model projections. *Bulletin of the American Meteorological Society*, 2001, **81**(3):413-416.

[3] 王苗,郭品文,邬昀,等.我国极端降水事件研究进展.气象科技,2012,**40**(1):79-86.

[4] 金祖辉,罗绍华.长江中下游梅雨期旱涝与南海海温异常关系的初步分析.气象学报,1986,**44**(3):360-372.

[5] Wang B, Wu R, Fu X. Pacific-East Asian teleconnection: How does ENSO affect East Asian climate. *J Climate*, 2000, **13**:1517-1536.

[6] 晏红明,李崇银.赤道印度洋纬向海温梯度模及其气候影响.大气科学,2007,**31**(1):64-76.

[7] 李威,翟盘茂.中国极端降水日数与ENSO的关系.气候变化研究进展,2009,**5**(6):336-342.

[8] 晏红明,李清泉,袁媛等.夏季西北太平洋大气环流异常及其与热带印度洋—太平洋海温变化的关系.地球物理学报.2013,**56**(8):2542-2557.

[9] 杨金虎,江志红,白虎志.西北区东部夏季极端降水事件同太平洋SSTA的遥相关.高原气象,2008,**27**(2):331-338.

[10] 黄茂栋,廖仕湘,张晨辉.太平洋SSTA对广东强汛期降水事件影响的机制分析.热带气象学报,2009,**25**(4):413-420.

[11] 江志红,杨金虎,张强.春季印度洋SSTA对夏季中国西北东部极端降水事件的影响研究.热带气象学报,2009,**25**(6):641-647.

[12] 翟盘茂,.潘晓华.中国北方近50年温度和降水极端事件变化.地理学报,2003,**58**(增):1-10.

[13] Schmitz J T, Mullen S L. Water vapor transport asscociated with the summertime North American monsoon as depicted by ECMWF analyses. *Journal of Climate*, 1996, **9**(7):1621-1634.

[14] Arraut J M, Satyamuity P. Preapitation and Water Vaportransport in the Southern Hemisprere with Emphasis on the Southe American Region. *Joumal of Applied Meteorology and Climatology*, 2009, **48**(9):1902-1912.

[15] Zhou T, R Yu, J Zhang, *et al*. Why the western pacific subtropical high has extended westward since the late 1970s. *Journal of Climate*, 2009, **22**:2199-2215.

2013 年夏季异常天气与西太平洋副热带高压变异特征的机理研究

佘丹丹

(61741 部队,北京 100094)

摘　要

利用 NCEP/NCAR 再分析资料、NOAA 卫星观测的 OLR 资料以及 AVHRR 卫星遥感海温等资料,对 2013 年夏季异常天气特点和副高异常活动特征进行了诊断分析。结果表明,2013 年副高位置持续偏西是导致中国诸多异常天气的直接原因。副高西伸北跳短期活动与赤道西风北涌、南亚高压东伸、东亚副热带急流北抬以及热带对流活跃密切相关。为此,进一步研究 2013 年夏季副高变异的可能机理,运用大气视热源和全型垂直涡度倾向方程,发现热带对流活动所产生的非绝热加热是引发副高位置和强度变异的重要原因;赤道太平洋“东冷西暖”的海温分布以及印度洋暖水活动均有利于副高的发展加强;北极涛动处于正位相,冷空气不易向南扩散,Hadley 环流下沉支发展增强,使得副高增强,并稳定维持在中国南方地区,Ferrel 环流异常增强,使得对流层低层产生强的南风异常,有利于暖空气向高纬度输送,从而解释了 2013 年南方高温、北方多雨的气候成因。

关键词:天气学　非绝热加热　副热带高压　北极涛动

0　引言

西太平洋副热带高压(以下简称副高)是连接热带和中高纬大气环流的重要纽带,它的活动直接影响中国的气候和天气变化。副高的南北、东西位置对中国不同区域旱涝及寒暑影响尤其重大,历来为气象学家所重视[1-2]。对副高与高温的关系,国内开展的研究较多,一些研究认为副热带高与高温天气有很好的对应关系,是影响高温过程的主要天气系统[3]。副高异常活动和形态变异与东亚夏季风环流及热力因子的异常密切关联,已得到广泛的认同和共识[4-5],但它们的内在机理和作用过程并未完全弄清,因此有必要进一步研究揭示副高异常时大气环流演变过程中各系统的变化特征以及副高北抬西进的物理成因。

2013 年夏季,中国天气气候在诸多方面表现异常,其中最显著的特征是中国南方出现了历史罕见的大范围持续性高温热浪天气,多地旱情严峻,与此相反,四川盆地、西北地区东部和东北地区等地接连遭遇强降雨,松辽流域发生了严重的洪涝灾害。另外,今年西太平洋和南海热带气旋生成个数较常年偏多,并频繁登陆中国东部沿海。这些天气异常无疑都与该年副高活动有密切的联系,副高的反常行为直接导致主雨带北移,形成了“南旱北涝”的新态势。

基于此,重点考察南方高温、南旱北涝、热带气旋活动与副高的关系,揭示副高与夏季风系统相互影响的现象和事实,进而研究 2013 年夏季副高异常特征及其可能形成的机制。

1 2013年夏季中国异常天气概况

1.1 南方高温热浪

2013年夏季南方极端高温强度之强、范围之广历史罕见。高温天气覆盖了江南、江淮、江汉、黄淮及重庆等地的19个省(区、市)。南方的高温自7月初开始,一直持续至8月中旬仍未完全消退,高温时间持续了一个半月。同时,高温日数也创下1951年以来最多,南方沪、浙、赣、湘、渝、黔、苏、鄂等8省(直辖市)平均高温日数接近30 d。

1.2 南旱北涝

2013年夏季全国降水呈现"北多南少"分布特征,长江中下游梅雨期短,雨量偏少,四川盆地、西北地区东部、华北和东北地区等地降水明显偏多,尤其是东北地区连续遭受多次强降水袭击,嫩江、松花江、黑龙江干流全线超警,松花江流域发生1998年以来最大的流域性洪水。

1.3 热带气旋偏多

2013年西太平洋和南海上共有31个热带气旋生成,是21世纪以来最多的一年。"秋台"活跃,9—11月期间共有16个热带气旋生成,比常年(1949—2013年平均11个,以下同)偏多5个。与之相反,在热带气旋盛期的7,8月份,生成个数却明显偏少。登陆中国热带气旋共有9个,与常年(8.98个)持平,具有登陆时间集中、登陆位置偏南、登陆强度偏强的特点。

2 2013年夏季副高活动特征和天气事实

副高的异常活动通常表现为脊线的位置变化,下面首先通过考察脊线的演变对2013年副高的异常活动作简要回顾。这里采用中央气象台(1976)定义的副高脊线指数来表征副高南北位置,选取500 hPa上,(115°~140°E,20°~30°N)区域内的平均涡度值来定义副高东西位置指数,当该区域负涡度值增大时,说明副高西伸;当该区域负涡度值减小时,说明副高东撤。

图1显示5—9月副高脊线指数和副高东西位置指数的逐日变化,图中副高有两次明显的北跳过程(图中箭头所示)。第一次从6月中旬开始,到7月中旬结束,历时30余天,期间副高脊线完成"三连跳",分别于6月第3候跳过20°N,7月第1候跳过25°N,7月第2候跳过30°N。7月15日左右,副高脊线突然南撤至25°N以南,其后一直稳定在25°N附近,直到8月第2候,副高脊线第二次北跳,脊线再次越过30°N。若以负涡度开始增大为西伸日,副高有连续两次明显的西伸过程,分别为6月中旬至7月上旬和7月中旬至8月初(图中箭头所示)。可见,2013年副高活动有别于往年的显著特征有两点:一是副高在6月中旬有一次很强的西伸、北跳过程,副高脊线较常年提前半个月时间跳过25°N,之后继续北推至30°N附近,这使得长江流域梅雨期结束偏早,提前进入盛夏伏旱期,而华北雨季提前,北方降水偏多;二是从7月初到8月中旬,在长达40多天的时间里,只有7月15日前后副高脊线出现了暂时的东退,其他时间里副高一直维持偏西的异常状态。中国南方地区由于长时间处于副高控制之下,气温持续异常偏高;而北方地区受副高西北侧西南气流影响,频繁遭受暴雨袭击;副高脊西伸至大陆,在其南侧偏东气流的牵引下,热带气旋多西行登陆我国沿海地区。

由此可见,2013年夏季中国诸多异常天气事实都与副高的这次跳跃及位置持续异常有关。那么,副高为什么会提前跳过25°N,导致这次副高跳跃的影响因子又有哪些?副高位置持续偏西的原因何在?下面将针对此次副高跳跃典型过程,从2013年夏季异常天气的环流背

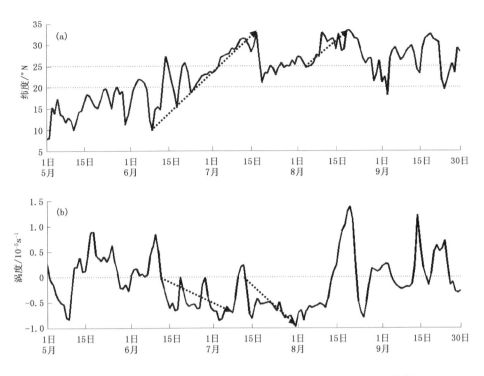

图1 5—9月逐日副高脊线指数(a)和副高东西位置指数(b)的变化曲线

景出发,以期揭示影响副高西伸北跳的影响因子和持续异常的可能机制。

3 副高异常活动与夏季风系统的关联分析

3.1 夏季风活动与副高异常活动的关联性

图2上,低纬地区盛行西风,东风只出现在赤道以南地区,说明2013年夏季风偏强,有利于水汽向西南地区及中国北方地区输送。6月中旬,有一次明显的赤道西风北抬过程(图中箭头方向),西风向北扩展至30°N附近,这与上述副高西伸北跳过程基本吻合。7月中旬至8月底,低纬地区西风增强,西风北界抵达20°N附近,正好对应副高异常偏北偏西的时段。赤道西风与副高南缘东南风形成的气旋性切变偏强,有利于热带气旋的生成,直接导致2013年热带气旋明显偏多。

选取(10°~20°N,110°~120°E)区域和(0°~30°N,60°~100°E)区域的平均纬向风来分别描述南海夏季风和印度夏季风的强弱(图略)。南海夏季风于5月3候爆发,较常年偏早2候,之后持续偏弱,直到6月3候开始增强,6月4候和5候较常年同期明显偏强。从7月初到8月上旬,南海夏季风持续偏弱,8月中旬以后,南海夏季风迅速增强,远远超过常年同期水平。印度季风自6月以来持续偏强,而且从6月中旬以后加速北推。

南半球越赤道气流对夏季风的推进有重要的作用,为了更清楚地表征越赤道气流强弱特征,这里定量地给出了2013年逐日40°~50°E、80°~90°E、100°~110°E等3个经度带5°S~5°N的925 hPa经向风距平的格点平均值,以此分别表征索马里、孟加拉湾、南海3支越赤道气流的强度(图略)。索马里越赤道气流强度与常年持平,孟加拉湾越赤道气流从5月中旬开始持续增强,南海越赤道气流强度比常年明显偏弱。索马里越赤道气流经过阿拉伯海,到达印

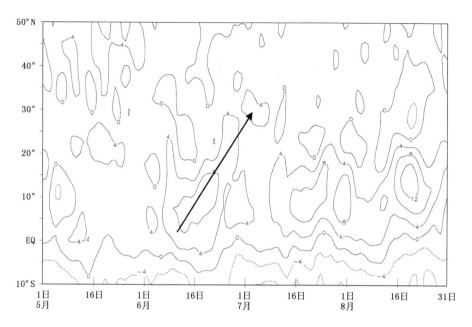

图 2　5－8 月逐日沿 80°～130°E 平均的 850 hPa 纬向风纬度－时间剖面

度,与较强的孟加拉湾越赤道气流汇合,使得印度夏季风偏强,而较弱的南海越赤道气流直接导致南海夏季风偏弱。

正是南海夏季风在 6 月中旬突然增强以及印度季风的迅速北推,使得较强的西南季风推动副高北抬。南海夏季风后期偏弱与副高位置偏西对应,而印度夏季风持续偏强,使得西南暖湿气流不断输送至中国北方地区,导致西南、华北和东北地区接连遭遇强降雨袭击。

3.2　南亚高压与副高异常活动的关联性

图 3a,b 是 2013 年 5－8 月 200 hPa 和 500 hPa 高度场、涡度场的经度－时间剖面,反映了南亚高压和副高的演变,图中实线为等高线。图中,在 6 月中旬副高有一次明显的西伸过程,伴随着负涡度西移,此时南亚高压东伸,负涡度东移(图中箭头方向)。7 月中旬到 8 月底,500 hPa 上 110°～130°E 有一片明显的负涡度区,说明副高异常西伸,对应高层 200 hPa 上也出现向东伸展的负涡度区。两者表现出很好的"相向而进、相背而退"的特征。由此可见,南亚高压的异常东伸和相应的负涡度东传可能是导致 2013 年夏季副高西伸的重要原因。

图 3c 显示高空副热带高空西风急流位置在我国东部的南北变化。对比图 1,发现副高脊线的南北变化趋势与高空急流中心的变化趋势基本一致,6 月中旬急流轴迅速北跳到 45°N 附近,并一直维持到 8 月底,急流轴比多年平均(40°N)略偏北,从而导致副高自 6 月中旬伴随急流北跳后,位置一直居北不下。可见,副热带急流位置的南北变化与副高脊线的南北振荡存在很好的对应关系,而且东亚副热带急流加强北抬,在急流出口区的右侧(黄淮－华北)高层异常辐散,低层异常辐合,异常上升运动加强,为中国北方降水偏多提供了动力条件。

3.3　热带对流活动与副高异常活动的关联性

为了更好地说明热带对流活动与副高短期变异的局部对应关系,图 4 给出了 2013 年大气视热源 Q1(阴影)和 588 dagpm 特征线(实线)的纬度－时间剖面和经度－时间剖面图,其中长虚线为 588 dagpm 线的多年平均值。文中大气视热源 Q1 的计算方案[6]如下:

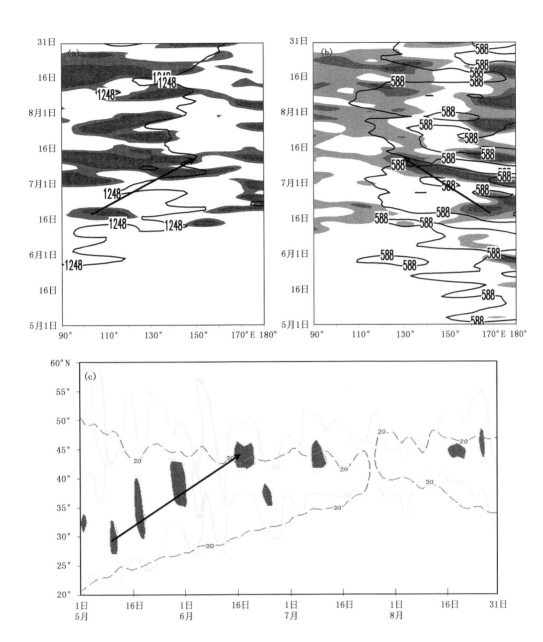

图 3　2013 年 5—8 月逐日 200 hPa 上沿 25°～35°N(a)和 500 hPa 上沿 20°～30°N 平均的涡度及位势
高度经度—时间剖面(阴影区<—2×10⁻⁵ s⁻¹);沿 110°～120°E 平均 200 hPa 西风分量纬度—时间
剖面(c,虚线为多年平均)

$$Q_1 = c_p \left(\frac{\partial T}{\partial t} + \vec{V} \cdot \nabla T + \bar{\omega} \left(\frac{p}{p_0} \right)^k \frac{\partial \theta}{\partial p} \right)$$

其中 T 为温度,q 为比湿,θ 为位温,ω 为 p 坐标的垂直速度,$k = R/c_p$,R 和 c_p 分别为干空
气气体常数和定压比热容,$\vec{V}$ 为水平风矢量。将上式垂直积分可得整层的视热源 $< Q_1 >=$
$\frac{1}{g} \int_{P_0}^{p_s} (Q_1) \, \mathrm{d}p$,式中 p_0 指 1000 hPa,p_s 指的是 100 hPa。

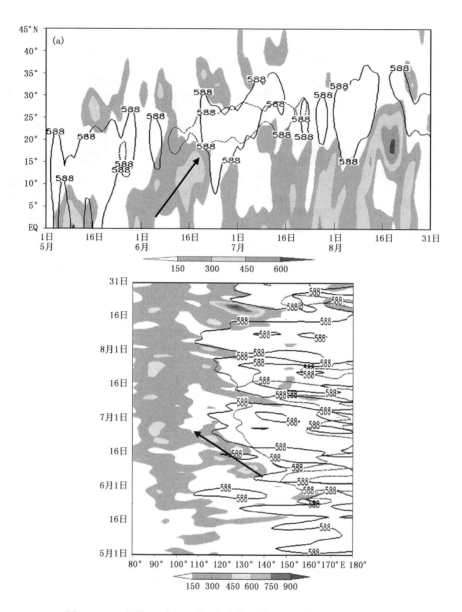

图4 5—8月沿110°～150°E的大气视热源(a,单位:W·m⁻²)和
沿15°～30°N平均588 dagpm特征线的剖面(b)

图4a上,副高较常年位置偏北,其南侧整层的视热源明显增强,特别是6月中旬,伴随着副高最显著的北抬,其南侧有明显的对流潜热加热向北伸展(箭头所示)。图4b上最显著的特征是,副高的每一次西伸都伴随着西侧加热的显著增强,而且加热的增强超前于副高的西伸,以图中箭头所示的这次西伸过程表现得最为明显,而且在时间上与副高那次显著的西伸过程相对应。另外,6月中旬以后,80°～100°E为一带状的非绝热加热高值区,而此时副高588 dagpm特征线位置比多年平均位置明显偏西,由此可见,孟加拉湾地区对流活动一方面使南海—西太平洋附近的对流活跃中断,同时也通过纬圈环流使西太平洋下沉支西伸增强,从而使副高西部脊加强西伸。

上述分析可知,2013年夏季中国异常天气与副高活动有密切的联系,由于副高位置偏西偏北,导致副高控制范围内晴热少雨,进而形成南方高温天气;加上2013年印度夏季风偏强,西南暖湿气流沿副高西伸脊不断输送至中国北方地区,形成了全国降水"北多南少"异常分布;而副高位置偏西也是导致热带气旋西行,频繁登陆我国的主要原因。另外,赤道西风北涌、南亚高压东伸、东亚副热带急流北抬,热带对流活跃是影响2013年副高短期变异的重要因子,下面从气候背景入手,考虑海洋和大气对2013年副高的长期影响。

4 副高变异的机理分析

4.1 热带海温分布特征

虽然从监测结果来看,2013年厄尔尼诺现象指标呈现中性态势,但从2013年年初开始,赤道太平洋东部和中部海温持续异常偏冷,赤道西太平洋海温持续异常偏暖,形成了"东冷西暖"的海温分布形势(图略)。已有的理论研究表明,这样的海温分布,有利于冷海水向西扩散至西太平洋的东部地区,通过海洋和大气的相互作用,容易使副高持续偏强,位置偏北偏西。另外,由于春季印度洋一直维持暖水,使得高层的高气压加强,并由该区盛行的西风向东输送,也有利于副高的加强西伸。再加上印尼附近的暖海温使热带对流活动明显发展,也促使副高进一步加强北抬,呈现出持续偏西偏北的特点。

2013年夏季热带西太平洋的热力状态决定了该地区对流活动较常年较为旺盛,强降水产生的凝结潜热加热是决定副高位置和强度的重要因素,为此,下文计算非绝热加热率垂直变化引起的500 hPa涡度变率$\dfrac{f+\xi}{\theta_z}\dfrac{\partial Q_1}{\partial z}$的空间分布,来进一步说明热带对流活动引起的非绝热加热对副高异常的影响。具体来讲,根据吴国雄和刘还珠[6]给出的全型垂直涡度倾向方程,在不考虑大气内部热力结构的变化、热源本身及摩擦耗散的影响,仅考虑大气视热源Q_1作用时,垂直运动项以及大气视热源的水平非均匀加热项的量级为$10^{-12}\sim10^{-11}\,\mathrm{s}^{-2}$,比热源的垂直变化所产生的涡度强迫的量级($10^{-10}$)小一个量级以上。因此有

$$\frac{\partial \xi}{\partial t} + \overrightarrow{V} \cdot \nabla \xi + \beta v = \frac{f+\xi}{\theta_z}\frac{\partial Q_1}{\partial z}$$

式中θ为位温,$\theta_z = \partial\theta/\partial z$,其他为气象常用符号。

图5显示了7月初至8月中旬,由于非绝热加热率垂直变化引起的500 hPa涡度变率的距平分布。图中南海表现为正涡度变率距平,这与该地区异常的对流活动一致。而中国长江以南大部到副热带西太平洋地区呈现带状的负涡度制造距平区,这种带状分布区正好与副高稳定西伸的区域吻合,对应这一时期副高偏西的特征。

热带海洋的热力异常分布,通过海气相互作用,使得大气非绝热加热分布不均,继而导致了2013年夏季副高的形态和强度的变异。但仅考虑海洋的影响是不够的,还必须考虑北半球异常大气环流的作用。

4.2 北半球大气环流特征

图6a上,欧亚中高纬呈西低东高异常分布型,欧洲东部至亚洲北部为宽广的低压槽控制,鄂霍茨克海高压脊显著偏强,尤其东亚中纬度地区为位势高度正距平控制。这样的环流异常型一方面有利于我国北方地区的冷空气活动,另一方面也有利于副高偏北偏西。虽然大气环流有利于冷空气频繁影响我国北方地区,但700 hPa温度和经向风剖面图(图略)上显示,除了

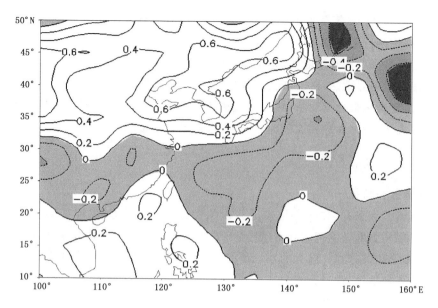

图 5　7 月 1 日—8 月 15 日平均 500 hPa 涡度变率距平分布(单位:$10^{-10}\,\mathrm{s}^{-2}$)。

在 6 月中上旬有一次较强冷空气活动之外,7 月初至 8 月上旬,冷空气强度较弱,40°N 以南基本没有冷空气活动。冷空气势力减弱,很难到达南方,使得降水集中在北方地区,因而造成了 2013 年夏季南方持久的大范围热浪天气。

2013 年夏季北极涛动处于正位相,极地地区和中高纬地区气压场形成"南高北低"形势,极地地区的低压、冷空气被周围的高压环绕包围,加上中纬度地区盛行纬向环流,冷空气活动较弱,难以向南扩展,因而不容易促使副高减弱和东退。另外,从经圈环流来看(图 6b),副热带和中纬度地区的大气环流活动带为异常下沉气流控制,热带地区和高纬度地区的大气环流活动带为异常上升气流,Hadley 环流和 Ferrel 环流都异常增强,前者下沉支强烈发展,使得副高加强,后者使得对流层低层产生强的南风异常,将暖空气从较低的纬度输送到较高的纬度,导致中高纬度地面气温升高,高纬地区湿润多雨。由此可见,2013 年夏季北极涛动正位相是导致副高变异,造成南方大范围高温热浪天气的气候原因。

5　小结

(1)2013 年夏季中国诸多异常天气事实都与副高 6 月中旬的一次跳跃及 7 月初到 8 月中旬期间位置持续偏西有关。副高位置持续偏西,导致副高控制范围内晴热少雨,进而形成南方高温天气;加上 2013 年印度夏季风偏强,西南暖湿气流沿副高西伸脊不断输送至中国北方地区,形成了全国降水"北多南少"异常分布;而副高位置偏西也是导致热带气旋偏多,向西频繁登陆我国的主要原因。

(2)2013 年副高异常活动与夏季风系统密切相关,赤道西风北涌、南亚高压东伸、东亚副热带急流北抬,热带对流活跃都是影响副高短期变异的重要因子。

(3)2013 年夏季赤道太平洋"东冷西暖"的海温分布形势以及印度洋暖水活动有利于副高的发展加强,热带西太平洋海温偏高,对流活跃所产生的非绝热加热是引发副高位置和强度变异的重要原因。

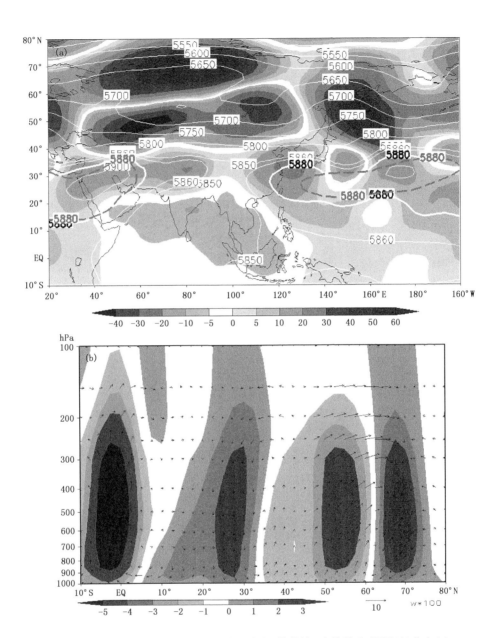

图 6　7 月 1 日—8 月 15 日 500 hPa 位势高度(等值线)及其距平(阴影区)分布(a),

虚线为气候平均,沿 120°～130°E 平均经向垂直运动距平分布(b)

(4)2013 年夏季北极涛动处于正位相,不利于冷空气向南扩散,Hadley 环流下沉支强烈发展,使得副高偏强,并稳定维持。另外,Ferrel 环流异常增强,使得对流层低层产生强的南风异常,有利于暖空气向高纬度输送,从而解释了南方高温、北方多雨的气候成因。

参考文献

[1]　黄士松.副热带高压的东西向移动及其预报的研究.气象学报,1963,**33**(3):320-332.

[2]　管兆勇,蔡佳熙,唐卫亚,等.长江中下游夏季气温变化型与西太平洋副高活动异常的联系.气象科学,2010,**30**(5):666-675.

［3］ 邹燕,周信禹.林毅,等.福建省夏季高温成因分析.气象,2011,**27**(9):26-30.

［4］ 陈璇,王黎娟,管兆勇,等.大气加热场影响西太平洋副热带高压短期位置变化的数值模拟.大气科学学报,2011,**34**(1):99-108.

［5］ 余丹丹,张韧,洪梅,等.基于副高－季风非线性动力模型的动力特征讨论与机理分析.热带气象学报,2010,**26**(4):428-437.

［6］ 吴国雄,刘还珠.全型垂直涡度倾向方程和倾斜涡度发展.气象学报,1999,**57**(1):1-15.

一次积层混合云系人工增雨作业的综合观测分析*

张中波[1,2]　　王治平[1,2]　　蒋元华[3]

(1. 湖南省人工影响天气办公室,长沙 410118;2. 湖南省气象防灾减灾重点实验室,长沙 410118;

3. 中国气象局人工影响天气中心,北京 100081)

摘　要

利用 NCEP 1°×1°再分析资料、地面加密小时雨量、FY-2E 静止卫星和多普勒雷达资料对云降水结构特征进行分析,并对催化效果进行了初步分析,得到以下结论:受低压系统和西南季风的共同影响,湖南地区水汽输送强烈,有利于降水云系维持。湘南地区对流发展旺盛,降水较强;湘东地区以积层混合云为主,降水强度较弱。光学厚度与地面降水有很好的正相关性。催化后,高层的回波最先出现明显的响应,回波强度出现增长;低层回波相对于高层响应较为滞后,说明催化率先引起高层降水粒子的增长,雨滴下落后导致低层回波的增长。催化能引起回波的增强,并能相对延长目标云区的生命期,增大强回波区的面积,有明显的正催化效果。催化后,目标区雨量呈稳定增长的趋势,雨量明显大于对比区,对比区雨量逐渐减小,变化趋势与雷达回波的响应有很好的正相关。

关键词:多普勒雷达　云降水结构　光学厚度　催化效果

0　引言

2013 年 7-8 月,持续受西太平洋副热带高压控制,南方多省出现严重高温干旱,其中湖南省 7-8 月上旬连续高温少雨,高温干旱持续时间长、范围广、全省受灾严重。8 月 13 日起,受强台风"尤特"持续影响,湘南地区出现强降水,旱情基本解除,但是全省大部分地区旱情依然维持。8 月 17 日,受台风外围残留云系的影响,尚处于干旱的湘东地区出现适合作业的降水云系,湖南人影办密切关注降水云系的发展,并迅速组织飞机人工增雨作业,于 14 时进入株洲上空开始作业催化,主要催化区位于衡阳,进行了长达两小时的作业。本文主要利用 NCEP 1°×1°再分析资料、地面加密小时雨量、FY-2E 静止卫星和多普勒雷达资料对降水云系的结构特征进行分析,并对催化效果进行了初步分析。

人工增雨效果是指人工催化后云体的演变及其降水过程发生的变化,一是催化后云内宏微观物理量的变化,二是催化前后降水发生的变化。由于飞机作业的主要区域在衡阳地区,利用邵阳多普勒雷达基本覆盖整个作业区,利用雷达监测作业后云内回波强度的响应和评估增雨效果具有实时性强、目标清晰,能够对作业云系回波强度的变化一目了然[1]。

1　分析方法和分析系统功能介绍

现有的非随机化试验方案主要有序列试验、区域对比试验、区域历史回归试验、统计检验

资助项目:湖南省气象局重点科研项目《湖南飞机增雨催化指标与作业流程研究》资助

等[2-6]，其中区域对比法作为一种经典的效果评估方案经常被采用，本文采用此方案进行人工增雨效果统计检验，目标区和对比区为移动区域，移速和移向根据高空风速确定，区域面积基本不变。通过统计目标区催化前后各层雷达参量的演变和对比区回波参量的差异，以及对应的地面各区域降水量的演变的差异，来分析人工增雨催化作业后的效果。

云降水精细分析和决策指挥系统（CPAS）是由中国气象局人工影响天气中心周毓荃研究员主持开发的一个基于云物理分析技术，集成开发的以云降水精细分析为核心的分析平台，集成了卫星、雷达、高空、地面等多尺度观测和反演信息，以云降水精细分析为核心，可实现对多种云降水遥感监测及反演信息的实时精细化处理分析，可为短时临近云降水精细预报及人工影响播云条件和播云效果的实时分析等提供帮助[7-8]。本文基于CPAS系统，利用卫星、雷达和地面观测资料对云降水结构进行了分析，并利用平台的统计功能对作业前后降水云系的回波结构和地面雨量等物理响应作了分析。

2 天气过程和飞行概况

2.1 天气形势和降水概况

2013年8月10日14:00，第11号热带风暴"尤特"在西北太平洋加强为台风，并持续向西北方向移动。14日16:00，台风"尤特"在广东省登陆，中心附近最大风力14级，中心最低气压955 hPa，给华南带来大风强降水天气。16日热带低压位于广西境内，强度明显减弱。利用NCEP 1°×1°再分析资料，对2013年8月17日受"尤特"残留云系影响南方地区降水的环流形势进行了分析。

8月17日14:00 500 hPa和850 hPa高空天气图（图1）上，低压中心位于广西境内，强度虽然有所减弱，但低压中心持续维持在广西境内。受低压系统和西南季风的共同作用，低压中心外围风速达到20 m·s^{-1}左右，存在一条近似环形的强水汽通量带，强中心超过20 g·cm^{-1}·hPa^{-1}·s^{-1}（图1c），湖南位于低压中心的东北侧，湘南地区位于强水汽输送带，同时受低压系统的控制，湘南地区存在明显的水汽辐合，十分有利于降水的发生和维持。

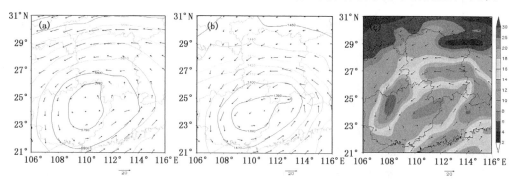

图1 2013年8月17日14:00 500 hPa(a)、850 hPa(b)形势场和850 hPa水汽通量(c)

受台风外围残留云系的影响，17日湖南经历了一次长时间的持续降水过程。从17日08:00—22:00地面小时雨量演变（图2）来看，湘东南以及湘南地区降水强度较大，湘中部地区降水强度较弱。08:00—12:00，强降水带基本位湖南南部，广东和江西交界地区，湖南境内雨强较小。14:00—17:00，随着雨带向西北发展移动，并逐渐进入湖南南部地区，造成湘南和湘西局地暴雨,湘中地区雨强增大,降水面积增加。18:00—22:00,雨带逐渐南退,降水强度减弱,湖南降水面积减小。

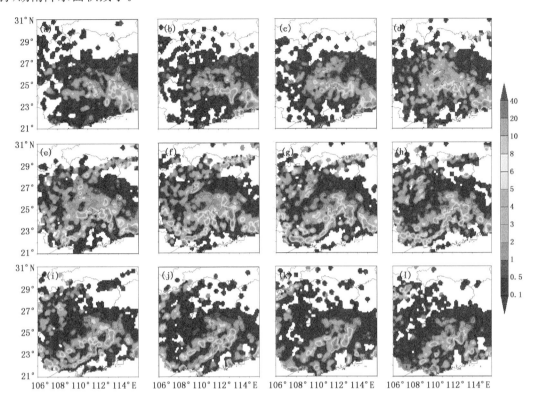

图2　2013年8月17日08:00—22:00地面小时雨量演变
(a为08:00,b为10:00,c为12:00,d为14:00,e为15:00,f为16:00,g为17:00,h为18:00;
i为19:00,j为20:00,k为21:00,l为22:00)

2.2　飞行概况

图3为2013年8月17日飞机人工增雨的飞行轨迹图,其中图3a为整个飞行作业轨迹的平面图,图中A为播撒的起始位置,B为播撒结束的位置,黑色方框为作业影响区域;图3b为飞行高度和对应的雷达回波剖面随时间的变化,其中红色线为飞行高度,A点和B点分别代表播撒的起始和结束位置。由图可见,飞机人工增雨主要的催化区位于衡阳境内,飞行航线为长沙—株洲—安仁—衡东—衡阳—祁东—娄底—长沙。飞机于13:30在长沙机场起飞,14:04到达株洲上空,开始催化作业,随后盘旋上升。14:15飞机盘旋至0℃层附近(5000 m左右)。14:21爬升至5300 m(C点),并开始平飞,此时温度大约在−2℃左右,飞机自东向西作"蛇形飞行"。15:52飞行至娄底上空,催化作业结束,整个作业面积大约为120 km×120 km。16:15飞机返航降落。从飞行轨迹与叠加的雷达回波剖面来看,整个作业过程基本位于0℃层以上的回波区,回波强度在10 dBZ左右,同时根据飞行记录记载,飞机有严重的积冰,说明催化区过冷水含量充沛,作业条件很好。

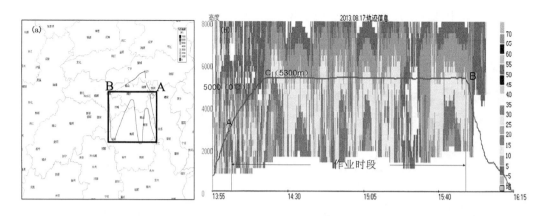

图 3 2013 年 8 月 17 日飞行轨迹平面(a)和飞行轨迹与雷达回波叠加剖面(b)
（A 点:催化起始点;B 点:催化结束点）

3 云场的分布演变

3.1 模式预报云结构

利用 MM5_CAMS 模式得出,8 月 17 日 12:00－20:00,湖南南部、广东、广西、江西等地有大范围的冷暖混合云系覆盖,云水含量充沛,云系结构紧密。从 15:00 模式预报的云带分布来看,湖南南部的衡阳、郴州、永州上空分布大量云水充沛的云系(图 4a),沿其东西剖面得出云体的垂直结构(图 b),湖南南部的过冷水主要位于 0～－10℃层,过冷含量充沛,冰晶含量低于 10 个·L^{-1},有很强的增雨潜力。

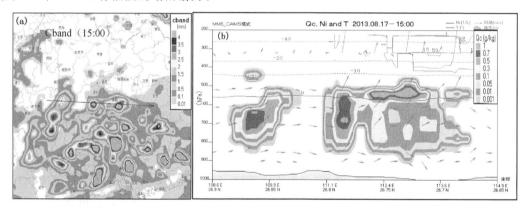

图 4 2013 年 8 月 17 日 15 时 MM5_CAMS 模式预报云带分布(a)和沿剖线的水成物垂直分布(b)

3.2 云系演变特征

2013 年 8 月 17 日,受台风外围残留云系的影响,湖南南部地区有积层混合云系的发生发展。利用 8 月 17 日 12:00 至 17:00 逐小时的 FY2E 静止卫星 TBB 连续演变可以追踪整个云团的移动发展过程(图 5)。由于台风入境后减弱为低压系统,并移动至广西境内,移速缓慢,导致云系基本呈螺旋状,并缓慢东移,强对流云体位于广东境内,TBB 值低于－70℃,说明云体发展旺盛,湖南南部的云系基本为外围的积层混合云系,永州、郴州地区云系发展旺盛,TBB 值达到－60℃;衡阳、邵阳地区云系主体 TBB 值在－30～－40℃。12:00－15:00,云带 1 呈逐渐增强的趋势,云带移动缓慢,TBB值逐渐降低,说明云顶逐渐升高,对流逐渐加强。同时对流云团2增长显著,在发展过程中云顶逐渐抬升,对流加强,同时不断与周围对流云团合并,TBB低值区面积增加,影响区域稍微北移,影响到湖南郴州、永州地区,降水强度较大,局地暴雨。

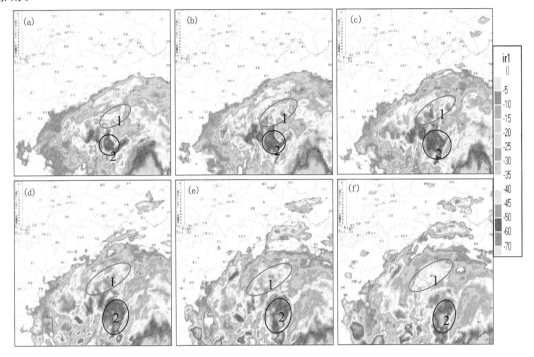

图5 2013年8月17日12—17时FY−2E卫星TBB逐小时演变

3.3 云光学厚度分布演变

利用FY−2E静止卫星,反演12:00—15:00段逐小时云光学厚度产品(图6)。由图6可见,光学厚度的分布与气旋性旋转的云系结构十分接近,在云系发展旺盛的区域对应出现光学厚度的高值区,光学厚度大于30的云带呈气旋式分布,说明整体云带液水含量充沛,作业区衡阳境内光学厚度较小,主体区域为16~24。12:00—15:00,光学厚度整体呈减小的趋势,可能与可见光减弱有关。根据地面雨量对比分析发现,光学厚度与地面降水有很好的正相关性,光学厚度大值区对应地面的强降水区,降水强度较弱的区域对应的光学厚度较小。结合光学厚度的演变,有助于了解垂直方向上云内液水含量的分布状况,对判断地面降水的强度和落区有很好的指示意义。

4 影响区云降水演变

4.1 目标云和对比区的选取

为分析播云后的物理响应和效果分析,首先需要确定影响区和对比区的位置和范围。本次飞行作业时间为14:04—15:52,飞行轨迹见图3 AB段,由东向西做"蛇形"飞行。受低压系统的影响,根据探空和NCEP数据得到作业区飞行高度高度上风速为14 m·s^{-1},风向为85°的偏东风,云系基本由东向西移动,根据此飞行方案,能达到作业区成片的目的。以飞行播撒

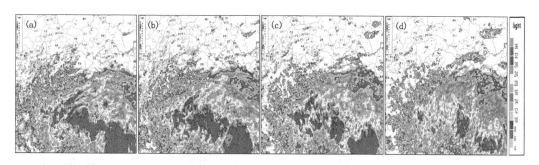

图6 2013年8月17日12:00－15:00光学厚度逐小时演变

(a为12:00,b为13:00,c为14:00,d为15:00)

区为影响区,面积为14400 km²(图7a区)。由于催化区为台风残留的外围云系,选取催化区上下游回波结构相似的云场分别作为对比区b、c,在高空风的作用下,催化云区和对比云区随时间逐渐向西偏南移动。

根据国内外人工增雨试验后会引起云中固相和液相粒子在数量和尺度方面的显著变化,从而影响到云的宏观特征变化[9-10],本文选取作业时至作业后3 h(14:00－19:00)时段为催化剂的有效影响时段,将此时段的采样资料作为分析对象。

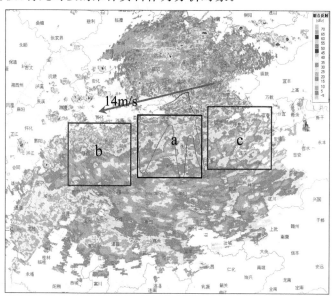

图7 雷达回波与催化区和对比区

(a为催化区,b,c为对比区,红色箭头代表催化高度上的风向风速)

4.2 目标云与对比云的回波参数变化比较

采用邵阳多普勒雷达资料,根据目标云和对比云的雷达回波参量在增雨前后的变化特征来分析增雨后的物理响应和增雨效果。

图8是目标云和对比云在增雨前后,三层(5000 m、4000 m、3000 m)CAPPI值大于25 dBZ的回波面积所占比例随时间的变化。通过分析催化区各层回波超过25 dBZ所占比例随时间的变化发现,14:00－17:00,各层大于25 dBZ所占比例呈增长趋势,但各层的增长速率有一定的差异。14:00－15:00,为播云的第一小时,14:00 5000 m播云高度处大于25 dBZ回波所占

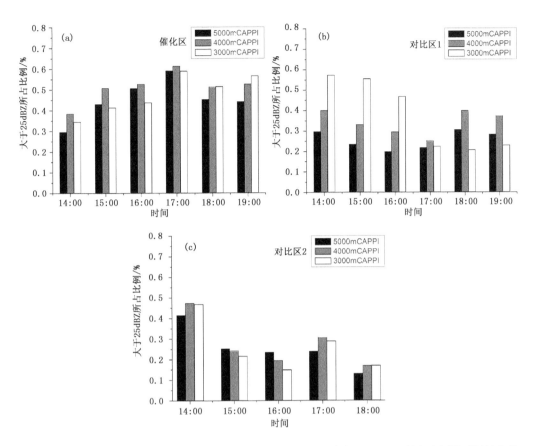

图 8　催化区和对比区不同高度(5000 m、4000 m、3000 m)回波大于 25 dBz 所占比例随时间的变化
(a 为催化区,b 为对比区 1,c 为对比区 2)

比例为 29.6%,4000 m 处为 38.3%,3000 m 处为 34.4%;15:00,5000 m 高度处大于 25 dBZ 回波所占比例增长为 42.9%,4000 m 处为 50.7%,3000 m 处为 41.3%,对比各层的增长速率发现,5000 m 和 4000 m 高度处大于 25 dBZ 回波所占比例增长速率明显大于 3000 m 处的增长速率。16:00—17:00,3000 m 处 CAPPI 大于 25 dBZ 回波所占比例由 43.6% 增长至 58.9%,增长率达到 15.3%。17:00—19:00,各层 CAPPI 大于 25 dBZ 回波所占比例略微减小,但基本大于 50%,并长时间维持。由此可见,在催化后一段时间内,催化高度处回波最先响应,主体回波强度逐渐增加。高层回波增强,对应着降水粒子尺度和数浓度的增长,随着时间的推移,高层降水粒子逐渐下降至低层,随之低层(3000 m)回波强度增加。

通过催化区与对比区的对比分析发现,14:00,催化区与对比区 1 的 5000 m 和 4000 m 高度处 CAPPI 大于 25 dBZ 回波所占比例基本一致,而对比区 2 的比例明显较大,表明对比区 1 的回波结构与催化区较为接近,对比区 2 的回波强度相对较强。随着催化作业后时间的推移,催化区各层回波强度基本呈增加的趋势,各层大于 25 dBZ 回波所占比例基本超过 50%;而两个对比区各层大于 25 dBZ 回波所占比例基本呈减小的趋势。

通过分析催化后各高度层回波的物理响应发现,在催化一定时间内,高层的回波最先出现明显的响应,回波强度逐渐增长,增长率较大;低层回波相对于高层响应较为滞后,说明催化能引起高层降水粒子的增长,雨滴下落后导致低层回波的增长。通过催化区与对比区的对比分析发现,催化能导致回波的增强,并能相对于延长目标云区的生命期,增大强回波区的面积,有明显的正催化效果。

4.3 影响区和对比区的雨量演变分析

为进一步分析催化后的增雨效果,根据前文选定的影响区和对比区,利用催化区高度的风速和风向,判定影响区和对比区在风场的作用下逐渐西移。本文利用分析区内自动雨量站计算出的平均雨量作为参考值。

图 9 统计了各区域 14:00—19:00 逐小时的平均雨量,通过对比分析影响区和两个对比区的逐小时平均雨量的演变发现,影响区在 14:00—15:00 段内,平均雨量有所减低,可能是由于催化剂需要一定的活化时间。15:00—19:00,雨量呈稳定增加的趋势,增长率在 16:00—17:00 段内达到最大,为 62.2%,与低层 300 km 处雷达回波增长时段一致。对比区 2 的平均雨量在 14:00—16:00 段内显著降低,减小速率明显大于催化区,随后小时雨量基本维持在 1 mm 左右。对比区 1 的小时雨量基本维持在 1 mm 以下,波动较小。可以看出,在作业前一段时间内,催化区内的雨量逐渐减小,催化后雨量呈稳定增长的趋势,雨量明显大于两个对比区,变化趋势与雷达回波的响应又很好的正相关,说明催化作业确实延长了目标云的生命时间。

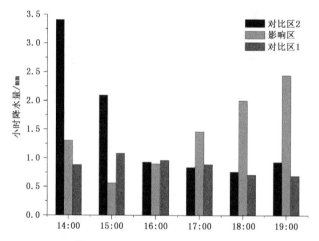

图 9 作业影响区和对比区 14:00—19:00 平均雨量逐小时演变

5 结论

利用 NCEP 1°×1°再分析资料、地面加密小时雨量、FY-2E 静止卫星和多普勒雷达资料对降水云系的结构特征进行分析,并对催化效果进行了初步分析,得到以下结论:

(1)受低压系统和西南季风的共同影响,湖南地区盛行东南气流,水汽输送强烈,有利于降水云系维持。

(2)湘南地区对流发展旺盛,降水较强。湘东地区以积层混合云为主,降水强度较弱。光学厚度与地面降水有很好的正相关性,光学厚度大值区对应地面的强降水区,降水强度较弱的区域对应的光学厚度较小。

(3)催化后,高层的回波最先出现明显的响应,回波强度出现增长;低层回波相对于高层响应较为滞后,说明催化率先引起高层降水粒子的增长,雨滴下落后导致低层回波的增长。催化能引起回波的增强,并能相对延长目标云区的生命期,增大强回波区的面积,有明显的正催化效果。

(4)催化后,目标区雨量呈稳定增长的趋势,雨量明显大于两个对比区,对比区雨量逐渐减小,变化趋势与雷达回波的响应有很好的正相关。

参考文献

[1] 张中波,仇财兴,唐林.多普勒天气雷达产品在人工增雨效果检验中的应用.气象科技,2011,**39**(6): 703-708.

[2] 李书严,李伟,赵习方.北京市人工增雨效果评估方法分析.气象科技,2006,**34**(3):296-300.

[3] 刘锐志,郭正明,左平昭等.古田水库2004年蓄水型人工增雨作业分析.气象科技,2005,**33**(S1):90-94.

[4] 房彬,肖辉,班显秀.CA-FCM方案与其它几种人工增雨评估方案的比较.气象科技,2008,**36**-(5): 612-621.

[5] 王婉,姚展予.人工增雨统计检验结果准确度分析.气象科技,2009,**37**(2):209-215.

[6] 胡鹏,谷湘潜,冶林茂,等.人工增雨效果的数值统计评估方法.气象科技,2005,**33**(2):189-192.

[7] 蔡淼,周毓荃,朱彬.一次对流云团合并的卫星等综合观测分析.大气科学学报,2011,**34**(2):170-179.

[8] 周毓荃,蔡淼,欧建军,等.云特征参数与降水相关性的研究.大气科学学报,2011,**34**(6):641-652.

[9] Hobbs P V,Politovich M K. The structure of summer convective clouds in eastern Montana II: Effects of artificial seeding. *Appl Meteor*,1980,**19**:664-675.

[10] 戴进,余兴,Daniel Rosenfeld,等.一次过冷层状云催化云迹微物理特征的卫星遥感分析.气象学报, 2006,**64**(5):622-630.

我国 2013 年汛期气候预测的性能检验和误差订正

范海燕

(中国人民解放军 61741 部队,北京 100094)

摘 要

简要介绍了短期气候预测系统的基本能力和系统组成,利用系统进行数值计算,预测了我国 2013 年汛期的平均气温和降水,将预测结果与 NCEP 再分析资料、全国 160 站的实测资料进行对比,分析系统对 2013 年汛期气候的预测效果;使用标准的业务预报评分(PS)、异常气候预测评分(TS)、随机预报技巧评分(SS1)、气候预报技巧评分(SS2)和距平相关系数(ACC)等 5 个评估参数对系统的预报进行评估,分析系统预报误差。利用奇异值分解(SVD)订正方法对 2004—2013 年汛期降水回报结果进行误差订正,分析 SVD 订正方法对业务系统夏季汛期多年连续订正的效果,为制作业务化的订正系统提供前期准备和参考。

关键词:汛期预测 区域气候模式 大气环流模式 模式检验

0 引言

中国的短期气候预测业务主要有"汛期旱涝预测"、"每月气候预测"、"年度气候预测",其中,"汛期旱涝预测"在短期气候预测业务中是最重要,也是影响最大的。在每年召开的"汛期预测会商会"上,会预测当年汛期气候趋势和特点,尤其是汛期降水多少和异常状况,为防汛抗旱部门提供参考,为 6—8 月汛期期间可能出现的极端旱涝气候天气提前做好准备,尽量避免和减少国民经济损失和人员伤亡。

短期气候数值预测系统是我们经过多年的研究建立和发展起来的,是一套包括气候资料同化、海—陆—气耦合模式和产品订正检验等完整的短期气候数值预测系统,目前已经业务运行 2 年,能制作、发布月、季到年际时间尺度的动力预测产品。为了检验短期气候数值预测系统对我国 2013 年汛期预测的预报效果,将 500 hPa 位势高度场、平均气温和降水的预测结果与 NCAR/NCEP 再分析资料和国家气候中心提供的全国 160 站实况观测资料进行对比分析,制作预测结果的 PS 评分、TS 评分、气候预报技巧评分和距平相关系数(ACC)等 5 个预测评分,考察系统对我国 2013 年汛期气候的预测能力,分析雨带分布、预报与实况的偏差,检验系统预测的效果和准确程度,找出系统性误差及其可能原因,便于模式进一步改进。

有关短期数值气候预测中的误差订正方法已有诸多研究,其中基于奇异值分解(SVD)和经验正交函数分解(EOF)的模式订正方法是研究最多、效果最好的两种方法[1-2],而 EOF 订正方法是基于单个向量的正交函数分解,对于短期气候预测系统的订正来说,就是观测场和预报场分别作正交函数分解,再将分解出的两个向量进行多元线性统计回归;SVD 方法是利用 SVD 分解确定的观测和预测之间成对高相关模态及对应的时间系数来对预测结果进行订正。因此 EOF 方法是针对单个场的分解,而 SVD 方法是两个场高相关模态下的分解,分解出的时间系数之间存在高的相关性,相对 EOF 方法只对观测场和预测场分别进行分解而言,SVD 方法使观测场和预测场之间有了较高的相关性,而且秦正坤等[3]研究发现对于实际预测而言,SVD方法较EOF方法效果更为稳定,所以本文采用了SVD方法来对汛期降水预测进行误差订正,分析业务系统夏季汛期预测结果进行多年连续订正以后的效果。

1 短期气候数值预测系统组成和方案设计

1.1 系统组成

短期气候数值预测系统是由气候资料初始化分系统、区域气候模式分系统、海-陆-气耦合模式(含大气环流模式、大洋环流模式(包括海冰模式)和陆面过程模式)分系统和预测产品处理应用分系统组成。

海-陆-气耦合模式分系统和区域气候模式分系统是系统的核心,主要包括大气环流模式、大洋环流模式(包括海冰模式)和陆面过程模式三部分,并通过OASIS(Ocean Atmosphere Sea Ice Soil)耦合器实现海-气和陆-气模式的耦合。其中大气环流模式采用在中科院大气物理研究所大气环流模式基础上,通过"十五"预研和后期开发而建立的具有较高分辨率且物理过程完善的新一代大气环流模式。模式框架在水平方向为球面经纬网格坐标,垂直方向取σ坐标;模式分辨率在水平方向为$1°\times1°$,垂直方向按σ坐标不等距分为26层。模式所采用的动力方程组是球面斜压大气原始方程组,垂直方向采用静力平衡近似。模式离散化采用的是有限差分法,水平网格采用Arakawa C网格,垂直方向为地形追随坐标。模式动力框架应用了许多独特的方法和技术,如:标准层结扣除、IAP变换、总有效能量守恒、时间分解算法、高纬灵活性跳点、非线性迭代时间积分方案、可允许替代等。该模式的物理过程基本采用了CAM3.1的物理参数化包,包含以下几个部分:边界层过程,浅积云对流过程,深积云对流过程,宏观云物理过程,云微物理过程,辐射传输过程以及气溶胶过程,其中积云对流参数化方案除了CAM3.1中的Zhang-McFarlane(简称ZM)方案外,还有修改的Zhang-McFarlane(简称MZM)方案和Emanuel(简称KE)方案两个可选方案。

区域气候模式分系统采用意大利国际理论物理中心(ICTP)在原RegCM3的基础上升级的第四代区域气候模式RegCM4,通过与全球大气环流模式嵌套构成高分辨率东亚区域气候模式。模式模拟区域(图略)覆盖了包括青藏高原在内的整个中国大陆及周边地区,模式对东亚地区的海岸线、岛屿、山脉等都有较细致的描述。物理过程方面主要包括以下几方面的改变:①用最新版本的CCM3辐射方案代替了原有的CCM2,因而考虑了温室气体(NO_2,CH_4,CFCs等)、气溶胶和云冰的辐射效应。②传统的显式水汽方案被其更经济简单的新版本所代替,新版本只包含一个云水诊断方程,考虑了云水的形成,扰动引起的对流和混合,不饱和情况下的再蒸发,以及云水向雨水的自动转化。云水诊断量可直接用于some non-determinism云辐射计算,加强了水分循环与能量收支计算之间的联系。③增加了一些新的物理方案,如用于计算云中次网格尺度变量的云、降水方案,新的海表面通量参数化方案,Betts-Miller积云参数化方案等。

1.2 预测方案设计

系统从3月份起报,对3-8月6个月进行连续积分,然后对预测结果的500 hPa位势高度场、平均气温和降水结果进行了统计检验和评估分析。

表1　方案设计

预测系统	区域气候预测模式分系统、海－陆－气耦合模式分系统
预测时段	2013 年 3－8 月
初　值	海－陆－气耦合模式： 陆面初值：利用前期大气强迫场(中期预报资料)离线积分 CLM3.0，得到初始时刻的陆面异常，该异常加上陆面初始变量形成 1 个样本 海温初值：同化系统积分得到的起报月前一个月月末一天 1 个样本 大气初值：起报月 1 号 00Z 的 NCEP 再分析资料，共 1 个样本 区域模式：初始场和侧边界由 CGCM 预测的结果给出
积分时间	3 月 1 日开始，积分 6 个月
结果处理	将三种结果进行时间平均，得到月、季平均结果，同时处理成中国标准 160 站的数据用于评分

1.3　资料介绍

文中使用的 NCEP 再分析资料，数据分辨率是 2.5°×2.5°，数据范围东西为 0°～357.5°E，南北为 90°N～90°S，垂直分层 17 层。用于检验的温度及降水资料为国家气候中心网站提供的中国台站实测资料。气候态数据采用的是 1981－2010 年 30 a 的气候平均值。

2　系统预报结果与实况的对比分析

2.1　对西北太平洋副热带高压的预报检验

西太平洋副热带高压(简称副高)是亚洲季风系统的重要成员之一，也是影响中国降水时空分布的重要系统，能否正确地描写副高的强弱及南、北移动，直接影响到模式对中国夏季降水、雨带分布的预测。

在 2013 年汛期 500 hPa 位势高度沿 120°E 的时间－纬度剖面图中(图略)，5840 gpm 线可以大致代表副高主体的位置。6 月上旬，副高出现一次明显的北跳，到 6 月底 7 月初第 2 次北跳后，副高从长江流域持续北跳一直到黄河流域，度过了一段稳定期后，第 3 次北跳时间出现在 7 月底，副高进一步加强北抬至黄河流域以北，而后在 8 月底迅速南撤。与再分析场相比较，副高的第 1 次北跳时间比实况略早，第 2 次北跳时间与实况基本一致，但第 2 次北跳后稳定期平均位置偏北约 5 个纬度，最北可到达华北地区北部。第 3 次北跳后最北位置到达 53°N，比实况位置偏北接近 10 个纬度，而且维持时间略长，这就意味着这一时期模拟的雨带将长时间的维持在华北北部和东北地区，造成较大的降水。8 月底，副高迅速南撤，但与再分析场相比南撤时间要晚。可见，系统对西太平洋副高季节性北跳的特征基本都模拟出来了，但副高位置普遍偏北，第一次北跳时间偏早，最后南撤时间偏晚，这在一定程度上导致了降水预报的误差，尤其是北方降水的偏差。

2.2　对平均气温场的预报检验

图 2 给出了 2013 年汛期气温预报和实况及其误差的分布，从平均气温实况(图 2e)来看，全国大部地区的汛期平均气温在 20℃以上，仅青藏高原地区平均气温在 20℃以下。大气环流模式平均气温的预测结果(图 2a)整体上看，与实况相比偏低；区域气候模式平均气温的预测

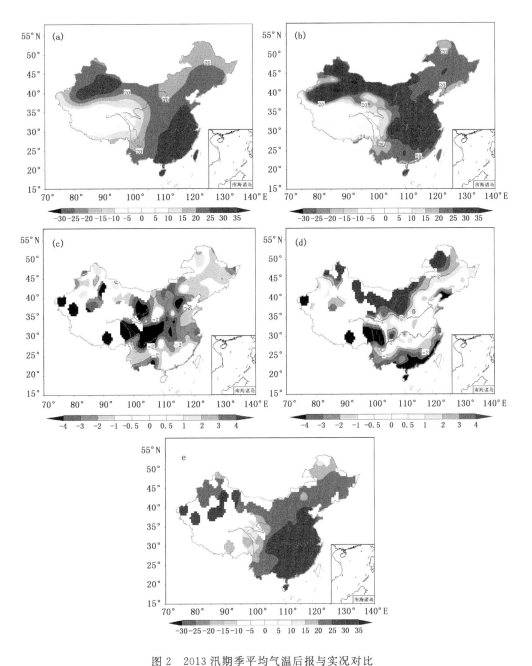

图2　2013汛期季平均气温后报与实况对比

(a为大气环流模式后报结果,b为区域模式后报结果,c为大气环流模式后报结果与实况的误差,
d为区域模式后报结果与实况的误差,e为平均气温实况)

结果(图2b)与实况在分布形态上较为相似,华南南部沿海地区的预测结果与实况相比偏低。
从平均气温的误差(图2c、d)来看,大气环流模式预测结果显示我国大部地区比实况偏低超过
2℃,而区域气候模式平均气温的预测显示我国大部地区汛期平均气温预测结果与实况接近,
其误差在±2℃以内,仅在东北地区西北部、内蒙古北部和华南沿海地区温差超过4℃。总体
上看,大气环流模式2013汛期平均气温在我国大部分地区的预测较实况偏低2℃以上,区域

模式 2013 汛期平均气温在我国大部分地区预测结果与实况接近,在华南沿海地区的预报较实况偏低,东北北部及内蒙古地区预报较实况偏高。

距平是判断气候异常的基本指标,气温正距平表示气温较多年平均的气候态数值偏高,负距平表示气温较多年平均的气候态偏低。图 3 给出 2013 年汛期季平均的气温距平(其中为了与实况覆盖范围一致,便于分析,将两个模式的结果都插值到全国 160 个站上再绘图),从图中可以看出,实况显示 2013 年夏季我国大部分地区气温距平为正距平,意味着 2013 年夏季气温较往年的平均状态偏高,且不超过 3℃。而系统预测的两个季平均的距平结果与实况相比,从全国范围来看普遍偏低,尤其是大气环流模式(图 3a),在我国东北、华北大部以及华南、东南沿海地区呈负距平,与实况距平符号相反,仅河套地区距平符号报对,与实况比较接近。而区域气候模式(图 3b)总体上也比实况略偏低,但除我国东北地区和长江中下游地区外,距平符号都能报对。总体来看,区域气候模式比大气环流模式的预测结果更接近实况,两个模式对东北地区的预测效果都较差,距平符号与实况相反,而对河套地区的预测效果都与实况比较接近。

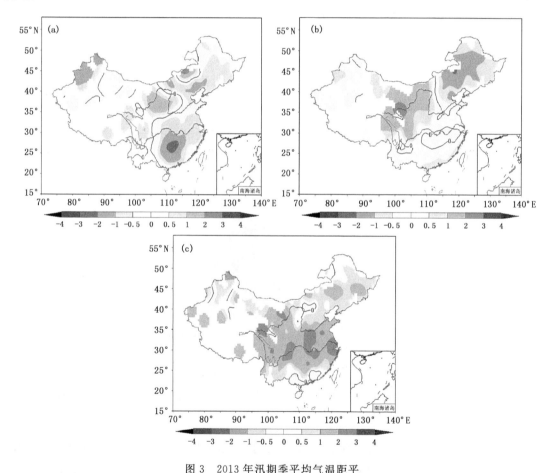

图 3 2013 年汛期季平均气温距平

(a 为大气环流模式后报的气温距平,b 为区域模式后报的气温距平,c 为气温距平实况)

2.3 对降水量的预报检验

降水预报是每年汛期预报的重点,也是预报的难点,图 4 和图 5 分别为大气环流模式和区域模式预测的 2013 年汛期预测夏季降水距平百分率,由图可见,大气环流模式对我国降水的整体分布与实况比较接近,但对东北和华南沿海地区的多雨区没有体现。区域气候模式能较好地把握我国东北的多雨区,但对黄淮、江淮以及华南沿海地区的降水预测与实况相比略偏少。两个模式对华南沿海地区的大雨区,预测结果都较实况偏小。

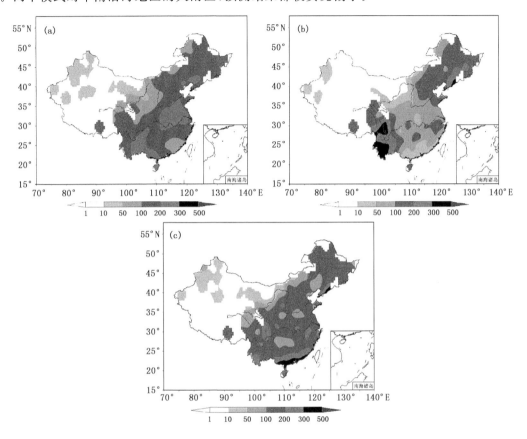

图 4   2013 年汛期季平均降水量
(a 为大气环流模式预测的降水量,b 为区域模式预测的降水量 ,c 为降水量实况)

对降水距平的预测结果,降水正距平表示降水较多年平均的气候态偏高,负距平表示降水较多年平均的气候态偏低。图 5 给出了 2013 年汛期季平均的降水距平,从图中可以看出,区域气候模式与大气环流模式的预测效果各有优劣,在我国西北地区,大气环流模式的预测结果,与实况的位置、范围、强度、雨量距平量级基本一致;对东北地区的多雨区,两个模式预测结果的量级都略偏小,大气环流模式预测结果位置与实况相比偏南,区域气候模式预测结果位置与实况基本一致;对中部地区的少雨区,区域气候模式预测结果要好于大气环流模式预测结果;对长江以南大面积的少雨区,两个模式预测效果都较差;对华南沿海的多雨区,大气环流模式预测结果与实况相比位置和强度都比较接近,而区域气候模式预测结果范围和强度都偏大。

3   预测评分

结合国家气候中心的业务预报评估方法对系统的预测结果进行评估,得到 2013 年汛期预测定量化的总体评价。评估参数包括业务预报评分(PS)、异常气候预测评分(TS)、随机预报

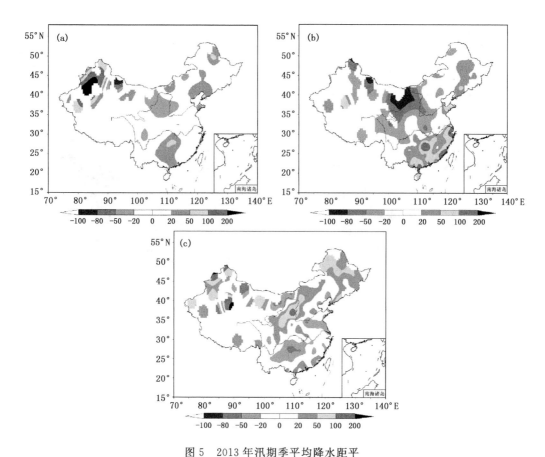

图 5   2013 年汛期季平均降水距平

（a 为大气环流模式预测的降水距平，b 为区域模式预测的降水距平，c 为降水距平实况）

技巧评分（SS1）、气候预报技巧评分（SS2）和距平相关系数（ACC）。

业务预报评分 PS 是汛期预测最常用的一个评估参数，$PS=(N0+P1\times N1+P2\times N2)/(N+P1\times N1+P2\times N2)\times100\%$，它是在距平符号预报准确百分率的基础上考虑异常级加权得分构成的[4]，$N0$ 代表距平符号报对以及预测与实况都属正常级的站数，$N1$ 和 $N2$ 分别是一级异常和二级异常报对的站数，PS 评分立足于对大范围距平趋势预测能力的评估，用百分制表示，是在预报区域内预报的总得分。

异常气候预测评分 TS 是评估短期气候预测对气候异常的预测能力，这里考虑了报错的影响，由于目前预报的降水距平百分率和气温距平出现异常级的概率较小，所以 TS 评分一般都不高。

技巧评分是相对于无技巧的对比预报的预报评分，由 $SS=(Na-Nb)/(N-Nb)$ 计算，其中 Na，N 分别为预报准确的站数和参加评分的总站数，Nb 为基于某种无技巧预报期望能预报准确的站数。当 $Na=Nb$ 时，技巧评分为 0；当 $Na=N$ 时，技巧评分为 1；当 $Na<Nb$ 时，技巧评分为负值。无技巧的对比预报采用随机预报和气候预报，得到两种技巧评分，即与随机预报比的技巧评分（SS1）和与气候预报比的技巧评分（SS2）。

距平相关系数体现的是预测与实况之间的相关程度，最高为 1，主要反映距平量级的预报水平，在短期气候要素预测中，由于降水距平百分率（或气温距平）预报值和观测值的方差有较大差别,加上目前短期气候预测量级的预测能力较低,所以业务预测中距平相关系数都不会很高。

表 2 和表 3 分别给出了区域气候模式和大气环流模式 2013 年汛期季平均气温和降水的评估情况。从表中可以看出,区域气候模式预测的气温评分要高于降水评分,大气环流模式预测的降水评分要高于气温评分,其中业务预报评分 PS 评分两个模式的平均分能达到 70 分,已经能够达到国家局的预报水平,但是业务预测的距平相关系数值都很低,说明模式的量级预报能力不强,异常气候评分 TS 也不高,表明对异常气候的预测能力还比较弱。

表 2　区域气候模式 2013 年汛期气温和降水的评分情况

	PS	TS	SS1	SS2	ACC
降水	65	0.15	0.03	0.14	−0.13
气温	79	0.22	0.27	0.21	0.15

表 3　大气环流模式 2013 年汛期气温和降水的评分情况

	PS	TS	SS1	SS2	ACC
降水	76	0.15	0.35	0.42	0.05
气温	59	0.02	−0.5	−0.6	0.07

4　误差订正

4.1　SVD 误差订正方法

SVD 订正方法是利用奇异值分解确定的观测和预测之间成对高相关模态及对应的时间系数来对预测结果进行订正。主要步骤如下:

假定已有 n 年预测和观测结果,首先将已有的 n 年预测场 X 作为左场,观测场 Y 作为右场进行 SVD 分析,分析结果可以表示为:

$$X_t = \sum_{i=1}^{k} \beta_{i,t} \Psi_i \quad t = 1, 2 \cdots\cdots, n$$

$$Y_t = \sum_{i=1}^{k} \alpha_{i,t} \Phi_i \quad t = 1, 2 \cdots\cdots, n$$

其中 Ψ、Φ 分别为观测场和预测场的特征向量,$\beta_{i,t}$、$\alpha_{i,t}$ 则为对应的时间系数,k 为预先选定用于订正的模态数,张永领等研究发现在 SVD 迭代分析中,前 2 个模态的累计方差贡献都在 95% 以上,超过 3 个模态以后,信息量越来越少,且其干扰成分随之明显增加,因此本研究中将 k 取为 3。

由于 SVD 分解所得的是观测和预测场的高相关模态,因此左、右场各模态对应的时间系数之间存在高的相关性,利用这样的特点,可以用一元线性回归得到观测场和预测场各对应模态时间系数之间的线性关系,对于观测第 i 个模态 t 时刻对应的时间系数 $\alpha_{i,t}$:

$$\alpha_{i,t} = u_i + v_i \beta_{i,t} + \varepsilon_i$$

$$i = 1, 2 \cdots\cdots k \quad t = 1, 2 \cdots\cdots n$$

其中 ε_i,u_i、v_i 为观测和预测第 i 对时间系数的线性回归系数,$\beta_{i,t}$ 为对应模态的预测场时间系数,ε_i 为回归偏差。

对于第 $n+1$ 年预测结果,通过投影到已有的预测模态 Ψ_i 上,得到各模态新一年时间系数 $\beta_{i,n+1}$,利用上式表示的时间系数线性关系和观测 SVD 分解模态,得到第 $n+1$ 年初步订正的结果为。

$$X'_{n+1} = \sum_{i=1}^{k} (u_i + v_i \beta_{i,n+1}) \Phi_i$$

4.2 结果及分析

为了对系统的预测结果进行订正,需要准备多年的降水预测结果,所以系统从每年 3 月份起报,每个个例预报 7 个月(3—9 月),共 33 年(1981—2013 年)连续积分,得到的降水预测结果用于 SVD 误差订正,从统计学角度来说,统计时间越长,个例越多,统计效果越好,所以我们取后 10a 订正结果进行分析,将订正前后的 2004—2013 年及这 10a 平均的汛期降水预测 ACC 评分作了对比,见图 6:

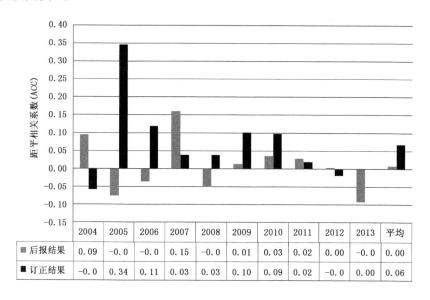

	2004	2005	2006	2007	2008	2009	2010	2011	2012	2013	平均
后报结果	0.09	−0.0	−0.0	0.15	−0.0	0.01	0.03	0.02	0.00	−0.0	0.00
订正结果	−0.0	0.34	0.11	0.03	0.03	0.10	0.09	0.02	−0.0	0.00	0.06

图 6　2004—2013 年汛期降水预测 ACC 评分订正前后对比

图中灰色为原始结果,黑色为订正后的,最后一列是订正前后的 10a 平均值,从图中可以看出,订正后 10a 平均的 ACC 评分 0.068,明显高于订正前的 ACC 评分 0.008。订正结果明显对原始结果作了均匀化处理,也就意味着将模式预测结果的极值进行了过滤、削减,这也就意味着订正方法会对原始预报效果较差的年份改进得更为明显,比如 2005、2006、2008、2013 年,这几年的 ACC 评分都是负值,而订正后的 ACC 评分都是正值,尤其是 2005 年从原来的 −0.07 提高到了 0.35。

5　结论

经过与 NCEP 再分析资料和全国 160 站的实况资料进行对比分析,得出以下结论:系统能够较好地模拟出副高的基本位置、强度及其时间分布特征,但预测的副高位置普遍偏北,第一次北跳时间偏早,最后南撤时间偏晚,导致降水预报的雨带整体比实况偏北。对气温的预报,区域气候模式好于大气环流模式,气温预报与实况分布形态相似,南方偏低、北方偏高,全国大部分地区与实况相差不超过±2 ℃。对降水的预报,大气环流模式好于区域气候模式,能较好地描述西北地区的多雨区和河套地区的少雨区,但两个模式对华南沿海的大雨区,预测结果都较实况偏小。从预测评分看,降水和气温的平均业务评分 PS 能达到 70 分,有一定的参考价值。通过 SVD 方法订正后的多年汛期降水预测结果较原始预报有一定提高,下一步通过加强 SVD、EOF 等检验订正方法的研究,建立和发展一套完整的针对汛期气候的检验订正系统,不断改进系统预测结果,使其更好地为汛期预测服务。

参考文献

［1］ Benestad R E. Empirically downscaled multimodel ensemble temperature and precipitation scenarios for Norway. *J Climate*, **15**:3008-3026.

［2］ Tippett M K, Barlow M, Lyon B. Statistical correction of central southwest Asia winter precipitation simuliations. *International J Climatol*,2003,**23**:1421-1433.

［3］ 秦正坤,林卓月晖,陈红,等.基于 EOF/SVD 的短期气候预测误差订正方法及其应用.气象预报,2011,**69**(2):289-296.

中国西北地区东部雨日的气候特征及其
与低空风场的相关性研究

姜　旭[1,2]　赵光平[2]

(1.94676 部队气象台,上海 202178;2. 南京信息工程大学,南京 210044)

摘　要

利用中国西北地区东部 61 个气象站 1960－2009 年逐日降水资料,分析了雨日的演变特征。研究发现:沿 200 mm 年降水量等值线的两侧存在明显差异,南部半干旱区处于夏季风北部边缘地带,受季风影响,雨日年际波动大;北部干旱区年雨日较少且相对稳定。在气旋性风切变辨识算法支持下,本文运用 NCEP 全球再分析资料风场资料,研究了近 50 年西北地区东部低空气旋性风切变的演变特征。分析发现,雨日变化和低空气旋性风场切变存在较为显著的正相关,但这种相关性存在明显的季节差异,秋冬春三季相关显著,夏季较差。通过进一步研究发现:水汽条件在雨日和低空气旋性风切变的关系中起着重要的作用,特别在春夏两季影响更为明显;秋季青藏高原北部绕流水汽输送带的强弱也直接决定低空气旋性风切变和雨日的相关性的高低。

关键词:西北地区东部雨日　低空气旋性风切变　水汽条件

0　引言

中国西北地区东部地形地貌复杂,处于干旱区和半干旱区的过渡带,降水分布不均,是我国生态环境脆弱区之一。中国自 20 世纪 70 年代中期以来,降水极端化程度加剧[1]。西北地区东部年平均总降水量从西南部祁连山山区的 450 mm 以上过渡到北部沙漠地带的 50 mm 以下,地理分布呈现极端化。大量的研究[2-4]表明这一区域雨日和降水量的变化并不同步,小雨日在西北地区起着主导作用[5]。西北地区各气候区小雨日数占总雨日数的 70% 以上,其中小雨对年降水量的贡献最大[6]。研究[7]指出某一地区雨日的变化能够反映当地冷暖空气交互作用和一些重要天气系统在该地区活动的频率。雨日作为刻画降水的一个重要特征值,在西北地区东部能够更好地反映该区域的降水特征。过去我国气象学者主要采用 EOF[8],趋势系数[9],气候倾向率,突变检验[10],小波分析[11]等方法对雨日的时空分布和变化做研究,研究表明:中国雨日在 20 世纪 70 年代发生了一次气候突变,年雨日比降水量的负趋势的范围和强度都大[12]。目前国内对雨日的研究大多集中在演变规律的总结分析上,对雨日变化机理研究较少。

低层大气环流是直接控制和影响天气气候变化的主要因子之一,而风变率是近地层风场对大气环流调整的响应。风变率,特别是气旋性风矢量变率将直接影响控制区域的天气气候和降水分布,是区域气候变化的重要强迫。西北地区东部位于我国内陆腹地,气候上处于亚洲季风影响区边缘[13],主要受西风带,南海夏季风和来自西伯利亚的冬季风控制。这一区域也处于风场和湿度场过渡带,降水受大气环流影响年际波动大。本文利用西北地区东部 61 个气象站逐日降水资料序列和同期 NCEP/NCAR 再分析资料,采用合成分析等方法[14-19],在总结分析我国西北地区东部各季节雨日变化特征的基础上,研究了该地区低空风矢量异常和雨日的相关情况,并进一步讨论了水汽条件对于二者相关显著程度的影响。试图揭示雨日变化与低空风场之间的关系,以便更深入地理解雨日变化成因,为雨日的气候趋势预测提供依据。

1 资料和方法

本文所指的西北地区东部的范围为 35°～42°N, 95°～110°E 的区域(图略)。根据多年平均 200 mm 年降水量等值线将该区域分为干旱区和半干旱区。本文所使用的资料为西北地区东部 61 个气象站 1960－2009 年的逐日降水量资料,以及同期 NCEP 全球再分析资料(2.5°×2.5°,1d)。

定义当日降水量大于等于 0.1 mm 为一个雨日,包括降水日和降雪日;低空气旋性风切变的识别是依靠气旋性风切变辨识算法来实现的。气旋性风切变辨识算法:利用气旋性辐合区定义与分析方法,通过等同于现实业务的识别方式,最新研发的一种算法,能够逐日地对风场资料进行气旋性风切变辨识。通过对已生成的分析结果与部分实际流场进行的较系统地叠加比对,主要气旋性切变系统的位置与空间尺度均较为准确。但由于 NCEP 的 2.5°×2.5°资料分辨率较低,较弱的风切变系统在再分析风场资料中并不能很好地表现。以下列出气旋性风矢量切变辨识与检验的部分结果(图 1)。

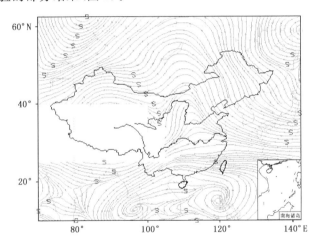

图 1 2005 年 1 月 20 日 14:00 的 700 hPa 风矢量识别检验结果
(S 表示竖槽线中组成点的位置,H 表示横槽中组成点的位置)

2 西北地区东部年雨日数的气候特征及其与低空风场的关系

2.1 年雨日数的时空分布和突变特征

西北地区东部恰好处于我国干旱和半干旱区的交界地带,气候平均态呈现较大的差异,本文综合考虑,选取 200 mm 气候平均年总雨量等值线为临界线,既可大致界定季风北部边缘地带,等值线走向也与多年平均的 50～60 d 年雨日等值线密集地区较为一致,能较好地将这一地区分为北部和西部的干旱以及中部和南部的半干旱区。西北地区东部年雨日表现为明显的南北型分布特征(图略),北部内蒙古巴丹吉林沙漠及其东部干旱区地区呈大范围的低值区,年雨日在 30 d 以下;甘肃西部的敦煌及青海的柴达木盆地多为沙漠和沙地,年雨日和总降水量也为偏少区域。在中部青海和甘肃交界的祁连山一带,因复杂地形的作用,存在一个带状的年雨日大值区,中心地区年雨日达到 120 d 以上。由于资料原因,NCEP 风场资料(格点为 2.5°×2.5°)网格较稀疏,常规分析方法还不足以反映出复杂地形对天气尺度系统的影响及识别出局地天气系统的生消,故针对本文研究重点,剔除了位于祁连山山区的、主要由于地形等作用而产生的雨日异常偏多站点。

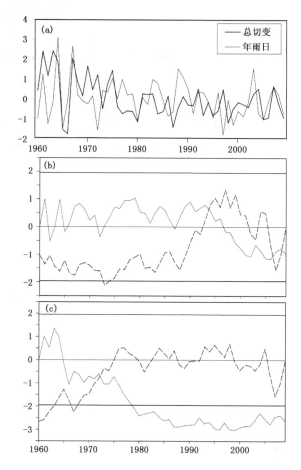

图 2　1960—2009 年标准化后的年气旋性风切变总数和年雨日数的时间演变(a);
年雨日(b)和年气旋性风切变(c)总数的 Man—Kendall 检验
(直线为 α=0.05 显著性水平临界值;实线为 UF,虚线为 UB)

图 2a 是近 50a 西北地区东部平均年雨日的变化特征,西北地区东部年雨日和年气旋性切变总数在 1960—2009 年的 50a 来最明显的特征是均呈现线性递减的趋势,1980 年以前下降趋势明显,两者的递减速率大致相同;1980 年后趋于平稳,基本都在气候平均态附近小幅波动,这是西北地区东部对东亚地区 20 世纪 80 年代发生的气候突变的响应。这与王大钧,宋连春等得出西北地区东部有变干趋势的结论吻合,说明年降水量减少的同时雨日也在减少。在 20 世纪 60 年代中期和 90 年代之后两者的演变趋势对应得较好。图 2b 是 1960—2009 年标准化后的年雨日时间序列 Mann—Kendall 检验图,UB 线在 1973—1974 年超出了临界值,说明西北地区东部年雨日数在这期间发生了突变,下降趋势明显,下降的趋势一直持续到 1995

年,UF 线和 UB 线在 1995 年交叉,为年雨日从减少转为增多的一个突变点。图 2(c)是 1960-2009 年标准化后的年气旋性风切变总数时间序列 Mann-Kendall 检验图,UF 线和 UB 线在 1973 年交叉,UF 曲线从 1978 年之后都超出临界值,表明下降趋势显著。年雨日和年气旋性风切变总数同时在 1973 年之后都表现为减小的趋势,年气旋性风切变总数在 1978 年后减小趋势更显著。因此,从年际变化上来看,两者之间存在密切的联系。

2.2 年雨日数与低空风场的相关性讨论

为了讨论西北地区东部低空气旋性风切变和年雨日的关系,本文规定将年雨日年平均值偏多 10% 以上的年份记为一个多雨日年,将年雨日平均值偏少 10% 以上的年份记为一个少雨日年,其余情况记为雨日正常年;多年气旋性风切变数采用同样的方法统计,将年气旋性风切变个数比多年平均值偏多 10% 以上记为一个偏强年,将年气旋性风切变个数比多年平均值偏少 10% 以上时记为一个偏弱年,其余年份记为正常年。从而得出西北地区东部年气旋性切变总数与年雨日的统计表(表 1)。对研究区域统计得到的多年平均年雨日为 3397 站次,多年平均年气旋性风切变数为 1408 次。从表中可看出,共有 13a 气旋性风切变年总数和年雨日同时为正距平年,有 17a 两者同时为负距平,因此两个指标具有相同位相的时段占总年份的 60% 以上;在年雨日偏多年份中,低空气旋性风切变数有 6a 都是正常或者偏强,没有出现气旋性风切变偏弱的年份,在年雨日偏少的年份中,有 75% 的情况(6a)是气旋性风切变数为正常或偏少,两者有 7a 同时达到异常极值,这说明两者的变化存在密切联系。

表 1 西北地区东部低空气旋性风切变总数多少和年雨日的列联表 单位:a

气旋性风切变	多雨日年	雨日正常	少雨日年	总数
偏 多 年	3(13)	2	2	7
正 常 年	3	28	2	33
偏 少 年	0	5	4 (17)	9

注:括号内的值分别为同时达到正距平和负距平的年数。

经相关分析发现,西北地区东部各月气旋性风切变总数和雨日存在显著正相关,相关系数为 0.35,达到了 0.05 的显著性水平。但是,由于西北地区东部处于季风边缘地带,不同季节降水的环流背景和天气系统不同,两者的相关性随季节变化差异较大。表 2 中列出了西北地区东部低空气旋性风切变数和月雨日的相关系数,其中 3,4,11 和 12 月的相关系数达到 0.5 以上,正相关显著。这几个时段恰好是季节更替,季风北退和南伸的两个时期,冷暖空气交绥频繁,不稳定能量较高,动力作用的扰动相对更多,降水的发生往往伴随着气旋性风场的生成。6-8 月相关性较低,引起这种差异的原因有可能是夏季风输送到西北地区东部的暖湿空气较为深厚,水汽条件好,即使大气中扰动尺度较小,没有达到在 $2.5° \times 2.5°$ 网格上能识别出气旋性风切变强度的系统也能形成降水。因此由于指标本身空间尺度的局限性,本文中所用方法识别得到的低空气旋性风切变在夏季不能作为产生降水的必要条件,而在其他三个季节正相关显著,可以作为造成降水的必要条件。

表 2　多年的月气旋性切变总数和同期雨日的相关系数

	冬季			春季			夏季			秋季		
月份	12 月	1 月	2 月	3 月	4 月	5 月	6 月	7 月	8 月	9 月	10 月	11 月
相关系数	0.5	0.3	0.4	0.5	0.5	0.4	0.26*	0.15*	0.05*	0.41	0.25*	0.59

注：* 未达到 $\alpha=0.05$ 的显著性水平

3　西北地区东部低空气旋性风切变偏多、偏少年对应位势高度场特征分析

选取年低空气旋性风切变总数较大和较小的年份分别作为气旋性风切变多和少的分组，多年份组包括：1961，1963，1964，1967，1970 年；少年份组包括：1965，1966，1980，1987，1998 年。如图 3a 是多年份组对应的 500 hPa 位势高度距平场分布，自西向东，自北向南均呈现"—+—"的交替分布。这种波列更有利于能量的传播，经向波列距平有利于冷空气的向南输送，纬向波列距平有利于形成阻塞形势。其中经向波列的分布型与南海季风强弱年份中北半球 500 hPa 位势高度场表现的经向波列[20]较为相似，说明季风异常年份对应的大气环流利于低空气旋性风切变的生成。图 3a 中，极区的负距平中心达到 -60 gpm 以上，与一个正距平中心耦合，位置偏南可影响到西伯利亚地区，西伯利亚和乌拉尔山和蒙古地区有一个正距平中心，一直延伸到我国北方地区，范围很广，乌拉尔山高压脊相对活跃，日本海附近有个负距平中心，向西延伸到我国西北地区东部，除北部小块地区外，我国几乎全境都处于负距平区内，说明东亚大槽较常年强度大且位置偏南，这样的分布型容易使乌拉尔山的阻塞形势建立和维持。西太平洋副热带高压在切变多年份组中有个弱的正距平区。少年份组（图 3b）对应的 500 hPa 位势高度距平场在极区有两个正距平中心，中心强度较常年偏高 25 gpm，说明极涡强度偏弱。在东亚地区主要为负距平，只在我国新疆西部上空有个范围较小的 20 gpm 正距平中心，我国除东北地区外，几乎全境都处于正距平区内。西太平洋副热带高压在切变少年份组中处于负距平区内。总之，在气旋性切变发生较多的年份中，环流在经向和纬向都具有明显的正负交替波列，有利于能量的传播和阻塞形势的建立维持，西太平洋副高偏强；较少的年份里极涡偏弱，西伯利亚地区为负距平，乌拉尔山高压脊较常年偏弱。

4　水汽条件对低空气旋性风切变与雨日相关性影响的讨论

为了研究水汽在低空气旋性风切变与雨日关系中的作用，本文将标准化后的各季节雨日与同期气旋性风切变数的差值作为判定标准，将两者差值的绝对值较大的年份分为两组，满足雨日多低空气旋性风切变少的年份作为多年份组，雨日少低空气旋性风切变多的年份作为少年份组，以此来研究水汽在雨日与低空气旋性风切变正相关关系不好年份中的作用。

如图 4a，b，春季多年份和少年份组分布的差别表现得非常明显，多年份组在甘肃南部处于正值中心中，几乎全区域都是正距平，而少年份组中从东南部向西北延伸的干舌夹在以青藏高原和蒙古为中心的两个正距平区中间，说明西北地区东部在少年份的水汽条件较差，气旋性风切变发生时不易造成降水。这一带处于东亚季风水汽输送带的北部边缘，向西北延伸的正值区说明西南季风在雨日较多年份的水汽输送比少年份强盛，潜热能大致和比湿大小呈正比，

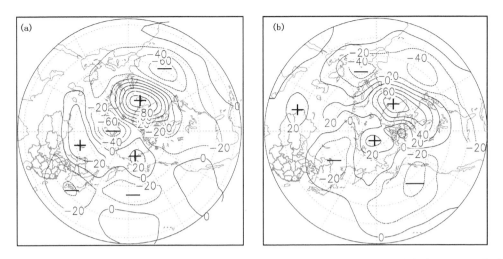

图3　低空气旋性风切变偏多年(a)和低空气旋性风切变偏少年(b)对应的 500 hPa 位势高度场距平值分布
("−"为负距平中心,"+"为正距平中心,单位:gpm)

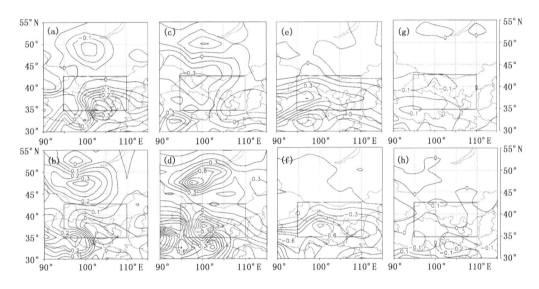

图4　西北地区东部雨日数多、低空气旋性风切变少年份(上)和雨日数少、低空气旋性风切变
多年份(下)的各季 700 hPa 比湿距平分布图

(a,b 为春季;c,d 为夏季;e,f 为秋季;g,h 为冬季;单位:g·kg⁻¹;黑色框为西北地区东部范围)

水汽充足则潜热能较大,在发生气旋性风切变的条件下更容易形成降水。如图 4c,d,夏季从比湿的分布图上发现存在一个从青藏高原向东北延伸影响到西北地区东部的湿舌,在多年份和少年份都存在,甚至在少年份更强大,但少年份组在祁连山附近存在一个负距平大值中心,和春季一样从东南部侵入到西部正距平区的干舌,这很可能是因为季风的减弱引起的。在多年份组中,中西部均处于正距平区中,东部地区受到从北部和东部入侵的偏干气团影响导致水汽条件稍差。如图 4e,f,多年份组和少年份组秋季距平值在沿 38°N 的轴线上呈相反位相,多年份组存在一个从青藏高原北部绕流的水汽输送正距平带,范围广而强大;少年份组中,研究区域几乎都处于负距平区内。由此可推断是绕流青藏高原的水汽输送通道在多年份中异常强

盛,而青藏高原北部水汽输送减弱是秋季少年份雨日偏少的主要原因。如图 4g,h,多年份和少年份冬季的比湿分布没有明显的差异,全区域基本都处于气候平均态的水平。由于西北地区冬季的降水类型多样,包括液态水,雪和雨夹雪,雨日分布占全年的 10%～20%,说明受冬季风大陆冷气团控制下的地区,水汽条件不是影响低空气旋性风切变和雨日相关性的关键因素。

总之,水汽在雨日和低空气旋性风切变的关系中起着重要的作用,特别在春夏两季,季风的强弱决定水汽条件的好坏,进而影响了低空气旋性风切变与降水之间的关系,而在秋季自青藏高原北部绕流的水汽输送带的强弱直接决定雨日和低空气旋性风切变的相关性好坏。比湿大小反映潜热能的强弱,潜热能聚集的区域在低空气旋性风切变的作用下更容易引起降水。

5 结论

本文通过对西北地区东部雨日的气候特征以及低空气旋性风切变和雨日相关性的讨论,得出如下结论:

(1)沿 200 mm 的平均年降水量线划分了干旱区和半干旱区,年雨日的分布同样具有类似分布,大致以平均年雨日 50～60 d 的等值线为界,北部和西部边缘为干旱区,中部的祁连山一带和南部为半干旱区。半干旱区位于夏季风影响区域的北部边缘地带,降水受季风强弱变化影响年际变率很大。

(2)年雨日和年气旋性风切变总数同时在 1973 年之后都表现为减小的趋势,气旋性风切变总数在 1978 年后减小趋势更显著,两者有 7 a 同时达到异常极大值,位相相同的时段占总年份的 60% 以上,因此从年变化的数据中说明两者存在密切的联系。

(3)西北地区东部月气旋性风切变数与对应的雨日序列相关系数为 0.35,达到了 0.05 的显著性水平,两者为显著的正相关。在各季的相关性中,夏季较低。由于用本文中的资料和方法确定的风切变尺度相对较大,因此低空气旋性风切变在夏季不能作为产生降水的关键条件,而在其他三个季节,可以作为产生降水的必要条件。

(4)在低空气旋性风切变发生较多的年份,西太平洋副高偏强,大气环流在经向和纬向都具有明显的正负交替波列,有利于能量传播和阻塞形势的建立维持;气旋性风切变发生较少年份,极涡偏弱,西伯利亚地区为负距平,乌拉尔山高压脊较常年偏弱。

(5)水汽在雨日和低空气旋性风切变的关系中起着重要的作用,特别在春夏两季,季风的强弱决定水汽条件的好坏,进而影响了低空气旋性风切变与降水之间的关系,而在秋季自青藏高原北部绕流的水汽输送带的强弱直接决定雨日和低空气旋性风切变的相关性好坏。比湿大小反映潜热能的强弱,潜热能聚集的区域在低空气旋性风切变的作用下容易引起降水。

由于选用的风场资料所限,本文中的气旋性风矢量识别的方法对于相对较大尺度的气旋性风切变的识别效果较好,对于研究系统性风场的气候特征具有一定优势,但对于较小尺度的气旋性风切变的识别可能存在不足,在以后的工作中可以在资料的方面做出改进。

参考文献

[1] 王颖,施能,顾骏强.中国雨日的气候变化.大气科学,2006,**30**(1):162-170.

[2] 顾骏强,施能,薛根元.近 40 年浙江省降水量、雨日的气候变化.应用气象学报,2002,**13**(3):322-329.

[3] 汪青春,李林,刘蓓,等.青海省近 40 年雨日、雨强气候变化特征.气象,2005,**31**(3):69-72.

[4] 李春,刘德义,黄鹤.1958—2007 年天津降水量和降水日数变化特征.气象与环境学报,2010,**26**(4):8-11.

[5] 林云萍,赵春生.中国地区不同强度降水的变化趋势.北京大学学报,2009,**2**:18-25.

[6] 陈晓燕,尚可政,王式功,等.近 50 年中国不同强度降水日数时空变化特征.干旱区研究,2010,**27**(5):766-772.

[7] 黄嘉佑.我国月降水频数的时空特征.气象,1987,**13**(1):10-14.

[8] 白虎志,李栋梁,陆登荣,等.西北地区东部夏季降水日数的变化趋势及其气候特征.干旱地区农业研究.2006,**34**(1):47-51.

[9] 王大钧,陈列,丁裕国.近 40 年来中国降水量、雨日变化趋势及与全球温度变化的关系.热带气象学报,**22**(3):283-289.

[10] 梅伟,杨修群.我国长江中下游地区降水变化趋势分析.南京大学学报,2005,**41**(6):577-589.

[11] 王媛媛,张勃.陇东地区近 51 年气温时空变化特征.中国沙漠,2012,**32**(5):1402-1407.

[12] 宋连春,张存杰.20 世纪西北地区降水变化特征.冰川冻土,2003,**25**(2):143-148.

[13] 汤绪,钱维宏,梁萍.东亚夏季风边缘带的气候特征.高原气象,2006,**25**(3):375-381.

[14] 黄荣辉,徐予红,周连童.我国夏季降水的年代际变化及华北干旱化趋势.高原气象,1999,**18**(4):465-476.

[15] 俞亚勋,王宝灵,谢金南,等.青藏高原东北侧地区干湿年夏季环流的对比分析.气候与环境研究,2001,**6**(1):103-112.

[16] 陈冬冬,戴永久.近五十年我国西北地区降水强度变化特征.大气科学,2009,**3**(5):923-935.

[17] 魏娜,巩远发,孙娴,等.西北地区近 50 年降水变化及水汽输送特征.中国沙漠,2010,**30**(6):1450-1457.

[18] 杨建玲,冯建民,闫军,等.宁夏高温气候特征及其大气环流异常分析.中国沙漠,2012,**32**(5):1417-1425.

[19] 李红军,杨兴华,赵勇,等.塔里木盆地春季沙尘暴频次与大气环流的关系.中国沙漠,2012,**32**(4):1077-1081.

[20] 吴尚森,梁建茵,李春晖.南海夏季风强度与我国汛期降水的关系.热带气象学报,2003,**19**(增刊):25-36.

2013 年黑龙江省"三江"大洪水成因分析

那济海[1] 张桂华[1] 潘华盛[1] 闫中帅[1] 吴玉影[2]

(1. 黑龙江省气象台,哈尔滨 150030；2. 黑龙江省气候中心,哈尔滨 150030)

摘 要

监测资料显示,2013 年夏季黑龙江省降水 453.0 mm,比常年偏多 33%,为 1961 年以来历史第 1 位；全省共有 54 个台站次降暴雨,3 个台站次降大暴雨。松花江、嫩江干流发生了 1998 年以来最大洪水,黑龙江干流则发生了自 1984 年以来百年一遇的大洪水,气候背景分析表明,黑龙江省已进入多水时期。洪水发生前期秋、冬、春降水异常偏多江河水位高。7 月环流形势上,亚洲中高纬地区盛行两脊一槽型,8 月盛行宽槽型形势,季内于黑龙江省西北部频发冷涡系统。7,8 月有来自南海、孟加拉湾、西太平洋副高外围水汽还有鄂霍茨克海水汽与极地南下冷空气在黑龙江省交绥。

关键词：雨情 汛情 "三江"洪水 成因

中国是一个受季风影响较大的国家,气象灾害频发,其中旱、涝已成为我国的主要气象灾害之一。在 20 世纪 70,80 年代,中央气象台长期科,就对中国东部地区主汛期(6—8 月)进行了 3 个类型的雨带的划分[1-3]。90 年代后,有的研究人员采用了主分量分析方法对中国月降水日数进行了分型[4]；还有的采用 EOF 分析和聚类分析相结合的方法,对中国主汛期(6—8 月)进行了 8 类雨型的空间分布[5-6]；对我国的汛期降水预报发挥了很好的作用。另外对影响我国汛期降水的成因方面的研究工作,也取得了显著进展。90 年代初就提出了引起我国夏季旱涝的东亚大气环流异常遥相关的机制理论[7]；有人又提出了江淮梅雨与副热带高压低频振荡[8]；青藏高原积雪对我国夏季旱涝的影响[9-10]；研究了 ENSO 事件与中国区域降水的关系[11-13]。1998 年我国长江,嫩江—松花江大水后,各地加强了对洪涝成因研究,特别在环流场诊断分析,遥感监测产品,物理量综合的应用上,都取得了很好的效果[14,17]；利用多种常规和非常规观测资料对致灾暴雨进行分析,得出相关的预报指标[18-20]。本文主要从洪涝发生 7,8 月的高空 500 hPa 环流形势,风场特征和低层水汽通量及水汽散度场来分析；并且这两个月还分别选取了暴雨个例,进一步对"三江"大水洪涝的认识。本文资料来自黑龙江省气象台,黑龙江省气候中心,国家气候中心监测网。

1 2013 年夏季雨情汛情

1.1 雨情

2013 年黑龙江省夏季(6—8 月)全省降水过程频繁,降雨集中,强度大,范围广,导致暴雨洪涝灾害频发,季平均降水量为 453.0 mm,比常年偏多 33%,为 1961 年以来历史第 1 位。尤

资助项目：国家软科学研究计划项目(2012GXS4B071)《气候变化对国家主要商品粮基地建设安全的影响及适应对策研究》资助

其是 7 月和 8 月,7 月降水量为 217.2 mm,比常年偏多 57%,为 1961 年以来历史第 3 位,8 月降水量 148.8 mm,比常年偏多 27%.全省共有 54 个台站次降暴雨,3 个台站次降大暴雨,其中 7 月 14 日,饶河降水量为 126.9 mm;7 月 29 日,杜尔伯特降水量为 106.5 mm;8 月 12 日海伦降水量分别为 101 mm。气象监测显示,2013 年 6 月 1 日－8 月 31 日主要流域降水:黑龙江流域平均降水量为 436 mm,比常年偏多 35%,为 1961 年以来历史第 3 位(第 1 位为 2009 年,448.7 mm;第 2 位为 1984 年,442.1 mm);嫩江流域平均降水量为 465 mm,比常年偏多 43%,为 1961 年以来历史第 2 位,仅次于 1998 年(536.6 mm);松花江干流流域平均降水量为 460 mm,比常年偏多 29%,为 1961 年以来历史第 3 位(第 1 位为 1985 年,487.2 mm;第 2 位为 1994 年,477.4 mm)。

1.2　汛情

受持续强降雨影响,黑龙江、嫩江、松花江等大江大河水位持续上涨,松花江干流、嫩江干流发生了 1998 年以来最大洪水,黑龙江干流发生了 1984 年以来最大洪水,干流全线超过警戒水位,多数江段超保证水位,局部超历史最大水位,其中黑龙江干流嘉荫至萝北江段发生 1951 年以来的最大洪水,萝北为 1952 年有资料记载以来最大洪水,同江至抚远江段发生超百年一遇特大洪水。外洪内涝给农业生产、水利工程设施造成了重创,同时给国民经济带来严重损失。2013 年黑龙江省"三江"洪涝损失预计要超过 1998 年松嫩大水损失。

2　气候背景分析:黑龙江省已进入多水时期

2.1　百年来降水多、少水时段特征

从图 1 可见,1909－2011 年,年降水回归方程趋势项系数来看,103a 中降水趋势无大变化,在 103a 减少了 15 mm,平均减少 1.5 mm · (10a)$^{-1}$。按 5a 降水滑动平均和采用 u 检验,将 1917—1928 年定为少水期;1929—1940 年为多水期;1941—1954 年为少水期;1955—1966 年为多水期;1967—1982 年为少水期;1983—1998 年为多水期;1999—2011 年为少水期。并将各时段特征值列入表 1。在多、少水期中,持续的降水多、少年份数要≥12a;而且出现降水多时的年数≥8a(1941—1954 年稍少水期除外),而且少、多水段极值基本在 380～445 mm、654～733 mm。另从表 1 所见,多、少水时段持续时间平均为 13.5a,而且从 1967 年后多、少水时段持续时间尺度在 13～16a。1999—2011 年已经历了 13a 已基本进入了降水转换周期,因此分析预测未来 2012 年后要开始转多水段,多水的频率要增多。

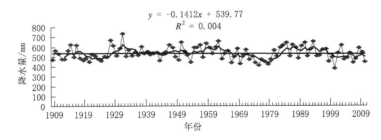

图 1　1909－2011 年降水变化及 5a 滑动平均

表 1 多、少水时段特征值

	特征	持续年数	多(少)水年数	极值出现时间	极值雨量(mm)
1917—1928	少水	12	9	1921	451
1929—1940	多水	12	8	1932	733
1941—1954	稍少水	14	5	1954	445
1955—1966	多水	12	10	1963	656
1967—1982	少水	16	13	1976	409
1983—1998	多水	16	10	1994	654
1999—2011	少水	13	8	2001	380
2012—2025	多水预测				
平均		13.5			

2.2 2013 年洪水前期秋、冬、春降水异常偏多江河水位高

黑龙江省秋、冬季降水量为 204 mm,居 1961 年以来第 1 位。其中冬季全省平均降水量为 53.2 mm,比常年偏多 109%,最大积雪深度偏多,为 1961 年以来历史第 1 位。去秋今春涝灾严重,土壤含水量大,江河湖库水位偏高。春季(3—5 月)黑龙江省降水继续偏多,全省季平均降水量为 90.4 mm,比常年偏多 13%。其中大兴安岭北部、鹤岗、饶河、绥芬河、海林等市县降水量在 120 mm 以上。与历年同期相比,松嫩平原南部、嫩江、黑河市区及大兴安岭大部偏多在 4 成以上,漠河偏多 1 倍以上。尤其 5 月降水偏多 35%,造成全省土壤普遍偏湿,含水量大,江河水位偏高,对后期全省洪水加内涝奠定了基础。

2.3 2013 年夏季 7 月黑龙江省"三江"流域洪水成因分析

7 月和 8 月致洪暴雨多发,降水特多是造成"三江"流域洪涝的主要原因,因此分析夏季主要放在对 7 月和 8 月的上。

2.3.1 7 月高空欧亚 500 hPa 环流形势分析

从 7 月环流形势上(见图 2),亚洲中高纬地区盛行两脊一槽型,乌拉尔和鄂霍茨克海为高压控制,泰米尔半岛至贝加尔湖 40°~90°N,90°~120°E 为强低槽控制,西太平洋副热带高压偏北偏西,由云南,贵州至日本海有一条西南-东北向的低空急流。冷空气由极地经泰米尔,贝加尔湖侵入黑龙江省西北部与来自孟加拉湾和西太平洋日本海、暖湿气流相遇,造成黑龙江上中游,嫩江上游地区强降水,如此多次频繁大的降水过程造成"三江"严峻汛情形势。

2.3.2 2013 年 7 月一次降水过程的分析

选取 7 月一次重大区域暴雨天气形势 7 月 19 日过程见图 3,它基本能反映 7 月的环流形势。首先给出 7 月 19 日降水实况见图 3a,西部嫩江流域出现了区域性暴雨。暴雨中心出现在富裕(88 mm),其周围嫩江(59 mm)、五大连池(51 mm)、克山(54 mm)、克东(51 mm)、大庆(62 mm)、青岗(62 mm)、肇东(62 mm)。其余全省降了大雨以下量级的降水。从图 3b 来看,贝加尔湖以东至黑龙江省西北部为东移深厚冷性低涡控制,在冷涡的东南部有西太平洋副热带高压脊北伸至黑龙江省东部,冷涡东部为鄂霍茨克海高压控制。黑龙江省处在槽前,低空辐合,高空辐散场,冷暖空气交绥,在西部嫩江流域造成大暴雨。

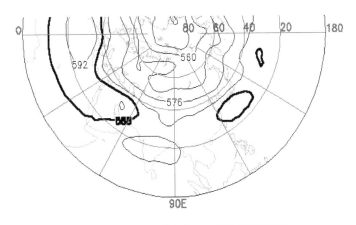

图 2 2013 年 7 月高空 500 hPa 环流形势

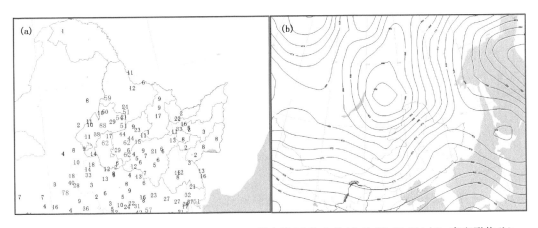

图 3 2013 年 7 月 19 日 08:00—20 日 08:00 降水量(a)和 7 月 19 日 08:00 500 hPa 高空形势(b)

2.3.3 850 hPa 高度场风场分析

从影响黑龙江省水汽通道风场分布来看(图 4),很明显在低纬地区有一支来自南海的东风气流与来自孟加拉湾的西南气流在云贵地区相遇汇合风速加强,折向东北。流经长江中下游,再与西太平洋副高外围的东南气流再次汇合,风速进一步增加。之后气流经由渤海,风的主要分量移向日本海,再次与来自鄂霍茨克海高压外围东南气流相汇合,风速再次增强,经黑龙江省东部向北移去。之后气流开始分支,一支折向东北,加强鄂高环流,另一支暖湿气流则向西北进入贝加尔湖以东的冷涡环流,与来自极地冷空气相遇交绥形成较大降水影响黑龙江省西北部造成雨涝。

2.3.4 2013 年 7 月水汽通量及水汽辐散分析

从图 5 所见,我国主要水汽输送源地来自热带地区南海东风水汽输送和孟加拉湾水汽,还有阿拉伯海西南风水汽输送,在菲律宾以西洋面上,产生水汽辐合上升(负值表示辐合)并向北输送。这一水汽输送带在华东地区及渤海湾与来自西太平洋副高区外缘的东南水汽输送带相遇,加强了水汽辐合,并出现了大值区。汇合后的水汽继续向东北输送,其中的一个分支折向西北输送,并随贝加尔湖以东的冷涡气旋环流水汽进入黑龙江省,再次出现水汽辐合;这也是发生暴雨的重要条件。

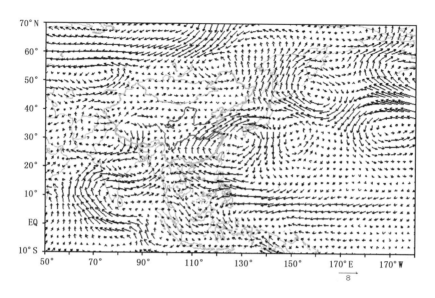

图 4 2013 年 7 月东亚区 850 hPa 风距平矢量场

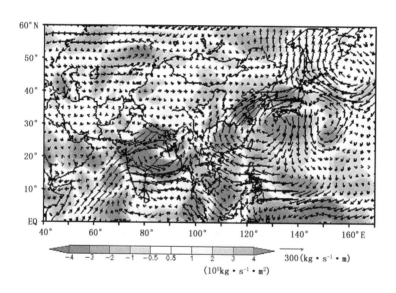

图 5 2013 年 7 月对流层底层水汽通量及水汽辐散分析

3 2013 年黑龙江 8 月洪涝成因分析

3.1 500 hPa 高度场环流分析

从 2013 年 8 月 500 hPa 高空环流形势场来看(图 6),在东亚区 40°N 以北,80°~150°E 为一宽槽,黑龙江省及以北 45°~60°N,120°~150°E 为北脊南槽形势。鄂霍茨克海维持高压,西太平洋副高强度正常,脊线偏西偏北,控制我国华东地区及黄渤海。冷空气由新地岛经贝加尔湖进入黑龙江省大兴安岭西北部与来自西太平洋副高外缘东南向暖湿空气相遇,造成降水偏多,造成黑龙江中下游洪水。

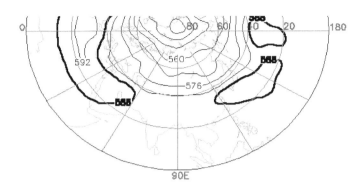

图 6 　2013 年 8 月高空 500 hPa 环流形势

3.2　2013 年 8 月一次降水过程分析

选取较典型的一次降水过程 8 月 9 日(图 7a)。9 日 08 时全省降水量来看,主要降水分布在黑龙江中游地区,雨量中到大雨,个别有暴雨。逊克降暴雨达 80 mm,孙吴 48 mm,加阴 25 mm,乌伊岭 42 mm。从降水形势来看(7b 图),东亚区盛行一脊一槽型,贝加尔湖以西为强烈发展的蒙古高压脊控制,贝加尔湖以东,大兴安岭,内蒙古北部为一深厚的冷性低涡控制。这种形势下,北部新地岛经贝加尔湖冷空气源源不断地沿脊前进入冷涡,而一支由华东沿西太平洋副高边缘东南部暖湿空气东北上,进入东北后在槽前气旋环流影响下汇入冷涡系统,强冷暖空气交绥,在槽前有大的阵性降水频频发生,造成黑龙江流域外洪内涝。

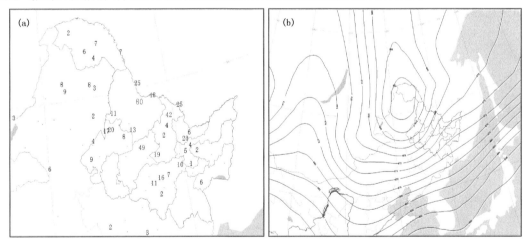

图 7 　2013 年 8 月 9 日 08:00 全省降水(a)和 8 月 9 日 08:00 500 hPa 东亚环流形势(b)

3.3　2013 年 8 月 850 hPa 高度场风场分析

低层 850 hPa 高度风场见图 8,在菲律宾以东以洋面上的偏东气流,和台湾以东海面上的东南气流,与中国南海偏南气流在广东、福建地区相遇后,随着的西太平洋副高西侧反气旋偏南气流,在东北区南部和华北区东部随着气旋环流由南风转向西风;在西北太平洋上,由偏西转偏南后再转向偏东进入黑龙江省北部。从中可以见到,控制东北区冷涡环流系统是很强的,而在高纬的偏北气流,尤其是贝加尔湖以东的偏北气流也是很强的。

3.4　2013 年 8 月水汽通量及水汽辐散分析

从 2013 年 8 月水汽通量及水汽辐散图 9 可见,在中国的华南、华东及东海、南海地区,有

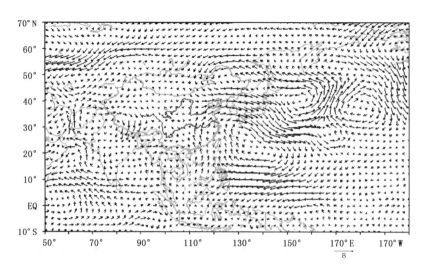

图 8　2013 年 8 月 850 hPa 风距平场

强烈的水汽辐合,而且在台湾以东出现大值区。水汽输送带随偏南气流进入辽宁,转向东输送,在堪察加半岛南部 40°～50°N,160°～170°E 地区水汽通量达最大,并有强烈的辐合;以后转向西输送,水汽量减少一些,进入黑龙江省后水汽输送再一次出现辐合。而在贝加尔湖至蒙古国有偏北的冷空气进入黑龙江省与暖湿空气交绥产生大的降水。另外在西太平洋至日本国有较强的水汽辐散。

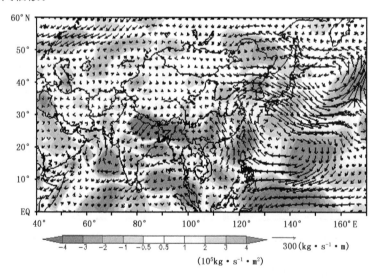

图 9　2013 年 8 月近低层水汽通量及水汽辐散

4　小结

2013 年夏季黑龙江省降水 453.0 mm,比常年偏多 33%,为 1961 年以来历史第 1 位;松花江、嫩江干流发生了 1998 年以来最大洪水,黑龙江干流则发生了自 1984 年以来百年一遇的大洪水,通过对 1909—2011 年年际间降水变化分析表明,2012 年后至 2025 年黑龙江省进入多水时期。这次"三江"大洪水是在前期秋、冬、春降水异常偏多江河水位高背景下发生的。其成因分析表明,7月环流形势上,亚洲中高纬地区盛行二脊一槽型,8月盛行宽槽型形势,季内于黑龙江西北部频发冷涡系统。7,8月有来自南海、孟加拉湾、西太平洋副高外围水汽还有鄂霍茨克海水汽与极地南下冷空气在黑龙江交绥。另外7月在南海、沿渤海湾、黑龙江大兴安岭及以北有强水汽辐合,8月的水汽辐合区主要在华南、东海及黑龙江省。表明黑龙江省在冷涡控制下有水汽的辐合造成强降水。

自20世纪80年代后,全球气候变暖,黑龙江省变暖更加明显,极端天气和暴雨次数增加。因此各级部门要加强对气象灾害的监测预报预警工作,综合提高抗御气象灾害的能力。

参考文献

[1] 陈兴芳.汛期旱涝预测方法研究.北京:气象出版社,2000.

[2] 赵振国.中国夏季旱涝及环境场.北京:气象出版社,1999.

[3] 沙万英,郭其蕴.长江、黄河流域近500年大旱大涝对比分析.中国气候灾害的分布和变化.北京:气象出版社,1996.

[4] 黄嘉佑.气象统计分析与预报方法(第三版).北京:气象出版社,2004.

[5] 冷春香,陈菊英.近50年来中国汛期暴雨旱涝的分布特征及其成因.自然灾害学报,2005,**14**(2):1-9.

[6] 吴玉影,王凤玲,潘华盛.黑龙江省7月降水与全国雨型及大气环流关系的分析.黑龙江大学工程学报,2012,(3):25-31.

[7] 黄荣辉.引起我国夏季旱涝的东亚大气环流异常遥相关及其物理机制的研究.旱涝气候研究进展.北京:气象出版社,1990:37-50.

[8] 毛江玉,吴国雄.1991年江淮梅雨与副热带高压的低频振荡.气象学报,2005,**63**(5):762-770.

[9] 朱玉祥,丁一汇.青藏高原积雪对气候影响的研究进展和问题.气象科技,2007,**35**(1):1-8.

[10] 张顺利,陶诗言.青藏高原积雪对亚洲夏季风影响的诊断及数值模拟研究.大气科学,2001,**25**(3):372-390.

[11] 魏凤英.长江中下游夏季降水的异常变化与若干强迫因子的关系.大气科学,2006,**30**(2):202-211.

[12] 陈烈庭.北方涛动与赤道太平洋海温相互作用过程的研究[A].长期天气预报和日地关系的研究.北京:气象出版社,1992:140-147.

[13] 潘华盛,董淑华.两种类型的厄尔尼诺事件对大气环流及低温洪涝的影响.自然灾害学报,1998,**7**(2):61-66.

[14] 潘华盛,张桂华,袁美英.大气环流变化对黑龙江省雨涝及全国雨型的影响.气象,2002,**28**(2):51-55.

[15] 丁一汇,胡国权.1998年中国大洪水时期的水汽收支研究.1998年长江嫩江流域特大暴雨的成因及预报应用研究文集.北京:气象出版社,2001:32-141.

[16] 张尚印,杨贤为,张强,等.1998年嫩江、松花江特大暴雨气候背景和成因研究.1998年长江嫩江流域特大暴雨的成因及预报应用研究文集.北京:气象出版社,2001:80-87.

[17] 那济海,张晰莹,王承伟.黑龙江省近10年灾害性天气预报技术研究.北京:气象出版社,2012:1-30.

[18] 孙军,代刊,樊利强.2010年7—8月东北地区强降雨过程分析和预报技术探讨.气象,2011,**37**(7):785-794.

[19] 杜小玲.2012年贵州暴雨的中尺度环境场分析及短期预报着眼点.气象,2013,**39**(7):861-873.

[20] 孙军,谌芸,杨舒楠,等.北京721特大暴雨极端性分析及思考(二)极端性降水成因初探及思考.气象,2012,**38**(10):1267-1277.

动态临界雨量方法在山洪预警中的应用

叶金印[1,2]　李致家[2]　常露[2]

(1. 淮河流域气象中心,蚌埠 233040;2. 河海大学水文水资源学院,南京 210098)

摘　要

以新安江模型为基础,提出了考虑土壤含水量饱和度的动态临界雨量山洪预警方法。该方法采用新安江模型计算流域的土壤含水量饱和度,根据土壤含水量饱和度以及山洪发生前 6 h、12 h、24 h 等三个时间尺度的最大降雨量,应用基于最小均方差准则的 W−H(Widrow−Hoff)算法分别建立三个时间尺度的山洪预警动态临界雨量判别函数。利用该方法,结合潕河流域 2003—2009 年地面雨量站降雨资料以及 17 次典型洪水过程资料,率定了新安江模型参数,并用 10 次历史个例对所建立的三个时间尺度的山洪预警动态临界雨量判别函数进行了应用检验,山洪预警合格率超过了 70%,表明该方法用于山洪预警是可行的。

关键词:临界雨量　山洪预警　新安江模型　潕河流域

0　引言

山洪是山区中小流域由强降雨引起的突发性洪水[1-2],由于山高坡陡、河流源短流急,在暴雨天气下极易发生山洪灾害。近些年,极端天气事件增多,常发生突发性暴雨,山洪灾害已成为造成人民生命财产损失的主要灾种,严重制约着广大山丘区经济社会的发展,中小河流山洪的预报和预警是防汛减灾工作中突出的难点[3]。目前,国内关于中小河流山洪预警临界雨量指标的研究主要集中在临界雨量分析计算方法上。其中,陈桂亚等[4]采用国家防汛办公室建议的"统计归纳法"对区域临界雨量进行了专门研究;张玉龙等[5]用内插法推求无资料地区的临界雨量,并进行了山洪预警试验;叶勇等[6]对流量反推法估算山洪临界雨量作了有益探索;张世才等[7]对几种山洪预警方法进行了比较分析,认为产流分析法确定临界雨量较为合理。

上述关于山洪预警临界雨量方法的研究成果,为建立中小河流山洪预警指标提供了一种行之有效的方法,但这些研究中所提及的山洪预警临界雨量,在严格意义上均属于静态临界雨量,即没有考虑山洪发生前的流域土壤含水量饱和度。而山洪的流量大小除了与累积降雨量和降雨强度有关外,还与流域土壤含水量饱和度密切相关。当土壤较干(湿)时,降水下渗大(小),产生地表径流小(大)。因此,在确定山洪临界雨量指标时,应该考虑流域的土壤含水量饱和度,给出不同初始土壤含水量饱和度条件下的临界雨量值,即动态临界雨量方法。美国水文研究中心研制的 FFG(Flash Flood Guidance)系统[8,9],所采用的就是考虑土壤初始含水量的动态临界雨量方法[10];国内刘志雨等[11]分析了国内外山洪预警预报技术的最新进展,提出

资助项目:国家自然科学基金资助项目(41101017);淮河流域气象开放研究基金(HRM201002, HRM201103);公益性行业(气象)科研专项(GYHY200906007, GYHY201006037)

了以分布式水文模型为基础,以动态临界雨量为指标的山洪预警预报方法,并在江西遂川江流域进行了应用。

为探索以动态临界雨量为指标的山洪预警预报方法,选取山洪易发的淠河流域上游作为研究区域,以新安江水文模型[12]为基础,利用地面雨量站降雨资料以及水文控制站流量资料,提出了一种基于动态临界雨量的山洪预警方法,并应用于淠河流域的山洪预警。

1 流域概况和资料

本文研究流域为淠河流域横排头水文站以上流域(以下简称横排头流域)。横排头流域共有佛子岭、响洪甸、诸佛庵、与儿街、横排头等5个雨量站以及横排头水文站。横排头水文站以上集水面积4370 km²,河流水系以及雨量站、水文站分布如图1所示,响洪甸站上游区域为响洪甸水库集水面积,佛子岭站上游区域为佛子岭水库集水面积,两部分面积之和为3240 km²,两水库与横排头水文站之间的集水区(简称区间流域)面积为1130 km²。本研究以区间流域为研究区域,以两座大型水库的来水作为水库以上区域的产汇流流量。

图1 淠河横排头流域水系以及雨量站、水文站分布

所用资料为2003—2009年横排头流域内5个雨量站降雨观测资料和横排头水文站流量观测资料,以及佛子岭和响洪甸两座水库的放水流量资料。选取了2003—2009年的17场具有代表性的典型洪水资料进行动态临界雨量分析计算。

2 方法介绍

基于动态临界雨量的山洪预警方法包括了面雨量计算、土壤含水量饱和度计算以及动态临界雨量指标确定等三部分核心内容。

2.1 面雨量计算

面雨量(流域平均降雨量)是指一次降雨过程中,整个流域面上的平均累计降雨量。最常用的推求方法有算术平均法、泰森多边形法和绘制等雨量线法[13,14]。本文采用泰森多边形法,首先计算流域各站的时段降雨量,然后根据每个雨量站所占流域面积权重,采用加权法对流域各雨量站的时段降雨量进行叠加求得。流域平均降雨量的计算公式为:

$$P = \sum_{i=1}^{n} \omega_i \cdot P_i \tag{1}$$

式中：ω_i 为流域内各雨量站权重，无量纲；P_i 为流域内各雨量站的时段降雨量，单位：mm；n 为流域内雨量站的个数，无量纲。

2.2 土壤含水量饱和度计算

采用新安江水文模型(新安江模型)[12]来计算土壤含水量饱和度。在采用新安江模型进行水文模拟时，首先，根据降水和下垫面特征将流域划分为若干个单元；然后，对每个单元分别进行产汇流计算，得到单元流域的出流过程；最后，将其演算至流域出口并进行叠加，即可得到整个流域的出流过程[15-17]。

该模型由四个模块组成，即蒸散发模块、产流模块、分水源模块、汇流模块，每个模块分别对应不同的模型参数。利用新安江模型对洪水过程进行模拟，可输出逐小时的土壤含水量 wm_t。对于特定研究流域，土壤含水量的最大值即为土壤张力水容量 WM。土壤含水量饱和度计算公式为：

$$\text{土壤含水量饱和度} = wm_t / WM \tag{2}$$

2.3 确定动态临界雨量指标

以 6 h 雨量为例，针对历史洪水资料，计算前 24 h 内的最大 6 h 累计雨量，以及该 6 h 最大雨量发生之前的土壤饱和度。

根据洪水过程是否超过警戒流量，将洪水过程划分为超警和未超警两大类，并采用基于最小均方差准则的 W-H(Widrow-Hoff)算法[18-19]，对两大类洪水过程中的土壤含水量饱和度和最大 6 h 累计雨量组合进行分类，具体方法如下：

(1)确定不同土壤含水量饱和度和最大 6 h 累计雨量组合对应的流量是否超过警戒流量；

(2)以流量是否超过警戒流域为标准，将不同的土壤含水量饱和度和最大 6 h 累计雨量组合划分为超警和未超警两大类；

(3)采用 W-H 方法，以最小均方差为准则，对步骤(2)中的二元分类问题进行线性划分，建立动态临界雨量与土壤含水量饱和度的线性关系模型，以此作为山洪预警动态临界雨量判别函数；

(4)利用动态临界雨量山洪预警判别函数，根据不同土壤含水量饱和度，计算 6 h 山洪临界雨量。若 6 h 降雨量超过临界雨量，则进行山洪预警。

同样地，可以通过对 12 h 和 24 h 的累计雨量及其对应的土壤含水量饱和度的分析，得到 12 h 和 24 h 这两种时间尺度的动态临界雨量山洪预警判别函数。

3 应用实例

3.1 动态临界雨量指标分析计算

利用选取的 17 场具有代表性的典型洪水资料，将临界雨量的时间尺度划分为 6 h、12 h 以及 24 h 临界雨量，依次分析计算各时间尺度的临界雨量。根据《淮河流域防汛水情手册》[21]，横排头站警戒流量为 620 m³·s⁻¹，本文将其作定为山洪预警临界流量。

选出在洪峰出现之前的最大 6 h、12 h、24 h 降雨量，统计对应降雨发生之前的不同土壤饱和度，得到不同时间尺度雨量与土壤含水量饱和度分类图(图 2~4)。

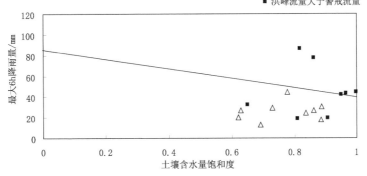

图 2　横排头站最大 6 h 降雨量与土壤含水量饱和度分类

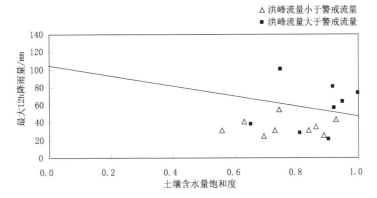

图 3　横排头站最大 12 h 降雨量与土壤含水量饱和度分类

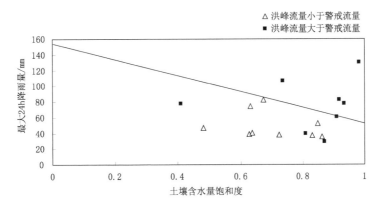

图 4　横排头站最大 24 h 降雨量与土壤含水量饱和度分类

　　观察动态临界雨量预警判别函数可知,随着时间尺度的增大,斜率逐渐增大,说明时间尺度越大,临界雨量受土壤含水量的影响越大。随着时间尺度的增加,以同一土壤含水量为初始条件,必须有更多的时段总降水量,才能在有限的时间和空间内堆积足够多的水量,满足山洪暴发的条件,这符合流域产汇流规律和实际情况。

3.2 结果检验

为进行独立性检验,从 2003－2009 年洪水资料中另外选取了 10 场历史洪水进行应用检验。首先分析每场洪水流量过程线和降雨量,从降雨开始(或洪水起始)时刻至达到警戒流量 (620 m³·s⁻¹)时刻之间任意选择一个时间点作为预警时间,以体现检验的客观性和可信度。

根据判别函数,将临界雨量与降雨量(面雨量,保留两位小数)进行比较,作出是否进行山洪预警判断;根据实际流量是否达到警戒流量来检验山洪预警是否正确。检验结果见表 1－表 3。

基于土壤含水量饱和度的 6 h 动态临界雨量指标的检验结果(表 1)共有 7 场洪水预警判别正确,3 场洪水预警判别错误,指标判别正确率达 70%。

表 1　基于土壤含水量饱和度的 6 h 临界雨量指标检验

洪水序号	预警时间	时段内最大流量/(m³·s⁻¹)	土壤含水量饱和度	临界雨量/mm	降雨量/mm	是否预警	是否正确
1	2003062309	116	0.82	47.95	12.11	否	√
2	2004053009	270	0.95	42.01	42.33	是	×
3	2005090218	778	0.84	47.04	42.11	否	×
4	2005090220	1180	0.84	47.04	49.42	是	√
5	2005090217	580	0.83	47.49	38.44	否	√
6	2007071701	165	0.95	42.01	11.56	否	√
7	2008070819	208	0.96	41.55	5.39	否	√
8	2009063003	640	1.00	39.72	19.25	否	×
9	2009073009	213	0.99	40.18	21.05	否	√
10	2009080105	310	0.98	40.63	18.67	否	√

基于土壤含水量饱和度的 12 h 动态临界雨量指标的检验结果(表 2)共有 7 场洪水预警判别正确,3 场洪水预警判别错误,指标判别正确率达 70%。

表 2　基于土壤含水量饱和度的 12 h 临界雨量指标检验

洪水序号	预警时间	时段内最大流量/(m³·s⁻¹)	土壤含水量饱和度	临界雨量/mm	降雨量/mm	是否预警	是否正确
1	2003062319	274	0.80	58.58	13.12	否	√
2	2004053009	324	0.73	62.59	50.41	否	√
3	2004053007	306	0.70	64.31	57.71	否	√
4	2005082919	256	0.77	60.30	21.89	否	√
5	2005090213	977	0.79	59.15	66.52	是	√
6	2007071621	174	0.92	51.70	22.05	否	√
7	2008070819	246	0.96	49.40	5.79	否	√
8	2009062921	640	0.99	47.68	46.61	否	×
9	2009062916	422	0.92	51.94	64.95	是	×
10	2009062920	596	0.98	48.26	48.39	是	×

基于土壤含水量饱和度的24 h动态临界雨量指标的检验结果(表3)共有8场洪水预警判别正确,2场洪水预警判别错误,指标判别正确率达80%。

表3 基于土壤含水量饱和度的24 h临界雨量指标检验

洪水序号	预警时间	时段内最大流量/(m³·s⁻¹)	土壤含水量饱和度	临界雨量/mm	降雨量/mm	是否预警	是否正确
1	2003062307	274	0.68	85.17	40.76	否	√
2	2004052921	324	0.67	86.19	67.24	否	√
3	2005090201	977	0.79	73.97	70.34	否	×
4	2005090223	778	0.86	66.85	61.51	否	×
5	2005090204	1570	0.79	73.97	97.61	是	√
6	2007071408	182	0.67	86.19	25.32	否	√
7	2008070813	246	0.95	57.69	12.41	否	√
8	2009062908	640	0.77	76.01	109.87	是	√
9	2009062920	731	0.98	54.64	71.38	是	√
10	2009082907	366	0.90	62.78	49.59	否	√

从检验结果可以看出,动态临界雨量指标的预警合格率均超过70%,总体精度较高。对于误判的洪水场次,如表1中的2号和3号、表2中的8号和10号、表3中的3号和4号,临界雨量和降雨量值相差很小,应属于判断误差允许的范围内。从预警效果检验总体看,基于土壤含水量饱和度的动态临界雨量指标方法是可行的。

4 结论

动态临界雨量是山洪预警业务中重要的参考依据。本文以新安江模型为基础,提出了考虑土壤含水量饱和度的动态临界雨量山洪预警方法,并利用历史洪水过程进行了独立性回报检验,得出以下结论:

(1)提出的山洪预警方法是利用土壤含水量饱和度更新预警临界雨量指标,即动态临界雨量指标,克服了传统静态临界雨量方法不考虑前期土壤含水量的局限性。

(2)利用潕河流域2003年至2009年地面雨量站降雨资料以及17次典型洪水过程资料,得出了适合于潕河流域的三个不同时间尺度的山洪动态临界雨量指标判别函数。

(3)基于动态临界雨量的山洪预警方法在潕河流域的应用检验合格率均超过70%,总体精度较高。应用检验表明:该方法用于山洪预警是可行的,其技术思路不仅可以为其他地区的山洪预警业务提供参考,而且可以为中小河流山洪灾害气象风险预警业务提供技术支撑。

动态临界雨量指标是利用气象水文实况观测资料建立的,但在山洪预警业务中,可以综合考虑实况和预报累积降雨量,将其与动态临界雨量指标进行比较,判断是否进行山洪预警,以延长山洪预报预警的预见期。目前,24 h以内的降水预报已有较高的精细化程度和准确率,实际应用中,不仅可以根据降雨实况进行预警判断,也可以在降雨发生前根据降水预报进行预警判断,这样可将山洪预报的预见期再延长几个小时甚至更长时间,可争取更多的山洪灾害防御应急反应时间。

参考文献

[1] World Meteorological Organization(WMO). Flash flood forecasting, operational hydrology report: No. **18**, (WMO-No. 577). Geneva: WMO, 1981: 47.

[2] World Meteorological Organization(WMO). Guide to hydrological practices(WMO-No. 168). Volume II. Geneva: WMO, 1994: 765.

[3] 国家防汛抗旱总指挥部办公室. 中国科学院水利部成都山地灾害与环境研究所. 山洪诱发的泥石流、滑坡灾害及防治. 北京: 科学出版社, 1994.

[4] 陈桂亚, 袁雅鸣. 山洪灾害临界雨量分析计算方法研究. 人民长江, 2005, **36**(12): 40-43.

[5] 张玉龙, 王龙, 李靖. 云南省山洪灾害临界雨量空间插值分析方法研究. 云南农业大学学报, 2007, **22**(4): 570-573, 581.

[6] 叶勇, 王振宇, 范波芹. 浙江省小流域山洪灾害临界雨量确定方法分析. 水文, 2008, **28**(1): 56-58.

[7] 张世才, 褚建华, 张同泽. 祁连山区山洪灾害临界雨量计算和风险区划划分. 水土保持学报, 2007, **21**(5): 196-200.

[8] Carpentera T M, Sperfslage J A, Georgakakos K P, et al. National threshold runoff estimation utilizing GIS in support of operational flash flood warning systems. *Journal of Hydrology*, 1999, **224**(1): 21-24.

[9] Georgakakos K P. Analytical results for operational flash flood guidance, *Journal of Hydrology*, 2006, **317**(1): 81-103.

[10] Marina M L V, Todini E, Libralon A. Rainfall thresholds for flood warning systems: A Bayesian decision approach//Sorooshian S. *Hydrological Modelling and the Water Cycle*. Springer, 2008: 203-227.

[11] 刘志雨, 杨大文, 胡健伟. 基于动态临界雨量的中小河流山洪预警方法及其应用. 北京师范大学学报(自然科学版), 2010, **45**(3): 317-321.

[12] 赵人俊. 流域水文模拟. 北京: 水利电力出版社, 1984.

[13] 徐晶, 林建, 姚学祥, 等. 七大江河流域面雨量计算方法及应用. 气象, 2001, **27**(11): 13-16.

[14] 方慈安, 潘志祥, 叶成志, 等. 气象. 几种流域面雨量计算方法的比较. 气象, 2003, **29**(7): 23-26.

[15] 姚成, 纪益秋, 李致家, 等. 栅格型新安江模型的参数估计及应用. 河海大学学报: 自然科学, 2012, **40**(1): 42-47.

[16] 董小涛, 李致家, 李利琴. 不同水文模型在半干旱地区的应用比较研究. 河海大学学报: 自然科学版, 2006, **34**(2): 132-135.

[17] 宋玉, 李致家, 杨涛. 分布式水文模型在淮河洪泽湖以上流域洪水预报中的应用. 河海大学学报: 自然科学版, 2006, **34**(2): 127-131.

[18] Gong Wei, Li Mingliang, Yang Dawen. Estimation of threshold rainfall for flash flood warning in the Suichuanjiang river basin. *Journal of Sichuan University: Engineering Science Edition*, 2009, **41**(Supp. 2): 270-275.

[19] 孙即祥. 现代模式识别. 长沙: 国防科技大学出版社, 2002: 63-66.

[20] 李致家. 水文模型的应用与研究. 南京: 河海大学出版社, 2008.

[21] 水利部淮河水利委员会. 河流域防汛水情手册. 蚌埠: 水利部淮河水利委员会, 2007.

我国大型地质灾害预报与安全避险案例总结

张国平　宋建洋　邵小路　韩焱红　杨晓丹

(中国气象局公共气象服务中心,北京 100081)

摘　要

10a 来地质灾害预报预警技术方法不断得到应用且精细化水平得到提高,使得地质灾害社会经济效益显著提高,但由于降水诱发地质灾害机制的复杂性等因素的制约,地质灾害预报和预警的精度和准确度还有待提高。本文对 2010－2012 年我国大型地质灾害的降水实况进行分析,揭示了大型地质灾害的雨量阈值分布特征,并对国家级地质灾害气象预报模型的预报情况进行分析,对比多元化地质灾害模型的预报性能。通过收集和分析地质灾害成功避让个例,本文尝试从雨量特征和预报情况来分析有利于地质灾害成功避让的因素。

关键词:大型地质灾害　降水　预报　避险

0　引　言

中国是世界上地质灾害最严重的国家,地质灾害种类多、分布广、危害大,严重制约和威胁着地质灾害多发区经济社会发展和人民生命财产安全。近 10a 来由于地质灾害气象预报工作的开展,带动了全国地质灾害气象预警体系的建设和完善。在多方努力下,因地质灾害造成的人员死亡、失踪人数由"十五"期间的年均 1000 人左右降低到"十二五"以来的 500 人左右。地质灾害气象预报是个世界性难题,虽然预报预警技术方法不断得到应用,精细化水平也得到提高,但受降水诱发地质灾害机制的复杂性等因素的制约,地质灾害预报和预警的精度和准确度还有待提高,对如甘肃舟曲特大泥石流这样的地质灾害,还需要进行深入的研究[1]。本文对 2010－2012 年中国大型地质灾害的降水实况进行分析,揭示大型地质灾害的雨量分布特征,并对国家级地质灾害气象预报模型的预报情况进行分析,分析多元化地质灾害模型的对比情况。通过收集和分析地质灾害成功避让个例,本文尝试从雨量特征和预报情况来分析成功避让的因素。

1　中国大型地质灾害的雨量阈值分布特征

观测和统计资料表明,区域地质灾害的发生在表观上存在一个临界雨量阈值,众多学者通过对已导致或可能导致地质灾害的历史降雨数据进行统计分析来确定引发地质灾害的降雨阈值,以此作为实时降雨观测的参照值,预报地质灾害可能发生的时间,简称降雨阈值或降雨下限方法[2-4]。具体做法为:将引发地质灾害的降雨条件标绘在笛卡儿坐标、半对数坐标或双对数坐标上,以数据分布的下部界线作为阈值,即引发地质灾害的降雨下限或临界降雨量[5]。阈值法的核心思想是采用降雨强度、持续时间和平均降雨量等指标建立地质灾害的临界组合判别式。目前,已提出的引发泥石流的降雨阈值可以大致分为全球、区域和地区的阈值。其中,区域指几百至数千平方千米的较小气象、气候和地形单元,地区指几十至数百平方千米。

1.1 降雨强度—历时阈值（ID方法）

降雨强度—历时阈值（ID方法）一般可以表示为[6]：

$$I = c + bD^a \tag{1}$$

这里，I 为从降雨开始至地质灾害发生时的平均降雨强度，单位为 $mm \cdot h^{-1}$；D 为降雨历时，指一次降雨事件或降雨期的持续时间，单位为 h；；a，b，c 均为参数，其中 $c \geqslant 0$。

本文以我国 2010—2012 年发生的重大地质灾害事件[7-9]为例，将对应的降雨强度—历时绘制在双对数坐标上（图 1a）。从中可以看出，降雨历时和强度的变化区间较大，I 和 D 值之间遵循一种简单的幂指数关系，并具有负的标度指数。以四川省与云南省为例，I 和 D 阈值分别为：$I = 0.102 + 22.705 \times D^{-0.971}$ 和 $I = 44.994 \times D^{-0.805}$。图 1a 显示我国不同省份引发大型地质灾害的降水阈值差别非常大，难以用一个阈值进行概括，但大部分省均存在一个与邻近省不同的阈值分布。广西的临界雨量分布状况最好，这与广西的自然环境差异较小比较一致有关；而四川则比较发散，可以看出在四川存在 2 个阈值体系，一个是川西地质环境脆弱区的临界阈值较低，而东部则非常高。在云南、广西、辽宁、甘肃、湖南、陕西、江西和西藏这 9 个主要省（区）中，甘肃发生大型地质灾害所需要的降水阈值最低，接下来四川、陕西、云南、辽宁、西藏、广西、湖南、江西等省（区）的降水阈值依次升高。

1.2 使用平均年降雨量（MAP方法）进行规格化的阈值

为了能够对比不同地区或区域引发地质灾害的降雨阈值，一些研究者采用当地气候经验数据对降雨强度进行规格化。最常使用的公式[10]为：

$$I_{MAP} = c + bD^a \tag{2}$$

其中，I_{MAP} 为经规格化的降雨强度，是以降雨强度除以平均年降雨量（$I_{MAP} = I/MAP$），单位为 h^{-1}；平均年降雨量（MAP）是根据雨量观测站长期历史记录得到，可以反映一个地方的气候条件，单位为 mm；D 为降雨历时（同上）；a，b，c 均为参数。

图 1b 为使用平均年降雨量（MAP 方法）进行规格化的阈值分布状况，相比较于图 1a 来看阈值曲线更有规律，以四川为例来看线性化趋势更明显，更能反映大型地质灾害的阈值分布的特点；另外一个变化就是更加体现了区域特征，云南和四川在气候上的相似性，使得新的临界阈值指标更接近。而广西、湖南和湖北则趋于一致。

1.3 根据降雨量来确定降雨阈值

根据降雨量来确定降雨阈值，常用的降雨量相关物理量有：（1）日降雨量（R），指地质灾害发生当日的总降雨量，单位为 mm；（2）前期降雨量（$A_{(d)}$），指引发地质灾害的降雨事件之前的累积降雨量，单位为 mm；下标（d）表示所考虑的时间段时间，单位为天；（3）过程累积雨量（$E_{(h),(d)}$），指对一次降雨事件，从降雨开始到地质灾害发生时观测到的累积降雨量，单位为 mm；（h）和（d）表示所考虑的时间段时间，前者以小时为单位，后者以天为单位；（4）经规格化的过程累积降雨量（E_{MAP}），指以降雨事件的累积雨量除以平均年降雨量（$E_{MAP} = E/MAP$），单位为 1，通常以百分数表示[5]。

通常对以上物理量设定降雨下限，也可以分段区间的形式表示地质灾害发生的不同程度、不同可能性以及与前期降雨的关系（E_{MAP} 常用）。本文根据收集到的 2010—2012 年四川省、云南省与广西壮族自治区的地质灾害事件，结合气象资料，对日降雨量（R）、过程累积降雨量（E）与经规格化的过程累积降雨量（E_{MAP}）进行统计，给出各省降雨参数的分布区间列在表 1 中。

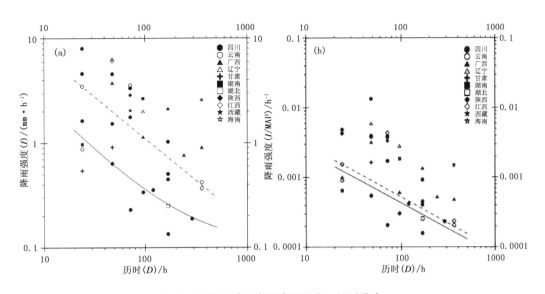

图 1 引发地质灾害的降雨强度－历时分布

（a 为降雨强度－历时阈值方法，b 为使用平均年降雨量（MAP 方法）进行规格化的阈值，直线为
四川省阈值；虚线为云南省阈值，根据 2010－2012 年重大地质灾害事件绘制）

表 1 四川、云南、广西 2010－2012 年重大地质灾害的雨量分布

省（自治区）	样本数	日降雨量/mm	过程累积降雨量/mm	经规格化的过程累积降雨量
四川	16	4.1～192.6	19.5～192.6	0.02～0.31
云南	6	9.0～170.7	21～171.7	0.02～0.20
广西	5	15.0～162.0	82.1～306.9	0.04～0.19

1.4 过程累积雨量－历时阈值（ED 方法）

有一些研究者将过程降雨（即一场降雨或一个降雨事件）的累积雨量与降雨历时联系起来，提出过程累积雨量－历时（ED）阈值（见图 2），公式[5]为：

$$E = c + bD^a \tag{3}$$

其中，E 为过程累积雨量（同上），D 为降雨历时（同上），a，b，c 为参数。当 a 取值为 1 时，E 通常用 D 的分段函数表示。

从图 2 中，可以看出，在双对数坐标轴上，这类阈值关系线具有相似的上升趋势和相对一致的斜率，但引发地质灾害所需的最小降雨量变化仍较大。其中，四川和云南省的 ED 阈值分别为 $E = 1.21 \times D^{0.66}$ 和 $E = 2.43 \times D^{0.68}$。

1.5 预警判据图

辽宁省与湖北省对全省每个预警区的历史地质灾害事件和降雨过程的相关性进行了统计分析，确定地质灾害在一定区域暴发的不同降雨过程临界值（上限值、下限值），以此作为预警判据。辽宁省制定的地质灾害预警判据，其中时间为 1－15 日，时间与时间内相应的过程降雨量（mm）相对应，取累积 1 日、2 日、4 日、7 日、10 日、15 日降雨量为判断点，拟合得到引发地质灾害的临界降雨量 α 线和 β 线，α 线以下的 A 区为不预报区（发生地质灾害的可能性小、较小），α～β 线的 B 区为预报区（发生地质灾害的可能性较大、大），β 线以上的 C 区为警报区（发

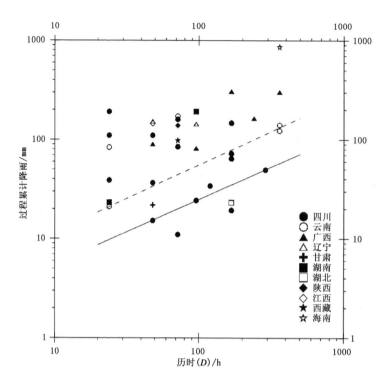

图 2 过程累积雨量－历时（ED）分布

（直线为四川省阈值；虚线为云南省阈值，根据 2010－2012 年重大地质灾害灾害事件绘制）

生地质灾害的可能性很大）。又如湖北省制定的三峡库区临界降雨量数据标准列在表 2 中。

表 2 三峡库区泥石流灾害临界降雨量数据标准

累积日	降雨量/mm	累积日	降雨量/mm
1	20～70	7	150～350
2	50～140	10	185～365
4	100～225	15	225～450

以辽宁省 2010－2012 年发生的地质灾害事件为例（分别为 2011 年 8 月 9 日盖州市小石棚乡特大型地质灾害和 2010 年 8 月 20 日宽甸满族自治县长甸镇小孤山地质灾害），给出相应的降雨量数据表（表 3）。

表 3 2010－2012 年我国辽宁省两例重大地质灾害的降水分布

累积日	降雨量/mm	
	2011 年 8 月 9 日	2010 年 8 月 20 日
1	114.00	124.00
2	134.00	153.01
4	144.10	153.01
7	184.20	176.13
10	184.20	176.13
15	208.20	457.03

分析可知,这两次地质灾害事件相应的过程降雨量,除累积 10 日或 15 日的降雨量略低于表 1 的最低值外,其余均介于 α 线与 β 线之间,即辽宁省制定的地质灾害预警判据图具有较好的应用效果。可以看出辽宁省和湖北省具有比较一致的地质灾害预警判据。

2 地质灾害多元预报模型分析

目前针对不同区域气候特征和地质环境特点,降水诱发地质灾害的预报模型向多元化发展,国家级气象部门业务化应用的地质灾害气象预报模型目前有 3 个客观模型和 1 个主观模型,其中客观模型 1 依据地质灾害区域结果,在每个区域针对当日雨量、前一日雨量、持续降雨量、降水持续时间、前 13 天有效降雨量这 5 个因子的统计分析进行地质灾害发生可能性建模[11−12];模型 2 和模型 3 是基于 Logistic 回归方法,将坡度、高程、岩性、断层密度、植被类型等地学因子都作为变量,针对地质灾害发生的可能性进行格点预报[13]。此外国土部门也发展了一个地质灾害预报模型[14]。针对我国 2010−2012 年发生的重大地质灾害事件,分别对这些灾害所对应的各地质灾害预报模型的预报结果进行分析。

2.1 多模式预报结果对比

本文选取的 136 个大型地质灾害个例中,主观预报成功预报的个数为 96 个,3 个模式预报成功次数分别为 56,93,94 次。从结果来看,国家级地质灾害气象预报模型从最早的模型 1 升级到模型 2 和模型 3,对地质灾害预报的精度是明显上升的。地质灾害主观预报是预报员参考了 3 个客观模式、灾害点实况降水、地质灾害区划和易发程度信息,其结果要好于 3 个模式。但统计结果显示改进后的地质灾害客观模式与地质灾害主观模式的差别越来越小,从目前来看,地质灾害主观预报的精度领先不是很明显。这说明客观化的地质灾害模式对地质灾害预警有重要意义,不断改进客观化地质灾害预报模式对地质灾害防治有积极意义。

2.2 地质灾害客观模式对主观模式的支持作用

图 3a 表示了表示主观预报成功时 3 个客观模式的预报情况,可以看出当主观预报成功时,客观模式 1,2,3 的预报结果都非常不一样。客观模式 3 与主观预报最为一致,客观模式 1 漏报的比率最高。图 3b 表示 3 个模式预报成功时主观模式的预报情况,结果显示了当客观预报 3 预报成功时,主观预报模型也非常成功,客观模式 1 则表现得要差一点。目前实际发布的地质灾害预警结果以主观预报模型的为主,而主观预报模型针对 5 级的发布有非常高的保守

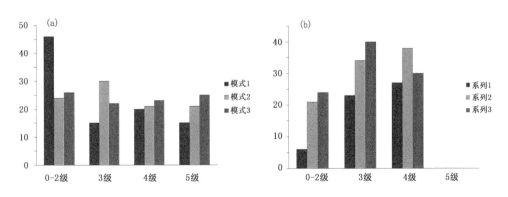

图 3 地质灾害客观模式与主观模式的预报情况

(a 表示主观预报成功时 3 个客观模式预报情况,b 表示 3 个模式预报成功时主观模式的预报情况)

性,使得目前实际发布5级的情况很少。

3 地质灾害成功避险案例分析

本文选取的136个大型地质灾害个例中,有34个是没有成功避险而引发了灾害并造成了人员和财产损失,有102个案例是由于地质灾害气象预警成功而避免了人员伤亡。这里统计所有地质灾害发生的当天降水和有效降水,分避险成功与否两种情况进行分析(图5)。

3.1 避险案例的雨量特征分析

图4a显示地质灾害发生的当日降水与前期有效降水的对比情况,地质灾害避险成功案例的当日降水与有效降水更为一致,也就是说降水主要出现在地质灾害发生的当天,而前14 d的雨量贡献不大;对于没有成功避险的地质灾害案例,其前14 d降水贡献较大,而灾害发生当天的贡献不大。这可以解释避险成功的案例与没有成功避险案例的降水差别,主要表现在当日雨量上。可以认为,目前地质灾害避险主要考虑灾害当日的雨量,如果当日雨量较大,那么就采取更多的措施组织人员转移;而如果当日雨量不大,即使前期有明显降水,也还是较少地采取避让措施。这进一步表明对当天发生强降水的地质灾害易发区会引起较多的避险措施,否则不会引起足够的重视。由于地质地理环境的复杂性,大量地质灾害的发生具有时间滞后性,前期降水较强而后期降水较弱的降水型所导致的地质灾害目前容易被忽视,这会造成应该采取避让措施而没有采取行动。

图4b显示了地质灾害避险情况下的有效降水(当日降水与前期有效降水的累加)分布情况。可以看出未成功避险的地质灾害的有效降水主要介于25～100 mm,而成功避险的地质灾害的有效降水主体大于50 mm,对比显示有效降水偏少使得疏于防范。

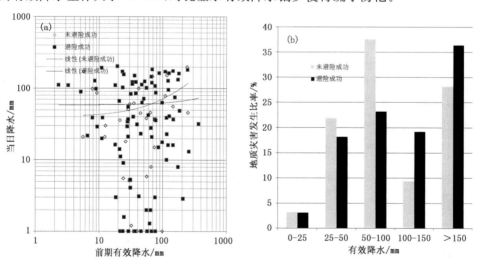

图4　地质灾害成功避险与否两种情况下的降水分布
(a表示灾害发生的当日降水与前期有效降水的对比,b表示总有效降水的分布情况)

3.2 避险案例的地质灾害预报情况

图5为地质灾害避险成功与否两种情况下的地质灾害预报状况。图5a显示了避险成功案例的预报情况,可以看出客观模式1对避险成功的指导意义最低,基本没有反映指导意义;

客观模式3对地质灾害避险成功的意义最大,在102次成功避险案例中,模式3有74次都有明显的预警意义。图5b显示了没有成功避险案例的地质灾害预报情况,依然显示了模式1的指导意义最低,而主观预报模式的结果相对最好。

在本文有关地质灾害预报级别的表述中,等级越大,表明地质灾害发生的可能性也越大。图5还主要体现了各地质灾害预报模式在不同等级情况下实际发生的大型地质灾害的分布情况。对于客观模式3,其主要分布于3级,其次是4级和5级。对于没有成功避险的案例,客观模式3在0~2级区间发生的地质灾害总次数最多,然后是3级、4级和5级。而对于客观模式1,除了漏报(0~2级区内发生地质灾害)外,其预报的4级区域内发生的地质灾害数量比3级和5级预报情况下实际发生的地质灾害数量要多。客观模式2的表现则介于客观模式1和客观模式3之间。成功避险的案例看,主观模式要比客观模式3差,表现于在避险的个例中,主观模式漏报的个数要比客观模式3多;而主观模式在没有成功避险的案例情况下,还是最好的,比客观模式3要好。

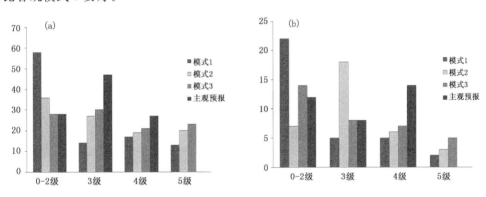

图5　地质灾害避险成功与否两种情况下的预报情况

(a为避险成功案例的预报情况,b为没有成功避险案例的预报情况)

4　结论

中国不同省(区)引发大型地质灾害的降水阈值差别非常大,难以用一个阈值进行概括,但大部分省(区)均存在一个与邻近省(区)不同的阈值分布。广西的临界雨量分布状况最好,四川则比较发散且存在2个阈值体系。甘肃发生大型地质灾害所需要的降水阈值最低,接下来四川、陕西、云南、辽宁、西藏、广西、湖南、江西各省(区)的降水阈值依次升高。经过平均年降雨量(MAP方法)进行规格化的阈值效果更好。

地质灾害主观预报精度仍然比客观模式高,但改进后的地质灾害客观模式与地质灾害主观模式的差别越来越小。

地质灾害避险成功案例的当日降水与有效降水更为一致,对当天发生强降水的地质灾害易发区会引起较多的避险措施,否则不会引起足够的重视。客观模式3对地质灾害避险成功的意义最大。

参考文献

[1]　胡凯衡,葛永刚,崔鹏,等.对甘肃舟曲特大泥石流灾害的初步认识.山地学报,2010,**28**(5):628-634.

［2］ 崔鹏，杨坤，陈杰.前期降雨对泥石流形成的贡献:以蒋家沟泥石流形成为例.中国水土保持科学.2003，**1**(1)：11-15.

［3］ 韦方强，胡凯衡，陈杰.泥石流预报中前期有效降水量的确定.山地学报.2005，**23**(4)：453-457.

［4］ Guzzetti F，Peruccacci S，Rossi M，*et al*. Rainfall thresholds for the initiation of landslides. *Meteorology and Atmospheric Physics*，2007，**98**(3-4)：239-267.

［5］ Guidicini G，Iwasa O Y. Tentative correlation between rainfall and landslides in a humid tropical environment. *Bulletin of the International Association of Engineering Geology*，1977，**16**(1)：13-20.

［6］ Caine N. The rainfall intensity-duration control of shallow landslides and debris flows. *Geografiska Annaler*，1980，**62**A (1-2)：23-27.

［7］ 国土资源部地质灾害应急技术指导中心编.2010 年度全国重大地质灾害事件与应急避险典型案例. 北京：地质出版社，2011.

［8］ 国土资源部地质灾害应急技术指导中心编.2011 年度全国重大地质灾害事件与应急避险典型案例. 北京：地质出版社，2012.

［9］ 国土资源部地质灾害应急技术指导中心编.2012 年度全国重大地质灾害事件与应急避险典型案例. 北京：地质出版社，2013.

［10］ Cannon S H. Regional rainfall-threshold conditions for abundant debris-flow activity. In：*Landslides，Floods，and Marine Effects of the storm of January 3－5 1982 in the San Francisco Bay Ragion，California*（Ellen SD，Wieczorek GF，eds）. US Geological Survey Professional Paper 1434，1988. 35-42.

［11］ 薛建军，徐晶，张芳华，等.区域性地质灾害气象预报方法研究.气象，2005，**31**(10)：24-27.

［12］ 姚学祥，徐晶，薛建军，等.基于降水量的全国地质灾害潜势预报模式.中国地质灾害与防治学报，2005，**16**(4)：97-102.

［13］ 徐晶，张国平，张芳华，等.基于 Logistic 回归的区域地质灾害综合气象预警模型.气象，2007，**33**(12)：3-8.

［14］ 刘传正，温铭生，唐灿.中国地质灾害气象预警初步研究.地质通报，2004，**23**(4)：303-309.

四维变分同化初值对 2013 年武汉"7·6"暴雨预报的敏感性试验研究

甘少华　闫　炎　王　奇

(空军气象中心,北京 100843)

摘　要

20 世纪 80 年代以来,变分同化逐步成为资料同化的主流方法。Courtier 提出的增量法使得四维变分同化方案进入国外气象中心的业务预报。但这种传统的四维变分方案需要编写切线性和伴随模式,工作量巨大,且计算耗时。中科院大气所王斌等提出了一种降维投影的四维变分同化方案(DRP－4DVar),该方案不需要切线性和伴随模式,可以直接求解代价函数的极小值。本文利用这种方法,首先介绍了在 WRF 版本 3.3 模式上构建了 WRF 模式的降维投影四维变分(DRP－4DVar)同化系统,然后利用此四维变分同化系统,对 2013 年 7 月 6 日的武汉暴雨过程进行了预报试验。试验分为 3 组,分别用由 T511 模式提供的初始场、6 h 同化分析场及同化窗长度加倍后的 12 h 分析场驱动 WRF 模式作降水预报试验,检验不同的同化分析值对此次暴雨预报效果。预报结果分析初步表明,降维投影四维变分同化(DRP－4DVar)在 WRF 模式 3.3 上成功实现,12 h 长度的同化窗分析初值的暴雨预报效果略优于 6 h 同化分析值。需要指出,这种同化窗的长度增加,必然受到模式完美性近似和切线性有效近似的制约。因此,需要进行更多的试验个例分析研究。

关键词:气象学　DRP－4DVar WRF 模式　暴雨

0　引言

数值天气预报中需要根据已有(观测和模式)信息,采用合适方法和技术,估计出最为接近大气"真实"状态的模式初始状态。这一过程就是资料同化过程。

20 世纪 80 年代中期,变分同化兴起,并逐渐成为资料同化的主流方法[1]。Coutier[2]提出了增量法求解代价函数,大大减少了四维变分同化(4DVar)的计算量,使得四维变分同化能进入业务化运行。欧洲中期天气预报中心在 1997 年就实现了 4DVar 的业务化[3-5]。这类经典 4DVar 的最主要特点是,它用模式做约束,得到的最优初始场能够满足动力和物理平衡,而且背景误差协方差在同化窗内是"隐式"发展的。在极小化代价函数过程中,4DVar 需要切线性和伴随模式,这些模式的研制和运行非常耗时,带来巨大的开发工作量,显然限制了 4DVar 在业务上的推广应用。

针对传统的 4DVar 的不足,中科院大气所王斌[6]于 2010 年提出了一种降维投影的四维变分同化方案(DRP－4DVar),该方法能够直接求解目标函数的极小值,一方面保持了传统的 4DVar 方法的模式约束和同化窗内误差协方差"隐式"发展的优点,另一方面,巧妙地避免使用切线性和伴随模式,大大减小了计算量,而且同化窗口之间的误差协方差也是随流型演变。在一系列理想模式及区域模式试验中,DRP－4DVar 方法显示出了良好的性能[7,8]。

虽然降维投影四维变分(DRP－4DVar)集合了传统 4DVar 和集合 Kalman 滤波的优点,

但是由于使用传统的 4DVar 的理论框架,DRP－4DVar 仍然需要一些近似和假设。在极小化目标函数的过程中,DRP－4DVar 也需要使用切线性近似。切线性近似的有效性,一方面依赖于所使用的预报模式;另一方面,它还与同化系统的一些特性有关,例如同化窗的长度以及分析时刻和观测时刻的时间间隔等。因此,我们需要使用足够长的同化窗,使分析场中的动力结构得以完全发展,同时,同化窗的长度又不能太长,以能保证完美模式假设和切线性近似的有效性。

近些年来,欧洲中期天气预报中心(ECMWF)在全球模式预报中试验了间隔 24 h 的长同化窗间隔 24 h 的 4DVar,美国在全球鹰无人飞机的观测资料中也使用间隔 12 h 的同化窗用于 WRF 模式的三维变分分析。在区域模式中设置长时间段的同化窗用于四维变分同化分析,尚不多见。

本文首先介绍基于 WRF 模式的降维投影四维变分(DRP－4DVar)设计及实现,然后针对武汉地区 2013 年 7 月 6 日的一次暴雨过程,设置了不同长度的同化窗,分别使用 6 h、12 h 分析场和 T511 全球模式分析场分别运行 WRF 模式,试图作一个有益的四维变分同化对比试验。

1 基于 WRF 模式的 DRP－4DVar 系统的设计和实现

1.1 DRP 原理简述

Courtier 提出的增量法的代价函数可以定义为:

$$J[\delta x(t_0)] = \frac{1}{2}[\delta x(t_0)]^T B^{-1} \delta x(t_0) + \frac{1}{2}\sum_1^N [H'_i M'_{t_0 \to t_i} \delta x(t_0) - d_i]^T R_i^{-1}$$
$$[H'_i M'_{t_0 \to t_i} \delta x(t_0) - d_i]^T \tag{1}$$

其中,$\delta x(t_0) = x(t_0) - x_g(t_0)$,$x(t_0)$ 是分析时刻变量,$x_g(t_0)$ 是背景场,B 是背景误差协方差矩阵,$d_i = y_i^{obs} - H_i[x_g(t_i)]$,$y_i^{obs}$ 是观测向量,H 和 H'_i 分别是 t_i 时刻的观测算子及切线性算子。

假设有一组 m 个初始扰动样本:$\delta x^{(1)}(t_0), \delta x^{(2)}(t_0), \cdots, \delta x^{(m)}(t_0)$,通过观测算子和非线性模式,可以获得各个观测时刻的模拟观测样本 $y'_1(t_i), y'_2(t_i), \cdots, y'_m(t_i)$,然后利用 DRP－4DVar 方法来求解目标函数的最优解[6]:

$$\begin{cases} x(t_a) = x_g(t_a) + P_X(B_a^{-1} + P_y^T P_y)^{-1} P_y^T \tilde{y}'_{obs} \\ \tilde{y}'_{obs} = R^{-1} y'_{obs} \\ O = RR^T \end{cases} \tag{2}$$

其中,$P_X[x'_1(t_a), x'_s(t_a), \cdots, x'_m(t_a)]$,$P_y = (y'_1, y'_2, \cdots, y'_m)$

1.2 DRP－4DVar 的历史预报扰动生成

首先,准备两组预报,起报时间分别提前同化窗始端 24 h 和 48 h,每小时输出一次积分结果,共预报 72 h。我们设置 6 h 同化窗口,72 h 预报相当于包含了 67 个同化窗,将每个窗口始端的样本减去背景场得到初始扰动样本:

$$x'_j(t_0) = x_j(t_0) - x_j(t_0), \quad 1 \leqslant j \leqslant 67 \tag{3}$$

其中,$x_j(t_0)$ 是由历史预报得到的同化窗始端的集合成员,$x_b(t_0)$ 表示同化窗始端的背景场。然后利用观测算子,将每个窗口内对应观测时刻的历史预报结果转化为各个观测时刻的模拟观测扰动样本：
$$y'_j(t_i) = y_j(t_i) - y_b(t_i) = H_i[x_{j+i}(t_i)] - H_i M_{t_0 \to t_i}[x_b(t_0)]$$
$$(0 \leqslant i \leqslant 6, \quad 1 \leqslant j \leqslant 67) \tag{4}$$

其中 $x_{j+i}(t_i)$ 是对应每个同化窗内观测时刻 $t_i(t_0 \leqslant t_i \leqslant 6)$ 的历史预报集合成员，$y_j(t_i)$ 是对应观测时刻 t_i 的第 j 个模拟观测样本，H_i 和 $M_{t_0 \to t_i}$ 分别是观测算子和非线性的模式算子。图 1 给出了在同化窗始端 (t_6) 的情况下，从一组 72 小时预报结果选取样本的流程。

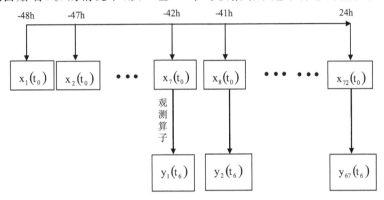

图 1　历史预报生成扰动样本

1.3　WRF 模式的 DRP－4DVar 的运行流程

基于 DRP－4DVar 的原理和预报扰动样本生成方法，我们为中尺度天气预报模式 WRF－ARW 建立了 DRP－4DVar 系统，该同化系统主要包含四个模块：WRF－ARW 预报模式，观测算子(Observation Operator)，观测资料前处理(Observation Preprocessing)和 DRP－4DVar 核心模块。预报模式 WRF－ARW 积分得到背景场，并统计背景场，再利用观测算子和预报模式，可以得到背景场的模拟观测和预报样本的模拟观测。考虑到 WRF 模式自带的资料同化模块功能齐全，本文的观测算子和观测前处理源自 WRF 模式的资料同化模块 WRFDA(WRF Data Assimilation)。数据输入准备好后，利用 DRP－4DVar 核心模块作分析计算，可以获得分析时刻的模式初始场。

2　四维变分同化试验设计

2.1　武汉"7·6"暴雨过程

2013 年 7 月 6 日，中国中东部地区 700 hPa 高度上有东北－西南向的切变线，低层为水汽异常辐合，武汉市位于低层切变线南侧，低层辐合高层辐散的垂直结构，使得武汉地区上升运动明显，为暴雨的发生提供了动力条件，500 hPa 的南支槽前西南气流给武汉市带来的充沛的水汽输送。在这样的大气环流背景下，从 7 月 6 日晚至 7 日，武汉遭遇 5a 来最强暴雨，城区内涝严重，给人民群众的生产生活带来很大损失。观测资料显示，武汉地区的 24 h 累积降水超过 100 mm，达到大暴雨级别。

2.2　变分同化试验设计

针对这次暴雨过程，我们利用构建的降维投影四维变分(DRP－4DVar)系统设计了 3 组对比试验(表 1)，分别用 T511 的分析场、间隔 6 h 同化的分析场和同化窗加倍的间隔 12 h 的分析场驱动 WRF 模式作此次降水预报试验。模式的分析初始值在 5 日 12:00(世界时)，同化

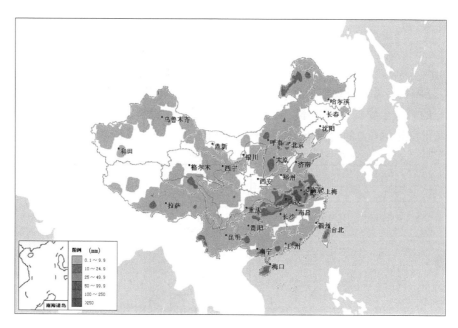

图 2 7月6日 08:00(北京时)－7日 08:00 的累积 24 h 降水观测

资料为常规观测资料。其中 WRF 模式水平分辨率设为 27 km,垂直分层 28 层。表 2 给出了本试验的模式基本参数和物理参数化方案。

表 1 四维变分同化试验

试验方案	内　　容
方案 a	空军 T511 全球模式提供分析场
方案 b	15 日 12:00－15 日 18:00 的常规观测,6 h 同化窗,分析初值在同化窗始端
方案 c	15 日 12:00－16 日 00:00 的常规观测,12 h 同化窗,分析初值在同化窗始端

表 2 WRF 模式基本参数设置

参数	选项
区域中心位置(°E,°N)	(103,36)
网格点数	261×177×28
水平分辨率/km	27
模式层顶气压/hPa	50
微物理方案	WSM3
积云参数化	Kain-Fritsch
边界层方案	YSU
辐射方案	RRTM
陆面过程	5－layer thermal diffusion

3 试验结果分析

WRF 版本 3.3 模式在上述 3 种分析初值的驱动下,从 7 月 5 日 12:00(世界时)开始预报,预报结果的对比分析时间段为 7 月 6 日 00:00(世界时)至 7 日 00:00(世界时)的 24 h 累积降水,图 3 给出了 3 组试验的 24 h 累积降水预报图。

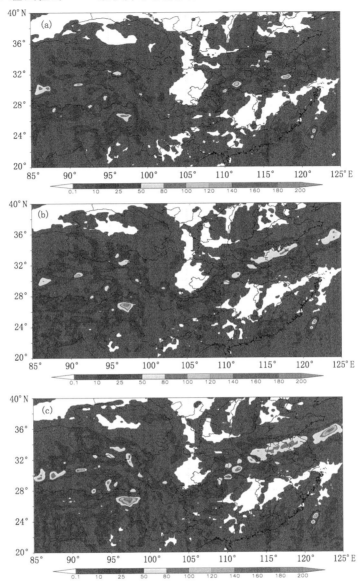

图 3　3 种分析方案预报的 7 月 6 日 00:00—7 日 00:00 的 24 h 累积降水(单位:mm)

(a 为 T511 分析场,b 为 6 h 同化分析场,c 为 12 h 同化分析场)

对比分析图 3 和实况降水图 2,T511 分析场(方案 1)驱动 WRF 模式作预报,预报的武汉地区暴雨极值超过 120 mm,强度最接近实况,但是在长江中下游的带状降水分布不明显,长江下游的降水预报较弱。12 h 同化窗(方案 3)和 6 h(方案 2)的降水分布态势非常相似,对长江中下游地区的东西带状降水和实况较接近,主要区别在于对武汉地区的降水预报极值有区别。其中 12 h 的同化窗分析值预报的降水最大值超过 100 mm,6 h 同化窗的降水最大预报值小于 100 mm,12 mm 同化窗的分析值预报的暴雨效果略优于 6 h。

4 结论

本文首先根据DRP-4DVar的原理,在WRF版本3.3模式和空军业务运行环境下设计和实现了降维四维变分同化(DRP-4DVar)系统。然后在此四维变分同化系统支持下,分别由T511模式提供的初始场、6 h同化分析场及同化窗长度加倍后的12 h分析场,对2013年7月6日的武汉暴雨个例,进行了3次预报试验及结果分析,结论可以初步总结如下:

(1)降维投影四维变分同化(DRP-4DVar)在WRF模式3.3上成功实现。

(2)空军T511模式提供的分析场预报的武汉地区暴雨极值最接近实况降水。

(3)12 h同化分析初值的暴雨预报效果略优于6 h同化分析值。

在本文中,对同化窗长度加倍后,预报的暴雨极值相对于原同化窗更接近实况,这可能是分析窗口内的观测资料增加,使得分析场的动力结构更好地发展,使得分析场和模式更加协调。但同时要指出的,这种同化窗的长度增加,必然受到模式完美性近似和切线性有效近似的制约。因此,需要进一步试验。

参考文献

[1] Le Dimet F X,Talagrand O. Variational algorithm for analysis and assimilation of meteorological observations,theoretical aspects. *Tellus*,1986,**38**A(2):97-110.

[2] Courtier P. Dual formulation of four-dimensional variational assimilation. *Quarterly Journal of the Royal Meteorological Society*,1997,**123**:2449-2461.

[3] Bouttier F,Rabier F. The operational implementation of 4D-Var. *ECMWF Newsletter*,1997,2-5.

[4] Rabier F,Jarvinen H,Klinker E,*et al*. The ECMWF operational implementation of four-dimensional variational assimilation-Part I:Experimental results with simplified physics. *Quart J Roy Meteor Soc*,2000,**126**:1143-1170.

[5] Mahfouf J F,Rabier F. The ECMWF operational implementation of four-dimensional variational assimilation-Part II:Experimental results with improved physics. *Quart. J. Roy. Meteor. Soc.*,2000,**126**:1171-1190.

[6] Wang B, Liu J J, Wang S,*et al*. An economical approach to four-dimensional variational data assimilation. *Adv Atmos Sci*,2010a,doi,10:1007/s00376-009-9122-3.

[7] Zhao J, Wang B, Liu J J. Impact of Analysis-time Tuning on the Performance of the DRP-4DVar Approach. *Adv Atmos Sci*,2011,**28**(1):207-216.

[8] Zhao J,Wang B. Sensitivity of the DRP-4DVar performance to perturbation samples obtained by two different methods. *Act Meteor Sin*,2010,**24**(5):527-538.

新疆快速更新循环同化数值预报系统(XJ-RUC)2013年汛期降水预报结果检验

于晓晶　辛　渝

(中国气象局乌鲁木齐沙漠气象研究所,乌鲁木齐 830002)

摘　要

基于新疆快速更新循环同化数值预报系统(XJ-RUCv1.0)对2013年汛期(5—9月)逐日四次回算预报的 6 h 累积降水量和降水实况,利用 Ts 评分和 Bias 预报偏差统计量,对该系统汛期降水预报能力进行客观检验。结果表明:总体而言,对于同一降水阈值,系统不同起报时间对降水的预报结果差别不大;系统降水预报能力随着降水阈值的增大而逐渐降低,其中,0.1 mm·(6 h)$^{-1}$ 阈值的降水预报性能最稳定,3.1 mm·(6 h)$^{-1}$ 和 6.1 mm·(6 h)$^{-1}$ 阈值次之,对 12.1 mm·(6 h)$^{-1}$ 以上的大阈值降水过程,整体把握能力还有待提高。另外,以2013年5月下旬南疆一次极端强降水天气为个例,系统基本预报出此次过程的降水落区和量级;对26日 12 UTC 的增量场分析表明,同化资料对模式预报初始场的风场、温度场以及湿度场均有明显的调整作用,对预报结果起到一定的正作用。

关键词:XJ-RUC 系统　6 h 降水量　客观检验　增量分析

0　引言

近年来,区域快速更新循环的高时空分辨率数值预报产品在强对流天气短时临近预报中发挥着日益重要的作用[1],我国各地先后开展过中尺度数值模式的资料快速同化更新与短时预报工作。北京城市气象研究所基于 WRF 模式和 WRF-3DVAR 系统,完成国内首家快速更新循环数值预报系统(BJ-RUC)的构建,并在 2008 年奥运会气象保障服务中发挥重要作用[2-4]。武汉暴雨研究所以 AREM 模式和 LAPS 系统为核心,建立 3 h 快速更新循环同化系统(AREM-RUC)[5]。广州热带气象研究所以 GRAPES 模式及其三维变分为核心模块,建立逐小时循环同化预报和每 3 h 间隔的滚动预报系统(GRAPES_CHAF)[6]。国家气象中心在原 GRAPES_CHAF 基础上进行一系列优化后,建立了全国/区域两级使用的 GRAPES_RAFS 系统[7]。

2010 年新疆气象局参照 BJ-RUC 运行流程,结合本区域风电场风电预报服务的时空需求和常规观测资料获取方式、资料类型等,建立了本区域的基于 WRF 的 RUC 系统(XJRUCv1.0)及精细化风能太阳能预报系统[8]。该系统运行行至今,只有模式版本的更新及运行流程的调整,其分辨率、各种物理参数化方案等均不变。加之计算资料的限制,该系统还未在日常天气预报业务中充分发挥作用,基本停留在风能[9]和辐射[10]预报的研究中,而对常

资助项目:中国气象局关键技术集成与应用重点项目"区域快速循环同化数值预报系统改进及产品集成释用(CAMGJ2012Z20)"

规天气要素的预报性能检验较少。

定量降水预报是天气预报和数值预报的重点和难点。为检验 XJ－RUCv1.0 系统对新疆汛期降水的预报性能,利用客观检验方法对 2013 年汛期逐日 4 次(00 UTC、06 UTC、12 UTC、18 UTC,文中模式起报时间均为世界时)预报时效为 72 h 的回算预报结果进行分析。鉴于精细化预报的发展要求[11-12],文中对 XJ－RUCv1.0 系统预报的 6 h 累积降水结果进行初步检验,旨在客观评价该系统的降水预报性能,以期为高效准确应用系统产品提供一定的依据,为改进和完善系统奠定一定的工作基础。

1 XJ－RUC 系统和检验方法简介

1.1 XJ－RUCv1.0 系统简介

XJ－RUCv1.0 系统基于 WRFv3.5 和 WRFDAv3.4.1,通过 WRF－3DVAR 系统每隔 6 h 同化一次最新的通过全球电讯交换系统获得的 GTS 全球观测资料(包括地面、探空、航空、卫星等观测资料),得到对大气状态的更新估计,然后利用高分辨率 WRF 模式进行短期预报。该系统以 GFS 资料为初始场,目前每天实时运行 4 次,其中 00 UTC 和 12 UTC 为冷启,06 UTC 和 18 UTC 为暖启。如图 1 所示,XJ－RUCv1.0 系统的模拟区域设置为 27 km、9 km 两重嵌套网格,其格点数分别为 211×181、289×208,模拟中心为(87.85°E,43.55°N),垂直方向为 40 层。模式主要物理过程参数设置如下:WSM6 云微物理方案,K－F 对流参数化方案,YSU 边界层方案,Noah 陆面方案,长波辐射 RTMM 方案和短波辐射 Dudia 方案。

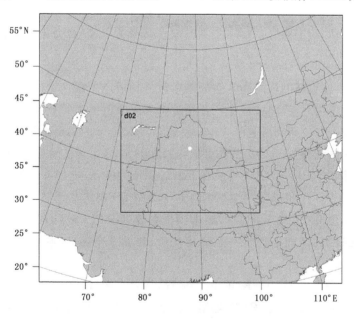

图 1   XJ－RUCv1.0 系统预报区域图

1.2 检验方法简介

根据新疆气候特点,将汛期定义为 5—9 月,并将逐 6 h 累积降水的检验阈值依次取为 0.1 mm、3.1 mm、6.1 mm、12.1 mm、24.1 mm、48.1 mm。一般即使在汛期,24.1 mm · (6 h)$^{-1}$ 以上的降水在新疆也比较罕见。利用 XJ－RUCv1.0 系统 9 km 区域汛期降水预报结果与全球 GTS 观测资料中的地面降水实况,采用开口式检验分别计算各阈值对应的 T_s (Threat Score)和预报偏差 $Bias$(Bias Score)。其中,T_s 定义为

$$T_s = \frac{N_a}{N_a + N_b + N_c} \qquad (1)$$

对于给定的降水阈值,N_a 表示观测和预报中都存在降水的站点数,N_b 表示空报站点数,N_c 表示漏报站点数,T_s 即预报正确的站点数占所有发生降水站点数的百分比。T_s 值越大,说明模式降水预报能力越强。

预报偏差 $Bias$ 定义为

$$Bias = \frac{F}{O} = \frac{N_a + N_b}{N_a + N_c} \qquad (2)$$

即统计区域内某一降水阈值预报降水站数与观测降水站数的比值。因此,$Bias$ 越接近 1,说明该量级预报范围越接近实况,$Bias>1$ 说明该阈值预报范围较实况偏大,$Bias<1$ 说明该阈值预报范围较实况偏小。

2 2013 年汛期降水预报结果检验评估

文中检验结果均以某一起报时间的预报时效为横坐标,为表述简明,记 18~24 h 的 6 h 累计降水预报为 24 h 预报,以此类推。

图 2 为 2013 年汛期 6 h 累积降水预报检验结果。从 T_s 评分来看,总体表现出随降水阈值的增加,T_s 评分随之减小的趋势;不同预报时效之间差异不大。对于 0.1 mm·(6 h)$^{-1}$ 阈值的降水,其 T_s 评分均超过 0.30,部分达到 0.40;对于 3.1 mm·(6 h)$^{-1}$ 阈值的降水,其 T_s 评分也均在 0.10 以上,部分可达到 0.20;对于 6.1 mm·(6 h)$^{-1}$ 阈值的降水,其 T_s 评分均维持在 0.1 左右;而对于 12.1 mm·(6 h)$^{-1}$ 以上的降水,其 T_s 评分进一步减小。对于 24.1 mm·(6 h)$^{-1}$ 和 48.1 mm·(6 h)$^{-1}$ 阈值的降水,模式预报能力仍有限。

从 $Bias$ 预报偏差来看,随着降水阈值的增加,各预报时效之间的差异逐渐显著。对于 0.1 mm·(6 h)$^{-1}$ 阈值的降水,不同预报时效之间的差异最小,其 $Bias$ 分值大部分均在 1.2~1.5,即系统对该阈值降水的预报范围较实况有所偏大。在实际中,南疆昆仑山北侧地区常年出现大片空报地区。对于 3.1 mm·(6 h)$^{-1}$ 阈值的降水,其 $Bias$ 分值最接近 1.0,即系统对该阈值降水的预报范围与实况比较吻合。对于 6.1 mm·(6 h)$^{-1}$ 阈值的降水,不同预报时效 Bias 分值的差异开始显著,仅有部分在 1.0 左右。对于 12.1 mm·(6 h)$^{-1}$ 和 24.1 mm·(6 h)$^{-1}$ 这两个阈值的降水,部分预报时效的 $Bias$ 分值仍可达到 1.0 左右;尤其是 06 UTC 的预报结果,除 18 h 和 24 h 外,其余预报时效的 $Bias$ 分值基本在 0.8~1.1。对于 48.1 mm·(6 h)$^{-1}$ 阈值的降水,各预报时效之间的 $Bias$ 分值两极分化严重,预报能力相对较低。

综上分析可知,XJ-RUC 系统对新疆汛期降水有一定的把握能力,但对大阈值降水落区预报性能不稳定,还有待进一步提高。

3 典型强降水个例分析

3.1 降水实况与预报结果检验

2013 年 5 月 26 日 08:00 至 29 日 18:00(北京时),受西西伯利亚低槽影响,南疆西部、阿克苏等地出现历史罕见的强降水天气过程,普降小到中雨,部分地区达到暴雨,局部雨量达

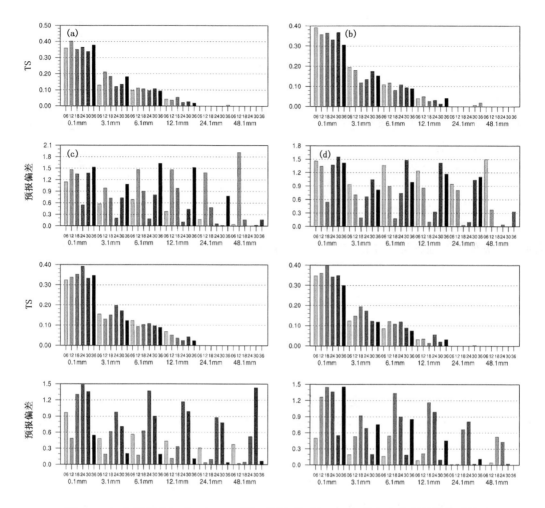

图 2　2013 年汛期 XJ—RUCv1.0 系统不同起报时间逐 6 h 累积降水预报的检验结果

（a 为 00 UTC 起报，b 为 06 UTC 起报，c 为 12 UTC 起报，d 为 18 UTC 起报）

50～80 mm。国家站、区域自动站有 138 站累计降水量超过 24 mm，54 站超过 48 mm。此次过程主要出现两个强降水中心：一是喀什东部地区，其中叶城累计降水量达 88.2 mm，超过历年平均降水量（66.7 mm）；二是克州北部与阿克苏西部交界地带，其中阿合奇累积雨量达 50 mm。

　　图 3 为 XJ—RUCv1.0 系统对此次过程的 24 h 降水预报图，从图中可以看出，模式预报的雨带分布与实况基本吻合，两个强降水中心位置把握也较好，尤其是 26 日 12 UTC 的预报结果，较为准确地预报处叶城地区的强降水中心。从 XJ—RUCv1.0 系统 25－27 日的 6 h 降水 Ts 评分和 Bias 预报偏差综合来看（图略），系统对于 0.1 mm·（6 h）⁻¹ 阈值的降水效果预报性能最稳定，绝大部分 Ts 评分在 0.30 以上，个别预报时效甚至超过 0.40；其 Bias 分值大部分在 1.0～1.5，预报范围比实况略有偏大。之后随着降水阈值的增加，系统预报能力随之降低。对于 12.1 mm·（6 h）⁻¹ 以上的降水，预报能力还有待提高，尤其是空报和漏报情况明显。

3.2　同化资料增量场分析

　　定义某时刻的增量场为第一猜测场与分析场的差值。为探究 26 日 12 UTC 同化资料对

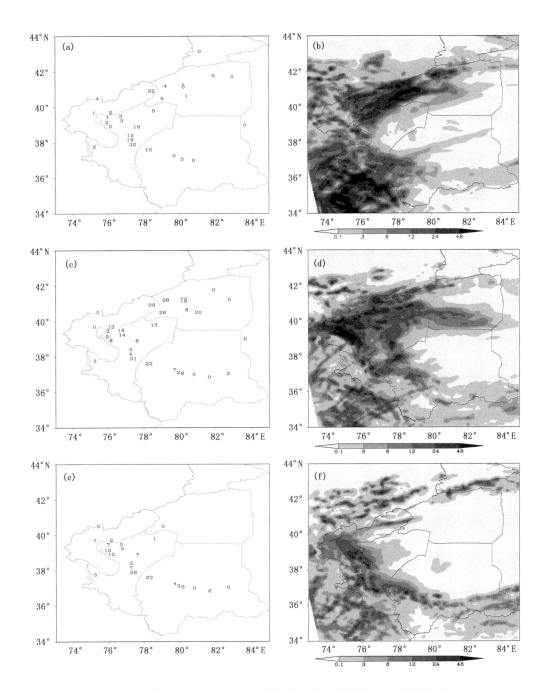

图3 2013年5月26—29日24 h累积降水量的实况观测与系统预报对比

(a,c,e分别为26日08:00—27日08:00,27日08:00—28日08:00,28日08:00—29日08:00的

降水量实况;b,d,f分别为25日12 UTC、27日12 UTC的系统预报)

预报结果产生的影响,通过分析该时刻的增量场来分析同化资料对模式初始场的改进。

图4为26日12 UTC 9 km区域中第17σ层上各要素的增量场分布。可以看出,参与资料同化的站点位置上,都出现不同程度的正负增量,说明同化资料在一定程度上改变了模式的初始场。从U,V风速增量场来看,南疆西部克州地区均为正增量,在克州与喀什地区交界地

带开始为负变量,由此产生一西南风与东北风的切变线,有利于强降水的发生。从温度场增量来看,南疆西南部地区主要以正增量为主,导致该区域低层不稳定能量增加;而在南疆西部出现一个负增量中心,这可能是导致该强降水中心位置偏西南的原因。从温度露点差来看,全疆大部分地区为正增量,但在南疆南部出现负增量区,即温度露点差减小,水汽在上升运动中更容易饱和凝结,也有利于强降水的发生。总之,同化资料对模式初始场中的风场、温度场以及湿度场均有所调整,更有利于强降水的发生发展。

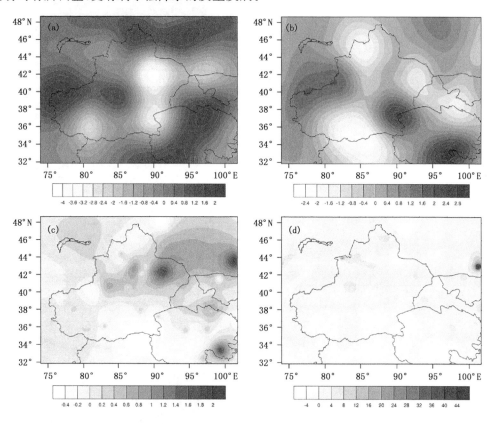

图 4　2013 年 5 月 26 日 12 UTC 9 km 区域中第 17σ 层各要素增量场分布

(a 为 U 风速,单位:m·s⁻¹,b 为 V 风速,单位:m·s⁻¹,c 为温度,单位:℃;d 为温度露点差,单位:℃)

4　结论

基于 2013 年汛期(5—9 月)XJ—RUCv1.0 系统逐日 4 次预报的 6 h 累积降水结果和降水实况资料,利用较常用的 Ts 评分和 Bias 预报偏差,初步评估 XJ—RUCv1.0 系统对新疆汛期降水的预报性能;并通过对 2013 年 5 月 26—29 日南疆西部一次极端强降水个例分析,进一步检验系统的降水预报能力和检验同化资料对模式初始场的影响。主要结论如下:

(1)对于同一降水阈值,系统不同起报时间的预报结果差别不大;系统对 0.1 mm·(6 h)⁻¹ 阈值的降水预报性能最稳定,Ts 评分基本都维持在 0.30 左右,预报范围与实况也比较一致;对 3.1 mm·(6 h)⁻¹ 和 6.1 mm·(6 h)⁻¹ 阈值的降水预报能力次之,其 Ts 评分在 0.10～0.20,但大部分预报时效降水范围与实况比较一致;对 12.1 mm·(6 h)⁻¹ 以上的大阈值强降水过程,总体把握能力相对较低,但是这类强降水在新疆出现的概率也较小;

（2）通过对强降水天气个例的实况和预报场对比可知，XJ－RUCv1.0 系统基本预报出此次过程的降水落区和量级；通过对 26 日 12 UTC 增量场分析可知，同化的多种观测资料对预报初始场的风场、温度场、湿度场均有显著的调整作用，对降水预报结果有一定的正效应。

参考文献

[1] 郑永光,张小玲,周庆亮,等.强对流天气短时临近预报业务技术进展与挑战.气象,2010,**36**(7):33-42.

[2] 范水勇,陈敏,仲跻芹,等.北京地区高分辨率快速循环同化预报系统性能检验和评估.暴雨灾害,2009,**28**(2):119-125.

[3] 魏东,尤凤春,范水勇,等.北京快速更新循环预报系统(BJ-RUC)模式探空质量评估分析.气象,2010,**36**(8):72-80.

[4] 魏东,尤凤春,杨波,等.北京快速更新循环预报系统(BJ-RUC)要素预报质量评估.气象,2011,**37**(12):1489-1497.

[5] 王叶红,彭菊香,公颖,等.AREM-RUC 3 h 快速更新同化预报系统的建立与实时预报对比检验.暴雨灾害,2011,**30**(4):296-304.

[6] 陈子通,黄燕燕,万齐林,等.快速更新循环同化系统预报系统的汛期试验与分析.热带气象学报,2010,**26**(1):49-54.

[7] 徐枝芳,郝民,朱丽娟,等.GRAPES_RAFS 系统研发.气象,2013,**39**(4):466-477.

[8] 辛渝,陈洪武.XJRUC/CALMET 不同分辨率及 CALMET 下不同调整参数计算的风场预报检验.风与大气环境科学进展(二).北京:气象出版社,2012:427-439.

[9] 辛渝,汤剑平,赵逸舟,等.模式不同分辨率对新疆达坂城—小草湖风区地面风场模拟结果的分析.高原气象,2010,**29**(4):884-893.

[10] 辛渝,王澄海,沈元芳,等.WRF 模式对新疆中部地面总辐射预报性能的检验.高原气象,2013,**32**(5):1368-1381.

[11] 王雨,公颖,陈法敬,等.区域业务模式 6 h 降水预报检验方案比较.应用气象学报,2013,**24**(2):171-178.

[12] 傅娜,陈葆德,谭燕,等.基于快速更新同化的滞后短时集合预报试验及检验.气象,2013,**39**(10):1247-1256.

一次强降水过程的数值预报检验分析

曹丽霞　李　娟　李　婧

（中国人民解放军 61741 部队，北京 100094）

摘　要

采用全球中期数值天气预报模式（以下简称 T799 模式），水平分辨率 25 km，垂直分层 91 层，模式层顶为 0.01 hPa，约 80 km。系统采用基于多增量方法的四维变分同化方法，同化资料包括常规观测资料和卫星资料，可制作全球 10 d 天气形势和要素预报产品，可用预报时效 7 d 以上。AREM 是区域数值天气预报系统中专用云环境数值预报系统，采用 AREM 预报模式，水平分辨率 8 km，垂直分层 50 层，模式层顶为 10 hPa，约 30 km。系统采用后向映射四维变分同化方法，制作中国及周边地区的高分辨云环境数值天气预报。为了进一步检验这两个业务模式的预报效果，选取一次强降水过程的降水预报结果进行详细对比分析，以期对模式的改进有一定的辅助参考意义。

结合观测实况资料，利用全球中期数值天气预报系统 T799 和区域云环境数值天气预报系统 AREM，进行了一次强降水过程的数值预报产品检验分析。分析表明：

（1）天气学检验的分析表明，就此次降水过程来说，T799 和 AREM 随着预报时效的缩短，降水落区预报范围逐渐接近实况，两个模式 24 h 的降水落区与实况接近。T799 和 AREM 预报的西北地区降水落区相对接近于实况，降水强度比实况偏大。T799 24 h 预报的暴雨落区相对接近于实况，但强度比实况偏小，而 AREM 预报的暴雨落区相对实况偏西北，但强度与实况接近。

（2）统计学检验分析表明，T799 和 AREM 的 24 h 预报降水落区与观测实况更接近，AREM 对大雨和暴雨的预报效果比较好。

（3）空间检验分析表明，从比较对象以及匹配对象的属性来看两个模式总信度大于 0.7，预报可用，AREM 比 T799 总信度高，更接近观测实况。

关键词：降水预报　强降水　T799 模式　空间天气学检验

0　引言

采用全球中期数值天气预报模式（以下简称 T799 模式），水平分辨率 25 km，垂直分层 91 层，模式层顶为 0.01 hPa，约 80 km。系统采用基于多增量方法的四维变分同化方法，同化资料包括常规观测资料和卫星资料，可制作全球 10 d 天气形势和要素预报产品，可用预报时效 7 d 以上。AREM 是区域数值天气预报系统中专用云环境数值预报系统，采用 AREM 预报模式，水平分辨率 8 km，垂直分层 50 层，模式层顶为 10 hPa，约 30 km。系统采用后向映射四维变分同化方法，制作中国及周边地区的高分辨云环境数值天气预报。为了进一步检验这两个业务模式的预报效果，选取一次强降水过程的降水预报结果进行详细对比分析，以期对模式的改进有一定的辅助参考意义。

2013 年 5 月 14 日以来，中国南方地区遭遇今年以来最强的一次降雨过程，江西、湖北、湖南、福建等多省份遭遇强降水袭击，局地伴有雷电、大风、冰雹等强对流天气，引发洪涝、风雹、山体滑坡等灾害,安徽、福建、江西、湖北、湖南、广东、广西、重庆、四川、贵州等10省(自治区、直辖市)受灾。多地雨量创下今年新高,各种地质灾害频发,城市内涝严重,人民生命财产安全受到极大的威胁。据国家减灾办统计,截至5月17日20:00,此次灾害过程已经造成55人死亡,14人失踪。针对此次灾害天气,以2013年5月15日08:00—16日08:00 24 h累积降水为例,利用全球中期数值天气预报系统T799和区域短期数值天气预报系统AREM,进行了强降水天气过程的数值预报产品的检验分析。

1 天气过程概况

5月15日08:00至16日08:00,受高空槽、低空切变和南海季风的影响,北下的冷空气与南来的暖湿气流在华南交汇,为南方带来了大范围的降水。西北地区中东部、内蒙古河套地区、西南地区东部、江淮西部、江汉东部、江南大部、华南北部等地出现中雨或大雨,其中,广西中北部、湖南南部、江西、福建西北部和东南部沿海、广东北部、安徽南部等地出现暴雨,广西北部、广东北部、湖南南部、江西中南部、福建西北部等地的部分地区出现大暴雨,广东佛冈出现特大暴雨(292 mm)。

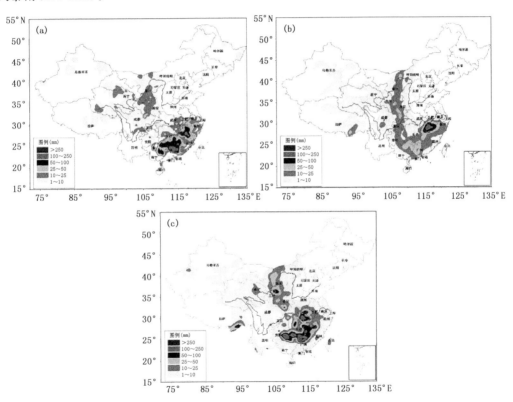

图1 5月15日08:00—16日08:00 24 h累积降水预报场与观测实况
(a为实况,b为T799—24 h,c为AREM—24 h)

2 降水落区和强度的天气学检验

对降水落区进行检验,与实况对比,T799和AREM在24 h和48 h预报的降水落区上比较一致,两者的 24 h 预报比 48 h 预报更接近实况。对西北地区和华南地区的强降水两个模式都有比较好的预报效果,但对拉萨地区均存在一个中雨量级的空报。

对西北地区中东部的降水预报:T799 和 AREM 的 48 h 预报(图略)落区都比实况偏大,且在呼和浩特地区存在空报,随着预报时效的缩短,降水落区预报范围逐渐接近实况,两个模式 24 h 的降水落区与实况接近,降水强度上 AREM 达到了 50 mm 以上,T799 在 10~25 mm 的降水预报,更接近实况。

对华南地区的暴雨预报:T799 和 AREM 的 48 h 预报与实况相比,降水落区都比较偏北,T799 的量级偏小,AREM 的量级与实况比较接近。随着预报时效的缩短,经过模式的调整,暴雨落区预报范围逐渐接近实况。T799 的 24 h 预报在降水落区的把握上更接近实况,但降水强度与实况还存在差距,尤其是广东北部的降水极值比实况小 1~2 个量级。AREM 的 24 h 预报在降水落区上比实况偏西北一些,在降水强度方面,AREM 预报值比实况稍大一些,与实况量级比较接近,尤其是对广州地区的暴雨预报极值达到了 250 mm 以上,这与实况观测的广东北部佛冈地区降水量达到 292 mm,非常接近,预报效果较好。

3 降水预报的统计学检验和空间天气学检验

3.1 降水预报 TS 评分检验

采用统计学检验对 T799 和 AREM 的 2013 年 5 月 15 日—5 月 16 日 24 h、48 h 的 24 h 累积降水预报和实况资料进行对比分析,计算出华南地区(20°~36°N,105°~123°E)的 TS 评分检验,比较两个系统的预报性能。

从检验结果(表1)中可以看出:两个模式在各个降水强度上大多都是随着预报时效的增加而 TS 评分减小。24 h 预报时效的降水预报,AREM 的 TS 评分都比 T799 高。≥10 mm 和≥25 mm 的评分达到了 0.615 和 0.463,比 T799 的评分高 0.02;≥50 mm 的评分为 0.275,比 T799 的评分高出 0.17;≥100 mm 的评分为 0.10,对暴雨有一定的预报意义,T799 对此量级的降水的评分为 0。由 TS 评分来看,AREM 24 h 降水预报比 T799 效果更好。

48 h 预报时效的降水预报,T799≥10 mm 和≥25 mm 中雨 48 h 预报的 TS 评分比 AREM 高;对≥100 mm 的暴雨两个模式都没有报出来,TS 评分均为 0。

表1 T799 和 AREM 不同预报时效不同强度降水预报的 TS 评分

| 降水量/ | 24 h | | 48 h | |
mm	T799	AREM	T7994	AREM
≥10.000	0.591	0.615	0.516	0.302
≥25.000	0.440	0.463	0.297	0.122
≥50.000	0.107	0.275	0.031	0.073
≥100.000	0.000	0.100	0.000	0.000

3.2 降水预报的空间天气学检验

除上述统计检验外,利用 MET3.0 中面向对象的空间检验模块 MODE 检验了 T799 和 AREM 模式 2013 年 05 月 15 日 08:00—05 月 16 日 08:00 的 24 h 累积降水预报结果。首先将预报和实况数据都插值在相同的网格点上,水平分辨率为 0.1°×0.1°。图 2 给出了阈值为

50 mm 的 T799 和 AREM 系统分别与实况场匹配得到的对象场。表 2 给出了相应匹配对象的空间检验结果。

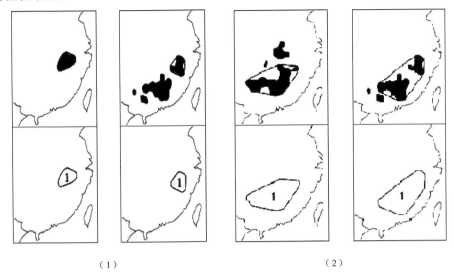

（1） （2）

图 2 2013 年 5 月 15 日 08:00—16 日 08:00 T799 和 AREM 的 24 h 累积降水量预报场
与观测实况匹配的对象场
（1 左:T799 预报场,1 右:实况场;2 左:AREM 预报场,2 右:实况场;曲线内的为匹配
上的区域,无曲线的为未匹配上的区域;图中的 1:匹配出的对象场的位置形状）

表 2 T799 和 AREM 预报场与实况场的空间检验结果(阈值为 50.0 mm)

模式	中心距离	边界距离	轮廓距离	预报长轴方向	实况长轴方向	轴向差	预报面积	实况面积
T799	11.85	0.0	0.0	16.82	25.64	-8.82	707	574
AREM	19.41	0.0	0.0	10.92	29.97	-19.06	2106	1990

模式	面积比率	交集	并集	补集	10%预报强度	10%实况强度	25%预报强度
T799	1.23	259	1022	763	47.216	38.968	58.102
AREM	1.06	1116	2980	1864	46.340	39.258	56.971

模式	25%实况强度	50%预报强度	50%实况强度	50%比率	75%预报强度
T799	52.602	78.688	71.965	1.093	101.023
AREM	52.773	75.747	70.625	1.073	110.346

模式	75%实况强度	90%预报强度	90%实况强度	90%比率	总信度
T799	91.295	119.603	112.550	1.063	0.822
AREM	93.555	163.398	124.766	1.040	0.951

从比较对象以及匹配对象的属性来看,对于 50 mm 的降水阈值,T799 与实况匹配的对象中心距离为 11.85,AREM 与实况匹配的对象中心距离为 19.41,T799 偏差比较小;T799 的轴向差为 -19.06,方向偏差比较大,AREM 的轴向差为 -8.82,与观测实况的方向偏差比较小。从预报面积和实况面积的对比可以看出,AREM 的面积比率为 1.06,比 T799 更接近实况面积。T799 和 AREM 的预报强度的极值都比实况强度偏大。以阈值为 50 mm 的中雨为例,T799 的总信度为 0.822,AREM 的总信度为 0.951,预报可用。

4 总结

(1)天气学检验的分析表明,就此次降水过程来说,T799 和 AREM 随着预报时效的缩短,降水落区预报范围逐渐接近实况,两个模式 24 h 的降水落区与实况接近。T799 和 AREM 预报的西北地区降水落区相对接近于实况,降水强度比实况偏大。T799 24 h 预报的暴雨落区相对接近于实况,但强度比实况偏小,而 AREM 预报的暴雨落区相对实况偏西北,但强度与实况接近。

(2)统计学检验分析表明,T799 和 AREM 的 24 h 预报降水落区与观测实况更接近,AREM 对大雨和暴雨的预报效果比较好。

(3)空间检验分析表明,从比较对象以及匹配对象的属性来看两个模式总信度大于 0.7,预报可用,AREM 比 T799 总信度高,更接近观测实况。

参考文献

[1] Heini Wernli,Christiane Hofmann. Spatial Forecast Verification Methods Intercomparison Project:Applicatiom of the SAL Technique.*Weather and Forecast*,2009,**24**:1472-1484.

[2] 尤凤春,王国荣,郭悦,等. MODE 方法在降水预报检验中的应用分析.气象,2011,37(12):1498-1503.

[3] 杨玉震,李娟,等.7.21 大暴雨数值预报性能检验.军事气象水文,2013,1:23-27.

[4] 李娟,马亮,等. MODE 方法在降水预报检验中的应用初探.军事气象水文,2013,1:29-34.

[5] 向高,潘晓滨.不同降水物理过程对一次大暴雨的数值试验分析//第 27 届中国气象学会年会论文集,北京:气象出版社,2010:10.

幂指数参数方案在西北四省区降水预报中的试验对比

刘　抗[1]　赵声蓉[2]　李照荣[3]　张　宇[4]

(1.甘肃省气象服务中心,兰州 730020;2.国家气象中心,北京 100081;3.陇南市气象局,陇南 746000;
4.中国气象局兰州干旱气象研究所,兰州 730020)

摘　要

本文采用中国气象局数值预报中心下发的 T639 全球谱模式数值预报资料与西北四省区 108 个台站 08:00 24 h 降水实况资料,通过引入幂指数参数方案,在建立多元线性回归方程之前,对降水实况要素进行预先数学处理,遴选出各站的最优参数,从试验对比中发现:当所选参数≥4.7 时,所选参数对应所得预报结果失效;参数<1.5 被选中为最优参数的几率较大,特别是参数∈(1,2]时的效果与其他区间相比较好,其中参数为 1.2 在 24 h 的效果为所有参数在 10 个时次中最优;最优参数大值区主要位于青海中东部,宁夏大部与陕西大部为小参数分布的主要区域;青海南部、东部预报效果相对较好,陕甘宁预报效果整体偏低。

关键词:幂指数参数方案　西北地区　降水预报　试验对比

0　引言

在 1972 年,美国 Glahn 和 Lowry 最早提出 MOS 预报,它逐步取代完全预报成为美国国家气象中心的指导预报,6 年后中国上海台引进 MOS 预报方法并投入业务使用,1982 年开始国家气象局开始全国范围推广 MOS 预报方法。我国的地方 MOS 预报方法具有中国特色,比较注意吸收预报员经验,并且采用多种统计模型,经实践证明地方 MOS 预报效果较好[1]。

MOS 预报方法是指在模式预报的基础上结合实况观测资料,通过统计方法建立预报模型,并在此基础上给出预报服务需要的预报结果。并且 MOS 预报方法可以引入许多其他方法难以引入的预报因子(如垂直速度、涡度等物理意义明确、预报信息量较大的因子),它还能自动地订正数值预报的系统性误差,并能在实际预报工作中得到广泛应用,也取得了较好的预报效果[2-4]。所以使得该预报方法能够提供较为客观、定量、长时间序列、高准确率的指导预报[5-6],从而成为业务应用中的主要方法,在国家气象中心和很多的省级业务部门都有应用。MOS 预报方法包括回归、判别、聚类等多种统计预报方法,但由于多元回归方法在实际业务中应用更为普遍,所以 MOS 预报方法更多的时候是指多元回归方法[7]。而且很多气象工作者在研究分析中突破传统气象信息服务内容,并且对比 MOS 预报不同方法,以求满足公众对气象信息服务更多、更高的要求。其中,陈豫英等[8]在基于 MM5 模式产品基础上,对比多元回归和逐步回归这两种 MOS 预报方法,对宁夏做了相对湿度预报,得到不同天气形势变化情况下 MOS 预报方法结果的稳定性的对比。

2004 年丑纪范等[9]在《中国气象事业发展战略研究现代气象业务卷》中提到,中国气象事

资助项目:中国气象局公益性行业(气象)科研专项(GYHY201106010)

业发展战略要把精细化天气预报业务列为改革的重点发展方向之一。近年来,随着高时空分辨率的数值预报模式在预报业务中的使用,对于提高天气预报准确率的要求也越来越高。但是受模式误差、输出误差、模式稳定性以及预报员的主观分析等原因,直接使用数值预报模式中输出的要素预报,其准确率相对较低。为了得到客观化、定量化、精细化的要素预报效果,使用 MOS 数值预报释用技术来解决这一问题[10-12]。数值预报产品的释用是对数值预报这一综合性的结果,运用动力学、统计学技术进行再一次加工、修正,使预报精度得到进一步提高,以达到有价值的要素预报水平,实践也证明通过数值预报的释用,确实使要素预报比模式直接输出的预报有了明显的提高[4]。

2004 年,孙兰东等运用 T106 数值模式的历史资料及气象站点的观测资料,经过处理后形成预报因子,采用 MOS 方法建立甘肃省 80 个站的极端温度、风、云量、有无降水等常规天气要素的预报方程,投入业务运行后,取得了良好的预报效果,为预报员提供了一种客观预报工具[13]。

2011 年 5 月,基于中国气象局数值预报中心下发的 T639 数值预报模式,进行本地化开发,甘肃省气象局建立了西北区 MOST639 精细化客观要素预报系统,并进行了业务化,每天输出降水、温度、相对湿度等多个预报要素,在实际预报业务中发挥了重要的作用,成为预报员预报服务时的参考依据之一,并对相邻省份的天气预报有指导意义。但与此同时,受数值预报模式本身的预报效果和地形影响,对基于 MOS 预报方法的客观气象要素预报有较大影响,因此对于改进地形复杂地区基于 MOS 预报方法的客观气象要素预报效果是十分必要的。

所以,在此基础上,本文通过引入幂指数参数方案,在建立多元线性回归方程之前,对降水实况要素进行预先数学处理,使得降水更适应于 MOS 预报方法,遴选出各站的最优参数,从而提高西北四省区基于 MOS 预报方法的客观气象要素预报效果。

1 资料与方法

1.1 资料

本文采用中国气象局数值预报中心下发的 T639 全球谱模式数值预报资料,时间 2010 年 6 月 21 日—2012 年 8 月 10 日,空间范围 $0.0°\sim72.0°N,27.0°\sim153.0°E$,垂直分层 12 层,网格分辨率 $0.5625×0.5625$;根据数据的完整性,选取 2010 年 6 月 21 日—2012 年 8 月 10 日西北四省区 108 个台站(图 1)08:00 24 h 降水实况资料。

1.2 方法

本文在建立多元线性回归方程之前,对降水实况资料进行预处理,引入一个幂指数参数,形如:

$$y = x^a,$$

其中,x 为实况降水要素,a 为可调参数,y 为对实况要素 x 进行处理后新的要素,并将 y 值代入建模。

可调参数区间范围:

$$0.05 \leqslant a \leqslant 5.0,$$

逐级递加 0.05,共计引入 94 个参数。以 2013 年 7 月降水为例,进行预报检验分析。

本文对于降水的检验,只考虑降水的有无,即晴雨(雪)检验,公式如下:

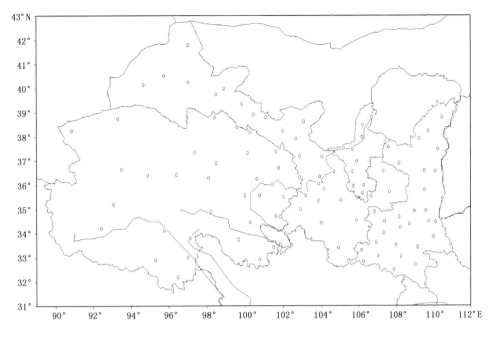

图1　西北四省区108个台站分布

$$PC = \frac{NA + ND}{NA + NB + NC + ND} \times 100\%,$$

式中 NA 为有降水预报正确站(次)数, NB 为空报站(次)数、NC 为漏报站(次)数, ND 为无降水预报正确的站(次)数。

2　各时次不同参数对应最优站数特征

对实况降水资料进行预处理, 当所选参数为4.7时预报效果明显下降, 之后所选参数对应所得预报结果失效。所以, 在以下分析中选用参数∈[0.05,4.7]。

通过对参数∈[0.05,4.7]在24～240 h 10个时次上不同参数对应最优站数特征来看: 24 h, 参数1.3效果最好, 对应最优站数可达72站, 参数0.1效果最差只有31站最优, 在参数∈[0.05,1.25]这一范围上相对来说是一个以最优站数随参数增大而增多为主的区间, 参数∈[2.4,4.65]是相对平缓的变化区间; 48 h, 参数1.25效果最好, 对应最优站数可达64站, 参数0.3效果最差只有38站最优, 在参数∈[0.05,1.25]这一范围内相对来说是一个以最优站数随参数增大而增多为主的区间, 参数∈[3.3,4.65]是相对平缓的变化区间; 72 h, 参数1.3效果最好, 对应最优站数可达65站, 参数0.05效果最差只有39站最优, 在参数∈[0.05,1.3]这一范围内相对来说是一个以最优站数随参数增大而增多为主的区间, 参数∈[2.3,4.65]是相对平缓的变化区间; 96 h, 参数1.3效果最好, 对应最优站数可达59站, 参数0.15效果最差只有37站最优, 在参数∈[0.05,1.3]这一范围内相对来说是一个以最优站数随参数增大而增多为主的区间, 参数∈[2.9,4.65]是相对平缓的变化区间; 120 h, 参数1.45效果最好, 对应最优站数可达60站, 参数0.4效果最差只有38站最优, 在参数∈[0.4,1.45]这一范围内相对来说是一个以最优站数随参数增大而增多为主的区间, 参数∈[2.7,4.65]是相对平缓的变化区间; 144 h, 参数0.9效果最好, 对应最优站数可达61站, 参数0.1效果最差只有40站最优, 在参

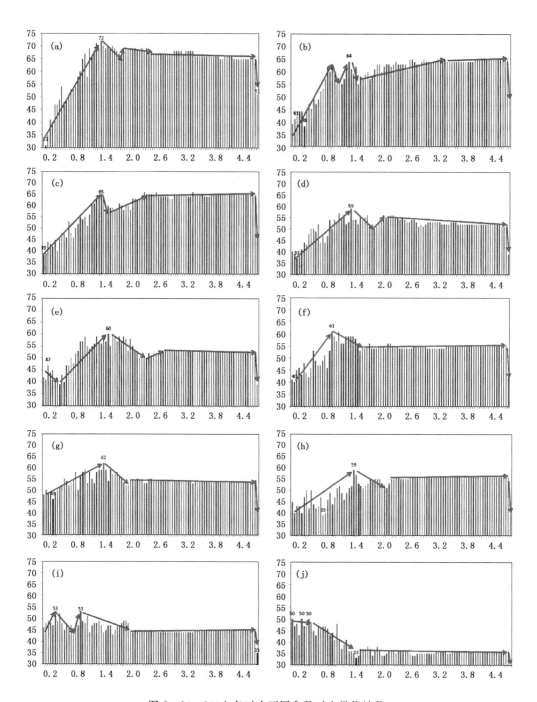

图 2　24～240 h 各时次不同参数对应最优站数

（a 为 24 h，b 为 48 h，c 为 72 h，d 为 96 h，e 为 120 h，f 为 144 h，g 为 168 h，h 为 192 h，i 为 216 h，j 为 240 h）

数∈[0.05，0.9]这一范围内相对来说是一个以最优站数随参数增大而增多为主的区间，参数∈[1.5，4.65]是相对平缓的变化区间；168 h，参数 1.35 效果最好，对应最优站数可达 62 站，参数 4.7 效果最差只有 41 站最优，参数 0.25 相对效果也较低，只有 46 站最优，在参数∈[0.05，1.35]这一范围内相对来说是一个以最优站数随参数增大而增多为主的区间，参数∈[1.95，4.65]是相对平缓的变化区间；192 h，参数 1.35 效果最好，对应最优站数可达 59 站，参数 0.7 效果最差只有 39 站最优,在参数 $\in[0.05,1.35]$ 这一范围内相对来说是一个以最优站数随参数增大而增多为主的区间,参数 $\in[2.6,4.65]$ 是相对平缓的变化区间;216 h,参数 0.3 与 0.85 效果一致,对应最优站数均可达 53 站,参数 4.7 效果最差只有 35 站最优,参数 $\in$ [1.95,4.65] 是相对平缓的变化区间;240 h,参数 0.05,0.25,0.4 效果一致,对应最优站数可达 50 站,参数 4.7 效果最差,最优站数低于 30,在参数 $\in[0.05,1.5]$ 这一范围内相对来说是一个以最优站数随参数增大而减少为主的区间,参数 $\in[1.5,4.65]$ 是相对平缓的变化区间。

对比 10 个时次,24 h 存在参数 $\in[0.05,1.3]$ 上升斜率最大;并且随时次增加这一斜率逐渐减小,当 216 h 这一斜率已相当小,240 h 则为减小的形式出现;在 24～192 h,每个时次均有一个对应的最优参数,当 216～240 h 则开始出现 2−3 个效果较好的参数;参数 4.7 在 24～240 h 中虽然一直是有 4.65～4.7 剧减的变化特征,但是只有 168 h 和 216 h 是效果最差的;10 个时次中,96 h 和 192 h 的变化形式相似。

整体上,当参数 $\in[0.05,0.4]$ 内指数随时次的增加最优站点增加,参数 $\in[0.45,1]$ 内则是随时次的增加最优站点减少,且存在 24～192 h 随指数增大最优站点数增多,216 h 和 240 h 随指数增大最优站点数减少的特征;参数 $\in(1,4.7]$ 时,可看出参数 >1 之后随时次的变化最优站数均出现在波动中减少的明显特点,且在同一时次上指数越大最优站数越少,而且相对来说,参数 >2 以后有最优站数在同一时次上相对较为集中的特征,相对来说参数为 4.7 开始出现明显急剧下降特征。也可以看出在最优站数的整体情况中,参数 $\in(1,2]$ 时的效果与其他区间相比较好,其中参数为 1.2 在 24 h 的效果为所有参数在 10 个时次中最优,最优站点数高达 71。

3 24～240 h 各时次各站点最优参数空间分布特征

各时次最优参数的选取是依据各站点 94 种幂指数参数方案对应预报准确率评分的高低情况,评分越高,参数即被选为该站点最优参数。

为了能够清楚地看出不同时次上各站点所对应的最优参数,对比出不同参数是否存在空间与时间特征,给出 24～240 h 各时次各站点对应最优参数分布图。

24 h,整体上各站点最优参数大致分布由西至东呈低—高—低的特征分布。也就是说西北四省区西部、东北部主要是 <0.8 参数效果较为理想,而中部、东南部则是在 >0.85 参数效果较好,该时次上大于 3.6 后再无参数被选取。

48 h,整体上各站点最优参数大致分布为北低南高的特征分布,大参数区主要位于西北四省区中部、南部,以 >0.85 参数效果较好,低参数区主要位于西北四省区东部,主要是陕西大部、甘肃东部,以 <0.85 参数效果较好,该时次上大于 3.1 后再无参数被选取。

72 h,整体上各站点最优参数大致分布为中部大参数区,四周小参数区。大参数区位于甘肃省北部、青海东北部,以 >0.65 参数效果较好,小参数区主要位于高原西北部与甘肃河西以西地区,以 <0.65 参数效果较好,该时次上大于 2.45 后再无参数被选取。

96 h,整体上各站点最优参数大致分布已调整为西南—东北方向上高—低—高—低的分布特征,大参数区位于甘肃省与青海东部,以 >0.8 参数效果较好,小参数区主要位于高原西北部与宁夏,以 <0.8 参数效果较好,该时次上大于 2.2 后再无参数被选取。

120 h,整体上主要由西至东呈低—高—低分布特征,甘肃西部与青海西北部、青海南部、

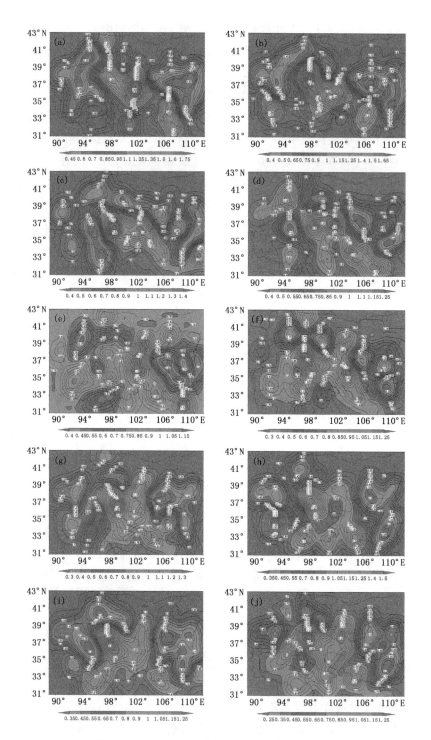

图3　24~240 h各时次各站点最优参数空间分布

(a 为 24 h,b 为 48h,c 为 75h,d 为 96h,e 为 120 h,f 为 144 h,g 为 168 h,h 为 192 h,i 为 216 h,j 为 240 h)

宁夏大部为三个主要小参数区,以<0.8参数效果较好,其余区域以>0.8参数效果较好,该时次上大于2.5后再无参数被选取。

144 h,整体上主要分布呈南高北低,甘肃北部、宁夏、陕西东南部为三个主要小参数区,以<0.8参数效果较好,甘肃中部与青海大部为大参数区,以>0.8参数效果较好,该时次上大于2.7后再无参数被选取。

168 h,整体上主要由西向东呈低-高-低特征分布,青海西北部与甘肃北部、宁夏大部与陕西南部为两个主要小参数区,以<0.7参数效果较好,西北四省区中部、南部为大参数区,以>0.7参数效果较好,该时次上大于2.85后再无参数被选取。

192 h,整体上主要分布由西北-东南方向上呈低-高-低特征分布,西北四省区西北部、东部为两个主要小参数区,以<0.7参数效果较好,其中东部小参数区间最小值比西部要小;中部地区以>0.7参数效果较好;该时次上大于2.45后再无参数可被选取。

216 h,整体上分布特征与192 h相似,但是相对来说以0.75为界的大参数区有所缩小,而且小参数区内东西部接近对称,该时次上大于1.95后再无参数可被选取。

240 h,整体上分布特征与192,216 h相似,但相对前两个时次,该时次最小的参数极值更小,且东西两侧小参数分布也是东部更小,该时次上大于2后再无参数可被选取。

10个时次之间对比来看,参数<1.5被选中的几率较大;10个时次中,只有96,120 h两个时次的最优参数大值区位于青海东部与甘肃河西东部地区,其余8个时次的最优参数大值区均位于青海中东部;10个时次中宁夏大部与陕西大部均为小参数分布的主要区域;整体上24 h参数的选取范围最广,192 h的相对最小。

4 24~240小时各时次最优参数对应预报准确率空间分布特征

24 h,108个站点平均71.3分,最高托托河站93.1分,最低茫崖站51.7分。整体呈现北低南高、东低西高的形式,甘肃整体上偏低,青海东部、南部为主要高分区。

48 h,108个站点平均70.4分,最高托托河、达日、久治站89.7分,最低靖边站51.7分。整体呈现北低南高、东低西高的形式,陕甘宁整体上偏低,青海东部、南部为主要高分区。

72 h,108个站点平均70.4分,最高达日、久治站89.7分,最低咸阳站53.6分。整体呈现北低南高的形式,宁夏、陕西、甘肃中部、东部、青海北部、中部偏低,甘肃北部、青海东南部为主要高分区。

96 h,108个站点平均70.9分,最高敦煌站94.1分,最低咸阳站51.7分。整体呈现东低西高的形式,其中甘肃中部、南部以及陕西、宁夏偏低,青海大部为主要高分区。

120 h,108个站点平均71.3分,最高托托河站93.1分,最低吴旗站55.2分。整体呈现东低西高的形式,且这一形式相比上个时次的特征更为明显,且东部分数偏小区域相比之前4个时次范围有所减小,陕西大部整体上偏低,青海南部为主要高分区。

144 h,108个站点平均70.1分,最高托托河站90分,最低北道区站53.3分。整体呈现北低南高的形式,甘肃北部和东部、青海北部、陕西大部分数较低,甘肃中部、宁夏北部、青海南部为高分数分布区,其中青海南部为主要的高分分布区,并且该区域分数相对更高。

168 h,108个站点平均70.4分,最高托托河站96.7分,最低西峰站53.3分。整体呈现北低南高的形式,与上一时次大致相似,但相比上一时次特征高分区明显范围减小。

192 h,108个站点平均70.3分,最高托托河站90分,最低六盘山站50分。整体呈现东低西高的形式,此时东西格局上东部低值区范围有所西扩,陕西大部、甘肃东部、宁夏大部、青海中部和东部偏低,甘肃北部与青海南部为主要高分区。

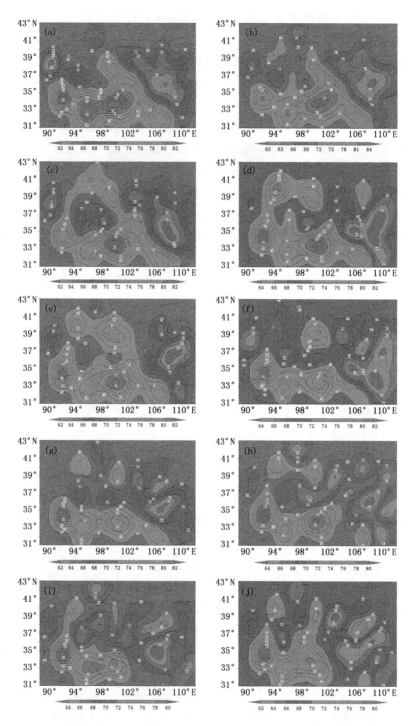

图 4 24～240 h各时次最优参数对应预报准确率空间分布

（a为24 h,b为48 h,c为72 h,d为96 h,e为120 h,f为144 h,g为168 h,h为192 h,i为216 h,j为240 h）

216 h,108个站点平均70.3分,最高托托河站90.3分,最低格尔木站56分。整体呈现北低南高的形式,与168 h分布特征相似但分数要略高于168 h的分数。

240 h,108 个站点平均 69 分,最高盐池站 88.5 分,最低西峰站 51.6 分。整体呈现东低西高的形式,陕甘宁整体上偏低,青海大部为主要高分区。

10 个时次整体来看,效果好的站点主要分布在:青海南部、东部为分数大值区,其中托托河站效果最好;陕甘宁整体上偏低,西峰站效果相对较差,10 个时次中有 2 次均为效果最差。按平均分来看 24 h 整体平均成绩最好,240 h 最差。

5 结论

当所选参数≥4.7 时,预报效果明显下降,之后所选参数对应所得预报结果失效。

在最优站数的整体情况中,参数∈(1,2]的效果与其他区间相比较好,其中参数为 1.2 在 24 h 的效果为所有参数在 10 个时次中最优。

相对来说,10 个时次中,参数<1.5 被选中为最优参数的几率较大;最优参数大值区主要位于青海中东部;宁夏大部与陕西大部为小参数分布的主要区域;整体上 24 h 参数的选取范围最广,192 h 的相对最小。

青海南部、东部为分数大值区,其中托托河站预报效果最好;陕甘宁整体上偏低,西峰站预报效果相对较差;24 h 整体平均成绩最好,240 h 最差。

参考文献

[1] 丁士晟.中国 MOS 预报的进展.气象学报,1985,**43**(3):332-338.

[2] Facsimile Products,Max/ Min temperature forecasts// *National Weather Service Forecasting Handbook No. 1*. U S. Department of commerce NOAA National Weather Service,1979.

[3] 李玉华,耿勃,吴炜. MOS,PP 方法在降水及温度预报中的效果对比检验.山东气象,2000,**20**(4):14-15,24.

[4] 刘还珠,赵声蓉,陆志善,等.国家气象中心气象要素的客观预报-MOS 系统.应用气象学报,2004,**15**(2):181-191.

[5] David A,Olson,Norman W,*et al*. Evaluation of 33 years of quantitative precipitation forecasting at the NMC. *Wea Forecasting*. 1995,(18):498-510.

[6] Gary M,Carter J,Paul Dallavalle,*et al*. Statistical forecasts based on National Meteorological Center's numerical weather prediction system. *Wea Forecasting*,1989,(4):401-412.

[7] 赵声蓉,赵翠光,赵瑞霞,等.我国精细化客观气象要素预报进展.气象科技进展,2012,**2**(5):12-21.

[8] 陈豫英,陈晓光,马筛艳,等.精细化 MOS 相对湿度预报方法研究.气象科技,2006,**34**(2):143-146.

[9] 丑纪范,赵柏林.中国气象事业发展战略研究现代气象业务卷.北京:气象出版社,2004:139.

[10] 刘世祥,陶健红,张铁军,等.西北区秋季短期气象要素客观预报检验评估.干旱气象,2010,**28**(3):346-351.

[11] 张秀年,曹杰,杨素雨,等.多模式集成 MOS 预报方法在精细化温度预报中的应用.云南大学学报(自然科学版),2011,**33**(1):67-71.

[12] 陈贝,张勇,詹晓琴,等.MOS 预报方法研究.四川气象,2005,**92**(2):6-8.

[13] 孙兰东,张铁军.甘肃省常规天气要素客观分县预报系统.干旱气象,2004,**22**(3):55-58.

广州机场终端区对流天气临近预报试验系统设计与实现

黄奕铭　王　刚　曹　正　胡家美　郑炳智

(民航中南空管局气象中心,广州 510405)

摘　要

本文详细介绍了广州机场终端区对流天气临近预报系统试验版的系统功能和设计框架,同时还介绍了系统所采用的交叉相关追踪算法、针对国内业务所做的产品设计方案和检验评分方案。最后,本文对系统在 2013 年运行情况和系统的性能进行了总结,提出了系统的进一步改进方案。

关键词:广州机场终端区　对流天气　临近预报　系统设计与实现

0　引言

根据 IATA 的规范文件,机场终端区定义为在空中交通管制机场附近空域的一部分,在此范围内,着陆和进近的飞机会被安排提供安全、适当的进港间隔,适当的离场间隔以及五边进近次序。而目前的机场预报仅覆盖机场周围半径 8 km 范围内,无法满足用户的需求,所以必须针对机场终端区建立对流天气预报系统,填补机场与航路之间天气预报的空白。目前国际上美国、法国、日本、澳大利亚等发达国家都相继开展了针对机场终端区的气象预报服务。如,美国终端管制区管制用户定制的 ITWS(终端区天气集成系统)[1]。

广州机场终端区地处华南沿海地区,对流天气次数多,强度大,持续时间长,其中广州白云机场 2005—2011 年年平均雷暴日达 77 d,2010—2012 年登陆华南沿海的热带气旋有 4~5 个。根据对流天气的发生发展机制,广州机场终端区对流天气预报研究分为临近预报研究(0~1 h)和短时预报研究(1~6 h)。中南空管局气象中心积极组织人员于 2011 年开始调研、确认技术方案,以研发《广州机场终端区对流天气临近预报系统》为突破口,自行研发临近预报算法,开发终端区对流天气服务产品,制定相应的产品检验评分规则[2-3]。该试验系统于 2013 年 3 月开始在广州气象中心试用,7 月开始在中南空管局广州区管、终端管制中心、运行中心等管制部门试用,在 2013 年的协同决策管理(CDM)工作中获得广泛好评。在 2013 年的试用过程中,预报和管制用户基本认同该系统的在全年各种天气形势下的临近预报能力,有利于气象与管制人员建立共同情景意识,为它逐步向决策工具发展奠定了基础,同时也提出了一些改进意见,为系统的进一步改进和完善打下良好的基础。针对用户意见,项目研发组深入研究和不断尝试,该系统的临近预报改进算法和改进产品也将在 2014 年 3 月上线,将为 2014 年航班运行的安全和高效提供有力的决策支持。

1　系统功能介绍

试验系统总体功能如下:

(1)每隔 6 min 提供广州机场终端区和广东全省两种不同范围的实时天气雷达回波;

（2）每隔 6 min 提供广州机场终端区未来 1 h 内每隔 6 min 天气雷达回波预报及区域内广州白云机场跑道区域、一边和五边、走廊口等关键点和关键区域对流天气影响度预报；

（3）对预报效果的检验评分；

（4）使用 GIS 技术，以"一站式"WEB 服务向气象和管制部门提供系统所有的产品；

（5）地图缩放功能

（6）自动刷新当前显示

（7）显示鼠标所在位置距机场的距离、回波强度和经纬度信息

（8）查看历史的实况和预报

试验系统逻辑框架如图 1，具体的功能模块如下：

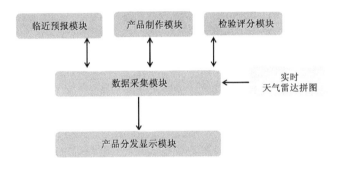

图 1　广州机场终端区对流天气临近预报系统逻辑框架

1.1　数据采集模块

数据采集模块自动采集数据格式的广东省全省天气雷达拼图 3 km CAPPI 产品，该数据时间分辨率为 6 min；该模块同时采集系统其他模块输出的临近预报产品、对流天气影响度分析和预报产品、检验评分数据。

1.2　临近预报模块

临近预报模块对天气雷达拼图运行改进的交叉相关外推法运算，每隔 6 min 得到输出广州机场终端区未来 1 h 内每隔 6 min 天气雷达回波预报。

2.3　产品制作模块

产品制作模块按照对流天气影响度评估方案每隔 6 min 对广州机场终端区未来 1 h 天气雷达回波预报进行加工，输出区域内广州白云机场跑道区域、一边和五边、走廊口等关键点和关键区域对流天气影响度预报。

1.4　检验评分模块

检验评分模块按照对流天气预报试验评分方案对前期的对流预报产品结合实时雷达拼图进行评分，输出各预报时效的预报评分。

1.5　产品分发显示模块

产品分发显示模块使用 GIS 技术，以"一站式"WEB 服务向气象和管制部门提供系统所有的产品，用户接入气象业务网即可使用浏览器软件查看系统的所有产品（如图 2 所示）。

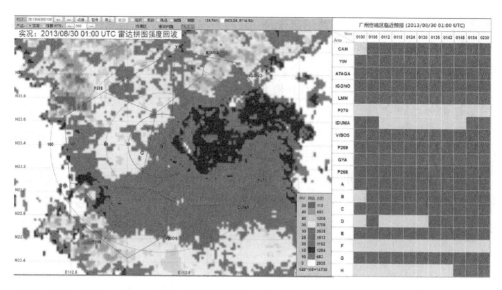

图 2 2013 年 8 月 3 日 01:30UTC 终端区实况回波及关键点对流影响程度的 0~1 h 临近预报

2 系统关键技术

2.1 交叉相关追踪算法

交叉相关追踪算法[4-7]目前被广泛应用,是国际上许多临近预报系统的主要算法之一。其基本原理是,利用相邻 ΔT 时刻雷达回波图时间的两个时刻 $T1$ 和 $T2$,对 $T2$ 时刻的雷达回波,以某一小面积 a 为单位,在 $T1$ 图上以时刻的雷达回波 a 的中心位置为圆心,一定的扫描半径 R 内寻找与 a 相关最好的同面积 b,认为雷达回波从 b 的位置到 a 的位置就是雷达回波 a 在 ΔT 时间内的平均移动距离。移动距离除以移动时间 ΔT 即可得到移动速度。

对天气雷达区域拼图产品,等分出相同面积的二维像素阵列,使用 TREC 方法,获取回波移动的矢量场。对于每个像素阵列,以其为中心定出一个搜索半径,在前一时次的雷达产品中,寻找与其相关的阵列。计算相关系数,并找出相关系数最大的像素阵列。

2.2 风矢量场订正和分析

交叉相关法得出的矢量场,会不同程度地存在散乱和失真的现象,使得外推的回波发生离散,影响预报效果,因此有必要对 TREC 风矢量场进行剔除奇异点和平滑的处理。相关系数 R 阈值取为 0.25,最大相关系数小于该阈值,则将风矢量赋值为 0。

首先,对 TREC 矢量值的进行误差订正;然后,对 TRCE 矢量场进行客观分析,每一个 TREC 值的分量会利用 Cressman 加权函数进行客观分析,得到较为平滑的 TREC 矢量分布。

2.3 雷达回波外推及外推图像处理

利用得到的 TREC 风矢量场,进行雷达回波外推。一般情况下,1 h 内环境引导风场的演变是可以忽略的,因此可以假设得到的 TREC 风矢量场就是随后 1 h 的雷达回波移动矢量。采用向后外推格式对雷达回波进行外推计算[7]。

3 创新点

3.1 终端区对流天气服务产品

终端区天气预报对于国内航空气象业界是一个全新的概念,考虑试验系统首先以管制员

为服务对象,基本产品的设计针对管制业务采用直观、可视化的原则,按照管制部门的设计选取关键区域和关键点,提供以下产品:

  (a)广州机场终端区和广东全省两种不同范围的实时天气雷达回波;

  (b)广州机场终端区未来1 h内每隔6 min天气雷达回波预报;

  (c)区域内广州白云机场跑道区域、一边和五边、走廊口等11个关键点和8个关键区域对流天气影响度预报。

3.2 对流天气影响度评估方案

  为提高用户对区域对流天气预报的理解和使用效率,使用红黄绿交通灯方案对广州白云机场(CAN)及外围10个进出关键点(YIN,ATAGA等)的对流天气影响度进行量化评估(以某点为圆心,10 km范围内)。同时,针对广州白云机场双跑道的情况,按照管制部门的要求把塔台为中心半径30 km的范围划分为A到H共8个独立小区域,分别按相同方案进行对对流天气影响度进行量化评估。按照以上方案,每6 min获得广州机场终端区的0~1 h每隔6 min的对流天气影响度预测。

3.3 区域对流天气检验评分方案

  传统点对点对比的检验评分没有考虑空间信息,为了客观地反映临近预报的水平,利用邻域空间检验方法,结合我国民用航空运行的实际特点,制定了广州机场终端区对流临近预报检验方法。

  首先雷达回波分为三级:40 dBZ(含)以上,30(含)—40 dBZ,10(含)—30 dBZ。在对预报结果检验时,某点的实况或预报结果并不仅由该点的值来表示,由以该点为中心半径10 km区域的雷达回波决定。使用命中率(POD)、虚警率(FAR)、临界成功指数CSI对预报能力进行检验。为了评估系统对于强天气的预报能力,另对红色强度进行统计。

4 2013年运行情况

  自2013年3月运行以来,该系统整体运行稳定,应用软件没有出现故障的情况。在3—6月的运行中,针对飑线、台风等系统性移动偏差等情况预报,开发人员对核心算法也进行了多次完善。广州地区2013年10月后对流天气明显减弱,现对系统7—9月系统预报效果进行全面的回顾。

4.1 2013年7至9月逐月预报评分情况

  整体而言,2013年7到9月的时段内该系统对系统性(飑线和台风)天气的预报效果整体上可接受,热力性对流天气的移动趋势识别效果良好,生消预报则和实际业务需求有一定的差距。从表1可以看到,7—9月,红色影响度的30 min预报CSI平均评分为0.41、0.44、0.43,60 min预报CSI平均评分为0.26,0.3,0.29说明系统性能基本稳定,有一定的预报能力。此外,多个个例的30 min红色影响度预报的CSI评分达到0.5以上;2个台风影响下的60 min红色影响度预报的CSI评分达到0.4以上。

预报时效/min	2013 年 7 月		2013 年 8 月		2013 年 9 月	
	CSI(红)	CSI	CSI(红)	CSI	CSI(红)	CSI
06	0.72	0.73	0.74	0.75	0.72	0.73
12	0.60	0.61	0.63	0.64	0.62	0.62
18	0.52	0.53	0.55	0.56	0.54	0.54
24	0.46	0.46	0.49	0.50	0.48	0.47
30	0.41	0.40	0.44	0.44	0.43	0.42
36	0.37	0.35	0.40	0.40	0.39	0.37
42	0.33	0.31	0.37	0.36	0.36	0.33
48	0.30	0.28	0.34	0.32	0.33	0.29
54	0.28	0.25	0.32	0.30	0.31	0.26
60	0.26	0.22	0.30	0.27	0.29	0.24

4.2   典型个例效果分析

4.2.1   个例 1   7 月 15 日 04:30—05:30

该日广州地区雷雨受系统性天气影响,华南地区继续受热带气旋"苏力"减弱后的低槽影响;低层受加强的偏南气流影响,低槽系统和热力作用共同影响,对流云团向东北偏北以 20 km·h^{-1}移动。系统预报对流云团以 20 km·h^{-1}向偏北方向移动,速度与方向的预报与实际比较吻合,强回波中心的落点预报相比实际情况范围偏小,与实际有点偏差。04:30—05:30的时段内,30 min 预报 CSI 平均评分为 0.46,60 min 预报 CSI 平均评分为 0.31。

4.2.2   个例 2   9 月 22 日 14:00—15:00

该过程主要是台风"天兔"云带影响,范围大,中等偏强强度,"天兔"中心从广州终端区经过,带来大风和强降水天气。系统预报"天兔"云带的旋转和实际基本吻合(图略),中心移动预报偏快 15～20 km·h^{-1};1400 到 1500UTC 的时段内,30 min 预报 CSI 平均评分为 0.56,60 min 预报 CSI 平均评分为 0.43。

4.3   存在的问题及改进

在 2013 年的试用过程中,预报和管制用户基本认同该系统的在全年各种天气形势下的临近预报能力,有利于气象与管制人员建立共同情景意识,为它逐步向决策工具发展奠定了基础,同时也提出了一些改进意见,如:影响度判断偏强;0～1 h 的预报时效不足以支持运行的需要;预报算法需要继续完善。针对用户意见,项目研发组深入研究和不断尝试,该系统的临近预报改进算法和改进产品也将在 2014 年 3 月上线,预报时效将延长至 2 h。

5   小结

随着我国经济水平的快速发展,民用航空运输量不断增长,复杂天气对航班安全和正常的影响明显增强。新形势下如何提升航空气象的服务水平是全行业需要面对的问题。广州机场终端区对流天气临近预报试验系统是在 2013 年航班协同决策管理中一个新的尝试,系统产品设计和预报能力得到用户的初步肯定,下一步还需要在产品形式、预报准确率和延长预报时效等方面做继续改进和完善。

参考文献

[1] Evans J E, Ducot E R. The integrated terminal weather system. *Lincoln Lab J*, 1994, **7**, 449-474.

[2] 王刚,黄奕铭,曹正,等.机场终端区对流天气临近预报的初步研究.空中交通,2012.12(增刊).

[3] 吴晓宏,胡家美,黄奕铭,等.机场终端区对流天气预报与决策支持产品设计.空中交通.2013;6.

[4] Rinechart R E, Garvey E T. Three-dimensional storm motion detection by conventional weather radar. *Nature*, 1978, **273**, 287-289.

[5] Tuttle J D, Foote G B. Determination of the boundary layer airflow from a single Doppler radar. *J Atmos Oceanic Technol*, 1990, **7**, 218-232.

[6] Li L, Schmid W, Joss J. Nowcasting of motion and growth of precipitation with radar over a complex orography. *J Appl Meteor*, 1995, **34**, 1286-1300.

[7] Lai E S T. TREC application in tropical cyclone observation. Proc. ESCAP/WMO *Typhoon Committee Annual Review*, Seoul, South Korea, The Typhoon Committee, 1999;135-139.

[8] Germann U, Zawadzki I. Scale-dependence of the predictability of precipitation from continental radar images. Part I: Description of the methodology. *Mon Wea Rev*, 2002, **130**, 2859-2873.

基于 SWAN 系统的辽宁地区短时强降雨定量
预报技术方法研究

纪永明　才奎志　蒋大凯

(辽宁省气象灾害监测预警中心,沈阳 110168)

摘　要

目前,灾害性天气短临预报预警系统(SWAN)可生成高分辨率回波产品,但应用该系统自带的降水 $Z-I$ 关系对辽宁地区降水预报误差较大,特别是对强降水会产生低估现象,这对暴雨预警的量级、时间都有很大影响。因此,为得到精度更高的高时空分辨率格点雷达定量降水预报产品,综合利用辽宁及周边区域 9 部多普勒雷达的回波强度拼图资料与稠密的气象自动站雨量计降水量观测资料,建立适合辽宁本地区的降水 $Z-I$ 关系,改进雷达定量降水预报效果,实时生成临近降水预报及客观检验产品。

关键词:多普勒天气雷达 SWAN　雷达定量降水预报 QPF

0　引言

多年来,短时暴雨一直是备受重视的预报难点、服务重点、关注热点。尽管在短时暴雨预报方面开展了诸多相关研究,但对短时暴雨小时雨强、强降水落区预报方面仍有不足。究其原因,一方面,我国对短时暴雨的研究较少,特别是对我国北方地区的短时暴雨研究就更少了;另一方面,在短时暴雨预报中缺乏相应的客观预报方法为短时临近预报、预警提供技术支撑。因此,在已有短时暴雨降水预报的研究基础上,进一步开展短时暴雨定时、定点、定量预报、预警技术研究是业务急需,也是社会经济高速发展对气象业务的必然要求。

辽宁地处东亚中高纬度地区,夏季极易受热带、副热带系统与极地冷空气共同影响,同时,辽宁地势由北向南逐渐降低,在这种特殊的气候环境和地形条件下,易导致短时暴雨频繁发生,这时利用常规雨量计站网(即使加密雨量计站网)虽可以测量单点小时降水量随时间的连续变化,但在降水呈非均匀性的情形下,雨量计站网不仅无法准确测量区域降水量,而且经常会漏掉短时暴雨的强降水中心。

就气象灾害对社会经济的影响而言,社会越发展,现代化程度越高,气象灾害就越突出,辽宁抚顺"8·16"特大暴雨所带来的灾害就是最好的证明。2013 年 8 月 16 日,辽宁省抚顺市清原县遭遇了一场堪称超千年一遇的罕见特大暴雨袭击,也是近 20 a 来辽宁所遭遇的最严重的暴雨洪涝灾害,此次特大暴雨造成直接经济损失经初步估算超过 70 亿元,特大暴雨共造成 63 人死亡,101 人失踪,多数遇难者集中在远郊乡镇,特别是山区;强降雨还造成辽宁境内 442 条公路损毁,170 条公路中断交通,多地发生山体滑坡、泥石流、塌方等地质灾害,其危害程度之重可见一斑。

资助项目:2013 年中国气象局预报员专项"基于 SWAN 产品的北上台风定量降水预报技术"资助

就"8·16"特大暴雨短时超强降水预警服务技术支撑而言,中国气象局灾害天气短时临近预报系统(Severe Weather Automatic Newscast System,简称"SWAN")发挥了重要作用。目前,SWAN 系统已经在全国绝大多数省级气象台站投入了业务应用。辽宁省气象局也于 2009 年引入了 SWAN 系统,该系统融合了数值模式产品和雷达、卫星、自动站等探测资料,为短临预报员提供了大量的短临预报预警产品,除三维雷达拼图、反射率因子预报产品外,还包括定量降水估测(QPE)、预报(QPF)产品,但从目前 SWAN 系统定量降水估测(QPE)、预报(QPF)应用效果来看,特别是对于"8·16"特大暴雨短时超强降水而言(最大小时雨强达 99.5 mm·h^{-1}):SWAN 系统明显存在对高量级降水严重低估的问题,具体表现在小时雨强、短时强降水落区预报方面的不足。

中国气象局业务建设项目"灾害天气短时临近预报预警业务系统建设与改进"项目于 2008 年启动,由广东、湖北、安徽等 10 多个省市的气象部门和国家气象中心联合开展研发,旨在集中全国短临预报技术和系统开发的优势力量,开展我国自主知识产权的灾害天气短时临近预报系统(Severe Weather Automatic Nowcast System,SWAN)。SWAN 系统在现有业务中提供 0~3 h 定量降水预报产品。该产品使用了 3 km CAPPI 拼图数据、COTREC 矢量场和自动站雨量等资料。首先,在对 $Z-I$ 关系做统计时,考虑了将不同强度的回波按照一定的等级进行分类,共分为 13 个等级:10~15、15~20、20~25、25~30、30~35、35~40、40~45、45~50、50~55、55~60、60~65、65~70 和 70 dBZ 以上;其次,利用 COTREC 矢量场外推,获取雷达反射率因子预报场;最后,在使用自动站雨量订正雷达定量降水预报时,采取最优插值(OI)法[1-2]。这种分级的 $Z-I$ 关系对辽宁地区降水预报误差仍然较大,特别是对强降水会产生低估现象,究其原因,这主要是由于 $Z-I$ 关系随天气系统、地区和季节变化所致。因此,根据不同天气系统合理估测降水量,尤其是针对短时暴雨进行估测,进一步使 $Z-I$ 关系本地化、动态化已成为气象业务工作中一个亟待解决的重要问题[3-4]。本文将就此问题提出具体的技术方案,并对所用方案存在的误差特征进行分析,对降水预报效果进行检验。第 1 部分介绍所使用的资料,第 2 部分给出雷达定量降水预报的技术方案流程和检验方法,第 3 部分讨论雷达定量降水预报技术方案效果检验及预报误差特征,第 4 部分进一步讨论技术方案的误差分析,最后一节给出结论。

1 SWAN 系统雷达拼图资料简介

所用资料为覆盖辽宁全境的雷达拼图资料和相应的 1000 多个地面自动站雨量计小时降水量观测资料。其中雷达拼图资料为辽宁省境内沈阳、大连、营口、丹东、朝阳,河北境内秦皇岛以及内蒙古境内赤峰、通辽共 8 部雷达 6 min 一次的体扫描资料,雨季可连续不间断工作,经过杂波处理、质量控制和拼图处理后的 CAPPI(Constant Altitude Plan Position Indicator)。雷达拼图资料的网格点数为 1200×1100,起止边界为:115.0°~127.0°E,35.0°~46.0°N,空间分辨率为等经纬网格距 0.01°×0.01°,拼图时间间隔为 6 min。降水量资料主要来自于辽宁省自动气象站雨量计观测资料,在时间分辨率上为每小时观测到的累计降水量,站点数约为 800 多个。

2 试验技术方案设计

2.1 雷达定量降水预报最优化方法介绍

现有的业务系统可以实现地面雨量站资料 1 h 实时收集,因此,用 6 min 间隔的雷达资料和 1 h 间隔的雨量站资料进行降水估测具有可操作性,定义地面自动站 1 h 雨量与相应的 1 h 内的雷达资料为 1 个时次资料,对应的雷达资料场也要代表 1 h 平均强度。所有自动站雨量计降水量观测资料为整点的 1 h 雨量资料,与雷达拼图资料的匹配方式为:t 时刻录得的过去 1 h 雨量($t-1$ h 到 t 小时的 1 h 累计雨量)与 $t-1$ 到 t 之间的雷达回波资料反演的降水相匹配。

$Z-I$ 关系法[5]是一种物理意义比较清晰的估算方法,但是 $Z=AI^B$ 中参数 A 和 B 如何选取存在技术困难。为了得到适合于雷达定量降水预报方法的最合理参数 A,B,设计了动态 $Z-I$ 关系方案。具体做法:假设由雷达每次观测的反射率因子 Z 值转换成雨强为 I,则转换公式为 $Z=AI^B$,再将逐次得到的 I 值进行时间累计,以获得每小时降雨量的雷达估算值 H,令每小时实测雨量为 G,然后将二者进行比较。这里采用误差平方随机补偿法来保证雷达估测值误差最小,即选定判别函数 $CTF=\min\{(H-G)^2+(H-G)\}$[6],通过不断调整参数 A 和 B,直到判别函数 CTF 达到最小为止。在业务实践中,为了节省计算时间,将 A 从 100 开始到 1000 之间以 5.0 为间隔(共 200 个 A 值)、B 从 1.0 开始到 4.0 之间以 0.01 为间隔(共 300 个 B 值),共计算 200×300 组 $Z=AI^B$,同时计算 200×300 个判别函数 CTF,认定判别函数 CTF 达到最小时的参数 A 和 B 所确定的 $Z-I$ 关系是最优的[7]。最后,将上一时次获得的最优 $Z-I$ 关系应用到下一时次的雷达回波反射率预报场中,将雷达回波反射率预报场反演为降水预报场。

2.2 雷达定量降水预报试验方案设计

日常业务中有的用固定 A,B 值,有的用实验得到的 A,B 值,或者动态统计的 A,B 值,导致 A,B 的取值范围相差很大,A 的取值范围为 $16\sim1200$,B 的取值范围为 $1\sim2.87$。为了便于对比和寻找最优方案,本文设计了 3 种雷达定量降水估算方案,以解决 A,B 取值问题:固定 $Z-I$ 关系法、分级 $Z-I$ 关系法和分区域、分级 $Z-I$ 关系法。

方案一:固定 $Z-I$ 关系法

利用区域性暴雨过程的雷达反射率因子和 1 h 降水量资料,统计得到适合辽宁本地区的固定 $Z-I$ 关系,这个固定 $Z-I$ 关系可直接用于将雷达回波反射率预报场反演为降水预报场。

方案二:分级 $Z-I$ 关系法

由于降水强度与回波强度密切相关,不能用一个通用的 $Z-I$ 关系来计算不同回波强度下的降水强度,应使用分级 $Z-I$ 关系,即针对不同回波强度建立不同的 $Z-I$ 关系来反演降水。最终分级 $Z-I$ 关系可直接用于将雷达回波反射率预报场反演为降水预报场。

方案三:分区域、分级 $Z-I$ 关系法

由于各地区气候背景差异较大,不同下垫面特征(沿海、山区、平原)的降水 $Z-I$ 关系不同,应使用分区域、分级 $Z-I$ 关系(图 1)。

2.3 雷达定量降水预报检验方法研究

目前世界各国建立的短时临近预报系统一般都包含定量降水预报(QPF)产品。中国气象

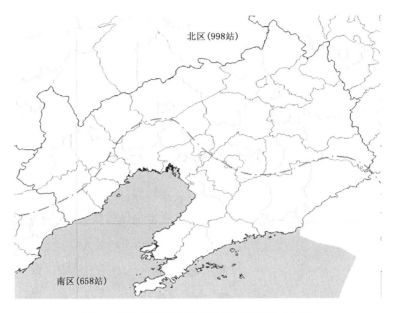

图 1　雷达定量降水预报地理区域划分（主观）

局强对流天气临近预报业务系统 SWAN 1.0 已基本建设完成并向全国推广应用。其主要功能除雷达拼图和雷达定量估测降水（QPE）外，还包括 0～1 h 的降水外推预报（QPF），但与 QPE 一样，QPF 同样存在对低量级降水高估、高量级降水严重低估的问题。

　　为了定量评估基于最优化方法的动态 $Z-I$ 关系雷达定量降水预报相对于 SWAN 系统定量降水预报（QPF）的预报精度，我们分别选取了逐小时 1.0～1.5 mm（小雨）、1.6～6.9 mm（中雨）、7.0～14.9 mm（大雨）、15.0～39.9 mm（暴雨）及 40.0 mm 以上（大暴雨）5 个降水量级进行检验（表 1），基于降水检验相依表（表 2），设计了两个检验参数：Threat Scores 评分（TS）、偏差评分（BS）。

表 1　小时雨量等级划分　　　　　　　　　　　　　　　　　单位：mm

小雨	中雨	大雨	暴雨	大暴雨	大暴雨（二）
$1.0 \leqslant R \leqslant 1.5$	$1.6 \leqslant R \leqslant 6.9$	$7.0 \leqslant R \leqslant 14.9$	$15.0 \leqslant R \leqslant 39.9$	$40.0 \leqslant R < 99.9$	$50.0 \leqslant R < 99.9$

表 2　降水检验相依表

	预报"是"	预报"非"
观测"是"	命中（NA）	漏报（NC）
观测"非"	空报（NB）	正确的否定（ND）

检验评分计算公式：$TS = \dfrac{NA}{NA + NB + NC}, BS = \dfrac{NA + NC}{NA + NB}$

　　其中，NA 为各雨量计处的雷达估测降水值和雨量计观测值同时大于等于给定阈值的数目，NB 为各雨量计处的仅雷达估测值大于等于给定阈值的数目，NC 为各雨量计处的仅雨量计值大于等于给定阈值的数目。TS 反映了对某一阈值而言，雷达估测值与观测值的位置是否相符合。BS 为对多个个例进行平均后雷达估测值相对于观测值的系统偏高（偏差＞1）或偏低(偏差＜1)。

2.4 SWAN回波网格强度(格点)到地面雨量计(站点)的插值方案设计

通常地,对于中高纬度地区而言,3.0 km上CAPPI比1.5 km上CAPPI与降水强度的关系更加密切,这主要是因为中高纬度地区降水强度与中层雨滴多寡的关系更加密切。同时,考虑到雷达回波网格强度与地面雨量计的空间不一致性是影响雷达定量降水预报精度的重要因素之一[8],雷达回波强度偏强的网格点未必正对的地面上的降水强度就强,地面上的降水点有偏移的可能。因此,在建立$Z-I$关系之前,需要考虑雷达回波网格强度对地面降水强度的代表性问题。计算有降水时雷达回波强度与同时段小时降水强度的相关系数图2表明:地面小时降水强度与其上空9点平均的雷达回波强度的关系较好。因此在本试验方案中采用9点平滑技术,这在一定程度上可减小误差,提高雷达定量降水预报的精度。

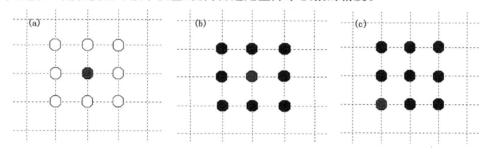

图2　SWAN回波网格(格点)到地面雨量计(站点)的插值方案设计

(a为初始方案,单点技术;b为改进方案一,正9点技术;c为改进方案二,斜9点技术)

3　基于SWAN系统的雷达定量降水预报试验结果分析

3.1　典型个例应用结果分析

2013年汛期,将动态降水"$Z-I$关系"的最优化法(OPT)在"8·16"特大暴雨的短时强降水中进行了业务运行,并将其与SWAN系统的定量降水预报效果(QPF)进行了比较。

从预报结果来看(图3略):在整个降水过程中,基于动态降水"$Z-I$关系"的最优化法(OPT)定量降水预报的小时降水量从落区分布来看与实况基本一致。辽宁东北部强降水中心的位置和雨量值与实况对应关系较好,强降水中心降水量值约为20～40 mm,与实况值基本接近,可见,最优化法(OPT)对20 mm·h^{-1}以上的短时强降水的预报优势明显;但同时,最优化法(OPT)在辽宁中部地区存在虚假的强降水预报中心(动态降水"$Z-I$关系"没能平滑掉虚假的极端降水)。

图4给出了三种试验方案的拟合散点图,结果表明:分级$Z-I$关系法,分区域、分级$Z-I$关系法的预报效果与实况拟合程度明显优于固定$Z-I$关系法,但随着降水量级的增加,三种试验方案预报结果相对于实况的离散度也逐渐增大。

3.2　雷达定量降水预报结果检验

为了定量评估最优化法(OPT)与SWAN定量降水预报(QPF)对"8·16"特大暴雨短时强降水的预报效果,我们分别选取了逐小时1.0～1.5 mm(小雨)、1.6～6.9 mm(中雨)、7.0～14.9 mm(大雨)、15.0～39.9 mm(暴雨)及40.0 mm以上(大暴雨)5个降水量级进行了TS、BS评分检验与误差分析。

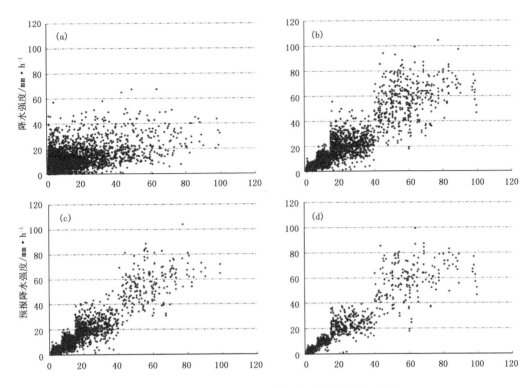

图 4　雷达定量降水预报结果与实况拟合散点图

(a 为方案一,b 为方案二,c 为方案三的北区,d 为方案三的南区)

由检验结果来看(表 3):对于小雨至中雨量级,最优化法(OPT)的 TS 评分与 SWAN 定量降水预报(QPF)TS 评分相差不多(QPF 稍占优)。随着降水量级的增加,最优化法(OPT)与 SWAN(QPF)的 TS 评分都在减小。这主要是由于,降水样本在各降水量级的分布差异较大(小雨样本数多,而大雨到暴雨样本数偏少),导致降水 $Z-I$ 关系中 A,B 组合向低降水量级倾斜,因此,统计出的最优 $Z-I$ 关系会使雷达定量降水预报普遍偏小。但值得注意的是,对于暴雨量级(15.0 mm 及以上量级),最优化法(OPT)的 TS 评分较 SWAN(QPF)明显偏高,特别是经过降水分级后的 TS 评分有较大幅度提高(表 3 续),这表明采用分降水等级的方法对提高短时强降水预报是有益的。

表 3　固定 $Z-I$ 关系法(方案一)、分级 $Z-I$ 关系法(方案二)与 SWAN 系统(QPF)检验结果比较

降水量/(mm·h^{-1})		1.0≤R≤1.5(小雨)			1.6≤R≤6.9(中雨)			7.0≤R≤14.9(大雨)		
方案		QPF	OPT	分级改造	QPF	OPT	分级改造	QPF	OPT	分级改造
样本数			509			1860			696	
1656 站	TS	0.0415	0.0389	0.0337	0.2156	0.1845	0.1805	0.0829	0.0608	0.0703
	BS	1.5726	3.7525	2.2008	1.8291	1.3932	1.8181	1.4160	0.6169	0.9715
降水量/(mm·h^{-1})		15.0≤R≤39.9(暴雨)			40.0≤R≤999.9(大暴雨)			50.0≤R≤999.0		
方案		QPF	OPT	分级改造	QPF	OPT	分级改造	QPF	OPT	分级改造
样本数			638			187			104	
1656 站	TS	0.0340	0.0438	0.1436	0.0000	0.0015	0.1340	0.0000	0.0000	0.1043
	BS	0.2672	0.1621	0.8365	0.0000	0.0775	1.4239	0.0000	0.0081	1.0827

降水量/(mm·h^{-1})	1.0≤R≤1.5(小雨)			1.6≤R≤6.9(中雨)			7.0≤R≤14.9(大雨)		
方案	QPF	OPT	分级改造	QPF	OPT	分级改造	QPF	OPT	分级改造
样本数	507			2025			774		
998站　　　TS　　658站	0.0373		0.0284	0.2379		0.2338	0.0710		0.0883
	0.0371		0.0143	0.2373		0.1455	0.0705		0.0328
	0.0278	160	0.0362	0.1265	513	0.1316	0.0531	197	0.0566
	0.0225		0.0183	0.1213		0.1182	0.0750		0.0429

降水量(mm·h^{-1})	15.0≤R≤39.9(暴雨)			40.0≤R≤999.9(大暴雨)			50.0≤R≤999.0		
方案	QPF	OPT	分级改造	QPF	OPT	分级改造	QPF	OPT	分级改造
样本数	622			140			68		
998站　　　TS　　658站	0.0172		0.1671	0.0000		0.0854	0.0000		0.0561
	0.0153		0.0958	0.0000		0.0000	0.0000		0.0000
	0.0873	262	0.1464	0.0000	112	0.1458	0.0000	72	0.1334
	0.0543		0.1192	0.0000		0.0782	0.0000		0.0715

4 定量降水预报误差原因分析

对"8·16"特大暴雨 1 小时降水量实况的统计表明:60.9%的样本是在 1.0～7.0 mm 量级,17.9%为 7.0～15.0 mm 量级,而大于 15.0 mm 的有 825 个,占总样本数的 21.2%左右。样本在各降水量级的分布是降水低估明显的最主要原因:在统计的过程中,根据最小 CTF2 判据,统计的 A,B 组合向低量级的降水倾斜,因此统计出的最优 $Z-I$ 关系会使雷达定量降水预报普遍偏小。

另外,由雷达回波强度 Z 与降水强度 I 的对应关系(图 5)可以看出:对于相同回波强度(40 dBZ)而言,其在北区与南区的降水强度是不一样的。

5 小结与讨论

(1)本文的研究目的是寻找一种将雷达回波反射率预报场反演为降水预报场的方法,而雷达回波反射率预报场存在误差,因此,将雷达回波反射率预报场反演为降水预报场 QPF 也包含误差;另外,雷达定量降水预报误差也包括雷达与地面实际测量的空间不一致性造成的误差;由于降水的不同发展阶段,降水强度随时间和空间都会有较大变化,导致降水 $Z-I$ 关系不稳定,从而致使雷达定量降水预报产生误差。

(2)用于建立本地化降水 $Z-I$ 关系的具有代表性的短时强降水样本较少,可能带来一些统计误差,对提高短时强降水 QPF 准确率有一定影响。

(3)由于各雷达选址不同,数据产品受普通地物杂波的影响程度各异;同时,受各雷达覆盖区的降水强度不同及有效覆盖区的雨量计站点分布密度不同等一系列因素综合影响,最优化法(OPT)对大连、鞍山、丹东、锦州、营口、辽阳、盘锦、葫芦岛地区的预报效果较好,对沈阳、抚顺、本溪、阜新、铁岭、朝阳地区的预报效果相对较差。

(4)由于辽宁省地形条件复杂,不同地区气候条件的 $Z-I$ 关系不尽相同。需对雷达定量降水预报方法进行实时检验、误差分析,根据不同回波强度、不同下垫面特征(沿海、山区、平

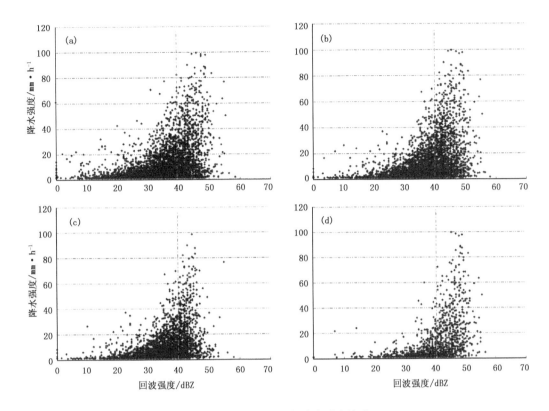

图 5 雷达回波强度与降水强度演变

(a 为方案一,b 为方案二,c 为方案三的北区,d 为方案三的南区)

原)的降水 $Z-I$ 关系,研究分地区动态降水 $Z-I$ 关系。

参考文献

[1] 李建通,张培昌.最优插值法用于天气雷达测点区域降水量.台湾海峡,1996,**15**(3):255-259.

[2] 李建通,高守亭,郭林,等.基于分步校准的区域降水量估测方法研究.大气科学,2009,**33**(3):501-512.

[3] 刘力,邓华秋.多参数雷达在气象观测中的应用.大气科学,1998,**22**(3):363-370.

[4] 郄秀书,吕达仁,陈洪滨,等.大气探测高技术及应用研究进展.大气科学,2008,**32**(4):867-881.

[5] Marshall J S, Palmer W McK. The distribution of raindrop with size. *J Meteor*,1948,**5**(1):165-166.

[6] 张培昌,杜秉玉,戴铁丕.雷达气象学.北京:气象出版社,2001:181-187.

[7] 张培昌,戴铁丕,王登炎,等.最优化法求 $Z-I$ 关系及其在测定降水量中的精度.气象科学,1992,**12**(3):333-338.

[8] 郑媛媛,谢亦峰,吴林林,等.多普勒雷达定量估测降水的三种方法比较试验.热带气象学报,2004,**20**(2):192-197.